# Handbuch der Meß- und Automatisierungstechnik

**Springer**
*Berlin
Heidelberg
New York
Barcelona
Hongkong
London
Mailand
Paris
Singapur
Tokio*

Hans-Jürgen Gevatter (Hrsg.)

# Handbuch der Meß- und Automatisierungstechnik

mit 640 Abbildungen und 91 Tabellen

Springer

Professor Dr.-Ing. **Hans-Jürgen Gevatter**
Technische Universität Berlin
Institut für Mikrotechnik und Medizintechnik
Keplerstraße 4
D-10589 Berlin

Die Deutsche Bibliothek – CIP-Einheitsaufnahme

**Handbuch der Meß- und Automatisierungstechnik** /Hrsg.: Hans-Jürgen Gevatter, - Berlin ; Heidelberg ; New York ; Barcelona ; Hongkong ; London ; Mailand ; Paris ; Singapur ; Tokio : Springer, 1999
(VDI-Buch)
ISBN 3-540-59135-4

ISBN 3-540-59135-4 Springer-Verlag Berlin Heidelberg New York

Dieses Werk ist urheberrechtlich geschützt. Die dadurch begründeten Rechte, insbesondere die der Übersetzung, des Nachdrucks, des Vortrags, der Entnahme von Abbildungen und Tabellen, der Funksendung, der Mikroverfilmung oder Vervielfältigung auf anderen Wegen und der Speicherung in Datenverarbeitungsanlagen, bleiben, auch bei nur auszugsweiser Verwertung, vorbehalten. Eine Vervielfältigung dieses Werkes oder von Teilen dieses Werkes ist auch im Einzelfall nur in den Grenzen der gesetzlichen Bestimmungen des Urheberrechtsgesetzes der Bundesrepublik Deutschland vom 9. September 1965 in der jeweils geltenden Fassung zulässig. Sie ist grundsätzlich vergütungspflichtig. Zuwiderhandlungen unterliegen den Strafbestimmungen des Urheberrechtsgesetzes.

© Springer-Verlag Berlin Heidelberg 1999
Printed in Germany

Die Wiedergabe von Gebrauchsnamen, Handelsnamen, Warenbezeichnungen usw. in diesem Buch berechtigt auch ohne besondere Kennzeichnung nicht zu der Annahme, daß solche Namen im Sinne der Warenzeichen- und Markenschutz-Gesetzgebung als frei zu betrachten wären und daher von jedermann benutzt werden dürften.

Sollte in diesem Werk direkt oder indirekt auf Gesetze, Vorschriften oder Richtlinien (z.B. DIN, VDI, VDE) Bezug genommen oder aus ihnen zitiert worden sein, so kann der Verlag keine Gewähr für die Richtigkeit, Vollständigkeit oder Aktualität übernehmen. Es empfiehlt sich, gegebenenfalls für die eigenen Arbeiten die vollständigen Vorschriften oder Richtlinien in der jeweils gültigen Fassung hinzuzuziehen.

Einbandgestaltung: Friedhelm Steinen-Broo, Estudio Calamar, Pau/Spanien
Satz: MEDIO, Berlin
SPIN: 10468268     68/3020 - 5 4 3 2 1 0 – Gedruckt auf säurefreiem Papier

# Vorwort

Das vorgelegte Handbuch soll dem Leser bei der Lösung von Aufgaben auf dem Gebiet der Entwicklung, der Planung und des technischen Vertriebes von Geräten und Anlagen der Meß- und Automatisierungstechnik helfen. Der heutige Stand der Technik bietet ein sehr umfangreiches Sortiment gerätetechnischer Mittel, gekennzeichnet durch zahlreiche Technologien und unterschiedliche Komplexität. Es ist daher einem einschlägigen Fachmann kaum möglich, alle anfallenden Fragestellungen bei der Bearbeitung einer entsprechenden Problemstellung aus seinem naturgemäß begrenzten Kenntnisstand heraus zu beantworten.

Daher geht die Gliederung dieses Handbuches von den sich ergebenden Problemstellungen aus und gibt dem Leser zahlreiche Antworten und Hinweise, welches Bauelement für die jeweilige meß- und automatisierungstechnische Fragestellung die optimale Lösung bietet.

Der hier verwendete Begriff des Bauelementes ist sehr weit gefaßt und steht für

- die am Meßort einzusetzenden Meßumformer und Sensoren,
- die zur Signalverarbeitung dienenden Bauelemente und Geräte,
- die Stellglieder und Stellantriebe,
- die elektromechanischen Schaltgeräte,
- die Hilfsenergiequellen.

Die Kapitel für die Signalverarbeitung, für die Stellantriebe und für die Hilfsenergiequellen sind in die drei gängigen Hilfsenergiearten (elektrisch, pneumatisch, hydraulisch) unterteilt. Für den oftmals erforderlichen Wechsel der Hilfsenergieart dienen die entsprechenden Schnittstellen-Bauelemente (z.B. elektro-hydraulische Umformer).

Alle Kapitel sind mit einem ausführlichen Literaturverzeichnis ausgestattet, das dem Leser den Weg zu weiterführenden Detailinformationen aufzeigt.

Der Umfang der heute sehr zahlreich zur Verfügung stehenden Komponenten machte eine Auswahl und Beschränkung auf die wesentlichen am Markt erhältlichen Bauelemente erforderlich, um den Umfang dieses Buches in handhabbaren Grenzen zu halten. Daher wurden die systemtechnischen Grundlagen nur sehr knapp behandelt. Die gesamte Mikrocomputertechnik wurde vollständig ausgeklammert, da für dieses Gebiet eine umfangreiche, einschlägige Literatur zur Verfügung steht. Den Schluß des Buches bildet ein ausführliches Abkürzungsverzeichnis.

Großen Dank schulde ich den Mitarbeiterinnen und Mitarbeitern des Springer-Verlages und der Fa. Medio, die bei der Erstellung dieses Handbuches mitgewirkt haben, für die vorzügliche Qualität, die insbesondere durch gute Gestaltung und sorgfältige Korrekturarbeit zustande kam. Ganz besonderen Dank schulde ich auch den Autoren für ihre kompetente und geduldige Mitarbeit.

Die Leser dieses Buches bitte ich, mir Korrekturhinweise und Ergänzungsvorschläge mitzuteilen, die bei einer späteren Neuauflage zu berücksichtigen wären.

Hans-Jürgen Gevatter Berlin, im November 1998

# Autoren

Prof. Dr.-Ing. habil. Helmut Beikirch
Universität Rostock

Doz. Dr.-Ing. Peter Besch
01279 Dresden

Prof. Dr.-Ing. Klaus Bethe
Technische Universität Braunschweig

Prof. Dr.-Ing. Gerhard Duelen
03044 Cottbus

Dipl.-Phys. Frank Edler
Physikalisch-Technische Bundesanstalt
Berlin

Prof. Dr.-Ing. Dietmar Findeisen
Bundesanstalt für Materialforschung
Berlin

Prof. Dr.-Ing. Hans-Jürgen Gevatter
Technische Universität Berlin

Dipl.-Ing. Helmut Grösch
72459 Albstadt

Prof. Dr.-Ing. Rolf Hanitsch
Technische Universität Berlin

Dr.-Ing. Edgar von Hinüber
imar gmbh, 66386 St. Ingbert

Prof. Dr.-Ing. habil. Hartmut Janocha
Universität des Saarlandes,
Saarbrücken

Dipl.-Phys. Rolf-Dieter Kimpel
siemens Electromechanical Components,
Inc.
Princeton, Indiana 47671

Prof. Dr.-Ing. habil. Ladislaus Kollar
Fachhochschule Lausitz
01968 Senftenberg

Prof. Dr. sc. phil. Werner Kriesel
Fachhochschule Merseburg

Dipl.-Ing. Mathias Martin
Brandenburgische Technische Universität
Cottbus

Doz. Dr.-Ing. habil. Jürgen Petzoldt
Technische Universität Ilmenau

Dr.-Ing. Tobias Reimann
Technische Universität Ilmenau

Ludwig Schick
91091 Großenseebach

Dr. rer. nat. Günter Scholz
Physikalisch-Technische Bundesanstalt
Berlin

Dipl.-Ing. Gerhard Schröther
siemens ag

Prof. Dr.-Ing. habil. Manfred Seifart
Otto-von-Guericke Universität

Prof. Dr.-Ing. Helmut E. Siekmann
Technische Universität Berlin

Dr. Dieter Stuck
Physikalisch-Technische Bundesanstalt,
Berlin

Prof. Dr.-Ing. Hans-Dieter Stölting
Universität Hannover

Dipl.-Ing. Dietmar Telschow
Hochschule für Technik, Wirtschaft und
Kultur
Leipzig

Prof. Dr.-Ing. habil. Heinz Töpfer
01277 Dresden

Michael Ulonska
Fa. Knick
Berlin

Prof. Dr. rer. nat. Gerhard Wiegleb
Fachhochschule Dortmund

# Inhalt

| A | Begriffe, Benennungen, Definitionen | 1 |
|---|---|---|
| 1 | Begriffe, Definitionen | 3 |
| 1.1 | Aufgabe der Automatisierung | 3 |
| 1.2 | Methoden der Automatisierung | 4 |
| 1.3 | Information, Signal | 4 |
| 1.4 | Signalarten | 5 |
| 1.4.1 | Amplitudenanaloge Signale | 6 |
| 1.4.2 | Frequenzanaloge Signale | 6 |
| 1.4.3 | Digitale Signale | 6 |
| 1.4.4 | Zyklisch-absolute Signale | 7 |
| 1.4.5 | Einheitssignale | 7 |
| 1.5 | Hilfsenergie | 7 |
| 2 | Grundlagen der Systembeschreibung | 9 |
| 2.1 | Glieder in Steuerungen und Regelungen – Darstellung im Blockschaltbild | 9 |
| 2.2 | Kennfunktion und Kenngrößen von Gliedern | 11 |
| 2.3 | Untersuchung und Beschreibung von Systemen | 13 |
| 2.3.1 | Experimentelle Untersuchung | 13 |
| 2.3.2 | Mathematische Beschreibung | 16 |
| 3 | Umgebungsbedingungen | 19 |
| 3.1 | Gehäusesysteme | 19 |
| 3.1.1 | Aufgabe und Arten | 19 |
| 3.1.2 | Konstruktionsmäßiger Aufbau | 19 |
| 3.2 | Einbauorte | 21 |
| 3.3 | Schutzarten | 22 |
| 3.3.1 | Einteilung und Einsatzbereiche | 22 |
| 3.3.2 | Fremdkörperschutz | 23 |
| 3.3.3 | Explosionsschutz | 24 |
| 3.4 | Elektromagnetische Verträglichkeit | 28 |

| B | Meßumformer, Sensoren | 31 |
|---|---|---|
| 1 | Kraft, Masse, Drehmoment | 33 |
| 1.1 | Kraftmessung | 33 |
| 1.1.1 | Kompensationsverfahren | 33 |
| 1.1.2 | Federwaagenkonzept | 35 |
| 1.1.3 | Resonante Kraftsensoren | 47 |
| 1.1.4 | Mehrkomponenten-Kraftaufnehmer | 49 |
| 1.2 | Massenbestimmung | 49 |
| 1.3 | Messung des Drehmoments | 52 |
| 2 | Druck, Druckdifferenz | 59 |
| 2.1 | Aufgabe der Druckmeßtechnik und Druckarten | 59 |

| | | |
|---|---|---|
| 2.1.1 | Zu den Ausführungen über Druckmeßeinrichtungen | 59 |
| 2.1.2 | Aufgabe und Druckarten [DIN 23412] | 59 |
| 2.1.3 | Aufbau von Druckmeßeinrichtungen | 61 |
| 2.1.4 | Verfahren der Druckmessung | 62 |
| 2.2 | Druck- und Differenzdruckmeßeinrichtungen | 63 |
| 2.2.1 | Meßeinrichtungen auf der Grundlage mechanischer Prinzipe der Druckwandlung | 63 |
| 2.2.2 | Meßeinrichtungen auf der Grundlage elektrischer Prinzipe der Druckwandlung | 68 |
| 2.2.3 | Druckwandlung auf der Grundlage mechanisch-pneumatischer Prinzipe | 82 |
| 2.2.4 | Intelligente Druckmeßeinrichtungen und Meßsignalverarbeitung | 84 |
| 2.2.5 | Meßanordnungen zur Druckmessung | 91 |
| 2.2.6 | Meßanordnungen zur Füllstandmessung | 93 |
| **3** | **Beschleunigung** | **99** |
| 3.1 | Einleitung | 99 |
| 3.2 | Messung translatorischer Beschleunigung | 99 |
| 3.2.1 | Beschleunigungsaufnehmer nach dem Ausschlagverfahren (Open-loop-Aufnehmer) | 100 |
| 3.2.2 | Beschleunigungsaufnehmer nach dem Kompensationsverfahren (Closed-loop-Aufnehmer) | 102 |
| 3.2.3 | Daten typischer Beschleunigungsaufnehmer | 104 |
| 3.3 | Aufnehmer für rotatorische Beschleunigungen | 104 |
| 3.3.1 | Mechanische Kreisel – Drallsatz | 104 |
| 3.3.2 | Optische Kreisel – Sagnac-Effekt | 105 |
| 3.3.3 | Ozillierende Kreisel – Coriolis-Effekt | 107 |
| 3.3.4 | Magnetohydrodynamischer Kreisel | 107 |
| 3.3.5 | Daten typischer Drehratenaufnehmer | 108 |
| 3.4 | Integralinvariante | 108 |
| **4** | **Winkelgeschwindigkeits- und Geschwindigkeitsmessung** | **111** |
| 4.1 | Einleitung | 111 |
| 4.2 | Sensor-Parameter | 111 |
| 4.2.1 | Linearität | 111 |
| 4.2.2 | Symmetrie | 112 |
| 4.3 | Winkelgeschwindigkeitsmessung | 112 |
| 4.3.1 | Gleichstromtachogeneratoren | 112 |
| 4.3.2 | Wechselstromtachogeneratoren | 113 |
| 4.3.3 | Stroboskop | 115 |
| 4.3.4 | Schlupfspule | 115 |
| 4.3.5 | Digitale Winkelgeschwindigkeitsmessung | 116 |
| 4.4 | Geschwindigkeitsmessung | 123 |
| 4.4.1 | Dopplerverfahren | 125 |
| 4.4.2 | Laufzeitkorrelationsverfahren | 125 |
| **5** | **Längen-/Winkelmessung** | **127** |
| 5.1 | Analoge Verfahren | 127 |
| 5.1.1 | Amplituden-analoge Weg-/Winkelmessung | 127 |
| 5.1.2 | Laufzeitverfahren | 167 |
| 5.2 | Digitale geometrische Meßverfahren | 174 |
| 5.2.1 | Dingliche Maßstäbe | 175 |
| 5.2.2 | Interferometer | 179 |
| 5.3 | Dehnungsmessung | 182 |
| 5.3.1 | Dehnungsmeßstreifen (DMS) | 182 |

| | | |
|---|---|---|
| 5.3.2 | Faseroptische Dehnungssensoren | 189 |
| 5.3.3 | Resonante Dehnungssensoren | 191 |
| 5.4 | Dickenmessung | 191 |
| 5.4.1 | Bestimmung der totalen Dicke | 193 |
| 5.4.2 | Messung von Oberflächenschichten | 197 |
| 5.5 | Füllstandsmessung | 198 |
| 5.5.1 | Echte Bestimmung der Füllmenge | 198 |
| 5.5.2 | Füllstand | 198 |
| **6** | **Temperatur** | 205 |
| 6.1 | Einleitung | 205 |
| 6.2 | Temperaturmeßgeräte mit elektrischem Ausgangssignal | 205 |
| 6.2.1 | Sensoren | 205 |
| 6.2.2 | Analoge Temperaturmeßverfahren | 218 |
| 6.2.3 | Digitale Temperaturmeßverfahren | 225 |
| 6.3 | Temperaturmeßgeräte mit mechanischem Ausgangssignal | 226 |
| 6.3.1 | Flüssigkeits-Glasthermometer | 227 |
| 6.3.2 | Zeigerthermometer | 228 |
| 6.4 | Temperaturmeßgeräte mit optischem Ausgangssignal | 231 |
| 6.5 | Besondere Temperatursensoren und Meßverfahren | 231 |
| 6.5.1 | Rauschthermometer | 231 |
| 6.5.2 | Akustische Thermometer | 232 |
| **7** | **Durchfluß** | 235 |
| 7.1 | Einleitung | 235 |
| 7.2 | Aufnehmer für Volumina | 235 |
| 7.2.1 | Unmittelbare Aufnehmer | 235 |
| 7.2.2 | Mittelbare Aufnehmer | 239 |
| 7.2.3 | Anpassungsschaltungen für Aufnehmer für Volumina | 241 |
| 7.3 | Aufnehmer für den Durchfluß | 245 |
| 7.3.1 | Volumendurchfluß | 245 |
| 7.3.2 | Massendurchfluß | 252 |
| 7.3.3 | Anpassungsschaltungen für Druckaufnehmer | 254 |
| 7.3.4 | Anpassungsschaltungen für Laser-Doppler-Velozimeter | 256 |
| 7.3.5 | Anpassungsschaltungen für Schwebekörper-Aufnehmer | 257 |
| 7.3.6 | Anpassungsschaltungen für thermische Durchflußmesser | 258 |
| 7.4 | Signalverarbeitung | 258 |
| 7.5 | Elektromagnetische Verträglichkeit der Meßeinrichtungen (EMV) | 259 |
| **8** | **pH-Wert, Redoxspannung, Leitfähigkeit** | 263 |
| 8.1 | pH-Wert | 263 |
| 8.1.1 | Defintion | 263 |
| 8.1.2 | Bedeutung | 263 |
| 8.1.3 | Einheit | 263 |
| 8.1.4 | Grundlagen | 263 |
| 8.1.5 | Meßprinzip | 264 |
| 8.1.6 | Sensoren | 264 |
| 8.1.7 | Temperatureinfluß | 266 |
| 8.1.8 | Übertragungsfunktion | 267 |
| 8.1.9 | Meßwertumformer | 267 |
| 8.1.10 | Justieren | 268 |
| 8.1.11 | Standards | 269 |
| 8.1.12 | Meßunsicherheit | 269 |
| 8.2 | Redoxspannung | 270 |

| 8.2.1 | Defintion | 270 |
|---|---|---|
| 8.2.2 | Bedeutung | 270 |
| 8.2.3 | Einheit | 270 |
| 8.2.4 | Grundlagen | 270 |
| 8.2.5 | Meßprinzip | 270 |
| 8.2.6 | Sensoren | 271 |
| 8.2.7 | Temperatureinfluß | 272 |
| 8.2.8 | Übertragungsfunktion | 272 |
| 8.2.9 | Meßwertumformer | 272 |
| 8.2.10 | Justieren | 272 |
| 8.2.11 | Standards | 273 |
| 8.2.12 | Meßunsicherheit | 273 |
| 8.2.13 | rh-wert | 274 |
| 8.3 | Leitfähigkeit | 274 |
| 8.3.1 | Defintion | 274 |
| 8.3.2 | Bedeutung | 274 |
| 8.3.3 | Einheit | 274 |
| 8.3.4 | Grundlagen | 275 |
| 8.3.5 | Meßprinzip | 275 |
| 8.3.6 | Sensoren | 276 |
| 8.3.7 | Temperatureinfluß | 277 |
| 8.3.8 | Übertragungsfunktion | 277 |
| 8.3.9 | Meßwertumformer | 277 |
| 8.3.10 | Justieren | 279 |
| 8.3.11 | Standards | 279 |
| 8.3.12 | Meßunsicherheit | 279 |
| **9** | **Gasfeuchte** | **281** |
| 9.1 | Begriffe, Definitionen, Umrechnungen | 281 |
| 9.1.1 | Allgemeines | 281 |
| 9.1.2 | Definitionen und Bedeutung der Kenngrößen | 281 |
| 9.2 | Allgemeines zur Feuchtemessung | 283 |
| 9.3 | Verfahren der Gasfeuchtemessung | 283 |
| 9.3.1 | Tauspiegel-Hygrometer | 283 |
| 9.3.2 | Psychrometer | 284 |
| 9.3.3 | Haar- bzw. Faserhygrometer | 285 |
| 9.3.4 | Kapazitive Feuchtesensoren | 286 |
| 9.3.5 | LiCl-Sensoren | 287 |
| 9.3.6 | Aluminiumoxid-Sensoren | 287 |
| 9.3.7 | Sonstige Verfahren | 288 |
| **10** | **Gasanalyse** | **291** |
| 10.1 | Einleitung | 291 |
| 10.2 | Fotometrische Verfahren | 292 |
| 10.3 | Paramagnetische Sauerstoffmessung | 296 |
| 10.4 | Wärmeleitfähigkeitsanalysator | 299 |
| 10.5 | Flammenionisationsdetektor FID | 301 |
| 10.6 | Chemosensoren | 302 |
| 10.7 | Gaschromatographie GC | 303 |
| 10.8 | Analysensysteme (Anwendungen) | 306 |
| **C** | **Bauelemente für die Signalverarbeitung mit elektrischer Hilfsenergie** | **311** |
| **1** | **Regler** | **317** |
| 1.1 | Allgemeine Eigenschaften | 317 |

| 1.2 | Verhalten linearer kontinuierlicher Regelkreise | 317 |
|---|---|---|
| 1.2.1 | Dynamisches Verhalten | 317 |
| 1.2.2 | Stationäres Verhalten | 318 |
| 1.3 | Reglertypen | 319 |
| 1.4 | Digitale Regler | 320 |
| 1.4.1 | Prinzip | 320 |
| 1.4.2 | Regler mit Mikrocomputern | 322 |
| | | |
| **2** | **Schaltende Regler** | **325** |
| 2.1 | Begriffsbestimmung | 325 |
| 2.2 | Reglertypen | 325 |
| | | |
| **3** | **Elektrische Signalverstärker** | **329** |
| 3.1 | Einteilung und Anforderungen | 329 |
| 3.2 | Verstärkergrundtypen | 330 |
| 3.3 | Einfache Verstärkerstufen mit Bipolar- und Feldeffekttransistoren | 330 |
| 3.3.1 | Bipolartransistor | 330 |
| 3.3.2 | Feldeffekttransistor (FET) | 331 |
| 3.3.3 | Schaltungen mit einem Eingang | 331 |
| 3.3.4 | Differenzverstärker | 335 |
| 3.3.5 | Kopplung zwischen zwei Stufen | 336 |
| 3.4. | Operationsverstärker | 336 |
| 3.4.1 | Kenngrößen und Grundschaltungen | 336 |
| 3.4.2 | Direktgekoppelte Gleichspannungsverstärker | 341 |
| 3.4.3 | Modulationsverstärker | 343 |
| 3.4.4 | Verstärker mit Driftkorrektur | 348 |
| 3.4.5 | Zur Auswahl von Operationsverstärkern | 349 |
| 3.5 | Verstärkergrundtypen mit OV | 350 |
| 3.6 | Instrumentationsverstärker | 351 |
| 3.7 | Trennverstärker (Isolationsverstärker) | 356 |
| 3.8 | Ladungsverstärker | 358 |
| | | |
| **4** | **Elektrische Leistungsverstärker** | **361** |
| 4.1 | Grundprinzipien der Leistungselektronik | 361 |
| 4.1.1 | Aufgaben und Einsatzgebiete der Leistungselektronik | 361 |
| 4.1.2 | Schalt- und Kommutierungsvorgänge in leistungselektronischen Einheiten | 362 |
| 4.1.3 | Leistungselektronische Schalter | 365 |
| 4.1.4 | Leistungselektronische Grundschaltungen | 369 |
| 4.1.5 | Prinzipien zur Energiezwischenspeicherung | 370 |
| 4.1.6 | Leistungselektronische Stellglieder, Stromrichteranlagen | 372 |
| 4.2 | Bauelemente der Leistungselektronik | 372 |
| 4.2.1 | Einteilung leistungselektronischer Bauelemente | 372 |
| 4.2.2 | Leistungshalbleiter | 375 |
| 4.3 | Leistungselektronische Schaltungstechnik | 381 |
| 4.3.1 | Vorbemerkung | 381 |
| 4.3.2 | Pulsstellerschaltungen | 381 |
| 4.3.3 | Wechselspannungssteller | 383 |
| 4.3.4 | Netzgelöschte Wechsel- und Gleichrichter | 386 |
| 4.3.5 | Spannungswechselrichter und -gleichrichter | 387 |
| 4.3.6 | Stromwechselrichter und -gleichrichter | 389 |
| 4.3.7 | Zwischenkreisumrichter | 391 |
| | | |
| **5** | **Analogschalter und Multiplexer** | **395** |
| 5.1 | Analogschalter | 395 |
| 5.2 | Multiplexer für analoge Signale | 395 |

| | | |
|---|---|---|
| 6 | **Spannnungs-Frequenz-Wandler ($U/f$, $f/U$)** | 397 |
| 6.1 | Wirkungsweise einer hochlinearen $U/f$-Wandlerschaltung | 397 |
| 6.2 | Taktgesteuerter $U/f$-Wandler | 398 |
| 6.3 | Typische Anwendungen | 399 |
| 7 | **Funktionsgruppen für analoge Rechenfunktionen. Oszillatoren** | 401 |
| 7.1 | Multiplizierer, Quadrierer, Dividierer, Radizierer | 401 |
| 7.2 | Generatoren für Sinusschwingungen | 402 |
| 7.3 | Phasenregelkreis (PLL) | 404 |
| 8 | **Digital-Resolver- und Resolver-Digital-Umsetzer** | 407 |
| 8.1 | Resolverwirkprinzip | 407 |
| 8.2 | Resolver-Digital-Umsetzer | 408 |
| 8.3 | Digital-Resolver-Umsetzer | 409 |
| 9 | **Modulatoren und Demodulatoren** | 411 |
| 9.1 | Modulatoren | 411 |
| 9.1.1 | Wertkontinuierliches Modulationssignal | 411 |
| 9.1.2 | Wertdiskretes Modulationssignal | 413 |
| 9.2 | Demodulatoren | 413 |
| 10 | **Sample and Hold-Verstärker** | 415 |
| 11 | **Analog-Digital-Umsetzer** | 417 |
| 11.1 | Umsetzverfahren | 417 |
| 11.2 | Parallelverfahren | 419 |
| 11.3 | Wägeverfahren (sukzessive Approximation) | 420 |
| 11.4 | Zählverfahren | 420 |
| 11.4.1 | Nachlauf-AD-Umsetzer | 420 |
| 11.4.2 | Zweiflankenverfahren (Dual-slope) | 421 |
| 11.4.3 | Ladungsausgleichsverfahren (Charge-balancing-Verfahren) | 422 |
| 11.5 | Delta-Sigma-AD-Umsetzer. Oversampling | 423 |
| 11.6 | Anwendungsgesichtspunkte | 425 |
| 12 | **Digital-Analog-Umsetzer** | 427 |
| 13 | **Referenzspannungsquellen** | 429 |
| 13.1 | Referenzspannungserzeugung mit Z-Dioden | 429 |
| 13.2 | Stabilisierungsschaltungen mit Regelung | 430 |
| 14 | **Nichtlineare Funktionseinheiten** | 433 |
| 14.1 | Verstärker, Begrenzer, Betragsbildner, Gleichrichter, analoge Torschaltungen | 433 |
| 14.2 | Funktionsgeneratoren | 434 |
| 14.3 | Grenzwertmelder (Komparatoren), Extremwertauswahl, Totzone | 435 |
| 15 | **Filter** | 437 |
| 15.1 | Übersicht | 437 |
| 15.2 | Kontinuierliche Analogfilter | 439 |
| 15.2.1 | Passive RLC-Filter | 439 |
| 15.2.2 | Aktive RC-Filter | 439 |
| 15.2.3 | Filter mit verteilten Elementen | 441 |
| 15.3 | Analoge Abtastfilter | 444 |
| 15.3.1 | Ladungsverschiebeelemente (Charge-Transfer Devices) | 444 |
| 15.3.2 | SC-Filter (Switched Capacitor) | 444 |
| 15.4 | Digitale Filter | 446 |
| 16 | **Pneumatisch-elektrische Umformer** | 449 |
| 16.1 | Einführung | 449 |
| 16.2 | Umformer für analoge Signale | 449 |
| 16.2.1 | Elektrisch-pneumatische Umformer | 449 |

| | | |
|---|---|---|
| 16.2.2 | Pneumatisch-elektrische Umformer | 451 |
| 16.3 | Umformer für diskrete Signale | 453 |
| 16.3.1 | Elektrisch-pneumatische Umformer | 453 |
| 16.3.2 | Pneumatisch-elektrische Umformer | 453 |
| 16.4 | Entwicklungstrend | 454 |
| **17** | **Digitale Grundschaltungen** | **455** |
| 17.1 | Schaltungsintegration | 455 |
| 17.2 | Schaltkreisfamilien | 456 |
| 17.2.1 | Überblick | 456 |
| 17.2.2 | TTL-Schaltkreise | 457 |
| 17.2.3 | CMOS-Schaltkreise | 459 |
| 17.2.4 | Interfaceschaltungen. Störeinflüsse | 460 |
| 17.2.5 | Störempfindlichkeit | 462 |
| 17.3 | Kippschaltungen | 462 |
| 17.3.1 | Schmitt-Trigger | 463 |
| 17.3.2 | Flipflopstufen | 464 |
| 17.3.3 | Univibratoren (Monoflops) | 466 |
| 17.3.4 | Multivibratoren | 469 |
| 17.4 | Zähler und Frequenzteiler | 470 |
| 17.4.1 | Zähler | 471 |
| 17.4.2 | Frequenzteiler | 473 |
| 17.5 | Dekodierer | 474 |
| 17.6 | Multiplexer | 474 |
| 17.7 | Digitale Komparatoren | 475 |
| **D** | **Bus-Systeme** | **477** |
| 1 | Überblick und Wirkprinzipien | 479 |
| 1.1 | Einteilung und Grundstrukturen | 479 |
| 1.2 | Buszugriffsverfahren | 479 |
| 1.2.1 | Zufälliger Buszugriff: CSMA, CSMA/CD, CSMA/CA | 480 |
| 1.2.2 | Kontrollierter Buszugriff: Master-Slave, Token-Passing | 481 |
| 1.3 | Datensicherung / Fehlererkennung | 482 |
| 1.4 | Elektrische Schnittstellen als Übertragungsstandards | 483 |
| 2 | Parallele Busse | 485 |
| 2.1 | IEC-Bus | 485 |
| 2.2 | VMEbus | 486 |
| 3 | Serielle Busse | 489 |
| 3.1 | Mehrebenenstrukturen der industriellen Kommunikation | 489 |
| 3.2 | Feldbusse | 490 |
| 3.2.1 | PROFIBUS | 490 |
| 3.2.2 | INTERBUS-S | 491 |
| 3.2.3 | CAN | 493 |
| 3.2.4 | ASI-Interface | 494 |
| 3.2.5 | HART-Protokoll | 496 |
| 3.2.6 | Übersicht zu industriellen Feldbussystemen | 497 |
| **E** | **Bauelemente für die Signalverarbeitung mit pneumatischer Hilfsenergie** | **499** |
| 1 | Grundelemente der Pneumatik | 501 |
| 1.1 | Überblick | 501 |
| 1.2 | Strömungswiderstände | 501 |
| 1.2.1 | Einzelwiderstände | 501 |

| | | |
|---|---|---|
| 1.2.2 | Widerstände in Schaltungen | 503 |
| 1.3 | Druckteilerschaltungen | 505 |
| 1.3.1 | System Düse–Prallplatte | 505 |
| 1.3.2 | System Düse–Prallplatte mit Ejektorwirkung | 507 |
| 1.3.3 | System Einlaßdüse–Auslaßdüse | 508 |
| 1.3.4 | System Düse–Kugel | 508 |
| 1.3.5 | Bemerkungen | 509 |
| 1.4 | Volumenelemente | 510 |
| 1.4.1 | Starre Speicher | 510 |
| 1.4.2 | Elastischer Speicher | 510 |
| 1.4.3 | Widerstand-Speicher-Kombinationen | 511 |
| 1.5 | Elastische Elemente | 513 |
| 1.5.1 | Membranen | 514 |
| 1.5.2 | Metallfaltenbälge (Wellrohre) | 516 |
| 1.6 | Pneumatische Leitungen | 518 |
| 1.6.1 | Ermittlung der Leitungsparameter | 518 |
| 1.6.2 | Übertragung analoger Signale | 519 |
| 1.6.3 | Übertragung diskreter Signale | 521 |
| 1.7 | Strahlelemente | 522 |
| 1.7.1 | Strahlablenkelemente | 524 |
| 1.7.2 | Gegenstrahlelemente | 524 |
| 1.7.3 | Turbulenzelemente | 525 |
| 1.7.4 | Wandstrahlelemente | 525 |
| 1.7.5 | Wirbelkammerelemente | 527 |
| **2** | **Analoge pneumatische Signalverarbeitung** | **529** |
| 2.1 | Arbeitsverfahren | 529 |
| 2.1.1 | Ausschlagverfahren | 529 |
| 2.1.2 | Kompensationsverfahren | 530 |
| 2.2 | Verstärker | 532 |
| 2.2.1 | Verstärker mit bewegten Bauteilen | 532 |
| 2.2.2 | Verstärker ohne bewegte Bauteile | 537 |
| 2.3 | Rechengeräte | 538 |
| 2.4 | Pneumatische Regeleinrichtungen | 541 |
| 2.4.1 | Arbeitsweise | 541 |
| 2.4.2 | Regler mit bewegten Bauteilen | 541 |
| 2.4.3 | Regler ohne bewegte Bauteile | 550 |
| **3** | **Pneumatische Schaltelemente** | **555** |
| 3.1 | Arbeitsweise | 555 |
| 3.2 | Schaltelemente mit bewegten Bauteilen | 557 |
| 3.3 | Schaltelemente ohne bewegte Bauteile | 560 |
| **4** | **Elektrisch-pneumatische Umformer** | **567** |
| 4.1 | Ausschlagverfahren | 567 |
| 4.2 | Wegvergleichendes Prinzip | 567 |
| 4.3 | Kraftvergleichendes Prinzip | 569 |
| 4.4 | Drehmomentvergleichendes Prinzip | 570 |
| 4.5 | Elektrischvergleichendes Prinzip | 572 |
| 4.6 | Zusammenfassung | 572 |
| **F** | **Elektronische Steuerungen** | **575** |
| **1** | **Speicherprogrammierbare Steuerung** | **577** |
| 1.1 | Strukturelle Betrachtung der speicherprogrammierbaren Steuerung | 577 |

| | | |
|---|---|---|
| 1.1.1 | Grundstruktur einer speicherprogrammierbaren Steuerung (SPS) | 577 |
| 1.1.2 | Die Zentralbaugruppe | 579 |
| 1.1.3 | Die Peripheriebaugruppen | 581 |
| 1.2. | Funktionale Betrachtung der speicherprogrammierbaren Steuerung | 582 |
| 1.2.1 | Aufbau der Steuerungsanweisung | 582 |
| 1.2.2 | Zyklische Programmbearbeitung | 583 |
| 1.2.3 | Zykluszeit und Reaktionszeit | 584 |
| 1.3 | Programmierung | 585 |
| 1.3.1 | Strukturierter Programmaufbau | 585 |
| 1.3.2 | Programmiersprachen | 586 |
| **2** | **Numerische Steuerungen** | **591** |
| 2.1. | Einführung und Definition | 591 |
| 2.1.1 | Kartesische Kinematiken | 592 |
| 2.1.2 | Nichtkartesische Kinematiken | 593 |
| 2.2 | Bewegungssteuerung | 593 |
| 2.2.1 | Einführung | 593 |
| 2.2.2 | Interpolation | 594 |
| 2.2.3 | Koordinatentransformation | 598 |
| 2.2.4 | Sensorschnittstellen | 601 |
| 2.3 | Programmierung | 604 |
| 2.3.1 | Programmierung von NC-Maschinen | 604 |
| 2.3.2 | Programmierung von Industrierobotern | 606 |
| 2.3.3 | Kalibrierung | 608 |

## G  Bauelemente für die Signalverarbeitung mit hydraulischer Hilfsenergie  611

| | | |
|---|---|---|
| **1** | **Hydraulische Signal- und Leistungsverstärker** | **613** |
| 1.1 | Elektrische Eingangsstufe für Stetigventile | 613 |
| 1.2 | Hydraulische Vorsteuerstufe für Stetigventile (Verstärkerstufe) | 616 |
| **2** | **Elektrohydraulische Umformer** | **619** |
| 2.1 | Proportional-Wegeventile | 619 |
| 2.2 | Servoventile | 622 |
| 2.3 | Proportional-Druckventile | 629 |
| 2.4 | Proportional-Drosselventile | 631 |
| 2.5 | Proportional-Stromregelventile | 633 |

## H  Stelleinrichtungen  635

| | | |
|---|---|---|
| **1** | **Aufgabe und Aufbau von Stelleinrichtungen für Stoffströme** | **637** |
| 1.1 | Aufgabe und Wirkprinzip | 637 |
| 1.2 | Aufgaben und Einteilung von drosselnden Stelleinrichtungen für Stoffströme | 639 |
| 1.3 | Grundbegriffe [EN 60534-1] | 640 |
| 1.3.1 | Begriffe für Bauteile und Funktionseinheiten | 640 |
| 1.3.2 | Funktionsbezeichnungen | 641 |
| 1.3.3 | Konstruktionsanforderungen | 644 |
| 1.3.4 | Prüfanforderungen | 644 |
| 1.3.5 | Berechnungen | 644 |
| **2** | **Arten und Eigenschaften von Stellgliedern mit Hubbewegung** | **647** |
| 2.1 | Stellventile mit Hubbewegung des Drosselkörpers | 647 |
| 2.1.1 | Einsatzparameter | 647 |
| 2.1.2 | Stellventilkörper und Stellventilbauformen | 648 |

| | | |
|---|---|---|
| 2.1.3 | Stellventilgarnitur | 649 |
| 2.1.4 | Abdichtung Drosselkörper – Ventilstellantrieb | 652 |
| 2.2 | Membranventil | 652 |
| 2.3 | Schlauch- oder Quetschventil | 653 |
| 2.4 | Gleitschieber-Stellventil | 653 |
| 2.4.1 | Wirkungsweise und Einsatzparameter | 653 |
| 2.4.2 | Körper und Bauform | 655 |
| 2.4.3 | Drosselelemente | 655 |
| 2.4.4 | Abdichtung Drosselkörper – Ventilstellantrieb | 655 |
| 2.5 | Vor- und Nachteile ausgewählter Hubventile | 655 |
| **3** | **Arten und Eigenschaften von Stellgliedern mit Drehbewegung** | **659** |
| 3.1 | Drehkegelstellventil | 659 |
| 3.1.1 | Drehkegelstellventil mit zylindrischem oder kegeligem Drosselkörper | 659 |
| 3.1.2 | Drehkegelstellventil mit kugelförmigem Drosselkörper | 660 |
| 3.1.3 | Drehkegelstellventil mit kugelsegmentförmigem Drosselkörper | 663 |
| 3.1.4 | Stellklappe | 665 |
| 3.2 | Vor- und Nachteile ausgewählter Stellglieder mit Dreh-(Schwenk-)Bewegung des Drosselkörpers | 667 |
| **4** | **Bemessungsgleichungen für Stellglieder nach DIN/IEC 534** | **671** |
| 4.1 | Berechnungsziele und Gültigkeitsbereiche der Bemessungsgleichungen | 671 |
| 4.2 | Ausgewählte Grundbegriffe zur Kennzeichnung der Strömung bei Fluiden | 671 |
| 4.3 | Zur Auswahl eines Stellgliedes | 674 |
| 4.3.1 | Berechnung des Durchflusses bei inkompressiblen Fluiden [DIN/IEC 534-2-1] | 674 |
| 4.3.2 | Berechnung des Durchflusses bei kompressiblen Fluiden [DIN/IEC 534-2-2] | 680 |
| 4.3.3 | Korrekturfaktoren für Rohrleitungen mit Fittings | 682 |
| 4.3.4 | Kennlinien von Stellgliedern | 683 |
| 4.3.5 | Schallemission bei drosselnden Stellgliedern | 686 |
| 4.4 | Werkstoffe für Stellglieder | 687 |

## I Stellantriebe 689

| | | |
|---|---|---|
| **1** | **Stellantriebe mit elektrischer Hilfsenergie** | **691** |
| 1.1 | Allgemeines | 691 |
| 1.2 | Stetig rotierende Motoren | 691 |
| 1.2.1 | Gleichstrommotor | 691 |
| 1.2.2 | Elektronikmotor | 700 |
| 1.2.3 | Drehstrom-Asynchronmotor | 707 |
| 1.3 | Schrittmotoren | 715 |
| 1.3.1 | Allgemeines | 715 |
| 1.3.2 | Ausführungen | 716 |
| 1.3.3 | Ansteuerung | 718 |
| 1.3.4 | Betriebsverhalten | 718 |
| 1.4 | Anpassungsgetriebe | 720 |
| 1.4.1 | Allgemeines | 720 |
| 1.4.2 | Zahnradgetriebe | 721 |
| 1.4.3 | Reibgetriebe | 723 |
| 1.4.4 | Zugmittelgetriebe | 723 |
| 1.4.5 | Lineargetriebe | 724 |
| 1.5 | Direktantriebe | 725 |
| 1.5.1 | Elektromagnete | 726 |

| | | |
|---|---|---|
| 1.5.2 | Thermobimetalle | 729 |
| 1.5.3 | Formgedächtnis-Legierungen | 730 |
| 1.5.4 | Dehnstoff-Elemente | 731 |
| 1.5.5 | Elektrochemischer Aktor | 732 |
| 1.5.6 | Piezoelektrische Aktoren | 733 |
| 1.5.7 | Magnetostriktive Aktoren | 738 |
| 1.5.8 | Mikroaktoren | 739 |
| **2** | **Stellantriebe mit pneumatischer Hilfsenergie** | **743** |
| 2.1 | Wirkungsweise, Arten und ausgewählte Eigenschaften | 743 |
| 2.2 | Bewegungsgrößen | 744 |
| 2.3 | Konstruktionsausführung | 746 |
| 2.3.1 | Membranantriebe | 746 |
| 2.3.2 | Kolbenantrieb | 748 |
| 2.3.3 | Anpassung | 748 |
| 2.4 | Stellungsregler und Zusatzausrüstungen | 749 |
| 2.4.1 | Stellungsregler | 749 |
| 2.4.2 | Zusatzeinrichtungen | 749 |
| 2.5 | Hinweise zur Dimensionierung eines pneumatischen Stellantriebes | 749 |
| **3** | **Stellantriebe mit hydraulischer Hilfsenergie** | **753** |
| 3.1 | Hydraulische Schwenkmotoren | 753 |
| 3.2 | Hydrozylinder | 756 |

# K  Schaltgeräte 763

| | | |
|---|---|---|
| **1** | **Elektromechanische Relais** | **765** |
| 1.1 | Übersicht | 765 |
| 1.2 | Relaismarkt | 765 |
| 1.3 | Einsatzbereiche | 766 |
| 1.4 | Relaistypen nach DIN | 767 |
| **2** | **Relaisausführungen** | **769** |
| 2.1 | Elektromagnetischer Antrieb | 769 |
| 2.2 | Weitere Antriebe | 769 |
| 2.3 | Lötrelais | 769 |
| 2.4 | Steckrelais | 770 |
| **3** | **Elektromagnetische Relais** | **771** |
| 3.1 | Die Antriebseite elektromagnetischer Relais. | 771 |
| 3.1.1 | Typ 1 – neutrale monostabile Relais | 771 |
| 3.1.2 | Typ 2 – neutrale bistabile Relais | 772 |
| 3.1.3 | Typ 3 – Remanenzrelais | 772 |
| 3.1.4 | Typ 4 – gepolte bistabile Relais | 773 |
| 3.1.5 | Typ 5 – gepolte monostabile Relais | 773 |
| 3.1.6 | Schutzbeschaltung der Erregerseite | 773 |
| 3.2 | Kontaktseite eines elektromagnetischen Relais | 774 |
| 3.2.1 | Kontaktmaterialien | 774 |
| 3.2.2 | Lichtbogengrenzspannung | 774 |
| 3.2.3 | Kontaktaufbau | 775 |
| 3.2.4 | Schließer | 775 |
| 3.2.5 | Wechsler | 777 |
| 3.2.6 | Sonstige | 778 |
| 3.2.7 | Optimale Betriebsbedingungen der Lastseite | 778 |
| 3.2.8 | Schutzbeschaltung der Lastseite | 778 |

| | | |
|---|---|---|
| 3.3 | Leistungsgrenzen | 778 |
| 3.3.1 | Erwärmung | 779 |
| 3.3.2 | Betriebsspannungsbereich | 779 |
| 3.3.3 | Schaltzeiten | 779 |
| 3.3.4 | Grenzdauerstrom und maximaler Spannungsabfall | 780 |
| 4 | **Alternativen zu Relais** | 783 |
| 4.1 | Halbleiterrelais | 783 |
| 4.2 | Hybridrelais | 784 |
| 5 | **Qualität und Entsorgung** | 785 |
| 5.1 | Qualität | 785 |
| 5.2 | Entsorgung | 785 |
| 6 | **Niederspannungsschaltgeräte** | 787 |
| 6.1 | Überblick über Funktionen | 787 |
| 6.2 | Geräte für Hilfsstromkreise | 788 |
| 6.2.1 | Geräte für Signaleingabe | 788 |
| 6.2.2 | Geräte für Signalverknüpfung und -ausgabe | 790 |
| 6.3 | Geräte für Hauptstromkreise | 792 |
| 6.3.1 | Trennen und Schützen | 792 |
| 6.3.2 | Schalten | 793 |
| 6.3.3 | Überwachen | 795 |
| 6.3.4 | Gerätekombinationen | 796 |
| 6.4 | IEC-, DIN EN- und DIN VDE-Bestimmungen | 797 |

## L  Hilfsenergiequellen  799

| | | |
|---|---|---|
| 1 | **Netzgeräte** | 801 |
| 1.1 | Übersicht | 801 |
| 1.1.1 | Schaltungen mit Netzfrequenztransformatoren | 801 |
| 1.1.2 | Schaltungen mit Hochfrequenztransformatoren | 802 |
| 1.2 | Gleichrichtung | 802 |
| 1.3 | Leistungsfaktorregelung | 804 |
| 1.4 | Längsregler | 804 |
| 1.5 | Schaltregler | 804 |
| 1.6 | DC/DC-Wandler | 804 |
| 2 | **Druckluftversorgung** | 807 |
| 2.1 | Anforderungen an Druckluft und ausgewählte Eigenschaften von Druckluft | 807 |
| 2.2 | Aufbau von Druckluftanlagen | 808 |
| 2.3 | Drucklufterzeugung | 809 |
| 2.4 | Regelung des Förderstromes | 810 |
| 2.5 | Druckluftaufbereitung | 811 |
| 3 | **Druckflüssigkeitsquellen** | 813 |
| 3.1 | Antriebseinheiten als Energiequelle | 813 |
| 3.2 | Hydropumpen als Energieumformer | 813 |

**Abkürzungsverzeichnis** ... 817

**Stichwortverzeichnis** ... 883

# Teil A

## Begriffe, Benennungen, Definitionen

1 Begriffe, Definitionen
2 Grundlagen der Systembeschreibung
3 Umgebungsbedingungen

# 1 Begriffe, Definitionen

L. KOLLAR (Abschn. 1.1, 1.2)
H.-J. GEVATTER (Abschn. 1.3–1.5)

## 1.1
### Aufgabe der Automatisierung

Mit Hilfe der Automatisierung werden menschliche Leistungen auf Automaten übertragen. Dazu ordnet der Mensch zwischen sich und einem Prozeß (z.B. technologischen Prozeß) Automaten und weitere technische Mittel (z.B. Einrichtung zur Hilfsenergieversorgung) an (Bild 1.1).

Ein *Automat* ist ein technisches System, das *selbsttätig* ein Programm befolgt. Auf Grund des Programms trifft das System Entscheidungen, die auf der Verknüpfung von Eingaben mit den jeweiligen Zuständen des Systems beruhen und Ausgaben zur Folge haben [DIN 19223].

Zur Realisierung der Funktion eines Automaten ist das Zusammenwirken verschiedener Automatisierungsmittel erforderlich. Sie erstrecken sich auf die

- Informationsgewinnung (Meßmittel),
- Informationsverarbeitung (z.B. Steuereinrichtung, Regler),
- Informationsausgabe (z.B. Sichtgerät),
- Informationseingabe (Tastatur, Schalter),
- Informationsnutzung (Stelleinrichtung) und
- Informationsübertragung (z.B. elektrische oder pneumatische Leitungen).

Die zur Informationsübertragung und zum Betrieb der Automatisierungsmittel benötigte *Hilfsenergie* (s. Abschn. 1.5) kann elektrisch, pneumatisch oder hydraulisch sein. Im Bereich nichtelektrischer Automatisierungsmittel ist oft keine Hilfsenergie erforderlich, weil diese dem zu automatisierenden Prozeß entnommen werden kann (Geräte *ohne* Hilfsenergie). Um die Informationsübertragung zwischen den verschiedenen Funktionseinheiten zu gewährleisten, wurden Einheitssignale und Einheitssignalbereiche festgelegt [VDI/VDE 2188] (s. Abschn. 1.4).

Die Einbeziehung von Mikrokontrollern und Mikrorechnern in die Informationsverarbeitung hat zur Entwicklung von Bus-Verbindungen geführt [VDI/VDE 3689] (s. Teil D).

Ein Bus ist eine mehradrige Leitung, durch die der Aufwand bei der Verkabelung verringert wird.

In Verbindung mit einer entsprechenden Steuerung des Informationsflusses kann eine bestimmte Nachricht allen Teilnehmern (Funktionseinheiten) gleichzeitig angeboten werden. Auf diese Weise ist die Kopplung von verschiedenen Automatisierungsmitteln, z.B. für die Informationsgewinnung über intelligente Meßeinrichtungen mit mikrorechnergestützten Reglern zur Informationsverarbeitung besonders effektiv möglich [1.1].

Von besonderer Bedeutung sind die Koppelstellen (Bild 1.1)

Mensch – Automat
Mensch – Prozeß und
Automat – Prozeß.

Über die Koppelstellen Mensch – Automat sowie Mensch – Prozeß wird dem Menschen die Möglichkeit eingeräumt, auf einen Automaten oder Prozeß entsprechend festgelegter Vorgehensweisen Einfluß zu nehmen (Informationseingabe) oder sich über Aktivitäten des Automaten oder über Parameter einer Prozeßgröße zu informieren (Informationsausgabe). Die u.a. auch dafür entwickelte Leittechnik [DIN 19222] und die Besonderheiten der *Mensch-Maschine-Kommunikation* [1.2] sollen im folgenden nicht näher erörtert werden.

Die von Automaten zu lösenden Aufgaben sind unterschiedlich. Sie werden u.a. wesentlich bestimmt durch die Anforderungen der Automatisierung [1.1], die technische Entwicklung der Geräte und Softwaresysteme [1.3, 1.4] sowie die Einsatz- und Umgebungsbedingungen (s. Kap. 3). Umgebungsbedingungen sind die Gesamtheit einzeln oder kombiniert auftretender Einflußgrößen, die auf Erzeugnisse einwirken und zusammen mit den Erzeugnisei-

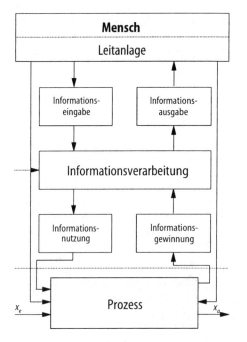

**Bild 1.1.** Kopplungen im Bereich des Informationsflusses zwischen Mensch und Prozeß

genschaften zu Beanspruchungen und in deren Folge zu Erzeugnisdegradation und Ausfällen führen. Umgebungsbedingungen natürlichen Ursprungs sind statistisch erfaßbar und territorial klassifizierbar [VDI/VDE 3540].

Technische Bauten und Einrichtungen bewirken Veränderungen, die durch Einflüsse aus dem Zusammenwirken von Geräte- und Anlagenfunktionen überlagert werden und die technoklimatischen Umgebungsbedingungen verursachen. Diese sind mit statistischen Verfahren gegenwärtig nicht erfaßbar.

## 1.2
## Methoden der Automatisierung

Im Rahmen der Automatisierung werden automatische Steuerungen mit

- offenem Wirkungsablauf (Steuerungen) und
- geschlossenem Wirkungsablauf (Regelungen) sowie
- Kombinationen aus beiden

eingesetzt [DIN 19226 T.1].

Automatische Steuerungen sind *dynamische Systeme*. Entsprechend der Definition [DIN 19222] gilt dafür: Ein dynamisches System ist eine Funktionseinheit zur Verarbeitung und Übertragung von Signalen (z.B. in Form von Energie, Material, Information, Kapital und anderen Größen), wobei die Systemeingangsgrößen als *Ursache* und die Systemausgangsgrößen als deren zeitliche *Wirkung* zueinander in Relation gebracht werden.

Dynamische Systeme können Wechselwirkungen zwischen einer Ein- und Ausgangsgröße, zwischen mehreren Ein- und Ausgangsgrößen oder auch zwischen mehrstufig hierarchisch gegliederten Mehrgrößensystemen darstellen [DIN 19226 T.1, DIN 19222, 1.5].

Der Anwendungsbereich von Steuerungen und Regelungen ist sehr vielfältig. Zumeist wird die Entscheidung für eine Steuerung oder Regelung von dem Einfluß der *Störgrößen* getroffen, die das Einhalten geforderter Ausgangsgrößen eines dynamischen Systems erschweren.

## 1.3
## Information, Signal

In einer offenen Steuerkette bzw. in einer geschlossenen Regelschleife werden Signale von einem Übertragungsglied zum nächsten Übertragungsglied weitergegeben. Die Signalflußrichtung ist durch die im Idealfall volle *Rückwirkungsfreiheit* des Übertragungsgliedes gegeben. Das heißt, das Ausgangssignal des vorgeschalteten Übertragungsgliedes ist gleich dem Eingangssignal des nachgeschalteten Übertragungsgliedes (Verzweigungs- und Summationsfreiheit vorausgesetzt).

Signale sind ausgewählte physikalische Größen, die sich aus gerätetechnischer Sicht vorteilhaft verarbeiten lassen (s. Abschn. 1.4). Jedoch sind Signale nur Mittel zum Zweck der *Informationsübertragung*. Eine Information, d.h. das Wissen um einen bestimmten Zusammenhang („Know-how") ist ein immaterieller, energieloser Zustand (Negativdefinition: „Information ist weder Materie noch Energie"). Um jedoch Informationen weitergeben zu können, muß ein Signal, ausgestattet mit einem gewissen

*Energiepegel*, zu Hilfe genommen werden. Die Höhe des erforderlichen Energiepegels richtet sich nach der Höhe des zu beachtenden Störpegels des Übertragungsweges und muß einen hinreichend hohen Störabstand (signal-to-noise ratio, in dB gemessen) haben, um eine sichere Informationsübertragung (d.h. ohne Informationsverlust) zu gewährleisten.

Damit der Empfänger eines Signales die Information entschlüsseln kann, muß zwischen Sender und Empfänger vorher eine Vereinbarung getroffen werden. Dabei kann ein und dasselbe Signal je nach Vereinbarung verschiedenen Informationsinhalt haben. Umgekehrt kann ein und dieselbe Information mit Hilfe unterschiedlicher Signale transportiert werden. So hat z.B. ein elektrischer Temperatur-Meßumformer mit einem Meßbereich von 0/100 °C als Ausgangssignal 4/20 mA, während ein pneumatischer Temperatur-Meßumformer für den gleichen Meßbereich ein Ausgangssignal von 0,2/1,0 bar liefert (s. Abschn. 1.4).

Der für die Signalübertragung erforderliche Energiepegel wird entweder dem Meßort entnommen oder mit Hilfe eines Leistungsverstärkers aus einer *Hilfsenergiequelle* (s. Abschn. 1.5) geliefert. Ein Thermoelement (als Beispiel eines Meßumformers/Sensors ohne Hilfsenergie) entnimmt dem Meßort durch Abkühlung (Temperaturmeßfehler) die Energie, die am Ausgang abgenommen wird.

Mit Hilfe eines als Impedanzwandler geschalteten Operationsverstärkers, der aus einer Hilfsenergiequelle (Netzgerät) gespeist wird, kann dieser Meßfehler vermieden werden.

Somit wird deutlich, daß im allgemeinen Fall ein Übertragungsglied sowohl hinsichtlich der Qualität des Signalflusses als auch der Qualität des Energieflusses beurteilt werden muß (Bild 1.2).

Für Signalumformer am Meßort steht die Qualität des Signalflusses (Meßwertgenauigkeit) im Vordergrund, während der Energiefluß lediglich einen Ausgangsenergiepegel liefern muß, der der Anforderung nach einem hinreichenden Störabstand genügt.

Am Stellort steht die Qualität des Energieflusses (Energiewirkungsgrad) im Vor-

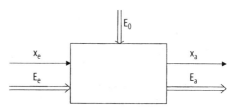

**Bild 1.2.** Allgemeines Übertragungsglied
$x_e$ Eingangssignal, $x_a$ Ausgangssignal, $E_e$ Eingangsenergie, $E_a$ Ausgangsenergie, $E_0$ Hilfsenergie

dergrund, insbesondere wenn eine hohe Stellenergie für große Stellantriebe erforderlich ist. Die Qualität des Signalflusses ist am Stellort in einer Regelschleife von untergeordneter Bedeutung. Es muß lediglich die Erhaltung des Signalvorzeichens gewährleistet sein. Kleine Abweichungen von der Signalübertragungsgenauigkeit (z.B. Nullpunktfehler, Nichtlinearitätsfehler) werden in der Regelschleife ausgeregelt.

## 1.4 Signalarten

Grundsätzlich ist jede physikalische Größe als Signal verwendbar. Es wurden jedoch als Ergebnis der langjährigen Erfahrungen aus der meß- und automatisierungstechnischen Praxis die physikalischen Größen

- pneumatischer Druck,
- elektrische Spannung,
- elektrischer Strom,
- Weg/Winkel,
- Kraft/Drehmoment

bevorzugt. Während die ersten drei Größen für die signalmäßige Verbindung zwischen den Übertragungsgliedern (Geräte) einer Signalflußkette eingesetzt werden, werden die letzten beiden Größen vorzugsweise als geräteinterne Signale verwendet (z.B. wegkompensierende bzw. kraftkompensierende Systeme).

In den primären Sensorelementen (Meßelementen, Meßumformern) werden für die Signalumformung (z.B. mechanische Größe/elektrische Größe) sehr zahlreiche verschiedene physikalische Effekte genutzt, die unterschiedliche Signalarten am Ausgang haben:

- amplitudenanaloge Signale,
- frequenzanaloge Signale,
- digitale Signale.

### 1.4.1
**Amplitudenanaloge Signale**

Bei dieser Signalart wird die Information in eine analoge *Amplitudenmodulation* der als Signal verwendeten physikalischen Größe umgeformt. Dabei unterscheidet man vorzeichenerhaltende Amplitudenmodulationen (z.B. −5 V/+5 V Gleichspannung) und nicht vorzeichenerhaltende (nur in einem Quadranten) modulierbare Signale (z.B. 0,2/1,0 bar).

Eine besondere Art der Amplitudenmodulation ist die amplitudenmodulierte *Wechselspannungs-Nullspannung*. Mit dieser Bezeichnung soll zum Ausdruck kommen, daß die ausgangsseitig amplitudenmodulierte Wechselspannung Null ist, wenn das Eingangssignal Null ist. Diese Signalart tritt bei zahlreichen Meßumformer-Bauformen auf, die die eingangssignalabhängige transformatorische Kopplung zwischen einer Primärspule und einer Sekundärspule verwenden (z.B. Differentialtransformator, s. Abschn. B 5.1). Das Ausgangssignal hat den zeitlichen Verlauf

$$u_a(t) = \hat{u}_a \sin(\omega_T t) x_e(t) \qquad (1.1)$$

mit $x_e(t)$ als (normiertes) Eingangssignal, $\hat{u}_a$ als Amplitude der Ausgangswechselspannung und $f_T = \omega_T/2\pi$ als Trägerfrequenz (Bild 1.3).

Das Vorzeichen des Eingangssignals wird auf die Phasenlage des Trägers abgebildet. Positives Vorzeichen bildet die Phasenlage Null des Trägers, negatives Vorzeichen bildet die Phasenlage $\pm\pi$ des Trägers (wegen $-\sin \omega_T t = \sin(\omega_T t \pm \pi)$). Die Rückgewinnung der Einhüllenden $x_e(t)$ erfolgt durch eine phasenempfindliche (vorzeichenerhaltende) Gleichrichtung (Synchrongleichrichtung).

### 1.4.2
**Frequenzanaloge Signale**

Bei dieser Signalart wird die *Frequenz* des Ausgangssignales in Abhängigkeit des Eingangssignals moduliert. Der Vorteil dieser Signalart ist die sehr störsichere Übertra-

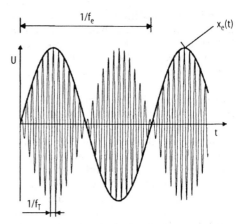

**Bild 1.3.** Amplitudenmodulierte Wechselspannungs-Nullspannung. Zeitlicher Verlauf des amplitudenmodulierten Ausgangssignals

gung über große Entfernungen (drahtgebunden oder drahtlos). Nachteilig ist jedoch, daß kein Vorzeichenwechsel des Eingangssignales zulässig ist und daß es nur wenige physikalische Effekte gibt, die ein primäres Sensorelement mit frequenzanalogem Ausgang ermöglichen.

### 1.4.3
**Digitale Signale**

Das Ausgangssignal ist digital codiert:

- binär 0/1 bzw. Low (L)/High (H),
- inkremental,
- absolut.

Binäre Signale können nur den Zustand Ja/Nein übertragen (z.B. Näherungsschalter). Inkremental codierte Signale bilden eine Impulsfolge. Jeder Übergang von L auf H bzw. von H auf L kennzeichnet einen inkrementalen Schritt des Eingangssignals. Zum Erkennen der Änderungsrichtung des Eingangssignales ist es erforderlich, eine um ¼ Schritt versetzte zweite Spur einzusetzen.

Außerdem wird die absolute Größe des Eingangssignales nicht übertragen. Jedoch ist es möglich, nach einem „Reset" die Impulsfolge störsicher in einen Zähler zu geben, so daß der jeweilige Zählerinhalt ein pseudo-absolutes Abbild des Eingangssignales ist.

Signalumformer mit einem absolut codiertem Ausgangssignal formen das Eingangssignal entsprechend um, wobei der oben genannte Nachteil des inkrementalen Signales nicht mehr auftritt. Entsprechend größer ist der gerätetechnische Aufwand, um z.B. einen Drehwinkel als Eingangssignal mittels einer $n$-spurigen optischen Codierscheibe in ein $n$-bit breites, absolut codiertes Digitalsignal (z.B. in einschrittigen Gray-Code) umzusetzen.

### 1.4.4
**Zyklisch-absolute Signale**

Diese Signalart setzt sich aus einem absoluten und einem zyklischen Anteil zusammen (Bild 1.4).

Ein Resolver (Abschn. B 5.1) liefert mit dem Sinus des Eingangssignales $\alpha_e$ zyklisch verlaufende Wechselspannungs-Nullspannungen (Kurve 1). Die Impulsformung der Nulldurchgänge liefert eine inkrementale Impulsfolge (Kurve 2). Innerhalb des Eingangssignalbereiches $\pm\pi/2$ ist das Ausgangssignal eindeutig und absolut/analog interpolierbar. Durch Verwendung von Grob/Fein-Resolverpaaren oder Grob/Mittel/Fein-Resolverdrillingen kann der absolute Eindeutigkeitsbereich wesentlich erweitert werden [1.6].

### 1.4.5
**Einheitssignale**

Um die Zusammenschaltung und Austauschbarkeit von Geräten verschiedener Hersteller ohne Anpassungsmaßnahmen funktionssicher vornehmen zu können, wurden verschiedene Einheitssignale vereinbart (Bild 1.5). Daraus folgt, daß ein Einheitssignal-Meßumformer verschiedene Meßgrößen in das gleiche Einheitssignal umformt. Auch innerhalb eines (Einheits-) Gerätesystems werden für die Hintereinanderschaltung innerhalb einer Steuerkette oder Regelschleife dieselben Einheitssignale verwendet. Bei manchen Geräten ist die wahlweise Anwendung verschiedener Einheitssignale eingangs- und/oder ausgangsseitig möglich.

## 1.5
### Hilfsenergie

Man unterscheidet Übertragungsglieder *mit* und *ohne* Hilfsenergie (s. Bild 1.2). Ein Übertragungsglied ohne Hilfsenergie entnimmt die mit dem Ausgangssignal gelieferte Ausgangsenergie dem Eingangssignalpegel. Es hat damit zwangsläufig einen Leistungsverstärkungsfaktor $< 1$.

Ein Übertragungsglied mit Hilfsenergie entnimmt die Ausgangsenergie zum größten Teil einer Hilfsenergiequelle. Es hat somit einen Leistungsverstärkungsfaktor $> 1$.

Ein historischer Rückblick zeigt, daß am Anfang die mechanische Hilfsenergie stand (z.B. Wasserkraft, Windkraft, Transmissionswelle). Heute sind die drei typischen Hilfsenergiearten der Automatisierungstechnik

- pneumatische Hilfsenergie,
- elektrische Hilfsenergie,
- hydraulische Hilfsenergie.

Die in die Übertragungsglieder eingespeiste Hilfsenergie wird der jeweiligen Hilfsenergiequelle (s. Teil L) entnommen.

Welche Hilfsenergieart für eine gegebene Automatisierungsaufgabe zu bevorzugen ist, um zu einer gerätetechnisch optimalen Lösung zu kommen, hängt von zahlreichen, unterschiedlich zu gewichtenden

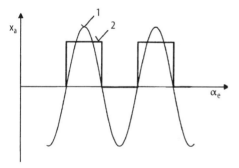

**Bild 1.4.** Zyklisch-absolutes Signal
Kurve 1: $x_a = \hat{x}_a \sin(\alpha_e + 2n\pi)$; Kurve 2: Impulsfolge der Nulldurchgänge

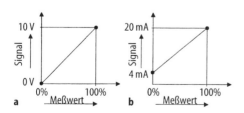

**Bild 1.5.** Ausgewählte Einheitssignale. **a** 0/10 V eingeprägte Spannung („Dead-Zero"), **b** 4/10 mA eingeprägter Strom („Life-Zero")

Kriterien ab. Ein wesentliches Kriterium ist z.B. der Explosionsschutz (s. Abschn. 3.3), der bei durchgängiger Verwendung der pneumatischen Hilfsenergie problemlos ist. Wenn z.B. hohe Leistungen bei kleinem Gerätevolumen und -gewicht gefordert sind, wird die hydraulische Hilfsenergie bevorzugt. Ist eine anspruchsvolle Signalverarbeitung und/oder eine Signalübertragung über große Entfernungen gefordert, dann ist die elektrische Hilfsenergie zu bevorzugen. Typische *Mischformen* sind z.B. elektrische Hilfsenergie am Meßort und pneumatische oder hydraulische Hilfsenergie am Stellort unter Verwendung elektro-pneumatischer bzw. elektro-hydraulischer Umformer (s. Kap. E 5 bzw. Kap. G 2).

## Literatur

1.1 Toepfer H, Kriesel W (1993) Funktionseinheiten der Automatisierungstechnik. 5., überarb. Aufl. Verlag Technik, Berlin. S 19–31

1.2 Johannsen G (1993) Mensch-Maschine-Systeme. Springer, Berlin Heidelberg New York

1.3 Schuler H (1993) Was behindert den praktischen Einsatz moderner regelungstechnischer Methoden in der Prozeßindustrie. atp Sonderheft NAMUR Statusbericht '93. S 14–21

1.4 Schuler H, Giles ED (1993) Systemtechnische Methoden in der Prozeß- und Betriebsführung. atp Sonderheft NAMUR Statusbericht '93. S 22–30

1.5 Unbehauen H (1992) Regelungstechnik, 1. Klassische Verfahren zur Analyse und Synthese linearer kontinuierlicher Regelungen. 7., überarb. u. erw. Aufl. Vieweg, Braunschweig Wiesbaden

1.6 IMAS Induktives Multiturn Absolut-Meßsystem. Firmenprospekt. Baumer Electric

# 2 Grundlagen der Systembeschreibung

L. KOLLAR

## 2.1
### Glieder in Steuerungen und Regelungen – Darstellung im Blockschaltbild

Die Aufgabe eines Automaten (Bild 2.1) besteht darin, ein dynamisches System über Eingangsgrößen $\bar{x}_e(t)$ unter Beachtung vorgegebener Führungsgrößen $\bar{w}(t)$ bei der Wirkung von Störgrößen $\bar{z}(t)$ so zu steuern, daß die Wirkung der Störgrößen auf die Ausgangsgrößen $\bar{x}_a(t)$ minimiert wird und daß das dynamische System sich ändernden Führungsgrößen unter Beachtung der Zustandsgrößen $\bar{q}(t)$ optimal folgt. Die verschiedenen Größen, z.B. $x_{e1}, x_{e2}, \ldots x_{em}$ wurden zu einem Vektor $\bar{x}_e(t)$ zusammengefaßt, um die Übersichtlichkeit zu verbessern. Somit gilt:

$$\bar{x}_a(t) = f[\bar{x}_e(t); \bar{q}(t); \bar{z}(t)] \qquad (2.1)$$

für die Ausgangsgrößen.

### Steuerung
Sind die Eigenschaften des dynamischen Systems bekannt, und darf der Einfluß der Störgrößen auf die Ausgangsgrößen des dynamischen Systems vernachlässigt werden oder gibt es eine dominierende und meßbare Störgröße, so daß ihre Wirkung in einer Steuervorschrift berücksichtigt werden kann, dann wird eine Steuerung angewendet (Bild 2.2a).

### Regelung
Sind bei bekannten Eigenschaften des dynamischen Systems mehrere dominierende Störgrößen wirksam und auch nur eine in Abhängigkeit von der Zeit nicht bestimmbar, muß eine Regelung angewendet werden (Bild 2.2b).

Der wesentliche Vorteil einer Regelung im Vergleich zur Steuerung besteht darin, daß der Regeldifferenz (bzw. Regelabweichung) unabhängig von ihrer Entstehungsursache entgegengewirkt wird.

Bei Vergleichen mit dem Wirkungsablauf einer Steuerung zeichnet sich eine Regelung aus durch:

- ständiges Messen und Vergleichen der Regelgröße mit der Führungsgröße,
- den geschlossenen Wirkungsablauf (Regelkreis),
- die Umkehr der Vorzeichen der Signale entsprechend der jeweiligen Regeldifferenz.

Beim Einsatz von digitalen Reglern muß die zumeist analog vorliegende Regelgröße in eine digitale Größe umgesetzt werden (Bild 2.2c). Das gilt auch für die Führungsgröße.

Zur Beschreibung der Beziehung „Ursache – Wirkung" der verschiedensten Er-

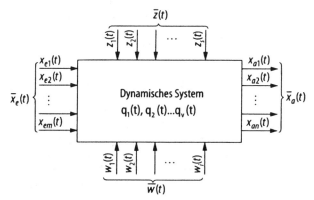

$x_{a1}(t)\ldots x_{an}(t)$ Ausgangsgrößen
$\bar{x}_a(t)$ Vektor der Ausgangsgrößen
$x_{e1}(t)\ldots x_{em}(t)$ Eingangsgrößen
$\bar{x}_e(t)$ Vektor der Eingangsgrößen
$w_1(t)\ldots w_i(t)$ Führungsgrößen
$\bar{w}(t)$ Vektor der Führungsgrößen
$q_1(t)\ldots q_v(t)$ Zustandsgrößen
$\bar{q}(t)$ Vektor der Zustandsgrößen
$z_1(t)\ldots z_s(t)$ Störgrößen
$\bar{z}(t)$ Vektor der Störgrößen

**Bild 2.1.** Automat als System

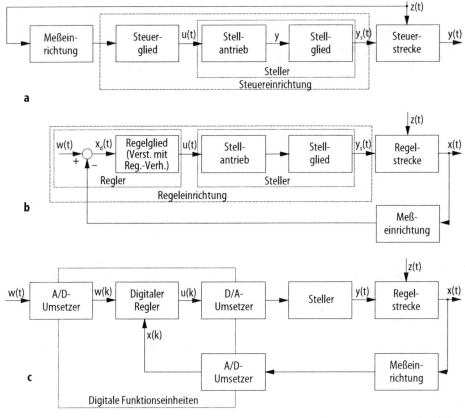

**Bild 2.2.** Methoden der Automatisierung.
**a** Steuerung, **b** Regelung, **c** digitale Regelung.
Digitale Größen werden als Funktion der
Abtastschrittweite $k$ angegeben

$y(t)$ gesteuerte Größe
$x(t)$ geregelte Größe
   (Regelgröße)
$z(t)$ Störgröße
$x_d(t)$ Regeldifferenz
$w(t)$ Führungsgröße
$u(t)$ Steuergröße
$y_s(t)$ Streckenstellgröße

scheinungsformen von Objekten und Gebilden ist es oft zweckmäßig, bestimmte Teilbereiche zu betrachten, die miteinander in Beziehung stehen.

Eine abgegrenzte Anordnung von Gebilden, die miteinander in Beziehung stehen, wird System genannt [DIN 19226 T.1].

Durch Abgrenzung treten Ein- und Ausgangsgrößen von der bzw. zu der Umwelt auf (Bild 2.3).

Nicht zum betrachteten System gehörende Glieder werden auch Umgebung eines Systems, die Grenze zwischen Systemen und Umgebung wird Systemrand genannt. Zwischen einem System und der Umgebung bestehen Wechselwirkungen. Wirkungen der Umgebung auf das System sind Eingangsgrößen, Wirkungen des Systems auf die Umgebung Ausgangsgrößen (Bild 2.3a).

Die Funktion eines Systems ist dadurch gekennzeichnet, Eingangsgrößen in bestimmter Weise auf Ausgangsgrößen zu übertragen (Bild 2.3b).

Die Funktion eines Systems ist bei gliedweiser Betrachtung meistens einfach erkennbar.

Ein *Glied* ist ein Objekt in einem Abschnitt eines Wirkungsweges, bei dem Eingangsgrößen in bestimmter Weise Ausgangsgrößen beeinflussen.

Die Beschreibung des wirkungsmäßigen Zusammenhanges eines Systems wird *Übertragungsglied* genannt. Ein Übertragungsglied ist ein *rückwirkungsfreies* Glied

## 2 Grundlagen der Systembeschreibung 11

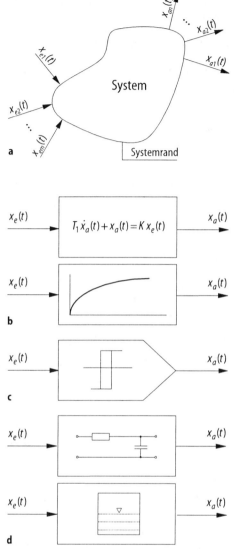

**Bild 2.3.** Systemkennzeichnung. **a** allgemeines System, **b** Differentialgleichung, **c** nichtlineares Übertragungsglied, **d** Glied, Funktionseinheit

bei der wirkungsmäßigen Betrachtung eines Systems.

Die *Wirkungsrichtung* eines Systems verläuft stets von der verursachenden zur beeinflussenden Größe und wird durch Pfeile entsprechend dem Richtungssinn (Ursache – Wirkung) dargestellt. Der Wirkungsweg ist der Weg, längs dem die Wirkungen in einem System verlaufen. Der Wirkungsweg

ergibt sich aus den Übertragungsgliedern und den sie verbindenden Wirkungslinien, den Pfeilen [DIN 19226, T 1].

Läßt sich der Zusammenhang durch *lineare* Gleichungen beschreiben, dann wird das Übertragungsglied durch ein Rechteck mit einem Ein- und Ausgangssignal und der Kennzeichnung des Zeitverhaltens im Block (z.B. Sprungantwort, Differentialgleichung) dargestellt (Bild 2.3b). Ist der Zusammenhang durch eine lineare Gleichung nicht beschreibbar, wird das Übertragungsglied *nichtlineares* Übertragungsglied genannt und durch ein Fünfeck mit der entsprechenden Kennzeichnung (Kennlinie) dargestellt (Bild 2.3c).

Signale sind gemäß ihrem durch die Pfeilspitze gekennzeichneten Richtungssinn wirksam.

Ein *Signal* ist die Darstellung von Informationen über physikalische Größen als Signalträger, die Parameter über Größen enthalten. Die Werte der Parameter bilden die Zeitfunktionen der Größen ab.

Rückwirkungsfreiheit ist gegeben, wenn durch die Ankopplung eines folgenden Gliedes an den Ausgang des vorangehenden Gliedes das Ausgangssignal des vorangehenden Gliedes nicht verändert wird bzw. eine von außen verursachte Änderung der Ausgangsgröße keine Rückwirkung auf die Eingangsgröße desselben Übertragungsgliedes hat.

Die Beschreibung des gerätetechnischen Aufbaus eines Systems wird Glied oder Bauglied genannt. Durch diese Darstellung wird der innere Aufbau eines Systems gekennzeichnet (Bild 2.3d).

Mehrere zu einer Einheit zusammengesetzte Bauglieder, Bauelemente oder Baugruppen mit einer abgeschlossenen Funktion zur Informationsgewinnung, -übertragung, -eingabe oder -ausgabe oder der Energieversorgung werden *Funktionseinheit* genannt.

## 2.2
## Kennfunktion und Kenngrößen von Gliedern

Ausgewählte Eigenschaften von Systemen werden durch das Übertragungsverhalten beschrieben.

Das *Übertragungsverhalten* ist das Verhalten der Ausgangsgrößen eines Systems in Abhängigkeit von Eingangsgrößen, wobei es eine Beschreibung im Zeit- oder Frequenzbereich, eine Beschreibung von Speicher- und Verknüpfungsoperation analoger oder diskreter Größen sein kann. Das Übertragungsverhalten von Systemen kann durch das Beharrungs- und Zeitverhalten beschrieben werden.

Das *Beharrungsverhalten* (statisches Verhalten) eines Systems gibt die Abhängigkeit der Ausgangs- und/oder Zustandsgrößen von konstanten Eingangsgrößen nach Abklingen aller Übergangsvorgänge an, wobei diese Abhängigkeit für verschiedene Arbeitspunkte durch statische Kennlinien oder Kennlinienscharen darstellbar ist. Somit gilt für das Beharrungsverhalten (Bild 2.4a):

$$x_a = f(x_e). \qquad (2.2a)$$

Ein Übertragungsglied wird lineares Übertragungsglied genannt, wenn es durch eine lineare Differential- oder Differenzengleichung beschrieben werden kann; hierzu gehören auch Übertragungsglieder mit Totzeit [DIN 19227].

Eine funktionale Abhängigkeit entsprechend Gl.(2.2a) wird "lineare Kennlinie" genannt, wenn die Prinzipien
– der Additivität

$$f(x_1 + x_2) = f(x_1) + f(x_2) \qquad (2.2b)$$

und
– der Homogenität

$$f(k_1 x_1 + k_2 x_2) = k_1 f(x_1) + k_2 f(x_2) \qquad (2.2c)$$

gelten.

Die zumeist nichtlineare Abhängigkeit für das Beharrungsverhalten Gl. (2.2a) kann um einen Arbeitspunkt $(x_{e0}; x_{a0})$ in eine Taylor-Reihe entwickelt werden:

$$x_a = f(x_{e0}) + \frac{\partial f}{1!\,\partial x_e}\bigg|_{x_e=x_{e0}} (x_e - x_{e0})$$
$$+ \frac{\partial^2 f}{2!\,\partial x_e^2}\bigg|_{x_e=x_{e0}} (x_e - x_{e0})^2 + \ldots +. \qquad (2.2d)$$

Bei kleinen Abweichungen $x_e - x_{e0}$ um den Arbeitspunkt und Vernachlässigung der Terme höherer Ordnung folgt unter Beachtung von

$$x_{a0} = f(x_{e0}) \qquad (2.2e)$$

$$x_a \approx x_{a0} + K(x_e - x_{e0}) \qquad (2.2f)$$

$$\Delta x_a \approx K \Delta x_e \qquad (2.2g)$$

mit

$$\Delta x_a = (x_a - x_{a0});\ \Delta x_e = (x_e - x_{e0});$$

$$K = \frac{\partial f}{\partial x_e}\bigg|_{x_e=x_{e0}}. \qquad (2.2h)$$

Danach bietet das Beharrungsverhalten eine Möglichkeit, den Zusammenhang zwischen Ursache und Wirkung zu beschreiben. Abweichungen zwischen idealem und realem Verlauf ergeben den Fehler.

Das *Zeitverhalten* (dynamisches Verhalten) eines Systems gibt das Verhalten hinsichtlich des zeitlichen Verlaufs der Ausgangs- und/oder Zustandsgrößen an. Somit gilt:

$$x_a = f(x_e, t). \qquad (2.3)$$

Das Zeitverhalten eines Systems beschreibt dessen Eigenschaften, Eingangsgrößenänderungen unmittelbar zu folgen. Das Zeitverhalten ist ein Maß dafür, wie schnell ein

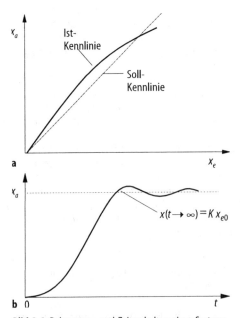

**Bild 2.4.** Beharrungs- und Zeitverhalten eines Systems. **a** Beharrungsverhalten in der statischen Kennlinie, **b** Zeitverhalten in der Sprungantwort

betrachtetes System auf Änderungen des Eingangssignals reagiert (Bild 2.4b).

Sind Parameter eines Übertragungsgliedes oder Systems zeitinvariant, d.h. sie ändern sich nicht in Abhängigkeit von der Zeit, wird das Glied (System) *zeitinvariantes Glied* (System) genannt.

Ändern sich die Parameter eines Gliedes oder Systems in Abhängigkeit von der Zeit, wird das Glied (System) *zeitvariantes* Glied (System) genannt.

In Abhängigkeit von den Eigenschaften, die für ein betrachtetes System typisch sind und durch das Übertragungsverhalten beschrieben werden, erfolgt die Einteilung der Übertragungsglieder.

Die zeitliche Aufeinanderfolge von verschiedenen Zuständen wird als *Prozeß* bezeichnet. Nach Art des zeitlichen Ablaufs verschiedener Zustände werden Prozesse in kontinuierliche und nichtkontinuierliche eingeteilt.

Zur Beschreibung des Übertragungsverhaltens von Systemen oder Prozessen werden meistens mathematische Modelle verwendet.

Ein *Modell* ist die Abbildung eines Systems oder Prozesses in ein anderes begriffliches oder gegenständliches System, das auf Grund der Anwendung bekannter Gesetzmäßigkeiten einer Identifikation oder auch getroffener Annahmen entspricht [DIN 19226].

## 2.3
## Untersuchung und Beschreibung von Systemen

### 2.3.1
### Experimentelle Untersuchung

#### 2.3.1.1
#### Voraussetzungen und Testsignale

Eine wesentliche Grundlage zur Untersuchung und Beschreibung von Gliedern ergibt sich aus der Eigenschaft linearer Systeme, Eingangsgrößen in bestimmter Weise auf Ausgangsgrößen zu übertragen. Dadurch ist es möglich, ein lineares Übertragungsglied mit einem definierten Eingangssignal zu beaufschlagen und aus dem gemessenen Ausgangssignal mit Hilfe entsprechender Verfahren [2.1, 2.2] die Kennwerte und Eigenschaften eines Gliedes zu ermitteln.

Voraussetzungen einer experimentellen Untersuchung sind:

- das zu untersuchende System (Glied) befindet sich ursprünglich im Beharrungszustand,
- er wirkt nur das aufgeschaltete Testsignal, alle weiteren Signale sind konstant oder haben den Wert Null,
- die erzwungene Abweichung durch das *Testsignal* von einem Arbeitspunkt ist so klein, daß lineare Verhältnisse zutreffen.

Häufig angewendete Eingangsgrößen zur Untersuchung von Systemen sind die Testsignale:

- Sprungfunktion,
- Impulsfunktion,
- Rampenfunktion und
- Harmonische Funktion.

Mit Hilfe dieser Testsignale lassen sich das Übergangsverhalten (s.a. Abschn. 2.2) und daraus die Parameter zur Systemidentifikation bestimmen.

Systemidentifikationen mit statistischen Methoden [2.3] werden im folgenden nicht behandelt.

#### 2.3.1.2
#### Sprungantwort, Übergangsfunktion

Die Sprungantwort ergibt sich als Reaktion eines linearen Übertragungsgliedes in Abhängigkeit von der Zeit auf eine sprungförmige Änderung des Eingangssignals (Bild 2.5a). Die Sprungantwort hat die Maßeinheit des Ausgangssignals. Wird das Ausgangssignal auf die Amplitude des Eingangssignals bezogen, entsteht die *Übergangsfunktion h(t)* (Bild 2.5b).

$$h(t) = \frac{x_a(t)}{x_{e0}} \quad \text{für} \quad t \geq 0 \quad (2.4a)$$

mit

$$x_e(t) = \begin{cases} 0 & \text{für} \quad t < 0 \\ x_{e0} & \text{für} \quad t \geq 0 \end{cases} \quad (2.4b)$$

Aus Zweckmäßigkeit wird die Höhe des Eingangssignals Gl. (2.4b) auf den Wert Eins normiert und als *Einheitssprungfunktion* definiert:

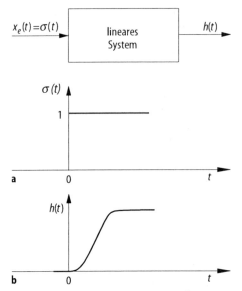

Bild 2.5. Sprungfunktion. a Einheitssprung, b Übergangsfunktion

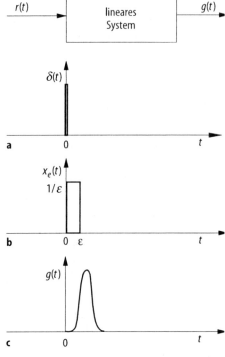

Bild 2.6. Impulsfunktion. a δ-Funktion, b Rechteckimpuls, c Gewichtsfunktion

$$\sigma(t) = \begin{cases} 0 & \text{für } t<0 \\ 1 & \text{für } t\geq 0 \end{cases} \quad (2.4c)$$

Daraus folgt:

$$x_e(t) = x_{e0}\sigma(t). \quad (2.4d)$$

Die Sprungfunktion Gln. (2.4b, 2.4c) kann experimentell nur näherungsweise realisiert werden. Elektrische Systeme lassen Anstiegszeiten im Nanosekundenbereich zu. Pneumatische, hydraulische oder mechanische Systeme liegen um Größenordnungen (0,1 ... 0,15 s) darüber. Mit Hilfe der Einheitssprungfunktion können Systeme verglichen werden.

### 2.3.1.3
### Impulsantwort, Gewichtsfunktion

Die Impulsantwort ergibt sich als Reaktion eines linearen Übertragungsgliedes in Abhängigkeit von der Zeit auf eine rechteckimpulsförmige Änderung des Eingangssignals. Eine vor allem für theoretische Untersuchungen häufig angewendete Testfunktion ist die δ-Funktion (Bild 2.6a). Die δ-Funktion geht für $t = 0$ gegen Unendlich. Außerhalb des Zeitpunktes $t = 0$ ist ihr Wert Null. Die durch den Impuls eingeschlossene Fläche hat den Wert 1.

Es gilt:

$$\int_{-\infty}^{+\infty} \delta(t)dt = 1. \quad (2.5)$$

Für die δ-Funktion folgt daraus die Maßeinheit 1/sec.
Zur experimentellen Untersuchung wird die δ-Funktion als rechteckförmiger Impuls mit der Breite ε und der Höhe 1/ε aus Sprungfunktionen realisiert (Bild 2.6b):

$$\delta(t) = \lim_{\varepsilon \to 0} \frac{1}{\varepsilon}[\sigma(t) - \sigma(t-\varepsilon)]. \quad (2.6)$$

Zwischen der δ-Funktion und der Einheitssprungfunktion besteht für $t \geq 0$ folgender Zusammenhang:

$$\delta(t) = \frac{d\sigma(t)}{dt}. \quad (2.7)$$

Wird das Ausgangssignal eines linearen Übertragungsgliedes auf die Fläche der Impulsfunktion (Breite des Impulses ε, Höhe 1/ε) für den Grenzfall Gl. (2.6) bezogen, ergibt sich die Gewichtsfunktion (Bild 2.6c). Die Gewichtsfunktion g(t) folgt aus der Übergangsfunktion für $t \geq o$ zu:

$$g(t) = \frac{dh(t)}{dt} \quad (2.8a)$$

sowie

$$h(t) = \int_0^\infty g(t)\,dt\,. \quad (2.8b)$$

Bei der Auswahl der Impulsfunktion ist eine annähernde Übereinstimmung der Impulsbreite ε (Impulsdauer) mit der Reaktionszeit des untersuchten Systems zu vermeiden, da es in diesem Falle zu unrichtigen Aussagen kommt [2.4]. Aus diesen Gründen wird eine Impulsdauer von rd. 20% der Reaktionszeit des zu untersuchenden Systems empfohlen.

### 2.3.1.4
**Anstiegsantwort, Anstiegsfunktion**

Die Anstiegsantwort ergibt sich als Reaktion eines linearen Übertragungsgliedes in Abhängigkeit von der Zeit auf eine mit konstanter Geschwindigkeit sich ändernde Eingangsfunktion [2.4] (Bild 2.7a).
Für die Eingangsfunktion gilt:

$$x_e(t) = K_I t\,\sigma(t) = \begin{cases} 0 & \text{für } t < 0 \\ K_I t & \text{für } t \geq 0 \end{cases}. \quad (2.9a)$$

Für die Anstiegsgeschwindigkeit

$$K_I = \frac{dx_e}{dt} = 1 \quad (2.9b)$$

ergibt sich die Einheitsanstiegsfunktion:

$$r(t) = t\,\sigma(t) \quad (2.9c)$$

mit σ(t) als Einheitssprungfunktion.

### 2.3.1.5
**Sinusfunktion, Frequenzgang**

Der Frequenzgang beschreibt das Übertragungsverhalten linearer Systeme bei harmonischer Erregung (Bild 2.8a) für den Beharrungszustand

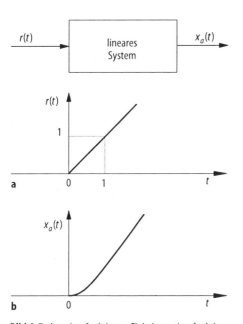

**Bild 2.7.** Ausstiegsfunktion. **a** Einheitsanstiegsfunktion, **b** Anstiegsantwort

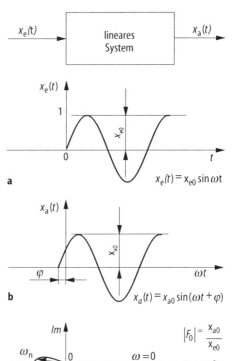

**Bild 2.8.** Harmonische Funktion. **a** Sinusfunktion, **b** Sinusantwort, **c** Ortskurve

$$F(j\omega) = \frac{X_a(j\omega)}{X_e(j\omega)} = \frac{x_{ai}(j\omega)}{x_{e0}(j\omega)} e^{j\varphi i(\omega)} \quad (2.10a)$$

mit

$$x_e(t) = x_{e0} \sin \omega t$$
$$x_a(t) = x_{a0} \sin(\omega t + \varphi). \quad (2.10b)$$

Infolge der Systemträgheit ergibt sich die Phasenverschiebung $\varphi(\omega)$ zu (Bild 2.8b):

$$\varphi(\omega) = \varphi_\alpha - \varphi_e. \quad (2.10c)$$

Die Auswertung des Frequenzganges ist die Frequenzgangortskurve (Bild 2.8c). Die Frequenzgangortskurve ist der geometrische Ort eines Zeigers $|F(j\omega)|$, der mit der Kreisfrequenz von $\omega = 0$ bis $\omega \rightarrow \infty$ umläuft. Die Ortskurve ergibt sich als Verbindung aller Zeigerspitzen in Abhängigkeit von der Kreisfrequenz $\omega$.

### 2.3.2
**Mathematische Beschreibung**

#### 2.3.2.1
*Gründe für die mathematische Beschreibung*

Die experimentellen Verfahren (Abschn. 2.3.1) beschreiben Prozesse und Glieder eindeutig. Sie lassen in den häufigsten Fällen sichere Aussagen über die Systemeigenschaften zu. Obwohl derartige Aussagen nicht parametrisch sind, werden die experimentellen Verfahren in der Praxis mit guten Erfolgen angewandt [1.5, 2.1].

Der Entwurf von Automaten erfordert darüber hinaus Aussagen, die den Funktionsverlauf eines steuernden Eingangssignals in seiner Wirkung auf ein Ausgangssignal hinsichtlich des Zeitverlaufs und der Änderungsgeschwindigkeit unter Beachtung der Eigenschaften des Systems angeben. Auch bei der Analyse eines Systems, z.B. einer Regelung, kommt es darauf an, die Größen und Parameter zwischen Ausgangssignal und Eingangssignal zu bestimmten Zeiten zu kennen, um die Systemeigenschaften zu quantifizieren. Zur Lösung dieser Aufgaben werden angewendet:

- Differentialgleichung,
- Übertragungsfunktion,
- Frequenzgang,
- Zustandsraumbeschreibung.

#### 2.3.2.2
*Differentialgleichung*

Mit Hilfe von Differentialgleichungen (Dgln.) läßt sich das Übertragungsverhalten von Systemen rechnerisch bestimmen. Die Differentialgleichungen werden durch Anwendung physikalischer Beziehungen auf die zu beschreibenden Systeme bestimmt. Dabei können sich ergeben:

1. **gewöhnliche** Differentialgleichungen mit konzentrierten Parametern (dynamisches Verhalten wird in einem „Punkt" oder in „Punkten" konzentriert angenommen),
2. **partielle** Differentialgleichungen mit verteilten Parametern (dynamisches Verhalten muß verteilt angenommen werden).

Lineare Übertragungsglieder mit konzentrierten Parametern werden durch Differentialgleichungen der Form

$$\begin{aligned} & a_n x_a^{(n)}(t) + a_{n-1} x_a^{(n-1)}(t) + \ldots \\ & + a_2 \ddot{x}_a(t) + a_1 \dot{x}_a(t) + a_0 x_a(t) \\ & = b_0 x_e(t) + b_1 \dot{x}_e(t) + b_2 \ddot{x}_e(t) + \ldots \\ & + b_{m-1} x_e^{(m-1)}(t) + b_m x_e^{(m)}(t) \end{aligned} \quad (2.11a)$$

im Zeitbereich beschrieben. In dieser Gleichung n-ter Ordnung wird die Ausgangsgröße $x_a(t)$ und ihre zeitliche Änderung $\dot{x}_a(t)$ mit der Eingangsgröße $x_e(t)$ und deren zeitlicher Änderung $\dot{x}_e(t)$ verknüpft.

Die Koeffizienten $a_i$ und $b_i$ (i = 1, 2, ..., Zählindex) bestimmen die Systemparameter. Einzelne Parameter können Null sein. Wird die Dgl. (2.11a) durch den Koeffizienten $a_0$ dividiert, ergibt sich:

$$\begin{aligned} & \frac{a_n}{a_0} x_a^{(n)}(t) + \frac{a_{n-1}}{a_0} x_a^{(n-1)}(t) + \ldots \\ & + \frac{a_2}{a_0} \ddot{x}_a(t) + \frac{a_1}{a_0} \dot{x}_a(t) + x_a(t) \\ & = \frac{b_0}{a_0} x_e(t) + \frac{b_1}{a_0} \dot{x}_e(t) + \frac{b_2}{a_0} \ddot{x}_e(t) + \ldots \\ & + \frac{b_{m-1}}{a_0} x_e^{(m-1)}(t) + \frac{b_m}{a_0} x_e^{(m)}(t) \end{aligned} \quad (2.11b)$$

mit

$\dfrac{a_n}{a_0} = T_n^n; \dfrac{a_2}{a_0} = T_2^2; \dfrac{a_1}{a_0} = T_1$ (2.11c)

Zeitkonstanten (Verzögerungsanteile),

$\dfrac{b_m}{a_0} = T_{Dm}^m; \dfrac{b_2}{a_0} = T_{D2}^2; \dfrac{b_1}{a_0} = T_{D1}$ (2.11d)

Zeitkonstanten (differenzierte Anteile),

$\dfrac{b_0}{a_0} = K$ (2.11e)

Übertragungsfaktor.

In der Form Gl. (2.11b) werden Differentialgleichungen zur Systembeschreibung zumeist benutzt, weil sich durch die Zeitkonstanten gut vorstellbare Reaktionen ergeben und der Übertragungsfaktor das Beharrungsverhalten beschreibt.

Bei technischen Systemen ist allgemein die Ordnungszahl $n$ größer oder mindestens gleich der Ordnungszahl $m$ der höchsten Ableitung der Eingangsgröße.

Somit ergibt sich aus der Lösung der ein betrachtetes System beschreibenden Differentialgleichung das Übertragungsverhalten. Die graphische Darstellung der Lösung der Differentialgleichung z.B. für ein sprungförmiges Eingangssignal ergibt die Sprungantwort bzw. für die Einheitssprungfunktion die Übergangsfunktion.

Differentialgleichungen kleiner Ordnungszahl lassen sich mit relativ geringem Aufwand lösen. Bei Differentialgleichungen ab der Ordnungszahl 3 steigt der Aufwand an. Zur Verringerung des Aufwandes wird zweckmäßigerweise die *Laplace*-Transformation angewendet [2.5].

### 2.3.2.3
### Übertragungsfunktion

Die Übertragungsfunktion eines linearen Übertragungsgliedes ergibt sich als Quotient der Laplace-Transformierten des Ausgangssignals zur Laplace-Transformierten des Eingangssignals bei verschwindenden Anfangsbedingungen zu

$G(s) = \dfrac{L\{x_a(t)\}}{L\{x_e(t)\}} = \dfrac{X_a(s)}{X_e(s)}$ (2.12a)

mit der komplexen Frequenz (Laplace-Operator) $s = \delta + j\omega$.

Somit folgt die Übertragungsfunktion für verschwindende Anfangsbedingungen aus der Differentialgleichung Gl. (2.11a):

$G(s) = \dfrac{X_a(s)}{X_e(s)}$

$= \dfrac{b_0 + b_1 s + b_2 s^2}{a_0 + a_1 s + a_2 s^2} \cdot \ldots$

$\cdot \dfrac{b_{m-1} s^{m-1} + b_m s^m}{a_{n-1} s^{n-1} + a_n s^n}$. (2.12b)

Für ein im Frequenzbereich vorliegendes Eingangssignal ergibt sich bei bekannter Übertragungsfunktion Gl. (2.12b) die einfache Beziehung für das Ausgangssignal im Frequenzbereich:

$X_a(s) = G(s) X_e(s)$. (2.12c)

Da der Aufbau von Funktionseinheiten der Automatisierungstechnik aus Gliedern in

- Reihenschaltungen,
- Parallelschaltungen und
- Rückführschaltungen

realisiert wird, lassen sich die entsprechenden Systemübertragungsfunktionen aus den Übertragungsfunktionen der einzelnen Glieder berechnen (Tabelle 2.1).

Mit Hilfe der über das Laplace-Integral vorgenommenen Transformation der Differentialgleichung aus dem Zeitbereich in den Frequenzbereich wird

- die Differentiation bzw. Integration im Zeitbereich durch die algebraische Operation Multiplikation und Division mit dem Laplace-Operator $s = \delta + j\omega$ ersetzt,
- die Differentialgleichung in ein Polynom der komplexen Frequenz $s$ überführt, wobei die Anfangswerte über den Differentiationssatz der Laplace-Transformation zu berücksichtigen sind.

Größerer rechnerischer Aufwand entsteht jedoch bei der Rücktransformation in den Zeitbereich über das Umkehr-Integral der Laplace-Transformation, der durch Anwendung entsprechender Tabellen [2.5] vereinfacht wird.

**Tabelle 2.1.** Grundschaltungen von Übertragungsgliedern und dazugehörenden Übertragungsfunktionen

| Grundschaltung/Signalflußbild | Übertragungsfunktion |
|---|---|
| Reihenschaltung<br>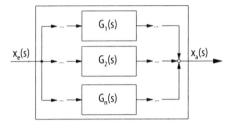 | $G(s) = \dfrac{X_a(s)}{X_e(s)}$<br>$= \prod\limits_{i=1}^{n} G_i(s)$ |
| Parallelschaltung<br>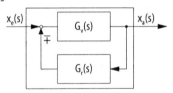 | $G(s) = \dfrac{X_a(s)}{X_e(s)}$<br>$= G_1(s) + G_2(s) + \ldots$<br>$= \sum\limits_{i=1}^{n} G_i(s)$ |
| Rückführschaltung<br>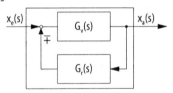 | $G(s) = \dfrac{X_a(s)}{X_e(s)}$<br>$= \dfrac{G_v(s)}{1 \pm G_v(s)G_r(s)}$ |

### 2.3.2.4
### Frequenzgang

Der Frequenzgang läßt sich aus der Übertragungsfunktion für

$$s = j\omega \qquad (2.13a)$$

mit $\sigma = 0$ herleiten.

Aus Gl. (2.12b) ergibt sich für den Frequenzgang:

$$F(j\omega) = \frac{X_a(j\omega)}{X_e(j\omega)}$$
$$= \frac{b_0 + b_1 j\omega + b_2(j\omega)^2}{a_0 + a_1 j\omega + a_2(j\omega)^2} \cdots \qquad (2.13b)$$
$$\cdot \frac{b_{m-1}(j\omega)^{m-1} + b_m(j\omega)^m}{a_{n-1}(j\omega)^{n-1} + a_n(j\omega)^n}.$$

Die auf der Grundlage der Übertragungsfunktion geltenden Grundschaltungen (Tabelle 2.1) können formal auf den Frequenzgang übertragen werden.

Somit lassen sich Funktionseinheiten und Systeme hinsichtlich ihrer Eigenschaften experimentell und rechnerisch untersuchen, sowohl bzgl. ihres Einschaltverhaltens (Zeitbereich) als auch ihres Frequenzgangs (Frequenzbereich).

### Literatur

2.1 Unbehauen H (1992) Regelungstechnik, 3. Identifikation, Adaption, Optimierung. 6., durchges. Aufl. Vieweg Braunschweig Wiesbaden
2.2 Reinisch K (1974) Kybernetische Grundlagen und Beschreibung kontinuierlicher Systeme. Verlag Technik, Berlin. S 252–216
2.3 Schlitt H (1992) Systemtheorie für Stochastische Prozesse: Statistische Grundlagen, Systemdynamik, Kalman-Filter. Springer, Berlin Heidelberg New York
2.4 Oppelt W (1964) Kleines Handbuch technischer Regelvorgänge. 4., neubearb. u. erw. Aufl. Verlag Technik, Berlin. S 39–125
2.5 Doetsch G (1967) Anleitung zum praktischen Gebrauch der Laplace-Transformation und der Z-Transformation. 3., neubearb. Aufl. Oldenbourg, München Wien. S 23–81

# 3 Umgebungs-bedingungen

L. KOLLAR (Abschn. 3.1, 3.3)
H.-J. GEVATTER (Abschn. 3.2, 3.4)

## 3.1
### Gehäusesysteme

#### 3.1.1
**Aufgabe und Arten**

Gehäuse und Gehäusesysteme (z.B. Schrank, Gestell, Kassette, Steckblock) haben die Aufgabe, Bauelemente, Funktionseinheiten und Geräte aufzunehmen und sie vor Belastungen von außen (z.B. Feuchtigkeit, elektromagnetische Strahlung, s. Abschn. 3.4) zu schützen. Gleichzeitig muß über Gehäuse und Gehäusesysteme eine Belastung der Umwelt durch Strahlung und Felder, die infolge des Betriebes von Funktionseinheiten (z.B. freiwerdende Wärme, elektrische und magnetische Energie) vermieden werden [3.1–3.3].

Gehäuse und Gehäusesysteme werden entsprechend den Abmessungen in

- 19 Zoll-Systeme mit 482,6 mm Bauweise [IEC 297] und
- Metrische-Systeme mit 25 mm Bauweise [IEC 917] als ganzzahlige Vielfache/Teile der angegebenen Längen

sowie entsprechend der Gestaltung in
- universelle Systeme [Beiblatt 1 zu DIN 41454] und
- individuelle Systeme [3.4, 3.5]

eingeteilt.

#### 3.1.2
**Konstruktionsmäßiger Aufbau**

Bei den universellen Systemen besteht ein modularer Aufbau (Bild 3.1), der in ähnlicher Weise zumeist auch bei individuellen Systemen weitgehend eingehalten wird [3.6–3.9].

Durch die modulare Struktur ergeben sich Lösungen, die hinsichtlich des Einsatzes funktionsoffen sind und von den Anforderungen einer konkreten Anwendung bestimmt werden.

In der Ebene 1 sind Leiterplatte, Frontplatte und Steckverbinder zu einer Baugruppe, z.B. Steckplatte, zusammengefügt.

Die Ebene 2 enthält Baugruppe, Steckplatte, Steckblock und Kassette.

Die Ebene 3 beinhaltet Baugruppenträger, die zur Aufnahme der Baugruppe dienen. Dabei entsprechen die mit Baugruppen bestückten Bauträger einschließlich deren seitliche Befestigungsflansche den Frontplattenmaßen nach DIN 41494 Teil 1.

Die Ebene 4 besteht aus Gehäuse, Gestell und Schrank [Beiblatt 1 zu DIN 41494]. Die Maße zwischen den einzelnen Ebenen korrespondieren. Je nach Konstruktionsart können Gestelle allein oder durch Verkleidungsteile, aufgerüstet zu Schränken, für den Aufbau elektronischer Anlagen verwendet werden. Bei selbsttragenden Schränken sind die Gestellholme mit ihren Einbaumaßen Bestandteil der Schrankkonstruktion. In DIN 41494 Teil 7 sind die Teilungsmaße für Schrank- und Gestellreihen genormt.

Weitere Zusammenhänge hinsichtlich der Konstruktion in den 4 Ebenen sind in entsprechenden Standards genormt (Tabelle 3.1).

Die von Gehäusesystemen zu realisierenden Schutzarten (s. Abschn. 3.3) enthält IEC 529.

Im Zusammenhang mit dem Betrieb von Gehäusen und Gehäusesystemen zu beachtende Sicherheitsanforderungen für die Anwendung im Bereich der Meß- und Regelungstechnik sowie in Laboren gilt IEC 1010-1.

Gehäuse werden aus Metall (z.B. verzinkter Stahl, nichtrostender Stahl verschiedener Legierungen, Aluminium, Monelmetall), Verbundwerkstoff (z.B. formgepreßtes glasfaserverstärktes Polyester, pultrudierte Glasfaser ABS-Blend) und Kunststoff (z.B. Polycarbonat, PVC) hergestellt [3.7, 3.10].

Bezüglich der Einhaltung vorgegebener Temperaturen im Gehäuse oder Schranksystem werden statische Belüftung, dynamische Belüftung und aktive Kühlung angewendet. Dementsprechende überschlägliche Berechnungen der Temperaturverhältnisse sind zumeist ausreichend [3.1, 3.6, 3.9].

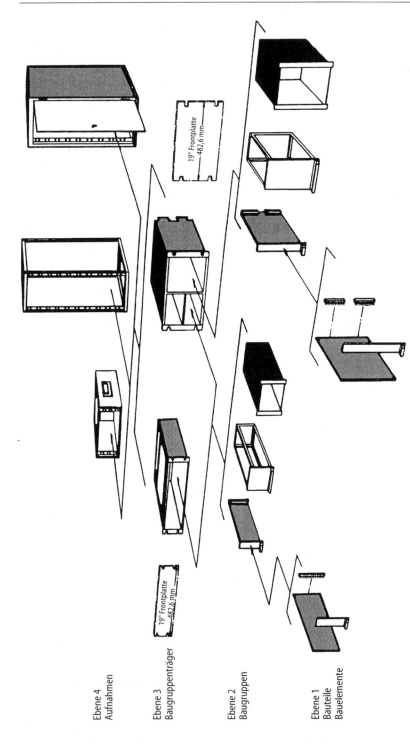

**Bild 3.1.** Modulare Struktur der Bauweise nach den Normen der Reihe DIN 41494 [Beiblatt 1 DIN 41494]

**Tabelle 3.1.** Inhalt der Ebenen 1 bis 4 sowie Normen für den modularen Aufbau von Gehäusen und Gehäusesystemen [Beiblatt 1 DIN 41 494]

| Nationale Normen | | Inhalt | Korrespondierende internationale Normen |
|---|---|---|---|
| 1. Ebene Bauteile, Bauelemente | Leiterplatte DIN IEC 97 | Rastersysteme für gedruckte Schaltungen | IEC 97 : 1991 |
| | Normen der Reihe DIN IEC 249 Teil 2 DIN IEC 326 Teil 3 | Gedruckte Schaltungen; Grundlagen, Löcher, Nenndicken | Publikationen der Reihe IEC 249-2 IEC 326-3 : 1980 |
| | DIN 41 494 Teil 2 DIN IEC 326 Teil 3 | Leiterplattenmaße Entwurf und Anwendung von Leiterplatten | IEC 297-3 : 1984[1] IEC 326-3 : 1980 |
| | Frontplatte der Baugruppe DIN 41 494 Teil 5 (z.Z. Entwurf) | Baugruppenträger und Bauträger | IEC 297-3 : 1984[1] |
| | Bauelemente DIN 41 494 Teil 8 | 482,6-mm-Bauweise, Bauelemente an der Frontplatte | |
| | Steckverbinder nach Normen der Reihe DIN 41 612 | Steckverbinder für gedruckte Schaltungen; indirektes Stecken, Rastermaß 2,45 mm | IEC 603-2 : 1988 |
| 2. Ebene Baugruppen | Steckplatte DIN 41 494 Teil 5 (z.Z. Entwurf) | Baugruppenträger und Baugruppen | IEC 297-3 : 1984[1] |
| | Steckblock DIN 41 494 Teil 5 (z.Z. Entwurf) | | |
| | Kassette DIN 41 494 Teil 5 (z.Z. Entwurf) | | |
| 3. Ebene Baugruppenträger | Frontplatte DIN 41 494 Teil 1 | Frontplatten und Gestelle; Maße | IEC 297-1 : 1986[2] |
| | Baugruppenträger DIN 41 494 Teil 5 (z.Z. Entwurf) | Baugruppenträger und Baugruppen | IEC 297-3 : 1984[1] |
| 4. Ebene Aufnahmen | Gehäuse DIN 41 494 Teil 3 | Gerätestapelung; Maße | |
| | Gestelle DIN 41 494 Teil 1 | Frontplatten und Gestelle; Maße | IEC 297-1 : 1986[2] |
| | Schrank DIN 41 488 Teil 1 | Teilungsmaße für Schränke; Nachrichtentechnik und Elektronik | |
| | DIN 41 494 Teil 7 | Schrankabmessungen und Gestellreihenteilungen der 482,6-mm-Bauweise | IEC 297-2 : 1982[3] |

[1] Entspricht mit gemeinsamen CENELEC-Abänderungen dem Harmonisierungsdokument (HD) 493.3 S 1
[2] Identisch mit CENELEC-Harmonisierungsdokument (HD) 493.1 S 1
[3] Identisch mit CENELEC-Harmonisierungsdokument (HD) 493.2 S 1

## 3.2 Einbauorte

Neben der Beanspruchung durch Transport und Lagerung sind die Umgebungsbedingungen eines Gerätes im wesentlichen durch dessen Einbauort geprägt. Entsprechend sind für jedes Gerät die Schutzarten (s. Abschn. 3.3) auszulegen.

Die Einbauorte kann man durch folgende Gliederung klassifizieren:

- Einbau am Meßort,
- Einbau am Stellort,
- Einbau in der Zentrale.

Die beiden erstgenannten Orte sind im Feld, d.h. z.B. in der Anlage oder im Maschinenraum. Die dadurch verursachten rauhen Umgebungsbedingungen erfordern eine relativ hohe Schutzart. Manchmal liegen Meßort und Stellort nahe beieinander (z.B. Gasdruckregler in einer Unterstation für die Stadtgasversorgung). Dadurch werden besonders kompakte Konstruktionen (z.B. messender Regler ohne Hilfsenergie) ermöglicht.

In umfangreichen Automatisierungssystemen mit zahlreichen im Feld verteilten Meß- und Stellorten werden alle nicht notwendigerweise im Feld anzuordnenden Geräte in der Zentrale zusammengefaßt. Das bietet den Vorteil, alle wesentlichen Funktionen überwachen, steuern und regeln zu können (Prozeßrechner). Außerdem erfordern die Geräte in der Zentrale nur eine relativ niedrige Schutzart.

## 3.3
## Schutzarten

### 3.3.1
### Einteilung und Einsatzbereiche

Meß-, Steuerungs- und Regelungseinrichtungen werden nach DIN/VDE 2180 T. 3 in Betriebs- und Sicherheitseinrichtungen eingeteilt.

*Betriebseinrichtungen* dienen dem bestimmungsgemäßen Betrieb der Anlage. Der bestimmungsgemäße Betrieb der Anlage umfaßt insbesondere den

- Normalbetrieb,
- An- und Abfahrbetrieb,
- Probebetrieb, sowie
- Informations-, Wartungs- und Inspektionsvorgänge.

Sicherheitseinrichtungen werden in Überwachungseinrichtungen und Schutzeinrichtungen eingeteilt.

*Überwachungseinrichtungen* signalisieren solche Zustände der Anlage, die einer Fortführung des Betriebs aus Gründen der Sicherheit nicht entgegenstehen, jedoch erhöhte Aufmerksamkeit erfordern. Überwachungseinrichtugen sprechen an, wenn Prozeßgrößen oder Prozeßparameter Werte zwischen „Gutbereich" und „zulässigem Fehlerbereich" annehmen.

*Schutzeinrichtungen* verhindern vorrangig Personenschäden, Schäden an Maschinen oder Apparaten oder größere Produktionsschäden (Bild 3.2). Schutzeinrichtungen sollen danach das Überschreiten der Grenze zwischen zulässigem und unzulässigem Fehlbereich verhindern.

Da die sicherheitstechnischen Anforderungen sehr unterschiedlich sind, ergeben sich zwangsweise verschiedene Sicherheitsaufgaben für zu realisierende Schutzfunktionen mit dem Ziel, das Risiko hinsichtlich

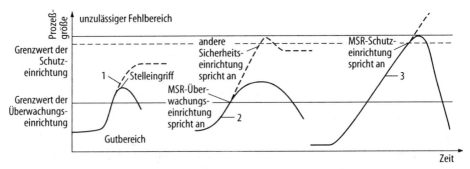

**Bild 3.2.** Schematische Darstellung der Wirkungsweise von Sicherheitseinrichtungen [nach VDI/VDE 2180]. *Kurvenverlauf 1*: Unzulässiger Bereich wird nicht erreicht. Überwachung mit Stelleingriff ausreichend; *Kurvenverlauf 2*: Gefahr für das Erreichen des unzulässigen Bereichs besteht. Kombination von Überwachungs- und Sicherheitseinrichtung erforderlich; *Kurvenverlauf 3*: Gefahr für das Erreichen des unzulässigen Bereichs besteht. MSR-Schutzeinrichtung erforderlich

Personenschäden stets unter dem Grenzrisiko zu halten.

Das Risiko [DIN V 19250], das mit einem bestimmten technischen Vorgang oder Zustand verbunden ist, wird zusammenfassend durch eine Wahrscheinlichkeitsaussage beschrieben, die

- die zu erwartende Häufigkeit des Eintritts eines zum Schaden führenden Ereignisses und
- das beim Ereigniseintritt zu erwartende Schadensmaß berücksichtigt.

Das *Grenzrisiko* (Bild 3.3) ist das größte noch vertretbare Risiko eines bestimmten technischen Vorganges oder Zustandes. Zumeist läßt sich das Grenzrisiko quantitativ erfassen (Bild 3.2). Es wird durch subjektive und objektive Einflüsse bestimmt und durch Maßnahmen technischer und/oder nichttechnischer Art reduziert, so daß ein Schutz vor Schäden geschaffen wird [DIN V 19250].

Schutz ist die Verringerung des Risikos durch Maßnahmen, die entweder die Eintrittshäufigkeit oder das Ausmaß des Schadens oder beides einschränkt.

Die einzelnen einzuleitenden Schutzmaßnahmen beziehen sich z.B. auf Umgebungsbedingungen (Staub und Feuchtigkeit), mechanische Beanspruchungen, elektrische und elektromagnetische Felder und den Explosionsschutz.

### 3.3.2
**Fremdkörperschutz**

Der Schutz vor Fremdkörpern (Staub) und Feuchtigkeit (Wasser) wird den verschiedenen Einsatzbedingungen entsprechend in IP-Kennziffern angegeben [DIN 4050].

Die erste Kennziffer (x = 0 ... 6) gibt den Schutz vor Fremdkörpern an, die zweite Kennziffer (y = 0 ... 8) den Schutz vor Feuchtigkeit (Tabelle 3.2).

Mit IP 68 wird z.B. ausgewiesen:
- staubdicht
- Schutz gegen Untertauchen.

Danach ist ein mit diesen Kennziffern bewertetes Gerät staubdicht und es kann auch eine bestimmte Zeit unter Wasser genutzt werden.

Die für das Eintauchen geltenden Vorschriften werden von den Geräteherstellern ausgewiesen [3.12].

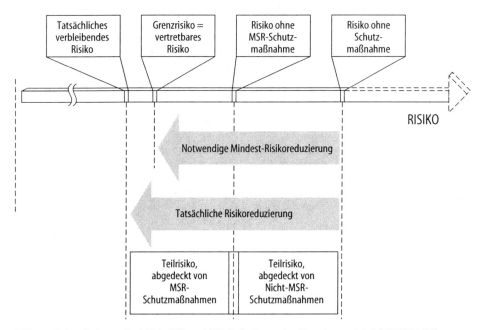

**Bild 3.3.** Risikoreduzierung durch Nicht-MSR- und MSR-Maßnahmen einer Betrachtungseinheit [VDI/VDE 2180]

**Tabelle 3.2.** Schutzarten gegen Fremdkörper und Feuchtigkeit [DIN 40050]

| x = erste Ziffer für Berührung, Fremdkörperschutz | y = zweite Ziffer für Wasserschutz |
|---|---|
| 0 = kein besonderer Schutz | 0 = kein besonderer Schutz |
| 1 = Schutz gegen Körper > 50 mm | 1 = Schutz gegen senkrechtes Tropfwasser |
| 2 = Schutz gegen Körper > 12 mm | 2 = Schutz gegen schräges Tropfwasser |
| 3 = Schutz gegen Körper > 2,5 mm | 3 = Schutz gegen Sprühwasser |
| 4 = Schutz gegen Körper > 1 mm | 4 = Schutz gegen Spritzwasser |
| 5 = Staubgeschützt | 5 = Schutz gegen Strahlwasser |
| 6 = Staubdicht | 6 = Schutz gegen Überflutung+ (siehe S. 13) |
|  | 7 = Schutz gegen Eintauchen++ (siehe S. 13) |
|  | 8 = Schutz gegen Untertauchen+++ (siehe S. 13) |

### 3.3.3 Explosionsschutz

#### 3.3.3.1 Zoneneinteilung

Ein zündfähiges Gemisch (z.B. Gas, Staub-Luft) kann explodieren, wenn

- eine bestimmte Konzentration der einzelnen Anteile und
- die Zündenergie (Zündtemperatur) erreicht sind [VDE 0165].

Um Explosionen zu vermeiden, werden durch entsprechende Schutzmaßnahmen diese Voraussetzungen für eine Explosion unterbunden. Zur Anwendung gelangen

- Maßnahmen des primären Explosionsschutzes und
- Maßnahmen des sekundären Explosionsschutzes.

Durch Maßnahmen im Rahmen des primären Explosionsschutzes wird die Entstehung explosionsfähiger Gemische verhindert oder eingeschränkt. Dazu zählen z.B.:

- Ersatz leicht brennbarer Medien durch nichtbrennbare,
- Befüllen von Apparaten mit nichtreaktionsfähigem, (inerten) Gasen ($N_2$ oder $CO_2$),
- Begrenzung der Konzentration.

Kann durch primäre Schutzmaßnahmen das Risiko einer Explosion nicht unter dem Grenzrisiko gehalten werden, sind Maßnahmen des sekundären Explosionsschutzes erforderlich.

Durch Maßnahmen des sekundären Explosionsschutzes ist die Entzündung explosionsfähiger Gemische zu vermeiden. Da die Entzündung explosionsfähiger Gemische von verschiedenen Bedingungen abhängt, wird diesem Sachverhalt durch eine entsprechende Zoneneinteilung Rechnung getragen.

Durch Gase, Dämpfe oder Nebel explosionsgefährdete Bereiche werden mit einer *einstelligen Ziffer* gekennzeichnet:

*Zone 0*
umfaßt Bereiche, in denen gefährliche explosionsfähige Atmosphäre ständig oder langzeitig vorhanden ist. Sie erstreckt sich nur auf das Innere von Behältern und Anlagen mit zündfähigem Gemisch.

*Zone 1*
umfaßt Bereiche, in denen damit zu rechnen ist, daß gefährliche explosionsfähige Atmosphäre gelegentlich auftritt. Sie erstreckt sich auf die nähere Umgebung von Zone 0, z.B. auf Einfüll- oder Entleerungseinrichtungen.

*Zone 2*
umfaßt Bereiche, in denen damit zu rechnen ist, daß gefährliche explosionsfähige Atmosphäre nur selten und dann auch nur kurzzeitig auftritt. Sie erstreckt sich auf Bereiche, die die Zone 0 oder 1 umgeben sowie auf Bereiche um Flanschverbindungen mit Flanschdichtungen üblicher Bauart bei Rohrleitungen in geschlossenen Räumen.

Durch brennbare Stäube explosionsgefährdete Zonen werden durch *zwei Ziffern* gekennzeichnet:

*Zone 10*
umfaßt Bereiche, in denen gefährliche explosionsfähige Staubatmosphäre langzeitig oder häufig vorhanden ist. Sie erstreckt sich auf das Innere von Behältern, Anlagen, Apparaturen und Röhren.

*Zone 11*
umfaßt Bereiche, in denen damit zu rechnen ist, daß gelegentlich durch Aufwirbeln abgelagerten Staubes gefährliche explosionsfähige Atmosphäre kurzzeitig auftritt. Sie erstreckt sich auf Bereiche in der Umgebung staubenthaltender Apparaturen, wenn Staub aus Undichtigkeiten austreten kann und sich Staubablagerungen in gefahrendrohender Menge bilden können.

Zur Kennzeichnung der Zonen von medizinisch genutzten Räumen werden die *Buchstaben G* und *M* verwendet:

*Zone G – umschlossene medizinische Gassysteme*
umfaßt nicht unbedingt allseitig umschlossene Hohlräume, in denen dauernd oder zeitweise explosionsfähige Gemische in geringen Mengen erzeugt, geführt oder angewendet werden.

*Zone M – medizinische Umgebung*
umfaßt den Teil eines Raumes, in dem eine explosionsfähige Atmosphäre durch Anwendung von Analgesiemitteln oder medizinischen Hautreinigungs- oder Desinfektionsmitteln nur in geringen Mengen und nur für kurze Zeit auftreten kann.

Zur Kennzeichnung der Gemische dient die *maximale Arbeitsplatzkonzentration* als MAK-Wert. Der MAK-Wert liegt z.B. für Dampf-Luft-Gemische bei 0,1 ... 0,2 der unteren Explosionsgrenze.

An Hand des MAK-Wertes kann nicht auf eine Explosionsgefahr geschlossen werden.

### 3.3.3.2
**Eigensicherheit, Zündschutzarten**
Eigensicherheit elektrischer Systeme erfordert den Betrieb von Stromkreisen, in denen die freiwerdende gespeicherte Energie kleiner ist als die Zündenergie der die Stromkreise umgebenden Gas- oder Staub-Gemische. Eigensichere elektrische Betriebsmittel müssen demnach so dimensioniert sein, daß die in Induktivitäten und Kapazitäten gespeicherte Energie beim Öffnen oder Schließen eines Kreises nicht so groß wird, daß sie die sie umgebende explosionsfähige Atmosphäre zünden kann.

In eigensicheren Stromkreisen können somit an jeder Stelle zu beliebigen Zeiten Fehler entstehen, ohne daß es zur Zündung des die Stromkreise umgebenden Gas- oder Staub-Gemisches führt.

Eigensichere elektrische Systeme bestehen zumeist aus:

– eigensicheren elektrischen Betriebsmitteln und
– elektrischen Betriebsmitteln.

Die Anforderungen an die Auslegung eigensicherer elektrischer Betriebsmittel wird durch Sicherheitsfaktoren der Kategorien „ia" und „ib" festgelegt [3.3]:

**Kategorie ia**
Betriebsmittel der Kategorie ia sind auf Grund ihrer hohen Sicherheit grundsätzlich für den Einsatz in Zone 0 geeignet.

Sie sind eigensicher beim Auftreten von zwei unabhängigen Fehlern. Der gesamte Steuerkreis muß für diesen Einsatz behördlich bescheinigt sein (Konformitätsbescheinigung, Abschn. 3.3.3.4). Damit erfüllen in dieser Kategorie eingeordnete Betriebsmittel auch die sicherheitstechnischen Anforderungen eines Einsatzes in Zone 1 und 2.

**Kategorie ib**
Im Normalbetrieb und bei Auftreten eines Fehlers darf keine Zündung verursacht werden. Betriebsmittel der Kategorie ib sind für den Einsatz in Zone 1 und 2 zugelassen.

Da elektrische Systeme verschiedenen Einsatzbedingungen ausgesetzt sind, können die sie umgebenden Gas- oder Staub-Luft-Gemische unterschiedliche Mindestzündenergien und Mindestzündtemperaturen haben. Diesem Sachverhalt wird durch

**Tabelle 3.3.** Temperaturklassen [DIN/VDE 0165]

| Temperaturklasse | Höchstzulässige Oberflächentemperatur der Betriebsmittel | Zündtemperatur der brennbaren Stoffe |
|---|---|---|
| T1 | 450° C | > 450° C |
| T2 | 300° C | > 300° C |
| T3 | 200° C | > 200° C |
| T4 | 135° C | > 135° C |
| T5 | 100° C | > 100° C |
| T6 | 85° C | > 85° C |

die Unterteilung der Zündschutzart Eigensicherheit in Explosionsgruppen Rechnung getragen [3.13].

### Explosionsgruppe I
Betriebsmittel der Explosionsgruppe I dürfen in schlagwettergefährdeten Grubenbauten errichtet werden. Methan ist das repräsentative Gas für diese Explosionsgruppe.

### Explosionsgruppe II
Betriebsmittel der Gruppe II dürfen in allen anderen explosionsgefährdeten Bereichen eingesetzt werden.

In Abhängigkeit von der unterschiedlichen Zündenergie der verschiedenen Gase wird die Gruppe weiter in die Explosionsgruppe II A, II B sowie II C unterteilt. Repräsentative Gase dieser Explosionsgruppen sind:

– Propan in der Gruppe II A,
– Äthylen in der Gruppe II B und
– Wasserstoff in der Gruppe II C.

Außer der Zündung einer entsprechenden Atmosphäre durch Funken, wie in den Explosionsgruppen I und II erfaßt, kann die Zündtemperatur auch durch eine erhitzte Oberfläche (Wand, Gerät) erreicht werden und eine Explosion verursachen. Die Zündtemperatur eines brennbaren Stoffes ist die in einem Prüfgerät ermittelte niedrigste Temperatur einer erhitzten Wand, an der sich der brennende Stoff im Gemisch mit Luft gerade noch entzündet [DIN/VDE 0165].

Die maximale Oberflächentemperatur ergibt sich aus der höchsten zulässigen Umgebungstemperatur zuzüglich der z.B. in einem Gerät auftretenden maximalen Eigenerwärmung (Tabelle 3.3).

#### 3.3.3.3
#### Zündschutz durch Kapselung
Mit Hilfe des Einschlusses einer möglichen Zündquelle wird eine räumliche Trennung von der explosionsfähigen Atmosphäre erreicht.
Angewendet werden:
– Ölkapselung „o" [DIN EN 50015]
– Überdruckkapselung „p" [DIN EN 50016]
– Sandkapselung „q" [DIN EN 50017]
– Druckfeste Kapselung „d"[DIN EN 50018]
– Erhöhte Sicherheit „e" [DIN EN 50019]
– Eigensicherheit „i" [DIN EN 50020].

#### 3.3.3.4
#### Konformitätsbescheinigung
Geräte, die für den Einsatz in explosionsgefährdeter Atmosphäre die sicherheitstechnischen Anforderungen erfüllen, sind an gut sichtbaren Stellen besonders zu kennzeichnen (Bild 3.4).

Die für ein Gerät in Frage kommenden Einsatzbedingungen werden in der behördlich ausgestellten Konformitätsbescheinigung durch die Physikalisch-Technische Bundesanstalt fixiert (Tabelle 3.4).

**Bild 3.4.** Kennzeichnung für Schlagwetter- und explosionsgeschützte elektrische Betriebsmittel

**Tabelle 3.4.** Kennzeichnung explosionsgeschützter Betriebsmittel [3.13]. **a)** Elektrische Betriebsmittel, **b)** Konformitätsbescheinigungsnummer, **c)** Konformitätskennzeichen und Bezeichnung für Betriebsmittel, die EG-Richtlinien entsprechen

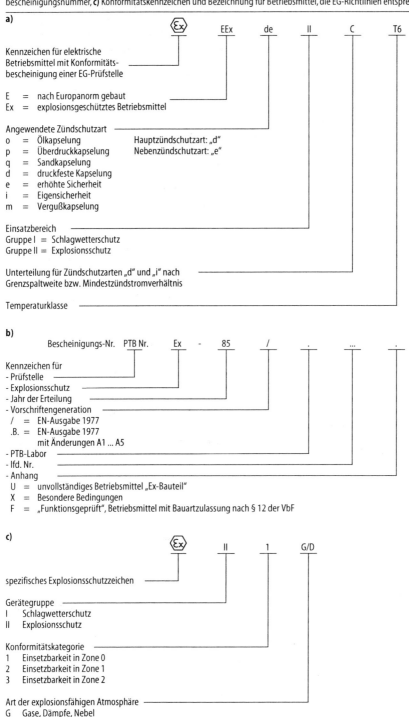

a)

⟨Ex⟩   EEx   de   II   C   T6

Kennzeichen für elektrische
Betriebsmittel mit Konformitätsbescheinigung einer EG-Prüfstelle

E  = nach Europanorm gebaut
Ex = explosionsgeschütztes Betriebsmittel

Angewendete Zündschutzart
  o = Ölkapselung           Hauptzündschutzart: „d"
  p = Überdruckkapselung    Nebenzündschutzart: „e"
  q = Sandkapselung
  d = druckfeste Kapselung
  e = erhöhte Sicherheit
  i = Eigensicherheit
  m = Vergußkapselung

Einsatzbereich
  Gruppe I  = Schlagwetterschutz
  Gruppe II = Explosionsschutz

Unterteilung für Zündschutzarten „d" und „i" nach
Grenzspaltweite bzw. Mindestzündstromverhältnis

Temperaturklasse

b)

Bescheinigungs-Nr.   PTB Nr.   Ex - 85 / . ... .

Kennzeichen für
- Prüfstelle
- Explosionsschutz
- Jahr der Erteilung
- Vorschriftengeneration
  /  = EN-Ausgabe 1977
  .B. = EN-Ausgabe 1977
        mit Änderungen A1 ... A5
- PTB-Labor
- lfd. Nr.
- Anhang
  U = unvollständiges Betriebsmittel „Ex-Bauteil"
  X = Besondere Bedingungen
  F = „Funktionsgeprüft", Betriebsmittel mit Bauartzulassung nach § 12 der VbF

c)

⟨Ex⟩   II   1   G/D

spezifisches Explosionsschutzzeichen

Gerätegruppe
  I   Schlagwetterschutz
  II  Explosionsschutz

Konformitätskategorie
  1  Einsetzbarkeit in Zone 0
  2  Einsetzbarkeit in Zone 1
  3  Einsetzbarkeit in Zone 2

Art der explosionsfähigen Atmosphäre
  G  Gase, Dämpfe, Nebel
  D  Staub

Durch die Konformitätsbescheinigung wird gleichzeitig ausgewiesen, daß das Zertifikat auch der Europanorm – EN – entspricht. Autorisierte Prüfstellen für explosionsgeschützte elektrische Betriebsmittel gibt es außerhalb der Bundesrepublik in Belgien, Dänemark England, Frankreich, Italien und Spanien. Allgemein gilt, daß Europanormen ohne jede Änderung den Status einer nationalen Norm für die angegebenen Länder annehmen, z.B. DIN EN ... in der Bundesrepublik.

Die Kennzeichnung explosionsgeschützter Geräte muß enthalten:

1. Name oder Warenzeichen des Herstellers.
2. Vom Hersteller festgelegte Typenbezeichnung.
3. Daten, z.B. Nennspannung, Nennstrom, Nennleistung.
4. Symbol nach Bild 3.4, wenn für das Betriebsmittel eine Konformitätsbescheinigung ausgestellt wurde.
5. Das Zeichen EEx, wenn das Betriebsmittel den Euronormen für den Explosionsschutz entspricht.
6. Die Kurzzeichen aller angewendeten Zündschutzarten; dabei ist die Hauptschutzart an erster Stelle anzugeben.
7. Explosionsgruppe (I für Schlagwetterschutz, II für Explosionsschutz).
8. Bei Explosionsschutz die eingehaltene Temperaturklasse oder die maximale Oberflächentemperatur.
9. Zusätzlich nach den Euronormen geforderte Angaben.
10. Fertigungsnummer.
11. Angabe der Prüfstelle, Jahr der Prüfung, Bescheinigungsnummer und Hinweise auf besondere Bedingungen.

## 3.4
## Elektromagnetische Verträglichkeit

Die elektromagnetische Verträglichkeit (EMV) ist ein spezielles *Qualitätsmerkmal* elektrischer Geräte. Durch geeignete Maßnahmen bei der Konstruktion eines elektrischen Gerätes muß gewährleistet werden, daß es einerseits gegenüber definierten elektromagnetischen Beeinflussungen aus der Umgebung so unempfindlich ist, daß die zugesagten Eigenschaften gewährleistet sind. Andererseits darf das elektrische Gerät keine solche elektrische Störstrahlung aussenden, daß die Funktion eines anderen Gerätes beeinträchtigt wird [3.14].

### EMV-Gesetz
Das deutsche EMV-Gesetz vom 09. 11. 1992 befaßt sich mit der EMV-Problemstellung und regelt die für Hersteller, Händler und Betreiber von elektrischen Geräten einzuhaltenden Vorschriften. Nach einer Übergangszeit wurde dieses Gesetz ab 01.01.1996 für alle Beteiligten verbindlich.

Die wesentlichen, in diesem Gesetz angewandten Begriffe sind:

– *Elektromagnetische Verträglichkeit* ist die Fähigkeit eines Gerätes, in der elektromagnetischen Umwelt zufriedenstellend zu arbeiten, ohne dabei selbst elektromagnetische Störungen zu verursachen, die für andere Geräte unannehmbar wären;
– *Elektromagnetische Störung* ist jede elektromagnetische Erscheinung, die die Funktion eines Gerätes beeinträchtigen könnte. Eine elektromagnetische Störung kann elektromagnetisches Rauschen, ein unerwünschtes Signal oder eine Veränderung des Ausbreitungsmediums selbst sein;
– *Störfestigkeit* ist die Fähigkeit eines Gerätes, während einer elektromagnetischen Störung ohne Funktionsbeeinträchtigung zu arbeiten.

### Konformitätstest
Mittels einer EMV-Konformitätsprüfung wird festgestellt, ob ein Gerät die Schutzanforderungen einhält. Diese Konformitätsprüfung wird in einem akkreditierten Prüflabor durchgeführt [DIN EN 45 001]. Die umfangreichen Prüfanforderungen sind je nach Einsatzbereich des Gerätes in entsprechenden Normen für die Störaussendung und die Störfestigkeit festgelegt [3.15].

### EG-Konformität
Die EG-Konformität wird durch eine EG-Konformitätserklärung bestätigt, wenn die normgerechte Prüfung der EMV zur Erfüllung des EMVG bestanden wird. Damit

wird insoweit das CE-Kennzeichen (Konformitätszeichen) erlangt. In Zukunft dürfen nur noch Geräte mit *CE-Kennzeichen* in Verkehr gebracht werden.

**Literatur**

3.1 Schroff, Normenübersicht. Prospekt. D 9 CH 11/95 8/10 (39600-205). Schroff, Feldrennach-Straubenhardt
3.2 em shield, Sicherheit durch EMV: Neuheiten '92. Prospekt. 9.997.1229 5'11/92 AWI. Knürr, München
3.3 Heidenreich Gehäuse. Prospekt. Heidenreich, Straßberg (über Albstadt)
3.4 Schroff, propac – das individuelle Systemgehäuse. Prospekt. D 7.5 CH 7.7 3/95 2/15.2 (39600-067). Schroff, Feldrennach-Straubenhardt
3.5 Heidenreich varidesign Elektronik, Gehäuse Bausystem. Prospekt. Heidenreich, Straßberg (über Albstadt)
3.6 Knürr direct, Jahrbuch 96/97. 9.997.232.9 20'PA 3/96 Knürr, München
3.7 Schroff, Katalog für die Elektrotechnik 96/97. D 4/96 1/8 (39600-821). Schroff, Feldrennach-Straubenhardt.
3.8 Schroff, Schränke für die Vernetzungstechnik. Katalog. D(13.5)CH(0.5) 9/95 14/14 (39600-110). Schroff, Feldrennach-Straubenhardt
3.9 19"-Gehäusetechnik: So ordnet man Elektrik und Elektronik. Katalog, 1.9.1994. Heidenreich, Straßberg (über Albstadt)
3.10 Kunststoffgehäuse: So ordnet man Elektrik und Elektronik. Katalog, 1.1.1996. Heidenreich, Straßberg (über Albstadt)
3.11 Polke M (Hrsg.), Epple U (1994) Prozeßleittechnik. 2., völlig überarb. U. Stark erw. Aufl. Oldenbourg, München Wien. S 237–254
3.12 Elektrisches Messen mechanischer Größen: Auswahlkriterien für Druckaufnehmer. Sonderdruck MD 9302. Hottinger Baldwin, Darmstadt
3.13 Kleinert S, Krübel G (1993) Sicherheitstechnik: Elektrische Anlagen im explosionsgefährdeten Bereich. Hrsg. FB Elektrotechnik/Elektronik an der FH Mittweida
3.14 AVT Report Heft 6, April 1993. VDI/VDE-Technologiezentrum Informationstechnik, Teltow
3.15 Altmaier H (1995) EMV-Konformitätsprüfung elektrischer Geräte. Feinwerktechnik, Mikrotechnik, Meßtechnik 103, C. Hanser Verlag, München. S. 388–393

# Teil B

## Meßumformer, Sensoren

1 Kraft, Masse, Drehmoment
2 Druck, Druckdifferenz
3 Beschleunigung
4 Winkelgeschwindigkeits- und Geschwindigkeitsmessung
5 Längen-/Winkelmessung
6 Temperatur
7 Durchfluß
8 pH-Wert, Redoxspannung, Leitfähigkeit
9 Gasfeuchte
10 Gasanalyse

# 1 Kraft, Masse, Drehmoment

K. BETHE

## Einleitung

*Masse* ist eine Eigenschaft der Materie. Sie manifestiert sich durch die zwei zur Messung heranziehbaren Kraftwirkungen:

- Massen ziehen sich an (Gravitationskraft → „schwere Masse");
- zur Änderung der Bewegung einer Masse ist eine „Beschleunigungskraft" erforderlich → „träge Masse".

*Kräfte* bewirken Beschleunigungen oder Deformationen. Auf diesen Wirkungen beruhen die technischen Meßaufnehmer für Kräfte und andere „dynamometrische" (d.h. auf Kräfte zurückführbare) Größen (Drehmoment, Druck etc.), s. Bild 1.1:

a) Bei „*kraftkompensierenden*" Systemen wird eine Kompensationskraft $F_K$ aus der anfänglichen, durch die Meßkraft $F_x$ bewirkten mechanischen Deformation des Meßeingangs gewonnen *(D)* und in einem Regelkreis bis zum Gleichgewicht abgeglichen.

b) Beim *Federwaagenkonzept* bildet ein elastischer Körper die Kraft $F_x$ in eine reversible Deformation $y$ ab, die ihrerseits in einem zweiten Schritt durch einen separaten Mechanismus in eine elektrische Größe überführt wird. Diese Detektion der kraftproportionalen Deformation kann durch einen diskreten Geometriesensor oder durch einen integralen Materialeffekt erfolgen.

c) Beim *Resonanzprinzip* bewirkt die zu messende Kraft $F_x$ direkt (ohne Materialgesetz!) eine Zusatzbeschleunigung des Schwingers, die sich in einer Verschiebung seiner Resonanzfrequenz $f_{1;2}$ ausdrückt.

d) Beim „*Gyro-Konzept*" verursacht die Kraft $F_x$ eine Orthogonalbeschleunigung des mit der Frequenz $\omega$ rotierenden Kreisels, die zu seiner Präzession führt. Die Präzessionsfrequenz $\Omega$ ist proportional zur Meßkraft. [1.1]

## 1.1
## Kraftmessung [1.2]

### 1.1.1
### Kompensationsverfahren

Der gemäß Bild 1.1a erforderliche Kräftevergleich zwischen der Meßgröße $F_x$ und der kompensierenden Kraft $F_K$ kann nur aufgrund der o.g. Wirkungen von Kräften (Beschleunigung, Deformationen) erfolgen, so daß (wegen unvermeidbarer Parasitär-Deformationen) präziser von „Wegkompensation" zu sprechen ist. Praktisch wird die Vertikalposition des Summenpunktes (+) durch

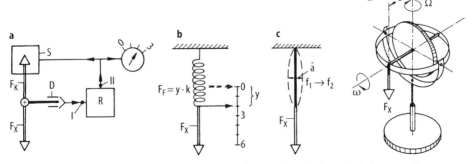

**Bild 1.1.** Grundkonzepte zur technischen Kraftmessung: **a** Kraftkompensierendes System, **b** Federwaage, **c** Resonatorkonzept (Saite), **d** Kreiselpräzession ($\Omega$)

einen Verlagerungsdetektor $D$ erfaßt. Hierzu werden meist analoge optische Systeme (z.B. Spaltdioden – vgl. Abschn. B5.1.1.2) eingesetzt. Für eine feinere, auch langzeitstabilere Positionsdiskriminierung empfehlen sich kapazitive Differentialsysteme, während induktive Sensoren und magnetostatische Konzepte wegen ihrer Temperaturempfindlichkeit weniger empfehlenswert sind. Eine extreme Positionssensitivität bietet der Tunnelstromsensor [1.3].

Bei den gängigen optischen Nullagen-Detektoren werden Wegauflösungen nahe 10 nm angegeben.

Das am Punkt I (Bild 1.1a) anstehende Nullagen-Fehlsignal wird einem PID-Regler ($R$) zugeführt, der analog oder digital ausgeführt sein kann. Die ausgangsseitige Stellgröße (an Punkt II) speist das Stellglied ($S$); sie wird zugleich zur Anzeige gebracht. Das Stellglied ($S$) hat hier eine der Meßkraft $F_x$ betragsgleiche Kompensationskraft $F_K$ aufzubringen. Hierfür kommt vorrangig das elektrodynamische Prinzip [$\vec{F}=l\cdot(\vec{I}\times\vec{B})$] infrage. Magnetostriktive sowie piezoelektrische Aktoren weisen sehr hohe störende Federsteifigkeiten und merkliche Hysterese

auf; elektrostatische Kräfte sind wegen des elektrischen Durchschlags um Größenordnungen kleiner und deshalb nur bei sehr kleinen Kräften (<<0,1 N) einsetzbar. Übliche Magnetsysteme arbeiten mit etwa 1 N. Es wurden jedoch auch solche mit 50 N realisiert (Volumen ca. 1000 cm³). (Die Begrenzung liegt in einer für Präzisionsmessungen unzulässigen Erwärmung.) Die *magnetisch-„kraftkompensierte"* Waage (Bild 1.2) zeigt den von Lautsprechern bekannten Magnetaufbau. Die auf der Waagschale (7) aufzubringende Last wird durch den „Waagbalken" (10) im Verhältnis $\overline{AB} : \overline{AC}$ heruntergeteilt. Der gezeigte Regler liefert an seinem Ausgang (II) einen pulsbreitenmodulierten Strom.

Heutige Präzisionswaagen erreichen durch spezielle Signalverarbeitungs-/Filterschaltungen [1.4–1.6] Auflösungen von $3\cdot 10^{-7}$ bei Nennlasten zwischen 3 g und 600 kg (mit Mehrfach-Hebelübersetzung). Einstellzeiten: ca. 3 Sekunden.

Dasselbe Konzept der „Kraftkompensation" wird neben der Massenbestimmung für die Messung von Kraft, Druck und Beschleunigung eingesetzt.

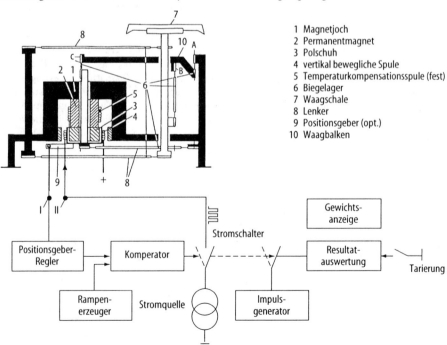

1 Magnetjoch
2 Permanentmagnet
3 Polschuh
4 vertikal bewegliche Spule
5 Temperaturkompensationsspule (fest)
6 Biegelager
7 Waagschale
8 Lenker
9 Positionsgeber (opt.)
10 Waagbalken

**Bild 1.2.** Aufbauprinzip einer kraftkompensierenden Waage (Magnetstrom pulsdauermoduliert) [Mettler]

Die im PID-Regelkreis auskompensierte Größe ist grundsätzlich die Deformation, also sind – im eingeschwungenen Zustand – Meßweg und vom Meßobjekt geleistete Arbeit gleich Null. Im Gegensatz zu dieser Kompensation steht das (technisch-applikativ weitaus dominierende) Federwaagenkonzept (Bild 1.1b), das gerade einen definierten Meßweg zum Inhalt hat.

### 1.1.2
### Federwaagenkonzept

Das elastische Ausschlagsverfahren nach Bild 1.1b basiert auf einem Federkörper, dessen Deformation elektrisch ausgewertet wird. (Ein frühes Beispiel zeigt Bild 1.3.) Bei einem hybriden Aufbau mit klarer Trennung zwischen Meßfeder und Deformationssensor sind Material und Konstruktion des Federkörpers frei wählbar. Dient das Federmaterial aber zugleich der Gewinnung des elektrischen Ausgangssignals („Integralkonzept"), so bestimmt diese letztgenannte Sensorfunktion den Werkstoff.

#### 1.1.2.1
#### Hybride Deformations-Kraftaufnehmer

In einem *Federkörper* können, je nach Formgebung und Kraftangriff, alle klassischen Belastungsfälle auftreten: Zug/Druck, Biegung, Scherung, Torsion. Die querschnittsbezogenen Kräfte, die „mechanischen Spannungen ($\sigma; \tau_t$)", führen zu Verformungen $\varepsilon$, die – materialabhängig – bis zu etwa $10^{-3}$ ideal elastisch, d.h. linear und vollständig reversibel verlaufen:

$$\varepsilon = \sigma \frac{1}{E} \qquad (1.1)$$

Abweichungen von diesem *linearen Hookeschen Gesetz* sind geometriebedingt (z.B. verformungsabhängige Änderung von Querschnitt oder Lastarm).

*Federmaterialien*

Konkrete Materialien unterscheiden sich gemäß Tabelle 1.1 nicht nur in der einzigen Kenngröße des Idealmaterials, dem Elastizitätsmodul $E$, sondern auch in dem elastischen Nebenkennwert (Querkontraktion $\nu$ = „Poisson-Zahl") sowie den im allgemeinen störenden thermischen Parasitäreffekten (Ausdehnung $\beta$, $E$-Modul $TK_E$, endliche thermische Leitfähigkeit). Hinzu kommen die Abweichungen vom elastischen Idealverhalten, d.h. Hysterese und Anelastizität (elastische Nachwirkung →„Kriechen"). Ein weiterer wichtiger Kennwert ist die Streckgrenze $\sigma_{0,2}$ als Ausdruck des Einsatzes massiver plastischer (bleibender) Verformung.

Elastische Nachwirkung von Federmaterialien bedeutet, daß bei abrupter Laständerung um $F_1$ (Bild 1.4) die resultierende Dehnung sich aus einer ebenfalls sprunghaften ideal-elastischen Dehnung $\varepsilon_1$ und einem kleinen zeitabhängigen Nachkriechen um $\Delta\varepsilon$ zusammensetzt. Die relative Kriechstärke $\Delta\varepsilon/\varepsilon_0$ ist unabhängig von der Gesamtdehnung $\varepsilon_0$; sie ist bei Be- und Entlastung betragsgleich und vollständig reversibel. Sogenannte „isotherme" Kriechkurven diverser Materialien sind in Bild 1.5 dargestellt. [1.7] Neben diese, als diffusive Redistribution von Störungen im Kristallgitter verstandene „elastische Nachwirkung" [1.8] tritt jedoch noch der „thermoelastische" Effekt: Wegen der Volumenänderung eines durch Uniaxial- oder Biegespannung gestreßten Festkörpers ($\nu < 0,5$, s. Tabelle 1.1) ändert sich grundsätzlich dessen Temperatur (Bild 1.4; unten). Diese adiabatische Temperaturänderung beträgt [1.9]:

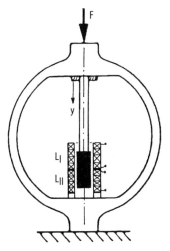

**Bild 1.3.** Ringdynamometer mit Differentialdrossel als Deformationssensor

$$\Delta T = -\varepsilon \frac{\beta \cdot T \cdot E}{c \cdot \varrho} \qquad (1.2)$$

mit $\varrho$ Dichte in g cm$^3$.

**Tabelle 1.1.** Federwerkstoffe

| Material | I | II | III | IV | V | VI | VII | VIII | IX |
|---|---|---|---|---|---|---|---|---|---|
| 1 | 11,6 | 39 | 0,46 | 207 | 0,28 | −3,4 | 1100 | 1220 | 7,8 |
| 2 | 10,9 | 22 | 0,5 | 196 | 0,291 | −3 | 1100 | 1270 | 7,8 |
| 3 | 10,3 | 24 | 0,32 | 186 | 0,3 | −2,7 | 1600 | 1750 | 8,0 |
| 4 | 7,4 | 13 | 0,5 | 200 | 0,33 | ≈ 0 | 1050 | 1200 | 8,0 |
| 5 | 17,0 | 113 | 0,42 | 135 | 0,31 | −3,9 | 1250 | 1480 | 8,3 |
| 6 | 8,6 | 7 | 0,5 | 110 | 0,35 | −6 | 1050 | 1140 | 4,4 |
| 7 | 22,7 | 150 | 0,9 | 73 | 0,34 | −4,4 | 450 | 480 | 2,8 |
| 8 | 2,6 | 136 | 0,7 | 113 | 0,27...0,4 | | | 300/1000 | 2,3 |
| 9 | 5,3...8 | 33 | 0,78 | 440 | 0,25...0,3 | | ≈ $\sigma_B$ | 350/2500 | 4,0 |
| 10 | 6,6 | ≈ 28 | ≈ 0,8 | ≈ 370 | 0,23 | | | 200/2000 | 3,9 |
| 11 | 0,54 | 1,4 | 0,73 | 72 | 0,17 | | | 60/1100 | 2,2 |
| 12 | 3,7 | 1,0 | 0,76 | 81 | 0,19 | | | 50/900 | 2,9 |
| 13 | 75,0 | 0,16 | | 3,0 | 0,34 | | starkes Kriechen! | ≈ 60 | ≈ 1,3 |

1 Vergütungsstahl (z.B. 36CrNiMo4)
2 Aushärtbarer nichtrostender Stahl (X5CrNiCuNb 17/4/4)
3 Maraging Stahl (hochfest) (X2NiCoMo 18/8/5)
4 „Thermelast" (≙ „Elinvar" ≙ „Ni-Span-C") (≙ NiCrTi 42/5/2)
5 CuBe2
6 TiAl6V4
7 Aushärtbare Al-Legierung (US-Bezeichnung 2024-T81)
8 Silizium (monokristallin)
9 Saphir
10 $Al_2O_3$-Keramik
11 Quarzglas
12 Hartglas (Schott Bak-50)
13 PVC

I Thermische Ausdehnung $\beta/10^{-6} \cdot K^{-1}$
II Wärmeleitung $\lambda/W \cdot K^{-1} \cdot m^{-1}$
III Spezifische Wärme $c/Nm \cdot g^{-1} \cdot K^{-1}$
IV Elastizitätsmodul $E/10^3 N \cdot mm^{-2}$
V Poisson-Zahl $\nu$
VI $TK_E/10^{-4} K^{-1}$
VII „Elastizitätsgrenze" $\sigma_{0,2}/N \cdot mm^{-2}$
VIII Festigkeit (Zug/Druck) $\sigma_B/N \cdot mm^{-2}$
IX Dichte $\varrho/g \cdot cm^{-3}$

Sie liegt bei Metallen bei z.B. 0,3 K für eine typische Meßdehnung von $10^{-3}$. Multipliziert mit dem thermischen Ausdehnungskoeffizienten ($\beta$) des Federmaterials, ergibt sich somit eine weitere, wegen des Temperaturausgleiches mit der Umgebung zeitabhängige Deformation. Das durch die Addition von isothermer Anelastizität und dieser im allgemeinen viel größeren adiabatischen Zusatzdeformation bewirkte dimensionelle Kriechen eines Stauchstabes zeigt Bild 1.6. [1.10]

Während der Minimalwert des isothermen Kriechens infolge elastischer Nachwir-

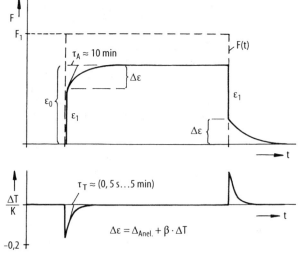

**Bild 1.4.** Elastische Nachwirkung ($\Delta\varepsilon$) sowie adiabatische Temperaturänderung eines mit Normalspannung beaufschlagten Stauchstabes

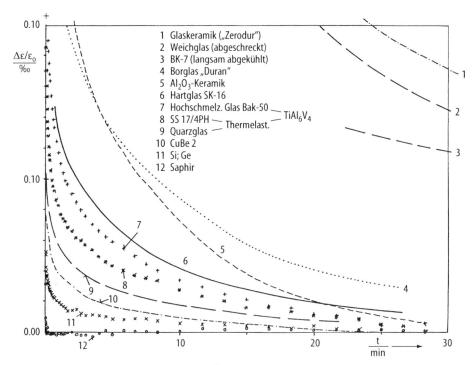

**Bild 1.5.** Kriechkurven von Federmaterialien ($\varepsilon \leq 10^{-3}$)

kungen mit der Wahl des Federmaterials festliegt, kann der oftmals dominierende thermoelastische Effekt durch Gestaltung der Meßfeder beeinflußt und sogar zur Kompensation des diffusiven Kriechens eingesetzt werden [1.11]. (Zu Details des isothermen Materialkriechens s. [1.12]). Da Scher- und Torsionsspannungen keine Volumenänderung des Federkörpers verursachen, weisen derart belastete elastische Elemente kein störendes Adiabaten-Kriechen auf. (Einen Scherspannungsaufnehmer zeigt Bild 1.11e).

Der zusammengesetzte, zeitabhängige Deformationsterm $\Delta\varepsilon$ wird oftmals fälschlich als „Hysterese" interpretiert [1.13]: Gemäß Bild 1.7 durchläuft die Dehnung eines Federkörpers bei einem Lastsprung um $F_1$ verzögerungslos den Dehnungshub $\varepsilon_1$. Wird – wie in Bild 1.4 – erst nach vollständigem (oder teilweisem) Abklingen des zusätzlichen Kriechvorganges ($\Delta\varepsilon$) entlastet, so wird der obere Kennlinienast bzw. der gestrichelte, innerhalb der Hysteresekurve liegende Ast ($t \approx 0,5\,\tau_A$) durchlaufen. Vermutlich sind viele technische Hysterese-Angaben partiell auf diese Effekte zurückzuführen. Andererseits können Versetzungen, Korngrenzen und magnetostriktive Effekte in Ferromagnetika echte Hysterese der $\sigma$–$\varepsilon$–Kurve bewirken.

*Federkonstruktionen*

Die in Bild 1.8 gezeigte, axial durch Zug- oder Druckkraft belastete Säule weist eine über den verjüngten Meßquerschnitt ($r_M$) homogene mechanische Spannung $\sigma_z = F_z/A_M$ auf. Diese uniaxiale Spannung verursacht im Falle der Druckbelastung eine negative Axialdehnung $\varepsilon_z$ sowie eine positive Querdehnung $\varepsilon_r = -\nu \cdot \varepsilon_z$ (vgl. a. Kap. B 5, Bild 5.81). Entsprechend werden zwei Axial-DMS ($R_1$; $R_3$) und zwei Zirkumferential-DMS ($R_2$; $R_4$) appliziert. Die „Poisson"-Vollbrücke $R_1 \ldots R_4$ weist folgende Meßempfindlichkeit auf:

$$\frac{U_2}{U_0} \approx \tfrac{1}{2} k\,\varepsilon_z (1+\nu). \qquad (1.3)$$

Wegen der unsymmetrischen Widerstandsänderung ($|\Delta R_{2;4}| = \nu \cdot \Delta R_{1;3}$) ist die

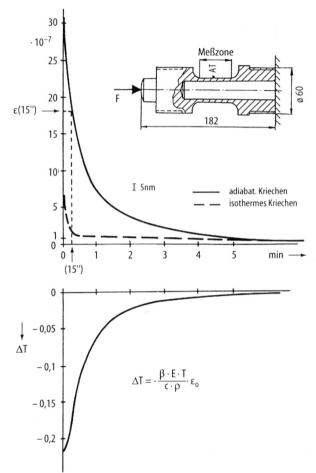

**Bild 1.6.** Adiabatisches und isothermisches Kriechen eines Stauchstabes aus Vergütungsstahl sowie thermoelastischer Effekt ($\Delta T$)

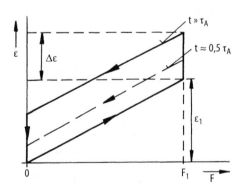

**Bild 1.7.** Quasihysterese bei Kriecherscheinungen

Ausgangsspannung $U_2$ nicht exakt linear in $\varepsilon_z$ (→degressive Kennlinie).

Es werden *Säulenmeßelemente* mit rundem, quadratischem oder Sechseck-Querschnitt verwendet. Die Säulen können eine zentrische Axialbohrung besitzen. Zur Abfangung parasitärer Querkräfte werden oftmals radiale Stützmembranen eingesetzt (Bild 11a,b). Der Zusammenhang zwischen der Meßgröße $F_z$ und der mechanischen Spannung $\sigma_z$ ist nicht exakt linear, da sich die lasttragende Querschnittsfläche $A_M = \pi r_M^2$ mit $(1+\nu \cdot \varepsilon_z)^2$ ändert. Zur Korrektur dieser und der o.g. elektrischen Nichtlinearität werden bisweilen zusätzliche hochempfindliche Halbleiter-DMS auf dem Stauchstab appliziert und der Poisson-Brücke vorgeschaltet (s. Bild 1.14).

Während die axialbelastete Säule (Stauchstab) im Hochlastbereich eingesetzt wird, ist die Biegebelastung für niedrige Lasten gängig. Das Grundelement ist der in Bild

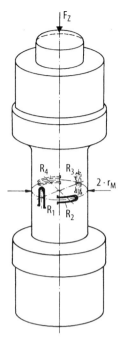

**Bild 1.8.** Stauch-/Zugstab, mit 4 DMS bestückt (Poisson-Elemente $R_2$; $R_4$) [Bethe]

1.9a dargestellte Kragarm. Hier ist die Spannung $\sigma$ nicht mehr gleichmäßig über den Querschnitt verteilt, vielmehr herrschen auf der oberen und der unteren Balkenoberfläche maximale Dehnungen entgegengesetzten Vorzeichens. Die waagerechte Balkenmittelebene $N$ ist spannungsfrei. Die komplementären Oberflächendehnungen $\varepsilon_x$ sind wieder über die Poisson-Zahl $\nu$ mit einer Querdeformation $\varepsilon_z$ verknüpft: Auf der Balkenoberseite findet man eine positive Längsdehnung $\varepsilon_x$ und eine negative Querdehnung, auf der Unterseite sind die Vorzeichen umgekehrt, d.h. der Rechteckquerschnitt ($b \cdot t$) wird zum Trapez deformiert. (Bei dünnen Balken ($b>>t$) wird diese Querdeformation unterdrückt, was zu einer Versteifung des Balkens führt.) Der in Bild 1.9 a gezeigte Balken weist einen längs der x-Achse konstanten Querschnitt ($b \cdot t$) auf. Das somit über der Längskoordinate $x$ konstante Widerstandsmoment $W$ führt gemäß

$$\varepsilon_x = F \cdot \frac{l-x}{E \cdot W} \qquad (1.4)$$

zu einer auch in Längsrichtung variablen Dehnung $\varepsilon_x$ (Bild 1.9b). Anders der Dreiecksbalken nach Bild 1.9c, dessen Widerstandsmoment $W$ längs der Balkenachse $x$ vom Einspannpunkt ($x=0$) an linear abfällt und so den ebenfalls linearen Abfall des Biegemoments $M$ kompensiert: Hier ist die Dehnung von $x$ unabhängig, was die Applikation großer DMS o.ä. erlaubt. Der Nachteil des Dreieckbalkens ist eine größere $y$-Nachgiebigkeit ($\rightarrow$größerer Meßweg, niedrigere Resonanzfrequenz). Die umgekehrte Tendenz weist der Balken nach Bild 1.10c auf: Hier ist die Deformation auf die schmale DMS-Zone konzentriert.

Die einfachste Messung der lastproportionalen Dehnung $\varepsilon$ erfolgt beim geraden Balken nach Bild 1.10a auf der Oberseite, nahe dem Einspannpunkt (DMS „$\varepsilon_1$"). Zur Temperaturkompensation wird im einfachsten Fall ein passiver DMS auf der Einspannung (I) oder – besser – auf der Balkenseite in Höhe der mittig liegenden Neutralebene $N$ verwendet (II). Günstiger ist jedoch ein zweiter Aktiv-DMS, also ein Poisson-DMS ($\varepsilon_2$) oder – wenn beide gestreßten Oberflächen beklebt werden können – ein Komplementär-DMS auf der Balkenunterseite. Dieser Optimalfall ist in Bild 1.10b skizziert, wobei je Meßoberfläche zwei DMS appliziert sind, so daß eine vollaktive, symmetrische (und damit lineare) Brückenschaltung aufgebaut werden kann (vgl. hierzu Abschn. B 5.3.1).

Diese anzustrebende Situation, daß komplementäre Dehnungen ($\varepsilon^+$; $\varepsilon^-$) gleichen Betrages zur Detektion herangezogen werden können, kann durch komplexere Federkonstruktionen auch auf einer Balkenoberfläche realisiert werden (Bild 1.11c und d sowie 1.12). – Auch die diametral belasteten Ring-Federelemente in Bild 1.11f und g unterliegen überwiegend einer Biegebelastung. Attraktiv ist hier die Innen-Applikation der DMS ($\rightarrow$Schutz). Rotationssymmetrische Biegeelemente („Kreisplattenfedern") erlauben einen besonders kompakten, flachen und gegen Parasitärkräfte toleranteren Aufnehmerbau. Beispiele hierzu zeigt Bild 1.13.

Zusammenfassend zur Federauslegung: Der Zusammenhang zwischen Last $F$ und mechanischer Spannung ist konstruktions-

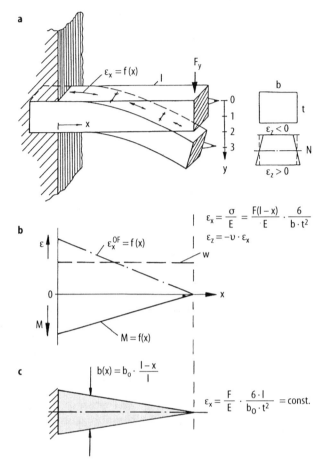

**Bild 1.9.** Einfacher Biegebalken („Kragarm") **a** Vertikale und Querschnittsdeformation, **b** Ortsverlauf von Biegemoment $M$ und Dehnung $\varepsilon_x$, **c** „Dreiecksbalken" mit ortsunabhängiger Dehnung $\varepsilon_x$

abhängig. Der Zusammenhang zwischen Spannung und Dehnung ist stets durch das *Hooke'sche Gesetz* gegeben.

Zur *Optimierung* von Federelementen stehen folgende Verfahren zur Verfügung:

- geschlossene Rechnung,
- numerische Berechnung (FEM) [1.14],
- Bau (vergrößerter) Modelle, z.B. aus PVC; Ausmessung mittels Wegtaster, DMS, Reißlack,
- Herstellung von photoelastischen Modellen.

Die auf dem Federelement applizierte DMS-Brücke ist für genauere Messungen noch mit einigen Steuer- und Abgleichwiderständen zu ergänzen (Bild 1.14):

$DMS\ 1\ldots 4$ Dehnungsdetektierende Brücke
$R_5; R_5'$ Brücken-Nullabgleich, evtl. temperaturabhängig
$R_{V1;2}$ zusätzliche DMS bzw. Widerstandsthermometer (Ni) →Linearisierung bzw. Kompensation von $dE/dT$
$R'_1 \ldots R'_3$ →Abgleich Brückeneingangswiderstand
$R_{P1;2}$ Shuntwiderstände zur Reduktion der Wirkung von $R_{V1;2}$

Repräsentative Kenndaten von DMS-Aufnehmern sind in Tabelle 1.2 aufgeführt. (Für Sonderfälle sind DMS-Kraftaufnehmer für die Temperaturbereiche $-200/+30$ °C bzw. $-10/+200$ °C erhältlich.)

Vergleich von DMS mit alternativen Deformationssensoren:

**Tabelle 1.2.** Typische Kenndaten von Kraftaufnehmern/Wägezellen

|  | a<br>induktives<br>System | b<br>Dünnfilm-DMS<br>(unkomp.) | c<br>Folien-DMS<br>(Scherkraft) | d<br>Folien-DMS<br>(Stauchstab) |
|---|---|---|---|---|
| Meßbereiche (FS) | 5 g ... 5 kg | 30 g ... 300 kg | 20 kN ... 1 MN | 20 t ... 1000 t |
| Umkehrspanne (Hysterese) | ≤± 0,5 % | < 0,05 % | < 0,02 % | ± 0,4 % |
| Kriechen (30 min)/$10^{-4}$ | – | < 3 | ± 2 | ± 6 |
| $TK_{Null}/10^{-4} \cdot K^{-1}$ | 5 | < 0,5 | ± 0,1 | ± 0,5 |
| $TK_{Sens.}/10^{-4} \cdot K^{-1}$ | 5 | < 0,3 | ± 0,1 | ± 1 |
| Temperaturbereich | –30/+100 °C | –10/+85 °C | –10/+70 °C | –10/+70 °C |
| Meßweg/mm | 0,2 | – | 0,2 ... 0,5 | 0,07 ... 0,35 |
| Abmessung/D × h (in mm) | 42 × 57 | 32 × 25 | 100 ... 300 × 55 ... 180 | 82 ... 270 × 60 ... 240 |
| Masse/kg | 0,2 | 0,31 | 1,8 ... 57 | 1,4 ... 86 |

*DMS-Charakteristik*:

– sehr enger thermischer Kontakt mit dem Federkörper (→Temperaturkompensation auch bei schnellen Temperaturänderungen)

– viele DMS applizierbar (praktisch bis 48 realisiert) (→gute Mittelung über lokale Dehnungen; sehr hohe geometrische Symmetrie führt zu weitgehender Unempfindlichkeit gegen Parasitärkräfte (eventuell durch separate DMS-Messung von Parasitärkräften/-Momenten; s. Abschn. 1.1.4),

– wirksame Kriechkompensation: Das stets positive Federkriechen wird durch ein gezieltes Negativkriechen des DMS (Ausgestaltung der Mäander-Umkehrpunkte) ausgeglichen. Es werden Kriechwerte bei 20 ppm erreicht! (Allerdings nur in einem relativ engen Temperatur-Intervall.)

– Das relativ niedrige Ausgangssignal (typisch 20 mV FS) ist mit moderner Elektronik auf über $10^6$ Schritte auflösbar. [1.27; 1.28] (Dies bedeutet eine Wegauflösung bei $10^{-2}$ nm!.) Bis etwa 70 000 Schritte reicht Gleichstromspeisung + ADU. – Das langjährige Problem des Feuchteschutzes für DMS ist inzwischen ausreichend gelöst.

*Alternative Deformationssensoren erfordern:*
Federmaterialien sehr geringen isothermen Kriechens und

a) Federkonstruktionen, die einen schnellen Abbau der adiabatischen Temperaturänderung aufweisen (Biegeelemente mit hohem Dehnungsgradienten, gute Wärmeleitung; optimal: Scherspannungssensor)

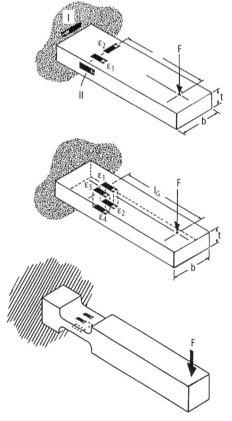

**Bild 1.10.** Gerader Biegebalken: DMS-Applikation [Micromeasurement]

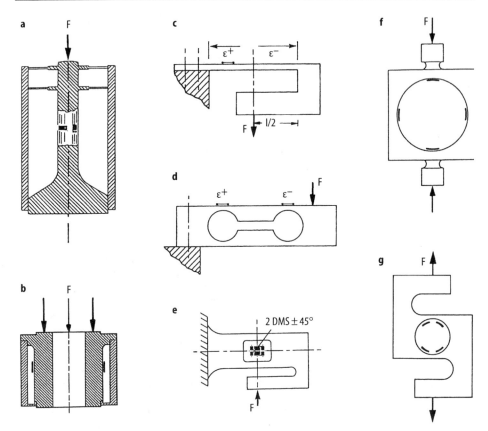

**Bild 1.11.** Alternative Meßfelder-Konstruktionen. **a, b** Normalbelastung, **c, d** Biegebelastung (S-förmige Verformung), **e** Scherkraftaufnehmer (in der DMS-Region sind beidseitig tiefe Einsenkungen eingebracht, so daß dort der Querschnitt eines Doppel-T-Trägers vorliegt), **f, g** Komplexe Biegebelastung [HBM]

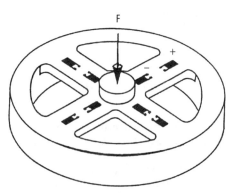

**Bild 1.12.** Speichen-Federelement mit Biegespannungs-DMS [Bethe]

oder

b) Materialien, die zudem extrem geringe thermische Ausdehnung aufweisen (→Quarzglas, Super-Invar). Zu diesem Weg (b) zeigt Bild 1.15 ein gutes kommerzielles Beispiel. Eine interferometrische Deformationsdetektion ist in [1.26] beschrieben.

*Fazit:* Präzisions-Kraftaufnehmer lassen sich vorzugsweise mit kriechkompensierenden DMS aufbauen. Allen Alternativen zum DMS ist gemeinsam, daß eine vergleichbare Immunität gegen Parasitärkräfte sowie Temperatur-Transienten bisher nicht erreicht wurde.

Bei geringeren Genauigkeitsanforderungen sind Kriecheffekte vernachlässigbar. Dann sind z.B. induktive Wegaufnehmer als

# 1 Kraft, Masse, Drehmoment

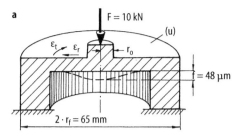

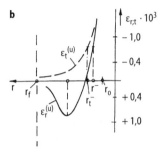

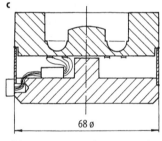

**Bild 1.13.** Kreisplattenfelder. **a** Grundkonzept, **b** Radiale Abhängigkeit von Radial- und Tangentialdehnung ($\varepsilon_r$; $\varepsilon_t$) auf der Oberseite, **c** Meßzelle mit profilierter Kreisplattenfeder und Überlast-Anschlag [Bethe]

Deformationssensoren akzeptabel (Bild 1.3) (s.a. Tabelle 1.2a); der Vorteil des höheren, robusten Ausgangssignals ist jedoch angesichts moderner Elektronik gering.

Für sehr geringe Kräfte (<0,1 N) empfehlen sich monolithische Si-Sensoren bzw. Halbleiter-Dünnfilm-DMS oder kapazitive oder optische Deformationsfühler in Verbindung mit metallischen oder nichtmetallischen Federelementen.

### 1.1.2.2
**Integrale Deformations-Kraftaufnehmer**

a) *Piezoelektrische Aufnehmer* [1.15]
Als „Piezoelektrika" werden Materialien bezeichnet, die bei einer elastischen Deformation eine elektrische Ladung abgeben. Dieser Effekt tritt bei Ionenkristallen ohne Symmetriezentrum auf (verbunden mit einer „polaren Achse").

Charakteristika des *piezoelektrischen Effekts*:

– Die abgegebene Ladung ist linear proportional zur Deformation, also vorzeichenerhaltend. (+F → +Q, aber –F → –Q)
– Der Prozeß ist umkehrbar: Eine angelegte elektrische Spannung erzeugt (vorzeichenerhaltend) eine Deformation.
– Der Effekt ist richtungsabhängig bezüglich der Kristallausrichtung und des Deformationstensors.

Der piezoelektrische Mechanismus ist anhand des in Wurzit-Struktur kristallisierten ZnO verständlich (Bild 1.16):

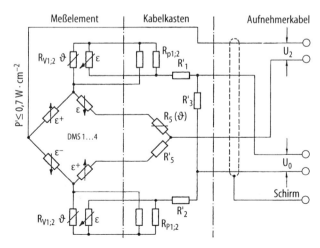

**Bild 1.14.** Vollständige Schaltung eines Präzisions-Kraftaufnehmers mit Kompensation der Temperaturgänge von Empfindlichkeit ($R_{V1}$) und Nullpunkt ($R'_5$) sowie der Nichtlinearität (DMS $R_{V1;2}$)

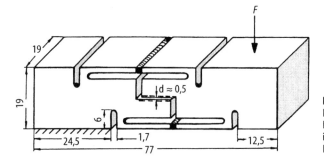

**Bild 1.15.** Monolithischer kapazitiver Kraftaufnehmer aus Quarzglas. Gute Positionierung der zwei Schweißstellen in der biegemomentfreien Zone der Parallelführung. ($C_0 \approx 4$ pF) [Setra]

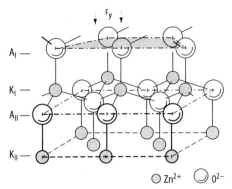

**Bild 1.16.** Perspektivische Darstellung des piezoelektrischen ZnO-Gitters (Wurzitstruktur)

Eine vertikale Druckkraft $F_y$ drückt die Anionenebene $A_I$ und die quasi starr mit ihr verbundenen Kationen ($K_I$) in die Tetraederlücken der zweiten Anionenebene $A_{II}$. Gleichermaßen drückt diese Anionenebene $A_{II}$ die in direkter Linie liegenden Kationen ($K_{II}$) in die in der nächsten (nicht dargestellten) Anionenebene gegenüberstehenden Tetraederlücken. Diese vertikale Verlagerung des Kollektivs der positiven Ionen gegen die negativen Ionen beinhaltet eine dielektrische Polarisation, die eine an geeignet angebrachten Elektroden abnehmbare Ladung als Meßwert influenziert.

In dem durch Projektion planarisierten Modell nach Bild 1.17 ist die Ionenverlagerung und die dadurch bedingte Aufhebung

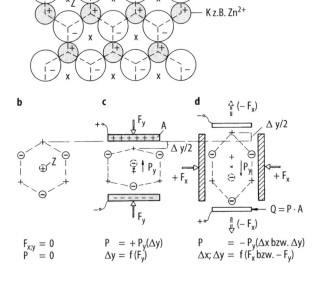

**Bild 1.17.** Planare Modellierung des piezoelektrischen Effekts: **a** Ionenposition mit Vorzugsrichtung, **b** Einzelne Elementarzelle (undeformiert, daher polarisationsfrei), **c** Longitudinaler Effekt ($F_y \to P_y$), **d** Transversaleffekt ($F_x \to -P_y$)

des gemeinsamen Ladungsschwerpunktes dargestellt: Eine unbelastete hexagonale Elementarzelle aus dem Ionenverbund nach Bild 1.17a ist unter b) herausgezeichnet. Man erkennt, daß die Ladungsschwerpunkte der positiven und der negativen Ionen im Zentrum (Z) aufeinanderfallen. Eine Zell-Deformation ($\Delta_y$) infolge einer vertikalen Druckkraft $F_y$ (Bild 1.17c) aber verlagert die Ionen derart, daß die Schwerpunkte der positiven und der negativen Ionen gegeneinander verschoben werden. Die aus diesem lokalen Dipolmoment resultierende dielektrische Polarisation $P_y$ influenziert in den metallischen Elektroden (Fläche A) die (entnehmbare) Ladung Q. Die in Bild 1.17d dargestellte umgekehrte Streckdeformation der Zelle, verursacht durch eine waagerecht angreifende Druckkraft $F_x$ (oder eine vertikale Zugkraft $-F_y$), ergibt wiederum einen in (vertikaler) $y$-Richtung (!) auftretenden Polarisationsvektor $-P_y$. Dieser in Bild 1.17d dargestellte Mechanismus wird als „transversaler" piezoelektrischen Effekt bezeichnet im Gegensatz zum „Longitudinaleffekt" nach Bild 1.17 c. Die Bilderserie 1.17 läßt auch erkennen, daß die Umkehrung des piezoelektrischen Effektes, d.h. eine elektrisch bewirkte lineare Deformation der Elementarzelle, existiert. In diesem Fall wird durch eine an die Elektroden angelegte elektrische Spannung ein elektrisches Feld E im Piezoelektrikum erzeugt, welches mit der Polarisation P über

$$P = E \cdot \varepsilon_0 (\varepsilon_r - 1) \quad (1.5)$$

zusammenhängt. Die Polarisation ist direkt proportional zur resultierenden Zelldeformation.

Diese umkehrbaren, mechanisch/elektrischen Wechselwirkungen in piezoelektrischen Kristallen müssen wegen der anisotropen elektrischen und elastischen Materialeigenschaften sowie der mehrkomponentigen mechanischen Spannungen $\sigma$ durch eine tensorielle Schreibweise beschrieben werden:

$$\vec{D} = ((d_{i\mu})) \cdot \vec{\sigma} + ((\varepsilon_D)) \cdot \vec{E} \quad (1.7)$$

oder besser, weil bezogen auf den Deformationstensor $\varepsilon$:

$$\vec{D} = ((e_{i\lambda})) \cdot \vec{\varepsilon} + ((\varepsilon_D)) \cdot \vec{E} \quad (1.7)$$

mit der dielektrischen Verschiebungsdichte

$$D = \frac{Q}{A} \quad (1.8)$$

sowie den Tensoren Dielektrizitätskonstante $\varepsilon_D$ und piezoelektrischer Koeffizient $d$ bzw. piezoelektrischer Module.
(Einheiten: [d] = As · N$^{-1}$ bzw. [$\varepsilon$] = As · m$^{-2}$. Genaueres in [1.15].)

Standardmaterial für die piezoelektrische Meßtechnik ist $\alpha$-Quarz, der, aufgebaut aus Si-O-Tetraedern, ein Bild 1.16 ähnliches Strukturkonzept aufweist.

Weitere technische Piezoelektrika:
- LiNbO$_3$; Turmalin (Einkristalle, wie Quarz)
- ZnO; AlN (polykristalliner, texturierter Dünnfilm)
- BaTiO$_3$; Pb (Zr,Ti)O3 (gepolte Keramik)
- PVDF; Nylon 11 (Polymerfolie).

Einsatzgebiete piezoelektrischer Materialien:
- allgemeine mechanische Meßtechnik: Quarz (longitudinaler Piezokoeffizient $d_{11}$ = 2,3 pAs · N$^{-1}$),
- mechanische Meßtechnik bei hohen Temperaturen: Lithiumniobat,
- bidirektionale mechanische/elektrische Energieumwandlung

| Makrotechnik: | Mikrotechnik: |
|---|---|
| Bleizirkonat-/-titanat- Keramik (Piezokoeffizient $d_{eff}$ ca. 300 pAs · N$^{-1}$!) | Schichten aus ZnO oder AlN |

- einfache flächige Taster: PVDF-Folie.

Signalgewinnung:
Standard-Quarzaufnehmer verwenden den piezoelektrischen Longitudinaleffekt. Die Meßempfindlichkeit S ergibt sich aus Gl. (1.6) (für Kurzschlußbetrieb →E = 0):

$$D_y = d_{11} \cdot \sigma_y \quad (1.9)$$

$$Q = D_y \cdot A = d_{11} \cdot F_y \quad (1.10)$$

$$S = \frac{Q}{F_y} = d_{11} \ (= 2,3 \cdot 10^{-12} \text{As} \cdot \text{N}^{-1}). \quad (1.11)$$

Praktische Quarz-Meßaufnehmer:
Als piezoelektrische Meßelemente werden Kreisscheiben oder -ringe („X-Schnitt")

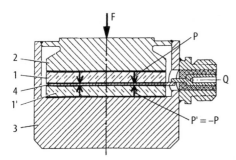

**Bild 1.18.** Praktischer piezoelektrischer Kraftaufnehmer mit zwei antiparallelen Quarz-Plättchen [Kistler]

von 1 mm bis unterhalb 0,5 mm Dicke verwendet. Die erforderliche lasttragende Fläche $A$ ergibt sich aus der praktischen Quarzbelastbarkeit bei 150 N · mm$^{-2}$. Mit einer relativen DK von $\varepsilon_r = 4{,}5$ betragen die Kapazitätswerte 10 ... 400 pF.

Einen typischen Aufbau zeigt Bild 1.18: Unter einem massiven metallischen Stempel 2 im Gehäuse 3 befinden sich zwei pfennigförmige, gleichartige Quarzscheiben 1 und 1'. Die Scheibe 1' ist jedoch umgekehrt eingebaut (+P; –P), vgl. auch Bild 1.17c, so daß auf die mittlere (Ausgangs-)Elektrode (4) von beiden (mechanisch in Reihe geschalteten) Sensorelementen (1; 1') gleichpolige Ladungen fließen. Damit wird das Meßsignal (Q) verdoppelt und zugleich das Isolationsproblem gelöst.

### Signalelektronik

Der piezoelektrische Sensor stellt elektrisch einen mit $Q$ geladenen Kondensator der Kapazität $C$ dar. Die resultierende Spannung $U$ beträgt $U = Q/C$, konkret z.B. $U_{FS} = 10^{-7}$ As/100 pF = 1000 V.

Durch einen parallelgeschalteten Passivkondensator auf z.B. 10 Volt verringert, kann diese Signalspannung durch einen elektronischen Impedanzwandler angezeigt werden. Diese Technik wird wegen des hohen Einflusses von Kabelkapazitäten zwischen Piezokristall und Eingangsschaltung nur für Aufnehmer mit direkt eingebautem, sehr hochohmigem („Elektrometer") Verstärker verwendet. Üblich ist vielmehr der „Ladungsverstärker", ein kapazitiv gegengekoppelter Verstärker (= „Integrierer"). Hier bleibt im Idealfall (Verstärkungsfaktor v = ∞) die Eingangsspannung (= Piezosensor-

spannung $U$) auf dem Wert Null, so daß weder Nebenkapazitäten noch Eingangswiderstände zu berücksichtigen sind. – Das Eigenrauschen moderner Ladungsverstärker liegt bei 10 fAs, die Drift beträgt relativ etwa $10^{-4}$/min. U.a. wegen endlicher Isolationswiderstände ergeben sich Zeitkonstanten von einigen Stunden, so daß „quasistatische" Messungen über Minuten möglich sind [1.15].

*Kenndaten von piezoelektrischen Kraftaufnehmern:*

Kraft: 10 N (Transversaleffekt!) ... 1 MN
relative Auflösung: $10^{-5}$
Meßweg (FS): 5 ... 30 µm
Betriebstemperatur: (–196)–80°C ... +150(+240°C)
Abmessung: 10 D × 15 h ... 150 mm Durchmesser/30 mm hoch
Linearitätsabweichung: ≤0,5%
Hysterese: ≤0,5%
TK$_s$ (Empfindlichkeit): ≈ 5 · $10^{-4}$ K$^{-1}$
TK$_\phi$ (Nullpunkt): stark abhängig von der Bauweise. Sehr kritisch sind Temperatur-Gradienten/-Transienten.

Technisch interessant ist der piezoelektrische 3D-Kraftaufnehmer (Bild 1.19b): Drei Quarzplättchen sind – direkt aufeinander montiert – im Kraftfluß $\vec{F}$ mechanisch in Reihe angeordnet (Bild 1.19a): Ein „X-Schnitt", der nur die zur Fläche normale Kraftkomponente $F_y$ anzeigt, sowie zwei schräg aus dem Quarzkristall geschnittene, ausschließlich für Dickenscherkräfte empfindliche Quarzscheiben, die gegeneinander um die y-Achse um 90° verdreht montiert sind. Deren Ladungssignal ist proportional zu den beiden Querkräften $F_x$ und $F_z$.

Ein weiterer deformationsdetektierender Festkörpereffekt führt zum

### b) Magnetoelastischen Kraftaufnehmer:

Da ferromagnetische Erscheinungen extrem stark von interatomaren Abständen und Winkeln abhängen, bewirkt eine elastische Deformation eines Ferromagnetikums stets eine Änderung seiner Domänenstruktur sowie seiner makroskopischen magnetischen Kenndaten ($B_r$; $H_c$, $\mu_r$). Eine elegante Anwendung dieser sehr starken, aber nichtlinearen, temperaturabhängigen Erschei-

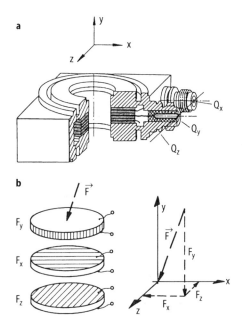

**Bild 1.19.** 3D-Kraftaufnehmer aus sechs Quarzringen.
**a** Gesamtaufbau (jeweils 2 gleiche Quarzringe in Antiparallel-Position), **b** Schnittkonzept: 1 X-Schnitt → $F_y$ sowie 2 gleiche scherempfindliche Schrägschnitte, zur Detektion der Orthogonal-Komponenten $F_x$ und $F_z$ gegeneinander um 90° verdreht [Kistler]

nungen zeigt Bild 1.20: Ein Kubus aus gestapelten Transformatorblechen ist von zwei zueinander orthogonalen Wicklungen durchsetzt (a). Ein Strom durch die Sendespule I erzeugt ein zur Spulennormale symmetrisches Magnetfeld (Bild 1.20b), welches die zu I senkrechte Empfangsspulenfläche (II) nicht schneidet. Somit wird dort keine Spannung induziert. Eine elastische Deformation dieses „Transformatorkerns" aber,
verursacht durch eine Kraft F, hebt die magnetische Isotropie des Kernmaterials auf, die Permeabilität $\mu_r$ wird richtungsabhängig; hier wird $\mu_r$ quer zur Deformation vergrößert, zu erkennen an dem Ausufern der Flußlinien (Bild 1.20c). Diese Drehung des magnetischen Flusses in die Empfangsspulenfläche führt zu einer etwa linear mit der Belastung F ansteigenden Signalspannung in Spule II. Zur Unterdrückung des erheblichen Temperatureinflusses auf die Meßempfindlichkeit sowie zur Verbesserung der Linearität werden Differentialanordnungen verwendet [1.17]. Die weiterhin auftretende Hysterese und Kriechen sind eine Folge der schlechten Federeigenschaften der verwendeten Magnetmaterialien (FeSi; NiFe).

Anwendungen: Hochlastaufnehmer bei geringen Genauigkeitsanforderungen unter starken mechanischen und elektrischen Umweltbelastungen (z.B. in Walzgerüsten).

Mit dünnen ferromagnetischen Metglas-Bändern wurden experimentelle Niederlast-Sensoren untersucht [1.18, 1.34].

### 1.1.3
### Resonante Kraftsensoren [1.19]

Alle vorgenannten Kraftaufnehmer nach Abschn. 1.1.1 und 1.1.2 bestimmen die Meßgröße F nur *mittelbar*, indem primär die Kraft in eine Deformation abgebildet wird. Diese Abbildung basiert auf einer Materialcharakteristik ($\sigma \approx \varepsilon \cdot E$), die infolge Hysterese, Anelastizität und des adiabatischen Effektes grundsätzlich nur eine endliche Perfektion der Kraftmessung zuläßt. Im Gegensatz zu diesen deformationsbasierten Meßaufnehmern wird bei resonanten Sen-

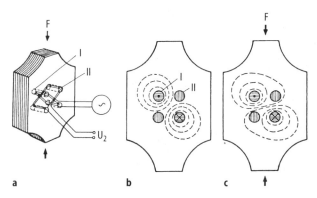

**Bild 1.20.** Magnetoelastische Kraftmeßdose (Orthogonal-Transformator): Eine elastische Deformation des Magnetkernes bewirkt eine Verzerrung der magnetischen Induktion [Asea]

soren die Meßkraft F *unmittelbar* in das frequenzanaloge Meßsignal umgesetzt, also unabhängig von den o.g. Mängeln eines „elastischen" Materials.

Beispiele für mechanische Resonatoren:
a) homogene Saite (ideal biegeweich):
$$f_{res}^{(1)} = \frac{1}{2l}\sqrt{\left(\frac{F}{A}\right)\cdot\frac{1}{\varrho}} \quad (1.12)$$
b) beidseitig eingespannter homogener Balken:
$$f_{res}^{(1)} = f_0\sqrt{1+0,54\left(\frac{F}{A}\right)\cdot\left(\frac{l^2}{Et^2}\right)} \quad (1.13)$$
mit
$$f_0 = 1,02\left(\frac{t}{l^2}\right)\sqrt{\frac{E}{\varrho}} \quad (1.14)$$
mit
$l$ Länge, $A$ Querschnitt, $t$ Dicke, $\rho$ Dichte des Schwingers.

(Der Index (1) kennzeichnet die Grundresonanz, hier jeweils eine Transversalschwingung, bei der sich eine stehende Halbwelle ausbildet.) Mathematische Grundlagen z.B. in [1.19].

Charakteristika:
Die Meß-Kennlinie $f_{res} = g(F)$ ist nichtlinear. Beim biegesteifen Balken wird mit geringer werdender Schlankheit ($l/t$) der Meßeffekt kleiner (aber linearer). Dennoch ist die relative Signalparameteränderung (hier die Resonanzfrequenz) mit typisch 10% weitaus höher als z.B. beim DMS ($\Delta R/R_0 \leq 2\cdot 10^{-3}$ bei Metallen!)

Die Resonanzgüte wird bestimmt durch die innere Dämpfung des Materials, Energieverluste via Lagerstellen und viskose Luftdämpfung. Praktische Gütewerte: Thermelast ≤15 000; Quarz, Silizium bis 100 000.

Die mechanischen Resonatoren werden über mechanisch/elektrische Wandler mit einem rückgekoppelten Verstärker zu einem Oszillator verschaltet. Die Messung der informationstragenden Frequenz erfordert Zeit!

Die Bilder 1.21 und 1.22 zeigen zwei in kommerziellen Meßaufnehmern verwendete Resonatoren: Einen aus kristallinem Quarz geätzten Einfach-Biegebalken, der über Scherwandler angeregt und ausgekoppelt wird sowie eine Doppelstimmgabel aus „Elinvar" ($\hat{=}$ „Thermelast"). Dort sind

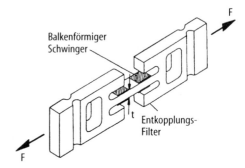

**Bild 1.21.** Resonanter λ/2-Biegeschwinger als frequenzanaloger Kraftsensor. Material: kristalliner Quarz, Schwinganregung durch Scherwandler, aufwendige Entkopplungsfilter. (l ≈ 10 mm) [Paroscientific]

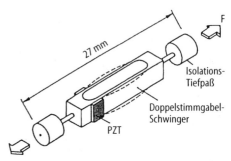

**Bild 1.22.** Doppelstimmgabel aus „Elinvar" ($f_{res}$ ≈ 6 kHz; $\hat{F}$ = 8 N) [Schinko-Denshi]

separate Piezokeramikwandler aufgekittet. [1.20]

Die besondere Attraktivität des mechanischen Resonators als Kraftmeßelement liegt in der Direktumsetzung ohne Zwischenschaltung des imperfekten Hooke'schen Materialgesetzes. Dieser prinzipielle Vorteil ist jedoch nur bei sehr sorgfältiger Konstruktion realisierbar. Z.B. ist eine Meßbereichserweiterung zu höheren Kräften nur durch Hebelsysteme, jedoch eindeutig nicht durch Parallelschalten von Zusatzmeßfedern zulässig. Übrigens: SAW (Surface Acoustic Wave-Sensor) sind in diesem Sinne keine mechanischen Resonatoren, sondern Deformationssensoren.

*Kenndaten eines Waagensensors* (einfache Saite, $f_{res}$ ≈ 15 kHz):

F = 60 N → $\Delta f$ ≈ 6 kHz
Kriechfehler, Hysterese $10^{-4}$ (FS)
Reproduzierfehler < $5\cdot 10^{-5}$ (FS)
$TK_0$: ca. $2\cdot 10^{-5}\cdot K^{-1}$

(Die früher übliche Differentialanordnung von zwei gegensinnig beaufschlagten Saiten zur Linearisierung und zum Unterdrücken des Temperaturganges wird heute durch einen Linearisierungsrechner und einen korrigierenden Temperatursensor ersetzt.)

### 1.1.4
**Mehrkomponenten-Kraftaufnehmer**

Unbekannte oder variable Kraftrichtungen erfordern eine dreidimensionale Kraftmessung. Müssen zusätzlich Biegemomente erfaßt werden, so ist ein 6-Komponenten-Aufnehmer notwendig. Grundsätzlich kann man sechs separate Aufnehmer miteinander kombinieren. Eine derartige „zusammengesetzte Konstruktion" ist beispielhaft in Bild 1.23 wiedergegeben: 16 Biegebalken, jeweils mit 2 DMS abgetastet, sind erkennbar. Diese Konstruktionen zeichnen sich durch gute a-priori Trennung der einzelnen Meßkanäle aus. Ihre Herstellung ist jedoch sehr aufwendig wegen der erforderlichen Symmetrien. Weiter weisen sie eine erhebliche, oft störende Nachgiebigkeit auf. Konstruktiv und fertigungstechnisch einfacher, zudem wesentlich steifer sind Einblock-Aufnehmer (etwa eine Kreisplattenfeder, bestückt mit z.B. 12 DMS oder ein Speichenrad nach Bild 1.12). Zur Signalentflechtung der 6 Komponenten ist hier jedoch ein Rechner erforderlich. Weitere Beispiele in [1.22]. –

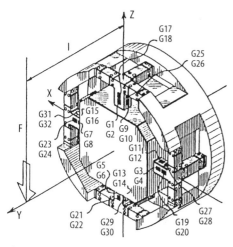

**Bild 1.23.** 6 Komponenten-Kraft/Momentaufnehmer in zusammengesetzter Bauweise

Ein piezoelektrischer 3D-Kraftaufnehmer ist bereits in Bild 1.19 gezeigt.

Anwendungen: Werkzeugmaschinen, Handhabungsautomaten, Windkanalmodelle, Sport, Protektik, Präzisionskraftmessung.

### 1.2
**Massenbestimmung [1.23]**

Die *Wägetechnik* spielt eine wichtige Rolle im Handel, in der Verfahrenstechnik, in der Medizin/Pharmazie, im Verkehrswesen (z.B. Flugzeug-„Trimmung") und bei der Bestimmung von Transportleistungen (zu Abrechnungszwecken). Dabei unterliegen Waagen des Warenverkehrs und der Heilkunde dem Eichgesetz. [1.24]

Mit ganz wenigen Ausnahmen wird die „schwere Masse" bestimmt, d.h. es wird die Gewichtskraft

$F_G = g \cdot m$

gemessen – im Prinzip nach den unter 1.1 dargestellten Verfahren. Grundsätzliche Komplikationen ergeben sich bei Präzisionsmessungen durch die örtlich unterschiedliche Fallbeschleunigung (s. Bild 1.24) sowie durch den Luftauftrieb ($\rho_{Luft} \approx 1{,}2$ kg/m³).

Als Beispiel für eine Eichung nach OIML-R60 zeigt Bild 1.25 die „Richtigkeitsprüfung" einer kleinen Plattformwaage, eingeordnet als „Handelswaage" (Genauigkeitsklasse III): Zugelassen auf eine Teilezahl von 3000 d mit einem Eichwert von 5 Gramm dürfen die Abweichungen der Waage im gesamten spezifizierten Temperaturbereich maximal betragen:

0 ... 500 d: ±0,5 d = ±2,5 g
500 d ... 2 000 d: ±1 d = ±5 g
2 000 d ... FS (= 15 kg = 3000 d):
±1,5 d = ±7,5 g

(siehe ausgezogene Stufenkurve). Für die Wägezelle allein ist eine reduzierte Fehlermarge vom 0,7fachen der jeweiligen Gesamtabweichung vorgesehen (strichlierte Stufenkurve). Diese Grenzwerte werden von der Wägezelle gut eingehalten, wie die drei Fehlerkurven bei –10 °C, +22 °C und +40 °C zeigen.

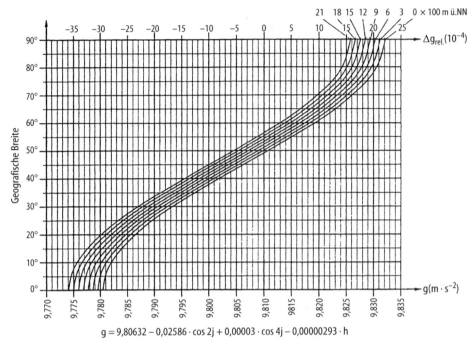

$$g = 9{,}80632 - 0{,}02586 \cdot \cos 2j + 0{,}00003 \cdot \cos 4j - 0{,}00000293 \cdot h$$

**Bild 1.24.** Fallbeschleunigung in Abhängigkeit von geografischer Breite sowie Höhe über NN

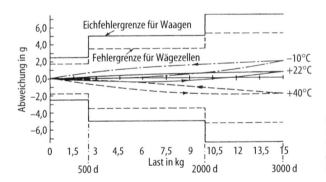

**Bild 1.25.** Fehlerkurven einer eichfähigen Plattformwaage bei verschiedenen Temperaturen (jeweils Nullung des Anfangpunktes). Eichfehlergrenzkurven gemäß OIML-R60 [HBM]

Weitaus größere Meßfehler als Luftauftrieb und Ortsabhängigkeit von „g" bewirken im praktischen Fall Parasitärkräfte/-momente, die auf den Gewichtskraft-Aufnehmer einwirken. Zur Vermeidung derselben sind umfangreiche Einbaukonzepte bekannt, z.B. Kugelrolltisch als Unterbau oder Pendellager (s. Bild 1.26). In das Gebiet „Meßfehler durch Fehlkomponenten" gehört auch der sogenannte Ecklastfehler, der bei außermittiger Belastung einer Waagschale oder einer einfachen Wägeplattform auftritt (Bild 1.27). Eine Plattformwaage nach Bild 1.28, bestehend aus drei bis vier Wägezellen (WZ) als einzige Unterstützung, ist unempfindlich gegen o.g. Falschpositionierung der Last. Zur Aufnahme eventueller Horizontalkräfte (die die Wägezellen beschädigen können) sind Querlenker (QL) vorgesehen. Eine gefürchtete, später kaum erkennbare Schädigung einer Waage entsteht durch Stoßüberlastung infolge Herabfallen des Meßgutes.

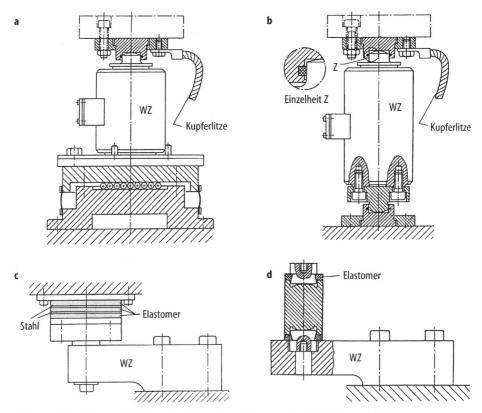

**Bild 1.26.** Einbau-Konzepte für Wägezellen (WZ) zur Vermeidung parasitärer Kräfte/Momente [HBM]

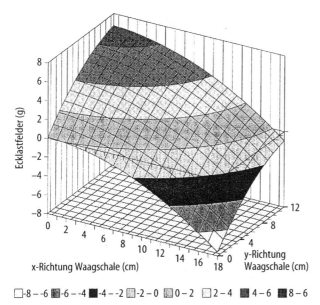

**Bild 1.27.** Ecklastfehler einer kraftkompensierenden Waage im Rohzustand, d.h. vor mechanischem Eckabgleich. (Dieser bewirkt eine Verbesserung um etwa den Faktor 50!)

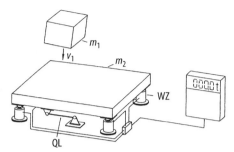

**Bild 1.28.** Wägeplattform mit vier Wägezellen (WZ) und Querlenker (QL)

Bei sehr hohen Lasten wird manchmal mit einer hydraulischen Untersetzung gearbeitet (bzgl. Fehlerquellen s. [1.25]).

Neben dem Standardfall der statischen Wägung gilt zunehmendes Interesse dem „dynamischen Wiegen" („motional weighing") eines in stetiger Bewegung befindlichen Meßobjektes, z.B. ein Lkw oder ein Bahnwaggon. Die rechnerische Schätzung des Gewichtes wird durch Federungen des Fahrzeuges sowie Bewegungen des Transportgutes (z.B. einer Flüssigkeit) sehr erschwert [1.29]. Kann die niedrigste Schwingung des Sytems über 75% einer Periode gemessen werden, bevor das Meßobjekt die Wiegeeinrichtung passiert hat, so liegen die Schätzfehler unter 1%.

Eine weitere technisch bedeutsame Wägesituation ist auf einem ungleichförmig bewegten, d.h. beschleunigten Bezugssystem, z.B. einem Schiff, gegeben. Eine beschleunigungsunempfindliche Waage ist die als Briefwaage altbekannte Neigungsgewichtswaage, da hier ein Massenvergleich erfolgt. Moderner ist die Verwendung der vorgenannten üblichen gewichtskraft-detektierenden Waagen in Verbindung mit einem Beschleunigungsaufnehmer und nachfolgende rechnerische Korrektur [1.30].

Das Spektrum alternativer Massenbestimmung über die „träge Masse" ist in [1.30] detailliert diskutiert. Praktische Anwendungen finden *Trägheitseffekte* z.B. bei der Durchfluß-/Ausströmmessung sowie bei der Wägung dünner (aufgedampfter) Schichten mittels Schwingquarz („Microbalance").

### Einordnung der alternativen Kraftmeß-/Wägeverfahren

Für hochaufgelöste Kraftmessung/Wägung bis ca. 1 kN/100 kg ist die elektrodynamische Kompensationsmethode (s. Abschn. 1.1.1) das Mittel der Wahl, sofern die Meßzeit von einigen Sekunden akzeptabel ist und die Umweltbedingungen moderat sind (Laborbetrieb). – Schnelle Messungen bis in den unteren Kilohertzbereich, auch unter harten Anforderungen bezüglich Temperatur, Feuchte etc., erlauben die konstruktiv sehr flexiblen Federwaagen/DMS-Aufnehmer in einem weiten Lastbereich von deutlich unterhalb 1 N (monolithische Si-Sensoren oder Dünnfilm) bis zu einigen MN. Das DMS-Konzept (s. Abschn. 1.1.2.1) ist damit dominierend. - Piezoelektrische Aufnehmer (s. Abschn. 1.1.2.2) haben ihr Anwendungsfeld z.B. in Werkzeugmaschinen, im Sport oder in der Ballistik aufgrund ihrer kleinen, insbesondere sehr flachen Bauweise, ihrer hohen Steifigkeit (kleiner Meßweg, hohe Grenzfrequenz) sowie ihrer extremen Temperaturfestigkeit, falls das Fehlen einer echten statischen Meßfähigkeit tolerabel ist. - Einige resonante Kraftsensoren (s. Abschn. 1.1.3) haben erfolgreich Eingang gefunden in der Niederlast-Wägetechnik.

## 1.3 Messung des Drehmoments

Für eine Reihe von Anwendungsfeldern ist die Messung des Drehmomentes heute nicht befriedigend gelöst. [1.31] Die Besonderheiten der Drehmomentmessung sind aus Bild 1.29 ablesbar:

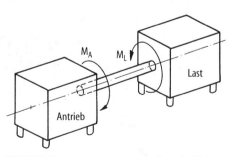

**Bild 1.29.** Drehmomentmessung an rotierender Welle

a) Der Aufnehmer muß ohne wesentliche Beeinflussung des Maschinenaufbaus eingefügt werden können →Forderungen: kurze Baulänge, geringer Durchmesser, geringes Gewicht.

b) Der Aufnehmer muß tolerant sein gegen unvermeidliche Parasitärbelastung durch Axial- und Querkräfte, Biegemomente; er muß drehzahlfest sein (Zentrifugalkräfte, Unwucht).

c) Er darf den Maschinensatz dynamisch nicht wesentlich beeinflussen →niedriges Massenträgheitsmoment; hohe Drehsteifigkeit, kleiner Verdrill-Winkel.

d) Er sollte im Stillstand meßfähig und damit statisch kalibrierbar sein.

Dieser Anforderungskatalog setzt die übliche Situation nach Bild 1.29, also eine fortwährend rotierende Welle, voraus. Ist dies nicht der Fall, kann u.U. mit konventionellen Kraftaufnehmern gearbeitet werden. Zum mindesten entfällt in diesem Fall das gravierende Problem der Signalübertragung von der rotierenden Welle zum ortsfesten Anzeigegerät. Jedoch sei bezüglich der rotierenden Meßsituation nach Bild 1.29 daran erinnert, daß sich öfter das Reaktionsmoment als ortsfeste Kraft in einem der Fundamente (Antrieb oder Last) zur Messung anbietet (s. alte „Pendelmaschine").

Zur Messung des Drehmomentes in einer rotierenden Welle wird praktisch ausschließlich das Federwaagenkonzept eingesetzt. Als Federkörper bietet sich die Welle selbst an, eventuell örtlich geschwächt (Reduktion des Außendurchmessers oder eine Innenbohrung). Geringere Einbaulängen erfordern spezielle Federelemente wie Speichenräder oder Axialreusen, gekennzeichnet durch mehrere separate Biegebalken (Bild 1.30). Mit diesen speziellen Federelementen können hohe Verdrillwinkel $\Delta\alpha$ realisiert werden. Diese Federn können ausgelesen werden durch Messung der Dehnung (DMS, magnetoelastisches Prinzip) oder des Verdrillwinkels $\Delta\alpha$ (inkremental, Variation einer Transformatorkopplung oder Wirbelstrom, auch kapazitiv oder optisch). Die Signalabnahme von der rotierenden Welle erfolgt vorzugsweise kontaktlos (wegen Verschleiß, Reibmoment, Korrosion!),

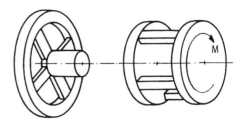

**Bild 1.30.** Konzentrierte Federelemente für Drehmomentaufnehmer: Speichenrad und Reuse, jeweils mit vier Biegebalken

Wird eine prismatische Welle als Federkörper verwendet, so erhält man für die (unter $\pm 45°$ zur Achse) maximale Oberflächendehnung:

$$|\varepsilon_{45°}| = \frac{M}{2} G W_p \qquad (1.15)$$

mit dem polaren Widerstandsmoment $W_p$ und dem Gleichmodul $G$

$$G = \frac{E}{2}(1+\nu). \qquad (1.16)$$

Das polare Widerstandsmoment eines Kreisquerschnittes beträgt z.B.

$$W_p^0 = r^3 \frac{\pi}{2}. \qquad (1.17)$$

Die alternativ auswertbare Verdrillung um den Schiebewinkel $\gamma$ bzw. den Torsionswinkel $\Delta\alpha$ ergeben sich aus

$$\gamma = \frac{M}{W_p} G = 2\,\varepsilon_{45°} \qquad (1.18)$$

$$\Delta\alpha_m = \gamma \frac{l_m}{r}. \qquad (1.19)$$

Bild 1.31 zeigt diese Wellendrillung, gemessen durch zwei optische Inkremental-Winkelaufnehmer. Der Torsionswinkel $\Delta\alpha$ einer Welle ist recht klein, typisch $\ll 0{,}1$ rad.

Praktische Drehmomentaufnehmer:
a) Weitverbreitet ist die Dehnungsdetektion mittels DMS-Vollbrücken, entweder direkt auf der Welle unter $\pm 45°$ zur Achse (Bild 1.32) appliziert oder auf Biegebalken nach Bild 1.30. Vorteilhaft ist hier die Ausnutzung der Scherspannung anstelle der Biegespannung [1.32]. Zur Speisung und Signalabnahme zwischen rotierender Welle und Stator werden anstelle von Schleifringen (Übergangswiderstand, Reibung, Verschleiß, Wartung!) häufig induktive (Drehtransformator) oder kapazitive Kopplungen eingesetzt (z.B. Bild 1.33). An freien Wellenstumpfen können ferner zentrisch angebrachte, axiale

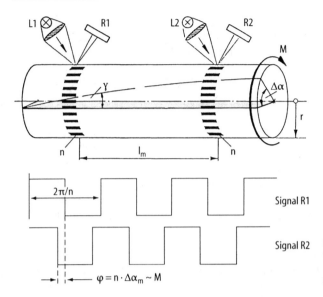

**Bild 1.31.** Wellenverdrillung als Maß für das Drehmoment. Messung des Drillungswinkels ($\Delta\alpha$) durch zwei optische Inkremental-Winkelaufnehmer

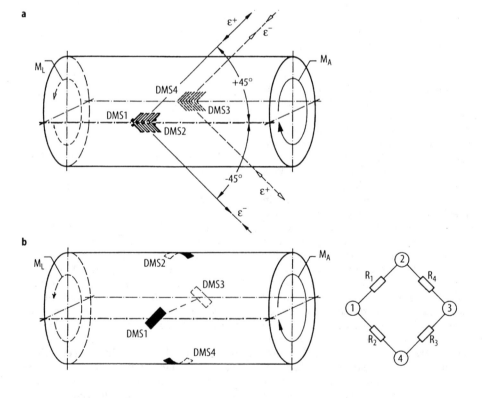

**Bild 1.32.** Drehmoment-Meßwelle, bestückt mit zwei 90°-Rosetten, um 180° versetzt, **a** bzw. mit vier Einzel-DMS, jeweils um 90° versetzt, **b** (nach HBM)

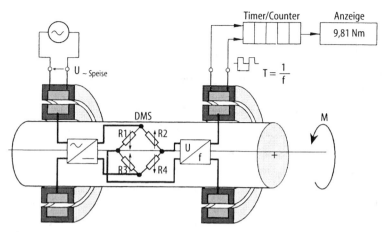

**Bild 1.33.** DMS-bestückte Drehmoment-Meßwelle mit zwei Drehtransformatoren zur Energiespeisung bzw. Auskopplung des frequenzanalogen Meßsignals [Bosch]

Optostrecken zur Signalauskopplung eingesetzt werden.

Diese Übertragungsprobleme entfallen bei allen Alternativkonzepten, da diese ortsfeste Deformationssensoren benutzen:

b) Der magnetoelastische Effekt (= Dehnungsmessung) kann in der Form des Orthogonaltransformators (Bild 1.34 I,II) (vgl. Abschn. 1.1.2.2.b) oder via Änderung der Permeabilität (in Differentialanordnung, Bild 1.34 III) realisiert werden. [1.33]

Den Torsionswinkel $\Delta\alpha$ kann man als makroskopisches Maß für das Drehmoment nutzen:

c) mittels inkrementaler Verfahren mit zwei ferromagnetischen „Zahnrädern" + Magnetsensoren (s. Abschn. B 5.1.1.2) oder mit optischer Abtastung nach Bild 1.31 (als Nebeneffekt erhält man hier zugleich die Drehzahl!).

d) mittels transformatorischer und Wirbelstromsensoren, bei denen z.B. zwei kammartig geschlitzte koaxiale Metallhülsen eine

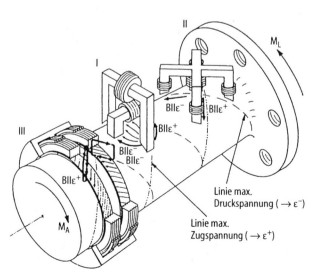

**Bild 1.34.** Magnetoelastische („magnetostriktive") Drehmomentmessung. Alternativen I und II entsprechen dem (entkoppelten) Orthogonaltransformator. Das transformatische Differentialsystem III basiert auf der Dehnungsabhängigkeit von $\mu_r$.

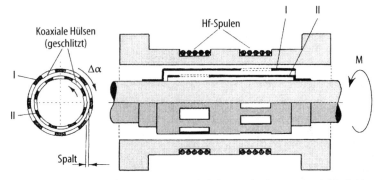

**Bild 1.35.** Drehmomentaufnehmer: Drillungswinkelerfassung durch gegeneinander verdrehbare Schlitzhülsen (I und II), Auslesung via Wirbelstrom

vom Torsionswinkel $\Delta\alpha$ (~Drehmoment) abhängige Abschirmung bewirken (Bild 1.35). Die beiden gegeneinander um $\Delta\alpha$ verdrehbaren Hülsen I bzw. II sind vor bzw. hinter der torsionsweichen Meßfeder befestigt,

e) mittels „Induktosyn"-Prinzip (s. Abschn. B 5 1.1.2) arbeitenden transformatorischen Aufnehmer.

*Typische Kennwerte kommerzieller Drehmomentaufnehmer:*
Moment (FS): 5 N · cm ... 50 kN · m
Maximale Drehzahl: (50 000) ... 15 000 ... (4000) U/min
Meßfehler: (0,2) ... 0,1 ... (0,05)%
Verdrehwinkel (FS): (0,02) ... 0,4 ... 0,8 grad
$TK_{Empf}$: $\approx 10^{-4} \cdot K^{-1}$
$TK_{Null}$: $\approx 10^{-4} \cdot K^{-1}$
Temperaturbereich: +10 ... +60 °C
(nach diversen Firmenangaben)

## Literatur

1.1 Wöhrl J (1988) Von Maß- und Waagensystemen zur Kreiselwaage sowie weitere Firmenschriften. Wöhwa-Gyroskop, Öhringen
1.2 VDI/VDE-Richtlinie 2638
1.3 Gevatter H (1992) Mikrobeschleunigungs-Sensorsystem mit analog/digitaler Meßwertverarbeitung. Schwerpunktprogramm „Sensorsysteme". (Hg.: H Kunzmann), Abschlußkolloquium 13.-14.4.1994, PTB-Bericht. Braunschweig S 86-92
1.4 Maier R (1989) Integrated digital control and filtering for an electrodynamically compensated weighing cell. IEEE Trans. IM, Vol 38, No 5
1.5 Pfeiffer A (1994) Integrated $H^{\infty}$ design for filtering and control operations of a high-precision weighing cell. First asian control conf., Tokio
1.6 Firmenunterlagen. Sartorius, Göttingen
1.7 Bethe K (1990) Creep of sensor's elastic elements. Sensors and actuators, A21–A23, S 844–849
1.8 Bergquist B (1986) Pilot tests to determine micro-elastic effects in load cell receptor materials. Proc. 11th conf. of IMEKO-TC3, Amsterdam, S 313–322
1.9 Burbach J (1970) Unvermeidliche Einflüsse der Belastungsgeschwindigkeit auf die Anzeige von Lastzellen. VDI-Berichte Nr. 137, S 83–87
1.10 Bethe K (1980) Creep and adiabatic temperature effects in elastic materials. Proc. 8th Conf. of IMEKO-TC3, Krakau, S 101–104
1.11 Bethe K (1994) After-effects in load cells. Proc. XIII IMEKO world congress, Turin, S 223–228
1.12 Frank J (1991) Dickenabhängigkeit der elastischen Nachwirkung von dünnen Biegebalken. Dissertation, TU Braunschweig
1.13 Spoor M (1986) Improving creep performance of the strain gage based load cell. Proc. 11th conf. of IMEKO-TC3, Amsterdam, S 2930–302
1.14 Schwarz H (1980) Methode der finiten Elemente. Teubner, Stuttgart
1.15 Tichy J (1980) Piezoelektrische Meßtechnik. Springer, Berlin Heidelberg New York
1.16 Schaumburg H (1992) Sensoren 3. Teubner, Stuttgart, S 200–205
1.17 Nordvall J (1984) New magnetoelastic load cells for high precision force measurement and weighing. Proc. 10th conf. of IMEKO-TC3, Kobe, S 5–9
1.18 Seekircher J (1990) New magnetoelastic force sensor using amorphous alloys. Sensors and actuators A21–A23, S 401–405

1.19 Buser R (1989) Theoretical and Experimental Investigations on Silicon Single Crystal Resonant Structures. Dissertation, Universität Neuchatel

1.20 Ueda T (1984) Precision force transducers using mechanical resonators. Proc. 10th conf. of IMEKO-TC3, Kobe, S 17–21

1.21 Jones B (1994) Dynamic characteristics of a resonating force transducer. Sensors and Actuators A41–A42, S 74–77

1.22 Ferrero C (1994) The new 0,5 MN IMGC six-component dynamometer. Proc. XIII IMEKO World congress, Turin, S 205–210

1.23 VDI/VDE-Richtlinie 2637 (in Neubearbeitung)

1.24 Kochsiek M (1988) Handbuch des Wägens. Vieweg, Braunschweig, S 724–744

1.25 Peters M (1993) Influences on the uncertainty of force standard machines with hydraulic multiplication. Proc. 13th conf. on force & mass (IMEKO-TC3), Helsinki, S 11–19

1.26 Jäger G (1983) Elektronische interferentielle Kraftsensoren und ihre Anwendung in Wägezellen. Feingerätetechnik 32, Berlin, S 243–245; sowie Vortrag PTB Braunschweig (1993)

1.27 Kreuzer M (1985) Moderne microcomputergesteuerte Kompensatoren. Meßtechnische Briefe (HBM) 21, S 35–38

1.28 Horn K (1989) Fast, precise and inexpensive AD-converters of a new time-division configuration for intelligent ohmic and capacitive sensors. Proc. IEEE-Conf. „CompEuro", Hamburg, S 3.115–119

1.29 Ono T (1984) Dynamic mass measurement system of displacement and velocity sensing-type. Proc. 10th IMEKO-TC3 conf., Kobe, S 149–161

1.30 Horn K (1988) In: Handbuch des Wägens, Vieweg, Braunschweig; S 65–143

1.31 Zabler E (1994) A non-contact strain-gage torque sensor for automotive serve-driven steering systems. Sensors and Actuators A41–A42, S 39–46

1.32 Quass M (1995) Neues Meßprinzip revolutioniert die Drehmomentmeßtechnik. Antriebstechnik 34:4/76–80

1.33 Garshelis J (1992) Development of a non-contact torque transducer. SAE Technical paper 920 707, Detroit

1.34 Kabelitz H (1994) Entwicklung und Optimierung magnetoelastischer Sensoren und Aktuatoren. Dissertation, TU Berlin

# 2 Druck, Druckdifferenz

L. KOLLAR

## 2.1 Aufgabe der Druckmeßtechnik und Druckarten

### 2.1.1 Zu den Ausführungen über Druckmeßeinrichtungen

Aufgrund der unterschiedlichen Prozesse in den einzelnen Wirtschaftszweigen, bei denen Drücke gemessen werden müssen, sind vielfältige Konstruktionen für Druckmeßeinrichtungen entstanden. Die verschiedenen Ausführungen haben sich erforderlich gemacht, um für bestimmte meßtechnische Aufgaben möglichst gut den jeweiligen Anforderungen zu genügen. Daraus ergeben sich für jede Lösung sowohl Vorteile als auch Nachteile bei ihrer Anwendung in einem anderen Bereich [2.1–2.14].

Bei der Darstellung des Inhalts über Druckmeßeinrichtungen wäre deshalb eine Einteilung z.B. nach

- Konstruktion der Druckmeßeinrichtungen,
- zu messenden Druckarten,
- physikalischen Prinzipien der Druckaufnahme und Signalumwandlung

möglich.

Obwohl die Kosten für Druckaufnehmer nur rd. 10 bis 20% einer Druckmeßeinrichtung betragen, wird im folgenden eine Einteilung des Stoffs nach den angewendeten *physikalischen Prinzipien* der Druckaufnehmer und der damit verbundenen Druckwandlung anderen Möglichkeiten vorgezogen.

Auf diese Weise lassen sich die Vielfalt von Lösungsmöglichkeiten systematisch darstellen, der Umfang des Stoffes in gestraffter Form an typischen Beispielen aufzeigen und einem Anwender Unterstützung bei der Entscheidung für die Nutzung der verschiedenen Lösungen geben.

### 2.1.2 Aufgabe und Druckarten [DIN 23412]

Der Druck ist eine wichtige Zustandsgröße für viele chemische und physikalische Reaktionen. Gegenwärtig werden in der BR Deutschland zur Druckmessung für Drucksensoren rd. 4,9 Mrd. DM pro Jahr aufgewendet, gefolgt von Durchflußsensoren, Temperatursensoren und binären Sensoren [2.10].

Wichtige Gründe für die ausgeprägte Anwendung der Messung von Druck als Zustandsgröße in der Verarbeitungsindustrie, Fertigungsindustrie, Medizin und in zunehmendem Maße in verschiedenen Industriegütern (z.B. Kfz, Waschautomaten) sind:

- Nur bei bestimmten Werten des Drucks ist die Funktion von Apparaturen gewährleistet.
- Viele chemische und technologische Prozesse verlaufen nur in bestimmten Grenzen des Drucks optimal, bzw. es entstehen nur innerhalb vorgegebener Grenzen die geforderten Produkte mit entsprechenden Qualitätskennwerten.
- Druck kann als Maß für die in Behältern gespeicherte Menge oder den Füllstand verwendet werden.
- Drucksicherheitstechnische Aspekte.

Der Druck (Absolutdruck) ergibt sich aus dem Verhältnis der auf eine Fläche $A$ gleichmäßig wirkenden Kraft $F$ zu

$$p = \frac{F}{A}. \qquad (2.1a)$$

Der Druck ist in fluidisch gefüllten Räumen an jedem Ort in allen Richtungen gleich groß. Entsprechend der Wirkung der Schwerkraft nimmt der Druck entgegen der Richtung der Schwerkraft ab. Die Einheit des Drucks ist das Pascal:

$$1 \frac{N}{m^2} = 1\,Pa. \qquad (2.1b)$$

Diese Einheit ergibt für technische Anwendungen ungewohnte, schwer vorstellbare Zahlenwerte. Deshalb wurde das $10^5$fache der Einheit, das bar, eingeführt:

$$1\,\text{bar} = 10^5\,\frac{\text{N}}{\text{m}^2}\,. \tag{2.1c}$$

In der Meteorologie und bei der Messung kleiner Drücke wird außer dem Pascal auch das Millibar

$$1\,\text{mbar} = 10^2\,\frac{\text{N}}{\text{m}^2} \tag{2.1d}$$

angewendet.

Zwischen Vakuum und z.B. Berstdruck sind verschiedene Druckarten definiert, die in einem Gerät oder einer Anlage auftreten können und meßtechnisch erfaßt werden müssen (Bild 2.1). Häufig werden als Referenzdruck gewählt [DIN 24312]:

– Atmosphärendruck (Angabe des Druckes als Relativdruck bzw. Über- oder Unterdruck),
– Absolutdruck,
– Druckdifferenz.

Der Atmosphärendruck ist der örtlich und zeitlich vorhandene Druck der Atmosphäre.

Der Absolutdruck ist der Druck im Vergleich zum Druck Null im leeren Raum [DIN 1314].

Die Druckdifferenz ist die Differenz zweier Drücke $p_1$ und $p_2$;

$$\Delta p = p_1 - p_2\,. \tag{2.1e}$$

Der Differenzdruck ist ebenfalls die Druckdifferenz zwischen zwei Drücken, von denen keiner der Atmosphärendruck ist und selbst Meßgröße ist.

Der statische Druck (Druckanteil, statisch) ist die Druckdifferenz aus Gesamtdruck und dynamischem Druck.

Der dynamische Druck (Druckanteil, dynamisch) ist die Druckdifferenz aus Gesamtdruck und statischem Druck.

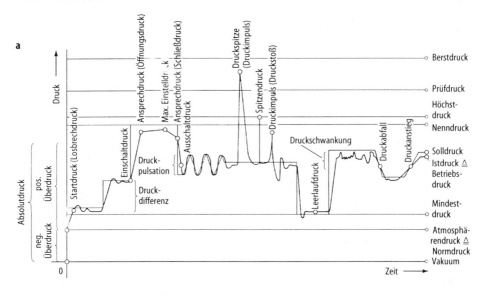

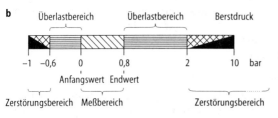

**Bild 2.1.** Mögliche Druckverläufe und Bezug auf Druckmeßeinrichtungen. **a** Graphische Darstellung und Benennung [DIN 24312], **b** Lage der Überlast- und Zerstörungsbereiche zum Meßbereich von 0 bis 0,8 bar [DIN 16086]

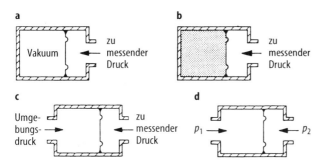

**Bild 2.2.** Prinzipien der Druckmeßwandler. **a** Absolutdruck, **b** Relativ- bzw. Überdruck, **c** Differenzdruck mit atmosphärischem Druck als Bezugsdruck, **d** Differenzdruck mit beliebigem Bezugsdruck ($p_1$ oder $p_2$)

Der Gesamtdruck ist die Summe aus statischen und dynamischen Druckanteilen an einem Ort.

Um die verschiedenen Drücke zu messen (s.a. Abschn. 2.5) und daraus auch auf Füllstände in Behältern zu schließen, werden Druckaufnehmer aus zwei Kammern benötigt (Bild 2.2). Die konstruktionsmäßige Gestaltung der Meßkammern moderner Druckmeßeinrichtungen zur Wandlung des Druckes oder der Druckdifferenz ist zumeist so ausgeführt, daß deren mechanische Auslenkung durch entsprechende Beschaltung (z.B. mit Dehnungsmeßstreifen, Piezokristallen) zu einem elektrischen Einheitssignal führt.

Außerdem werden auch Druckmeßeinrichtungen gebaut, die den Druck erfassen und unmittelbar anzeigen (z.B. U-Rohr-Manometer) sowie Druckmeßeinrichtungen, bei denen die Auslenkung mechanisch erfolgt, so daß die Verformung des Wandlers ein Maß für die Größe des sie verursachenden Drucks ist (z.B. Membran-, Federmanometer).

### 2.1.3
**Aufbau von Druckmeßeinrichtungen**

Die zu messenden Drücke werden durch einen Druckaufnehmer erfaßt, in eine vorzugsweise elektrische Größe umgeformt und je nach Bedarf verstärkt, angezeigt oder im Rahmen automatischer Steuerungen genutzt (Bild 2.3a). Damit haben Druckmeßgeräte einen für Meßgeräte allgemein üblichen Aufbau. Durch die zunehmende Integration von Bauelementen (z.B. Dehnungsmeßstreifen, Piezokristall, Verstärker) in den Druckaufnehmer, entstanden für Druckmeßgeräte kompakte Funktionseinheiten, die hinsichtlich der Struktur und Bezeichnung genormt sind [DIN 16086]. Danach gehören zu einem Druckmeßgerät (Bild 2.3b):

- Druckaufnehmerelement, Drucksensorelement,
- Druckaufnehmer, Drucksensor,
- Aktive Signalaufbereitung,
- Druckmeßumformer,
- Druckmeßgerät.

Hinsichtlich der Einteilung von Druckmeßgeräten kann zweckmäßigerweise die Art der Druckaufnahme und Wandlung in ein verwertbares Nutzsignal herangezogen werden. Danach können Druckmeßgeräte eingeteilt werden in (Tab. 2.1):

- mechanische Druckmeßgeräte,
- hydraulische Druckmeßgeräte,
- elektrische Druckmeßgeräte.

Bei den mechanischen Druckmeßgeräten wird die für die elastische Verformung geltende Gesetzmäßigkeit

$$\sigma = \varepsilon E \qquad (2.2a)$$

mit

$\sigma$  Spannung in N/m²,
$\varepsilon$  Dehnung (dimensionslos),
$E$  Elastizitätsmodul in N/m²,

ausgenutzt. So daß aus der Anordnung zur Spannungsmessung die Druckmessung folgt.

Da zwischen der Spannung und der sie verursachenden Kraft gilt:

$$\sigma = \frac{F}{A} \qquad (2.2b)$$

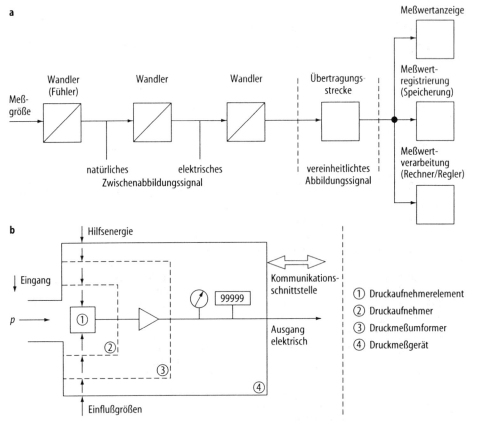

**Bild 2.3.** Aufbau einer Druckmeßeinrichtung. **a** Meßkanal, **b** Blockschaltbild nach DIN 16086

mit

$F$ Kraft in N,
$A$ belasteter Querschnitt in m²,

kann die Druckmessung auch aus einer Kraftmessung hervorgehen.

Weitere Druckmeßverfahren nutzen spezifische Effekte aus (s.a. Abschn. 2.2).

### 2.1.4
**Verfahren der Druckmessung**

Meßverfahren basieren auf konkreten physikalischen Prinzipien und enthalten auch Hinweise über das Zusammenwirken der Übertragungsglieder im Meßkanal.

Zur Druckmessung werden angewendet:

– das Ausschlagverfahren

und

– das Kompensationsverfahren.

Beim *Ausschlagverfahren* wird der Wert einer Druckgröße direkt oder über Zwischenabbildgrößen in den entsprechenden Ausschlag umgewandelt (Bild 2.4a). Kennzeichnend für das Ausschlagverfahren ist die offene Wirkungskette. Die Übertragungsglieder, die für die Wandlung des Drucks oder Differenzdrucks in ein elektrisches Signal erforderlich sind, befinden sich in einer Reihenschaltung (Bild 2.4b).

Beim *Kompensationsverfahren* wird die Bestimmung der Meßgröße durch eine entgegengesetzt wirkende Größe gleicher Art vorgenommen, wenn das System sich im abgeglichenen Zustand befindet (Bild 2.5).

Ob das Druckmedium unmittelbar auf den Druckwandler oder über eine Mittlerflüssigkeit einwirkt (Bild 2.6), hängt zumeist von den Inhaltsstoffen (z.B. chemisch aggressiv) des Prozeßmediums und von den Möglichkeiten des Einordnens der

**Tabelle 2.1.** Druckmeßwandler und Einsatzbereiche [2.3]

| Art | Prinzip bzw. Verfahren | obere Grenze des Anwendungsbereiches Mpa |
|---|---|---|
| | *elastische Druckmeßfühler (Ausschlagmethode)* | |
| mechanische Prinzipien | Schlappmembran mit Spiralfeder | 0,002 |
| | Plattenfeder (elastische Membran) | 2,5...4 |
| | Kapselfeder (auch Dosenfeder) | 0,16 |
| | Rohrfeder (oder Spiralfeder) | 30 |
| | Schraubenfeder | 16 (Stahl bis 400) |
| | Wellrohrfeder (auch Balgfeder) | 0,006 |
| | Wellrohr mit Spiralfeder | 0,1 |
| | *direkte Kraftmessung (Fundamentalmethode)* | |
| | Tauchglockenmanometer | 0,001 |
| | Kolbenmanometer | 2000 |
| | Kolbenwaage | 500 |
| hydrostatische Prinzipien | U-Rohr-Manometer | 0,2 |
| | Gefäßmanometer (und Barometer) | 0,2 |
| | Schrägrohrmanometer | 0,04 |
| | Ringwaage | 0,0025 |
| | Schwimmermanometer | 0,025 |
| Verfahren mit elektrischem Ausgangssignal | mittelbare: *elastische Druckmeßfühler, elektrische Messung der Verformung* | |
| | Plattenfeder: | |
| | kapazitive Messung der Durchbiegung | 2,5...4 |
| | Verformungsmessung mit DMS | 2,5...4 |
| | sonstige Druckmeßfühler: | |
| | induktive Wegmessung | abhängig vom Meßfühler |
| | kapazitive Wegmessung | |
| | Schwingsaitenwandler | |
| | unmittelbare: *druckempfindliche Bauelemente mit elektrischem Ausgangssignal* | |
| | piezoelektrische Druckmeßfühler (nicht für statische Messung) | 1000 |
| | magnetoelastische Druckmeßwandler | > 1000 |
| | Widerstand-Druckmeßfühler (Kohleschichten, Halbleiter, Draht) | 3000 (Draht) |

Meßzelle in den Druckmeßumformer ab [2.2, 2.10].

## 2.2
### Druck- und Differenzdruckmeßeinrichtungen

### 2.2.1
**Meßeinrichtungen auf der Grundlage mechanischer Prinzipe der Druckwandlung**

#### 2.2.1.1
**Flüssigkeitsmanometer**

Das Meßprinzip beruht auf der Auslenkung einer Flüssigkeitssäule durch den Druck bzw. durch die Druckdifferenz, so daß die Gewichtskraft der Flüssigkeitssäule sich im Gleichgewicht befindet mit der Druckkraft:

$$\rho g h A = \Delta p A \qquad (2.2c)$$

mit

$\rho$    Dichte der Flüssigkeit in kg/m³,
$g$    Erdbeschleunigung in m/s²,
$h$    Höhe der Flüssigkeitssäule in m,
$A$    Querschnitt der Fläche in m²,
$\Delta p$    Druckdifferenz ($p_1 - p_2$) in N/m².

Bei gleicher Querschnittsfläche der Schenkel eines *U-Rohrmanometers* wird die Größe des Druckes bzw. der Druckdifferenz auf eine Länge abgebildet (Tab. 2.2).

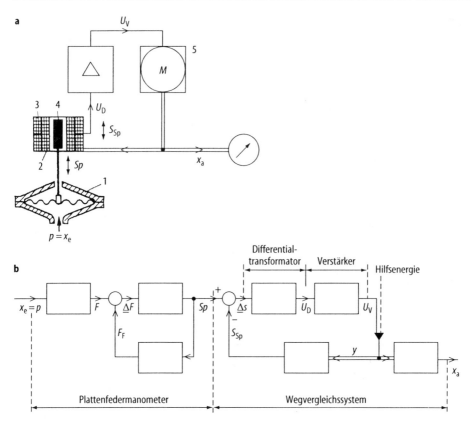

**Bild 2.4.** Ausschlagverfahren bei der Messung von Relativdruck [2.3]. **a** schematische Darstellung *1* Plattenfedermanometer, *2* Primärspule, *3* Sekundärspulen, *4* Kern, *5* Stellmotor; **b** Signalflußbild

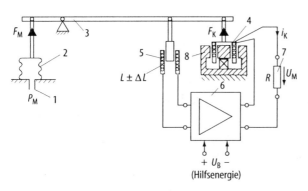

**Bild 2.5.** Kompensationsverfahren bei der Messung von Relativdruck [2.2]. *1* Druck $P_M$, *2* Verformungskörper, *3* Hebel, *4* Tauschspule der elektrodynamischen Kraftkompensation, *5* induktiver Wegaufnehmer, *6* Auswerteelektronik, *7* Außenwiderstand, *8* Tauschspule

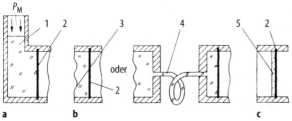

**Bild 2.6.** Druckaufnehmerelemente und Druckeinleitsysteme [2.2]. **a** nur Trennflüssigkeit; **b** Trennmembran und Trennflüssigkeit; **c** trennende elastische Beschichtung *1* Trennflüssigkeit (z.B. Öl), *2* Verformungskörper mit Wandlerelement, *3* Trennmembran, *4* Leitung, *5* elastische Beschichtung

## 2 Druck, Druckdifferenz

**Tabelle 2.2.** Hydraulische Druckmessung nach [2.9]  $p_1 - p_2 = \Delta p$; $p_2 =$ Umgebungsdruck $= p_{amb}$

| Bezeichnung | U-Rohr-Manometer | Quecksilber-manometer | Gefäß-manometer | Schrägrohr-manometer | Tauchglocken-manometer | Ringwaage |
|---|---|---|---|---|---|---|
| Prinzip | | | | | | |
| | $\Delta p = (\rho - \rho^*)gh$  $p_2 = \rho gh$  $h_0 = h(1 - \gamma\vartheta + \alpha p)$  $\gamma$ term. Ausd.-koeff.  $\alpha$ Kompressibil.-koeff. (s. Abschn. 2.1.1) | | $\Delta p = h_2\left(1 + \dfrac{A_2}{A_1}\right)\rho g$  $h_2 = \dfrac{\Delta p}{\rho g}\left(1 - \dfrac{A_2}{A_1}\right)$ | $\Delta p = \rho g(h_1 + h_2)$  $\Delta p = \rho g l_2\left(\dfrac{A_2}{A_1} + \sin\alpha\right)$ | | $\Delta p A = \rho g h$  $\alpha = \arcsin\left(\Delta p\,\dfrac{Ar}{mgl}\right)$ |
| Meßbereich in bar | 0,01...2 | | | 0,0001...0,5 | | 0,01...250 |
| Meßunsicherheit in % | ±1 | | | ±1 | | ±1 |
| Einstellzeit in s | <1 | | | 1 | 10 | 10 |
| Vorteile | einfach im Aufbau | | | große Empfindlichkeit | lineare statische Kennlinie | Ganzmetallausführung, leichte Ablesung |
| Nachteile | zerbrechlich, schwer ablesbar | | | Winkelmessung erforderlich | teuer | lotrechte Montage erforderlich |
| Anwendung | Labormeßtechnik | | | Messung kleiner Unter- oder Überdrücke in Labor und Industrie | | Chemieindustrie, Volumenstrommessung |

Der Meßbereich von Flüssigkeitsmanometern wird von der Dichte der verwendeten Flüssigkeiten (z.B. Quecksilber, Alkohol, Wasser) beeinflußt.

Zur Umrechnung der Höhe $h$ der Flüssigkeitssäule auf die Höhe $h_0$ unter Normalbedingungen gilt:

$$h_0 = h(1 - \gamma\vartheta + \alpha p) \qquad (2.2d)$$

$\gamma_{Hg} = 0{,}18 \cdot 10^{-3} \text{K}^{-1}$  
$\gamma_{H_2O} = 0{,}2 \cdot 10^{-3} \text{K}^{-1}$ } thermischer Ausdehnungskoeffizient

$\gamma$ Temperatur

$\alpha_{Hg} = 0{,}4 \cdot 10^{-10} \text{N}^{-2}\text{m}^2$  
$\alpha_{H_2O} = 5 \cdot 10^{-10} \text{N}^{-2}\text{m}^2$ } Kompressibilitätskoeffizient

$p$ Druck.

Durch die Neigung des Schenkels bei *Schrägrohrmanometern* (Tab. 2.2) wird die Auslenkung der Meßflüssigkeit proportional zum Sinus des Neigungswinkels vergrößert.

Der Einfluß von Temperaturänderungen auf den systematischen Fehler ist größer als der Einfluß von Kompressibilität und Kapillardepression.

Flüssigkeitsmanometer werden zum Messen kleiner Druckdifferenzen im Bereich von $10^{-1}$ bis $10^5$ Pa bei statischen Drücken von bis zu $4 \cdot 10^6$ Pa eingesetzt [2.7, 2.8].

Durch fotoelektrisches Abtasten oder Anordnen von Widerständen bei bestimmten Druckwerten sind die Druckwerte auch auf elektrische Signale abbildbar.

Infolge der Messung geringer Druckdifferenzen werden Flüssigkeitsmanometer auch zur Durchflußmessung [2.8] und Füllstandmessung angewendet.

### 2.2.1.2
### Druckwaagen und Kolbenmanometer

Das Meßprinzip beruht auf der Kompensation der auf einen Kolben mit gegebener Querschnittsfläche oder auf die Sperrflüssigkeit in einem Ringrohr wirkenden Druckkraft durch eine bekannte zumeist mit Massen, Federn oder elektrodynamisch realisierten Gegenkraft.

Kolbendruckwaagen werden zum Messen sehr hoher Drücke bis zu $10 \cdot 10^6$ Pa eingesetzt.

Die Fehlerklasse der Druckwaagen liegt im Bereich von 0,02 [2.8].

Ringwaagen werden zur Druckdifferenz-, Druck- und Absolutdruckmessung für Druckbereiche zwischen 10 Pa bis zu $3 \cdot 10^3$ Pa zumeist im Rahmen der Volumenstrommessung angewendet [2.7, 2.8].

Aus dem Gleichgewicht zwischen der durch die Druckdifferenz $p_1 - p_2$ auf die Kreisringfläche $A$ einwirkenden Kraft und der ihr entgegenwirkenden Massenkraft $\rho g h A$ (Tab. 2.2) folgt:

$$(p_1 - p_2)A = \rho g h A. \qquad (2.3a)$$

Die durch $p_1 - p_2$ verursachte Auslenkung ergibt sich zu

$$\alpha = \arcsin\left[(p_1 - p_2)\frac{AD}{mgl}\right] \qquad (2.3b)$$

mit

$D$ mittlerer Ringrohrdurchmesser in m,  
$l$ Hebelarm in m.

Die Fehlerklasse kann zwischen 1 und 0,5 liegen [2.3]. Lagerreibung sowie Verformung des Ringrohres sind die Ursachen für Fehler.

Auch bei Ringwaagen können der Auslenkung proportionale elektrische Signale erzeugt werden.

Für die Durchflußmessung werden Ringwaagen darüber hinaus mit Radiziergliedern versehen.

### 2.2.1.3
### Federmanometer

Das Meßprinzip beruht auf der elastischen Verformung einer Rohr-, Membran-, Platten- oder Balgfeder. Die dabei infolge der Druckkraft entstehende Verformung der Federelemente wird in Einheiten kalibriert, die dem Druck proportional sind, so daß sich aus der Federauslenkung der Druck ergibt.

Bei Rohrfedern sind die mit zumeist elliptischem Querschnitt geformten Federn (Bourdon-Rohr) kreisförmig gebogen (Tab. 2.3). Rohrfedern sind aus Kupferlegierungen oder Stahl hergestellt. Bei diesem Meßprinzip kann der Temperatureinfluß bedeutend sein.

Membran- und Plattenfedermanometer werden aus konzentrisch geformten Meßelementen aufgebaut. Dadurch entstehen lineare statische Kennlinien mit eindeutiger

**Tabelle 2.3.** Kolben- und Federmanometer nach [2.9]

| Bezeichnung | Kolbenmanometer | Rohrfeder (Bourdonrohrfeder) | Membranfeder (Plattenfeder) | Wellrohrfeder (Balgfeder) | Kapselfeder |
|---|---|---|---|---|---|
| Prinzip | | | | | |
| Meßbereich in bar | 0,1...10000 | 0,1...10000 | | 0,01...2 | 0,01...0,1 |
| Meßunsicherheit in % | ±0,01 | ±0,5...2,0 | ±0,5...1,0 | ±0,5...1,5 | ±1,5 |
| Einstellzeit in s | 30 | <1 | | 1,0...1,5 | <1 |
| Vorteile | große statische Meßgenauigkeit | robust, billig, universell einsetzbar, kleine Abmessungen | | | |
| Nachteile | für dynamische Messungen ungeeignet | bei Überlastung bleibende Verformung | | | |
| Anwendung | Kalibrier- und Eichmanometer | Chemieindustrie, Energietechnik, Nahrungsmittelindustrie, Maschinenbau, Fahrzeugausrüstung | | | |

Nullpunktposition. Sie werden zur Messung kleiner Drücke als Rohrfedermanometer angewendet. Bedingt durch die kleineren Auslenkungen sind diese Geräte mit größeren Meßunsicherheiten behaftet.

Da ein Federbalg im Vergleich zur Federmembran mehrere verformbare Federn aufweist, ist die Auslenkung der Anzeige bei gleichem Druck größer.

### 2.2.1.4
**Ausgewählte Eigenschaften von Meßeinrichtungen auf der Grundlage mechanischer Prinzipe der Druckwandlung**

Flüssigkeitsmanometer sind kalibrierfähig, was für Federmanometer nicht gilt. Daraus ergibt sich der Einsatz von Flüssigkeitsmanometern hauptsächlich zur Überprüfung und Einstellung anderer Druckmeßeinrichtungen.

Federmanometer eignen sich infolge ihres Meßprinzips besser zum Einsatz in der Prozeßtechnik als Flüssigkeitsmanometer (Tab. 2.2, 2.3).

Die für die Druckeinleitung üblichen Systeme sind in Bild 2.6 dargestellt.

### 2.2.2
**Meßeinrichtungen auf der Grundlage elektrischer Prinzipe der Druckwandlung**

### 2.2.2.1
**Druckaufnehmer mit Metall-Dehnungsmeßstreifen**

Bei Metall-Dehungsmeßstreifen (Bild 2.7) wird die mit der Dehnung verbundene Widerstandsänderung von Metallen zum Nachweis der Belastung durch Druck ausgenutzt [2.2, 2.3]. Dazu wird eine Membran durch den Druck verformt. Die Dehnungsmeßstreifen können auf beiden Seiten der Membran aufgeklebt werden. Entsprechend der Beanspruchung der Membranoberfläche werden sie gedehnt oder gestaucht. Die relative Widerstandsänderung $\Delta R/R$ wird durch eine Meßbrücke in elektrisch aktive Signale (Spannung) umgeformt.

Die relative Widerstandsänderung $\Delta R/R$ ergibt sich zu:

$$\frac{\Delta R}{R} = \frac{\Delta l}{l}\left(1 + \frac{\frac{\Delta \rho}{\rho}}{\frac{\Delta l}{l}} - 2\frac{\frac{\Delta d}{d}}{\frac{\Delta l}{l}}\right) \quad (2.4a)$$

mit

$R$ Grundwiderstand des Dehnungsmeßstreifens,
$l$ Länge des mechanisch unbelasteten Dehnungsmeßstreifens,
$\rho$ spezifischer Widerstand des mechanisch unbelasteten Dehnungsmeßstreifens,
$d$ Durchmesser des kreisförmig angenommenen Querschnitts des Dehnungsmeßstreifens,
$\Delta$ Änderung der Ausgangswerte von $R$, $l$, $d$ und $\rho$ infolge Belastung.

Der Quotient

$$-\frac{\frac{\Delta d}{d}}{\frac{\Delta l}{l}} = \mu \quad (2.4b)$$

ist die Poisson-Zahl. Sie ist ein Maß für die geometrische Formänderung des belasteten Dehnungsmeßstreifens.

Wird in Gl. (2.4a) die Poisson-Zahl eingesetzt, folgt für $\Delta R/R$

$$\frac{\Delta R}{R} = \varepsilon K . \quad (2.4c)$$

Hierin sind $\varepsilon$ die Dehnung

$$\varepsilon = \frac{\Delta l}{l} \quad (2.4d)$$

und K der Dehnungsfaktor

$$K = 1 + \frac{\frac{\Delta \rho}{\rho}}{\frac{\Delta l}{l}} + 2\mu . \quad (2.4.e)$$

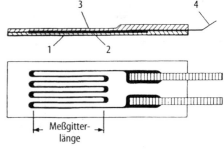

**Bild 2.7.** Aufbau eines Dehnungsmeßstreifens. *1* Trägerschicht, *2* Meßwiderstand, *3* Deckschicht, *4* Anschlußleitung

Die relative Widerstandsänderung $\Delta R/R$ (Gl. 2.4d) setzt sich zusammen aus den Anteilen:

$\dfrac{\Delta l}{l}$ Dehnung $\left.\begin{array}{l}\\ \\\end{array}\right\}$ geometrieabhängiger Anteil
$2\mu$ Formänderung

$\dfrac{\Delta\varrho}{\varrho}$ Gefügeänderung (piezoresistiver Effekt) $\left.\begin{array}{l}\\ \\ \\\end{array}\right\}$ gefügeabhängiger Teil.
$\dfrac{\Delta l}{l}$

Bei Metall-Dehnungsmeßstreifen überwiegt der Einfluß des geometrischen Anteils auf die relative Widerstandsänderung, bei Halbleiter-Dehnungsmeßstreifen (s.a. Abschn. 2.2.4) und keramischen Drucksensorelementen der gefügeabhängige Anteil [2.15].

### 2.2.2.2
**Druckaufnehmer mit Dünnfilm-Dehnungsmeßstreifen**

Die Fertigung von Druckaufnehmern mit Dünnfilm-Dehnungsmeßstreifen hat erst vor rd. 20 Jahren den industriellen Durchbruch erreicht, weil dazu hohe Investitionskosten und spezielles Wissen aus der Fertigung integrierter Schaltkreise benötigt wird [2.9, 2.11, 2.13]. Gleichzeitig sind große Stückzahlen von Druckaufnehmern Voraussetzung einer wirtschaftlichen Fertigung. Da Druckaufnehmer jedoch in vielen Bereichen der Wirtschaft eingesetzt werden, die Halbleitertechnologie und die Technologie der integrierten Schaltkreise gute Möglichkeiten einer wirtschaftlichen Fertigung von Druckaufnehmern mittels Dünnfilm-Dehnungsmeßstreifen zulassen, werden folgende Verfahren angewendet [2.4-2.6, 2.9, 2.11, 2.21]:

- das thermische Aufdampfen,
- die Kathodenzerstäubung (auch Sputtern genannt)

und

- das CVD-Verfahren (Chemical Vapour Deposition).

Im Vergleich zu Druckwandlern mit Metall-Dehnungsmeßstreifen werden für Dünnfilm-Druckwandler in [2.11] folgende *Vorteile* angegeben:

- kleinere Nenndrücke realisierbar,
- Miniaturisierung möglich,
- hohe Brückenwiderstände realisierbar,
- sehr gutes Kriechverhalten,
- für große Losgrößen gut geeignet,
- gute Langzeitstabilität durch künstliche Alterung erreichbar,
- hohe Genauigkeit,
- geringe Temperaturabhängigkeit von Nullpunkt und Kennwert,
- Feuchteunempfindlichkeit durch Abdecken der Dehnungsmeßstreifen,
- Einsatz bei hohen Temperaturen möglich.

*Nachteile* von Dünnfilm-Druckwandlern sind z.B.:

- komplizierte Technologie,
- sichere Beherrschung der Fertigung erfordert umfangreiches Know How,
- hohe Investitionskosten,
- nur bei großen Stückzahlen wirtschaftlich,
- hoher Aufwand an Vorrichtungen für die Fertigung der Druckaufnehmer.

### 2.2.2.3
**Druckaufnehmer mit Dickfilm-Dehnungsmeßstreifen**

Für Dickfilm-Dehnungsmeßstreifen wird zumeist Keramik als Druckaufnehmerelement verwendet [2.4-2.6, 2.13, 2.15].

Die Strukturierung wird mit Hilfe der Maskentechnik vorgenommen. Unmittelbar auf die Keramik wird mittels niederohmiger leitender Flüssigkeit die Leiterbahnenstruktur, darauf in einer zweiten Maske die Dickschicht-Dehnungsmeßstreifen als leitfähige Paste im Siebdruckverfahren und falls erforderlich, in einer dritten Schicht das integrierte Abgleichnetzwerk gelegt.

Die Zusammensetzung der zweiten Schicht ist zumeist unbekannt, da die verschiedenen Hersteller durch spezifische Zusammensetzungen der Paste ganz bestimmte gewünschte Eigenschaften (z.B. Dehnungsfaktor, Hafteigenschaften, Temperaturabhängigkeit) der Druckaufnehmer erzeugen und diese nicht preisgeben. Der wie beschrieben aufgebaute und behandelte Druckaufnehmer wird anschließend thermisch getrocknet, in einem Aushärteprozeß „gebacken". Dabei wird er nacheinander unterschiedlichen Temperaturen ausgesetzt.

Der keramische Druckaufnehmer wird mit der ebenfalls aus Keramik bestehenden Vakuumreferenzkammer (z.B. Absolutdruckaufnehmer) im Siebdruckverfahren hergestellt. Druckaufnehmer und Referenzkammer werden durch Glasschichten verbunden und durch thermische Behandlung zu einem Druckmeßwandler verschmolzen. Die Dickschicht-Dehnungsmeßstreifen des Druckaufnehmers können mit Hilfe einer sie abdeckenden Glasschicht vor Feuchtigkeit geschützt werden.

Bedingt durch das Herstellungsverfahren und die Eigenschaften der Keramik kommen hauptsächlich nur ebene Elemente als Druckaufnehmer (z.B. kreisförmige Membran, Biegebalken) zur Anwendung [2.4, 2.11, 2.15]. Bearbeitung der Druckaufnehmer nach dem „Backen" scheidet auf Grund der Sprödheit der Keramik aus, so daß die erforderlichen Anschlüsse und elektronischen Komponenten noch vor der thermischen Behandlung angebracht werden. Auf diese Weise entsteht zumeist ein kompakter Druckmeßumformer.

Da die Gehäuse für die Druckmeßumformer zumeist aus Metall sind und einen anderen thermischen Ausdehnungskoeffizienten haben als der Druckaufnehmer, sind beim Einsatz in Prozessen mit großen Temperaturbreiten Undichtigkeiten und mechanische Spannungen nicht auszuschließen [2.11].

Wichtige *Vorteile* von Dickschicht-Druckaufnehmern sind [2.11]:

- gute Korrosionsbeständigkeit (Medienverträglichkeit),
- gute Temperaturstabilität,
- geringe Empfindlichkeit gegen Feuchte,
- geringes Kriechen,
- gute Möglichkeit der Kombination mit Hybridelektronik gegeben (gleiche Technologie).

Als *Nachteile* werden angegeben [2.11]:

- geringe Überlastbarkeit,
- Verbindung Druckaufnehmer (Keramik)–Gehäuse (Metall) problematisch, Dichtigkeitsprobleme,
- Druckaufnehmer relativ groß,
- großer E-Modul, deshalb zu Metall-Dehnungsmeßstreifen vergleichsweise geringe Dehnung (s.a. Gl. (2.1)) und kleineres Ausgangssignal,
- thermische Hysterese ist größer als bei Metall- und Dünnfilm-Dehnungsmeßstreifen.

### 2.2.2.4
### Druckaufnehmer mit Halbleiter-Dehnungsmeßstreifen

#### Ausgewählte Eigenschaften

Auch bei Halbleiter-Druckaufnehmern liegt der Druckmessung eine Änderung des Halbleiterwiderstandes infolge von mechanischer Spannung zugrunde (Gl. 2.4a). Dieser bei Halbleitern im Jahre 1954 entdeckte Effekt, *piezoresistiver Effekt* genannt, kann als Grundlage für den Aufbau von widerstandsändernden Druck-, Kraft- und Beschleunigungsaufnehmern angesehen werden [2.19]. Der Begriff „piezoresistiv" ergibt sich aus dem Griechischen „piezien" → drücken und „resistiv" → elektrischer Widerstand. Der piezoresistive Effekt, z.B. bei p- oder n-dotiertem Silizium, wird durch äußere Belastungen verursacht. Dabei ergibt sich aus der skalaren Zuordnung von elektrischer Feldstärke $E$ und Stromdichte $j$ eine tensorielle Verknüpfung zu [2.2]:

$$(E) = ((\rho))(j) \quad (2.5)$$

Der Tensor des spezifischen Widerstands $((\rho))$ ist vom Tensor der mechanischen Spannung und den piezoresistiven Koeffizienten $\pi_{i,k}$ ($i, k$ Indizes) abhängig. Die piezoresistiven Eigenschaften werden durch die Koeffizienten $\pi_{11}$, $\pi_{12}$ und $\pi_{44}$ beschrieben. Zu den elektrischen Feldgrößen parallel und senkrecht wirkende mechanische Spannungen werden durch $\pi_{11}$ und $\pi_{12}$ und Scherspannungen durch $\pi_{44}$ beschrieben [2.2, 2.15].

Piezoresistive Aufnehmer benötigen *Hilfsenergie*, sie sind passiv. Im Gegensatz zu den piezoelektrischen Aufnehmern, die deshalb auch als aktive Aufnehmer bezeichnet werden.

Während der gefügeabhängige Anteil bei Metall-Dehnungsmeßstreifen nur geringen Einfluß auf die Widerstandsänderung eines Wandlers ausübt, überwiegt dieser Anteil bei Halbleitern und Keramikwerkstoffen (Gl. 2.4c).

Der Dehnungsfaktor $K$ ist bei Halbleitern wesentlich größer als bei Metallen, was zur Verbesserung des Verhältnisses von Nutzsignalamplitude zu Störsignalamplitude beiträgt.

Bei gleicher Störsignalamplitude, die hauptsächlich prozeßbedingt ist, hat ein Halbleiterdruckaufnehmer im Vergleich zu einem Aufnehmer aus Metall-Dehnungsmeßstreifen den entscheidenden Vorteil der größeren Nutzsignalamplitude bei gleicher äußerer Belastung. Die sich daraus ergebende bessere Auswertbarkeit des Meßsignals führte zur kontinuierlichen Entwicklung der Druckaufnehmer mit Halbleitern.

Leider ist der Temperatureinfluß auf Halbleiter nicht zu vernachlässigen. Die starke Temperaturabhängigkeit von Halbleiterdruckaufnehmern erfordert besondere Maßnahmen zur Kompensation der Temperaturauswirkung. Das kann bereits durch entsprechende Dotierung, durch zusätzlich in die Meßschaltung eingeordnete Kompensationswiderstände oder durch Konstantstromspeisung der Meßbrücke erfolgen [2.11, 2.15, 2.19, 2.20].

Um Silizium-Druckwandler herzustellen, die ähnlich gutes Verhalten wie Druckwandler mit Metall-Dehnungsmeßstreifen hinsichtlich des Temperaturverhaltens haben, sind zusätzliche Maßnahmen erforderlich, weil elektrischer Widerstand $R$ und Dehnungsfaktor $K$ von Halbleitern stark temperaturabhängig sind. Eine Abschätzung des Temperatureinflusses wird in [2.19] als Näherung empfohlen, die auch gut mit Meßergebnissen übereinstimmt [2.15]. Danach gilt für den Widerstand $R$

$$R = R_0(1+\alpha\Delta T) \tag{2.6}$$

und für den Dehnungsfaktor $K$

$$K = K_0(1+\beta\Delta T) \tag{2.7}$$

mit $R_0$, $K_0$ Werte bei 20 °C, $\Delta T$ der Abweichung der Temperatur vom Bezugswert sowie den Temperaturkoeffizienten $\alpha$ und $\beta$.

Für eine Spannung der Meßbrücke (Bild 2.8) mit Konstantstrom ergibt sich das Ausgangssignal zu:

$$U = U_e \frac{\Delta R}{R} = IRK\varepsilon. \tag{2.8a}$$

Werden für $R$ und $K$ die Beziehungen (Gln. 2.6 und 2.7)) in Gl. (2.8a) eingesetzt und der nichtlineare Term $\alpha\beta\Delta T^2$ vernachlässigt, folgt für das Ausgangssignal

$$U_a = IR_0K_0[1+(\alpha-\beta)\Delta T...]\varepsilon. \tag{2.8b}$$

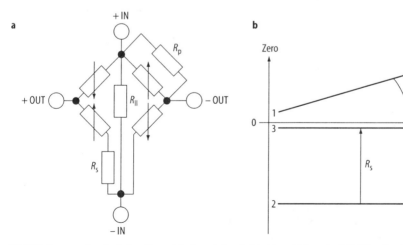

**Bild 2.8.** Kompensation des Nullpunktes und der thermischen Nullpunktverschiebung (nach [2.19]). **a** Grundschaltung; **b** Einfluß des Widerstandes $R_p$ und $R_s$, Kurvenverlauf: 1 ohne Kompensation, 2 Auswirkung von $R_p$, 3 Auswirkung von $R_p$ und $R_s$

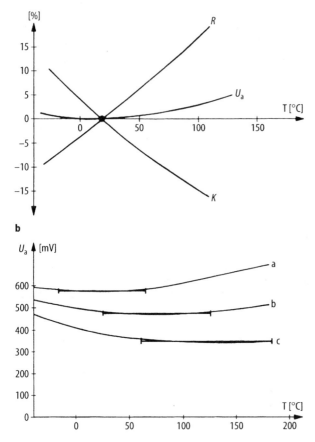

**Bild 2.9.** Einfluß von Temperatur, Dehnungsfaktor und der Dotierung auf das Ausgangssignal eines Druckwandlers [2.19]. **a** Widerstand $R = f(T)$, Dehnungsfaktor $K = f(T)$; **b** Ausgangssignal $U_a = f$ (Dotierung; T), a, b, c = zunehmende Dotierung

Bei einem Dotierungsniveau von $p \gg 3 \cdot 10^{17}$ cm$^{-3}$ eines Silizium-Druckaufnehmers sind die Koeffizienten $a \approx b$ und das Ausgangssignal $U_a$ ist nur noch geringfügig von der Temperatur abhängig (Bild 2.9a). Gleichzeitig besteht über die Änderung der Dotierung die Möglichkeit, die Ausgangsspannung entlang der Temperaturachse zu verschieben.

Eine Vergrößerung der Dotierung von $2,5 \cdot 10^{17}$ cm$^{-3}$ auf $3,5 \cdot 10^{17}$ cm$^{-3}$ führt zu einer Verringerung des Ausgangssignals und zu der bereits angeführten Verschiebung auf der Temperaturachse (Bild 2.9b). Der Funktionsverlauf $U_a = f(T)$ wird im Uhrzeigersinn gedreht und gleichzeitig gesenkt.

Der Temperatureinfluß auf Meßbrücken mit konstant-spannungsgespeisten Halbleiter-Druckwandlern wird zumeist mittels laserabgeglichenen, extern angeordneten Präzisionswiderständen kompensiert [2.15, 2.19, 2.20].

Der Temperatureinfluß auf die Meßbrücke kann schaltungstechnisch kompensiert werden, indem ein Widerstand $R_{II}$ mit vergleichbarem Temperaturkoeffizienten entweder innerhalb oder außerhalb des Halbleiter-Druckwandlers parallel zur Meßbrücke geschaltet wird (Bild 2.8a). Der von $\Delta T$ abhängige Term (Gl. (2.8b)) wird unwirksam, weil unter der Voraussetzung $R_{II} \gg R_o$ gilt [2.19]:

$$\alpha = \frac{R_{II} - R_0}{R_{II} - 2R_0} \beta. \qquad (2.8c)$$

Um den Temperatureinfluß zu minimieren, ist eine Einzelkompensation erforderlich. Dazu wird der Widerstand $R_p$ parallel zu einem Druckaufnehmer und der Widerstand $R_s$ in die Meßbrücke der Druckaufnehmer geschaltet (Bild 2.8a). Die Ergänzung der Schaltung mit diesen Präzisionswiderständen ermöglicht die Beeinflussung des Null-Signals (Nullpunkt) und die thermische Nullpunktverschiebung [2.19].

Mit $R_p$ wird der effektive Temperaturkoeffizient des Brückenzweiges verändert. Bei richtiger Dimensionierung von $R_p$ entsteht eine Asymmetrie derart, daß die thermische Nullpunktverschiebung kompensiert wird (Bild 2.8b).

Im allgemeinen führt $R_p$ zur Vergrößerung der Nullpunktverschiebung (Bild 2.8b, Kurvenverlauf 2). Mit Hilfe des Widerstandes $R_p$ kann die Nullpunktverschiebung in einen für den Druckwandler zulässigen Bereich verlegt werden. Würden diese schaltungstechnischen Maßnahmen unterbleiben, ergäbe sich die mit wachsender Temperatur ändernde Größe des Ausgangssignals (Bild 2.8b, Kurvenverlauf 1).

Ein Ausweis des Temperatureinflusses auf Halbleiter-Dehnungsmeßstreifen in Abhängigkeit von der Temperatur ist stark nicht linear, der Anstieg kann sogar das Vorzeichen wechseln (Bild 2.10).

Weitere Kennwerte zur Bewertung des Temperaturverhaltens sind z.B. Nenntemperaturbereich, Referenztemperatur und Nullsignaländerung [DIN 16086].

Piezoresistive Wandler transportieren den elektrischen Strom auf der Grundlage von Majoritätsträgern. Sie sind verhältnismäßig sicher gegen Strahlung und haben hohe Temperaturbeständigkeit und sehr gute mechanische Eigenschaften, insbesondere monokristallines Silizium z.B. bis 500 °C [2.15]. Monokristalle aus Silizium haben darüber hinaus sehr gutes Verhalten ohne erkennbare Hysterese und bleibende plastische Verformung. Weitere *Vorteile* von piezoresistiven Aufnehmern auf der Basis von Silizium sind unter Beachtung der angeführten Schaltungsmaßnahmen [2.19]:

- hohe Lebensdauer auch unter Wechselbeanspruchung,
- ausgezeichnete Konstanz der Betriebsparameter,
- gute Reproduzierbarkeit der Meßwerte,
- kleine Abmessungen,
- unempfindlich gegen Vibration und Stoß,
- hohe Ausgangssignale,
- hohe Eigenfrequenz.

Um für Massenanwendungen kostengünstige Lösungen zu erreichen, werden z.B. alle vier Dehnungsmeßstreifen einer Meßbrücke (Wheatstone-Brücke) auf der Oberfläche eines Halbleiter-Kristalls eindiffundiert, wobei der Kristall gleichzeitig die Funktion der Membran ausübt. Da die Membran sehr klein ausgeführt werden kann, lassen sich mit derartigen Wandlern Drücke bis zu 1000 bar messen [2.21]. Die Dehnung erreicht Werte von nur 1 mm/m.

Da aufgeklebte Dehnungsmeßstreifen bei Wechselbelastungen infolge des Aufklebers nicht kriechfrei sind, ihre Applikation recht zeitintensiv und damit teuer ist, wurden Verfahren der *Schaltkreisintegration* zur Herstellung von Druckmeßwandlern entwickelt [2.4–2.6, 2.9, 2.11]. Zur industriellen Anwendung bei der Herstellung piezoresistiver Druckwandler kommen

- Dünnfilm-Dehnungsmeßstreifen,
- Dickfilm-Dehnungsmeßstreifen,
- einkristallines Silizium.

Dehnungsmeßstreifen aus monokristallinem Silizium können sehr große Dehnungsfaktoren erreichen [2.18].

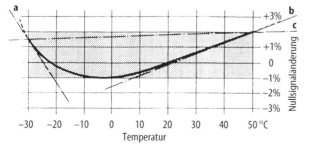

**Bild 2.10.** Einfluß der Temperatur auf die Empfindlichkeit eines Druckwandlers [2.19]. Kurvenverlauf: **a** Temperaturkoeffizient bei −30 °C: 0,3%/°C; **b** Temperaturkoeffizient im Bereich 50 °C: 0,07%/°C; **c** Temperaturkoeffizient im Bereich −30 °C bis 50 °C: 0,06%/°C

Da monokristallines Silizium auch hervorragende Elastizitätskennwerte bei höheren Temperaturen aufweist, lag es nahe, das Druckaufnehmerelement, den Dehnungsmeßstreifen und den Druckaufnehmer, das elastisch verformbare Element aus Silizium herzustellen [2.11]. Dadurch gelingt es, mit der hochentwickelten Epitaxi die Abmessungen zu minimieren, die Möglichkeit der Massenfertigung zu erschliessen und den Preis je Druckwandler zu senken.

Ein weiterer Grund für den Einsatz dieser Druckaufnehmer ist der erreichbare hohe Dehnungsfaktor. Wenn bei praktisch realisierten Druckwandlern auch nur Werte zwischen 5 und 40 erreicht werden, ist das doch noch das 2,5- bis 20fache von Metall-Dehnungsmeßstreifen [2.11].

Ein weiterer Vorteil dieser Druckaufnehmer liegt in der *Miniaturisierung*.

### 2.2.2.5
### Eigenschaften ausgewählter Druckaufnehmer

#### Membran als Druckaufnehmer

Die Membran ist ein in der Druckmeßtechnik oft angewendetes Bauglied (s.a. Tab. 2.3). Sie wird bei Metall-Dehnungsmeßstreifen, Dünnfilm-Dehnungsmeßstreifen, Dickfilm-Dehnungsmeßstreifen und bei Halbleiter-Dehnungsmeßstreifen angewendet [2.22–2.33]. Entsprechend der Ausprägung bestimmter Eigenschaften werden z.B. Topfmembran, Boßmembran und Giebmembran hergestellt [2.11].

Die Membran läßt sich verhältnismäßig einfach fertigen und ist für Drücke von 10 bis 2000 bar einsetzbar. Mit ihr können Abweichungen der Linearität von 0,2 bis 0,3 erreicht werden [2.11, 2.19].

Unter Einwirkung der Druckdifferenz $\Delta p$ wird eine Membran verformt und mit mechanischer Spannung beaufschlagt.

Die sich ergebende Radialspannung $\sigma_r$ und Tangentialspannung $\sigma_t$ ist abhängig von der Membrandicke $s$ und dem Abstand $r$ vom Membranmittelpunkt bis zum Erreichen der Einspannstelle $r_0$ (Bild 2.11).

In [2.19] wird an der Oberfläche der Membran bei kleinen Auslenkungen $\Delta h$ für die Radialspannung angegeben:

$$\sigma_r = \frac{3\Delta p r_0^2}{8ms^2}\left[(3m+1)\frac{r^2}{r_0^2}-(m+1)\right] \quad (2.10)$$

und für die Tangentialspannung:

$$\sigma_t = \frac{3\Delta p r_0^2}{8ms^2}\left[(m+3)\frac{r^2}{r_0^2}-(m+1)\right] \quad (2.11)$$

mit

$r_0$ aktiver Radius der Membran,
$s$ Dicke der Membran,
$m$ Kehrwert der Poisson-Zahl $\mu$.

Die Spannungsverteilung über der Membran ist nichtlinear. Auf der oberen Seite der Membran verursacht der herrschende Druck $\Delta p$ im mittleren Bereich Druckspannung, im Bereich der Einspannung der Membran Zugspannung. Die Spannungen $\sigma_r$ und $\sigma_t$ wechseln bezogen auf den Membrandurchmesser örtlich getrennt ihre Vorzeichen. An der Stelle $r \approx 0,8\, r_0$ ist $\sigma_t \approx 0$. An dieser Stelle liegt einachsige radiale Zugspannung vor gemäß der Beziehung

$$\sigma_r(r = 0,8 r_0) = 0,3\Delta p \frac{r_0^2}{s^2}. \quad (2.12)$$

Die maximale Spannung $\sigma_r$ liegt an der Stelle $r = r_0$.

Wird für die obere Grenze des Druckbereichs eine Spannung $\sigma_r = 0,4\, \sigma_{max}$ zugelassen, beträgt die relative Widerstandsänderung 5%, was zu einer Ausgangsspannung von 50 mV/Volt der Erregerspannung führt [2.19].

Bei festgelegtem Radius $r_0$ kann die Dicke $s$ der Membran aus Gl. (2.12) zu

$$s = 0,2\sqrt{\Delta p}\, r_0 \quad \Delta p \text{ in bar} \quad (2.13)$$

berechnet werden [2.19].

Die Verformung $\Delta h$ der Membran wird dabei

$$\Delta h = 0,16 \frac{\Delta p\, r_0^4}{E s^3} \quad (2.14)$$

mit

$E$ Elastizitätsmodul.

Als Belastungsfaktor $q$ ergibt sich

$$q = \frac{\Delta h}{s} = \frac{\Delta p\, r_0^4}{E s^4} \leq 2. \quad (2.15)$$

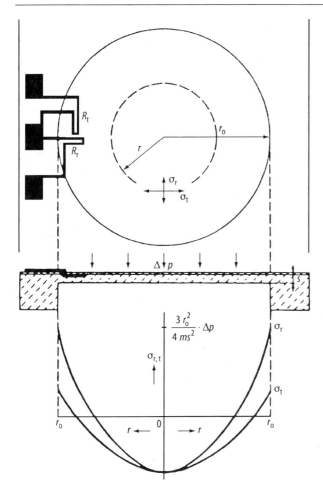

**Bild 2.11.** Spannungsverlauf in radialer und tangentialer Richtung an der Oberfläche einer am Umfang eingespannten, durch Druck ($\Delta p$) beaufschlagten Membran

Wird $q > 2$, ist eine Membran für Meßzwecke ungeeignet [2.19]. In diesem Falle muß zwischen Membran und Druckbereich gelten:

$$Dp \leq \frac{2E s^4}{r_0^4}. \qquad (2.16)$$

Diese Gleichung setzt eine untere Grenze für den Druckbereich, der für die oben angegebenen Werte zwischen 0,5 und 1 bar liegt.

Die im allgemeinen kleinen Abmessungen einer Membran und der verhältnismäßig große Wert des Elastizitätsmoduls (vergleichbar mit der Steifigkeit einer Feder) haben günstigen Einfluß auf die Eigenfrequenz $\omega_0$.

Die Eigenfrequenz ist dem Verhältnis $s/r$ und die Spannung dem Verhältnis $s^2/r^2$ proportional. Eine proportionale Verkleinerung aller Abmessungen verändert nicht das Ausgangssignal und die Empfindlichkeit. Die Eigenfrequenz jedoch wird erhöht [2.19].

### Andere Druckaufnehmer

Biegebalken, Biegesäulen und Zugelemente sind Kraftaufnehmer. Um den Druck in eine Kraft zu wandeln und messen zu können, sind elastische, abgestützte Membranen oder Balge an sie anzukoppeln (Bild 2.12).

Biegebalken sind sehr empfindlich. Sie haben – verglichen mit Membranen – sehr niedrige Eigenfrequenz, hohe Beschleunigungsempfindlichkeit und auch Hysterese.

Biegesäulen bieten die Möglichkeit, die Dehnungswiderstände seitlich so anzuordnen, daß der longitudinale und transversale piezoresistive Effekt ausgenutzt werden kann [2.3, 2.8, 2.20]. Durch entsprechenden Abstand zu den Einspannlagern können die Dehnungsmeßstreifen so angeordnet werden, daß sie in Bereichen von einachsiger Spannung angeordnet sind. Auf diese Weise beschaltete Wandler können Eigenfrequenzen von mehreren Hundert Kilohertz erreichen.

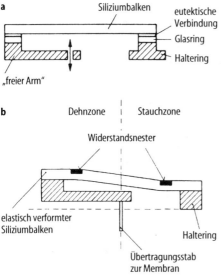

**Bild 2.12.** Biegebalken mit Dehnungsmeßstreifen aus Silizium als Druckwandler [2.11]. **a** Schnitt durch den Biegebalken; **b** Belasteter Biegebalken und Lage der Dehnungsmeßstreifen

### 2.2.2.6
### Induktive Druckaufnehmer

Induktive Druckaufnehmer sind seit mehr als 50 Jahren im Einsatz. Sie entstanden u.a. aus den Anforderungen, den Druck in Prozessen im Feldbereich zu messen und nach einer Fernübertragung in Leitwarten anzuzeigen oder zur Prozeßbeeinflussung (z.B. Steuerung) zu verwenden. Aus diesen Gründen werden in der Druckmeßtechnik bewährte Druckaufnehmer, z.B. Membran, Rohrfeder, Bourdonrohr mit einer *Differentialdrossel* oder einem *Differentialtransformator* (s. Kap. B 5.1.1) gekoppelt (Bild 2.13).

Das elektrische Ausgangssignal ergibt sich infolge der Änderung des komplexen Widerstandes des Spulensystems, die dadurch entsteht, daß der starr mit dem Aufnehmer (z.B. Membran) gekoppelte Kern sich entsprechend der Druckänderung verschiebt. Somit wird die Auslenkung des Aufnehmers, der Weg, gemessen.

Außer dem außenliegenden Spulensystem (Bild 2.13) werden auch Druckmeßumformer mit innenliegenden Spulensystemen gebaut. Bei Systemen mit innenliegenden Spulensystemen wird die Membran mit der Differentialdrossel gekoppelt (Bild 2.14). Es entsteht ein Zweikammer-Differenzdruck-Meßumformer. Das Öl zwischen Meßmembran und Trennmembran ist als hydraulische Kopplung erforderlich.

Bei diesen Druckmeßwandlern wird der Meßbereich durch die Membrandicke und die Membranvorspannung festgelegt.

Eine Auslenkung des Aufnehmers von nur 0,001 mm kann bereits zum Vollaus-

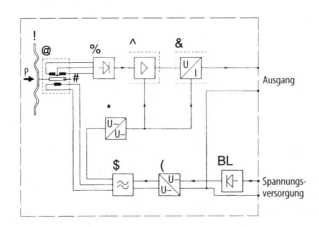

**Bild 2.13.** Druckaufnehmer mit Plattenfeder und Differentialtransformator 4 API-50 [2.29]. *1* Plattenfeder, *2* induktiver Wegaufnehmer, *3* Kern des Differentialtransformators, *4* Oszillator, *5* Gleichrichter, *6* Verstärker U=0...10 V, *7* Spannungsstromwandler, *8* Gleichrichter, *9* Spannungsregler, *10* Verpolungsschutz

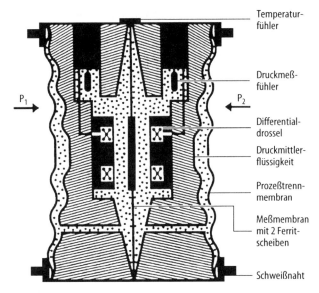

**Bild 2.14.** Differenzdruck-Meßaufnehmer mit induktivem Abgriff [2.5]

schlag eines nachgeschalteten Verstärkers führen [2.11, 2.14]. Deshalb sind induktive Druckaufnehmer zur Messung kleinster Drücke geeignet.

Um die Druckaufnehmer kalibrieren zu können, wird oft ein Empfindlichkeitstrimmer vorgesehen. Dadurch kann einem vorgegebenen Nenndruck eine definierte elektrische Größe als Ausgangssignal, z.B. 10 mV/V, zugeordnet werden.

Als Ausgangssignale werden Spannungen von 0 bis 10 V und Ströme von 0/4 bis 20 mA genutzt.

Die Anpassung an verschiedene Nenndrücke erfolgt durch entsprechende Dimensionierung der Aufnehmerelemente (z.B. Membran, Bourdonrohr). Dadurch können für eine Baureihe die gleichen Wandlerbaugruppen (Spulensystem) eingesetzt werden. Da die nach dem Induktionsprinzip arbeitenden Druckwandler aus temperaturbeständigem Material aufgebaut sein können, ergeben sich für derartige Meßgeräte Anwendungsgebiete bis zu Temperaturen von 350 °C [2.11, 2.14]. Aus Kostengründen werden jedoch auch für diese Meßgeräte weniger teure Werkstoffe eingesetzt. Die zulässigen Temperaturen betragen dann rd. 100 °C [4.6].

Wesentliche *Vorteile* dieser Druckmeßwandler sind [2.11, 2.14]:

– einfacher und robuster Aufbau,
– hohe Überlastbarkeit,
– kleinste Nenndrücke meßbar bei hohem Ausgangssignal,
– geringe Investitionskosten für Fertigungseinrichtungen.

Zur Reduzierung der Nullpunktdrift infolge Temperatureinfluß sind aufeinander abgestimmte Materialien erforderlich. Da die Auslenkung des Druckaufnehmers sehr klein ist, schränken Temperaturschwankungen die Genauigkeit ein. Bedingt durch das Wirkprinzip sind einer Miniaturisierung Grenzen gesetzt.

Zum Betrieb der Druckmeßwandler ist z.B. eine Wechselspannung von rd. 10 kHz erforderlich [2.2].

### 2.2.2.7
### Kapazitive Druckaufnehmer

Die Wirkung kapazitiver Druckaufnehmer beruht auf der Kapazitätsänderung eines als Kondensator aufgebauten Druckaufnehmers. Derartige Druckaufnehmer werden vorzugsweise zur Messung von Differenzdruck angeboten [2.4].

Für die Kapazität $C$ eines Kondensators gilt:

$$C = \frac{A\varepsilon_0\varepsilon_r}{h} \tag{2.18}$$

mit

- $A$  Fläche der gegenüberliegenden Platten in m², 
- $h$  Abstand der Platten in m,
- $\varepsilon_0$  Feldkonstante in $^{As}/_{Vm}$,
- $\varepsilon_r$  Dielektrizitätszahl des zwischen den Platten vorhandenen Mediums, z.B. Öl.

Aufgrund dieser Beziehung (Gl. (2.18)) lassen sich Änderungen von $A$, $h$ und $\varepsilon_r$ zur Druckmessung nutzen (s. Kap. B 5.1.1).
Bei den gegenwärtig auf dem Markt angebotenen Druckwandlern überwiegen Produkte mit Abstandsänderung zwischen den Platten eines *Ein-* oder *Zweikammerkondensators*. Die Einkammersysteme entsprechen in ihrer Wirkung dem einfachen Kondensator mit Abstandsänderung $h$ oder Flächenänderung $A$ [2.22, 2.25]. Dabei kann die Kapazitätsänderung in der Meßzelle (innenliegendes Abgriffsystem [2.23]) oder außerhalb der Meßzelle (außenliegendes Abgriffsystem [2.22]) vorgenommen werden (Bild 2.15).
Wird bei Einkammersystemen [2.25, 2.26] durch eine Druckdifferenz über den Abstand die Kapazität des Kondensators geändert, gilt:

$$p_1 - p_2 \sim \frac{1}{C_1} - \frac{1}{C_2} \sim \frac{1}{d} \quad (2.19a)$$

mit

$$C_1 + C_2 = \text{konstant} \quad (2.19b)$$

$d$ Plattenabstand.

Außer den Einkammersystemen werden auch Zweikammersysteme angewendet [2.27–2.29]. Diese arbeiten als Differentialkondensator. Hierbei können z.B. die beiden mit Öl gefüllten Meßkammern durch eine Membran getrennt sein (Bild 2.16). Infolge einer Druckänderung in einer Kammer wird die Membran verschoben. Es ergibt sich in der Meßkammer mit größer werdendem Abstand eine Kapazitätsverringerung und in der Meßkammer mit kleiner werdendem Abstand eine Kapazitätszunahme.
Soll mit Hilfe eines Differentialkondensators eine Spannungsänderung aufgrund einer Druckänderung gemessen werden, dann gilt, wenn nur der Plattenabstand als Abbildgröße Berücksichtigung findet [1.2]:

$$\Delta u = 2u_0 \frac{\Delta d}{d} \quad (2.20a)$$

mit

- $u_0$ Anpassungsspannung vor der Belastung,
- $\Delta d$ Abstandsänderung.

Soll die Kapazitätsänderung über eine Strommessung ausgewertet werden, so folgt für diesen Fall [2.2, 2.4]:

$$C_1 - C_2 = \frac{\Delta d}{d} - \left(\frac{\Delta d}{d}\right)^3 - \left(\frac{\Delta d}{d}\right)^5 - \ldots \quad (2.20b)$$

mit

$\Delta d$ Änderung des im Kondensator wirksamen Abstandes.

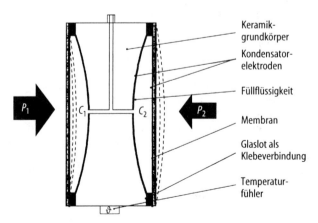

**Bild 2.15.** Druckaufnehmer für Kapazitätsänderung der Einkammer-Keramikmeßzelle [2.26]. $P_1$, $P_2$ Druck auf die Membran 1 und 2, $C_1$, $C_2$ Kapazität des Kondensators

2 Druck, Druckdifferenz    79

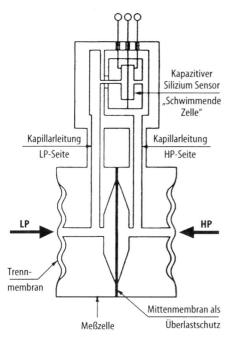

**Bild 2.16.** Druckaufnehmer für Kapazitätsänderung mit „schwimmend" angeordneter Meßzelle [2.31], **LP** Low Pressure, **HP** High Pressure

Da die Meßwege bei kapazitiven Druckwandlern sehr klein sind, werden die Wandler von vielen Herstellern aus keramischem Material hergestellt [2.4]. Dadurch ist jedoch auch die Gefahr des Verspannens der Meßzelle infolge Temperatureinfluß und Montage nicht auszuschließen. Aus diesem Grunde werden von einigen Herstellern die Meßzellen *schwimmend* gelagert. Derartige Druckwandler sind über flüssigkeitsgefüllte Kapillaren mit Aufnehmerzellen verbunden. Der auf den Wandler über die Aufnehmerzellen einwirkende Druck wird über Kammern und Kapillaren von außen übertragen (Bild 2.16).

Plus- und Minusdruck trennt eine vorgespannte Überlastmembran, die bei Überschreiten der zulässigen Auslenkung nachgibt. Die Trennmembranen (trennen Meßzelle von Prozeßmedium) können sich an den Meßkörper anschmiegen. Dadurch wird eine Membranüberlastung infolge Druckanstieg unterbunden.

Die meßtechnischen Eigenschaften werden durch die schwimmende Anordnung der Meßzelle in einer Flüssigkeit positiv beeinflußt.

Ähnlich ist die Anordnung der Meßzelle bei Druckmeßwandlern [2.32] mit innenliegendem Abgriffsystem (Bild 2.17). Dadurch

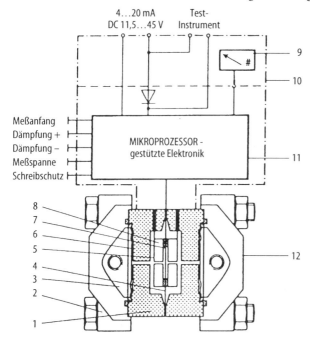

**Bild 2.17.** Meßumformer für Kapazitätsänderung „schwimmend" angeordneter Meßzelle [2.21]. *1* Meßzelle, *2* Kappe, *3* Membrankammer (Meßzelle), *4* Überlastmembran, *5* Füllflüssigkeit, *6* Trennmembran, *7* Meßmembran, *8* Meßkapsel mit Abgriffsystem, *9* Digitales Anzeigeelement (Option), *10* Gehäuse mit Bedienelementen, *11* Elektronik mit Mikroprozessor, *12* Differenzdruckmeßwerk

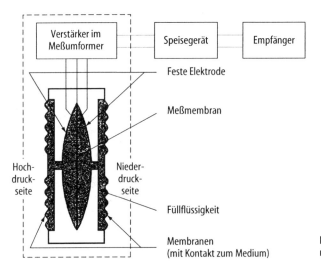

**Bild 2.18.** Blockschaltbild eines Druckmeßumformers [2.28]

wird die Meßzelle von mechanischen Spannungen, die nicht von der Meßgröße verursacht werden, entkoppelt. Dabei wird der Differenzdruck über die Trennmembran und Füllflüssigkeit auf die Meßmembran übertragen. Infolge der Auslenkung der Membran verändert sich die Kapazität des Druckaufnehmers. Diese Kapazitätsänderung wird durch eine Elektronik ausgewertet, einem Verstärker zugeführt und in einen eingeprägten Gleichstrom umgewandelt.

Der Druckmeßwandler ist *symmetrisch* aufgebaut (Bild 2.18) und so dimensioniert, daß Fehler aufgrund von Temperaturänderungen und Änderungen des statischen Drucks ausgeschlossen sind [2.28]. Bei Druckstößen schmiegt sich die Meßmembran an das Kapselgehäuse an, wodurch eine Überbeanspruchung der Meßmembran ausgeschlossen wird. Die Meßgröße wird über die Kapazitätsänderung in einen eingeprägten Strom (4–20 mA) gewandelt (Bild 2.19).

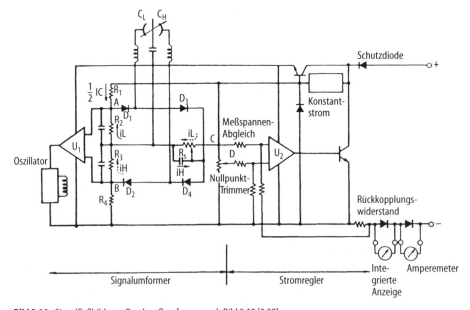

**Bild 2.19.** Signalflußbild zum Druckmeßumformer nach Bild 2.18 [2.28]

Die *Vorteile* kapazitiver Druckwandler werden wie folgt zusammengestellt [2.4, 2.11, 2.21]:

- Einsatzgebiet bis zu rd. 350 °C,
- hohe Empfindlichkeit bei großer Genauigkeit,
- guter Überlastschutz einfach realisierbar,
- gleichermaßen gut für dynamische und statische Messungen bei kleinsten Drücken (z.B. Luftdruckmessung).

Als *Nachteile* werden angegeben [2.11]:

- nur mit hoher Trägerfrequenz zu betreiben, was zur Spezialverkabelung führt,
- Staub- und Feuchteempfindlichkeit erfordern Kapselung des Druckwandlers,
- bei räumlicher Trennung von Druckwandler und Elektronik eingeschränkte Langzeitinstabilität nicht auszuschließen.

### 2.2.2.8
### Piezoelektrische Druckaufnehmer

Die Wandlung von Druck mit Hilfe piezoelektrischer Materialien (z.B. Quarz, Turmalin, Bariumtitranat, Bleizirkonattitanat-Mischkeramik) beruht auf der *Verschiebung* positiver und negativer Ladungen der Kristalle, wenn sie mechanisch verformt werden (Bild 2.20). Entsprechend den Polarisierungen können die Ladungen an der Oberfläche eines Kristalls in der Verformungsrichtung (piezoelektrischer Längseffekt), quer zur Verformungsrichtung (piezoelektrischer Quereffekt) und durch Schubwirkung entlang der auf Schub beanspruchten Flächen (piezoelektrischer Schereffekt) entstehen und meßtechnisch ausgewertet werden.

Die sich durch die Verformung an den entsprechenden Flächen ergebende Ladung $Q$ ist der mechanischen Kraft $F$ direkt proportional. Es gilt:

$$Q = nkF \qquad (2.21a)$$

mit

- $n$ Faktor (Scheibenanzahl beim Longitudinaleffekt, Verhältnis Höhe/Breite beim Tranversaleffekt),
- $k$ Piezokoeffizient,
  z.B. für Quarz $2{,}3 \cdot 10^{-12}\,As/N$

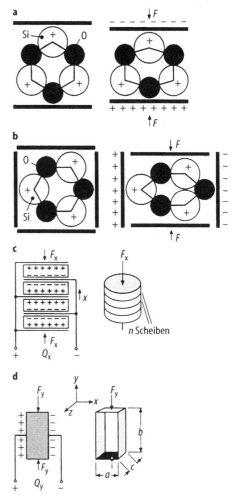

**Bild 2.20.** Zur Entstehung piezoelektrischer Ladungen (nach [2.15, 2.35]). **a** Longitudinaleffekt, **b** Transversaleffekt **c** Anordnung der Piezowandler beim Longitudinaleffekt, **d** Anordnung der Piezowandler beim Transversaleffekt

Bariumtitranat $250 \cdot 100^{-12}\,As/N$
Bleizirkonattitanat-Mischkeramik
$700 \cdot 10^{-12}\,As/N$.

Da die Ladung $Q$ (Gl. (2.21a)) von der auf den Kristall einwirkenden Kraft und dem Piezokoeffizienten abhängt, ist der aufzunehmende Druck über die Fläche in eine Kraft zu überführen.

Der piezoelektrische Wandler wirkt wie ein *Kondensator*, der seine Ladung durch Verformung ändert, mit dem Unterschied, daß er nicht von außen aufgeladen wird, sondern von innen durch die Polarisation infolge der Verformung [2.34–2.36]. Mit der Kapazität C eines elektrischen Druckaufnehmers folgt daraus die Spannung

$$U = \frac{1}{C}Q = n\frac{k}{C}F. \qquad (2.21b)$$

Infolge der Leitfähigkeit des Kristalls eines piezoelektrischen Druckwandlers entlädt sich die an den Oberflächen angelagerte Ladung über den Innenwiderstand des Kristalls, weil ein Strom

$$I = \frac{dQ}{dt} \qquad (2.21c)$$

fließt. Die Zeit, in der dieser Strom fließt, ergibt sich aus dem Produkt der Kapazität C und dem Innenwiderstand $R_i$ des Kristalldruckwandlers.

Die Zeitdauer, während der gemessen werden kann ohne daß zu große Meßunsicherheiten entstehen zu, hängt von der Ladung Q, von dem Innenwiderstand und vom zulässigen Meßfehler ab [2.34]. Für piezoelektrische Standard-Druckaufnehmer (Meßbereich von 250 bar) werden 0,001 bar/s angegeben, so daß in einem Druckbereich von 100 bar die Meßzeit ca. 900 Sekunden beträgt. Aus diesen Gründen ist beim Einsatz von piezoelektrischen Druckwandlern darauf zu achten, daß ein angeschlossenes Spannungsmeßgerät einen Eingangswiderstand hat, der größer ist als der Innenwiderstand $R_i$ des piezoelektrischen Druckwandlers.

Von verschiedenen Möglichkeiten der Beschaltung piezoelektrischer Druckwandler erfüllen Ladungsverstärker die meßtechnischen Anforderungen als Vorverstärker (Bild 2.21) am besten [2.35].

Für den Fall, daß die Differenzspannung zwischen den Eingängen Null ist, gilt (Bild 2.21):

$$U_2 = U_C = -\frac{\Delta Q}{C_f} \qquad (2.22a)$$

mit

$\Delta Q$ Ladungsdifferenz zwischen den Platten des Kondensators $C_f$.

Da die Kondensatoren $C_f$ und $C_k$ parallel geschaltet sind, ist die Ladungsdifferenz $\Delta Q$ des Kondensators $C_f$ gleich der durch den

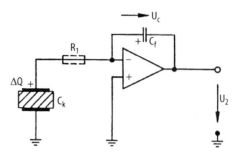

**Bild 2.21.** Piezowandler mit Ladungsverstärker [2.35]

äußeren Druck vom piezoelektrischen Druckwandler erzeugten Ladungsdifferenz. Der Widerstand $R_1$ dient der Schaltungssicherheit. Für die obere Grenzfrequenz gilt annähernd [2.36]:

$$f_0 \approx \frac{1}{R_1 C_k}. \qquad (2.22b)$$

Als *Vorteile* piezoelektrischer Druckaufnehmer werden angegeben [2.11]:

- sehr gut geeignet für die Erfassung sich schnell verändernder Drücke (z.B. in Kompressoren, Motoren),
- nahezu wegelose Messung bei hoher Eigenfrequenz,
- hohe Überlastbarkeit und hohe Nenndrücke,
- Einsatz auch bei hohen Temperaturen.

Der wesentliche *Nachteil* dieser Druckaufnehmer besteht in dem Ladungsabfluß. Trotz aufwendiger Schaltungen (Bild 2.22) sind sie für statische Messungen nicht geeignet.

## 2.2.3
### Druckwandlung auf der Grundlage mechanisch-pneumatischer Prinzipe

Zur Verbesserung der meßtechnischen Eigenschaften im Zusammenhang mit dem Kompensationsverfahren wurden Meßeinrichtungen mit *pneumatischer Hilfsenergie* erfolgreich eingesetzt. Obwohl nur noch rund 10% von der Gesamtzahl der verkauften Druckmeßumformer nach diesem Prinzip arbeiten [2.5], erscheint eine Darstellung dazu gegenwärtig noch gerechtfertigt.

Verglichen mit Meßeinrichtungen auf der Grundlage elektrischer Prinzipe der Druck-

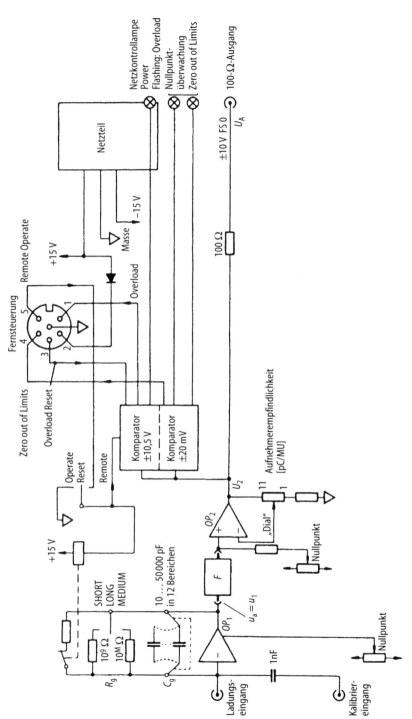

**Bild 2.22.** Prinzipschaltung eines piezoelektrischen Druckmeßwandlers [2.37]

wandlung besteht der Vorteil der mechanisch-pneumatischen Druckwandlung in einer permanenten Durchströmung des Druckwandlers mit gefilterter trockener Luft, so daß Störungen durch Schmutz und Feuchte nahezu ausgeschlossen sind. Darüber hinaus bieten derartige Druckwandler gute Eigenschaften für den Einsatz in *explosionsgefährdeten Anlagen*.

Die verschieden konzipierten Geräte dienen der Messung von Druck und zur Wandlung des Druckes in ein pneumatisches Einheitssignal von 0,2 bis 1,0 bar. Die Druckmeßumformer eignen sich für flüssige, gas- und dampfförmige Meßstoffe. Ihre Meßspanne beträgt nach [2.23] 0,016 bis 100 bar. Sie werden auch zur Füllstandmessung in drucklosen Behältern angewendet.

Bedingt durch das überlastsichere Membranmeßelement (4) sind Druckspitzen ohne Folgen auf die Meßsicherheit (Bild 2.23).

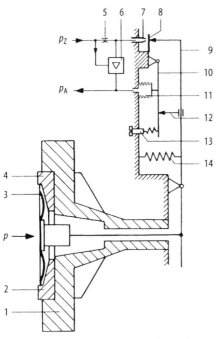

**Bild 2.23.** Pneumatischer Flansch-Meßumformer für Druck (nach [2.33]). $p$ Meßdruck, $p_A$ Ausgangssignal, $p_Z$ Hilfsenergie, *1* Anschlußflansch, *2* Gehäuse, *3* Metall-Membran, *4* Membran-Meßelement, *5* Düsenstock, *6* Verstärker, *7* Auslaßdüse, *8* Prallplatte, *9* Waagebalken, *10* Kompensationshebel, *11* Kompensationsbalg, *12* Druckstück mit Feststellschraube, *13* Nullpunkteinstellschraube, *14* Feder für die Meßanfangverschiebung

Der zu messende Druck $p$ erzeugt über die Fläche der Membran (3) eine Kraft, die in ein dem Druck $p$ proportionales Ausgangssignal $p_A$ umgeformt wird.

Der Druck $p_Z$ der Hilfsenergie beträgt 1,4 bar. Der Luftverbrauch liegt im Bereich $\leq 0{,}15\ \mathrm{m_n^3/h}$, im Beharrungszustand. Die Abweichung von der linearen Kennlinie liegt unter 0,5% der Festpunkteinstellung. Die Hysterese beträgt $\leq 0{,}4\%$ in Abhängigkeit von der Meßspanne. Die zulässige Umgebungstemperatur kann $-10\ °\mathrm{C}$ bis $+120\ °\mathrm{C}$ und die Betriebstemperatur des Meßmediums $-10\ °\mathrm{C}$ bis $+150\ °\mathrm{C}$ betragen [2.33].

## 2.2.4
### Intelligente Druckmeßeinrichtungen und Meßsignalverarbeitung

Die Bezeichnung intelligente Meßeinrichtung ist nicht standardisiert [2.2, 2.38]. Sie wird bei Druckmeßeinrichtungen angewendet, um im Vergleich zu traditionellen Meßeinrichtungen (Ausgabe des zumeist analogen Meßwertes im standardisierten Signalbereich 4 ... 20 A) auf zusätzliche Eigenschaften hinzuweisen [2.39–2.58]. Diese zur Grundfunktion des Messens zusätzlichen Eigenschaften erstrecken sich z.B. auf die Meßwertverarbeitung, Parameteranpassung und Kommunikation Mensch-Maschine (Bild 2.24). Die mit der Meßwertgewinnung gekoppelten Funktionen, z.B. Linearisierung der Kennlinie, Kompensation von unerwünschten Einflüssen, Verstärkung des Meßsignals, Verschiebung der Kennlinie werden von traditionellen und auch von intelligenten Druckmeßeinrichtungen realisiert [2.39, 2.41, 2.45, 2.46, 2.48]. Die wesentlichen Vorteile intelligenter Druckmeßeinrichtungen ergeben sich aus der durchgängigen Nutzung gemessener und digitalisierter Prozeßgrößen – von der Meßwertaufnahme bis zur Signalauswertung in unterschiedlichen Hierarchieebenen – über ein standardisiertes *Bussystem* [2.43, 2.45–2.47] (s. Teil D). Die dabei bisher eingesetzten Meßeinrichtungen mit analogen Schaltungen zur Meßwerterfassung und Signalkodierung werden durch innere, überwiegend rechentechnische Mittel ergänzt (Bild 2.25).

Ausgewählte *Vorteile*: Neben der aus der Digitalisierung des Meßsignals sich erge-

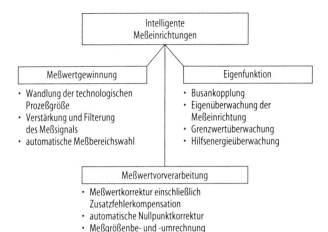

**Bild 2.24.** Funktionen einer intelligenten Druckmeßeinrichtung [2.41]

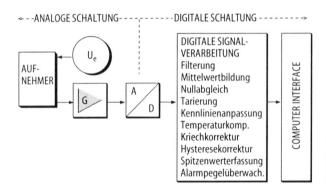

**Bild 2.25.** Struktur intelligenter Meßeinrichtungen [2.56]. Umsetzung analoger Prozeßinformationen und digitale Signalverarbeitung

benden vorteilhaften Informationsverarbeitung bietet die Anwendung intelligenter Druckmeßwandler auch bezüglich verschiedener Möglichkeiten der Bedienung z.B. folgende *Vorteile* [2.45, 2.49, 2.59]:

– Parametrierung von Feldgeräten aus dem Leitstand,
– Fehlerdiagnose,
– aktive Anpassung des Ausgangssignalbereichs an sich ändernde Prozeßbedingungen.

Dazu wird von mehreren Druckmeßgeräteherstellern das HART(Highway Addressable Remonte Transducer)-*Kommunikations-Protokoll* eingesetzt [2.5, 2.45, 2.49]. Dieses Protokoll basiert auf dem Kommunikationsstandard Bell 202 und überträgt die Signale nach dem Prinzip der *Frequenzumtastung* (Frequency Shift Keying, FSK-Technik). In der HART-Nutzergruppe wirken gegenwärtig nahezu 60 Firmen auf internationaler Ebene mit [2.46].

Das HART-Kommunikations-Protokoll ermöglicht gleichzeitig eine analoge und digitale Kommunikation. Über die analogen Signale (4 ... 20 mA) wird die Prozeßinformation und über das digitale Signal die bidirektionale Kommunikation, z.B. zwischen dem Prozeßleitstand und einem Feldgerät, gewährleistet.

Bedingt durch die Übertragung der analogen Prozeßsignale können zwischen Druckwandler und Ort der Signalnutzung auch mit analogen Signalen arbeitende Einrichtungen angewendet werden.

Die mit dem HART-Kommunikations-Protokoll übertragbare Datenrate kann

86  Teil B  Meßumformer, Sensoren

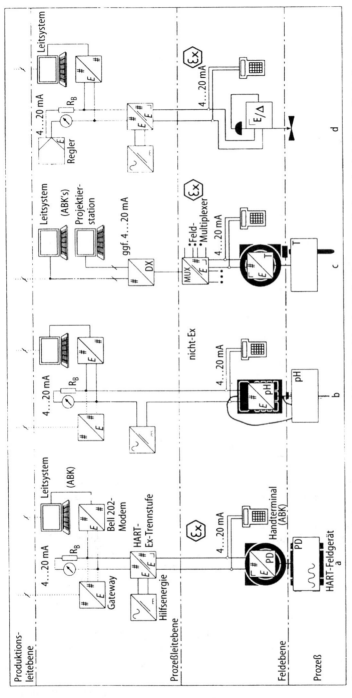

**Bild 2.26.** Betriebsart Punkt-zu-Punkt mittels HART-Kompensationsprotokoll [2.46]. ABK Anzeige-Bedien-Komponente, $R_B$ Gesamtbürde im Kommunikationskreis

1200 bit/s erreichen. Bis zu Entfernungen von 1500 m sind 0,2 mm² und bis zu Entfernungen von 3000 m 0,5 mm² einfach geschirmte Zweidraht-Adernpaare zulässig. Die Gesamtbürde im Kommunikationskreis soll im Bereich von 230 bis 1100 Ω liegen (Bild 2.26). Die Reaktionszeit für eine Bedienkommunikation beträgt 500 ms pro Feldgerät. Außer der Punkt-zu-Punkt-Betriebsart ist auch eine Betriebsart *Multidrop* möglich (Bild 2.27). Diese Betriebsart erfordert ein Adernpaar sowie gegebenenfalls eine Extrennung und eine Hilfsenergieversorgung für bis zu 15 Feldgeräte [2.46]. Damit besteht auch die Möglichkeit Geräte über Telefonverbindungen kommunizieren zu lassen, was eine Verbindung Leitsystem-Feldgerät zuläßt.

Außer dem HART-Kommunikations-Protokoll werden zur Kommunikation Standard-Schnittstellen, z.B. RS 232, RS 422, RS 485 und IEE 448 [2.5] sowie der DIN-Meßbus [2.54, 2.55], angeboten (Kap. D 1.4).

Ausgewählte Vorteile intelligenter Druckmeßeinrichtungen werden im folgenden anhand der Druckmeßumformer LD 301 [2.45, 2.48] und ST 3000 [2.2, 2.52, 2.53] aufgezeigt. Beide Druckmeßumformer sind zur Differenzdruck-, Überdruck-, Absolutdruck-, Füllstand- und Durchflußmessung geeignet. Darüber hinaus verfügen sie über die Möglichkeit, Regelungen mittels PID-Regelalgorithmus auszuführen [2.48, 2.53]. Das Prozeßmedium kann Flüssigkeit, Dampf oder Gas sein. Die dafür geeigneten Bauteile, die mit dem Prozeßmedium in Berührung kommen, werden aus entsprechenden Werkstoffen bereitgestellt.

Beim Druckmeßumformer LD 301 wird ein kapazitiver Druckwandler eingesetzt (Bild 2.15). Die Membran wird durch den sich ändernden Prozeßdruck ausgelenkt. Ist der Bezugsdruck ein beliebiger zweiter Prozeßdruck, wirkt der Druckwandler als Differenzdruckwandler. Ist der Bezugsdruck der atmosphärische Druck, entsteht

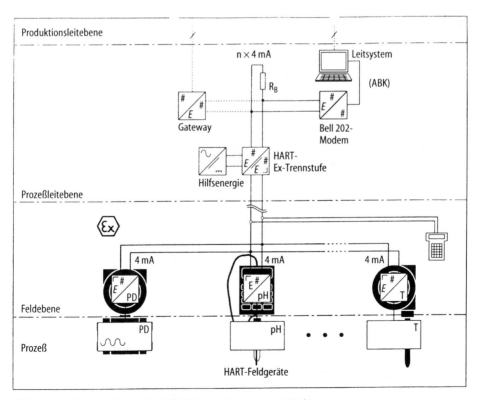

**Bild 2.27.** Betriebsart Multidrop mittels HART-Kommunikationsprotokoll [2.46]

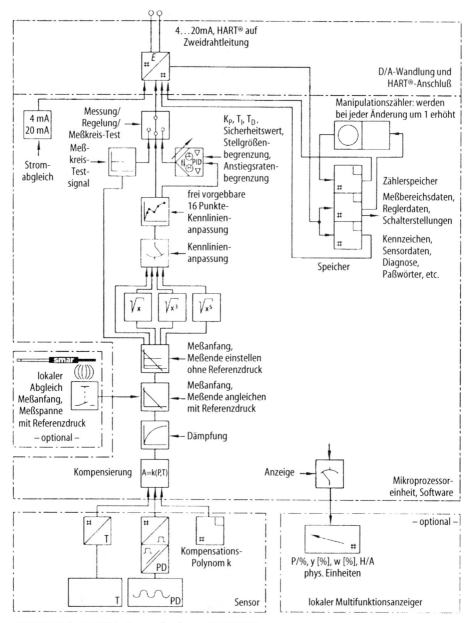

**Bild 2.28.** Blockschaltbild des Druckmeßumformers LD 301 [2.46]

ein Überdruckwandler und bei Vakuum als Bezugsdruck wird er zum Absolutdruckwandler.

Zur *Füllstandmessung* ist der Prozeßdruckanschluß des Druckwandlers mit einem speziellen Flansch (DIN 2501 oder ANSI B 16.5) zu versehen, wobei die Bezugsdruckseite offen bleiben und dem atmosphärischen Druck oder dem Druck oberhalb des Füllstandes eines Behälters ausgesetzt sein kann.

In der Meßzelle des Druckmeßwandlers befindet sich außer dem kapazitiven Wandler ein integrierter Temperaturfühler und ein Datenspeicher für sämtliche Daten zur kontinuierlichen Kompensation (Bild 2.28). Dadurch, daß die infolge einer Druckänderung entstehende Kapazitätsdifferenz die Grundfrequenz eines Impulserzeugers beeinflußt, entsteht unmittelbar ein der Druckänderung zuzuordnendes Frequenzsignal. Dieses Signal wird vom Mikroprozessorsystem verarbeitet. Die von dem Temperaturmeßfühler erfaßte Temperatur des Druckwandlers wird durch den Mikroprozessor zur Temperaturkompensation des Drucksignals genutzt. Die anschließenden Verarbeitungseinheiten legen lediglich fest, wie das Einsatzsignal 4 bis 20 A am Ausgang des Druckmeßwandlers das Drucksignal wiedergeben soll [2.48].

Weitere Einflußmöglichkeiten auf das Meßsignal ergeben sich durch Einstellen und Abgleichen des Meßbereichs, wodurch der Bezug zwischen Druck und Ausgangsstrom hergestellt wird. Dazu dient ein Einstellwerkzeug oder bei Verwendung des HART-Kommunikations-Protokolls ein Handterminal. Bei anliegendem Referenzdruck wird das Ausgangssignal auf 4 mA oder 20 mA gesetzt. Damit ist der Druckmeßumformer abgeglichen [2.45, 2.48].

Bei Nutzung des HART-Kommunikations-Protokolls sind darüber hinaus die gespeicherten Daten, z. B. über Meßanfang, Meßende, Dämpfung, Reglerkonstanten, mathematische Funktionen und Kennzeichnung, verwendbar. Die Daten über die Kennzeichnung dienen der Identifikation und Dokumentation des Druckwandlers.

*Kennlinienanpassungen* sind z.B. bei Durchflußmessungen in Rohren, offenen Gerinnen, bei Füllstandmessungen für verschieden geformte Behälter mit vorprogrammierten Funktionen sowie bei der freien 16-Punkt-Anpassung möglich, um lineares Verhalten des Ausgangssignals zu erreichen [2.48].

Die einstellbare PID-Regelfunktion ersetzt in einfachen Regelkreisen den Regler (Bild 2.29). Der gemessene Druck ist am lokalen Anzeiger alternierend mit dem Stellsignal abzulesen. Über eine einzige HART-Anschaltung werden Sollwert, Istwert und Stellwert in der Warte zur Veränderung bzw. Überwachung verfügbar [2.48]. Noch größer sind die Einsparungen an Installationen und entsprechendem Material bei

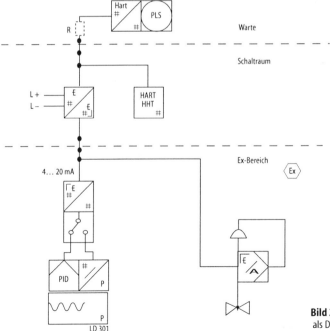

**Bild 2.29.** Druckmeßumformer LD 301 als Druckmeßglied und Regler [2.48]

Einsatz des Druckmeßumformers im exfreien Feld durch die Betriebsart Multidrop bei gleichzeitiger Realisierung von Reglerfunktionen (Bild 2.30). Auch beim Druckmeßumformer ST 3000 (SMART TRANSMITTER) wird ein amplitudenanaloges Stromsignal im Bereich von 4 bis 20 mA für die Nutzung eines Zweileiter-Adernpaares bereitgestellt [2.52, 2.53, 2.60]. Ein piezoresistiver Multimeßwandler erfaßt die Meßgröße Druck, den statischen Druck und die auf den Druckwandler einwirkende Temperatur als Einflußgröße zur Kennlinienkorrektur (Bild 2.31a). Meßmembran und Meßelemente sind aus Silizium mit Hilfe der Planartechnologie hergestellt. Die Meßzelle wird im Rahmen der Fertigung auf die Kennwerte der Linearität, des Einflusses von statischem Druck und Temperatur vorprogrammiert, so daß mittels einer Korrekturrechnung ein sehr genaues und gut reproduzierbares Signal des Druckes erreicht wird. Die hauptsächlich bei der Fehlergrenze, beim Temperaturverhalten, bei der Abhängigkeit vom statischen Druck und bei der zeitlichen Stabilität des Druckmeßumformers erreichten Kennwerte ergeben – im Vergleich zu traditionellen Druckmeßumformern – in der Summe eine Verbesserung der Meßgenauigkeit (Bild 2.31b) unter typischen Einsatzbedingungen um den Faktor drei bis fünf im Vergleichszeitraum eines Jahres [2.52].

Im *Pulsmodulator* (Bild 2.32) werden die amplitudenanalogen elektrischen Zwischenabbildsignale in pulsweitenmodulierte Digitalsignale umgesetzt. Dabei erfolgt eine automatische Verstärkungsänderung, um das hohe Auflösungsvermögen der Einheitssignale in Verbindung mit dem großen Meßbereichsumfang von 400 : 1 zu gewährleisten [2.2, 2.52].

Bei konventionellen Druckmeßwandlern wird zumeist ein Meßbereichsumfang von 6 : 1 realisiert.

Hinsichtlich der Einstellung und Anpassung verfügt der ST 3000 über ähnliche Möglichkeiten, wie sie beim LD 301 dargestellt wurden. Der dazu verwendete Smart-Field-Communicator (SFC) ist eine Dialog-

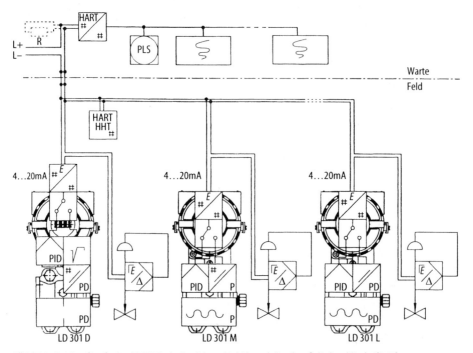

**Bild 2.30.** Druckmeßumformer LD 301 in der Betriebsart Multidrop als Druckmeßglied und Regler [2.48].
*HARTHHT* = HART-Handterminal, *R* = Bürdenwiderstand

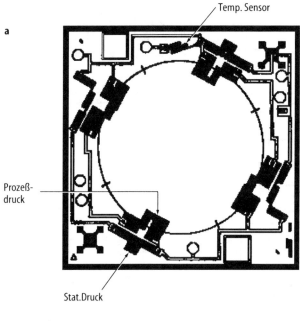

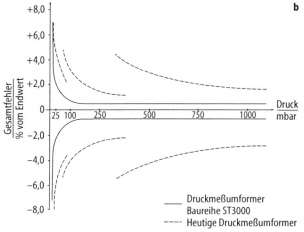

**Bild 2.31.** Multimeßwandler des Druckmeßwandlers ST 3000 [2.60].
**a** Meßgrößen und Anordnung der Meßelemente auf der Membran,
**b** Gesamtfehler der Baureihe ST 3000 für maximalen Meßbereich-Endwert 1 bar im Vergleich zu konventionellen Druckmeßumformern

Einheit, die ebenfalls über Zweidrahtleitung aufgeschaltet werden kann [2.52, 2.53].

### 2.2.5
**Meßanordnungen zur Druckmessung**
Für die zu messenden Drücke (s.a. Bild 2.2):
- Absolutdruck,
- Relativdruck, Überdruck,
- Differenzdruck

werden auch entsprechende Geräte bereitgestellt [2.3-2.6].

Moderne Geräte (s.a. Abschn. 2.2.4) ermöglichen durch entsprechende Beschaltung oder Ausrüstung mit ergänzenden Funktionseinheiten außer der Druckmessung auch das Messen von Füllständen und Durchflüssen.

Absolutdruckaufnehmer messen den Druck gegen einen idealen konstanten Bezugsdruck oder gegen ein Vakuum. Bei der Anwendung eines Bezugsdruckes sind besondere Maßnahmen zur Temperaturkom-

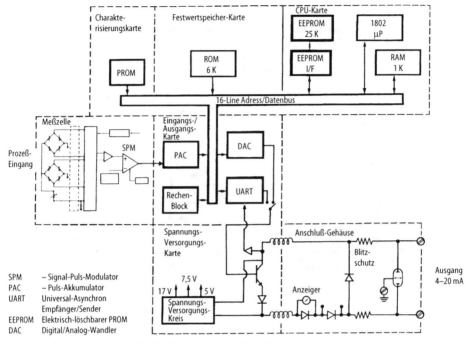

**Bild 2.32.** Signalverarbeitung im Druckmeßumformer ST 3000 [2.60]

pensation erforderlich, um die temperaturbedingten Druckschwankungen auszugleichen.

Differenzdruckaufnehmer können als Bezugsdruck haben [2.19]:

– atmosphärischen Druck

oder

– Druck innerhalb eines gegebenen Bezugsbereichs.

Differenzdruckaufnehmer, bei denen der Bezugsdruck der atmosphärische Druck ist, werden Relativdruckaufnehmer genannt. Absolutdruckaufnehmer werden zur Luftdruckmessung verwendet. Sie wirken als Barometer.

Relativdruckaufnehmer werden z.B. zur Füllstandmessung, Drucküberwachung in Anlagen, Einstellung von Brennstoffeinspritzanlagen und in Wasserkraftanlagen eingesetzt.

Sie werden nur für Drücke bis 10 bar benötigt. Für höhere Drücke können Absolutdruckaufnehmer eingesetzt werden, weil bei hohen Drücken der durch den atmosphärischen Druck verursachte Fehler allgemein vernachlässigbar ist.

Zur Druckdifferenzmessung – insbesondere wenn die Meßpunkte nicht beieinander liegen – ist es oft günstiger, zwei Absolutdruckaufnehmer anstelle eines Differenzdruckaufnehmers einzusetzen. Dadurch entfallen lange Leitungsverbindungen, um beide Drücke an den Meßort zu bringen. Darüber hinaus ist mit längeren Leitungen eine Verschlechterung des dynamischen Verhaltens des Meßsystems verbunden [2.19]. Auch erübrigt sich beim Einsatz von Absolutdruckaufnehmern zur Differenzdruckmessung mitunter die Notwendigkeit eines Überdruckschutzes.

Soll z.B. eine Druckdifferenz von 20 bar bei einem gemeinsamen Bezugsdruck von 80 bar gemessen werden, können zwei Absolutdruckaufnehmer für 100 bar verwendet werden [2.19]. Der gemeinsame Bezugsdruck kann mittels einer entsprechenden Nullpunktunterdrückung auf dem Verstärker elektrisch eingestellt werden. Durch eine geeignete Verstärkereinstellung kann ein Vollausschlag bei 20 bar erreicht werden. Sollte der Druck an einem Meßpunkt auf Null absinken, kann nichts zerstört werden (evtl. geht der Verstärker in die Sättigung). Ein Differenzdruckaufnehmer für ± 20 bar würde ohne besondere Überdrucksicherung durch derartige Schwankungen zerstört werden [2.19].

Zur Messung von Drücken in gasförmigen, flüssigen oder dampfförmigen Medien (Tab. 2.4) werden zumeist symmetrische Anordnungen der erforderlichen Geräte und Armaturen gewählt [2.2]. Die Meßleitungen zum Meßumformer sollen bei Flüssigkeiten und Gasen ein Gefälle von 8 ... 10 cm/m aufweisen, damit bei Flüssigkeiten Gasblasen und bei Gasen Flüssigkeitstropfen in den Leitungen vermieden werden [2.61]. Die Leitungen sind darüber hinaus parallel nebeneinander zu montieren, um Unterschiede durch Temperatureinflüsse zu vermeiden.

Hinsichtlich der Möglichkeiten zur Reduzierung von Fehlern gilt [2.61]:

- symmetrischer Aufbau, insbesondere bei Differenzdruckumformern, ist anzustreben,
- Vermeidung von temperaturspeichernden Masseanhäufungen im Leitungsbereich,
- Minimieren der Volumina von Mittlerflüssigkeiten.

Weiterhin sind zu berücksichtigen [2.61]:

- statischer Druck (üblicher Zusatzfehler ±0,36 % der Meßspanne je 10 Mpa),
- Schwankungen der Versorgungsenergie (üblicher Zusatzfehler ±0,05% der Spanne je 10% Änderung der Versorgungsenergie),
- Bürdenänderung (Zusatzfehler ist vom Signalpegel abhängig).

Bei der Wahl des Meßortes für Druckmessungen ist zu beachten:

- Die Rohrwand muß in der Nähe der Meßstelle innen hydraulisch glatt sein und die Meßstelle soll auf einem gradlinigen Rohrstück der Länge $l > 10\,D$ ($D$ Rohrdurchmesser) angebracht sein.
- Im Falle nicht eindeutiger Strömungsverhältnisse sind mehrere Meßstellen zur Bestimmung eines Mittelwertes erforderlich.
- Alle Meßleitungen sind so kurz wie möglich zu halten.

Bewährte Meßanordnungen sind in VDI/VDE 3512 Bl. 3 für verschiedene Meßstoffe zusammengestellt und sollen hier nicht weiter behandelt werden.

### 2.2.6
**Meßanordnungen zur Füllstandmessung**

Die bei der Füllstandmessung in Behältern zu bestimmende Größe, gegeben durch die Höhe des Meßstoffspiegels über einer vorgegebenen Bezugsebene, wird „Füllstand" genannt. Die Einheit für die Messung ist das Meter oder ein dezimaler Teil davon [VDI/VDE 3519 Bl. 1].

Der Meßbereich liegt zwischen einem definierten Anfangs- und Endwert, oder auch Meßanfang und Meßende (Tab. 2.5).

Der hydrostatische Druck (s.a. Abschn. 2.1.1 Gl. (2.1)) eines Meßstoffs (z.B. Flüssigkeit) ist ein Maß für den Füllstand. Der Anfangswert ist durch die Einbauhöhe $h_0$ des Meßwertaufnehmers oder durch den unteren Anschlußstutzen am Behälter festgelegt.

Bei *offenen Behältern* wird der hydrostatische Druck als Druck $p$ gegen die Atmosphäre gemessen [2.61-2.66]. Dabei wird der atmosphärische Druck an der Oberfläche oder der Druck von Gasschichten nicht berücksichtigt [VDI/VDE 3519 Bl. 1].

Bei bekannter Dichte $\rho_1$ des Meßstoffes im Behälter ergibt sich für die Höhe $h_x$ des Füllstandes ab Anfangswert $h_0$ (Tab. 2.5):

$$h_x = \frac{p}{g\rho_1} \qquad (2.23)$$

mit

$p$ hydrostatischer Druck in Pa,
$\rho_1$ Dichte des Meßstoffes in kg/m³,
$g$ Erdbeschleunigung 9,81 m/s² .

Zur Füllstandmessung in *geschlossenen Behältern* ist eine Differenzdruckmessung notwendig. Es sind zwei Druckentnahmestellen erforderlich (Tab. 2.5), weil auf den

**Tabelle 2.4.** Anordnung von Differenzdruckmeßumformern zur Meßstelle [2.2]
*1* Rohrleitung; *2* Druckmeßumformer; *3* Absperrventil; *4* Entwässerungsgefäß; *5* Ausblasventil; *6* Entlüftungsgefäß;
*7* Kondensgefäß; *8* Meßleitung; *9* Ventilbatterie

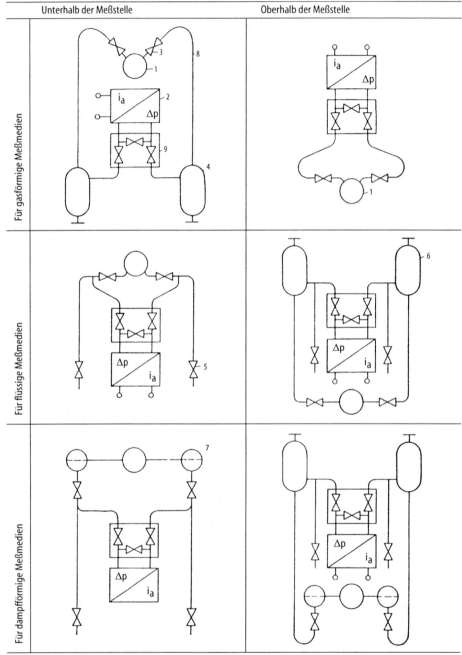

**Tabelle 2.5.** Prinzip der Füllstandmessung nach [VDI/VDE 3519 Bl. 1]

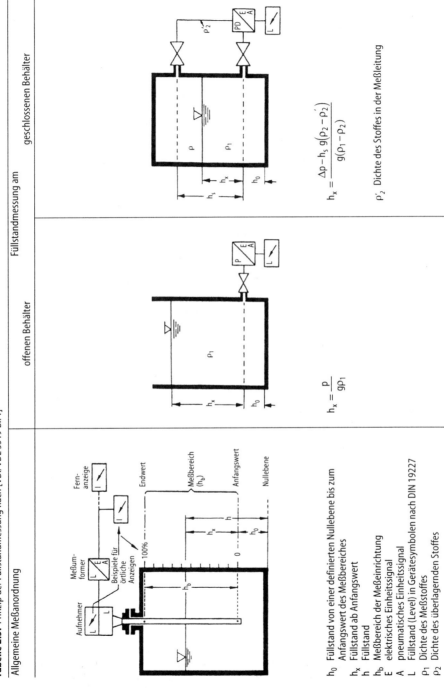

$h_0$  Füllstand von einer definierten Nullebene bis zum Anfangswert des Meßbereiches
$h_x$  Füllstand ab Anfangswert
$h$    Füllstand
$h_b$  Meßbereich der Meßeinrichtung
E      elektrisches Einheitssignal
A      pneumatisches Einheitssignal
L      Füllstand (Level) in Gerätesymbolen nach DIN 19227
$\rho_1$  Dichte des Meßstoffes
$\rho_2$  Dichte des überlagernden Stoffes

Offener Behälter:
$$h_x = \frac{p}{g\rho_1}$$

Geschlossener Behälter:
$$h_x = \frac{\Delta p - h_s\, g(\rho_2 - \rho_2')}{g(\rho_1 - \rho_2)}$$

$\rho_2'$  Dichte des Stoffes in der Meßleitung

Behälterboden der Gesamtdruck aus dem hydrostatischen und überlagerten Druck wirkt [2.63, VDI/VDE 3519 Bl. 1]. Hierfür gilt (Tab. 2.5):

$$h_x = \frac{\Delta p - h_s g(\rho_2 - \rho_2')}{g(\rho_1 - \rho_2)} \qquad (2.24)$$

mit

$\Delta p$ Druckdifferenz,
$h_s$ Abstand zwischen den Meßpunkten in m,
$\rho_1, \rho_2$ Dichte der Meßstoffe in kg/m³,
r¢2 Dichte des Meßstoffes in der Meßleitung in kg/m³,
$g$ Erdbeschleunigung.

Eine umfassende Zusammenstellung für mögliche Anordnungen zur Füllstandmessung in offenen und geschlossenen Behältern wird in der VDI/VDE 3519 Bl. 1 angegeben. Darüber hinaus sind in den Datenblättern der Druckmeßwandler zumeist ausführliche Beispiele für den Einsatz zur Füllstandmessung angegeben. Die Datenblätter enthalten auch Kalibriervorschriften.

## Literatur

2.1 Töpfer H (1988) Funktionseinheiten der Automatisierungstechnik: elektrisch, pneumatisch, hydraulisch. 5. stark bearb. Aufl., Verlag Technik, Berlin
2.2 Pfeifer G, Wertschützky R (1989) Drucksensoren. Verlag Technik, Berlin
2.3 Hart H (1989) Einführung in die Meßtechnik. 5. durchges. Aufl., Verlag Technik, Berlin
2.4 Strohrmann G (1993) atp-Marktanalyse Druckmeßtechnik (Teil 1). atp – Automatisierungstechnische Praxis 35/6:337-348
2.5 – (1993) atp-Marktanalyse Druckmeßtechnik (Teil 2). atp – Automatisierungstechnische Praxis 35/7:386-401
2.6 – (1993) atp-Marktanalyse Druckmeßtechnik (Teil 3). atp – Automatisierungstechnische Praxis 35/8:467-475
2.7 – (1985) atp-Marktanalyse: Meßumformer für Druck und Druckdifferenz. atp – Automatisierungstechnische Praxis 27/1:6-16
2.8 – (1985) atp-Marktanalyse : Meßumformer für Druck und Druckdifferenz. atp – Automatisierungstechnische Praxis 27/2:57-63
2.9 Hoffmann D (1986) Handbuch Meßtechnik und Qualitätssicherung. 3. Aufl., Verlag Technik, Berlin S 349-362
2.10 Benez Hj (1994) Bedeutung moderner Sensorenentwicklung für die Wirtschaft. atp – Automatisierungstechnische Praxis 36/6:9-10
2.11 Hellwig R (1986) Übersicht über verschiedene Aufnehmerprinzipien für elektrische Druckmessung. In: Sensoren: Meßaufnehmer 1986, Bonfig KW (Hrsg), (Symposium 10.-12. Juni 1986), Technische Akademie Esslingen, Ostfildern, S 2.1-2.29
2.12 Wuest W (1992) Messung hydrostatischer und hydrodynamischer Größen. In: Handbuch der industriellen Meßtechnik, Profos P, Pfeifer T (Hrsg), 5. völlig überarb. und erw. Aufl., Oldenbourg, München Wien S 771-795
2.13 Weißler GA (1990) Ein neuer Druckaufnehmer mit Meßelement in CVD-Technik. In: Handbuch zur Druckmeßtechnik. 3. Aufl., Imo Industrie, Reichelsheim S 5.1-5.16
2.14 Paetow J (1988) Druckmeßgeräte nach dem induktiven und dem Dehnungsmeßstreifen-Prinzip. In: Technische Druck-und Kraftmessung, Bonfig KW (Hrsg), (Kontakt Studium 254), expert, Ehningen S 29-45
2.15 Schaumburg H (1992) Sensoren (mit Tabellen). Werkstoffe und Bauelemente der Elektronik 3, Teubner, Stuttgart
2.16 Vaughan J (1978) Anwendungen von B- und K-Geräten für Dehnungsmessungen. Brüel und Kjaer, Naerum (Dänemark)
2.17 Hoffmann K (1986) Dehnungsmeßstreifen, ein universelles Hilfsmittel der experimentellen Spannungsanalyse: Darstellung der Bauformen, Applikationsverfahren und Eigenschaften nach Gesichtspunkten einer zweckdienlichen Typenwahl, Hottinger B (Hrsg), Meßtechnik GmbH, Darmstadt
2.18 Jäntsch O, Poppinger M (1993) Piezowiderstandseffekt. In: Sensorik. Hrsg.: Heywang, W. 4. neubearb. Aufl., Springer, Berlin Heidelberg New York. S 95-118
2.19 Winteler HR, Gautschi GH, Piezoresistive Druckaufnehmer. Sonderdruck: Theoretische Grundlagen, Konzepte und Anwendungen piezoresistiver Halbleiter-Druckaufnehmer, Kistler, Winterthur (Schweiz)
2.20 Schmidt N (1986) Integration von Elektronik in Sensoren für Druck und Temperatur. Beitrag AFK '86 (Aachener Fluidtechnisches Kolloquium, 1986)
2.21 Obermeier H (1989) Kapazitive Abgriffsysteme auf keramischer Basis. In: Sensoren: Meßaufnehmer 1989, Bonfig KW (Hrsg). (Symposium 30.5.-1.6.1989), Technische Akademie Esslingen S 3.1-3.26
2.22 Sieber P (1988) Druckmeßumformer für industriellen Einsatz. In: Technische Druck- und Kraftmessung Bonfig KW (Hrsg), (Kon-

takt und Studium 254), expert, Ehningen S 91–123

2.23 Wespi T (1992) Elektronische Druckmessung: Welcher Sensor für welche Anwendung? Sonderbericht aus MSR Magazin 3–4 / Haenni, Stuttgart

2.24 Haase H-J (1986) Industrieller piezoresistiver Druck-Meßumformer. - In: Sensoren: Meßaufnehmer 1986, (Symposium 10.–12.6.1986), Technische Akademie Esslingen S 4.1–4.6

2.25 Cerabar – Überlastfester Drucktransmitter für Gase, Dämpfe, Flüssigkeiten und Stäube. Systeminformation SI 004/00/d/ 05.91 / Endress und Hauser, Maulburg

2.26 VEGADIF 42. VEGADIF 43. TIB Technische Information/Betriebsanleitung, VEGA Grieshaber, Schiltach

2.27 Typenreihe 1151: Elektrische Meßumformer für Differentialdruck–Druck–Absolutdruck. Datenblatt PDS 2256/57/58/60/61 Rev. 4/93 / Rosemount, Weßling

2.28 Uni \Delta MARK II: Elektronischer Differenzdruck-Meßumformer. Bulletin 1 C5A2-D-H), Yokogawa Deutschland, Ratingen

2.29 Druckmeßumformer mit Plattenfeder Typ 4 API-50. Typenblatt 43.250. In: Druckmeßtechnik. JUMO Mess- und Regeltechnik/Juchheim, Fulda

2.30 FC X Smart Traditional Convertible Transmitters (Prospekt). PMV Meß- und Regeltechnik, Kaarst (FUSI Elektric. ECVO:605a. Fuji Instrumentation und Control, 1992)

2.31 DPX Meßumformer für Differenzdruck, Druck, Durchfluß und Füllstand (Prospekt). Fischer und Porter, Göttingen

2.32 Contrans P – Meßumformer ASK 800 für Differenzdruck, Durchfluß und Füllstand. Gebrauchsanweisung 42/15-990-2, Schoppe und Faeser, Minden

2.33 Pneumatischer Flansch-Meßumformer für Druck: Typ 814. Typenblatt T 7554, zugehöriges Übersichtsbl. T 7500 Ausg. Juli 1988, Samson Meß- und Regeltechnik, Frankfurt/Main

2.34 Martini KH (1988) Piezoelektrische und piezoresistive Druckmeßverfahren. In: Technische Druck- und Kraftmessung, Bonfig KW (Hrsg) (Kontakt und Studium, 254), expert, Ehningen S 46–89

2.35 Gutnikov VS, Lenk A, Mende U (1984) Sensorelektronik. Verlag Technik, Berlin

2.36 Schnell G (Hrsg) (1991) Sensoren in der Automatisierungstechnik. Viehweg, Braunschweig

2.37 Kail R, Mahr W (1984) Piezoelektrische Meßgeräte und ihre Anwendungen. Messen und Prüfen, Sonderdruck aus 20:7–12, Kistler, Ostfildern

2.38 Hauptmann P (1987) Sensoren – Entwicklungsstand und Tedenzen. Wissenschaft und Forschung 37:4/90–91

2.39 Scholz W, Balling H (1993) Interkama '92 : Intelligente Meßumformer für die Prozeßmeßtechnik. tm – Technisches Messen 60:4/157–161

2.40 Hills (1993) F Intelligente und smarte Sensoren integrieren sich in industrielle Netzwerke. - In: Sensoren und Mikroelektronik : Wegweisende, serienreife neue Produkte und Verfahren Bonfig KW (Hrsg.) expert-Verl., Ehningen S. 93-125 (Sensorik ; 3)

2.41 Töpfer H (1992) Auf dem Wege vom einschleifingen Regelkreis zur universellen Leittechnik. atp – Automatisierungstechnische Praxis 34:11/611–616

2.42 Produkt-Übersicht (1991) Druck- und Differenzdruckmeßtechnik. Rosemount, Weßling

2.43 Preuss A (1992) Smart/HART-Kommunikation für Prozeßmeßgeräte. tm – Technisches Messen 59:9/361–366

2.44 Raab H (1991) Zur Struktur der Anzeige-Bedienoberfläche digitaler Sensorsysteme. atp – Automatisierungstechnische Praxis 33:2/166–173

2.45 Hesbacher A (1994) Prompte Bedienung: Neue Bedienphilosophien für Feldgeräte. Chemie Technik 23:2/24–26

2.46 HART Feld-Kommunikations-Protokoll: Einführung für Anwender und Hersteller (1992). HART-Nutzergruppe, Eden Prairie, Minn., USA

2.47 Stewen C: Intelligenz bis in die Sensorik: Trends der industriellen Kommunikation im Feldbereich. Einhefter Fa. Pilz, Ostfildern, Lesedienst-Kennziffer 53

2.48 Die Reihe LD 301: Intelligente Meßumformer für Differenzdruck, Überdruck, Absolutdruck und Füllstand mit Software-Regler (Prospekt) (1992), smar Meß- und Regeltechnik, Mainz

2.49 Schneider H-J (1995) Digitale Feldgeräte: Vorteile, Probleme und Anforderungen aus Anwendersicht. atp – Automatisierungstechnische Praxis 37:4/50–54

2.50 Cerabar S – Intelligenter Drucktransmitter mit Smart- Bedienkomfort und überlastfesten Meßzellen. Promotion SP 008P/00/d (1994), Endress und Hauser, Weil am Rhein

2.51 Elektrischer Differenzdruck-Meßumformer Typ K-SC. Datenblatt. S.15.S03/D Rev. A, Asea Brown Boveri, Kent, Taylor, Lenno (Italien)

2.52 Bradshaw A (1983) ST 3000 – „Intelligente" Druckmeßumformer. rtp – Regelungstechnische Praxis 25:12/531–535

2.53 ST 3000 Digitaler Meßumformer: Technische Spezifikation. D3V-55.4 (1989). Honeywell, Offenbach

2.54 DIN – Meßbus – Sensoren und Systemlösungen: DIN 66348 (1993). Burster Präzisionsmeßtechnik, Gernsbach

2.55 Raab H (1994) Ausfallinformation bei Digitalen Meßumformern mit analogem Ausgangssignal: Vereinheitlichung des Signalpegels. atp – Automatisierungstechnische Praxis 36:7/30–35

2.56 Kreuzer M: Neue Strukturen bei Meßverstärkern. Sonderdruck MD 9202, Hottinger Baldwin Meßtechnik, Darmstadt

2.57 Philipps M: Industrielle Meßwerterfassung, Dezentrale Signalverarbeitung in SPS-Systemen. Sonderdruck aus: Der Konstrukteur 6/93 MD 9306. Hottinger Baldwin Meßtechnik, Darmstadt

2.58 Kehrer R: Präzision im Industrie-Design. Sonderdruck MD 9203, Hottinger Baldwin Meßtechnik, Darmstadt

2.59 Hesbacher A (1994) Feldbus: Lösung in Sicht? Chemie Technik 23:11/76–78

2.60 Eine fortschrittliche Meßumformer-Linie ST 3000. Persönliche Informationen (1994): ICP-Programm, Druckmeßumformer. Honeywell, Premnitz

2.61 Götte K, Hart H, Jeschke G (Hrsg) (1982) Taschenbuch Betriebsmeßtechnik. 2. stark bearb. Aufl., Verlag Technik, Berlin S. 293–325

2.62 Auswahlkriterien für Druckaufnehmer. Sonderdruck MD 9302. Hottinger Baldwin Meßtechnik, Darmstadt

2.63 Differenzdruck-Meßumformer mit selbstüberwachender Keramikzeile und Prozeßanschluß nach DIN 19213. VEGADIF 30. TIB – Technische Information/Betriebsanleitung. VEGA Grieshaber, Schiltach

2.64 Deltabar – Meßumformer zur Messung von Differenzdruck, Durchfluß und Füllstand mit selbstüberwachender Meßzelle. System-Information SI 015 P/oo/d. Endress und Hauser, Maulburg

2.65 Contrans P – Meßumformer ASL 800 für Füllstand und Durchfluß. Gebrauchsanweisung 42/15-933. Schoppe und Faeser, Minden

2.66 Contrans P – Intelligente Meßumformer AS 800 für Druck, Differenzdruck, Durchfluß, Füllstand (Prospekt). Schoppe und Faeser, Minden

# 3 Beschleunigung
E. v. Hinüber

## 3.1
## Einleitung

Die meßtechnische Erfassung von *translatorischen* und *rotatorischen* Beschleunigungen ist mit einer Vielzahl unterschiedlicher Sensorprinzipien möglich. Während die Bestimmung der auf einen bewegten Körper wirkenden Beschleunigung nach dem Stand des Wissens nur gemäß den Newtonschen Axiomen über die durch sie auf diesen Körper oder eine Hilfsmasse ausgeübte Kraft ermittelt werden kann, können zur Bestimmung der absoluten *Winkelgeschwindigkeit* (Drehrate) oder *Winkelbeschleunigung* sehr unterschiedliche physikalische Wirkmechanismen verwendet werden.

Um dem Anwender die Auswahl von für seinen Einsatz geeigneten Beschleunigungs- und Drehratensensoren zu erlauben, wird zunächst auf einige physikalische Randbedingungen eingegangen, bevor eine systematische Beschreibung einzelner Meßwertaufnehmer folgt.

Beschleunigung und Drehrate sind im hier betrachteten Kontext sogenannte absolute Meßgrößen. So erfaßt ein hinreichend genauer Drehratensensor, wenn seine sensitive Achse parallel zur Nord-Süd-Achse der Erde gerichtet ist, die Erddrehrate gegenüber dem ruhenden Fixsternsystem und somit wird trotz einer erdoberflächenfesten Montage des Sensors eine Drehrate von 15,04 deg/h gemessen, die sich aus der Eigendrehung der Erde und der Drehung der Erde um die Sonne zusammensetzt, was bei entsprechenden Applikationen gegebenenfalls berücksichtigt werden muß. Beim Einsatz von Beschleunigungsaufnehmern sind die Möglichkeiten von Störeinflüssen auf das Meßergebnis ebenfalls sorgfältig zu analysieren. So wirkt auf jeden Beschleunigungsaufnehmer stets die Gravitationsbeschleunigung, die in Erdnähe mit $g = 9,81$ m/s$^2$ angenähert werden kann. Wird ein Beschleunigungsaufnehmer um eine horizontale Achse im Erdschwerefeld während der Messung gedreht, so ist beispielsweise zu beachten, daß dann sein Ausgangssignal mit der Erdschwere $g$ moduliert ist und diese gegebenenfalls kompensiert werden muß. Ebenfalls muß bei Präzisionsmessungen berücksichtigt werden, daß der Wert der Erdschwere in erster Näherung mit 3 µm/s$^2$ je Höhenmeter abnimmt. [3.17]

## 3.2
## Messung translatorischer Beschleunigung

Alle Beschleunigungsaufnehmer (*engl.*: accelerometer) arbeiten nach demselben physikalischen Grundprinzip, das durch die *Newtonschen Axiome* beschrieben wird:

– Ein Körper, an dem keine äußeren Kräfte angreifen, befindet sich in Ruhe oder in gleichförmiger Bewegung.
– Eine äußere Kraft auf einen Festkörper konstanter Masse bewirkt eine Geschwindigkeitsänderung über der Zeit, die der Kraft proportional ist.

Ein körperfest montierter Beschleunigungsaufnehmer kann daher die Beschleunigung nur mittelbar über eine Kraftmessung ermitteln. Dabei wird die Kraft gemessen, die aufgrund der Beschleunigung auf eine Probemasse, die sogenannte seismische Masse, ausgeübt wird.

Technisch unterscheidet man zwischen Beschleunigungsaufnehmern in *Open-loop*- (Ausschlag-) und *Closed-loop*-(Kompensations-)Technik [3.1]. Konventionelle Open-loop-Beschleunigungsaufnehmer (vgl. Abschn. 3.2.1) bestehen aus einer Feder-Masse-Dämpfer-Anordnung. Wirkt über eine Beschleunigung eine Kraft auf die seismische Masse, so wird die Feder ausgelenkt und die Auslenkung, die sensorisch erfaßt wird, ist für kleine Auslenkungen proportional zur einwirkenden Beschleunigung. Solche Open-loop-Systeme zeichnen sich durch Robustheit, Überlastfestigkeit, hohe

Bandbreite und vergleichsweise geringe Fertigungskosten aus, jedoch ist die mit ihnen erreichbare Genauigkeit beispielsweise für Anwendungen in der Inertialmeßtechnik (Trägheitsnavigation), wo die Bewegungsbahn eines Körpers aus den auf ihn wirkenden Beschleunigungen bestimmt werden soll, nicht ausreichend. Fordert der Anwender eine hohe Linearität des Aufnehmers über einen großen Meßbereich, so sind Beschleunigungsaufnehmer nach dem Kompensationsverfahren einzusetzen, bei denen im geschlossenen Regelkreis (daher die Bezeichnung Closed-loop-Aufnehmer) aus der Auslenkung der seismischen Masse eine Kompensationskraft abgeleitet wird, die der Auslenkung entgegenwirkt und sie zu Null macht (Abschn. 3.2.2).

Während alle Sensoren nach dem Kompensationsverfahren in der Lage sind, auch konstante Beschleunigungen zu erfassen, ist es für den Konstrukteur wichtig, die bei einigen Realisierungen nach dem Ausschlagverfahren physikalisch bedingte untere Grenzfrequenz zu beachten (vgl. piezoelektrische Aufnehmer).

### 3.2.1
**Beschleunigungsaufnehmer nach dem Ausschlagverfahren (Open-loop-Aufnehmer)**

Jeder Beschleunigungsaufnehmer kann vereinfacht gemäß Bild 3.1 durch eine *seismische* Masse dargestellt werden, die über ein Federelement und ein Dämpferelement an das Gehäuse angekoppelt ist. Außerdem ist ein Sensor erforderlich, mit dem die Relativbewegung zwischen der seismischen Masse und dem Gehäuse des Beschleunigungsaufnehmers gemessen werden kann. Beschleunigungsaufnehmer nach dem Ausschlagverfahren zeichnen sich dadurch aus, daß die Auslenkung der seismischen Masse detektiert und als Meßwert verwendet wird; sie werden daher auch als Open-loop-Aufnehmer bezeichnet, da die Auslenkung nicht wie beim Closed-loop-Aufnehmer zur aktiven Einspeisung einer Kompensationskraft auf die seismische Masse zurückgekoppelt wird (vgl. Abschn. 3.2.2). Nach dem eingesetzten Sensorprinzip unterscheidet man zwischen passiven Aufnehmern, bei denen beispielsweise ein ohmsches oder induktives Sensorelement verwendet wird, und aktiven Aufnehmern, beispielsweise mit einem piezoelektrischen Sensorelement.

#### 3.2.1.1
**Passive Beschleunigungsaufnehmer**

Bei den passiven Beschleunigungsaufnehmern wird die durch die Beschleunigungskraft verursachte Auslenkung der seismischen Masse durch ein Wegmeßsystem in eine elektrische Größe umgesetzt. Daher sind sie in der Lage, auch statische Beschleunigungen zu messen. Verwendung finden dabei ohmsche Wegaufnehmer wie metallene oder Halbleiter-Dehnungsmeßstreifen in Halb- oder Vollbrückenschal-

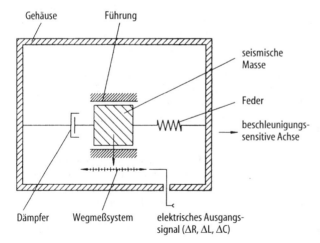

**Bild 3.1.** Prinzipieller Aufbau eines Aufnehmers für translatorische Beschleunigungen

tung. Zu dieser Klasse gehören auch die piezoresistiven Beschleunigungsaufnehmer, bei denen die durch die Beschleunigung verursachte Kraft der seismischen Masse in einem speziellen Halbleitermaterial eine Widerstandsänderung bewirkt. Außerdem werden induktive Aufnehmer dort eingesetzt, wo eine sehr hohe Meßempfindlichkeit bei gleichzeitig großer Überlastfestigkeit gefordert ist. Alternativ hierzu können auch kapazitive Wegaufnehmer verwendet werden [3.5].

Der Betrieb der passiven Beschleunigungsaufnehmer erfordert eine Hilfsenergie zur Messung der Widerstands-, Induktivitäts- oder Kapazitätsänderung.

Open-loop-Beschleunigungsaufnehmer werden in vielfältigen Varianten produziert. Als *mikromechanische* Sensoren sind sie in großen Stückzahlen vergleichsweise kostengünstig zu fertigen. Bild 3.2 zeigt einen solchen Sensor mit Differentialkondensator als Wegmeßsystem, bei dem die seismische Masse anisotrop aus einem Siliziumsubstrat herausgeätzt ist. Dabei gewährleistet die mechanische Eigenschaft des Siliziums, im elastischen Verformungsbereich keinen Ermüdungsbruch zu erleiden, eine hohe Lebenserwartung. Solche Sensoren werden z.B. für Airbag-Systeme eingesetzt.

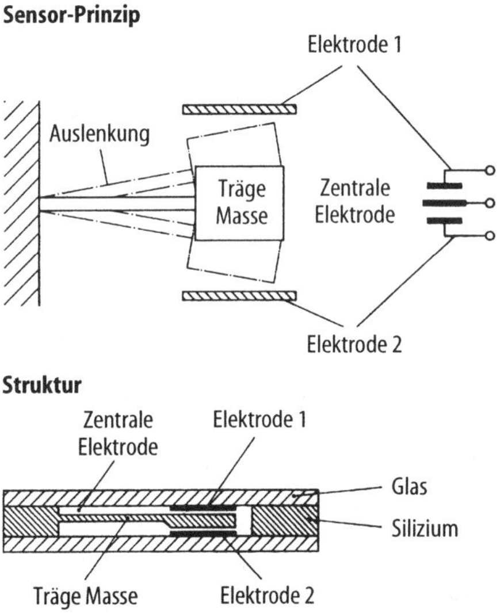

### 3.2.1.2
### Aktive Beschleunigungsaufnehmer

Piezoelektrische Beschleunigungsaufnehmer gehören zur Gruppe der aktiven Sensoren; sie erzeugen ohne Hilfsenergie eine Meßspannung oder eine Meßladung. Bei einer Beschleunigung der seismischen Masse des Aufnehmers übt diese eine proportionale Druckkraft auf den piezoelektrischen Wandler aus und erzeugt damit an dessen Oberflächen eine der Beschleunigung proportionale elektrische Ladung. Zur Weiterverarbeitung dieses Meßsignals sind spezielle Ladungsverstärker mit hinreichend großen Eingangswiderständen erforderlich [3.5].

Infolge der vergleichsweise hohen *Systemeigenfrequenz* von 30 ... 50 kHz sind piezoelektrische Beschleunigungsaufnehmer besonders für hochfrequente Vorgänge im Bereich bis zu ca. 10 kHz und darüber geeignet. Zur Messung *statischer* Beschleunigungen ist ein solcher Aufnehmer ungeeignet, denn eine konstante Beschleunigung führt zu einer konstanten Ladung an der Oberfläche des piezoelektrischen Wandlers und diese Ladungstrennung nimmt durch die technisch bedingt nur endlichen Eingangs- und Isolationswiderstände von Verstärker, Sensor und Verkabelung über der Zeit exponentiell ab. Untere Grenzfrequenzen moderner piezoelektrischer Beschleunigungsaufnehmer liegen im Bereich von etwa 0,2 ... 2 Hz.

Die seismische Masse piezoelektrischer Beschleunigungsaufnehmer erfährt aufgrund der hohen Steifigkeit der Piezokeramik, die zugleich auch Feder und Dämpfer in sich vereinigt, nur eine äußerst geringe Wegauslenkung bis zu wenigen Mikrometern. Da sie daher dem Meßobjekt nur extrem wenig Hilfsenergie entziehen und somit weitestgehend rückwirkungsfrei arbeiten und sich außerdem durch große Bandbreite, niedriges Gewicht sowie geringe Abmessungen auszeichnen, liegen ihre Anwendungsgebiete im Messen von Vibrationen und Stoßvorgängen wie z.B. bei Crashtests im Automobilbereich, Rück-

**Bild 3.2.** Mikromechanischer Open-loop-Beschleunigungsaufnehmer. Oben links: Prinzip-Darstellung, oben rechts: Elektr. Ersatzschaltbild, unten: Struktur-Darstellung (nach Mannesmann-Kienzle)

schlagmessungen an Waffen oder der Schock- und Vibrationsprüfung von Bauteilen und Geräten [3.5].

### 3.2.1.3
### Schwingstab-Beschleunigungsaufnehmer

Obwohl der physikalische Effekt, der diesem Beschleunigungsaufnehmer zugrunde liegt, seit langer Zeit bekannt ist, sind wirtschaftliche Realisierungen erst mit den technologischen Fortschritten der Mikromechanik möglich geworden. Das Meßprinzip kann folgendermaßen plausibel gemacht werden.

Stellt man sich ein mit kleiner Amplitude frei schwingendes Pendel im Schwerefeld der Erde vor, so ist seine Schwingfrequenz $f_o$ neben der Pendellänge auch von der auf die seismische Pendelmasse wirkenden Erdschwerebeschleunigung $g_o$ abhängig. Wird das frei schwingende Pendel zusätzlich in Lotrichtung mit einer Nutzbeschleunigung $a_n$ nach oben beschleunigt, so ändert sich seine Frequenz gemäß

$$f_n = f_0 \sqrt{\frac{g_0 + a_n}{g_0}} \qquad (3.1)$$

und diese Frequenz kann als Maß für die wirkende Beschleunigung $a_n$ verwendet werden. Technisch wird ein solcher Beschleunigungsaufnehmer durch zwei mikromechanische Doppel-Schwingstäbe aus mono- oder polykristallinem Silizium (engl.: Vibrating Beam Accelerometer) realisiert, die im Druck-Zug-Modus eine seismische Masse führen und durch jeweils einen kristallgesteuerten Oszillator auf konstante Amplitude geregelt werden (Bild 3.3). Die Differenzfrequenz beider Schwingstäbe ist der Beschleunigung proportional. Das Sensorprinzip zeichnet sich durch hohe Zuverlässigkeit, große Überlastfestigkeit und die Verfügbarkeit eines frequenzanalogen und daher unmittelbar digitalisierbaren Ausgangssignals aus [3.3].

### 3.2.2
### Beschleunigungsaufnehmer nach dem Kompensationsverfahren (Closed-loop-Aufnehmer)

Ist eine sehr hohe Kennlinien-Linearität des Beschleunigungsaufnehmers bei gleichzeitig großem Meßbereich gefordert, sind Aufnehmer nach dem Ausschlagverfahren im allgemeinen ungeeignet. Hierfür gibt es mehrere Gründe:

– Das Hookesche Gesetz, das einen linearen Zusammenhang zwischen Federkraft und Federauslenkung beschreibt, gilt nur für sehr kleine Auslenkungen, bei denen anelastisches Verhalten und Hysterese des Federelementes vernachlässigbar sind, hinreichend genau.
– Für einen Meßbereich von 20 m/s² und einer Auflösung von 5 μm/s² müßte ein Wegmeßsystem hinreichender Linearität mit einer Meßdynamik von über 7 Dekaden verfügbar sein. Als Vergleich aus der makroskopischen Längenmeßtechnik stelle man sich eine Meßschraube mit einer Auflösung von 10 μm vor, deren Meßbereich dann 80 m betragen müßte.
– Die sensitive Masse müßte über den gesamten Verschiebungsbereich nahezu reibungsfrei gelagert sein.

Da diese Anforderungen wirtschaftlich-technisch nicht erfüllbar sind, werden für hochgenaue Meßaufgaben Beschleunigungsaufnehmer mit Closed-loop-Struktur eingesetzt, die auch als *Servobeschleunigungsaufnehmer* bezeichnet werden und nach dem Kompensationsmeßverfahren arbeiten. Ihr Aufbau ist den Open-loop-Systemen prinzipiell ähnlich (vgl. Bild 3.1), jedoch ist zusätzlich ein Stellglied vorhanden, mit dem eine Kompensationskraft auf die seismische Masse aufgebracht werden kann (Bild 3.4). Sobald nun eine auch nur geringfügige beschleunigungsbedingte Auslenkung Δs der seismischen Masse aus der

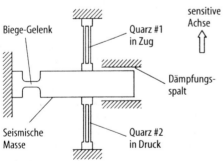

**Bild 3.3.** Prinzipdarstellung eines Schwingstab-Beschleunigungsaufnehmers (nach Sundstrand/AlliedSignal)

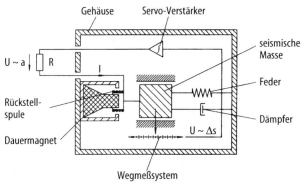

**Bild 3.4.** Prinzipdarstellung eines Servobeschleunigungsaufnehmers

Nullage über den optisch, kapazitiv oder induktiv arbeitenden Wegaufnehmer detektiert wird, gelangt dieses Verschiebungssignal über einen integrierenden Servo-Verstärker auf das elektromagnetisch arbeitende Stellglied, das die seismische Masse unmittelbar wieder in die Ruhelage zwingt. Der Ausgangsstrom des integrierenden Verstärkers, dem die Kompensationskraft und damit die auf die seismische Masse wirkende Beschleunigung direkt proportional ist, dient gleichzeitig als Meßgröße. Die Spannung, die an einem von diesem Strom durchflossenen externen Meßwiderstand abfällt, ist der Beschleunigung somit proportional. Der Skalenfaktor zwischen Ausgangsspannung und Beschleunigung kann in weiten Grenzen direkt über die Wahl des Wertes des Meßwiderstandes eingestellt werden. In mikromechanischen Realisierungen wird technologisch bedingt in der Regel statt des elektromagnetischen ein kapazitives Stellglied eingesetzt [3.4].

Bedingt durch den internen Regelkreis ist die obere Grenzfrequenz des Servobeschleunigungsaufnehmers deutlich höher als diejenige eines Open-loop-Systems. Sie liegt bei Standardaufnehmern bei etwa 500 Hz und erreicht bei den besten heute kommerziell verfügbaren Aufnehmern etwa 1,2 kHz.

Alternativ zur analogen Rückführung kann auch eine *digitale Rückführung* vorgesehen werden. Dies kann z.B. durch die Quantisierung des Rückstellstromes in definierte Strom-Zeit-Segmente erfolgen, womit durch Auszählen der entsprechenden Strompulse ein digitaler Servobeschleunigungsaufnehmer verfügbar wäre.

In technischen Realisierungen wird die seismische Masse gewöhnlich als Pendel mit *einem* rotatorischen Freiheitsgrad ausgeführt. Vorteile ergeben sich durch eine nur sehr geringe Querempfindlichkeit und äußerst geringe Lagerreibung. Ausführungsbeispiele sind die Servobeschleunigungsaufnehmer der Q-FLEX Serie von AlliedSignal (ehemals Sundstrand). Ihr Aufbau und ihre technischen Eigenschaften sind vielfach in der Literatur beschrieben [3.1]. Eine mathematische Modellbildung findet man z.B. in [3.7].

Servobeschleunigungsaufnehmer werden in vielfältigen Varianten produziert. Als mikromechanische Sensoren sind sie vergleichsweise kostengünstig zu fertigen, da weitgehend die für die Herstellung mikroelektronischer Schaltungen verwendeten Fertigungsprozesse Anwendung finden können. Der mikromechanische Closed-loop-Aufnehmer arbeitet ähnlich wie der entsprechende Open-loop-Aufnehmer (Bild 3.2), allerdings wird zusätzlich auf den Differentialkondensator eine Ladung derart aufgebracht, daß durch die wirkenden elektrostatischen Kräfte die seismische Siliziummasse (Masse von etwa 0,1 µg) weniger als 10 nm ausgelenkt wird. Die Auswerteelektronik kann dabei unmittelbar auf dem Sensorchip integriert werden [3.6].

Ein großer Vorteil der Closed-loop-Sensoren liegt in der *Selbsttest*-Möglichkeit, denn durch die aktive Krafteinleitung auf die seismische Masse können wirkende Beschleunigungen simuliert und somit die Funktion des Sensors im Betrieb getestet werden. Dies ist eine wichtige Eigenschaft für Sensoren, die in sicherheitsrelevanten Bereichen eingesetzt werden.

### 3.2.3
### Daten typischer Beschleunigungsaufnehmer

In Tabelle 3.1 sind die charakteristischen Daten von typischen Beschleunigungsaufnehmern wiedergegeben. Die angegebenen Werte sind jedoch erheblich von der jeweils eingesetzten Technologie abhängig und daher nur für eine grobe Orientierung zu verwenden. Mit Spezialausführungen einzelner Klassen sind deutlich bessere Daten erreichbar, während Low-cost-Systeme entsprechend schlechtere Leistungsdaten aufweisen können.

## 3.3
## Aufnehmer für rotatorische Beschleunigungen

Zur Messung absoluter Drehbewegungen werden üblicherweise Kreisel (engl.: gyroscope oder gyro) eingesetzt. Dabei hat sich der Begriff „Kreisel" auch als Synonym für die Vielzahl von Winkelgeschwindigkeits- und Winkelbeschleunigungssensoren erhalten, bei denen ein rotierendes („kreiselndes") Element überhaupt keine Verwendung findet. Im folgenden sollen die wichtigsten Prinzipien und Realisierungen, die heute Marktrelevanz besitzen, vorgestellt werden.

Auf militärische Entwicklungen, die teilweise auch dem im zivilen Bereich tätigen Konstrukteur interessante Problemlösungen bieten könnten, kann hier aus Platzgründen nicht näher eingegangen werden. Auch nicht erläutert werden hier Systeme wie etwa der nordsuchende bandgehängte Kreisel, da diese Spezialanwendungen den Rahmen dieser Darstellung sprengen würden. Hierzu sei auf die einschlägige Literatur verwiesen (z.B. [3.8, 3.9]). In der Fachliteratur sind ebenfalls die physikalischen Ursachen und mathematischen Beschreibungsmöglichkeiten der Kreiseldrift zu finden; hier soll es genügen, die einen Kreisel spezifizierende Drift zu quantifizieren.

### 3.3.1
### Mechanische Kreisel – Drallsatz

Das Funktionsprinzip des mechanischen Kreisels beruht auf dem Drehimpulserhaltungssatz. Dabei wird ausgenutzt, daß eine von außen aufgeprägte Rotation des Kreisels mit der Drehrate, die senkrecht zur Drehachse (engl.: spin axis) der mit dem Drehimpuls $\underline{H}$ rotierenden Kreisel-Schwungmasse wirkt, ein Moment $\underline{M}_a$ erzeugt, das senkrecht zu $\underline{\omega}_k$ und $\underline{H}$ gerichtet ist ($\underline{M}_a = \underline{H}\,\underline{\omega}_k$). Da bei technischen Kreiseln die Spin-Frequenz $\underline{\omega}_s$ wesentlich größer ist als die zu messende Drehrate $\underline{\omega}_k$, ist das Moment der zu messenden Drehrate proportional. Mit einem entsprechend konstruierten Kreisel ist es möglich, unter Verwendung einer rotierenden Kreiselmasse in zwei Meßfreiheitsgraden Drehraten zu erfassen.

Der dynamisch abgestimmte Kreisel (engl.: dynamical tuned gyro, DTG) besteht also im wesentlichen aus einer schnell rotierenden Masse, dem Rotor, der durch einen starr im Gehäuse eingebauten Elektromotor angetrieben wird. Die Bewegungsmöglichkeit für den schwenkbaren Rotor wird nicht wie beim Wendekreisel durch Kugellager, sondern durch wartungsfreie Federelemente hergestellt, die eine weitestgehend drehmomentfreie Aufhängung des Rotors im Gehäuse gewährlei-

**Tabelle 3.1.** Typische Daten von Beschleunigungsaufnehmern

|  | Passiver Beschleunig.-aufnehmer | Aktiver Beschleunig.-aufnehmer | Schwingstab-Aufnehmer | Servo-Beschleunig.-aufnehmer |
|---|---|---|---|---|
| Meßbereich | ±2000 g | ±500 g | ±70 g | ±25 g |
| Auflösung | 0,1 g | 0,01 g | 10 µg | <1 µg |
| Bandbreite | 0 … 5000 Hz | 1 … 10 000 Hz | 0 … 400 Hz | 0 … 800 Hz |
| Linearitätsfehler | <1 % | <1 % | <175 ppm[1] | <125 ppm[1] |
| Bias | <50 g | – | <2 mg[1] | <100 µg[1] |
| Schock | 10 000 g | 5.000 g | 250 g | 150 g |
| Gesamt-Masse | 1 gr | 25 gr | 10 gr | 80 gr |

[1] Werte nach Korrektur mit polynomialem Fehlermodell

sten. Ein induktiv wirkender Winkelaufnehmer sensiert jede Relativschwenkung zwischen Schwungmasse und Gehäuse, die über einen Regelkreis sofort wieder zu Null geregelt wird; als Aktoren dienen starke Torquermagnete, die die Schwungmasse allen Schwenkbewegungen des Gehäuses folgen lassen. Der Torquerstrom ist somit dem wirkenden Moment und damit der zu messenden Drehrate unmittelbar proportional und dient als Meßsignal. Die Bezeichnung „dynamisch abgestimmter Kreisel" verdeutlicht die Tatsache, daß die momentenfreie Aufhängung nur bei einer genau abgestimmten Rotordrehzahl arbeitet [3.8].

Moderne DTG sind Präzisionsgeräte der Feinwerktechnik, die über Jahrzehnte hinweg optimiert wurden. Sie erreichen bei Spinfrequenzen im deutlich hörbaren Bereich von 200... 300 Hz (12000 ... 18000 min$^{-1}$) Kreiseldriften von weniger als 1 deg/h und sind damit beispielsweise den vibrierenden Kreiseln oder auch den Faserkreiseln noch deutlich überlegen. Prinzipbedingt wird das Meßsignal dieser Kreisel jedoch durch translatorische Beschleunigungen und Winkelbeschleunigungen beeinflußt. Folgende Größen charakterisieren das Driftverhalten des mechanischen Kreisels im wesentlichen.

- Massenunbalance, Quadratur (deg/h/g): Beschleunigungsproportionale Kreiseldrift, die dadurch verursacht wird, daß Schwerpunkt und Aufhängepunkt des Rotors nicht exakt identisch sind. Sie ist bei Kenntnis des orthogonal zur Spinachse wirkenden Beschleunigungsvektors korrigierbar.
- Anisoelastizität (deg/h/g$^2$): Kreiseldrift, die dadurch verursacht wird, daß die Aufhängung des Rotors nicht ideal biegesteif realisierbar ist. Sie führt in vibrierender Umgebung zu einem Gleichrichteffekt aufgrund ihrer quadratischen Abhängigkeit von der Beschleunigung.
- Thermische Drift (deg/h/K): Durch den meßgrößenproportionalen Torquerstrom ändert sich die Verlustleistung in der Torquerspule und damit die Temperatur des Kreisels in Abhängigkeit von der Drehrate. Dadurch sind Skalenfaktorfehler und Drift umgebungstemperatur- und signalabhängig.
- Winkelbeschleunigungsabhängige Drift (deg/h/deg/s$^2$): Eine wirksame Winkelbeschleunigung um die Spinachse ändert den momentanen Drehimpuls des Rotors und damit das Meßsignal.

Die meisten dieser Fehlereinflüsse können durch Verwendung entsprechender Kalibrier- und Korrekturmethoden weitgehend algorithmisch kompensiert werden, wenn die translatorisch wirkenden Beschleunigungen durch zusätzliche Sensoren mit erfaßt werden. Typische Werte kommerzieller DTG sind in Tabelle 3.2 angegebenen.

### 3.3.2
### Optische Kreisel – Sagnac-Effekt

Optische Kreisel verzichten auf rotierende Massen als sensitives Element und nutzen stattdessen den Sagnac-Effekt zur Bestimmung von Drehbewegungen. Ihr Vorteil wird hiermit schon unmittelbar deutlich: Die Meßwerte optischer Kreisel sind von Beschleunigungseinflüssen praktisch unabhängig. In den o.a. Fehlermodellen können somit, falls die optische Strahlführung hinreichend steif gebaut ist, alle Terme mit beschleunigungsabhängigem Einfluß auf die Kreiseldrift vernachlässigt werden. Ihre vergleichsweise große Bandbreite und ihr großer Meßbereich eröffnen außerdem die Möglichkeit, die Sensoren beispielsweise in Anwendungen der Inertial-Navigation nicht kardanisch von den Bewegungen eines Fahrzeugs entkoppeln zu müssen, sondern sie in *Strap-down-Technik* (*engl.*: strap-down: angeschnallt) fest auf diesem zu montieren. Bei den wirtschaftlich verfügbaren optischen Kreiseln unterscheidet man heute im wesentlichen zwei Arten:

1. Interferometrischer Faserkreisel (*engl.*: Fiber Optical Gyro, FOG),
2. Ringlaserkreisel (*engl.*: Ring Laser Gyro, RLG).

Der Sagnac-Effekt, der allen optischen Kreiseln zugrunde liegt, soll am Beispiel des *Faserkreisels* erläutert werden [3.10, 3.11]. In Bild 3.5 ist schematisch ein faseroptischer Kreisel dargestellt. Er besteht aus

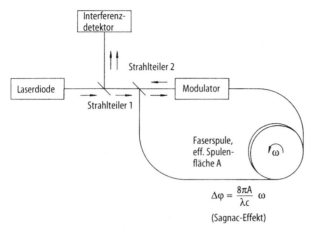

**Bild 3.5.** Aufbau eines Faserkreisels in vereinfachter Darstellung

$$\Delta\varphi = \frac{8\pi A}{\lambda c}\omega$$
(Sagnac-Effekt)

einer lichtemittierenden Halbleiterlaser- oder Superluminiszenzdiode, Strahlteilern, einem Modulator, der Glasfaserspule, die in $n$ Windungen die effektive Fläche $A$ umschließt, und einem Interferenzdetektor. Durch die Anordnung der Strahlteiler wird erreicht, daß das von der Laserdiode emittierte Licht der Wellenlänge $\lambda$ in zwei Lichtbündel geteilt wird, die beide die Faser durchlaufen, wobei einer im Uhrzeigersinn und der andere entgegen dem Uhrzeigersinn verläuft. Rotiert nun die gesamte Anordung um den Normalenvektor der Faserspulenebene mit der Winkelgeschwindigkeit $\omega$ (Drehrate), so verkürzt sich der Weg für das eine Lichtbündel, während er sich für das andere entsprechend verlängert. Die hieraus aufgrund der unterschiedlichen Laufzeit resultierende *Phasenverschiebung* zwischen beiden Lichtwellenzügen wird vom Interferenzdetektor erkannt und ist ein Maß für die Winkelgeschwindigkeit. Faserkreisel sind als Serienprodukt verfügbar.

Da die Interferenzfunktion kosinusförmig verläuft, wäre der Faserkreisel im Bereich kleiner Drehraten sehr unempfindlich. Durch eine entsprechende Phasenverschiebung im Modulator kann erreicht werden, daß die Intensität der überlagerten Lichtstrahlen am Interferenzdetektor dem Verlauf der Sinusfunktion folgt. [3.16]

Ordnet man eine He-Ne-Laserstrecke direkt in dem die Fläche umschließenden Strahlengang an, so kommt man zum prinzipiellen Aufbau des *Ringlaserkreisels*. Auch hier umlaufen zwei Lichtwellenzüge die Fläche $A$ gegensinnig. Bei Rotation des gesamten Ringlasers ändert sich entsprechend die wirksame Ringresonatorlänge, was zu einer Änderung der Licht-Frequenzen der beiden Laser führt. Die *Frequenzdifferenz* zwischen beiden umlaufenden Wellenzügen ist der Drehrate direkt proportional. Da thermische Einflüsse eine gleichsinnige Längenänderung des Ringresonators für beide Laser zur Folge haben, bleibt die Frequenzdifferenz beider Lichtstrahlen und damit das Meßergebnis hiervon in guter Näherung unbeeinflußt. Aufgrund seines Frequenzausgangs ist der Ringlaserkreisel ein Sensor mit originär digitaler Meßwertausgabe [3.11, 3.12]. Der RLG gehört zu den derzeit genauesten Drehratensensoren für Strapdown-Anwendungen. Nachteilig wirkt sich jedoch der *Lock-in-* oder *Mitnahmeeffekt* aus: Dieser beschreibt das Verhalten, daß zwei gekoppelte, selbsterregte Oszillatoren – in diesem Fall die beiden gegensinnig umlaufenden Wellenzüge – dazu neigen, auf einer gemeinsamen Mittenfrequenz zu schwingen, wenn die Eigenfrequenzen beider Oszillatoren eng benachbart sind. Dieser Effekt ist umso ausgeprägter, je enger die Kopplung ist. Beim RLG ist die physikalische Ursache der Kopplung im wesentlichen in der Rückstreuung an den Spiegeln des Laserkreisels zu sehen. Da die Frequenzen der beiden umlaufenden Wellenzüge bei Null-Drehrate identisch sind, tritt der Lock-in-Effekt bei Drehraten unterhalb einer kritischen Drehrate $\omega_L$ auf, wodurch für $|\omega|<\omega_L$ ohne geeignete konstruktive Maßnahmen kein korrekter Meßwert des Kreisels verfügbar wäre. Durch Aufprägen periodischer Bewegungen um die sensitive Achse des RLG (sog. Dither-Methode), kontinuierliche Rotation mittels einer kardanischen Aufhängung (sog. Rate-Bias-Methode) oder das Einbringen magnetooptischer Biaselemente (Magnetspiegel) zur Erzielung steuerbarer Frequenzdifferenzen kann dieses Problem jedoch wirkungsvoll überkommen werden. [3.18]

### 3.3.3
### Oszillierende Kreisel – Coriolis-Effekt

Oszillierende Kreisel nutzen die Coriolis-Beschleunigung als Meßgröße. Nach dem *Coriolis-Theorem* erfährt ein Körper mit der Geschwindigkeit $\underline{v}$, auf den eine Drehrate $\underline{\omega}$ senkrecht zur Geschwindigkeit wirkt, eine Beschleunigung $\underline{a}$, die zu $\underline{v}$ und $\underline{\omega}$ orthogonal ist. Wird nun ein Beschleunigungsaufnehmer in einer zu seiner sensitiven Achse orthogonalen Richtung harmonisch mit der Geschwindigkeit $v$ bewegt, so kann man mit ihm eine Drehbewegung messen. Realisiert werden diese oszillierenden Kreisel zum Beispiel als mikromechanisch gefertigte schwingfähige Strukturen aus monokristallin-piezoelektrischem Quarz in Form einer Doppel-Stimmgabel. Diese Kreisel zeichnen sich durch eine hohe Schockfestigkeit und ihre große Lebensdauer aus [3.13].

### 3.3.4
### Magnetohydrodynamische Kreisel

Mit dem magnetohydrodynamischen Kreisel (MHD-Kreisel) ist ein rein passiver Winkelbeschleunigungsaufnehmer verfügbar, der durch seinen miniaturisierten und mechanisch einfachen Aufbau gekennzeichnet ist. Der MHD-Kreisel wird in großen Stückzahlen gefertigt und bietet bei niedrigen Kosten für dynamische Meßaufgaben mittlerer Genauigkeit dem Konstrukteur eine Alternative zu den bisher dargestellten Aufnehmern. Bild 3.6 zeigt den prinzipiellen Aufbau eines solchen Aufnehmers.

Ein elektrisch leitendes Fluid hoher Dichte ist in einem Torus eingeschlossen, der an seiner Innen- und seiner Außenfläche Elektroden trägt. Der Torus wird in axialer Richtung von einem konstanten Magnetfeld durchsetzt. Wird der Torus nun um die Axialrichtung winkelbeschleunigt, so kommt es durch die Trägheit des Fluids zu einer Relativbewegung der leitenden Fluidteilchen im Magnetfeld und aufgrund der Lorentzkraft durch die Orthogonalität von Magnetfeld und Fluid-Geschwindigkeit zu einem elektrischen Feld zwischen den Elektroden, dessen Stärke der Winkelbeschleunigung proportional ist. Durch einen nachgeschalteten Integraltransformator steht am Ausgang eine drehratenproportionale Spannung zur Verfügung. Da eine konstan-

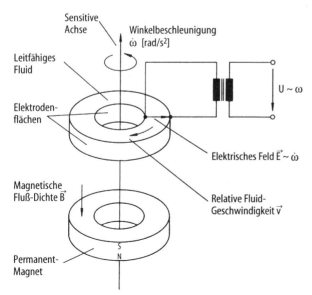

**Bild 3.6.** Prinzipdarstellung eines MHD-Kreisels

te Winkelgeschwindigkeit keine Relativgeschwindigkeit zwischen Fluid und Torus bewirkt, zeigt der MHD-Sensor eine untere Grenzfrequenz bezüglich der meßbaren Drehrate. Durch seinen vergleichsweise einfachen Aufbau und seine geringe Masse kann er jedoch hochgradig schockfest realisiert werden und zeichnet sich auch durch eine lange Lebensdauer aus.

### 3.3.5 Daten typischer Drehratenaufnehmer

In Tabelle 3.2 sind die charakteristischen Daten von typischen Drehratenaufnehmern wiedergegeben. Die angegebenen Werte sind jedoch erheblich von der jeweils eingesetzten Fertigungstechnologie abhängig und daher nur für eine grobe Orientierung zu verwenden. Mit Spezialausführungen einzelner Klassen sind deutlich bessere Daten erreichbar, während Low-cost-Systeme entsprechend schlechtere Leistungsdaten aufweisen können. Auch zu den Sensorkosten können keine allgemeingültigen Aussagen getroffen werden, da die Sensoren teilweise erst seit kurzer Zeit dem zivilen Markt zur Verfügung stehen und sich derzeit noch kein stabiles Marktgefüge bzgl. Angebot und Nachfrage ausgebildet hat.

## 3.4 Integralinvariante Digitalisierung

Die Wahl eines angepaßten Quantisierungsverfahrens stellt ein zentrales Problem für die Digitalisierung von analogen Beschleunigungs- und Drehratensignalen dar, wenn daraus durch Integration in einem Digitalrechner Geschwindigkeiten und Wege oder Drehwinkel berechnet werden sollen. Man vergegenwärtige sich dazu das Quantisierungsverhalten eines nach der Methode der *sukzessiven Approximation* oder des *Parallelumsetzers* arbeitenden Analog-Digital-Umsetzers (sog. Open-loop-Umsetzer): Der Eingangswertebereich $U_0$ wird in $N$ äquidistante Stufen unterteilt, jede mit einer Breite von $\Delta U_{LSB} = U_0/N$. Das heißt aber, daß der Ausgangswert des Umsetzers mit einer maximal möglichen Unsicherheit von $\delta U = 1/2 \Delta U_{LSB}$ behaftet ist. Für einen Meßbereich eines Beschleunigungsaufnehmers von $\pm 20$ m/s² ($a_0 = 40$ m/s²) mit einer Auflösung von $b = 16$ Bit ($\delta a = 1/2\Delta a_{LSB} = a_0/2^{16} = 305$ μm/s²) ergibt sich nach einer Meßdauer von $T = 10$ s durch zweifache Integration über die quantisierte Beschleunigung somit für dieses Beispiel ein möglicher Positionsfehler von

$$\delta s = \tfrac{1}{2} \delta a T^2 = 15{,}3 \text{ mm} \quad (3.2)$$

der quadratisch mit der Meßdauer wächst (Bild 3.7).

Es zeigt sich also, daß mit gewöhnlichen Analog-Digital-Umsetzern die technischen Eigenschaften insbesondere der hochauflösenden Servobeschleunigungsaufnehmer nicht einmal näherungsweise genutzt werden können, da entsprechend genaue Umsetzer nur mit sehr niedrigen Abtastraten arbeiten.

Daher muß für Servobeschleunigungsaufnehmer und Kreisel mit analogem Sig-

**Tabelle 3.2.** Typische Eigenschaften von Drehratensensoren

|  | Mechanischer, dynamisch abgestimmter Kreisel | Faseroptischer Kreisel | Ringlaser-Kreisel | Oszillierender Kreisel | Magnetohydrodynamischer Kreisel |
|---|---|---|---|---|---|
| Meßbereich | ±100 °/s | ±800 °/s | ±400 °/s | ±1000 °/s | ±5000 °/s |
| Auflösung | 0,05 °/h | 0,1 °/h | 0,0002 ° | 5 °/h | k.A. |
| Bandbreite | 0 … 100 Hz | 0 … 500 Hz | 0 … 300 Hz | 0 … 100 Hz | 0,5 … 1000 Hz |
| Linearitätsfehler | <0,1 % | <500 ppm | <10 ppm | <0,5 % | <0,1 % |
| Bias | <1 °/h | <10 °/h | <0,005 °/h | <0,2 °/s | k.A. |
| g-abhängige Drift | <10 °/h/g[1] | keine | keine | 0,06 °/s/g | <1 °/s/g |
| Schock | 60 g | 60 g | 40 g | 200 g | 1000 g |
| Gesamt-Masse | 100 gr[2] | 800 gr | 1000 gr | 60 gr | 6 gr |

[1] Störgröße durch Fehlermodell kompensierbar, [2] ohne Fessel-Elektronik

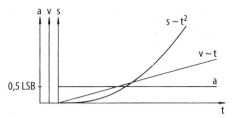

**Bild 3.7.** Verhalten von Geschwindigkeits- und Positionsfehler über der Zeit bei Open-loop-Quantisierung der Beschleunigung

nalausgang ein Quantisierungsverfahren eingesetzt werden, dessen mittlerer Quantisierungsfehler über einer hinreichend großen Meßdauer zu Null wird. Quantisierungsverfahren mit dieser Eigenschaft werden als A-D-Umsetzer in Closed-loop-Struktur bezeichnet.

Umsetzern in Closed-loop-Struktur ist also die Eigenschaft gemeinsam, daß ein Quantisierungsfehler, der im $k$ten Abtastintervall auftritt, im $(k+1)$ten Intervall möglichst gut korrigiert wird; der dort verbleibende Restfehler wird im $(k+2)$ten Intervall kompensiert usw. In Bild 3.8 ist dieses Verhalten graphisch dargestellt.

Analog-Digital-Umsetzer, die dieses Kriterium des über der Zeit verschwindenden mittleren Quantisierungsfehlers erfüllen, müssen das analoge Eingangssignal ständig, d.h. ohne Unterbrechung, beobachten und werden auch als „echt integrierende Umsetzer" bezeichnet. Die Verwendung sog. Abtast-Halte-Glieder ist dann nicht erforderlich, womit aber auch ein *Multiplexen* mehrerer Analogsignale zur Analog-Digital-Umsetzung auf einem gemeinsamen A-D-Umsetzer prinzipbedingt nicht zulässig ist [3.14].

Abschließend sei erwähnt, daß auch eine Bandbegrenzung eines Drehraten- oder Beschleunigungssignals zu erheblichen Fehlern nach einer Integration dieser Signale führen kann. Es gibt allerdings Methoden, entsprechende Anti-Aliasing-Filter mit einer integralinvarianten Übertragungs-Charakteristik auszulegen (sog. IIV-Filter) und somit den Fehlereinfluß durch Bandbegrenzung zu minimieren [3.15].

## Literatur

3.1 McLaren I (1976) Open and Closed Loop Accelerometers. AGARDograph 160/6
3.2 Serridge M, Licht T (1987) Piezoelectric Accelerometer and Vibration Preamplifier Handbook. Brüel & Kjær
3.3 Norling BL (1991) An Overview of the Evolution of Vibrating Beam Accelerometer Technology. In: Proceedings of the Symposium Gyro Technology, Stuttgart
3.4 Gevatter H-J, Grethen H (1989) Kennlinie eines Beschleunigungssensors mit elektrostatischer Kraftkompensation. tm 56/2:93-98
3.5 Profos P und Pfeifer T (1992) Handbuch der industriellen Meßtechnik. Oldenbourg, Essen
3.6 Goodenough F (1991) Airbags Boom when IC Accelerometer sees 50 g. Electronic Design, 8:
3.7 Schröder D (1992) Genauigkeitsanalyse inertialer Vermessungssysteme mit fahrzeugfesten Sensoren. Dissertation, München
3.8 Fabeck W v (1980) Kreiselgeräte. Vogel, Würzburg
3.9 Magnus K (1971) Kreisel. Springer, Berlin
3.10 Auch W (1985) Optische Rotationssensoren. tm, 52/5:199-207
3.11 Büschelberger H-J (1988) Der Ringlaser als Kreisel. Laser-Magazin 6:28-34
3.12 Rodloff R (1983) Modellvorstellungen zum Laserkreisel. Flugwissenschaften und Weltraumforschung, 7/6:362-372
3.13 Nakamura T (1990) Vibration Gyroscope Employs Piezoelectric Vibrator. JEE, 9:99-104
3.14 Hinüber E v, Janocha H (1993) Analog-Digital-Umsetzung integralsensitiver Meßgrößen. In: Elektronik, (2)

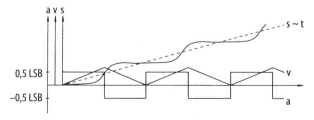

**Bild 3.8.** Verhalten von Geschwindigkeits- und Positionsfehler über der Zeit bei Closed-loop-Quantisierung der Beschleunigung

3.15 Hinüber E v, Janocha H (1994) 24 Bit mit 1 ppm bei 4 kHz. Design & Elektronik, 6:80
3.16 Hinüber E v (1997) Faserkreisel für Industrieanwendungen. In: Sensortechnik (Design & Elektronik) 10/97 S 45–48
3.17 Hinüber E v (1996) Hochgenaue Kreisel und Beschleunigungssensoren. In: Elektronik 1: S 56–59
3.18 Hinüber E v (1996) Werkzeugmaschinen mit Laserkreiseln präzise vermessen. In: Design & Elektronik – Sensortechnik 4:8

# 4 Winkelgeschwindigkeits- und Geschwindigkeitsmessung

R. HANITSCH

## 4.1
### Einleitung

In vielen Bereichen der Antriebstechnik ist die Messung der *Geschwindigkeit* bei linearen Antrieben oder der *Winkelgeschwindigkeit* bei rotierenden Antrieben unverzichtbar, um die Antriebsaufgabe in der gewünschten Qualität zu lösen. Bei Servoantrieben wird zusätzlich zur Winkelgeschwindigkeit auch noch die Rotorposition gemessen. Die Anforderungen an die Meßeinrichtung sind je nach Anwendung recht unterschiedlich. Sie reichen vom Billigdrehzahlsensor mit geringer Auflösung bis zur Präzisionsdrehzahlmessung mit höchster Auflösung.

Folgender Katalog von *Anforderungen* an die Meßeinrichtung ist als Hilfestellung für die Sensorauswahl gedacht:

- Unempfindlichkeit gegen Umwelteinflüsse, z.B.: Staub, Kondensatbildung, Temperaturwechsel, Temperaturhöhe, Seewasser, Dämpfe von Chemikalien, Fremdfelder (EMV),
- Höhe der Auflösung von 1 Impuls/Umdrehung bis 12000 Impulsen/Umdrehung,
- Gute Dynamik,
- Linearität für beide Drehrichtungen (Symmetrie der Kennlinie),
- Langzeit-Konstanz des Signalverhaltens (keine Degradation des Meßsignals),
- Einfache Montage und ggf. Unempfindlichkeit gegenüber Montagefehlern,
- Vielfalt in den Montagemöglichkeiten,
- Einfache Kalibriermöglichkeit.

## 4.2
### Sensor-Parameter

Für die regelungstechnische Betrachtung von Servoantrieben ist es wichtig, eine Information über die Linearität und Symmetrie der Sensorcharakteristik zu haben (Bild 4.1).

### 4.2.1
#### Linearität

Wie aus Bild 4.1 zu ersehen ist, ist die Winkelgeschwindigkeit des Antriebsmotors die Ausgangsgröße und der Sollwert der Winkelgeschwindigkeit ist die Eingangsgröße des Regelkreises. Für das Servosystem kann ein *Verstärkungsfaktor* definiert werden:

$$V = \frac{\text{Winkelgeschwindigkeitssignal}}{\text{Sollwert-Signal}}$$

Die Linearität ist ein Maß für die Proportion zwischen Sollwert-Signal $U$ und Winkelgeschwindigkeit des Motors (Bild 4.2).

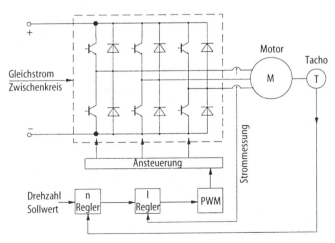

**Bild 4.1.** Servoantriebssystem

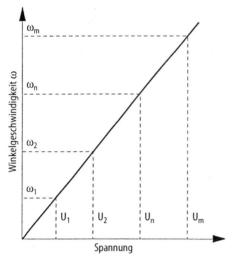

**Bild 4.2.** Linearität

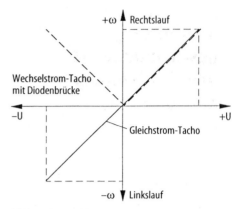

**Bild 4.3.** Symmetrie

Zur Ermittlung der Linearität geht man wie folgt vor: Über den vollen Drehzahlbereich wird für eine Anzahl von $N$ Meßpunkten das Verhältnis von Winkelgeschwindigkeit/Drehzahlsollwert bestimmt und dann der Mittelwert berechnet.

$$\left(\frac{\omega}{U}\right)_{MW} = \frac{1}{N}\sum_{i=1}^{N}\left(\frac{\omega_i}{U_i}\right). \qquad (4.1)$$

Im nächsten Schritt wird die relative Abweichung des Meßpunkts vom Mittelwert berechnet und in Prozent angegeben.

$$a_i = \frac{\frac{\omega_i}{U_i} - \left(\frac{\omega}{U}\right)_{MW}}{\left(\frac{\omega}{U}\right)_{MW}} \cdot 100\%. \qquad (4.2)$$

Als Linearitätsfehler wird $a_{i,\,max}$ bezeichnet, der die größte Abweichung gemäß Gl. (2) ergibt.

### 4.2.2
**Symmetrie**

Die Kennlinie $\omega = f(U)$ sollte punktsymmetrisch zum Ursprung sein, d.h. sowohl für die positive und negative Drehrichtung soll der gleiche Proportionsfaktor gelten (Bild 4.3)

Durch einen geringen „offset" bei den Operationsverstärkern und durch kleinste Verschiebungen der Bürsten bei Gleichstromtachomaschinen wird in der Praxis nie eine völlige Symmetrie auftreten.

Für die positive und die negative Drehzahl wird getrennt der Mittelwert aus den jeweiligen Meßwerten berechnet, um dann den Mittelwert für beide Drehrichtungen angeben zu können:

$$\overline{\frac{\omega}{U}} = 0{,}5\left[\left(\frac{\omega}{U}\right)^{+}_{MW} + \left(\frac{\omega}{U}\right)^{-}_{MW}\right]. \qquad (4.3)$$

Bei Wechselstromtachomaschinen geht durch die Diodenbrücke (Bild 4.3, 4.6a) die Drehrichtungsinformation verloren und durch die Schwellspannung der Dioden ist keine Linearität bei Schleichdrehzahlen gegeben.

## 4.3
## Winkelgeschwindigkeitsmessung

Zunächst werden die klassischen Tachomaschinen behandelt. Aus Gründen der Vollständigkeit wird auch auf die Schlupfmessung und das Stroboskop eingegangen, um dann die digitalen Verfahren zu behandeln.

### 4.3.1
**Gleichstromtachogeneratoren**

Bei Gleichstromtachogeneratoren handelt es sich um permanenterregte Gleichstrommaschinen unterschiedlicher Bauart mit sehr guten dynamischen Eigenschaften und einer Welligkeit in der Spannung in der Größenordnung von 0,5 bis 1%. Der Forderung nach einer vernachlässigbaren Degradation und einer möglichst linearen Charakteristik der Kennlinie $U = f(n)$ werden die Hersteller gerecht durch eine künstliche

Alterung des eingesetzten Permanentmagnetwerkstoffs. Für die Leerlaufspannung bzw. induzierte Spannung der Gleichstrommaschine gilt:

$$U_0 = \bar{c}_1 \omega \Phi = \bar{c} n \Phi. \qquad (4.4)$$

Mit $\Phi$ = const. erhält man:

$$U_0 = c_1 \omega = cn. \qquad (4.5)$$

Ist die Tachospannung $U_o$ in einem Servoregelkreis mit kleiner Zeitkonstante zu verarbeiten oder ist durch Differentiation die Drehbeschleunigung zu ermitteln (Bild 4.4), so sollten die der Gleichspannung überlagerten *Oberschwingungen* möglichst hochfrequent sein. Aus wirtschaftlichen Gründen können jedoch für die Gleichstrommaschine die Pol-, Nuten- und Lamellenanzahl nicht beliebig hoch gewählt werden. Im einzelnen errechnen sich die Frequenzen zu:

- Umdrehungsfrequenz $f_U = pn$,
- Polfrequenz $f_p = 2pn$,
- Nutenfrequenz $f_n = Nn$, (4.6)
- Lamellenfrequenz $f_L = kn$

mit

$n$    Drehzahl in 1/s,
$2p$    Polzahl ($p$ Polpaarzahl),
$N$    Nutenzahl,
$k$    Lamellenzahl.

Steht die Drehzahl in 1/min zur Verfügung, so sind die Gln. (4.6) umzuschreiben gemäß $f = c_i/60$ mit $c_i = p; 2p; N; k$.

Durch eine präzise Verbindung zwischen Motorwelle und Tachomaschine können die typischen *Anbaufehler* wie Parallelversatz oder/und Winkelfehler vermieden werden.

Oszillographiert man zu Kontrollzwecken die Tachospannung, so erscheint beim Parallelversatz die Oberschwingung mit der Drehzahlfrequenz, während beim Winkelfehler eine Oberschwingung mit doppelter Drehzahlfrequenz auftritt.

Der *Temperaturgang* des Standard-Permanentmagnetmaterials liegt bei ca. 3‰ pro 10 K Temperaturerhöhung. Die Reduktion der magnetischen Induktion mit steigender Temperatur ist bis etwa +100 °C reversibel. Bei Anwendungen im Hochtemperaturbereich kann durch eine gezielte Temperaturkompensation die Tachomaschine auch für diesen Einsatzbereich ertüchtigt werden.

Auf dem Typenschild der Tachomaschinen wird vom Hersteller der zulässige *Belastungsstrom* angegeben, der mit Rücksicht auf den Linearitätsfehler infolge der Ankerrückwirkung nicht überschritten werden sollte (Bild 4.5).

### 4.3.2
**Wechselstromtachogeneratoren**

Ist betriebsbedingt der Einsatz der bürstenbehafteten Gleichstromtachomaschinen nicht erwünscht, so sind die Wechselstromtachogeneratoren eine Alternative.

Gemäß Aufbau sind es mehrphasige, hochpolige Innenpol-Synchronmaschinen mit Permanentmagnet-Erregung und integrierter Diodenbrückenschaltung. Durch die Gleichrichtung der induzierten Spannung geht leider die *Drehrichtungsinformation* verloren. Hinzu kommt, daß durch die Schwellspannung der Dioden die Linearität der Kennlinie bei niedrigen Drehzahlen nicht mehr gegeben ist.

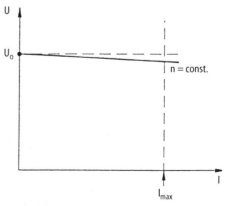

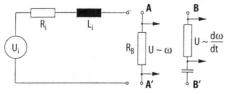

Bild 4.4. Gleichstromtachomaschine

Bild 4.5. Tachospannung = $f$(Belastungsstrom)

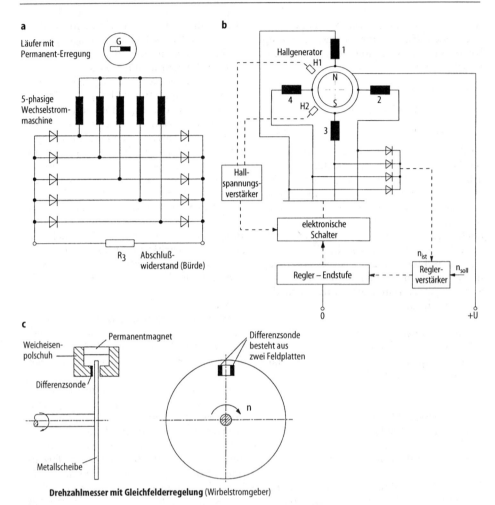

**Bild 4.6.** Wechselstrom-Tachomaschine.
**a** Fünfphasige Wechselstrommaschine; **b** Bürstenloser Gleichstrommotor; **c** Ferraris-Prinzip

Bild 4.6a zeigt die Schaltung für eine fünfphasige, achtpolige Maschine mit Temperaturkompensation. Wie beim Gleichstromtachogenerator wird eine Ausgangsspannung mit möglichst geringem Oberschwingungsgehalt gefordert, wobei die Oberschwingungen eine möglichst hohe Frequenz aufweisen sollten. Mit Sonderbauformen wie einer 20poligen Klauenpoltachomaschine mit zwei um 30° versetzten Drehstromwicklungen und einer Doppeldrehstrombrückenschaltung lassen sich diese Anforderungen realisieren.

Technische Daten von Wechselspannungstachogeneratoren liegen etwa in folgenden Grenzen:

spezif. Spannung  $(10-30\text{V})/1000 \text{ min}^{-1}$
max. Drehzahl  $1000-15000 \text{ min}^{-1}$
Linearität  $0{,}5-1{,}5\%$ v.E.

Eine spezielle integrierte Lösung des Wechselstromtachogenerators ist bei den Kleinmotoren vom Typ „bürstenloser Gleichstrommotor" anzutreffen. Anstelle einer separaten Tachomaschine, die zu einer Baulängenvergrößerung führen würde, werden die in den nicht stromführenden Wicklungen induzierten Spannungen als Drehzahlistwert ausgewertet.

Wie aus Bild 4.6b zu ersehen ist, werden Dioden zu einem Gatter zusammengeschaltet. Da bei den in Stern geschalteten Wicklungen nur ein Strang den Strom führt, wird der rotierende Permanentmagnet Spannungen in den unbestromten Strängen induzieren. Die Spannung wird in der Regel noch geglättet, ehe sie dem Drehzahlregler als Istwert zugeführt wird [4.15, 4.16].

Eine Tachomaschine nach dem Ferraris-Prinzip zeigt Bild 4.6c. Das Feld des Permanent-Magneten ruft in der drehenden elektrisch gut leitenden Scheibe Wirbelströme hervor. Die Stärke dieser Wirbelströme und deren Magnetfeld ist der Drehzahl proportional. Durch zwei Sonden (Feldplatten oder Hallsonden) wird das Feld erfaßt und ein elektrisches Signal generiert, das somit der Drehzahl proportional ist.

In der Medizintechnik werden bisweilen Ergometer eingesetzt, bei denen die gemessene Drehzahl proportional zur Leistung des Herzens ist. Ein Proband bewegt über ein einfaches Getriebe eine Metallscheibe. Das treibende Drehmoment ist proportional der Leistung: $M_{mech} = k_o P$.

Dieses Moment dreht die Metallscheibe durch das Feld eines Permanentmagneten. Dabei entstehen Wirbelströme in der elektrisch gut leitenden Scheibe, die die Bewegung zu hindern suchen. Das Bremsmoment $M_{BR}$ ist bei Wahl geeigneter Abmessungen proportional zur Drehzahl n: $M_{Br} = k_B n$. Die beiden Momente halten sich das Gleichgewicht $M_{mech} = M_{Br}$. Die resultierende Drehzahl, leicht mit einer Gleichstromtachomaschine gemessen, ist proportional zur Leistung des Probanden: $n = (k_o/k_B)P$.

Aus Gründen der Vollständigkeit sei darauf hingewiesen, daß dieses Ferraris-Prinzip auch bei den Induktionszählern zur Anwendung kommt. In diesem Fall wird das treibende Drehmoment auf die elektrisch leitende Scheibe von den magnetischen Flüssen einer Spannungsspule (Spannungseisen) und einer Stromspule (Stromeisen) erzeugt:

$$M = c_1 \Phi_U \cdot \Phi_I \cos(90°-\beta)$$
$$= U I \cos\varphi$$
$$M_{Br} = k_B n.$$

Dabei ist der Winkel β der Winkel zwischen den beiden Flüssen. Das Drehmoment beschleunigt die Aluminiumscheibe bis zu der Drehzahl, wo das Bremsmoment durch den Permanentmagneten gleich dem Antriebsmoment ist. Das Reibungsmoment sei vernachlässigbar. Die Drehzahl ist somit der Leistung im Verbraucherstromkreis proportional: $n = 1/k_B \, U I \cos\varphi$. Die elektrische Arbeit erhält man durch Integration der Drehzahl über einen Zeitintervall:

$$\int_{T_1}^{T_2} n \, dt = c \int_{T_1}^{T_2} U I \cos\varphi \, dt = W.$$

Auf der Basis des Ferraris-Prinzips läßt sich auch ein Winkelbeschleunigungsmesser realisieren.

### 4.3.3
### Stroboskop

Läßt man periodisch Lichtimpulse auf eine rotierende Achse oder Kupplung fallen, so entsteht der Eindruck einer stehenden Anordnung, wenn die Lichtimpulsfrequenz gleich der Umdrehungsfrequenz ist. Stroboskope nutzen dieses Prinzip aus, indem durch feinfühliges Einstellen der Lichtblitzfrequenz die rotierende Welle des Prüflings zum scheinbaren Ruhen gebracht wird. Die Frequenz der Lichtblitze ist ein unmittelbares Maß für die Drehfrequenz.

Beispielsweise werden Stroboskope gerne benutzt, um die Drehfrequenz von Plattenspielern genau einzustellen.

Bei hohen Drehzahlen liefert das Stroboskop recht genaue Drehzahlinformationen, jedoch im Bereich von wenigen Umdrehungen pro Minute sollten andere Meßmethoden zur Anwendung kommen.

### 4.3.4
### Schlupfspule

Der Schlupf einer Asynchronmaschine ist ein Maß für die Rotordrehzahl

$$s = \frac{n_{syn} - n}{n_{syn}} \quad \text{mit} \quad n_{syn} = \frac{f}{p} \qquad (4.7)$$

$$n = n_{syn}(1-s).$$

Bei der Schlupfspule wird der Effekt ausgenutzt, daß der Rotorstrom der Asynchronmaschine ein Streufeld erzeugt, dessen Frequenz $f_2 = sf$ direkt dem Schlupf proportional ist. Nur bei Werten von s >6% bestimmt man den Schlupf aus der gemessenen Motordrehzahl [4.1].

Die Schlupfspule besteht z.B. aus einer ringförmigen Spule von etwa 700 bis 800 Windungen eines 1 mm starken Runddrahtes und hat einen mittleren Windungsdurchmesser von ca. 60 cm. Man führt die Spule axial dicht an die Maschine heran. Sie kann in allen vorkommenden Fällen, also bei der Prüfung offener und geschlossener Asynchronmotoren und solcher mit Schleifring- oder Kurzschlußläufer verwendet werden. Das an die Schlupfspule angeschlossene Drehspulgerät schlägt im Takt der Schlupfperiodenzahl nach links und rechts aus. Man zählt die Ausschläge nur nach einer Seite, indem man mit Null zu zählen beginnt. Ohne weitere Rechnung erhält man bei 50 Hz Netzfrequenz den Schlupf in Prozent, wenn man die Ausschläge während 20 s abzählt und diese Zahl durch 10 teilt. Hat man z.B. in 20 s 30 Ausschläge gezählt, so beträgt der Schlupf eines 50 Hz-Asynchronmotors 3,0%.

Dieses einfache Verfahren eignet sich für die betriebliche Praxis. Allgemein kann der Schlupf bestimmt werden, indem man in der gestoppten Zeit von $T$ Sekunden $N$ Ausschläge nach einer Seite abzählt und die Netzfrequenz f berücksichtigt:

$$s = \frac{N}{T} \cdot \frac{100}{f} \text{ in \%}. \qquad (4.8)$$

Der Ausdruck $N/T$ wird als Schlupffrequenz bezeichnet.

Da die Netzfrequenz der Versorgungsspannung Schwankungen unterliegt, die in der Größenordnung von ±50 mHz liegen, können leicht größere Fehler in der Schlupfbestimmung auftreten. Es ist daher sinnvoll, die tatsächliche Netzfrequenz zu berücksichtigen. Ein Beispiel für eine Schlupfmessung zeigt Bild 4.7, in dem ein Zähler benutzt wird, dessen Toröffnungszeit über die tatsächliche Netzfrequenz gesteuert wird und das zu verarbeitende Signal von einem Inkrementalgeber geliefert wird. Häufig ist es sinnvoll, die Anzahl der Impulse mit Hilfe einer PLL-Schaltung um den Faktor 4 zu erhöhen und die Torzeit durch Wahl einer entsprechenden Zählerzeitbasis um das Vielfache der Netzperiodendauer zu verlängern. Nach Ablauf der Meßperiode wird der Zählerstand in einem Register abgelegt. Er ist proportional zum Schlupf.

Die Methode der Quotientenbildung (Messung von Dreh- und Netzfrequenz) ist bei hohen Genauigkeitsforderungen der Periodendauermessung (bei Annahme einer konstanten Netzfrequenz) vorzuziehen.

### 4.3.5
**Digitale Winkelgeschwindigkeitsmessung**

Bei der Stroboskop-Methode und der Schlupfspule wird das *Massenträgheitsmo-*

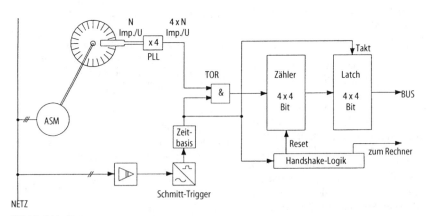

**Bild 4.7.** Schlupfmessung

ment des Prüflings nicht verändert. Großmotoren erfahren eine vernachlässigbare Erhöhung des Trägheitsmoments durch eine angebaute Tachomaschine. Im Bereich der Klein- und Kleinstmotoren sind jedoch Tachomaschinen keine optimale Lösung zur Drehzahlmessung, da die Meßeinrichtung selbst schon eine Last für den Kleinmotor darstellt. Eine *berührungslose* Drehzahlmessung umgeht diese Problematik. Folgende Methoden bieten sich an:

a) Anwendung reflektierender Markierungen auf der Welle des Prüflings
b) Anwendung von dünnen geschlitzten Scheiben auf der Welle des Prüflings, wobei sowohl optoelektronische auch magnetische Verfahren je nach Scheibentyp eingesetzt werden können.

Bei diesen Verfahren wird die Drehfrequenz des Motors berechnet aus der Zeit zwischen zwei Impulsen oder die Anzahl der Impulse für eine vorgegebene Zeitspanne (Torzeit $T$) wird ausgezählt, um dann die Drehfrequenz auszurechnen

$$f = \frac{N}{T} \text{ bzw. } \omega = 2\pi f.$$

Sind $m$ Marken gleichmäßig am Umfang verteilt und ist $n$ die Drehzahl in U/min, so kann für den Zählerstand $N$ geschrieben werden:

$$N = \frac{mT}{60} n .$$

Drehzahl und Zählerstand $N$ stimmen zahlenmäßig überein, wenn gilt:

$$\frac{mT}{60} = 1.$$

Typische Kombinationen von Torzeit $T$ und Markenanzahl $m$ sind:

| $m$ | $T$ in s | Drehzahl |
|---|---|---|
| 60 | 1 | $N = n$ in U/min |
| 100 | 0,6 | |
| 600 | 0,1 | |
| 1000 | 0,06 | |

Geht man von einer Quarz-Referenzfrequenz von 10 MHz und einer Meßzeit von 1 s aus, so kann für den Quantisierungsfehler folgende Aussage gemacht werden.

Unter 1 kHz Meßfrequenz ist die Periodendauermessung und über 10 kHz ist die Frequenzmessung günstiger, da sie zum kleineren Quantisierungsfehler führt [4.2, 4.3].

Diese digitale Drehfrequenzbestimmung läßt sich sowohl für Klein- und Kleinstmotoren als auch für Industrieantriebe anwenden [4.5, 4.6, 4.8].

### 4.3.5.1
### Optische Inkremental-Geber

Ein optischer Inkremental-Geber besteht aus folgenden Subsystemen: der Lichtquelle, dem Lichtempfänger, der Schlitzscheibe und der elektronischen Impulsverarbeitung. Das Bild 4.8 zeigt das Schema eines derartigen Inkremental-Gebers.

Als Lichtquelle wird typischerweise eine Leuchtdiode (LED) eingesetzt und als Lichtempfänger Phototransistoren, die hinter der Schlitzscheibe angeordnet werden, wobei verschiedene Konstruktionen möglich sind, um das Licht zu führen. Die Lichtleistung von LED verändert sich recht stark mit der Temperatur (Bild 4.9) und degradiert mit der Zeit. Diesen Effekt kann man kompensieren, indem man zwei Phototransistoren auf der Schlitzspur nebeneinander

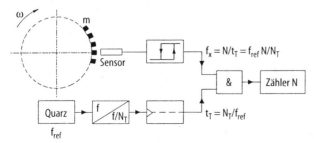

**Bild 4.8.** Optischer Inkrementalgeber

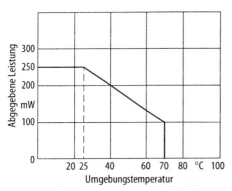

**Bild 4.9.** Temperatureinfluß bei LED

so anordnet, daß sie eine elektrische Phasendifferenz von 180° aufweisen. Beide Signale werden in einen Komparator geführt, um saubere rechteckförmige Impulse zu erhalten.

Bei anderen Ausführungsformen ist die Schlitzscheibe so gestaltet, daß neben den inkrementalen Einzelimpulsen auch noch nach jeder vollen Umdrehung ein sogenannter *Nullimpuls* geliefert wird. Die grundsätzliche Struktur eines derartigen optischen Inkremental-Gebers zeigt Bild 4.10. In dem gewählten Beispiel haben die Impulsreihen A und B eine Phasenverschiebung von 90°. Durch eine elektronische Verarbeitung der Signale A und B kann die *Drehrichtung* eindeutig erkannt werden.

Der Inkremental-Geber produziert eine Impulskette. Um zur Information über die Drehfrequenz oder die Drehzahl zu gelangen, müssen die Impulse weiter verarbeitet werden.

a) Um zu einem analogen Signal für die Drehzahl zu gelangen, ist es notwendig, die Impulse mit Hilfe eines *f/U*-Wandlers

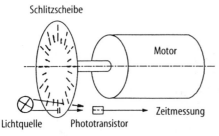

**Bild 4.10.** Optischer Geber mit Nullimpuls

(Frequenz/Spannungs-Wandler) umzuformen. Probleme treten bei sehr niedrigen Drehzahlen auf, so daß dann von einer elektronischen *Vervielfachung* der Impulse Gebrauch gemacht wird. Üblich ist eine Vervierfachung der Impulse mit am Markt erhältlichen integrierten Bausteinen. Bild 4.11 zeigt ein Blockschaltbild eines Drehzahlregelkreises unter Verwendung eines Frequenz-Spannungs-Wandlers.

b) Die Anzahl der Impulse ist proportional zum Drehwinkel der Motorachse. Den Absolutwert des Drehwinkels erhält man durch *Aufsummieren* der Einzelimpulse (Winkelinkremente) mit Hilfe eines Zählers.

Beim Einsatz von optoelektronischen Gebern sollten abgeschirmte Leitungen zum Einsatz kommen und auf eine sichere Stromversorgung der Elektronik ist unbedingt zu achten, um einen eindeutigen Drehzahlistwert für den Drehzahlregelkreis zu haben [4.8–4.11].

Optoelektronische Impulsgeber haben als untere Grenzfrequenz 0 Hz und die obere Grenzfrequenz liegt je nach Empfängertyp bei 200 kHz (Fototransistor) oder etwa 500 kHz (Fotodiode).

### 4.3.5.2
### Absolut-Geber

In ihrem grundsätzlichen Aufbau ähneln die absoluten Geber den inkrementalen. Der Unterschied liegt darin, daß auf einer Vielzahl von konzentrischen Kreisen die „Schlitze" angebracht sind, die den Bits entsprechen. Am äußersten Rand ist das unterste Bit angeordnet. Bild 4.12 zeigt ein Beispiel einer Scheibe für einen Absolut-Geber, wobei 360° $\hat{=}$ 1024 Impulsen entsprechen.

Die Codevarianten, die zur Verfügung stehen, lassen sich grob unterteilen in:

Binär-Code:  Natürlicher Binär Code
Zyklischer Binär Code
(Gray-Code)   und
BCD-Code.

Bild 4.13 zeigt einen Ausschnitt für den Gray-Code. Mittels Code-Umsetzer ist es möglich, bei gegebener Code-Scheibe in

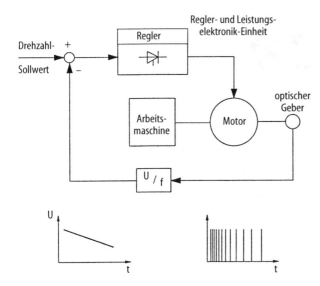

**Bild 4.11.** Frequenz-Spannungs-Wandler bei der Drehzahlerfassung

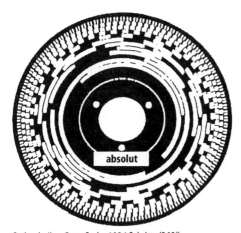

Codescheibe: Gray-Code, 1024 Schritte/360°

**Bild 4.12.** Codescheibe für Gray-Code (Ein-Strich-Code für Absolutgeber)

einen anderen Code zu wechseln, z.B. vom zyklischen Binär-Code in den natürlichen Binär-Code.

Der Vorteil des Absolut-Gebers ist, daß er die absolute Position des Rotors sofort angibt und auch im Störungsfall diese Information nicht verloren geht. Er ist recht störsicher, da die Winkelposition unmittelbar in digitaler Form vorliegt.

Nachteilig ist, daß der Miniaturisierung der Code-Scheibe, aufgrund der notwendi-

gen Anzahl der Code-Ringe, Grenzen gesetzt sind und daß die Anzahl der Zuleitungen mit steigender Auflösung wächst.

Ein wichtiger Aspekt beim Aufbau einer Drehzahlregelung ist die Gewährleistung der *Datensicherheit* bei der Kommunikation zwischen Drehzahlgeber und Regelstrecke. Auf Datenleitungen können leicht kapazitive Störspannungen eingekoppelt werden, so daß Datenleitungen verdrillt und geschirmt ausgeführt werden sollten (EMV).

Zur Vermeidung von Erdschleifen ist es besser, beide Seiten des Schirms gemeinsam über den Nulleiter eines Geräts der Regelstrecke zu erden. Dazu wird in geringem Abstand zu den Datenleitungen ein niederohmiges Erdkabel geführt, das mit dem jenseitigen Schirmende verbunden ist.

### 4.3.5.3
### Magnetische Geber

Magnetische Inkremental-Geber bestehen aus den Subsystemen: weichmagnetische Scheibe oder weichmagnetische Scheibe mit hartmagnetischen Erregeranordnungen (Permanentmagnete) und Sensorelementen wie z.B. Hallsonde, magnetoresistiver Sensor, Wiegand-Sensor, Feldplatte oder Meßspule.

Magnetische Drehzahlgeber lassen sich wie folgt charakterisieren:

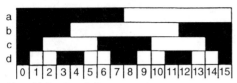

Abgewickelter Gray-Code

| 10 | 9 | 8 | 7 | 6 | 5 | 4 | 3 | 2 | 1 | Schritte |
|---|---|---|---|---|---|---|---|---|---|---|
| 0 | 0 | 0 | 0 | 0 | 0 | 0 | 0 | 0 | 0 | 0 |
| 0 | 0 | 0 | 0 | 0 | 0 | 0 | 0 | 0 | 1 | 1 |
| 0 | 0 | 0 | 0 | 0 | 0 | 0 | 0 | 1 | 1 | 2 |
| 0 | 0 | 0 | 0 | 0 | 0 | 0 | 0 | 1 | 0 | 3 |
| 0 | 0 | 0 | 0 | 0 | 0 | 0 | 1 | 1 | 0 | 4 |
| 0 | 0 | 0 | 0 | 0 | 0 | 0 | 1 | 1 | 1 | 5 |
| 0 | 0 | 0 | 0 | 0 | 0 | 0 | 1 | 0 | 1 | 6 |
| 0 | 0 | 0 | 0 | 0 | 0 | 0 | 1 | 0 | 0 | 7 |
| 0 | 0 | 0 | 0 | 0 | 0 | 1 | 1 | 0 | 0 | 8 |
| 0 | 0 | 0 | 0 | 0 | 0 | 1 | 1 | 0 | 1 | 9 |
| 0 | 0 | 0 | 0 | 0 | 0 | 1 | 1 | 1 | 1 | 10 |
| 0 | 0 | 0 | 0 | 0 | 0 | 1 | 1 | 1 | 0 | 11 |
| 0 | 0 | 0 | 0 | 0 | 0 | 1 | 0 | 1 | 0 | 12 |
| 0 | 0 | 0 | 0 | 0 | 0 | 1 | 0 | 1 | 1 | 13 |
| 0 | 0 | 0 | 0 | 0 | 0 | 1 | 0 | 0 | 1 | 14 |
| 0 | 0 | 0 | 0 | 0 | 0 | 1 | 0 | 0 | 0 | 15 |
| 0 | 0 | 0 | 0 | 0 | 1 | 1 | 0 | 0 | 0 | 16 |
| 0 | 0 | 0 | 0 | 0 | 1 | 1 | 0 | 0 | 1 | 17 |
| 0 | 0 | 0 | 1 | 0 | 0 | 0 | 0 | 0 | 0 | 127 |
| 0 | 0 | 1 | 1 | 0 | 0 | 0 | 0 | 0 | 0 | 128 |
| 0 | 1 | 0 | 0 | 0 | 0 | 0 | 0 | 0 | 0 | 511 |
| 1 | 1 | 0 | 0 | 0 | 0 | 0 | 0 | 0 | 0 | 512 |
| 1 | 1 | 0 | 0 | 0 | 0 | 0 | 0 | 0 | 1 | 1022 |
| 1 | 0 | 0 | 0 | 0 | 0 | 0 | 0 | 0 | 0 | 1023 |
| 0 | 0 | 0 | 0 | 0 | 0 | 0 | 0 | 0 | 0 | |

Gray-Code, tabellarisch

**Bild 4.13.** Abgewickelte Codescheibe

- einfacher, robuster Aufbau,
- recht unempfindlich bei Staubentwicklung, Dampf, Kondensatbildung,
- hohe Auflösung erreichbar, d.h. 1000 bis 4000 Impulse pro Umdrehung sind als Standard zu bezeichnen,
- die hartmagnetischen Subsysteme sind vor Umgebungs-Temperaturen von über 150 °C zu schützen,
- beim Auftreten von starken Fremdfeldern ist der Sensor gut abzuschirmen, um die Funktion sicherzustellen,
- bei Eindringen von ferromagnetischen Pulvern kann es zur Fehlfunktion kommen, so daß dann eine angepaßte Schutzart anzuwenden ist.

Wie aus Bild 4.14 zu ersehen ist, können zwei Grundtypen als magnetischer Geber wirken.

a) Der äußere Ring aus hartmagnetischem Material ist abwechselnd aufmagnetisiert und der Sensor ist auf die Magnetfläche des Außenrings ausgerichtet. Ein vergleichbarer Effekt läßt sich mit einem axial magnetisierten hartmagnetischen Zylinder und einem außen angeordneten

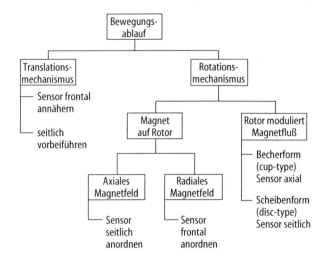

**Bild 4.14.** Übersicht über Sensoranordnungsmöglichkeiten

Zahnkranz aus weichmagnetischem Material erzielen.

b) Beim zweiten Typ ist der Sensor vor der Stirnseite der Magnetscheibe angeordnet, ähnlich wie bei den optischen Gebern.

Wie bereits angedeutet, sind die Temperatureinflüsse auf die hartmagnetischen Sensorsubsysteme und die Aufnehmer gesondert zu betrachten [4.17].

Hallsonden und magnetoresistive Sensoren sind temperaturempfindlich und bewirken folglich Drifterscheinungen des Ausgangssignals. Abhilfe bringen Brückenschaltungen zur Temperaturkompensation.

Am Beispiel eines *magnetoresistiven Sensors* soll aufgezeigt werden, wie das zu verarbeitende Ausgangssignal entsteht (Bild 4.15). Bildteil a zeigt die normierte Charakteristik für drei Sensoren: Der elektrische Widerstand ändert sich bei Einwirken eines magnetischen Feldes. Die quadratische Charakteristik bewirkt, daß nicht zwischen Nord- und Südpol unterschieden werden kann.

Eine Vormagnetisierung des Sensors durch ein flaches Magnetplättchen schafft Abhilfe. In Bild 4.15b wird die Signalentstehung gezeigt. Bildteil c zeigt das Sensorschema.

Der *Wiegand-Draht* besteht aus einem weichmagnetischen Kern, der von einem Material mit höherer Koerzitivfeldstärke umgeben ist. Wird der Draht durch die Annäherung eines Permanentmagneten aufmagnetisiert, so kippt zuerst der Kern und dann der magnetisch härtere Mantel in die Richtung des äußeren Magnetfeldes [4.3].

Bei jedem dieser sehr schnell ablaufenden Vorgänge wird in einer um den Draht gewickelten Spule ein Spannungsimpuls induziert. Der Impuls, der bei der Magnetisierungsrichtungsänderung des Kerns entsteht, ist der größere. Die Zeit zwischen zwei Groß-Impulsen ist ein Maß für die Geschwindigkeit des rotierenden oder translatorisch bewegten Körpers. Auch bei Schleichdrehzahlen liefert der Sensor, je nach Auslegung der Spule, noch Spannungsimpulse in der Höhe von einigen Volt und ca. 10 µs Dauer.

Neben der Drehzahl- und Geschwindigkeitsmessung findet der Wiegand-Sensor auch Einsatz als berührungsloser Endlagenschalter.

Die *Magnetgabelschranke* ist eine typische Anwendung für die Hallsonde. Der Aufbau ist ähnlich der Gabellichtschranke, wobei die Leuchtdiode durch einen Permanentmagneten und der Phototransistor durch den Hallsensor ersetzt werden. Wird die Magnetgabelschranke von einer weichmagnetischen Fahne durchfahren, so wird die Hallsonde abgeschirmt und die Ausgangsspannung ist Null. Ohne die weichmagnetische Fahne liefert die Sonde die volle Ausgangsspannung. Die Flanken der Spannungsimpulse liegen im Bereich von 1–2 µs.

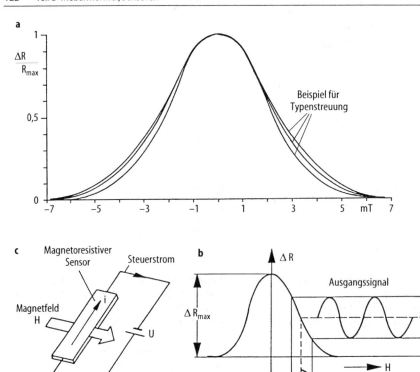

**Bild 4.15.** Magnetoresistive Sensoren. **a** Sensor-Charakteristiken; **b** Ausgangssignal-Entstehung; **c** Schema

Dieses Prinzip ist natürlich als Drehzahlgeber und auch zur Geschwindigkeitsmessung geeignet. Von Nachteil ist die Temperaturabhängigkeit der Hallsonden, so daß ggf. eine Temperaturkompensation zur Anwendung gebracht wird [4.1].

Die untere *Grenzfrequenz* bei den magnetischen Impulsgebern liegt bei 0 Hz und die obere bei 100 kHz je nach Sensortyp.

Anstelle der temperaturempfindlichen magnetischen Sensoren können auch einfache Meßspulen bei der Drehzahlmessung eingesetzt werden, wobei Faradays Gesetz zur Anwendung kommt.

Ein gutes Beispiel für einen derartigen elektromagnetischen Drehzahlmesser ist die *variable Reluktanz-Drehzahlmeßeinrichtung*, die in Bild 4.16 gezeigt wird.

Auf der Motorwelle sitzt eine gezahnte weichmagnetische Scheibe. Ein Permanentmagnet mit einem weichmagnetischen Polschuh leitet den magnetischen Fluß zur Zahnscheibe. Auf dem Permanentmagneten sitzt eine Prüfspule, in der die Flußänderungen bei drehender Scheibe eine Spannung induzieren. Die Höhe der induzierten Spannung hängt von dem verwendeten Magnetmaterial, dem Luftspalt und dem magnetischen Widerstand der Zahnscheibe und den Spulenparametern ab. Näherungsweise läßt sich der resultierende Fluß beschreiben, wenn m die Anzahl der Zähne auf der Scheibe ist.

$$\Phi = c_0 + c_1 \cos(m\varphi) \tag{4.9}$$

mit

$c_0$    mittlerer Fluß,
$c_1$    Amplitude der Flußänderung,
$\varphi$    Drehwinkel.

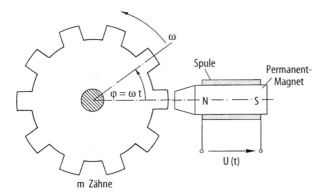

**Bild 4.16.** Variable Reluktanz-Drehzahlmeßeinrichtung

Die induzierte Spannung läßt sich dann berechnen zu:

$$U = -\frac{d\Phi}{dt} = -\frac{d\Phi}{d\varphi}\frac{d\varphi}{dt} \quad (4.10)$$

$$U = c_1 m \sin(m\,\varphi)\,\omega$$
$$U = U_0 \sin(m\,\omega t) \quad (4.11)$$

mit

$U_0 = c_1 m \omega$ als Amplitude und
$f = m\omega / 2\pi$ als Frequenz des Signals.

Will man die Winkelgeschwindigkeit ermitteln, so kann man die Amplitude oder die Frequenz des Signals analysieren. Die Zählung der Impulse für eine vorgegebene Torzeit ergibt ein digitales Signal, das der Winkelgeschwindigkeit entspricht. Ein Beispiel für eine derartige Signalverarbeitung zeigt Bild 4.17 [4.14].

Bei induktiven Impulsgebern liegt die untere *Grenzfrequenz* bei ca. 1,5 Hz und die obere bei etwa 10 kHz.

## 4.4 Geschwindigkeitsmessung

Die Geschwindigkeitsmessung von unterschiedlichem Walzgut (Bleche, Drähte), Werkstücken, Aufzugskabinen, Kunststoffolien, Papierbahnen, Textilbahnen, Schüttgütern, aber auch Fahrzeugen erfolgt je nach den Gegebenheiten berührungsbehaftet oder berührungslos.

Einige Prinzipien, die bei der Winkelgeschwindigkeitsmessung zur Anwendung kommen, können auch bei der Messung von Linearbewegungen eingesetzt werden wie zum Beispiel optische und magnetische Verfahren.

Für die Messung von niedrigen Geschwindigkeiten im Bereich von mm/min wird das elektrodynamische Prinzip ausgenutzt. Ein langgestreckter Permanentmagnet wird durch eine ihn umschließende Tauchspule geführt. Dabei entsteht eine Spannung gemäß:

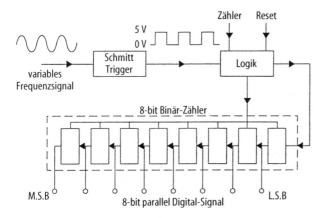

**Bild 4.17.** Frequenzwandlung in ein digitales Signal

$$u \sim B\,l\,\frac{ds}{dt} = B\,l\,v.$$

Für eine gegebene Anordnung, bei der künstlich gealterte Permanentmagnete die konstante Flußdichte sicherstellen, ist die unbekannte Geschwindigkeit der induzierten Spannung proportional.

Für die Geschwindigkeitsmessung stehen Einfach- oder Doppel-Abtastsysteme zur Verfügung. Die zuletzt genannten generieren zwei phasenversetzte Ausgangssignale, so daß die Bewegungsrichtung eindeutig erkannt werden kann [4.12, 4.13].

Neben diesen Verfahren finden bei der berührungslosen Geschwindigkeitsmessung folgende Prinzipien eine Anwendung:

– Verfahren nach dem Dopplereffekt, speziell Laser-Dopplerverfahren,
– Ortsfrequenz-Filterverfahren,
– Laufzeitkorrelationsverfahren.

Die drei oben genannten Verfahren haben eine größere praktische Bedeutung. Grundsätzlich geht es bei dem Doppler-Effekt um die Bestimmung der Geschwindigkeit bewegter Strahlungsquellen relativ zu einem festen Bezugssystem durch Messung der scheinbaren Veränderung ihrer Schwingungsfrequenz gegenüber dem Ruhezustand.

Neben der Radar-Technologie und der Ultraschall-Technologie werden verstärkt Laser bei diesem Verfahren eingesetzt. Bild 4.18 zeigt die Prinzipschaltung eines Geräts nach dem Doppler-Effekt und das Blockdiagramm eines Einfrequenz-Laserinterferometers.

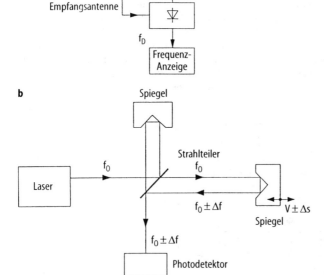

**Bild 4.18.** Dopplerverfahren. **a** Prinzipschaltung; **b** Blockdiagramm eines Einfrequenz-Laserinterferometers

## 4.4.1
### Dopplerverfahren

Die Bestimmung der Geschwindigkeit eines bewegten Körpers, z.B. eines Linearmotors, durch einen ruhenden Beobachter erfolgt aus der Zeit, die der Körper braucht, um eine definierte Wegstrecke zu durchlaufen. Ist es nicht möglich, die Meßstrecke festzulegen, so läßt sich die Geschwindigkeit unter Ausnutzung des Doppler-Effekts bestimmen. Wesentlich für die Anwendbarkeit dieses Verfahrens ist, daß der Körper als Schallquelle wirkt und nicht nur ein Geräusch, sondern einen oder mehrere Töne, z.B. Nutharmonische, gleichzeitig aussendet.

Man unterscheidet:

- konstante Geschwindigkeit des Körpers und konstante Frequenz des ausgesandten Tons,
- gleichmäßige Beschleunigung des Körpers und konstante Frequenz des ausgesandten Tons,
- gleichmäßige Beschleunigung des Körpers bei gleichzeitiger Proportionalität zwischen Geschwindigkeit und Tonhöhe.

Nach dem Doppler-Effekt liefert eine bewegte Schallquelle eine Frequenz $f_1$, wenn sie sich auf einen ruhenden Beobachter zubewegt und eine Frequenz $f_2$, wenn sie sich von ihm wegbewegt. Ist $f$ die von der Schallquelle erzeugte Frequenz, $v$ ihre Geschwindigkeit und $c$ die Schallgeschwindigkeit im umgebenden Medium, so gilt:

$$f_1 = \frac{f}{1 - v/c},$$
$$f_2 = \frac{f}{1 + v/c}, \quad (4.12)$$

$$\alpha = \frac{f_1}{f_2}. \quad (4.13)$$

Die Division der beiden Gleichungen liefert unter Verwendung von Abkürzung (4.13):

$$v = c \frac{\alpha - 1}{\alpha + 1}. \quad (4.14)$$

Das Verhältnis der beiden Frequenzen wird auch als Tonintervall bezeichnet.

Bei genauen Messungen wird die Abhängigkeit der Schallgeschwindigkeit von der Lufttemperatur und dem mittleren Feuchtigkeitsgehalt der Luft berücksichtigt.

Bei $v$ = const. genügt es, mit nur einem Mikrophon zu arbeiten. Auch im Fall einer beschleunigten Bewegung kann man noch gute Ergebnisse erzielen, solange der vom bewegten Körper (Fahrzeug) abgegebene Ton sich in seiner Höhe während der Messung nicht ändert.

Bei Proportionalität zwischen Geschwindigkeit und Tonhöhe sind zwei Mikrophone einzusetzen. Man zeichnet gleichzeitig beide Töne auf einem geeigneten Tonträger auf und führt die Auswertung mit einem Tonfrequenzgenerator durch.

## 4.4.2
### Laufzeitkorrelationsverfahren

Dieses Verfahren beruht darauf, daß die Geschwindigkeitsmessung auf eine Laufzeitmessung zurückgeführt wird. Einen typischen Aufbau zeigt Bild 4.19. Von zwei Aufnehmern, die in einem bekannten Abstand $s$ hintereinander in Geschwindigkeitsrichtung angeordnet sind, werden zufällige Änderungen der *Oberflächeneigenschaften* des bewegten Guts erfaßt. Dies können sein:

- Temperatur,
- optisches Reflexionsvermögen,
- Dichte,
- elektrische Leitfähigkeit,
- Helligkeit u.a.

Da Rauschsignale verarbeitet werden, spielen Eigenschaften der Sensoren wie Linearität, Drift und Verstärkung nur eine geringe Rolle.

Mittels eines Korrelators wird die *Kreuzkorrelationsfunktion* der stochastischen Eingangssignale berechnet und das Hauptmaximum bestimmt. Aus dessen Lage kann die Prozeßlaufzeit $T_0$ und die während der Beobachtungsdauer $T_B$ gemittelte Geschwindigkeit als Quotient von Aufnehmerabstand und Laufzeit berechnet werden.

$$\bar{v} = \frac{s}{T_0}. \quad (4.15)$$

Eine Auswahl von verschiedenen Sensortypen eignen sich für dieses Meßverfahren [4.12]:

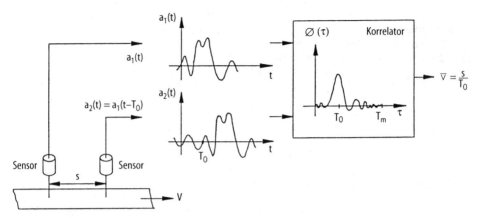

**Bild 4.19.** Prinzip des Laufzeitkorrelationsverfahrens

- optische Sensoren,
- induktive Sensoren,
- thermische Sensoren,
- Ultraschallsensoren.

Meßabweichungen des Sensorabstands $s$ und der korrelativen Laufzeitmessung von $T_0$ führen zu nichtlinearen Abweichungen von der Geschwindigkeit.

Unter den Bedingungen der betrieblichen Praxis läßt sich beobachten, daß die gemessenen Laufzeiten entweder sehr nahe am richtigen Wert liegen oder etwa ±10% von ihm abweichen.

Abhilfe bringt eine Erhöhung der Beobachtungsdauer $T_B$ oder eine Mittelwertbildung über mehrere Meßwerte. Die Aussagekraft des Meßergebnisses kann auch durch den Einsatz von modifizierten *Kalman-Filtern* verbessert werden [4.13].

### Literatur

4.1 Nürnberg W, Hanitsch R (1987) Die Prüfung elektrischer Maschinen. Springer, Berlin Heidelberg New York
4.2 Borucki L, Dittmann J (1971) Digitale Meßtechnik. Springer, Berlin Heidelberg New York
4.3 Schrüfer E (1984) Elektrische Meßtechnik. Hanser, München
4.4 Federn K (1977) Auswuchttechnik Bd 1. Springer, Berlin Heidelberg New York
4.5 Tränkler HR (1992) Taschenbuch der Meßtechnik. Oldenbourg, München
4.6 Hofmann D (1983) Handbuch Meßtechnik und Qualitätssicherung. Vieweg, Braunschweig
4.7 Förster H, Hanitsch R (1990) Magnetische Werkstoffe. TÜV Rheinland
4.8 Niebuhr J, Lindner G (1994) Physikalische Meßtechnik mit Sensoren. Oldenbourg, München
4.9 Profos P, Pfeifer T (1993) Grundlagen der Meßtechnik. Oldenbourg, München
4.10 Profos P, Domeisen H (1993) Lexikon und Wörterbuch der industriellen Meßtechnik. Oldenbourg, München
4.11 Rohrbach Chr (1967) Handbuch für elektrisches Messen mechanischer Größen. VDI, Düsseldorf
4.12 Ziesemer H (1985) Sensoren für die korrelative Geschwindigkeitsmessung. Messen Prüfen Automatisieren 5:236–241
4.13 Janocha H, Kohlrusch J (1994) Einsatz eines modifizierten Kalman-Filters für das Laufzeit-Korrelationsverfahren. Technisches Messen 61:33–39
4.14 Franke HJ, Bielfeldt U, Lachmayer R et al. (1994) Entwicklung eines robusten berührungslosen Drehzahl-Drehmoment-Meßsystems. Antriebstechnik 33/8:3–57
4.15 Hanitsch R (1991) Design and performance of electromagnetic machines based on Nd-Fe-B magnets. Journal of Magnetism and Magnetic Materials, p 271–275
4.16 Hanitsch R (1992) Permanent Magnets in Motors and Actuators. Proc. of Intl. Aegean Conf. on Electrical Machines and Power Electronics, Kusadasi, Vol. II, p 430–438
4.17 Coey JMD (Ed.) (1996) Rare-earth Iron Permanent Magnets, Clarendon Press, Oxford

# 5 Längen-/Winkelmessung

K. BETHE

## Einleitung

Die beiden geometrischen Meßgrößen Länge ($x$) und Winkel ($\varphi$) lassen sich nach den gleichen Prinzipien in elektrische Signale umformen. Bei der Meßgröße „Füllstand" kommen einige spezielle Verfahren sowie einige Probleme hinzu. Geschwindigkeit/Winkelgeschwindigkeit bzw. die jeweiligen Beschleunigungen ergeben sich durch Differentiation (z.B. $\omega = d\varphi/dt$). Daneben gibt es direkte Meßverfahren für lineare und rotatorische Geschwindigkeiten (Kap. B 4) oder Beschleunigungen (Kap. B 3). Umgekehrt können Wege und Winkel auch aus einer Beschleunigungsmessung und zweifacher Integration bestimmt werden („Trägheitsnavigation").

Über diese genannten Konzepte der relativen Wegmessung als Abstand zweier Punkte in einem beliebigen Koordinatensystem hinaus gewinnt neuerdings für größere Wege die Absolutmessung als Differenz zweier definierter „Positionen" an Bedeutung (z.B. Transportsysteme, Robotik): Durch die zivile Verfügbarkeit der Satelliten-Navigation (GPS = Global Positioning System) sind hier Meßfehler unter einigen Zentimetern möglich (ortsfester Referenzpunkt: Differential-GPS).

## 5.1 Analoge Verfahren

### 5.1.1 Amplituden-analoge Weg-/Winkelmessung

#### 5.1.1.1 Parametrische Sensoren

Die Meßgröße $x_e$ (Weg $x$ oder Winkel $\varphi$) wird in einen Widerstandswert, eine Induktivität oder eine Kapazität – allgemeiner in eine komplexe Impedanz $\underline{Z}$ – abgebildet. Das heißt, ein veränderbarer passiver 2-Pol(Widerstand/Spule/Kondensator) dient als Weg-/Winkelsensor. Der *passive* Signal-Parameter $R$, $L$ oder $C$ wird durch eine *Hilfsenergie* $P_H$ in ein *aktives* Signal $x_a$ (elektrischer Strom bzw. Spannung) umgesetzt. Als Hilfsenergie können eine Gleichspannung/-strom (DC) oder eine Wechselgröße (AC) beliebigen Zeitverlaufs dienen. Für induktive und kapazitive Sensoren kommen nur Wechselgrößen – vorzugsweise Sinussignale (Frequenz $f$) – infrage. Ohmsche Aufnehmer können zur Herabsetzung der Jouleschen Erwärmung vorteilhaft mit einem Pulssignal kleinen Tastverhältnisses gespeist werden.

Der kennzeichnende Parameter eines ohmschen Widerstandes, einer Induktivität bzw. einer Kapazität ($R$, $L$ bzw. $C$) hängt von der jeweiligen relevanten Materialgröße ($\rho$, $\mu_r$, $\varepsilon_r$) sowie von der Feldstruktur (Geometriefaktor $G_i$) ab (Zeile III in Bild 5.1). Im Falle eines homogenen elektrischen bzw. magnetischen Feldes ergeben sich die einfachen Geometriefaktoren nach Zeile IV. Die zusätzlichen Faktoren in Spalte 2 und 3 ($n_L^2$ bzw. $n_c$ -1) berücksichtigen die jeweiligen Flußverstärkungen durch die $n_L$ Windungen einer Spule bzw. durch die Anzahl $n_c$ der Kondensatorplatten eines Kondensatorstapels. In Zeile V sind die jeweiligen typischen Sensorprinzipien aufgelistet.

**Potentiometrische Sensoren.** Sehr weit verbreitet ist eine Anordnung, bei der ein mit dem Meßweg/-Winkel ($x_e$) verschiebbarer Schleifkontakt einen Teil $R_2$ eines Festwiderstandes $R_0$ abgreift und so die an $R_0$ anliegende Speisespannung $U_H$ aufteilt (Bild 5.2a,b):

$$U_2 = U_H \frac{R_2}{R_0}. \tag{5.1}$$

Für den üblichen Fall eines gleichmäßigen Widerstandsbelages ($R = k \cdot X_e$) wird der Meßweg $X_e$ linear in $U_2$ abgebildet (Kurve $R_0/R_L = 0$ in Bild 5.2c). Vorsicht: Bei Belastung dieses „linearen" Wegpotentiometers durch einen festen Lastwiderstand $R_L$ wird die Kennlinie $U_2/U_H = f(x/l_0)$ zunehmend nichtlinear (Bild 5.2c). Weiter zeigt Bild 5.2c den resultierenden absoluten und relativen Linearitätsfehler $E_{abs}$ bzw. $E_{rel}$ (s.a. Bild 5.2d).

Potentiometrische Weg-/Winkelsensoren können auch leicht mit gezielt *nichtlinearer*

Parametrische Sensoren
(Variation eines komplexen Widerstandes $\underline{Z}$)

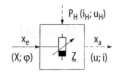

| | 1. Ohmscher Sensor | 2. Induktiver Sensor | 3. Kapazitiver Sensor |
|---|---|---|---|
| I. | $\underline{Z} = R$ | $\underline{Z} = j\omega L + R$ | $\underline{Z} = 1/j\omega C$ |
| II. | $P_H$ : DC; AC | $P_H$ : AC | $P_H$ : AC |
| III. | $R = \rho \cdot G_i$ | $L = \mu_r \cdot G_i$ | $C = \varepsilon_r \cdot G_i$ |
| IV. | $R_{hom} = \rho \cdot l/A$ | $L_{hom} = \mu_r \cdot \mu_0 \cdot A/l \cdot n_L^2$ | $C_{hom} = \varepsilon_r \cdot \varepsilon_0 \cdot A/l \cdot (n_C - 1)$ |
| | | Tauchkern- und Queranker-Systeme mit | Geometrieveränderte Kondensatoren: |
| V. | a) Wegpotentiometer | a) Ferromagnet. Kern | a) Abstandsänderung |
| | b) Dehnungsmeßstreifen | b) Wirbelstrom – Kern | b) Flächenänderung |
| | c) Thermowiderstandskette | c) Geometrie – variable Spulen | c) Einschub eines Dielektrikums |
| | (3-dimensionale und Planar-Systeme) | (3-dimensionale und Planar-Systeme) | (Ebene und koaxiale Systeme) |

**Bild 5.1.** Geometriemessung durch modulierte passive Zweipole

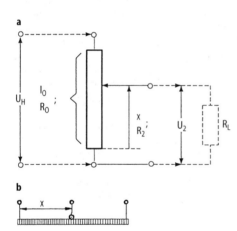

**Bild 5.2** Potentiometrischer Weg-/Winkelaufnehmer.
**a** Schaltskizze, **b** Realisierungen

Kennlinie $R = f(x_e)$ realisiert werden: Drahtgewickelte Widerstände werden mit ortsvariabler Steigung gewickelt, planare Widerstände erhalten eine nicht-rechteckige Kontur (s. Bild 5.3).

Da die Potentiometerschaltung nach Bild 5.2a das klassische *Differentialprinzip* enthält, entfällt theoretisch jeder Temperatureinfluß (sofern das gesamte Potentiometer sich auf ein und derselben – beliebigen – Temperatur befindet).

Widerstandsmaterialien: Konstantan und edelmetallhaltige Legierungen wie AgPd (in Drahtform), $RuO_{2-x}$-Dickfilme, „Leitplastik" (mit Graphit oder Ruß gefüllte Kunststoffe), z.B. [5.1]. Die Schleifer, z.B. aus CuBe, sind meist mehrfach ausgeführt (Übergangswiderstand!).

Der Meßweg ist bei geraden Potentiometern etwa gleich der Baulänge. Als Winkel-Potentiometer findet man solche, die auf Meßwinkel bis 360° begrenzt sind sowie sogenannte Wendelpotentiometer, z.B. 10×360°. Für große Meßwege werden untersetzende Seilzug- oder Zahnradgetriebe vor einem Winkelpotentiometer, z.B. einem 10-fach-Wendelpotentiometer, angeordnet.

*Typische Kenndaten*
– Meßweg:
1 ... 30 cm, unter Zwischenschaltung eines Getriebes bis ca. 10 m; $n \cdot 360°$

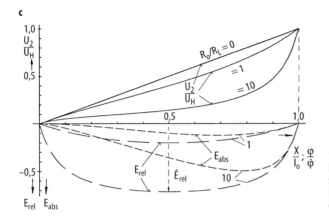

**Bild 5.2c.** Potentiometrischer Wegsensor, belastet mit unterschiedlichen Lastwiderständen $R_L$: Lastkennlinie, absoluter und relativer Fehler

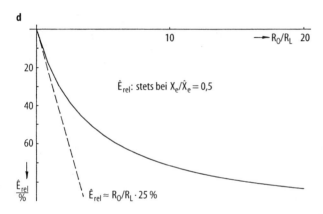

**Bild 5.2d.** Belastetes Potentiometer: Relativer maximaler Fehler als Funktion des Belastungsverhältnisses $R_0/R_L$

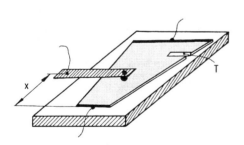

**Bild 5.3.** Planar-Potentiometer mit nichtlinearer Charakteristik (T = Trimmspur)

- Auflösung:
  Bei drahtgewickelten Potentiometern gemäß Draht-Durchmesser. Bei homogenen Widerstandsbahnen ca. 0,1 mm (wegen Hysterese/Stick-slip).

- Nicht-Linearität:
  ca. 1% FS (unbelastet)
- Lastspiele:
  $>10^8$
- Einsatztemperatur:
  $-50/+100$ °C (Kunststoff) bzw. $+250$ °C (Metall)

*Charakteristik*
Vorteile
- Einfache Hilfsenergie (DC) ⎫ keine
- hohe Signalleistung ⎬ Elektronik
  ⎭ erforderlich
- lineare Kennlinie (auch beliebige Nichtlinearität modellierbar, trimmfähig)
- großer Meßweg/-winkel

Nachteile
- Berührung des Meßobjektes (→mechanische Rückwirkung)

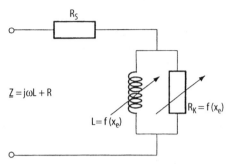

**Bild 5.4.** Elektrisches Ersatzschaltbild eines induktiven Wegsensors mit Kern ($\rightarrow R_K$)

- Reibung ($\rightarrow$Hysterese, Verschleiß)
- Korrosion/Verschmutzung der Widerstandsbahn ($\rightarrow$Kontaktprobleme)
- begrenzte Auflösung
- hohe Leistungsaufnahme

*Typische Anwendungsgebiete*
- Kfz, Industrieanlagen, Kompensationsschreiber

**Induktive Sensoren.** Induktive Wegaufnehmer bestehen aus einer Spule aus Cu, Al, Ag oder Au, deren endliche Leitfähigkeit zu einem Serienwiderstand $R_S$ führt. Weiterhin treten Verluste in dem ferromagnetischen bzw. dem leitfähigen „Wirbelstrom"-Kern auf, die in dem Ersatzschaltbild (Bild 5.4) durch einen Widerstand $R_K$ repräsentiert werden, obgleich in ferromagnetischen Materialien zwei Verlustmechanismen wirksam sind (Hysterese, Wirbelstrom). Sowohl $R_S$ wie $R_K$ weisen erhebliche Frequenzabhängigkeit auf: $R_S$ infolge Skin- und Proximity-Effekt; $R_K$: Hystereseverlustleistung $\sim f$, Wirbelstromverluste $\sim f^2$, beide sind u.U. durch Feldverdrängung ($\hat{=}$ Skineffekt) zusätzlich frequenzabhängig. Infolge dieser Verluste muß hier von einer komplexen Impedanz $\underline{Z} = j\omega L + R$ mit Gütewerten $Q = (\omega L/R)$ bei etwa 20 ausgegangen werden, wobei stets sowohl $L$ als auch $R$ von der Kernstellung ($\sim x_e$) abhängen und also – einzeln oder auch gemeinsam – zur Messung herangezogen werden können.

Das Grundkonzept induktiver Wegaufnehmer verdeutlicht Bild 5.5: In eine ein- oder mehrlagige Zylinderspule wird ein „Kern" gemäß dem Meßweg $x$ eingeschoben. Ist das Kernmaterial ferro-/ferrima-

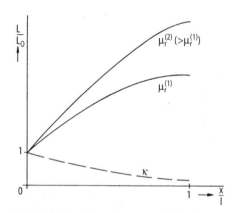

**Bild 5.6.** Induktiver Wegsensor, alternativ mit zwei Magnetkernen unterschiedlicher Permeabilität $\mu_r$ oder einem leitfähigen „Wirbelstrom-Kern" $\kappa$

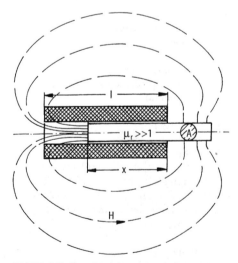

**Bild 5.5.** Zylinderspule mit ferromagnetischem Tauchanker

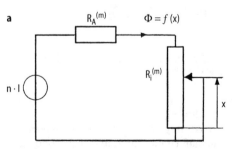

**Bild 5.7a.** Magnetisches Ersatzschaltbild eines induktiven Wegsensors mit Magnetkern

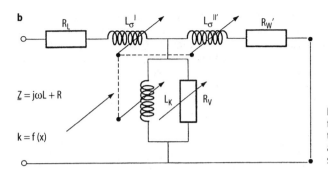

**Bild 5.7b.** Elektrisches (Transformator-)Ersatzschaltbild eines induktiven Wegsensors mit leitfähigem, aber unmagnetischem Anker („Wirbelstrom-Sensor")

gnetisch ($\mu_r > 1$), so tritt eine Erhöhung der Spuleninduktivität auf (vgl. Bild 5.1, Zeile IV). Unter Vernachlässigung des Magnetfeldes außerhalb der Spule erhält man für $\mu_r \gg 1$ als Folge des über die Länge $x$ im Ferromagnetikum geführten Feldes

$$L \approx \mu_0 \frac{A}{l-x} n_L^2. \qquad (5.2)$$

Andererseits: Besteht der Kern aus einem elektrisch leitfähigen, aber unmagnetischen Material (z.B. Cu), so werden in diesem Wirbelströme induziert, die (gemäß Lenzscher Regel) dem Ursprungs-Magnetfeld der stromdurchflossenen Spule entgegenwirken. Das heißt, der magnetische Fluß $\Phi$ in dieser Kernzone wird geschwächt, also die Induktivität ($L = n \cdot \Phi/I$) verringert. Im Falle geringer Eindringtiefe $\delta$ des Stromes (z.B. $f = 50$ kHz $\rightarrow \delta_{Cu} \approx 0{,}3$ mm) ist das Kerngebiet nahezu feldfrei. In Bild 5.6 sind diese beiden Kern-Fälle gezeigt. Bild 5.7

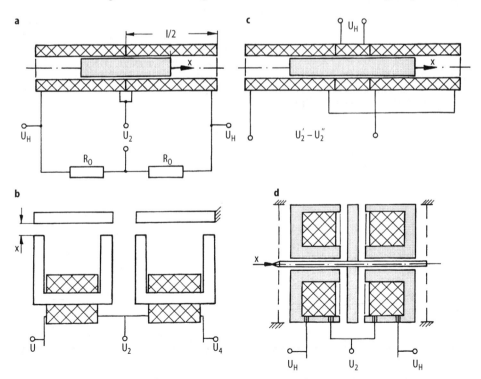

**Bild 5.8.** Induktive Wegsensoren. **a** Differentialdrossel mit Tauchkern. Brückenanordnung, **b** U-I-Kern-Querankersensor mit festem Referenzsystem, **c** Differential-Transformator, **d** Queranker-Differentialdrossel aus zwei Ferrittopfkernen

verdeutlicht die beiden unterschiedlichen Kern-Konzepte in Ersatzschaltbildern: 5.7a zeigt das *magnetische* Ersatzschaltbild für magnetische Kernmaterialien mit variablem magnetischen Widerstand $R_i^{(m)}$ des Spulen-Innenraumes mit dem (meist zu vernachlässigenden) magnetischen Widerstand $R_a^{(m)}$ des äußeren Spulenfeldes. Bild 5.7b zeigt den wahren Charakter des Wirbelstrom-Sensors: Es handelt sich um einen sekundärseitig kurzgeschlossenen *Transformator* variabler Kopplung $k$, die sich in einer durch den Meßweg $x$ verursachten Verschiebung des Gewichtes zwischen Streuinduktivität $L_\sigma$ und der Hauptinduktivität $L_k$ ausdrückt.

Magnetische Kerne sind zur Vermeidung einer Überlagerung mit dem 2. Effekt, der Feldverdrängung (→hohe Temperatur- und Frequenzabhängigkeit!) vorzugsweise aus weichmagnetischem Ferrit herzustellen.

Neben dem in Bild 5.5 skizzierten „Tauchkernsystem" (oftmals mit äußerer magnetischer Abschirmung – zugleich Rückschluß) finden „Querankersysteme" – ebenfalls mit weichmagnetischem oder Wirbelstrom-Joch – Verwendung (Bild 5.8). Bild 5.8b zeigt zwei einfache U-Kerne (z.B. Dynamoblech-Packet) mit ebensolchem Joch. Nur das linke System dient als Sensor für den Meßweg $x$; das rechte System weist einen festen Jochabstand auf und dient als temperaturkompensierende *Referenz*. In Bild 5.8d ist ein sehr einfach zu realisierender, bis in den Nanometerbereich auflösender Rauhigkeitssensor gezeigt, der aus zwei handelsüblichen Ferrit-Topfkernen aufgebaut ist.

Zur Vermeidung der erheblichen *parasitären Einflüsse* von Temperatur und Feuchte auf die Induktivität werden meist *Differentialanordnungen* verwendet (Bilder 5.8a–5.8d). Hier wirkt sich die Meßgröße $x$ über den *beiden Spulen gemeinsamen Kern* gegensinnig auf die beiden Induktivitäten aus wie Bild 5.9 zeigt (Gegentaktsignal!). Ergänzt man diese „Differentialdrossel" durch zwei Widerstände zur Vollbrücken-

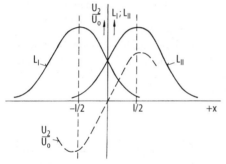

**Bild 5.9.** Differentialdrossel, Tauchkern-Typ. Variation der Einzelinduktivitäten $L_I$; $L_{II}$ mit der Position $x$ des Tauchkerns. Relatives Brückenausgangssignal $U_2/U_0$ über der Kernposition $x$.

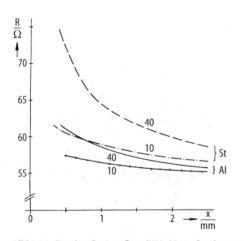
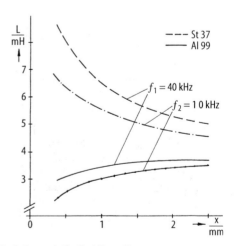

**Bild 5.10.** Einzelner Ferrittopfkern (N22; 25 mm Durchmesser) mit Gegenscheibe (Stahl bzw. Al). (vgl. Bild 5.8d), $\underline{Z} = R + j\omega L$

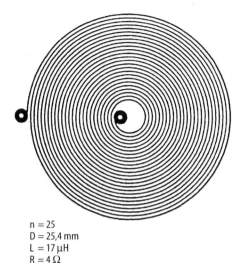

$n = 25$
$D = 25{,}4$ mm
$L = 17$ µH
$R = 4\,\Omega$

$$L\,(\text{nH}) \approx 14\,n^2 \cdot \frac{(r_a + r_i)^2}{2{,}14 \cdot r_a - r_i}\; ;\; [5.2]$$

**Bild 5.11.** Planare Schneckenspule, geätzt aus Platinenmaterial (25 µm Cu)

Schaltung (Bild 5.8a), so ergibt sich die in Bild 5.9 gezeigte, fast lineare Kennlinie. (Differentialanordnungen bewirken stets *Linearisierung und Unterdrückung von (Gleichtakt)-Umweltstörungen* – sowohl thermisch wie elektrisch).

Ein typischer Verlauf der Klemmen-Ersatzgrößen $L$ und $R$ über dem Meßabstand $x$ zwischen der Front eines Ferrit-Topfkernes und einer massiven felddeformierenden Gegenplatte aus Stahl bzw. Aluminium ist in Bild 5.10 bei zwei verschiedenen Frequenzen wiedergegeben.

Neben dreidimensionalen (gewickelten) Spulen können auch planare Schneckenspulen – z.B. in Dickfilmtechnik – als induktiver Sensor verwendet werden. Bild 5.11 zeigt eine typische Schnecke, aus einer Cu-kaschierten Platine geätzt [5.2]. Rückseitige Belegung mit einer Ferritplatte würde die Induktivität $L$ nahezu verdoppeln und als magnetische Abschirmung dienen.

*Typische Kenndaten*
*(Tauch- und Queranker)*
– Meßweg:
   0,1 … 10 cm (halbe Baulänge einer Differentialdrossel)
– Auflösung:
   bis herab zu einigen Nanometern
– Abweichung von Ideal-Kennlinie (Gerade bzw. Hyperbel):
   einige % FS
– Lastspiele:
   nahezu beliebig
– Einsatztemperatur:
   –150/+150 °C (+800 °C)

*Charakteristik*
Vorteile
– berührungslose Messung (keine Reibung, kein Verschleiß, Messung an bewegten Objekten möglich)
– magnetische Rückwirkungskraft sehr klein
– keine Beeinträchtigung durch Schmutz, Staub …
– sehr hohe Auflösung

Nachteile
– Speisung mit Wechselspannung erforderlich (50 Hz, 5 kHz)  einfache Elektronik erforderlich
– mäßige Signalleistung
– erhebliche Nichtlinearität
– keine Möglichkeit für maßgeschneiderte Kennlinie
– nur für kleine Wege
– erhebliche Temperatur- und Feuchteabhängigkeit.

*Typische Anwendungsgebiete*
Tauchankersysteme als Standardaufnehmer der Labortechnik, z.B. für Kfz, in der Werkstoffprüfung (Zugversuch), Bauingenieurwesen. Als Wegsensor in Druck- und Kraftaufnehmern, als Füllstandsmeßgerät weitverbreitet, in der Fertigungsautomatisierung, im CD-Optokopf (Autofocus-Regelkreis). Querankersysteme (magnetisch und Wirbelstrom) als Endschalter, in der Werkstoffprüfung (Schichtdicke, Rißprüfung, Bestimmung des Flächenwiderstandes), hochauflösend in Rauhigkeitsmeßgeräten.

Eine Sonderanwendung des induktiven Weg-Sensorkonzepts stellt eine zylindrische Spiralfeder dar: Axiale Belastung streckt diese Feder, steigert somit deren Feldlinienlänge $l$ und reduziert damit die Induktivität (s. Bild 5.1, Spalte 2, Zeile IV); Anwendung in einem Stoßdämpfer [5.3].

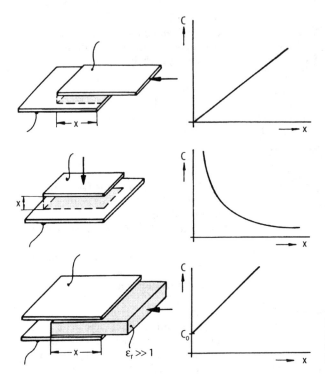

**Bild 5.12.** Kapazitive Wegsensoren: Parallelverschiebung – Normalverschiebung – Einschub eines Dielektrikums

Ähnliche Aufgaben erfüllt ein axialer Wirbelstrom-Langwegaufnehmer (Vibrometer).

Auswerteschaltungen für induktive 2-Pol-Sensoren:

a) Trägerfrequenzbrücke, typisch 5 kHz, Messung von $L$, $R$ oder $\omega L/R$.
b) Oszillatorschaltung, Messung von $f_{res}$ ($\rightarrow L$) oder Schwingstrom ($\rightarrow R$).

Eine hochwertige Auswerteschaltung ist in [5.4] beschrieben.

**Kapazitive Weg-/Winkelsensoren.** Gemäß Bild 5.1, Spalte 3 gehen in den Kapazitätswert $C$ eines Kondensators die Fläche $A$ der Platten, deren gegenseitiger Abstand $l$ sowie die relative Permittivität $\varepsilon_r$ des im Feldraum befindlichen Dielektrikums ein. Alle drei Größen können durch die Meßgröße $x$ bzw. $\varphi$ zu Sensorzwecken verändert werden. Es ergeben sich dann die Kennlinien gemäß Bild 5.12. Da die mit einfachen Kondensatoren erreichbaren Kapazitätswerte i.a. deutlich unter 100 pF liegen, wird bisweilen auf eine Stapelbauweise zurückgegriffen. Ne-

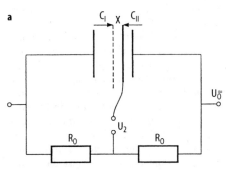

**Bild 5.13a.** Differential-Plattenkondensator (mit Brückenergänzung)

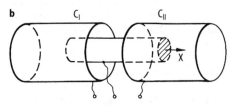

**Bild 5.13b.** Koaxialer Differentialkondensator

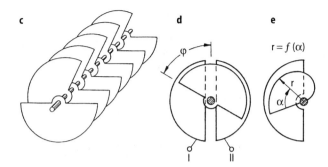

**Bild 5.13c-e.** Kapazitiver Winkelaufnehmer: **c** Gestapelter Drehkondensator, **d** Differential-Drehkondensator, **e** Nichtlinearer Drehkondensator

ben dem Parallelplattenkondensator nach Bild 5.12 werden koaxiale Ausführungen (Bild 5.13b) verwendet. Bei dieser Bauweise ist die Invarianz gegenüber *parasitären Radialbewegungen* ($dC/dr \approx 0$) vorteilhaft. Wegen des üblicherweise geringen Luftspalts koaxialer Kondensatoren können diese als abgewickelter Plattenkondensator berechnet werden.

Die Attraktivität kapazitiver Sensoren resultiert aus dem sehr einfachen Aufbau, mehr noch aus der Tatsache, daß mit dem üblichen Dielektrikum Luft ($\varepsilon_r = 1 + 0{,}00055 \cdot p/bar$) im Gegensatz zu ohmschen und induktiven Sensoren ($\rho$, $\mu_r$!) praktisch keine Materialkennwerte wirksam werden. Damit entfallen wesentliche Ursachen für Fertigungsstreuungen, Alterung und Temperaturabhängigkeit. Problematisch bleibt die Luftfeuchte, besonders Betauung. Der Temperaturgang von Luftkondensatoren resultiert nur aus der thermischen Dilatation der Konstruktionsmaterialien (Elektroden, Isolatoren). Für Präzisionsanwendungen empfiehlt sich z.B. Quarzglas mit Dünnfilm-Elektroden aus Au und das Differentialprinzip (Bild 5.13a). Muß stattdessen nur mit festem Referenzkondensator gearbeitet werden, so sollte dieser weitestgehend baugleich dem Meßkondensator sein (vgl. Bild 5.8b). Abweichungen von den Idealkennlinien nach Bild 5.12 ergeben sich durch Streufelder und Zuleitungskapazitäten sowie durch Unebenheiten/Nichtparallelität der Elektroden. Gegen die beiden erstgenannten Einflüsse empfehlen sich potential-gesteuerte *Schutzelektroden* (guard-ring). Diese nicht in den Signalfluß einbezogenen feldsteuernden Zusatzelektroden können auch zu einer Feldfokussierung herangezogen werden [5.5–5.7]. Ist ein Meßobjekt nur einseitig zugänglich, so werden auch Lateral-Plattenkondensatoren eingesetzt.

*Typische Kenndaten*
– Meßweg:
  0,1 ... 3 cm (halbe Baulänge eines koaxialen Differentialkondensators)
– Auflösung:
  bis unterhalb 0,1 nm! [5.8, 5.9]
– Abweichung von der Ideal-Kennlinie:
  einige % FS
– Lastspiele:
  nahezu beliebig
– Einsatztemperatur:
  Tieftemperatur bis ca. +800°C (Isolation!)

*Charakteristik*
Vorteile
– berührungslose Messung (keine Reibung, kein Verschleiß)
– Rückwirkungskraft extrem gering
– sehr geringer Leistungsbedarf
– Kennlinie maßschneiderbar
– extrem hohe Auflösung und Langzeit-Stabilität
– geringer Temperatur-Koeffizient
– hochtemperaturgeeignet

Nachteile
– Speisung mit Wechselspannung erforderlich, z.B. 50 kHz } hochwertige Elektronik
– geringe Signalleistung } erforderlich
– Nichtlinearitäten,
– empfindlich gegen Schmutz, Feuchte, Staub, Elektrodenkorrosion.

*Typische Anwendungsgebiete*
Präzisions-Weg-/Winkelmessung, weitverbreitet in Druckaufnehmern (auch Kfz), Va-

## 136  Teil B Meßumformer, Sensoren

Modulation des Übertragungsmaßes Ü
(4-Pole)

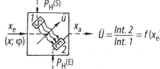

Transformator

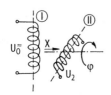

$$\ddot{U} = \frac{U_2}{U_0} = f(X; \varphi)_{I; II}$$

$$U_2 = n_{II} \cdot \frac{d\Phi_{II}}{dt}$$

$$\frac{U_2}{U_0} = \frac{n_{II}}{n_I} \cdot \left(\frac{\Phi_{II}}{\Phi_I}\right)_{\varphi_{I; II} = 0} \cdot \cos \varphi_{I; II}$$

Perm.-Magnet/Magnetsensor

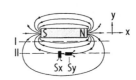

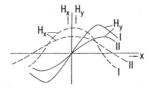

- Hallgenerator
- Magneto-Widerstand
- Impulsdraht, Reedschalter

Lichtquelle/Photodetektor

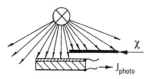

- Glühlampe
- LED
- LD
- HeNe-Laser

- Photowiderstand
- Photodiode
- Spaltdiode
- PSD
- CCD

**Bild 5.14.** Geometriemessung durch Vierpole

kuummeßgeräten, Badezimmerwaagen; zur Füllstandsmessung (vgl. Bild 5.97)

*Auswerteschaltungen für kapazitive Sensoren* z.B. [5.10, 5.11]
Trägerfrequenzbrücken:
- Ausschlagverfahren und selbstabgleichend
- Frequenzanalog:
  harmonische Oszillatoren, frequenzabhängige Brücke +PLL, Relaxationsoszillatoren
- Digital:
  Digitale Kompensatoren mit synthetischen Sinusspannungsquellen oder integrierenden ADU. Es wurden Auflösungen bis $10^{-20}$ F erreicht!

### 5.1.1.2
**Modulatorische Sensoren**
Die Meßgröße $x_e$ (Weg oder Winkel) verändert („moduliert") die Intensität einer (u.U. nicht-elektrischen) Signalübertragung von einem „Sender $S$" zu einem „Empfänger $E$" (Bild 5.14). Die Energie des Ausgangssignals $x_a$ entstammt entweder dem Sender $P_H^{(s)}$ oder wird aus einer Empfänger-Hilfsenergie $P_H^{(E)}$ gewonnen.

**Transformatorprinzip.** Vergleichbar dem Wirbelstrom-Sensor (Bild 5.7b) wird die Kopplung zwischen Primärwicklung ($S$) und Sekundärwicklung ($E$) durch Variation des Spulen-Abstandes bzw. der Position eines Magnetkernes ($\to x$) oder durch Verdrehen der Spulenachsen gegeneinander ($\to \varphi$) verändert. Entsprechend der Meßgröße $x_e$ ändert sich die Amplitude der sekundärseitig induzierten Ausgangsspannung $U_2$.

Ausführungsformen:
a) Der *Differentialtransformator* (Linear Variable Differential Transformer = „LVDT") entspricht der Tauchkern-Differentialdrossel (Bild 5.8c): Hier werden durch eine Primärwicklung, gespeist mit der Wechselspannung $U_H$, in den beiden symmetrischen Sekundärwicklungen zwei gegenphasige Spannungen ($U'_2; U''_2$) induziert, die sich demgemäß bei mittiger Kernlage ($x = 0$) zum Wert Null summieren, d.h. die Brückenergänzung gemäß Bild 5.8a entfällt. Bei gleicher Grundfunktion, Anwendung und vergleichbaren Kenndaten wie die Differentialdrossel besteht ein gewisser Vorteil des LVDT darin, daß der primärsei-

5 Längen-/Winkelmessung   137

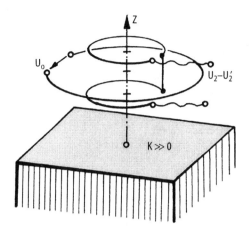

**Bild 5.15.** Transformatorischer Differentialsensor zur Leitfähigkeits-/Temperaturmessung

tige ohmsche Verlustwiderstand $R_S$ hier durch die ausschließliche Erfassung der von $L_k$ induzierten Sekundärspannung umgangen wird (vgl. Bild 5.7b).

b) Dieser Effekt (Eliminierung von $R_S$) spielt eine viel wesentlichere Rolle bei transformatorischen Mehrspulensystemen zur Schichtdicken-, Leitfähigkeits- oder Rißprüfung in Wirbelstromanordnung. Beispielhaft zeigt Bild 5.15 eine *3-Spulen-Differentialsonde* zur Leitfähigkeitsmessung. Die enge Verwandtschaft zum LVDT ist offensichtlich.

c) Die drei Synonyme „Resolver", „Drehmelder" oder „Synchro" stehen für einen zur Winkelmessung weitverbreiteten mehrphasigen *Drehtransformator*. Die Bezeichnung „Synchro" spiegelt das Bauprinzip wider: Wie bei einem Synchron-Generator induziert eine einachsige Rotor-Wicklung in zwei oder drei um 90° bzw. 120° gegeneinander versetzten Stator-Wicklungen Spannungen, deren Amplituden und Vorzeichen den Winkel α zwischen Stator und Rotor widerspiegeln (Bild 5.16a) [5.12, 5.13]. Wegen der für transformatorische Systeme typischen hohen Signalleistung kann ein zweiter, vorzugsweise baugleicher Resolver gemäß Bild 5.16b mit dem „Winkelgeber" gekoppelt werden: Dieser „Empfangsresolver" nimmt die gleiche Winkelposition α ein. Mit dieser „elektrischen Welle" sind Winkelgleichlauffehler unter 0,03 Winkelgraden erreicht worden. Für die Verwendung eines Resolvers zur direkten Winkelmessung wurden spezielle „Synchro-Digi-

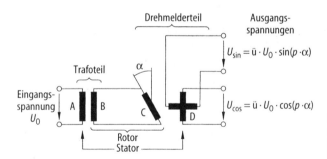

**Bild 5.16a.** Drehwinkelsensor nach dem Resolverprinzip (Speisung des Rotors über Drehtransformator) (Siemens)

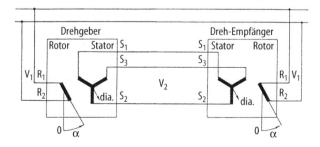

**Bild 5.16b.** „Elektrische Welle" mit zwei Resolvern (120°)

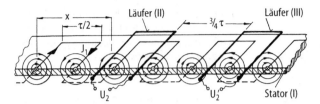

**Bild 5.17.** „Induktosyn"-Konzept (≡ transformatorischer Inkrementalaufnehmer)

talumsetzer" entwickelt [5.14] (Abschn. C 8.2) Speist man den *einphasigen Rotor* (wie in 5.16b, links), so entstehen im Stator Spannungen gleicher Phase, aber unterschiedlicher *Amplitude*. Speist man hingen den Stator mit einem *3-Phasen-Wechselstrom*, so wird im Rotor eine Spannung induziert, die betragsmäßig konstant bleibt, aber den Stellwinkel α in der *Phase* abbildet.

d) Die unter dem Handelsnamen „Inductosyn" vertriebenen *linearen Wegmeßsysteme* arbeiten nach dem gleichen (hier abgewickelten) Prinzip wie der Resolver:

Nach Bild 5.17 induziert ein mäanderförmiger Primärleiter I (entsprechend der einachsigen Rotorwicklung) in zwei Empfangs„wicklungen", den zwei Mäanderabschnitten II und III (entsprechend dem mehrspuligen Stator) Spannungen, die bei Verschiebung der beiden Mäandersysteme gegeneinander ein periodisches Signal-Doublett mit Teilungs- und Richtungsinformation liefern. Anstelle der innerhalb α<360° eindeutigen 3poligen Feldstruktur des 120°-Resolvers ist hier eine hohe Polteilung (bis zu 2000 Pole) vorhanden. Damit ist das Inductosyn – linear oder rotatorisch – engstens mit dem Inkrementalmaßstab (Abschn. 5.2.1.1) verwandt. Es unterscheidet sich von diesem lediglich in der Auslesung der Maßstabsteilung: Dort optisch, magnetisch, eventuell auch galvanisch, hier per Induktionsgesetz. In beiden Systemen ist eine analoge (zyklisch-absolute) Interpolation des jeweiligen Inkrements zur Auflösungserhöhung üblich.

*Typische Kenndaten, charakteristische Anwendungen*
a) Differentialtransformator (Tauchkernsystem): s. Differentialdrossel
b) Zahlreiche Spezialkonstruktionen, keine allgemeinen Angaben möglich
c) Resolver:

Abmessungen:
12 ... 70 mm Durchmesser/
Länge: 25 ... 100 mm
– Meßwinkel:
360° (umlaufend)
– Auflösung:
bis zu $10^{-5}$ Umdr. [5.14]
– Nichtlinearität:
typisch 0,5 ... 2%
– Einsatztemperatur:
–200/+100 °C (500 °C)

d) Transformatorische Inkrementalmaßstäbe „Inductosyn" o.ä.
– Abmessungen:
Einzelmaßstäbe von je 250 mm Länge kaskadierbar, Polteilung τ = 1...2 mm
– Meßweg:
bis ca. 1,5 m
– Auflösung/Nichtlinearität:
bis herab zu 1 μm (beim Winkel-Inductosyn bis zu etwa zwei Bogensekunden!)
– Einsatztemperatur:
+5 ... +150 °C (–200 ... +500 °C).

**Magnetostatische Sensoren.** Bei dem in Bild 5.14 unter 1) „Transformatorische Sensoren" dargestellten Konzept wird das (*zeitvariante*) Magnetfeld der Primärspule (I) durch eine Induktionsspule II nach Größe und Richtung erfaßt. Wird das primäre Magnetfeld durch einen Permanentmagneten erzeugt, so sind zur Bestimmung dieses *statischen Feldes* Hallsensoren oder Magnetowiderstandselemente erforderlich. Im Sonderfall der rein binären Erfassung können auch Reedschalter oder Impulsdraht-(„Wiegand"-)Sensoren eingesetzt werden. Wiederum erhält man aus dem aktuellen Feldvektor eine Information über die relative Position von „Feldsender *S*" zum „Feldempfänger *E*", also einen Weg- oder Winkelsensor. Die Leistung des Sensorsignals $x_a$ entstammt hier einer Hilfsquelle $P_H^E$, da sie dem magnetostatischen Feld nicht entnommen werden kann. Bild 5.14(b) zeigt das

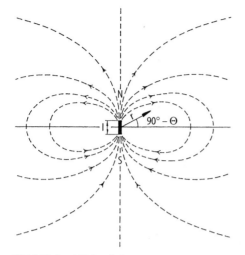

**Bild 5.18.** Fernfeld eines Stabmagneten

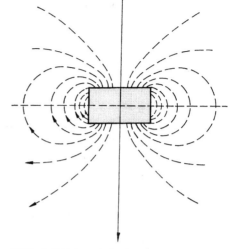

**Bild 5.19.** Feld eines scheibenförmigen Magneten

Feldbild eines Stabmagneten zusammen mit den Feldintensitäten auf den zwei Meßlinien I und II (parallel zur Magnetachse), zu messen durch die Sensoren $S_x$ und $S_y$. Es empfiehlt sich, die zur Magnetachse senkrechte Feldkomponente $H_y$ zu benutzen, die zwischen den Meßorten $\pm x_0$ monoton in $x$ verläuft. Unter zusätzlicher Verwendung der achsparallelen Komponente $H_x$ kann auch noch über diesen Meßbereich $\pm x_0$ hinaus eine eindeutige Position bestimmt werden, etwa als Quotient $H_y/H_x$. Zur Berechnung der jeweiligen Feldstruktur bedient man sich geschlossener Näherungslösungen (s. Bild 5.18 u. 5.19) [5.15, 5.16] oder der FEM, z.B. Programm „ANSYS" (Bild 5.19). Für das Fernfeld ($r \gg l$) eines magnetischen Stabes (Bild 5.18) gilt:

$$B_r; B_\Theta = \frac{B_0 \cdot A \cdot l}{2\pi r^3} \cdot (\cos\Theta; \sin\Theta) \quad (5.3)$$

mit

$B_0$ Flußdichte an der Magnet-Stirnfläche,
$A$ Magnetquerschnitt,
$l$ Magnetlänge.

Über hartmagnetische Werkstoffe gibt Tabelle 5.1 Auskunft.

Die Entmagnetisierungs-Kennlinien zeigt Bild 5.20; Bild 5.21 illustriert alternative Magnetmaterialien bei optimaler Formgebung der Permanentmagnete.

Für die kontinuierliche Magnetfelddetektion stehen die auf den gleichen magnetogalvanischen Mechanismus zurückgehenden Halbleiter-Hall-Sensoren und Magnetowiderstände zur Verfügung, wie Bild 5.22 erläutert: Infolge der *Lorentzkraft* $F_L$ weichen die Drift-Bahnen der Ladungsträger von der elektrostatischen Kraftrichtung $F_E$ um den „Hallwinkel" $\varphi_H$ ab; sie werden somit länger ($\rightarrow$Widerstandserhöhung) und bewirken

**Tabelle 5.1** Permanentmagnetmaterialien

| Material | Tc/°C | $(B \cdot H)_{max}$ kJ·m$^{-3}$ | $TK_{Br}$ %·K$^{-1}$ | $TK_{Hc}$ %·K$^{-1}$ | $T_{max}$ °C | Kostenfaktor Preis: $(B \cdot H)_{max}$ |
|---|---|---|---|---|---|---|
| NdFeB | 310 | 290 | –0,1 | –0,5 | 150 (–10%) | 3,2 |
| Sm$_2$Co$_{17}$ | 800 | 215 | –0,03 | –0,23 | 300 (–2,5%) | 7 |
| SmCo$_5$ | 720 | 200 | –0,04 | –0,25 | 250 (–2,5%) | 7 |
| AlNiCo-500 | 850 | 40 | –0,02 | +0,02 | 500 | 3,3 |
| Ferrit (anisotrop) | 450 | 33 | –0,2 | +0,4 | 250 | 1 |
| Ferrit (isotrop) | 450 | 7,7 | –0,2 | +0,4 | 250 | |

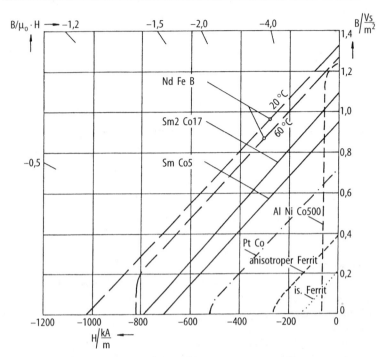

**Bild 5.20.** Entmagnetisierungs-Kennlinie von Permanentmagnetmaterialien

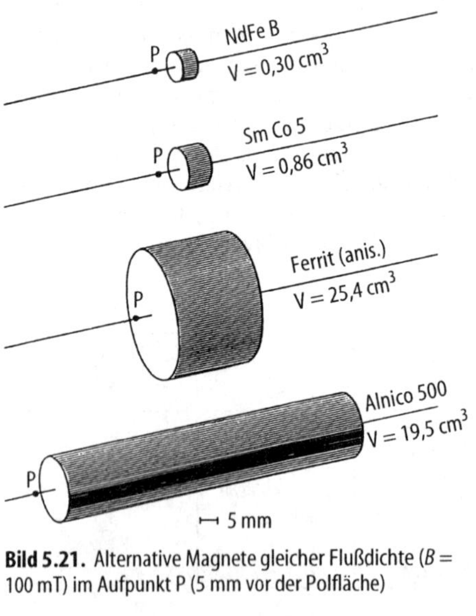

**Bild 5.21.** Alternative Magnete gleicher Flußdichte ($B$ = 100 mT) im Aufpunkt P (5 mm vor der Polfläche)

zudem die transversale Hallspannung $U_{Hall}$. Der Hallwinkel $\varphi_H$ tritt ungestört nur nahe den Speise-Elektroden I; II auf. In der Mitte wird er durch $U_{Hall}$ kompensiert: $\varphi_H$ (max) = arctan ($\mu_n B$). Technisch einsetzbare Effekte finden sich in Halbleitern (hohe Beweglichkeit, niedrige Trägerdichte) sowie in hochpermeabelen Metallegierungen wie NiFe („Permalloy") oder NiCo.

Die erhebliche Magnetowiderstands-Modulation in beiden letztgenannten *Ferromagnetika* basiert nicht auf der Lorentzkraft, sondern ist eine Folge einer richtungsselektiven Elektronenstreuung an den magnetischen Spinmomenten der Atome, welche hier innerhalb einer makroskopischen „magnetischen Domäne" spontan parallel gestellt sind. In den genannten weichmagnetischen Werkstoffen können alle Domänen durch sehr geringe äußere Magnetfelder ausgerichtet werden. Für die Leitungselektronen bedeutet dies eine sehr große lokale Magnetisierungsänderung, d.h. Modulation des Streumechanismus, die zu relativen Widerstandsänderungen von typisch 5% führt.

**Technische Magnetfeldsensoren.**
a) Hallgeneratoren:
Es werden die besonders hochempfindlichen III/V-Halbleiter InSb und InAs in ein-

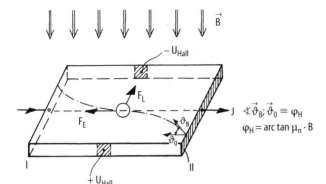

**Bild 5.22.** Magnetogalvanischer Effekt → Magnetowiderstand sowie Hall-Sensor

kristalliner Form sowie als polykristalliner Dünnfilm verwendet. Daneben sind die durch geringere Meßempfindlichkeit, aber bessere Temperaturstabilität gekennzeichneten einkristallinen Materialien Si und GaAs im Einsatz. Die theoretisch so attraktive Möglichkeit, im Si-Chip zugleich einige Elektronik mit zu integrieren, scheiterte bis vor kurzem meist an Prozeß-Unzulänglichkeiten (mechanische Spannungen → piezoresistiver Effekt!) [5.17–5.19].

b) Magnetowiderstände:
Hier werden neben InSb die *ferromagnetischen Dünnfilme* NiFe bzw. NiCo eingesetzt. Im ersten Fall ist die Hallspannung kurzzuschließen, um maximalen Hallwinkel (→Umweg) zu erhalten. Aus diesem Grunde enthalten diese InSb „Feldplatten-Sensoren" feine, quer zum elektrischen Primärfeld liegende hoch-leitfähige Nadeln aus NiSb (Bild 5.23). Eine typische Kennlinie zeigt Bild 5.24a. Diese in $B$ quadratische Charakteristik weist zwei Nachteile auf:

- Die Empfindlichkeit ($dR/dB$) ist aussteuerungsabhängig und verschwindet für $B \to$ Null.
- Die Widerstandsänderung enthält keine Information über die Feldrichtung.

Diese Nachteile lassen sich durch eine (konstante!) magnetische Vorspannung ($B_V$) vermeiden (Bild 5.24b). Kenndaten von Halbleiter-Magnetowiderstandssensoren sind in Tabelle 5.2a aufgelistet. – Wegen des erheblichen $TK_R$ des Einzel-Sensors empfiehlt sich die Verwendung von „Differential-Feldplatten", d.h. ein in Brückenschaltung arbeitendes Magnetowiderstands-Paar (auf einem Chip). Die Temperaturempfindlichkeit wird hierdurch um etwa eine Größenordnung verringert.

Bei magnetoresistiven Sensoren aus ferromagnetischen Metall-Dünnfilmen (z.B. 30 nm NiFe) ist der Widerstand abhängig von dem Winkel zwischen Magnetisierung $M$ und Strom $I$. (Minimal- bzw. Maximalwiderstand $R_0$ für $I$ parallel $M$: NiFe bzw. NiCo). Eine Verdrehung ($\varphi$) der makroskopischen spontanen Magnetisierung $M_x$ durch ein in der Ebene des Dünnfilms wirksames äußeres (zu messendes) Magnetfeld $B_y$ führt zu der gewünschten Widerstandsmodulation (Bild 5.25a). Man verwendet langgestreckte Permalloy-Streifen, die infolge ihrer Formanisotropie ohne äußeres Magnetfeld eine spontane Parallelstellung aller magnetischen Lokalmomente (→$M_x$) in Streifenrichtung aufweisen. Fließt der Meßstrom $I$ längs der Streifenachse (= x-Richtung), so ist die Kennlinie $R = f(B_y)$ wieder quadratisch in $B_y$. Wie bei

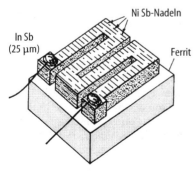

**Bild 5.23.** Feldplatte aus In Sb (+Ni Sb)

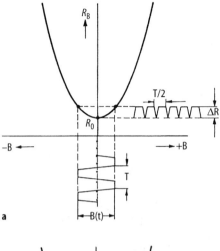

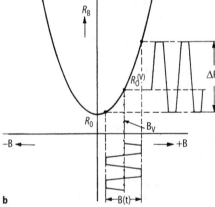

**Bild 5.24.** Magnetowiderstand **a** ohne bzw. **b** mit konstantem magnetischen Vorfeld $B_V$

**Tabelle 5.2a.** Feldplatten unterschiedlichen Materials. Kennlinie $R_B = f(B)$ sowie Temperatur-Koeffizient des Widerstandes $R_B$ (Siemens): $R_B/R_0 \approx 1 + a_2 (B/T)^2$

| Material-Typ | $a_2$ | $TK_R$ in % · K$^{-1}$ | | |
|---|---|---|---|---|
| | | B = 0T | 0,3T | 1,0T |
| D | 24 | −1,8 | −2,7 | −2,9 |
| L | 8 | −0,16 | −0,38 | −0,54 |
| N | 6 | +0,02 | −0,13 | −0,26 |

InSb- „Feldplatten" ist durch ein konstantes äußeres „Bias"-Feld eine Arbeitspunktverschiebung zu höheren Empfindlichkeiten möglich (vgl. Bild 5.24b). Ein weiterer Vorteil dieser Vormagnetisierung ist die Eliminierung der magnetischen Hysterese. – Eine

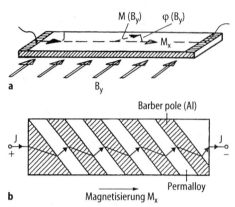

**Bild 5.25. a** Magnetoresistiver NiFe-Dünnfilmsensor, **b** Barber-Pol-Elektrodenstruktur

vorteilhafte Weiterentwicklung der einfachen Struktur nach Bild 5.25a verwendet zusätzliche schrägverlaufende Hilfselektroden („Barber-Pole", Bild 5.25b), die eine 45°-Winkelstellung zwischen $M_x$ und $I$ (bei $B_y$ = 0) bewirken [5.20, 5.21].

Beide magnetoresistiven Metallfilm-Sensorkonzepte werden meist als *Gegentakt-Vollbrücke* auf einem Chip realisiert: Bei den rein axialen Elementen ($I$ parallel $M_x$) durch orthogonale Widerstandsmäander, im zweiten Fall durch orthogonale Anordnung der Barber-Pole-Kurzschluß-Streifen (Bild 5.26).

Die aus Halleffekt- oder Magnetowiderstands-Sensoren anfallende analoge Information über die lokale Magnetfeldstärke wird in vielen Fällen elektronisch lediglich in Form eines Schwellwertes ausgelesen, z.B. als linearer „Anschlag" oder zur Bestimmung der Drehgeschwindigkeit einer Zahnscheibe (→ABS, ASR). Für solche einfachen *Binärentscheidungen* stehen weiterhin „Impulsdraht-Sensoren" und Reed-Schalter zur Verfügung:

a) Impulsdraht- (≈„Wiegand"-)Sensoren bestehen aus einem etwa 0,1 mm dicken/15 mm langen magnetisch weichen Draht (z.B. FeCo50), der durch eine metallische Umhüllung unter einer konstanten Zugspannung steht, so daß sich magnetisch eine Ein-Domänen-Struktur ausbildet. Parallel zu diesem „Wiegand-Draht" liegt ein ebenfalls sehr schlanker Permanentmagnet, dessen

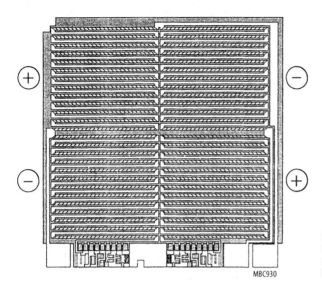

**Bild 5.26.** Vollaktive magnetoresistive Brückenschaltung (orthogonale Barber-Pol-Struktur). Am unteren Chiprand: Diskrete Trimmwiderstände

MBC930

Koerzitivfeldstärke $H_K$ ca. das 10fache der des Impulsdrahtes beträgt. Ein vorbeiwanderndes „Rücksetzfeld" kehrt die Magnetisierungsrichtung des Impulsdrahtes um, ohne den härteren Permanentmagneten zu beeinflußen. Ein nachfolgendes umgekehrtes Magnetfeld führt zu einem Rückkippen der Impulsdraht-Magnetisierung in die ursprüngliche Parallellage. Dieser kollektive Richtungsumschlag der Magnetisierung induziert in der umgebenden Zylinderspule (ca. 1000 Wdg) einen etwa 15 µs langen Spannungsimpuls von typisch 3 Volt [5.22, 5.87].

b) Als Reed-Schalter bezeichnet man magnetisch betätigte Kontakte, die in einer schlanken Glasampulle (12 bis 50 mm lang) eingeschmolzen sind (Bild 5.27). Die beiden Zungen aus einem ferromagnetischen Feder-Material ziehen sich im Magnetfeld an und schließen den/die meist edelmetallbelegten Kontakt/e. Weiter findet man Wolframkontakte (lichtbogenfest) sowie Hg-benetzte Kontakte (prellfrei). Den relativ hohen Ansprechfeldstärken bei z.B. 20 A/cm (entsprechend 2,5 mT) steht u.a. ein sehr niedriger „On"-Widerstand von z.B. 200 mΩ/200 mA gegenüber.

Tabelle 5.2b vergleicht die Kenndaten von Magnetosensoren. Bild 5.28 gibt einige sensorische Anwendungsbeispiele.

**Optische Geometriesensoren.** Die optoelektronische Erfassung mechanischer Größen ist durch die Verfügbarkeit preiswerter und zuverlässiger Sender- und Empfänger-Bauelemente zu zentraler Bedeutung gelangt.

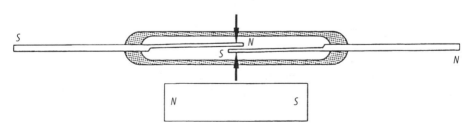

**Bild 5.27.** Reed-Schalter mit permanentem Steuermagnet

144  Teil B  Meßumformer, Sensoren

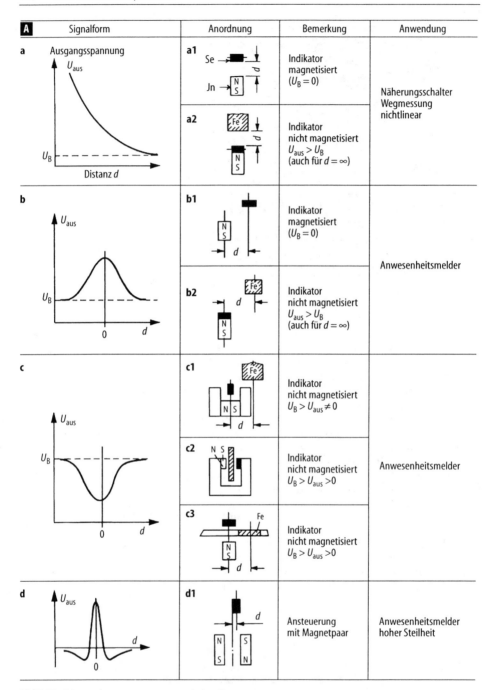

**Bild 5.28.** **A** Anwendungen von magnetostatischen Sensoren.

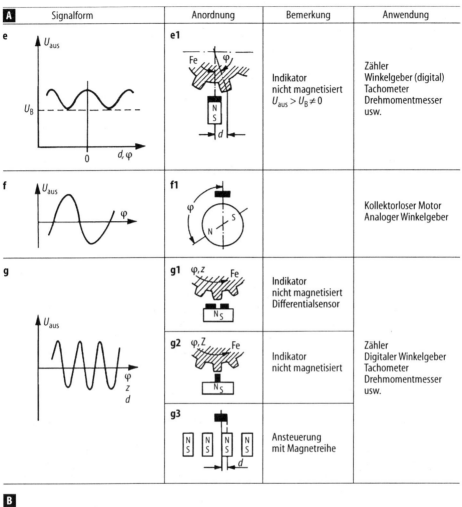

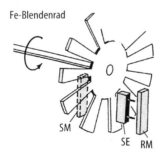

SM Schaltmagnet
RM Rücksetzmagnet
SE Sensorelement

**Bild 5.28.** Fortsetzung **A**; **B** Drehgeschwindigkeitsmessung mit Schaltdraht- („Wiegand"-)Sensor (SE)

**Tabelle 5.2b.** Vergleich von Magnetfeldsensoren

|   | GaAs (KSY 14) | InSb (SBV 603) | Feldpl. (FP30L100E) | NiFe-Dünnfilm (KMZ 10A) | Wiegand-Draht | Reed-Schalter |
|---|---|---|---|---|---|---|
| 1 | –40/+175 | –20/+80 | –40/+110 | –40/+150 | –200/+180 | +200 |
| 2 | 5 | 50 | 10 | 5 | 0 (!) | bis 1 A |
| 3 | 200 | 5 | 500 (bei 0,2T) | 12 000 | ca.20 mT(Schwelle) | ca.2,5 mT (Schwelle) |
| 4 | 100 | 25 | – | – | ca. 3000 | Schaltcharakt. |
| 5 | +0,2% (0,5T) | <1% | quadratisch | 4% (0,5kA·m$^{-1}$) | Schaltcharakt. | |
| 6 | >2 | >2 | >1 | ±0,6 mT | | |
| 7 | 1000 | 7 | ≈ 100 | 1000 | 50 | ≪1 |
| 8 | –0,05%·K$^{-1}$ | –0,1 | –3 | –0,4 | – | |

1: $T_{Betrieb}/°C$
2: Steuerstrom/mA
3: Empfindlichkeit/V·A$^{-1}$T$^{-1}$
4: $U_{out/mv}$ (0,1 T)
5: Nichtlinearität
6: Sättigung/T
7: $R_i/\Omega$
8: $TK(U_{out})$

*Komponenten optischer Sensorsysteme* z.B. [5.23–5.26]

a) Lichtquellen
*Glühlampen* finden nur noch selten Einsatz in Meßsystemen. Der Grund liegt in relativ hoher Leistungsaufnahme (→Erwärmung) sowie Alterung/Ausfall. Für kleine Niedervolt-Lampen 1 ... 5 W werden folgende Daten angegeben:

Vakuum: 2500 K; 9 lm/W
Krypton: 2700 K; 11 lm/W
Halogen: 2900 K; 14 lm/W
Lebensdauer jeweils 500 h

Den Zusammenhang zwischen den Größen Leistung $P$, Lichtstrom $\Phi_L$ und der Lebensdauer $L$ zeigt das bekannte Bild 5.29. Diese Wolframfaden-Glühlampen wurden verdrängt durch die *Lumineszenzdioden* („LED"), die auf einer Umkehrung des „Inneren Photoeffekts" in geeigneten Halbleitern beruhen:
Bei einem in Durchlaßrichtung gepolten p/n-Übergang werden die komplementären Ladungsträger in die Raumladungszone getrieben und „rekombinieren" dort, d.h. die freien Elektronen werden wieder in die lokalisierte Bindung des Kristallgitters eingebaut. Die dabei je Ladungsträgerpaar freiwerdende Energie ist im wesentlichen gleich dem Bandabstand $W_G$ des jeweiligen Halbleiter-Materials. Während bei den geläufigen Element-Halbleitern Si und Ge diese Energie aus Gittern abgegeben wird (→Erwärmung), wird bei einem „direkten Übergang Valenzband ↔ Leitungsband" diese Energie in Form eines Lichtquants $hf \approx W_G$ emittiert: „Rekombinationsleuchten bei Trägerinjektion" (=„Lumineszenz"). Durch die Auswahl eines Halbleiters mit geeignetem Bandabstand $W_G$ kann die gewünschte Emissionswellenlänge realisiert werden. Für geometrische Optosensoren interessiert nur der langwellige sichtbare Spektralbereich („VIS") bis hin ins nahe Infrarot („NIR") →LED = light emitting diode bzw. IRED = infrared emitting diode. Hier dominiert heute das Ternärsystem $Ga_{1-x}Al_xAs$, wobei mittels Teil-Substitution des Ga durch Al der Bandabstand (→λ) eingestellt werden kann:

$$W_G \approx (1,42 + 1,25x) \text{ eV} \quad (5.4)$$

mit $x < 0,43$.

Gängig sind die zwei NIR-Strahler bei 950 und 880 nm sowie „Hyper-Red"-LED bei 660 nm. Diese beiden IRED-Typen passen wellenlängenmäßig sehr gut zu Si-Photodioden (Bild 5.30). Die Licht-Emission ist nicht monochromatisch, sondern weist eine Linienbreite von 20 ... 80 nm (entsprechend 3 ... 9%) auf. Die nutzbare Lichtausbeute liegt mit wenigen lm/W unter der von

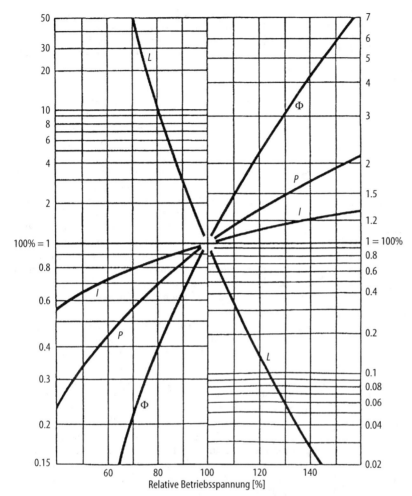

**Bild 5.29.** Wolframfaden-Glühlampen:Diagramm Leistungs-/Lebensdauer (L: linke Skala; Φ, P, J: rechte Skala)

Klein-Glühlampen. Die Abstrahlcharakteristik des einfachen Chips (Oberflächenstrahler) gehorcht gut dem Lambertschen Gesetz: $\Phi(\varphi) \sim \cos \varphi$ mit einem Halbwertswinkel von $2 \cdot 60°$. Durch Linsen läßt sich der Öffnungswinkel auf unter $6°$ verringern (Bild 5.31).

Die maximalen Modulationsfrequenzen liegen im oberen MHz-Bereich, bei modernen Doppel-Hetero-Strukturen wurde 1 GHz erreicht.

In Tabelle 5.3 sind Kenndaten zusammengestellt.

*Laserdioden:*
Ein großer Durchlaßstrom bewirkt in einer sehr hoch („entartet") dotierten Lumineszenzdiode eine sogenannte *Besetzungsinversion*, also einen Nicht-Gleichgewichtszustand, gekennzeichnet durch die Existenz freier Leitungselektronen bei gleichzeitig unvollständig gefülltem Valenzband. Diese potentielle Energie der Leitungselektronen kann wieder unter Freisetzung etwa der Bandabstandsenergie $W_G$ als Lichtquant abgegeben werden. Dies kann jedoch in Form der stimulierten Emission erfolgen, d.h. das stimuliert emittierte Photon ist phasenstarr

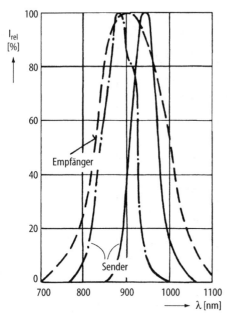

**Bild 5.30.** Lichtschranke aus GaAs- bzw. GaAlAs (880 nm)-LED und Si-Diode (Siemens)

**Tabelle 5.3.** Repräsentative Kenndaten von LED/IRED. GaAlAs-Lumineszenzdioden (950 nm; 880 nm; 660 nm)

| $I_f$/mA | $U_f$/V | T/°C | $\Delta\lambda$/nm | $\varphi 0{,}5$ | $\tau$/ns |
|---|---|---|---|---|---|
| 1…100 | 1,3…2,1 | -40/+100 | 20…80 | 8…150° | <100 |

zugleich als rückkoppelnder Fabry-Perot-Resonator (Bild 5.32).
Die Wellenlänge des abgestrahlten Lichtes wird nur sehr grob durch den verschmierten(!) effektiven Bandabstand vorgegeben und erst durch den Resonator fein-selektiert. Dieser enthält bei einer typischen Chip-Länge von 0,1 mm etwa 1000 Halbwellen (n ≈ 3,6!) und ist entsprechend vieldeutig.

Der longitudinale FP-Resonator wird durch zwei gegenüberliegende Chipflächen gebildet, die – mit optischer Oberflächenqualität – planparallel zueinander zu liegen haben; die beiden anderen, hierzu orthogonal liegenden Chipflächen werden aufgerauht.

Das Laserlicht tritt aus der nur ca. 0,5 μm dünnen aktiven Inversions-Schicht um den p/n-Übergang bei den beiden Resonatorspiegeln aus; es weist infolge Beugung einen vertikalen Öffnungswinkel φ von ca. 40° auf.

Moderne Laserdioden (DH-Index) besitzen nur einen sehr schmalen Aktivzonenstreifen (ca. 5 μm), so daß das abgestrahlte Lichtbündel auch senkrecht zur Bildebene (Bild 5.32) stark divergent ist. Schließlich sei auf die üblicherweise integrierte Licht-Monitordiode linksseitig, am stärker reflektierenden Spiegel hingewiesen.

mit dem auslösenden Primärphoton gekoppelt (→kohärente Strahlung). Die für diesen Vorgang des „Lasens" erforderliche hohe Photonendichte entsteht durch

- ausreichend hohe Besetzungsinversion (→Verstärkung),
- Ausbildung einer stehenden Lichtwelle im p/n-Medium: Der Halbleiterchip dient

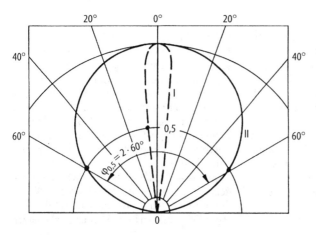

**Bild 5.31.** Abstrahl-Charakteristik eines LED-Flächenstrahlers (Lambert-Strahler, 60°) und einer Diode mit vorgeschalteter Sammellinse ($2\Theta = 12°$)

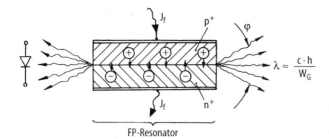

**Bild 5.32.** Querschnitt durch eine Laserdiode (links: Integrierte Referenzdiode zur Amplitudenstabilisierung)

FP-Resonator

Aufgrund der geringen Abmessungen der Licht-Austrittsfläche (typ. 0,5×5 µm²) läßt sich die divergente LD-Strahlung sehr gut kollimieren: Mit einem dreilinsigen Kollimator betragen die Abmessungen des eliptischen Lichtfleckes (TEM$_{oo}$) in 50 m Entfernung etwa 10 × 35 mm². Die Eliptizität ist durch „anamorphische" Prismen- oder Linsensysteme korrigierbar.

Heute werden für den Dauerstrich-Betrieb geeignete Laserdioden ab 635 nm Wellenlänge angeboten (GaAlAsP). Sehr preiswert sind die in CD-Abtastsystemen verwendeten GaAlAs-Dioden (780 nm). Reines GaAs liefert 830 nm. Die Ausgangsleistungen betragen 0,5 bis ca. 400 mW bzw. bis zu einigen Watt (gekoppelte LD-Arrays). Infolge der Temperaturabhängigkeit der effektiven Länge des frequenzbestimmenden Fabry-Perot-Resonators beträgt der $TK_\lambda$ bis zu 0,3 nm/K. Dieser Temperaturgang kann zur Feinabstimmung oder Frequenzstabilisierung eingesetzt werden ($d\lambda/dI_f \approx +6$ nm/A). Die minimale Linienbreite soll etwa 10 MHz betragen entsprechend $4 \cdot 10^{-8}$ relativer Breite (erhebliche Verbreiterung z.B. durch in den Laser rückreflektiertes Licht, so daß mit typisch 0,2 nm zu rechnen ist). Kohärenzlänge: 2 bis 10 m. Polarisation linear, E-Vektor parallel zur aktiven Zone. Direkte Strommodulation: bis ca. 100 MHz, darüber (bis einige GHz) aufwendig. Typische Abmessungen: Einzeldiode 9 mm Durchmesser, Höhe 6 mm. Mit Kollimator: 12 mm Durchmesser, Länge 40 mm.

Das typische Verhalten einer Laserdiode ist aus Bild 5.33 ersichtlich: Die Betriebskennlinie Bild 5.33a zeigt einen Knick oberhalb 40 mA. Für geringere Vorwärtsströme als dieser Schwellenwert wird nur schwaches inkohärentes Lumineszenzlicht erzeugt. Andererseits, je weiter man den Strom über den Schwellenwert steigert, umso höher wird die Verstärkung im Medi-

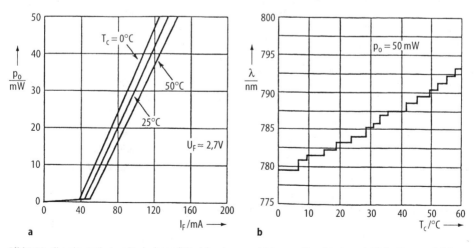

**Bild 5.33.** Charakteristik eines Diodenlasers (Hitachi): **a** Ausgangsleistung vs. Vorwärtsstrom, **b** Wellenlänge vs. Gehäusetemperatur

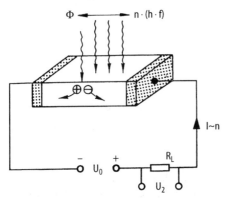

**Bild 5.34.** Trägerpaarbildung im Photowiderstand. Signalabgriff ($U_2$) an $R_L$

um, also umso ausgeprägter der Laser-Mechanismus: Spektrale Reinheit, Kohärenz und Polarisationsgrad nehmen zu.

Wie Bild 5.33b ausweist, ist der Temperaturgang der emittierten Wellenlänge $\lambda$ nicht kontinuierlich, sondern es treten hysteresebehaftet Modensprünge auf.

Bei *HeNe-Gaslasern* wird, wie beim Halbleiterlaser, eine Besetzungsinversion erzeugt. Die Teilbesetzung eines energetisch höhergelegenen Niveaus bei gleichzeitiger Existenz eines teilentleerten, also aufnahmebereiten Niederenergieniveaus liefert wieder den erforderlichen Verstärkungsmechanismus. Dieser Nicht-Gleichgewichtszustand wird hier durch eine Gasentladung aufrechterhalten. Wegen der im Niederdruck-Gas sehr scharfen Energieniveaus bestimmen diese beim HeNe-Laser die Linienbreite der Emission. Der externe Fabry-Perot-Resonator dient der Rückkopplung und der Selektion der gewünschten Spektrallinie. Für die geometrische Meßtechnik wird die stärkste sichtbare Linie mit $\lambda = 632{,}8$ nm verwendet. Die Halbwertsbreite dieser Ne-Emission beträgt infolge Dopplerverbreiterung etwa 1500 MHz. Mit einer relativ großen Taille des emittierten Lichtstrahls von 0,5 bis 1 mm ist dessen Divergenz sehr gering (0,9 ... 2 mrad). Durch Verwendung von Brewsterfenstern kann man einen hohen Polarisationsgrad von 500 : 1 erhalten. Die Ausgangsleistungen liegen zwischen 0,5 und 20 mW bei einer DC-Speisung mit 1000 ... 2400 V/4 ... 6,5 mA. Abmessungen des Laserkopfes (ohne Netzgerät): 30 ... 50 mm Durchmesser, Länge 170 ... 660 mm.

Für meßtechnische Anwendungen wichtige *Stabilitätsdaten* des HeNe-Lasers:
– Amplitudenrauschen   30 Hz ... 10 Mhz
  0,1 ... 1%
– Amplitudendrift (8 h)
  ±0,3 ... 3%
– Richtungsinstabilität des Strahls:
  0,01 ... 0,5 mrad.

**b) Optische Detektoren**

*Photowiderstände* und *Photodioden* beruhen beide auf dem inneren photoelektrischen Effekt: Einfallende Strahlung wird oberhalb einer kritischen Quantenenergie vom Halbleiter absorbiert, indem ein lokalisiertes Valenzelektron in den Kristall als Leitungselektron freigesetzt wird. Es entsteht neben diesem Leitungselektron ein positives Defektelektron im Valenzband (→Trägerpaarbildung). Bei diesen hier ausschließlich interessierenden Photodetektoren ist demnach das elektrische Ausgangssignal proportional zur Anzahl ($n$) der einfallenden Lichtquanten. Die beschriebene beleuchtungsgesteuerte Generation freier Ladungsträger führt nur bei Halbleitern zu verwertbaren elektrischen Effekten. Bei Metallen hingegen überdeckt die hohe Grunddichte von freien Elektronen diesen Photoeffekt vollständig. Neben der einfachen Anhebung von Valenzelektronen ins Leitungsband (intrinsischer Photoeffekt; $hf > W_G$) kommt in Sonderfällen (IR) der extrinsische Effekt zum Einsatz; hier entstammen die lichtgenerierten Leitungselektronen ortsgebundenen Störstellen.

Bild 5.34 zeigt die Situation des Photowiderstandes („LDR" = light dependent resistor): Eine dünne Schicht eines Halbleiters ist mit zwei sperrfreien Kontakten versehen. Die einfallende Lichtenergie $\Phi$ entspricht $n$ Photonen der Quantenenergie $h \cdot f$. Für $hf > W_G$ er-

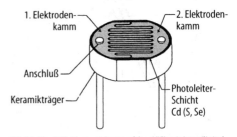

**Bild 5.35.** CdS-Photowiderstand (→ VIS) mit Interdigital-Elektrodenkämmen

zeugt jedes Photon ein Ladungsträgerpaar, das zu einem Stromfluß $I$ beiträgt. Am Lastwiderstand $R_L$ wird das Nutzsignal $U_2$ abgegriffen. Optimale Bemessung von RL:

$$R_0 \cdot \sqrt{1 - \frac{\Delta R}{R_0}} \qquad (5.5)$$

$R_0$ Dunkelwiderstand,
$\Delta R$ Widerstandsänderung infolge Beleuchtung) [5.27].

Ohne Beleuchtung bleibt allerdings eine Rest-Leitfähigkeit des Halbleiters infolge thermisch bedingter Eigenleitung (→Dunkelstrom). Praktisch werden für den Bereich

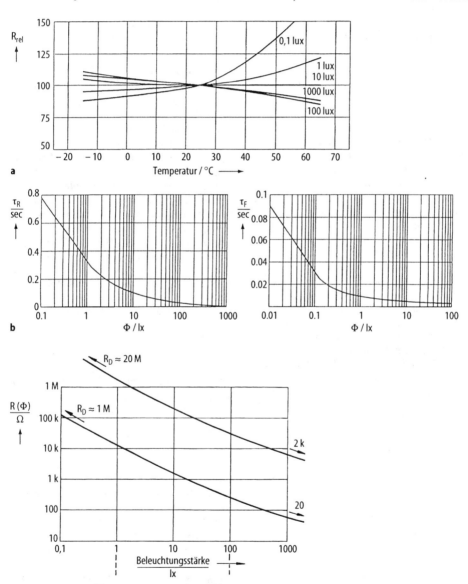

**Bild 5.36.** Kenndaten eines CdS-Photowiderstandes. **a** Temperaturgang des Widerstandwertes (relativ), **b** Anstiegs-($\tau_R$) und Abfallzeitkonstanten ($\tau_F$) als Funktion der Beleuchtungsstärke, **c** Kennlinien von Photowiderständen (EG & E)

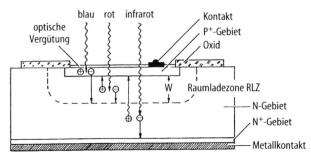

**Bild 5.37.** Querschnitt durch eine Si-Photodiode (Werkbild Siemens)

des sichtbaren Lichtes nur die II/VI-Halbleiter CdS und CdSe verwendet. Halbwerts-Spektralbereich: 500 bis 680 nm bzw. 650 bis 770 nm. Bild 5.35 zeigt die typische enge Interdigitalstruktur der aufgedampften Metallelektroden auf dem rd. 20 µm dicken polykristallinen Halbleiterfilm, um trotz der Flächenwiderstände von einigen $M\Omega^\square$ Anschlußwerte von 3 k$\Omega$ ... 500 K$\Omega$ (10 Lux) zu erreichen. Die sensitive Fläche hat einen Durchmesser von etwa 3 ... 25 mm.

Daneben sind auch rechteckförmige II/VI-Photowiderstände erhältlich.

Da die Lebensdauer der Elektronen-Lochpaare ein Vielfaches der Trägerlaufzeit zwischen den eng benachbarten Elektroden beträgt, ergibt sich im Photowiderstand eine *Stromverstärkung G* in der Größenordnung $10^4$. Dieser hohe G-Wert ist der Grund für die extreme Meßempfindlichkeit (nahe SEV) wie auch für die den Photodioden kaum nachstehende Detektivität bis zu $D^* \approx 10^{12}$ cm · Hz$^{1/2}$ · W$^{-1}$ – trotz des hohen Rekombinationsrauschens der polykristallinen Halbleiterschicht.

Die wesentlichen *Vorteile* von Photowiderständen:

- hohe Empfindlichkeit (Mondlicht ausreichend),
- weiter Meßbereich (bis direktes Sonnenlicht),
- Gleich- oder Wechselspannung verwendbar,
- Maximalspannung bis 300 V (direkter Netzbetrieb mit Relais als Last),
- großflächige Detektoren,
- sehr preiswert.

*Nachteilig* sind:
- relativ schmales Spektrum,
- erhebliche Temperaturabhängigkeit,
- Maximal-Temperatur 75°C,
- Zeitkonstanten im oberen Millisekundenbereich.

Repräsentative LDR-Kenndaten sind in Bild 5.36 wiedergegeben.

*Photodioden*, die wichtigste Gruppe der Sperrschicht-Photodetektoren, stellen im Gegensatz zum passiven Photowiderstand optisch gesteuerte *Spannungsquellen* dar:

Die von Lichtquanten erzeugten Elektronen-Loch-Paare werden durch die am p/n-Übergang anstehende Diffusionsspannung getrennt. Die Eindringtiefe des Lichtes ist wellenlängenabhängig (Bild 5.37). Die Lastkennlinie eines „Photoelements" (hier eine Si-Solarzelle im vollen Sonnenlicht) zeigt Bild 5.38. Die Leerlaufsättigungsspannung $\hat{U}_0$ ist material- und dotierungsabhängig. Stets gilt:

$$\hat{U}_0 < \frac{W_G}{e}.$$

Die Abhängigkeit der Leerlaufspannung von der Beleuchtungsstärke gehorcht im wesentlichen einem logarithmischen Gesetz

$$U_0(\Phi) \sim \ln \frac{\Phi}{\Phi_0}.$$

Der Kurzschlußstrom $I_K = S \cdot A$ dagegen ist linear proportional zur Beleuchtungsstärke (Bild 5.39). Für die geometrische Meßtechnik werden wegen dieses linearen Zusammenhanges ($I_K \sim \Phi$) Photodioden üblicherweise im Kurzschluß betrieben. Vorteilhaft ist weiter die Verwendung einer Sperr-Vorspannung, welche eine Verbreiterung ($\rightarrow W$) der ladungsträger-trennenden Raumladungszone bewirkt sowie für einen schnellen Abtransport der optisch generierten Trägerpaare sorgt ($\rightarrow \tau$) (Bild 5.40). Die typische U/I-Kennlinienschar einer

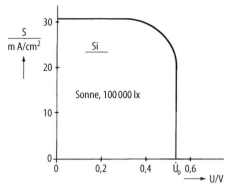

**Bild 5.38.** Lastkennlinie einer Solarzelle im vollen Sommer-Sonnenlicht

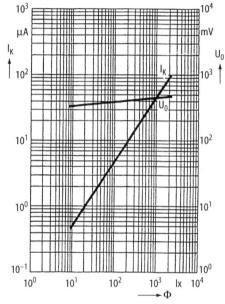

**Bild 5.39.** Kurzschlußstrom $I_K$ und Leerlaufspannung $U_0$ als Funktion der Beleuchtungsstärke (Siemens BPX-90; 5,5 mm²)

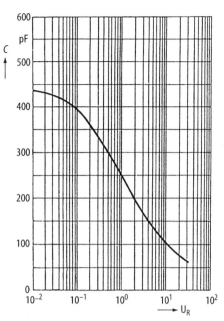

**Bild 5.40.** Sperrschichtkapazität als Funktion der Sperrspannung (Siemens BPX-90)

bleme, da sie für alle vorgenannten Lichtquellen eine gute Empfindlichkeit aufweisen.

*Typische Kennwerte von Sperrschicht-Photodetektoren* (Si: $\lambda_{grenz} \approx 1100$ nm)

- Außenabmessungen:
  TO 18 (5 mm Durchmesser, 25 × 15 Flachgehäuse)
- Chipfläche:
  0,2 ... 100 mm²
- Temperaturbereich:
  −55/+100 °C (hermetisches Metallgehäuse),
  −40/+80 °C (Epoxi-Gießharz-Flachgehäuse)
- Empfindlichkeit S*:
  0,2 ... 0,6 A/W
- Temperaturkoeffizient des Kurzschlußstromes:
  0,12 ... 0,20 %·K⁻¹
- Zeitkonstante τ:
  5-30 μs (Elementbetrieb: $U_0 = 0$),
  ca. 2 μs (p/n-Diode, Kurzschlußstrombetrieb, $U_0$ ca. −5 V),
  ca. 15 ns (PIN-Diode, Kurzschlußstrombetrieb, $U_0$ ca. −10 V)

Photodiode bei verschiedenen Beleuchtungspegeln (Bild 5.41) zeigt, daß sowohl ohne Vorspannung als mit Sperrspannung sich zu dem sehr geringen minoritätsbedingten Dunkelstrom (Bild 5.42) der volle Photostrom addiert.

Die nach langen Wellenlängen durch die Quantenbedingung $hf > W_G$ begrenzte Sensitivitätskurve üblicher Si-Dioden ist in Bild 5.43 gezeigt: Diese Si-Photo-Dioden eignen sich sehr gut für alle geometrischen Meßpro-

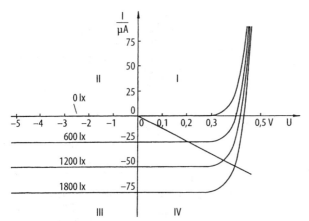

**Bild 5.41.** Dioden-Kennlinie (BPX-90) bei verschiedenen Beleuchtungsstärken

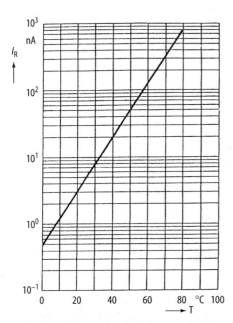

**Bild 5.42.** Dunkelstrom als Funktion der Sperrschichttemperatur (Siemens BPX-90)

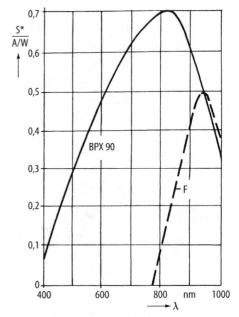

**Bild 5.43.** Sensitivitätskurve einer repräsentativen p/n-Siliziumdiode (BPX90-F: mit Tageslichtsperrfilter)

– Dunkelstromdichte:
  –100 nA/mm² (Elementbetrieb),
  5 pA/mm² ... 1 nA/mm² (Kurzschlußstrombetrieb)
– Detektivität D*:
  $10^{12} \dots 5 \cdot 10^{13}$ cm $\cdot$ Hz$^{1/2} \cdot$ W$^{-1}$
– Halbwerts-Empfangswinkel $\approx 2 \times 60°$;
  mit integrierter Linse:
  $2 \times 15° \dots 2 \times 80°$.

Von den Photodetektoren mit integriertem Verstärkungseffekt ist für die mechanische Meßtechnik nur der Phototransistor/-Photodarlington von Bedeutung: Im *Phototransistor* wird das Photodiodensignal unmittelbar durch den monolithisch integrierten Bipolartransistor (Emitterschaltung) verstärkt. In dem Aufbau (Bild 5.44) dient die (sperrgepolte) Basis/Kollektor-Strecke (→RLZ) als photoempfindliche Diode, die (positive) Defektelektronen in

## 5 Längen-/Winkelmessung

**Tabelle 5.4.** Kenndaten von Optodetektoren: Kurzschlußstrom $I_K$ bei 0,5mW/cm² bei $\lambda_{opt}$ und Ansprechzeit $\tau$

| Photodiode | Phototransistor | Photodarlington |
|---|---|---|
| 5 µA | 2 mA | 5 mA |
| 10 ns (PIN) | 9 µs | 15 µs |
| 1 µs (p/n) | | |

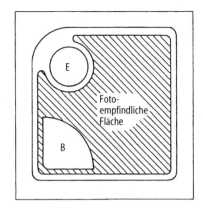

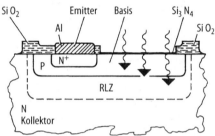

**Bild 5.44.** Phototransistor: Aufsicht und Schnitt durch den Emitter

Schließlich sind als Empfänger, z.B. in Lichtschranken, Spezial-Opto-IC der Konsumerelektronik von Interesse (Verfügbarkeit, Preis!). Als Beispiel: Siemens SFH 505A, ein IR-Empfänger/Tf-Demodulator mit einer Schaltempfindlichkeit von 40 nW/cm². Mit einer gepulsten GaAs-LED als Sender können 30 m überbrückt werden.

Auf der Basis der Photodiode lassen sich neben den vorgenannten optischen Intensitätsdetektoren auch ortsauflösende Sensoren aufbauen:

*Positionsdetektoren und bildgebende Sensoren*
Beiden gemeinsam ist die Eigenschaft, neben der integralen Lichteinfall-Messung (s.o.) auch eine Information über die lokale Beleuchtungsverteilung auf der Empfangsfläche zu geben. Positionsdetektoren geben nur die Lage eines kleinen Lichtpunktes auf dem Sensor als Analogsignal wieder, während bei Bildsensoren die Empfangsfläche in viele ortsfeste, diskrete Bildpunkte (bis zu $24 \cdot 10^6$ „Pixel") aufgeteilt ist und somit eine mosaikartige Information gewonnen wird.

Für optische Positionsensoren bieten sich zwei Konzepte an:

a) Segmentierte Detektoren:
Unterteilung einer lichtempfindlichen Fläche in zwei oder vier orthogonal zueinander angeordnete Einzeldioden ($\rightarrow$Differentialdioden, 4-Quadranten-Dioden). Bild 5.45 verdeutlicht die Funktion der Spalt- oder Differentialdiode: Die zwei nur durch einen engen Spalt getrennten, möglichst gleichen Dioden $D_I$ und $D_{II}$ ($|\Delta S_{I,II}|S^*|<5\%$) werden von einem kleinen Lichtfleck $L$ getroffen. Bei einer Horizontalablage $x$ erhalten die beiden Dioden unterschiedliche Lichtmengen, die Differenz der beiden elektrischen Ausgangssignale $I_I - I_{II}$ liefert das Maß für die Ablage. In Bild 5.45b ist der re-

die Basis/Emitter-Strecke einspeist. Am Kollektor wird somit dieser primäre Photostrom, um den Stromverstärkungsfaktor vergrößert, auftreten. Mit einer Stromverstärkung von einigen Hundert erhält man Empfindlichkeitswerte über 100 A/W. Ein in sogenannter Cascode-Schaltung nachgeschalteter weiterer, ebenfalls monolithisch integrierter Transistor ergibt den „Photodarlington" mit einer weiteren Empfindlichkeitssteigerung. Die typischen Nachteile dieser Opto-IC wie schlechtere Linearität und eine obere Grenzfrequenz bei nur 100 kHz fallen für die Anwendung in der mechanischen Meßtechnik kaum ins Gewicht, wohl aber u.U. die ebenfalls erhöhte Temperaturempfindlichkeit.

Tabelle 5.4 vergleicht die Lichtempfindlichkeit von Photodiode, Phototransistor und Photodarlington anhand von drei typischen Sensoren, jeweils mit Sammellinse (Bildwinkel ca. $2 \times 10°$) und einer aktiven Oberfläche bei 0,15 mm² (Strahlungsdichte 0,5 mW/cm²).

Lichtintensität und Temperaturgang der Dioden lassen sich eliminieren durch:

$$\frac{I_I - I_{II}}{I_I + I_{II}} \to \text{Position } x. \quad (5.6)$$

Gleiches gilt für die auch Lateral-Positionsdetektor genannte

b) PSD (Position Sensitive Diode) z.B. [5.28]
Gemäß Bild 5.46a handelt es sich um eine homogene Photo-Diode (PIN), deren niedrig dotierte, also hochohmige p-leitende Oberschicht durch *zwei* parallele Randelektroden A und B kontaktiert ist. Ein in Position x einfallender Lichtstrahl erzeugt wieder Ladungspaare, die als Strom an den Elektroden A und B abgenommen werden können. Der relativ hohe Flächenwiderstand der p-Schicht führt, wie das Ersatzschaltbild 5.46b erläutert, zu einer ungleichen Aufteilung des entnehmbaren Stromes auf die Elektroden A und B. Man erhält mit

$$\frac{I_A - I_B}{I_A + I_B} = 1 - \frac{2x}{l} \quad (5.7)$$

durch Normierung auf den Gesamtstrom eine in x lineare Kennlinie mit geringer Parasitärempfindlichkeit gegen Temperatur- und Lichtschwankungen. Form und Fluktuationen des Lichtflecks sind im Gegensatz zu vorgenannten Segment-Dioden (a) ohne Einfluß.

Entsprechend den Spalt- bzw. 4-Quadranten-Dioden für eine ein- bzw. zweidimensionale Positionsbestimmung werden PSD auch mit vier Abnahmeelektroden (zwei Orthogonalsysteme) gebaut, so daß die Lage des Lichtpunktes in den zwei Koordinaten x und y bestimmbar ist. Zwei Bauformen dieser x-y-PSD werden angeboten: „Duo-Lateraleffekt-Positionsdetektor", gekennzeichnet durch die Anbringung der jeweiligen Elektrodenpaare (A,B bzw. C,D) auf Ober- bzw. Unterseite des Chips (Bild 5.47) und die einfachere „Tetra-Struktur", bei der alle vier Elektroden ausschließlich auf der Oberseite plaziert sind (Bild 5.48, mit Auswerteschaltung). Im Gegensatz zum linear-abbildenden „Duo"-Aufbau. treten bei „Tetra"-Elektrodenstrukturen erhebliche Kissenverzeichnungen auf (Bild 5.49).

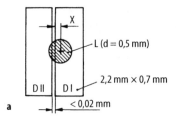
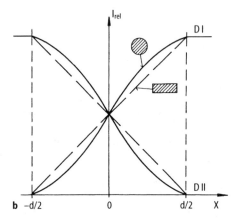
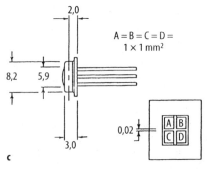

**Bild 5.45.** a Spaltdiode, asymmetrisch verlagerter Leuchtfleck L (Durchmesser d), b Ausgangsströme der zwei Dioden über der Leuchtfleck-Position x (Runder und Rechteckfleck), c Technische 4-Quadranten-Diode

lative Kurzschlußstrom (~Φ) der beiden Dioden für einen kreisförmigen Lichtfleck sowie für einen Rechteckspalt angegeben (Meßbereich ±d/2!). Gleichermaßen arbeitet die 4-Quadranten-Diode (Bild 5.45c). Problematisch sind zeitliche Änderungen der Intensitätsverteilung im Lichtfleck durch Modensprünge! Massenanwendung im Abtastkopf von CD-Spielern; in Autofocus- und Autokollimationssystemen (vgl. Bild 5.69).

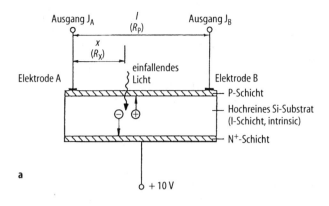

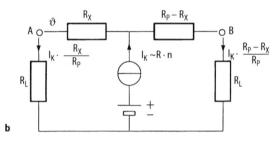

**Bild 5.46. a** Einachsen-PSD (Querschnitt), **b** Einachsen-PSD: Ersatzschaltbild ($R_L \ll R_P$)

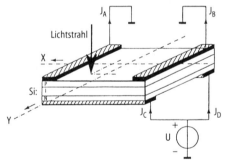

**Bild 5.47.** Duo-Lateral-Diode

Alle PSD sind im Prinzip nur in der Lage, die Position eines einzigen Lichtpunktes anzuzeigen. Mehrere Lichtpunkte können allerdings durch Lichtmodulation voneinander unterscheidbar gemacht werden.

*Kenndaten dieser analogen Positionsdetektoren:*

- Sensorfläche: 2,5 ... 30 mm Länge bzw. $2 \times 2 ... 20 \times 20$ mm (x – y),
- Widerstand$_{A;B}$: 10 ... 100 k$\Omega$,
- Posit.-Nichtlinarität: ±0,1 bzw. ±0,3% (x- bzw. x-y-Anordnung),

- Spektralbereich: 400 ... 1100 nm,
- Empfindlichkeit: 0,6 A/W,
- max. Modulationsfrequenz: 500 kHz
- max. Betriebstemperatur: 70 °C,
- Temperaturfehler der rel. Position: 40 ppm/K.

*Bildgebende Sensoren* vermögen im Gegensatz zum vorherigen sehr viele Lichtpunkte zu erfassen: Ein Array von heute bis zu 2000 × 1200 Photodioden (je 7 × 7 bis 10 × 10 µm³ groß) setzt die einfallende zweidimensionale Lichtverteilung (aufprojizierte Objektabbildung) in ein örtlich diskretisiertes Ladungsmuster („Pixel") um. Dieses parallel anstehende, helligkeitsproportionale lokale Ladungsmuster wird über spezielle („charge coupled") Schieberegister Bildpunkt für Bildpunkt, Zeile für Zeile seriell ausgelesen, z.B. im 20 MHz-Takt. Dieses einkanalige Videosignal enthält die Information über die jeweilige lokale Lichtintensität in analoger Form, während die Ortsinformation sehr exakt zeitcodiert vorliegt. Neben dieser TV-üblichen sequentiellen Bildauslesung der Photodioden-Matrix sind auch Anordnungen zur arbiträren

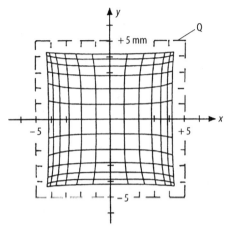

**Bild 5.49.** Ein äquidistant aufgeteiltes Quadrat Q (5 × 5 mm²) (strichliert) wird im elektrischen Ausgangssignal einer „Tetra"-PSD am Rande stark verzerrt wiedergegeben (→ kissenförmiges Raster)

x-y-Pixeladressierung bekannt [5.29–5.31]. – Außer zweidimensionalen Arrays werden auch Einzelzeilen mit bis zu 6000 Px hergestellt (Massenanwendung im FAX). Wieder können einzelne Objektpunkte durch Lichtmodulation hervorgehoben werden.

*Optoelektronische Geometrie-Messung*
Infolge seiner sehr kurzen Wellenlänge und seiner feinen Fokussierbarkeit bietet Licht einmalige Möglichkeiten für die rückwirkungsfreie Präzisionsmessung von ein- bis dreidimensionalen Geometriedaten. Die laterale Auflösung kann die Größenordnung der verwendeten Wellenlänge, also z.B. 0,5 µm erreichen. Die Tiefenauflösung kann bei wellenoptischen Verfahren sogar noch etwa einen Faktor 100 höher getrieben werden.

Optische Geometriesensoren basieren auf folgenden klassischen Eigenschaften des Lichtes:

– geradlinige Ausbreitung,
– sehr geringe Beugung an Kanten,
– Absorption und Streuung material- und winkelabhängig,
– Lichtbrechung und Reflexion →Fokussierbarkeit,
– Wellencharakter (→Phaseninformation, Interferenz).

Die in der Optoelektronik eingesetzten Grundkonzepte entstammen alle der klassischen Optik:

a) Abschattung eines Empfängers durch das Meßobjekt,
b) Winkelabhängigkeit der Streuung an matten Oberflächen,
c) Triangulation,
d) Laufzeitverfahren,
e) Interferenz.

Die Konzepte a, b und c werden – wie im Auge – in TV-Kameras zusammengefaßt und mit dem Computer ausgewertet →

f) digitale Bildverarbeitung.

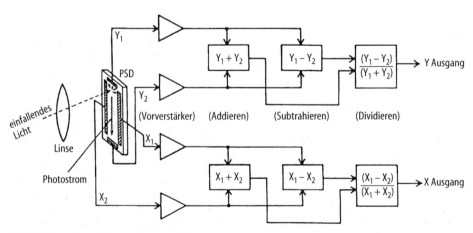

**Bild 5.48.** Tetra-Lateral-Diode + Auswerteschaltung

Die Verfahren a) bis e) liefern grundsätzlich ein- oder zweidimensionale Geometriedaten (vgl. Bild 5.50):
a) die Querschnittsabmessungen des Objekts (meist aber nur als Eintauchtiefe eindimensional ausgewertet),
b) den Winkel zwischen Sender und Empfänger,
c) den Abstand zum Meßobjekt, im Falle spiegelnder Reflexion zugleich(!) den Winkel S/E,
d) und e) den Abstand.

Lediglich beim Verfahren f) steht, wie beim biologischen Sehen, der gesamte dreidimensionale Bildinhalt der gezielten, ganz spezialisierten Auswertung zur Verfügung, z.B. ein Zielpunkt, eine Kante, alle Kanten, Stufentiefen, Schrägen in der Tiefe, Abweichung von einer vorgegebenen Form ... Neben dem der Natur entlehnten Aufbau mit mindestens zwei TV-Kameras (→stereoskopisches Sehen) kann in bestimmten Situationen (z.B. Fehlen steiler Kanten) mit dem sogenannten *Streifenprojektionsverfahren* gearbeitet werden. Hier wird ein Lichtgitter-Raster auf die Probe projeziert und mit nur einer TV-Kamera schräg zum Lichteinfall beobachtet [5.32]. – Beide 3D-Verfahren erfordern einen hohen Rechenaufwand, z.B. zur Bestimmung der Position eines vorgegebenen Körpers im Raum. Es sind sechs Freiheitsgrade zu bestimmen.

Dreidimensionale Geometrieinformationen lassen sich auch mittels der tiefensensierenden Verfahren *Triangulation* oder *Laufzeitverfahren* erhalten, indem die Meßobjekt-Oberfläche abgescannt wird. Die erforderliche zweiachsige x-y-Ablenkung wird meist durch eine Drehspiegelablenkung in einer Koordinate und Verfahren des Meßobjektes in der zweiten, orthogona-

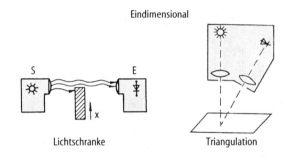

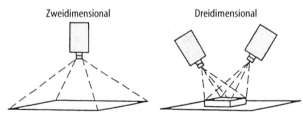

**Bild 5.50.** Optoelektronische Geometriemeßtechnik

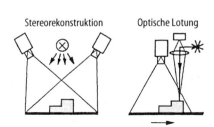

**Bild 5.51.** Alternativen der 3D-Geometrievermessung; siehe Tab. 5.5 (b und c erfordern Probenverschiebung o.ä.)

**Tabelle 5.5.** Vergleich von drei Verfahren zur 3D-Szenenvermessung

|  | Stereorekonstruktion | Optische Lotung | Lasertriangulation |
|---|---|---|---|
| Arbeitsprinzip | 2D-Bildaufnahme mit 2-3 FS-Kameras, Stereorekonstruktion durch Triangulation | Optische Lotung mit Laserabtaster, Grauwertbild mit 1 FS-Kamera, Objektbewegung | Triangulation mit Laserabtaster und 2 PSD-Elementen, Objektbewegung |
| Abtastvolumen | adaptierbar durch Wechsel der Kameraobjektive | 400x400x400 mm$^3$ | 25x25x25 mm$^3$<br>100x100x100 mm$^3$ |
| Aufnahmezeit | 50-60 ms pro Bildaufnahme | bis 130.000 Oberflächenkoordinaten pro Sekunde | bis 500.000 Oberflächenkoordinaten pro Sekunde |
| Auflösung | 256x256 Pixel | 256x256 Voxel<br>ca. 1,6x1,6x1,6 mm$^3$ | 256x256 Voxel<br>ca. 0,1 bzw.0,5 mm$^3$ |
| Ergebnis der Verarbeitung | Position X, Y, Z, Orientierung im Raum (Phi, Psi, Theta) | Position X, Y, Z, Kipplage (+/-20°), Orientierung in der X-Y-Ebene | Position X, Y, Z, Orientierung im Raum (Phi, Psi, Theta) |
| Eigenschaften des Systems | Dynamik: 64:1 + Kamera (Summe ca. 56 dB), diffuse Beleuchtung erforderlich | Dynamik: 10.000:1 (80 dB), Grauwertbild: diffuse Beleuchtung erforderlich | Dynamik: 2.000:1 (66 dB) |
| Schwerpunkt der Anwendungen | Robotik und Fertigungssteuerung:<br>- Teilevereinzelung und -zuführung<br>- Montagesteuerung<br>- Vollständigkeitskontrolle | Manipulationsaufgaben bei der Automatisierung in der Kraftfahrzeugindustrie, Vollständigkeitskontrolle | Kopplung CIM und CAD, FBG-Bestückung prüfen, 3D-Erkennung von Werkstücken |

len Achse realisiert. Auch Kombinationen der Techniken nach c) oder d) mit einer TV-Kamera wurden untersucht. Einen Siemens-Vergleich der drei Alternativkonzepte nach Bild 5.51 gibt die Tabelle 5.5 wieder [5.33]. Ein elektronisches Analogon zur holografischen Interferometrie ist in [5.34] skizziert. Weitere Quellen zu diesem eigenständigen Spezialgebiet: [5.35]

*Nicht-abbildende optoelektronische Geometrie-Sensoren*
Die beiden amplitudenanalogen, strahlengeometrischen Meßverfahren Lichtschranke und Triangulation werden im folgenden detailliert, während das als Laser-Radar bezeichnete Licht-Laufzeitverfahren in Abschnitt 5.1.2 dargestellt wird. Der Interferometrie ist ein eigener Abschnitt (5.2.2) gewidmet.
Das Prinzip der Lichtschranke ist bereits in Bild 5.14 gezeigt: Eine Lichtquelle beleuchtet vollflächig einen ausgedehnten Photosensor (Photowiderstand, Solarzelle).

Das nicht-transparente Meßobjekt schattet, abhängig von seiner Position $x$, einen Teil des Photosensors ab. Ist die führende Front dieses Meßobjekts eine gerade, senkrecht zur Verfahrrichtung $x$ verlaufende Kante, so erhält man bei rechteckiger Empfangsfläche des Photosensors idealisiert eine lineare Kennlinie. Bei vielen Applikationen des Lichtschrankenkonzepts wird die kontinuierliche Kennlinie durch Setzen eines Schwellwertes $S$ zu einer Binärentscheidung (hell oder dunkel) ausgewertet (Bild 5.52).

Bei amplitudenanalogen optoelektronischen Sensoren werden drei Grundkonzepte unterschieden (Bild 5.53):

a) Durchlicht- oder Einweg-Lichtschranke (I),
b) Reflexions-Lichtschranke (II und III),
c) Reflexions-Lichttaster, besser als Rückstreutaster bezeichnet (IV).

Bei der Einweg-Lichtschranke a) sind Sender und Empfänger räumlich voneinander

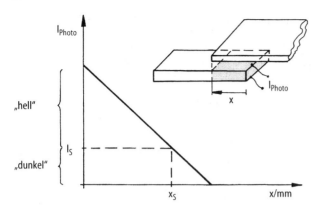

**Bild 5.52.** Idealisierte Kennlinie eines analogen Opto-Verlagerungssensors (durch einen Schaltpunkt $I_S$ vereinfacht zur binären Lichtschranke)

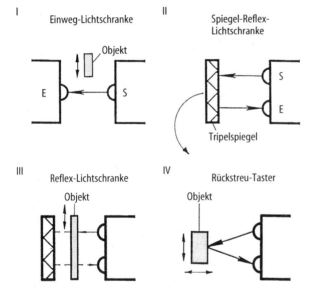

**Bild 5.53.** Lichtschranken-Konzepte (Pepperl & Fuchs)

durch die Durchlicht-Strecke getrennt. Sie stehen einander exakt gegenüber. Ein Objekt kann, wie in Bild 5.14, den Empfänger teilweise oder ganz abschatten und so z.B. einen Schaltvorgang auslösen.

Bei den beiden Alternativkonzepten b) und c) befinden sich Sender und Empfänger, meist nebeneinander, in einem Gehäuse; der Lichtweg wird gefaltet, daher die Bezeichnung „Reflex …". Im Fall b), der Reflexions-Lichtschranke, bewirkt ein gegenüber dem Sende-/Empfangskopf angebrachter, nahezu idealer Reflektor (Tripelspiegel) eine Strahlumkehr in den Empfänger. Wieder führt ein Abfall des empfangenen Lichtes durch Entfernen des Tripelspiegels (Bild 5.53 II) oder Einbringen eines Meßobjektes (Bild 5.53 III) in den Strahlengang zu einer Variation des Ausgangssignals, vielfach nur als Schaltschwelle ausgewertet.

Der Reflexions-Lichttaster c) (Bild 5.53 IV) gewinnt sein Empfangssignal nur aus der diffusen Rückstreuung des Meßobjektes selber. Sehr problematisch sind hier dunkle Objekte, durchsichtige Objekte, metallisch-blanke plane Objekte (da sie bei Schräglage alles Licht neben den Empfänger spiegeln) und blanke Kugeln/Zylinder (extrem kleine wirksame Reflexionsfläche).

**Tabelle 5.6.** Reflexionsvermögen technischer Objekte (für Lichttaster) (Pepperl & Fuchs)

| Material | Reflexionsvermögen |
|---|---|
| Testkarte Standardweiß | 90% |
| Testkarte Standardgrau | 18% |
| Papier, weiß | 80% |
| Zeitung, bedruckt | 55% |
| Pinienholz, sauber | 75% |
| Kork | 35% |
| Holzpalette, sauber | 20% |
| Bierschaum | 70% |
| Plastikflasche, klar | 40% |
| Plastikflasche, transparent, braun | 60% |
| Plastik, undurchsichtig, weiß | 87% |
| Plastik, undurchsichtig, schwarz | 14% |
| Neopren, schwarz | 4% |
| Teppichschaumrücken, schwarz | 2% |
| Autoreifen | 1,5% |
| Aluminium, unbehandelt | 140% |
| Aluminium, gebürstet | 105% |
| Aluminium, schwarz eloxiert | 115% |
| Aluminium, schwarz eloxiert, gebürstet | 50% |
| Edelstahl, rostfrei, poliert | 400% |

**Tabelle 5.7.** Korrekturfaktoren für Lichtschranken im technischen Einsatz (Pepperl & Fuchs)

| Umgebungsbedingungen | KFu |
|---|---|
| saubere Umgebung, keine Schmutzwirkung auf Linsen | 1,5x |
| leichte Verschmutzung, Linsen werden regelmäßig gereinigt | 5x |
| mässige Verschmutzung (Dunst, Staub, Öl), Linsen werden wenn nötig gereinigt | 10x |
| starke Verschmutzung, Linsen werden selten gereinigt | 50x |

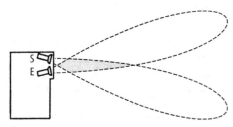

**Bild 5.54.** Streulicht-Taster mit begrenztem Meßvolumen (Schnittmenge)

*Störfaktoren*:
In allen genannten Verfahren a)-c): Ölnebel, Rauch, Staub sowie Fremdlicht. In den Verfahren nach Bild 5.53 I und III spielen weiterhin die oben unter c) genannten optischen Eigenschaften des Objektes eine wesentliche Rolle. Über das Reflexionsvermögen technischer Objekte im Bereich VIS, NIR informiert Tabelle 5.6. Die Umwelteinflüsse werden grob durch Korrekturfaktoren erfaßt (Tabelle 5.7).

Die unsichere Situation des Rückstreutasters (Bild 5.53 IV) einerseits infolge sehr unterschiedlicher Rückstreu-Wirkungsgrade, die neben genannten optischen Eigenschaften auch noch von der Größe des Objektes und seiner Oberflächenstruktur abhängen, andererseits wegen eines unbekannten, eventuell stark reflektierenden Hintergrundes wird gern durch eine Abstandsselektivität wesentlich verbessert. Eine einfache Lösung ist in Bild 5.54 skizziert: Die beiden schmalen, im Winkel gestellten Richtkeulen von Sender und Empfänger ergeben nun ein nach hinten begrenztes Sensitivitätsvolumen. Noch weiter läßt sich diese Tiefenselektion durch Verwendung eines winkel-sensitiven Detektors treiben. Diese „elektronische Hintergrundunterdrückung" verwendet Triangulationsverfahren, die im folgenden Kapitel erläutert werden.

Bei Spiegelreflexschranken nach Bild 5.53 III können blanke oder hellweiße Objekte keinen genügenden Kontrast gegenüber dem Hintergrund-Tripelspiegel erbringen. Hier hilft ein gekreuzter Polarisationsfilter-Satz gemäß Bild 5.55. Der Kunststoff-Tripelspiegel dreht die Polarisationsebene des Lichtes, so daß bei Abwesenheit eines Meßobjektes im Strahlengang der Empfänger „high" anzeigt. Da aber die parasitäre Reflektivität des blanken Meßobjektes keine Drehung des optischen Polarisationsvektors bewirkt, wird vom Meßobjekt reflektiertes Licht den zweiten Polarisator nicht durchdringen. – Auf ähnliche Weise lassen sich durchsichtige Objekte, z.B. Glas, detektieren.

Zur *Unterdrückung von Fremdlicht* werden alle Lichtschrankentypen vorzugsweise mit gepulsten Lichtquellen betrieben (Tastverhältnis 1 : 1 bis 1 : 500, Frequenz 25 Hz ... 5 kHz). Bei Reflexionskonzepten kann der Empfänger in den Tastpausen gesperrt werden. Weiter werden bei NIR-Schranken gern sogenannte *Tageslichtfilter* vor dem üblichen Phototransistor- oder Photodar-

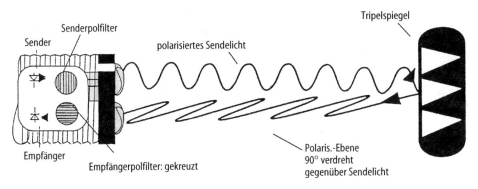

Spiegelreflexschranke: EIN

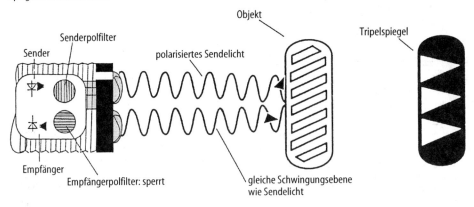

Spiegelreflexschranke: AUS

**Bild 5.55.** Reflexlichtschranke mit gekreuzten Polarisatoren

lington-Empfänger angebracht. Zwei typische Reichweitenkurven sind in Bild 5.56 wiedergegeben:

a) industrieller Rückstreutaster (2,5 m),
b) Einweglichtschranke aus einfachen Bauelementen aufgebaut.

Ein *Tripelreflektor* aus metallisiertem Kunststoff besitzt eine Vielzahl von Tripelspiegeln, bestehend jeweils aus drei zeltförmig zueinander angeordneten planen Spiegelflächen. In einem Winkelbereich von etwa ±15° werfen diese Tripel einfallendes Licht exakt in die Senderichtung zurück (Bild 5.57). Typische Reflektorgrößen 4–100 cm².

Kenndaten von Lichtschranken sind in Tabelle 5.8 zusammengestellt.

Eine größere Anzahl von Einweg-Lichtschranken, in einer Reihe angeordnet, führt zum sogenannten *Lichtgitter* (Bild 5.58). Die bis zu 400 Opto-Strecken werden meist seriell aktiviert, so daß – mit einer Auflösung von 2,5 bis 25 mm – eine Information über die Position und Querschnittsabmessung („Data") des Objektes vorliegen. Lichtgitterhöhe $h$ bis 7 m, Breite $b$ bis rd. 3 m.

Sende- und Empfangslicht können neben der vorgenannten Freiluftübertragung auch durch *Lichtleiter* bis zum Objekt geführt werden. Bild 5.59 zeigt, wie zwei Lichtleiter an einen konventionellen Reflex-Lichtschrankenkopf angeschlossen zu einem analog die Objekthöhe anzeigenden Durchlicht-System erweitert werden. Das erforderliche schmale, hohe Lichtband entsteht durch Linear-Deformation des ursprünglich runden Lichtleiter-Bündels. Diese Lichtleiter-Bündel bestehen aus z.B. zehn, ca. 0,5 mm dicken Einzel-Lichtleitern aus Kunststoff. Bei höheren Temperaturen (bis 300 °C) werden Stu-

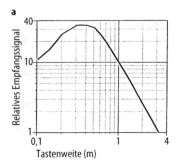

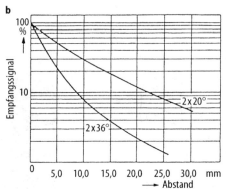

**Bild 5.56.** Reichweitenkurven eines Streulichttasters (**a**) und einer einfachen Geradeaus-Lichtschranke (LED + Phototransistor) für zwei unterschiedliche Breiten der Strahlungs-/Empfangs-Keule (**b**)

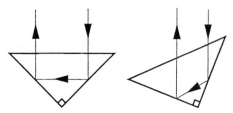

**Bild 5.57.** Ebene Darstellung des Tripelspiegel-Prinzips (auch bei Verkippung wird das Licht zum Ausgangsort zurückgespiegelt)

fenindex-Glasfasern (25–100 µm) im Bündel verwendet. Schutzummantelung: PVC bzw. Metall-Wellschlauch. Einfache LWL-Bündel zeigt Bild 5.60. Beachte: Öffnungswinkel sende- und empfangsseitig rd. 68°. Für Sonderfälle sind Glas-LWL mit 21° Öffnungswinkel erhältlich.

*Vorteile* der bis herab zu 0,5 mm Durchmesser üblichen LWL.-Bündel-Sensoren:

- sehr feiner Meßfleck,
- hochtemperaturfest,
- Ex- und EMV-sicher.

Einige Anwendungsfälle erläutert Bild 5.61.

*Die Triangulations-Abstandsmessung*
Ein auf der Meßlinie $a$ bewegter Punkt $P_{1;2}$ (s. Bild 5.62) erscheint vom abseits gelegenen Beobachtungspunkt $B$ unter dem variablen Winkel $\beta_{1;2}$. In der Vermessungskunde wird dieser Winkel $\beta$ als Maß für die zu bestimmende Strecke $\overline{AB}$ durch einen Null-Abgleich bestimmt. Optoelektronische Trigonometer verwenden dagegen an der Beobachtungsstelle $B$ ein Ausschlagsverfahren mit einem ortsauflösenden Detektor (PSD oder CCD); der Meßort $P$ wird durch einen Lichtfleck von $A$ aus markiert (LD, LED). Die Kennlinie ist aufgrund der Winkelbeziehungen nichtlinear (Bild 5.63). Aus Bild 5.64 ist ersichtlich, daß die diffuse optische

**Tabelle 5.8.** Typische Kenndaten von Lichtschranken

| Einweg-Lichtschranke | Spiegelreflex-Lichtschranke | Reflex-Lichtschranke | Rückstreutaster |
|---|---|---|---|
| Größte Reichweite LED: ≤ 50 m Laser: einige 100 m | LED: ≤ 12 m | LED: ≤ 10 m | Geringste Reichweite ≤ 2,5 m |
| Minimalabmessungen: Zylinder: 2mm ⌀/ 40 mm Länge Quader: | | 5 mm Durchmesser, 60 mm Länge od. 10 x 10 x 25 mm | |
| Montage aufwendiger. Achsausrichtung kritisch. Auch für sehr kleine oder dünne Objekte geeignet. | Nur für größere Einzelobjekte, z.B. Tore, Schutzgitter. | Abdeckendes Meßobjekt muß größer sein als der Reflektor. | Rückstreuung stark objektabhängig (Größe, Form, Material). |

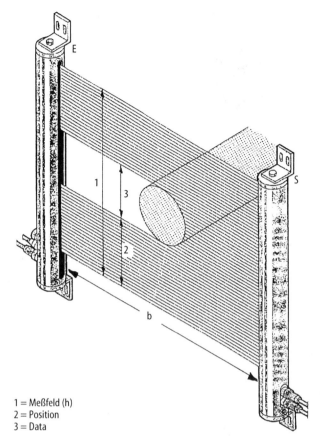

1 = Meßfeld (h)
2 = Position
3 = Data

**Bild 5.58.** Multi-Lichtschranken-Lichtgitter bestimmt diskretisiert Position und Querschnittsabmessung des Objektes (Baumer electric)

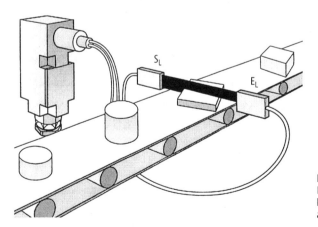

**Bild 5.59.** LWL-Durchlicht-Schranke. Die Höhe der Objekte auf dem Förderband wird durch ein Vertikal-Lichtband analog angezeigt (Oriel)

Streuung auf der Oberfläche des Meßobjektes verwendet wird. Probleme treten demnach bei plan-blanken Oberflächen (für die das Spiegelgesetz gilt) sowie bei transparenten Stoffen auf (vgl. Bild 5.65). Für Spiegeloberflächen mit streng gerichteter Reflexion muß mit einem Strahlengang nach Bild 5.66 operiert werden [5.36]. Nun aber führt nicht

**Bild 5.60.** Kunststoff-Lichtwellenleiter-Bündel für Optosensoren (Baumer electric)

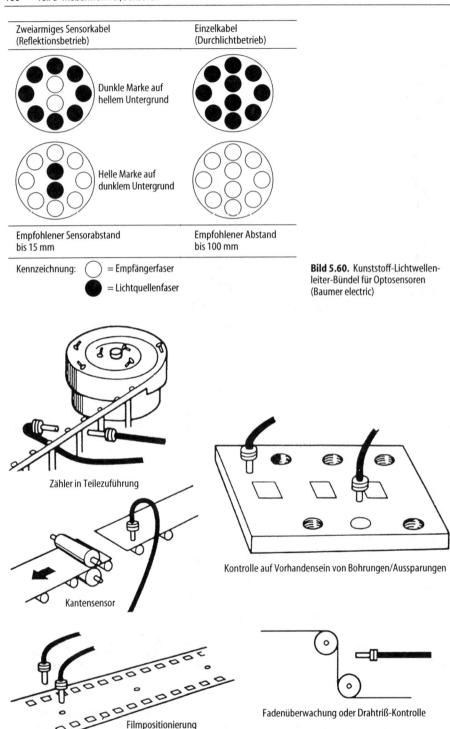

**Bild 5.61.** Applikationsbeispiele für LWL-Lichtschranken (Oriel)

5 Längen-/Winkelmessung 167

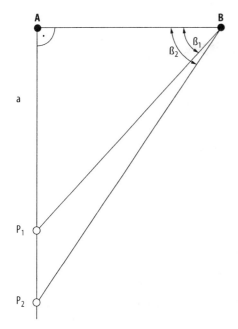

Bild 5.62. Triangulations-Geometrie

nur die Meßgröße $\Delta h$ (d.h. die Abstandsänderung), sondern auch eine Verkippung $\varphi$ zu einem Meßsignal! Abhilfe z.B. durch Doppel-Detektor.

Über den realitiven Meßfehler derzeitiger Triangulationssensoren mit unterschiedlicher Ausstattung gibt Bild 5.67 Auskunft [5.37].

Bild 5.68 zeigt eine 3D-Szenenbeobachtung durch zweidimensionale Triangulation im Lichtschnitt-Verfahren.

Bild 5.69 zeigt einen einfachen, aber hochauflösenden Abstandssensor nach dem *Autofocusprinzip*. Dieses, aus dem Abtastkopf des CD-Abspielgerätes entwickelte Tastgerät löst einen Meßbereich von 500 µm ... 5 µm auf $5 \cdot 10^{-4}$ auf. Typische Meßdaten: 100 Messungen/s [5.38].

### 5.1.2
**Laufzeitverfahren** [5.39]

Eine elektromagnetische Welle oder ein Schallimpuls pflanzt sich mit einer charakteristischen Ausbreitungsgeschwindigkeit $v$ fort. Die Laufzeit $\tau$ zur Überbrückung eines Weges $l$ ist:

$$\tau = l / v. \tag{5.8}$$

Für Licht und Mikrowellen gilt im Vakuum ($\approx$ Luft):

$$v \approx c = 2,998 \cdot 10^8 \text{ m/s}. \tag{5.9}$$

Schallwellen breiten sich mit einer 5 bis 6 Zehnerpotenzen niedrigeren, stark mediumabhängigen Geschwindigkeit aus:

Luft: 332 m/s $\cdot (T/273 \text{ K})^{1/2}$
Wasser: 1480 m/s
Stahl: 5920 m/s.

Allgemein bekannte Anwendungen der Abstandsbestimmung über die Laufzeit eines

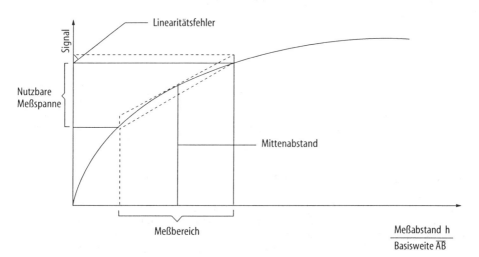

Bild 5.63. Kennlinie des optoelektrischen Triangulationssensors

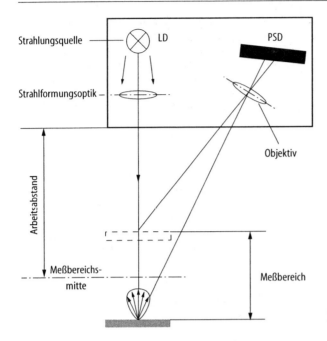

**Bild 5.64.** Optisches Konzept eines Triangulations-Anstandssensors

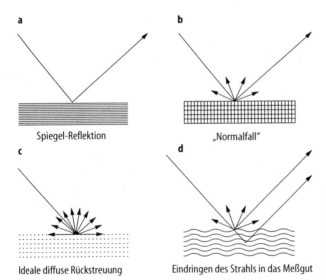

**Bild 5.65.** Unterschiedliches Reflexionsverhalten von Oberflächen. **a** Plan-blanke, undurchlässige Oberfläche, z.B. Metall, **b** Matte, undurchlässige Oberfläche: ungerichtete Rückstreuung, **c** Mischzustand a/b, **d** Teildurchlässiger, opaker Körper

kurzen Impulses sind das *Echolot* und das *Impulsradar*. Beide Geräte verwenden relativ hohe Sendeleistungen (einige Watt bis kW). Wegen der bei industriellen Anwendungen erforderlichen geringen Reichweiten (einige Meter) reichen hier jedoch einige Milliwatt aus.

Bei diesem Impulslaufzeit-Meßverfahren bestimmt die minimale Pulslänge die Entfernungsauflösung. Mikrowellenoszillatoren lassen sich mit typisch 10 ns pulsen. Laserdioden erreichen 10 ps und darunter. Für Ultraschallwandler findet man z.B. 2 MHz/ 6 Schwingungen = 3 µs (minimale Impuls-

5 Längen-/Winkelmessung 169

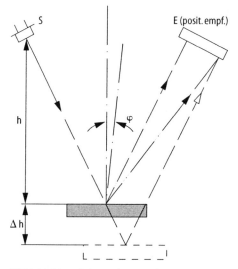

**Bild 5.66.** Triangulationsverfahren an Spiegeloberflächen

**Tabelle 5.9.** Kenndaten-Spektrum von Triangulations-Sensoren

| Auflösung | 0,01 µm | 10 µm | 0,1 mm |
|---|---|---|---|
| Meßunsicherheit | ±0,08 µm | ±10 µm | +1 mm |
| Meßbereich | 160 µm | 100 mm | 1000 mm |
| Arbeitsabstand | 7 mm | 150 mm | 5000 mm |

Abmessungen 10 cm³ bis ca. 100 x 200 x 400 mm³

länge infolge endlicher Wandlerdämpfung). Der resultierende, auflösbare Abstand ($l$) zwischen Sende-/Empfangskopf und reflektierendem Meßobjekt:

MW: $l = t_{min} \cdot c/2 = 1{,}5$ m
Laserdiode: $= 1{,}5$ mm
US: $= 0{,}5$ mm.

Durch Signalfilterung läßt sich die Tiefenauflösung des Ultraschallsignals um mehr als eine Größenordnung verbessern. Hochfrequente Ultraschallsignale erlauben wegen ihrer kurzen Wellenlänge die Erzeugung vorzüglicher 3D-Bilder (mechanisches Schwenken der Strahlungskeule oder phased-array Vielfach-Wandler). Technisch hochinteressant ist das sehr viel einfachere Verfahren, das Ultraschallecho bezüglich seines Zeitprofils auszuwerten [5.39].

Mikrowellen (9–90 GHz)- und Lichtsensoren können – in der Frequenz oder Amplitude moduliert – auch im Dauerstrich („CW") betrieben werden:

*a) FM-CW-Radar*

Der Mikrowellensender (Frequenz $F_s$) wird (vorzugsweise linear) über der Zeit mit einen Frequenzhub $\pm\Delta F$ mit der Modulati-

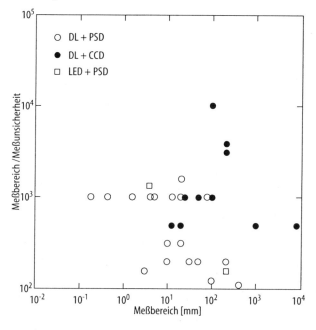

**Bild 5.67.** Leistungsdaten kommerzieller Triangulationssensoren (unter Berücksichtigung der eingesetzten optischen Komponenten)

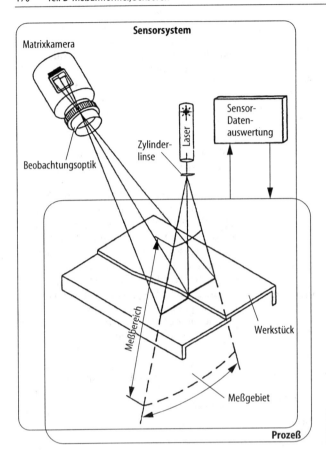

**Bild 5.68.** 3D-Geometrievermessung durch Lichtschnittt-Triangulation [5.35]

onsfrequenz $f_m$ um seine Mittenfrequenz $F_o$ gewobbelt (Bild 5.70a). Das Echosignal $F_E$ weist infolge seiner Laufzeit $\tau$ einen Frequenzversatz $F_{SE}$ auf gemäß

$$F_{SE} = 4\Delta F \frac{\tau}{T_m}. \qquad (5.10)$$

Diese, hinter einem Frequenzmischer anstehende niedrige Frequenz $F_{SE} = |F_S - F_E|$ ist – von kurzen Übergängen abgesehen – für ansteigende wie abfallende Sendefrequenz gleich (Bild 5.70b). Weist das signalreflektierende Meßobjekt relativ zum Sende-/Empfangskopf eine Eigengeschwindigkeit $v_o$ auf, so verschiebt sich die Empfangsfrequenz $F_E$ um die Dopplerfrequenz $f_D$.

$$f_D = F_o \frac{v_o}{c} \quad \text{für } v_o \perp \overline{SE} \qquad (5.11)$$

(s. Bild 5.70c). Das FM-CW-Radar erlaubt also die Bestimmung des Objektabstandes sowie dessen Änderungsgeschwindigkeit. Die typische Genauigkeit der FM-CW Abstandsmessung mit Mikrowellen nach Mittelung liegt im Zentimeterbereich. Für Licht ist das FM-Verfahren nicht anwendbar, da eine sprungfreie, lineare Wellenlängenmodulation bei Laserdioden nicht realisierbar ist!

**b) AM-CW**

Moduliert man die ausgehende elektromagnetische Welle (Mikrowelle oder Licht) in ihrer Amplitude mit einer niedrigeren Frequenz $f_m$, so weist das mit der Laufzeitverzögerung $\tau$ empfangene Signal einen modulationsseitigen Phasenunterschied gegen die als Referenz dienende Modulation der Sendewelle auf. Nach Demodulation der beiden Trägersignale erhält man ein Phasensignal, das in $\lambda_m = c/f_m$ periodisch ist. Mit der heute erreichbaren Licht-Modulationsfrequenz von 500 MHz beträgt damit

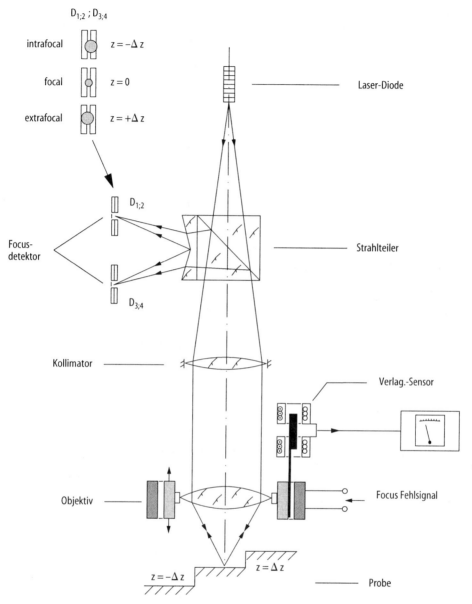

**Bild 5.69.** Konzept eines optischen Abstandsmeßgerätes nach dem Autofocus-Prinzip: Das Objektiv wird durch ein elektrodynamisches Verstellsystem auf die Probe focussiert. Dieser Zustand „focal" wird durch die zwei Spaltdioden $D_{1;2}$ und $D_{3;4}$ erkannt (s. links oben). (Nach Rodenstock-Unterlagen)

der Eindeutigkeitsbereich 30 cm. Es werden durch digitale Phasenmessung Tiefenauflösungen mit diesem sogenannten „Lidar" bei etwa 10 μm erreicht [5.40–5.42].

Dasselbe AM-Verfahren wird im Mikrowellenbereich mit vergleichbaren Daten eingesetzt.

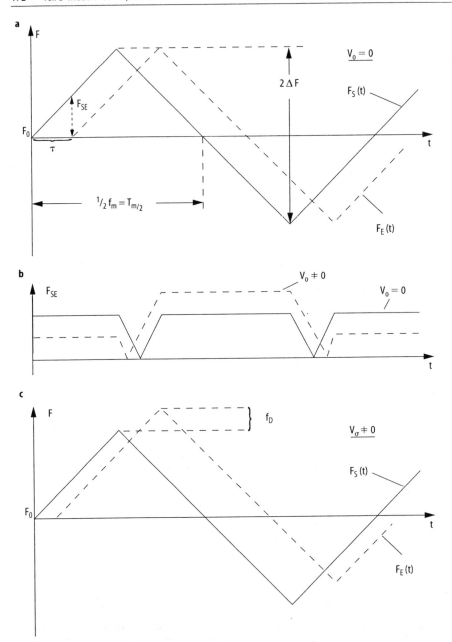

**Bild 5.70.** Abstands- und Geschwindigkeitsmessung durch FM-CW-Radar ($F_E$=aktuelle Frequenz des empfangenen Signals, verschoben über die Laufzeit $\tau$). **a** Zielgeschwindigkeit $v_0 = 0$, **b** Differenzfrequenz $F_{SE} = |F_S - F_E|$ bei Festziel ($v_0 = 0$), **c** Zielgeschwindigkeit $v_0$ endlich

Zur Marktsituation:
Preiswerte Klein-Radarsensoren sind bei Frequenzen von 9 GHz und 77 GHz erhältlich [5.43, 5.44]. Sie vermögen beliebige Nichtleiter, z.B. Holz, Kunststoff, Keramik, zu durchdringen. NIR-Impuls-Abstandsmeßgeräte mit 1 mm Auflösung und einigen km Reichweite werden angeboten. Ultra-

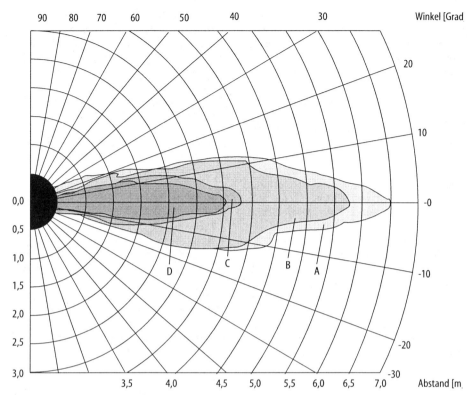

**Bild 5.71.** Ansprechdiagramm eines Ultraschall-Echosensors für unterschiedliche Objekte. Blinder Nahbereich (0,5m): schwarz. (Pepperl & Fuchs)
A; B : Ebener Metallreflektor 700 x 700 bzw. 100 x 100 mm²
C : Filzrohr ⌀ 160
D : Rundstab ⌀ 25

schall-Impulsechosensoren sind seit langem marktgängig. Sie werden als analoge Wegsensoren wie auch im einfachen Schaltbetrieb eingesetzt. Auch Einweg-Schaltschranken sind erhältlich. Neben einem elektrostatischen Wandler (Polaroid), der auch industriell angeboten wird, finden üblicherweise Piezokeramiken als mechanisch/elektrische Wandler Verwendung. Im Luftschallbereich werden Frequenzen bis rd. 400 kHz eingesetzt. In der Materialprüfung (auch Echolot) sind einige MHz gängig. Wird im üblichen Impuls-Echobetrieb mit einem einzigen universellen Sende-/Empfangswandler gearbeitet, so ist wegen der endlichen Ausschwingzeit des Wandlers nach Ende des elektrischen Sendeimpulses in einer Zeitspanne von 0,3 bis 5 ms kein Empfang möglich. Dies führt in Luft zu einem blinden Nahbereich zwischen 6 und 80 cm. (Abhilfe: Getrennte Sende- und Empfangswandler). Typische Ansprechkurven für unterschiedliche Reflektoren zeigt Bild 5.71. Ebene Reflektoren (Kurven A und B) sind offenbar am wirkungsvollsten, jedoch nur, wenn sie sorgfältig auf den Sende-/ Empfangskopf ausgerichtet sind. Bereits Richtfehler des Plan-Reflektors von 3° können bei größeren Abständen (wie bei Lichttastern) zum Versagen des US-Sensors führen, während Schielwinkel des Sensorkopfes etwa 10° betragen dürfen. Anwendungsbeispiele zeigt Bild 5.72.

*Typische Kenndaten* von US-Impuls-Echosensoren (Freiluft) [5.45–5.49]:

– Reichweite (ebenes Meßobjekt
  $10 \times 10\,\text{cm}^2$)              30 cm ... 6 m
– Blinder Nahbereich        6 cm ... 80 cm

- Auflösung ≥0,2 mm
- Meßabweichung ca. ±1%
- Temperaturbereich −25 ... +75°C
- Abmessungen:
  Zylinder: ≥15 mm Durchmesser/ 60 mm lang
  Quader: 10 ... 1000 cm³.

*Magnetostriktiver Ultraschall-Langwegsensor*
Während die vorgenannten Laufzeitverfahren mit elektromagnetischen oder akustischen Wellen im freien Luftraum operieren, basiert der magnetostriktive Ultraschall-Abstandssensor auf der *geführten Schallausbreitung* in einem Metallzylinder. Der Sensor besteht nach Bild 5.73 aus einer Koaxialleitung mit einem Innenleiter aus einer magnetostriktiven NiFe-Legierung. Über dieser ortsfesten Leitung ist ein Ringmagnet verschiebbar. Die vom Sender $S$ in die Koaxialleitung periodisch abgegebenen Stromimpulse erzeugen in dieser ein zirkumferentiales, achsialhomogenes Magnetfeld $B_\varphi$. Unter dem Ringmagneten ($B_r$) in Position $x$ überlagern sich die beiden Magnetfelder. Dieser zeitliche Magnetfeldsprung am zu messenden Ort $x$ bewirkt im magnetostriktiven NiFe-Draht eine lokale Torsion, die sich als Ultraschallwelle in beiden Richtungen ausbreitet und nach einer Laufzeit $\tau$ die Empfangsspule $L$ am Leitungsanfang erreicht. Aus der bekannten Ausbreitungsgeschwindigkeit $v_s$ (ca. 2800 m/s) ergibt sich die Meßstrecke $x$.

Diese magnetostriktiven US-Sensoren sind wegen ihrer hermetisch geschlossenen Bauweise sehr robust (Beschleunigung bis 50 g; 200 bar; −40/+150 °C)

Kenndaten:

- Meßwege: 0,1 ... 2,5 m
- Auflösung: 0,1 mm
- Meßrohr-Durchmesser: z.B. 8 mm
- Meßrohr-Länge = Meßweg.

## 5.2
## Digitale geometrische Meßverfahren

In der analogen Meßtechnik wird die Meßgröße in eine andere physikalische Größe abgebildet. Beide Abbildungskoordinaten, Meßgröße und Bildgröße, weisen im allge-

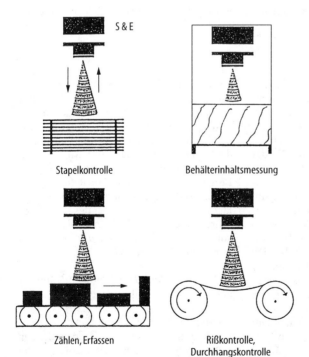

Stapelkontrolle

Behälterinhaltsmessung

Zählen, Erfassen

Rißkontrolle, Durchhangskontrolle

**Bild 5.72.** Anwendungen von US-Echosensoren

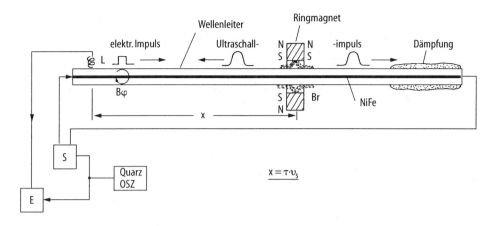

**Bild 5.73.** Magnetostriktiver US-Langwegsensor

meinen ein Wertekontinuum auf. Dagegen arbeitet die diskretisierte Meßtechnik mit einer endlichen Anzahl gleichgroßer und damit abzählbarer Inkremente, im Falle der geometrischen Meßtechnik also mit kleinen Längen- oder Winkelelementen. Die erforderlichen Inkremente können in Form eines dinglichen Rasters stationär abgelegt sein oder aber durch den periodischen Wechsel zwischen konstruktiver und destruktiver Interferenz von Lichtwellen generiert werden.

### 5.2.1
**Dingliche Maßstäbe** [5.50]

#### 5.2.1.1
*Inkrementale Weg-/Winkelaufnehmer*

Gemäß Bild 5.74 weist ein Inkrementalmaßstab alternierend gleichbreite Zonen ($T/2$) unterschiedlicher Eigenschaften (hier schwarz/durchsichtig) aus. Diese, durch das jeweilige Detektorsystem zu unterscheidenden Eigenschaften können sein: optisch durchsichtig/undurchlässig, reflektierend/nicht reflektierend, ferromagnetisch/unmagnetisch, magnetisiert/unmagnetisiert, elektrisch leitfähig/isolierend. Das äquidistant aufgeteilte Rasterlineal wird in Bild 5.74 durch eine Transmissions-Lichtschranke $L_1/D_1$ abgetastet; man erhält bei konstanter Verfahrgeschwindigkeit Rasterlineal gegen Lichtschranke einen Signalzug 1. Zur Bestimmung der Bewegungsrichtung ist eine zweite Schranke erforderlich. Diese, räumlich um $T/4$ gegen Schranke 1 versetzt, ergibt einen bezüglich Amplitude und Periodenlänge gleichen Signalzug 2, welcher jedoch um 90° gegen das Signal 1 versetzt ist. Dieser Phasenversatz ist abhängig von der jeweiligen Bewegungsrichtung: +90° bei Linealbewegung in Richtung $x^+$ (nach links), –90° bei Linealbewegung in Richtung $x^-$ (nach rechts). Das vorzeichenrichtige Abzählen der durchlaufenen Inkremente kann nun durch einen Vorwärts-/Rückwärtszähler erfolgen, wobei Schranke 1 die Zählimpulse liefert, während der Phasenvergleich Schranke 1 gegen Schranke 2 die Vorzeicheninformation ergibt. Praktische Teilungen $T$: von 1 mm bis herab zu 10 µm. Abweichend von Prinzipbild 5.74 erfolgt technisch die optische Abtastung im allgemeinen großflächig, indem auf den Optoempfänger ein kurzes, feststehendes Raster gleich dem abzutastenden, beweglichen projiziert wird. Nun werden – bei Verschiebung des Rasterlineals – gleichzeitig mehrere Fenster durchsichtig (Jalousie-Effekt), was sowohl eine Vervielfachung des Lichtsignals als auch eine Mittelung über mehrere Rasterperioden bewirkt. Bild 5.75a zeigt den technischen Aufbau eines Inkremental-Linearmaßstabes: Die von der Lichtquelle (LED oder Unterspannungs-Glühlampe) ausgehenden Lichtstrahlen werden durch einen Kondensor parallelgerichtet, durchlaufen die mit der Maßstabsteilung identischen vier Felder der Abtastplatte und den

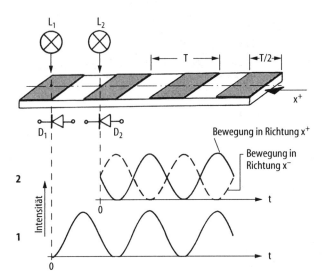

**Bild 5.74.** Inkrementalmaßstab, Durchlichtverfahren

Inkrementalmaßstab, um schließlich auf den Photodetektoren in elektrische Signale umgesetzt zu werden. Die vier gegeneinander jeweils um $T/4$ optisch verschobenen Felder der Abtastplatte erzeugen bei einer Verlagerung $x$ des Maßstabes vier Sinuszüge (s. Bild 5.75b) mit den Phasenwinkeln 0 (a), 180° (b), 90° (c), 270° (d). Die Subtraktion der DC-behafteten Signale $a$, $b$ bzw. $c$, $d$ liefert die nullsymmetrischen Sinussignale $S_1$ und $S_2$. Komparatoren erzeugen hieraus die Impulsfolgen $h$ und $i$. Durch Zählen aller vier in einer Periode $T$ auftretenden Flanken erhält man die Zählschrittweite $\Delta = T/4$, also bei der minimalen Teilungsweite $T = 10$ µm eine Auflösung von 2,5 µm.

Zur weiteren Erhöhung der Auflösung wird innerhalb einer Teilung $T$ anhand des Sinusverlaufes $S_{1;2} = f(x)$ interpoliert:

– amplitudenanalog: $S_1/S_2 = \tan \varphi$ (unabhängig von Signalamplitude!),
– durch Frequenzvervielfachung mittels Widerstandsnetzwerksummierer.

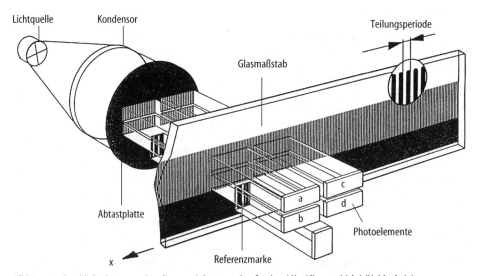

**Bild 5.75. a** Durchlichtabtastung eines linearen Inkrementalmaßstabes (Glas/Chromschicht) (Heidenhain)

# 5 Längen-/Winkelmessung    177

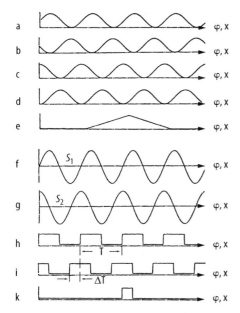

**Bild 5.75. b** Photodetektorsignale beim Inkrementalmaßstab (a bis d); Referenzmarke: e. $S_1$ bzw. $S_2$: Zusammenfassung der Komplementärsignale a/b bzw. c/d (Pepperl & Fuchs)

Diese Analogverfahren ergeben praktisch eine Auflösungsverbesserung auf $T/100$.

- Eine digitale Interpolation der Arcustangens-Funktion durch „look-up-table" ergibt eine Auflösung von $T/1000$. Die höchste Auflösung erreicht man beim Inkrementalprinzip durch Übergang von der Strahlenoptik (Schattenwurf) zur *Wellenoptik*: Der Inkrementalmaßstab wirkt als optisches Gitter; ein Interferenz-Phasenvergleich zwischen dem geraden Strahl (Beugung nullter Ordnung) und dem gebeugten Licht in der ersten Ordnung liefert z.B. bei einem Meßweg von 220 mm eine Auflösung von 1 nm!

Völlig analog zur Glas-Durchlichttechnik erfolgt die optische Abtastung undurchsichtiger *Stahlmaßstäbe*. Dort wechseln sich hochglänzende Goldschichten und mattierte Stahlregionen ab, die im Reflex ausgewertet werden. Diese Technik wird für frei verlegbare Inkremental-Maßbänder eingesetzt; geschlossene Anbau- und Einbau-Aufnehmer bevorzugen meist die Durchlichttechnik. Inkrementalaufnehmer besitzen eine oder auch mehrere (dann positionscodierte) Referenzmarken.

Während die optische Abtastung für hochauflösende Meßtechnik – linear oder als Winkelwert – konkurrenzlos ist, werden bei geringen Auflösungsanforderungen oftmals magnetische Abtastungen bevorzugt, da sie weitaus robuster und preiswerter sind (s. Bild 5.76) oder [5.53]. – Eine transformatorische Abtastung eines in Inkremente eingeteilten Maßstabes stellt das „Induktosyn-Konzept" (s. Bild 5.17) dar. Kapazitive Inkrementalsysteme finden sich in den modernen Digital-Meßschiebern für den Werkstattbereich.

Der inkrementale Weg-/Winkelaufnehmer liefert (seriell) eine Anzahl (= „Menge") von gleichwertigen Impulsen, die erst durch einen separaten Zähler aufgezählt (= integriert) werden und so als eine Zahl im Sinne des Zahlensystems ausgegeben werden können. Diese rein dynamische Umsetzung kann keine *absolute Ortsinformation* garantieren, im Gegensatz zu:

### 5.2.1.2
**Absolut codierte Weg-/Winkelaufnehmer**
Code-Lineale/Scheiben enthalten die zu messende Position als codierte Zahl, die demnach statisch ausgelesen werden kann. Die verwendeten Codes – Dual und Gray – zeigt Bild 5.77. Der Dualmaßstab kann als Staffelung von $n$ Inkremental-Maßstäben mit jeweils verdoppelter Teilungsweite verstanden werden, wobei das LSB ($2^0$) die Auflösung, das MSB ($2^{n-1}$) die Eindeutigkeit repräsentiert. Im Gegensatz zum Dualcode besitzen die einzelnen Spuren im Graycode keine feste Wertigkeit. Dessen Bildungsgesetz lautet: Beginn wie Dualcode, dann: Bei Wechsel des Zustandes einer gröberen Bahn werden alle davorliegenden Codewörter gespiegelt wiederholt. Dies führt zu dem symmetrischen Erscheinungsbild. Der Vorteil dieses Graycodes ist seine „Einschrittigkeit", d.h. nur eine Bahn wechselt jeweils ihren Zustand, im Gegensatz zum Dualcode, bei dem z.B. beim Übergang der Zahl 7 zur Zahl 8 die Spuren $2^0$, $2^1$ und $2^2$ auf logisch Null fallen, während die Spur mit der Wertigkeit $2^3$ auf „high" geht, also alle vier Spuren schalten. Dies kann bei nicht-exakter Ausrichtung der vier Lichtschranken in

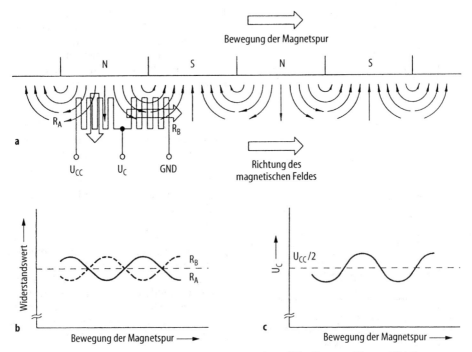

**Bild 5.76.** Magnetostatischer Inkrementalmaßstab. Abtastung durch Metallfilm-Magnetowiderstand (Sony)

der Nähe des Schaltpunktes zu ganz erheblichen Sprüngen in der Kennlinie führen. Demgegenüber beträgt der Fehler bei Graycodierung maximal eine Einheit. Offensichtlicher Nachteil des Graycodes ist das Fehlen einer Bahnwertigkeit, so daß eine D/A-Umsetzung hier über einen speziellen Codeumsetzer erfolgen muß.

Die etwas aufwendige übliche Behebung des mit seiner Mehrschrittigkeit verbundenen Problems des Dualcodes zeigt die in Bild 5.77 eingetragene (redundante) *V-Abtastung*: Von den alternativen Schranken $A_i$ und $B_i$ wird die $B_i$-Schranke ausgewertet, wenn die nächstniedrigere Spur $(i-1)$ auf logisch Null steht; umgekehrt wird die Schranke $A_i$ verwendet, wenn die vorhergehende Spurauswertung $(i-1)$ logisch „1" anzeigt.

Das seltener vorzufindende BCD-Lineal (Bild 5.77) eignet sich für numerische Anzeigen.

Winkelaufnehmer mit inkrementaler wie mit absolut-codierter Maßverkörperung dienen der Messung der Winkelposition innerhalb des 360°-Vollkreises. Die sogenannten *Multiturn-Codeaufnehmer* hingegen werden zur Messung größerer Wege verwendet (vgl. „Multiturn-Potentiometer" in Abschn. 5.1.1.1): An einen primären Code-Drehwinkelaufnehmer werden vergleichbare Sekundäraufnehmer über Untersetzungsgetriebe angekoppelt (Bild 5.78). Der Primäraufnehmer durchläuft $n$-fach seinen 360°-Vollwinkel, die Sekundäraufnehmer $SA_{I;II}$ zeigen mittels untersetzt angetriebener Kreisteilungen die Anzahl der Umläufe an. Der zu messende Verschiebeweg wird durch ein Spindel/Mutter-Konzept über Zahnstange/Ritzel eingekoppelt. Beispielsweise läßt sich eine Linearverlagerung auf $2^{22} \approx 4{,}2$ Mio auflösen, indem der Drehwinkel mit $2^{12} = 4096$ Schritten und die Anzahl der Umdrehungen mit $2^{10}$ erfaßt werden. Die 22-bit-Weginformation dieses Multiturn-Codeaufnehmers wird üblicherweise seriell übertragen (Übertragungszeit ca. 40 µs).

Vergleich zwischen inkrementaler und absolut-codierter Maßverkörperung:

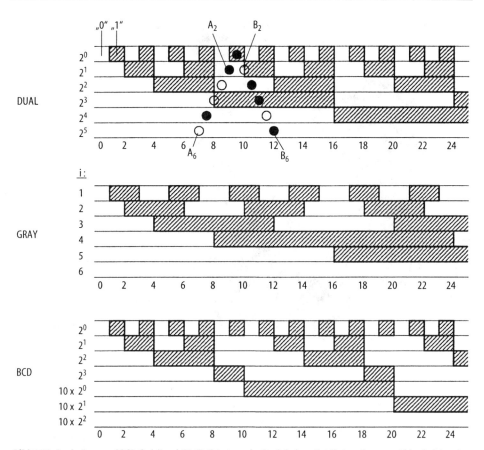

**Bild 5.77.** Dual-, Gray- und BCD-Codelineal. Die V-Abtastung des Dual-Codes zeigt die jeweils auszuwählende Schranke (schwarz)

*Inkremental*
Vorteile:
– höhere Auflösung,
– einfacherer, damit kleinerer und kostengünstigerer Aufbau,
– beliebige Nullpunktverschiebung,
– beliebige Zählrichtung.

Nachteile:
– zählt eventuelle elektrische Störimpulse,
– verliert den Meßwert bei Ausfall der Energieversorgung.

*Absolut-codiert*
Vorteile:
– statisch auslesbar, auch nach Spannungsausfall oder Maschinenstillstand,
– störsicher, da beliebig lange, wiederholbare Auslesung.

Nachteile:
– geringere Auflösung,
– komplizierter, empfindlicherer Aufbau,
– vorgegebener Nullpunkt,
– vorgegebene Zählrichtung,
– erforderliche Spurenzahl steigt mit Vergrößerung der relativen Auflösung.

Typische Kenndaten, z.B. nach [5.51, 5.52] sind in Tabelle 5.10 zusammengestellt.

### 5.2.2
**Interferometer** [5.54, 5.55]

Bei der Überlagerung von zwei stationären, kohärenten Wellenzügen, z.B. von Licht, entsteht ein örtlich-stehendes *Intensitätsraster*, verursacht durch lokale Addition bzw. Subtraktion der beiden Signalamplituden. Der Abstand zweier benachbarter

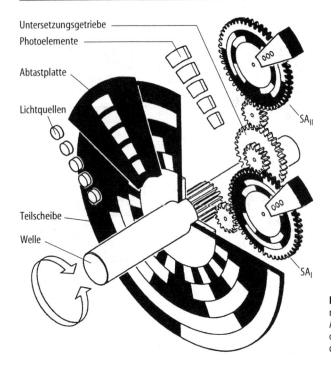

**Bild 5.78.** Multiturn-Code-Winkelaufnehmer (Vordergrund: Primärer 360°-Aufnehmer; im Hintergrund: zwei Umdrehungszähler $SA_I$ und $SA_{II}$) (nach Heidenhain)

**Tabelle 5.10a.** Repräsentative Kenndaten von digitalen Wegmeßaufnehmern eines deutschen Herstellers. Linearsysteme

|  | Taster (Inkremental) | Einbau (Inkremental) | Einbau (Beugung) |
|---|---|---|---|
| Meßweg l | 10…100 mm | …30.000 | 120…1000 |
| Auflösung | 0,1 µm | 1 | 0,01 |
| Genauigkeit | 0,5 (0,1) µm | ±5 | 0,2 |
| Temperaturbereich | 0/+50°C | 0/+50 | 0/+40 |
| max. Verfahrgeschwindigkeit | 30 m/min | <360 | <12 |
| max. Beschleunigung (Vibration/Schock) | 10/100 g | 10/50 | 1/10 |
| Abmaße | 30 x 30 x 21mm³ | 50 x 50 x 1 | 40 x 40 x 1 |
| Masse | 0,8 kg | - | - |

Intensitätsmaxima oder -minima entspricht einem Phasenunterschied von $2\pi$. Das klassische Michelson-Interferometer (Bild 5.79) besteht aus einem Laser als Lichtquelle mit großer Kohärenzlänge, dem teildurchlässigen Strahlteilerspiegel $S_t$, den beiden, die Meßarme $l_1$ und $l_2$ abschließenden Vollspiegeln $S_1$ und $S_2$ und dem Photodetektor zur Abtastung des örtlichen Interferenzmusters nach der Strahlenvereinigung. Intensitätsmaxima treten auf für $l_1 = l_2 + n \cdot \lambda/2$ (wegen Doppeldurchlaufs der Meßstrecke $l_1$). Das entstehende Hell-/Dunkel-Raster entspricht dem dinglichen Inkrementalmaßstab und hat eine Periode $T$ von z.B. $\Delta x = 316{,}4$ nm (HeNe-Laser, orange Grundlinie). Bei einer $x$-Verschiebung des Meßspiegels $S_1$ um $n_i \cdot \Delta x$ treten $n_i$ sinusartige Halbwellen im Detektor auf, die wie beim Inkrementalmaßstab je nach Bewegungsrichtung vorzeichenbewertet zu zählen sind. Die erforderliche

**Tabelle 5.10b.** Repräsentative Kenndaten von digitalen Winkelmeßaufnehmern eines deutschen Herstellers. Rotatorische Systeme

|  | Inkremental | Beugung | Code |
|---|---|---|---|
| Meßweg/-winkel | 360° | 360° | 360° |
| Teilung/Auflösung | (18 000)/$10^{-3}$ Grad | (3 600)/$10^{-5}$ | ($2^{19} \approx 520\,000$) |
| Genauigkeit | ±5" | ±0,2" | ±5" |
| Temperaturbereich | -20/+70°C | +10/+30 | -40/+80 |
| max. Verfahrgeschwindigkeit | 3 000 Umdr./min | 100 | 3 000 |
| max. Beschleunigung (Vibration/Schock) | 10/100 g | 5/100 | 10/100 |
| Abmaße | 90 mmØ | 170 | 100 |
| Masse | 1 kg | 4 | 0,7 |

Ausgangssignal bei rotatorischen Aufnehmern bei Auflösungen ≥14 bit meist synchron-seriell

Richtungsinformation wird wieder durch ein um 90° phasenverschobenes Referenzsignal aus einem zweiten Photodetektor gewonnen. Zum Beispiel kann durch leichtes Verkippen eines der Vollspiegel $S_1$; $S_2$ ein Interferenz-Streifenmuster erzeugt werden mit Streifenabständen von typisch 0,7 mm. Dort werden vorzugsweise vier Photodetektoren plaziert mit den Phasenwinkeln 0°, 90°, 180°, 270°. Jeweils zwei – mit einem Phasenunterschied von 180° – werden, wie beim Inkrementalmaßstab, zur Eliminierung des Gleichspannungsanteils als ein Kanal zusammengefaßt. Ebenfalls übernommen werden kann die 4-Flanken-Auswertung beider 90°-Kanäle, so daß eine binäre Auflösung von λ/8 entsteht. Mittels *analoger Interpolation* innerhalb einer Interferenzperiode kann die Auflösung auf ca. 0,01 μm gesteigert werden. – Maximale Verfahrgeschwindigkeiten werden mit z.B. 100 m/s angegeben (ohne Interpolation).

Bei dem beschriebenen Einfrequenz-Interferometer liegt die zu zählende Weginformation in Form eines Intensitätsmusters

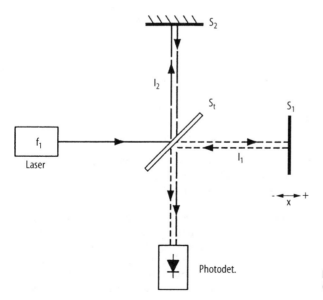

**Bild 5.79.** Michelson-Interferometer (Prinzip)

vor (Amplitudenmodulation). Wesentlich störsicherer ist das 2-Frequenz-Interferometer, das beim Durchlaufen des Meßweges $x_1 \rightarrow x_2$ ein niederfrequentes Dopplersignal (FM) abgibt. Dessen integrale Auswertung erlaubt Auflösungen unter 0,5 nm – allerdings bei mäßigen Verfahrgeschwindigkeiten, z.B. unter 1 m/s.

Alle Interferometer vergleichen den Meßweg mit der *optischen Wellenlänge* $\lambda$. Diese hängt mit der fundamentalen Frequenz $f_1$ des Laseroszillators (HeNe oder Laserdiode, stabilisiert) über die effektive Lichtgeschwindigkeit zusammen:

$$\lambda = \frac{c_0}{n} f. \qquad (5.12)$$

Für absolute Messungen, insbesondere über weitere Entfernungen (bis über 100 m!), muß demnach der Luft-Brechungsindex $n$ exakt bekannt sein.

*Lösungswege*:
a) Referenzstrecke (Refraktometer),
b) Rechnerisch über Edlén-Formel (Parameterverfahren durch separate Messung der Einflußgrößen Temperatur, Luftdruck, Luftzusammensetzung).

*Richtwerte der Einflußfaktoren:*
Lufttemperatur:   –0,92 µm/m/K
Luftdruck:        0,27 mµ/m/kPa
Luftfeuchte:      0,01 µm/m/%R.F.

Interferometrische Verfahren erlauben eine hochpräzise Messung von Wegen, Wegdifferenzen, Winkeln und Rechtwinkligkeit. Ein Aufbau zur Bestimmung kleiner Winkelwerte (bis 5°) ist in Bild 5.80 unten dargestellt. Beide Interferometer in Bild 5.80 arbeiten mit Tripelspiegeln, die sich gegenüber Planspiegeln durch wesentlich geringere Empfindlichkeit gegen Nick- und Gierfehler auszeichnen.

Die extrem hochauflösenden Geometrie-Meßverfahren nach Abschn. 5.2 erfordern einen sehr sorgfältigen Meßaufbau, damit Temperatureinflüsse auf das Meßobjekt das Meßergebnis nicht „ad absurdum" führen!

Laser-Interferometer sind als Baukasten, als Kompaktgeräte, als LWL-Tastkopf und als Meßtaster erhältlich.

## 5.3 Dehnungsmessung

### 5.3.1 Dehnungsmeßstreifen (DMS)

Ein elektrischer Widerstand ändert seinen Leitwert unter mechanischer Belastung: Nach Bild 5.81 bewirkt die einachsige Dehnung $\varepsilon_x (= \Delta l/l)$ zugleich die Querkontraktionen $\Delta w/w$ und $\Delta t/t$. Infolge elastischer, also reversibeler Geometrieänderung ergibt sich – unabhängig von der Querkontraktionszahl $\mu$ – die relative Widerstandsänderung exakt zu [5.56, 5.57]:

$$\frac{\Delta R}{R_0} = 2\varepsilon_x. \qquad (5.13)$$

Neben diese rein geometrisch bedingte Widerstandsänderung tritt noch ein festkörperphysikalischer Effekt, der auf den Einfluß der Variation der interatomaren Abstände ($\varepsilon$-Tensor) auf den elektrischen Leitfähigkeitstensor zurückgeht. Sowohl die Ladungsträgerdichte als auch ihre effektive Masse ($\rightarrow$Beweglichkeit) kann durch die elastische Gitterdeformation *richtungsabhängig* moduliert werden. Dieser zweite, „piezoresistive" Effekt hängt stark vom jeweiligen Leitermaterial ab; er ist bei Halbleiter-Materialien sehr ausgeprägt und – im Gegensatz zu den Metallen – theoretisch erklärbar [5.58]. In Tabelle 5.11a, b ist der Empfindlichkeitsfaktor $k$ (*engl.*: gage factor) gemäß

$$k = \frac{\Delta R / R}{\Delta l / l} \qquad (5.14)$$

angegeben [5.59].

Schreibt man die relative Widerstandsänderung als Summe von Geometrieänderung (gem. Bild 5.81) und Festkörpereffekt

$$\frac{\Delta R}{R} = 2 + k_{FK} \cdot f(\varepsilon) = k\varepsilon, \qquad (5.5)$$

so weisen nur wenige Legierungen (*, s. Tabelle 5.11a) einen vernachlässigbaren Wert von $k_{FK}$ auf. Da der Festkörpereffekt ($k_{FK}$) aber naturgemäß temperaturabhängig und nichtlinear in $\varepsilon$ ist, kommen für Präzisionsanwendungen demnach nur die Legierungen (*) mit $k_{ges} \approx 2$ zum Einsatz.

Bei dem in Bild 5.81 skizzierten Standardfall des longitudinalen DMS-Effekts liegen Grunddehnung $\overline{e}_x$ und elektrische Feldstär-

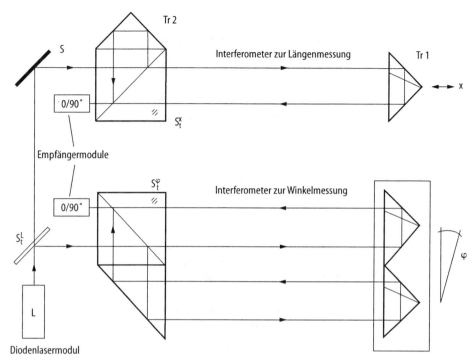

**Bild 5.80.** Kombinations-Interferometer (oben = Weg; unten = Winkel)

ke $\overline{E}$ parallel. Der Transversaleffekt ($\overline{\epsilon} \perp \overline{E}$) andererseits wird auch in Halbleitern kaum genutzt, spielt aber als Parasitäreffekt in elektronischen Schaltungen – oft übersehen – eine problematische Rolle.

Für *technische Dehnungsmeßstreifen* werden die folgenden Technologien eingesetzt:

a) Freidraht,
b) Metallfolien auf Kunststoffträger (aufzukleben),
c) Einkristalline Si-Miniatur-DMS (aufzukleben),
d) Dünnfilme aus Metall oder Halbleiter, polykristallin,
e) Dickfilme, gedruckt,
f) Monolithisch integrierter Silizium-Sensor.

a) Dünne Konstandrähte, wie eine Violinsaite zwischen den beiden Meßpunkten aufgespannt, werden nur noch selten verwendet. Gründe: Niedriger Widerstand, schlechte Abfuhr der Jouleschen Wärme, extremer externer Temperatureinfluß, verschiedene Meßbereiche ($\delta_{max}$) kaum realisierbar.

b) Metallfolien-DMS stellen die bei weitem bedeutendste Realisierungsform dar. Gemäß Bild 5.82 trägt eine dünne Kunststoffolie eine ca. 5 μm starke Lage aus Konstantan oder einer NiCr-Legierung. Diese Widerstandsschicht ist mittels Photolithographie mäanderförmig strukturiert. Derartige DMS werden von zahlreichen Herstellern in sehr unterschiedlichen Strukturen (Beispiele in Bild 5.83) angeboten. Zum Aufkleben dieser DMS auf eine Meßfeder sind Reaktionskleber (Cyanoacrylat-, Epoxi- oder Phenolharzsysteme) geeignet. Die hierzu empfohlenen Prozeduren sind sorgfältig einzuhalten! [5.60]

Der DMS-Widerstand als Signalparameter hängt nicht nur von der Meßgröße Dehnung $\epsilon$, sondern auch von der *Temperatur als Störgröße* ab. Das temperaturbedingte Störsignal wird – in eine Dehnung umgerechnet – als scheinbare Dehnung $\epsilon_{sch}$ bezeichnet:

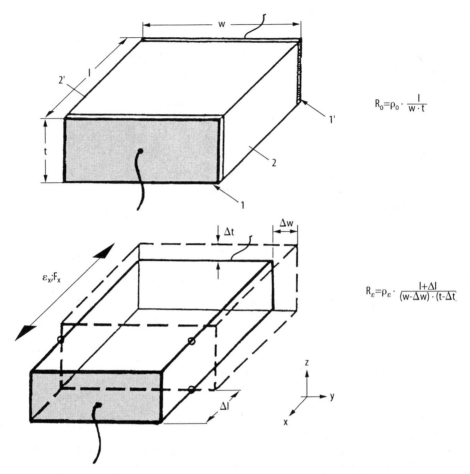

**Bild 5.81.** Sperrfrei und widerstandslos kontaktierter, elektrisch leitfähiger Quader (2.) Longitudinaler DMS-Effekt geometriebedingt, unter Einschluß der $\rho(\varepsilon)$-Abhängigkeit

$$\varepsilon_{sch} = \left(\frac{TK_R}{k} + (\beta - \alpha)\right)\Delta T. \qquad (5.16)$$

**Tabelle 5.11a.** Longitudinale Dehnungsempfindlichkeit von Metallen (k-Faktor)

| Material | k |
| --- | --- |
| – reine, nicht-ferromagnetische Metalle (Al, Cu, Pt, Ta) | 2,9...4,4 |
| – Ni | -8,5...-11 |
| – Widerstandslegierungen: | |
| Konstantan, NiCr, CrSi (*) | 1,9...2,1 |
| Manganin | 0,56 |
| Zeranin | 1,05 |
| Pt W 10 | 4,5...5,5 |

Hier erfaßt der erste Term die Temperaturabhängigkeit des spezifischen Widerstandes (des freiliegenden DMS), der zweite Term beschreibt die thermische Zwangsdehnung des mit dem Meßkörper ($\beta$) starr verbundenen DMS ($\alpha$). Zur Minimierung dieses Effektes ist ein für das jeweilige Meßkörpermaterial angepaßter DMS zu verwenden.

*Typische Kenndaten von Folien-DMS:*
- Meßgitterabmessungen:
  $0,2 \times 0,25 ... 90 \times 7$ mm$^2$
- Trägerfolienabmessungen:
  $5 \times 3 ... 100 \times 10$ mm$^2$
- Kennwiderstand:
  (50) ... 100 ... 350 ... (5000) $\Omega$

**Tabelle 5.11b.** Longitudinale Dehnungsempfindlichkeit von Halbleitern (k-Faktor)

| Material | | Einkristalline Halbleiter; Dehnung und Strom in Richtung: | | |
|---|---|---|---|---|
| | | (100) | (111) | (110) |
| n-Si | $\rho \geq 5\Omega \cdot$ cm bzw. | -135 (-110) | -14 | -53 (-24) |
| p-Si | ($\rho = 10^{-2}\,\Omega \cdot$ cm $\triangleq 10^{19}$ cm$^{-3}$) | +8,6 (+8) | +175 (+105) | +120 (+45) |
| n-Ge | $\rho \geq 5\Omega \cdot$ cm | -5,3 | +102 | -105 |
| p-Ge | | -10,9 | -157 | +65 |
| n-GaAs | $\rho \geq 2\Omega \cdot$ cm | -3,2 | -8,9 | -6,7 |
| p-GaAs | | -12 | +38 | +21 |

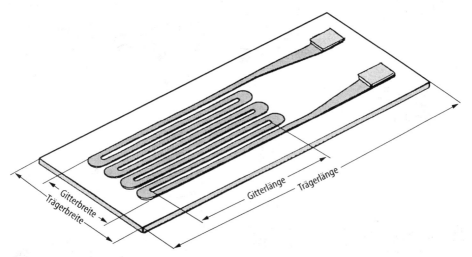

**Bild 5.82.** Folien-DMS, Kunststoffträgerfolie (Polyimid, Epoxi) ca. 50 μm, Metallfolie (Konstantan, NiCr+) ca. 4 μm, Klebeschichtdicke (zumObjekt) 5–20 μm

- Betriebstemperatur:
  −10/+80 °C; (−196 ... +316 °C)
- Auflösung:... $10^7$(!)

c) Für Sonderanwendungen sind aus einkristallinem Si gefertigte hochempfindliche Miniatur-DMS ($|k| = 50 \ldots 130$) erhältlich, entweder ebenfalls auf Kunststoffträger (wie b) oder als ungeschützter, extrem zerbrechlicher Streifen von z.B. 6 mm Länge × 0,25 mm × 0,007 mm. Die Ruhe-Widerstandswerte liegen zwischen 100 und 1000 (10000) Ω.

Für die beiden Dotierungstypen sind die piezoresistiven Kenndaten, jeweils für die sensitivste Kristallrichtung (vgl. Tabelle 5.11b), in Bild 5.84 zusammengestellt: Die Meßempfindlichkeit $k$, deren Temperaturkoeffizient $TK_k$ sowie der Temperaturkoeffizient des Widerstandes $TK_R$ (beide $TK$ in der Nähe der Raumtemperatur). Mit steigender Dotierung nehmen alle drei Kennwerte ab, bleiben aber stets mindestens einen Faktor 20 über den Werten von Metallegierungen. Bild 5.85 gibt die Dehnungs-/Widerstands-Kennlinie des meistverwendeten p-Si (111) wieder: Der Zusammenhang ist merklich nichtlinear, für Stauchung stärker als für Zugbelastung. Dies gilt insbesondere für niedrig dotiertes Material [5.61].

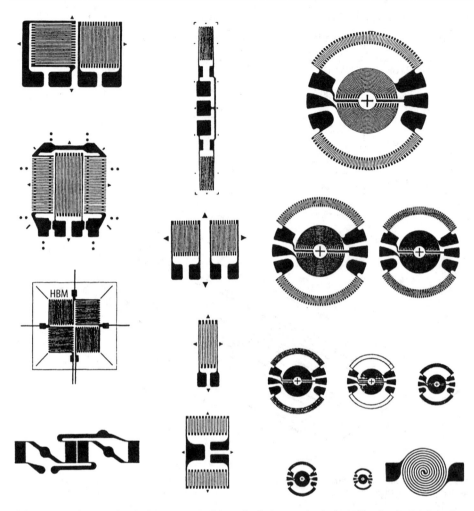

**Bild 5.83a.** Ausschnitt aus dem DMS-Programm: DMS für Meßaufnehmer, rechte Spalte: Vollbrücken für Kreisfederplatten (z.B. Druck).

d) Während die DMS nach Pos. b) und c) fertig strukturiert auf dem Meßkörper aufgeklebt (für Hochtemperatur: aufgeschweißt) werden, erfolgt die Herstellung von Dünnfilm-DMS direkt auf der Meßfeder. Auf deren polierter Oberfläche werden nacheinander drei Dünnfilme deponiert (Bild 5.86): Eine Isolatorschicht aus $SiO_2$, MgO oder $Al_2O_3$ + eine dehnungsempfindliche Widerstandsschicht aus einer ternären NiCr-Legierung, aus CrSi oder (polykristallin!) aus den Halbleitern Si bzw. Ge + eine Kontaktierungsschicht aus Al oder Au (a). Dieses Sandwich wird in zwei Photolithographieschritten auf der Meßfeder zum Dehnungsmeßwiderstand strukturiert (b). Deposition durch Hochvakuumaufdampfen, Kathodenzerstäubung, (Plasma-) CVD, vorzugsweise auf nur einer planen Fläche [5.62–5.65].

e) Grundkonzept ähnlich d), Federkörper aus emailliertem Metall oder Keramik wird mit Widerstands-Dickfilmpasten ($RuO_{2-x}$) strukturiert bedruckt. Der relativ hohe $k$-Faktor von 9 bis 13 beruht im wesentlichen auf Korngrenz-Effekten. Er ist deshalb stark technologieabhängig und zeigt erhebliche Toleranzen/Alterung [5.66–5.68].

f) Der monolithisch integrierte Si-Sensor besteht aus einem einkristallinen, $n$-leiten-

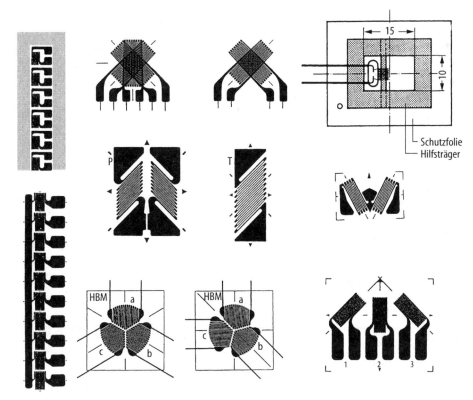

**Bild 5.83b.** Ausschnitt aus dem DMS-Programm: DMS zur Spannungsanalyse, rechts oben: Pt/W-Hochtemperatur-Sensor

den Si-Körper, der als Meß-Federkörper dient und in welchen langgestreckt p-Zonen eindotiert sind. Typische Dotierungen: Federkörper $N_D = 10^{15}$ cm$^{-3}$, Piezowiderstände $N_A = 10^{19}$ cm$^{-3}$. Die zu erwartenden Charakteristika sind aus Tabelle 5.11b und den Bildern 5.84 und 5.85 ersichtlich [5.69].

Die DMS-Technologien d), e) und f) zeigen hohe Transversalempfindlichkeiten, die bei Dünn- und Dickfilmen bei 50% liegen. Bei Piezowiderständen monolithischer Si-Sensoren kann gemäß Tabelle 5.11b der transversale $k$-Faktor – je nach kristallografischer Richtung – sogar den Longitudinaleffekt übersteigen.

Bei den miniaturisierungsgeeigneten Technologien d) und f) ist zu beachten, daß geometrisch sehr kleine Widerstände zusätzliches $1/f$-Rauschen aufweisen.

Alle Einzel-DMS besitzen einen schlechten Störabstand zwischen Nutzsignal und der durch Temperaturänderung bewirkten Widerstandsvariation („scheinbare Dehnung"). Zum Beispiel beträgt der relative Meß-Widerstandshub eines Metall-DMS ($k = 2$) bei einer Maximaldehnung von $2 \cdot 10^{-3}$ nur $4 \cdot 10^{-3}$. Bei einem effektiven $TK_R$ von 10 ppm · K$^{-1}$ erzeugt aber eine Temperaturänderung von 4 K bereits eine Meßabweichung von 1% („scheinbare Dehnung"). Deshalb werden im allgemeinen Dehnungsmeßstreifen paarweise appliziert, wobei der Referenz-DMS entweder einer Komplementärdehnung auszusetzen ist oder aber unbelastet bleibt (Bild 5.87). Im letztgenannten Fall der „¼-aktiven Brücke" ist der Zusammenhang $U_2 = f(\Delta R)$ nicht exakt linear:

$$\frac{U_2}{U_0} \approx \tfrac{1}{4} \frac{\Delta R_1}{R_1}\left(1 - \frac{\Delta R_1}{R_1}\right). \qquad (5.17)$$

Für die bezogene Ausgangsspannung der üblichen Voll-Brückenschaltung erhält man:

188  Teil B  Meßumformer, Sensoren

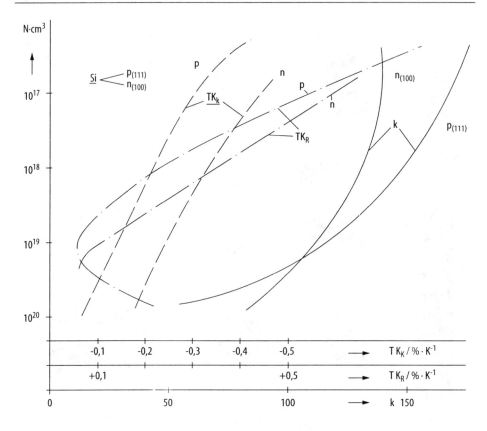

**Bild 5.84.** Einkristalline Si-DMS: Empfindlichkeitsfaktor $k$, Temperatur-Koeffizient des Widerstandes und Temperatur-Koeffizient des $k$-Faktors in Abhängigkeit von der Dotierungskonzentration

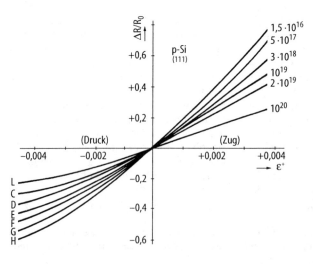

**Bild 5.85.** Widerstandsänderung von monokristallinen Si-DMS als Funktion der Dehnung. Parameter: Dotierung (nach Kulite)

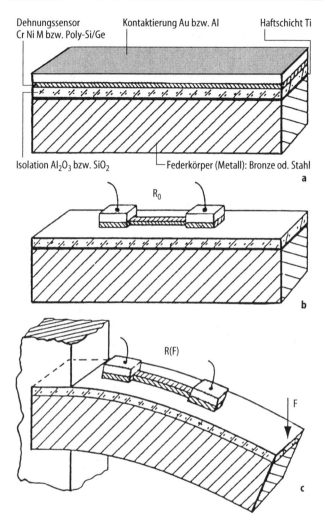

**Bild 5.86.** Kraftsensor mit Dünnfilm-DMS

$$\frac{U_2}{U_0} \approx \frac{1}{4}\left(\frac{\Delta R_1}{R_1} - \frac{\Delta R_2}{R_2} - \frac{\Delta R_3}{R_3} + \frac{\Delta R_4}{R_4}\right). \quad (5.18)$$

Tabelle 5.12 zeigt die wesentlichen Daten der vorbeschriebenen DMS-Technologien.

### 5.3.2
**Faseroptische Dehnungssensoren**
[5.70–5.74, 5.83, 5.84]

Faseroptische Sensoren werden als „intrinsic" bezeichnet, wenn der Lichtwellenleiter (LWL) selber von der Meßgröße beeinflußt wird. Dies ist bei LWL-Dehnungssensoren der Fall, indem die Glasfaser wie ein DMS mit dem Meßobjekt mittels eines Klebers starr verbunden wird, so daß die Faser ebenfalls eine Längsdehnung erfährt. (Mit dieser Faserdehnung verbunden ist eine Brechungsindex-Änderung.) Die Gesamtdehnungsempfindlichkeit einer typischen Stufenindex-Faser liegt etwa bei einer Phasendrehung von 0,5 ... 0,8° je Millimeter LWL-Länge für eine Dehnung von $10^{-6}$.

Da eine amplituden-analoge Auslesung der LWL-Längung wegen zahlreicher Instabilitäten (Lichtquelle, Licht-Einkopplung/Auskopplung, Faserdämpfung, usw.) nicht praktikabel ist (fehlende „Streckenneutralität"), wird das Interferenzkonzept verwendet (vgl. Abschn. 5.2.2). Den einfachsten Aufbau liefert das Fabry-Perot-Prinzip, in Reflexion oder Transmission einsetzbar

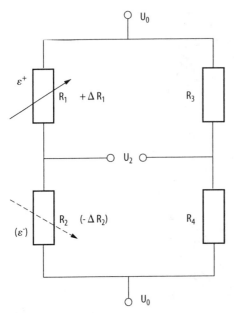

**Bild 5.87.** DMS ($R_1$;$R_2$) in Widerstandsbrücke. Referenz-DMS ($R_2$) passiv oder mit Komplementärdehnung ($\varepsilon^-$) beaufschlagt

(Bild 5.88a) (Realisierung der Teilverspiegelung durch Luftspalt oder Beschichtung Al; $TiO_2$). Da jedoch beim LWL-Dehnungssensor (wie bei ohmschen DMS) Temperaturänderungen ein starkes, von dem Meßsignal nicht unterscheidbares Störsignal liefern, ist wieder ein Referenzsensor vorzusehen, entweder passiv oder mit der komplementären Meßgröße beaufschlagt. Dann empfehlen sich die zweiarmigen Interferometer-Prinzipien nach Mach-Zehnder oder nach Michelson (Bilder 5.88b,c). Die Deformationslängen betragen üblicherweise 0,5 ... 30 mm.

Der Kontrast zwischen Maxima und Minima im Interferenzmuster ist bei LWL-Interferometern, insbesondere beim FP-Typ, oft weitaus geringer als bei Freistrahl-Anordnungen. Dies ist die Folge von Polarisationsdrehungen in der Faser (→polarisationserhaltende LWL verwenden).

Die Signalauswertung kann, wie bei allen Interferometern, durch *Abzählen* durchlaufener Maxima erfolgen. Eine analoge Auswertung beruht auf einem *Kompensationsverfahren*, indem das Interferometer stets mittels einer Regelung im Arbeitspunkt maximaler Empfindlichkeit (Quadraturpunkt) erhalten wird. Als „Stellglied" kön-

**Tabelle 5.12a.** Vergleich alternativer DMS-Technologien

| Technologie | Meßempfindlichkeit | | Genauigkeit<br>I Temp.-Koeffizient (R; k)<br>II Langzeitstabilität<br>III Linearität/Hysterese | Robustheit<br>I Maximale Temperatur<br>II Chemische Stabilität<br>III Beschleunigung/Festigkeit |
|---|---|---|---|---|
| b | 2mV/V | | I sehr klein<br>II gut<br>III sehr gut | I 130 °C<br>II schlecht<br>III mittel |
| c | 50...130mV/V | | I groß<br>II gut<br>III schlecht | I 100 °C<br>II schlecht<br>III gut |
| d | Metall | 2mV/V | I sehr klein<br>II sehr gut<br>III sehr gut | I 250 °C<br>II mittel<br>III sehr gut |
| | Poly-Si; Ge | 25mV/V | I mittel<br>II gut<br>III gut | I 150 °C<br>II mittel<br>III sehr gut |
| e | 9...13mV/V | | I mittel<br>II mittel<br>III gut | I 150 °C<br>II mittel<br>III gut |
| f | 40...100mV/V | | I mittel<br>II gut<br>III mittel | I 100 °C<br>II schlecht<br>III sehr gut |

**Tabelle 5.12b.** Vergleich alternativer DMS-Technologien

| Technologie | Entwurfsfreiheit | Optimale Losgröße | Kosten<br>I Investition<br>II Fertigung |
|---|---|---|---|
| b | Universell:<br>beliebige Meßgröße und Meßbereich.<br>Keine Miniaturisierung | klein/mittel | I sehr gering<br>(Zukauf DMS)<br>II hoch |
| c | Universell:<br>beliebige Meßgröße und Meßbereich.<br>Eingeschränkte Miniaturisierung | klein/mittel | I sehr gering<br>(Zukauf DMS)<br>II hoch |
| d | Beliebige Meßgröße, aber nur kleine Sensoren.<br>Miniaturisierung möglich. | mittel/groß | I hoch<br>II mittel/gering |
| e | Beliebige Meßgröße, aber nur kleine Sensoren.<br>Keine Miniaturisierung. | klein/mittel | I mittel<br>II mittel |
| f | Nur für Druck und Beschleunigung.<br>Nur sehr kleine Sensoren. | sehr groß | I sehr hoch<br>II gering |

nen verwendet werden: Eine piezoelektrische Längenänderung im Referenzzweig oder eine Frequenzänderung des Lasers (Laserdiode).

Der Einsatz dieser, nur als Labormuster existierender LWL-Dehnungssensoren ist nur in Sonderfällen zu erwägen: Im Ex-Bereich, bei extremen EMV-Forderungen, bei starker radioaktiver Strahlung, bei hohen Temperaturen. Interessante Sonderanwendung: Einbettung in faserverstärkten Konstruktionsmaterialien, z.B. CFK.

### 5.3.3
**Resonante Dehnungssensoren** [5.85]
Eine Saite (im Gegensatz zum „Stab" ideal biegeweich) weist als Grundresonanz eine Transversalschwingung der Frequenz $f_r$ auf:

$$f_r = \frac{1}{2l}\sqrt{\frac{F}{A\varrho}} \approx \frac{1}{2l}\sqrt{\frac{\varepsilon E}{\varrho}} \qquad (5.19)$$

$l$ Länge,
$E$ Elastizitätsmodul der Saite,
$\varrho$ Dichte.

Mit dieser, von der Dehnung $\varepsilon$ abhängigen Eigenfrequenz läßt sich ein *frequenzanaloger Dehnungssensor* bauen. Die Saite als passiver Resonator kann gemäß Bild 5.89 entweder intermittierend oder kontinuierlich angeregt werden. Im ersten Fall wird die Saite durch kurze Pulse angestoßen und das Ausschwingen frequenzmäßig ausgewertet. Alternativ kann der Saitenresonator, durch einen Verstärker entdämpft, zum frequenzbestimmenden Element eines Oszillators werden. Wieder wird die Frequenz ausgezählt. Diese liegt bei makroskopischen Aufnehmern meist nahe 1 kHz. Die druckwasserfest gekapselten Aufnehmer (bis 250 mm lang) zeigen Dehnungen bis etwa $2 \cdot 10^{-3}$ mit einer Ungenauigkeit bei 1% an. Sie werden im Bereich Bau und Geologie gern zur Fernmessung eingesetzt.

Das Konzept des resonaten Sensors hat durch die *Mikrotechnik* (Si, Quarz, Glas) neuen Auftrieb erfahren.

## 5.4
## Dickenmessung

Bei der Dickenbestimmung von Folien, Platten oder Blechen sind beide Oberflächen zugänglich. Andererseits muß die Messung einer Beschichtung auf einem Träger im allgemeinen von einer Oberfläche her erfolgen. In den meisten Fällen ist das Meßobjekt in Bewegung, z.B. bei der Lackbeschichtung einer Papierbahn.

192  Teil B  Meßumformer, Sensoren

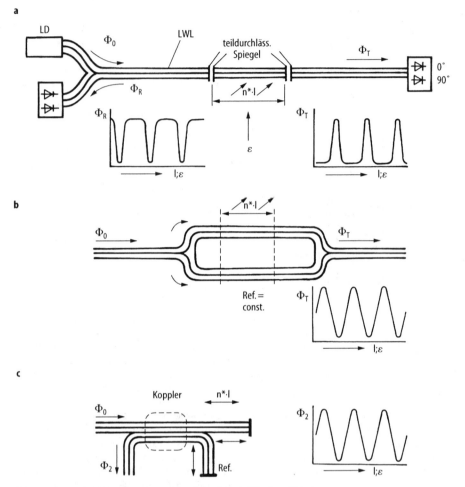

**Bild 5.88.** Faseroptische Interferometer. **a** Fabry-Perot. **b** Mach-Zehnder. **c** Michelson

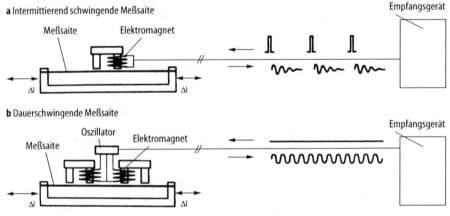

**Bild 5.89.** Schwingsaiten-Dehnungssensoren (elektrodynamische Ankopplung). **a** Zupfbetrieb, **b** Kontinuierliche Schwingung (nach Maihak, Hamburg)

## 5.4.1
### Bestimmung der totalen Dicke
#### 5.4.1.1
##### Direkte Bestimmung der mechanischen Dicke

Nach Bild 5.90 läßt sich mit einem C-förmigen Bügel als Befestigungsrahmen der beiden Wegsensoren $S_1$ und $S_2$ das Meßobjekt beidseitig antasten. Die gesuchte Dicke $d$ erhält man durch Differenzbildung.

Als Wegsensor sind alle in den Abschn. 5.1 und 5.2 genannten Konzepte anwendbar, wobei alle elektromagnetischen Verfahren mit einem dinglichen Taster in Form eines Stempels, einer Kufe oder Rolle (z.B. aus Hartmetall) die beiden Oberflächen verfolgen. Berührungsfrei kann nach den Laufzeitverfahren und mit optischen Geräten gemessen werden. Zur Ultraschallmessung kann u.U. eine Wasserstrahl-Ankopplung verwendet werden.

Ein kritischer Punkt ist die *thermische Ausdehnung* des C-förmigen Meßbügels, da oftmals an heißen Objekten zu messen ist. Zur Vermeidung gravierender Meßfehler ist entweder der Meßbügel aus einem Material geringster thermischer Ausdehnung herzustellen (z.B. Invar) oder der Meßbügel ist konstant zu temperieren (Wasser). Eine Notlösung stellt die separate Temperaturmessung und rechnerische Korrektur dar (wegen eventuell ungleicher Temperaturverteilung).

#### 5.4.1.2
##### Berührungslose elektromagnetische Meßverfahren

Außer den optischen und den Laufzeitverfahren sind auch diverse elektromagnetische Techniken berührungsfrei einsetzbar, jedoch gehen hier die jeweils relevanten *Materialparameter* extrem stark in das Meßergebnis ein. Aus diesem Grunde sind diese nachfolgenden Verfahren nur bei exakt bekannten und während des Prozesses invarianten Materialeigenschaften anwendbar. Es ist zu unterscheiden zwischen elektrischen Nichtleitern (Dielektrizitätszahl $\varepsilon_r$), elektrischen Leitern (Leitfähigkeit $\kappa$) und magnetisch nicht neutralen Werkstoffen, insbesondere Ferro-/Ferrimagnetika (Permeabilität $\mu_r$). Die letztgenannte Materialkenngröße $\mu_r$ ist komplex (verlustbehaftet) und frequenzabhängig. Sämtliche Materialdaten sind temperaturabhängig!

a) Induktive Verfahren:
- *Wirbelstromverfahren*: In definiertem und exakt konstantem (!) Abstand zum Meßobjekt befindet sich eine Spule, deren komplexe Impedanz durch ein elektrisch oder/und magnetisch leitfähiges Objektmaterial verändert wird. Die Meßfrequenz ist so zu wählen, daß die (rechnerische) Eindringtiefe des elektromagnetischen Wechselfeldes wesentlich größer ist als die Dicke des Meßobjektes. Die problematische Abstandsabhängigkeit ist durch getrennte Abstandsmessung (z.B. optisch) zu unterdrücken.
- *Transformatorisches Verfahren*: An den Positionen $S_1$ und $S_2$ in Bild 5.90 befindet sich jeweils eine Spule. Wird eine derselben von einem vorgegebenen Wechselstrom durchflossen, so wird in der zweiten eine elektrische Spannung induziert. Deren Amplitude und Phasenlage wird neben dem Axialabstand der Spulen

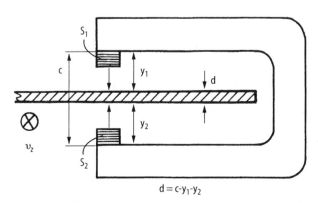

**Bild 5.90.** Dickenbestimmung durch Differenzmessung zweier Wegsensoren $S_1$; $S_2$. Das Meßgut (Dicke $d$) kann sich mit $v_z$ durch den C-förmigen Trägerbügel bewegen.

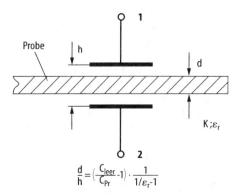

**Bild 5.91.** Kapazitive Dickenmessung ($C_{leer}/C_{Pr}$ = Kapazität $C_{1;2}$ ohne/mit Probeplatte (Dicke $d$))

$$\frac{d}{h} = \left(\frac{C_{leer}}{C_{Pr}} - 1\right) \cdot \frac{1}{1/\varepsilon_r - 1}$$

durch die Dicke (und elektrisch/magnetischen Eigenschaften) des dazwischenliegenden, teilweise abschirmenden Meßobjektes bestimmt. Die Frequenzwahl unterliegt hier nicht o.g. Skineffekt-Restriktion. Die parasitäre Abstandsabhängigkeit entfällt hier.

b) Magnetostatisches Verfahren
Ist das Meßobjekt nicht magnetisch neutral (d.h. $\mu_r \neq 1$), so kann seine magnetostatische Abschirmwirkung verwendet werden. Beispielsweise werden auf beiden Seiten des Meßobjektes – etwas entfernt – Permanentmagnete angebracht, vorzugsweise gegensinnig, d.h. abstoßend. Das magnetische Meßobjekt deformiert dieses resultierende Magnetfeld nach Maßgabe seiner Dicke (und $\mu_r$!). Es besteht nahezu keine Abstandsempfindlichkeit.

c) Kapazitive Verfahren
Alle Materialien (Dielektrika, Leiter, Magnetika) können durch eine Anordnung nach Bild 5.91 in ihrer Dicke bestimmt werden. Bei höheren $\varepsilon_r$-Werten und allen leitfähigen Materialien ist der Störeinfluß der Materialparameter verschwindend gering. (Bei leitfähigen Materialien ist er gleich null zu setzen.) Keine Abstandsabhängigkeit, jedoch sensitiv gegen Feuchte, Öl, Staub und Beläge.

### 5.4.1.3
**Radiometrische Dickenbestimmung** [5.76]
γ-Strahlen = Röntgenstrahlen vermögen auch große Schichtdicken zu durchdringen (Bild 5.92). Die Schwächung der Strahlen gehorcht dem Gesetz:

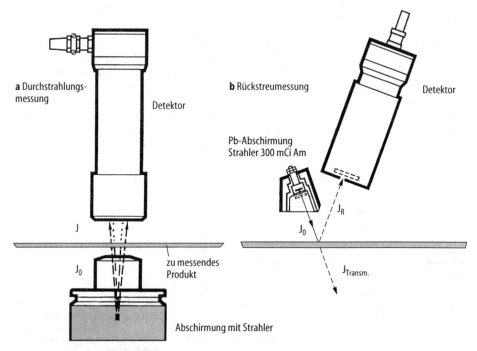

**Bild 5.92.** Radiometrische Dickenbestimmung (EG & G Berthold)

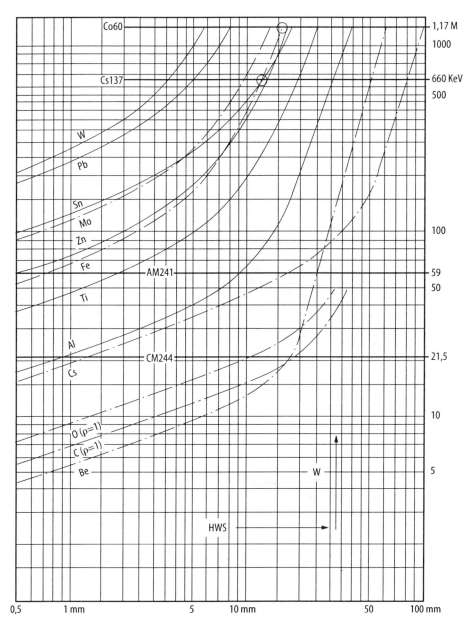

**Bild 5.93.** Halbwertsdicken (HWS) als Funktion der Quantenenergie W (IMS, Heiligenhaus)

$$\frac{I}{I_0} = e^{-\mu^* \varrho d} = e^{-0{,}693 \cdot d/HWS}. \quad (5.20)$$

($I_0$ bzw. $I$ ist die Intensität beim Eintritt bzw. am Austritt der Strahlung durch ein Objekt der Dicke $d$ mit den Materialgrößen $\varrho$ = Dichte und $\mu^*$ = Massenabsorptionskoeffizient. Anschaulicher ist die Verwendung der Halbwertsdicke *HWS*.) Der Massenabsorptionskoeffizient bzw. die Halbwertsdicke ist nur von der jeweiligen Atomsorte (Massenzahl $Z$) und der Strahlungs-Wellenlänge abhängig, nicht aber von strukturabhängigen Kollektiveffekten wie elektrische Leitfähig-

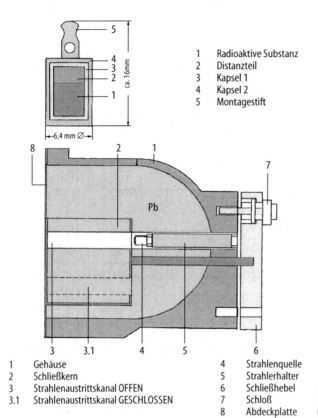

**Bild 5.94.** Radioaktive Quelle mit Drehverschluß der Abschirmung. Oben: Details des Strahlers (4) (IMS)

keit $\kappa$ oder $\varepsilon_r$ oder $\mu_r$. Als Strahlungsquellen kommen sowohl Röntgenröhren als auch radioaktive Präparate zur Anwendung. Letztgenannte haben den Vorteil zuverlässig vorhersagbarer Emission und des Fehlens einer Energieversorgung – allerdings gepaart mit dem Nachteil nicht abschaltbarer Strahlung sowie umweltpolitischen Besorgnissen.

Bild 5.93 zeigt die Halbwertsdicken einiger Elemente in Abhängigkeit von der Quantenenergie $W$, gegeben durch die Beschleunigungsspannung der Röntgenröhre bzw. durch die spezifische Emission des radioaktiven Elementes. Die Halbwertsdicken von Eisen z.B. betragen 16 mm bzw. 12 mm und 0,75 mm für die Quellen Kobalt, Cäsium, Ameritium. Der HWS-Wert für die weiche Curium-Strahlung (21,5 keV) beträgt 45 µm. Entsprechend wird Cs für Stahl über 7 mm Stärke, darunter Am eingesetzt. Am- und Cm-Strahler sind besonders geeignet, um den Gehalt eines Elementes hoher Ordnungszahl in einer Matrix aus Elementen niedriger Ordnungszahl zu bestimmen (z.B. Pb in $TiO_2$). – Für organische Materialien werden die β-Strahler SR-90 oder KR-85 (2,3 MeV bzw. 0,67 MeV) eingesetzt. Als Detektor werden Szintillationszähler (z.B. NaJ/Tl) + SEV oder Ionisationskammern verwendet. Durchstrahlungsverfahren erreichen Meßfehler unter 1% [5.77, 5.78].

Ist das Meßgut nicht beidseitig zugänglich, so muß auf das Rückstreuverfahren nach Bild 5.92b zurückgegriffen werden. Während ein Teil der eingestrahlten Leistung im Meßobjekt absorbiert, ein Teil hindurchgelassen wird, tritt ein weiterer Teil der Primärstrahlung wieder auf der bestrahlten Oberfläche aus. Diese Rückstreuung wird maximal bei unendlicher Probendicke $d_\infty$; sie ist somit auch als Maß für die Probendicke d einsetzbar.

$$I = I_\infty(1 - e^{-\mu^* \varrho d}). \qquad (5.21)$$

Praktisch kann für $d_\infty$ etwa 10 · HWS gesetzt werden.

Einen typischen Aufbau einer radioaktiven Quelle zeigt Bild 5.94.

### 5.4.2
### Messung von Oberflächenschichten

Elektrisch leitfähige Schichten auf einem schlechter leitenden Untergrund (z.B. Ag auf MS) lassen sich durch *Wirbelstromverfahren* – vorzugsweise nach dem Transformator-Konzept – gut vermessen, wenn die Leitfähigkeit bekannt ist. Sonst ist eine Kalibrierung (siehe unten) erforderlich. Ist der Unterbau ferromagnetisch, so sind auch die magnetostatischen Verfahren anwendbar. Isolierende Deckschichten (Lack, Email, Eloxal) werden vorzugsweise *kapazitiv* vermessen. Zur Erzielung einer definierten Elektrodensituation an der Oberfläche ist die Deck-Elektrode durch leitfähigen Elastomer oder durch eine leitfähige Flüssigkeit (z.B. Wasser) zu realisieren. *Ultraschall-Pulsecho-Verfahren* erlauben Dickenauflösungen von 1 μm. Radiometrische Methoden, vorzugsweise im Rückstreuverfahren – sind sehr effektiv, insbesondere wenn die zu messende Deckschicht eine höhere Massenzahl Z aufweist als der Unterbau. Besonders gute Selektivität Deckschicht/Unterbau ergibt die wellenlängen- oder energieselektive *Röntgenfluoreszenz-Detektion*.

Für statische Messungen, insbesondere zu Kalibrierzwecken, ist die *Wägetechnik* sowie *Schrägschliff-/Kugelschliff-Beobachtung* im

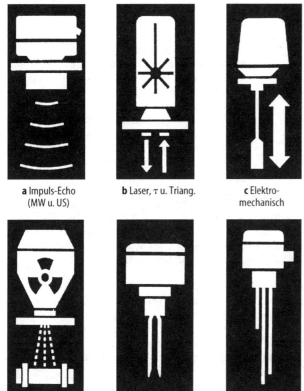

**Bild 5.95.** Füllstandsmeßtechnik-Konzepte (Vega, Schiltach)

a Impuls-Echo (MW u. US)  b Laser, τ u. Triang.  c Elektromechanisch  d Radiometrisch  e Vibration  f Konduktiv

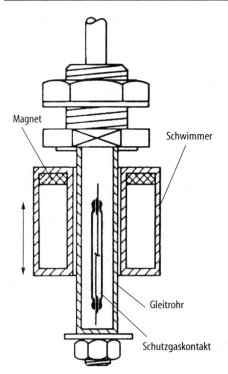

**Bild 5.96.** Füllstandsschalter (Schwimmer) und magnetisch betätigter Reed-Schalter (Kobold, Hofheim)

Licht- oder Rasterelektronenmikroskop sehr zuverlässig. (Präzisionswaagen erlauben eine Massenauflösung von $10^{-7}$!)

## 5.5 Füllstandsmessung

### 5.5.1 Echte Bestimmung der Füllmenge

Zielgröße der sogenannten Füllstandsmessung ist eigentlich die *Füllmasse* eines Behälters. Eine exakte Bestimmung dieser relevanten Größe ist nur durch Wägung des Behälters, z.B. durch Aufbocken auf Wägezellen möglich (Vorsicht: Feuchte). Als nächste Ersatzgröße kann das *Füllvolumen* nach einem in der Flug- und Weltraumtechnik angewandten Verfahren bestimmt werden: Einpumpen eines definierten Gasvolumens $\Delta V$ erhöht den Druck des überlagerten Gaspolsters von $p_0$ um $\Delta p$. Nach Boyle-Mariotte ergibt sich das für die Messung konstante Gesamtgasvolumen $V_0$ im Behälter zu

$$\frac{V_0}{\Delta V} = \frac{p_0}{\Delta p}. \qquad (5.22)$$

Das Verfahren, das Inkompressibilität des Füllmediums voraussetzt, eignet sich für Schüttgüter und aufschäumende Flüssigkeiten (z.B. beim Sieden).

### 5.5.2 Füllstand [5.79–5.82]

Der Füllstand eines Behälters ist ein Maß für sein Füllvolumen, wenn folgende Probleme eliminiert oder vernachlässigt werden können:

- Füllkegel/-krater bei Schüttgütern,
- Schaum oder überlagerte Fremdsubstanz (z.B. Öl auf $H_2O$),
- Bodensatz/Feststoffablagerung an Wänden,
- Gasblasen beim Sieden,
- Hohlräume bei Schüttgütern,
- unscharfe Grenzschicht wegen Dampf oder Staub.

#### 5.5.2.1
**Mechanische Messung** *(Bild 5.95c)*
Antasten der Oberfläche des Füllgutes durch einen Schwimmer/Auftriebskörper:
a) Ein Schwimmer, eventuell durch eine Zugfeder entlastet, folgt der Flüssigkeitsoberfläche. Seine Höhenverlagerung wird durch einen Wegsensor nach Abschn. 5.1 oder 5.2 (s. Bild 5.96) gemessen und mit dem eventuell höhenabhängigen Behälterquerschnitt multipliziert.
b) Durch einen Elektromotor wird ein Gewicht abgespult. Die Entlastung beim Berühren des Füllgutes (flüssig oder körnig) führt zum Auslösen des Rücklaufes. Die Länge des abgespulten Seiles ist ein Maß für die Füllstandshöhe.

#### 5.5.2.2
**Konduktives Verfahren** *(Bild 5.95f)*
Beim Kontakt einer leitfähigen Flüssigkeit mit der Fühl-Elektrode wird der Stromkreis geschlossen und der Schaltvorgang ausgelöst. Nur als *Grenzwertschalter* geeignet.

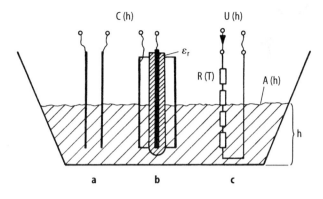

**Bild 5.97.** Füllstandsmessung. **a** in isolierender Flüssigkeit (Plattenkondensator), **b** in leitfähiger Flüssigkeit (Koaxialkondensator), **c** Kette von überheizten Widerstandsthermometern

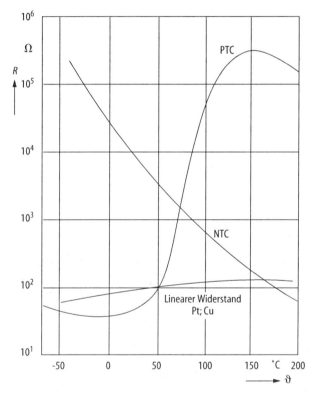

**Bild 5.98.** Widerstands-/Temperaturkennlinie von resistiven Temperatursensoren

### 5.5.2.3 Kapazitives Verfahren

Ein ausgedehnter, offener Platten- oder Koaxialkondensator ragt in das Meßmedium. Ist dieses nichtleitend, so wirkt es als Dielektrikum in dem teilgefüllten Kondensator. Für leitfähige Medien wird eine der Kondensatorelektroden mit einer Isolierschicht versehen. Nun wirkt das Meßmedium als Gegenelektrode (Bilder 5.97a und b).

### 5.5.2.4 Wärmeableitverfahren

Führt man einem elektrischen Widerstand eine konstante elektrische Leistung zu, so wird dieser unter konstanten Umgebungsbedingungen (Medium, Relativbewegung) eine feste Endtemperatur einnehmen. Taucht dieser beheizte Widerstand aus dem flüssigen Meßmedium infolge Füllstandsabsenkung auf, so wird er im überlagerten

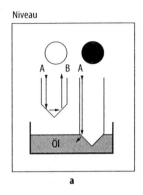
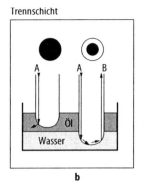
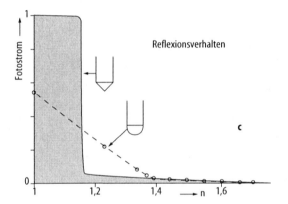

**Bild 5.99.** Lichtleiterstab als Füllstandswächter. **a** und **b** Brechzahl-sensitiv (s. **c**)

Luftraum eine deutlich erhöhte Temperatur annehmen. Diese Temperaturstufe bei Überschreiten der Grenzfläche Luft/Flüssigkeit wird vorzugsweise durch einen *temperaturabhängigen* Widerstand detektiert, der z.B. von einem Konstant-Heizstrom durchflossen wird. Die größte Widerstandsänderung ist gem. Bild 5.98 bei PTC-Widerständen erhältlich. Dieser, als Überfüllsicherung für Öltanks übliche Grenzwertschalter kann durch eine ganze Kette solcher PTC zu einer diskretisierten Füllstandsanzeige erweitert werden (Bild 5.97c).

#### 5.5.2.5
**Optische Verfahren**
a) Eine waagerechte Lichtschranke kann einen Grenzwert detektieren (Flüssigkeiten und Schüttgüter).
b) Die Reflexion eines Lichtstrahls an der Flüssigkeitsoberfläche kann per Triangulation zur Füllstandsmessung herangezogen werden. Bei größeren Tanks ist auch das Laufzeitverfahren ($\tau$) applikabel (Bild 5.72).
c) Grenzwertsensoren mit geführtem Licht: Ein stabförmiger Lichtleiter, z.B. aus Quarzglas, ist an seinem Unterende so geformt, daß das von oben kommende Licht infolge Totalreflexion den Stab nicht verlassen kann, sondern nach oben reflektiert wird (Bild 5.99). Taucht jedoch diese Spitze in eine Flüssigkeit (Brechungsindex $n > 1{,}15$), so wird die Totalreflexion des Endstückes aufgehoben und das Licht geht in der Flüssigkeit verloren. Während die Kegelspitze einen abrupten Zusammenbruch der Totalreflexion liefert, kann mit Kugelspitzen auch noch eine Brechungsindex-Unterscheidung erreicht werden [5.86].

#### 5.5.2.6
**Vibrations-Sensoren** *(Bild 5.95e)*
Die piezoelektrisch erzeugte Schwingung einer Gabel wird durch die Berührung mit

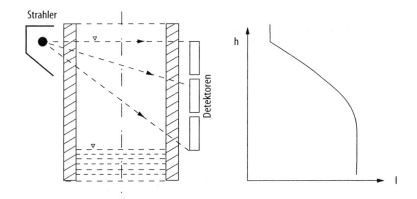

**a** Anordnung mit Mehrfachdetektor

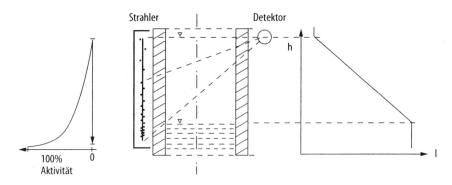

**b** Anordnung mit Stabstrahler

**Bild 5.100.** Radiometrische Füllstandsmessung, **a** Durchstrahlverfahren. **b** Der Stabstrahler besitzt zur Linearisierung der Kennlinie eine ortsabhängige Aktivität (Berthold)

dem Füllgut gedämpft und führt zur Auslösung eines Schaltbefehls.

#### 5.5.2.7
**Laufzeitverfahren** *(Bild 5.95a)*

Die Mikrowellen- und Ultraschallverfahren nach Abschn. 5.1.2 werden zur „Antastung" der Füllmediums-Oberfläche eingesetzt. Beim Ultraschall empfiehlt es sich, durch einen ortsfesten zusätzlichen Reflektor eine bekannte Referenzstrecke zur Eliminierung der unsicheren Schallgeschwindigkeit zu etablieren. Mikrowellen können nichtleitende Wände (Kunststoff, Glas, Keramik) durchdringen! US-Signale sind staubempfindlich!

#### 5.5.2.8
**Radiometrisches Verfahren**

Die Absorption von γ-Strahlung durch das Füllgut läßt sich sowohl im Durchstrahlverfahren als auch im Rückstreuverfahren zur Füllstandsmessung heranziehen. (Bild 5.100a,b). Diese berührungslose Meßtechnik durch jegliche Behälterwand hindurch eignet sich besonders für gefährliche Substanzen sowie für hohe Drücke oder Temperaturen.

#### 5.5.2.9
**Hydrostatisches Druckmeßverfahren**

Aus der Messung des hydrostatischen Bodendruckes durch einen Druckaufnehmer berechnet sich der Füllstand in Flüssigkeiten bei bekannter Dichte. Zur Eliminierung des Binnendruckes ist ein Differenzdruckaufnehmer einzusetzen.

*Wertung der alternativen Füllstandsmeßverfahren:*

- Oberflächenausgleich gegen Schüttkegel/-krater:
  5.5.1, 5.5.2 -.7, -.8
- Universeller Einsatz (Flüssigkeiten und Schüttgüter):
  5.5.1, -.1, (-.3), -.5ab, -.6, -.7, -.8
- Detektion über- oder unterlagerter Schichten:
  -.7 (Ultraschall)
- Vermeidung zusätzlicher Behälteröffnungen:
  5.5.1, -.7 (MW), -.8, (-.9)
- Staub-/Schaumfest:
  5.5.1, -.1, (-.3), (-.4), (-.6), (-.7 MW), -.8, -.9
- Gasblasen-/Hohlrauminvariant:
  5.5.1, -.8, -.9.

## Literatur

5.1 NN. Meßpotentiometer; Firmenschrift: Novotechnik, Ostfildern
5.2 Zinke O (1982) Widerstände, Kondensatoren, Spulen und ihre Werkstoffe. Springer, Berlin
5.3 Kohn D (1986) Untersuchung eines induktiven Spiralsensors als Wegmeßaufnehmer. Reihe 8, Nr. 120. VDI-Verlag, Düsseldorf
5.4 Richter H (1992) Signalverarbeitungskonzepte für Differentialsensoren. tm 59:479–481
5.5 Herold H (1989) Architekturen kapazitiver Sensoren mit Schutzschirmtechnik. msr, S 56–61
5.6 Schmidt W (1993) Modellbildung und experimentelle Grundlagen zur Messung mit dem elektrischen Feld (kapazitive Sensorik). DFG-Bericht 935/1-1
5.7 Kegler A (1989) Ein kapazitives Verfahren zur berührungsfreien Mikroprofilmessung an metallischen Oberflächen. Dissertation D83, TU Berlin
5.8 NN. Neue Möglichkeiten in der Halbleiter-Industrie durch Nanopositionierung/ Kapazitive Sensoren. Firmenschrift: Physik Instrumente, Waldbronn
5.9 NN. Sensoren und Sensorsysteme. Firmenschrift: Micro-Epsilon-Meßtechnik, Ortenburg
5.10 Yang W (1992) Konzept für die Auswerteelektronik kapazitiver Aufnehmer. tm 59:470–474
5.11 Pfeifer G (1988) Nichtlinearität elektronischer Auswerteschaltungen für kapazitive Sensoren. Bericht der TU Dresden
5.12 Dajcar R (1987) Inductosyn. Ein Präzisions-Wegmeßverfahren für Werkzeugmaschinen. SGA-Zeitschrift 4:31–35
5.13 Seippel R (1983) Transducers, Sensors & Detectors. Reston Publish, Virginia. p 64
5.14 Walcher H (1985) Winkel- und Wegmessung im Maschinenbau. VDI-Verlag, Düsseldorf
5.15 Koch J (1983) Permanentmagnete. Firmenschrift: Valvo, Hamburg
5.16 Strassacker G (1993) Analytische und numerische Methoden der Feldberechnung. Teubner, Stuttgart
5.17 NN (1989) Magnetic Sensors. Firmenschrift Siemens, München
5.18 NN (1995) Integrated Hall Effect Circuits. Firmenschrift: Siemens, München
5.19 Heidenreich W (1994) Präzise in die Zukunft mit neuen Magnetfeldsensoren. Siemens Components 32; 3:71–75
5.20 NN (1995) Semiconductor Sensors. Firmenschrift: Philips, Hamburg
5.21 Schaumburg H (1992) Sensoren. Teubner, Stuttgart
5.22 NN (1990) Magnetische Sensoren. Firmenschrift: VAC, Hanau
5.23 Paul R (1992) Optoelektronische Bauelemente. Teubner, Stuttgart
5.24 NN (1994) Si-Foto-Detektoren und IR-Lumineszenzdioden. Datenbuch Siemens
5.25 NN. Optoelektronik. Firmenschrift: Laser 2000, Weßling
5.26 NN. Photodiodes. Firmenschrift: Hamamatsu Photonics, Herrsching
5.27 NN. Photoconductive Cells. Firmenschrift: EG&G Vactec, St. Louis (USA)
5.28 NN. PSD. Firmenschrift: Laser Components, Olching
5.29 Knop K (1992) In: Sensors, Vol. 6, VCH, Weinheim S 233–252
5.3 Graf H (1995) Elektronisch sehen. Elektronik 3:52–57
5.31 Gallagher P (1994) Novel CCD design challenge imaging technologies. Laser Focus World 3:57–64
5.32 NN (1995) Streifenprojektionssystem. Firmenschrift: Zeiss Jena, Jena
5.33 Bellm H (1992) Optisches Multisensorsystem für die industrielle 3D-Werkstückerkennung. tm-Sonderheft „sensoren '92", S 66–71
5.34 Schwarte R (1994) Ein 3D-Kamerakonzept für die schnelle, präzise und flexible Formerfassung. Vortrag DGZfP/GMA

5.35 Scharf P (1992) Sensoren bestimmen die weitere Entwicklung in der Fertigungsautomatisierung. Sensor Magazin 3:22–28

5.36 Zittlau D (1991) Entfernungsmessung auf Glas. Sensor Technik, in: Markt und Technik, S 6–8

5.37 Brandenburg W (1994) Triangulationssensoren. Sensor report 4:28-33

5.38 Brodmann R (1985) Optical Roughness Measuring Instrument. Optical Engineering 24/3, S 408–413

5.39 Magiori V (1994) Ultraschallsensorik. Siemens Zeitschrift, F&E Spezial, S 12–17

5.40 NN (1994) Laseroptische Abstandssensoren. Firmenschrift: SenTec, Siegen

5.41 Höfler H (1994) Three Dimensional Contouring by an Optical Radar System. Proc. SPIE (Photonics for Industrial Applications), Boston

5.42 Höfler H (1994) Abstandsmessung und Formerfassung mittels des Optischen Radars. AMA-Mitteilungen 1

5.43 Ruhkopf G (1993) Radarsensorik. Sensormagazin 3:6-9

5.44 Lohninger G (1994) Mikrowellensensor in der Sanitärtechnik. Sensor praxis 3:17– 19

5.45 Feldner U (1990) Ultraschallsensoren für Industrieroboter. und-oder-nor 4, S 38–41

5.46 NN (1995) Ultraschallsensoren. Firmenschrift: Baumer electronic, Frauenfeld (CH)

5.47 NN (1994) Ultraschallsensoren. Firmenschrift: Pepperl&Fuchs, Mannheim

5.48 Fiedler O (1992) Ultraschall-Distanzsensoren unter hoher Störschallbelastung. tm-Sonderheft „Sensoren '92", S 44–46

5.49 NN: Präzisionsdickenmesser. Firmenschrift Panametrics, Hofheim (1994)

5.50 Ernst A (1995) Digitale Längen- und Winkelmessung. Verlag moderne industrie, Landsberg

5.51 NN. Längen- und Winkelmeßsysteme. Firmenschriften: Heidenhain, Traunreut

5.52 N. Kleinster absoluter Winkelcodierer. Firmenschrift: Deutsche Aerospace-Gelma, Bonn

5.53 Grigo U (1993) Berührungslos Längen messen. F&M 101:166–168

5.54 GMA Dokumentation: Laserinterferometrie in der Längenmeßtechnik. (1985) VDI-Verlag, Düsseldorf

5.55 Abou-Zeid A (1992) Diodenlaser in der industriellen Meßtechnik. Technische Mitteilungen 85/1:34-43

5.56 Arlt G (1978) Sensitivity of strain gages. JAP 49/7:4273–4276

5.57 Bethe K (1984) Transversalempfindlichkeit von Dünnfilm-DMS. VDI-Berichte Nr. 509, S 213–215

5.58 Zerbst M (1963) Piezoeffekt in Halbleitern. Festkörperprobleme 2. Vieweg, Braunschweig

5.59 Bethe K (1989) The Scope of the Strain Gage Principle. Proc. IEEE Comp Euro Conference, Hamburg, 3:31–38

5.60 Hoffmann K (1987) Eine Einführung in die Technik des Messens mit DMS. Firmenschrift: HBM, Darmstadt

5.61 NN (1991) Semiconductor strain gage manual. Firmenschrift: Kulite Semiconductor Prod., Leonia (USA)

5.62 Bethe K (1980) Thin film strain gage transducers. Philips techn. Rev. 39/3:94-01

5.63 Bethe K (1987) Dehnungsmeßstreifen in Dünnfilm-Technologie. SGA-Zeitschrift, 7/4:4–9

5.64 Bethe K (1982) Niederdruck-Meßaufnehmer aus Halbleiter-Dünnfilm-DMS. NFG-Berichte 79:177–181

5.65 Bethe K (1982) Sensoren mit Dünnfilm-DMS aus metallischen und halbleitenden Materialien. NTG-Berichte 79:168-176

5.66 Masoero A (1986) Flicker noise in thick film resistors. In: Noise in Physical Systems. Elsevier, Amsterdam, S 327–330

5.67 Prudenziati M (1987) Screen-printed sensors for physical and chemical quantities. Proc. Transducers, Tokio, S 85–90

5.68 Prudenziati M (1995) Thick Film Sensors. (Handbook of Sensors & Actuators, Vol. 1). Elsevier, Amsterdam

5.69 Erler G (1992) Piezoresistive Silizium-Elementardrucksensoren. Sensor Magazin 1:10–16

5.70 Martens G. Faseroptische Sensoren, Fortschritte in der Meß- und Automatisierungs-Technik 14 (Interkama Kongress '86), Springer, Berlin Heidelberg New York, S 77–82

5.71 Jackson DA (1985) Monomode optical fiber interferometers for precision measurement. J. Phys. E: Sci. Instrum., 18:981–1001

5.72 Kersey AD, Corke M, Jackson DA (1984) Linearised polarimetric optical fiber sensor using a „heterodyne-type" signal recovery scheme. Electronics Letters, vol. 20/5:209-211

5.73 Imai M, Kawakita K (1990) Measurement of direct frequency modulation characteristics of laser diodes by Michelson interferometry. Applied Optics, 29/3:348–353

5.74 Lee CE, Atkins RA, Taylor HF (1988) Performance of a fiber-optic temperature sensor from −200 to 1050C. Optics Letters, 13/11:1038–1040

5.75 Vaughan JM (1989) The Fabry-Perot Interferometer. Adam Hilger, Bristol

5.76 Heier K (1990) Radiometrische Füllstandsmeßverfahren. In: Bonfig: Technische Füllstandsmessung. expert, Ehningen, S 124

5.77 Mengelkamp B (1990) Radiometrie. Firmenschrift: Isotopen, Heiligenhaus

5.78 NN (1994) Flächengewichtsmessung. Firmenschrift: Berthold, Bad Wildbad

5.79 GMA: Füllstandsmessung von Flüssigkeiten und Feststoffen. (1994) VDI/VDE Richtlinie 3519

5.80 NN (1993) Vega-Füllstand-Meßgeräte für Industrie- und Anlagenbau. Firmenschrift: VEGA, Schiltach

5.81 NN (1994) Niveauüberwachung. Firmenschrift: Kobold, Hofheim

5.82 NN (1990) Füllstandsmeßtechnik. Firmenschrift: Endress und Hauser, Maulburg

5.83 Valis T (1991) Localized and Distributed Fiber-Optic Strain Sensors Embedded in Composite Materials. Univ. Press, Toronto

5.84 Valis T, Hoff D, Measures RM (1990) Fiber-Optic Fabry-Perot Strain Gauge. IEEE Photonics Technology Letters, 2/3:227–228

5.85 Buser RA (1989) Theoretical and Experimental Investigations on Silicon Single Crystal Resonant Structures. Dissertation, Neuchatel

5.86 Omet R (1987) Optoelektronik in der Füllstandmessung. Elektronik 12, Sonderdruck

5.87 Gevatter H-J, Merl W A (1980) Der Wiegand-Draht, ein neuer magnetischer Sensor. Regelungstechnische Praxis 3/80:81–85

# 6 Temperatur

F. EDLER

## 6.1 Einleitung

Die *thermodynamische Temperatur* $T$ ist eine der 7 Basisgrößen des Internationalen Einheitensystems (SI). Sie kennzeichnet neben Volumen und Druck als eine Haupt-Zustandsgröße der Thermodynamik den thermodynamischen Zustand eines Systems. Ihre Praxisrelevanz zeigt sich darin, daß viele Vorgänge und Reaktionen in der Natur, im Labor und in nahezu allen industriellen Bereichen durch die Temperatur beeinflußt werden.

Grundlage der *Temperaturmessung* ist die von Stoffeigenschaften unabhängige *thermodynamische Temperaturskale* mit der Einheit Kelvin (K), deren Nullpunkt mit $T = 0$ K festgesetzt ist. Die 13. Generalkonferenz für Maß und Gewicht hat 1967/68 festgelegt, daß 1 Kelvin der 273,16te Teil der thermodynamischen Temperatur des Tripelpunkts des reinen Wassers ist ($T_{tr} = 273,16$ K) [DIN 1301, Teil 1]. Häufig benutzt man zur Darstellung von Temperaturen auf der thermodynamischen Temperaturskale basierende Temperaturdifferenzen. Beispielsweise wird die Celsius-Temperatur $t$ (Einheit: Grad Celsius, °C) so definiert, daß der Nullpunkt der damit verbundenen Skale 0,01 Grad unterhalb der thermodynamischen Temperatur des Tripelpunkts des Wassers liegt. Zwischen den Zahlenwerten der Celsius Temperatur $t$ und der thermodynamischen Temperatur $T$ gilt die Beziehung:

$$\{t\} = \{T\} - 273,15. \qquad (6.1)$$

Da die Realisierung der thermodynamischen Temperaturskale sehr aufwendig ist, hat man die thermodynamische Temperatur in einem weiten Bereich durch eine einfacher darstellbare Temperaturskale angenähert. Die *Internationale Temperaturskale* von 1990 (ITS-90) erstreckt sich von 0,65 K bis zu den höchsten Temperaturen, die praktisch mit Hilfe des Planckschen Strahlungsgesetzes meßbar sind. Sie beruht auf 17 definierten Fixpunkten, die mit großer Reproduzierbarkeit thermodynamische Gleichgewichtszustände liefern, denen bestimmte Temperaturen zugeordnet sind. Temperaturen zwischen den Fixpunkten werden aus Kalibrierungen von festgelegten Normalinstrumenten an diesen Punkten mittels definierter mathematischer Beziehungen bestimmt [6.1].

Geräte oder Einrichtungen zur Messung von Temperaturen, deren Ausgangssignale grundsätzlich alle von der Temperatur abhängige Größen sein können, werden als *Thermometer* bezeichnet. Einen Überblick über die gebräuchlichsten Temperaturmeßgeräte und Meßbereiche, sowie über den Charakter der Ausgangssignale, die nach dem Wertevorrat der Informationsparameter analog und nach ihrer zeitlichen Verfügbarkeit kontinuierlich sind, vermittelt Tabelle 6.1 [VDI/VDE 3511].

Der Schwerpunkt bei der Beschreibung der Temperatursensoren liegt auf den Sensoren, die im für die technische Temperaturmessung interessanten Bereich von –100 °C bis 2000 °C eingesetzt werden. Die Gliederung erfolgt nach dem Charakter der Ausgangssignale.

## 6.2. Temperaturmeßgeräte mit elektrischem Ausgangssignal

### 6.2.1 Sensoren

#### 6.2.1.1 Thermoelemente

*Meßprinzip.* Ein Thermoelement besteht aus zwei thermoelektrisch verschiedenen elektrischen Leitern, die an ihren Enden miteinander verbunden sind. Befinden sich in diesem geschlossenen Kreis die Verbindungsstellen auf unterschiedlichen Temperaturen $T_1$ und $T_2$, entsteht eine Gleichspannung, $U_T = f(T_1, T_2)$, die an einer beliebigen Stelle in diesem Kreis meßbar ist. Die als Thermospannung bezeichnete Gleichspan-

**Tabelle 6.1.** Temperaturmeßgeräte und -verfahren

| Meßgerät/-verfahren | | Ausgangssignal | Temperaturbereich in °C |
|---|---|---|---|
| **1. Berührungsthermometer** | | | |
| *Thermoelemente* | | **elektrisch** | |
| Fe-CuNi | Typ L und J | Spannung | −200 − 900 |
| NiCr-Ni | Typ K und N | | 0 − 1300 |
| PtRh10/0 | Typ S | | 0 − 1760 |
| PtRh30/6 | Typ B | | 0 − 1820 |
| *Widerstandsthermometer* | | **elektrisch** | |
| Platin-Widerstandsthermometer | | Widerstand | −250 − 1000 |
| Heißleiter-Widerstandsthermometer | | | −100 − 400 |
| Kaltleiter-Widerstandsthermometer | | | 5 − 200 |
| Silizium-Widerstandsthermometer | | | −70 − 175 |
| *Ausdehnungsthermometer* | | **mechanisch** | |
| Flüssigkeits-Glasthermometer | | Volumenänderung | −200 − 1000 |
| Flüssigkeits-Federthermometer | | Volumenänderung | −35 − 500 |
| Bimetallthermometer | | Längenänderung | −50 − 400 |
| Dampfdruck-Federthermometer | | pneumatisch, Druck | −200 − 700 |
| **2. Strahlungsthermometer** | | **elektrisch** | |
| Spektralpyrometer | | in Abhängigkeit vom Empfänger: | 20 − 5000 |
| Bandstrahlungspyrometer | | − Widerstand, | −100 − 2000 |
| Gesamtstrahlungspyrometer | | − Spannung | −100 − 2000 |
| Thermografiegeräte | | − elektrische Polarisation | −50 − 1500 |
| **3. Besondere Temperaturverfahren** | | | |
| Quarzthermometer | | **elektrisch**, Frequenz [a] | −80 − 250 |
| Flüssigkristalle | | **optisch**, Wellenlänge | bis 3300 |
| Faseroptische Lumineszenzthermometer | | **optisch**, Wellenlänge | bis 400 |
| Rauschthermometer | | **elektrisch**, Spannung | −269 − 2000 |

[a] zeitdiskretes Signal

nung $U_T$ ist ein Maß für die Temperaturdifferenz zwischen den Verbindungsstellen. Unter der Voraussetzung, daß das jeweilige Material thermoelektrisch homogen ist, gilt:

$$U_T = \int_{T_1}^{T_2} S(T)\,dT \qquad (6.2)$$

mit
S  Seebeck-Koeffizient (temperaturabhängig)
und

$T_1, T_2$ Temperaturen der Verbindungsstellen.

Die der zu messenden Temperatur $T_1$ ausgesetzte Verbindungsstelle wird als *Meßstelle* bezeichnet, die in einer homogenen Temperaturzone liegen sollte, und die sich auf einer bekannten Temperatur $T_2$ befindende Verbindungsstelle wird *Vergleichsstelle* genannt (Bild 6.1).

**Materialien.** Häufig wird die Thermospannung eines Materials gegen ein Referenzmaterial, meist gegen Platin angegeben. Geordnet ergibt sich daraus (in Analogie zur elektrochemischen Spannungsreihe) eine thermoelektrische Spannungsreihe. Aus der Vielzahl möglicher Materialkombinationen haben sich in der Praxis nur eine begrenzte Anzahl durchgesetzt (Tabelle 6.1), die den allgemeinen Anforderungen für einen Einsatz von Thermoelementen zur Temperaturmessung am besten genügen [DIN IEC 584/1].

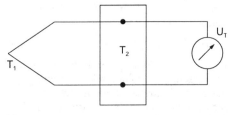

**Bild 6.1.** Thermopaar

*Statische Übertragungskenngrößen.* Die Beziehung zwischen der Thermospannung als Ausgangsgröße und der Temperaturdifferenz als Eingangsgröße, die statische Kennlinie, wird im allgemeinen durch ein oder mehrere Polynome höherer Ordnung beschrieben, wobei deren Koeffizienten materialabhängige Größen sind. Aus der Nichtlinearität der statischen Kennlinie ergibt sich, daß der Übertragungsfaktor bezogen auf die Eingangsgröße nur differentiell angegeben werden kann. Die *Grundwertreihen* der gebräuchlichsten Thermopaare, d.h. ihre Kennlinien bei Festsetzung der Vergleichsstellentemperatur auf 0 °C, sowie die zugehörigen Interpolationsgleichungen zur Berechnung der Thermospannungs-Temperatur-Abhängigkeiten und die Grenzen der Einsatzbereiche sind in der DIN IEC 584/1 zu finden. Für Thermoelemente nach DIN IEC 584/1 gelten die Grenzabweichungen nach den Genauigkeitsklassen 1, 2 oder 3 entsprechend DIN IEC 584/2. Diese liegen bei den am häufigsten verwendeten Thermoelementen in Abhängigkeit vom Typ und den Einsatztemperaturen zwischen 1 °C und 4 °C (Klasse 1) und zwischen 1 °C und 9 °C (Klasse 2 und 3).

*Dynamisches Verhalten.* Bei einer Temperaturmessung ist in der Regel der direkte Kontakt zwischen Meßmedium und Sensor bzw. vorhandener Schutzelemente erforderlich. Das *Zeitverhalten* eines Thermometers charakterisiert die Verzögerung der Signaländerung auf eine vorherige Änderung der Temperatur des Meßobjektes. Die physikalische Ursache für diese Verzögerung ist der zeitabhängige Wärmetransport vom Meßobjekt zum Sensor, der von thermometerspezifischen Kenngrößen und vom Wärmeübergang zwischen Sensor und zu messendem Medium abhängt. Für Berechnungen des Zeitverhaltens muß die Bestimmung des Wärmeübergangskoeffizienten im betreffenden Anwendungsfall vorhergehen. Das kann z.B. mit Hilfe von Nomogrammen erfolgen, die in der Richtlinie VDI/VDE 3522 angegeben sind.

*Häufig* wird das Zeitverhalten mit der *Sprungantwort* $T(t)$ gekennzeichnet. Sie ist das Ausgangssignal des Thermometers auf eine sprunghafte Änderung der Temperatur des Meßobjektes um einen definierten Wert $\Delta T = T_2 - T_1$. Wird die Änderung $T(t) - T_1$ auf die Sprunghöhe bezogen, so erhält man die *Übergangsfunktion*

$$\eta(t) = \frac{(t) - T_1}{\Delta T}, \qquad (6.3)$$

deren Bestimmung entsprechend der Richtlinie VDI/VDE 3522 erfolgen kann. Zum Vergleich und zur Beschreibung verschiedener Thermometer verwendet man die zu bestimmten diskreten Werten der Übergangsfunktion $\eta(t)$ gehörenden *Übergangszeiten*:

$\eta = 0{,}5 \rightarrow$ Halbwertzeit $t_{0{,}5}$
$\eta = 0{,}9 \rightarrow {}^9/_{10}$-Wertzeit $t_{0{,}9}$.

Bei einer Messung der Sprungantwort eines Thermometers erhält man einen Verlauf (Bild 6.2), dessen mathematische Beschreibung durch eine unendliche Summe von Exponentialfunktionen

$$\eta(t) = 1 - \sum a_i \exp\left(\frac{-t}{\tau_i}\right) \qquad (6.4)$$

möglich ist. Die Konstanten $a_i$ und $\tau_i$ sind vom Thermometeraufbau und den Wärmeübertragungsbedingungen abhängig, $\tau_i$ wird als *Zeitkonstante* des Thermometers bezeichnet [6.2].

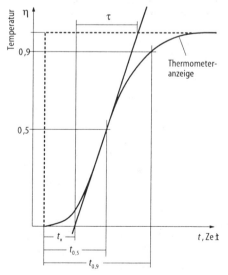

**Bild 6.2.** Sprungantwort eines Thermometers

Näherungsweise lassen sich aus der Wendetangente (Bild 6.2) die Zeitkonstante $\tau$ und die Verzugszeit $t_V$ abschätzen. Für die Übergangsfunktion ergibt sich die vereinfachte Gleichung:

$$\eta(t) = 1 - \exp\left(-\frac{t-t_V}{\tau}\right), \quad (6.5)$$

mit deren Hilfe die Einstellzeit bei Temperaturänderungen abgeschätzt werden kann. Die relative Temperaturänderung nach Ablauf einer Zeit von 3 Zeitkonstanten beträgt beispielsweise ca. $1-\exp(-3\tau/\tau) \approx 95\%$.

Für Thermoelemente in keramischen Schutzrohren mit Durchmessern von z.B. 11 mm sind in Luft bei Strömungsgeschwindigkeiten von 1 m/s $^9/_{10}$-Wertzeiten $t_{90}$ von 320 bis 500 Sekunden zu erwarten, für Thermoelemente mit einem Schutzrohrdurchmesser von z.B. 15 mm ist mit einer Verdopplung dieser Zeit zu rechnen. Bei den häufig eingesetzten Mantelthermoelementen mit geringeren Durchmessern, z.B. 3 mm, sind unter den gleichen Bedingungen $^9/_{10}$-Wertzeiten von nur 70 – 90 Sekunden zu erwarten [VDI/VDE 3511/2].

**Bauarten.** Aufgrund des einfachen Aufbaus ist das Thermoelement das den jeweiligen Meßbedingungen am leichtesten anzupassende und in der industriellen Temperaturmessung am weiten verbreitetste Meßinstrument. Um Fehler durch Störungen des Temperaturfeldes des zu messenden Mediums durch den Sensor selbst vernachlässigbar gering zu halten, müssen die Thermoelemente den Meßbedingungen möglichst gut angepaßt werden, was in einer großen Vielfalt von Bauarten mündet.

Man unterscheidet zwei Ausführungen von Thermoelementen: Ummantelte und nicht ummantelte oder lose Thermoelemente. Lose Thermoelemente werden häufig für Prüfzwecke und zur Weitergabe der Temperatur entsprechend ITS-90 verwendet [6.3]. In der industriellen Meßtechnik werden vorwiegend ummantelte Thermoelemente eingesetzt, die einen besseren Schutz gegen mechanische Beschädigungen und andere Einflüsse aus den Meßumgebungen bieten. Zusätzlich werden auswechselbare *Schutzrohre* eingesetzt. Bei der Auswahl müssen ihre Eigenschaften hinsichtlich chemischer Beständigkeit und mechanischer Stabilität sorgfältig berücksichtigt werden. Unedle Metalle werden in wenig korrodierenden Umgebungen eingesetzt; in aggressiven Umgebungen müssen Kunststoffe sowie emaillierte oder mit Kunststoffen überzogene Schutzrohre verwendet werden. Bei höheren Temperaturen (>1200 °C) werden keramische Werkstoffe eingesetzt, die eine höhere Temperaturbeständigkeit aufweisen. Ihre mechanische Festigkeit und Temperaturwechselbeständigkeit sind jedoch geringer als die metallener Rohre [6.4, Abschn. 6].

Eine spezielle Ausführung von ummantelten Thermoelementen sind *Mantelthermoelemente*. Sie können durch Drahtziehtechniken mit Außendurchmessern von 0,25 bis 10 mm hergestellt werden und besitzen aufgrund ihrer geringen Masse gute dynamische Eigenschaften.

Zur Verlängerung von Thermodrähten werden aus Kostengründen in der industriellen Praxis, wo häufig größere Entfernungen zwischen Meßort und Vergleichsstelle zu überbrücken sind, *Ausgleichsleitungen* benutzt. Diese bestehen aus billigeren Ersatzwerkstoffen, die im Temperaturbereich bis 200 °C vergleichbare thermoelektrische Eigenschaften wie die Thermodrähte aufweisen. Die Verbindung zwischen Vergleichsstelle und Anzeigegerät wird über Kupferleitungen realisiert. In einigen Fällen ist es vorteilhaft, zur sicheren Signalübertragung elektronische Vergleichsstellen und Signalwandler (Meßumformer) bereits im Anschlußkopf des Thermoelements oder in nächster Nähe zu installieren.

**Fehlerquellen/Meßunsicherheiten.** Die Temperaturmessung mit Thermoelementen unterliegt einer Reihe spezifischer Unsicherheiten, deren quantitativer Einfluß häufig nur abgeschätzt werden kann.

Die Ursachen vieler Fehler sind oft in der Meßanordnung zu finden. Grundsätzlich sollten große Temperaturgradienten über Verbindungs- und Ausgleichsleitungen vermieden werden, da *Inhomogenitäten*, d.h. örtlich begrenzte Änderungen der chemischen Zusammensetzung oder der Struktur, Störspannungen (parasitäre Thermospannungen) induzieren. Das gilt insbesondere für Anschlußstellen von Thermodrähten oder Ausgleichsleitungen, deren jeweilige Drahtpaare an der Verbindungsstelle stets auf der gleichen Temperatur liegen sollten. Bei längeren Verbindungsleitungen können durch elektrostatische und elektromagnetische Einstreuungen Fehler auftreten, die durch geeignete Maßnahmen zu minimieren sind (z.B. Verdrillung der Leitungen zum Schutz gegen niederfrequente magnetische Einstreuungen, Einbau von Tiefpaßfiltern gegen eingestreute 50 Hz-Wechselspannungen, Abschirmungen gegen hochfrequente Einstreuungen) [6.5]. Grundsätzlich ist durch eine sorgfältige Auswahl geeigneter Thermopaare sicherzustellen, daß Einflüsse aus der Meßumgebung, wie ionisierende Strahlung oder Beanspruchungen thermischer, chemischer oder mechanischer Art, keine Auswirkungen auf das Meßergebnis haben.

Weitere Fehler können aus Schwankungen der Vergleichsstellentemperatur, der Verringerung des Isolationswiderstandes zwischen den Thermodrähten und dem Schutzrohr bei höheren Temperaturen (Isolationswiderstände >5 MΩ erlauben im allgemeinen sichere Messungen [VDI/VDE 3511/2]) und durch Wärmeableitung längs des Thermoelements bei ungenügenden Einbautiefen auftreten.

Eine weitere Fehlerquelle sind Inhomogenitäten in den Thermodrähten, wenn diese in Bereichen von Temperaturgradienten liegen. Sie sind durch eine Änderung der Lage des Thermoelements im Temperaturgradienten nachweisbar und u.U. aufgrund ihres teilweise reversiblen Charakters durch gezielte Wärmebehandlung zu beseitigen, im allgemeinen jedoch nach längerem Gebrauch des Thermoelements eine der Hauptfehlerquellen für die Temperaturmessung.

### 6.2.1.2.
### Widerstandsthermometer mit Metall-Meßwiderständen

*Meßprinzip.* Bei Widerstandsthermometern mit Metall-Meßwiderständen wird die temperaturabhängige Änderung des elektrischen Widerstandes eines Leiters zur Temperaturmessung ausgenutzt. Die Messung des Widerstandes erfolgt in einem elektrischen Meßkreis, der im einfachsten Fall aus einem Meßfühler $R_T$, einem Anzeigegerät $M$, einer Hilfsenergiequelle und Verbindungsleitungen besteht (Bild 6.3).

*Materialien.* Für technische Temperaturmessungen wird vorrangig Platin, in Ausnahmefällen auch Nickel oder Kupfer, als Werkstoff für den temperaturabhängigen Widerstand eingesetzt. Diese Metalle besitzen einen großen *Temperaturkoeffizienten* (Übertragungsfaktor) und weisen gleichzeitig eine hohe thermische und mechanische Stabilität auf. Die Sensoren bestehen häufig aus feinsten Drähten oder Bändern auf oder in Keramikträgern; können aber auch als geätzte Metallfolien oder auf Glas- oder Keramiksubstrate aufgedampfte Metallschichten ausgeführt sein. Sie werden mit Zuleitungen versehen und sind in Metall-, Keramik- oder Glasschutzrohren eingebaut.

*Statische Übertragungskenngrößen.* Der Zusammenhang zwischen dem elektrischen Widerstand und der Temperatur wird durch folgende allgemeine Beziehung beschrieben:

$$R(T) = R(T_0)\,[1 + A(T-T_0) + B(T-T_0)^2 + C(T-T_0)^3 + \ldots]. \qquad (6.6)$$

$R(T)$ ist der Widerstand in Ω bei der Meßtemperatur $T$ in °C, $R(T_0)$ der Widerstand in Ω bei einer Bezugstemperatur $T_0$ in °C und $A$, $B$ und $C$ ... sind Werkstoffkonstanten. Der *Übertragungsfaktor* kann nur in einem begrenzten Temperaturbereich und bei eingeschränkter Genauigkeit als konstant betrachtet werden. Er beträgt bei Raumtemperatur für 100 Ω-Meßwiderstände aus Platin (Pt 100) ca. 0,4 Ω/K und für 100 Ω-Meßwiderstände aus Nickel ca. 0,6 Ω/K.

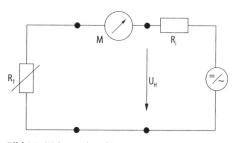

**Bild 6.3.** Widerstandsmeßkreis

Industrielle Widerstandsthermometer werden vorwiegend im Temperaturbereich von −200 bis +600 °C, im Druckbereich bis 400 bar und bei Strömungsgeschwindigkeiten bis 5 m/s in Flüssigkeiten und 40 m/s in Gasen eingesetzt. Angaben zur Kennlinie und zu Toleranzklassen für Platin-Widerstandsthermometer sind in der DIN IEC 751 und für Nickel-Widerstandsthermometer in der DIN 43760 zu finden.

**Dynamisches Verhalten.** Die im Abschnitt 6.2.1.1 gemachten allgemeinen Ausführungen zum dynamischen Verhalten von Berührungsthermometern sind auch für Widerstandsthermometer zutreffend. Hier ist mit Übergangszeiten zu rechnen, die 10% bis 25% größer sind als bei vergleichbar aufgebauten Thermoelementen [VDI/VDE 3511/2].

**Bauarten.** Bild 6.4 zeigt den prinzipiellen Aufbau eines industriellen Widerstandsthermometers. Der Meßwiderstand (1), der über isolierte Innenleitungen (2), die durch ein Einsatzrohr (3) verlaufen, mit den Anschlußklemmen (4) an einem Anschlußsockel (5) verbunden ist, bildet einen austauschbaren, genormten *Meßeinsatz* [DIN 43762, DIN IEC 751]. Dieser ist in einem Schutzrohr (6) [DIN 43763, DIN 43771] mit Einschraubzapfen (7) eingebaut, an dessen Hals (8) sich der Thermometeranschlußkopf (9) [DIN 43729] befindet. Thermometer in der Schutzart Ex(d), die für einen Einsatz in explosionsgefährdeten Bereichen geeignet sind, sind mit einer druckfesten Kapselung ausgerüstet.

Der beschriebene grundsätzliche Aufbau ist in Abhängigkeit von den Einsatzbedingungen (mechanische und chemische Einflüsse, regelungstechnische Forderungen, wirtschaftliche Aspekte) konstruktiv variierbar (geometrische Abmessungen der Meßwiderstände, Form und Material der Schutzrohre, Isolationswerkstoffe und elektrische Schaltungen).

**Fehlerquellen/Meßunsicherheiten.** Bei der Temperaturmessung mit Widerstandsthermometern sind neben den allgemeinen Forderungen bezüglich der thermischen Ankopplung des Sensors an das Meßmedium einige Grundsätze zu beachten, um die hohe Genauigkeit dieses Temperaturmeßverfahrens optimal ausnutzen zu können.

Um einen Widerstand zu messen, ist immer ein *Meßstrom* erforderlich, der im Meßwiderstand eine zusätzliche Erwärmung verursacht, die eine Erhöhung der Temperaturanzeige (Erwärmungsfehler) zur Folge hat. Der Erwärmungsfehler ist von der umgesetzten Leistung, der Oberfläche des wärmeabführenden Mediums, dem Wärmeübergangskoeffizienten zwischen Thermometer und Medium und den inneren Wärmeleitwiderständen des Thermometers abhängig. Zur Beurteilung dieses Fehlers dient der *Eigenerwärmungskoeffizient* $E_k$ (mW/°C), der die Leistung angibt, die zu einer bestimmten Temperaturerhöhung führt. Danach berechnet sich der maximal zulässige Thermometerstrom $I_M$ für einen vorgegebenen maximal zulässigen Temperaturfehler $\Delta T$ zu:

$$I_M = \sqrt{\Delta T \frac{E_k}{R(T)}} \qquad (6.7)$$

mit
$R(T)$ Widerstand des Thermometers in $\Omega$ bei der Temperatur $T$ in °C.

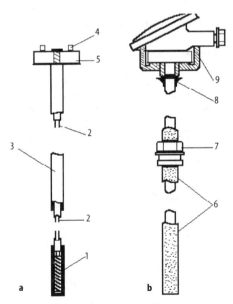

**Bild 6.4.** Aufbau eines industriellen Widerstandsthermometers  **a** Meßeinsatz, **b** Schutzrohr

Parasitäre Thermospannungen entstehen im Meßkreis an allen Verbindungsstellen unterschiedlicher Leiter-Werkstoffe, wenn diese untereinander Temperaturdifferenzen aufweisen. Dadurch bedingte Fehler lassen sich vermeiden oder verringern, wenn Widerstandsmessungen mit Wechselstrom ausgeführt werden oder mit großen Meßströmen gearbeitet wird (Nachteil: hohe Eigenerwärmung).

Zu berücksichtigen sind weiterhin Isolationswiderstände, die parallel zu Meßwiderständen liegen und bei nicht ausreichender Größe zu tiefe Temperaturanzeigen bewirken. Mindestisolationswiderstände von industriellen Platin-Widerstandsthermometern sind in der DIN IEC 751 zu finden und betragen z.B. im Temperaturbereich 100 °C – 300 °C 10 MΩ.

Die *genormten Grundwerte* mit den zulässigen Abweichungen gelten nur für die Meßwiderstände einschließlich ihrer kurzen Anschlußdrähte. Somit beeinflussen alle weiteren Widerstände im Meßkreis als zusätzliche Widerstände die Meßergebnisse, wenn sie nicht berücksichtigt oder durch geeignete Schaltungen kompensiert werden (Drei- oder Vierleiterschaltung).

Zusätzliche Meßunsicherheiten rufen plastische oder elastische Verformungen des Meßelementes hervor, die durch unterschiedliche Ausdehnungskoeffizienten von Trägermaterial und Meßwiderstand, unzweckmäßige Montagetechniken oder andere mechanische Beanspruchungen entstehen können. Chemische Einflüsse, z.B. die Eindiffusion von Fremdstoffen in das Meßelement, können zu nicht reversiblen Änderungen der elektrischen Kenngrößen führen.

#### 6.2.1.3
*Widerstandsthermometer mit Halbleiter-Meßwiderständen*

**Meßprinzip.** Auch bei Halbleiter-Widerstands-thermometern dient die temperaturabhängige Änderung des elektrischen Widerstandes zum Messen der Temperatur, so daß prinzipiell die gleichen Meßanordnungen wie bei Widerstandsthermometern mit Metall-Meßwiderständen verwendet werden können (Bild 6.3).

**Materialien.** Halbleiter-Meßwiderstände für *Heißleiter* (Thermistoren) bestehen aus polykristallinen Mischoxidkeramiken, z.B. aus $Fe_3O_4$, $Zn_2TiO_4$ oder $MgCr_2O_4$ mit Zusätzen von NiO, CuO oder $Li_2O$, die bei hohen Temperaturen gesintert wurden. Sie weisen innerhalb bestimmter Temperaturintervalle einen negativen Temperaturkoeffizienten auf, und werden deshalb auch als NTC-Widerstände bezeichnet [IEC-Publication 40408, DIN 44070 – DIN 44073].

Meßwiderstände für *Kaltleiter* sind Sinterkeramiken auf der Basis von polykristallinem Bariumtitanat ($BaTiO_3$), das mit verschiedenen Zusätzen von Metalloxiden und -salzen versehen ist, um bestimmte Eigenschaften zu erhalten. Sie weisen einen positiven Temperaturkoeffizienten auf und werden auch als PTC-Widerstände bezeichnet [DIN 44080].

Weiterhin besitzen auch sperrschichtfreie, n-dotierte Siliziumkristalle positive Temperaturkoeffizienten. Die temperaturbedingte Änderung des Ausbreitungswiderstandes (spreading resistance) wird hier zur Temperaturmessung herangezogen [6.6].

Weit verbreitet als kostengünstige Temperaturaufnehmer im Temperaturbereich – 50 °C bis 150 °C sind Halbleiter in Transistorschaltungen (npn). Sie liefern einen temperaturlinearen *Konstantstrom* von einigen 100 µA mit äquivalenten Meßgenauigkeiten von 0,1 °C bis 2 °C [6.6].

**Statische Übertragungskenngrößen.** Für den Kennlinienverlauf von Heißleitern, die vorwiegend im Temperaturbereich zwischen –110 °C und 300 °C eingesetzt werden, gilt näherungsweise:

$$R(T) = R(T_0) \exp B \left( \frac{1}{T} - \frac{1}{T_0} \right). \quad (6.8)$$

$T$ ist die Temperatur in Kelvin, $T_0$ die Bezugstemperatur in Kelvin, $R(T)$ der Widerstand bei der Temperatur $T$, $R(T_0)$ der Nennwiderstand bei der Bezugstemperatur $T_0$ und $B$ eine temperaturabhängige Materialkonstante. Neben der Nichtlinearität der statischen Kennlinie ist auch die Temperaturabhängigkeit des Temperaturkoeffizienten

$$\alpha_R = \frac{dR}{R\,dT} = -\frac{B}{T^2} \quad (6.9)$$

von Nachteil, wobei die Materialkonstante $B$ nur in einem schmalen Temperaturintervall als konstant betrachtet werden kann [6.7]. Für bereits abgeglichene, sogenannte thermolineare Thermistoren gilt in einem eingeschränkten Arbeitstemperaturbereich von z.B. –5 °C bis 45 °C:

$$R = at + b \quad (6.10)$$

mit der Temperatur $t$ in °C und $a$, $b$ als typspezifischen Konstanten.

Kaltleiter weisen in einem eingeschränkten Temperaturbereich einen sehr großen positiven Temperaturkoeffizienten auf (7 – 70%/°C). In Datenblättern werden für bestimmte Bezugstemperaturen (25 – 180 °C) der Widerstand, die Sprungtemperatur und die maximale Betriebsspannung angegeben. Ihre Bedeutung in der technische Temperaturmessung ist nur gering. Sie werden vorwiegend zur Grenzwertüberwachung eingesetzt.

Silizium-Meßwiderstände, die mit Grenzabweichungen von 1% zu erhalten sind, besitzen einen positiven Temperaturkoeffizienten von ca. 0,75%/°C des Widerstandes beim Betrieb mit Konstantstrom (z.B. 1 mA). Ihr Vorteil gegenüber Heißleitern besteht in der guten Langzeitstabilität, dem relativ hohen Temperaturkoeffizienten und der nur leicht positiv gekrümmten Kennlinie, deren Krümmung durch einen optimierten Parallelwiderstand bei Stromeinspeisung kompensiert werden kann. Damit lassen sich Linearitätsabweichungen von besser als ±0,2 °C in einem Meßbereich von 0 bis 100 °C erreichen. Silizium-Meßwiderstände werden im Temperaturbereich zwischen –70 und +160 °C eingesetzt.

Weitere Angaben zu meßtechnischen Eigenschaften von Halbleiter-Meßwiderständen sind den Datenblättern der Hersteller zu entnehmen.

**Bauarten.** Da neben den verwendeten Werkstoffen auch die äußere Form eines Heißleiters sein elektrisches Verhalten und seine meßtechnischen Eigenschaften bestimmt, sind verschiedene Bauformen üblich:

scheibenförmige Heißleiter (3 mm × 5,5 mm ⌀)
stabförmige Heißleiter (7 mm × 1,6 mm ⌀)
Miniatur-Heißleiter, z.B. perlförmig (0,2 – 1 mm ⌀).

Scheiben- und stabförmige Heißleiter können direkt zur Temperaturmessung verwendet werden, während Miniatur-Heißleiter armiert und als Temperaturfühler in Hand- und Einbauthermometern verwendet werden. Zur Einhaltung vorgegebener Widerstands-Kennlinien werden sie mit temperaturunabhängigen Zusatzwiderständen beschaltet. Aufgrund ihrer geringen Masse und der Vielfalt der geometrischen Ausführungen der Sensoren sind Heißleiter als „schnelle" Fühler besonders bei Temperaturmessungen auf Oberflächen geeignet.

**Fehlerquellen/Meßunsicherheiten.** Aufgrund des gleichen Meßprinzips sind bei Widerstandsthermometern mit Halbleitersensoren vergleichbare Fehlerquellen und Ursachen für Meßunsicherheiten zu berücksichtigen, die jedoch auf Grund der Größe des zu messenden Widerstandes nur einen geringeren Einfluß auf das Meßergebnis besitzen als bei Widerstandsthermometern mit Metall-Meßwiderständen (Abschn. 6.2.1.2).

### 6.2.1.4
### Strahlungsthermometer/Thermografiegeräte

**Anwendungskriterien.** Die berührungslose Bestimmung der Temperatur bietet gegenüber der Temperaturmessung mit Berührungsthermometern dann Vorteile, wenn Meßbedingungen vorliegen, die einen Einsatz von Berührungsthermometern schwierig oder unmöglich machen. Dazu gehören:

- Messungen von Oberflächentemperaturen,
- Messungen relativ hoher Temperaturen, bei denen ein Einsatz von Thermoelementen u.U. schwierig ist,
- Messungen an sich bewegenden Objekten,
- Messungen von Körpern mit schlechter Wärmeleitfähigkeit oder kleiner Wärmekapazität,

- Messungen von kleinen Objekten (z.B. dünne Drähte) oder
- Messungen von Objekten mit schnellen Temperaturänderungen.

Der Vorteil der berührungslosen Temperaturmessung liegt vor allem in der rückwirkungsarmen Messung der Temperatur. Ein Einsatz von Strahlungsthermometern setzt jedoch voraus, daß am Ort der Temperaturmessung der Emissionsgrad des Meßobjektes bekannt ist.

**Grundlagen.** Jede feste, flüssige oder gasförmige Substanz mit einer Temperatur oberhalb des absoluten Nullpunktes sendet eine elektromagnetische Strahlung aus, die mit einem Energietransport verbunden ist und deren Intensität und Wellenlängenverteilung von der Temperatur und von Stoffparametern abhängt. Meßgeräte, mit denen sich innerhalb des Wellenlängenbereiches der Temperaturstrahlung (0,4 – 30 µm) die mittlere Temperatur von Meßobjekten bestimmen lassen, werden als *Strahlungspyrometer* bezeichnet; Geräte, die zur Bestimmung von Temperaturverteilungen auf Meßobjekten dienen, werden *Thermografiegeräte* genannt.

Eine wichtige physikalische Größe zur pyrometrischen Temperaturbestimmung ist die Strahldichte $L$, die die von einem Flächenelement $dA$ in den Raumwinkel $d\Omega$ unter dem Winkel $\vartheta$ (Winkel zwischen der Flächennormalen und der Strahlungsrichtung) ausgehende Strahlungsleistung $d\Phi$ charakterisiert:

$$L = \frac{d^2\Phi}{dA \cos\vartheta \, d\Omega} . \qquad (6.11)$$

Sie kann zur Temperaturbestimmung durch Messung in einem engen Spektralbereich (bei Spektralpyrometern), in einem breiten spektralen Band (bei Bandstrahlungspyrometern), im gesamten energetisch wirksamen Spektralbereich (bei Gesamtstrahlungspyrometern) oder durch Messung der spektralen Strahldichteverteilung (bei Verhältnispyrometern) herangezogen werden. Zur Kennzeichnung der spektralen Verteilung wird die Strahldichte auf einen differentiellen Bereich $d_\lambda$ der Wellenlänge $\lambda$ bezogen:

$$L_\lambda = \frac{dL}{d\lambda} . \qquad (6.12)$$

Trifft ein Strahlungsfluß auf eine Empfängeroberfläche, wird er teilweise reflektiert, absorbiert oder hindurchgelassen. Ein Körper wird als schwarzer Körper bezeichnet, wenn er alle auftreffende Strahlung absorbiert. Für einen solchen Körper gilt, daß er gleichzeitig auch die größtmögliche Strahlung bei einer gegebenen Temperatur emittiert (2. Kirchhoffsches Strahlungsgesetz). Man bezeichnet ihn deshalb auch als *Schwarzen Strahler* oder *Planckschen Strahler*. Zur Eichung und Kalibrierung von Strahlungsthermometern ist die Realisierung des Schwarzen Strahlers mit bekanntem Emissionsvermögen von Bedeutung.

Die spektrale Strahlung eines beliebigen Meßobjektes ist schwächer oder höchstens gleich der Strahlung eines Schwarzen Strahlers. Das Verhältnis der spektralen Strahldichte $L_\lambda$ des Meßobjektes zur spektralen Strahldichte $L_{\lambda s}$ des Schwarzen Strahlers gleicher Temperatur und Wellenlänge heißt spektraler Emissionsgrad $\varepsilon$:

$$\varepsilon = \frac{L_\lambda}{L_{\lambda s}} \leq 1 . \qquad (6.13)$$

Er beschreibt eine thermophysikalische Materialeigenschaft, die von der chemischen Zusammensetzung des Materials, der Oberflächenstruktur, der Emissionsrichtung, der Wellenlänge und der Temperatur des Meßobjektes abhängig ist. Für technische Temperaturmessungen an homogenen Oberflächen und bei $\vartheta < 45°$ kann der Emissionsgrad $\varepsilon$ als nur noch von der Wellenlänge $\lambda$ und der Temperatur $T$ des Meßobjektes abhängig betrachtet werden, so daß aus Gl. (6.13) abgeleitet, für viele Anwendungen gilt:

$$L_\lambda(\lambda, T) = \varepsilon(\lambda, T) \cdot L_{\lambda s}(\lambda, T) . \qquad (6.14)$$

Die spektrale Strahldichte eines Schwarzen Strahlers $L_{\lambda s}$, die nur von der Wellenlänge $\lambda$ und der Temperatur $T$ abhängt, und die bei jeder Temperatur ein Maximum besitzt genügt folgender Gleichung (Plancksches Gesetz):

$$L_{\lambda s} = \frac{C_1}{\pi \Omega_0 \, \lambda^5} \cdot \frac{1}{\exp\left(\frac{C_2}{\lambda T}\right) - 1} \qquad (6.15)$$

$C_1, C_2$ Strahlungskonstanten mit
$C_1 = 3{,}741832 \cdot 10^{-16}$ Wm²,
$C_2 = 1{,}438786 \cdot 10^{-2}$ m · K,
$\Omega_0$ Raumwinkel des Halbraumes dividiert durch $2\pi$.

Für technische Temperaturmessungen gilt als Näherung des Planckschen Gesetzes das Wiensche Gesetz in der folgenden Form:

$$L_{\lambda s} = \frac{C_1}{\pi \Omega_0 \lambda^5} \cdot \frac{1}{\exp\left(\frac{C_2}{\lambda T}\right)}, \qquad (6.16)$$

wobei für $\lambda T \leq 3000$ µm K der Fehler $\leq 1\%$ ist.

Durch Integration der spektralen Strahldichte $L_{\lambda s}$ über alle Wellenlängen erhält man die Abhängigkeit der Strahldichte $L_s$ eines Schwarzen Strahlers von der Temperatur (Stefan-Boltzman-Gesetz):

$$L_s = \frac{\sigma T^4}{\pi \Omega_0} \qquad (6.17)$$

mit
$\sigma = 5{,}67032 \cdot 10^{-8}$ Wm⁻²K⁻⁴
(Stefan-Boltzmann-Strahlungskonstante).

Eine Differenzierung der Gl. (6.15) führt zum Zusammenhang zwischen der Temperatur $T$ und der Wellenlänge $\lambda_m$, bei der die spektrale Strahldichte ein Maximum aufweist (*Wiensches Verschiebungsgesetz*):

$$\lambda_m = \frac{2898}{T} \text{ µm} \quad (T \text{ in K}). \qquad (6.18)$$

Aus den angeführten Strahlungsgesetzen wird deutlich, daß die Strahldichte proportional der 4. Potenz der Temperatur ist, und sich das Maximum der Strahlung bei niedrigen Temperaturen zu größeren Wellenlängen (Infrarot) verschiebt.

**Meßprinzip.** Zur Messung der Temperatur einer Oberfläche wird der von ihr ausgehende Strahlungsfluß einem Empfänger zugeführt, der einen Teil dieser Strahlung in ein elektrisches Signal umformt. Bild 6.5 zeigt die schematische Darstellung eines Strahlungsthermometers vor einem Schwarzen Strahler. Die Temperaturstrahlung $\Phi$ gelangt über ein Objektiv und einen Filter zum Strahlungsempfänger, wo die verbleibende Strahlung in ein elektrisches Signal $S_D$ umgesetzt wird.

Die Größe des Meßfeldes eines Strahlungsthermometers ist von der Meßentfernung, der optischen Auslegung des Objektivs und der Größe der Empfängerfläche abhängig. Der auf den Empfänger auftreffende spektrale Anteil wird durch die wellenlängenabhängige Durchlässigkeit des Objektivs, den Filter und die wellenlängenabhängige Umsetzung der Strahlung im Strahlungsempfänger bestimmt.

Im Fall des Schwarzen Strahlers ist das Detektorausgangssignal $S_D$ abhängig von der Temperatur $T$ des Strahlers, vom Wellenlängenbereich und von der Temperatur $T_G$ des Strahlungsempfängers. Falls $T = T_G$ gilt:

$$S_D = S(T) - S(T_G) = 0. \qquad (6.19)$$

Wird die Temperatur $T$ des Schwarzen Strahlers zwischen zwei Bereichsgrenzen $T_1$ und $T_2$ geändert und ordnet man den zugehörigen Signalen einer Auswerteschaltung die Werte 0 und 1 zu, so erhält man für das Ausgangssignal $S_A$:

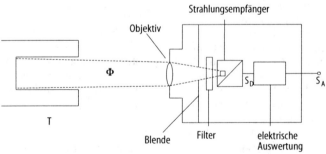

**Bild 6.5.** Meßanordnung mit Strahlungsthermometers

$$S_A = \frac{S(T) - S(T_1)}{S(T_2) - S(T_1)} \quad . \quad (6.20)$$

Die Signale $S(T)$ sind bei einer linearen Umsetzung der vom Empfänger absorbierten Strahlung in elektrische Signale und bei weiterer linearer Verarbeitung den zugehörigen Strahldichten $L_{\lambda s}(\lambda, T)$ proportional. Es gilt:

$$S_A = \frac{L_{\lambda s}(\lambda, T) - L_{\lambda s}(\lambda, T_1)}{L_{\lambda s}(\lambda, T_2) - L_{\lambda s}(\lambda, T_1)} \quad . \quad (6.21)$$

Das Ausgangssignal kann an einem Meßgerät angezeigt oder in einem Peripheriegerät weiterverarbeitet werden, wobei der Wert $S(T_1)$ dem Nullpunkt und $S(T_2)$ dem Vollausschlag des Meßinstrumentes entspricht. Die Signaltemperaturcharakteristik ist nur von der spektralen Strahldichte $L_{\lambda s}$ abhängig und kann mit Hilfe der Strahlungsgesetze ermittelt werden.

Bei praktischen Temperaturmessungen ist der Schwarze Strahler durch ein Meßobjekt (realer Strahler) ersetzt und die Strahldichten in Gl. (6.21) müssen mit Hilfe der spektralen Empfindlichkeit $R(\lambda)$ modifiziert werden:

$$R(\lambda) = \tau_0(\lambda)\, \tau_F(\lambda)\, s(\lambda) \quad (6.22)$$

mit
$\tau_0(\lambda)$ spektraler Transmissionsgrad der Optik,
$\tau_F(\lambda)$ spektraler Transmissionsgrad des Filters,
$s(\lambda)$ spektrale Empfindlichkeit des Strahlungsempfängers.

Die jeweiligen Strahldichten des realen Strahlers, die in Gl. (6.21) einzusetzen sind, erhält man durch Integration des Produktes $R(\lambda) \cdot L_{\lambda s}(\lambda, T)$ über d$\lambda$ [VDI/VDE 3511/4].

Das Funktionsprinzip von Thermografiegeräten entspricht dem Meßprinzip von Strahlungsthermometern. Hierbei wird in geeigneter Weise eine Fläche abgetastet und durch die Ausgangssignale die Helligkeit eines Displays so beeinflußt, daß verschiedene Strahldichtewerte auf der abgetasteten Fläche verschiedene Grau- bzw. Farbwerte ergeben.

**Detektoren.** Wichtigste Bauelemente von Strahlungsthermometern und Thermografiegeräten sind die *Strahlungsempfänger* (Detektoren), die die auftreffende Meßstrahlung in elektrische Signale umsetzen. Aufgrund ihrer verschiedenen Wirkungsweisen kann man fotoelektrische und thermische Strahlungsempfänger unterscheiden.

Bei *fotoelektrischen Detektoren* werden die Elektronen durch die Wechselwirkung mit Energiequanten der auftreffenden Strahlung auf Bänder mit höherem Energieniveau gehoben (*innerer* fotoelektrischer Effekt) oder vollständig aus ihrem Verband gelöst (*äußerer* fotoelektrischer Effekt). *Fotozellen* und *Fotomultiplier* sind Strahlungsempfänger mit äußerem Fotoeffekt; *Fotowiderstände* und *Sperrschichtfotoleiter* gehören zu den fotoelektrischen Strahlungsempfängern mit innerem Fotoeffekt. Ungekühlte fotoelektrische Detektoren werden bei Wellenlängen $\lambda < 5$ µm für Temperaturmessungen oberhalb von 100 °C eingesetzt, gekühlte Detektoren bis zu Wellenlängen von 14 µm und für Temperaturmessungen ab –100 °C.

Bei *thermischen Strahlungsempfängern* verursacht die einfallende Strahlung auf eine kleine geschwärzte Fläche eine Temperaturerhöhung, die die Änderung einer temperaturabhängigen physikalischen Größe zur Folge hat. Am verbreitetsten sind Bolometer, bei denen eine Widerstandsänderung als Maß für die einfallende Strahlung genutzt wird, Thermoelemente, die eine temperaturabhängige Spannungsänderung aufweisen und pyroelektrische Detektoren, bei denen die Temperaturänderung eine Änderung der elektrischen Polarisation bewirkt. Thermische Strahlungsempfänger sind für Temperaturmessungen zwischen –100 °C und 1000 °C verwendbar.

**Dynamisches Verhalten.** Im Vergleich zu Berührungsthermometern sind Strahlungsthermometer verzögerungsarme Meßgeräte, da die durch Strahlung transportierte Energie trägheitslos übertragen wird. Damit sind sie besonders für die Registrierung schneller Aufheiz- und Abkühlprozesse geeignet. Einschränkungen ergeben sich von gerätetechnischer Seite, wenn die Strahlung über Hilfsstrahler gemessen wird, die als materielle Wärmeübertragungsglieder Verzögerungen bewirken können. Auch die Strahlungsempfänger selbst wirken infolge ihrer Fühlermassen als Verzögerungsglieder, so daß die Zeitkonstanten von Pyrometern mit thermoelektrischen Detektoren zwischen einigen hundertstel bis zu wenigen Sekunden liegen [6.4]. Diese Zeitkonstanten sind jedoch erheblich kleiner als die der entsprechenden Berührungsthermometer (Thermoelemente oder Widerstandsthermometer), da deren Schutzrohre im allgemeinen die Ursache thermischer Verzögerungen sind. Strahlungsthermometer mit fotoelektrischen Detektoren besitzen Zeitkonstanten von nur einigen Mikro- bis zu wenigen Millisekunden, da bei ihnen die Strahlungsenergie auf nicht materieller Basis in elektrische Signale umgewandelt wird. Werden die Ausgangssignale der Strahlungsempfänger weiterverarbeitet, so muß das Zeitverhalten der dazu notwendigen Gerätekomponenten berücksichtigt werden [6.8].

**Bauarten/Kennzeichnung.** Ein Kriterium zur Kennzeichnung von Strahlungsthermometern ist die spektrale Empfindlichkeit, nach der Gesamtstrahlungspyrometer, Spektralpyrometer, Bandstrahlungspyrometer und Verhältnispyrometer unterschieden werden. Daneben wird eine Unterscheidung hinsichtlich typischer Anwendungsbereiche und technischer Ausführungsformen vorgenommen. In Bezug auf die Geräteausführung unterscheidet man im wesentlichen drei Gerätetypen:

– Gesamt-, Spektral- oder Bandstrahlungspyrometer,
– Verhältnispyrometer und
– Glühfadenpyrometer.

*Gesamtstrahlungspyrometer* sind Geräte, die zur Temperaturmessung den gesamten energetisch wirksamen Spektralbereich erfassen, wobei 90% der ausgesandten Gesamtstrahlung im Wellenlängenbereich liegt, der vom 0,7- bis 4fachen der Wellenlänge reicht, bei der das Strahlungsmaximum auftritt. Die Abhängigkeit des Ausgangssignals von der Temperatur wird in Gl. (6.23) beschrieben, in der die Strahldichten $L_{\lambda s}$ für die Temperaturen $T$, $T_1$ und $T_2$ nach dem Stefan-Boltzmann-Gesetz berechnet wurden:

$$S_A = \frac{T^4 - T_1^4}{T_2^4 - T_1^4} . \tag{6.23}$$

*Spektralpyrometer* sind in einem engen Spektralbereich empfindlich, so daß ihnen eine von der Temperatur unabhängige Wellenlänge $\lambda$ zugeordnet werden kann. Zur Darstellung des Ausgangssignals $S_A$ werden die Strahldichten in Gl. (6.21) für die Temperaturen $T$, $T_1$ und $T_2$ nach dem Planckschen-Gesetz (6.15) oder dem Wienschen Gesetz (6.16) berechnet. Für die Wiensche Näherung gilt:

$$S_A = \frac{\left[ \dfrac{1}{\exp\left(\frac{C_2}{\lambda T}\right)} - \dfrac{1}{\exp\left(\frac{C_2}{\lambda T_1}\right)} \right]}{\left[ \dfrac{1}{\exp\left(\frac{C_2}{\lambda T_2}\right)} - \dfrac{1}{\exp\left(\frac{C_2}{\lambda T_1}\right)} \right]} . \tag{6.24}$$

Beim *Bandstrahlungspyrometer*, das in einem breiteren Spektralbereich empfindlich ist, kann für kleine Temperaturbereiche Gl. (6.24) genutzt werden, wobei für $\lambda$ eine effektive Wellenlänge $\lambda_e$ eingesetzt wird.

Beim *Verhältnispyrometer* wird die Temperatur aus dem Verhältnis zweier Signale ermittelt, indem die Strahldichte bei zwei Wellenlängen $\lambda_1$ und $\lambda_2$ bzw. in zwei Wellenlängenbereichen gemessen wird.

$$S(T) = \frac{L_{\lambda s}(\lambda_1, T)}{L_{\lambda s}(\lambda_2, T)} . \tag{6.25}$$

Da die bei der Messung verwendeten Wellenlängen $\lambda <3$ µm sind, gilt nach dem Wienschen Gesetz (6.16):

$$S(T) = \left(\frac{\lambda_2}{\lambda_1}\right)^5 \exp\left(\frac{C_2}{\lambda_v T}\right) \tag{6.26}$$

mit $1/\lambda_v = (1/\lambda_2) - (1/\lambda_1)$. Für die Abhängigkeit des Ausgangssignals $S_A$ von der Temperatur gilt Gl. (6.24) mit $\lambda = \lambda_v$ [6.9].

Die so gemessene Temperatur $T$ ist die eines schwarzen Körpers; beim Verhältnispyrometer ist es jedoch die wahre Temperatur, wenn der Emissionsgrad bei beiden Wellenlängen die gleiche Größe besitzt.

*Glühfadenpyrometer* sind Spektralpyrometer, die zur Messung von Temperaturen oberhalb 650 °C durch visuellen Vergleich mit der Glühfadentemperatur einer Wolframbandlampe eingesetzt werden. Aufgrund des notwendigen manuellen Abgleiches sind Glühfadenpyrometer für Automatisierungszwecke nicht geeignet.

Bezüglich spezifischer Anwendungsbereiche sind Präzisions- und Normalpyrometer als driftarme Spektralpyrometer bekannt, deren Detektorsignal über einen weiten Bereich (einige Zehnerpotenzen) proportional zur Strahldichte des Meßobjektes ist. Sie werden in Forschungseinrichtungen und metrologischen Staatsinstituten u.a. zur Darstellung und Weitergabe der ITS-90 oberhalb des Erstarrungspunktes von Silber (961,78 °C) verwendet [6.1].

Strahlungsthermometer für Laboranwendungen bestehen aus einer Meßsonde und einem Auswertegerät. Die Meßsonde ist mit verschiedenen Objektiven und Filtern ausgerüstet, die der Auswahl des Spektralbereiches, in dem der Strahlungsfluß optimal ist, dienen. Bei der Auswahl der Filter sind der Transmissionsgrad der Übertragerstrecke, der Emissionsgrad des Objekts und die spektrale Empfindlichkeit des Empfängers zu berücksichtigen. Im Auswertegerät befinden sich Verstärker mit verschiedenen Einstellfunktionen, Baugruppen zur Berücksichtigung verschiedener Signal-Temperatur-Charakteristika und eine Analog- oder Digitalanzeige der Temperatur oder Strahldichte. Ähnlich aufgebaut sind batteriebetriebene Strahlungsthermometer für den mobilen Einsatz, die häufig vom Anzeigegerät abgesetzte Meßsonden besitzen.

*Thermografiegeräte* werden nach der Art der Detektoren und der Anzahl der Detektorelemente sowie deren Kühlung, nach ihrer spektralen Empfindlichkeit und nach Bildeigenschaften unterschieden.

Als Detektorelemente werden gekühlte Quantendetektoren, die auf Energiequanten ansprechen und infolge der Absorption infraroter Strahlung ihren elektronischen Zustand in atomaren Bereichen des Kristallgitters ändern, eingesetzt. Weitere Detektoren sind Nicht-Quantendetektoren (thermische Detektoren), die auf Strahlungsleistung ansprechen und dadurch ihren inneren oder äußeren Energiezustand im Kristallgitter ändern oder pyroelektrische Detektoren, die eine temperaturabhängige spontane Polarisation verbunden mit der Erzeugung von Oberflächenladungen aufweisen [6.10]. Neben Einzelelementdetektoren, bei denen die Bildrasterung unter Einsatz einer Zweiachsen-Steuerung (x-y-Tisch) erfolgt, sind Detektorzeilen, mit denen eine Rasterung in eine Koordinatenrichtung ausreichend ist (Line-scanner) oder aber zweidimensionale Matrixdetektoren verfügbar. Die Kühlung der häufig in Dewargefäße eingebauten Detektoren erfolgt mit verschiedenen Flüssiggasen bis auf 4,2 K, mit mehrstufigen Peltierelementen bis –100 °C, mit Kältemaschinen oder durch Ausnutzung des Joule-Thomson-Effekts.

Nach ihrer spektralen Empfindlichkeit können Thermografiegeräte als Bandstrahlungspyrometer betrachtet werden. Ihre Spektralempfindlichkeit kennzeichnet die Größe des Photosignals je Einheit der Strahlungsleistung einer vorgegebenen Wellenlänge oder der, bei welcher der Detektor optimal empfindlich ist [6.10].

Nach der *Bildaufbauzeit* lassen sich langsam abtastende (Bildaufbauzeit ≥1 Sekunde), schnell abtastende (Bildaufbauzeiten von 1/25 Sekunden für ein Viertelbild) und sehr schnell abtastende Geräte (Bildaufbauzeiten von 1/50 Sekunde für ein Halbbild) unterscheiden. Im engen Zusammenhang mit Bildaufbauzeiten steht die *Bilddarstellung*. Thermogramme von Thermografiesystemen der ersten Gruppe können bei einer Wiedergabe am Bildschirm nicht direkt beobachtet werden und müssen weiterverarbeitet werden. Schnellabtastende Thermografiesysteme liefern direkte Monitorbilder und Systeme der dritten Gruppe entsprechen der Standard-Videonorm (CCIR oder NTSC) [VDI/VDE 3511/4].

***Fehlerquellen/Meßunsicherheiten.*** Einflüsse auf die Genauigkeit der Temperaturmessung mit Strahlungsthermometern haben der Emissionsgrad $\varepsilon$, dessen Wert bei realen Meßobjekten i.a. kleiner ist als bei den zur Kalibrierung verwendeten Schwarzen Strahlern, die Umgebungstemperatur, falls die Eigenstrahlung der Umgebung einen meßbaren Anteil im genutzten Wellenlängenbereich des Strahlungsthermometers hat, sowie der Transmissionsgrad von Zwischenmedien.

Der *Emissionsgrad* eines Materials ist theoretisch nur schwierig zu berechnen oder vorherzusagen. Man ist deshalb auf Tabellenwerte, Angaben von Pyrometerherstellern oder eigene Messungen angewiesen. Eigene Messungen haben den Vorteil, daß bei der Bestimmung von $\varepsilon$ das Strahlungsthermometer verwendet werden kann, das später zur Temperaturmessung eingesetzt wird. Einfache Verfahren sind z.B. in der VDI/VDE 3511/4 aufgezeigt. Die spektrale Empfindlichkeit des Meßgerätes sollte immer in dem Bereich liegen, in dem das zu messende Material einen möglichst hohen Emissionsgrad besitzt, um ähnliche Bedingungen wie bei der Temperaturmessung mit einem Schwarzen Körper zu realisieren. Methoden zur Berechnung des Einflusses der Umgebungstemperatur auf die zu messende Temperatur sind ebenfalls in der VDI/VDE 3511/4 zu finden.

Die Anzeige von Strahlungsthermometern wird durch eine Schwächung der Meßstrahlung durch absorbierende Medien wie Staub, Wasserdampf oder Kohlendioxid im Strahlengang verfälscht. Durch Strahldichtemessungen in Spektralbereichen, in denen diese Gase einen hohen Transmissionsgrad aufweisen, können diese Meßunsicherheiten reduziert werden. Zur Messung von Temperaturen oberhalb 1000 °C eignen sich Wellenlängen im sichtbaren oder nahen Infrarotbereich um 1 µm, für Temperaturen zwischen 200 °C und 1000 °C Spektralbereiche 1,1 ... 1,7 µm, 2 ... 2,5 µm oder 4,5 ... 5,5 µm und zur Messung von Temperaturen unterhalb von 200 °C der Spektralbereich von 8 bis 14 µm [VDI/ VDE 3511/4].

## 6.2.2
### Analoge Temperaturmeßverfahren

#### 6.2.2.1
*Spannungsmessungen*

Für die Messungen von Spannungen sind zwei Verfahren bekannt: Das Ausschlag- und das Kompensationsverfahren. Beim *Ausschlagverfahren* steuert die Spannung direkt oder über einen Verstärker das Meßinstrument aus, wobei die dafür notwendige Leistung dem Meßkreis entnommen wird. Damit ist die Anzeige von den Meßkreiseigenschaften abhängig. *Kompensationsverfahren* sind dagegen nahezu unabhängig von den Instrumenteneigenschaften. Am Beispiel der Messung von Thermospannungen sollen die beiden Meßverfahren beschrieben werden.

*Ausschlagverfahren.* Bild 6.6 zeigt eine Thermoelement-Meßeinrichtung nach dem Ausschlagverfahren mit Drehspulmeßinstrument und Vergleichsstellenthermostaten. Der Ausschlag $\alpha$ des Meßinstrumentes ist das Maß der Temperatur, abgebildet durch die Thermospannung $U_T$, und dem durch seine Spule fließenden Strom $I$. Es gilt:

$$\alpha \sim I = \frac{U_T}{R_i + R_L} \qquad (6.27)$$

mit
$R_i$ Innenwiderstand des Meßgerätes und
$R_L$ Leitungswiderstände.

Um wiederholbare Temperaturmessungen durchführen zu können, muß der Gesamtwiderstand des Meßkreises, der aus der Summe der Leitungswiderstände $R_L$ der Thermodrähte, Ausgleichs- und Verbindungsleitungen sowie des Innenwiderstandes des Anzeigegerätes gebildet wird, konstant bleiben. Da sich die Leitungswiderstände $R_L$ infolge der Temperaturabhängigkeit des Leitungswiderstandes und von Oxidationsprozessen ändern können, sollte

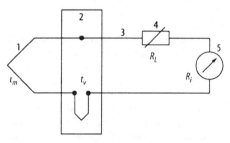

**Bild 6.6.** Ausschlagverfahren mit Drehspulmeßinstrument.
1 Thermoelement (Thermodrähte bis zur Vergleichsstelle)
2 Vergleichsstelle mit Thermostat,
3 Verbindungsleitungen aus Kupfer,
4 Leitungswiderstand $R_L$ mit Abgleichmöglichkeit,
5 Drehspulmeßinstrument mit Innenwiderstand $R_i$
$t_m$ Meßtemperatur,
$t'_m$ Vergleichsstellentemperatur

der Innenwiderstand $R_i$ des Spannungsmessers möglichst groß gegenüber der Summe der Leitungswiderstände sein. Systematische Fehler können nahezu vermieden werden, wenn die Leitungswiderstände bei der Kalibrierung des Meßgerätes berücksichtigt werden. Häufig ist der einzukalibrierende Widerstand $R_L$, z.B. 20 Ω, auf der Instrumentenskala angegeben [DIN 43709].

Dem Ausschlagverfahren äquivalent sind Analog/Digital-Wandler + Vorverstärker mit sehr hohen Eingangswiderständen (≈GΩ) (s. Abschn. 6.2.3 und Teil C), bei deren Einsatz Meßunsicherheiten durch sich ändernde Leitungswiderstände kaum noch eine Rolle spielen.

*Kompensationsverfahren.* Bei höheren Genauigkeitsanforderungen wird die Thermospannung $U_T$ mit Hilfe eines Kompensationsverfahrens bestimmt. Sie wird mit einer bekannten Spannung $U_R$ verglichen, die so eingestellt ist, daß in einem, zwischen Meß- und Vergleichskreis geschaltetem Galvanometer kein Ausgleichsstrom fließt. In Abhängigkeit von der Erzeugung der Referenzspannung $U_R$ unterscheidet man zwischen dem *Strommeßverfahren nach Lindeck-Rothe* (Bild 6.7) und dem Potentiometerverfahren nach Poggendorf. Beim Strommeßverfahren wird die Referenzspannung $U_R$ als Spannungsabfall eines veränderbaren Stromes $I$ an einem konstanten Einstellwiderstand $R_V$ erzeugt. Im abgeglichenem Zustand gilt für die zu messende, der Meßtemperatur $t_m$ entsprechenden Thermospannung $U_T$, Gl. (6.28):

$$U_T = I R_V. \qquad (6.28)$$

Da der Strommesser zur Temperaturanzeige seine Leistung einer *Hilfsspannungsquelle* entnimmt, kann er auch für kleinere Fehlergrenzen ausgelegt werden als ein direktanzeigendes Millivoltmeter.

Beim *Potentiometerverfahren nach Poggendorf* kann anstelle des Null-Galvanometers ein Nullverstärker eingesetzt werden, der im dargestellten Fall mit einem motorischem Nachlaufsystem verbunden ist (Bild 6.8). Damit erhält man einen selbstabgleichenden Kompensator, wie er für Linienschreiber eingesetzt werden kann. Der im nicht abgeglichenen Zustand fließende Ausgleichsstrom wird nach Verstärkung einem Stellmotor zugeführt, der mit dem Potentiometerabgriff gekoppelt ist und diesen verstellt, bis die Hauptwicklung praktisch stromlos wird und der Abgleich erreicht ist. Gleichzeitig ist damit eine Temperaturanzeige gekoppelt.

*Meßverstärker.* Mit elektrischen Meßgeräten lassen sich die von Berührungsthermometern erhaltenen Signale, die häufig von geringer Leistung sind, nur schwer unmittelbar erfassen. Man sieht daher zur Meßwertanpassung elektrische Verstärker vor, die bei Thermoelementen zur Verstärkung der Thermospannung zwischen Vergleichsstelle und Ausgeber angeordnet sind. Als Verstärkerelemente dienen vorwiegend Transistoren. Die Eigenschaften der Meßverstärker, insbesondere Nullpunktstabilität und Konstanz des Verstärkungsfaktors, bestimmen wesentlich die Genauigkeit der gesamten Meßeinrichtung (s. Kap. C3). Als Ausgangssignal eines Meßverstärkers steht ein eingeprägter Strom oder eine eingeprägte Spannung zur Verfügung. Bild 6.9 zeigt als Beispiel die schematische Anordnung einer Thermoelementmeßeinrichtung mit gegengekoppeltem Meßverstärker.

Hierbei wird die Differenz aus gemessener Thermospannung $U_T$ und dem Spannungsabfall des Stromes $I$ am Gegenkopplungswiderstand $R_k$ dem Verstärker

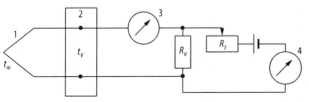

**Bild 6.7.** Kompensationsschaltung nach Lindeck-Rothe

1 Thermoelement,
2 Vergleichsstelle,
3 Nullgalvanometer,
4 Strommesser zur Temperaturanzeige,
$t_m$ Meßtemperatur,
$t_v$ Vergleichsstellentemperatur,
$R_V$ Vergleichswiderstand,
$R_E$ Einstellwiderstand

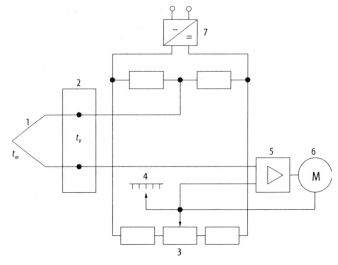

**Bild 6.8.** Potentiometerverfahren nach Poggendorf
$t_m$ Meßtemperatur,
$t_V$ Vergleichsstellentemperatur,
1 Thermoelement,
2 Vergleichsstelle,
3 Brückenabgleich,
4 Temperaturanzeige,
5 Servoverstärker,
6 Stellmotor,
7 Brückenspeisung

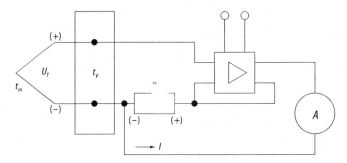

**Bild 6.9.** Gegengekoppelter Meßverstärker
$t_m$ Meßstellentemperatur,
$t_V$ Vergleichsstellentemperatur,
$U_T$ Thermospannung,
$R_k$ Gegenkopplungswiderstand,
$I$ Stromfluß

zugeführt. Unter Einbeziehung des Verstärkungsfaktors $F$ (Dimension: A/V) gilt:

$$(U_T - I R_k) F = I \qquad (6.29)$$

und

$$U_T = I\left(R_k + \frac{1}{F}\right). \qquad (6.30)$$

Für große Verstärkungsfaktoren $F (1/F \ll R_k)$ gilt die gleiche Beziehung wie beim Strommeßverfahren (6.28), so daß ein gegengekoppelter Meßverstärker aus meßtechnischer Sicht als Kompensator betrachtet werden kann.

**Meßumformer.** Mit einer Automatisierung des Strommeßverfahrens gelangt man unmittelbar zu einem Meßumformer für die Meßgröße Temperatur. Die Gesamtheit von Kompensations- und Hilfsschaltungen sowie Verstärkerbauelementen werden entsprechend der Richtlinie VDI/VDE 2600/3 als Meßumformer für Temperatur bezeichnet. Die Eingangsgröße Temperatur wird unter Verwendung von Hilfsenergie in eine elektrische Ausgangsgröße umgewandelt (DIN 19320: 4 – 20 mA, 0 – 20 mA oder DIN 19232: 0 – 10 V, 1 – 5 V). Dabei soll das Ausgangssignal direkt proportional der Temperatur sein.

Bild 6.10 zeigt als Beispiel das Blockschaltbild eines Meßumformers mit galvanischer Trennung zwischen Meß- und Ausgangsstromkreis [6.11].

Die vom Thermoelement (1) generierte Thermospannung wird im Eingangsverstärker (2) auf ein störunempfindliches Signalniveau verstärkt. Durch Linearisierungsbausteine (3) kann die nichtlineare Abhängigkeit der Thermospannung von der Temperatur in eine lineare Abhängigkeit umgeformt werden. Nach der galvanischen Trennung (4) wird das verstärkte Meßsig-

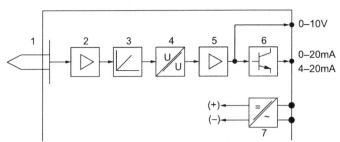

**Bild 6.10.** Blockschaltbild eines Meßumformers

nal auf den Ausgangsverstärker (5) geführt, von dem das Eingangssignal für die Endstufe (6), die den eingeprägten Gleichstrom entsprechend DIN 19320 liefert, abgeleitet wird. Die galvanisch getrennte Spannungsversorgung der einzelnen Bauteile erfolgt über ein Netzteil (7).

Ein Meßumformer für Temperatur muß neben der Temperaturproportionalität weitere Forderungen erfüllen. Dazu zählen die Austauschbarkeit von Meßbereichseinheiten, das Vorhandensein von Fühlerbruchüberwachungen und galvanischen Trennungen zwischen Eingangs- und Ausgangssignal sowie zwischen Netzversorgung und Eingangs- und Ausgangskreis. Eine *Fühlerbruchüberwachung* kann durch eine Zusatzschaltung realisiert werden. Dabei wird ein Hilfsstrom eingespeist, der bei Unterbrechung des Thermoelementes das Ausgangssignal auf einen Extremwert steuert (z.B. auf $\leq 4$ mA oder $\geq 20$ mA bei einem Ausgangssignal von 4 ... 20 mA).

Einen Meßumformer in *Zweileitertechnik* zeigt Bild 6.11. Der in den Zuleitungen fließende Gesamtstrom $I_G$ ist die Summe aus dem der Meßgröße entsprechenden Ausgangsstrom $\Delta I$ (0 ... 16 mA) und einem Hilfsstrom $I_H = 4$ mA.

Solche Meßumformer sind in explosionsgefährdeten Bereichen einsetzbar, da der Ausgangsstrom vom Meßumformer selbst eingeprägt wird und die dem Temperaturaufnehmer zugewandte Seite *eigensicher* ausgeführt werden kann (Zenerbarrieren zur Abtrennung).

*Vergleichsstellen.* Da mit Thermopaaren Temperaturdifferenzen gemessen werden, ist die Thermospannung neben der Größe der zu messenden Temperatur auch von der Temperatur der Vergleichsstelle abhängig. Häufig entspricht die *Vergleichsstellentemperatur* $t_V$ nicht der Bezugstemperatur $t_b$ der Grundwertreihe, so daß zur Bestimmung der Meßtemperatur $t_m$ ein Betrag $\Delta U$ zur angezeigten Spannung $U_T$ unter Berücksichtigung der Nichtlinearität der Kennlinie addiert werden muß (Bild 6.12). Der Korrekturbetrag $\Delta U$ ist mit der Unsicherheit der entsprechenden Toleranzklasse sowie der Unsicherheit der Bestimmung der Vergleichsstellentemperatur $t_V$ behaftet.

Mit temperaturabhängigen Brückenschaltungen (z.B. Widerstandsthermometer in Wheatston-Brücke), die für bestimmte Bezugstemperaturen ausgelegt sind, werden von diesen Temperaturen abweichende Vergleichsstellentemperaturen näherungsweise korrigiert und Temperaturschwankungen an der Vergleichsstelle nahezu unwirksam.

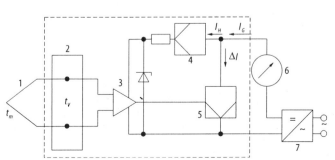

**Bild 6.11.** Meßumformer in Zweileitertechnik
$t_m$ Meßtemperatur,
$t_V$ Vergleichsstellentemperatur,
1 Thermoelement,
2 Vergleichsstelle,
3 Verstärker,
4,5 Stromregler,
6 Anzeigegerät,
7 Hilfsenergieversorgung
$I_G$ Gesamtstrom
$I_H$ Hilfsstrom

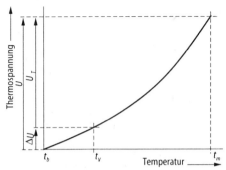

**Bild 6.12.** Temperaturbestimmung bei von der Bezugstemperatur $t_b$ abweichender Vergleichsstellentemperatur $t_v$
$U$ auf $t_b$ bezogene Thermospannung,
$U_T$ gemessene Thermospannung,
$\Delta U$ auf $t_v$ bezogene Thermospannung,
$t_b$ Bezugstemperatur der Grundwertreihe,
$t_v$ Vergleichsstellentemperatur,
$t_m$ Meßstellentemperatur

**Meßstellenumschalter.** Mit Meßstellenumschaltern (Scanner) lassen sich mehrere Thermoelemente nacheinander auf dasselbe Meßgerät schalten. Die verwendeten Umschalter sollten zweipolig ausgeführt sein, um über niedrige Isolationswiderstände, vor allem bei höheren Temperaturen, keine Fehler durch gegenseitige Beeinflussung zuzulassen. Weiterhin dürfen an den Kontaktstellen keine veränderlichen Übergangswiderstände oder störende sekundäre Thermospannungen auftreten. Für elektronische Umschalter sollten thermospannungsarme Relais eingesetzt werden. Eine Umschaltung ohne mechanische Kontakte ist mit monolithischen Multiplexer-Bausteinen möglich, wobei hier keine völlige galvanische Trennung der Kanäle erreicht wird, so daß auf gute Isolation der Thermoelemente untereinander und gegen Masse zu achten ist.

### 6.2.2.2
**Widerstandsmessungen**

Die nachfolgend beschriebenen Meßverfahren sind auf Fühlerarten anwendbar, bei denen die zu messende Temperaturveränderung eine Widerstandsänderung bewirkt. Dazu zählen die in den vorherigen Abschnitten beschriebenen Metall- und Halbleitermeßwiderstände, aber auch Bolometer, die als thermische Strahlungsempfänger verwendet werden. Da Widerstände passive Bauelemente sind, werden zu ihrer Messung in geeigneter Weise Meßströme eingespeist. Man unterscheidet nach dem Meßverfahren:

– Brücken-Ausschlagsverfahren,
– Brücken-Nullverfahren,
– Spannungsvergleichsverfahren,
– Verfahren mit Meßumformern und
– Verfahren mit Wechselstrom-Meßbrücken

sowie nach der Anzahl der Zuleitungen zum Meßfühler:

– Zweileiter-Schaltungen,
– Dreileiter-Schaltungen und
– Vierleiter-Schaltungen.

**Brückenausschlags-Verfahren.** Bei der Messung des Widerstandes mit einer Brückenschaltung (Grundschaltung Wheatstone-Brücke) ist die Brückendiagonalspannung ein Maß für die Widerstandsänderung $\Delta R_T$ und damit der Meßtemperatur $t_m$. Für derartige nicht abgeglichene Brücken ist eine Konstantspannungs- bzw. Konstantstromquelle erforderlich, da die Speisung direkt proportional der Anzeige ist. Ist der Meßwiderstand über zwei Leitungen mit dem Anzeigeinstrument verbunden (Bild 6.13), so beeinflussen die Leitungswiderstände die Messungen. Deshalb muß ein bestimmter Leitungswiderstand (z.B. 10 Ω nach DIN 43701) einkalibriert werden, und die Zuleitungen auf diesen Wert abgeglichen sein. Änderungen der Zuleitungswiderstände aufgrund ihrer Temperaturabhängigkeit bewirken einen zusätzlichen Fehler $f$. Dieser läßt sich nach Gl. (6.30) abschätzen [VDI/VDE 3511/3]:

$$f \approx \frac{R_L \Delta t}{R_0} \qquad (6.31)$$

mit
$f$ Anzeigefehler in °C,
$R_L$ Widerstand der Zuleitungen,
$R_0$ Nennwiderstand des Thermometers,
$\Delta t$ Differenz der mittleren Temperatur der Zuleitungen von der Temperatur beim Abgleich.

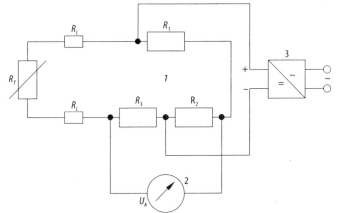

**Bild 6.13.** Brückenschaltung, Zweileiter-Schaltung
$R_T$ Meßwiderstand,
$R_L$ Leitungswiderstände,
$R_{1-3}$ Brückenwiderstände,
$U_A$ Brückendiagonalspannung,
1 Meßbrücke,
2 Anzeigegerät,
3 Konstantspannungsquelle

Sind die Zuleitungen großen Temperaturschwankungen ausgesetzt, verwendet man häufig *Dreileiterschaltungen* (Bild 6.14). Wenn diese symmetrisch aufgebaut sind ($R_1 = R_2$), verringert sich der Fehler durch Temperaturschwankungen erheblich, da sich Widerstandsänderungen in gleichem Maße sowohl auf den Meß- als auch den Vergleichskreis auswirken. Bei Anwendung von Meßverstärkern vor dem Anzeigegerät können kleinere Meßbereiche realisiert werden und es kann mit niedrigen Meßströmen (≤1–2 mA) gearbeitet werden, wodurch sich der Eigenerwärmungsfehler verringert.

**Brücken-Nullverfahren.** Die am meisten verwendete Widerstandsmeßeinrichtung nach dem Nullverfahren ist die vollständig abgeglichene Wheatstone-Brücke. Zur Messung des unbekannten Thermometerwiderstandes $R_T$ wird ein Brückenwiderstand (z.B. $R_1$ in Bild 6.13) solange verändert, bis die Diagonalspannung der Brücke Null wird. Nach dem Abgleich mittels des veränderbaren Widerstandes $R_1$ ist

$$R_T = R_1 \frac{R_2}{R_3} \qquad (6.32)$$

mit
$R_2, R_3$ Festwiderstände (Schaltung entsprechend Bild 6.13).

Damit geht beim Nullverfahren – im Gegensatz zum Ausschlagsverfahren – die Speisespannung nicht in das Meßergebnis ein, und der zu messende Widerstand $R_T$ wird auf einen sehr genau darstellbaren Widerstand zurückgeführt. Bei selbstabgleichenden Brücken wird der Nullabgleich automatisiert.

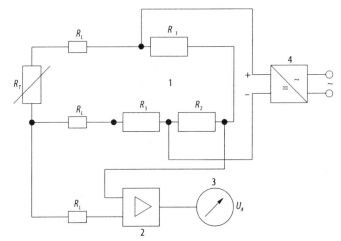

**Bild 6.14.** Brückenschaltung, Dreileiter-Schaltung mit Verstärker
$R_T$ Meßwiderstand,
$R_L$ Leitungswiderstände,
$R_{1-3}$ Brückenwiderstände,
$U_A$ Brückendiagonalspannung,
1 Meßbrücke,
2 Differenzverstärker,
3 Anzeigegerät,
4 Konstantspannungsquelle

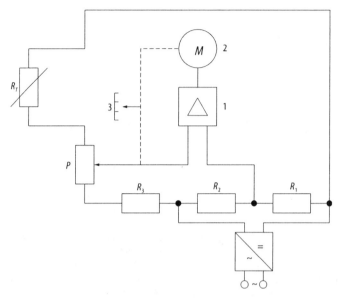

**Bild 6.15.** Selbstabgleichende Meßbrücke in Zweileiter-Schaltung.
$R_T$ Meßwiderstand,
$R_{1-3}$ Brückenwiderstände,
P Potentiometer,
1 Differenz-Servoverstärker,
2 Servomotor,
3 Temperaturanzeige,
4 Konstantspannungsquelle

Bild 6.15 zeigt das Prinzip einer selbstabgleichenden Schaltung nach dem Brücken-Nullverfahren. Ein Verstärker liefert ein Signal an ein motorgetriebenes Potentiometer mit dem der Nullabgleich erfolgt.

**Spannungsvergleichsverfahren.** Aufgrund des Ohmschen Gesetzes läßt sich eine Widerstandsmessung auf eine Spannungsmessung zurückführen. Verwendet man neben dem Meßwiderstand $R_T$ einen bekannten Referenzwiderstand $R_R$ und läßt beide Widerstände von einem eingeprägten Strom $I$ durchfließen (Bild 6.16), so gilt:

$$R_T = \frac{U_T}{U_R} R_R \quad . \tag{6.33}$$

Die Widerstände der Zuleitungen und der Umschaltkontakte beeinflussen in einer Vierleiterschaltung die Messung nicht. Ist der Strom $I$ hinreichend konstant, kann u.U. auf den Referenzwiderstand und das Umschalten verzichtet werden, so daß $U_T$ direkt ein Maß für die Temperatur ist.

**Verfahren mit Meßumformern.** Meßumformer für Widerstandsthermometer wandeln den Widerstand in einem bestimmten Widerstandsbereich in ein elektrisches Einheitssignal um, das entweder widerstands- oder temperaturlinear sein kann (Bild 6.17).

**Verfahren mit Wechselstrom-Meßbrücken.** Wechselstrom-Meßbrücken besitzen gegenüber Gleichstrombrücken den Vorteil, das parasitäre Thermospannungen an Kontakten und Umschaltern das Meßergebnis nicht verfälschen. Zur Widerstandsmessung benötigt man nur einen Vergleichswiderstand. Der Abgleich erfolgt durch Ändern des Übersetzungsverhältnisses eines oder mehrerer Übertrager in gegen-

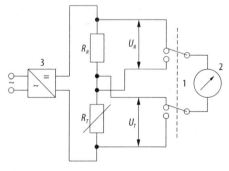

**Bild 6.16.** Spannungsvergleichsverfahren in Vierleiter-Schaltung
$R_T$ Meßwiderstand,
$R_R$ Referenzwiderstand,
$U_T$ Spannungsabfall am Meßwiderstand,
$U_R$ Spannungsabfall am Referenzwiderstand,
1 Umschalter,
2 Spannungsmesser (hochohmig)

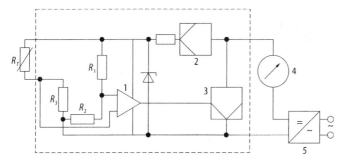

**Bild 6.17.** Meßumformer für Widerstandsthermometer in Zweileitertechnik
$R_T$ Meßwiderstand,
$R_{1-3}$ Leitungswiderstände,
1 Differenzverstärker,
2,3 Stromregler,
4 Anzeigegerät,
5 Hilfsenergieversorgung

überliegenden Brückenzweigen. Präzisionsmeßbrücken arbeiten mit geringen Frequenzen (<100 Hz), so daß induktive und kapazitive Widerstandsanteile des vom Wechselstrom durchflossenen Meß- und Vergleichswiderstandes gegenüber dem Ohmschen Widerstandsanteil vernachlässigbar gering sind. Als Meßverstärker kommen driftarme Wechselspannungsverstärker zum Einsatz.

Zu beachten ist, daß infolge der verwendeten Wechselspannung eine höhere Empfindlichkeit gegenüber Einstreuungen in die Zuleitungen besteht. Deshalb sind möglichst kurze und abgeschirmte Meßleitungen zum Meß- und Vergleichswiderstand zu verwenden.

*Meßstellenumschalter.* Mehrere Widerstandsthermometer können über einen Meßstellenumschalter an ein Meßgerät angeschlossen werden. Die Umschaltung sollte drei- oder vierpolig erfolgen, um zusätzliche Fehler durch unterschiedliche Übergangs- und Leitungswiderstände zu minimieren. Während der Unterbrechung des Meßkreises wird die Spannungsquelle für die Brücke abgeschaltet, um eine Überlastung des Instruments beim Umschalten zu vermeiden.

### 6.2.3.
### Digitale Temperaturmeßverfahren

Digitale Meßtechnik und rechnergesteuerte Meßwerterfassung und -auswertung haben bereits in großen Umfang Eingang in die Temperaturmessung gefunden. Die Notwendigkeit der Ablösung der analogen Temperaturmeßwertdarstellung durch eine digitale Darstellung ergibt sich aus dem Bestreben einer weiteren Automatisierung vielfältigster Produktionsprozesse. Digitale Meßwerte können im Gegensatz zu analogen direkt einer weiteren Verarbeitung zugeführt oder für eine Prozeßsteuerung genutzt werden.

Da eine direkte digitale Temperaturmessung nicht möglich ist, erfolgt die Temperaturmessung auch bei digital anzeigenden Geräten mit den bisher beschriebenen Temperatursensoren, deren temperaturproportionale Ausgangsgröße in eine andere physikalische Größe, die sich quantisieren läßt, umgewandelt werden muß. Dazu werden die Ausgangsgrößen durch Meßumformer in eine weiterverarbeitbare elektrische Größe (Spannung, Strom) umgewandelt, die einem Analog/Digital-Umsetzer (Kap. C11) zugeführt wird, der an seinem Ausgang einen der gemessenen Temperatur entsprechenden Zahlenwert ausgibt (Bild 6.18). Andere Meßumformer liefern Frequenzen

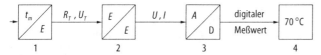

**Bild 6.18.** Digitale Temperaturmeßeinrichtung
$t_m$ Meßtemperatur,
$E$ elektrisch weiterverarbeitbare Größen,
$R_T, U_T, U, I$ analoge Zwischengrößen,
1 elektrisches Thermometer,
2 Meßumformer,
3 Analog/Digital-Umsetzer,
4 Digitale Anzeige (weiterverarbeitbares digitales Signal)

oder pulsbreitenmodulierte Rechteckspannungen, die durch elektronische Zähl- bzw. Zeitmeßverfahren in digitale Meßwerte umgewandelt werden.

Die Digitalisierung erfolgt mit Analog/Digital-Umsetzern, die Funktionseinheiten in Form integrierter Schaltungen sind. Für Temperaturmessungen relevante Umsetzverfahren sind das Integrations-, das Kompensations- und das Zählverfahren.

Die bisher beschriebenen Temperatursensoren erzeugen analoge Ausgangsgrößen, die zur digitalen Messung in zählbare Signale umgewandelt werden müssen. Eine Ausnahme stellt die Frequenz dar, die als analoge Größe ohne Umwandlung zum Zählen geeignet ist. Als Beispiel für einen Fühler mit frequenz-analogem Ausgang ist das Quarzkristallthermometer zu nennen. Das mit diesem Thermometer verbundene Temperaturmeßverfahren beruht auf der Eigenschaft eines Quarzkristalls, seine Resonanzfrequenz temperaturabhängig zu ändern. Ein Temperaturmeßsystem auf Basis eines Schwingquarzes ist in [6.12] beschrieben.

Der Sensor besteht aus einem Schwingquarz als Sensorelement und einer Sensorelektronik. Über einen geeignet orientierten Quarzkristall wird eine hohe Empfindlichkeit in der Temperaturabhängigkeit der Resonanzfrequenz erreicht ($100 \cdot 10^{-6}/°C$). Die Quarzfrequenz von 16,8 MHz wird in der Sensorelektronik, deren wesentlichen Bestandteile ein Oszillator zur Schwingungsanregung und ein Zähler sind, in ein über weite Strecken (bis zu 1 km) sicher übertragbares Signal umgewandelt. Im Zähler werden ca. 8 Millionen Schwingungen gezählt, so daß ca. alle 0,5 s ein Stromimpuls (Länge: 100 μs, Höhe: 90 mA) über eine Zweidrahtleitung zur Auswerteeinheit gesendet wird. Bei höheren Temperaturen erhöht sich die Schwingungsfrequenz, so daß die Stromimpulse nach jeweils 8 Millionen Zählungen in kürzeren Abständen ausgesendet werden. Bei diesem Verfahren beinhaltet der Impulsabstand die gesamte Temperaturinformation.

In der Auswerteelektronik ist die Sensorzuleitung durch einen DC/DC-Wandler galvanisch entkoppelt und über einen Optokoppler werden die Stromimpulse dem internen Zähler eines Mikroprozessors zugeführt. Als Referenz befindet sich in der Auswerteeinheit ein hochstabiler AT-Quarz, der neben dem Sensorquarz die genauigkeitsbestimmende Komponente des Gesamtsystems darstellt.

Mit der Signalübertragung in Form des Impulsabstandes kann bei Zählraten von 1 MHz und einem Impulsabstand von 0,5 s eine Auflösung von 20 mK erreicht werden, wobei deutlich wird, daß die Auflösung nur von der Zählrate, nicht aber vom Sensor abhängig ist. Der Meßbereich des beschriebenen Temperaturmeßsystems liegt zwischen $-40$ °C und 300 °C mit Systemgenauigkeiten von $\pm 0,1$ °C bis 100 °C und $\pm 0,1\%$ im übrigen Meßbereich.

Ein Vorteil digitaler Temperaturmeßeinrichtungen ist die Anwendung einfacher Rechen- bzw. Vergleichsoperationen mit Hilfe von Mikroprozessoren zur *Linearisierung* des Zusammenhangs zwischen Eingangs- und Ausgangsgröße nach einer Analog/Digitalumsetzung der Ausgangsspannung eines linear arbeitenden Verstärkers/Meßumformers. Dabei sind verschiedene Verfahren gebräuchlich, die mit unterschiedlichen Genauigkeiten verbunden sind:

- iterative Temperaturberechnung auf Grundlage der mathematischen Darstellung der Fühlerkennlinie (minimaler Linearisierungsfehler),
- Ablage der inversen Kennlinie im Speicher in Schritten des Quantisieres; seine Ausgangszahl ist die Adresse für den Speicher, die jeweilige Ausgangszahl der angesprochenen Speicherzelle die Meßtemperatur,
- lineare Interpolation zwischen einigen Stützstellen der inversen Kennlinie (Restfehler von Anzahl der Stützstellen abhängig).

## 6.3
**Temperaturmeßgeräte mit mechanischem Ausgangssignal**

Zu dieser Gruppe von Temperaturaufnehmern zählen vorwiegend *Ausdehnungsthermometer*, bei denen die thermische Ausdehnung eines Feststoffes, einer Flüssigkeit oder eines Gases direkt zur Messung herangezogen wird (Längenänderung), oder aber Thermometer, bei denen die „Ausdehnung" eines temperaturempfindlichen Materials indirekt zur Temperaturmessung, beispielsweise durch eine Druckänderung, herangezogen werden kann.

### 6.3.1
#### Flüssigkeits-Glasthermometer

*Meßprinzip.* Bild 6.19 zeigt den schematischen Aufbau eines *Flüssigkeits-Glasthermometers.* Bei diesen Thermometern wird die thermische Ausdehnung einer in einem Glasgefäß befindlichen thermometrischen Flüssigkeit zur Temperaturmessung ausgenutzt. Infolge der unterschiedlichen thermischen Ausdehnung der Glaskapillare und der in ihr enthaltenen Flüssigkeit ändert sich die Länge des Flüssigkeitsfadens mit der Temperatur. Als Temperaturanzeige dient das Ende der Flüssigkeitssäule, das an einer mit der Kapillare verbundenen Skale ablesbar ist. Die Empfindlichkeit eines Flüssigkeits-Glasthermometers hängt von den Eigenschaften der verwendeten Flüssigkeit, vom Kapillardurchmesser und dem Gefäßvolumen ab [6.4, 6.13].

*Materialien.* Die zur Herstellung von Flüssigkeits-Glasthermometern verwendeten Gläser müssen thermisch möglichst nachwirkungsfrei und chemisch beständig sein. Die höchsten Verwendungstemperaturen liegen bei den meisten Gläsern bei 400 bis 460 °C, bei Supremax-Glas bei 630 °C und bei Quarzglas bei 1100 °C.

Bei den verwendeten thermometrischen Flüssigkeiten unterscheidet man benetzende (organische) und nicht benetzende (metallische) Flüssigkeiten, wobei mit letztgenannten geringere Meßunsicherheiten erreichbar sind. Im Temperaturbereich −38 °C bis 800 °C wird Quecksilber (z.T. mit Zusätzen) verwendet, oberhalb dieser Temperaturen kommen Sonderlegierungen, z.B. Galliumlegierungen, zum Einsatz. Für die Messung tieferer Temperaturen wird eine Quecksilber-Thallium-Legierung verwendet (−38 °C bis −58 °C), unterhalb dieser Temperaturen müssen benetzende Flüssigkeiten verwendet werden, z.B.: Pentan, Alkohol, Toluol.

*Bauarten.* Flüssigkeits-Glasthermometer werden nach ihrer konstruktiven Form als Stab- oder Einschlußthermometer unterschieden. Bei *Einschlußthermometern* befindet sich die Skale auf einem von der Kapillare getrennten Skalenträger, bei den *Stabthermometern* befindet sie sich direkt auf der Meßkapillare. Bei beiden befindet sich in der Regel am oberen Ende der Kapillare eine Expansionserweiterung zur Vermeidung einer Zerstörung des Thermometers bei Meßbereichsüberschreitungen.

Flüssigkeits-Glasthermometer werden für viele Anwendungen gefertigt, sind aber nur bedingt in der Automatisierungstechnik einsetzbar.

Für einfache Temperaturregelungen können *Kontaktthermometer* als Schaltinstrumente, die bei einer bestimmten Temperatur einen Stromkreis schließen, verwendet werden. Dabei ist das Quecksilber in Kontakt mit einem im Thermometergefäß eingebauten metallischen Draht. In der Thermometerkapillare befindet sich ein

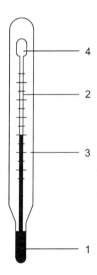

**Bild 6.19.** Flüssigkeits-Glasthermometer (Stabthermometer)
1 Thermometergefäß,
2 Meßkapillare,
3 Skale,
4 Expansionserweiterung

festeingeschmolzener oder höhenverstellbarer zweiter metallischer Kontakt. Durch Steigen oder Sinken der Quecksilbersäule können somit Schaltvorgänge ausgelöst werden, die zu Regelzwecken verwendbar sind. Aufgrund der geringen Durchmesser der Schaltkontakte und der Quecksilbersäule lassen sich nur geringe Schaltleistungen realisieren, so daß als Schaltverstärker Relais mit induktionsfreiem Steuerkreis, deren Leistungsaufnahme den zulässigen Grenzwert nicht übersteigt, empfohlen werden. [6.14]

***Fehlerquellen/Meßunsicherheiten.*** Bei Flüssigkeits-Glasthermometern ist neben der allgemeinen Forderung bezüglich einer guten thermischen Ankopplung an das Meßmedium folgendes zu beachten:

Schnelle Temperaturänderungen können Fehlanzeigen bewirken, wenn infolge thermischer Nachwirkungen die mit der Temperaturänderung verbundene Volumenänderungen des Gefäßmaterials nachlaufend erfolgt. Besonders bei raschen Abkühlungen von Temperaturen oberhalb 100 °C liefern Thermometer zu niedrige Anzeigen, die sich am besten am Eispunkt bestimmen lassen („Eispunktdepression", i.a. ≤0,05 °C). Die thermischen Nachwirkungen sind von der Glasart abhängig und klingen nach wenigen Tagen wieder ab.

Für das dynamische Verhalten von Flüssigkeits-Glasthermometern gelten die im Abschn. 6.2.1.1 gemachten Ausführungen, wobei z.B. für mit Quecksilber gefüllte Thermometer in Luft (Gefäßlänge 12 mm, Durchmesser 6 mm) 9/10-Wertzeiten von ca. 150 s zu erwarten sind.

Die Fehlergrenzen geeichter Thermometer sind in der Eichordnung (1988) Anlage 14: Temperaturmeßgeräte zu finden. Sie sind vom betrachteten Temperaturbereich, von der verwendeten Thermometerflüssigkeit und dem Skalenwert (kleinster Strichabstand) abhängig. Die einhaltbaren Meßunsicherheiten mit Flüssigkeits-Glasthermometern sind bei Berücksichtigung aller Fehlerquellen kleiner als die in der Eichordnung angegebenen Eichfehlergrenzen. Sie liegen im Temperaturbereich zwischen −58 °C und 630 °C bei ganz eintauchend justierten Thermometern mit nicht benetzender Flüssigkeit in der Größenordnung der Skalenwerte.

## 6.3.2
## Zeigerthermometer
### 6.3.2.1
### Stabausdehnungs- und Bimetallthermometer

***Meßprinzip/statisches Verhalten.*** Bei *Stabausdehnungsthermometern* sind zwei stab- oder zylinderförmige Werkstoffe mit unterschiedlichen Ausdehnungskoeffizienten an einem Ende fest miteinander verbunden. Am anderen, frei beweglichem Ende dient die registrierte Längendifferenz zwischen beiden als Maß für eine Temperaturänderung.

Bei *Bimetallthermometern* sind zwei etwa gleich dicke Metallschichten mit unterschiedlichem Ausdehnungskoeffizienten über die gesamte Länge direkt miteinander verbunden. Eine Temperaturänderung bewirkt somit eine Verformung des Sensors, die auf einen Zeiger übertragen wird oder einen Schaltkontakt auslöst. Die Kennzeichnung der Bimetalle erfolgt durch die spezifische Ausbiegung $\delta$, für die bei gleicher Materialdicke und gleichem Elastizitätsmodul der beiden Komponenten gilt:

$$\delta = \frac{\sqrt{3}}{2}(\alpha_1 - \alpha_2) \qquad (6.34)$$

mit

$\alpha_1, \alpha_2$ Ausdehnungskoeffizienten der beiden Komponenten [6.15].

Für die Ausbiegung $f$ eines einseitig eingespannten Bimetallstreifens (Bild 6.20) der Länge $L$ und der Dicke $s$ nach einer Temperaturänderung $dt$ gilt:

$$f = \frac{L^2}{s}\delta\, dt \ . \qquad (6.35)$$

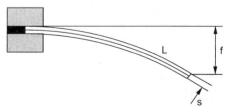

**Bild 6.20.** Ausbiegung eines Bimetallstreifens

Die spezifische Ausbiegung $\delta$ ist nur über einen begrenzten Temperaturbereich linear von der Temperatur abhängig, so daß sich auch $f$ nur in einem eingeschränkten Bereich linear mit der Temperatur ändert.

Die Fehlergrenzen bei Stabausdehnungs- und Bimetallthermometern liegen bei etwa 1 bis 3% des Anzeigebereichs.

*Materialien/Bauarten.* Bei Stabthermometern dienen als Werkstoffe für Stäbe mit geringen Ausdehnungskoeffizienten Invar, Quarz oder Keramik, die in metallischen, dünnwandigen Rohren mit großem Ausdehnungskoeffizienten auf geeignete Weise befestigt sind (Bild 6.21a). Als Rohrmaterialien werden z.B. Messing (bis 300 °C), Nickel (bis 600 °C) oder Chrom/Nickel-Stahl (bis 1000 °C) verwendet. Die bei Stabthermometern auftretenden großen Stellkräfte werden direkt für Regelzwecke genutzt. Stabthermometer können mit elektrischen Kontakten zur Zweipunktregelung ausgestattet sein oder an hydraulische oder pneumatische Regler angeschlossen werden.

Für Bimetallthermometer werden Eisen-Nickel-Legierungen bevorzugt, wobei die Legierung mit dem geringeren Ausdehnungskoeffizienten Zusätze von Mangan enthält. Der temperaturempfindliche Teil kann eine Spiral- oder Schraubenfeder sein, die aus einem Bimetallstreifen gefertigt ist und sich bei Temperaturänderungen auf- oder abwickelt. Der Ausschlag eines mit der Feder verbundenen Zeigers ist ein Maß für die erfolgte Temperaturänderung (Bild 6.21b).

### 6.3.2.2
### Federthermometer

*Meßprinzip.* Bei Federthermometern wird die Temperatur über den Druck mit Hilfe elastischer Meßglieder gemessen, deren Stellung durch die relative thermische Ausdehnung einer flüssigen oder gasförmigen Substanz, die sich in einem geschlossenen System befindet, bestimmt wird.

*Materialien/Bauarten.* Nach der Art des verwendeten temperaturempfindlichen Füllmaterials unterscheidet man *Flüssigkeits-, Dampfdruck-* oder *Gasdruck-Federthermometer.* Der grundsätzliche Aufbau ist bei allen Varianten gleich. Das Thermometergefäß aus Metall oder Glas, in dem sich das Übertragungsmedium befindet, wird der zu messenden Temperatur ausgesetzt. Es ist über eine dünne Kapillarleitung (Innendurchmesser 0,1 bis 0,3 mm, Länge bis zu 30 m) mit dem elastischen Meßglied verbunden, das auf Druckänderungen der thermometrischen Substanz reagiert und mittels Übertragungsglieder den Meßzeiger bewegt. Ihr Einsatz in der Automatisierungstechnik beschränkt sich auf einfache Regelungsaufgaben.

Bei *Flüssigkeits-Federthermometern* (Bild 6.22a) ist das Thermometergefäß in Abhängigkeit vom Meßbereich mit Quecksilber, Quecksilber-Thallium-Legierungen,

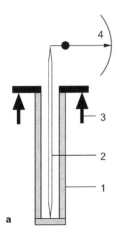
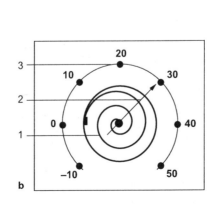

**Bild 6.21.**
**a** Stabausdehnungsthermometer
1 Rohr, fest,
2 beweglicher Stab,
3 Rohrbefestigung,
4 Anzeigeeinrichtung;

**b** Bimetallthermometer,
1 Bimetallstreifen,
2 Zeiger,
3 Skale

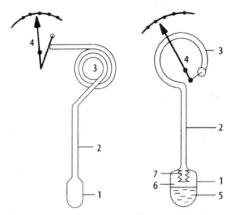

**Bild 6.22.**

**a** Flüssigkeits-Federthermometer
1 Thermometergefäß,
2 Kapillare,
3 elastisches Meßglied,
4 Anzeigemechanismus;

**b** Dampfdruck-Federthermometer
1 Thermometergefäß,
2 Kapillare,
3 elastisches Meßglied,
4 Anzeigemechanismus,
5 Thermometerflüssigkeit,
6 Dampf,
7 Faltenbalg

Xylol oder Toluol vollständig gefüllt. Die Volumen- und Druckänderung als Maß für die Temperaturänderung wird von der Meßfeder aufgenommen, und kann als nahezu linear betrachtet werden. Der Meßbereich liegt in Abhängigkeit von der verwendeten Flüssigkeit zwischen −55 °C und 500 °C. Die Einstellzeiten sind aufgrund der Bauart sehr gering, wodurch eine Nutzung von Flüssigkeits-Federthermometern für einfache Steuer- und Regelungsaufgaben durch Anbringung von Meßkontakten am Meßwerk möglich wird.

Bei *Dampfdruck-Federthermometern* ist das Thermometergefäß nur teilweise mit einer leicht siedenden Flüssigkeit gefüllt, so daß neben der flüssigen Phase auch der Dampf der thermometrischen Flüssigkeit existiert. Als Übertragungsbauteil zwischen Thermometergefäß und Kapillare mit Meßglied wird häufig ein Druckübertrager (z.B. Faltenbalg) eingesetzt, der ein Austreten und Kondensieren der Thermometerflüssigkeit außerhalb des Thermometergefäßes verhindern soll (Bild 6.22b). Der Sättigungsdruck der thermometrischen Flüssigkeit ist nur von der Höhe der Temperatur, nicht aber von der Flüssigkeitsmenge im Thermometergefäß abhängig. Er steigt nahezu *exponentiell* mit der Temperatur, so daß nichtlineare Skalen erforderlich sind. Von Vorteil ist die hohe Auflösung (Empfindlichkeit) in einem eingeschränkten Temperaturbereich, wodurch u.U. kleine Regelabweichungen abgeleitet werden können.

Bei *Gasdruck-Federthermometern* ist das ganze System konstanten Volumens mit einem Gas (z.B. Stickstoff oder Helium) gefüllt, dessen temperaturabhängige Druckänderung auf eine Meßfeder zur Temperaturanzeige übertragen wird. Der mechanische Aufbau und die Skalencharakteristik entsprechen denen der Füssigkeits-Federthermometer, wobei nur geringere Verstellkräfte auftreten. Von Vorteil ist das Gasdruck-Federthermometer dann, wenn eine lineare Anzeige über einen weiten Temperaturbereich gefordert wird.

***Fehlerquellen/Meßunsicherheiten.*** Die Umgebungstemperatur beeinflußt bei vollständig mit Flüssigkeit oder Gas gefüllten Federthermometern die Temperaturanzeige über die thermometrischen Substanzen, die sich in den Kapillaren oder Meßgliedern befinden und nicht der zu messenden Temperatur ausgesetzt sind. Besonders bei längeren Kapillarleitungen sind Federthermometer häufig mit Kompensationseinrichtungen zum Ausgleich des Außentemperatureinflusses versehen. Desweiteren sind auch die elastischen Eigenschaften der Meßfeder temperaturabhängig. Wärmeleitungsprozesse über die Kapillare sind wie bei allen Berührungsthermometern zu berücksichtigen und durch geeignete Einbaubedingungen zu minimieren. Unterschiede in der Anzeige bei steigenden oder fallenden Temperaturen (Hysterese) können durch mechanische Behinderungen (Reibung) auftreten.

Die Fehlergrenzen bei Federthermometern liegen im Bereich von 1 bis 2% vom Anzeigebereich.

## 6.4. Temperaturmeßgeräte mit optischem Ausgangssignal

Optische Temperaturmeßverfahren nutzen physikalische Effekte, bei denen sich optische Eigenschaften bestimmter Stoffe aufgrund von Temperaturänderungen verändern. In der Automatisierungstechnik werden zunehmend *faseroptische Thermometer* eingesetzt.

Grundbestandteile dieser Thermometer sind Lichtquellen, Lichtleitfasern, die teilweise als Sensor präpariert sind und Fotodetektoren mit elektronischer Signalaufbereitung. Der Konstruktion faseroptischer Sensoren kann eine Vielfalt physikalischer Prinzipien zugrunde gelegt werden [6.16].

Ein faseroptischer Temperatursensor, der den Effekt ausnutzt, daß sich die *Brechzahl* eines optischen Mantels des Lichtleiters, und damit die Lichttransmission in einer definierten Faserkrümmung mit der Temperatur ändert, wird in [6.17] vorgestellt. Das in einer Lichtleitfaser geführte Licht wird in einer U-förmigen Faserkrümmung teilweise aus dem Leiter ausgekoppelt. Die Intensitätsänderung des weiter zum Detektor geführten Lichtes ist ein Maß für die Temperatur. Instabilitäten der Lichtquelle oder Dämpfungsschwankungen der Lichtleiterverbindungsstellen oder -zuleitungen verfälschen das Meßsignal und müssen kompensiert werden. Dazu kann über einen Lichtleiter-Y-Verzweiger ein optischer Referenzkanal zu einem zweiten Empfänger geschaltet werden. Unter Nutzung der charakteristischen Kennlinienverläufe der Sensorelemente können dann die Meßfehler verursachenden Intensitätsschwankungen der Lichtquelle durch elektronische Vergleichs- und Auswerteschaltungen kompensiert werden.

Mit diesen als Berührungs- oder Eintauchthermometer zu nutzenden faseroptischen Sensoren können bei Verwendung von Stufenindexfasern in einem nahezu linearen Meßbereich von etwa –50 °C bis +200 °C Temperaturen mit einer Empfindlichkeit von ca. 0,1 °C gemessen werden.

Typische Anwendungsgebiete liegen insbesondere dort, wo verarbeitbare Meßsignale erforderlich sind, elektronische Temperaturmeßtechnik jedoch nicht oder nur problematisch einsetzbar ist, z.B. in starken elektromagnetischen Feldern und in explosiver oder aggressiver Umgebung.

Ein weiteres Beispiel für faseroptische Thermometer sind *Lumineszenzthermometer*, die die Temperaturabhängigkeit der Lumineszenz eines Sensormaterials zur Temperaturmessung nutzen. Dabei werden die Wellenlängenverschiebung des Lumineszenzlichtes oder die temperaturabhängige Abklingzeit der Lumineszenz nach Anregung mit einem kurzem Lichtimpuls genutzt.

Die Arbeitsweise eines Temperaturmeßsystems auf Basis der Lumineszenzabklingzeit wird in [6.18] beschrieben. Das Licht einer Wellenlänge (600 nm) wird über ein Optikteil in einen Lichtwellenleiter eingekoppelt. Am anderen Ende regen diese Lichtimpulse einen Chrom-dotierten YAG-Kristall zur Lumineszenz an, wobei die $Cr^{3+}$-Ionen in Abhängigkeit von der Temperatur verschiedene Energieniveaus besetzen. Ein Teil des Lumineszenzlichtes, das nach der Anregung längere Wellenlängen besitzt, wird in den Optikteil zurückgeführt, spektral gefiltert und mit einer Photodiode detektiert. In der Auswerteelektronik wird die Abklingzeit als Maß für die absolute Temperatur $T$ am Ort des Sensorkristalls, die von den besetzten angeregten Energieniveaus abhängt, bestimmt und der entsprechende Temperaturwert angezeigt. Die galvanische Trennung zwischen Meßobjekt und Gerät durch den Einsatz von Lichtwellenleitern erlaubt einen problemlosen Einsatz in explosionsgefährdeten Bereichen oder in HF- und Hochspannungsanlagen. Mit dem beschriebenen Lumineszenzthermometer erreicht man im Temperaturbereich –50 °C bis 400 °C Genauigkeiten von 0,5 °C.

## 6.5 Besondere Temperatursensoren und Meßverfahren

### 6.5.1 Rauschthermometer

Bei der Temperaturmessung aus dem *thermischen Rauschen* wird die ungeordnete, statistische Wärmebewegung der Elektronen im Leitungsband (z.B. von metallischen Leitern) zur Messung herangezogen. Diese Bewegungen machen sich als Spannungsschwankungen an den Enden eines elektrischen Widerstandes bemerkbar und sind eine Funktion der absoluten Temperatur $T$. Quantitativ beruht die Rauschthermometrie auf einer von Nyquist 1928 aus allgemeinen thermodynamischen Überlegungen abgeleiteten Beziehung, die unter der Voraussetzung, daß $kT \gg hf$ ist, wie folgt beschrieben werden kann:

$$\overline{U^2} = 4kT\,R\,\Delta f \quad . \tag{6.36}$$

Es sind:
$\overline{U^2}$ mittleres Rauschspannungsquadrat im Frequenzband $\Delta f$,
$R$ frequenzunabhängiger, ohmscher Widerstand,
$T$ thermodynamische Temperatur,
$k$ Boltzmannkonstante
$h$ Planck-Konstante.

Aus Gl. (6.36) läßt sich über geeignete Meßverfahren direkt die thermodynamische Temperatur bestimmen. Um Absolutmessungen der in der Größenordnung des Eigenrauschens von Verstärkern liegenden Rauschspannung des Widerstandes zu vermeiden, können die Meßverfahren als Vergleichsverfahren und Nullmethode ausgeführt werden. Ein Vorteil der Rauschthermometrie liegt darin, daß die Bestimmung der Temperatur unabhängig von allen Umgebungseinflüssen ist, die bei konventionellen Temperaturmeßverfahren die Temperaturcharakteristik der Meßfühler unkontrollierbar ändern. Im Temperaturbereich zwischen 300 und 1700 K wurden relative Meßunsicherheiten von 1‰ erreicht [6.19].

### 6.5.2
**Akustische Thermometer**

Bei akustischen Thermometern wird die Abhängigkeit der Schallgeschwindigkeit von der Temperatur genutzt. Man unterscheidet resonante Meßsysteme (z.B. Quarzresonator) und nichtresonante Meßsysteme (z.B. Schall-Laufzeit-Messung). Im ersten Fall sind die Ausgangssignale Frequenzen und im zweiten Fall Zeitintervalle, die leicht in digitale Signale umsetzbar sind.

Die Temperaturabhängigkeit der Schallgeschwindigkeit in Gasen zeigt die folgende Gleichung:

$$c(T) = c_0 \sqrt{\left[\frac{T}{T_0}\right]} \tag{6.37}$$

mit
$T$ absolute Temperatur,
$T_0$ beliebige Bezugstemperatur und
$c_0$ Schallgeschwindigkeit bei $T_0$.

Nach dem Puls-Echo-Prinzip kann mit rohrförmigen Eintauchsensoren aus beliebigen Materialien, in denen sich das Gas befindet, die Temperatur bis zur thermischen Belastbarkeit dieser Rohre mit Unsicherheiten von weniger als 1 K bestimmt werden [VDI/VDE 3511/1]. Bei sehr hohen Temperaturen können auch Festkörper, z.B. Wolframdrähte, eingesetzt werden, bei denen Querschnittsänderungen die Sensorstrecke begrenzen.

### Literatur

6.1 Preston-Thomas H (1990) The International Temperature Scale of 1990 (ITS-90). Metrologia 27:3–10
6.2 Huhnke D (1987) Das Zeitverhalten von Berührungsthermometern. In: Weichert L (Hrsg) Temperaturmessung in der Technik. 4. Aufl. expert-Verlag, Sindelfingen
6.3 NN (1990) Techniques for Approximating the International Temperature Scale of 1990. Pavillon de Breteuil, F-92310 Sèvres
6.4 Lieneweg F (1976) Handbuch der technischen Temperaturmessung. 1. Aufl., Vieweg, Braunschweig
6.5 Pelz L (1989) Anforderungen an die Störfestigkeit von Automatisierungseinrichtungen in der Chemischen Industrie. Automatisierungstechnische Praxis atp 31
6.6 Weichert L (1987) Widerstandsthermometer. In: Weichert L (Hrsg) Temperaturmessung in der Technik. 4. Aufl. expert-Verlag, Sindelfingen
6.7 Hofmann D (1977) Temperaturmessungen und Temperaturregelungen mit Berührungsthermometern. 1. Aufl. Verlag Technik, Berlin
6.8 Ruhm K (1974) Thermometrie. In: Profos P (Hrsg) Handbuch der industriellen Meßtechnik. 1. Aufl. Vulkan-Verlag, Essen
6.9 Mester U (1987) Temperaturstrahlung und Strahlungsthermometer. In: Weichert L (Hrsg), Temperaturmessung in der Technik. 4. Aufl. expert-Verlag, Sindelfingen

6.10 Stahl K, Miosga G (1980) Infrarottechnik. 1. Aufl. Hüthig, Heidelberg

6.11 NN (1994) Temperaturmeßumformer. JUMO Mess- und Regeltechnik, Juchheim, Fulda

6.12 NN (1989) Temperaturmeßsystem Quat, Heraeus Sensor GmbH Quarzthermometer, Hanau

6.13 Rahlfs P, Blanke W (1967) Flüssigkeits-Glasthermometer. PTB-Prüfregel 14.01

6.14 NN (1990/91) Kontaktthermometer. Typenblatt 20.010, Blatt 1, JUMO Mess- und Regeltechnik, Juchheim, Fulda

6.15 Brenner R (1963) Verbesserung der Formel für die spezifische Ausbiegung der Thermobimetalle. Z. angew. Phys. 15/2:178–180

6.16 Hök B, Ovrén Ch, Jonsson L (1986) Faseroptische Sensorfamilie zur Messung von Temperatur, Vibration und Druck. Technisches Messen tm, 53/9

6.17 Willsch R, Schwotzer G, Haubenreißer W, et al. (1986) Faseroptische Sensoren für die Prozeßrefraktometrie und Temperaturmessung auf der Basis gekrümmter Lichtleitfasern. Technisches Messen tm, 53/9

6.18 NN (1991) Faseroptisches Temperaturmeßsystem auf der Basis der Lumineszenzabklingzeit. Sensycon, Gesellschaft für industrielle Sensorsysteme und Prozeßleittechnik mbH, Hanau

6.20 Brixy H (1986) Kombinierte Thermoelement-Rauschthermometrie. Forschungszentrum Jülich GmbH, Jül-2051

# 7 Durchfluß

H. E. SIEKMANN, D. STUCK

## 7.1
### Einleitung

Mengen- und Durchflußmessungen von Fluiden haben z.B. im Bereich der Verfahrenstechnik und der Wasserwirtschaft eine große Bedeutung. Die Mengenmessung wird bevorzugt zur Bilanzierung und Abrechnung von Stoffströmen herangezogen. Verfahrenstechnische Regelparameter dagegen werden vom Durchfluß der beteiligten Stoffe im betrachteten Prozeß abgeleitet.

Die Hauptkriterien bei der Auswahl eines Mengen- oder Durchflußmeßgerätes sind seine Fehlergrenze und seine Meßbeständigkeit. Berücksichtigt werden müssen aber auch die Eigenschaften der Strömung an der Meßstelle wie z.B. die Durchflußkonstanz, die Aggressivität des Fluids oder die Art und die Änderung der Umgebungsbedingungen. Weitere beachtenswerte Parameter bei der Geräteauswahl können sein

– die Einstelldauer des Meßgerätes,
– sein Meßbereich,
– das Verhalten des Meßgerätes unter der Einwirkung von Einflußgrößen (Temperatur, Feuchte, Luftdruck, elektromagnetische Felder, usw.).

Die Angaben der Hersteller bezüglich der *Fehlergrenzen* für Menge und Durchfluß sind sehr sorgfältig und kritisch zu lesen. Für einige der später zu beschreibenden Durchflußmeßgeräte werden typische Fehlergrenzen von 0,2% bis 1% vom Meßwert angegeben [7.1]. Die meisten Meßgeräte werden auf werkseigenen Prüfeinrichtungen beim Hersteller justiert. Die Fehlergrenzen dieser Prüfeinrichtungen müssen dann um den Faktor 5 bis 10 kleiner sein als diejenigen des zu justierenden Meßgerätes (d.h. 0,04% ... 0,2%). Die Fehlergrenzen dieser Prüfeinrichtungen wiederum müssen überprüfbar sein mit den nationalen Volumen- oder Durchflußnormalen der Physikalisch-Technischen Bundesanstalt (PTB). In einer Veröffentlichung der PTB [7.2] werden für Messungen in Wasser typische Fehlergrenzen von 0,1% und für Prüfungen mit Luft ebenfalls 0,1% angegeben. Die optimistischen Angaben über die Fehlergrenzen ihrer Geräte von seiten der Hersteller beruhen möglicherweise auf der Annahme, daß die Kunden diese nicht nachprüfen können.

In diesem Artikel wird keine Unterscheidung von Mengen- und Durchflußgeräten für *geschlossene Rohrleitungen* bzw. für *offene Gerinne/Freispiegelleitungen* vorgenommen. In beiden Anwendungsfällen werden Geräte gleicher Bauart eingesetzt, so daß deren Behandlung nur einmal erforderlich ist (Bild 7.1).

Die Unterscheidung von Mengen- bzw. Durchflußgeräten ist ausschließlich historisch begründet. Denn bei den heutigen i.a. elektronisch arbeitenden Geräten bestimmt allein die Aufgabenstellung (z.B. Mengenmessung) den zum Einsatz kommenden Gerätetyp. Ob von einem Gerät ein Meßsignal proportional zum Volumenstrom ausgegeben und einem Regelprozeß zugeführt wird oder ob das o.a. Ausgangssignal erst zeitlich integriert wird und als Volumensignal zur Bilanzierung eines Prozesses dient, ist dabei unerheblich. Zur wirkungsmäßigen Darstellung des Weges eines Meßsignals vom Moment der Aufnahme der Meßgröße durch den Aufnehmer bis hin zur Bereitstellung des Ausgangssignals (Meßwertausgabe) dient eine Meßkette. Mittels Meßumformer bzw. -verstärker wird daraus ein normiertes elektrisches Signal gebildet (z.B. 0 mA bzw. 4 mA bis 20 mA) und der Meßwertausgabe oder dem Steuergerät zugeführt [DIN 1319, Teil 1] (s. Teil A).

## 7.2
### Aufnehmer für Volumina

#### 7.2.1
**Unmittelbare Aufnehmer**

Die Arbeitsweise der unmittelbaren Aufnehmer mit beweglichen Kammerwänden (Verdrängungszähler) ist charakterisiert

236   Teil B Meßumformer, Sensoren

**Bild 7.1.** Mengen-und Durchflußmeßgeräte (Übersicht)

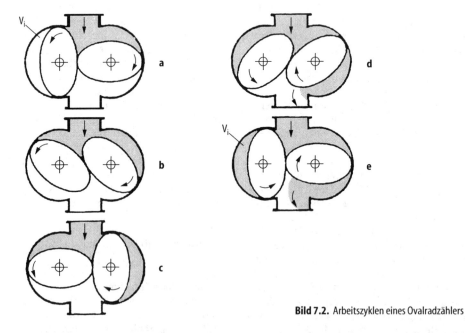

**Bild 7.2.** Arbeitszyklen eines Ovalradzählers

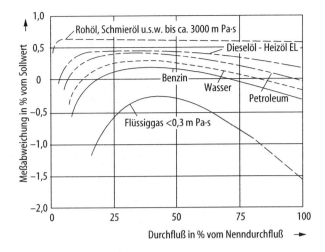

**Bild 7.3.** Fehlerkurven eines Ovalradzählers (Parameter: Viskosität)

durch die Quantisierung des zu messenden Volumens. Die Kammerwände schließen eine Folge von Teilvolumina ab, die in einem Zählwerk zum Gesamtvolumen addiert werden. Verdrängungszähler entnehmen die Antriebsenergie dem zu messenden Fluid. Typische Vertreter zur Messung von Flüssigkeiten sind Ovalrad- (7.2.1.1) und Ringkolbenzähler (7.2.1.2). Zur Gasmessung werden bevorzugt Drehkolbenzähler (7.2.1.3) eingesetzt.

#### 7.2.1.1
#### Ovalradzähler

Der Volumenaufnehmer besteht aus zwei verzahnten, ineinandergreifenden, drehbar gelagerten Ovalrädern, deren Oberflächen aufeinander abrollen. Während einer vollen Umdrehung eines Ovalrades werden vier Teilvolumina $V_i$ gebildet, die von der Einlaß- auf die Auslaßseite gefördert werden, (Bild 7.2). Im ersten Teilbild von 7.2 ist zu erkennen, daß die Kraft der strömenden Flüssigkeit auf das links angeordnete Ovalrad wirkt. Aus dem dritten Teilbild läßt sich entnehmen, daß die Kraftwirkung auf das rechte Ovalrad ausgeübt wird. Die Momente, die auf das jeweils in der Waagerechten orientierte Ovalrad wirken, heben sich auf. Die Meßabweichungen eines Ovalradzählers sind durch sie sogenannte Spaltströmung bedingt. Sie werden um so kleiner, je größer der Volumenstrom und je niedriger die Viskosität der Flüssigkeit ist, (Bild 7.3). Das Ausgangssignal des meßgrößenempfindlichen Elementes ist die Drehzahl.

#### 7.2.1.2
#### Ringkolbenzähler

Zwei konzentrische, durch einen Steg miteinander verbundene Zylinder bilden die Meßkammer des Ringkolbenzählers (Bild 7.4). Geführt vom inneren Zylinder und einem Zapfen läuft der geschlitzte Ringkolben in der Meßkammer um. Dabei füllen sich abwechselnd der Innenraum des Ringkolbens und der äußere Zwischenraum zwischen Ringkolben und Meßkammerwand. Angetrieben durch die Flüssigkeit transportiert dabei der Ringkolbenzähler die Teilvolumina $V_1$ bzw. $V_2$ von der Einlaßseite $E$ auf die Auslaßseite $A$. Der Verlauf der Fehlerkurven von Ringkolbenzählern ist demjenigen der Ovalradzähler ähnlich. Auch hier werden die Fehlerkurven beeinflußt von der Viskosität der Flüssigkeit und durch die Spaltströmung. Das Ausgangssignal des meßgrößenempfindlichen Elementes ist die Drehzahl.

#### 7.2.1.3
#### Drehkolbenzähler

Für die Gasmessung sind Drehkolbenzähler die geeigneten Geräte, die vom sogenannten Roots-Prinzip abgeleitet wurden. Zwei

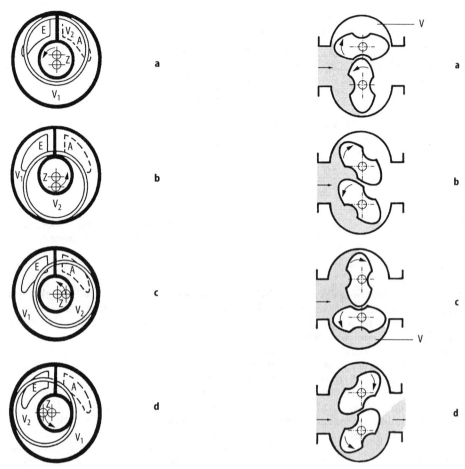

**Bild 7.4.** Arbeitszyklen eines Ringkolbenzählers

**Bild 7.5.** Arbeitszyklen eines Drehkolbenzählers

an der Oberfläche glatte, mit Wälzlagern gelagerte Drehkolben in Lemniskatenform werden vom zu messenden Gasstrom angetrieben (Bild 7.5). Die Drehkolben sind durch ein Getriebe synchronisiert und werden daran gehindert, sich während der Drehbewegung zu berühren. Das erste Teilbild 7.5 zeigt, wie die Druckdifferenz auf den oberen, waagerecht angeordneten Ovalkolben wirkt und ihn im Uhrzeigersinn bewegt. Aus dem dritten Teilbild von 7.5 läßt sich entnehmen, welche Kraftwirkungen die Strömung auf den unteren Drehkolben ausübt. Die Momente auf den jeweils senkrecht stehenden Drehkolben heben sich auf. Im unteren bzw. oberen Teil des Gehäuses werden sichelförmige Teilvolumina gebildet und zur Ausgangsseite transportiert. Nach einem vollständigen Umlauf eines Drehkolbens sind vier Teilvolumina durch die Meßkammer befördert worden. Drehkolbenzähler werden für Gas-Volumenströme bis zu 30 000 m³/h hergestellt. Ihr Meßbereich beträgt 1 : 10 bis 1 : 20. Der Verlauf der Fehlerkurve entspricht derjenigen der vorstehend beschriebenen Verdrängungszähler. Ausgangssignal des meßgrößenempfindlichen Elementes ist auch bei diesem Gerät die Drehzahl.

Zusammenfassend lassen sich die charakteristischen Merkmale der unmittelbaren Aufnehmer angeben.

*Vorteile*:
- kleine Meßabweichungen,
- kein Einfluß der Geschwindigkeitsverteilung auf den Meßwert,
- einsetzbar für Flüssigkeiten großer Viskosität (nur 7.2.1.1 und 7.2.1.2),
- kein Nachlauf bei Unterbrechung des Förderstroms (7.2.1.3).

*Nachteile*:
- merklicher Druckverlust,
- empfindlich gegen Verschmutzung,
- verschleißanfällig,
- Blockade der Leitungen im Stillstand.

## 7.2.2
### Mittelbare Aufnehmer

Mittelbare Aufnehmer haben als meßgrößenempfindliches Element ein sich im Fluidstrom proportional zur Geschwindigkeit drehendes Flügelrad. Dieses Rad mit horizontal oder vertikal angeordneter Achse wird beim Turbinenzähler axial, beim Flügelradzähler dagegen tangential angeströmt.

#### 7.2.2.1
##### Turbinenzähler

Turbinenzähler wurden in der Vergangenheit von den *Woltman-Zählern* durch die unterschiedliche Meßwertverarbeitung unterschieden. Bei Turbinenzählern (Bild 7.6)

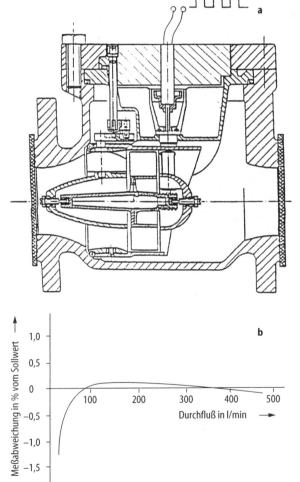

**Bild 7.6.** Turbinenzähler. **a** Schnittbild **b** Fehlerkurve

wurde die Drehzahlmessung rückwirkungsfrei durch ein elektronisches System vorgenommen. Im Gegensatz zu Woltman-Zählern (Bild 7.7), bei denen die Drehzahl des Turbinenrades über ein mechanisches Getriebe und ein Zählwerk gemessen wurde. Neuentwicklungen von Woltman-Zählern erfassen die Drehzahl der Turbine ebenfalls elektronisch (s. 7.2.2.3). Das wesentliche Unterscheidungsmerkmal zwischen Turbinen- und Woltman-Zählern ist damit entfallen.

Turbinenzähler sind zum Einsatz in vollentwickelten turbulenten Strömungen vorgesehen. Sie benötigen wohldefinierte *Ein- und Auslaufstrecken* von mindestens 10 Rohrdurchmessern (10 D) einlaufseitig bzw. 5 D auslaufseitig. Die Meßspanne von Woltman-Zählern für Flüssigkeiten beträgt typisch 1 : 25 bis 1 : 50. Das Ausgangssignal des meßgrößenempfindlichen Elementes ist die Drehzahl.

Woltman-Zähler werden nur im Volumenstrombereich oberhalb von 15 m³/h eingesetzt, während die Turbinenzähler sowohl für kleine als auch große Volumenströme erhältlich sind.

In Turbinenzählern für Gas wird durch einen Verdrängungskörper, der mit der Gehäusewand einen Ringspalt bildet, der freie Querschnitt zusätzlich verengt, damit das Gas beschleunigt und die Kraftwirkungen auf das Turbinenrad vergrößert.

### 7.2.2.2
*Flügelradzähler*

Das im Gehäuse gelagerte Laufrad wird in tangentialer Richtung angeströmt und in Drehung versetzt. Beim Einstrahlzähler (Bild 7.8) wird die Strömungsrichtung nur wenig geändert, jedoch wird das Flügelrad durch die Einwirkung der Strömung asymmetrisch belastet. Beim Mehrstrahlzähler dagegen ändert sich die Richtung der Rohrströmung im Zählergehäuse mehrfach, um die gleichmäßige tangentiale Anströmung des Flügelrades zu realisieren. Da der Zähler selbst störend auf die Strömung einwirkt, stellen Flügelradzähler geringere Anforderungen an die Länge der Ein- und Auslaufstrecken als z.B. Woltman-Zähler. Der typische Fehlerkurvenverlauf eines Mehrstrahlflügelrad-

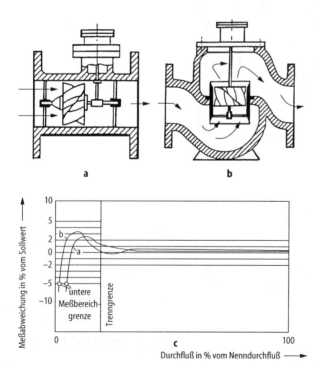

**Bild 7.7.** Woltmanzähler. **a** Bauart WP, **b** Bauart WS, **c** Fehlerkurven

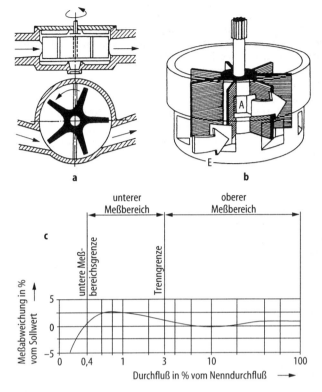

**Bild 7.8.** Flügelradzähler. **a** Einstrahlzähler, **b** Mehrstrahlzähler, **c** Fehlerkurve

zählers läßt sich ebenfalls aus dem Bild 7.8 entnehmen. Ausgangssignal des meßgrößenempfindlichen Elementes ist wiederum die Drehzahl.

Zusammenfassend lassen sich für die mittelbaren Aufnehmer folgende charakteristische Merkmale angeben:

*Vorteile*:
- kleine Meßabweichungen (Turbine),
- großer Temperaturbereich (bis ~300 °C Fluidtemperatur),
- einfacher robuster Flüssigkeitszähler (Flügelrad).

*Nachteile*:
- Meßsignal ist abhängig von der Viskosität,
- lange Ein- und Auslaufstrecken (Turbine),
- Pulsationen in der Strömung und Vibrationen der Rohrleitung beeinflussen den Meßwert.

### 7.2.3
### Anpassungsschaltungen für Aufnehmer für Volumina

Aus der Vielzahl der physikalischen Effekte, die sich zur Drehzahlmessung eignen, werden in den Anpassungsschaltungen für Aufnehmer für Volumina nur wenige, spezielle Ausführungsformen verwendet. Diese Anpassungsschaltungen wurden eingeführt, um die Aufnehmer in prozeßrechnergesteuerte Anlagen einbinden zu können, aber auch um ihren Meßbereich und ihre Empfindlichkeit zu vergrößern. Anpassungsschaltungen müssen preiswert sein, da die Nutzer der Geräte für die Kosten der eingesetzten Meßtechnik aufkommen.

Die folgend beschriebenen Anpassungsschaltungen sind stets in Kombination mit einem Aufnehmer für Volumina auf dem Markt erhältlich. Sie sind weder genormt noch untereinander zwischen den Aufnehmern verschiedener Hersteller austauschbar.

### 7.2.3.1
**Induktive Anpassung („Pick-up"-Spule)**

Grundlage für die Funktion der weit verbreiteten „Pick-up"-Spule ist das Induktionsgesetz [7.3]. Die zeitliche Änderung des magnetischen Flusses $\Phi$ durch eine Spule mit der Windungszahl $n$ induziert eine Spannung $U_{ind}$. Die Spannung ist positiv, wenn der magnetische Fluß mit der Zeit abnimmt. Die Größe der Spannung nimmt mit der Änderungsgeschwindigkeit zu.

Die „Pick-up"-Spule besteht aus einem permanent-magnetisch angeregten Kreis (Magnet und Spule), der von einem beweglichen weichmagnetischen Teil beeinflußt werden kann. In den Volumenaufnehmern sind die weichmagnetischen Teile starr, z.B. mit der Flügelradachse verbunden (Bild 7.9) und verursachen bei der Rotation eine Änderung des magnetischen Flusses (Bild 7.10). Die Änderungen des magnetischen Flusses führen zu einer induzierten Spannung, die an den Ausgangsklemmen des „Pick-up" abgenommen werden kann.

Mit zunehmender Änderungsgeschwindigkeit des magnetischen Flusses nimmt die Ausgangsspannung zu und kann zur Messung der Drehzahl ausgenutzt werden.

Dabei ist zu beachten, daß die Größe des ausgangsseitigen Lastwiderstandes $R_L$ den Verlauf der Kennlinie beeinflußt (Bild 7.10). Bei kleinen Werten für $R_L$ wird die induzierte Spannung verringert.

### 7.2.3.2
**Verstimmung gedämpfter Schwingkreise**

Die Umwandlung der Drehzahl von mittelbaren Aufnehmern in ein elektrisches Sig-

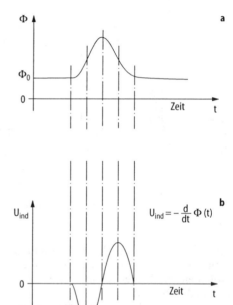

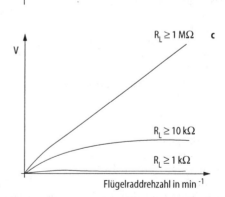

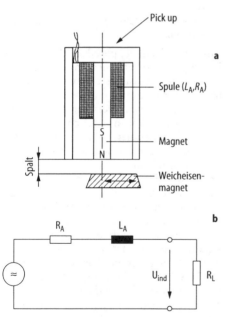

**Bild 7.9.** „Pick-up"-Spule. **a** Prinzipdarstellung, **b** Ersatzschaltbild

**Bild 7.10.** „Pick up"-Spule. **a** Magnetischer Fluß $\Phi$ in Abhängigkeit von der Zeit, **b** Induzierte Spannung $U_{ind}$ in Abhängigkeit von der Zeit, **c** Ausgangsspannung V in Abhängigkeit von der Drehzahl (Parameter: Belastungswiderstand)

nal erfolgt bei dieser Anpassungsschaltung über drei symmetrisch um die Drehachse angeordnete Spulen ($L_a$, $L_b$, $L_c$). Diese Spulen bilden zusammen mit drei Kondensatoren drei Serienschwingkreise (Bild 7.11). Die Schwingkreise werden in vorgewählten zeitlichen Abständen durch einen Impuls aus einem Taktgenerator zu einer schwach gedämpften Schwingung (ca. 500 kHz) angeregt. Eine unterhalb der Spulen hindurchlaufende halbkreisförmige Dämpfungsscheibe, die fest mit der Drehachse des rotierenden Elementes verbunden ist, beeinflußt die Frequenz in jeweils mindestens einer der Spulen. Mit Hilfe von Dioden und Schmitt-Triggern werden die

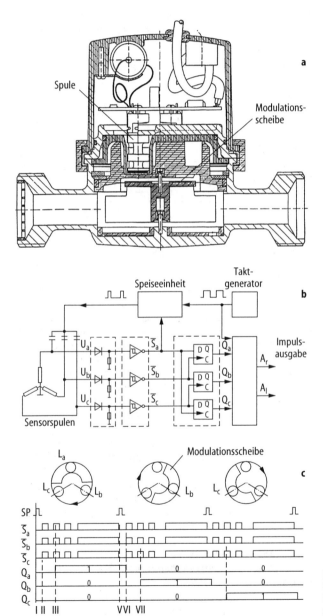

**Bild 7.11.** Verstimmung von Schwingkreisen. **a** Funktionsprinzip, **b** elektrische Schaltung, **c** Ablaufdiagramme

Amplitudensignale ($S_a$, $S_b$, $S_c$) der Schwingkreise ausgewertet. Über eine nachgeschaltete Kombination von drei D-Flip-Flops wird auch die Phasendifferenz detektiert. Bei einer Rechtsdrehung des Systems stehen an den Ausgängen $Q_a$, $Q_b$, $Q_c$ der Flip-Flops nacheinander die Signalfolgen an:

$Q_a$ 1 0 0; $Q_b$ 0 1 0; $Q_c$ 0 0 1.

Nach Durchlaufen dieser Sequenz der Signalzustände gibt die Anpassungsschaltung einen Impuls $A_r$ für die Rechtsdrehung proportional zum durchflossenen Volumen aus. Im Fall der Linksdrehung des Systems d.h. beim Rückwärtslauf des Aufnehmers würde die Signalfolge wie folgt aussehen:

$Q_a$ 0 0 1; $Q_b$ 0 1 0; $Q_c$ 1 0 0.

Nach Vollendung einer Umdrehung würde die Anpassungsschaltung einen Volumenimpuls ausgeben, der zu einer Abnahme des bisher in einem elektronischen Zähler akkumulierten Volumens führt.

#### 7.2.3.3
**Beeinflussung elektrischer Feldverteilungen**

Eine weitere Methode zur rückwirkungsfreien Drehzahlerkennung beruht darauf, gestörte Feldverteilungen zu detektieren. Dazu werden in die Abdichtplatte, die den Naßraum vom Trockenraum eines Aufnehmers trennt, drei Elektroden wasserdicht eingesetzt (Bild 7.12). Unterhalb der Elektroden rotiert das Flügelrad. Während des Betriebes mit Wasser im Aufnehmergehäuse bilden sich zwischen den Elektroden $E_1$-$E_2$ und $E_2$-$E_3$ Widerstände $R_3$ und $R_4$ aus, die durch zwei externe Widerstände $R_1$ und $R_2$ zu einer Brückenschaltung ergänzt werden. Wird zwischen $E_1$ und $E_3$ die Brückenspannung gelegt, so ist die Brücke im ungestörten Fall abgeglichen, wenn gilt:

$$\frac{R_1}{R_2} = \frac{R_3}{R_4}. \qquad (7.1)$$

Bei sich ändernder Leitfähigkeit des Mediums bleibt das Verhältnis $R_3/R_4$ ungeändert. Damit ist dieses Drehzahlerkennungsverfahren unabhängig von der Leitfähigkeit des Mediums und gleichermaßen geeignet zur Messung von Brauchwasser, destilliertem Wasser oder für Öle.

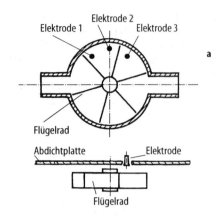

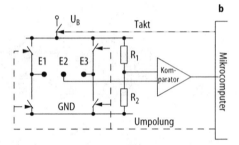

**Bild 7.12.** Beeinflussung der elektrischen Leitfähigkeit. **a** Funktionsprinzip, **b** elektrische Schaltung

Wird durch Annäherung einer Flügelradschaufel an die Elektroden der Widerstand zwischen ihnen geändert, so führt das zur Verstimmung der Brücke. Es fließt ein Strom, der zu einem drehzahlproportionalen Ausgangssignal an $E_2$ führt. Dieses Signal wird einem Komparator zugeführt und z.B. mit der Mittelspannung zwischen den Festwiderständen verglichen. Zur Vermeidung von Elektrolysevorgängen an den Elektroden wird die Polarität der Spannung regelmäßig getauscht. Bei sich ändernder Leitfähigkeit des Mediums bleibt das Verhältnis $R_3/R_4$ ungeändert. Damit ist dieses Drehzahlerkennungsverfahren unabhängig von der Leitfähigkeit des Mediums und gleichermaßen geeignet zur Messung von Brauchwasser, destilliertem Wasser oder für Öle.

#### 7.2.3.4
**Unterbrechung reflektierter Ultraschallimpulse**

Bei diesem Verfahren zur Drehzahlerkennung wird die Unterbrechung von mit hoher

Frequenz (~1,0 kHz) emittierten Ultraschallimpulsen durch die Flügelradschaufeln detektiert. In die Abdichtplatte eines Volumenaufnehmers ist außerhalb der Flügelradachse ein Ultraschallgeber eingebaut, der jeweils im Abstand von ~1 ms einen Ultraschallimpuls von ~0,5 μs Dauer abgibt (Bild 7.13). Die Ultraschallimpulse werden von einem Taktgenerator mit nachgeschalteter zeitaufgelöster Ablaufsteuerung generiert und über einen Sender dem Ultraschallgeber zugeführt. Der Ultraschallimpuls durchquert das Gehäuse des Volumenaufnehmers parallel zur Flügelradachse. Von der Bodenplatte wird das Ultraschallsignal reflektiert und erreicht nach einer Laufzeit von etwas mehr als 20 μs den zwischenzeitlich auf Empfang umgestellten Ultraschallgeber. Dieser kann reflektierte Signale (Echos) nur in einem Zeitraum von etwa 20 μs bis 40 μs (Fensterzeit) nach Abgabe des Ultraschallimpulses (Bild 7.13) empfangen. Das vom Empfänger abgegebene und verstärkte Signal lädt einen Kondensator auf, dessen Ladezustand von einem D-Flip-Flop registriert wird, je nach dem ob ein Echosignal (logisch „0") oder kein Echosignal (logisch „1") vorhanden ist. Das Auftreten eines Echosignals wird immer dann verhindert, wenn eine Flügelradschaufel den Bereich

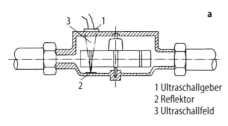

1 Ultraschallgeber
2 Reflektor
3 Ultraschallfeld

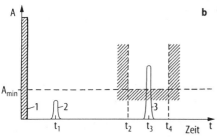

**Bild 7.13.** Störung von Ultraschallimpulsen. **a** mechanischer Aufbau, **b** Signal-Ablaufdiagramm; A: Amplitude

des Ultraschallgebers durchquert. Der zeitliche Abstand von zwei aufeinanderfolgenden „Ausblendungen" des Echosignals ist ein Maß für die Drehzahl des Flügelrades und damit auch, nach zeitlicher Integration, für das durch den Geber geflossene Volumen. Dazu werden die Ausgangssignale einem Teiler zugeführt bzw. in Impulsformerstufen so aufbereitet, daß sie ein Kontaktwerk zur Volumenerfassung ansteuern können.

## 7.3
## Aufnehmer für den Durchfluß

### 7.3.1
### Volumendurchfluß

Nach DIN EN 24006 ist der Volumendurchfluß $Q_v$ derjenige Durchfluß $Q$, bei dem die betrachtete Menge das Volumen ist. Der Durchfluß $Q$ ist definiert als der Quotient aus der durch den Leitungsquerschnitt fließenden Menge eines Fluids und der Zeit, die das Fluid dazu benötigt.

#### 7.3.1.1
#### Wirkdruckaufnehmer

Bei der Verengung einer Rohrleitung durch eine *Drosseleinrichtung* (Einschnürung, Bild 7.14) ändern sich in der Strömung die Druckverhältnisse. Es kommt zum Auftreten des sog. Wirkdrucks, aus dem sich über die Durchflußgleichung der Durchfluß berechnen läßt. Unter Berücksichtigung der Kontinuitätsgleichung und Einführung des Öffnungsverhältnisses $m = A_2/A_1$ ($A_1$, $A_2$ Strömungsquerschnitte der Drosseleinrichtung) ergibt sich für die Abhängigkeit des Durchflusses vom Wirkdruck $\Delta p$

$$Q_v = A_1 v = m A_1 \sqrt{\frac{2\Delta p}{\varrho} \frac{1}{1-m^2}}. \qquad (7.2)$$

Dabei ist ρ die Dichte des Fluids. Der Durchfluß ist proportional zu $\Delta p^{1/2}$. Im praktischen Betrieb auftretende Reibungsverluste des Fluids oder die Abhängigkeit des Wirkdrucks von gestörten Geschwindigkeitsverteilungen werden durch den sog. Durchflußkoeffizienten $C_d$ in Gl. (7.2) berücksichtigt. Dessen Zahlenwert beträgt für das Klassische Venturi-Rohr und für Wasser $C_d$ = 0,995 und ist der Gl. (7.2) als Proportionalitätsfaktor hinzuzufügen [7.4]. Bestimmte Bauarten von Wirkdruckauf-

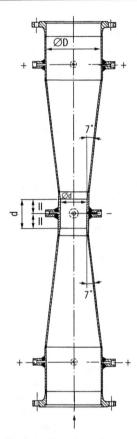

**Bild 7.14.** Klassisches Venturirohr

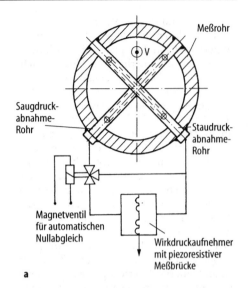

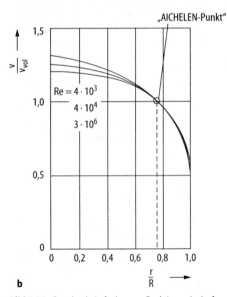

**Bild 7.15.** Staudruck-Aufnehmer. **a** Funktionsprinzip, **b** geometrischer Ort für die mittlere Geschwindigkeit einer Rohrströmung

nehmern sind in der DIN 1952 genormt, wie z.B. die Blende oder das Venturi-Rohr.

### 7.3.1.2
### Staudruck-Aufnehmer

Mittels zweier gekreuzter Staurohre, in denen Bohrungen zur Druckmessung enthalten sind und zwar einmal der Strömung des Fluids entgegengerichtet und einmal von ihr abgewandt (Bild 7.15a), werden simultan gemessen:

- am ersten Staurohr:
  die Summe aus statischem und dynamischem Druck,
- am zweiten Staurohr:
  der statische Druck, abzüglich eines bleibenden Druckverlustes. Das Differenzsignal $p_{dyn}$ wird z.B. mittels piezoresistiver Wirkdruckaufnehmer erfaßt, ausgewertet und zum Volumendurchfluß in Beziehung gesetzt.

Die beiden Staurohre sind unter einem Winkel von 90° gekreuzt zueinander in das Rohr eingesetzt. Die beiden Öffnungen, die jedes der beiden Rohre enthält, befinden sich in den sog. „Aichelen-Punkten" [7.5], d.h. jeweils $\cong$ 0,76 R ($R$ = Rohrradius) von der Rohrachse entfernt. In den „Aichelen Punkten" ist die Fluidgeschwindigkeit nahezu gleich der mittleren Geschwindigkeit und von der Re-Zahl unabhängig (Bild 7.15b).

Zusätzlich zu den Drucksignalen ist bei diesem Meßverfahren die *Temperatur* zu erfassen, um die notwendigen Korrekturen bei anderen Betriebsbedingungen als bei der Auslegung des Gerätes zugrunde gelegt, vornehmen zu können. Für eine korrekte Messung ist darauf zu achten, daß sich an der Meßstelle eine vollentwickelte, rotationssymmetrische, turbulente Geschwindigkeitsverteilung ausbildet. Diese kann nur entstehen, wenn genügend lange Einlaufstrecken vorhanden sind. Das Ausgangssignal dieses Aufnehmers ist der (Wirk-)Druck.

Der Vorteil der Wirkdruckaufnehmer liegt darin, daß sie keine bewegten mechanischen Teile besitzen und für Flüssigkeiten, Gase und Dämpfe in weiten Temperatur- und Druckbereichen einsetzbar sind. Nachteilig sind der quadratische Zusammenhang zwischen Durchfluß und Wirkdruck (kleine Meßspanne), die hohen Anforderungen an Ein- und Auslaufstrecken sowie ein nicht zu vernachlässigender, bleibender Druckverlust.

#### 7.3.1.3
**Schwebekörper-Aufnehmer**

Die einfache Handhabung, die direkte Ablesbarkeit (auch bei Stromausfall), Wartungsarmut und Zuverlässigkeit belassen den Schwebekörper-Aufnehmern heute noch einen großen Marktanteil bei ihrem Einsatz in der Verfahrenstechnik [7.6]. Schwebekörper-Aufnehmer werden i.a. in vertikalen Rohrleitungen eingebaut. Auf den im konischen Rohr frei beweglichen, konisch ausgebildeten Schwebekörper (Bild 7.16) wirken die nach oben gerichteten Kräfte des strömenden Fluids $F$ und der Auftrieb $F_A$. In der Gegenrichtung wirkt die Gewichtskraft $F_K$ des Schwebekörpers. Im Gleichgewichtszustand ist

$$F_K = F + F_A \qquad (7.3)$$

und die sich dabei einstellende Hubhöhe ein Maß für den Volumenstrom. Eine direkte

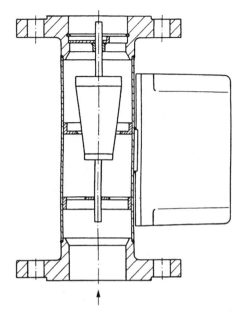

**Bild 7.16.** Prinzipskizze des Schwebekörper-Aufnehmers

Berechnung des Volumenstromes in Abhängigkeit von der Hubhöhe aus Gl. (7.3) ist nicht möglich. Jedes Gerät muß individuell kalibriert werden. Für diese einfachen Geräte bedarf es einigen Aufwandes, um von der Hubhöhe $h$ des Schwebekörpers ein für die Automatisierungstechnik verwendbares elektrisches Durchflußsignal genügender Auflösung abzuleiten, (s. Abschn. 7.3.5).

#### 7.3.1.4
**Magnetisch-induktiver Durchflußmesser**

Wird ein elektrischer Leiter mit der Geschwindigkeit $\underline{v}$ durch ein Magnetfeld $\underline{B}$ bewegt, so tritt an seinen Enden eine Spannung auf, generiert durch das elektrische Feld $\underline{E}$. Eine elektrisch leitfähige Flüssigkeit enthält keine freien Elektronen, jedoch frei bewegliche, hydratisierte Kationen und Anionen mit der Ladung $q$. Beim Durchqueren eines Magnetfeldes $\underline{B}$ unter der Wirkung der Lorentzkraft

$$\underline{F}_L = q(\underline{v} \times \underline{B}) \qquad (7.4)$$

werden die Ionen getrennt, bis die dabei entstehende Coulomb-Kraft

$$\underline{F}_L = q \cdot \underline{E} \qquad (7.5)$$

ihnen das Gleichgewicht hält. (Bild 7.17)

Ein wichtiges Merkmal des magnetisch-induktiven Durchflußmessers [VDI/VDE-2641] ist die direkte Proportionalität zwischen dem Spannungssignal $U$ und der Geschwindigkeit bzw. dem Volumenstrom

$$U = D \cdot (\underline{B} \times \underline{v}) \quad (7.6)$$

mit $D$ Innendurchmesser.

Diese Gleichung gilt für ein vollständig homogenes Magnetfeld. Die Änderungen der Feldverteilung des Magnetfeldes zu den Rändern hin, wird durch einen Korrekturfaktor K ($0{,}9 \leq K \leq 1$) in Gl. (7.6) berücksichtigt

$$U = K \cdot D (\underline{B} \times \underline{v}) \quad (7.7)$$

oder

$$U = K \cdot D \cdot B \cdot \bar{v} \quad (7.7a)$$

mit dem in Bild 7.17 eingeführten Koordinatensystem. In einer radialsymmetrischen Geschwindigkeitsverteilung der Flüssigkeit ist die Meßspannung $U$ der mittleren Geschwindigkeit $\bar{v}$ direkt proportional und unabhängig von den Stoffkonstanten wie Dichte, Zähigkeit oder der Temperatur. Ein Übergang der Strömung vom turbulenten zum laminaren Zustand verursacht keine Unstetigkeit in der Meßspannung. Der Abgriff des Meßsignals erfolgt durch galvanische oder kapazitive Kopplung. Meist wird mit galvanischer Kopplung gearbeitet, besonders wenn sich verschleißfeste, temperaturstabile und elektrisch widerstandsfähige Elektrodenmaterialien für den vorgesehenen Anpassungszweck haben finden lassen (z.B. Edelstahl, Platin/Iridium, Tantal, Titan etc.). In meßtechnisch schwierigen Anwendungsfällen erfolgt der Signalabgriff auf kapazitivem Weg über zwei in die Rohrauskleidung integrierte Flächen-Elektroden (Bild 7.17b).

Der *Innenwiderstand* des magnetisch-induktiven Durchflußmessers ist groß (im MΩ-Bereich). Der Eingangswiderstand des nachfolgenden Signalverstärkers muß sehr hochohmig sein, z.B. als Operationsverstärker, (s. Abschn. C 3.4). Das Meßsignal selbst beträgt etwa 1 mV pro 1 m/s-Fluidgeschwindigkeit und liegt damit in derselben Größenordnung wie die Polarisationsspannungen an den Elektroden. Zu deren Vermeidung werden magnetisch-induktive Durchflußmesser mit verschiedenartigen *Wechselfeldern* betrieben. Mit schaltungstechnischem Aufwand lassen sich weitere Störeinflüsse durch Streufelder der Elektromagneten auf die Signalleitungen unterdrücken.

Die *Vorteile* des magnetisch-induktiven Durchflußmessers sind:

– weitgehende Unabhängigkeit des Meßsignals vom Zustand (Druck, Temperatur) und von den physikalischen Eigenschaften des Mediums wie z.B. der Viskosität,

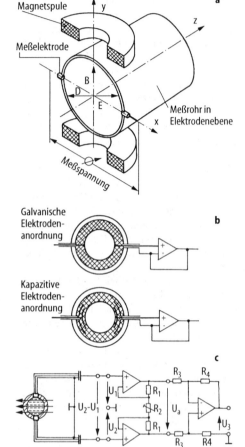

**Bild 7.17.** Magnetisch-induktiver Durchflußmesser. **a** Funktionsprinzip, **b** Elektrodenanordnungen, **c** Schaltbild eines Differenzverstärkers

- weitgehende Unabhängigkeit von der Geschwindigkeitsverteilung im Rohr,
- automatisierungsfreundliche Geräte,
- linearer Zusammenhang zwischen Durchfluß und der Meßgröße,
- bedingt geeignet zur Messung von Mehrphasenströmungen.

Die *Einsatzgrenzen* sind gegeben durch

- die erforderliche Mindestleitfähigkeit von etwa 100 µS/cm im Fluid,
- Ablagerungen im Meßrohr, die das Meßsignal verändern.

### 7.3.1.5 Ultraschall-Durchflußmesser

Die Ausbreitungsgeschwindigkeit $c$ eines akustischen Signals in einem Medium relativ zu einem ruhenden Beobachter ist die Summe aus der Schallgeschwindigkeit $c_0$ und der Strömungsgeschwindigkeit $v$ des Fluids (Bild 7.18). Unter Berücksichtigung eines Neigungswinkels $\varphi$ zwischen der Ausbreitungsrichtung des Schalls und der Strömungsrichtung des Fluids gilt:

$$c = c_0 + v\cos\varphi . \quad (7.8)$$

Werden in einer Rohrleitung in einem Abstand $L$ voneinander jeweils ein Ultraschall-Sender und -Empfänger eingebaut, so läßt sich die Laufzeit $t_0$ eines Ultraschall-Impulses

$$t_0 = \frac{L}{c_0 + v\cos\varphi} \quad (7.9)$$

aus Gl. (7.9) bestimmen [VDI/VDE 2642]. Wird die Funktion von Sender und Empfänger durch elektronische Umschaltung vertauscht, ist die Bestimmung der Laufzeit $t_L$ eines Ultraschall-Impulses in Gegenrichtung möglich,

$$t_L = \frac{L}{c_0 - v\cos\varphi} . \quad (7.9a)$$

Für die Laufzeitdifferenz $\Delta t$ ergibt sich

$$\Delta t = \frac{L \cdot 2 \cdot v\cos\varphi}{c_0^2\left(1 - v^2\cos\varphi / c_0^2\right)} . \quad (7.10)$$

Mit der Beziehung $v^2 \gg nc_0^2$ folgt für die Fluidgeschwindigkeit

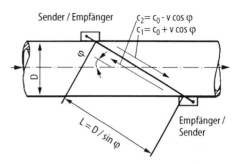

**Bild 7.18.** Funktionsprinzip eines Ultraschall-Durchflußmessers

$$v = \frac{c_0^2}{2L\cos\varphi}\Delta t . \quad (7.11)$$

Um in Gl. (7.11) die Temperaturabhängigkeit der Schallgeschwindigkeit zu eliminieren, wird folgende Näherung benutzt:

$$c_0^2 \approx \frac{L^2}{t_1 t_2} ; \quad (7.12)$$

woraus folgt

$$v = \frac{L}{2\cos\varphi}\frac{\Delta t}{t_1 t_2} . \quad (7.13)$$

Ein Meßverfahren, auf der Basis der Gl. (7.13) heißt direktes *Laufzeitdifferenz-Verfahren*.

Wird durch den an einem der Empfänger einlaufenden Ultraschall-Impuls wiederum ein weiterer Impuls vom Sender ausgelöst, so lassen sich anstelle der Laufzeiten $t_1$, $t_2$ die Frequenzen $f_1$, $f_2$ messen. Aus der Frequenzdifferenz ist die Fluidgeschwindigkeit errechenbar

$$v = \frac{L}{2\cos\varphi}(f_1 - f_2) . \quad (7.14)$$

Eine Vielzahl von Meßpfad-Konfigurationen ist entwickelt worden (Bild 7.19) mit dem Ziel, den Einfluß der Geschwindigkeitsverteilung des Fluids auf das Meßergebnis möglichst gering zu halten. In Rohre mit kleinem Durchmesser werden mehrere Reflektoren eingebaut, um die Schallwege zu verlängern.

Ultraschall-Meßverfahren finden zunehmend mehr Verbreitung, insbesondere bei Gasmessungen in kleinen Rohrdurchmessern. Ihre *Vorteile* sind darin zu sehen, daß sie

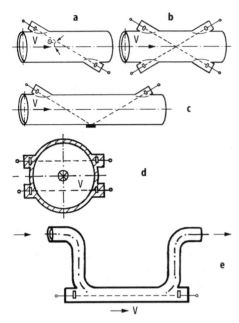

**Bild 7.19.** Bauarten von Ultraschall-Durchflußmessern. **a** Einpfad-Meßstrecke, **b** gekreuzte Meßstrecke, **c** gefaltete Meßstrecke, **d** Zweipfad-Meßstrecke, **e** U-Rohr-Meßstrecke

- keine mechanisch bewegten Teile enthalten,
- keine Druckverluste erzeugen,
- kostengünstige Lösungen, insbesondere bei großen Rohrdurchmessern ermöglichen,
- einen linearer Zusammenhang zwischen Durchfluß und Meßgröße aufweisen.

*Nachteilig* sind,

- die Abhängigkeit des Meßsignals von der Geschwindigkeitsverteilung im Fluid,
- daß Ablagerungen auf der Rohrwand sowie auf dem Sender/Empfänger das Meßsignal beeinflussen,
- daß durch Gasblasen Meßergebnisse verfälscht werden.

### 7.3.1.6
### Wirbel-Durchflußmesser

Wird ein in einem Fluid plazierter Körper umströmt, so lösen sich von diesem in immer derselben Umgebung der Körperkontur Wirbel ab [7.7]. Es bildet sich eine Wirbelstraße aus, die von Kármán untersucht und 1912 theoretisch beschrieben wurde. Hinter einem Kreiszylinder ist das Verhältnis von Querabstand $a$ zu Längsabstand $b$ der Wirbel konstant (= 0,281), Bild 7.20. Da bei einem Kreiszylinder der Ablösepunkt des Wirbels nicht exakt definiert ist, werden als wirbelerzeugende Elemente in Meßgeräten deltaförmige Staukörper benutzt. Die Wirbelfrequenz $f$ hängt mit der Fluidgeschwindigkeit $v$ über die folgende Gleichung zusammen

$$f = \text{const} \frac{v}{d} \qquad (7.15)$$

$d$ Durchmesser des Staukörpers;

der Proportionalitätsfaktor in Gl. (7.15) ist die Strouhal-Zahl $Sr$. In einer Rohrströmung ist für kantige Störkörper die Strouhal-Zahl über einen großen Reynoldszahlbereich konstant (Bild 7.21). Damit gilt für den Volumenstrom unter der Voraussetzung einer vollentwickelten, rotationssymmetrischen Geschwindigkeitsverteilung des Fluids im Rohr

$$\dot{V} = \pi r^2 \left(\frac{d}{Sr}\right) f \ . \qquad (7.16)$$

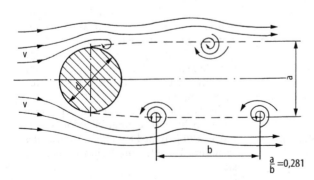

**Bild 7.20.** Schematische Darstellung der Karmanschen-Wirbelstraße

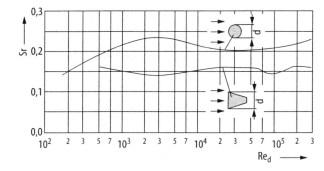

**Bild 7.21.** Strouhal-Zahl in Abhängigkeit von der Re-Zahl für runde bzw. deltaförmige Staukörper

Der Volumenstrom ist der Wirbelfrequenz direkt proportional. Das Frequenzsignal liegt von seiner Entstehung an in digitalisierter Form vor, so daß keinerlei Nullabgleich im Meßwertumformer erforderlich ist.

*Vorteilhaft* ist bei Wirbel-Durchflußmessern

- der lineare Zusammenhang zwischen Durchfluß und Wirbelfrequenz,
- daß die Geräte keine mechanisch bewegten Teile enthalten.

*Nachteilig* ist

- die Störung der Strömung durch den Staukörper,
- die Einschränkung in der Verwendung durch Viskositäteinflüsse.

### 7.3.1.7
#### Laser-Doppler-Velozimeter

Bei einem Laser-Doppler-Velozimeter (LDV) handelt es sich um ein optisches Verfahren zur Messung der Geschwindigkeit von Fluiden [7.8]. Liegt eine rotationssymmetrische Geschwindigkeitsverteilung im Fluid vor, kann durch Integration über die Querschnittsfläche aus der Geschwindigkeit der Durchfluß berechnet werden. Die Laser-Doppler-Velozimetrie ist ein berührungsloses, die Strömung nicht beeinflussendes Verfahren. Es ist daher geeignet, in den Aufgabenfeldern eingesetzt zu werden, die wegen zu großer mechanischer oder thermischer Beanspruchungen für andere Aufnehmer nicht geeignet sind, z.B. Messungen in Flammen, in Überschallströmungen oder in Verbrennungsmotoren. Zum Meßort muß ein optischer Zugang (Fenster) möglich sein. Das zu untersuchende Fluid muß optisch transparent sein, (Bild 7.22a). Das Geschwindigkeitssignal wird abgeleitet vom reflektierten Licht der Teilchen, die in der Strömung mitgeführt werden. Das Ausgangssignal eines LDV ist eine der Fluidgeschwindigkeit direkt proportionale Frequenz.

Beim weitverbreiteten *Kreuzstrahlverfahren* werden zwei in ihren optischen Eigenschaften identische Lichtbündel zum Schnitt gebracht. Die Teilstrahlen sind aus einem Laserstrahl durch Strahlteilung gewonnen worden und werden von einer Fokussierungsoptik in deren Brennpunkt zum Schnitt gebracht. In dem Schnittpunkt bildet sich ein Interferenzstreifenfeld mit dem Streifenabstand

$$\Delta x = \frac{\lambda}{2 \sin \varphi} \quad (7.17)$$

aus. $2\varphi$ ist dabei der Schnittwinkel der beiden Teilstrahlen, $\lambda$ die Laserwellenlänge, (Bild 7.22b). Durchquert ein von der Strömung mitgeführter Partikel das Schnittvolumen der beiden Teilstrahlen, so entsteht ein moduliertes Streulichtsignal mit der Modulationstiefe $\eta$. Die Modulationsfrequenz $f_D$ ist der Geschwindigkeitskomponenten $v_x$ senkrecht zur Interferenzstreifenebene proportional

$$v_x = \Delta x f_D \, . \quad (7.18)$$

Das rückwärts gestreute Licht wird mittels einer Empfangsoptik auf einen Photodetektor fokussiert und in ein elektrisches Signal umgewandelt. Die Geschwindigkeitsverteilung läßt sich ermitteln, wenn das Meßvolumen längs eines Rohrdurchmessers (senk-

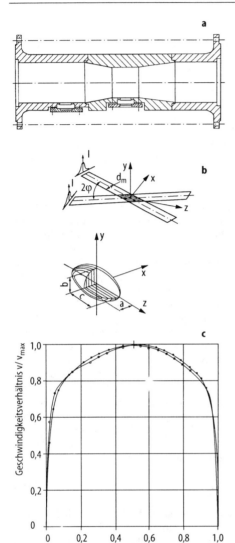

**Bild 7.22.** Optische Messungen von Rohrströmungen. **a** Fensterkammer, **b** Meßvolumen eines LDV, **c** Geschwindigkeitsverteilung einer Rohrströmung längs eines Rohrdurchmessers

recht zur Rohrachse) schrittweise traversiert wird. Als Ergebnis einer solchen Messung (Bild 7.22c) ist die relative Geschwindigkeit $v_D/v_{D,max}$ in Abhängigkeit vom bezogenen Wandabstand des Rohres $y_D/D$ ($D$ Rohrdurchmesser) aufgetragen. Durch Bewertung dieser Geschwindigkeitsverteilung mit dem Rohrquerschnitt ist der gesuchte Durchfluß berechenbar.

Die *Vorteile* der Laser-Doppler-Velozimetrie sind

- die Berührungs- und Rückwirkungsfreiheit,
- die hohe zeitliche Auflösung.

*Nachteilig* sind, die Forderung nach

- optischem Zugang zur Strömung,
- optischer Transparenz der Strömung und
- die hohen Anforderungen an die Meßtechnik.

### 7.3.2
### Massendurchfluß
#### 7.3.2.1
#### Coriolis-Durchflußmesser

Zur Bilanzierung verfahrenstechnischer Prozesse oder ausgetauschter thermischer Energie ist die Masse bzw. der Massestrom die geeignete Meßgröße. Im Gegensatz zum Volumen ist die Masse unabhängig von der Temperatur, vom Druck und von der Dichte.

Coriolis-Durchflußmesser [7.9] nutzen zur Bestimmung der Masse bzw. des Massenstromes die Kraftwirkungen aus, die in rotierenden Systemen auf die sich mit der Geschwindigkeit $v$ bewegende Flüssigkeitselemente ausgeübt werden. Auf ein eingespanntes, zu Schwingungen angeregtes U-Rohr, in welchem die Flüssigkeit strömt (Bild 7.23) wird durch die Wirkung der Corioliskraft ein Drehmoment $M$ erzeugt. Das U-Rohr erfährt eine Verwindung, die von der Bewegungsrichtung der auslösenden Schwingung $\omega$ abhängt

$$M = 4 \cdot q_m \omega r. \qquad (7.19)$$

Hier ist $r$ die Entfernung zur Drehachse und $q_m$ der Massenstrom. Da das Drehmoment $M$ und der Drehwinkel $\Theta$ für kleine Auslenkungen direkt proportional sind, wird $\Theta$ bei der Messung ausgewertet (Bild 7.23b). Oder aber es wird zur Massenstrombestimmung die Zeitdifferenz $\Delta t$ herangezogen, die verstreicht bis die beiden Rohrschenkel nacheinander die Nullage passiert haben

$$q_m = K \cdot \Delta t. \qquad (7.20)$$

Coriolis-Durchflußmesser benötigen keine aufwendig zu erstellenden Ein- und Aus-

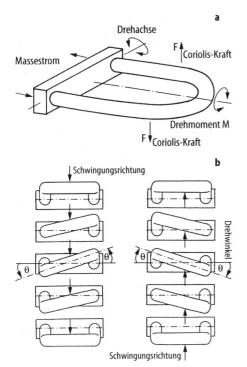
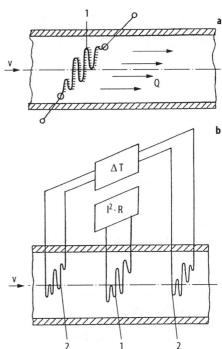

**Bild 7.23.** Coriolis-Durchflußmesser. **a** Prinzipdarstellung, **b** Drehwinkeländerungen pro Schwingungsperiode

**Bild 7.24.** Thermische Durchflußmesser. **a** Abkühlprinzip, **b** Konstanttemperatur-Prinzip. 1; Heizelemente, 2 Widerstandsthermometer

laufstrecken. Nachteilig ist die Empfindlichkeit der Geräte gegenüber Vibrationen im Rohrnetz und gegenüber Pulsationen in der Strömung selbst.

Der Einsatz von Coriolis-Durchflußmessern ist derzeit noch auf kleine Rohrnennweiten beschränkt.

#### 7.3.2.2
#### Thermische Durchflußmesser

Thermische Durchflußmesser zur Bestimmung des Massenstromes von Fluiden [7.7] bestehen aus elektrisch beheizten Meßelementen und den zugehörigen Brückenschaltungen und Regeleinrichtungen. Die Geräte sind besonders automatisierungsfreundlich. Zwei in der Praxis verbreitete Verfahren leiten aus der Abkühlung eines in das Meßrohr eingeführten, beheizten Meßelementes das Signal für den Massenstrom ab (Bild 7.24). Dazu wird entweder der benötigte Heizstrom oder die Temperatur des beheizten Elementes konstant gehalten. Wird der zu messende Fluidstrom von einem Heizelement erwärmt, so gilt für den Wärmestrom $\dot{Q}$ im Fluid

$$\dot{Q} = q_m c_p \Delta t \tag{7.21}$$

mit

$q_m$ Massenstrom des Fluids,
$c_p$ spezifischer Wärmekapazität bei konstantem Druck,
$\Delta t$ Temperaturerhöhung im Fluid.

Mit der Heizleistung $Q = I^2 R$ ($I$ Strom durch das Heizelement, $R$ Widerstand des Heizelementes) ergibt sich

$$q_m = \frac{I^2 R}{c_p \Delta t}. \tag{7.22}$$

Zwischen zwei Meßelementen (Widerstandsthermometern) in Bild 7.24b befindet sich ein Heizelement. Die beiden Widerstandsthermometer stellen die Zweige einer Brückenschaltung dar. Das zum Massenstrom proportionale Brückensignal regelt die Heizleistung so, daß eine konstante Temperaturdifferenz aufrechterhalten wird.

Die *Vorteile* dieser Aufnehmer sind, daß sie

- besonders gut geeignet sind zur Messung kleiner Durchflüsse,
- eine geringe Trägheit aufweisen (bei Verwendung kleiner Meßelemente)
- einfach in Automatisierungsobjekte einzubinden sind.

*Nachteilig* ist, daß

- die Sonden durch die Fluide verändert werden (Korrosion, Alterung),
- es sich um ein nicht-eingriffsfreies System handelt.

### 7.3.3
### Anpassungsschaltungen für Druckaufnehmer

Die folgend beschriebenen elektrischen Baugruppen sind Beispiele für üblicherweise zusammen mit den Aufnehmern benutzte Anpassungsschaltungen. Sie sind nicht mit jedem Aufnehmer eines Herstellers zu kombinieren.

### 7.3.3.1
### Piezoelektrischer Effekt

Anpassungsschaltungen für die Meßgröße Druck oder Druckdifferenz unter Ausnutzung des piezoelektrischen Effekts [7.10] sind besonders geeignet, schnell sich ändernden Druckverhältnissen zu folgen. Bei nichtleitenden Festkörpern mit kristalliner Struktur läßt sich durch mechanische Verformung eine Ladungsträgerverschiebung erzwingen. Die Ladungsträgerverschiebung erzeugt ein elektrisches Feld. Zwischen Kraft $F$ und damit auch dem Druck, sowie der Ladungsträgermenge $Q$ besteht ein linearer Zusammenhang

$$Q = d F \qquad (7.23)$$

$d$ heißt piezoelektrischer Koeffizient (z.B. für Quarz $2{,}3 \cdot 10^{-12}\,A \cdot s/N$).

Trotz des relativ kleinen Wertes für den piezoelektrischen Koeffizienten ist Quarz das bevorzugte Sensormaterial zur Messung von Kraft bzw. Druck. Vorteilhaft sind die geringe Temperaturabhängigkeit von $d$ (0,02%/K), die hohe Druckfestigkeit, die hohe Temperaturbeständigkeit (bis zu 300 °C) sowie der hohe Isolationswiderstand ($\sim 10^{13}\,\Omega$). Ein Sensor mit einer typischen Kapazität von $C \sim 200$ pF weist dann Entladezeiten von $\sim 2000$ s auf. Zur Erfassung der von den Piezokristallen abgegebenen Signale sind nur Geräte mit sehr hochohmigem Eingangswiderstand geeignet, z.B. sogenannte Spannungsverstärker (Elektrometerverstärker, s. Abschn. C 3.6), die ein weiterverarbeitbares elektrisches Signal generieren.

Piezoaufnehmer werden auch bevorzugt als Ultraschallgeber und -empfänger eingesetzt.

In Wirbel-Durchflußmessern können piezoelektrische Sensoren entweder direkt auf dem Staukörper oder auf einem zum Staukörper gehörenden beweglichen Flügel aufgebracht werden (Bild 7.25). Die durch die Wirbel ausgelösten Druckunterschiede im Fluid sind damit auswertbar.

### 7.3.3.2
### Piezoresistiver Effekt

Wird ein elektrischer Leiter auf eine isolierende Membran aufgebracht, die einer Dehnung unterworfen wird, so ändert der Leiter seinen elektrischen Widerstand entsprechend den Dehnungen der Membran. Die

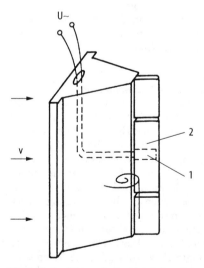

**Bild 7.25.** Staukörper mit piezoelektrischem Sensor 1 (Ausgangssignal U~) und beweglichem Flügel 2

relative Widerstandsänderung ist proportional zur relativen Längen- und Querschnittsänderung ($\Delta \ell$; $\Delta r$) des elektrischen Leiters

$$\frac{\Delta R}{R} \approx \frac{\Delta \ell}{\ell} - 2\frac{\Delta r}{r}.$$ (7.24)

Dieser Effekt wird in Dehnungsmeßstreifen ausgenutzt (Bild 7.26), die z.B. in Form einer Rosette auf einer Membran fixiert sind. Verformt sich die Membran unter dem Einfluß einer Krafteinwirkung, so ändern sich die Widerstandswerte und damit die Diagonalspannung in einer zuvor abgeglichenen Brückenschaltung. Das Ausgangssignal der Meßbrücke ist proportional zu der zu messenden Kraft oder Druckdifferenz.

### 7.3.3.3
### Kapazitives Prinzip

Für Differenzdruckmessungen besonders geeignet sind Anpassungsschaltungen, die als meßgrößenempfindliches Element einen Differentialkondensator benutzen (Bild 7.27). Zwischen zwei parallelen Kondensatorplatten ist eine bewegliche Mittelelektrode angeordnet. Wird die Mittelelektrode um dem Weg $\Delta d$ verschoben, vergrößert sich z.B. die Kapazität des einen Kondensators $C_1$, während sich die Kapazität $C_2$ erniedrigt. Das Verhältnis der Kapazitäten $C_1/C_2$ erfüllt die Gleichung

$$\frac{C_1}{C_2} \approx 1 - 2\frac{\Delta d}{d}$$ (7.25)

$d$ Abstand der festen Platten.

Die technischen Ausführungen entsprechen in etwa dem in Bild 7.27b dargestellten

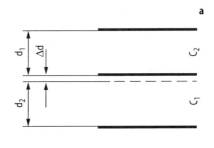

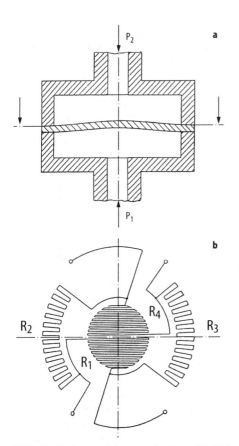

Bild 7.26. Membran mit Dehnungsmeßstreifen. **a** Schnittbild **b** Draufsicht, R$_i$: Brückenwiderstände

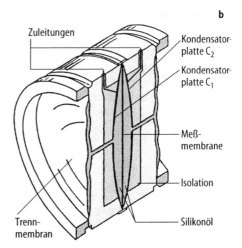

Bild 7.27. Differentialkondensator. **a** Prinzipdarstellung, **b** Technische Realisierung eines Differenzdruckaufnehmers

Differenzdruckaufnehmer. Die Meßmembran folgt der auf die Trennmembran ausgeübten Druckdifferenz und ändert die Kapazitäten der Kondensatoren, die von Meßmembran und Kondensatorplatten gebildet werden. Der Raum zwischen den Kondensatorplatten ist mit Silikonöl gefüllt. Die Auswertung der an den Zuleitungen anstehenden elektrischen Signale geschieht mittels einer Kapazitäts-Wechselspannungsmeßbrücke.

### 7.3.3.4
**Widerstandsänderung von Thermistoren**
Bei Wirbel-Durchflußmessern sind die durch die abgelösten Wirbel verursachten Druckunterschiede durch Thermistoren detektierbar (Bild 7.28). Zwei auf der Stirnseite des Staukörpers 1 angebrachte Thermistoren 2 werden wechselseitig durch die auf der Rückseite sich ablösenden Wirbel abgekühlt. Damit ändert sich ihr Widerstandswert im Rhythmus der Wirbelfrequenz. Die Vorzüge dieses einfachen Verfahrens sind geringer Einbauaufwand, störsichere Signalverarbeitung in einem einfachen Meßaufbau. Da die Thermistoren vom Fluid direkt umströmt werden, können Verschmutzungen den Wärmetransport beeinflussen und zu Signalveränderungen führen.

### 7.3.4
**Anpassungsschaltungen für Laser-Doppler-Velozimeter**
Das im Meßvolumen eines Laser-Doppler-Velozimeters erzeugte Streulichtsignal enthält in dessen modulierter Frequenz die Geschwindigkeitsinformationen über das Fluid. Zur Umwandlung des optischen in ein elektrisches Signal werden Fotovervielfacher oder Fotodioden verwendet [7.8].

### 7.3.4.1
**Fotovervielfacher**
Fotovervielfacher (Fotomultiplier, Sekundärelektronen-Vervielfacher) enthalten in einer evakuierten Glasröhre $G$ eine lichtempfindliche Kathode $K$ mit 8 bis 16 Dynoden $D$ (Bild 7.29a). Aus der Kathode werden von der auffallenden Strahlung Elektronen ausgelöst („äußerer Fotoeffekt") und durch die Potentialdifferenz zur ersten Dynode hin beschleunigt. Die dort auftreffenden Elektronen schlagen aus der Dynodenoberfläche mindestens ein weiteres Elektron heraus und verstärken so den Elektronenstrom. Die von einem Netzgerät gelieferte Spannung $U_V$ wird von Dynode zu Dynode in einem Spannungsteiler heruntergeteilt und sorgt für die stufenweise Verstärkung des ursprünglichen Elektronenstromes durch Sekundärelektronen um den Faktor $10^8$ oder mehr. Der von der Anode $A$ gelieferte Anodenstrom $I_A$ fließt durch den Arbeitswiderstand $R_a$ und kann nach Verstärkung als Ausgangssignal $U_a$ des Fotovervielfachers weiterverarbeitet werden.

Das wesentliche, einen Fotovervielfacher kennzeichnende Maß ist die *Anodenstromanstiegszeit*, die Auskunft darüber gibt, welche Zeit benötigt wird, bis der Anodenstrom seine Amplitude vom 10%igen auf den 90%igen Wert geändert hat, wenn das die Elektronenlawine auslösende Signal eine Impulsfunktion ist (Bild 7.29b). Auf ihrem Weg von der Kathode zur Anode werden die nadelförmigen Eingangsimpulse mehr oder weniger stark verbreitet. Hochfrequente Eingangsinformationen können auf dem Weg zur Anode durch zu geringe Anstiegszeiten verloren gehen, weil sie zeitlich nicht mehr auflösbar sind.

### 7.3.4.2
**Fotodioden**
Fotodioden sind Halbleiterbauelemente, deren pn-Übergang (Sperrschicht) über ein geeignet angebrachtes Fenster durch optische Bestrahlung beeinflußt werden kann (Bild 7.29c). Dazu wird die Fotodiode in Sperrichtung mit einer Vorspannung betrieben. Die optische Strahlung löst im Be-

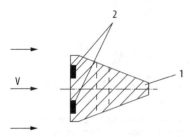

**Bild 7.28.** Staukörper (1) mit Thermistoren (2)

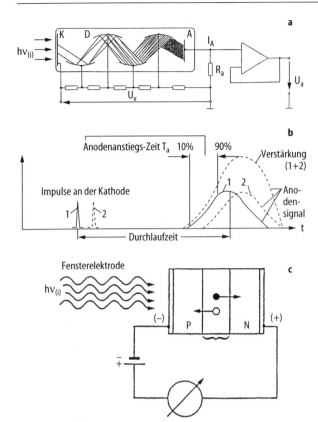

**Bild 7.29.** Fotoempfänger. **a** Fotovervielfacher, **b** Anodenanstiegszeit eines Fotovervielfachers, **c** Fotodiode
K Kathode
D Dynode
A Anode

reich der Sperrschicht Elektronenlochpaare aus, die durch das dort herrschende elektrische Feld getrennt werden und ungestört zu den Anschlußelektroden wandern können. Fotostrom und damit auch der Außenstrom, der zur weiteren Signalverarbeitung zur Verfügung steht, sind zur Belichtungsstärke proportional. Die Ansprechzeiten von Fotodioden betragen etwa 1 µs, das Maximum der spektralen Empfindlichkeit liegt bei ≈ 800 nm. Es können Frequenzen bis zu 100 MHz detektiert werden.

### 7.3.5
### Anpassungsschaltungen für Schwebekörper-Aufnehmer
#### 7.3.5.1
#### Diodenzeilen

Die Hubhöhe eines Schwebekörpers, der sich in einem transparenten Meßrohr bewegt, läßt sich mit optischen Mitteln bestimmen. In zwei prismatischen Kästen, die das Meßrohr umgeben, sind im vorgegebenen Abstand parallel zur Rohrachse eine Leuchtdiodenzeile und ihr gegenüber eine Fotodiodenzeile angebracht, (Bild 7.30b). Die Leuchtdiodenzeile ist gegenüber der Empfangsdiodenzeile versetzt angeordnet, um zu erzwingen, daß die Strahlung jeder Leuchtdiode auf zwei Empfangsdioden trifft. Die Schrittweite zwischen zwei Empfangsdioden wird auf diese Weise auf den halben Wert des Abstandes der benachbarten Empfangsdioden reduziert. Durch den sich in vertikaler Richtung bewegenden Schwebekörper wird die entsprechende Lichtschranken-Strecke unterbrochen. Das von der zugehörigen Fotodiode abgegebene „Meßsignal" läßt sich einer Hubhöhe und damit dem Volumenstrom zuordnen.

#### 7.3.5.2
#### Differentialtransformator mit magnetischem Rückschluß

Schwebekörper-Aufnehmer für erhöhte Beanspruchungen durch Druck und Tempera-

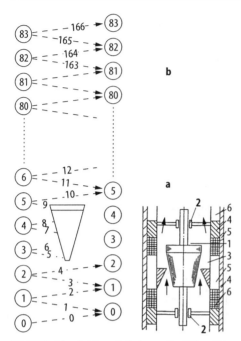

**Bild 7.30.** Schwebekörper-Aufnehmer mit **a** Differentialtransformator, **b** Diodenzeilen

tur werden in Ganzmetallausführung gefertigt. Die Erfassung der Steighöhe des Schwebekörpers läßt sich durch einen Differentialtransformator (s. Abschn. 5.1.1.2) mit magnetischem Rückschluß (Rückschlußmantel) realisieren, (Bild 7.30a). Die beiden Primärspulen sind magnetisch über den weichmagnetische Teile enthaltenden Schwebekörper mit den in Differenzschaltung verknüpften Sekundärspulen gekoppelt. Die Differenzspannung zwischen beiden Sekundärspulen ist ein Maß für die Steighöhe und somit auch für den Volumenstrom.

### 7.3.6
### Anpassungsschaltungen für thermische Durchflußmesser

In thermischen Durchflußmessern werden Widerstände als meßgrößenempfindliche Elemente benutzt. Die Widerstände ändern ihre Werte in Abhängigkeit von der Temperatur und damit auch in Abhängigkeit vom Durchfluß. Als zugehörige Anpassungsschaltungen werden Brückenschaltungen verwendet, weil diese einfach zu realisieren

sind und ausreichend genaue Meßwerte liefern (Bild 7.31).

Die durch die Spannung $U_S$ gespeiste Meßbrücke enthält die beiden Spannungsteiler $R_1/R_2$ und $R_3/R_4$ in den entsprechenden Brückenzweigen. Die Diagonalspannung $U = U_1 - U_3$ ist das Meßsignal. Die Brücke ist abgeglichen, wenn der Wert der Diagonalspannung gleich Null ist. Die dazu notwendige Bedingung ist

$$\frac{R_1}{R_2} = \frac{R_3}{R_4}.$$

Die Empfindlichkeit einer Meßbrücke erreicht ihren maximalen Wert, wenn $R_1 \approx R_2$ und $R_3 \approx R_4$ ist.

### 7.4
### Signalverarbeitung

Jeder Aufnehmer hat die Aufgabe, ein zum jeweiligen Meßwert proportionales *Ausgangssignal* zu erzeugen. Dieses in den meisten Fällen analoge Ausgangssignal ist im Bereich der Meß- und Regelungstechnik normiert, damit es ohne größeren Aufwand von unterschiedlichen Ausgabe- oder Steuergeräten übernommen werden kann. Das weltweit benutzte normierte Signal ist ein eingeprägter Gleichstrom im Bereich von 0 mA bis 20 mA (bzw. 4 mA bis 20 mA) mit

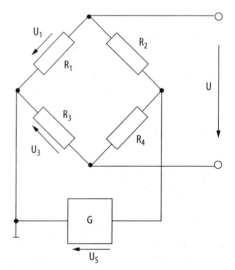

**Bild 7.31.** Wheatstonesche Brücke für thermische Durchflußmesser

einer Bürde von 750 Ω bzw. 1000 Ω. Entsprechend normierte Spannungssignale im Bereich von 0 V bis 10 V werden ebenfalls benutzt.

Bei den Durchfluß-Meßgeräten wird zusätzlich zu den beiden oben genannten Ausgangssignalen oftmals noch eine Frequenz als Ausgangssignal bereitgestellt. Für den Durchflußbereich von 0% bis 100% wird eine Frequenz von 0 Hz bis 10 kHz generiert. Bei der weiteren Verarbeitung des Frequenzsignals ist darauf zu achten, daß Sender und Empfänger auf entsprechende Spannungsniveaus und Impulsbreiten eingestellt sind, sowie zueinander passende Impedanzen aufweisen. Die Ermittlung des Volumens aus dem Durchfluß erfolgt durch zeitliche Integration der zugehörigen Frequenzen in einem Zähler.

Nachteilig bei der analogen Meßwertausgabe ist die große Zahl der Verbindungsleitungen (jeder Signalausgang benötigt eine eigene Leitung) auf der nur ein Meßsignal weitergegeben wird. Eine oft wünschenswerte bipolare Kommunikation zwischen Aufnehmer und Steuergerät ist nicht möglich. Einen gewissen Standard zur Lösung dieser Problematik bietet das sogenannte *HART-Protokoll* (Highway Addressable Remote Transducer) mit dem Verfahren der Frequenzumtastung. Dem normierten analogen Ausgangssignal wird ein Digitalsignal überlagert, bei dem die Frequenzen 1200 Hz bzw. 2200 Hz den binären Informationen „logisch 0" bzw. „logisch 1" entsprechen (Bild 7.32). Die Modellierung des Signals übernimmt ein Modem, das in die Leitung zwischen Computer bzw. Signalempfänger und Aufnehmer eingesetzt werden kann. Der Signalmittelwert der aufgeprägten Frequenzen wird zu „Null" gewählt und beeinflußt somit nicht den Wert des analogen Ausgangssignals. Mit Hilfe dieser binär-codierten Signale ist z.B. die Parametrierung oder auch eine Fehlerdiagnose an einem im Einsatz befindlichen Gerät möglich. Wird zusätzlich noch eine Multiplexerschaltung zwischen mehreren Geräten eingesetzt, so lassen sich in der oben beschriebenen Art und Weise diverse Geräte von einem Zentralrechner aus parametrieren, justieren etc.

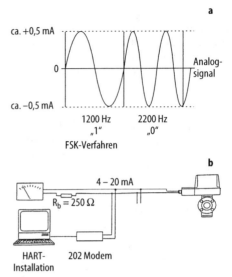

**Bild 7.32.** HART-Protokoll. **a** elektrisches Signalbild, **b** Prinzipaufbau

## 7.5 Elektromagnetische Verträglichkeit der Meßeinrichtungen (EMV)

Jedes Meßgerät und jedes aus mehreren Geräten zusammengestellte Meß- und Regelsystem, das elektrische Bauteile enthält, wird von den in der Umwelt vorhandenen *elektromagnetischen Feldern* beeinflußt (s. Abschn. A3.4). Die vorhandenen elektrischen Versorgungsnetze werden vergrößert und zunehmend mehr belastet. Die Anzahl und die Komplexität elektrischer und elektronischer Einrichtungen nimmt ständig zu. Zwar sinkt die von den elektronischen Bauelementen benötigte Energie, jedoch vergrößern sich sowohl die Zahl der Bauelemente pro Gerät als auch die Packungsdichte pro Bauelement.

Elektrische Meßgeräte werden also, sofern keine Vorsichtsmaßnahmen ergriffen werden, durch ihre Umwelt in ihrer Funktionsfähigkeit gestört (Senke) oder sie wirken im Betrieb selbst als Störer (Quelle) auf andere elektronische Einrichtungen.

Die EWG-Richtlinie über die elektromagnetische Verträglichkeit (EMV) vom 28.4.1992 [7.11], zwischenzeitlich in deutsches Recht überführt, bestimmt einheitliche Schutzziele für alle Geräte, die während ihres Betriebes elektromagnetische Störungen verursachen können oder deren Funktion durch elektromagnetische Störungen beeinträchtigt werden kann.

Es dürfen seit dem 1.1.1996 nur noch solche Geräte in Verkehr gebracht werden, bei denen

a) die Erzeugung elektromagnetischer Störungen soweit begrenzt wird, daß ein bestimmungsgemäßer Betrieb von Funk- und Telekommunikationsgeräten sowie sonstiger Geräte möglich ist,
b) die Geräte eine angemessene Festigkeit gegen elektromagnetische Störungen aufweisen, so daß ihr bestimmungsgemäßer Betrieb möglich ist.

Die Erfüllung der oben genannten Forderungen wird vermutet bei den Geräten, die den einschlägigen harmonisierten europäischen Normen entsprechen ( ≙ DIN-VDE ... Normen).

Bei den durchzuführenden EMV-Prüfungen ist es notwendig, unbedingt den in der jeweiligen Norm vorgeschriebenen Aufbau und die Vorgehensweise bei der Durchführung der Prüfung einzuhalten. Nachstehend werden einige der durchzuführenden Prüfungen und die zu erfüllenden Anforderungen beschrieben.

### Elektrostatische Entladung (ESD)

Diese Prüfung nach IEC 801-2 dient zur Beurteilung des Betriebsverhaltens von Geräten gegenüber elektrostatischen Entladungen (von Personen) auf das zu untersuchende Gerät selbst oder benachbarte Geräte. Zur Erfüllung der ESD-Anforderungen wurden verschiedene Schärfegrade definiert, die sich in der Prüfspannung unterscheiden (Tab. 7.1).

Bei der Durchführung der Versuche ist sicherzustellen, daß sich die Umgebungsbedingungen (z.B. Temperatur, Feuchte) nur in engen Grenzen ändern.

### Burst

Die Burst-Prüfung nach IEC 801-4 (Tab. 7.2) dient der Feststellung der Störfestigkeit der Geräte gegenüber vorübergehenden elektromagnetischen Störgrößen, die von Schaltvorgängen herrühren (z.B. Unterbrechung induktiver Lasten, Prellen von Relaiskontakten). Dabei ist es unerheblich, ob die Störungen auf Versorgungs-, Signal- oder Steuerleitungen einwirken. Für die Burst-Prüfung sind folgende Schärfegrade vorgesehen.

### Eingestrahlte HF-Felder

Die HF-Einstrahlungs-Prüfung nach IEC 801-3 dient der Feststellung der Störfestigkeit von elektronischen Geräten gegenüber hochfrequenten elektromagnetischen Feldern im Frequenzbereich zwischen 26 kHz bis 1000 MHz (Tab. 7.3). Diese Frequenzen werden z.B. von tragbaren, mobilen und stationären, drahtlos arbeitenden Kommunikationseinrichtungen (Radio, CB-Funk, Fernsehen, Satellitenfernsehen) und von wissenschaftlichen und medizinischen Geräten (Induktionsschmelzöfen, HF-Chirurgie, Kurzwellentherapie) emittiert.

Die Durchführung dieser Prüfungen erfordert einen beträchtlichen finanziellen

**Tabelle 7.1.** Prüfspannungen bei elektrostatischen Entladungen

| Prüfspannung | | |
|---|---|---|
| Schärfegrad | Kontaktentladung | Luftentladung |
| 1 | 2 kV | 2 kV |
| 2 | 4 kV | 4 kV |
| 3 | 6 kV | 8 kV |
| 4 | 8 KV | 15 kV |
| x | spezial | spezial |

**Tabelle 7.2.** Prüfspannungen bei der Burst-Prüfung

| Prüfspannung, Leerlaufspannung | | |
|---|---|---|
| Schärfegrad | auf Stromversorgungsleitungen | auf E/A-, Signal-, Daten- und Steuerleitungen |
| 1 | 0,5 kV | 0,25 kV |
| 2 | 1 kV | 0,5 kV |
| 3 | 2 kV | 1 kV |
| 4 | 4 kV | 2 kV |
| x | spezial | spezial |

**Tabelle 7.3.** Feldstärken bei der Prüfung mit hochfrequenten elektromagnetischen Feldern

| Schärfegrad | Feldstärke |
|---|---|
| 1 | 1 V/m |
| 2 | 3 V/m |
| 3 | 10 V/m |
| x | spezial |

Aufwand zur Beschaffung der meßtechnischen Ausrüstung.

**Leitungsgebundene HF-Signale**
Das Prüfverfahren nach IEC 801-6 dient der Feststellung der Störfestigkeit elektronischer Betriebsmittel gegenüber leitungsgeführten hochfrequenten Störgrößen (Tab. 7.4). Dieses Prüfverfahren gestattet gleichzeitig die Beurteilung der Störfestigkeit von Geräten gegenüber elektromagnetischen Feldern im Hochfrequenzbereich von 80 MHz bis ca. 230 MHz.

**Spannungsschwankungen und -unterbrüche**
Zweck dieser Tests ist es, die Störfestigkeit eines Gerätes gegenüber Schwankungen und Unterbrüchen der Versorgungsspannung zu bestimmen. Dabei wird z.B. unterschieden zwischen Unterbrechung der Speisespannung für die Dauer von

- 0,5 bis 50 Perioden (short interruption),
- einigen Sekunden (short term variation),
- einigen Minuten bis Stunden (long term variation).

Zusätzlich wird die Amplitude der Versorgungsspannung $U_n$ als weiterer Parameter variiert (z.B. 0% $U_n$, 40% $U_n$, 70% $U_n$).

**Transiente Überspannung (Stoßspannung)**
Die Prüfung nach IEC 801-5 hat zum Ziel, die Störspannungsfestigkeit eines Gerätes gegenüber Stoßspannungen, die durch Schalthandlungen oder Blitzeinwirkungen auf den Versorgungsleitungen generiert werden, festzustellen (Tab. 7.5). Schärfegrade für die Prüfung werden in Abhängigkeit von der Art der Installation des Gerätes angegeben.

**50 Hz-Magnetfelder**
Diese Prüfungen nach DIN/VDE 0847-80 verfolgen den Zweck, die Störfestigkeit elektronischer Geräte gegenüber Magnetfeldern mit Netzfrequenz (50 Hz) nachzuweisen. Die Prüfschärfegrade hängen von der Feldstärke ab (Tab. 7.6).

In Ausnahmefällen können auch Prüfungen auf Störfestigkeit unter dem Einfluß von impulsförmigen Magnetfeldern sinnvoll sein, ebenso wie die Prüfung unter dem Einfluß von Permanent-Magnetfeldern.

**Tabelle 7.4.** Spannungen bei der Prüfung mit leitungsgebundenen, hochfrequenten Störungen

Frequenzbereich 150 kHz bis 80 MHz

| Schärfegrad | Spannung (EMK) $u_0$ in dB µV | $u_0$ in V |
|---|---|---|
| 1 | 120 | 1 |
| 2 | 130 | 3 |
| 3 | 140 | 10 |
| x | spezial | spezial |

**Tabelle 7.5.** Werte für transiente Überspannungen

| Schärfegrad | Leerlaufspannung |
|---|---|
| 1 | 0,5 kV |
| 2 | 1 kV |
| 3 | 2 kV |
| 4 | 4 kV |
| x | spezial |

**Tabelle 7.6.** Feldstärken für magnetische Felder mit 50 Hz-Netzfrequenz

| Schärfegrad | magnetische Feldstärke |
|---|---|
| 1 | 1 A/m |
| 2 | 3 A/m |
| 3 | 10 A/m |
| 4 | 30 A/m |
| 5 | 100 A/m |
| x | spezial |

Zur Unterdrückung oder zur Reduzierung der Emission von Störungen, die von Geräten ausgehen, sind entsprechende Anforderungen wie zuvor angegeben zu erfüllen. Eine kurze schematische Gegenüberstellung der EMV-Anforderungen ist dem Bild 7.33 zu entnehmen.

Die EMV-Richtlinie fordert nicht nur Störfestigkeit der einzelnen Meß- und Regelgeräte, sondern stellt die gleichen Anforderungen auch an komplexe, aus vielen Gerätekomponenten bestehende Systeme. Es ist bekannt, daß der größte Teil der störenden Hochfrequenzen in die Meß- und Regelgeräte über die Anschlußleitungen, die als Antennen wirken, gelangt. Eine ungünstige Installation kann die vorhandene Störfestigkeit der Geräte in einer Anlage drastisch verschlechtern. Wirksame Gegenmaßnahmen zu entwickeln, ist die Hauptaufgabe des Anlagenplaners. Die im frühen Planungsstadium eingebrachten *Schutz-*

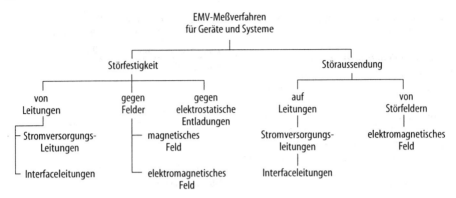

**Bild 7.33.** Übersicht über EMV-Meßverfahren

*maßnahmen* sind dabei am wirkungsvollsten und zugleich die preiswertesten. Besonders hervorzuheben sind

- *Abschirmungen* und geschickt gewählte Potentialanbindungen in einer Anlage, die die Möglichkeit reduzieren, daß Störsignale überhaupt eindringen können.
- Vorkehrungen, die die *Ausbreitung* bereits in die Anlage eingedrungener Störungen durch die Art der Leitungsführung, durch den Einsatz von Filtern oder durch Verwendung aufgabenspezifischer Kabel einschränken.
- Vorsichtsmaßnahmen zur *Vermeidung* von in der Anlage entstehender Störungen. Es sollten, wenn möglich, keine Frequenzumrichter, keine Phasenanschnittsteuerungen oder leistungsstarke Schütze installiert werden.

Störsichere Anlagen sind um so einfacher zu realisieren, je kleiner die Zahl der installierten Störquellen ist.

## Literatur

7.1. Hogrefe W (1994) Handbuch der Durchflußmessung. Fischer&Porter, Göttingen
7.2. Phys.-Techn. Bundesanstalt (1992) Messen, Prüfen, Kalibrieren. Ref. ZÖ der PTB, Braunschweig
7.3. Gerthsen, Kneser, Vogel (1989) Physik, 16. Aufl. Springer, Berlin Heidelberg New York
7.4. DIN-Taschenbuch 229 (1993) Durchflußmessung von Fluiden in geschlossenen Leitungen mit Drosselgeräten. Beuth, Berlin Köln
7.5. Aichelen W (1947) Der geometrische Ort für die mittlere Geschwindigkeit bei turbulenter Strömung in glatten und rauhen Rohren. Z. f. Naturforschg. 2a/108–110
7.6. Strohrmann G (1994) atp-Marktanalyse Durchfluß- und Mengenmeßtechnik (Teil 2), Automatisierungstechnische Praxis 36/38–55.
7.7. Fiedler O (1992) Strömungs- und Durchflußmeßtechnik, Oldenbourg, München Wien
7.8. Ruck B (1990) Lasermethoden in der Strömungs-Meßtechnik. A-T, Stuttgart
7.9. Baker RC (1994) Coriolis-flowmeters: industrial practice and published information. Flow Meas. Instrum. 5:4/229–246
7.10. Niebuhr J, Lindner G (1994) Physikalische Meßtechnik mit Sensoren, Oldenbourg, München Wien
7.11. Richtlinie 92/031/EWG des Rates vom 28.4.1992 zur Änderung der Richtlinie 89/336/EWG zur Angleichung der Rechtsvorschriften der Mitgliedstaaten über die elektromagnetische Verträglichkeit, ABL. EG NR. L 126. S 11

# 8 ph-Wert, Redoxspannung, Leitfähigkeit

M. ULONSKA

Der pH-Wert, die Redoxspannung und die Leitfähigkeit haben in der Chemie große und universelle Bedeutungen als Parameter, Führungsgrößen und Qualitätskennzahlen. Die In-Line-Messung ihrer Größen ist Betriebspraxis. Ein Abriß der Grundlagen und Probleme ihrer Meßwerterfassung werden dargestellt.

## 8.1
## pH-Wert

### 8.1.1
### Defintion

Der pH-Wert ist der mit (–1) multiplizierte dekadische Logarithmus der Aktivität des Zahlenwertes der (hydratisierten) *Wasserstoffionen*. Seine Definition beruht auf (thermodynamischen) Annahmen und wird auf vereinbarte Standard-Lösungen zurückgeführt. Die pH-Wert-Messung ist eine konventionelle Methode zur Wasserstoffionen-Aktivitätsbestimmung in *wäßrigen Systemen*.

### 8.1.2
### Bedeutung

Wasserstoffionen bestehen, im Unterschied zu allen anderen Ionen, nur aus einem einzigen (positiven) Teilchen, dem Proton. Aufgrund dieser einmaligen Besonderheit nehmen sie an sehr vielen chemischen Reaktionen teil und (mit)bestimmen deren Geschwindigkeit und/oder Richtung wesentlich.

### 8.1.3
### Einheit

Der pH-Wert hat die *SI-Einheit 1*. Die Benennung „pH" darf nicht wie ein Einheitenzeichen verwendet werden. Als Wertebereich gilt eine Skala von pH-Wert = 0–14. Negative Werte und Werte über 14 sind definitionsgemäß zulässig und treten auch auf.

### 8.1.4
### Grundlagen

In wäßrigen Systemen sind freie Wasserstoffionen $H^+$ praktisch nicht vorhanden. Sie liegen hydratisiert mit einem Wassermolekül $H_2O$ als *Oxoniumion* $H_3O^+$ vor. Von dieser Tatsache wird im weiteren abgesehen. Der pH-Wert ist eine Aktivitätsgröße, d.h., statt der (analytischen) Konzentration beschreibt er die „wirksame Konzentration", die Aktivität. Die Aktivität ist gleich der analytischen Konzentration multipliziert mit dem Aktivitätskoeffizienten, der maximal 1 beträgt. Der Aktivitätseffekt kommt durch gegenseitige Ionenbehinderung zustande und bewirkt, daß nur ein Teil der anwesenden Ionen aktiv reagieren kann. Wasser unterliegt einer Eigen-Dissoziation, durch die Wasserstoffionen gebildet werden. Chemisch reines (neutrales) Wasser $H_2O$ enthält bei 25 °C ca. $1 \cdot 10^{-7}$ mol/l Wasserstoffionen (H+) und ca. $1 \cdot 10^{-7}$ mol/l Hydroxidionen (OH–). Wegen der geringen Ionenkonzentrationen beträgt hier der Aktivitätskoeffizient praktisch 1, also sind die Konzentrationen (zahlenmäßig) gleich den Aktivitäten. Das *Produkt* aus Wasserstoff- und Hydroxidionen-Konzentration ist konstant aber temperaturabhängig, es beträgt bei 25 °C rund $1 \cdot 10^{-14}$ mol²/l² (Ionenprodukt). Chemisch reines (neutrales) Wasser hat definitionsgemäß bei 25 °C den pH-Wert 7. Wird solchem neutralen Wasser ein Stoff hinzugefügt, der Wasserstoffionen abdissoziiert, so wird die Wasserstoffionenaktivität erhöht, die Hydroxidionenaktivität entsprechend dem Ionenprodukt erniedrigt. Der pH-Wert wird kleiner als 7, das Medium *sauer* genannt. Wird umgekehrt durch Hinzufügen eines Stoffes die Hydroxidionenaktivität erhöht, so wird die Wasserstoffionenaktivität entsprechend dem Ionenprodukt erniedrigt. Der pH-Wert wird größer als 7, das Medium *basisch* genannt. Wegen der Temperaturabhängigkeit des Ionenproduktes ändert sich der pH-Wert von Wasser bei Temperaturänderung auch ohne Hinzufügen von Wasserstoff- oder Hydroxidionen. So beträgt der pH-Wert von chemisch reinem Wasser bei 0 °C:

7,5; 25 °C: 7,0; 50 °C: 6,6; 100 °C: 6,1; 150 °C: 5,9. Wegen dieser Tatsache und wegen des ebenfalls *temperaturabhängigen* Dissoziationsgrades hinzugefügter Stoffe, ist der pH-Wert temperaturabhängig. Auch Neutralsalze können durch Verschieben des Dissoziationsgleichgewichtes anderer, dissoziierter Stoffe den pH-Wert verändern.

### 8.1.5
### Meßprinzip

Der wichtigste praktisch verwendete Sensor für die pH-Wert-Messung ist die *Glaselektrode*. An der Phasengrenze Glas/wäßrige Lösung bildet Glas an seiner Oberfläche eine silikatische, wasserhaltige Auslaug- oder Gelschicht aus. In dieser Gelschicht befindliche Alkaliionen werden bis zu einem Gleichgewichtszustand gegen Wasserstoffionen aus dem berührenden Medium ausgetauscht. Hierdurch herrscht in der Gelschicht eine bestimmte Wasserstoffionenaktivität. Wenn die Wasserstoffionenaktivitäten in der Gelphase und in der wäßrigen Phase verschieden voneinander sind, findet ein Wasserstoffionenübergang statt, der zur Einstellung eines entsprechenden Potentials in der Gelschicht führt. Wenn auf beiden Seiten des Glases, für das in seiner funktionellen Gesamtheit auch der Begriff „*Membran(glas)*" üblich ist, solche Vorgänge stattfinden, und die Wasserstoffionenaktivitäten (bzw. die pH-Werte) auf beiden Seiten verschieden sind, dann entsteht zwischen beiden Gelschichten eine Potentialdifferenz oder Spannung. Diese Spannung ist proportional zur Differenz der pH-Werte und kann zur pH-Wert-Bestimmung verwendet werden, wenn einer der beiden pH-Werte bekannt ist. Hierzu wird die Glas-(membran)elektrode (z.B. in Form eines kugelförmigen Gefäßes) mit einer (Bezugs-)Lösung mit bekanntem und (weitgehend) stabilem pH-Wert gefüllt. Für die elektronische Messung der Spannung an dem Ionenleiter Glas werden elektronenleitende Anschlüsse benötigt. Solche elektronenleitenden Anschlüsse werden mittels zweier, sogenannter Bezugselektroden hergestellt. Bezugselektroden haben (im Idealfall) ein konstantes, nur von ihrem Aufbau und der Temperatur nicht jedoch vom pH-Wert abhängiges Einzelpotential.

In der praktischen Ausführung einer Glaselektrode ist eine der beiden benötigten Bezugselektroden in die Glaselektrode integriert und im allgemeinen nicht ohne weiteres als solche erkennbar. Die zweite („eigentliche") Bezugselektrode wird entweder als separates Bauelement verwendet oder mechanisch mit der Glaselektrode zu einer Sensoreinheit verbunden. Die Zusammenschaltung dieser Sensoreinheit mit einem Meßwertumformer bildet eine pH-Wert-Meßeinrichtung.

### 8.1.6
### Sensoren

Als Sensoreinheit, oder Sensor schlechthin, wird in der pH-Wert-Meßtechnik eine Kombination aus einer pH-Wert-sensitiven Meßelektrode (mit interner Bezugselektrode) und einer pH-Wert-unabhängigen (externen) Bezugselektrode verwendet. Diese Kombination heißt *Meßkette* und besteht entweder aus zwei diskreten Bauelementen oder aus einem Zusammenbau dieser zu einer sogenannten Einstabmeßkette, in die zusätzlich ein Temperaturmeßfühler integriert sein kann. Die Übertragungsfunktion einer pH-Meßkette wird von ihrem Nullpunkt, ihrer Steilheit und der Temperatur bestimmt. Der Nullpunkt ist gleich dem pH-Wert, bei dem die Meßkettenspannung 0 V beträgt (Nennwert meist pH = 7); die Steilheit ist gleich dem Quotienten aus den Änderungen von Meßkettenspannung und pH-Wert und beträgt theoretisch 59,2 mV/pH bei der Bezugstemperatur 25 °C (s. Bild 8.1).

#### 8.1.6.1
#### Meßelektroden

Die weitaus am häufigsten verwendete pH-Meßelektrode ist die *pH-Glaselektrode*. Ihr eigentliches Sensorelement, die Glasmembran, überträgt die Meßgröße „pH-Wert" in eine elektrische Spannung. Der Quellwiderstand dieser Spannung beträgt zwischen einigen 10 und einigen 100 MΩ und steigt umgekehrt zur Temperatur stark (nichtlinear) auf Werte von über 1 GΩ an. Die Membranspannung ist mit $0{,}1984 \cdot mV/K \cdot T$ (T = absolute Meßtemperatur (K)) temperaturabhängig und beträgt bei 25 °C und einem pH-Wert-Unterschied von 1 zwischen dem Meßmedium (außerhalb der Glaselektrode) und der Bezugslösung (innerhalb der Glaselektrode) ca. 59,2 mV.

Als Bezugslösung ist meist eine Lösung mit dem pH-Wert 7 in der Glaselektrode enthalten. In einem Meßmedium mit dem pH-Wert 7 beträgt die Membranspannung somit 0 mV. Die Glaselektrode spricht sehr selektiv auf Wasserstoffionen an und wird durch reduzierende oder oxydierende Medien nicht beeinflußt. Die Übertragungsfunktion von praktischen Glaselektrodenmeßketten ist zwar nicht ideal, wird aber in der Praxis für mittlere pH-Werte (2 ... 12) als linear angesehen. Unterhalb eines pH-Wertes von etwa 1,5 reagiert die Glaselektrode mit einer kleinen *Unterfunktion* (Säurefehler), oberhalb etwa des pH-Wertes 12 muß mit einer hier mehr oder weniger großen Unterfunktion gerechnet werden, die als *Alkalifehler* bekannt ist. Er wird nicht durch den hohen pH-Wert an sich, sondern durch einen Austausch von Natriumionen verursacht und zutreffender auch Natriumfehler genannt. Der Säurefehler ist klein und weniger bedeutsam, der manchmal störende Natriumfehler kann nur durch die Verwendung besonders geeigneter Membranglassorten kleingehalten aber nicht ganz vermieden werden.

Eine andere, in der industriellen Meßpraxis eingesetzte Meßelektrode, ist die Email-Elektrode. Sie besteht im wesentlichen aus pH-sensitivem Email auf einem Stahlrohr. Ihr Funktionsmechanismus weicht von dem der Glaselektrode teilweise ab. Vorteilhaft ist ihre mechanische Stabilität, allerdings müssen bei ihrer Anwendung Einschränkungen im pH-Bereich und größere Meßunsicherheit als bei der Glaselektrode in Kauf genommen werden. Ihre Anwendung erfordert speziell geeignete Meßwertumformer. Für pH-Wert-Messungen in flußsauren Medien wird gelegentlich die Antimon-Elektrode eingesetzt. Sie ist eine Metalloxid-Elektrode und spricht somit nicht auf Wasserstoffionen sondern auf Hydroxidionen an, die jedoch negativ geladen sind, wodurch die Übertragungsfunktion (wieder) invertiert. Die Antimon-Elektrode ist nicht nur pH-Wert-, sondern auch (störend) reduktions-oxydations-empfindlich. Ihre Anwendung erfordert speziell geeignete Meßwertumformer. Halbleiter-Sensoren haben, außer für sehr spezielle Mikro-Anwendungen und einfache „pH-Tester", in der pH-Meßtechnik keine Bedeutung.

### 8.1.6.2
### Bezugselektroden

Die *interne* Bezugselektrode ist Bestandteil der Meßelektrode und wird hier nicht näher betrachtet. Die *externe* „eigentliche" Bezugselektrode hat eine besonders wichtige Bedeutung, da an ihr in der Praxis die häufigsten Meßprobleme auftreten. Bezugselektroden sollen ein vom Meßmedium unbeeinflußtes, stabiles Eigenpotential besitzen und eine elektrische Verbindung zwischen Ionenleitung (meßwertbildende Vorgänge) und Elektronenleitung (elektrische Meßtechnik) vermitteln. Sie bestehen aus einem Metall (Elektronenleiter), das mit einem schwerlöslichen Salz dieses Metalls beschichtet ist, das das gleiche Anion enthält, wie die (Bezugs-)Elektrolytlösung (Ionenleiter), in die dieses beschichtete Metall eintaucht. Beispiel hierfür ist die am meisten eingesetzte Silberchlorid-Elektrode: Silber(draht) beschichtet mit Silberchlorid, eintauchend in eine (silberchloridgesättigte) Kaliumchlorid-Lösung. Eine Elektrolytlösung wird verkürzt auch Elektrolyt genannt.

Das Eigenpotential solcher Elektroden ist nur von der Konzentration (und ungestörten Zusammensetzung) ihrer Elektrolytlösung und von der Temperatur abhängig, deren Einfluß bei der Zusammenstellung einer Meßkette und meßtechnisch berücksichtigt wird. Das Eigenpotential einer solchen Bezugselektrode bestimmt maßgeblich den *Nullpunkt* einer pH-Meßkette. Weitere Bezugselektroden sind die Quecksilberchlorid- („Kalomel"), die Quecksilbersulfat- und die Thalliumchlorid („Thalamid")-Elektrode, die jedoch weniger häufig eingesetzt werden. Ein nicht zum elektrochemischen Prinzip der Bezugselektrode gehörender, zusätzlich erforderlicher und sehr wichtiger Bestandteil eines Bezugselektrodensystems, ist die *Flüssigkeitsverbindung* zwischen der Elektrolytlösung der Bezugselektrode und dem Meßmedium. Diese Flüssigkeitsverbindung heißt

„Diaphragma" und hat die Aufgabe, ein Vermischen beider angrenzender Flüssigkeiten (weitgehend) zu verhindern, jedoch eine (ionenleitende) elektrische Verbindung zwischen ihnen herzustellen. Das Diaphragma besteht aus einer porösen, kapillaren oder spaltförmigen Engstelle in Form eines dochtartigen Stiftes, eines Faserbündels, einer Siebplatte oder eines Spaltes. Der Bezugselektrolyt füllt das Diaphragma aus und steht so mit dem Meßmedium in Verbindung. Am oder im Diaphragma treten mehr oder weniger große veränderliche Störspannungen auf, die nicht beseitigt oder kompensiert werden können. Solche sogenannten Diffusionsspannungen mitbestimmen wesentlich die pH-Wert-Meßunsicherheit. Ursache einer Diffusionsspannung sind die unterschiedlichen Beweglichkeiten von Kat- und Anionen (Ladungsträger) und deren dadurch bedingtes gegenseitiges, ladungstrennendes Vor- bzw. Nacheilen. Kaliumchlorid (KCl) wird vorzugsweise als Elektrolyt verwendet, weil sich die Ionenbeweglichkeiten von Kalium- und Chloridionen nur wenig unterscheiden. Besonders vorteilhaft sind hohe KCl-Konzentrationen, da hier die (fast gleichbeweglichen) Kalium- und Chloridionen überwiegend die Ladungen transportieren.

Die Beweglichkeiten von Wasserstoff- und Hydroxidionen sind wesentlich größer als die anderer Ionen und auch voneinander verschieden. Diffusionsspannungen von über 10 mV (pH-Wert-Meßunsicherheit ca. 0,2) können leicht auftreten. Auch unter günstigen Umständen muß mit einer pH-Wert-Meßunsicherheit durch Diffusionsspannungen von mehreren $\Delta pH$ 0,01 gerechnet werden. Verunreinigung des Diaphragmas durch eindringendes Meßmedium (auch Wasser) und/ oder gar (Fast-)Verstopfung erhöhen die Probleme erheblich. Diaphragmakontaminationen können auch die Bezugselektrode (störend) pH-sensitiv machen. Änderungen der Zusammensetzung oder auch nur der Konzentration des Bezugselektrolyten ändern das Bezugspotential. Deshalb ist ein ständiger (minimaler) Ausfluß des Bezugselektrolyten in das Meßmedium sinnvoll. Bei drucklosem Meßbetrieb kann das der hydrostatische Druck des Bezugselektrolyten bewirken; bei Messung unter Druck kann der Ausfluß des Bezugselektrolyten durch Druckbeaufschlagung erreicht werden. In jedem Falle ist in Zeitabständen oder kontinuierlich ein Nachfüllen des Bezugselektrolyten erforderlich. Durch Gel-Verfestigung des Elektrolyten soll bei manchen Elektroden das Nachfüllen vermieden werden. Solche Elektroden mit noch fließfähigem Bezugselektrolyten sind zwar wartungsarm, sind aber diffusionsempfindlich und haben häufig eine geringe Standzeit. Eine andere Ausführung von Elektrolytverfestigung wird durch Polymerisation des Bezugselektrolyten mit einem Polymer erreicht. Solche Elektroden sind wartungsfrei, verhältnismäßig druckfest, wenig verschmutzungsempfindlich und benötigen kein Diaphragma. Sie sind für den pH-Wert-Bereich 2 ... 12 geeignet, haben jedoch häufig ebenfalls eine eingeschränkte Standzeit.

Zum Schutz des Bezugselektrolyten (und des Diaphragmas) kann einer Bezugselektrode ein Hilfselektrolyt (mit einem eigenen Diaphragma gegenüber dem Meßmedium) vorgeordnet werden, der, abhängig vom mediumbedingten Störproblem, so auszuwählen ist, daß er sowohl mit dem Bezugselektrolyten, als auch mit dem Meßmedium störungsfrei verträglich ist (Elektrolytbrücke). Ein so ausgewählter Hilfs-(Schutz-)Elektrolyt hat keinen Einfluß auf das Potential der Bezugselektrode.

## 8.1.7
### Temperatureinfluß

Die pH-Wert-proportionale Spannung der Glaselektrode ist mit $0,1984 \cdot mV/K \cdot T$ (K) temperaturabhängig und beträgt bei 25 °C rund 59,2 mV/pH (pro pH: pro $\Delta pH$ = 1; Steilheit). Die Eigenpotentiale von Bezugselektroden sind ebenfalls, aber anders und voneinander verschieden temperaturabhängig. Um einen zusätzlichen Temperatureinfluß hierdurch zu vermeiden, sind kommerzielle Meßketten in diesem Sinne symmetrisch aufgebaut. Bei der Messung mit einer diskreten Bezugselektrode (z.B. in einer Elektrolytbrücke) sind Fehler durch Temperaturdifferenzen möglich.

Außer der Temperaturabhängigkeit der Steilheit kann durch ein unsymmetrisches thermisches Verhalten der Meßkette auch der Nullpunkt temperaturabhängig sein. Diese unter dem Stichwort „Isothermenschnittpunkt" bekannte Erscheinung (Schnittpunkt von Übertragungsfunktionsgraphen bei verschiedenen Temperaturen) wird in der Meßpraxis wenig beachtet, ist aber auch sehr problematisch. Der für ihre Berücksichtigung erforderliche Koordinatenwert $U_{is}$ muß mit einigem experimentellen Aufwand ermittelt werden und ist veränderlich. Seine Berücksichtigung ist nur sinnvoll, wenn bei der Messung die gleiche thermische Geometrie gegeben ist wie bei seiner Ermittlung. Der Isothermenschnittpunktfehler guter kommerzieller Meßketten ist klein. Die Temperaturabhängigkeit der Übertragungsfunktion (ggf. auch mit Isothermenschnittpunkt-Kompensation) wird von pH-Meßwertumformern automatisch berücksichtigt. Die hierzu erforderlichen Informationen erhält der Meßwertumformer durch einen zusätzlich angeschlossenen Temperaturmeßfühler, bei Isothermenschnittpunktkompensation durch zusätzliche Eingabe des $U_{is}$-Koordinatenwertes. Als Temperaturmeßfühler werden überwiegend Platin-Widerstandsthermometer eingesetzt, die auch in die Meßkette integriert sein können. Die Temperaturabhängigkeit des pH-Wertes des Meßmediums wird nicht kompensiert; der Meßwertumformer müßte hierzu die meist unbekannte und durch viele Einflüsse veränderliche Temperaturabhängigkeit des pH-Wertes des Meßmediums berücksichtigen. Der gemessene pH-Wert ist stets der pH-Wert des Meßmediums bei der Meßtemperatur, die deshalb angegeben werden muß.

### 8.1.8
**Übertragungsfunktion**

Bei Zusammenfassung von Konstanten und mit der Definition des pH-Wertes kann als Übertragungsfunktion einer pH-Meßkette mit dem Bezugs-pH-Wert = 7 formuliert werden: $U = U_0 + 0{,}1984\,mV/K \cdot T \cdot (7 - pH)$.
$U$ = Meßkettenspannung (bei pH-Wert und Temperatur des Meßmediums); $U_0$ = Meßkettenspannung bei pH-Wert = 7; 0,1984 mV/K = Zusammenfassung mehrerer Konstanten; $T$ = absolute Meßtemperatur (K); pH = pH-Wert des Meßmediums.

Allgemein gilt auch: Meßkettenspannung = (Nullpunkt – pH-Wert) · Steilheit. Die Übertragungsfunktion ist (nicht nur temperaturabhängig) veränderlich. Daher ist es erforderlich, die pH-Wert-Meßeinrichtung, abhängig von der prozeßbedingten Veränderung der Übertragungsfunktion und der zulässigen Meßunsicherheit, mit Lösungen bekannten pH-Wertes (Pufferlösungen) zu *justieren*. Das Ausgangssignal einer pH-Meßkette beträgt maximal rund ±0,5 Volt im Bereich pH = 0 ... 14, wobei 6 mV 0,1 pH-Stufen bei 25 °C entsprechen. Der wichtigste Parameter des Ausgangssignals ist sein *Quellwiderstand*, der meist einige 100 MΩ beträgt und umgekehrt zur Temperatur bis auf über 1 GΩ ansteigt. Die Meßkette ist polarisationsempfindlich, wodurch der zulässige Störstrom (des Meßwertumformers) begrenzt wird.

### 8.1.9
**Meßwertumformer**

Meßwertumformer enthalten einen Meßverstärker, (meist) eine Meßwertanzeige und alle Einrichtungen zur Parametrierung und Justierung der pH-Wert-Meßeinrichtung. Mikroprozessor-pH-Wert-Meßumformer sind Stand der Technik. Alle Prozeß-pH-Wert-Meßumformer stellen ein meßwertproportionales Ausgangssignal als Normstrom oder auch als digitales Signal (Rechner-, Bussystem-Schnittstelle) zur Verfügung, einige sind zusätzlich mit einem Regler ausgestattet. Ein Eingangssignal von ±2 V, wird mit einer Auflösung von $\geq 1 \cdot 10^{-3}$ V bei einer Meßunsicherheit von $\leq 1 \cdot 10^{-3}$ V linear übertragen. Weitere Parameter sind ein hoher Eingangswiderstand von $\geq 5 \cdot 10^{11}$ Ω (einschließlich der Isolationswiderstände der Anschlußtechnik), ein kleiner Störstrom von $\leq 10^{-12}$ A und ein kleiner Temperaturkoeffizient des Übertragungsfehlers. Die der Meßwertgröße „pH-Wert" proportionale Eingangsgröße „Spannung" wird entsprechend der Sensorfunktion als pH-Meßwert 3 1/2stellig zur Anzeige gebracht und in ein pH-Meßwertproportionales Ausgangssignal übertragen (Bild 8.1). Dieses Ausgangssignal ist entweder ein 0 ... 20 mA bzw. 4 ... 20 mA Stromschleifensignal mit hoher (Bürden-)Spannung von ≥10 V oder zusätzlich ein digitales Signal an

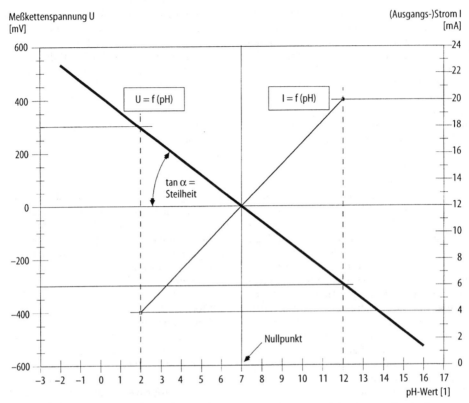

**Bild 8.1.** Übertragungsfunktion einer pH-Wert-Messung. Graph „$U = f(pH)$" (linke Ordinate): durch Justieren gefundene Übertragungsfunktion einer beispielhaft angenommenen pH-Meßkette mit den Bestimmungsgrößen Nullpunkt = pH-Wert 7, Steilheit = 60 mV/pH. Graph „$I = f(pH)$" (rechte Ordinate): durch Parametrieren beispielhaft eingestellte Übertragungsfunktion des Meßwertumformers für den (Ausgangs-)Strom mit der Zuordnung „Meßspanne pH-Wert 2 ... 12 ≡ Stromspanne 4 ... 20 mA (live zero Stromschleife)."

einer (Digital-)Schnittstelle. Eine besondere Form der Signalübertragung ist die 2-Leitertechnik. Hier werden das Signal und die Hilfsenergie gleichzeitig innerhalb einer (Norm-)Stromschleife übertragen, wobei der Meßwertumformer als meßwertabhängige Stromsenke wirkt. Meßwertumformer stellen außer Normstrom und Digitalsignal weitere Ausgangssignale zur Verfügung, z.B. parametrierbare Melde-(Alarm-)Signale für Grenzwerte, Wartungsbedarf und Sensorüberwachung. Die Eingangssignalverarbeitung durch den Meßwertumformer erfolgt, nach A/D-Wandlung, durch einen eigenen Mikroprozessor, seltener durch reine Analogtechnik. Bei analoger Signalverarbeitung erfolgen Parametrierung und Justierung durch Betätigen von Stellgliedern und Schaltern, bei digitaler Signalverarbeitung durch Software-Parametrierung mittels einer Tastatur und Mikroprozessor-Rechentechnik, wobei vollautomatische Betriebsweise, auch über eine bidirektionale Digitalschnittstelle, möglich ist. Durch Bedienerführung mit Hilfe einer alphanumerischen Anzeige kann ein hohes Maß an Einfachheit und Sicherheit der Bedienung und damit auch der Messung erreicht werden. Eine gestaffelte Vergabe von Zugriffsrechten mittels Paßzahlen kann ungewollte Bedienung verhindern.

### 8.1.10
### Justieren

Das Parametrieren von Meßeinrichtungen erfolgt zum Einstellen ihrer Funktionen entsprechend der meßtechnischen Aufgabe, ihr Justieren ist wegen der Veränderlichkeit der Übertragungsfunktionen der Sensoren erforderlich. Justieren bedeutet Richtigstellen des Meßwertumformers entsprechend den aktuellen Sensoreigenschaften. Beim Justieren einer pH-Meßeinrichtung werden die aktuellen Werte von Nullpunkt und Steilheit der pH-Meßkette festgestellt und berücksichtigt. Hierzu werden die Meßkettenspannungen und Meßtemperaturen in zwei (Justier-Puffer-)Lösungen mit unterschiedlichen pH-Werten (2-Punkt-Justierung) gemessen, und die Übertragungsfunktion des Meßumformers entsprechend angepaßt. Bei analoger Signalverarbeitung geschieht das durch Betätigen von Stellgliedern, bei digitaler Signalverarbeitung automatisch durch Rechentechnik.

In der Prozess-Meßtechnik ist die Möglichkeit einiger Meßwertumformer vorteilhaft, im Betriebslabor (vor)gemessene Daten von Nullpunkt und Steilheit der Meßkette am Meßwertumformer (mittels Tastatur oder auch über Schnittstelle) direkt eingeben zu können. Besonders vorteilhaft kann auch eine sogenannte Probenkalibrierung sein, das ist eine Einpunktjustierung durch Eingeben des pH-Wertes einer im Labor gemessenen Mediumsprobe. Ein Ausbau der Meßkette ist hierbei nicht erforderlich. Alle Probleme der sehr sorgfältig durchzuführenden Justierung werden so in das Labor verlagert. In welchen Zeitabständen justiert werden muß, hängt von vielen Faktoren ab und kann nicht pauschal angegeben werden. Einfluß haben chemische Eigenschaften des Meßmediums, Temperatur, Druck und Verschmutzung sowie Eigenschaften der verwendeten Meßkette und die maximal zulässige Meßunsicherheit. Hier ist empirisch vorzugehen. Die zum Justieren verwendeten Lösungen bekannten pH-Wertes sind (pH-Wert-stabile) Pufferlösungen und so auszuwählen, daß ihre pH-Werte die Meßwerte einschließen. Die pH-Werte von Justier(puffer)lösungen sind temperaturabhängig; sie sind die Standards der pH-Meßtechnik.

### 8.1.11
### Standards

Die pH-Meßtechnik ist eine konventionelle Methode. Ihre wichtigste Konvention stellt eine international anerkannte pH-Skale dar, die durch eine Reihe sogenannter Standardpufferlösungen repräsentiert ist. Diese vom NIST (National Institut of Standards and Technology, vormals NBS), entwickelten Standard-Pufferlösungen sind in eine DIN-Norm übernommen worden. Die Verwendung von Standard-Pufferlösungen zur Erzielung kleinstmöglicher Meßunsicherheit ist nur bei besonderer methodischer Sorgfalt im Labor sinnvoll. Für die praktische Anwendung auch im Labor existiert eine Vielzahl sogenannter technischer Pufferlösungen, die an die Standard-Pufferlösungen angeschlossen und stabiler als diese sind. Wichtig ist die Berücksichtigung der Temperaturabhängigkeit der pH-Werte von Pufferlösungen, bei Mikroprozessor-Meßumformern geschieht das automatisch. Fehler der pH-Werte der Pufferlösungen (bei unverdorbenen technischen Pufferlösungen einige 0,01) gehen direkt in die Meßunsicherheit der pH-Wert-Messung ein, weswegen Pufferlösungen vor Verunreinigung, Verdünnen und Verdunsten geschützt und ihr Verfalldatum beachtet werden müssen.

### 8.1.12
### Meßunsicherheit

Abgesehen von möglichen elektrischen Störungen (z.B durch Erdungsschleifen) hängt die Meßunsicherheit bei der pH-Wertmessung hauptsächlich ab einerseits von der Richtigkeit der Justierpufferlösungen, der Beachtung ihrer Temperaturabhängigkeit, der Sorgfalt beim Justieren, sowie andererseits vom Driftverhalten der Meßkette und von Diffusionsspannungen am Diaphragma der Bezugselektrode. Diffusionsspannungen tragen wesentlich zum Driftverhalten der Meßkette bei. Sie hängen von der Zusammensetzung, der Konzentration und der Temperaur des Meßmediums ab und können nicht grundsätzlich vermieden, sondern nur durch entsprechende Bezugselektroden-(Diaphragma-)Auswahl oder Schutzmaßnahmen wie z.B. Druckbeaufschlagung der Bezugselektrode oder eine Elektrolytbrücke kleingehalten werden. Bei Labormessungen kann mit einer Gesamt-pH-Wert-Meßunsicherheit von ca. 0,05, bei Betriebsmessungen von ca. 0,1 gerechnet werden. Die Anstiegszeit $t_{90}$ einer

sung kann bei einer pH-Wertänderung grob mit ca. 10 s, bei einer Temperaturänderung mit 1 min angenommen werden. Die Wartung einer pH-Meßeinrichtung betrifft den Justierzustand der Meßkette. Ihr Driftverhalten und die zulässige Meßunsicherheit bestimmen das Wartungsintervall, das empirisch gefunden werden muß. Unterschiedliche pH-Meßwerte eines Meßmediums bei unterschiedlichen Temperaturen beruhen nicht auf Meßfehlern sondern sind mediumsbedingt.

## 8.2 Redoxspannung

### 8.2.1 Definition

Das Redoxpotential wird hier definiert als das Potential einer chemisch indifferenten Metallelektrode in einem Reduktions/Oxidations-Gleichgewichtssystem bezogen auf die Standard-Wasserstoffelektrode. Da Reduktion und Oxidation nur wechselseitig möglich und Einzelpotentiale nicht meßbar sind, sondern nur die Differenz zweier Potentiale als Spannung gemessen werden kann (Redoxpotential/Bezugspotential), ist die Bennung Redoxspannung statt Redoxpotential sinnvoll.

### 8.2.2 Bedeutung

Die Redoxspannung kennzeichnet die Lage des chemischen Gleichgewichtes bei Reduktions/Oxidations-Reaktionen. Die Bedeutsamkeit von Reduktions/Oxidations-Reaktionen entspricht der von Säure/Base-Reaktionen. Sie treten häufig gemeinsam auf. Durch eine Redoxspannungsmessung wird keine Einzelionenaktivität, sondern das Verhältnis von reduzierenden zu oxidierenden Aktivitäten ermittelt. Die Redoxspannung ist insofern unspezifisch, als sämtliche anwesenden reduzierenden und oxidierenden Stoffe gemeinsam zum Meßergebnis beitragen.

### 8.2.3 Einheit

Die Redoxspannung (bzw. das Redoxpotential) hat die SI-Einheit Volt (gegenüber einem Bezugspotential, das angegeben werden muß). Anstelle der Angabe des Bezugspotentials wird häufig die Bezugselektrode bezeichnet, auf die die Redoxspannung (oder das Redoxpotential) sich beziehen. Da die meisten Redoxgleichgewichte pH-Wert-abhängig, und alle chemischen Gleichgewichte temperaturabhängig sind, müssen außerdem pH-Wert und Meßtemperatur angegeben werden. Beispiel für die Angabe eines Redox-Meßergebnisses: Die (Das) Redoxspannung (Redoxpotential) beträgt bei einem pH-Wert von xx,xx und einer Temperatur von xxx,x °C x.xxx V bezogen auf die SWE (Standard-Wasserstoff-Elektrode) oder ... Volt, gemessen gegen Ag/AgCl, KCl 3 mol/l (Beispiel). Praktisch gemessene Redoxspannungen liegen zwischen −1 V und +1,5 V. Eine andere, wenig gebräuchliche Meßgröße für das Redox-Verhalten, ist der „rH-Wert" (s. Abschn. 8.2.13).

### 8.2.4 Grundlagen

Das Kunstwort „Redox" verbindet die Begriffe *Reduktion* und *Oxidation,* die nur gleichzeitig und gegenseitig ablaufen können. Der reduzierte Stoff ist Oxidationsmittel für den oxdierten und umgekehrt oder anders formuliert: Das Oxidationsmittel wird reduziert, das Reduktionsmittel wird oxidiert. Reduktion bedeutet Elektronenaufnahme (durch den reduzierten Stoff), Oxidation Elektronenabgabe (durch den oxidierten Stoff). Als Beispiel möge in einer Eisen(II/III)-Salz-Lösung die Oxidation (Reduktion) von zwei-(drei-)wertigem Eisen durch Abgabe (Aufnahme) eines Elektrons ($e^-$) zu drei-(zwei-)wertigem Eisen dienen: $Fe^{2+} - e^- \Leftrightarrow Fe^{3+}$ bzw. ($Fe^{3+} + e^- \Leftrightarrow Fe^{2+}$). Die Ionen $Fe^{2+}$ und $Fe^{3+}$ bilden ein Redox-Paar. Für den Reduktions/Oxidations-Vorgang insgesamt wird ein zweites Redox-Paar benötigt, das hier jedoch nicht betrachtet wird.

### 8.2.5 Meßprinzip

Elektronen sind in einer Lösung praktisch nicht existenzfähig, aber sie können ausgetauscht werden, wie im Beispiel zwischen Eisen(II) und Eisen(III). Eine Metallelektrode kann als Elektronenleiter Elektronen abgeben oder aufnehmen und so am Elektronenaustausch teilnehmen. Sie nimmt dadurch ein gleichgewichtsabhängiges Potential an, das als Maßzahl für das Redoxgleichgewicht dient. Eine (chemisch indifferente Edel-)Metallelektrode (deren Metall nicht merklich als Ionen in Lösung geht) kann in der betrachteten Eisen (II/III)-Salz-Lösung mit den $Fe^{2+}$- und den $Fe^{3+}$-Ionen Elektronen austauschen. Wären nur $Fe^{2+}$-Ionen anwesend, könnte die Metallelektrode von ihnen Elektronen aufnehmen, wodurch $Fe^{2+}$-Ionen zu $Fe^{3+}$-Ionen oxidiert und die Metallelektrode negativ geladen werden würde. Wären nur $Fe^{3+}$-Ionen anwesend, könnte die Metallelektrode an sie Elektronen abgeben, wodurch $Fe^{3+}$-Ionen zu $Fe^{2+}$-Ionen reduziert und die Metallelektrode positiv geladen werden würde. Bei gleichzeitiger Anwesenheit beider Ionenarten nimmt die Metallelektrode ein (Red/Ox-) Potential an, das vom Aktivitäts-Verhältnis und der Art der Ionen bestimmt wird. Zusätzlich sind Redoxpotentiale (meist) pH-Wert-abhängig. Zur Messung des Potentials der Metallelektrode wird eine Bezugselektrode benötigt, deren Eigenpotential nicht vom Redox-Gleichgewicht abhängt.

### 8.2.6
### Sensoren

Ein Sensor zur Messung der Redoxspannung besteht aus der Zusammenschaltung einer chemisch nicht reagierenden, elektronensensitiven Edelmetallelektrode als Meßelektrode mit einer potentialstabilen, vom Redoxvorgang nicht beeinflußten Bezugselektrode zu einer Meßkette, die auch eine Einstabmeßkette sein kann. Als Elektrodenmetall wird meist Platin, seltener Gold, verwendet. Als Bezugselektroden dienen die gleichen Bezugselektroden (mit deren Problemen) wie zur pH-Wert-Messung. Das Ausgangssignal des Sensors beträgt maximal ±2 V und darf maximal mit einer Bürde von $1 \cdot 10^{10}$ Ω und/oder einem (Stör-) Strom von $1 \cdot 10^{-10}$ A belastet werden.

### 8.2.6.1
### Meßelektroden

Die Meßelektrode besteht aus einem Ring in Form eines Rohrabschnittes, einem Stift oder einem Blech aus Edelmetall, meist aus Platin. Das Edelmetall soll chemisch nicht mit dem Meßmedium reagieren und nur durch Elektronenabgabe oder -Aufnahme als elektronensensitive Elektrode wirken. Eine Edelmetallelektrode hat weitgehend unveränderliche Sensoreigenschaften, sofern sie metallisch blank und glatt(poliert) ist. An ihr können jedoch Fehlerpotentiale durch (oxidative) Aufladungen und durch Beläge und Adsorption auftreten. Eine Metallelektrode ist nicht „niederohmig", ihre Phasengrenzfläche Metall/Elektrolyt ist sehr polarisationsempfindlich. In sehr gering beschwerten (wenig stabilen) Redoxsystemen kann sich das Potential auch einer einwandfreien Redox-Elektrode sehr langsam (in Extremfällen in bis zu einer Stunde) einstellen.

### 8.2.6.2
### Bezugselektroden

Sinngemäß gelten die im Abschnitt „pH-Wert" dargestellten Eigenschaften und Probleme von Bezugselektroden auch hier. Anders als dort muß bei der Messung der Redoxspannung jedoch das Einzelpotential der Bezugselektrode besonders beachtet werden, da es vollständig in den Meßwert eingeht. Das Redoxpotential ist (eigentlich) auf die sogenannte Standard-Wasserstoff-Elektrode (SWE) zu beziehen. Die SWE wird aber wegen ihrer komplizierten Betriebsweise nur für bestimmte Standard-Messungen verwendet und ist für die praktische Anwendung ungeeignet. Das Potential der SWE beträgt definitionsgemäß temperaturunabhängig 0 Volt. Die Potentiale der praktischen Bezugselektroden sind gegenüber der SWE und untereinander verschieden; sie sind von der Konzentration (mol/l) ihres Bezugselektrolyten und von der Temperatur abhängig. Jeder Angabe einer Redoxspannung muß daher die Angabe des Bezugspotentials beigegeben werden. Diese Angabe erfolgt entweder nach Addieren der (temperaturrichtigen) Bezugsspannung der verwendeten Bezugselektrode (gegen die SWE) zum Spannungsmeßergebnis durch die Hinzufügung „bezogen auf die SWE", oder durch die genaue Angabe der verwendeten Bezugselektrode durch die Hinzufügung „gemessen gegen Ag/AgCl, KCl 3 mol/l" (Beispiel, Bezugsspannung hier +207 mV$_{25°C}$ gegenüber der SWE). Siehe Bild 8.2.

Die Temperaturabhängigkeit der Redoxspannung kann wegen ihres Summencharakters (und ihrer pH-Wert-Abhängigkeit) praktisch nicht angegeben werden; die Temperaturabhängigkeit des Bezugspotentials ist eine Sensoreigenschaft. Die Konstanz der Übertragungsfunktion einer Redoxmeßkette hängt neben der Sauberkeit und Glattheit der Meßelektrode wesentlich vom Zustand der Bezugselektrode ab. Hier sind wie bei der pH-Wert-Messung die Konzentration des Bezugelektrolyten und Diffusionstörungen am Diaphragma wesentlich für das Driftverhalten.

### 8.2.7
### Temperatureinfluß

Die Temperatur hat keinen Einfluß auf die Meßelektrode, jedoch auf das Potential der Bezugselektrode, das vollständig in den Meßwert eingeht, von einigen Meßwertformern aber auch automatisch berücksichtigt werden kann. Die Temperaturabhängigkeit des gemessenen Redox-Gleichgewichtes bleibt unberücksichtigt und geht in den Meßwert ein. Die Angabe der Meßtemperatur ist erforderlich.

### 8.2.8
### Übertragungsfunktion

Bei Zusammenfassung von Konstanten und mit der Definition der Redoxspannung als Maß für das Reduktions-/Oxidationsverhältnis, kann als Übertragungsfunktion einer Redox-Meßkette formuliert werden:
$U = U_H - U_B = U_S + 0{,}1984 \text{ mV/K} \cdot 1/n \cdot T \cdot \log(a_{ox}/a_{red})$.
$U$ = Meßkettenspannung mit der verwendeten Bezugselektrode; $U_H$ = Meßkettenspannung bezogen auf die SWE; $U_B$ = Spannung der verwendeten Bezugselektrode bezogen auf die SWE; $U_S$ = Standardspannung des Redoxpaares (bezogen auf die SWE, typisch für das Redoxpaar); 0,1984 mV/K = Zusammenfassung mehrerer Konstanten; $n$ = Anzahl der vom Redoxpaar getauschten Elektronen (typisch für das Redoxpaar); $T$ = absolute Meßtemperatur (K); $a_{ox}/a_{red}$ = (Verhältnis der) Aktivitäten der Ionen des Redoxpaares.

Besonders wichtig ist die Beziehung $U = U_H - U_B$: (Eigentliche) Redoxspannung $U_H$ (bezogen auf die SWE) = Meßkettenspannung $U$ + Bezugsspannung $U_B$ (der Bezugselektrode bezogen auf die SWE).

Wegen des praktischen Summencharakters der Redoxspannung gilt die obige Funktion nur für ein modellhaft einfaches Redoxsystem (Bild 8.2).

### 8.2.9
### Meßwertumformer

Als Meßwertumformer für Redox-Spannungsmessungen werden fast immer pH-Wert-Meßumformer eingesetzt, die entsprechend parametriert werden können. Mikroprozessor-Meßwertumformer sind Stand der Technik. Ihr Eingangsspannungsbereich beträgt ±2 V, ihre weiteren Eingangsdaten (Widerstand, Offsetspannung und Störstrom) übertreffen die Anforderungen der Redoxspannungs-Meßtechnik. Einige Mikroprozessor-Meßwertumformer sind mit einem Algorithmus zur automatischen Berücksichtigung der temperaturrichtigen Bezugsspannung ausgestattet. Wenige sind darüber hinaus für die simultane pH-Wert- und Redoxspannungsmessung mittels einer Dreifachmeßkette (Glas-, Metall- und Bezugselektrode) eingerichtet. Eine simultane Temperaturmessung ist in jedem Falle vorgesehen.

### 8.2.10
### Justieren

Da die Redoxmeßelektrode keine justierfähige Funktion hat und zur an sich möglichen Justierung im Hinblick auf die an der Meßwertbildung beteiligte Bezugselektrode, eine zweite Bezugselektrode mit bekannter Bezugsspannung erforderlich wäre (gegen die ja dann auch direkt gemessen werden könnte), entfällt insgesamt eine „Redox-Justierung". Mit sogenannten Redox-Pufferlösungen als Standards ist eine Prüfung der Redox-Meßkette möglich. Ob Abweichungen der gemessenen von der theoretischen Meßkettenspannung (in der Prüflösung) von der Meß- oder der Bezugselektrode herrühren, kann jedoch mit ihrer Hilfe nicht festgestellt werden. Wenn eine zusätzliche Bezugselektrode mit bekannter Bezugsspannung zur Verfügung steht, kann

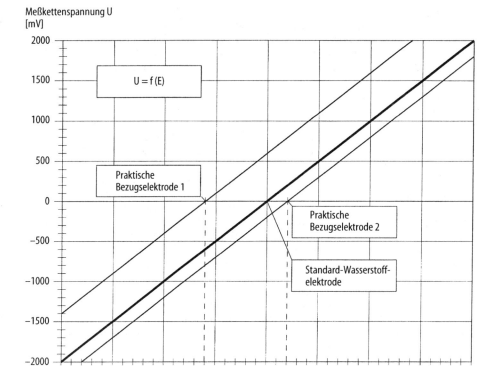

**Bild 8.2.** Übertragungsfunktion einer Redoxspannungs-Messung. Die beiden Graphen der praktischen Bezugselektroden zeigen beispielhaft deren Bezugsspannungen gegenüber der Standard-Wasserstoffelektrode (Verschiebung in Richtung der Abszisse) und deren dadurch jeweils bedingten additiven Einfluß auf eine gemessene Redoxspannung. Für die praktische Bezugselektrode 1 wird eine Bezugsspannung gegenüber der Standard-Wasserstoffelektrode (SEW) von $-600$ mV angenommen (entspricht etwa einer Thallium/Thalliumchlorid-Bezugselektrode mit $E_{25\,°C\,SWE} = -571$ mV). Eine (Redox-)Meßkettenspannung von z.B. 0 V zwischen dieser und z.B. einer Platinelektrode ergibt eine Spannung von $-600$ mV, bezogen auf die SWE ($-600$ mV addiert). Die praktische Bezugselektrode 2 entspricht der häufig verwendeten Bezugselektrode vom Typ Silber/Silberchlorid, KCl 3 mol/l. Hier sind zur Meßkettenspannung $+200$ mV (exakt: $+207$ mV$_{25\,°C}$) zu addieren, um die Redoxspannung bezogen auf die SWE zu erhalten. Die Redoxspannung bezogen auf die SWE wird hier mit $E$ bezeichnet.

die Bezugsspannung der fraglichen Bezugselektrode durch eine Spannungsmessung zwischen beiden z.B. in einer KCl-Lösung ermittelt werden.

### 8.2.11
### Standards

Zur Kontrolle des Justierzustandes einer Redox-Meßeinrichtung sind sogenannte Redox-Pufferlösungen erhältlich. Sie enthalten ein *chemisches Gleichgewichtssystem* mit einem definierten Reduktions/Oxidations-Verhalten und einem definierten pH-Wert. Die Temperaturabhängigkeit ihrer Redoxwerte ist tabelliert. Durch Sättigen von pH-Pufferlösungen mit Chinhydron (Redoxsubstanz) sind Redox-Prüflösungen leicht selbst herstellbar.

### 8.2.12
### Meßunsicherheit

Redoxspannungsmessungen sind nicht selektiv, sie stellen einen Summenmeßwert aller anwesenden Redoxgleichgewichte dar. Die meisten Redoxreaktionen sind pH-Wert-abhängig. Bei Unklarheiten bei der

Bewertung von Meßergebnissen sollte stets der Einfluß des Bezugspotentials bedacht werden. An der Meßelektrode können Fehlerpotentiale durch Beläge, Adsorption und (oxidative) Aufladungen auftreten. Die Meßelektrode muß daher frei von Belägen und zur Verringerung von Adsorption glatt (blankpoliert) sein. Nach der Einwirkung starker Oxidationsmittel kann abklingend eine zu hohe Redoxspannung gemessen werden. Eine solche oxidative Aufladung kann durch Einwirken eines Reduktionsmittels (z.B. einer Natriumsulfit-Lösung) abgebaut werden.

Die Unsicherheit der Bezugsspannung neuwertiger Bezugselektroden beträgt ca. ±5 mV, sie kann sich durch Änderungen der Bezugselektrolytlösung auf mehrere 10 mV erhöhen. Eine (veränderliche) Diffusionsspannung am Diaphragma kann einen zusätzlichen Spannungsfehler bewirken. Er ist umso größer, je verschiedener Meßlösung und Bezugselektrolytlösung hinsichtlich Zusammensetzung und Konzentration sind. Abgesehen von den möglichen Störungen an der Meßelektrode, wird die Meßunsicherheit oder eine Drift des Sensorverhaltens wesentlich vom Verhalten der Bezugselektrode bestimmt. Die Einstellzeit der Redoxspannung kann sich in sehr schwach beschwerten („redox-gepufferten") Systemen in Extremfällen auf bis zu eine Stunde ausdehnen. Die Meßunsicherheit einer Redoxspannungsmessung wird in der Praxis kaum kleiner als ca. ±10 mV sein.

### 8.2.13
### rH-Wert

Das Redoxverhalten einer Lösung wird korrekt beschrieben durch die Angabe der Spannung (Volt) einer chemisch indifferenten Metallelektrode bezogen auf die SWE sowie der Meßtemperatur und des pH-Wertes. Eine andere (wenig gebräuchliche) Meßgröße für das Redoxverhalten ist der rH-Wert. Er stellt eine aus dem Redoxverhalten, beschrieben durch den sogenannten pe-Wert, und aus dem pH-Wert zusammengesetzte Größe dar. Der rH-Wert hat die SI-Einheit 1 und wird auf einer praktischen rH-Skala von 0 ... 42 dargestellt. Der pe-Wert ist eine theoretische Hilfsgröße, die sich von der Redoxspannung bezogen auf die SWE ($U_H$) um den Faktor $1/U_N$ unterscheidet. $U_N$ ist der theoretische, sogenannte *Nernstfaktor*, d.h. praktisch das Produkt aus absoluter Meßtemperatur $T$ (K) und dem Faktor 0,19841 mV/K (Zusammenfassung mehrerer Konstanten). Der rH-Wert kann wie folgt definiert werden: rH = (pe + pH) · 2 oder rH = ($U_H/U_N$ + pH) · 2. Durch die Verknüpfung der Redoxspannung mit dem pH-Wert sollte ursprünglich eine pH-Wert-unabhängige Meßgröße für das Reduktions/Oxidations-Verhalten geschaffen werden. Später wurde erkannt, daß die theoretische pH-Abhängigkeit des Redoxverhaltens jedoch häufig gestört ist. Die Anwendbarkeit des rH-Begriffes ist daher problematisch und im Einzelfall sorgfältig zu prüfen.

## 8.3
## Leitfähigkeit

### 8.3.1
### Definition

Die spezifische elektrolytische Leitfähigkeit ist gleich dem Kehrwert des elektrischen Widerstandes einer Flüssigkeitssäule von 1 m Länge und 1 m² Querschnitt. Üblich und anschaulicher, weil praxisnäher, ist es, die Definition auf cm zu beziehen.

### 8.3.2
### Bedeutung

Abgesehen von der Anwendung der Messung der spezifischen elektrolytischen Leitfähigkeit (kurz „Leitfähigkeit" genannt) für spezielle analytische Untersuchungen, liegt die praktische Bedeutung der Leitfähigkeitsmessung in ihrer Beziehung zur *Konzentration*. Leitfähigkeitsmessungen werden (mindestens implizit) im Sinne einer Konzentrationsmessung durchgeführt. Die Leitfähigkeit wird von der Konzentration von Ionen als Ladungsträger und von der Temperatur bestimmt. Die Leitfähigkeitsmessung ist insofern unspezifisch, als sämtliche anwesenden Ionen zum Meßergebnis beitragen.

### 8.3.3
### Einheit

Die SI-Einheit der (spezifischen) Leitfähigkeit ist das Siemens pro Meter (S/m), übliche Einheiten sind das S/cm (mS/cm,

# 8 ph-Wert, Redoxspannung, Leitfähigkeit

µS/cm, nS/cm). Wegen der Temperaturabhängigkeit der Leitfähigkeit ist stets die Temperatur anzugeben, auf die der Meßwert bezogen ist. Der praktische Wertebereich der Leitfähigkeit reicht von einigen nS/cm bis ca. zwei S/cm. Als Formelzeichen für die spezifische elektrolytische Leitfähigkeit wird das kleine griechische „Kappa" $\kappa$ verwendet.

## 8.3.4
### Grundlagen

Die Messung der Leitfähigkeit als Maß für das Leitvermögen von Elektrolytlösungen erfolgt durch die Messung des elektrischen Widerstandes in einer *definierten Meßgeometrie*. Der Meßwert ergibt sich als Produkt aus dem elektrischen Meßergebnis und einer Kennzahl für die Meßgeometrie. In Elektrolytlösungen erfolgt die Leitung des Stromes als Ladungstransport durch Ionen, deren Art und Konzentration temperaturabhängig das Leitvermögen der Meßlösung beeinflussen. Die klassische Form der Meßgeometrie ist eine Flüssigkeitssäule von 1 cm Länge und 1 cm² Querschnitt. Eine (modellhafte) Realisation dieser Geometrie ist ein würfelförmiges, nichtleitendes Meßgefäß gleicher Abmessungen mit zwei gegenüberliegenden leitenden (Elektroden-)Flächen. Eine Widerstandsmessung an diesem Meßgefäß ergibt einen Widerstandsmeßwert $R$ ($\Omega$) bzw. seinen Kehrwert, den Leitwert $G$ (Siemens). Der mit dem modellhaften Meßgefäß gemessene Leitwert ist spezifisch für diese Meßgeometrie. Der auf diese Meßgeometrie bezogene Leitwert heißt spezifische Leitfähigkeit (S/cm) und wird von Leitfähigkeitsmeßgeräten angezeigt.

Der Leitwert würde bei einer anderen Meßgeometrie mit größerer Länge der Flüssigkeitssäule abnehmen, mit größerem Querschnitt zunehmen. Zur Reduktion eines Leitwertmeßergebnisses auf die klassische (definitionsgemäße) Meßgeometrie wird das Verhältnis von Länge zu Querschnitt der Flüssigkeitssäule als Multiplikator verwendet und Zellkonstante genannt. Die Einheit der Zellkonstante ist 1/cm (cm/cm²). Die Leitfähigkeit steigt mit der Temperatur und der Anzahl transportierter Ladungen, also zunächst mit der Konzentration. Mit zunehmender Ionenkonzentration behindern sich die Ladungsträger (Ionen) jedoch gegenseitig, wodurch die Leitfähigkeit wieder abnimmt (Aktivitätseffekt). Nur bei (sehr) niedrigen Konzentrationen besteht ein (praktisch) linearer Zusammenhang zwischen Leitfähigkeit und Konzentration; bei mittleren und hohen Konzentrationen tritt häufig (mindestens) ein Maximum der Leitfähigkeit auf, wodurch der Zusammenhang mehrdeutig sein kann.

Temperaturerhöhung erhöht zwar die Leitfähigkeit durch Zunahme der Zahl der Ladungsträger (Zunahme der Dissoziation), die sich aber gegenseitig behindern können und wesentlich durch Zunahme ihrer Beweglichkeit (Abnahme der Viskosität des Lösungsmittels Wasser). Der Temperaturkoeffizient der Leitfähigkeit ist daher immer positiv. Da eine Messung mit Gleichstrom die Zusammensetzung der Meßlösung (durch Elektrolyse) verändern würde, werden Leitfähigkeitsmessungen mit *Wechselstrom* durchgeführt. Zur Messung verwendete Elektrodenanordnungen definierter Geometrie heißen Meßzellen. An deren Elektroden kann meßwertverfälschende Polarisation auftreten.

## 8.3.5
### Meßprinzip

Die Messung der Leitfähigkeit durch *Wechselstromwiderstandsmessung* erfolgt z.B durch die Messung des (leitwertproportionalen) Stromes durch die Meßzelle mittels Konstantspannung oder des zur Konstantregelung der Zellspannung erforderlichen Stromes oder durch Messung von Strom und Spannung mit Quotientenbildung. Die Meßzelle (zusammen mit ihrer Anschlußtechnik) stellt einen komplexen Wechselstromwiderstand dar, nur der Realteil des Wechselstromleitwertes ist gesucht. Durch Multiplikation mit der Zellkonstante ergibt sich die spezifische Leitfähigkeit.

Zur Kleinhaltung der Meßunsicherheit werden, abhängig vom Leitwert verschiedene Meßfrequenzen im Bereich von einigen 10 bis zu einigen 1000 Hz verwendet. Der erhaltene (angezeigte) Leitfähigkeitsmeßwert ist zunächst der aktuelle (tatsächliche) Leitfähigkeitswert bei der Meßtemperatur.

Durch eine (problematische) Temperaturkompensation kann dieser aktuelle Meßwert auf den Wert umgerechnet werden, der sich bei einer anderen Meßtemperatur ergäbe. Diese Umrechnung z.B. auf eine Bezugstemperatur von 25 °C soll den Vergleich bei verschiedenen Meßemperaturen erhaltener Meßwerte ermöglichen.

### 8.3.6
### Sensoren

Der Sensor, auch Meßzelle genannt, verkörpert die erforderliche Meßgeometrie, die quantitativ durch die Zellkonstante beschrieben wird. Die Leitwertmessung erfolgt mittels der Meßzelle unter Stromfluß durch das Meßmedium. Der Stromfluß kann entweder mittels (elektronenleitender) Elektroden, die das Meßmedium galvanisch kontaktieren (galvanische Zellen) oder (elektrodenlos) durch (elektromagnetische) Induktion mittels (isolierter) Spulen (induktive Zellen) bewirkt werden. Galvanische Meßzellen sind als 2-Pol-Meßzellen oder als 4-Pol-Meßzellen ausgeführt. Bei 2-Pol-Meßzellen erfolgen Stromleitung und Spannungsmessung mittels der gleichen Elektroden. Das können zwei Elektroden oder auch mehrere (häufig drei) zu (2-Pol-) Gruppen zusammengeschaltete Elektroden sein. Bei 4-Pol-Meßzellen erfolgen Stromleitung und Spannungsmessung mittels getrennter Elektrodenpaare. An den strombelasteten Elektroden treten an den Phasengrenzen Metall/Meßlösung Polarisationsschichten auf, die zu einer Erhöhung des meßbaren Widerstandes und damit bei 2-Pol-Zellen zu einer scheinbaren Erniedrigung der Leitfähigkeit (oder Vergrößerung der Zellkonstante) d.h. zu einer Vergrößerung der Meßunsicherheit führen.

Da die Polarisation wesentlich von der Elektroden-Stromdichte bestimmt ist, wird konstruktiv durch entsprechende Wahl von Elektrodenfläche und -Abstand ein Kompromiß zwischen meßbarem Leitwert (Auflösung) und (polarisationsbedingter) Meßunsicherheit angestrebt. So werden 2-Pol-Meßzellen mit Zellkonstanten (Meßgeometrien) zwischen ca. 0,01 und 100 (1/cm) abhängig vom Leitwertbereich verwendet. Auch das Elektrodenmaterial hat Einfluß auf das Polarisationsverhalten der Meßzelle, üblich sind u.a. Edelstahl, Platin, Graphit und platinierte (Platin-)Elektroden (mit feinstverteiltem, schwarzem Platin-(moor) beschichtet). Letztere bedürfen besonderer Pflege und sind für die industrielle Anwendung kaum geeignet. Bei 4-Pol-Meßzellen dienen zwei Elektroden der Stromleitung und zwei weitere, zwischen ihnen angeordnete (stromfreie) Elektroden, der Spannungsmessung. Die an den Stromelektroden hier ebenfalls auftretende Polarisation kann jedoch durch eine entsprechende Meßtechnik unschädlich gemacht werden. Entweder wird der polarisationsbedingt niedrigere Spannungsabfall an den Spannungsmeßelektroden gegenüber einem Sollwert durch Nachregeln des Stromes konstant gehalten, wobei der Strom dem Leitwert proportional ist, oder aber es werden Strom und Spannung an beiden Elektrodenpaaren gleichzeitig gemessen wobei der Quotient Strom/Spannung dem Leitwert proportional ist.

Eine polarisationsbedingte Meßunsicherheit tritt bei 4-Pol-Meßzellen praktisch nicht auf. Zweipolmeßzellen müssen hinsichtlich ihrer Zellkonstante dem jeweiligen Leitwertbereich entsprechend ausgewählt und gewartet werden, mit Vierpolmeßzellen kann in einem sehr großen Leitwertbereich mit einer einzigen Meßzelle und minimalem Wartungsaufwand gemessen werden. Bei Zweipolmeßzellen wird die Zellkonstante (Abstand/Fläche) durch Elektrodenverschmutzung vergrößert und damit der Meßwert verfälscht, bei Vierpolmeßzellen ist der Verschmutzungseinfluß sehr gering. Die Messung besonders niedriger Leitfähigkeitswerte (unter ca. $10 \mu S/cm$) ist problematisch und erfolgt mit (Z-Pol-) Durchflußmeßzellen mit besonders kleiner Zellkonstante (z.B. $K = 0,01/cm$).

Ein gemeinsames, weiteres Geometriemerkmal von Leitfähigkeitsmeßzellen betrifft die Feldausbreitung zwischen den Stromelektroden. Die elektrischen Feldlinien treten senkrecht aus einer Elektrodenoberfläche aus und streben auf kürzestem Wege den ebenfalls senkrechten Wiedereintritt (in die Oberfläche der Gegenelektrode) an. Hieraus ergibt sich, bauartabhängig, z.B. eine etwa tonnenförmige Felderstreckung, die Bestandteil der Meßgeometrie ist. Wird dieses Feld definiert und konstant begrenzt (eingeengt), z.B. durch ein einhüllendes Rohr, so ergibt sich eine Meßzelle, deren Zellkonstante von der Einbaugeometrie unabhängig ist. Entfällt ein solches Hüllrohr, dann kann die Einbaugeometrie die Zellkonstante einer solchen sogenannten Streufeldzelle mitbestimmen. Das Prinzip der sogenannten induktiven Meßzellen verwendet keine Elektroden, somit entfällt hier jede Polarisation(-sstörung), die ja nur an einer Phasengrenze auftritt. Bei induktiven Meßzellen wird von einer Ringkernspule in einer vom Meßmedium gebildeten Flüssigkeitsschleife eine Spannung induziert, die in der (ionenleitenden) Flüssigkeitsschleife einen leitwertabhängigen Strom hervorruft, der von einer zweiten, magnetisch isolierten, die Flüssigkeitsschleife ebenfalls umfassenden Ringkernspule einen Strom induziert, der dem Leitwert der Flüssigkeitsschleife proportional ist. Querschnitt und Länge der Flüssigkeitsschleife bestimmen auch hier die Zellkonstante. Induktive Meßzellen haben meist einen Streufeldanteil. Sie sind vollständig (isolierend) in Kunststoff eingebettet. Der Wegfall von Polarisationsstörungen, eine geringe Verschmutzungsempfindlichkeit, ein großer Meßbereich und der Fortfall von Metallkorrosion sind ihre besonderen Kennzeichen.

Die Verwendung besonders hochwertiger Fluorkunststoffe (PTFE, PFA) ermöglicht Messungen in stark korrosiven Medien. Die Übertragungsfunktion von Leitfähigkeitsmeßzellen ist unter der Voraussetzung vernachlässigbarer Verschmutzung praktisch konstant und der Meßwert mediumsbedingt nur mit der Temperatur veränderlich. Diese Temperaturabhängigkeit der Leitfähigkeit kann mittels eines in die Meßzelle integrierten Temperaturmeßfühlers durch den Meßwertumformer (kompromißhaft) berücksichtigt werden. Das Ausgangssignal des passiven Sensors Leitfähigkeitsmeßzelle ist ein Wechselstrom-Widerstand bzw. -Leitwert, der von der Zellkonstante abhängt.

### 8.3.7
**Temperatureinfluß**
Die Übertragungsfunktion der Meßzelle ist temperaturunabhängig, die Leitfähigkeit des Meßmediums steigt mit der Temperatur. Dieses Verhalten ist nichtlinear (es ist temperatur- und konzentrationsabhängig). Der Leitfähigkeitsmeßwert ist zunächst der aktuelle (wahre) Meßwert bei Meßtemperatur. Zur Herstellung von Vergleichbarkeit sollen jedoch häufig Leitfähigkeitsmeßwerte bei verschiedenen Meßtemperaturen auf einen Leitfähigkeitswert umgerechnet werden, der sich bei einer gemeinsamen (Bezugs-)Temperatur (meist 25 °C) ergäbe. Da die Temperaturabhängigkeit mit der Ionenart, der Konzentration und der Temperatur variiert, ist die Verwendung eines *Temperaturkoeffizienten* streng genommen unmöglich, sie ist jedoch Teil eines weitgehenden (aber vernünftigen) Kompromisses. Dieser Kompromiß besteht in der Verwendung eines angenommenen, mittleren Temperaturkoeffizienten, einer linearen Kompensation, der Beschränkung auf kleine Temperatur- und Leitfähigkeitsbereiche und (möglichst) der Verwendung der mittleren Temperatur des Temperaturbereichs als Bezugstemperatur. Die praktisch auftretenden Temperaturkoeffizienten variieren etwa zwischen 1 und 4%/°C, im Mittel betragen sie 2 ... 3%/°C, sehr reines Wasser erreicht Werte über 7%/°C.

### 8.3.8
**Übertragungsfunktion**
Die Übertragungsfunktion einer Leitfähigkeitsmeßzelle lautet: $\kappa = G \cdot K$. $\kappa$ = spezifische Leitfähigkeit (des Meßmediums); $G$ = Wirkleitwert (1/ohmscher Anteil der Impedanz); $K$ = Zellkonstante (Bild 8.3).

### 8.3.9
**Meßwertumformer**
Meßwertumformer für die Leitfähigkeitsmessung (*Konduktometer*) sind unabhängig von der Art der Meßzelle Wechselstromleitwertmesser (Impedanzmeter), die die Konduktanz (Wirkleitwert, 1/ohmscher Anteil) der Impedanz (multipliziert mit der Zellkonstante) als Meßwert direkt bzw. in ein Normsignal gewandelt ausgeben. Mikroprozessor-Meßwertumformer sind Stand der Technik. Wegen Besonderheiten der Meßtechnik mit induktiven Meßzellen sind für diese besondere Meßwertumformer oder besondere Meßmodule erforderlich. Meßspannung und Meßfrequenz wer-

278  Teil B  Meßumformer, Sensoren

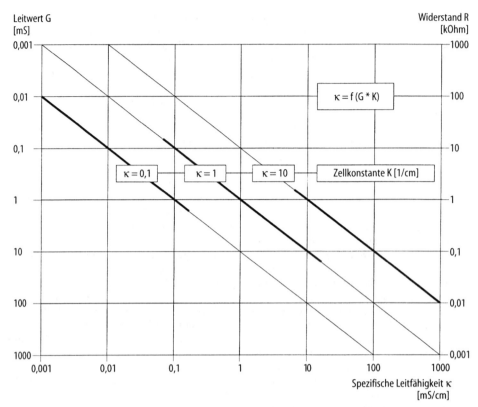

**Bild 8.3.** Übertragungsfunktion einer Leitfähigkeits-Messung. Die Graphen zeigen den multiplikativen Einfluß der Zellkonstante auf den Leitwert. Die mager dargestellten Teile der Graphen deuten die unzulässigen Bereiche für Zweipol-Meßzellen an. Die Widerstandsordinate soll das Verständnis erleichtern. In einer Lösung mit einer spezifischen Leitfähigkeit $\kappa = 1$ mS/cm wird mit einer Zelle mit der Zellkonstanten $K = 10$/cm ein Widerstand von 10 k$\Omega \equiv 0{,}1$ mS gemessen; durch Multiplikation des Leitwertes mit der Zellkonstante wird (wieder) der richtige Leitfähigkeitswert $\kappa = 1$ mS/cm erhalten.

den bei allen Leitfähigkeitsmeßumformern leitwertabhängig automatisch optimiert. Die Eingabe der Zellkonstante erfolgt meist (manuell) durch Dateneingabe; von einigen Meßwertumformern kann die Zellkonstante mit Hilfe einer Justierlösung auch selbsttätig ermittelt werden. Die Erfassung des wichtigen Parameters Temperatur zur Anzeige der Meßtemperatur oder zur Temperaturkompensation der Leitfähigkeit erfolgt mittels eines (oft in die Meßzelle integrierten) Temperaturfühlers. Der vom Meßwertumformer ausgegebene Leitfähigkeitsmeßwert ist zunächst der aktuelle (wahre) Meßwert (bei Meßtemperatur). Die Verwendung der (linearen) Temperaturkompensation stellt einen weitgehenden Kompromiß dar. Hierzu ist die Kenntnis der Temperaturabhängigkeit der Leitfähigkeit erforderlich, die dem Meßwertumformer (durch Dateneingabe) mitgeteilt werden muß. Manche Meßwertumformer sind zusätzlich für ausgewählte *Zweistoffgemische* (ein Stoff in Wasser) mit einem Algorithmus und den erforderlichen Daten zur automatischen Umrechnung des Leitfähigkeitsmeßwertes in Konzentrationen ausgestattet. Für diese ausgewählten reinen Zweistoffgemische gelten die oben dargestellten Einschränkungen hinsichtlich Temperatur und Konzentration nicht, da für sie *dreidimensionale* Datensätze (Konzentration mit Bereichsvorwahl, Leitfähigkeit, Temperatur) im Meßwertumformer zur Verfügung stehen.

## 8.3.10
**Justieren**

Das Justieren einer Leitfähigkeitsmeßeinrichtung besteht in der Eingabe oder automatischen Feststellung der Zellkontante. Leitfähigkeitsmeßzellen ist stets die Angabe ihrer Zellkonstante (mit einer Unsicherheit von 1–2%) beigegeben. Bei Streufeldmeßzellen ist sie von der Einbaugeometrie abhängig und muß ggf. im Einbauzustand ermittelt werden. Da die Zellkonstante wesentlich geometrisch bestimmt ist, ändert sie sich praktisch nur durch Verschmutzen der Meßzelle. Das Reinigen der Meßzelle ist daher einem Nachjustieren vorzuziehen. Zur Feststellung oder Kontrolle der Zellkonstante werden Lösungen mit bekannter Leitfähigkeit verwendet. Manche Meßwertumformer sind mit entsprechenden Datensätzen zur automatischen Bestimmung der Zellkonstante mittels solcher Standards ausgestattet.

## 8.3.11
**Standards**

Wegen der weitgehenden Unveränderlichkeit der Übertragungsfunktion von Leitfähigkeitsmeßzellen, ist die Verwendung der vom Hersteller der Zelle angegebenen Zellkonstante im allgemeinen ausreichend, wenn Verunreinigungen der Meßzelle vermieden oder regelmäßig beseitigt werden. Die Verwendung von Justierlösungen ist, außer bei der Inbetriebnahme von Streufeldzellen in einer feldbegrenzenden Einbaugeometrie, selten erforderlich. Die *klassische Standardsubstanz* der Leitfähigkeitsmeßtechnik ist Kaliumchlorid (KCl). Die Leitfähigkeiten von KCl-Lösungen verschiedener Konzentrationen in Abhängigkeit von der Temperatur sind sehr genau bekannt und im Handel erhältlich. Auch andere Lösungen, deren Leitfähigkeit hinreichend genau bekannt ist, können für eine Justierung verwendet werden. Bei der Justierung mit Zweipolzellen ist deren empfohlene obere Meßbereichsgrenze zu beachten (Polarisationsfehler). Besonders einfach ist das Justieren mit Vierpolmeßzellen und induktiven Meßzellen, da sie nicht durch Polarisation gestört werden, und somit einfach herzustellende, gesättigte Lösungen verwendet werden können. Das Justieren im Bereich besonders niedriger Leitfähigkeiten ist problematisch und erfolgt häufig nur durch Eingabe der vom Hersteller der verwendeten Meßzelle angegeben Zellkonstante. Die genaue Beachtung der Temperatur ist in jedem Falle erforderlich.

## 8.3.12
**Meßunsicherheit**

Die Größe der Meßunsicherheit der nicht temperaturkompensierten Leitfähigkeit wird wesentlich von der Unsicherheit der Zellkonstante bestimmt und beträgt ca. 1–3% von Meßwert. Beim Messen mit Zweipolmeßzellen muß deren empfohlene obere Meßbereichsgrenze beachtet werden. Wegen der vielfältigen Einflüsse auf die Temperaturkompensation kann hier die Größe der Meßunsicherheit schwer eingeschätzt werden; eine Meßunsicherheit bis zu etwa 10% ist in der Praxis nicht ausgeschlossen. Die Standzeit des Justierzustandes von Leitfähigkeitsmeßeinrichtungen wird hauptsächlich vom Verschmutzungsgrad der Meßzelle bestimmt; eine Sensordrift ist nicht vorhanden. Selektivität ist prinzipiell nicht gegeben; sämtliche Ionen tragen zum Meßwert bei.

### Allgemeine Literatur

Galster (1990) pH-Messung. VCH, Weinheim
Oehme, Jola (1982) Betriebsmeßtechnik, Hütig, Heidelberg
Schwabe (1976) pH-Meßtechnik, Th. Steinkopf, Dresden
Wedler (1985) Lehrbuch der Physikalischen Chemie, VCH, Weinheim
Brdicka (1972) Grundlagen der Physikalischen Chemie, Verlag d. Wissenschaften, Berlin
Oehme, Bänninger (1979) ABC der Konduktometrie, Sonderdruck, Chem. Rundschau
Leitfähigkeits-Fibel (1988) (Hrsg.) WTW, Weilheim
Galster (1979) Natur, Messung und Anwendung der Redoxspannung. Chemie f. Labor u. Betrieb 30:8/330-338
Haman, Vielstich (1981, 1985) Elektrochemie I u. II, VCH, Weinheim
DIN „pH-Messung". DIN 19260: Allgemeine Begriffe; DIN 19261: Begriffe für Meßverfahren mit Verwendung galvanischer Zellen; DIN 19263: Glaselektroden; DIN 19264: Bezugselektroden; DIN 19265: pH-Meßzusatz, Anfor-

derungen; DIN 19266: Standardpufferlösungen; DIN 19267: Technische Pufferlösungen, vorzugsweise zur Eichung von technischen pH-Meßanlagen; DIN 19268: pH-Messung von klaren, wäßrigen Lösungen

DIN IEC: „Angaben des Betriebsverhaltens von elektrochemischen Analysatoren". DIN IEC 746 Teil 1: Allgemeines; DIN IEC 746 Teil 2: Messung des pH-Wertes; DIN IEC 66D(CO)14: Oxidations-Reduktionsspannung oder Redoxspannung; DIN IEC 746 Teil 3: Elektrolytische Leitfähigkeit

# 9 Gasfeuchte

G. Scholz

## 9.1 Begriffe, Definitionen, Umrechnungen

### 9.1.1 Allgemeines

Unter der Feuchte eines Gases versteht man ganz allgemein den *Wasserdampf*, der in ihm in beliebiger Konzentration bis zum Sättigungswert enthalten sein kann. Wichtigster Spezialfall der Gasfeuchte ist die Luftfeuchte. Unter Wasserdampf sei hier und im folgenden immer das Wasserdampfgas verstanden, nicht Naßdampf im technischen Sinne, der ein Gemisch aus Kondensattröpfchen und Wasserdampfgas darstellt. Der historisch entstandene Sprachgebrauch kann hier zu Mißverständnissen führen.

Die Kenngrößen der Gasfeuchte (von der Vielzahl der theoretisch möglichen werden hier nur die wichtigsten aufgeführt) lassen sich in drei Gruppen einordnen:

a Größen zur Kennzeichnung der absoluten im Gas enthalten Menge an Wasserdampf

- der *Dampfdruck* $e$
- die *Taupunkttemperatur* $t_d$ bzw. *Reifpunkttemperatur* $t_i$
- die *absolute Feuchte* $d_v$

b Größen, die das Mengenverhältnis von Wasserdampf und trockenem Gas kennzeichnen

- das *Mischungsverhältnis* (auch *Feuchtegrad*) $r, x$
- der *Volumenanteil des Wasserdampfes* $w$

c Größen, die durch Bezug auf den Sättigungswert bei gleicher Temperatur gekennzeichnet sind

- *relative Feuchte* $U, \varphi$

### 9.1.2 Definitionen und Bedeutung der Kenngrößen

Alle in 9.1.1 aufgeführten Kenngrößen sind wechselseitig ineinander umrechenbar. In die Umrechnungsbeziehungen gehen die Gastemperatur $t$ und der Gesamtdruck $p$ des feuchten Gases sowie der Sättigungsdampfdruck $e_w(t)$ bzw. $e_i(t)$ ein.

Bei den folgenden Ausführungen wird die Gültigkeit der *idealen Gasgesetze* für feuchte Gase vorausgesetzt, eine Annahme, die unter Normalbedingungen bis auf eine Abweichung von 0,4% gilt, bei hohen Drücken und extremen Temperaturen aber nicht mehr gerechtfertigt ist. Näheres hierzu in [9.4, 9.7].

Definitionen:

- der *Dampfdruck* $e$ ist der Partialdruck des Wasserdampfes im feuchten Gas. Er spielt für das theoretische Verständnis der Feuchtemessung eine große Rolle, da die Einstellung von Dampfdruckgleichgewichten ein immer wieder auftretender Grundprozeß ist.
- der *Sättigungsdampfdruck* $e_w(t)$ bzw. $e_i(t)$ ist der bei gegebener Temperatur $t$ maximal mögliche Dampfdruck im Falle der Sättigung bezüglich Wasser (Index $w$) oder Eis (Index $i$). Unterhalb von 0 °C ist zu unterscheiden zwischen Sättigung bezüglich unterkühltem Wasser und Eis, was bei einigen Meßverfahren zu Mehrdeutigkeiten und damit zu Meßunsicherheiten führt (Bild 9.1).

In sehr guter Näherung gelten, bezogen auf die Temperaturskale ITS-90, die Darstellungen nach Magnus

$$\ln e_w(t) = \ln 6{.}112 + \frac{17{,}62\, t}{243{,}12 + t} \qquad (9.1)$$

und

$$\ln e_i(t) = \ln 6{.}112 + \frac{22{,}46\, t}{272{,}62 + t} \qquad (9.2)$$

mit $t = t_{90}$.

Weitergehendes zum Sättigungsdampfdruck unter [9.8, 9.28].

- die *Taupunkttemperatur* $t_d$ bzw die *Reifpunkttemperatur* $t_i$ ist die Temperatur,

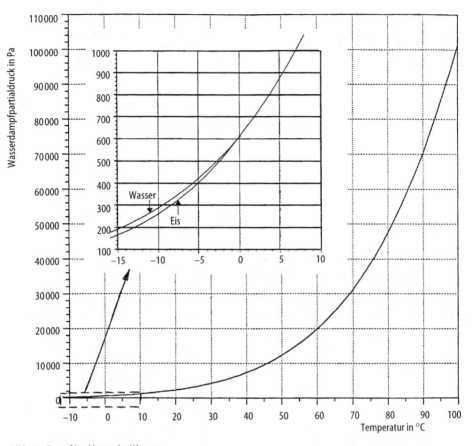

**Bild 9.1.** Dampfdruckkurve des Wassers

bei der ein gegebener Dampfdruck dem Sättigungsdampfdruck gleich ist

$$e = e_w(t_d) \quad \text{bzw.} \quad e = e_i(t_d). \tag{9.3}$$

Die Taupunkttemperatur kann mit Tauspiegelgeräten direkt gemäß ihrer Definition gemessen werden.

- die *absolute Feuchte* $d_v$ ist die Massekonzentration des Wasserdampfes im feuchten Gas

$$d_v = \frac{m_v}{V} \tag{9.4}$$

mit

$m_v$ Masse des Wasserdampfes,
$V$ Volumen des feuchten Gases

- die *relative Feuchte* $U$ ist das Verhältnis des Dampfdrucks $e$ zum Sättigungsdampfdruck $e_w$ bei gegebener Temperatur, ausgedrückt in Prozent

$$U = \frac{e}{e_w(t)} 100\%. \tag{9.5}$$

- das *Mischungsverhältnis* $r$ ist das Verhältnis aus der Masse des Wasserdampfes $m_v$ und der Masse des trockenen Gases $m_g$. Die Bedeutung dieser Größe liegt darin, daß sie konstant bleibt, solange keine Kondensation oder Befeuchtung stattfindet, unabhängig von Änderungen von Druck und Temperatur. Der Bezug auf die Masse trockenen Gases gibt eine konstante Basis für Berechnungen in der Klimatechnik und Energiewirtschaft

$$r = \frac{m_v}{m_g}. \tag{9.6}$$

- der *Volumenanteil des Wasserdampfes* $w_v$, meist in ppm (parts per million) angegeben, wird nur im Bereich sehr geringer Feuchte (Spurenbereich) als Kenngröße verwendet, weil er mit verschiedenen Meßverfahren, die für diesen Bereich typisch sind, direkt gemessen werden kann

$$w_v = \frac{V_v}{V} 10^6 \text{ ppm} = \frac{e}{p} 10^6 \text{ ppm} \quad (9.7)$$

$V_v$ Partialvolumen des Wasserdampfes.

## 9.2
## Allgemeines zur Feuchtemessung

Die Gasfeuchtemessung weist einige Besonderheiten auf, deren Beachtung für die Lösung von Meß- und Regelproblemen unerläßlich ist:

- Alle Gasfeuchtemeßverfahren beruhen letztlich auf einem der folgenden Prozesse: Einstellung von Phasengleichgewichten Wasserdampf-Wasser-Eis; Einstellung von Sorptionsgleichgewichten des feuchten Gases mit hygroskopischen Stoffen; Absorption elektromagnetischer Strahlung durch Wasserdampf. Gleichgewichtseinstellungen verlaufen nicht nach einem eindeutigen physikalischen Zusammenhang, sondern hängen ab von der Gaszusammensetzung, von Störkomponenten, von Verunreinigungen und vom materialspezifischen Verhalten. Vor allem Sorptionsgleichgewichte stellen sich sehr langsam ein. Endzustände werden erst nach sehr langer Zeit erreicht.
- Wasserdampf wird an allen Oberflächen einer Apparatur, eines Raumes in Abhängigkeit von Temperatur, Dampfdruck und Materialart absorbiert bzw. desorbiert. Ein ebenfalls langsam verlaufender Vorgang, der sehr wichtig ist für die Gestaltung der Meßanordnung. Besonders in der Spurenfeuchtemessung ist dies von dominierender Bedeutung.
- die metrologischen Kennwerte der Gasfeuchtemessung, Meßgenauigkeit, dynamisches Verhalten u.a. hängen sehr stark vom Meßwert, von der Temperatur und von den Meßbedingungen allgemein ab.

## 9.3
## Verfahren der Gasfeuchtemessung

Es ist nicht sinnvoll, die Verfahren der Gasfeuchtemessung nach den gemessenen Kenngrößen zu unterscheiden, da nur wenige von ihnen eine Feuchtekenngröße direkt erfassen. Meist werden primär ein oder mehrere Parameter erfaßt, die in jede gewünschte Feuchtekenngröße umgewandelt werden können.

### 9.3.1
### Tauspiegel-Hygrometer

Das Meßgas strömt über eine oberflächenveredelte, sehr blanke Metalloberfläche von wenigen Millimetern Durchmesser. Wird dieser „Tauspiegel" gekühlt, tritt bei Erreichen der Taupunkttemperatur Kondensat auf, das mit geeigneten Nachweisverfahren erkannt werden kann. Der Taunachweis wird genutzt, um eine Regelung anzusteuern, die letztlich den Tauspiegel auf die Taupunkttemperatur einregelt. Diese wird mit einem unmittelbar unter dem Tauspiegel befindlichen Temperatursensor über eine entsprechende Temperaturmeßschaltung erfaßt (Bild 9.2).

Tauspiegel-Hygrometer gehören zu den genauesten Gasfeuchtemeßgeräten. Unter optimalen Bedingungen sind 0,2 K Taupunkttemperatur als Meßunsicherheit realisierbar. Der Einsatzbereich reicht von unter -80 bis nahe an +100 °C Taupunkttemperatur.

Mögliche Geräteversionen: Sensorkopf wird vom Meßgas durchströmt (Meßkopf separat oder bauliche Einheit mit Grundgerät), Durchflußrate ca. 1 l/min; Sensor taucht in Meßgas ein, keine Zwangsbeströmung; Messung bei Überdrücken bis 100 bar; Messung in korrosiven Gasen; automatische thermische oder mechanische Spiegelreinigung bei laufendem Betrieb; Taunachweisverfahren optisch, auch kapazitiv möglich.

Tauspiegel-Hygrometer sind empfindlich gegen Verunreinigungen. Filter sind deshalb unerläßlich. Störend ist das Vorhandensein weiterer kondensierbarer Komponenten außer Wasserdampf.

Bei Taupunkttemperaturen knapp unter 0 °C (bis etwa -20 °C) ergeben sich störende

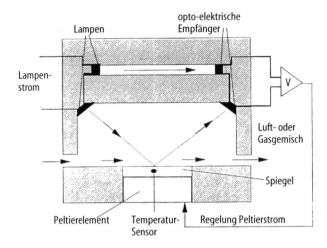

**Bild 9.2.** Sensorteil eines Tauspiegel-Hygrometers mit Peltierkühlung (nach General Eastern)

Instabilitäten, da hier das Kondensat als Eis, aber auch als unterkühltes Wasser auftreten kann. Plötzliche Umwandlungen zwischen beiden Phasen treten auf.

### 9.3.2
### Psychrometer

Das psychrometrische Verfahren führt die Feuchtemessung auf die Messung zweier Temperaturen zurück, die Meßgastemperatur $t$ und die sog. Feuchttemperatur $t_w$. Die Feuchttemperatur ist die Kühlgrenztemperatur, auf die sich ein Gas mit gegebenem Dampfdruck maximal infolge Verdunstung abkühlt, wenn es über eine Wasseroberfläche streicht und das Gesamtsystem Wasser-Gas thermisch perfekt isoliert ist. Es gilt die Beziehung

$$e = e_w(t_w) - A \cdot p(t - t_w) \qquad (9.8)$$

$p$ Gasdruck,
$A$ ein Koeffizient, der bauartspezifisch empirisch zu bestimmen ist.

Die praktische Realisierung des Verfahrens in einem sog. Psychrometer geschieht so, daß das Meßgas zwei Thermometer anströmt, von denen eines an seinem empfindlichen Teil befeuchtet wird (meist durch einen nassen Baumwollstrumpf) (Bild 9.3).

Psychrometer gibt es in sehr vielen konstruktiven Versionen für den Temperaturbereich von knapp unter 0 °C bis über 100 °C.

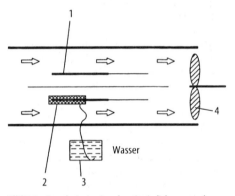

**Bild 9.3.** Grundprinzip eines kontinuierlich messenden Psychrometers
*1* trockenes Thermometer, *2* feuchtes Thermometer, *3* Wasserreservoir, *4* Ventilator

Als Meßelemente für Regelzwecke sind Psychrometer einsetzbar, wenn die Temperaturmessung mit elektrischen Sensoren erfolgt und eine Dauerbefeuchtung des Feuchtthermometers gewährleistet ist. Die direkte Umwertung der Temperaturmeßwerte in die gewünschte Feuchtekenngröße erfolgte früher über geeignete Meßschaltungen (Kreuzspulinstrumente). Heute ist es üblich, mit Hilfe der Mikrorechentechnik die direkte Umrechnung per Gl. (9.8) durchzuführen.

Psychrometer sind robust im Betrieb, frei von Drift und Hysterese. Sie sind relativ unempfindlich gegen Schmutz, mit Ausnahme solcher Verunreinigungen, die den Dampfdruck am Feuchtthermometer beeinflussen (z.B. Salze).

Charakteristisch für Psychrometer ist ihr hoher Meßgasdurchsatz, der sich aus der Notwendigkeit ergibt, mindestens eine Strömungsgeschwindigkeit von 2,5 m/s am Feuchtthermometer zu gewährleisten. Daraus ergibt sich ein Gasdurchsatz von mehreren Kubikmeter je Stunde. Damit sind Psychrometer ungeeignet für lokale Messungen. Sie eignen sich für große Meßvolumina oder für Kanäle mit großem Gasdurchsatz.

Meßunsicherheiten von 1 bis 2% rel. Feuchte sind unter optimalen Bedingungen erreichbar (Bild 9.4).

Die *Zeitkonstante* hängt von der Art der Temperatursensoren, von der Feuchttemperatur, den Strömungsverhältnissen u.a. ab und bewegt sich im Bereich von 10 bis 180 s.

Ein für Regelaufgaben im Bereich hoher Feuchte und Gastemperatur interessanter Sonderfall ist das *Prallstrahl-Psychrometer* [9.10]. Das Meßgas trifft hier in einem dünnen Strahl auf ein kleines Wasserreservoir, an dem sich die Feuchttemperatur einstellt. Das Prallstrahl-Psychrometer ist sehr unempfindlich gegen Schmutz, da durch einen Überlauf am Reservoir ein Selbstreinigungseffekt erreicht wird.

### 9.3.3
### Haar- bzw. Faserhygrometer

Die Länge entfetteten und speziell behandelten menschlichen Haares oder verschiedener hygroskopischer synthetischer Fasern ändert sich mit der relativen Feuchte. Die maximale Änderung kann bis zu 2,5% der Gesamtlänge betragen [9.15]. Die auf diesem Effekt beruhenden Haar- oder Faserhygrometer sind als anzeigende Geräte weit verbreitet. Als Sensorelemente für Regelzwecke sind sie geeignet, wenn zur Erhöhung der Stellkraft die Fasern oder Haare gebündelt werden und die Längenänderung umgeformt wird in (s. Kap. B 5)

– eine Widerstandsänderung (Potentiometerverstellung)
– eine Induktivitätsänderung (z.B. Verschiebung des Ferritkerns einer Spule)
– die Auslösung eines Mikroschalters bzw. wenn bei analog anzeigenden Geräten Schaltkontakte durch den Zeiger betätigt werden (Bild 9.5).

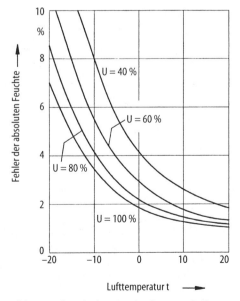

**Bild 9.4.** Meßunsicherheit eines Psychrometers bei konstanter Unsicherheit der Temperaturmessung (0,1 K) [9.5]

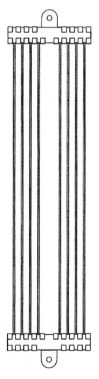

**Bild 9.5.** Sensorelement eines Feuchtereglers nach dem Prinzip des Faserhygrometers (Grillo)

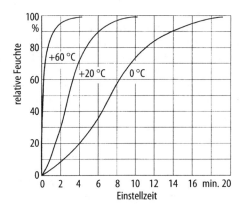

**Bild 9.6.** Abhängigkeit des dynamischen Verhaltens eines faserhygrometrischen Sensors von Temperatur und relativer Feuchte (Grillo)

Feuchtemessung in einem weiten Feuchte- und Temperaturbereich, bauartspezifisch innerhalb der Bereiche von einigen Prozent relativer Feuchte bis nahe der Sättigung und von −40 bis +140 °C. Der Temperaturkoeffizient der Anzeige ist <0,15% rel. F/K. Es sind lokale Messungen mit hoher Empfindlichkeit durchführbar. Die Zeitkonstante liegt im Sekundenbereich (Bild 9.7).

Allerdings folgt einem sehr schnellen Reagieren auf Feuchteänderungen eine lange dauernde Angleichsphase an den Endwert, was bei Änderungen der Meß-

Haar- und Faserhygrometer sind robuste Geräte für mäßige Genauigkeitsansprüche. Im günstigsten Falle lassen sich Meßunsicherheiten von 3 bis 5% rel. Feuchte erreichen. Hauptfehlerquelle sind irreversible Änderungen, Alterungsvorgänge, Hysterese.

Günstigster Einsatzbereich sind 50 bis 80% rel. Feuchte. Außerhalb dieses Intervalls werden die aufgeführten Fehlereinflüsse stärker wirksam. Typische Einstellzeiten sind in Bild 9.6 dargestellt.

Der Temperaturbereich reicht von unter 0 °C (bei stark ansteigender Anzeigeträgheit) bis +50 °C (Haar) bzw. über 100 °C (Faser). Der Temperaturkoeffizient der Anzeige ist mit <0,01% rel.F./K. sehr klein.

Verunreinigungen im Meßgas stören nur, wenn sie sich auf dem Haar oder der Faser niederschlagen und dadurch den Feuchteaustausch beeinträchtigen, wie z.B. Öldämpfe, Fette, Kunstharze.

### 9.3.4
**Kapazitive Feuchtesensoren** [9.13, 9.21]

Bei *Dünnschichtkondensatoren* mit einem hygroskopischen Dielektrikum hängt die Kapazität von der rel. Feuchte der Umgebung ab. Dieser Effekt ist die Grundlage für Feuchtesensoren, bei denen eine elektrische Kapazität (im Bereich 50–500 pF) in ein zur rel. Feuchte proportionales Strom- oder Spannungssignal gewandelt wird. Kapazitive Sensoren erlauben die

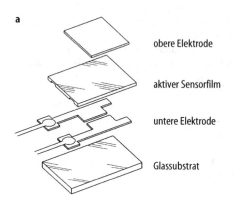

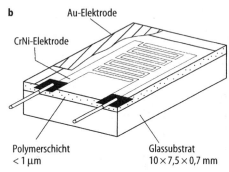

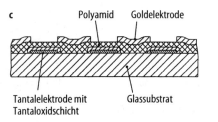

**Bild 9.7.** Beispiele für den Aufbau kapazitiver Feuchtesensoren. **a** Vaisala, **b** Mela, **c** Endress + Hauser

größe zu Hystereseerscheinungen führt. Kurzfristig erlauben kapazitive Sensoren Meßunsicherheiten <2% rel. Feuchte. Langfristig ist mit einer Kennliniendrift zu rechnen, die bauartspezifisch ist und stark von den konkreten Umgebungsbedingungen abhängt. Störend sind Lösungsmitteldämpfe, Rauch, Abscheidungen auf dem Sensorelement u.a.m. Eine Prüfung der Einflüsse ist gezielt für die jeweiligen Sensortypen vorzunehmen.

### 9.3.5
### LiCl-Sensoren

LiCl-Sensoren führen die Feuchtemessung auf die Messung einer charakteristischen Temperatur zurück, die in definierter Beziehung zum Dampfdruck steht. LiCl-Sensoren erzeugen also ein Strom/-Spannungssignal, das proportional zum Dampfdruck bzw. zur absoluten Feuchte ist.

Die Wirkungsweise ist im Bild 9.8 erkennbar: Ein mit LiCl-Lösung getränktes Gewebe, das einen Temperatursensor umhüllt, wird an eine Spannungsquelle angeschlossen (Wechselspannung). LiCl nimmt als hygroskopisches Salz Wasserdampf auf, und die Lösung wird leitend. Der fließende Wechselstrom heizt die Lösung auf, und ihr Dampfdruck erhöht sich. Hieraus resultiert ein Regelmechanismus, der bewirkt, daß sich eine Temperatur der Lösung einstellt, bei der ihr Dampfdruck gleich dem zu messenden Dampfdruck ist. Die Messung dieser Temperatur erfolgt mit Pt-100 nach entsprechenden Schaltungen (s. Abschn. B 6.2.1.2).

Der Arbeitsbereich von LiCl-Sensoren ist im Bild 9.9 dargestellt. Die Meßunsicherheit liegt bei 1 K Taupunkttemperatur. Änderungen in der thermischen Belastung können zu Zusatzfehlern führen.

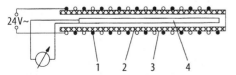

**Bild 9.8.** Aufbau eines konventionellen LiCl-Sensors
1 Heizelektroden, 2 Metallhülse, 3 LiCl-getränkte Gewebeschicht, 4 Temperatursensor [9.5]

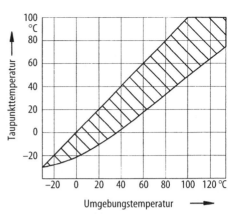

**Bild 9.9.** Arbeitsbereich eines LiCl-Sensors [9.5]

LiCl-Sensoren müssen im Dauerbetrieb laufen. Ein Ausfall der Versorgungsspannung führt zum Funktionsausfall. Verunreinigungen stören relativ wenig. Eine periodische Regenerierung der Sensoren (auswaschen und neu tränken), halbjährlich oder jährlich, verhindert ein Driften der Kennlinie (Bild 9.9).

Hydratumwandlungen des Lithiumchlorids führen zu Instabilitäten in der Umgebung der Taupunkttemperaturen −30, −10 und +40 °C.

Mit Hilfe indirekt beheizter Sensoren wurden Verbesserungen der meßtechnischen Eigenschaften erreicht [9.22].

### 9.3.6
### Aluminiumoxid-Sensoren

Aluminiumoxid-Sensoren sind spezifisch für den Feuchtebereich unter 0 °C Taupunkttemperatur geeignet. Ähnlich wie bei den kapazitiven Sensoren ist das Meßelement ein kleiner Kondensator, dessen Impedanz von der Feuchte der Umgebung abhängt. Zwischen je einer Gold- und Aluminiumelektrode befindet sich eine speziell vorbehandelte Aluminiumoxidschicht, die sich im Gegensatz zu anderen hygroskopischen Stoffen auf ein Gleichgewicht mit der *absoluten Feuchte* der Umgebung einstellt.

Aluminiumoxid-Sensoren altern, d.h., sie müssen periodisch nachkalibriert werden. Störend wirken alle polaren Beimischungen im Meßgas wie Methanol, Ammoniak u.a.

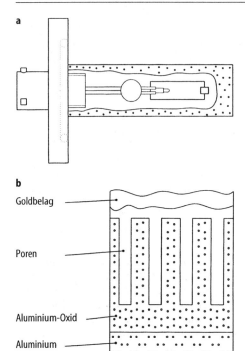

**Bild 9.10.** Aluminiumoxid-Feuchtesensor. **a** mit Sensorelement, **b** für den Spurenbereich (Panametrics)

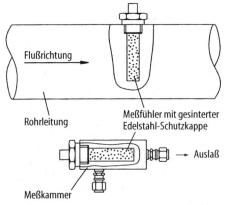

**Bild 9.11.** Einbaubeispiele für Aluminiumoxid-Feuchtesensoren (Panametrics)

### 9.3.7
### Sonstige Verfahren

Einige weitere Verfahren für die kontinuierliche Gasfeuchtemessung im on-line-Betrieb sind zu nennen:

Ein *Elektrolyseverfahren*, das auf der Absorption von Wasserdampf durch Phosphorpentoxid beruht und das zur Messung im Spurenbereich, auch in aggressiven Gasen eingesetzt wird [9.1].

Ein mit einer hygroskopischen Schicht bedeckter *Schwingquarz* weist eine von der Feuchte abhängige Eigenfrequenz auf. Ein Verfahren, das bis weit in den Spurenbereich hinein einsetzbar ist [9.26].

*Absorption elektromagnetischer Strahlung* kann in verschiedenen Wellenlängenbereichen zur Feuchtemessung genutzt werden, wobei primär die absolute Feuchte, vorwiegend im höheren Konzentrationsbereich, erfaßt wird [9.12, 9.20, 9.23].

Ein akustisches Verfahren nutzt die Abhängigkeit der *Schallausbreitung* von der Gasdichte und damit von der absoluten Feuchte zur Feuchtemessung [9.29].

Ein offener *Kondensator* erlaubt Feuchtemessungen im Bereich sehr hoher Feuchte und Temperatur [9.19].

*Faseroptische Sensoren* nutzen die Änderung der optischen Eigenschaften hygroskopischer Beschichtungen mit der Feuchte als Meßprinzip [9.27].

### Literatur

9.1 Berliner AP (1980) Feuchtemessung. Verlag Technik, Berlin
9.2 Berliner P (1979) Psychrometrie. Müller, Karlsruhe
9.3 Fischer H, Heber K et al. (1990) Industrielle Feuchtemeßtechnik. Expert, Ehningen
9.4 Hebestreit A (1988) Beitrag zur indirekten Wasserdampftaupunktbestimmung in Hochdruckgasen. Dissertation A, TH Leipzig
9.5 Lück W (1964) Feuchtigkeit. Oldenbourg, München
9.6 – (1985) Moisture and Humidity. Proc. of the Intern. Symposium on Moisture and Humidity. Instrument Society of America, Washington D.C.
9.7 Wexler A (Hrsg.) (1965) Humidity and Moisture. Vol. 1 to 4. Reinhold Publishing, New York
9.8 Sonntag D (1982) Formeln verschiedenen Genauigkeitsgrades zur Berechnung des Sättigungsdampfdrucks. Akademie-Verlag, Berlin

9.9 Sonntag D (1966) Hygrometrie. Akademie-Verlag, Berlin

9.10 Böhm A (1986) Psychrometrische Feuchtemessung nach dem Prallstrahlverfahren. Technisches Messen tm 53:11/414-416

9.11 Breitsameter M, Moritz M (1984) Spurenfeuchtemessung in Gasen. Chemische Technik 37:1/1-6

9.12 Busen R, Buck AL (...) A high performance hygrometer for aircraft use. Report no 10. Institut f. Physik der Erde, Oberpfaffenhofen

9.13 Demisch U (1989) Dünnschicht-Feuchtesensoren. messen prüfen automatisieren 25:9/422-426

9.14 Fehler D (1986) Vollautomatische kont. Taupunktmessung in Verbrennungsgasen. Automatisierungstechnische Praxis atp 28:8/372-376

9.15 Fischer B (1974) Eigenschaften von Polyamidfaserstoffen als Feuchtemeßelemente in Hygrometern. Feingerätetechnik 23:9/ 414-415

9.16 Greiss HB (...) Untersuchungen zur Leistungsfähigkeit kommerzieller Hygrometer. Jül-2627. Berichte des Forschungszentrums Jülich

9.17 Hasegawa S, Stokesberry DP (1975) Automatic digital microwave hygrometer. Rev. Sci. Instrum. 46:7/867-873

9.18 Hebestreit A, Wolf J (1988) Messung der Wasserdampftaupunkttemperatur in Hochdruckgasleitungen. messen steuern regeln (msr) 31:9/403-404

9.19 Heber KV (1987) Humidity measurement at high temperatures. Sensors and Actuators 12/145-157

9.20 Hanebeck N (1984) Kontinuierliche Feuchtemessung in Reaktorhelium mit einem Prozeßphotometer. Chem. Ing. Tech. 56:4/308-310

9.21 Kulwicki BM (1991) Humidity Sensors. J.Am.Ceram.Soc. 74:4/697-708

9.22 Lück W (1987) Ein neues Feuchtemeßsystem. Chem.Ing.Tech. 59:11/875-877

9.23 Martini L et al. (1973) Elektronisches Lyman-Alpha-Feuchtigkeitsmeßgerät. Zeitschrift für Meteorologie 23:11-12/313-322

9.24 Mitschke F (1989) Fiber-optic sensor for humidity. Optics letters 14:17/967-969

9.25 Pragnell RF (1993) Dew and Frost formation on the condensation dew point hygrometer. Measurement and Control 26:10/ 242-244

9.26 Randin JP, Züllig F (1987) Relative humidity measurements using a coated piezoelectric quartz crystal sensor. Sensors and Actuators 11/319-328

9.27 Schwotzer G (...) Ein streckenneutrales faseroptisches Meßsystem für Feuchte- und Temperaturmessungen. Sensor 93. Kongreßband IV/105-111

9.28 Sonntag D (1990) Important new values of the physical constants of 1986, vapour pressure formulation based on the ITS-90 and psychrometer formulae. Zeitschrift für Meteorologie 40:5/340-344

9.29 Zipser L, Labude J (1989) Planarer akustischer Abluftfeuchtesensor. messen steuern regeln (msr) 32:6/268-270

# 10 Gasanalyse

G. WIEGLEB

## 10.1 Einleitung

Die Analyse von Gasen in technischen Prozessen ist eine wesentliche Voraussetzung für eine ökonomische und ökologische Anwendung in der Umwelt-und Verfahrenstechnik. Prinzipiell unterscheidet man zwischen der quantitativen und qualitativen Analyse. In der *qualitativen* Analytik wird eine bestimmte Komponente in einer mehr oder weniger komplizierten Matrix (Gemisch) nachgewiesen. Die *quantitative* Analyse liefert hingegen eine Aussage über die Konzentration einer definierten Komponente in einem Gemisch. In der technischen Anwendung wird in der Regel die quantitative Analyse eingesetzt, da die wesentlichen Komponenten in einem technischen Gemisch meistens bekannt sind. Die Konzentrationsangaben werden entweder auf Volumenanteile [%, ppm (parts per million), ppb (parts per billion)] oder Gewichtsanteile [g/m³] bezogen. Um eine eindeutige Aussage auf den Volumenbezug herzustellen, wird auch häufig eine Zusatzangabe gemacht (z.B. Vol.-% oder vpm).

Die Umrechnung zwischen beiden Angaben erfolgt mit folgender Formel:

1. Unter Normalbedingungen (273 K und 1013 mbar)

$$C_{g/m^3} = C_{Vol.\%} \cdot M \cdot 0,45 \; \left[g/m^3\right]. \quad (10.1a)$$

2. Unter realen Bedingungen

$$C_{g/m^3} = C_{Vol.\%} \cdot M \cdot 0,45 \; \left[g/m^3\right]$$

$$\cdot \frac{T_0}{T} \cdot \frac{p}{p_0} \quad (10.1b)$$

mit
$M$    Molekulargewicht,
$T$    Temperatur,
$T_0$    273 K,
$P$    Druck,
$P_0$    1013 mbar.

Bezogen auf die Gasanalyse wurden im Laufe der Zeit spezielle Meßverfahren entwickelt, die je nach Anwendung modifiziert und optimiert wurden. Die Anwendungsgebiete für gasanalytische Geräte liegen dabei vor allem in der

- *Emissionsüberwachung*
  Kfz-Abgastest, Rollenprüfstände; Rauchgasanalyse, TA-Luft, BImSchV.

- *Immissionsüberwachung*
  Bodennah, Stratossphäre

- *Arbeitsschutz, Sicherheit*
  Raumluftüberwachung, MAK-Wert, Toxische Gase, EX-Schutz

- *Prozeßoptimierung und Regelung*
  Chemische Verfahrenstechnik, Biotechnologie

- *Medizintechnik*
  Capnographie, Diagnostik.

Im Bild 10.1 ist eine Zusammenstellung aller relevanten Meßverfahren dargestellt, die sich, bezüglich ihrer Einsatzfähigkeit, ergänzen. Grundsätzlich unterscheidet man zwischen rein physikalischen Verfahren (Spektroskopie/Stoffeigenschaften), bei denen die Meßkomponente ohne chemische Umwandlungen auf direktem Wege gemessen wird und den Verfahren, bei denen ein chemischer Vorgang (chemische Reaktion/ Ionisation/Umsetzung) zwischengeschaltet ist. Beispiele für die verschiedenen Kombinationsmöglichkeiten sind z.B. die Chemolumineszenz [10.16], Ionmobility [10.17] und bestimmte Halbleitereffekte [10.18], die sich aus den physikalischen und chemischen Verfahren ergeben.

Ein wesentliches Merkmal zur Beurteilung dieser Meßverfahren ist die *Selektivität*. Darunter versteht man die Fähigkeit, eine ausgewählte Gaskomponente (A) in Gegenwart anderer Gase (Xn), ohne Meßwertverfälschungen (Querempfindlichkeiten), zu bestimmen. Da in allen verfügbaren

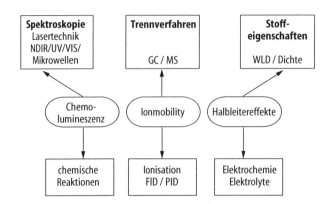

**Bild 10.1.** Einteilung der Meßverfahren für die Gasanalyse nach physikalischen Prinzipien (obere Reihe) und chemischen Prinzipien (untere Reihe) sowie den entsprechenden Kombinationen

Analysatoren mehr oder weniger große Querempfindlichkeiten auftreten, wird der Grad dieser Meßwertverfälschung als Selektivität definiert:

$$\text{Selektivität} = \frac{\text{Empfindlichkeit (A)}}{\text{Empfindlichkeit (Xn)}} \cdot \quad (10.2)$$

Die Empfindlichkeiten beziehen sich in diesem Fall immer auf die gleichen Konzentrationen.

*Beispiel*: Ein Analysengerät wurde für Kohlenmonoxid (CO) entwickelt und zeigt bei einer CO-Konzentration von 100 vpm CO Vollausschlag (= 100%) an. Wird das gleiche Gerät mit 100 vpm Kohlendioxid ($CO_2$) beaufschlagt, so zeigt das Gerät eine Fehlmessung von z.B. 2,47 vpm CO an. Die Selektivität beträgt nach Gl. (10.2) somit 100/ 2,47 = 40,48.

Besonders hohe Selektivitäten zeigen i.a. die spektroskopischen Meßverfahren (Elektromagnetische Wechselwirkung, s. Abschn. 10.2), während die Meßverfahren, in denen lediglich unspezifische physikalische Stoffeigenschaften (Wärmeleitfähigkeit, Dichte, usw.) ausgenutzt werden, eher geringere Selektivitäten aufweisen. Mit speziellen Trennverfahren (z.B. Massenspektrometer, Gaschromatographen, s. Abschn. 10.7) lassen sich, durch stoffspezifische Separierungen, dann wiederum erhebliche Selektivitätssteigerungen erzielen. Chemische Meßverfahren sind in dieser Hinsicht sehr unterschiedlich zu bewerten und erlauben daher keine generelle Aussage über die Meßqualität.

In den folgenden Ausführungen werden nun einige physikalische Meßverfahren und Geräte beschrieben, die für den Prozeßeinsatz geeignet sind.

## 10.2
## Fotometrische Verfahren

Im Bild 10.2 ist der prinzipielle Aufbau einer fotometrischen Einrichtung dargestellt. Sie besteht aus einer Strahlungsquelle mit einer charakteristischen Intensitätsverteilung. In der Regel ist die Strahlungsquelle breitbandig, das heißt, es werden nicht nur Spektralanteile emittiert, die von dem zu analysierenden Gasgemisch absorbiert werden, sondern auch noch zusätzliche unerwünschte Anteile. Ausnahmen bilden hier

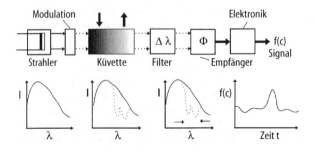

**Bild 10.2.** Prinzipaufbau eines Fotometers. Im unteren Teil des Bildes sind die dazugehörigen spektralen Informationen dargestellt. Die Strahlung der IR-Quelle ist breitbandig über einen größeren Bereich verteilt. Eine Absorption durch das Meßgas erfolgt in definierten Banden (gestrichelte Linie). Aus der Absorption wird dann elektronisch das zeitabhängige Ausgangssignal $f(c)$ ermittelt.

Laser [10.1], Leuchtdioden [10.2] und selektive Strahler [10.3, 10.4]. In der Analysenküvette werden dann die für das Gas charakteristischen Anteile (Absorptionsbande/gestrichelte Linie) absorbiert. Mit einem Filter (nichtdispersiv) oder einem Monochromator (dispersiv) werden die unerwünschten Spektralanteile unterdrückt, so daß nur die selektive Strahlung auf den Empfänger trifft. Im Empfänger und in der nachfolgenden Auswerteelektronik wird das optische Signal dann in ein elektrisches Signal $f(c)$ umgewandelt, das proportional zu der Konzentration in der Analysenküvette ist.

Der Zusammenhang zwischen der Konzentration und dem Ausgangssignal ergibt sich aus dem Lambert-Beerschen Gesetz [10.8]:

$$I(c) = I_0 \exp - \left[ acl \left( \frac{T_0}{T} \frac{p}{p_0} \right) \right] \quad (10.3)$$

mit

- $I(c)$ Strahlungsintensität hinter der Küvette,
- $I_0$ Strahlungsintensität vor der Küvette,
- a Absorptionskoeffizient [cm$^{-1}$],
- c Konzentration,
- l Küvettenlänge [cm],
- T Temperatur der Küvette (Meßgas),
- p Druck in der Küvette (Meßgas).

Man erkennt in Gl. (10.3) sofort, daß das Ausgangssignal von der Temperatur und dem Druck abhängig ist. In der Gerätetechnik werden diese Einflußgrößen entweder konstant gehalten (z.B. Thermostatisierung) oder mit einem zusätzlichen Sensor erfaßt und in der Auswerteelektronik gemäß Gl. (10.3) verrechnet (z.B. Barokorrektur = Korrektur der Luftdruckänderungen mit einem Drucksensor).

In der Auswertelektronik wird dann die Differenz (oder der Quotient) gebildet:

$$I_0 - I(c) = f(c) = \text{Ausgangssignal} \quad (10.4)$$

bzw.

$$\frac{I_0 - I(c)}{I_0} = f(c). \quad (10.5)$$

**NDIR** (NichtDispersivInfraRot). Im Bild 10.3 ist eine konstruktive Ausführungsform eines Prozeßfotometers (URAS 10, Hartmann & Braun, Frankfurt a.M.) für den infraroten Spektralbereich von 2–10 µm dargestellt. In diesem Aufbau wird die Referenzmessung in einem separaten Meßpfad durchgeführt, wodurch man eine erhöhte Meßstabilität erreicht. Als Empfänger kommt hier ein sogenannter Luft-Detektor [10.5–10.7] zum Einsatz, der nach dem fotoakustischen Prinzip [10.9, 10.10] arbeitet. Er besteht aus einer Empfängerkammer, in der die Komponente des zu analysierenden Gases hermetisch dicht eingeschlossen ist. Die Infrarotstrahlung führt in der Empfängerkammer zu Druckschwankungen, die mit einem Membrankondensator detektiert werden. Befindet sich in der Meßseite der Analysenküvette kein Meßgas, so sind die Druckpulsationen zwischen dem Wechsel von Meß- auf Referenzstrahlung etwa gleich und kompensieren sich in der Empfängerkammer nahezu vollständig. Erst bei einer Vorabsorption in der Analysenküvette durch das Meßgas, wird aufgrund der dann auftretenden Energiedifferenz ein Signal generiert, das proportional mit der Konzentration des Meßgases ansteigt.

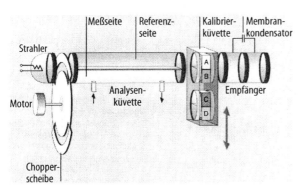

**Bild 10.3.** Aufbau eines Zweistrahl-IR-Fotometers mit integrierter Kalibrierküvette zur Kontrolle der Geräteempfindlichkeit. (URAS 10, Hartmann & Braun, Frankfurt a.M.)

Die Selektivität wird in diesem Aufbau ausschließlich durch den Empfänger, d.h. ohne zusätzliche Filtermaßnahmen realisiert. Ein weiterer Vorteil dieses Aufbaues ist eine integrierte Kalibrierküvette, die im Bedarfsfall durch einen elektromotorischen Antrieb in den Strahlengang geschoben wird. Die Küvette ist mit dem nachzuweisenden Gas gefüllt und ruft somit eine definierte Absorption hervor, die eine Kalibration des Gerätes ohne zusätzliche Prüfgase ermöglicht [10.11].

In der Tabelle 10.1 sind alle Gase mit den kleinsten Meßbereichen aufgelistet, die mit diesem Gerät erfaßbar sind.

**NDUV** (NichtDispersivUltraViolett). Für den ultravioletten Spektralbereich, der sich vor allem für Stickoxid-, Schwefeldioxid-, Chlor- und Schwefelwasserstoff-Messungen eignet, wird ein anderer Aufbau gewählt. Als Strahlungsquellen lassen sich hier z.B. Hohlkathodenlampen einsetzen, die aufgrund ihrer Spektralkomponenten hochselektive Messungen ermöglichen [10.12]. Insbesondere Stickstoffmonoxid NO läßt sich mit einem solchen Aufbau sehr gut erfassen, da die erwähnte Strahlungsquelle eine intensive Resonanzstrahlung für NO im UV-Bereich um 226 nm produziert. Durch geeignete Filtermaßnahmen können aber auch andere Komponenten sicher erfaßt werden, wobei in solchen Fällen dann allerdings mit etwas höheren Querempfindlichkeiten zu rechnen ist.

In Bild 10.4 ist der komplette Aufbau einer solchen Einrichtung mit der dazugehörigen Auswerteelektronik zu sehen. In diesem Aufbau wird das Referenzsignal $I_0$ mit einem zweiten Empfänger $E_1$ detektiert. Durch das Blendenrad in der Modulationseinheit ME werden unterschiedliche spektrale Bereiche zeitlich nacheinander ausgeblendet, so daß verschiedene Gase (max. 3) simultan gemessen werden können.

**Tabelle 10.1.** URAS 10, erfaßbare Gase und kleinster Meßbereich

| Komponente | chemische Formel | kleinster Meßbereich | Querempfindlichkeits-Komponenten |
|---|---|---|---|
| Kohlenmonoxid | CO | 100 vpm | 14% $CO_2$ = ±2 vpm |
| Kohlendioxid | $CO_2$ | 50 vpm | 20 grd TP $H_2$ = 1 vpm |
| Schwefeldioxid | $SO_2$ | 200 vpm | 2 grd TP = 38 vpm |
| Stickstoffmonoxid | NO | 300 vpm | 14% $CO_2$ = 3 vpm |
| n-Hexan | $C_6H_{14}$ | 500 vpm | 10% $CO_2$ = 1 vpm |
| Wasserdampf | $H_2O$ | 5 g/m$^3$ | - |

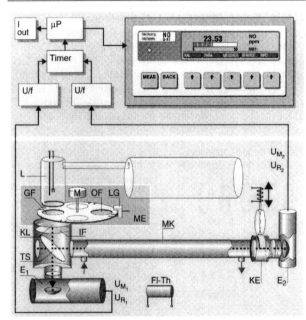

**Bild 10.4.** Aufbau eines Vierstrahl-UV-Fotometers (unterer Teil) mit Signalverarbeitung und Bedien- und Anzeigeelement (oberer Teil)(Hartmann & Braun, Frankfurt a.M.). L Hohlkathodenlampe, M Motor, TS Strahlteiler, MK Meßküvette, IF Interferenzfilter, $E_1/E_2$ Empfänger/Photomultiplier, KL Linse, ME Modulationseinheit, KE Kalibriereinheit, Fl-Th Flächenthermostat

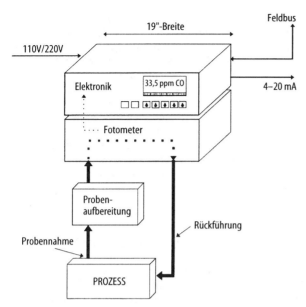

**Bild 10.5.** Integration des RADAS 2 in einer Prozeßmeßeinrichtung

Im Bild 10.5 ist der Gesamtaufbau des Analysengerätes (RADAS 2, H&B) als Wandmontage für eine Prozeßanwendung dargestellt. Im unteren Gehäuse befindet sich das Fotometer, während im oberen Teil die Auswerteelektronik untergebracht ist. Für Anwendungen in der chemischen Verfahrenstechnik lassen sich beide Gehäuseteile separat spülen, um den Analysator und die Elektronik gegen korrosive bzw. explo-sive Gasgemische, die durch Leckagen entstehen können, zu schützen.

**FTIR** (FourierTransformInfraRot). Eine weitere fotometrische Möglichkeit, im infraroten Spektralbereich Gase nachzuweisen, ist die FTIR-Technik [10.19]. Dieses aus der Laboranwendung kommende Verfahren wurde in den letzten Jahren zunehmend auch für den rauhen Prozeßeinsatz weiterentwickelt. Das Meßprinzip ist in Bild 10.6

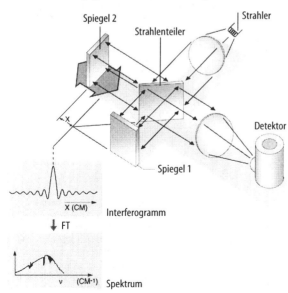

**Bild 10.6.** Prinzipieller Aufbau eines FTIR-Spektrometers

dargestellt und basiert auf einem interferometrischen Konzept. Die breitbandige Infrarotstrahlung des Strahlers wird an dem Strahlenteiler in zwei separate Bereiche aufgesplittet. Nachdem beide Teilstrahlen von den Spiegeln 1 und 2 reflektiert worden sind, werden diese Teilstrahlen durch den Strahlteiler wieder zusammengeführt und können nun miteinander vor dem Detektor interferieren. Das sich ergebende Interferenzmuster ist von der veränderbaren Position des Spiegels 2 abhängig. Zwischen dem Strahlteiler und dem Detektor wird i.a. die Küvette positioniert, durch die das Meßgas strömt. Durch das Meßgas werden dann aus dem gesamten Spektralbereich charakteristische (gasspezifische) Banden absorbiert. Als Ergebnis erhält man ein Interferogramm, in dem die Information des kompletten IR-Spektrums enthalten ist.

Durch Transformation des Interferogramms erhält man das Spektrum, das nun hinsichtlich einer gasanalytischen Aussage weiterverarbeitet werden muß. Da nach der Transformation das gesamte Spektrum vorliegt, lassen sich prinzipiell alle Gase (nur IR-aktive) simultan erfassen. Die Auswerteleistung wird durch mathematische Algorithmen mit einem Industrie-PC realisiert.

In Bild 10.7 ist eine komplette Emissionsmeßanlage (CEMAS) mit einem FTIR-Gerät (BOMEM, H&B) dargestellt. Mit dieser Anlage lassen sich alle wichtigen Komponenten ($NO_x$, $HCl$, $SO_2$, $CO$, $CO_2$, $NH_3$), die überwachungspflichtig sind, im Spurenbereich nachweisen [10.13]. Diese Anwendung wird u.a. durch eine Steigerung des Meßeffektes mit einer Multipass-Küvette von mehreren Metern optischer Weglänge (s. Gl. (10.3)) realisiert. Um Kondensationen von Meßkomponenten und damit Verfälschungen des Meßergebnisses zu vermeiden, wird der gesamte „Gasweg" von der Probennahme/Aufbereitung bis zur Analysenküvette auf eine Temperatur von 180–200 °C aufgeheizt.

Die Auswertung der Meßergebnisse erfolgt dabei mit einem Industrie-PC. Weiterhin sind in dem Elektronik-Schrank zusätzliche Steuer-, Regel- und Überwachungsfunktionen integriert.

## 10.3
## Paramagnetische Sauerstoffmessung

Sauerstoff ist eines der wenigen Gase, das geringe magnetische Eigenschaften aufweist. Dieses Verhalten wird auch als *Paramagnetismus* bezeichnet und läßt sich zur selektiven Messung von Sauerstoffgehalten in Gasgemischen einsetzen. Im Bild 10.8 ist die Kenngröße für dieses paramagnetische Verhalten, die *magnetische Suszeptibilität*, bezogen auf Sauerstoff (= 100%), dargestellt. Neben dem Sauerstoff weisen nur die Stickoxide nennenswerte Suszeptibilitäten auf. Da die Stickoxide aber in der Regel nur im ppm-Bereich vorhanden sind, während der Sauerstoffgehalt zumeist im %-Bereich auftritt (z.B. im Rauchgas), kann man hier durchaus von einem selektiven Verfahren sprechen.

Im Laufe der Zeit haben sich nun verschiedene Verfahren zur Messung dieser

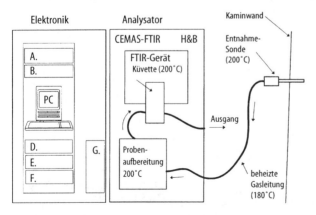

**Bild 10.7.** Aufbau einer Meßeinrichtung mit einem integrierten FTIR-Analysator zur Multikomponentenanalyse (BOMEM, Hartmann & Braun, Frankfurt a.M.). *A* Elektrische Absicherung, *B* Temperaturregler, *D* SPS-Steuerung, *E* $O_2$-Analysator, *F* $C_{Ges.}$-Meßgerät, *G* Klimagerät

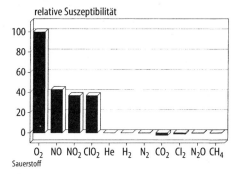

Bild 10.8. Relative Suszeptibilität für einige wichtige Gase

bedeutenden Größe herauskristallisiert, die sich grob in folgende Kategorien unterteilen lassen [10.15]:

A Magnetomechanisches Verfahren
B Thermomagnetisches Verfahren
C Magnetopneumatisches Verfahren

Die einzelnen Verfahren werden je nach Anwendung so eingesetzt, daß die spezifischen Eigenschaften der Geräte den Einsatzfall bestimmen.

**Magnetomechanisches Verfahren.** Das bedeutendste Prinzip für die Sauerstoffmessung ist das Magnetomechanische Verfahren. Im Bild 10.9 ist der prinzipielle Aufbau eines solchen Meßgerätes dargestellt. In einem inhomogenen Magnetfeld befindet sich hierbei eine nichtmagnetische Hantel, aus einzelnen Quarzglaskugeln, mit einer Stickstofffüllung. Diese Anordnung wird im Schwerpunkt zwischen den beiden Kugeln über ein Spannband gelagert. Befindet sich Sauerstoff in der Umgebung des Permanentmagneten, so wird dieser, aufgrund der paramagnetischen Eigenschaften, in das Magnetfeld hineingezogen. Da sich dort aber die nichtmagnetischen Glaskugeln befinden, wird eine Kraft (Drehmoment) auf die Hantel ausgeübt. Durch eine Stromschleife, die um den Hantelkörper gelegt wird, läßt sich elektrisch ein Magnetfeld aufbauen, das eine genau entgegengesetzte Kraft ausübt, so daß die Hantel in der vorgegebenen Position verharrt. Die Position der Hantel wird über eine differentielle Reflexionslichtschranke detektiert, die Teil eines Regelkreises ist. Der Kompensationsstrom $I_K$, der dafür erforderlich ist, steigt dabei exakt linear mit der Sauerstoffkonzentration in der Meßkammer an. Da in das Meßergebnis ausschließlich die Suszeptibilität des Meßgases eingeht, bezeichnet man diese Geräte auch als *Suszeptometer*. Diese Geräteart wird hauptsächlich für exakte Meß- und Regelaufgaben in der Verfahrenstechnik eingesetzt.

**Thermomagnetisches Verfahren.** Das Thermomagnetische Verfahren nutzt die Eigenschaft der Temperaturabhängigkeit magnetischer Materialien aus. Mit zunehmender Temperatur verlieren magnetische Stoffe ihre spezifischen magnetischen Eigenschaften. Im Bild 10.10 ist der Aufbau einer solchen Meßzelle dargestellt. Sie besteht aus zwei identischen Bereichen, von denen der eine zur Messung und der andere zur Kompensation von Störeinflüssen dienen sollen. In beiden Teilhälften sind ringförmige Widerstände ($W_1$ und $W_2$) angeordnet, die zu einer Wheatstoneschen Meßbrücke zusammengeschaltet sind. Durch den Meßstrom

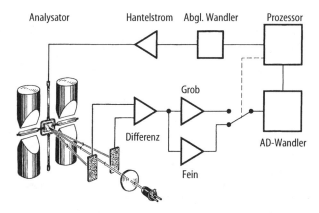

Bild 10.9. Prinzipieller Aufbau eines magnetomechanischen Sauerstoffanalysators (MAGNOS 6)

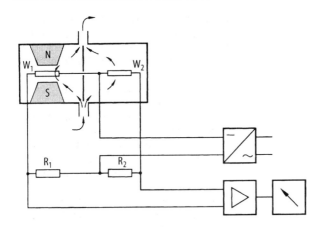

**Bild 10.10.** Prinzipieller Aufbau eines themomagnetischen Sauerstoffanalysators (MAGNOS 7)

$I_{Meß.}$ werden die Widerstände ($W_1$ und $W_2$) auf ca. 100 °C aufgeheizt. Einer dieser Ringwiderstände ($W_1$) befindet sich in einem inhomogenen Magnetfeld. Der Sauerstoff im Meßgas wird wiederum in das Magnetfeld gezogen und heizt sich an dem heißen Meßwiderstand auf, so daß er seine magnetischen Eigenschaften verliert. Aufgrund des nachströmenden „kalten" Sauerstoffs, mit dem vorhandenen magnetischen Verhalten, wird dieser „heiße" Sauerstoff aus dem Magnetfeld verdrängt. Durch diesen Mechanismus erhält man eine Zirkulation (Magnetischer Wind) in der Kammer, die zu einer „Abkühlung" des Meßwiderstandes ($W_1$) führt. Da der Meßwiderstand aus einer Platinwendel besteht, ändert er durch diese Temperaturänderung auch seinen Widerstandswert, der sich in der Meßbrücke wiederum als Spannungssignal auswirkt. Der Referenzwiderstand ($W_2$) in der zweiten Kammerhälfte unterliegt allen Änderungen wie der Meßwiderstand, mit Ausnahme der magnetischen Einflüsse, da in dieser Kammerhälfte kein Magnet angeordnet ist.

Dieses robuste Meßverfahren eignet sich vor allem für einfache Überwachungsaufgaben, bei denen sich die Begleitkomponenten nicht wesentlich ändern. Da bei diesem Verfahren, neben der Suszeptibilität, auch noch die anderen Stoffgrößen, wie z.B. die Wärmeleitfähigkeit, Zähigkeit usw. eingehen, ist die Selektivität nicht so hoch wie bei dem magnetomechanischen Verfahren.

**Magnetopneumatisches Verfahren.** Für Anwendungen in der chemischen Verfahrenstechnik, bei denen korrosive Bestandteile des Meßgases häufig vorkommen, eignen sich die beschriebenen Verfahren nur bedingt. Mit dem Magnetopneumatischen Verfahren lassen sich u.a. auch extrem *korrosive Gasgemische*, wie z.B. Sauerstoff in feuchtem Chlorgas, bestimmen. Im Bild 10.11 ist dieses

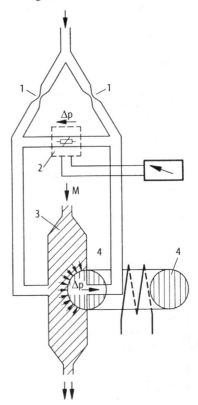

**Bild 10.11.** Prinzipieller Aufbau eines magnetopneumatischen Sauerstoffanalysators (OXYMAT 5)

Meßprinzip dargestellt. Das Gasgemisch gelangt hierbei in eine sehr flache Meßkammer (ca. 1 mm dick), die aus einem korrosionsbeständigen Material (z.B. Tantal) bestehen kann. Die Meßkammer (3) hat zusätzlich zwei seitliche Einlässe, durch die ein geringer Inertgasstrom (z.B. $N_2$) geleitet wird. An einer dieser Einlaßstellen befindet sich ein Elektromagnet (4), der mit einer Wechselspannung von ca. 8 Hz betrieben wird. Befindet sich Sauerstoff im Meßgas, so wird dieser mit der Modulationsfrequenz des Elektromagneten in diesen Bereich hineingezogen. Dadurch entsteht an der Einlaßöffnung eine Druckpulsation, die in dem symetrisch aufgebauten Gasweg zu einer Querströmung führt. Diese Querströmung wird mit einem Mikroströmungsfühler (2) detektiert. Auch in diesem Fall ist das Meßsignal aus der Strömungsmessung direkt proportional zur Sauerstoffkonzentration in der Meßkammer. Da sich der Strömungsfühler permanent unter Inertgas befindet, ist die hohe Korrosionsfestigkeit ausschließlich durch das Kammermaterial gegeben.

## 10.4
### Wärmeleitfähigkeitsanalysator

Die Gasanalyse nach dem Wärmeleitfähigkeits-Verfahren ist das älteste und zugleich einfachste physikalische Prinzip, das für industrielle Anwendungen eingesetzt wird. Der physikalische Effekt, der hierbei ausgenutzt wird, beruht auf der unterschiedlichen *Wärmeübertragung* durch die verschiedenen Gase. Im Bild 10.12 sind die Werte der Wärmeleitfähigkeit für einige

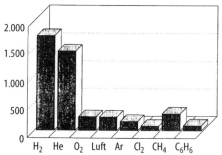

**Bild 10.12.** Wärmeleitfähigkeit einiger wichtiger Gase

technisch relevante Gase dargestellt. Insbesondere Wasserstoff und Helium heben sich hier deutlich von den anderen Gasen ab. Es liegt also nahe, diese Komponenten mit dem Wärmeleitfähigkeits-Verfahren zu erfassen.

Die Gesetzmäßigkeiten für die Wärmeübertragung lassen sich aus dem Fourierschen Gesetz herleiten:

$$\frac{dQ}{dt} = \lambda F \frac{dT}{dx} \qquad (10.6)$$

mit

$Q$ Wärmemenge,
$\lambda$ Wärmeleitfähigkeit,
$F$ Fläche,
$t$ Zeit,
$T$ Temperatur,
$x$ Distanz.

Für Gasgemische, die aus mehreren Komponenten bestehen, läßt sich die Wärmeleitfähigkeit wie folgt berechnen:

$$\lambda_M = X_1\lambda_1 + X_2\lambda_2 + \ldots X_n\lambda_n \qquad (10.7)$$

mit

$\lambda_M$ Wärmeleitfähigkeit des Gasgemisches
$X_{1\ldots n}$ Konzentration der Komponenten $1\ldots n$
$\lambda_{1\ldots n}$ Wärmeleitfähigkeit der Einzelkomponenten $1\ldots n$.

Der Aufbau einer Wärmeleitfähigkeitsmeßzelle ist in Bild 10.13 dargestellt. In dieser koaxialen Bauform befindet sich ein Widerstandsdraht (z.B. Platin, Durchmesser $r_2$) in einer runden Kammer mit dem Durchmesser $r_1$. Der Widerstand ist Teil einer Meßbrücke und heizt sich durch den Meßstrom $I$ auf die Temperatur $T_2$ auf. Durch diese Aufheizung entsteht die Temperaturdifferenz $T_2 - T_1$, die einen Wärmestrom von dem heißen Draht zu der kälteren Kammerwand hervorruft. Je nach Gasart bzw. Gasgemisch ist diese Wärmeübertragung unterschiedlich, so daß sich im stationären Zustand eine konzentrationsabhängige Temperatur des Widerstandsdrahtes einstellt. Über $R(T)$ wird diese Temperaturänderung in der Meßbrücke in ein konzentrationsproportionales Signal umgewandelt.

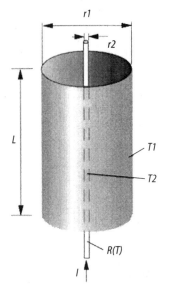

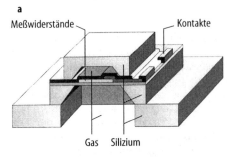

Zelle ist, läßt sich dieser Aufbau auch *miniaturisieren*. Im Bild 10.15 ist ein solcher Sensor zu sehen, der durch Anwendung der *Silizium-Mikromechanik* hergestellt wurde.

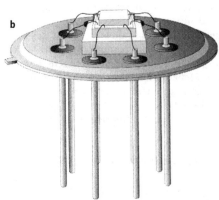

**Bild 10.13.** Prinzipieller Aufbau einer Wärmeleitfähigkeitsmeßzelle

In Bild 10.14 ist eine solche Meßzelle dargestellt. Der Platindraht ist in dieser Ausführungsform mit einer gasundurchlässigen Glasschicht, als Schutz gegen korrosive und brennbare Gase, überzogen. Diese Meßzelle wird z.B. für Chlormessungen in der chemischen Industrie, unter rauhen Prozeßbedingungen, eingesetzt.

Da der beschriebene Meßeffekt nahezu unabhängig von der absoluten Größe der

**Bild 10.15.** Aufbau eines Wärmeleitfähigkeitssensors in Silizium-Mikromechanik. **a** Querschnitt durch den Sensoraufbau, **b** komplett montierter Sensor

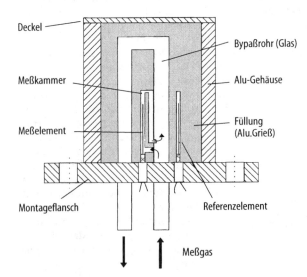

**Bild 10.14.** Ausführungsform einer konventionellen Wärmeleitfähigkeitsmeßzelle

Da die Zeitkonstante bei Wärmeleitfähigkeitsanalysatoren von der Kammergröße (Spülzeit) abhängt, lassen sich mit einem solchen Mikrosensor extrem kurze Ansprechzeiten im ms-Bereich realisieren. Die Anwendungsbereiche für diesen Sensor liegen vor allem bei zeitkritischen Prozessen, für die eine schnelle Regelung erforderlich ist.

## 10.5
## Flammenionisationsdetektor FID

Meßgeräte für extrem geringe Kohlenwasserstoffkonzentrationen (wenige ppm), basieren zumeist auf dem sogenannten Ionisations-Verfahren. Ionisierte Gase lassen sich direkt durch eine *Strommessung* nachweisen, die sehr empfindlich ist, wodurch auch geringste Spuren nachweisbar sind. Die Ionisation des Meßgases läßt sich durch Strahlung (UV-Lampe oder radioaktive β-Strahler) und durch Flammen (FID) realisieren. Für die industrielle Anwendung hat sich der FID durchgesetzt, da die Genauigkeitsanforderungen und Nachweisgrenzen hier am günstigsten sind. Der grundsätzliche Aufbau eines FID ist in Bild 10.16 zu sehen. Die Flamme wird durch Wasserstoff, der aus einer Düse in Luft austritt, erzeugt. Dem Wasserstoff (Brenngas) wird, in einem definierten Verhältnis, Meßgas zugeführt, das in der heißen Wasserstoffflamme (Temperatur ca. 1000–2000 K) [10.8] verbrennt und dabei ionisiert wird. Zwischen der Austrittsdüse und der Elektrode wird eine Saugspannung von mehreren 100 V angelegt. An der Gegenelektrode kann man dann einen Ionisationsstrom $I_{Meß}$ in der Größenordnung von $10^{-12}$ A als Meßsignal abgreifen.

Der Ionisationsstrom $I$ läßt sich nach der folgenden Formel abschätzen:

$$I = q\frac{E}{t} = q[KW]Q \qquad (10.8)$$

mit

$E$  Masse der Kohlenwasserstoffe,
$t$  Zeit,
$q$  Proportionalitätsfaktor,
$[KW]$ Konzentration der Kohlenwasserstoffe,
$Q$  Volumenstrom

Unter konstanten Bedingungen (Volumenstrom) ist der Ionisationsstrom $I$ wie folgt von den unterschiedlichen Kohlenwasserstoffen (unterschiedliche C-Anzahl) abhängig [10.16]:

$$I = A_1[C_1] + A_2[C_2] + \ldots A_n[C_n] \qquad (10.9)$$

mit

$[C_n]$ Konzentration des Kohlenwasserstoffs mit der C-Zahl $n$.

Die FID-Geräte der verschiedenen Hersteller zeigen dabei sehr unterschiedliche Abhängigkeiten von der Struktur der Verbindung, so daß teilweise Strukturfehler von bis zu 70% vom theoretischen Wert auftreten können [10.8]. Für bestimmte Anwendungen (z.B. Kfz-Prüfstand) sind diese Fehler viel zu groß. Durch Optimierung des konstruktiven Aufbaues der Meßzelle lassen sich diese Fehler auf unter ±5% drücken. Im Bild 10.17 sind einige Meßergebnisse dargestellt, die den Einfluß der Strukturabhängigkeit, bei unterschiedlichen Brennergeometrien, zeigt.

Eine wichtige Anwendung dieser Meßtechnik ist die Überwachung von geringen Kohlenwasserstoffkonzentrationen in Rauchgas. Bei diesen Messungen ist die Probenaufbereitung bzw. der Transport des Meßgases, von der Entnahmestelle (Kamin) zum Meßgerät (FID), für die Genauigkeit des gesamten Systems von ausschlaggebender Bedeutung. Daher werden sämtliche

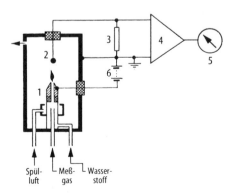

**Bild 10.16.** Prinzipieller Aufbau eines Flammenionisationsdetektors (FID)

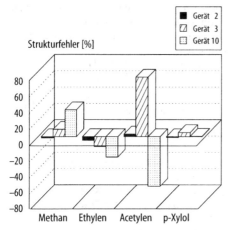

**Bild 10.17.** Strukturfehler von verschiedenen FID-Analysatoren bei unterschiedlichen Komponenten

gasführende Komponenten (Leitungen, Filter, Pumpen usw.) auf Temperaturen über 160 °C beheizt. Eine andere elegantere Lösung ist die direkte Installation des FID am Kamin, so daß eine aufwendige Probenaufbereitung entfällt. Im Bild 10.18 ist ein solcher Aufbau dargestellt. Der FID wird in dieser Anwendung direkt an die Entnahmesonde angeschlossen, wodurch eine abgeschlosse Einheit entsteht, die man dann als *Fernmeßkopf* bezeichnet.

Diese Art der Meßtechnik wird sicherlich in Zukunft an Bedeutung gewinnen, da viele Probleme, die im Zusammenhang mit der Probenaufbereitung enstehen, durch diesen Ansatz gelöst werden können.

## 10.6
## Chemosensoren

Unter einem Chemosensor versteht man eine miniaturisierte Einheit, die aufgrund von chemischen und physikalischen Wechselwirkungen (reversibel), mit einer sensoraktiven Substanz, auf direktem Weg ein elektrisches Meßsignal generiert. Im Bild 10.19 ist ein solcher Sensor mit den einzelnen Funktionalitäten dargestellt.

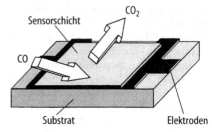

**Bild 10.19.** Prinzipieller Aufbau eines Chemosensors zur Messung von Kohlenmonoxid

1 Abgaskanal
2 Beheizter Entnahmefilter
3 Detektor
4 Versorgungsleitung zur Steuereinheit
5 Kalibriergasanschluß

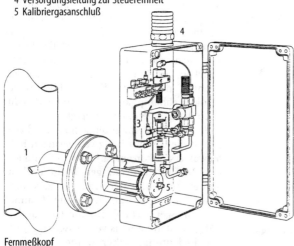

Fernmeßkopf

**Bild 10.18.** Fernmeßkopf mit integrierten FID (Multi-FID, Hartmann & Braun, Frankfurt a.M.)

Chemosensoren werden in der industriellen Praxis häufig nur für Überwachungen (Monitor-Funktion) und nicht für quantitative Messungen mit hohen Genauigkeitsabforderungen eingesetzt. Durch die voranschreitenden Entwicklungen auf dem Gebiet der Chemosensorik, sind in der Zukunft zunehmend Meßaufgaben durch Sensoren lösbar, die bisher mit konventionellen Techniken durchgeführt wurden.

Erste Anwendungsfelder für Chemosensoren lagen vor allem bei tragbaren Gasmonitoren für den *Personenschutz*. Durch die Kleinheit (→Gewicht) und geringe Leistungsaufnahme (→Batteriebetrieb) der Sensorik, eignen sich diese Komponenten besonders gut für eine handliche Geräteintegration.

Eine erweiterte Anwendung von Chemosensoren, für extrem genaue Messungen, ist in Bild 10.20 zu sehen. Dieser Aufbau wurde speziell zur Messung geringer HCl-Konzentrationen im Müllrauchgas entwickelt. Insbesondere bei dieser Meßaufgabe spielt die Probenaufbereitung eine entscheidende Rolle für die Meßqualität der gesamten Einrichtung. Aus diesem Grund wurde der Sensor in den Kopf der beheizten Entnahmesonde integriert. Durch diese Maßnahme, die nur durch den miniaturisierten Aufbau des Sensorelementes möglich ist, können Verschleppungen und Memory-Effekte vermieden werden.

Das Sensorelement [10.14] besteht aus einem Festelektrolytmaterial (Silber β-Aluminat), das nach dem Nernstschen Gesetz eine EMK (Elektromotorische Kraft) gemäß:

$$EMK = (kT/4)\ln p_{HCl} \qquad (10.10)$$

mit

EMK  Elektromotorische Kraft,
k    Boltzmann-Konstante,
T    Absolute Temperatur des Sensors,
$p_{HCl}$  HCl Partialdruck im Meßgas,

erzeugt.

Mit einem solchen Aufbau lassen sich Meßbereiche von 0–10 ppm HCl realisieren. Die Nachweisgrenze für dieses Meßverfahren liegt im ppb-Bereich.

In der Tabelle 10.2 ist eine Auflistung der verschiedenen Prinzipien zu sehen, die für Chemosensoren relevant sind.

## 10.7
## Gaschromatographie GC

Die Gaschromatograhie ist eine Meßtechnik, bei der die zu analysierenden Komponenten in einem Gasgemisch, vor der Analyse, getrennt werden. Durch diese Trennung erhält man eine erhöhte Selektivität, die vor allem in komplizierten Gemischen, wie z.B. einzelne Kohlenwasserstoffe in einem Benzindampfgemisch, benötigt wird. Der Vorteil einer solchen chromatographischen Trennung liegt darin, daß man für den Nachweis der einzelnen Komponenten durchaus einen unselektiven aber empfindlichen Detektor einsetzen kann. Der Aufbau eines Gaschromatographen ist in Bild 10.21 zu sehen. Die wesentlichen Komponenten sind der Injektor (*I*), die Trennsäule (*T*) und der Detektor (*D*). Die Gasprobe wird in den Injektor eingegeben (manuell oder auch automatisch) und über einen Trägergasstrom in die Trennsäule geleitet. Dort werden die einzelnen Gaskomponenten, aufgrund unterschiedlicher Absorption (stationäre Phase) und Desorption (mobile Phase), stoffspezifisch getrennt. Hinter der Säule gelangen die einzelnen Komponenten *zeitlich nacheinander* (Retentionszeit) als Peaks auf den Detektor. In dieser Zeitverschiebung

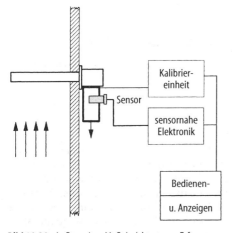

**Bild 10.20.** Aufbau einer Meßeinrichtung zur Erfassung von HCl-Konzentrationen an einem Abgaskamin

**Tabelle 10.2.** Zusammenstellung von relevanten Sensorprinzipien und Ausführungsformen auf dem Gebiet der Chemosensorik [10.18]

| Bezeichnung | Beschreibung | Anwendung |
|---|---|---|
| Pellistoren (Wärmetönung) | Durch eine chemische Reaktion des zu messenden Gases mit der Umgebungsluft wird die freiwerdende Wärme zum Nachweis der Gaskonzentration genutzt. | Explosionsschutz |
| Halbleitereffekte | CHEMFET (Chemically sensitive field effective transistor) ISFET (Ion sensitive field effective transistor) GASFET (Gas sensitive field effective transistor) Mit Halbleiter-Oberflächenbauelementen lassen sich über eine chemische empfindliche Schicht, oberhalb des Kanalgebietes von Metalloxid-Feldeffekttransistoren (MOS-FETs), entsprechende Effekte ausnutzen. Je nach Aufbau und Anwendung unterscheidet man dann zwischen einem CHEMFET, ISFET und GASFET. | z.Z. geringe Anwendungsfelder |
| Festelektrolyte ($ZrO_2$, Na-b-$Al_2O_3$) | Mit Festelektrolyten als Ionenleiter lassen sich verschiedene Sensortypen aufbauen, die zur selektiven Detektion von Gasen geeignet sind. Im einfachsten Fall wird eine Spannung (EMK) generiert, die sich durch die Nernstsche Gleichung beschreiben läßt. | Lambda-Sonde Rauchgasanaylse |
| Flüssigelektrolyte (Essigsäure, NaOH) | Flüssigelektrolyte generieren durch eine chemische Reaktion in der Zelle eine Spannung, die proportional zu der Gaskonzentration ist. Durch Wahl der entsprechenden Elektrolyte läßt sich eine gewisse Selektivierung erzielen. | Raumluftkontrolle Rauchgasanalyse |
| Metalloxidsensoren ($SnO_2$, ZnO, $In_2O_3$) | Metalloxide ändern ihren elektrischen Widerstand in Gegenwart von bestimmten Gasen. Durch eine chemische Reaktion mit chemisorbiertem Sauerstoff an der Oberfläche bzw. Festkörper, wird ein Ladungsaustausch hervorgerufen, der zu der Widerstandsänderung führt. | Luftgütekontrolle, Umweltmeßtechnik |
| Ionensensitive Elektroden | Durch eine chemische Reaktion wird eine Potentialdifferenz zwischen einer Meß- und Referenzelektrode hervorgerufen, die potentiometrisch oder amperometrisch erfaßt werden kann. | pH-Messung |
| Wärmeleitfähigkeit | Durch eine unterschiedliche Wärmeleitfähigkeit der Gase lassen sich die Konzentrationsverhältnisse in einem Gasgemisch meßtechnisch erfassen, ohne eine chemische Reaktion auszunutzen. | Raumluftkontrolle Verfahrenstechnik |

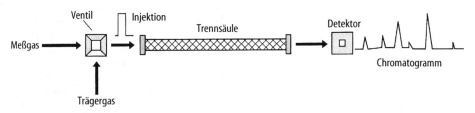

**Bild 10.21.** Prinzipieller Aufbau eines Gaschromatographen

(Chromatogramm) steckt nun die Information über die Komponente (qualitativ) selbst, während durch das Detektorsignal (Amplitude) eine quantitative Aussage getroffen werden kann.

Im Bild 10.22 ist ein einfaches isothermes Gaschromatogramm dargestellt. Der zeitliche Ablauf beginnt mit der Injektion der Probe in die Trennsäule zum Zeitpunkt EP (Einspritzpunkt). Nach der Trennung erscheinen die separierten Peaks 1–4 dann zu verschiedenen Zeiten. Neben der Lage des Peaks im Chromatogramm (qualitative Aussage) wird auch noch für quantitative Aussagen die Peakhöhe im Maximum sowie die Breite $b_{0,5}$ (Halbwertsbreite) oder $b_B$

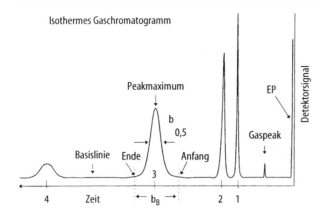

**Bild 10.22.** Isothermes Gaschromatogramm

(Gesamtbreite) für weitergehende Berechnungen herangezogen.

Für Anwendungen in der Prozeßüberwachung und der Verfahrenstechnik muß der komplette Ablauf zur Aufnahme und Auswertung eines Chromatogramms natürlich automatisch ablaufen, um permanent Informationen (Meßergebnisse) über den Prozeßverlauf zu erhalten. Ähnlich wie bei den fotometrischen Analysengeräten ist der physikalische Teil von der Elektronik getrennt aufgebaut. Im oberen Teil befindet sich i.a. die Auswerteelektronik mit einem leistungsfähigen Prozessor, der sämtliche Berechnungen innerhalb kürzester Zeit durchführen kann. Im unteren Teil ist dann die Trennsäule mit dem Detektor (Wärmeleitfähigkeit, Flammenionisation, Photoionisation, etc.) sowie die komplette Gasführung für die unterschiedlichen Probenströme, Trägergas, Spülgas usw. untergebracht.

Für Anwendungen, in denen die Probe in flüssiger Form vorliegt, wird eine entsprechende Einrichtung benötigt, die eine definierte Umwandlung in die Gasphase ermöglicht. Eine typische Anwendung ist z.B. die Überwachung von flüchtigen Kohlenwasserstoffen in Abwässern. Die Probe wird dabei in einem Verdampfer (Sparger) in die Gasphase überführt und dann wie oben bereits beschrieben mit einem Prozeß-GC analysiert (Bild 10.23). Zur Steigerung der

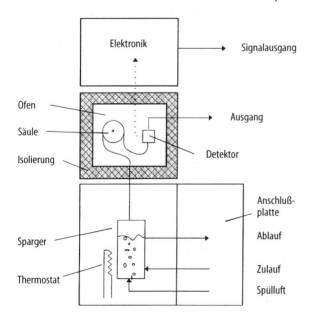

**Bild 10.23.** Analysensystem für flüssige Komponenten auf der Basis einer gaschromatographischen Messung

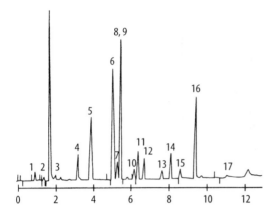

1. Chlormethan
2. Vinylchlorid
3. Chlorethan
4. Methylenchlorid
5. 1,1-Dichlorethan
6. 1,1,1-Trichlorethan
7. Tetrachlorkohlenstoff
8. Benzol
9. 1,2-Dichlorethan
10. Trichlorethen
11. 1,2-Dichlorpropan
12. Dichlorbrommethan
13. Toluol
14. 1,1,2-Trichlorethan
15. Chlordibrommethan
16. Chlorbenzol
17. 1,1,2,2-Tetrachlorethan

**Bild 10.24.** Gaschromatogramm einer flüssigen Probe (Wasser) mit einem Optichrom Advance Sparger ermittelt

Meßempfindlichkeit kann man die gasförmige Probe in einer „Falle" (Trap) über mehrere Minuten anreichern. Durch schnelles Aufheizen wird die Probe dann ausgetrieben und kann dann mit einer wesentlich höheren Genauigkeit im ppb-Bereich nachgewiesen werden.

Im Bild 10.24 ist ein Chromatogramm dargestellt, das auf diesem Wege (Optichrom Advance Sparger, Hartmann&Braun Applied Automation) ermittelt wurde.

## 10.8
## Analysensysteme (Anwendungen)

Komplexe Meßaufgaben im Bereich der Analysentechnik erfordern häufig unterschiedliche Meßverfahren, um eine umfassende Aussage über die Konzentrationsverhältnisse in einer Probe machen zu können. Zu diesem Zweck werden die einzelnen Geräte (z.B. paramagnetische $O_2$-Messung, Infrarot CO-Messung und FID Kohlenwasserstoff-Messung usw.) zu einem Meßsystem zusammengeschaltet.

Für Kalibrier- und Prüfzwecke werden zusätzliche Steuer- und Überwachungsfunktionen benötigt, die i.a. durch eine separate Einheit (z.B. SPS-Steuerung) realisiert werden. In einem Analysensystem sind weiterhin die Komponenten der Probenaufbereitung (Meßgaskühler, Filter, usw.) sowie Prüfgasflaschen, zur regelmäßigen Kontrolle der Geräteeigenschaften, integriert.

Der Trend bei diesen Meßeinrichtungen geht zunehmend in Richtung *Integration mehrerer Meßfunktionen* in einem Gerät. In diesen Kleinsystemen sind sowohl die Meßfunktionen als auch die Steuerfunktionen für einen Automatikbetrieb integriert. Neben einer deutlichen Volumenverkleinerung erhält man auch ein insgesamt zuverlässigeres Meßergebnis, das durch interne Kalibrierfunktionen unterstützt wird [10.11].

In der chemischen Verfahrenstechnik verzichtet man in der Regel auf derartige hochintegrierte Systeme, um die Verfügbarkeit zu erhöhen. Da bei Ausfall eines Meßgerätes u.U. die gesamte Meßinformation in einer hochintegrierten Einheit in Frage gestellt werden muß, setzt man in der chemischen Industrie, vorzugsweise in Meßsystemen, Einzelgeräte ein, die unabhängig voneinander arbeiten. Bei Ausfall eines Gerätes kann dann die Anlage (Chemischer Prozeß) trotzdem in einem sichereren Zustand gehalten werden. Für Mehrkomponentenanalysen werden aber auch in diesem Industriezweig zunehmend Multikomponentengeräte (FTIR, GC, usw.) eingesetzt, um die immer komplizierter werdenden Abläufe, innerhalb eines Prozesses, besser beherrschen zu können.

**Extraktive Verfahren.** Ein wesentlicher Bestandteil einer gasanalytischen Meßeinrichtung ist die *Probenaufbereitung*, die das Meßgas für die empfindlichen Analysengeräte konditioniert. In der Regel müssen Kondensatbestandteile (Wasserdampf, Säure, Staub, Aersole, usw.) dem Meßgas entzogen werden. Eine typische Meßkette ist im Bild 10.25 dargestellt. Das Meßgas wird durch eine Entnahmesonde aus dem Prozeß entzogen und über die Förder- und Aufbereitungselemente dem Analysengerät zugeführt.

Die Zuverlässigkeit dieser einzelnen Komponenten ist sehr unterschiedlich, wodurch sich die Wartungsintervalle hierfür ändern. Je nach Komponente können diese Intervalle von einigen Tagen bis zu mehreren Monaten reichen. Um eine optimale Wartung von Analysensystemen zu gewährleisten, geht man dazu über, die Informationen über den Wartungsbedarf mit einem *Feldbus* zu übertragen, um aus dieser Information u.U. eine Ferndiagnose bzw. Eigenüberprüfung (Kalibrierung) anzusteuern. Für diese Aufgabe müssen die peripheren Komponenten allerdings mit entsprechenden Sensoren ausgestattet sein.

**In-situ-Verfahren.** Alternativ zu dieser extraktiven Methode, kann man aber auch *direkt im Prozeß* (Rauchgaskanal/Kamin)

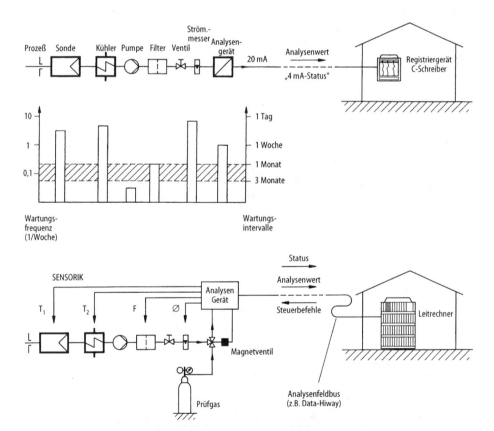

**Bild 10.25.** Aufbau einer gasanalytischen Meßeinrichtung mit einer externen Probenaufbereitung und den dazugehörigen Wartungsintervallen für die einzelnen Komponenten. Im unteren Teil des Bildes ist eine Lösung mit einer Überwachung der externen Einheiten, durch entsprechende Sensoren, aufgezeigt, die zu einer Verlängerung des Wartungsintervalls führt und einen gezielten Serviceeinsatz ermöglicht.

eine gasanalytische Messung vornehmen, ohne eine aufwendige und u.U. anfällige Probenaufbereitung zu installieren. Diese Art der Technik wird auch als In-situ – bzw. cross-stack-Messung bezeichnet. Insbesondere fotometrische Meßverfahren lassen sich für diese Meßtechnik optimal einsetzen. Im Bild 10.26 ist eine solche Einrichtung (GM30, Fa. Sick) dargestellt. Im linken Teil befindet sich ein UV-Spektrometer, mit der kompletten optischen Anordnung. Auf der gegenüberliegenden Seite (rechts) des Kamins ist lediglich ein Tripelreflektor angebracht, der die UV-Strahlung wieder zum Spektrometer reflektiert. Um Staubniederschläge an den Eintrittsfenstern am Kamin zu verhindern, ist zusätzlich eine entsprechende Spüleinrichtung erforderlich (im Bild 10.26 nicht dargestellt).

Mit der gezeigten Einrichtung läßt sich neben $NO_x$- und $SO_2$-Gehalt auch die Staubkonzentration (und Rauchdichte) bestimmen.

Die *Vorteile* der In-situ-Messung liegen vor allem in folgenden Punkten begründet:

- keine Probennahme, keine Entnahmeleitungen
- integrale Messung über den Kaminquerschnitt
- direkte Anzeige, ohne Verzögerungen der Probenentnahme
- einfache Wartung (wartungsarm).

Die *Nachteile* dieser Meßmethode sind:

- Meßbereiche sind vom vorgegebenen Kamindurchmesser abhängig, so daß bei einem kleinen Durchmesser nur große Meßbereiche möglich sind.
- ist nur für optische (akustische) Meßverfahren anwendbar. Andere wichtige Prinzipien (FID, $O_2$ usw.) lassen sich nur mit großem Aufwand integrieren.
- Kalibration der Meßeinrichtung kann nur indirekt erfolgen.

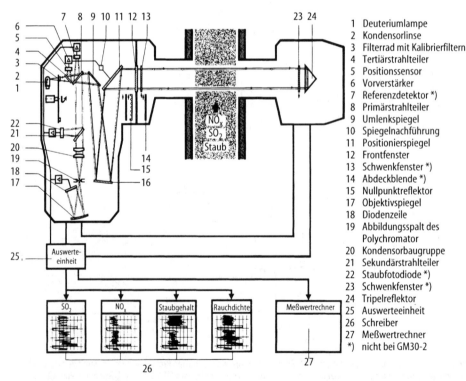

**Bild 10.26.** In-situ-Meßeinrichtung (GM 30, Sick, Waldkirch) zur simultanen Erfassung von $NO_x$, $SO_2$, Staub und Rauchdichte

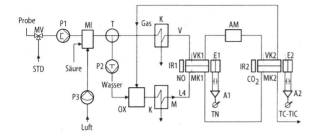

**Bild 10.27.** Prinzipieller Aufbau einer kombinierten TOC/TN-Meßeinrichtung. *MV* Magnetventil, *P* Pumpe, *STD* Kalibrierstandard, *MI* Mischgefäß, *T* Separator, *K* Gaskühler, *OX* Verbrennungsofen, *IR* Infrarotstrahler, *E* Empfänger, *MK* Meßküvette, *VK* Vergleichsküvette, *A* Verstärker, *AM* Absorber (für $CO_2$)

Je nach Anwendung, bzw. Anzahl der zu erfassenden Komponenten, wird die Entscheidung für eine extraktive oder In-situ-Messung ausfallen.

**Abwasserkontrolle.** Eine weitere interessante Anwendung für Gasanalysengeräte ist die TOC-(Total Organic Carbon) bzw. TN-(Total Nitrogen) Messung in Abwässern.

Im Bild 10.27 ist der prinzipielle Aufbau einer solchen Meßeinrichtung dargestellt.

Die Abwasserprobe gelangt über die Pumpe $P_1$ in das Mischgefäß *MI*. Dort wird die Probe auf einen konstanten pH-Wert mit HCl angesäuert, um die anorganischen Kohlenstoffverbindungen zu $CO_2$ (Kohlendioxid) umzuwandeln. In dem Separator *T* wird das Wasser von dem $CO_2$ und der Luft (Brennluft) getrennt. Mit der Pumpe $P_2$ wird die Wasserprobe dann in einen Verbrennungsofen (OX) tropfenweise dosiert. In diesem Ofen erfolgt die Umwandlung der organischen Kohlenstoff- bzw. Stickstoffverbindungen zu $CO_2$ und NO (Stickstoffmonoxid). Hinter dem Reaktor *OX* wird die gasförmige Probe mit einem Kühler vom Wasserdampf befreit und gelangt dann sofort in die Meßküvette (MK1) des Gasanalysators (URAS 10, Hartmann & Braun). Durch einen weiteren Meßkanal in dem Gasanalysator lassen sich sowohl die NO- als auch die $CO_2$-Konzentrationen erfassen, die proportional zu dem TOC- bzw. TN-Gehalt in der Wasserprobe sind.

**Literatur**

10.1 Grisar R et al. (1986) Monitoring of gaseous pollutants by tunable diode lasers. Proceedings of the International Symposium held in Freiburg, FRG, 13–14. November 1986

10.2 Wiegleb G (1985) Einsatz von LED-Strahlungsquellen in Analysengeräten. Laser und Optoelektronik 3:308–310

10.3 Wiegleb G (1986) Lampe zur Erzeugung von Gas-Resonanzstrahlung, Deutsches Patent DE 3617110 A1

10.4 Meinel H, Just Th (1973) A new analytical Technique for continuous NO-Detection in the range from 0.1 to 5000 ppm. Conference pre-print No. 125 „Atmospheric pollution by Aircraft Engines". AGARD, NATO

10.5 Luft KF (1943) Über eine neue Methode der registrierenden Gasanalyse mit Hilfe der Absorption ultraroter Strahlung ohne spektrale Zerlegung. Zeitschrift für technische Physik 24:97–104

10.6 Schaefer W (1961) Gasanalyse mit dem URAS bei kompliziert zusammengesetzten Gasgemischen. Chem.-Ing.-Techn. 33: 426–430

10.7 Kesseler G (1967) Über die Absorption ultraroter Strahlung in hintereinanderliegenden Schichten und ihre Bedeutung für die photometrische Gasanalyse. Dissertation, TU Clausthal

10.8 Verbesserung des Kohlenwasserstoffverfahrens. Abschlußbericht der VW-Forschung und Entwicklung (1980)

10.9 Hess P, Pelzl J (1988) Photoacoustic and Photothermal Phenomena. Series in Optical Sciences. Springer, Berlin Heidelberg New York

10.10 Schaefer W (1965) Bestimmung der Schwingungsrelaxationszeit von $CO/N_2$-Gasgemischen aus der Analyse des Frequenzganges eines Ultrarot-Gasanalysators. Z. angew. Phys. 19:55–60

10.11 Wiegleb G (1992) A new calibration technique for industrial gas analysers. Process Controll and Quality 3:273–281

10.12 Zöchbauer M (1983) Erweiterte Anwendungsmöglichkeiten des UV-Betriebsphotometers RADAS in der Prozeßüberwachung. Technisches Messen 50:417–422

10.13 Multicomponent FT-IR Gas Analyzer Model 9100. Data Sheet IMZ9458 March 1993. BOMEM, Quebec, Kanada

10.14 Schmäh N (1994) Dissertation, Universität Stuttgart

10.15 Wiegleb G, Marx WR (1994) Paramagnetische Verfahren zur Sauerstoffmessung Kap.B. tm-Serie: Industrielle Gasanalyse, Technisches Messen

10.16 Birkle M (1979) Meßtechnik für den Immissionsschutz. Oldenbourg, München

10.17 Bacon AT, Getz R, Reategui J (1991) Ion-Mobility Spectroscopy tackles through process Monotoring. Chemical Engineering Progress

10.18 Schaumburg H (1992) Werkstoffe und Bauelemente der Elektrotechnik. (Kap. 8: Chemische Sensoren, Göpel/Schaumburg). Teubner, Stuttgart

10.19 Johnston SF (1991) Fourier Transform Infrared a constantly evolving technology. Ellis Horwood, New York

## Allgemeine Literatur

Clevet KJ (1986) Process Analyzer Technology. John Wiley&Sons

Hengstenberg J, Sturm B, Winkler O (1980) Messen, Steuern und Regeln in der Chemischen Technik, Bd. II (Betriebsmeßtechnik/Analytik). Springer, Berlin Heidelberg New York

Karthaus H, Engelhardt H (1971) Physikalische Gasanalyse, Hartmann & Braun, Frankfurt a.M., Fachbuch L 3410

Kronmüller H, Zehner B (1980) Prinzipien der Prozeßmeßtechnik, Bd. 2. Schnäcker, Karlsruhe

Nichols GD (1988) On-Line Process Analyzers. John Wiley&Sons

Richly W (1992) Meß-und Analysenverfahren. Vogel, Würzburg

Schaefer W, Zöchbauer M (1992) Wavelength Sensitive Detection. Sensors, 278–306

Schomburg G (1987) Gaschromatographie. 2. Aufl. VCH, Weinheim

Staab J (1991–1994) Industrielle Gasanalyse. tm-Serie, Technisches Messen

Wiegleb G (ab 1994) Industrielle Gasanalyse. tm-Serie, Technisches Messen

Wiegleb G (1986) Sensortechnik. Franzis, München

# Teil C

## Bauelemente für die Signalverarbeitung mit elektrischer Hilfsenergie

1 Regler
2 Schaltende Regler
3 Elektrische Signalverstärker
4 Elektrische Leistungsverstärker
5 Analogschalter und Multiplexer
6 Spannnungs-Frequenz-Wandler (*U/f, f/U*)
7 Funktionsgruppen für analoge Rechenfunktionen. Oszillatoren
8 Digital-Resolver- und Resolver-Digital-Umsetzer
9 Modulatoren und Demodulatoren
10 Sample and Hold-Verstärker
11 Analog-Digital-Umsetzer
12 Digital-Analog-Umsetzer
13 Referenzspannungsquellen
14 Nichtlineare Funktionseinheiten
15 Filter
16 Pneumatisch-elektrische Umformer
17 Digitale Grundschaltungen

# Einleitung

M. Seifart

Zur Informationsgewinnung, -verarbeitung und -übertragung sind häufig wiederkehrende Grundoperationen, wie Messen, Verstärken, Regeln, Rechnen, Speichern, Anzeigen, Grenzwertüberwachung, Nullpunktunterdrückung, Schwingungserzeugung, Signalformung, Sollwertvorgabe u.a., notwendig, die mit entsprechenden Funktionseinheiten realisiert werden [3.1–3.4].
In der Vergangenheit wurden für häufig wiederkehrende Grundfunktionen oft universell einsetzbare und konstruktiv abgeschlossene Baugruppen (Teileinschübe, Kassetten usw.) verwendet. Der stark zunehmende Integrationsgrad elektronischer Bauelemente führt dazu, daß immer mehr Funktionseinheiten mit einer oder mit wenigen integrierten Schaltungen (IS) realisiert werden. Die Folge ist, daß auf einer einzigen Steckkarte (Grundkarte) viele Grundfunktionen, die ggf. zum Zwecke einer schnellen Erweiterung oder Veränderung auf kleinen steckbaren Leiterplatten aufgebaut sind, untergebracht werden (Übergang zu problemorientierten Baugruppen, Steckkartensystemen). Kennzeichnend für den Einsatz elektronischer Funktionseinheiten in der Automatisierungstechnik ist, daß diese Funktionseinheiten bis auf wenige Ausnahmen mit elektronischen Bauelementen (z.B. IS) aufgebaut werden müssen, die für andere Industriezweige mit größerem Stückzahlbedarf entwickelt wurden. Spezielle Bauelementeentwicklungen für die Automatisierungstechnik sind nur selten ökonomisch vertretbar. Dadurch entsteht oft zusätzlicher Aufwand, um die teilweise harten Forderungen der Automatisierungstechnik (z.B. Unempfindlichkeit gegenüber elektrischen Störsignalen) zuverlässig zu erfüllen (Abblocken, Abschirmmaßnahmen, Pegelwandlung usw.; vgl. Kap. 17).

Wie in der gesamten Elektronik, so ist auch bei elektronischen Geräten der Automatisierungstechnik der Übergang zum verstärkten Einsatz digitaler Funktionseinheiten zu erkennen. *Analoge Einheiten* können jedoch auch künftig in einer Reihe von Anwendungsfällen nicht durch *digitale Verfahren* abgelöst werden, etwa bei der Verarbeitung kleiner *Signalpegel* (natürliche Abbildungssignale). Besonders bei Anlagen der Kleinautomatisierung lassen sich mit analogen Funktionseinheiten oft einfachere und billigere Lösungen erzielen. Die Fernübertragung mit Analogsignalen benötigt häufig geringeren Aufwand als die digitale Signalübertragung. Da viele Meßgrößen (besonders bei Fließgutprozessen in der Verfahrenstechnik) als Analogsignale zur Verfügung stehen, sind in größeren Automatisierungsanlagen analoge Funktionseinheiten oft gemeinsam mit digitalen Funktionseinheiten notwendig.
Als Informationsparameter wird in elektrisch-analogen Funktionseinheiten meist die *Amplitude* einer *Gleichspannung* oder eines *Gleichstroms* verwendet. Spannungssignale lassen sich im Inneren der Einheiten leichter verarbeiten, weil sie durch Gegenkopplungsbeschaltung einfach erzeugt werden können und sich mehrere Stufen problemlos parallelschalten lassen (gemeinsames Bezugspotential). Stromsignale werden häufig zur äußeren (Meß-)Signalübertragung zwischen verschiedenen Geräten verwendet. Für spezielle Anwendungen sind auch andere elektrische Größen üblich (Bsp.: Frequenz-Analogsignal; s. Kap. 6).
Die Größe der Signalamplitude ist für die Auswirkung systemfremder oder systemeigener elektrischer Störsignale und für die Genauigkeit der Signalverarbeitung (Drifteinflüsse, Rauscheinflüsse) von großer Bedeutung. Elektrisch-analoge Einheitssignale haben so hohe Pegelwerte ($I = 0 \ldots 5, 0 \ldots 20, 4 \ldots 20$ mA; $U = 0 \ldots 5, 0 \ldots 10$ V), daß die genannten *Störeinflüsse* meist ohne besondere Zusatzmaßnahmen vernachlässigbar sind.
Bei Signalpegeln im oder unterhalb des Millivolt- bzw. Mikroamperebereichs können Störsignale häufig das Nutzsignal voll überdecken, so daß sorgfältige Abschirmmaßnahmen, Einbau von Siebgliedern,

Driftkompensation u. dgl. erforderlich werden, um die Signalverarbeitung mit der geforderten Genauigkeit zu realisieren. Es ist daher immer zweckmäßig, den Signalpegel möglichst weit am Anfang der Informationskette (z.B. unmittelbar nach dem Meßfühler) auf einen hohen Pegel anzuheben, falls nicht ökonomische oder andere Gründe dagegen sprechen.

Elektronische Funktionseinheiten können im Vergleich zu den *Zeitkonstanten* vieler zu automatisierender Prozesse (Verfahrenstechnik: einige Sekunden bis einige Minuten; elektrische Antriebsregelungen: Millisekunden bis Sekunden) als praktisch trägheitslos angesehen werden. Oft wird ihre Leistungsfähigkeit hinsichtlich Bandbreite bzw. Schaltgeschwindigkeit bei weitem nicht ausgenutzt. Gelegentlich ist es sogar zweckmäßig, das Frequenz- bzw. Zeitverhalten durch geeignete Beschaltung zu verschlechtern, um die Empfindlichkeit gegenüber elektrischen Störsignalen zu verringern.

Der *Umgebungstemperaturbereich* von Automatisierungsgeräten, die in Warten betrieben werden, ist nicht wesentlich größer als der üblicher elektronischer Geräte. Bei Funktionseinheiten in der Nähe des Meß- oder Stellorts können aber sehr harte Temperaturanforderungen auftreten (z.B. $-30°C$), die u.U. besondere Schaltungslösungen erforderlich machen (Vermeiden von Elkos, Berücksichtigung des erheblichen Abfalls der Stromverstärkung von Transistoren bei tiefen Temperaturen usw.)

Die *Signalverstärkung* ist die wichtigste Operation analoger Funktionseinheiten, da sie bei fast allen Einheiten direkt oder indirekt eine Rolle spielt. Die Entwicklung analoger Funktionseinheiten ist durch das weitere Vordringen integrierter Schaltkreise (IS), vor allem von integrierten Operationsverstärkern (OV), gekennzeichnet. Dadurch nimmt die Komplexität der Schaltung zu. Integrierte OV erfüllen sowohl hinsichtlich der technischen Daten als auch bezüglich Robustheit, Wartungsfreiheit und niedrigem Preis die Forderung der Automatisierungstechnik sehr gut. Der OV hat die Entwicklung der Analogtechnik generell stark beeinflußt. Vor der Existenz der IS wurden für unterschiedliche Aufgaben überwiegend spezielle Schaltungen dimensioniert und aufgebaut. Heute lassen sich die meisten analogen Funktionseinheiten in der Automatisierungstechnik unter Verwendung integrierter OV realisieren, meist durch geeignete Beschaltung mit linearen oder nichtlinearen Rückkopplungsnetzwerken. Dadurch konnten die äußerst zahlreichen Varianten von analogen Funktionseinheiten merklich reduziert werden.

Infolge des durch die Massenproduktion bedingten sehr niedrigen Preises von OV, der häufig über eine Zehnerpotenz geringer ist als der früher verwendeter "klassischer" Verstärker aus Einzelbauelementen, ist ein wesentlich großzügigerer Umgang mit Verstärkern möglich. Viele analoge Funktionen lassen sich dadurch besser und genauer realisieren (z.B. der Aufbau von PID-Reglern mit entkoppelten P-, I-, D-Funktionen; s. Kap. 1).

Die weitere Entwicklung analoger Funktionseinheiten erfolgt in Richtung

– einheitlicher Signalpegel,
– einheitlicher Stromversorgung (Betriebsspannung),
– einheitlicher konstruktiver Ausführung (je nach Zweckmäßigkeit Baustein- oder Kompaktgeräte).

Bausteinsysteme sind universell an Automatisierungsaufgaben anpaßbar; jedoch ist ihre Projektierung aufwendig (Abhilfe: vorkonfektionierte Einheiten aus mehreren Leiterplatten, z.B. Regler). Kompaktgeräte sind bei großen Stückzahlen ökonomischer und lassen sich einfacher projektieren.

Neben OV werden zunehmend weitere universell einsetzbare IS hergestellt (Spannungs- und Stromstabilisierungsbausteine, AD- und DA-Umsetzer, PLL-Schaltungen; s. Kap. 11–13), für die auch außerhalb der Automatisierungstechnik großer Bedarf besteht. Komplette Funktionseinheiten, die auf Grund technischer Probleme oder zu geringer Stückzahl nicht als IS ausgeführt werden, lassen sich in Hybridtechnik erstellen. Dazu werden gehäuselose (nackte) integrierte OV sowie ihre diskreten Beschaltungselemente auf einem Dünnschicht- oder Dickschichtsubstrat leitend verbunden, so daß eine eigene Leiterplatte für diese Einheit sowie zahlreiche Verbindungsstellen entfallen; das ermöglicht zugleich Zuverlässigkeitsverbesserungen.

### Häufig benutzte Abkürzungen

| | | | |
|---|---|---|---|
| AD | Analog/Digital | LSB | Least significant BIT (binary digit) |
| CMRR | Common mode rejection ratio | | |
| DA | Digital/Analog | MSB | Most significant BIT (binary digit) |
| DIL | Dual-in-Line-Gehäuse | | |
| DIP | Dual-in-Line-Plastikgehäuse, auch: Dual-in-Line-Package | MSI | Medium scale integration |
| | | MSR | Messen, Steuern, Regeln |
| DSP | Digital Signal Processing | OPA | Operational Amplifier |
| F.S. | Full scale (Vollausschlag, Endwert eines Meßbereichs) | OV | Operationsverstärker |
| | | $R_1//R_2$ | Parallelschaltung von $R_1$ und $R_2$ |
| FET | Feldeffekttransistor | TK | Temperaturkoeffizient |
| FSR | Full scale range (Meßbereich) | TTL | Transistor Transistor Logik |
| IS | Integrierte Schaltung | VCO | Voltage controlled oscillator |

# 1 Regler

H. Beikirch

## 1.1 Allgemeine Eigenschaften

Die ständige technische Weiterentwicklung ermöglicht in immer umfangreicherem und genauerem Maße die breite Beeinflussung von Prozessen und technischen Geräteeigenschaften durch regelnde Eingriffe. Die Zielstellung besteht im Erreichen eines *stabilen Systemzustandes*, der keine unerwünschten Schwingungen aufweist. Ein typisches Beispiel ist die elektronische Drehzahlregelung einer Bohrmaschine. Als Störung wirkt die unterschiedliche Belastung beim Bohren. Das von der Maschine aufzubringende Drehmoment ist je nach zu bearbeitendem Werkstoff und Vorschub unterschiedlich groß und verursacht Drehzahlschwankungen, wenn nicht kontinuierlich die zugeführte elektrische Energie nachgeregelt wird. Bild 1.1 zeigt das Wirkprinzip. Die Energiezuführung wird dabei so über den Spannungsregler (Längsregler) eingestellt, daß die von der Bohrmaschinenwelle über einen Tachometer G abgenommene drehzahläquivalente Spannung $U_G$ konstant gehalten wird. Durch einen einstellbaren Widerstand $R_S$ erfolgt die Drehzahlsollwertvorgabe.

Die notwendigen Regler können in unterschiedlichen technischen Ausführungen hergestellt werden. Sie benutzen *elektrische, pneumatische* oder *hydraulische Hilfsenergie* und werden nach diesen Eigenschaften bezeichnet (z.B. *elektrische* bzw. *elektronische Regler*). Regler können auch in rein mechanischer Struktur ausgeführt sein (z.B. Fliehkraftregler bei Dampfmaschinen).

Da *elektronische Regler* am häufigsten eingesetzt werden und die hier angestellten Untersuchungen sich mit elektrischen bzw. elektronischen Bausteinen der Automatisierungstechnik befassen, orientieren sich die nachfolgenden Betrachtungen grundsätzlich an dieser technischen Ausführung.

Allgemein besteht die Aufgabe eines Reglers darin, eine bestimmte physikalische Größe (die *Regelgröße X*) auf einen vorgegebenen Sollwert (*Führungsgröße W*) zu bringen und dort zu halten. Der Regler muß dazu in geeigneter Weise den auftretenden *Störgrößen Z* entgegenwirken [1.1].

## 1.2 Verhalten linearer kontinuierlicher Regelkreise

### 1.2.1 Dynamisches Verhalten

Ausgehend vom Prinzip des geschlossenen Regelkreises sollen die grundsätzlichen Bestandteile und Größen vorgestellt werden. Bild 1.2 zeigt ein Übersichtsbild mit den klassischen vier Bestandteilen: *Regler, Stellglied, Regelstrecke* und *Meßglied*. *Regler* und *Stellglied* werden meist zur *Regeleinrichtung* zusammengefaßt [1.2].

Beschreibt man ein derartiges System in vereinfachter Blockstruktur, so lassen sich die Beziehungen der einzelnen Größen entsprechend Bild 1.3 darstellen.

Das System enthält die *Übertragungsfunktionen* zur Beschreibung des *Störverhaltens* $G_{SZ}(s)$, des *Stellverhaltens* $G_{SU}(s)$ und der Re-

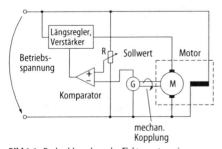

**Bild 1.1.** Drehzahlregelung des Elektromotors einer Bohrmaschine

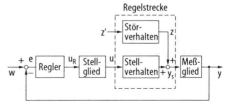

**Bild 1.2** Der Regelkreis mit seinen Grundbestandteilen

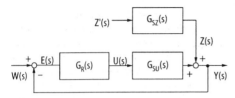

**Bild 1.3** Vereinfachtes Blockschaltbild eines Regelkreises

geleinrichtung $G_R(s)$ im Bildbereich. Man wählt bei derartigen Strukturen die Beschreibung im Bildbereich, weil sich gegenüber der Beschreibung im Zeitbereich meist einfachere Berechnungswege gehen lassen.

Die *Regeleinrichtung* wird auch oft als eigentlicher "*Regler*" bezeichnet.

Für den Fall der Einwirkung einer einzigen *Störgröße* wirken auf die Regelstrecke zwei Eingangsgrößen, die *Stellgröße U* und die *Störgröße Z*. Diese beiden Eingangssignale greifen meist an unterschiedlichen Stellen der *Regelstrecke* ein. Damit wirken sie mit unterschiedlichem *Übertragungsverhalten*, dem *Stellverhalten* und *Störverhalten*, auf die *Regelgröße Y* ein.

Formuliert man das *Übertragungsverhalten* nach Bild 1.3, so ergibt sich folgender allgemeiner Zusammenhang:

$$Y(s) = \frac{G_{SZ}(s)}{1 + G_R(s) G_{SU}(s)} Z(s)$$
$$+ \frac{G_R(s) G_{SU}(s)}{1 + G_R(s) G_{SU}(s)} W(s) \quad . \tag{1.1}$$

Bei einer sogenannten *Festwertregelung* bzw. *Störgrößenregelung* geht man von der Annahme $W(s) = 0$ aus. Es ergibt sich das Übertragungsverhalten des geschlossenen Regelkreises für *Störverhalten* mit

$$G_Z(s) = \frac{Y(s)}{Z(s)} = \frac{G_{SZ}(s)}{1 + G_R(s) G_{SU}(s)} \quad . \tag{1.2}$$

Setzt man dagegen $Z(s) = 0$, kann das Übertragungsverhalten des geschlossenen Regelkreises als *Führungsverhalten* bezeichnet werden. Man spricht von einer *Nachlauf-* oder *Folgeregelung*. Beschrieben wird dieses Verhalten mit

$$G_W(s) = \frac{Y(s)}{W(s)} = \frac{G_R(s) G_{SU}(s)}{1 + G_R(s) G_{SU}(s)} \quad . \tag{1.3}$$

Der dynamische *Regelfaktor R(s)* ist mit

$$R(s) = \frac{1}{1 + G_R(s) G_{SU}(s)} \tag{1.4}$$

definiert, wobei das Produkt $G_R(s) G_{SU}(s)$ in (1.2) und (1.3) jeweils enthalten ist und zu $G_0(s)$ zusammengefaßt wird.

Wird der Regelkreis nach Bild 1.3 unter der Bedingung $W(s)=0$ und $Z(s)=0$ an beliebiger Stelle aufgetrennt, ergibt sich ein offener Regelkreis. Betrachtet man das System an den Trennstellen entsprechend der Wirkrichtung der *Übertragungsglieder*, kann man als Eingangsgröße $x_e(t)$ und als Ausgangsgröße $x_a(t)$ definieren. Die Übertragungsfunktion des offenen Regelkreises wird damit zu

$$G_{off} = \frac{X_a(s)}{X_e(s)} = -G_R(s) G_{SU}(s) \tag{1.5}$$
$$= -G_0(s) \quad .$$

Im praktischen Umgang hat sich, obwohl nicht ganz korrekt, der Gebrauch der Übertragungsfunktion des offenen Regelkreises mit $G_0(s)$ etabliert.

**1.2.2**
**Stationäres Verhalten**

In den meisten aller Anwendungsfälle läßt sich das Übertragungsverhalten des offenen Regelkreises durch eine *Standardübertragungsfunktion* beschreiben. Diese Übertragungsfunktion hat die Form (nach [1.2])

$$G_0(s) = \frac{K_0}{s^k} \tag{1.6}$$

$$\times \frac{1 + \beta_1 s + \beta_2 s^2 + \ldots + \beta_m s^m}{1 + \alpha_1 s + \alpha_2 s^2 + \ldots + \alpha_{n-k} s^{n-k}} e^{-T_t s}$$

mit $m \leq n$.

Die ganzzahligen Konstanten $k = 0, 1, 2, \ldots$ kennzeichnen dabei im wesentlichen den Typ der Übertragungsfunktion. Mit $K_0 = K_R K_S$ ist der Verstärkungsfaktor des offenen Regelkreises, auch als *Kreisverstärkung* bezeichnet, definiert ($K_R$ Verstärkungsfaktor des Reglers; $K_S$ Verstärkungsfaktor der Strecke).

Für das Verhalten des Regelkreises kann anhand der Verstärkungsfaktoren beispielsweise erkannt werden:

$k = 0$     P-Verhalten (Proportionales Verhalten),

k = 1    I-Verhalten (Integrales Verhalten),
k = 2    $I_2$-Verhalten (Doppelt integrales Verhalten).

Eine Untersuchung des stationären Verhaltens des geschlossenen Regelkreises erfolgt durch Beaufschlagung der verschiedenen Typen der Übertragungsfunktion $G_0(s)$ mit verschiedenen Signalformen der Führungsgröße $w(t)$ oder der Störgröße $z(t)$ für $t \to \infty$. Dabei geht man von der Annahme aus, daß der in (1.6) auftretende Term der gebrochen rationalen Funktion nur Pole in der linken s-Halbebene besitzt.
Berechnet man die Regelabweichung mit

$$E(s) = \frac{1}{1+G_0(s)}(W(s)-Z(s)), \quad (1.7)$$

existiert ein Grenzwert für die Regelabweichung $e(t)$ bei $t \to \infty$, gilt unter der Benutzung des Grenzwertsatzes der Laplace-Transformation für den stationären Endwert der Regelabweichung

$$\lim_{t \to \infty}(e)t = \lim_{s \to 0} s E(s). \quad (1.8)$$

Betrachtet man das Ausgangsverhalten einer Regelstrecke bei verschiedenen Eingangsfunktionen, wobei als Eingangsfunktionen Führungs- sowie Störgrößen gleich behandelt werden können, so lassen sich die stationären Endwerte der Regelabweichung berechnen. Die Berechnung erfolgt mit (1.7) und (1.8) für das Übertragungsverhalten des offenen Regelkreises $G_0(s)$. Als charakteristische Eingangfunktionen $x_e(t)$ wird (nach [1.2])

1. die sprungförmige Erregung (mit $x_{e0}$ als Sprunghöhe)

$$X_e(s) = \frac{x_{e0}}{s}, \quad (1.9)$$

2. die rampenförmige Erregung (mit $x_{e1}$ als Anstiegsgeschwindigkeit des Eingangssignals)

$$X_e(s) = \frac{x_{e1}}{s^2}, \quad (1.10)$$

3. die parabelförmige Erregung (mit $x_{e2}$ als Maß für die Beschleunigung des Eingangssignalanstiegs)

$$X_e(s) = \frac{x_{e2}}{s^3}, \quad (1.11)$$

betrachtet.

**Tabelle 1.1.** Bleibende Regelabweichung [1.2]

| Systemtyp von $G_0(s)$ | Eingangsgröße $X_e(s)$ | Bleibende Regelabweichung $e_\infty$ |
|---|---|---|
| k = 0 P-Verhalten | $x_{e0}/s$ | $[1/(1+K_0)]x_{e0}$ |
| | $x_{e1}/s^2$ | $\infty$ |
| | $x_{e2}/s^3$ | $\infty$ |
| k = 1 I-Verhalten | $x_{e0}/s$ | 0 |
| | $x_{e1}/s^2$ | $(1/K_0)x_{e1}$ |
| | $x_{e2}/s^3$ | $\infty$ |
| k = 2 $I_2$-Verhalten | $x_{e0}/s$ | 0 |
| | $x_{e1}/s^2$ | 0 |
| | $x_{e2}/s^3$ | $(1/K_0)x_{e2}$ |

Nach (1.7) gilt dann für die Regelabweichung

$$E(s) = \frac{1}{1+G_0(s)} X_e(s) \quad (1.12)$$

Der Unterschied zwischen Führungsverhalten und Störverhalten ist nur im Vorzeichen festzustellen, d.h. bei Führungsverhalten gilt $X_e(s)=W(s)$ und bei Störverhalten gilt $X_e(s)=-Z(s)$.

Die Ergebnisse der Berechnungen einer bleibenden Regelabweichung für verschiedene Systemtypen (k = 0, k = 1 und k = 2) von $G_0(s)$ bei den vorhergehend genannten unterschiedlichen Eingangsgrößen $x_e(t)$ sind in Tabelle 1.1 dargestellt.

Aus den Berechnungen geht hervor, daß die bleibende Regelabweichung $e_\infty$ kleiner gehalten werden kann, wenn die Kreisverstärkung $G_0$ möglichst groß eingestellt wird. Bei der Wahl einer sehr großen Kreisverstärkung besteht aber Instabilitätsgefahr, so daß mit der Einstellung von $G_0$ ein Kompromiß gefunden werden muß. Andernfalls muß ein geeigneter Reglertyp ausgewählt werden.

## 1.3 Reglertypen

Die heute in der Industrie eingesetzten Regler sind Standardregler, die sich auf die idealisierten linearen Grundformen des P-, I- und D-Gliedes zurückführen lassen.

Ausgehend vom *Standardregler* mit PID-Verhalten, der sich in seiner Blockstruktur entsprechend Bild 1.4 darstellen läßt, sind alle weiteren Reglertypen daraus ableitbar.

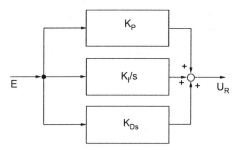

**Bild 1.4.** Blockschaltbild eines PID-Reglers

Die Parallelschaltung des P-, I- und D-Gliedes kennzeichnet das Zusammenwirken der *Verhaltensglieder*. Die Übertragungsfunktion des PID-Reglers wird mit

$$G_R(s) = \frac{U_R(s)}{E(s)} = K_P + \frac{K_1}{s} + K_D s \quad . \quad (1.13)$$

ermittelt. Als typische Größen sind der *Verstärkungsfaktor* $K_P$, die *Nachstellzeit* $T_I = K_P/K_I$ und die Vorhaltezeit bzw. Differentialzeit $T_D = K_D/K_P$ definiert. Da für diese Größen bestimmte Wertebereiche gelten, werden sie auch als *Einstellwerte* des Reglers bezeichnet. Mit diesen Einstellungen wird eine Anpassung von Regler und Strecke vorgenommen, so daß ein erwünschtes *Regelverhalten* erzielt wird.

Durch Umformung ergibt sich nach (1.13)

$$G_R(s) = K_R \left( 1 + \frac{1}{T_I s} + T_D s \right) \quad . \quad (1.14)$$

Mit der Übertragung in den Zeitbereich läßt sich folgende Beschreibung der Reglerausgangsgröße vornehmen:

$$u_R(t) = K_R e(t) + \frac{K_R}{T_I} \int_0^t e(\tau)\, d\tau$$
$$+ K_R T_D \frac{de(t)}{dt} \quad . \quad (1.15)$$

Wird jetzt eine sprungförmige Änderung der Eingangsgröße $e(t)$ verursacht, erhält man die Übertragungsfunktion $h(t)$ des PID-Reglers. Problematisch ist die gerätetechnische Realisierung des D-Verhaltens, da praktisch immer Verzögerungszeiten vorhanden sind. Wird nach (1.14) der D-Anteil real verändert, so gilt

$$G_R(s) = K_R \left( 1 + \frac{1}{T_I s} + T_D \frac{s}{1 + T s} \right) \quad . \quad (1.16)$$

Die vergleichende Darstellung der einzelnen Reglertypen mit der Realisierung einer Operationsverstärkerschaltung, der jeweiligen Übertragungsfunktion, den zugehörigen Einstellwerten und der entsprechenden *Übergangsfunktion* zeigt Tabelle 1.2.

Zusammenfassend muß bemerkt werden, daß jeder Reglertyp über bestimmte Eigenschaften verfügt, die vorteilhaft in Kombinationen eingesetzt werden können. D-Glieder sind aufgrund ihrer Funktion nicht allein als Regler verwendbar.

Besondere Eigenschaften der einzelnen Reglertypen sind:

*P-Regler*: großes maximales Überschwingen; große Ausregelzeit;

*I-Regler*: noch größeres maximales Überschwingen durch langsam einsetzendes I-Verhalten; keine bleibende Regelabweichung;

*PI-Regler*: maximales Überschwingen; Ausregelzeit wie P-Regler; keine bleibende Regelabweichung;

*PD-Regler*: schneller D-Anteil bringt geringeres Überschwingen und geringere Ausregelzeiten als P- und I-Regler; bleibende, aber geringe Regelabweichung;

*PID-Regler*: vereinigt Eigenschaften des PI- und PD-Reglers; maximales Überschwingen ist noch kleiner; keine bleibende Regelabweichung; Ausregelzeit größer als bei PD-Regler.

## 1.4 Digitale Regler

### 1.4.1 Prinzip

Bei digitaler Regelung erfolgt eine *Zeit-* und *Amplitudenquantisierung* der *abzutastenden* Eingangssignale. Die Ausführung der Regeleinrichtung wird von komplexen digitalen Schaltungen, beispielsweise von Prozeßrechnern oder Mikrorechnern, übernommen. Die Größe der Zeitschritte bei der Signalabtastung kann durch die Abtastzeit $T_0$ festgelegt werden. Diese Abtastung, die nur zu diskreten Zeitpunkten $t_1, t_2, t_3, \ldots t_n$ erfolgt, kann auch äquidistant in einer festgelegten Zeit erfolgen. Bei solcher äquidistanten Abtastung gilt dann allgemein $t_k = k T_0$.

Bild 1.5 zeigt den prinzipiellen Aufbau eines digitalen Regelkreises. Bei dieser digi-

**Tabelle 1.2.** Regeltypen mit Operationsverstärkerschaltungen

| Regler-typ | Schaltung | Übertragungsfunktion $G_R(s) = U_R(s)/E(s)$ | Einstellwerte | | Übergangsfunktion $h(t)$ |
|---|---|---|---|---|---|
| P | | $\dfrac{R_2}{R_1}$ | Verstärkung | $K_R = \dfrac{R_1}{R_2}$ | |
| I | | $-\dfrac{1}{sR_2C_2}$ | Nachstellzeit | $T_I = R_1C_2$ | |
| PI | | $\dfrac{R_2}{R_1}\left(1+\dfrac{1}{sR_2C_1}\right)$ | Verstärkung<br>Nachstellzeit | $K_R = \dfrac{R_1}{R_2}$<br>$T_I = R_1C_2$ | |
| PD | | $\dfrac{R_2}{R_1}(1+sR_2C_1)$ | Verstärkung<br>Vorhaltezeit | $K_R = \dfrac{R_1}{R_2}$<br>$T_D = R_1C_1$ | |
| PID | | $\dfrac{R_1C_1+R_2C_2}{R_1C_2}\left(1+\dfrac{1}{R_1C_1+R_2C_2}\cdot\dfrac{1}{s}+\dfrac{R_1C_1R_2C_2\,s}{R_1C_1+R_2C_2}\right)$ | Verstärkung<br>Nachstellzeit<br>Vorhaltezeit | $K_R = -\dfrac{R_1C_1+R_2C_2}{R_1C_2}$<br>$T_I = R_1C_1+R_2C_2$<br>$T_D = \dfrac{R_1R_2C_1C_2}{R_1C_1+R_2C_2}$ | |

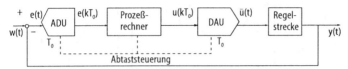

**Bild 1.5** Prinzipieller Aufbau eines digitalen Regelkreises

talen Regelung, die auch als *DDC-Betrieb* (DDC – direct digital control) bezeichnet wird, setzt man den analogen Wert der Regelabweichung $e(t)$ in einen digitalen Wert $e(kT_0)$ um. Als digitaler Regler steht allgemein ein Prozeßrechner, der über bestimmte Algorithmen die Folge der *Stellsignalwerte* $u(kT_0)$ erzeugt. Der nachfolgende Digital-/Analogumsetzer formt daraus das Analogsignal $\overline{u}(t)$, das über jeweils eine Abtastperiode konstant gehalten wird.

Die Signaldarstellung erfolgt im Regelkreis diskret, d.h. durch Zahlenfolgen.

Die Abtastzeit $T_0$ hat einen großen Einfluß auf das dynamische Verhalten der Regelung. Die Festlegung von $T_0$ muß deshalb besonders gut ausgewogen werden. Die *Amplitudenquantisierung* der Signale beeinflußt in hohem Maße die Genauigkeit des gesamten Regelungssystems. Man benutzt hierzu entsprechend den technologischen Anforderungen *Analog-/Digital-* sowie *Digital-/Analogumsetzer* mit Auflösungen von 8 bis 14 bit.

Bei solchen Abtastsystemen wird in einem linearem kontinuierlichen System an der Linearität nichts geändert, soweit die Auflösung der Umsetzer hoch genug gewählt wurde (*Quantisierungsrauschen* muß nicht mehr berücksichtigt werden). Daraus resultiert die Möglichkeit der theoretischen Behandlung wie bei einem rein analogen linearen kontinuierlichem System.

### 1.4.2
**Regler mit Mikrocomputern**

In der modernen Regelungstechnik werden in zunehmendem Maße Regler auf der Basis von *Mikroprozessoren* bzw. *Mikrocontrollern* eingesetzt. Die damit erzielbaren Vorteile sind besonders in der hohen Flexibilität einstellbarer Parameter, der kurzen Reaktionszeiten und der komfortablen Bedienbarkeit zu sehen. Auch durch die Miniaturisierung elektronischer Komponenten und Schaltungen sind derartige Regler in kleinste räumliche Strukturen implementierbar.

Für die digitale Regelung muß der konventionelle *Regelalgorithmus* den digitalen Verarbeitungsmöglichkeiten angepaßt werden. Wird der Regelalgorithmus einem Mikrorechner übertragen, gibt es verschiedene Möglichkeiten, diskrete Algorithmen zu verwenden. Bekannt sind u.a. der *PID-Algorithmus*, der *diskrete Kompensationsalgorithmus* und der *Kompensationsalgorithmus für endliche Einstellzeit*.

Der PID-Algorithmus stellt die einfachste Konvertierung aus der analogen Regelungstechnik dar. Ausgehend von dem konventionellen PID-Regler mit verzögertem D-Verhalten nach der Übertragungsfunktion

$$G_{PID}(s) = K_R\left(1 + \frac{1}{T_I s} + \frac{T_D s}{1 + Ts}\right) \quad (1.17)$$

kann unter Benutzung verschiedener Berechnungsverfahren [1.2] die Bestimmung der *z-Übertragungsfunktion* des diskreten PID-Reglers $D_{PID}(z)$ erfolgen.

$$D_{PID}(z) = K_R\left(1 + \frac{1}{2T_I}\frac{z+1}{z-1}\right.$$
$$\left. + \frac{z-1}{z\left(1+\dfrac{T_V}{T}\right) - \dfrac{T_V}{T}}\right). \quad (1.18)$$

Aus dieser Gleichung kann durch Umformung und Transformation die Stellgröße (Stellungs- oder Positionsalgorithmus) oder die Änderung der Stellgröße (Geschwindigkeitsalgorithmus) direkt berechnet werden.

Der Geschwindigkeitsalgorithmus wird in der Praxis immer bei Stellgliedern mit speicherndem Verhalten (z.B. bei Schrittmotoren) angewandt.

Wenn bei diesem quasistetigen PID-Regelalgorithmus die Abtastzeiten mindestens eine Zehnerpotenz kleiner als die dominierende Zeitkonstante des Systems ge-

**Tabelle 1.3.** Einstellwerte für diskrete Regler nach Takahashi [1.3]

|  | Reglertypen | Reglereinstellwerte | | |
|---|---|---|---|---|
|  |  | $K_R$ | $T_I$ | $T_D$ |
| Methode 1 | P | $0{,}5\ K_{Rkrit}$ | – | – |
|  | PI | $0{,}45\ K_{Rkrit}$ | $0{,}83\ T_{krit}$ | – |
|  | PID | $0{,}6\ K_{Rkrit}$ | $0{,}5\ T_{krit}$ | $0{,}125\ T_{krit}$ |
| Methode 2 | P | $(1/K_S)\cdot(T_a/T_u)$ | – | – |
|  | PI | $(0{,}9/K_S)\cdot T_a(T_u+T/2)$ | $3{,}33\,(T_u+T/2)$ | – |
| für $T/T_a \leq 1/10$ | PID | $(1{,}2/K_S)\cdot T_a(T_u+T)$ | $2[(T_u+T/2)^2/(T_u+T)]$ | $(T_u+T)/2$ |

wählt wird, kann man unmittelbar auf die Parameter des kontinuierlichen PID-Reglers zurückgreifen. Die von TAKAHASHI [1.3] ermittelten Einstellregeln sind weit verbreitet und für diskrete Regler entwickelt worden. Tabelle 1.3 enthält Reglereinstellwerte für verschiedene Reglertypen nach Methode 1 (geschlossener Regelkreis an der Stabilitätsgrenze) und Methode 2 (anhand der gemessenen Übergangsfunktion der Regelstrecke). $K_{Rkrit}$ beschreibt den Verstärkungsfaktor eines P-Reglers an der Stabilitätsgrenze und $T_{krit}$ die Periodendauer der sich einstellenden Dauerschwingung. Die Zeiten $T_u$ und $T_a$ sind in der Übergangsfunktion der Regelstrecke $h_s(t)$ enthalten und kennzeichnen die Verzögerung vom Eingangssprung bis zum Beginn des Anstiegs ($T_u$), sowie die Anstiegsdauer ($T_a$) des Ausgangssignals. Eine präzise Schnittpunktermittlung erfolgt mit der Wendetangente.

Industrielle Regler mit Mikrocomputern unterscheiden sich vor allem an ihren Schnittstellen zum Prozeß und in den Signalverarbeitungsmöglichkeiten. So sind die Geräte nach [1.4] beispielsweise Regler mit Mikrocomputern, die sowohl für den direkten Meßfühler- als auch für Einheitssignalanschluß vorgesehen sind. Tabelle 1.4 zeigt für die verschiedenen Gerätevarianten die Eingangsbeschaltung und die jeweils einstellbare Reglerfunktion.

Sogenannte frei konfigurierbare *Mikrorechnerregler* [1.1] stützen sich auf universelle Ein-/Ausgabeschnittstellenfunktionen (Meßumformer und Umsetzerbausteine bzw. Einsteckkarten), einen ausreichend großen Arbeits- und Programmspeichervorrat und die Generierung der für das jeweilige Projekt erforderlichen Regler- und Verarbeitungsroutinen aus einem verfügbaren Pool von Softwaremodulen.

Für den Aufgabenbereich frei programmierbarer Mikrorechnerregler lassen sich zwei Rubriken unterteilen [1]:

a) Signalverarbeitung im Sinne von Regelung, Binärsteuerung unter Einbeziehung von Vor- und Nachverarbeitungsfunktionen;

b) Leitfunktionen durch Ein- und Ausgabe von Informationen zur Mensch-Maschine-Kommunikation incl. Service-, Programmier- und Inbetriebnahmefunktionen.

Die *Leitfunktion* und *Kommunikation* wird zunehmend von verteilten Systemen über-

**Tabelle 1.4.** Industrielle Regler [1.4]

| Option | Typ | | | | |
|---|---|---|---|---|---|
|  | Industrieregler | | | | Prozeßregler |
|  | Bitric P | Contric C1 | Contric CM1 | Digitric P | Protronic P |
| Meßfühler-Anschluß | x | x | x | x |  |
| mA-Eingang | x | x | x | x |  |
| Zweipunktregler | x |  |  | x | x |
| Schrittregler | x |  | x | x | x |
| Stetige Regler | x | x | x | x | x |
| Dreipunkt-Positioner | x |  |  |  | x |

nommen, so daß häufig Hardwarestrukturen nur noch über einem seriellen Anschluß kommunizieren und vernetzt werden. Diese Strukturierung betrifft besonders den prozeßnahen Automatisierungsbereich (s. Abschn. D).

Die Universalität frei konfigurierbarer Mikrorechnerregler wird durch softwaregestütztes schnelles Anpassen an neue Aufgaben und Probleme erreicht. Mehrkanalige Regelungen sind einfach durch Multiplexbetrieb möglich. Der Multiplexbetrieb bezieht sich auf das Abtasten der Eingangsgrößen und das Betreiben mehrerer parallel verlaufender Regelungen. Bei Mikrorechnern mit hoher Verarbeitungsgeschwindigkeit (hohe Taktfrequenz) macht sich der Dynamikverlust durch den Multiplexbetrieb nur gering bemerkbar. Für exaktes Abtasten und Zuordnen von zeitlichen Zuständen ist es in der Regel notwendig, ein Echtzeitbetriebssystem oder Echtzeitkern zur Systemorganisation zu benutzen.

## Literatur

1.1. Töpfer H, Kriesel W (1988) Funktionseinheiten der Automatisierung. 5. Aufl., Verlag Technik, Berlin
1.2. Czichos H (1991) Hütte – Die Grundlagen der Ingenieurwissenschaften. 29. Aufl., Springer, Berlin Heidelberg New York
1.3. Takahashi Y u.a. (1971) Parametereinstellung bei linearen DDC-Algorithmen. Regelungstechnik 19/237–244
1.4. Geräte für die Prozeßtechnik. Katalog Ausgabe 1993, Hartmann & Braun, Frankfurt/Main

# 2 Schaltende Regler

H. BEIKIRCH

**Tabelle 2.1.** Übersicht über einige typische nichtlineare Reglerkennlinien

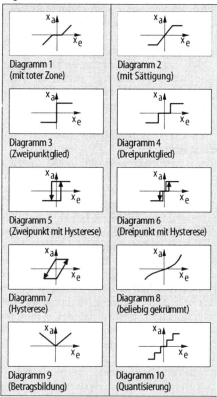

## 2.1 Begriffsbestimmung

Schaltende Regler sind nichtlineare Regler mit stetigem oder nichtstetigem nichtlinearen Übertragungsverhalten. Die Einteilung derartiger Systeme erfolgt nach mathematischer Betrachtungsweise (Beschreibung durch Differentialgleichung) oder nach typischen technischen Systemeigenschaften. Tabelle 2.1 stellt einige ausgewählte *nichtlineare Regelkreisglieder* vor. Bei der Kennliniendarstellung ergeben sich eindeutige sowie auch doppeldeutige Interpretationen (in Tabelle 2.1; Hysteresverlauf in Diagramm 5, 6 und 7). Man unterscheidet die einzelnen Glieder nach der Kennliniensymmetrie oder -unsymmetrie an der $x_e$-Achse, u.a. auch nach dem Aspekt der absichtlichen oder nicht absichtlichen Nichtlinearität.

Problematisch ist bei nichtlinearen Systemen die allgemeine Behandlung. Zur *Stabilitätsanalyse* sind folgende Methoden ansetzbar [2.1, 2.2]:

– Methode der harmonischen Linearisierung,
– Methode der Phasenebene,
– zweite Methode von Ljapunow,
– Stabilitätskriterium von Popov.

Die Analyse und Synthese nichtlinearer Systeme ist im Frequenzbereich nur mit mehr oder weniger groben Näherungen möglich. Nur mit der Darstellung im Zeitbereich sind exakte Betrachtungen möglich. Bei der dazu erforderlichen Lösung von Differentialgleichungen ist die Simulation von Systemen und deren Zustände auf leistungsfähigen Computersystemen erfolgversprechend.

## 2.2 Reglertypen

Stetig arbeitende Regler können in ihrem zulässigen Arbeitsbereich jeden beliebigen Ausgangszustand annehmen. Bei nichtlinearen Reglern mit "schaltenden" Eigenschaften kann jeweils nur eine bestimmte diskrete Anzahl von Ausgangszuständen angenommen werden.

Hauptsächlich sind Reglertypen mit *Zwei-* oder *Dreipunktverhalten* bekannt. Einen entsprechenden Regelkreis zeigt Bild 2.1. Die Anzahl der Werte, die von der Reglerausgangsgröße angenommen wer-

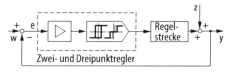

**Bild 2.1.** Regelkreis mit Zwei- und Dreipunktregler

den können, ist auf zwei bzw. drei bestimmte Werte (Schaltzustände) festgelegt. Wird beispielsweise der Motor eines Aufzugs angesteuert, so kann ein *Dreipunktregler* die Zustände „Aufwärts", „Abwärts" und „Halt" dazu ausgeben.

Zwei- und Dreipunktregler können aufgrund ihrer einfachen Funktion mit wenigen Schaltgliedern realisiert werden. Bekannte typische Beispiele für *Zweipunktregelungen* sind die Temperaturregelung eines Bügeleisens und die Druckregelung einer Kompressor- bzw. einer Wasserversorgungsanlage. *Dreipunktregler* werden meist zur Ansteuerung von Motoren verwendet, besonders wenn diese als Stellglieder in Regelungen eingreifen.

Das Problem einer zu hohen Schalthäufigkeit, das zum Schwingen des Systems und der Stelleinrichtung führen kann, wird dadurch umgangen, daß man diese Regler nur mit totzeitbehafteten Regelstrecken zusammenschaltet. Eine weitere Möglichkeit der Schwingunterdrückung an den Schaltgliedern besteht in der Beeinflussung des Zweipunktschaltverhaltens durch eine einstellbare Hysteresekennlinie. In Tabelle 2.1 zeigt das Diagramm 5 das Hystereseverhalten eines Zweipunktreglers und Diagramm 6 die Hystereseeinstellung beim Dreipunktregler. Aufgrund des Hystereseverhaltens ergibt sich jeweils beim Auf- und Abfahren der Kennlinie ein unterschiedlicher Verlauf, der eine Zweideutigkeit des Übertragungsverhaltens beschreibt.

Der Begriff *Relaissysteme* ist auch für Regelkreise mit Zwei- oder Dreipunktreglern gebräuchlich. Beschaltet man diese Regler zusätzlich mit *Rückführungen*, bei denen das Zeitverhalten einstellbar ist, erreicht man ein annäherndes Verhalten wie lineare Regler mit PD-, PID- oder PI-Verhalten. Bild 2.2 zeigt drei Varianten der Zwei- und Dreipunktregler mit interner Rückführung.

Näherungsweise lassen sich nachfolgende Übertragungsfunktionen für diese quasistetigen Regler formulieren.

*PD-Verhalten* (Zweipunktregler mit verzögerter Rückführung):

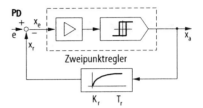

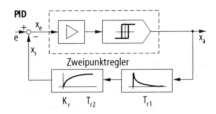

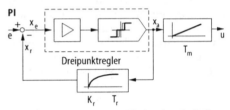

**Bild 2.2** Regeltypen Zwei- und Dreipunktregler [2.1]

$$G_R(s) \approx \frac{1}{K_r}(1 - T_R s), \quad (2.1)$$

*PID-Verhalten* (Zweipunktregler mit verzögert-nachgebender Rückführung):

$$G_R(s) \approx \frac{T_{r1} + T_{r2}}{K_r T_{r1}}, \quad (2.2)$$

$$\times \left(1 + \frac{1}{(T_{r1} + T_{r2})s} + \frac{T_{r1} T_{r2}}{T_{r1} + T_{r2}}\right),$$

*PI-Verhalten* (Dreipunktregler mit verzögerter Rückführung und nachgeschaltetem integralem Stellglied):

$$G_R(s) \approx \frac{T_{r1}}{K_r T_m}\left(1 + \frac{1}{T_{rS}}\right). \quad (2.3)$$

Zusammenfassend muß festgestellt werden, daß die Anwendungsbreite der Zwei- und Dreipunktregler aufgrund der einfachen Funktionsweise und Realisierbarkeit sowie der multivalenten Einsetzbarkeit auf vielen Gebieten auch im Zeitalter hochintegrierter Regelungselektronik an Bedeutung nicht verlieren wird (Bild 2.3).

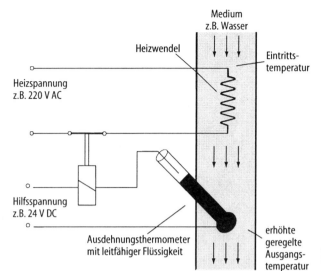

**Bild 2.3.** Anwendungsbeispiel Thermostat (Prinzip) [2.3]

## Literatur

2.1. Czichos H (1991) Hütte – Die Grundlagen der Ingenieurwissenschaften. 29. Aufl., Springer, Berlin Heidelberg New York

2.2. Föllinger O (1991) Nichtlineare Regelungen II. 6. Aufl., Oldenbourg, München

2.3. wie [1.1]

# 3 Elektrische Signalverstärker

M. SEIFART

## 3.1 Einteilung und Anforderungen

Verstärker für die Automatisierungstechnik lassen sich nach mehreren Gesichtspunkten einteilen, wie am Beispiel elektronischer Verstärker in Tabelle 3.1 gezeigt wird. Die Auswahl hinsichtlich der Hilfsenergie wird häufig durch die benötigte Ausgangsleistung bestimmt.

*Typische Forderungen* an Verstärker der Automatisierungstechnik sind: hohe und stabile Verstärkung, Gleichspannungskopplung (d.h. untere Grenzfrequenz = 0), Aussteuerbarkeit in beiden Signalpolaritäten, kurze Einschwingzeit, sehr hoher Eingangswiderstand, sehr kleiner Ausgangswiderstand bei Spannungsausgang bzw. sehr hoher Ausgangswiderstand bei Stromausgang, kleine Offset- und Driftwerte, häufig hohe Gleichtaktunterdrückung. Nicht alle genannten Forderungen müssen von einem Verstärker gleichzeitig erfüllt werden. So ist beispielsweise hohe Nachweisempfindlichkeit bei der Verarbeitung von Einheitssignalen wegen der hohen Signalpegel oft von untergeordneter Bedeutung. Der Einsatz von Vierpolverstärkern (Differenzeingang) mit hoher Gleichtaktunterdrückung ist bei Gruppen- und Zentralverstärkern in Meßwerterfassungsanlagen unbedingt notwendig, weil auf den Verbindungsleitungen zwischen Meßfühler und Verstärkereingang hohe Gleichtaktstörspannungen ($\approx$ 10 V) auftreten können [3.1–3.3]. Bei unmittelbar an der Meßstelle befindlichen Einzelverstärkern und bei vielen Regelschaltungen tritt dagegen praktisch keine Gleichtaktaussteuerung auf. Die Verstärkung sehr kleiner Signale wird neben der Drift durch das Eigenrauschen der Verstärkerstufen, vor allem das der Eingangsstufe, begrenzt. Die auf den Verstärkereingang bezogenen Rauschsignale liegen in der Regel im µV- bzw. nA-Bereich (stark von der Verstärkereingangsschaltung und der Bandbreite abhängig) und können bei den meisten Anwendungen außer acht gelassen werden. Das Signal-Rausch-Verhältnis wird mit zunehmender Bandbreite kleiner. Problematisch ist bei der Verarbeitung sehr kleiner Signale das Fernhalten elektrischer Störsignale.

Von besonderer Bedeutung für die Automatisierungstechnik sind Gleichspannungsverstärker [3.4, 3.6]. Die Verstärkung von kleinen Gleichgrößen ist aber wegen der unvermeidlichen Drift wesentlich schwieriger zu realisieren als die von Wechselgrößen. Durch Temperatur-, Betriebsspannungs- und Bauelementeänderungen tritt eine Ausgangsspannungsänderung auf, auch wenn das Eingangssignal konstant bleibt.

**Tabelle 3.1.** Einteilung elektronischer Verstärker in der Automatisierungstechnik

| Gliederungsgesichtspunkt | Hauptgruppen von Verstärkern |
|---|---|
| Signalform | stetige und unstetige (Schalt-)Verstärker |
| Signalleistung | Kleinsignalverstärker (Meßverstärker, Operationsverstärker), Leistungsverstärker (Leistungsstufen, Endverstärker), Grenzen fließend; andere Unterteilungsmöglichkeit: Meßverstärker/Verstärker für Einheitssignale/Leistungsstufen |
| Eingangs-/Ausgangssignal | Spannungsverstärker, Stromverstärker, Spannungs-Strom-Wandler, Strom-Spannungs-Wandler, Ladungsverstärker |
| Übertragungsfrequenzbereich | Verstärker für Gleichgrößen, Verstärker für Wechselgrößen (Niederfrequenzverstärker, Hochfrequenzverstärker, Breitbandverstärker, Selektivverstärker) |
| Eingangskreis | unsymmetrische (Dreipol-)Verstärker, symmetrische (Vierpol-)Verstärker (Differenzverstärker) |
| Ausgangskreis | Verstärker mit unsymmetrischem Ausgang (meist verwendet), Verstärker mit symmetrischem Ausgang (Differenzausgang) |

## 3.2
### Verstärkergrundtypen

Eingangs- bzw. Ausgangsgröße eines Verstärkers kann entweder eine Spannung oder ein Strom sein. Man unterscheidet danach vier Verstärkergrundtypen (Tabelle 3.6), deren zweckmäßiger Einsatz von der Impedanz der Signalquelle ($Z_G$) und des Lastwiderstandes ($Z_L$) abhängt [3.4]. Häufig benutzt man *eingeprägte* Strom- und Spannungssignale, die sich bei Verändern von $Z_L$ bzw. $Z_G$ nur wenig ändern. Diese Signale werden erzeugt, indem durch geeignete Gegenkopplungsbeschaltung die in Tabelle 3.6 angegebenen typischen Impedanzverhältnisse (Leerlauf- bzw. Kurzschlußbetrieb) realisiert werden.

Eine weitere Einteilung der Verstärker kann in

- Verstärker mit unsymmetrischem Eingang (Dreipolverstärker, z.B. Emitterschaltung) und
- Verstärker mit symmetrischem Eingang (Vierpolverstärker, z.B. Differenzverstärker)

erfolgen [3.4].

Verstärker mit symmetrischem Eingang haben wesentliche Anwendungsvorteile, weil Gleichtaktspannungen zwischen beiden Eingängen und Masse (theoretisch) keinen Einfluß auf die Verstärkerausgangsspannung haben. Lediglich die Spannungsdifferenz zwischen beiden Eingängen wird verstärkt.

Operationsverstärker sind fast immer Vierpolverstärker.

## 3.3
### Einfache Verstärkerstufen mit Bipolar- und Feldeffekttransistoren

#### 3.3.1
**Bipolartransistor**

Der Bipolartransistor ist ein stromgesteuertes Bauelement (stromgesteuerte Stromquelle); d.h. der Kollektorstrom wird durch den (wesentlich kleineren) Basisstrom gesteuert. Dazu ist eine Steuerleistung erforderlich, die die Signalquelle liefern muß. Bei allen stetigen Verstärkeranwendungen

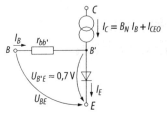

**Bild 3.1.** Gleichstromersatzschaltbild des Bipolartransistors im aktiven normalen Betriebsbereich (Emitterschaltung) $I_{CEO} = I_{CBO}(B_N + 1)$; $B_N$ Gleichstromverstärkungsfaktor in Emitterschaltung; $I_{CEO}$ CE-Reststrom für $I_B = 0$; $I_{CBO}$ CE-Reststrom für $I_E = 0$

liegt der Arbeitspunkt des Bipolartransistors im aktiv normalen Arbeitsbereich (EB-pn-Übergang in Durchlaßrichtung, CB-pn-Übergang in Sperrichtung). In dieser Betriebsart lassen sich die in der Schaltung auftretenden Gleichströme und -spannungen mittels des Gleichstromersatzschaltbildes (Bild 3.1) berechnen.

Die Signalströme und Signalspannungen lassen sich in guter Näherung mit dem linearen Kleinsignalersatzschaltbild (Bild 3.2) ermitteln. Bei niedrigen Signalfrequenzen können die Kapazitäten $C_{b'e}$ und $C_{b'c}$ unberücksichtigt bleiben, da der durch sie fließende Signalstrom vernachlässigbar klein ist. Häufig ist auch der Ausgangswiderstand $r_{ce}$ vernachlässigbar, weil der externe Lastwiderstand $R_L$ zwischen C und E meist wesentlich kleiner ist als $r_{ce}$. In der Bildunterschrift zu Bild 3.2 sind einige Formeln angegeben, die für die Schaltungsberechnung sehr nützlich sind [3.4]. Der Arbeitspunkt des Transistors muß beim Schaltungsentwurf so eingestellt werden, daß während der Signalaussteuerung die drei Bedingungen

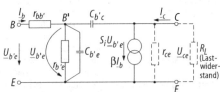

**Bild 3.2.** Lineares Kleinsignalersatzschaltbild des Bipolartransistors (Emitterschaltung).
$r_{b'e} \approx U_T / I_B$ Eingangswiderstand zwischen $B'$ und $E$;
$U_T = 26$ mV; $r_{bb'} \approx 50 \ldots 100\,\Omega$ Basisbahnwiderstand;
$S_i = \beta / r_{b'e} \approx I_C / U_T$ (innere) Steilheit; $S_i \underline{U}_{b'e} = \beta \underline{I}_b$;
$\beta$ Kurzschlußstromverstärkungsfaktor in Emitterschaltung

- BE-pn-Übergang in Durchlaßrichtung,
- CB-pn-Übergang in Sperrichtung,
- $I_C \gg I_{CEO}$

gewährleistet sind.

### 3.3.2
**Feldeffekttransistor (FET)**

Der FET ist ein spannungsgesteuertes Bauelement (spannungsgesteuerte Stromquelle); d.h. der Drainstrom wird durch die Gate-Source-Spannung gesteuert. Bei niedrigen Signalfrequenzen (solange die Kapazitäten $C_{gs}$ und $C_{gd}$ vernachlässigbar sind) ist nahezu keine Steuerleistung erforderlich. Man unterscheidet vier MOSFET- und zwei SFET(Sperrschicht-FET)-Typen (Tabelle 3.2, s. nächste Seite).

Die statische Kennlinie $I_D = f(U_{GS}, U_{DS})$ des MOSFET läßt sich formelmäßig wie folgt beschreiben:

$$I_D = I_{DSS}\left(1 - \frac{U_{GS}}{U_{TO}}\right)^2$$

für

$U_{DS} \geq U_{GS} - U_{TO}$ (Abschnürbereich)

$$I_D = 2\frac{I_{DSS}}{U_{TO}}\left(U_{GS} - U_{TO} - \frac{U_{DS}}{2}\right)U_{DS}$$

für

$U_{DS} < U_{GS} - U_{TO}$ (Linearer Bereich).

Das Signalverhalten wird analog zum Bipolartransistor durch ein lineares Kleinsignalersatzschaltbild (Bild 3.3) beschrieben.

### 3.3.3
**Schaltungen mit einem Eingang**

Die bekannteste Verstärkergrundschaltung ist die Emitterschaltung (Bild 3.4a). Die Stromgegenkopplung durch $R_E$ dient der Arbeitspunktstabilisierung. Ersetzt man den Bipolartransistor durch einen FET, entsteht die für hochohmige Signalquellen (z.B. > 1 MΩ) vorteilhaftere Sourceschaltung (Bild 3.4f). Der häufig verwendete Emitterfolger (Bild 3.4b) eignet sich wegen seines großen Aussteuerbereichs, der hohen Linearität, der großen Stromverstärkung und des niedrigen Ausgangswiderstands besonders für Ausgangsstufen und als einfacher Impedanzwandler mit der Spannungsverstärkung eins zur nahezu rückwirkungsfreien Kopplung von Übertragungsgliedern. Ähnliche Eigenschaften hat der Sourcefolger (Bild 3.4g).

Die Darlington-Schaltung (Bild 3.4c) läßt sich als „Ersatztransistor" mit sehr hoher Stromverstärkung ($\beta_{ges} \approx \beta_1\beta_2$) bei Verwendung zweier Bipolartransistoren auffassen. Ihr Einsatz erfolgt dort, wo eine große Stromverstärkung bzw. ein geringer Steuerstrom benötigt wird, z.B. in Leistungsstufen bei großen Laststromen und in stabilisierten Stromversorgungsschaltungen. Das Darlington-Prinzip findet auch bei Leistungstransistoren Anwendung, z.B. Si-npn-Darlington-Transistor für automatische Zündsysteme an Verbrennungseinrichtungen: BU 921 mit $U_{CE0}$ = 400 V, $I_C \leq$ 10 A, $P_{tot}$ = 120 W.

Mit einem Bipolar- oder Feldeffekttransistor läßt sich eine einfache Stromquelle aufbauen (Bild 3.4d). Die Diode $D$ im Bild 3.4d bewirkt eine Temperaturkompensation ($U_D \approx U_{EB}$), falls sie in engem Wärmekontakt mit dem Bipolartransistor steht. Monolithisch gut integrierbar ist die Stromspiegelschaltung (Bild 3.4e, h), die u.a. als aktiver Lastwiderstand (Zweipol mit sehr hohem differentiellem Innenwiderstand) und zur Arbeitspunkteinstellung (z.B. Einspeisen eines definierten und konstanten Emitter- bzw. Sourcestromes) breite Anwendung findet.

Der Gegentakt-CMOS-Inverter (Bild 3.4i) ist die grundlegende und meist verwendete Teilschaltung in digitalen CMOS-Schaltkreisen. Sie findet aber zunehmend auch in CMOS-Analogschaltungen, z.B. in CMOS-Operationsverstärkern, breite Anwendung.

Bei hohen Frequenzen zeigen alle Schaltungen einen Verstärkungsabfall, weil sich

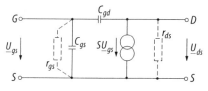

**Bild 3.3.** Lineares Kleinsignalersatzschaltbild des FET (Abschnürbereich)
$S \approx 0{,}5\ldots 3$ mA/V bei $I_D \approx 1$ mA: Steilheit;
$r_{ds} \approx 10$ kΩ...1 MΩ, oft vernachlässigbar;
$r_{gs} \approx 10^{12}\ldots 10^{14}$ Ω, fast immer vernachlässigbar;
$C_{gs}, C_{gd}$: wenige pF, bei niedrigen Signalfrequenzen meist vernachlässigbar

**Tabelle 3.2.** Polaritäten und Kennlinienfelder von FET

| Kanal | Typ | Symbol | Vorzeichen[a] $U_{DS}$ $I_D$ $U_{GS}$ $U_{T0}$ | Übertragungskennlinie | Ausgangskennlinienfeld |
|---|---|---|---|---|---|
| **MOSFET** | | | | | |
| n | Verarmung (selbstleitend, depletion) | | >0  >0  ≶0  <0 | | |
| n | Anreicherung (selbstsperrend, enhancement) | | >0  >0  >0  >0 | | |
| p | Verarmung (selbstleitend, depletion) | | <0  <0  ≷0  >0 | | |
| p | Anreicherung (selbstsperrend, enhancement) | | <0  <0  <0  <0 | | |
| **SFET** | | | | | |
| n | Verarmung (selbstleitend, depletion) | | >0  >0  <0  <0 ($U_p$) | | |
| p | Verarmung (selbstleitend, depletion) | | <0  <0  >0  >0 ($U_p$) | | |

[a] bei Verstärkerbetrieb

**Bild 3.4.** (Teil I) Übersicht zu Transistorgrundschaltungen

| Grundschaltung | Spannungs-verstärkung $V_u = \underline{U}_a / \underline{U}_e$ | Ein-/Ausgangswider-stand zwischen $E$ bzw. $A$ und Masse | Bemerkungen |
|---|---|---|---|
| **a** Emitterschaltung 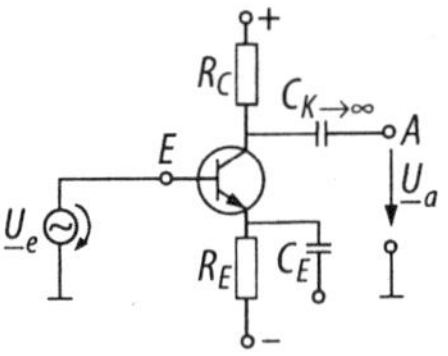 | $V_u \approx -S R_C$ für $C_E \to \infty$ $V_u \approx -\dfrac{R_C}{R_E}$ für $C_E \to 0$ $S R_C \approx \dfrac{I_E R_C}{U_T}$ $I_E$ Emitter-gleichstrom | $R_e \approx r_{be} \approx \dfrac{\beta U_T}{I_E}$ für $C_E \to \infty$ $R_e \approx \beta R_e$ für $C_E \to 0$ $R_a \approx R_C$ | – hohe Spannungs- und Stromverstärkung <br> – rel. niedrige obere Grenzfrequenz (Millereffekt) |
| **b** Emitterfolger 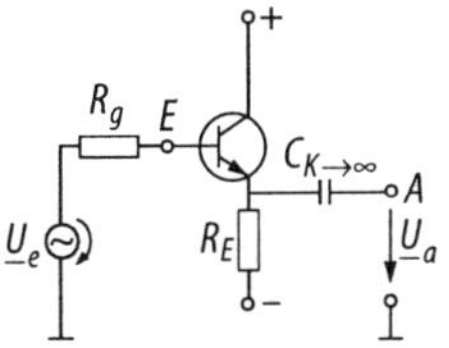 | $V_u \approx 1$ | $R_e \approx \beta R_E$ $R_a \approx \dfrac{R_g}{\beta} \,\|\, R_E$ | – hoher Aussteuerbereich, hohe Linearität <br> – hoher Eingangswiderstand <br> – niedriger Ausgangswiderstand <br> – gute Eignung für Leistungsstufen |
| **c** Darlingtonschaltung 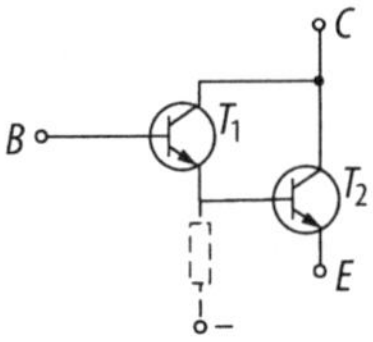 | $\beta_{ges} \approx \beta_1 \beta_2$ | $R_{BE} \approx r_{be1} + r_{be2}$ $R_{CE} \approx \infty$ | – wirkt wie ein „Ersatztransistor" mit sehr hoher Stromverstärkung $\beta_{ges}$ |
| **d** Stromquelle in Emitterschaltung 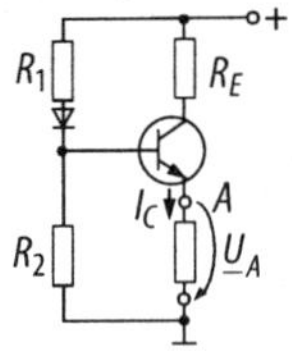 | $I_C \approx \dfrac{U_{R1}}{R_E}$ | $R_a \approx \infty$ | – $I_C$ ist unabhängig von $U_A$ |
| **e** Stromspiegel 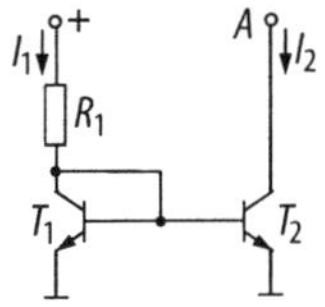 | $I_2 \approx I_1 \dfrac{A_{E2}}{A_{E1}}$ $A_E$ Fläche des Emitter-pn-Übergangs | $R_a \approx \infty$ | – $I_2$ ist unabhängig von $U_{CE2} \equiv U_A$ |

**Bild 3.4.** (Teil II) Übersicht zu Transistorgrundschaltungen

| Grundschaltung | Spannungs-verstärkung $V_u = \underline{U}_a / \underline{U}_e$ | Ein-/Ausgangswider-stand zwischen E bzw. A und Masse | Bemerkungen |
|---|---|---|---|
| **f** Sourceschaltung 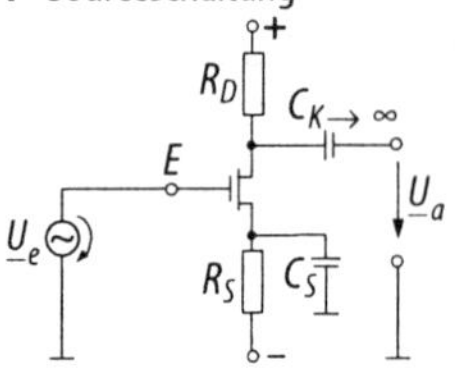 | $V_u \approx -S\,R_D$ für $C_S \to \infty$ $V_u \approx -\dfrac{R_D}{R_S}$ für $C_S \to 0$ | $R_e \approx 0$ $R_a \approx R_D$ | – ähnliche Eigenschaften wie Schaltung a, aber $V_u$ kleiner<br>– sehr hoher Eingangswiderstand |
| **g** Sourcefolger 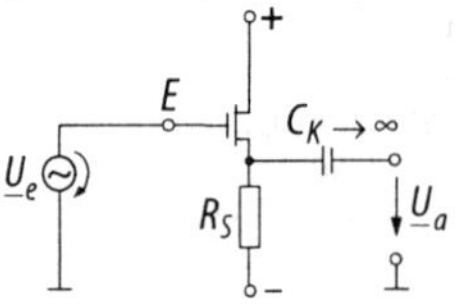 | $V_u \approx 1$ | $R_e \approx \infty$ $R_a \approx \dfrac{1}{S} \parallel R_S$ | – ähnliche Eigenschaften wie Schaltung b, aber $R_e$ und $R_a$ höher |
| **h** Stromspiegel (Stromsenke) 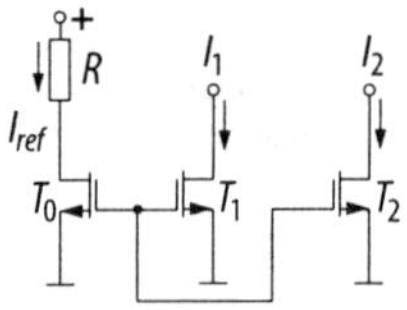 | $\dfrac{I_1}{I_{ref}} \approx \dfrac{W_1/L_1}{W_0/L_0}$ $\dfrac{I_2}{I_{ref}} \approx \dfrac{W_2/L_2}{W_0/L_0}$ $W$ Kanalbreite des MOSFET $L$ Kanallänge des MOSFET | $R_a \approx \infty$ | – ähnlich Schaltung e |
| **i** Gegentakt-CMOS-Inverter 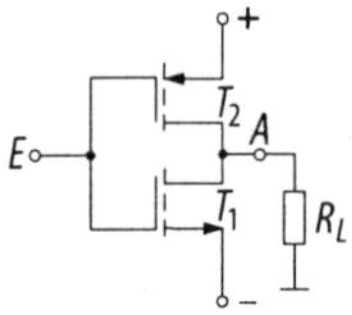 | $V_u \approx -2S\,R_L$ | $R_e \approx \infty$ $R_a \approx R_L \parallel r_{ds1} \parallel r_{ds2}$ | – Ausgangsaussteuerbereich zwischen der positiven und negativen Betriebsspannung |
| **j** Differenzverstärker 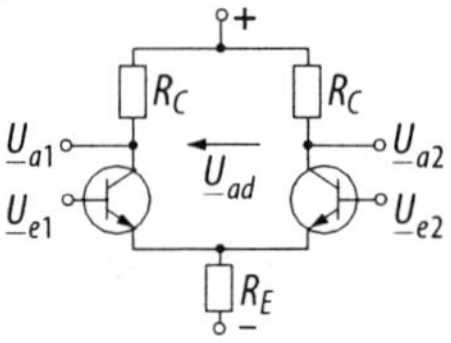 | $V_{ds} = \dfrac{\underline{U}_{ad}}{\underline{U}_d} \approx \dfrac{I_E R_C}{U_T}$ $V_{du} = \dfrac{\underline{U}_{a2}}{\underline{U}_d} = \dfrac{V_{ds}}{2}$ $V_{gl} \approx -\dfrac{R_C}{2R_E}$ $CMRR \approx \dfrac{I_E R_E}{U_T}$ | $r_d \approx 2r_{be} \approx \dfrac{2\beta U_T}{I_E}$ $R_a \approx R_C$ (unsym. Ausgang) | $-\underline{U}_d = \underline{U}_{e1} - \underline{U}_{e2}$ $CMRR = \left|\dfrac{V_{du}}{V_{gl}}\right|$ $U_T = \dfrac{kT}{e}$ |
| **k** MOSFET-Differenzverstärker 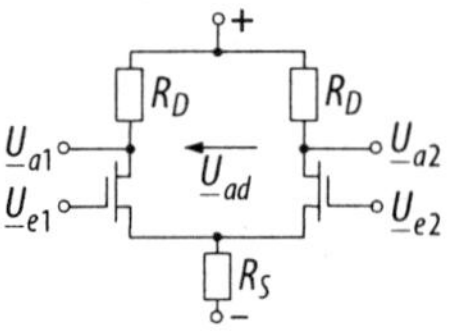 | $V_{ds} = \dfrac{\underline{U}_{ad}}{\underline{U}_d} \approx S\,R_D$ $V_{du} = \dfrac{\underline{U}_{a2}}{\underline{U}_d} = \dfrac{V_{ds}}{2}$ $V_{gl} \approx -\dfrac{S R_D}{1+2 S R_S}$ $CMRR \approx S\,R_S$ | $r_d = \infty$ $R_a \approx R_D$ (unsym. Ausgang) | $-\underline{U}_d = \underline{U}_{e1} - \underline{U}_{e2}$ $CMRR = \left|\dfrac{V_{du}}{V_{gl}}\right|$ |

Kapazitäten und (bei sehr hohen Frequenzen) Trägheitserscheinungen im Transistor bemerkbar machen. Dieser Verstärkungsabfall läßt sich bei Beschränkung auf Frequenzen $f \ll f_T$ (Bipolartransistor, $f_T$ Transitfrequenz) bzw. $f \lesssim 50 \ldots 100$ MHz (FET) mit den linearen Kleinsignalersatzschaltbildern (Bild 3.2 bzw. Bild 3.3) berechnen [3.4].

Bei der Emitter- und Sourceschaltung verringert der „Miller-Effekt" die obere Grenzfrequenz beträchtlich. Er sagt aus, daß eine zwischen dem Ausgang und dem Eingang eines Verstärkers mit der Verstärkung $V$ liegende Kapazität $C_M$ (bei der Emitterschaltung: $C_{b'e}$ bei der Sourceschaltung: $C_{gd}$) ersetzt werden kann durch eine (viel größere) Kapazität $C_M^* = C_M (1-V)$ zwischen Eingang und Masse sowie durch eine Kapazität $C_M^{**} = C_M (V-1) / V \approx C_M$ zwischen Ausgang und Masse. Weil bei der Emitter- und Sourceschaltung $-V \gg 1$ ist, nimmt $C_M^*$ sehr große Werte an (meist >100 pF). Die Folge der großen Kapazität $C_M^*$ ist eine niedrige Grenzfrequenz des Eingangskreises. Dieser hier störende Effekt wird beim Integrator vorteilhaft ausgenutzt (Abschn. 1.3).

Durch Gegenkopplung läßt sich die Grenzfrequenz der Emitter- und Sourceschaltung erheblich verbessern, so daß nahezu die Größenordnung der Basis- (bzw. Gate-)Schaltung erreicht wird. Zu beachten ist, daß der Einfluß einer Parallelkapazität $C_P$ auf die Grenzfrequenz nur durch Spannungsgegenkopplung verringert werden kann, nicht aber durch Stromgegenkopplung.

Durch Spannungssteuerung sind wesentlich höhere Grenzfrequenzen erzielbar als durch Stromsteuerung, falls die Grenzfrequenz überwiegend vom Eingangskreis bestimmt wird [3.4].

### 3.3.4
**Differenzverstärker**
Die wichtigste Grundschaltung für Anwendungen in der Automatisierungstechnik und gleichzeitig eine der meist verwendeten Grundschaltungen der modernen Elektronik ist der Differenzverstärker (Bild 3.4j). Seine große Bedeutung für die Automatisierungstechnik ist vor allem durch folgende Eigenschaften bedingt:

– Realisierung der Vergleichsstelle im Regelkreis mit gleichzeitiger Verstärkung,
– besonders gute Eignung für Gleichspannungsverstärkung,
– Unterdrückung von Gleichtaktstörsignalen gegenüber Differenzsignalen.

Differenzverstärker sind gut in integrierter Schaltungstechnik realisierbar. Sie gehören deshalb zu den meist verwendeten Schaltungen in analogen IS (Grundschaltung im Eingang von OV). Die beiden Eingangsspannungen $\underline{U}_{e1}$ und $\underline{U}_{e2}$ lassen sich in die beiden Komponenten Differenzeingangsspannung $\underline{U}_d = \underline{U}_{e1} - \underline{U}_{e2}$ und Gleichtakteingangsspannung $\underline{U}_{gl} = (\underline{U}_{e1} + \underline{U}_{e2})/2$ zerlegen. Die Differenzeingangsspannung wird relativ hoch verstärkt (etwa wie bei der Emitter- bzw. Sourceschaltung), die Gleichtakteingangsspannung dagegen nur sehr wenig.

Exakt gilt beim Differenzverstärker

$$\underline{U}_{a2} = V_{du}\underline{U}_d + V_{gl}\underline{U}_{gl},$$

meist ist jedoch $\underline{V}_{gl}\underline{U}_{gl} = $ vernachlässigbar. Die Ausgangsspannung kann symmetrisch oder unsymmetrisch abgenommen werden. Dementsprechend ist zwischen der symmetrischen und der unsymmetrischen Differenzverstärkung $V_{ds}$ bzw. $V_{du}$ zu unterscheiden.

Der Hauptvorteil des Differenzverstärkers bei der Gleichspannungsverstärkung ist seine hohe *Driftunterdrückung*, die andere Schaltungen nicht aufweisen. Alle gleichsinnig und in gleicher Größe gleichzeitig auf beide Transistoren einwirkenden Drift- und Störgrößen (Temperaturdrift, Restströme, Betriebsspannungsänderungen, Transistoränderungen) wirken wie Gleichtaktsignale und rufen nur ein sehr geringes Ausgangssignal hervor, wogegen das Differenzeingangssignal hoch verstärkt wird.

Da sich völlig symmetrische Differenzverstärker nicht realisieren lassen, wirken am Eingang unter anderem eine Offsetspannung und eine Offsetspannungsdrift (Differenzeingangsspannung). Die Offsetspannung läßt sich auf Null abgleichen; die Drift bleibt jedoch wirksam und begrenzt die maximal sinnvolle Verstärkung eines Gleichspannungsverstärkers bzw. -stromverstärkers. Die niedrigste Drift weisen integrierte Differenzverstärker auf, weil sich die Bauelemente auf nahezu gleicher Temperatur befinden und weil sie in einem einheitlichen Fertigungsprozeß entstanden sind. Ursachen der Drift sind Temperatur-, Langzeit- und Betriebsspannungsänderungen. Den Hauptanteil rufen häufig Temperaturänderungen hervor (Betriebsspannungen werden stabilisiert). Die Temperaturabhängigkeit der Eingangsoffsetspannung integrierter Differenzverstärker (Eingangsstufe in OV) beträgt für

Bipolar-Transistoren < wenige µV/K,
Sperrschicht-FET ≤ 10 µV/K,
MOSFET 5 ... >100 µV/K.

Die Temperaturdrift von Differenzverstärkern aus Einzelbauelementen ist bis zu einer oder zwei Größenordnungen größer.

Die obere Grenzfrequenz von Differenzverstärkern stimmt bei Differenzansteuerung mit der der Emitter- bzw. Sourceschaltung überein.

### 3.3.5
**Kopplung zwischen zwei Stufen**
Koppelschaltungen haben die Aufgabe, das Ausgangssignal einer Stufe möglichst wenig gedämpft dem Eingang der nächsten Stufe zuzuführen, wobei meist eine Potentialdifferenz zu überbrücken ist.

Besonders durch das Aufkommen von IS gewann die Gleichspannungskopplung sehr an Bedeutung, weil Induktivitäten und große Kondensatoren als Koppelelemente nicht integriert herstellbar sind. Diese Kopplung hat zusätzlich den vor allem für die Automatisierungstechnik entscheidenden Vorteil, daß sich neben Wechselgrößen auch Gleichgrößen übertragen lassen (Regelkreise müssen auch statisch arbeiten).

Einige wichtige Koppelschaltungen sind im Bild 3.5 zusammengestellt. Der Einsatz der optoelektronischen Kopplung ist vor allem bei Trennstellen zwischen Peripherie und Zentraleinheit digitaler Geräte und Anlagen verbreitet.

Für hochgenaue lineare und stabile amplitudenanaloge Übertragung sind die Konstanz und Stabilität der heutigen Optokoppler i.allg. nicht ausreichend (Ausweg: Signalübertragung mittels Modulationsverfahren, z.B. für Potentialtrenner) [3.5].

In monolithischen Schaltkreisen werden häufig hier nicht betrachtete Koppelschaltungen angewendet, die die Vorteile der monolithischen Integration umfassend nutzen.

Grundschaltungen und einfache Anpaßschaltungen lassen sich ökonomisch vorteilhaft unter Anwendung integrierter Transistorarrays realisieren. Sie beinhalten z.B. vier npn-Transistoren auf einem Chip ohne oder mit Kühlkörper.

### 3.4
**Operationsverstärker**

Schon lange vor ihrer Realisierung als integrierte Schaltungen waren OV [3.4, 3.6] die grundlegenden Verstärkerelemente in Analogrechnern (Rechenverstärker). Die große Bedeutung des OV in der Automatisierungstechnik ist vor allem durch zwei Eigenschaften begründet:

1. Er weist alle Vorteile des Gleichspannungsdifferenzverstärkers auf (Vergleichsglied mit anschließender Verstärkung, Gleichspannungskopplung, Unterdrückung von Gleichtakteingangsspannungen).
2. Sein Verstärkungsfaktor ist sehr groß.

Das statische und dynamische Übertragungsverhalten von OV-Schaltungen ist somit weitgehend durch die Rückkopplung mittels eines Beschaltungsnetzwerks bestimmt.

### 3.4.1
**Kenngrößen und Grundschaltungen**
Üblicherweise haben OV einen invertierenden und einen nichtinvertierenden Eingang, benötigen zwei Betriebsspannungen unterschiedlicher Polarität und können eine Ausgangsspannung von beliebiger Polarität liefern (Bild 3.6). Die technischen Daten werden wesentlich von der Eingangsschaltung bestimmt, die nach dem Differenzverstärkerprinzip aufgebaut ist. Die Eigenschaften von OV werden deshalb mit Kenndaten beschrieben, die weitgehend auch für Differenzverstärker zutreffen.

OV-Schaltungen lassen sich besonders schnell überblicken und berechnen, wenn ein „idealer OV" zugrunde gelegt wird. Das Verhalten von Schaltungen mit realem OV

**Bild 3.5** Signalkopplung bei Transistorstufen

| Kopplungsart | Signalfluß | Schaltung | Bedeutung für die Automatisierung |
|---|---|---|---|
| RC-Kopplung | 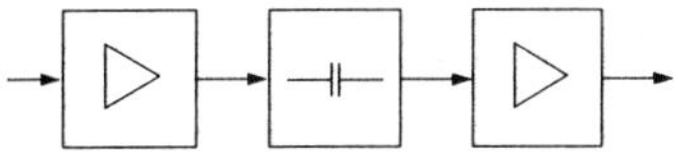 | 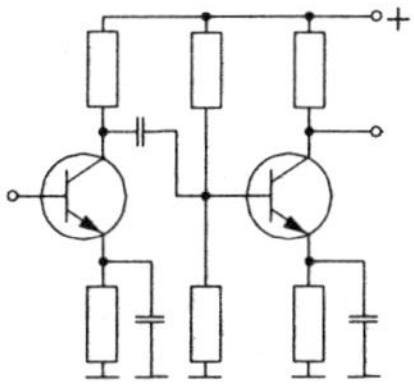 | häufigste Wechselspannungskopplung, Bedeutung gering |
| Transformatorkopplung | 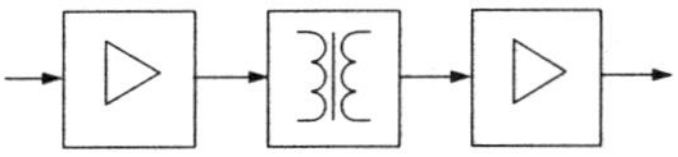 | 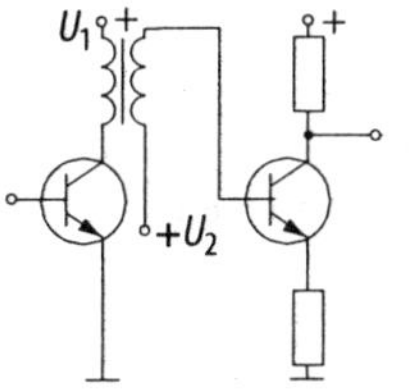 | große Bedeutung für galvanische Trennung (Ex-Schutz; Vermeiden der Einkopplung von Störsignalen auf Erdleitungen) |
| direkte Kopplung | 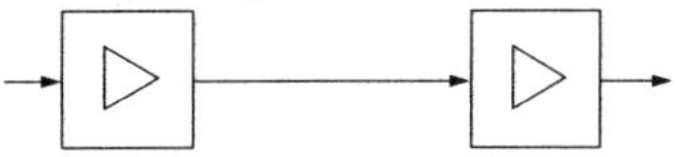 | 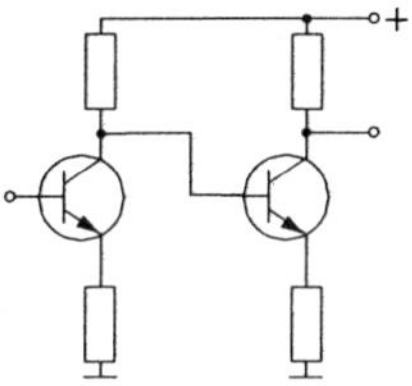 | häufig in Gleichspannungs- und -stromverstärkern sowie in digitalen MOS-Schaltkreisen |
| Widerstandskopplung | 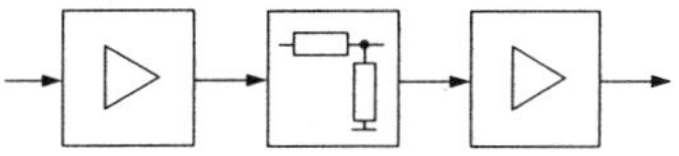 | 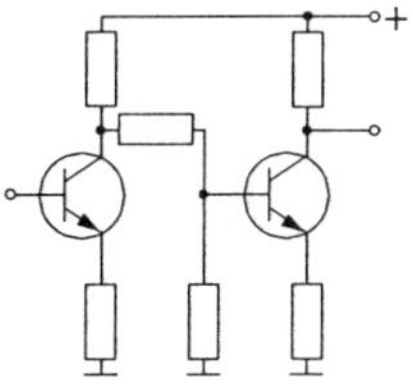 | oft verwendet, besonders bei digitalen Schaltungen |
| Z-Dioden-Kopplung | 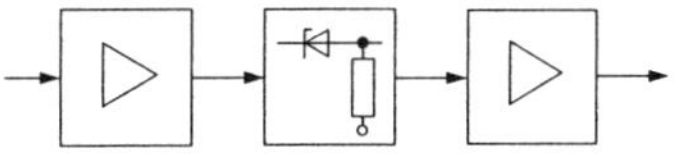 | 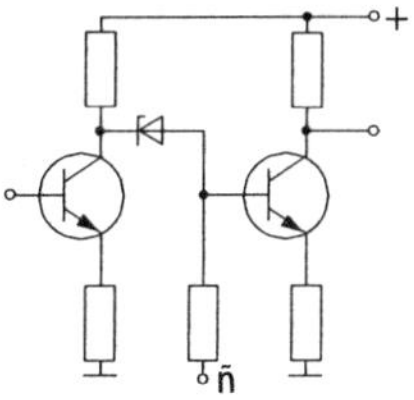 | zur Pegelverschiebung ohne Signaldämpfung (Erhöhung des Störabstandes digitaler Schaltkreise) |
| optoelektronische Kopplung | 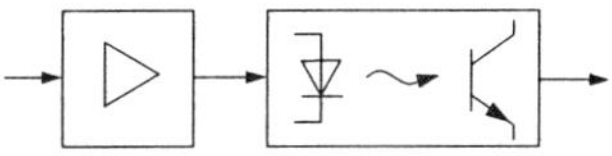 | 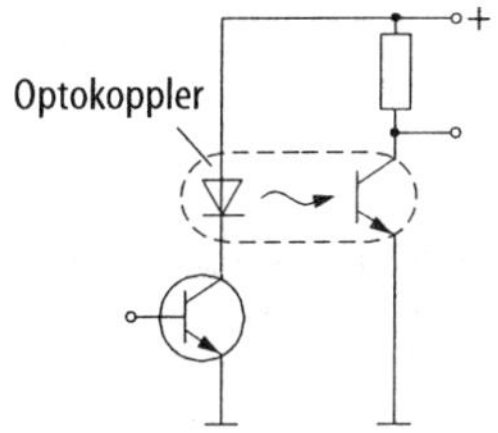 Optokoppler | große Bedeutung für Potentialtrennung in digitalen Geräten (Schnittstellen zwischen Peripherie und Zentraleinheit) |

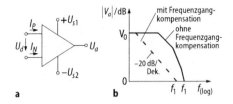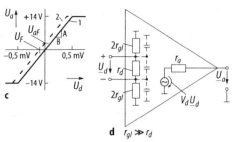

**Bild 3.6.** Operationsverstärker.
**a** Symbol, **b** Bode-Diagramm der Leerlaufverstärkung $V_d$ ($V_d = V$ offene Verstärkung, innere Verstärkung), **c** Übertragungskennlinie, $V_o = A/B$, **d** Wechselstromersatzschaltbild (lineares Kleinsignalverhalten). Driftgrößen und Gleichtaktverstärkung nicht berücksichtigt, $V_o = V(f \to 0)$

**d** $r_{gl} \gg r_d$

weicht im interessierenden Frequenzbereich meist nur wenig von diesem idealen Verhalten ab.

Ein idealer OV ist gekennzeichnet durch

- unendliche Verstärkung (innere Verstärkung),
- unendliche Gleichtaktunterdrückung (CMRR),
- unendlichen Eingangswiderstand,
- Ausgangswiderstand Null,
- vernachlässigbare Ruheströme, Offset- und Driftgrößen,
- Rauschfreiheit,
- Rückwirkungsfreiheit.

Einen Überblick über reale Eigenschaften von Operationsverstärkern vermittelt Tabelle 3.3.

**Tabelle 3.3.** Kennwerte von realen Operationsverstärkern

| Kennwert | Definition, Erläuterung | Typische Daten |
|---|---|---|
| Differenzverstärkung Leerlaufverstärkung | $V_d = V = \underline{U}_a / \underline{U}_d$ | >80 dB |
| Gleichtaktverstärkung | $V_{gl} = \underline{U}_a / \underline{U}_{gl}$ | +20 ... -10 dB |
| Gleichtaktunterdrückung | $CMRR = V_d / V_{gl}$ | >60 ... 90 dB |
| Eingangsoffsetspannung (Eingangsfehlspannung) | $U_F$: diejenige Spannung, die zwischen die Eingangsklemmen gelegt werden muß, damit $U_a = 0$ wird | 1 ... 15 mV |
| Temperaturdrift der Eingangsoffsetspannung | $\Delta U_F = \dfrac{\delta U_F}{\delta \vartheta} \Delta \vartheta$ | (5 µV/K) $\Delta \vartheta$ |
| Eingangsoffsetstrom (Eingangsfehlstrom) | $I_F = I_P - I_N$: die Differenz beider Eingangsströme für $U_a = 0$ | 50 nA ... 5 pA |
| Temperaturdrift des Eingangsoffsetstroms | $\Delta I_F = \dfrac{\delta I_F}{\delta \vartheta} \Delta \vartheta$ | <(0,5 nA/K)$\Delta \vartheta$ |
| Eingangsruhestrom | $I_B = \tfrac{1}{2}(I_P + I_N)$; $I_P, I_N$: Eingangsgleichströme | 200 nA ... 20 pA |
| Differenzeingangswiderstand | $r_d$: differentieller Widerstand zwischen beiden Eingangsklemmen | >50 ... 150 kΩ |
| Gleichtakteingangswiderstand | $r_{gl}$: differentieller Widerstand zwischen beiden miteinander verbundenen Eingangsklemmen und Masse | >15 MΩ |
| Ausgangswiderstand | $r_a$: differentieller Widerstand zwischen der Ausgangsklemme und Masse, wenn beide Eingänge auf Masse liegen | 150 Ω |
| 3-dB-Grenzfrequenz | $\|V_d\|$ um 3 dB abgefallen | |
| V·B-Produkt, $f_1$-Frequenz | $\|V_d\|$ auf 1 abgefallen | >1 MHz |
| Slew-Rate (Anstiegsgeschwindigkeit der Ausgangsspannung) | $S_r$: max. Steigung (V/µs) der Ausgangsspannung im Bereich von 10 ... 90% des Endwertes bei Großsignalrechteckaussteuerung am Eingang (OV übersteuert) | 0,5 ... 13 V/µs |
| Betriebsspannungs-Unterdrückung | $SVR = \Delta U_F / \Delta U_S$ ($\Delta U_S$: gleichgroße Änderung der Beträge der positiven und neagtiven Betriebsspannung) | <200 µV/V |

Abhängig davon, ob ein Eingangssignal invertiert oder nichtinvertiert zum OV-Ausgang übertragen wird, unterscheidet man die beiden OV-Grundschaltungen nach Bild 3.7, die nachfolgend genauer betrachtet werden:

*Idealer Operationsverstärker*
In einer gegengekoppelten Verstärkerschaltung mit idealem OV ist das Potential beider OV-Eingänge immer gleich, da die Regelabweichung (Differenzeingangsspannung) des OV wegen der unendlich hohen inneren Verstärkung auf Null ausgeregelt wird. Die Verstärkung der gegengekoppelten Schaltung $V'_{ideal}$ läßt sich deshalb unter Verwendung der Spannungsteilerregel leicht angeben (Bild 3.7).

Die Hauptunterschiede zwischen beiden Grundschaltungen sind – neben der unterschiedlichen Phasendrehung – ihr Eingangswiderstand ($Z_1$ beim invertierenden Verstärker, unendlich beim nichtinvertierenden Verstärker) und die beim nichtinvertierenden Verstärker auftretende merkliche Gleichtaktaussteuerung.

*Nichtidealer Operationsverstärker*
Der Einfluß des endlichen Verstärkungsfaktors $V$ des OV auf die Verstärkung $V'$ der gegengekoppelten Schaltung läßt sich aus Bild 3.7 ablesen. Weitere Einflußgrößen lassen sich mit Hilfe des Bildes 3.8 erfassen.

Bei höheren Frequenzen fällt $|V|$ häufig in einen weiten Frequenzbereich mit 20 dB/Dek. ab. Die Grenzfrequenz (3-dB-Ab-

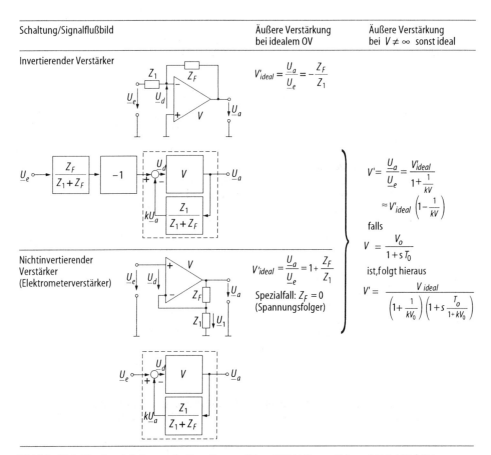

**Bild 3.7.** Die beiden Grundschaltungen des Operationsverstärkers. $kV$ Schleifenverstärkung $k = Z_1 / (Z_1 + Z_F)$

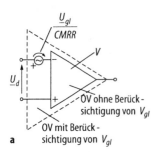

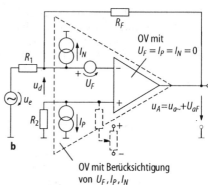

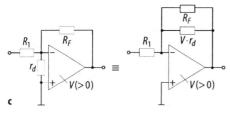

**Bild 3.8.** Berücksichtigung nichtidealer Eigenschaften beim Operationsverstärker
**a** Berücksichtigung der Gleichtaktverstärkung
**b** Berücksichtigung des Einflusses der Eingangsströme $I_P$, $I_N$ und der Eingangsoffsetspannung $U_F$ auf die Ausgangsspannung in den beiden OV-Grundschaltungen
$u_a$ Ausgangssignalspannung, $U_{aF}$ Ausgangsoffsetspannung, $U_F = U_{FO} + \Delta U_F$, $I_P = I_{PO} + \Delta I_P$, $I_N = I_{NO} + \Delta I_N$, $U_{aF} = U_{aFO} + \Delta U_{aF}$, $\Delta U_F$, $\Delta I_P$ und $\Delta I_N$ wirken wie Signalgrößen. Sie rufen eine Ausgangsoffsetspannung $\Delta U_{aF}$ hervor, die mit Hilfe des Wechselstromersatzschaltbilds 3.6d berechnet werden kann.
**c** Berücksichtigung des endlichen Differenzeingangswiderstands bei der invertierenden OV-Grundschaltung

fall) wird in diesem Bereich durch reelle Gegenkopplung um $1 + kV_0$ vergrößert, wie sich mit Hilfe der im Bild 3.7 enthaltenen Gleichungen berechnen läßt.

### Offsetgrößen; Eingangsruhestrom

Die wichtigsten Fehlerquellen bei der Verstärkung kleiner Gleichspannungen und -ströme sind die Offset- und Driftgrößen des OV (Nullpunktfehler; das bedeutet z.B. bei Reglern eine vorgetäuschte bleibende Regelabweichung). Auch bei Integratoren und anderen Rechenschaltungen können diese Störgrößen u.U. beträchtliche Fehler hervorrufen. Sorgfältig muß deshalb bei Schaltungen mit OV zwischen den ohne Eingangssignal vorhandenen Eingangs- und Ausgangsgleichspannungen und -strömen einerseits und den Signalgrößen (Wechselgrößen, Spannungs- und Stromänderungen) andererseits unterschieden werden.

In der Schaltung nach Bild 3.8b entsteht als Folge der Größen $U_F$, $I_P$ und $I_N$ die Ausgangsoffsetspannung

$$U_{aF} = U_{aFo} + \Delta U_{aF}$$

$$= U_F\left(1 + \frac{R_F}{R_1}\right) + R_F\left(I_N - I_P \frac{R_2}{R_1 \| R_F}\right)$$

(3.1)

(gestrichelte Widerstände nicht berücksichtigt, idealer OV mit Ausnahme von $U_F$, $I_P$ und $I_N$ zugrunde gelegt), die sich der Ausgangssignalspannung überlagert.

Um den Einfluß von $I_P$ und $I_N$ auf $U_{aF}$ gering zu halten, dimensioniert man $R_2 = (R_1 \| R_F)$, da $I_P \approx I_N$ ist. Aus Gl. (3.1) folgt dann mit $I_F = I_P - I_N$

$$U_{aF} = U_{aFo} + \Delta U_{aF}$$

$$= U_F\left(1 + \frac{R_F}{R_1}\right) - I_F R_F$$

$$\Delta U_{aF} = \Delta U_F\left(1 + \frac{R_F}{R_1}\right) - \Delta I_F R_F \; ;$$

$U_F$ Eingangsoffsetspannungsdrift,
$I_F = I_P - I_N$ Eingangsoffsetstromdrift.

Die Spannung $U_{aFO}$ läßt sich durch Offsetkompensation (gestrichelt im Bild 3.8b angedeutet) auf Null einstellen. Die Ausgangsspannung der Schaltung beträgt dann für $V \to \infty$

$$u_A = u_a + \Delta U_{aF}$$
$$= -\frac{R_F}{R_1} u_e + \Delta U_F \left(1 + \frac{R_F}{R_1}\right) - R_F \Delta I_F \quad (3.2)$$

$$= -\frac{R_F}{R_1} \left[ u_e - \underbrace{\left(1 + \frac{R_1}{R_F}\right)(\Delta U_F - \Delta I_F (R_1 \| R_F))}_{\text{Driftanteil}} \right]$$

Der (zeitlich veränderliche) Driftanteil in Gl. (3.2) stellt eine Fehlerspannung dar und begrenzt sowohl die Genauigkeit bei der Verstärkung kleiner Gleichgrößen als auch die maximal sinnvolle Verstärkung. Aus Gl. (3.2) folgt, daß bei hochohmigem (Gleichstrom-)Innenwiderstand der Signalquelle (in $R_1$ enthalten, deshalb $R_1 \| R_F$ groß) vor allem die Eingangsoffsetstromdrift $\Delta I_F$, bei niedrigen Quellwiderständen ($R_1$ klein) die Eingangsoffsetspannungsdrift $\Delta U_F$ eine Ausgangsoffsetspannung hervorruft. In der Regel wird bei Verstärkern für Gleichgrößen die Ausgangsoffsetspannung durch äußeren Abgleich zum Verschwinden gebracht, wie es im Bild 3.8 angedeutet ist.

Bei reinen Wechselspannungsverstärkern kann der Offsetabgleich meist entfallen, wenn der Verstärker gleichstrommäßig stark gegengekoppelt wird (Bild 3.15, Nr. 4).

*Ausgangswiderstand.* Durch die starke Spannungsgegenkopplung beider OV-Grundschaltungen beträgt ihr wirksamer (differentieller) Ausgangswiderstand $\approx r_a/kV$ und ist in der Praxis vernachlässigbar ($r_a$ Ausgangswiderstand des nicht gegengekoppelten OV).

*Eingangswiderstand.* Beim nichtinvertierenden Verstärker erscheint $r_d$ infolge der Seriengegenkopplung um den Faktor (1+kV) vergrößert. Sein Eingangswiderstand $Z'_e \approx r_d (1+kV) \| 2r_{gl} \approx 2r_{gl}$ ist sehr groß (typisch $\gg 1$ M$\Omega$). Beim invertierenden Verstärker hat $r_d$ i.allg. keinen spürbaren Einfluß.

*Hohe Frequenzen.* Neben dem Verstärkungsabfall mit steigender Frequenz ist zu beachten, daß der maximale Aussteuerbereich der Ausgangsspannung oberhalb der Frequenz $f_p$ (Grenzfrequenz für volle Aussteuerung) merklich abnimmt. Die Frequenz $f_p$ und die maximale Spannungsanstiegsgeschwindigkeit $S_r$ (engl.: slew-rate) der OV-Ausgangsspannung sind oft durch die gleichen Ursachen begrenzt (abhängig vom Schaltungsaufbau des OV und der Art der Frequenzgangkompensation). Es gilt dann

$$f_p = \frac{S_r}{2\pi \hat{U}_a} \ ;$$

$\hat{U}_a$ maximaler Ausgangsspannungshub des OV zwischen Null und Vollaussteuerung.

Mit steigender Frequenz sinkt auch die Gleichtaktunterdrückung.

*Frequenzgangkompensation.* Die meisten OV müssen durch äußere Beschaltung mit RC-Gliedern frequenzgangkompensiert werden, um die dynamische Stabilität des gegengekoppelten Verstärkers zu sichern. Aus den vom Hersteller angegebenen Bode-Diagrammen ist abzulesen, wie sich der Frequenzgang hierdurch verändern läßt. Dabei gibt es mehrere Möglichkeiten: Erfolgt die Anschaltung der Korrekturglieder an der Eingangsstufe des OV, tritt das Rauschen am OV-Ausgang stärker in Erscheinung; jedoch wird die Spannungsanstiegsgeschwindigkeit nur wenig verringert. Anschalten der Korrekturglieder an die Ausgangsstufe ergibt kleinere Ausgangsrauschspannung, jedoch auch wesentlich kleinere Spannungsanstiegsgeschwindigkeit. Meist wird die Kompensation auf die Ausgangs- und Eingangsseite bzw. auf Zwischenstufen aufgeteilt [3.4]. Für Spezialfälle läßt sich die Vorwärtskopplung zweier OV anwenden, mit der sehr große Bandbreiten >100 MHz und Spannungsanstiegsgeschwindigkeiten >1000 V/µs erreichbar sind.

### 3.4.2
### Direktgekoppelte Gleichspannungsverstärker

Integrierte OV sind in der Regel aus mehreren gleichspannungsgekoppelten Verstärkerstufen in Bipolar-, BiFET- oder CMOS-Technologie aufgebaut. OV mit Bipolareingangsstufen sind bei niedrigem Signalquelleninnenwiderstand ($\leq$50 k$\Omega$) wegen ihrer kleinen Offsetspannungsdrift vorteilhaft einzusetzen. Bei hohem Quellwiderstand $\gg 50$ k$\Omega$) sind dagegen Operationsverstärker mit FET-Eingang überlegen, weil sie wesentlich kleinere Eingangsströme und erheblich geringere Offsetstromdrift aufweisen.

Meist werden an OV folgende Forderungen gestellt:

- $V$, $CMRR$, $f_1$, $S_r$, $r_d$, $r_{gl}$, Gleichtaktaussteuerbereich, maximaler Ausgangsstrom möglichst groß,
- Fehlersignale (Eingangsruhestrom, Offsetgrößen, Drift, Rauschen) möglichst klein.

Nicht alle Forderungen lassen sich gleichzeitig erfüllen. Deshalb sind je nach Anwendungsfall Kompromisse und unterschiedliche Operationsverstärkertypen erforderlich.

Interessante Möglichkeiten bieten *programmierbare OV*, bei denen sich durch Zuschalten äußerer Schaltelemente (Widerstände) die Daten des OV verändern lassen, z.B. die $f_1$-Frequenz (Frequenz, bei der die Verstärkung bei hohen Signalfrequenzen auf $|V| = 1$ abgefallen ist) im Verhältnis 1 : 200.

Obwohl in den letzten Jahren die technischen Daten monolithischer OV erheblich verbessert werden konnten, ist ihre Eingangsoffsetspannungs- bzw. -stromdrift nicht für alle Anwendungsfälle vernachlässigbar klein. Zur hochgenauen Verstärkung kleiner Gleichspannungen bzw. -ströme werden daher Modulations- oder driftkorrigierte Verstärker eingesetzt (Abschn. 3.4.3, 3.4.4).

*Schaltungen für besondere Einsatzgebiete.* Die „klassischen" Operationsverstärker sind „Spannungsverstärker" (hochohmiger Eingang, niederohmiger Ausgang). Ihre Verstärkerwirkung wird im Signalersatzschaltbild durch eine spannungsgesteuerte Spannungsquelle beschrieben.

Für bestimmte Anwendungen eignen sich andere Verstärkergrundtypen besser, z.B. der *U-I-* oder *I-U*-Wandler. Vor allem die folgenden beiden Varianten erlangten in letzter Zeit größere Bedeutung:

*OTA* (Operational transconductance amplifier). Die charakteristische Übertragungsfunktion eines solchen OV ist der Übertragungsleitwert ($\equiv$ Steilheit) $S$ (Ausgangskurzschlußstrom $I_a$/Eingangsdifferenzspannung $\underline{U}_d$). Die Verstärkerwirkung wird im Signalersatzschaltbild durch eine spannungsgesteuerte Stromquelle beschrieben: $\underline{I}_a = S\underline{U}_d$. Sehr vorteilhaft ist bei diesen Typ, daß die Steilheit $S$ und damit der Verstärkungsfaktor der Schaltung durch einen externen Strom programmierbar ist. Das ermöglicht die Realisierung von Schaltungen mit automatischer Verstärkungseinstellung, von Multiplizierern und Modulatoren.

Eine Ausgangsspannung läßt sich dadurch gewinnen, daß in Reihe zum Ausgang ein Lastwiderstand geschaltet wird und der darüber entstehende Spannungsabfall $\underline{U}_a = \underline{I}_a R_L = S R_L \underline{U}_d$ weiterverarbeitet wird. Diese Schaltung ist sowohl mit als auch ohne Gegenkopplung sinnvoll einsetzbar.

*Industrielles Beispiel*: OPA 660 (Burr Brown). Dieser monolithische Schaltkreis beinhaltet einen bipolaren Breitband-Steilheitsverstärker (OTA, „Diamond-Transistor") und einen Spannungspufferverstärker in einem 8poligen Gehäuse. Der OTA kann als „idealer Transistor" aufgefaßt werden. Seine Steilheit läßt sich mit einem externen Widerstand einstellen. Einige Daten: $B = 700$ MHz, $S_r = 3000$ V/µs, Betriebsspannung $\pm 5$ V, 8poliges DIP-Gehäuse. Anwendungen: Videoeinrichtungen, Kommunikationssysteme, Hochgeschwindigkeitsdatenerfassung, ns-Pulsgeneratoren, 400 MHz-Differenzverstärker.

*Stromgegenkopplungs-OV* (Current-feedback OA). OVs mit Stromgegenkopplung weisen hinsichtlich ihrer Eignung für Hochgeschwindigkeitsanwendungen deutliche Vorteile gegenüber den konventionellen „klassischen" OV mit Spannungsgegenkopplung auf. Diese Vorteile beruhen letzten Endes auf dem Sachverhalt, daß Stromsignale mit höherer Geschwindigkeit verarbeitbar sind als Spannungssignale.

Die hauptsächlichen Anwendervorteile von OV mit Stromgegenkopplung sind

- Verstärkungsfaktor und Bandbreite sind weitgehend unabhängig voneinander einstellbar,
- nahezu unbegrenzte Slew-Rate ($\rightarrow$kürzere Einschwingzeit; niedrigere Intermodulationsverzerrungen und damit gute

Eignung für den Einsatz in Audio-Anwendungen).

*Architektur.* Sie unterscheidet sich in zwei Punkten gegenüber der Architektur konventioneller OV mit Spannungsgegenkopplung:

1. Die Eingangsstufe besteht aus einem zwischen die beiden OV-Eingänge geschalteten Spannungsfolger, der dafür sorgt, daß $\underline{U}_N$ der Spannung $\underline{U}_P$ folgt (vergleichbares Verhalten zum konventionellen gegengekoppelten OV, bei dem das Gegenkopplungswiderstandsnetzwerk bewirkt, daß $\underline{U}_N$ der Spannung $\underline{U}_P$ nachläuft). Wegen des niederohmigen Ausgangswiderstands des Spannungsfolgers fließt ein endlicher (meist sehr kleiner) Strom $\underline{I}_N$ durch die negative OV-Eingangsklemme.
2. Zusätzlich zur Eingangsstufe enthält der stromgegengekoppelte OV einen Transimpedanzverstärker (*I-U*-Wandler), der den Strom $\underline{I}_N$ verstärkt und in die Ausgangsspannung $\underline{U}_a = Z(f)\underline{I}_N$; $(Z(f)$ (Leerlauf-)Übertragungswiderstand des Verstärkers) umwandelt ($Z(f) \equiv Z_{21}$).

*Industrielle Beispiele.* Die hohe Leistungsfähigkeit hinsichtlich des Verhaltens bei hohen Frequenzen wird durch folgende industrielle Beispiele von OVs mit Stromgegenkopplungsarchitektur (Transimpedanz-OV) unterstrichen: AD 9615 (Analog Devices) mit den Daten $B$ = 200 MHz, Einschwingzeit 8(13) ns auf 1(0,1)% Abweichung vom Endwert, 100 mA Ausgangsstrom, $U_F \approx 250$ µV, 3 µV/K, $I_B \approx \pm 0.5$ µA, $\pm 20$ nA/K. Dieser Typ ist besonders geeignet für den Einsatz in 14-bit-Datenerfassungssystemen mit Abtastraten bis zu 2 MHz.
AD 9617/18 (Analog Devices) mit den Daten $V \leq$ 40 bzw. 100, Kleinsignalbandbreite 190/160 MHz, Großsignalbandbreite 150 MHz, Einschwingzeit 9 ns (auf 0,1%) bzw. 14 ns (auf 0,02%), Ausgangswiderstand bei Gleichspannung 0,07/0,08 Ω, Ausgangsstrom im 50-Ω-Lastwiderstand 60 mA. Typische Anwendungen für diese Typen: Treiber für Flash-ADU, Instrumentierungs- und Kommunikationssysteme, Videosignalverarbeitung, *I-U*-Wandlung schneller DAU-Ausgänge.

OPA 623 (Burr Brown). Dieser stromgegengekoppelte Operationsverstärker hat eine Großsignalbandbreite von 350 MHz bei einer Ausgangsspannung von 2,8 V$_{ss}$. Sein Haupteinsatzgebiet sind schnelle 75-Ω-Treiber für Datenübertragung bis 140 Mbit/s. Der Ausgangsstrom von ±70 mA reicht aus, um auch lange 75-Ω-Leitungen zu treiben. Betriebsspannung ±5 V, 8poliges DIP-Gehäuse.

OPA 2662 (Burr Brown). Dieser Schaltkreis im 16poligen DIP-Gehäuse enthält zwei spannungsgesteuerte Leistungsstromquellen (Zweifach-„Diamond-Transistor"). Jede Stromquelle/-senke liefert bzw. entnimmt am hochohmigen Kollektoranschluß bis zu ±75 mA Strom. Anwendungsbeispiel: Ansteuerung von Leistungsendstufen von Monitoren in Grafiksystemen (CR 3425 Philips) mit einer Anstiegsrate von >1500 V/µs. Durch Vorschalten des OPA 2662 vor die Leistungsendstufe CR 3425 (80 V Betriebsspannung) können bei Ansteuerung des OPA 2662 mit einem Impulsgenerator (50 Ω Innenwiderstand, $t_r = t_f = 0,7$ ns) Ausgangsimpulse von 50 V mit Anstiegs/Abfallzeiten von 2,4 ns erzeugt werden.

*Überblick zu OV-Gruppen.* Tabelle 3.4 vermittelt einen Überblick zum gegenwärtigen Leistungsstand monolithisch integrierter OV. Zusätzlich ist zu erkennen, wie die große Vielzahl industrieller Typen hinsichtlich ihrer Leistungsparameter und Anwendungsgebiete in Gruppen einteilbar ist.

### 3.4.3
**Modulationsverstärker**

Obwohl in den letzten Jahren die technischen Daten monolithischer Operationsverstärker erheblich verbessert werden konnten, ist ihre Eingangsoffsetspannungs- bzw. -stromdrift nicht für alle Anwendungsfälle vernachlässigbar klein. Zur hochgenauen Verstärkung kleiner Gleichspannungen und -ströme werden daher gelegentlich Modulationsverstärker eingesetzt, vor allem dann, wenn eine galvanisch getrennte Signalverstärkung gewünscht ist.

Ihr Wirkprinzip besteht darin, daß die zu verstärkende Eingangsspannung einem Modulator (Zerhacker oder Varicap) zugeführt, dort in eine rechteck- oder sinusför-

**Tabelle 3.4.** (Teil I) Überblick zu unterschiedlichen Gruppen von Operationsverstärkern mit typischen Leistungsparametern und industriellem Beispiel.

| OV-Gruppe | Industrielles Beispiel, Auswahl markanter Parameter | Typische Anwendungsgebiete |
|---|---|---|
| 1<br>OV für allgemeine Anwendungen | LT 1097<br>$V \geq 117$ dB; $CMRR \geq 115$ dB<br>$U_F < 50$ μV, $<1$ μV/°C<br>$I_B < 250$ pA; $S_r \geq 0{,}2$ V/μs<br>$U_{er} \approx 16$ nV/$\sqrt{Hz}$<br>$U_S =$ min. $\pm 1{,}2$ V; $I_S < 560$ μA | – allgemeine Anwendungen ohne extreme Anforderungen |
| 2<br>Präzisions-OV | LT 1013/1014 (2/4fach-OV)<br>$V \approx 8 \cdot 10^6$; $CMRR \approx 117$ dB<br>$U_F \approx 50$ μV, $0{,}3$ μV/°C;<br>$I_F < 0{,}15$ nA; $I_{a\,max} = \pm 20$ mA<br>$U_{er} \approx 0{,}55$ μV$_{ss}$ (0,1 ... 10 Hz)<br>$I_{er} \approx 0{,}07$ pA/$\sqrt{Hz}$; $PSSR > 120$ dB<br>$U_{gl}$-Bereich schließt Massepotential ein<br>$U_A$ kann bis auf wenige mV oberhalb des Massepotentials ausgesteuert werden<br>nur eine Betriebsspannung<br>$U_S = +5$ V oder $\pm 15$ V<br>$I_S = 350$ μA je Verstärker | – Instrumentierungsanwendungen<br>– Audioanwendungen<br>– Thermoelement-, Meßbrückenverstärker<br>– 4- bis 20-mA-Stromtransmitter<br>– aktive Filter<br>– Integratoren |
| 3<br>niedrige Offsetspannung | MAX 425/426<br>(Auto-zero-Verstärker, kein Chopperprinzip)<br>$U_F < 1$ μV, $<0{,}01$ μV/°C<br>$I_B < 0{,}005 ... 0{,}0002$ nA<br>$V \cdot B = 0{,}35 ... 12$ MHz; $S_r > 0{,}6 ... 10$ V/μs<br>$U_{er} \approx 0{,}3$ μV$_{ss}$; $U_S = \pm 5$ V; $I_S < 1{,}4$ mA | – Thermoelementverstärker<br>– Meßbrückenverstärker<br>– hochverstärkende Summations- und Differenzverstärker |
| 4<br>niedriges Rauschen | LTC 1028CS8 (sehr niedriges Rauschen, hohe Geschwindigkeit, Präzisionsverstärker)<br>$U_{er} \approx 0{,}9$ nV/$\sqrt{Hz}$  (1 kHz)<br>$\phantom{U_{er} \approx} 1{,}0$ nV/$\sqrt{Hz}$  (10 Hz)<br>$V \cdot B = 75$ MHz, $V = 30 \cdot 10^6$<br>$U_F = 20$ μV, $0{,}2$ μV/°C<br>$I_B \approx 30$ nA; $S_r > 11$ V/μs<br>$I_{er} \approx 4{,}7$ pA/$\sqrt{Hz}$  (10 Hz)<br>$\phantom{I_{er} \approx} 1$ pA/$\sqrt{Hz}$  (1 kHz) | – hochverstärkende rauscharme Instrumentierungsschaltungen<br>– rauscharme Audioverstärker<br>– Infrarotdetektor-Verstärker<br>– Hydrophonverstärker<br>– Meßbrückenverstärker<br>– aktive Filter |
| 5<br>niedriger Eingangsruhestrom | LT 1057/1058S (2/4fach-OV mit SFET-Eingang)<br>$I_B = 60$ pA bei 70 °C<br>$U_F = 300$ μV, $5$ μV/°C<br>$U_{er} \approx 13$ nV/$\sqrt{Hz}$  (1 kHz)<br>$\phantom{U_{er} \approx} 26$ nV/$\sqrt{Hz}$  (10 Hz)<br>$I_{er} \approx 18$ fA/$\sqrt{Hz}$  (10 Hz, 1kHz)<br>$V \cdot B = 5$ MHz, Einschwingzeit<br>$1{,}3$ μs auf $0{,}2\%$<br>$CMRR > 98$ dB; $S_r > 13$ V/μs<br>typ. $U_S$: $\pm 15$ V | – Präzisions-, Hochgeschwindigkeitsinstrumentierung<br>– schnelle Präzisions-S/H-Schaltungen<br>– logarithmische Verstärker<br>– DAU-Ausgangsverstärker<br>– Fotodiodenverstärker<br>– U/f- und f/U-Wandler |

$U_{er}(I_{er})$ = Eingangsrauschspannung(strom); $U_S$ = Betriebsspannung; $I_S$ = Betriebsstromaufnahme;
$PSSR$ = Betriebsspannungsunterdrückung; $I_B$ = Eingangsruhestrom $(I_P + I_N)/2$

mige Wechselspannung mit proportionaler Amplitude umgewandelt, anschließend in einem Wechselspannungsverstärker driftfrei verstärkt und schließlich in einem Synchrondemodulator (phasenempfindlicher Gleichrichter) wieder polaritätsgetreu gleichgerichtet wird. Ein Generator liefert die Wechselspannung (z.B. Rechteckimpulsfolge) zum Ansteuern des Modulators und des phasenempfindlichen Gleichrichters.

Der kritischste Teil von Modulationsverstärkern ist der Modulator. Seine Eigenschaften bestimmen wesentlich die erreichbare Drift, die Empfindlichkeit, Bandbreite und die Linearität.

Modulationsverstärker haben zwar sehr geringe Drift, jedoch, bedingt durch das Modulationsprinzip, schlechte dynamische Eigenschaften (geringe Bandbreite, niedrige Slew Rate, geringe Übersteuerungsfestigkeit).

**Tabelle 3.4.** (Teil II) Überblick zu unterschiedlichen Gruppen von Operationsverstärkern mit typischen Leistungsparametern und industriellem Beispiel

| OV-Gruppe | Industrielles Beispiel, Auswahl markanter Parameter | Typische Anwendungsgebiete |
|---|---|---|
| 6 niedrige Leistungsaufnahme | MAX 406<br>$U_S = +2{,}4 \ldots 10$ V; $I_S \leq 1{,}2$ µA<br>$V \cdot B = 0{,}01$ MHz; $S_r > 0{,}004 \ldots 0{,}02$ V/µs<br>$U_F = 0{,}25 \ldots 0{,}5$ mV, $10 \ldots 20$ µV/°C<br>$I_B = 0{,}01$ nA | – Verstärker für Batteriebetrieb<br>– Instrumentierungsschaltungen mit sehr geringer Leistungsaufnahme<br>– solarzellengespeiste Systeme<br>– sensornahe Elektronik |
| 7 niedrige Betriebsspannung | LT 1178/1179 (2/4fach-OV)<br>$U_S = +5$ V, auch $\pm15$ V möglich<br>$I_S < 17$µA je OV<br>$V \cdot B = 85$ MHz, $S_r > 0{,}04$ V/µs<br>$I_a \leq \pm 5$ mA<br>$U_F = 30$ µV, $0{,}5$ µV/°C<br>$I_F \approx 50$ pA, $I_B < 5$ nA<br>$U_{er} < 0{,}9$ µ$V_{ss}$ (0,1 … 10 Hz)<br>$I_{er} < 1{,}5$ p$A_{ss}$ (0,1 … 10 Hz) | – Satellitenschaltungen<br>– Mikroleistungsfilter<br>– Mikroleistungs-, Abtast- und Halte-Schaltungen |
| | TLV 2362 (3-Volt-OV)<br>typ. $U_S = \pm 1{,}5 \ldots \pm 2{,}5$ V, $U_{S\,min} = 2$ V<br>B für volle Leistung: 50 kHz<br>$S_r > 4$ V/µs<br>großer Ausgangsspannungshub bis 100 mV an positive bzw. negative Betriebsspannung besonders kleines Gehäuse:<br>TSSOP (thin shrink small outline package) | – tragbare Batterieradioanwendungen<br>– sensor- und prozeßnahe Elektronik |
| 8 hohe Bandbreite | OPA 623 (Stromgegenkopplungs-OV)<br>$B = 350$ MHz; $I_a \leq \pm 70$ mA; $U_S = \pm 5$ V<br>EL 2038<br>$V \cdot B = 1$ GHz, $S_r \geq 1000$ V/µs<br>Leistungsbandbreite 16 MHz<br>$U_{a\,max} = \pm 12$ V, $I_{a\,max} = \pm 50$ mA<br>$r_a = 30$ Ω; $I_S = 13$ mA<br>$V \approx 20\,000$, CMRR $\approx 30\,000$, $r_d > 10^4$ Ω<br>$r_{gl} > 10$ MΩ; $I_B \approx 5$ µA<br>$U_F = 0{,}5$ mV, $20$ µV/°C | – Leitungstreiber für sehr schnelle Datenübertragung (140 Mbit/s)<br>– Ansteuerung von Videoleistungsstufen<br>– Videoverstärker<br>– Modulatoren<br>– Treiber für Flash-ADU<br>– I/U-Wandlung schneller DAU-Ausgänge |
| 9 hohe Ausgangsspannung | OPA 445<br>$U_A = \pm 30$ V; $I_A = 15$ mA; $S_r > 10$ V/µs<br>$U_F = 0{,}5$ mV; $I_B = 20$ pA | – Schaltungen mit besonders hohen Ausgangsspannungen |
| 10 hoher Ausgangsstrom | OPA 512<br>$I_A = 10$ A; $U_A = \pm 40$ V; $S_r > 4$ V/µs<br>$U_F = 2$ mV; $I_B = 12$ nA | – Schaltungen mit besonders hohen Ausgangsströmen |

$U_{er}(I_{er})$ = Eingangsrauschspannung(strom); $U_S$ = Betriebsspannung; $I_S$ = Betriebsstromaufnahme;
PSSR = Betriebsspannungsunterdrückung; $I_B$ = Eingangsruhestrom $(I_P + I_N)/2$

Die einfachste und bei Verstärkern mit Spannungseingang fast ausschließlich verwendete Modulationsmethode ist das „Zerhacken" der Eingangsspannung (Zerhackerverstärker = Chopperverstärker). Zur Modulation sehr kleiner Ströme eignet sich der Schwingkondensator- oder Varicap-Modulator.
Bild 3.9 zeigt das Prinzip des Modulationsverstärkers.

Mit Modulationsverstärkern läßt sich die in der Automatisierungstechnik oft gestellte Forderung nach galvanischer Trennung (Potentialtrennung, z.B. für eigensichere Zentralverstärker) zwischen dem Eingangskreis (Meßkreis) und dem Verstärkerausgang erfüllen, indem der Wechselspannungsverstärker und die Ansteuerschaltung über Transformatoren angekoppelt werden (Bild 3.9b). Die Anforderungen an den Transformator zur Ankopplung des Wechselspannungsverstärkers, insbesondere hinsichtlich des Linearitäts- und Temperaturverhaltens, sind extrem hoch.

*Zerhackerverstärker.* Zur Verstärkung kleiner Gleichspannungen bei nicht zu

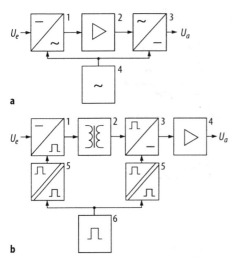

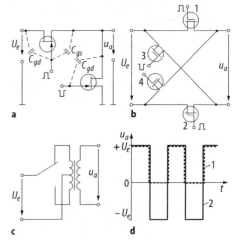

**Bild 3.9.** Modulationsverstärker
**a** *Prinzip* 1 Modulator, 2 Wechselspannungsverstärker, 3 phasenempfindlicher Gleichrichter, 4 Generator (je nach Art des Modulators Sinus- oder Rechteckgenerator)
**b** *Potentialtrennung* (Prinzip des Zerhackerverstärkers) 1 Zerhacker (Modulator), 2 Trenntransformator, 3 phasenempfindlicher Gleichrichter, 4 Gleichspannungsverstärker, 5 Impulstransformator, 6 Generator

**Bild 3.10.** Zerhackerschaltungen. **a** Serien-Parallel-Zerhacker mit 2 Sperrschicht-FET; **b** Ringmodulator, die Anschlüsse 1 und 2 bzw. 3 und 4 sind miteinander verbunden; **c** mechanischer Zerhacker; **d** Ausgangsspannung bei Schaltung a (Kurve 1) sowie bei b und c (Kurve 2)

großen Innenwiderständen der Signalquelle (z.B. <10 ... 100 kΩ) eignen sich Zerhackerverstärker (Chopperverstärker), die zwei Jahrzehnte lang mit mechanischen Schaltern, danach mit Bipolartransistoren und dann mit FET aufgebaut wurden.

FET eignen sich besonders gut zum Zerhacken kleiner Gleichspannungen (mV-Bereich), weil im eingeschalteten Zustand über der Schalterstrecke nahezu keine Restspannung auftritt. Häufig wird der Serien-Parallel-Zerhacker verwendet, bei dem abwechselnd ein Transistor geöffnet und der andere gesperrt ist (Bild 3.10a). Ersetzt man einen FET durch einen Widerstand, ergibt sich der Serien- bzw. Parallelzerhacker.

Sehr gute Eigenschaften weist der Ringmodulatorzerhacker auf (Bild 3.10b), da sich infolge des symmetrischen Aufbaus viele Störeinflüsse kompensieren (Thermospannungen, Restströme, Spannungsspitzen). Ein weiterer Vorteil ist die gegenüber Schaltung Bild 3.10a verdoppelte Ausgangsspannung, die dadurch entsteht, daß – ähnlich wie beim mechanischen Zerhacker mit Umschaltkontakt (Bild 3.10c) – die Eingangsspannung $U_e$ abwechselnd umgepolt zum Ausgang durchgeschaltet wird.

Fehler bei Zerhackern für kleine Signale entstehen vor allem durch Thermospannungen im Eingangskreis und durch Schaltspitzen. Eine Lötstelle Kupfer-Zinn erzeugt bereits bei einer Temperaturdifferenz von $\Delta\vartheta = 0{,}4$ K eine Thermospannung von 1 μV. Schaltspitzen (Spikes) entstehen beim Umschalten der FET am Ausgang und Eingang der Zerhackerschaltung, weil über die Kapazitäten $C_{gd}$ und $C_{gs}$ (Bild 3.10a) die steilen Schaltflanken des Steuersignals (in der Amplitude verringert) übertragen werden. Die Schaltspitzen rufen eine Eingangsoffsetspannung, einen Eingangsstrom und zugehörige Driften hervor, die etwa proportional mit der Zerhackerfrequenz (Modulationsfrequenz) $f_c$ zunehmen. Um den dadurch bedingten Fehler klein zu halten, liegt $f_c$ meist unter 1 kHz, bei sehr hohen Ansprüchen an kleine Offset- und Driftwerte unter 100 Hz [3.7].

*Prinzip.* Wir erläutern das Prinzip des Zerhackerverstärkers anhand des Bildes 3.11. Der vom Generator mit einer periodischen Rechteckimpulsfolge ($f_c \approx 10 \ldots 1000$ Hz) angesteuerte Schalter (Modulator) $S_1$ wandelt die Eingangsspannung $u_e$ in eine amplitudenmodulierte Rechteckimpulsfol-

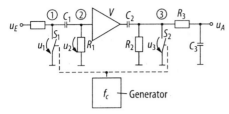

**Bild 3.11.** Zerhackerverstärker

ge mit ungefähr 0,5facher Amplitude um, die in einem Wechselspannungsverstärker verstärkt wird. Die Nullinie der verstärkten Ausgangsimpulse wird mittels $S_2$ (Synchrondemodulator, phasenempfindlicher Gleichrichter) wiederhergestellt. $S_2$ ist phasenstarr mit $S_1$ gekoppelt. Dadurch erfolgt die Gleichrichtung polaritätsgetreu.

Durch das Tiefpaßfilter ($R_3 C_3$) wird die Eingangssignalform wiederhergestellt. Die Frequenz $f_c$ und deren Oberwellen werden ausgesiebt.

Das kritischste Element dieser Anordnung ist der Schalter $S_1$. Eine in ihm entstehende Offset- oder Thermospannung bzw. ein in den Punkt 1 eingekoppeltes Störsignal (das z.B. kapazitiv vom Ansteuerkreis eingekoppelt werden kann) hat ein Offsetsignal am Ausgang und damit einen Fehler zur Folge [3.7, 3.8].

Im Interesse sehr hoher Verstärkungskonstanz und -linearität werden Modulationsverstärker oft auch in einer Gegenkopplungsschleife betrieben, wenn keine galvanische Trennung zwischen Ein- und Ausgang erforderlich ist.

Die obere Grenzfrequenz (3-dB-Abfall) von Zerhackerverstärkern beträgt <0,1 $f_c$. Oft liegt sie noch wesentlich darunter (Sicherung der dynamischen Stabilität bei Gegenkopplung). Diese Verstärker sind also relativ schmalbandig.

*Zerhackerstabilisierter Verstärker* (Goldbergschaltung). Diese leistungsfähige Schaltung wird eingesetzt, wenn zusätzlich zu sehr niedrigen Driftwerten eine große Bandbreite des Verstärkers gefordert ist. Das Prinzip der Schaltung beruht darauf, daß ein breitbandiger Hauptverstärker ($V_2$) mit seinen typischen hohen Driftwerten und ein sehr driftarmer Hilfsverstärker ($V_1$) so gekoppelt werden, daß sich die Verstärkerkombination durch einen „Ersatzverstärker" mit der Leerlaufverstärkung $V = (1 + V_1)V_2$ und der Eingangsoffsetspannung $U_F \approx U_{F1} + U_{F2}/V_1$ ersetzen läßt (Bild 3.12).

Unter Zugrundelegung zweier mit Ausnahme der endlichen Leerlaufverstärkung $V_1$ bzw. $V_2$ idealer Operationsverstärker und unter der Voraussetzung $V_1 \gg 1$, $V_2 \gg 1$ folgt aus Bild 3.12a (C kurzgeschlossen)

$$u_{A2} = V_1 u_{D1}$$
$$u_A = V_2(u_{A2} + u_{D1}) = (1 + V_1)V_2 u_{D1}.$$

Die Verstärkerkombination läßt sich durch einen „Ersatz-OV" mit der Leerlaufverstärkung $V = (1 + V_1)V_2$ ersetzen. Die Signalverstärkung der Schaltung beträgt $u_A/u_E \approx -R_2/R_1$. Bei tiefen Frequenzen wird der Hauptverstärker $V_2$ fast ausschließlich am nichtinvertierenden Eingang angesteuert, weil $V_1$ sehr groß ist. Deshalb braucht man die tiefen Signalfrequenzen dem invertierenden Eingang von $V_2$ nicht zuzuführen und kann diesen Eingang über ein Hochpaß-RC-Glied an den Summationspunkt $S$ ankoppeln. Das hat den Vorteil, daß $S$ nicht mit dem Eingangsruhestrom von $V_2$ belastet wird (Vermeiden einer zusätzlichen Eingangsoffsetspannung infolge des Spannungsabfalls über $R_1 \| R_2$).

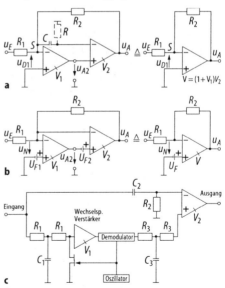

**Bild 3.12.** Goldberg-Schaltung (Beschaltung als invertierende OV-Grundschaltung). **a** Offsetspannung vernachlässigt; **b** Offsetspannung berücksichtigt; **c** typisches Blockschaltbild einer Realisierungsvariante (ohne Gegenkopplungsbeschaltung)

Bei hohen Frequenzen ist infolge der Schmalbandigkeit von $V_1$ die Spannung $u_{A2} \approx 0$, und die Ansteuerung am invertierenden Eingang von $V_2$ überwiegt.

Zur Berechnung des Drifteinflusses lesen wir aus Bild 3.12b folgende Beziehungen ab:

$$u_{A2} = V_1(U_{F1} - u_N)$$

$$U_A = V_2(U_{F2} + u_{A2} - u_N)$$

$$= \underbrace{(1+V_1)V_2}_{V}$$

$$\cdot \left[\underbrace{\frac{V_1}{1+V_1}U_{F1} + \frac{U_{F2}}{1+V_1}}_{U_F} - u_N\right].$$

Die Verstärkerkombination läßt sich also durch einen „Ersatz-OV" mit der Verstärkung $V = (1+V_1)V_2$ und der Eingangsoffsetspannung

$$U_F = \frac{V_1}{1+V_1}U_{F1} + \frac{U_{F2}}{1+V_1}$$

$$\approx U_{F1} + \frac{U_{F2}}{V_1} \qquad (3.3)$$

ersetzen. Wenn $V_1$ genügend groß ist ($V_1 \gg U_{F2}/U_{F1}$), wird sowohl die Offsetspannung $U_{F2}$ als auch deren Drift unwirksam. Die Drift der Goldbergschaltung wird nur durch die Drift des Hilfsverstärkers ($V_1$) bestimmt (z.B. Zerhackerverstärker). Die Bandbreite bestimmt dagegen der Hauptverstärker ($V_2$), denn bei hohen Frequenzen ist $u_{A2} \approx 0$ und folglich $u_A \approx -V_2 u_N$ (Offsetspannung vernachlässigt).

*Schwingkondensator- und Varicapmodulator.* Zur Verstärkung sehr kleiner Gleichströme unterhalb des nA- bis pA-Bereichs oder sehr kleiner Ladungen sind Zerhackerverstärker infolge des zu großen Eingangsoffsetstroms in der Regel ungeeignet. Bedingt lassen sich Fotozerhacker einsetzen, weil sie den kleinsten Eingangsoffsetstrom aller Zerhackerschaltungen aufweisen. Die höchste Nachweisempfindlichkeit erreicht man jedoch nur mit Schwingkondensator- und Varicapmodulatoren (Bild 3.13). Der mechanisch angetriebene Schwingkondensator ändert seine Kapazität periodisch mit der Frequenz von einigen hundert Hertz (bis 10 kHz). Dabei entsteht über

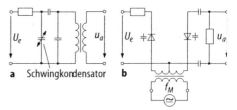

**Bild 3.13. a** Schwingkondensatormodulator; **b** Modulator mit Kapazitätsdioden (Varicapmodulator, Varaktormodulator)

seinen Klemmen eine zur Eingangsgleichspannung proportionale Wechselspannung.

Wegen seiner guten Isolationseigenschaften und der kleinen Störströme liegt die Nachweisgrenze bei $I \approx 10^{-17}$ A. Den Stromeingang des Schwingkondensatorverstärkers erhält man durch Gegenkopplungsbeschaltung (Parallelgegenkopplung).

Nachteilig bei Schwingkondensatoren sind ihr großes Volumen, die benötigte Antriebsleistung und die Nichtintegrierbarkeit. Diese Nachteile werden bei Varicapmodulatoren (Varicap: variable capacitance, Kapazitätsdiode) vermieden. Sie arbeiten auf ähnlichem Prinzip wie der Schwingkondensator, erreichen aber infolge des Diodensperrstroms nicht dessen Nachweisgrenze. Die Kapazität der beiden Dioden wird durch die Modulationsspannung mit der Frequenz $f_M \approx 0{,}1 \ldots > 1$ MHz periodisch verändert.

### 3.4.4
**Verstärker mit Driftkorrektur**

Da sich Driftgrößen im allgemeinen zeitlich sehr langsam ändern (z.B. Minutenbereich), ist es möglich, durch kurzzeitiges Abtrennen des Verstärkereingangs von der Signalquelle eine Driftkorrektur durchzuführen. Während der Unterbrechung lädt sich ein Speicherkondensator auf eine zur Offsetspannung proportionale Spannung auf. Diese Spannung wird während der Meßphase so mit dem zu verstärkenden Signal überlagert, daß die Offsetspannung und deren Drift weitgehend eliminiert werden. Seit einigen Jahren wird dieses Prinzip in integrierten Operationsverstärkern mit extrem kleiner Drift angewendet. Im Gegensatz zu vielen Modulationsverstärkern lassen sich solche driftkorrigierte Verstärker verhältnismäßig einfach mit echtem

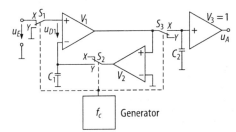

**Bild 3.14.** Operationsverstärker mit periodischer Nullpunktkorrektur

Differenzeingang versehen (Vierpolverstärker). Sie sind besser für den integrierten Aufbau geeignet als Zerhackerverstärker.

Bild 3.14 erläutert die Wirkungsweise an Hand einer vereinfachten Schaltung [3.4]. Alle Schalter $S_1 \ldots S_3$ schalten synchron. In Stellung X wirkt die Schaltung als Gleichspannungsverstärker mit der Verstärkung $V_1 V_3 = V_1$. Während der Korrekturphase (Stellung Y) liegt der Eingang von $V_1$ auf Massepotential, und $C_1$ lädt sich nahezu exakt auf die Eingangsoffsetspannung von $V_1$ auf, weil die Anordnung aus $V_1$ und $V_2$ eine sehr hohe Schleifenverstärkung aufweist, die bewirkt, daß $u_{D1} \to 0$ geht.

$C_1$ bildet in Verbindung mit $S_2$ eine Sample-and-Hold-Schaltung (s. Kap. 10), die die Korrekturspannung während der nachfolgenden Meßphase (Stellung X) speichert und auf diese Weise die Eingangsoffsetspannung der Schaltung praktisch unwirksam macht. Das verstärkte Eingangssignal wird während der Korrekturphase auf $C_2$ zwischengespeichert, so daß man am Ausgang der Schaltung die kurzzeitige Unterbrechung durch die Korrekturphase in erster Näherung nicht bemerkt. Auf diesem Prinzip beruht z.B. der Operationsverstärker HA 2900 (Harris).

### 3.4.5
**Zur Auswahl von Operationsverstärkern**

Verstärker werden in einer großen Vielfalt für die unterschiedlichsten Frequenz-, Amplituden- und Leistungsbereiche sowie für unterschiedliche Genauigkeitsanforderungen benötigt. Zur groben Charakterisierung eines Verstärkers werden wenige dominierende Kenngrößen verwendet, wie z.B. niedrige Drift, hohe Bandbreite, hohe Slew Rate, große Ausgangsleistung, niedriges Rauschen, hoher Eingangswiderstand, billiger Typ für allgemeine Anwendungen usw. Entsprechend diesen Gesichtspunkten lassen sich Hauptklassen von Verstärkern unterscheiden. Zusätzlich gibt es Spezialverstärker, z.B. für sehr hohe Frequenzen.

Grundsätzlich prüft man stets, ob ein Verstärkerproblem mit einem integrierten OV oder einem anderen integrierten Verstärker lösbar ist. Dabei kann man meist unter mehreren Typen den geeignetsten auswählen.

Um die richtige Auswahl treffen zu können, muß man sich zunächst Klarheit darüber verschaffen, welche technischen Daten für den vorgesehenen Einsatzfall relevant und welche von untergeordneter Bedeutung sind. Dieser Prozeß ist oft mühsam, weil nicht immer vor Lösung der Aufgabe klar ist, welche Eigenschaften besonders wichtig sind. Hauptüberlegungen bei diesem Prozeß sind:

- Signalpegel, Genauigkeit der Signalverarbeitung (benötigte Schleifenverstärkung, Drift, Rauschen), Bandbreite, Ein- und Ausgangsimpedanzen, Offset- und Driftgrößen, Slew Rate, Grenzfrequenz für volle Aussteuerung, Einschwingzeit, Umgebungsbedingungen (Betriebsspannung, Umgebungstemperatur, Langzeitänderungen).
- Besonders wichtig sind die Eigenschaften der Signalquelle (Innenwiderstand, Signalgröße, Zeit- und Frequenzverhalten des Signals) und die Frage, ob Gleichtaktunterdrückung benötigt wird (d.h. echter Differenzeingang).

Hinsichtlich der verwendeten Herstellungstechnologie lassen sich die verfügbaren OV-Typen in die Gruppe Bipolar-, BiFET- und CMOS-Operationsverstärker einteilen. Bipolareingangsstufen sind bei Innenwiderständen der Signalquelle $<100$ k$\Omega$ vorteilhafter, FET-Eingangsstufen haben besonders kleine Eingangsströme ($<25$ pA bei Raumtemperatur, $<1$ nA bei $80 \ldots 100\,°C$) und eignen sich daher auch für hohe Signalquelleninnenwiderstände bis zu einigen $100$ M$\Omega$. Chopperstabilisierte Verstärker werden nur eingesetzt, wenn extre-

**Tabelle 3.5.** Vergleich typischer Eigenschaften von Operationsverstärkern unterschiedlicher Technologien

| Vorteile | Nachteile |
|---|---|
| *Bipolar-OV* <br> – niedrige und stabile Eingangsoffsetspannung bis herab zu $U_F = 10\,\mu V, <0{,}1\,\mu V/°C$ <br> – niedriges Eingangsspannungsrauschen $U_{re} < 2\,nV/\sqrt{Hz}$ <br> – hohe Verstärkung | – hoher Eingangsruhe- und Eingangsoffsetstrom; allerdings stabiler als bei FETs <br> – größeres Stromrauschen <br> – Nachteil langsamer lateraler pnp-Transistoren ($f_T \lesssim 3\,MHz$) wird durch Komplementärbipolartechnologie (z.B. TI Excalibur-Prozeß) vermieden <br> – komplementäre Prozesse benötigen etwa die doppelte Anzahl von Fertigungsschritten gegenüber den auf npn-Transistoren beschränkten Technologien |
| *BiFET-OV* (sehr verbreitet) <br> – hoher Eingangswiderstand und kleiner Eingangsruhestrom <br> – wesentlich höhere Slew-Rate <br> – verringerter Eingangsrauschstrom gegenüber Bipolartechnologie | – größere und instabilere Offsetspannung <br> – geringe CMRR, PSRR und Verstärkung <br> – vergrößerte Rauschspannung |
| *CMOS-OV* <br> – sehr gute Eignung für Betrieb mit nur einer Betriebsspannung <br> – Gleichtakteingangsspannungsaussteuerbereich und Ausgangsspannungshub schließen negative Betriebsspannung ein <br> – sehr gute Eignung für Batteriebetrieb <br> – niedrige Betriebsspannung (bis 1,4 V) und niedriger Versorgungsstrom (bis 10 µA); spezielle OV-Familien für 3 V Betriebsspannung <br> – hoher Eingangswiderstand und niedriger Eingangsruhestrom (typ. 100 fA bei 25 °C, Verdopplung je 10 °C Temperaturerhöhung) | – begrenzter Betriebsspannungsbereich (<16 ... 18 V) <br> – Eingangsoffsetspannung größer als bei Bipolar-OVs ($U_F > 200\,\mu V$, typ. 2 ... 10 mV) *aber:* chopperstabilisierte CMOS-OV erreichen $U_F = 1\,\mu V$ <br> – höhere Rauschspannung |
| *Chopperstabilisierte OV* <br> – sehr hohe Verstärkung <br> – sehr kleine $U_F$-Drift (0,1 µV/K) <br> – sehr kleine $U_F$ <br> – kleiner $I_B$ <br> – hohe CMR und SVR | – zusätzliches Rauschen <br> – Kreuzmodulation <br> – Phasenprobleme <br> – kleiner Betriebsspannungsbereich <br> – evtl. Blockierung bei Übersteuerung |

me Anforderungen an niedrige Offset- und Driftwerte bestehen. Tabelle 3.5 zeigt Vor- und Nachteile von Erzeugnissen dieser drei Gruppen.

Die in letzter Zeit erzielten Verbesserungen bei der Realisierung monolithischer Operationsverstärker führten dazu, daß zunehmend OV-Typen auf den Markt kamen, die mehrere sich bisher ausschließende Eigenschaften in einem Verstärker beinhalten, z.B. kleine Eingangsoffsetspannung, kleiner Eingangsruhestrom, geringes Rauschen, hohe Bandbreite. Weiterhin wurden Präzisions-, Breitband- und Niedrigleistungs-OV entwickelt, die mit einer einzigen +5 V-Betriebsspannung auskommen.

Besondere Fortschritte konnten in den letzten Jahren bei der Realisierung schneller OV mit Bandbreiten >100 MHz erzielt werden.

## 3.5 Verstärkergrundtypen mit OV

Je nachdem, ob der Verstärkereingangswiderstand (bzw. -ausgangswiderstand) sehr klein oder sehr groß im Verhältnis zum Innenwiderstand der Signalquelle (bzw. Lastwiderstand) ist, lassen sich die in Tabelle 3.6 enthaltenen vier Verstärkergrundtypen unterscheiden. Fast immer dimensioniert man in der Praxis die Verstärker so, daß einer dieser Grundtypen entsteht (angenäherter Leerlauf bzw. Kurzschluß am Ein- bzw. Ausgang). Das hat den praktischen Vorteil, daß Änderungen des Innenwiderstandes der Signalquelle bzw. des Lastwiderstandes die „Über-alles"-Verstärkung zwischen der Signalquelle und der Last nicht merklich beeinflussen. Beispielsweise benötigt man zum Erzeugen eines eingeprägten Ausgangsstromes einen Verstärker mit „Stromausgang", dessen Ausgangswiderstand viel größer ist als der Lastwiderstand.

Die vier Verstärkergrundtypen lassen sich durch entsprechende Gegenkopplungsbeschaltung von OV realisieren (Tabelle 3.6).

Der Spannungsverstärker ist die bekannte nichtinvertierende OV-Grundschaltung, die einen sehr hohen Eingangswiderstand $Z_e \approx r_{gl}$ von typ. >10 ... 20 MΩ bei Bipolar- und >10 ... 100 MΩ bei FET-OVs aufweist. Wegen der Spannungsgegenkopplung ist der Ausgangswiderstand sehr klein ($r_a$ typ. <1 Ω).

Der $U{\rightarrow}I$-Wandler ist identisch mit dem in der elektronischen Meßtechnik oft verwendeten „Lindeck-Rothe-Kompensator". Die Stromgegenkopplung bewirkt einen sehr hohen Ausgangswiderstand (typ. ≫ 1 MΩ).

Der $I{\rightarrow}U$-Wandler und der Stromverstärker eignen sich wegen ihres sehr kleinen differentiellen Eingangswiderstandes hervorragend zur Verstärkung von Signalen aus hochohmigen Signalquellen. Sie liefern eine zum Kurzschlußstrom der Signalquelle proportionale Ausgangsspannung bzw. einen Ausgangsstrom.

Zur Verstärkung sehr kleiner Ströme müssen OV mit äußerst kleinem Eingangsstrom Verwendung finden.

**Weitere Verstärkeranwendungen mit OV**
Ersetzt man die Stromquelle $\underline{I}_e$ des $I{\rightarrow}U$-Wandlers durch eine Spannungsquelle mit dem Innenwiderstand $R_1$, ergibt sich die weit verbreitete invertierende OV-Verstärkergrundschaltung (Bild 3.7). Da am invertierenden OV-Eingang nahezu Massepotential auftritt („virtuelle" Masse), läßt sich diese Schaltung in einfacher Weise zum Strom- bzw. Spannungssummierer erweitern (Bild 3.15, Nr. 1).

Wenn am Eingang der invertierenden bzw. nichtinvertierenden OV-Grundschaltung eine gut stabilisierte Gleichspannung anliegt, wirkt die Schaltung als Konstantspannungsquelle, deren Ausgangsspannung durch Verändern der beiden Gegenkopplungswiderstände in weiten Grenzen einstellbar ist. In entsprechender Weise läßt sich der $U{\rightarrow}I$-Wandler (Tabelle 3.6, Nr. 3) als einstellbare Konstantstromquelle verwenden. Nachteilig ist der „schwimmende" Lastwiderstand $Z_F$. Eine Konstantstromquelle mit einseitig geerdetem Lastwiderstand ($R_L$) wird im Bild 3.15, Nr. 2 gezeigt. Vor allem in der Meßtechnik müssen OV oft so beschaltet werden, daß Differenzgleichspannungsverstärker (Brückenverstärker, Fehlerverstärker) entstehen. Im einfachsten Fall ist das mit einer Schaltung nach Bild 3.15, Nr. 3 zu realisieren. Die Widerstandsverhältnisse müssen genau abgeglichen sein, damit die Gleichtakteingangsspannung $U_{gl}$ kein Ausgangssignal hervorruft. Für höhere Ansprüche existieren Schaltungen mit mehreren OV (Abschn. 3.6).

OV werden auch zur reinen Wechselspannungsverstärkung, besonders im NF-Bereich, angewendet. Durch starke Gleichspannungsgegenkopplung läßt sich hierbei die Driftverstärkung wesentlich kleiner halten als die Signalverstärkung, so daß häufig der Offsetabgleich entfallen kann (Bild 3.15, Nr. 4).

## 3.6
## Instrumentationsverstärker

Diese Verstärker sind gegengekoppelte Differenzverstärker mit hohem Eingangswiderstand und hoher Gleichtaktunterdrückung. Sie haben die Aufgabe, die von Meßfühlern gelieferten mV-Signale auf den Signalpegel nachfolgender Einheiten (z.B. AD-Umsetzer mit 0 ... 10 V) hochgenau zu verstärken und dabei Gleichtaktsignale zu eliminieren.

Gleichtaktstörungen haben die Ursache in Spannungsabfällen zwischen der „Meßerde" und der „Systemerde" (Einfluß von Erdschleifen). Die am Eingang eines Instrumentationsverstärkers auftretende Gleichtaktspannung kann durchaus 1000mal

**Tabelle 3.6.** (Teil I) Die vier Verstärkergrundtypen mit Operationsverstärkern

| Verstärkergrundtyp<br>Gegenkopplungsart | | 1<br>Spannungsverstärker<br>Serien-Spannungs-Gegenkopplung | 2<br>$I \to U$-Wandler<br>Parallel-Spannungs-Gegenkopplung |
|---|---|---|---|
| Eingangs-/Ausgangsgröße | | $\underline{U}_e \to \boxed{U/U} \to \underline{U}_a$ | $\underline{I}_e \to \boxed{I/U} \to \underline{U}_a$ |
| Schaltbild<br>(Innenwiderstand der<br>Signalquelle vernachlässigt) | | (Schaltbild mit OV, $Z_F$, $Z_1$) | (Schaltbild mit OV, $Z_F$) |
| Ausgangsgröße<br>$\underline{U}_a$ bzw. $\underline{I}_a$ | idealer OV | $\underline{U}_a = \underline{U}_e \left(1 + \dfrac{Z_F}{Z_1}\right)$ | $\underline{U}_a = -Z_F \underline{I}_e$ |
| | $V \ne \infty$,<br>sonst ideal | $\underline{U}_a = \dfrac{\underline{U}_e}{\dfrac{1}{V} + \dfrac{Z_1}{Z_1 + Z_F}}$ | $\underline{U}_a = -\underline{I}_e \dfrac{Z_F}{1 + \dfrac{1}{V}}$ |
| Eingangs-<br>widerstand $Z'_e$<br>(zwischen 1  1') | idealer OV | $\infty$ | 0 |
| | $V \ne \infty$,<br>$r_d \ne \infty$,<br>$r_{gl} \ne \infty$,<br>sonst ideal | $r_d(1+kV) \parallel 2r_{gl}$<br>$\approx 2r_{gl}$ | $\dfrac{Z_F}{1+V}$<br>(f r $r_d = r_{gl} = \infty$) |
| Ausgangs-<br>widerstand $Z'_a$<br>(zwischen 2  2') | idealer OV | 0 | 0 |
| | $V \ne \infty$,<br>$r_a \ne \infty$,<br>sonst ideal | $\dfrac{r_a}{1+kV}$<br>(f r $r_a \ll \lvert Z_F + Z_1 \rvert$) | $\dfrac{r_a}{1+V}$ |
| Signalwandlung | | (Blockschaltbild mit $V$, $-\underline{U}_d$, $k = Z_1/(Z_F+Z_1)$) | (Blockschaltbild mit $Z_F$, $\underline{U}_d$, $V$) |

$k = Z_1/(Z_F + Z_1)$, $Z'_e$: Eingangswiderstand zwischen 1 und 1'; $Z'_a$: Ausgangswiderstand zwischen 2 und 2.'
Die Stromquelle $\underline{I}_e$ der Schaltungen 2 und 4 l §t sich durch eine Spannungsquelle $\underline{U}_e$ mit dem Innenwiderstand $Z_1$ ersetzen; bei idealem OV gilt dann $\underline{I}_e = \underline{U}_e / Z_1$ .

**Tabelle 3.6.** (Teil II) Die vier Verstärkergrundtypen mit Operationsverstärkern

| 3<br>$U \rightarrow I$ -Wandler<br>Serien-Strom-Gegenkopplung | 4<br>Stromverstärker<br>Parallel-Strom-Gegenkopplung |
|---|---|
| 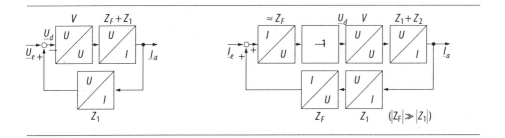 | |
| $I_a = \dfrac{U_e}{Z_1}$ | $I_a = -I_e\left(1+\dfrac{Z_F}{Z_1}\right)$ |
| $I_a = \dfrac{U_e}{Z_1 + \dfrac{Z_1+Z_F}{V}}$ | $I_a = -I_e\,\dfrac{Z_1\left(1+\dfrac{1}{V}\right)+Z_F}{Z_1\left(1+\dfrac{1}{V}\right)+\dfrac{Z_2}{V}}$ |
| $\infty$ | 0 |
| wie bei Schaltung Nr. 1 | $\approx \dfrac{Z_F}{1+V\dfrac{Z_1}{Z_1+Z_2}}$<br>(für $\|Z_F\| \ll \|Z_1\|$, $r_d = r_{gl} = \infty$) |
| $\infty$ | $\infty$ |
| $Z_1(1+V)$<br>(für $r_a \ll \|Z_1\|$) | $Z_1(1+V)$<br>(für $r_a \ll \|Z_1\|$) |

## Schaltung/Ausgangsspannung(strom) bei idealem OV

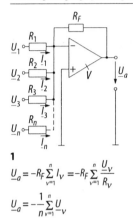

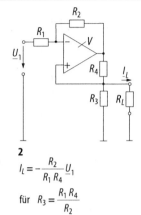

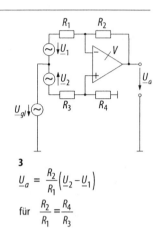

**1**

$$\underline{U}_a = -R_F \sum_{\nu=1}^{n} \underline{I}_\nu = -R_F \sum_{\nu=1}^{n} \frac{\underline{U}_\nu}{R_\nu}$$

$$\underline{U}_a = -\frac{1}{n}\sum_{\nu=1}^{n} \underline{U}_\nu$$

für $R_1 = R_2 = \ldots = R_n = nR_F$

**2**

$$\underline{I}_L = -\frac{R_2}{R_1 R_4}\underline{U}_1$$

für $R_3 = \frac{R_1 R_4}{R_2}$

**3**

$$\underline{U}_a = \frac{R_2}{R_1}\left(\underline{U}_2 - \underline{U}_1\right)$$

für $\frac{R_2}{R_1} = \frac{R_4}{R_3}$

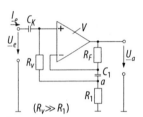

($R_\nu \gg R_1$)

**4**

$$\underline{U}_a \approx \underline{U}_e\left(1+\frac{R_F}{R_1}\right) \quad \text{für} \quad \frac{1}{\omega C_1} \ll R_1 \; ; C_K \to \infty$$

Ausgangsoffsetspannung
für $I_P = I_N = I_B$:
$U_{aF} = U_F + I_B(R_F - R_\nu - R_1)$

Eingangswiderstand $Z'_e = \frac{\underline{U}_e}{\underline{I}_e}$

$$Z'_e \approx \left(R_\nu \parallel r_d\right)\left(\frac{V}{V'}\right) \parallel 2r_{gl} \approx 2r_{gl}$$

**Bild 3.15.** Verstärkeranwendungen mit OV.
1 Summierverstärker (Umkehraddierer);
2 Konstantstromquelle mit geerdeter Last;
3 Differenzverstärker (Spannungssubtrahierer);
4 Wechselspannungsverstärker in Elektrometerschaltung mit Anwendung des Bootstrap-Prinzips (dynamische Vergrößerung von $R_\nu$, wechselstrommäßig liegt $R_\nu$ parallel zum OV-Eingang und wird wie $r_d$ durch die Seriengegenkopplung hochtransformiert), V Leerlaufverstärkung des OV, $V' = \underline{U}_a / \underline{U}_e$; Wechselspannungsabfall über $C_k$ vernachlässigt

größer sein als das Nutzsignal (z.B. 10 V Gleichtaktspannung, 10 mV Nutzsignal). Deshalb muß die Gleichtaktunterdrückung meist >100 ... 120 dB betragen.

An Instrumentationsverstärker werden folgende Forderungen gestellt:

– niedrige Drift,
– großer Gleichtaktaussteuerbereich,
– sehr hoher Differenzeingangswiderstand,
– sehr hohe Gleichtaktunterdrückung,
– einfache Verstärkungseinstellung,
– kleine Eingangsoffsetspannung,
– hohe Linearität,
– hohe Langzeitkonstanz,
– niedriges Rauschen,
– sehr hoher Gleichtakteingangswiderstand,
– kleiner Eingangsruhestrom,
– niedrige Driften,
– kurze Einschwingzeit.

Die aus drei OV bestehende „Standardschaltung" eines Instrumentationsverstärkers wird im Bild 3.16 gezeigt. Die Eingangsstufe ist ein Differenzverstärker mit

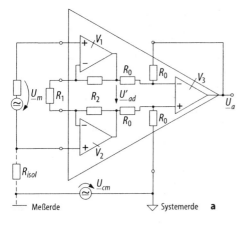

**Bild 3.16.** Instrumentationsverstärker. **a** „Klassische" Schaltung mit 3 OVs; **b** Elektrometersubtrahierer

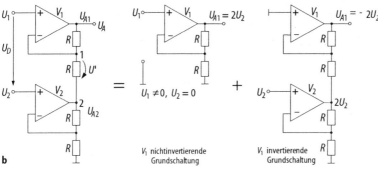

symmetrischem Eingang und symmetrischem Ausgang ($\underline{U}'_{ad}$), an den eine Differenzverstärkerschaltung nach Bild 3.15, Nr. 3 angeschaltet ist. Sie hat die Aufgabe, den Übergang zum unsymmetrischen Ausgangssignal zu vollziehen und die Gleichtaktunterdrückung zu erhöhen. Weil $V_1$ und $V_2$ in der nichtinvertierenden OV-Grundschaltung betrieben werden, hat die Schaltung einen sehr hohen Eingangswiderstand (typ. 100 MΩ). Unter der Voraussetzung eines idealen OV gilt

$$\underline{U}_a = -\underline{U}_m \left(1 + \frac{2R_2}{R_1}\right).$$

Mittels $R_1$ läßt sich die Verstärkung einstellen.

*Industrielles Beispiel*: AD 620 (Analog Devices): Preiswerter monolithischer Instrumentationsverstärker im 8poligen SOIC- oder DIP-Gehäuse; Betriebsspannung ±2,3 ... 18 V, $U_F$ = 125 µV, 1 µV/°C; $B$ = 120 kHz bei $V$ = 100, 15 µs Einschwingzeit auf 0,01% bei $V$ = 100, $CMRR$ = 110 dB; sehr gut für Multiplexeranwendungen geeignet.

*Programmierbarer Instrumentationsverstärker* (PGA programmable gain amplifier). Besonders für den Einsatz in mehrkanaligen Datenerfassungssystemen sind verstärkungsprogrammierbare OV mit kurzer Einschwingzeit notwendig. Industrielles Beispiel: PGA 100 (MAXIM) mit den Daten 5 µs Einschwingzeit auf 0,01% Abweichung v.E., 8-Kanal-Analogmultiplexer, Verstärkungsfaktor digital programmierbar 1, 2, 4, ..., 128, Verstärkungsfaktor und adressierter Eingangskanal können auf dem Chip digital gespeichert werden. $U_F \lesssim 0{,}05$ mV, $V \cdot B$ = 5 MHz, $S_r$ = 14 V/µs, 220 kHz Leistungsbandbreite, 2 ms Übersteuerungserholzeit, Eingangsspannungen bis zu ±35 V überlastsicher. Typischer Einsatzbereich in 12-bit-Datenerfassungssystemen.

*Elektrometersubtrahierer.* Auch mit nur zwei Operationsverstärkern kann eine Differenzverstärkerschaltung mit sehr hohem Eingangswiderstand und guter Gleichtaktunterdrückung realisiert werden. Der Elektrometersubtrahierer nach Bild 3.16b besteht aus zwei in Kaskade geschalteten nichtinvertierenden OV-Grundschaltungen. Unter Voraussetzung eines linearen Arbeitsbereiches läßt sich die Ausgangsspannung mit dem Überlagerungssatz wie im Bild 3.16b gezeigt berechnen. Unter Voraussetzung idealer OV und exakt übereinstimmender Gegenkopplungswiderstände R ergibt sich

$$U_A = U'_{A1} + U''_{A1} = 2(U_1 - U_2) = 2U_D \;.$$

Gleichtakteingangsspannungen werden also in diesem hier betrachteten Idealfall nicht verstärkt. Das ist auch anschaulich leicht verständlich: Schaltet man beide Eingänge an $U_1 = U_2 = +5$ V, so tritt am Ausgang von $V_2$ eine Spannung von $U_{A2} = +10$ V auf. Da am invertierenden Eingang von $V_1$ eine Spannung von +5 V anliegt, entsteht am Ausgang von $V_1$ eine Spannung von $U_{A1} = U_A = 0$ V (die Spannung $U^* = 5$ V wird invertiert).

## 3.7
## Trennverstärker (Isolationsverstärker)

Trennverstärker haben völlige galvanische Trennung zwischen Eingangs- und Ausgangskreis. Das hat mehrere große Vorteile:

1. Sehr hohe zulässige Gleichtakteingangsspannungen (einige 100 bis einige 1000 V),
2. Sehr hohe Gleichtaktunterdrückung (>120 ... 140 dB),
3. Sehr hohe Gleichtakteingangswiderstände,
4. Berührungssicherheit (Patientenschutz; Explosionsschutz).

Haupteinsatzgebiete von Trennverstärkern sind die Verstärkung kleiner Meßsignale, die hohen Gleichtaktspannungen überlagert sind (Messung von Thermospannungen, Dehnungsmeßstreifentechnik, Ferndatenerfassung, Präzisionstelemetriesysteme, Strommessung an Hochspannungsleitungen, Verringerung der Störsignaleinkopplung durch Auftrennen von Masseschleifen) und die Patientenmeßtechnik in der Medizin.

Die galvanische Trennung zwischen Eingangs- und Ausgangskreis kann durch induktive, optoelektronische oder kapazitive Kopplung erfolgen. Bisher hatten die Transformator- und die optoelektronische Kopplung die größte Bedeutung.

*Transformatorkopplung.* Da auch Gleichspannungen mit hoher Genauigkeit übertragen werden müssen, wird bei Transformatorkopplung das Prinzip des Modulationsverstärkers (meist Zerhackerverstärker) angewendet. Das Modulationsverfahren, d.h. die Umwandlung der Eingangsspannung in ein zur galvanisch getrennten Übertragung besser geeignetes analoges Signal (z.B. Frequenz, Tastverhältnis, Impulsbreite) ist bei hohen Linearitäts- und Genauigkeitsforderungen auch bei optoelektronischer Übertragung unerläßlich. Dadurch ist allerdings die obere zu übertragende Signalfrequenz auf einige kHz bis zu einigen 100 kHz begrenzt.

Die Transformatorkopplung hat den Vorteil, daß zusätzlich zur Information auch die benötigte Hilfsenergie galvanisch getrennt zugeführt werden kann.

Bild 3.17a zeigt das Blockschaltbild eines „klassischen" transformatorgekoppelten Trennverstärkers, der konstruktiv als Modul in Oberflächenmontagetechnik aufgebaut ist. Der Trennverstärker weist „3-Tor"-Isolation auf, d.h., jedes Tor (Eingang; Ausgang; Stromversorgung) ist galvanisch von den übrigen Schaltungsteilen getrennt. Bei „2-Tor"-Isolation ist lediglich eine galvanische Trennung zwischen dem Eingangs- und dem Ausgangskreis vorhanden. Vorteilhaft gegenüber Trennverstärkern mit optoelektronischer Signalübertragung ist, daß beim Verstärker nach Bild 3.17a auf einen gesonderten DC/DC-Wandler zur galvanisch getrennten Betriebsspannungszuführung verzichtet werden kann. Es genügt das Betreiben mit einer +15-V-Betriebsspannung. Sie wird in eine 50-kHz-Wechselspannung umgewandelt, auf diese Weise über die Transformatorwicklungen $T_2$ und $T_3$ zum Eingangs- bzw. Ausgangskreis übertragen und dort wieder gleichgerichtet.

Einige Eigenschaften des Verstärkers nach Bild 3.17a: Max. Gleichtakteingangsspannung 3,5 kV$_{ss}$ zwischen zwei beliebigen der drei Tore; Eingangskapazität 5 pF (bedingt $CMRR = 120$ dB bei $V = 100, f = 60$ Hz und Signalquelleninnenwiderstand 1 k$\Omega$); Bandbreite für volle Leistung 20 kHz; zusätzlich ist sowohl am Eingangs- als auch am Ausgangstor je eine galvanisch getrennte Speisespannung von ±15 V, ≤5 mA verfügbar (Spei-

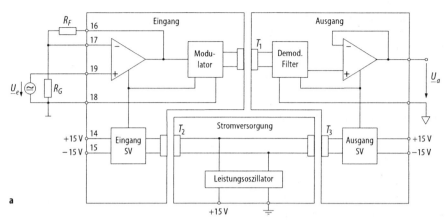

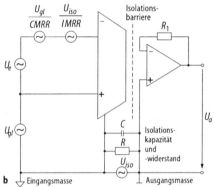

**Bild 3.17.** Trennverstärker (Isolationsverstärker)
**a** Blockschaltbild eines transformatorischen 3-Tor-Trennverstärkers (AD 210, Analog Devices)
**b** Zur Definition spezieller Kenngrößen

sung von Sensoren, Meßbrücken und weiteren Schaltungsgruppen); Spannungsverstärkung 1 ... 100 durch Gegenkopplungsbeschaltung des Eingangs-OVs einstellbar; Betriebsspannung +15 V, 50(80) mA.

*Optoelektronische Kopplung.* Ein industrielles Beispiel ist der Typ ISO 100 (Burr Brown).

*Kapazitive Kopplung.* In letzter Zeit wurden preisgünstige und leistungsfähige Trennverstärker mit kapazitiver Kopplung entwickelt, die größere Bandbreite als transformatorgekoppelte Trennverstärker aufweisen. Sie beruhen auf folgendem Wirkprinzip: Die Eingangsspannung des Trennverstärkers wird in eine frequenz- bzw. tastverhältnismodulierte Rechteckimpulsfolge (≈0,5 ... 1 MHz Mittenfrequenz) umgewandelt. Diese Impulsfolge wird im Gegentakt über zwei 1-pF-Kondensatoren mit hoher Spannungsfestigkeit übertragen und auf der Ausgangsseite wieder demoduliert. Wegen weitgehender Symmetrie fließt kein Fehlstrom zwischen Eingangs- und Ausgangskreis.

Industrielles Beispiel: ISO 122P (Burr Brown).

*Parameter von Isolationsverstärkern.* Es gibt einige typische Parameter, die das Isolationsverhalten beschreiben. Wir erläutern sie anhand des Bildes 3.17b.

Die Ausgangsspannung des Trennverstärkers beträgt

$$U_a = V\left(U_e \pm \frac{U_{gl}}{CMRR} \pm \frac{U_{iso}}{IMRR}\right).$$

Gleichtakt- bzw. Isolationsunterdrückung sind wie folgt definiert:

$U_{gl}$ Spannung der Signaleingänge gegenüber der Eingangsmasse (typ. <±10 V),
$U_{iso}$ max. Isolationsspannung zwischen den Bezugsmassen des Ein- und Ausgangssignals,
*CMRR* (Gleichtaktunterdrückungsverhältnis)

Gleichtakteingangsspannung $U_{gl}$ / in Reihe zur Signaleingangsspannung wirkende Fehlerspannung, die von $U_{gl}$ hervorgerufen wird,

IMRR (Isolationsunterdrückungsverhältnis),

Isolationsspannung $U_{iso}$ / in Reihe zur Signaleingangsspannung wirkende Fehlerspannung, die von $U_{iso}$ hervorgerufen wird,

Leckstrom vom Eingang zum Ausgang (Eingangsfehlerstrom) der durch die Schaltelemente $R$ und $C$ im Bild 3.17b fließende Gleich- und Wechselstrom, meist bei $U_{iso}$= 240 V, 50 Hz; typ. Werte im µA-Bereich.

## 3.8
## Ladungsverstärker

Ein Ladungsverstärker wandelt eine seinem Eingang zugeführte Ladung in eine proportionale Ausgangsspannungs- oder Ausgangsstromänderung um.

Die Empfindlichkeit eines solchen Verstärkers wird deshalb z.B. in V/pC angegeben.

Die Ladungsverstärkung findet u.a. Anwendung bei der Dosimetrie radioaktiver Strahlung, in der piezoelektrischen Meßtechnik (z.B. in Beschleunigungsaufnehmern), der Energiemessung, der Integration von Stromimpulsen und der Kapazitätsmessung. Die von Sensoren hervorgerufenen Ladungsänderungen entstehen meist durch Kapazitätsänderungen oder durch den Piezoeffekt.

Das übliche Verfahren zur Ladungsmessung besteht darin, die zu messende Ladung einem bekannten Kondensator zuzuführen und dessen Spannung zu messen (Bild 3.18). Wie bei der Strommessung gibt es auch hier zwei grundsätzliche Möglichkeiten:

1. Spannungsmessung: Die zu messende Ladung wird einem Integrationskondensator $C_I$ zugeführt, dessen Spannung mit einem Elektrometerverstärker (Spannungsverstärker oder $U{\to}I$-Wandler) gemessen wird (Bild 3.18a). Meist ist in das Sensorgehäuse ein Impedanzwandler (Emitter- oder Sourcefolger) integriert,

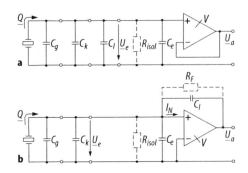

**Bild 3.18.** Ladungsverstärker.
**a** Ladungsmessung mit Spannungsverstärker

$$\underline{U}_a \approx \frac{-Q}{C_I} \quad \text{für } C_I \gg C_g + C_k + C_e$$

**b** „Echter" Ladungsverstärker

$$\underline{U}_a \approx \frac{-Q}{C_I} \quad \text{für } |1+V|\, C_I \gg C_g + C_k + C_e$$

um den Einfluß der Zuleitungskapazität zu eliminieren.

2. „Echter" Ladungsverstärker: Der Integrationskondensator liegt im Gegenkopplungskreis eines $U{\to}I$-Wandlers bzw. eines Stromverstärkers (Bild 3.18b).

Die zweite Methode hat bei größeren Leitungslängen zwischen dem Sensor und der ersten Verstärkerstufe wesentliche Vorteile, weil die Signalquelle im „Kurzschluß" betrieben wird, wodurch sich unvermeidliche und inkonstante Parallelkapazitäten am Eingang nicht auf den Verstärkungsfaktor der Schaltung auswirken und sich der Kondensator bei impulsförmigem Eingangsstrom im Gegensatz zur Variante 1 in den Impulspausen über den Innenwiderstand der Signalquelle nicht entlädt.

Die Ausgangsspannung hat den gleichen Wert wie bei Variante 1. Allerdings kann bei Variante 2 $C_I$ wesentlich kleiner gewählt werden, denn wegen $|V| \gg 1$ haben veränderliche Eingangskapazitäten auch bei relativ kleinen $C_I \approx 10 \ldots 100$ pF meist keinen merklichen Einfluß. Hieraus resultiert eine viel größere Empfindlichkeit der Variante b (Zahlenbeispiel: $Q$ = 100 pAs, $C_I$ = 10 pF$\to \underline{U}_a \approx$ 10 V). Die Ausgangsspannung hängt also nur von der Eingangsladung $Q$ und von der Größe des Integrationskondensators $C_I$ ab, jedoch nicht von Parallelkapazitäten im Verstärkereingangskreis, falls diese nicht extrem groß sind. Das ist ein entscheidender Vorteil!

Bei der Dimensionierung der Schaltung nach Bild 3.18b ist zu beachten, daß die Zeitkonstante $R_F C_I$ groß gewählt wird gegenüber der langsamsten Ladungsänderung $1/(2\pi f_{min})$ ($f_{min}$ untere Grenzfrequenz der Ladungsänderung). Andererseits soll aber $R_F I_N$ klein sein gegenüber der Verstärkerausgangsspannung für Vollausschlag (Meßbereichsvollausschlag). Um den Verstärkereingang und -ausgang von gegebenenfalls auftretenden Überspannungen zu schützen (z.B. durch Kurzschluß des Sensors), kann ein Vorwiderstand vor den invertierenden OV-Eingang geschaltet werden.

*Fehlereinflüsse.* Bei Ladungsverstärkern treten vor allem folgende Fehlereinflüsse in Erscheinung:

- Isolationswiderstand von Kabeln u.ä.,
- Ladungsverluste durch Fehlströme ($C_I$, OV),
- dielektrische Absorption (Nachladungseffekte) beim Integrationskondensator; ein entladener Kondensator kann sich kurz hinterher ohne äußeren Einfluß wieder geringfügig aufladen.

Es müssen deshalb Kondensatoren und Kabel mit sehr hohem Isolationswiderstand verwendet werden; die Parallelkapazitäten im Eingangskreis müssen möglichst klein sein (Kabel!), der OV muß sehr kleinen Eingangsruhestrom und sehr hohen Eingangswiderstand, hohe Spannungsverstärkung und niedrige Drift aufweisen.

Der Integrationskondensator $C_I$ entlädt sich infolge seines endlichen Isolationswiderstandes $R_{is}$ (bzw $R_F$) mit der Zeitkonstanten $R_{is} C_I$. Damit der hierdurch bedingte Fehler klein bleibt, muß die Meßzeit (Integrationszeit) viel kleiner sein als diese Zeitkonstante. Falls die Ladung mit einem Fehler <1% gemessen werden soll, muß die Meßzeit kleiner sein als $R_{is} C_I / 100$.

### Literatur

3.1 Germer H, Wefers N (1989/1990) Meßelektronik Band 1 und 2, 2. Aufl. Hüthig, Heidelberg
3.2 Regtien PPL (1992) instrumentation electronics. Prentice Hall, Hertfordshire
3.3 Strohrmann G (1992) Automatisierungstechnik Bd. I, 3. Aufl. Oldenbourg, München
3.4 Seifart M (1996) Analoge Schaltungen, 5. Aufl. Verlag Technik, Berlin
3.5 Seifart M, Barenthin K (1977) Galvanisch getrennte Übertragung von Analogsignalen mit Optokopplern. Nachrichtentechnik 27/6: 246-249
3.6 Tietze U, Schenk Ch (1993) Halbleiterschaltungstechnik, 10. Aufl. Springer, Berlin Heidelberg New York
3.7 Seifart M (1973) Spannungsspitzen bei Meßzerhackern mit Feldeffekttransistoren. Nachrichtentechnik 23/8:306-309
3.8 Trinks E (1973) Der Feldeffekttransistor als Chopper. Nachrichtentechnik 23/8:303-306

# 4 Elektrische Leistungsverstärker

J. Petzoldt, T. Reimann

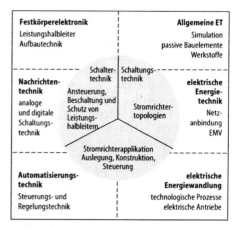

Bild 4.1. Teilgebiete und tangierende Fachdiziplinen der Leistungselektronik

## 4.1 Grundprinzipien der Leistungselektronik

### 4.1.1 Aufgaben und Einsatzgebiete der Leistungselektronik

Die Leistungselektronik befaßt sich mit der kontaktlosen, gesteuerten *Umformung* der Parameter der elektrischen Energie. Sie ist ein relativ junges, eigenständiges Fachgebiet der Elektrotechnik, das sowohl Teilgebiete der energieorientierten Elektrotechnik, der Elektronik und der Informationstechnik in sich vereint.

Wesentliche Teilgebiete der Leistungselektronik sind:

*Schaltertechnik*

Die Schaltertechnik ist die *bauelementenahe* Schaltungstechnik. Im Mittelpunkt steht die Konfiguration leistungselektronischer Schalter als Einheit von Leistungshalbleiter bzw. Chipkombination, Ansteuerschaltung und eventuell notwendigem äußeren Beschaltungsnetzwerk. Erst in dieser Einheit ergeben sich die spezifischen integralen Eigenschaften leistungselektronischer Schalter. Die Schaltertechnik ist eng gekoppelt mit dem Teil der Festkörperelektronik, der sich mit dem Entwurf von Leistungshalbleitern und der Modulintegration von Schaltern und ganzen Schaltungen befaßt. Analoge und digitale Schaltungstechnik, einschließlich der Hilfsstromversorgungen durchdringen in hohem Maße dieses Teilgebiet der Leistungselektronik.

*Schaltungstechnik*

Die Schaltungstechnik auf der Basis *hart* und *weich schaltender* leistungselektronischer Schalter beinhaltet Fragen der Schaltungstopologien, der Steuermöglichkeiten und der Eigenschaften leistungselektronischer Grundschaltungen, der Anordnung passiver Bauelemente zur Energiezwischenspeicherung sowie des gesamten statischen und dynamischen Betriebsverhaltens. Der Bezug zur allgemeinen Elektrotechnik ist vor allem über die simulative Netzwerkanalyse, die Werkstoffe der Elektrotechnik und die passiven Bauelemente (Kondensatoren, Drosseln, Transformatoren) gegeben. Durch die umfangreiche Problematik der Netzrückwirkungen von Stromrichterschaltungen bis zur Störabstrahlung ist die Schnittstelle zur elektrischen Energietechnik charakterisiert.

*Stromrichterapplikation*

Die Stromrichterapplikation umfaßt die Auslegung und Konstruktion des gesamten meist aus mehreren Grundschaltungen und Energiezwischenspeichern bestehenden Leistungskreises und den Entwurf sowie die hard- und softwaretechnische Umsetzung der Steuerung. Daraus resultieren die energetischen Schnittstellen zum speisenden Netz und zu den zu versorgenden Verbrauchern (elektrische Energiewandler). Tangierende Arbeitsgebiete ergeben sich einerseits zur Automatisierungstechnik und andererseits zur elektrischen Energietechnik in Richtung des speisenden Netzes und zum verbraucherseitig angeschlossenen Energiewandler.

Legt man zugrunde, daß mit steigender Tendenz *ein Drittel* der erzeugten Elektroenergie in anderen als den erzeugten Strom- und Spannungsformen benötigt und damit umgewandelt werden muß und gleichzeitig eine dem zu versorgenden technologischen Prozeß angepaßte Energiedosierung notwendig ist, so ergibt sich hieraus die wachsende *volkswirtschaftliche Bedeutung* der Leistungselektronik für die Mechanisierung und Automatisierung der Produktion und in zunehmenden Maße auch für die Nutzung regenerativer Energien.

Mit Hilfe leistungselektronischer Stellglieder im unteren und Stromrichteranlagen im oberen Leistungsbereich werden die Ausgangssignale *informationsverarbeitender* Einrichtungen (angefangen von einfachen Steuer- und Regelschaltungen über Prozeßrechner bis zu komplexen Steuersystemen) in *energetische* Stellbefehle umgesetzt.

Die Leistungselektronik ist somit das wichtigste Bindeglied zwischen einerseits der Informationselektronik, Automatisierungstechnik und andererseits den elektrischen Energiewandlern, die in technologische Prozesse eingebunden sind.

Der Einsatz leistungselektronischer Einrichtungen erstreckt sich demzufolge auf nahezu alle Bereiche der Produktion, der zentralen und dezentralen Energieversorgung und auf den Konsumgütersektor.

Hinweise auf weiterführende Fachliteratur in Übersichtsform können dem Literaturverzeichnis unter [4.1–16] entnommen werden.

## 4.1.2
### Schalt- und Kommutierungsvorgänge in leistungselektronischen Einheiten

Eine leistungselektronische Einheit formt die Parameter der elektrischen Energie nach einer vorgegebenen Zielfunktion um. Sie ist über mindestens einen oder mehrere Steueranschlüsse mit einer Steuereinheit verbunden, die diese Zielfunktion aus Vorgabe- und Meßgrößen bestimmt (Bild 4.2).

Sie arbeitet demzufolge wie ein Leistungsverstärker, der die an den Steueranschlüssen anliegenden Signale in Ströme und Spannungen des gewünschten zeitlichen Verlaufes verstärkt. In der Vergangenheit wurde diese Verstärkerfunktion durch rotierende Umformer im oberen und von analog arbeitenden Röhren- oder Transistorverstärkern im unteren Leistungsbereich realisiert. Dieses *Analogprinzip* findet gegenwärtig aufgrund des schlechten Wirkungsgrades außer im Bereich der Nachrichten- und Informationselektronik nur noch in Sendeanlagen und in Hochspannungsröhren Anwendung.

*Schaltbedingungen*

Leistungshalbleiter arbeiten bis auf wenige Sonderanwendungen im *Schalterbetrieb*. Daraus resultieren grundlegende Prinzipien und Funktionsweisen, die in allen leistungselektronischen Schaltungen vorzufinden sind. Zielstellung jeder Entwicklung von Leistungshalbleitern und deren Einsatz in Schaltungen ist die Annäherung an eine möglichst verlustarme Betriebsweise. Als Grenzfall existiert der ideale Schalter, der in folgender Weise charakterisiert ist.

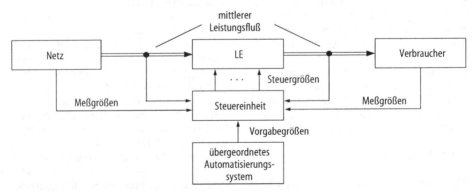

**Bild 4.2.** Blockschaltbild einer leistungselektronischen Einheit

## 4 Elektrische Leistungsverstärker

*Idealer Schalter*
- Ein-Zustand: $u_s = 0$ ; $-\infty < i_s < \infty$
- Aus-Zustand: $i_s = 0$ ; $-\infty < u_s < \infty$
- Schaltverhalten: aktiv ein- und ausschaltbar ohne Energieumsatz

Der Einsatz derartiger idealer Schalter und somit auch die Zielstellung für den Einsatz von Leistungshalbleitern unterliegt damit einschränkenden Schaltbedingungen.

*Schalter in induktivitätsbehafteten Zweigen (eingeprägter Strom)*
Ein Schalter in einem induktivitätsbehafteten Zweig (Bild 4.3) kann aktiv, d.h. zu jedem beliebigen Zeitpunkt einschalten. Bei unendlich kurzer Schaltzeit treten keine Verluste im Schalter auf, weil die Differenzspannung sofort über der Zweiginduktivität abfallen kann.

Bei fließendem Strom ist ein Ausschalten ohne Energieumsatz nicht möglich, da die in $L$ gespeicherte Energie abgebaut werden muß. Der Schalter kann aus diesem Grund ohne Energieumsatz nur bei $i_s = 0$ ausschalten. Man spricht in diesem Fall von einem *passiven Ausschalten*, weil der Schaltzeitpunkt von dem Stromverlauf im Schalterzweig bestimmt ist. Ein Schalter, der ausschließlich diesen Schaltbedingungen unterliegt, wird als *Nullstromschalter* (ZCS, Zero-Current-Switch) bezeichnet.

- Ein-Zustand: $u_s = 0$ ; $-\infty < i_s < \infty$
- Aus-Zustand: $i_s = 0$ ; $-\infty < u_s < \infty$
- Schaltverhalten: aktiv ein bei $u_s > 0$
  passiv aus bei $i_s \leq 0$

*Schalter zwischen kapazitätsbehafteten Punkten (eingeprägte Spannung)*
Eine eingeprägte Spannung über einem Schalter (Bild 4.4) führt dazu, daß ein Ein-

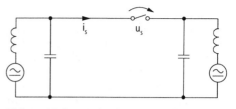

**Bild 4.4.** Schalter zwischen kapazitätsbehafteten Punkten

schalten nur bei $u_s = 0$ verlustfrei erfolgen kann. In diesem Fall liegt ein *passives Einschalten* vor, da der Spannungsverlauf und damit auch der Nulldurchgang durch das äußere Netzwerk bestimmt sind. Ein Ausschalten dagegen ist aktiv zu jedem beliebigen Zeitpunkt möglich. Schalter, die nach diesen Schaltbedingungen arbeiten, werden *Nullspannungsschalter* (ZVS, Zero-Voltage-Switch) genannt.

- Ein-Zustand: $u_s = 0$ ; $-\infty < i_s < \infty$
- Aus-Zustand: $i_s = 0$ ; $-\infty < u_s < \infty$
- Schaltverhalten: aktiv aus bei $i_s > 0$
  passiv ein bei $u_s \leq 0$

*Kommutierungsvorgänge*
Jeder Schaltvorgang führt aufgrund der Veränderung von Strom und Spannung zu einer Leistungsänderung in positiver oder negativer Richtung. Dabei treten Kommutierungsvorgänge auf, d.h. der Strom kommutiert von einem Schaltungszweig auf einen anderen bzw. ein Schaltungszweig übernimmt Spannung von einem anderen. Diese Vorgänge sollen anhand des in Bild 4.5 dargestellten Kommutierungskreises abgeleitet werden.

Anhand eines solchen Kommutierungskreises lassen sich alle Schaltvorgänge, die in leistungselektronischen Grundschaltungen ablaufen, erklären. Die eingezeichneten

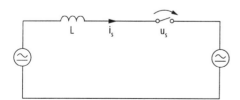

**Bild 4.3.** Schalter in einem induktivitätsbehafteten Zweig

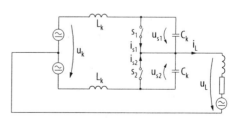

**Bild 4.5.** Ersatzschaltbild eines Kommutierungskreises

Kommutierungsinduktivitäten $L_k$ und -kapazitäten $C_k$ haben jeweils durch die Leistungshalbleiter und die geometrische Anordnung bestimmte Minimalwerte $L_{k,min}$ und $C_{k,min}$, die durch zusätzliche Beschaltungen jeweils nur vergrößert werden können. Ein Kommutierungsvorgang wird immer durch einen aktiven (d.h. durch die Steuerung vorgegebenen) Schaltvorgang eingeleitet und durch einen passiven (d.h. durch die Zustandsgrößen bestimmten) Schaltvorgang beendet.

### Kapazitive Kommutierung

Betrachtet man bei positiver Kommutierungsspannung $u_k$ und positivem Laststrom $i_L$ die Kommutierung vom Schalterzweig 1 auf den Schalterzweig 2, so läßt sich der Vorgang nur durch aktives Ausschalten von $s_1$ einleiten, da die Schalterspannung $u_{s2}$ negativ ist. Dabei nimmt der Strom $i_{s1}$ ab, und der Laststrom fließt über die Kommutierungskapazitäten $C_k$ weiter. Wird die negative Schalterspannung $u_{s2}$ Null bzw. positiv, übernimmt Schalter $s_2$ den Laststrom. Bei minimalen Kommutierungskapazitäten spricht man von einem *harten* Ausschalten von $s_1$. Eine Vergrößerung der Kapazität führt zu einer entlasteten kapazitiven Kommutierung (Bild 4.6). Man spricht dann von einem *weichen* Ausschaltvorgang. Die Spannungskommutierung oder auch kapazitive Kommutierung wird durch ein passives Einschalten von Schalter $s_2$ bei $u_{s2} \geq 0$ beendet.

### Induktive Kommutierung

Eine Kommutierung von Schalterzweig 2 auf Schalterzweig 1 wird bei gleichen Polaritäten von $u_k$ und $i_L$ durch aktives Einschalten von $s_1$ begonnen. Ein Ausschalten von $s_2$ ist nicht möglich, da in diesem Fall sich beide Schalterspannungen erhöhen. Der Schalterstrom $i_{s1}$ steigt in dem Maße an, wie der Strom $i_{s2}$ abfällt. Bei minimaler Kommutierungsinduktivität $L_k$ fällt während des Stromanstieges nahezu die gesamte Kommutierungsspannung über $s_1$ ab. Aus

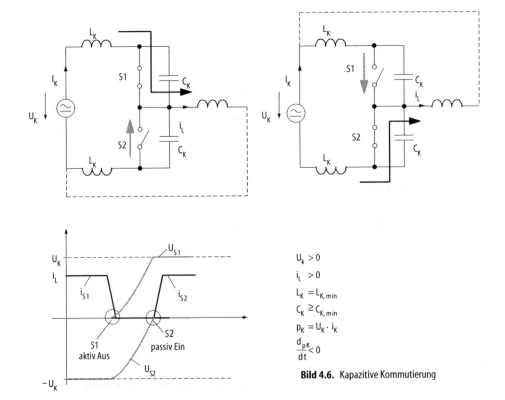

$U_k > 0$

$i_L > 0$

$L_K = L_{K,min}$

$C_K \geq C_{K,min}$

$p_K = U_K \cdot i_K$

$\dfrac{dp_K}{dt} < 0$

**Bild 4.6.** Kapazitive Kommutierung

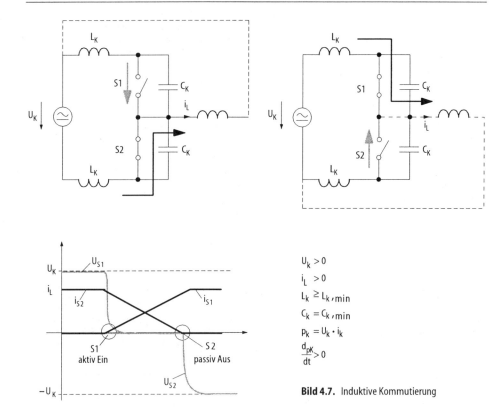

**Bild 4.7.** Induktive Kommutierung

diesem Grund spricht man von einem harten Einschalten von $s_1$. Vergrößert man $L_k$, geht der Vorgang in eine weiche induktive Kommutierung über (Bild 4.7). Die Stromkommutierung oder auch induktive Kommutierung endet durch das passive Ausschalten von $s_2$ bei $i_{s2} \leq 0$. Unabhängig von den Strom- und Spannungsrichtungen ist bei kapazitiver Kommutierung der Leistungsgradient *negativ* und bei induktiver Kommutierung *positiv*.

### 4.1.3
### Leistungselektronische Schalter

Ein leistungselektronischer Schalter ist die Einheit aus einer Kombination von leistungselektronischen Bauelementen bzw. Leistungshalbleitern und der Ansteuerschaltung für die aktiv schaltbaren Leistungshalbleiter. Aufgrund der internen funktionalen Zusammenhänge und Wechselwirkungen können dem Schalter erst in dieser Einheit bestimmte Eigenschaften zugeordnet werden.

Bild 4.8 kennzeichnet das System des leistungselektronischen Schalters mit seinen Schnittstellen zum umgebenden elektrischen Netzwerk (in der Regel auf hohem Potential) und zum Steuersystem (Informationsverarbeitung, Hilfsstromversorgung). Die notwendigen Potentialtrennstellen sind als optische oder induktive Übertrager ausgeführt.

Die nach Schalterstrom- und -spannungsrichtung unterscheidbaren Kombinationen von Leistungshalbleitern zeigt Bild 4.9.

Die Eigenschaften eines kompletten Schalters resultieren einerseits aus dem Verhalten der Leistungshalbleiter und werden andererseits durch die Auslegung der Ansteuerschaltung gezielt eingestellt.

### *Betriebsweise von Leistungshalbleitern*

Die Betriebsweise der Leistungshalbleiter wird durch die konkrete leistungselektronische Grundschaltung und deren Steuerregime eindeutig festgelegt. Falls den aktiven

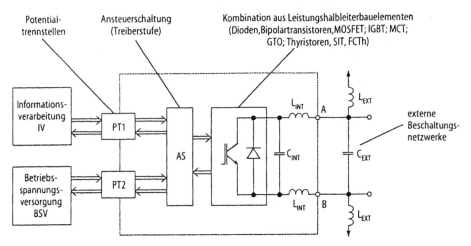

Bild 4.8. System „Leistungselektronische Schalter" (Abkürzungen s. Bild 4.22)

Schaltvorgängen ein Freiheitsgrad zugeordnet wird, existiert immer ein Zusammenhang zwischen den Freiheitsgraden eines Schalters und denen der Grundschaltung, in der die Schalter angeordnet sind. Erst in dieser Einheit als leistungselektronischer Schalter ist dessen Betriebsweise eindeutig festgelegt. Die in Bild 4.10 dargestellten Betriebsweisen leistungselektronischer Schalter beziehen sich auf den allgemeinen Ersatzkommutierungskreis (Bild 4.5).

### Hartes Schalten (HS)
Der harte Einschaltvorgang ist dadurch gekennzeichnet, daß während der Stromkommutierungszeit $t_k$ nahezu die gesamte Spannung $u_k$ über dem stromführenden Schalter $s_1$ abfällt, wodurch erhebliche Verlustleistungsspitzen im Schalter auftreten. Die Kommutierungsinduktivität hat dabei ihren Minimalwert, d.h. der Stromanstieg wird durch den einschaltenden Leistungshalbleiter bestimmt. Durch den passiven Ausschaltvorgang von Schalter $s_2$ endet die Stromkommutierung. Die Kommutierungszeit ist annähernd identisch mit der Schaltzeit.

Während des harten Ausschaltvorganges steigt die Spannung an $s_1$ bei weiterfließendem Strom $i_{s1}$ bis über den Wert der Spannung $u_k$ an. Erst ab diesem Zeitpunkt beginnt die Stromkommutierung durch passives Einschalten von Schalter $s_2$. Die Kommutierungskapazität ist dabei minimal, wodurch der Spannungsanstieg wesentlich durch die Eigenschaften der Leistungshalbleiter festgelegt ist. Schaltzeit und Kommutierung sind deshalb annähernd gleich, verbunden mit hohen Verlustleistungsspitzen im Schalter.

### Weiches Schalten (ZCS, ZVS)
Während des weichen Einschaltvorganges eines Nullstromschalters (ZCS) fällt bei ausreichend großem $L_k$ die Schalterspannung relativ schnell auf den Wert des Durchlaßspannungsabfalles ab, so daß während der Stromkommutierung keine bzw. geringe überhöhte Verluste in Schaltern auftreten können. Die Kommutierungsinduktivität $L_k$ bestimmt den Stromanstieg. Die Stromkommutierung endet mit dem passiven Ausschalten von Schalter $s_2$. Damit erhöht sich die Kommutierungszeit $t_k$ gegenüber der Schaltzeit $t_s$.

Der weiche Ausschaltvorgang eines Nullspannungsschalters (ZVS) wird durch aktives Ausschalten von $s_1$ eingeleitet. Der abnehmende Schalterstrom kommutiert in die Beschaltungskapazitäten $C_k$ und leitet die Spannungskommutierung ein. $C_k$ ist gegenüber $C_{k,min}$ größer, wodurch der Spannungsanstieg wesentlich beeinflußt wird. Durch den verzögerten Spannungsanstieg am Schalter reduziert sich die Verlustleistung.

### Resonanz-Schalten (ZCRS, ZVRS)
Vom Resonanz-Einschalten spricht man, wenn ein Nullstromschalter in dem Zeitpunkt einschaltet, in dem der Strom $i_L$

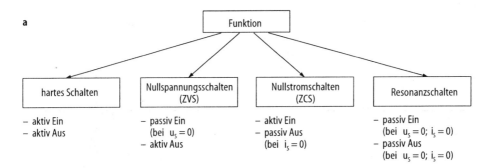

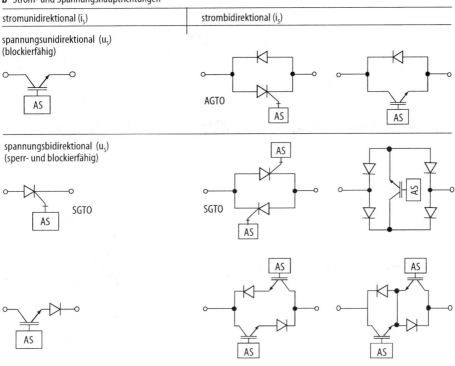

**Bild 4.9.** Möglichkeiten der Einteilung leistungselektronischer Schalter; **a** nach der Funktion, **b** nach Strom- und Spannungshauptrichtungen. *AS* Ansteuerschaltung, *GTO* Gate Turn Off Thyristor, *AGTO* asymmetrischer GTO, *SGTO* symmetrischer sperr- und blockierfähiger GTO

annähernd den Wert Null einnimmt. Die Schaltverluste reduzieren sich damit weiter gegenüber dem Nullstromschalter. Weil der Zeitpunkt des Stromnulldurchganges vom Schalter aus nicht aktiv bestimmt werden kann, geht ein Steuerfreiheitsgrad verloren.

Ein Resonanz-Ausschalten eines Nullspannungsschalters liegt dann vor, wenn während des Ausschaltvorganges die Kommutierungsspannung annähernd Null ist. Auch dabei sind gegenüber dem Nullspannungsschalter die Schaltverluste nochmals reduziert unter Verlust eines Steuerfreiheitsgrades.

368 Teil C Bauelemente für die Signalverarbeitung mit elektrischer Hilfsenergie

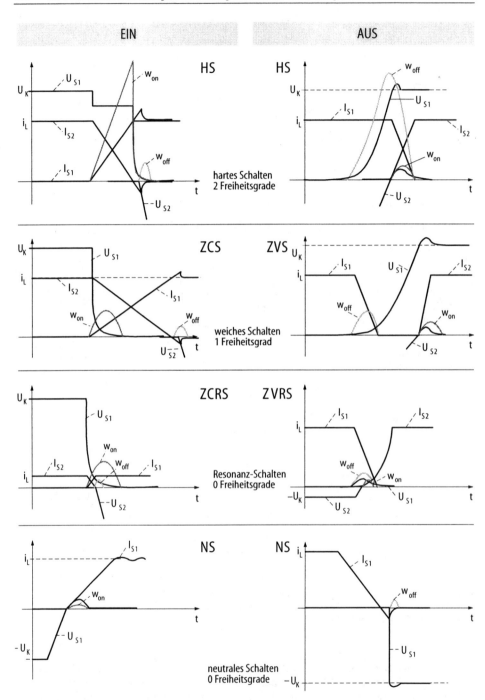

**Bild 4.10.** Betriebsweise von Schaltern

### Neutrales Schalten (NS)

Neutrales Schalten liegt vor, wenn sowohl Kommutierungsspannung als auch Laststrom im Schaltaugenblick annähernd Null sind. Bei Einsatz von Dioden liegt dieser Fall im allgemeinen vor.

#### 4.1.4
**Leistungselektronische Grundschaltungen**

Leistungselektronische Grundschaltungen sind Schalternetzwerke, die durch die zyklische Betriebsweise der enthaltenen Schalter die an den Ausgangsklemmen anliegenden Parameter der elektrischen Energie gegenüber denen an den Eingangsklemmen *umformen*. Die Eingangs- und Ausgangsklemmen werden dabei zyklisch verbunden, aufgetrennt oder kurzgeschlossen bzw. mit evtl. vorhandenen internen Energiezwischenspeichern verbunden (Bild 4.11).

Die Bezeichnung Eingangs- oder Ausgangsklemmen richtet sich nach dem über einen ausreichend großen Zeitraum gemittelten Leistungsfluß.

Interne Energiezwischenspeicher liegen vor, wenn sich mindestens einer der beiden Anschlußpunkte nicht an den äußeren Klemmen befindet. Bei reinen Schalternetzwerken stimmen bei verlustfreien Schaltvorgängen die Momentanwerte der Leistung zwischen Eingang und Ausgang überein. Enthält die Grundschaltung Energiezwischenspeicher, trifft das nur noch auf die Mittelwerte der Leistung zu.

Durch die schaltende Arbeitsweise der leistungselektronischen Bauelemente bedingt, verursacht jede leistungselektronische Grundschaltung an ihren Anschlußklemmen Leistungsschwankungen, die dem mittleren Leistungsfluß überlagert sind. Die Frequenz der Grundschwingung der überlagerten Leistungsschwankungen ist der Schaltfrequenz der Schalter proportional. Die *Periodendauer*, auf die sich der Mittelwert des Leistungsflusses bezieht, kann dabei je nach Anwendung in einem großen Bereich variieren.

Für die Bezeichnung leistungselektronischer Grundschaltungen sind bestimmte Oberbegriffe üblich, die sich nach der Grundfunktion der Schaltung richten. Danach spricht man von *Wechselrichtern*, wenn der mittlere Leistungsfluß von einem Gleichgrößensystem zu einem Wechselgrößensystem gerichtet ist, unabhängig von dem momentanen Leistungsfluß.

Bei umgekehrtem mittleren Leistungsfluß bezeichnet man die Schaltungen als *Gleichrichter* (Bild 4.12).

Für Schaltungen, die zwischen *gleichartigen* Systemen (Wechselgrößen oder Gleichgrößen) den Leistungsaustausch übernehmen, hat sich die Bezeichnung *Steller* durchgesetzt (Bild 4.13).

Tabelle 4.1 zeigt in Übersichtsform eine Zusammenstellung leistungselektronischer Grundschaltungen, deren Bezeichnungen

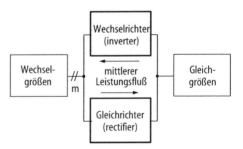

**Bild 4.12.** Definition der Begriffe „Wechselrichter" und „Gleichrichter"

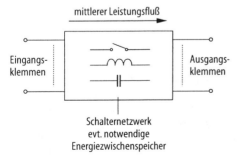

**Bild 4.11.** Schnittstellen einer leistungselektronischen Grundschaltung

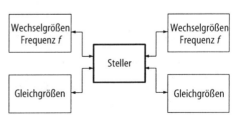

**Bild 4.13.** Charakterisierung des Begriffs „Steller"

**Tabelle 4.1.** Übersicht zu leistungselektronischen Grundschaltungen

| Funktion | Eingeprägte Größen an Eingang / Ausgang | Art der Kommutierung | Häufige Bezeichnung |
|---|---|---|---|
| Gleichrichten GR | ~ / = | induktiv/kapazitiv | netzgelöschte Gleichrichter |
| | ~ / = | induktiv/kapazitiv | Vierquadrantensteller gepulst |
| | ~ / = | kapazitiv | Vierquadrantensteller getaktet |
| | ~ / = | induktiv/kapazitiv | Gleichrichter gepulst |
| | | induktiv/kapazitiv | Gleichrichter getaktet |
| Wechselrichten WR | = / ~ | induktiv | netzgelöschte Wechselrichter |
| | = / ~ | induktiv/kapazitiv | Spannungswechselrichter gepulst |
| | = / ~ | induktiv/kapazitiv | Spannungswechselrichter getaktet |
| | = / ~ | induktiv/kapazitiv | Stromwechselrichter gepulst |
| | | induktiv/kapazitiv | Stromwechselrichter getaktet |
| Wechselstellen (Wechselspannungs- oder -stromsteller) WS | ~ / ~ | induktiv | Spannungssteller |
| | ~ / ~ | induktiv/kapazitiv | Matrixconverter |
| | ~ / ~ | induktiv/kapazitiv | |
| Gleichstellen (Pulssteller) PS | = / = | induktiv/kapazitiv | Tiefsetzsteller |
| | = / = | induktiv/kapazitiv | Hoch-/Tiefsetzsteller |
| | = / = | induktiv/kapazitiv | Hochsetzsteller |
| | = / = | induktiv/kapazitiv | Cukconverter |

sowohl im deutschen als auch im englischen Sprachgebrauch nicht eindeutig sind. Als Unterscheidungsmerkmal sind deshalb die eingeprägten elektrischen Größen an den Ein- und Ausgangsklemmen angegeben. Damit liegt bereits fest, welche Art von Kommutierungsvorgängen in den Schaltungen ablaufen.

### 4.1.5
**Prinzipien zur Energiezwischenspeicherung**

Wie bereits erwähnt, verursacht jede leistungselektronische Grundschaltung Leistungsschwankungen, die sich auf das angeschlossene Netz oder die angeschlossenen Verbraucher störend auswirken, wenn sie nicht durch Energiezwischenspeicher kompensiert bzw. gedämpft werden.

Die Speicherung elektrischer Energie kann nur im Magnetfeld (Drosseln), im elektrischen Feld (Kondensatoren) oder im elektromagnetischen Feld (Schwingkreisen) erfolgen. Daraus resultieren nachfolgend angegebene Prinzipien zur Energiezwischenspeicherung.

### Reiheninduktivität
Eine Induktivität in einem Schaltungszweig glättet den Zweigstrom durch wechselnde Energieaufnahme bzw. -abgabe (Bild 4.14). Der Zweigstrom ist dabei eingeprägt.

Reiheninduktivitäten werden zur Stromglättung in die Anschlußzweige von Grundschaltungen geschaltet, oder sie werden als Stromzwischenkreise zur Energiezwischenspeicherung eingesetzt.

### Parallelkapazität
Parallelkapazitäten glätten die Spannung zwischen den beiden Anschlußpunkten und prägen sie gleichzeitig dort ein (Bild 4.15).

Sie sind unbedingt dort vorzusehen, wo innerhalb einer Schaltung eingeprägte Spannungen für die Funktionsweise der leistungselektronischen Schalter Voraussetzung sind und/oder Spannungszwischenkreise zur Energiezwischenspeicherung eingesetzt werden.

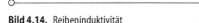

**Bild 4.14.** Reiheninduktivität

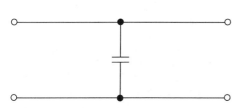

**Bild 4.15.** Parallelkapazität

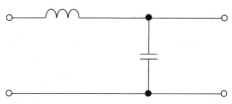

**Bild 4.16.** Filterkreis

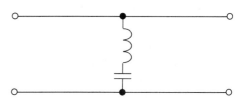

**Bild 4.17.** Saugkreis

### Filterkreis
Der Filterkreis prägt in dem induktivitätsbehafteten Anschlußzweig einen Strom ein, während an den Anschlußklemmen des Kondensators eine eingeprägte Spannung vorherrscht (Bild 4.16).

### Saugkreis
Durch den Saugkreis fließt ein Wechselstrom, dessen Amplitude durch die Differenz zwischen Erregerfrequenz und Resonanzfrequenz des Schwingkreises bestimmt ist (Bild 4.17).

Für die Resonanzfrequenz stellt der Saugkreis nahezu einen Kurzschluß dar, d.h. Ströme dieser Frequenz werden abgeleitet.

### Sperrkreis
Die Resonanzfrequenz des Sperrkreises bestimmt die Frequenz, für den der Sperrkreis einen hohen Widerstand aufweist (Bild 4.18). Ströme dieser Frequenz werden somit nahezu unterdrückt.

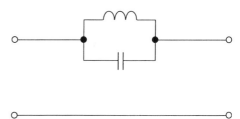

**Bild 4.18.** Sperrkreis

### Reihenschwingkreis

Ein Reihenschwingkreis als Energiezwischenspeicher prägt einen Wechselstrom mit einer Frequenz in der Größenordnung der Resonanzfrequenz ein (Bild 4.19).

Die an den Anschlußklemmen anzuschließenden Grundschaltungen müssen ebenfalls mit annähernd Resonanzfrequenz arbeiten. Sie regen den Schwingkreis an und steuern dessen Energieaufnahme und -abgabe.

### Parallelschwingkreis

An den Anschlußklemmen des Parallelschwingkreises liegt eine mit annähernd Resonanzfrequenz eingeprägte Wechselspannung an (Bild 4.20). Den Energieaustausch mit dem Schwingkreis steuern die angeschlossenen Schaltungen.

#### 4.1.6
#### Leistungselektronische Stellglieder, Stromrichteranlagen

Leistungselektronische Stellglieder oder Stromrichteranlagen (Bild 4.21) haben in der Mehrzahl aller Anwendungsfälle eine gemeinsame Grundstruktur. Es existiert immer mindestens ein speisendes Netz als Energielieferant und ein Energiewandler, der einen bestimmten technologischen Prozeß mit der Energieform versorgt, die er in der erforderlichen Menge benötigt. Der über einen genügend großen Zeitraum gemittelte Energiefluß ist dabei immer vom Netz zum Energiewandler gerichtet. Abweichend davon können anstelle des Energiewandlers auch weitere elektrische Netze als Verbraucher und Erzeuger angeschlossen sein (z.B. Notstromaggregate, Blindleistungsstromrichter, Hochspannungs-Gleichstrom-Übertragungen (HGÜ), regenerative Energiequellen).

Zwischen dem speisenden Netz und dem Energiewandler befindet sich die leistungselektronische Gesamtschaltung, die aus einzelnen leistungselektronischen Grundschaltungen oder Stromrichtern und zwischengeschalteten Energiespeichern besteht. Der Umfang der Gesamtschaltung richtet sich nach den an das Stellglied gerichteten Forderungen und den gewünschten Eigenschaften. In der einfachsten Ausführung existiert z.B. nur eine einzige Grundschaltung. Jede Grundschaltung ist mit einer informationsverarbeitenden Einrichtung (hier als Ansteuerautomat bezeichnet) verbunden, die für die leistungselektronischen Schalter die Ein- und Aus-Befehle sowohl aus bestimmten Istwerten der Grundschaltung als auch aus Vorgabewerten des übergeordneten Steuersystems ableitet. Ein Stromversorgungssystem, das die benötigten potentialfreien Versorgungsspannungen innerhalb des Stellgliedes bereitstellt, ist Bestandteil des Stellgliedes.

In umfangreichen Varianten existieren netzseitige und verbraucherseitige Schaltungskomplexe, die für Netz und Verbraucher die gewünschten Ströme und Spannungen bereitstellen. Ein interner Schaltungskomplex kann zur Anpassung unterschiedlicher Spannungsebenen notwendig sein. Er steuert gleichzeitig den Leistungsfluß eines eventuell vorhandenen zentralen Energiezwischenspeichers.

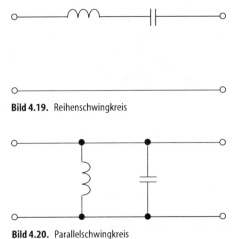

**Bild 4.19.** Reihenschwingkreis

**Bild 4.20.** Parallelschwingkreis

#### 4.2
#### Bauelemente der Leistungselektronik

#### 4.2.1
#### Einteilung leistungselektronischer Bauelemente

Leistungselektronische Bauelemente sind die Grundbestandteile leistungselektronischer Funktionseinheiten. Das Bild 4.22 zeigt einen Vorschlag zur Einteilung der Bauelemente nach ihren elementaren Funktionen.

*Leistungshalbleiter* bilden den Kern leistungselektronischer Schalter und können

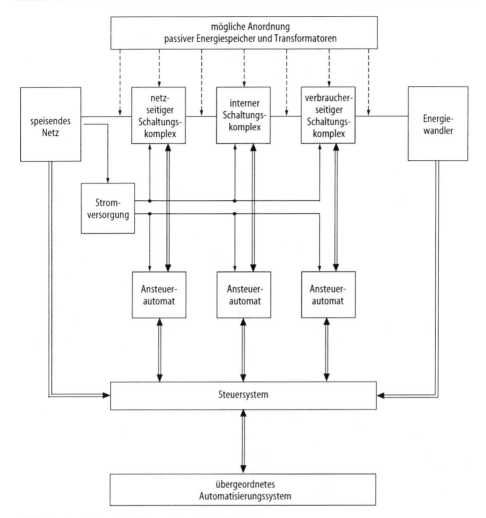

**Bild 4.21.** Grundaufbau eines leistungselektronischen Stellgliedes

allgemein in Dioden, Transistoren und Thyristoren unterteilt werden. Eine ausführlichere Beschreibung dieser Bauelementegruppe erfolgt im Abschn. 4.2.2.

Die Aufgabe passiver *Energiespeicher* besteht in der Zwischenspeicherung elektrischer Energie im magnetischen (Drosseln) oder elektrostatischen (Kondensatoren) Feld. Passive Energiespeicher werden in Zwischenkreisumrichtern sowie für die Strom- und Spannungseinprägung an Stromrichtereingangs- und -ausgangsklemmen benötigt (vgl. Abschn. 4.1.5).

Die Realisierung von Spannungs- und Stromtransformationen bei gleichzeitiger Potentialtrennung übernehmen *induktive Übertrager* (Ein- oder Mehrwicklungstransformatoren). Die vorgenommene Unterteilung dieser Bauelemente basiert auf den verwendeten Kernmaterialien. Während Eisenkernübertrager im Bereich niedriger Frequenzen (...50 Hz...) zum Einsatz kommen, werden bei Frequenzen im Kilo- und Megahertzbereich ausschließlich Kerne aus Ferriten und amorphen Metallen verwendet.

Eine weitere Gruppe beinhaltet die *Schutz- und Beschaltungselemente*. Die Aufgaben von damit realisierten Schutz- und Beschaltungsnetzwerken sind das Einhalten zulässi-

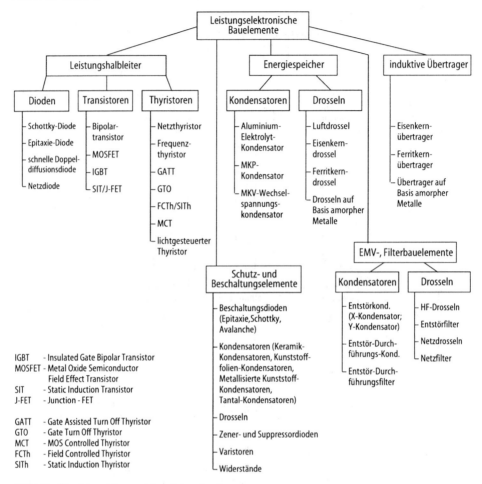

**Bild 4.22.** Übersicht zu leistungselektronischen Bauelementen

ger Strom- und Spannungssteilheiten (Kondensatoren, Drosseln), die Vermeidung von Überspannungen- (Zener- und Suppressordioden, Varistoren) und -strömen sowie die Realisierung entlasteter bzw. weicher Schaltvorgänge leistungselektronischer Schalter.

*EMV- und Filterbauelemente:* Schnelle Schaltvorgänge leistungselektronischer Bauelemente generieren hochfrequente Spannungen und Ströme, die sich sowohl leitungsgebunden ausbreiten können als auch elektromagnetische Störabstrahlungen verursachen. Durch den Einsatz von *EMV-Filternetzwerken* muß gewährleistet werden, daß die Beeinflussung der unmittelbaren Stromrichterumgebung durch *leitungsge-* *bundene* (9 kHz – 30 MHz) und *abgestrahlte* elektromagnetische Störung innerhalb vom Gesetzgeber vorgeschriebener Grenzen liegt (DIN, VDE, IEC).

Bedingt durch Stromrichtersteuer- bzw. -funktionsprinzipien können an den Stromrichteranschlußklemmen stark *nichtsinusförmige* (oberwellenbehaftete) Ströme und Spannungen auftreten. Auch in diesem Fall müssen durch geeignete Filternetzwerke die geforderten Bedingungen an den Netz- und Verbraucheranschlußpunkten des Stromrichters erfüllt werden.

Leistungselektronische Geräte kommen heute in einer Vielzahl technischer Anwendungen zum Einsatz. Beispiele dafür sind allgemeine Stromversorgungen, USV-Anlagen, technologische Stromversorgungen (z.B. Schweißtechnik, Galvanik, induktive Erwärmung, Hochspannungserzeugung), Stromrichter für die Traktionstechnik, Industrie- und Servoantriebe und Blindleistungs- und Oberschwingungskompensationsanlagen (Active Power Filter).

Eine pauschale Zuordnung leistungselektronischer Bauelemente zu den genannten Anwendungen kann nicht vorgenommen werden. Vielmehr hängt die Auswahl von elektrotechnischen (Strom, Spannung, Frequenz, Leistung, Wirkungsgrad, Schaltungstopologie usw.) sowie zusätzlichen übergeordneten Parametern wie Zuverlässigkeit, Kosten, Baugröße u.a. ab.

### 4.2.2
**Leistungshalbleiter**
Die Grundlagen der signalverstärkenden Halbleiter-Bauelemente sind in Abschn. C 3.3 beschrieben.

### 4.2.2.1
**Leistungsdioden**
Mit der ständigen Weiter- und Neuentwicklung schneller aktiv schaltbarer Leistungshalbleiter werden gleichzeitig erhöhte Anforderungen an die dynamischen Eigenschaften von Leistungsdioden gestellt, da der Einsatz als Freilaufdiode für induktive Lasten in hart schaltenden Stromrichtern oder als schnelle Gleichrichterdiode das Hauptanwendungsfeld darstellt.

Im Gegensatz dazu werden bei der Gleichrichtung von 50 Hz-Wechselgrößen (Netz) wesentlich geringere dynamische Anforderungen an eine Diode gestellt. Von daher haben sich im wesentlichen vier Grundarten von Dioden in der Praxis durchgesetzt: Die Schottky-Diode, die Epitaxie- und Doppeldiffusionsdiode sowie die Netzdiode.

Das Bild 4.23 stellt die unterschiedlichen Bauelemente gegenüber.

Schottky-Dioden zeichnen sich vor allem sowohl durch geringe Durchlaßverluste als auch eine sehr gute Schaltdynamik aus und sind daher für hohe Schaltfrequenzen geeignet. Allerdings ist ihr vorteilhaftes Einsatzspektrum auf Sperrspannungsbereiche bis etwa 200 V begrenzt.

Epitaxie-Dioden und Doppeldiffusionsdioden haben als schnelle Freilauf- und Gleichrichterdioden das Einsatzgebiet mit Sperrspannungen oberhalb 200 V erschlossen. Netzdioden kommen ausschließlich bei 50 Hz-Vorgängen zum Einsatz.

### 4.2.2.2
**Leistungstransistoren**
Die in der leistungselektronischen Schaltungstechnik am häufigsten eingesetzten Transistoren sind der Bipolartransistor (BJT, NPN-Typ), der Metal-Oxide-Semiconductor-Field-Effect-Transistor (MOSFET, N-Kanal-Anreicherungstyp) und der Insulated-Gate-Bipolar-Transistor (IGBT).

Der *Bipolartransistor* (Bild 4.24) hat sich als Leistungsschaltelement in der Leistungselektronik seit Beginn der 80er Jahre etabliert. Mit ihm wurde ein Wandel in der leistungselektronischen Schaltungstechnik hin zu Schaltungstopologien auf der Basis aktiv abschaltbarer Bauelemente eingeleitet.

Es sind sowohl diskrete Einzeltransistoren als auch Einfach-, Zweifach- und Dreifach-Darlingtonanordnungen (high-β) in unterschiedlichen Modulkonfigurationen verfügbar.

Bipolartransistoren werden in Stromrichtern von 1 kVA bis 100 kVA im harten Schaltbetrieb bei Frequenzen von ca. 3–5 kHz eingesetzt.

Die *Vorteile* des BJT liegen in den geringen Durchlaßverlusten und der Möglichkeit der Beeinflussung der dynamischen und statischen Parameter über die Ansteuerung, die jedoch sehr aufwendig ist. Neben der klassischen Emitter-Fingerstruktur wurde die zellulare Struktur und die wesentlich feiner gegliederte Ringemitterstruktur entwickelt, um zum einen ein schnelleres Schalten des BJT und zum anderen eine Erweiterung des *sicheren Arbeitsbereiches* zu erzielen.

Mit der Entwicklung des *Leistungs-MOSFETs* (Bild 4.24) Ende der 70er Jahre wurde ein entscheidender Schritt in Richtung hoher Schaltfrequenzen getan. Heute sind auf dem Markt MOSFETs mit Nennströmen von einigen 100 mA bis einigen 100 A und Blockierspannungen von einigen 10 V bis ca. 1000 V in diskreter Form

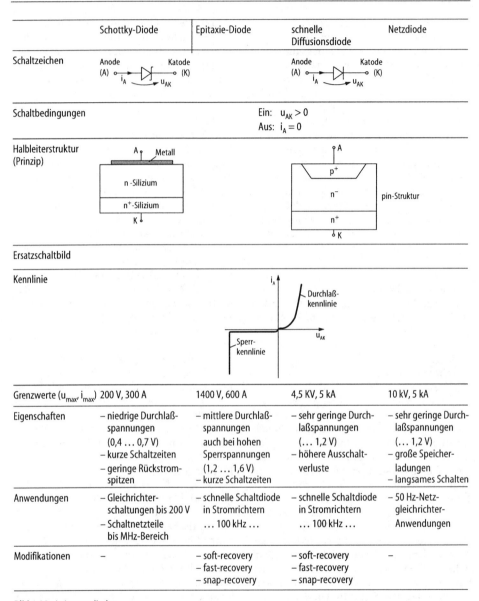

**Bild 4.23.** Leistungsdioden

und verschiedenen Modulkonfigurationen verfügbar.

Seit einiger Zeit sind darüber hinaus MOSFETs mit integrierten Schutzfunktionen (TEMPFET, PROFET usw.) bekannt.

Die maximalen Schaltfrequenzen liegen bei Nennschaltleistungen von einigen 10 VA im MHz-Bereich (Kleinsignal-MOSFET). Bei größeren Schaltleistungen, die 50–100 kVA erreichen können, sind Schaltfrequenzen bis in den 100 kHz-Bereich realistisch (Leistungs-MOSFET). Für mittlere und hohe Schaltleistungen hat sich ausschließlich der *vertikale* N-Kanal-Anreicherungstyp ($I_D$ fließt in vertikaler Richtung) durchgesetzt. *Vorteile* des MOSFETs sind seine kurzen und gezielt steuerbaren Schaltzeiten und geringen Schaltverluste, die einfache An-

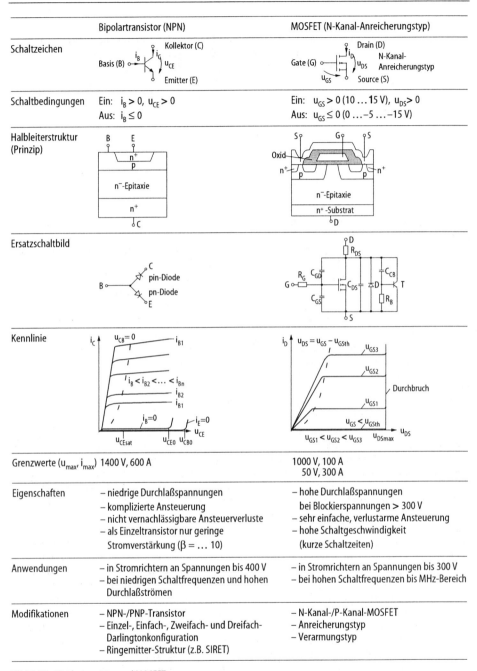

**Bild 4.24.** Bipolartransistor und MOSFET

steuerbarkeit (geringe Ansteuerverluste, niedrige Treiberkosten), die Avalanche-Festigkeit und die relativ problemlose Parallelschaltbarkeit. Der *Hauptnachteil* besteht in den hohen Durchlaßverlusten (unipolar) bei Blockierspannungen oberhalb 300 V. Aus technischer Sicht kann im Blockierspannungsbereich bis 200 V gegenwärtig kein konkurrierendes Leistungshalbleiterbauelement genannt werden. Der Einsatz von MOSFETs an Spannungen oberhalb 600V ist nur bei Schaltfrequenzen ab 20–30 kHz sinnvoll.

Für den Einsatz bei sehr hohen Schaltfrequenzen oberhalb 100 kHz ist neben dem MOSFET der SIT (Static Induction Transistor) geeignet, der allerdings gegenwärtig nur in Japan zum industriellen Einsatz kommt.

Mit dem *IGBT* (Bild 4.25) wurde in der zweiten Hälfte der 80er Jahre ein neues Leistungshalbleiterbauelement auf dem Markt eingeführt, bei dem der Versuch unternommen wurde, das günstige Durchlaßverhalten bipolarer Bauelemente mit den vorteilhaften Ansteuer- und Schalteigenschaften unipolarer, MOS-gesteuerter Leistungshalbleiter zu kombinieren.

Die *Hauptvorteile* des IGBTs liegen in der leistungsarmen Ansteuerung, den kurzen Schaltzeiten, dem weiten sicheren Arbeitsbereich, der Robustheit im Überlast- und Kurzschlußfall und den niedrigeren Durchlaßwiderständen im Vergleich zum MOSFET. *Nachteilig* ist dagegen das Auftreten des Tailstromes beim Ausschalten.

Als Grundstrukturen haben sich die NPT- (non-punch-through) und PT-Struktur (punch-through) durchgesetzt.

Die Bauformen reichen von diskreten Einzel-IGBTs bis zu 6-Pack-Modulkonfigurationen.

Die gemeinsame Integration von IGBT und Ansteuer-/Schutzeinheit in einem *Modul* führte zur Entwicklung und Markteinführung der sogenannten IPMs (Intelligent Power Module). IGBTs werden in hart schaltenden Stromrichtern im Schaltfrequenzbereich von 5–15 kHz eingesetzt.

Im Blockierspannungsbereich ab 600 V und mittleren Schaltfrequenzen (…10 kHz …) bei Stromrichterleistungen bis in den 100 kVA-Bereich stellt der IGBT eine technische und wirtschaftliche Alternative zum MOSFET und vor allem zum BJT dar. In diesem Anwendungsfeld ist der IGBT zum dominierenden Leistungshalbleiterbauelement geworden.

Mit dem MOSFET und dem IGBT stehen dem Anwender im Blockierspannungsbereich von 50–1700/3300 V robuste leistungselektronische Transistorschalter mit einem einheitlichen Ansteuer- und Schutzkonzept zur Verfügung.

Nur im Blockierspannungsbereich <400 V verbunden mit hohen Strömen und niedrigen Schaltfrequenzen kann der BJT mit MOS-gesteuerten Bauelementen konkurrieren.

#### 4.2.2.3
#### Thyristoren

Thyristoren (Bild 4.26) werden in der Leistungselektronik zur Realisierung sehr hoher Stromrichterleistungen bis in den 10–50 MVA-Bereich (z.B. Traktionsantriebe, industrielle Antriebe hoher Leistung, HGÜ-Systeme, Blindleistungskompensationsanlagen) eingesetzt.

Die Tragfähigkeit hoher Stromdichten sowie die sehr niedrigen Durchlaßspannungen bei gleichzeitig hohen Sperr- und Blockierspannungen sind die *Hauptvorteile* von Thyristoren.

*Nachteilig* dagegen ist, daß kritische Strom- und Spannungssteilheiten am Bauelement eingehalten werden müssen, was in den meisten Fällen nur durch zusätzliche Beschaltungsnetzwerke realisiert werden kann.

Der klassische, nur *aktiv einschaltbare Thyristor* stand bis in die 70er-Jahre als einziges aktive Leistungshalbleiterbauelement zur Verfügung und hat die bis dahin vorherrschende Dominanz netz- und lastgeführter, stromeingeprägter Stromrichter bedingt.

Mit der Entwicklung des *GTOs* wurde die *aktive Abschaltbarkeit* leistungselektronischer Bauelemente auf den Bereich der Thyristoren ausgeweitet. Gegenwärtig sind auf dem Markt asymmetrische und symmetrische GTOs mit Blockierspannungen bis 4,5 kV und abschaltbaren Strömen bis 4 kA verfügbar. Die Schaltfrequenzen liegen in den meisten Anwendungsfällen unterhalb von 1 kHz. Mit HF-GTOs sind Schaltfrequenzen von 3–5 kHz auf Kosten erhöhter Durchlaßverluste möglich. Ein *Nachteil* des GTOs ist der erhebliche Ansteueraufwand.

Die Bemühungen um die Beseitigung dieses Nachteiles führten in der jüngsten Vergangenheit zur Entwicklung einer Reihe

|  | IGBT | |
|---|---|---|
|  | Punch Through (PT) - IGBT | Non Punch Through (NPT) - IGBT |
| Schaltzeichen | | 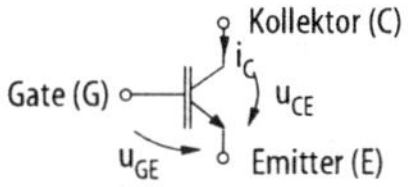 Kollektor (C), Gate (G), $u_{CE}$, $u_{GE}$, Emitter (E), $i_C$ |
| Schaltbedingungen | | Ein: $u_{GE} > 0$ (12 ... 15 V), $u_{CE} > 0$ <br> Aus: $u_{GE} \leq 0$ (0 ... −5 ... −15 V) |
| Halbleiterstruktur (Prinzip) | 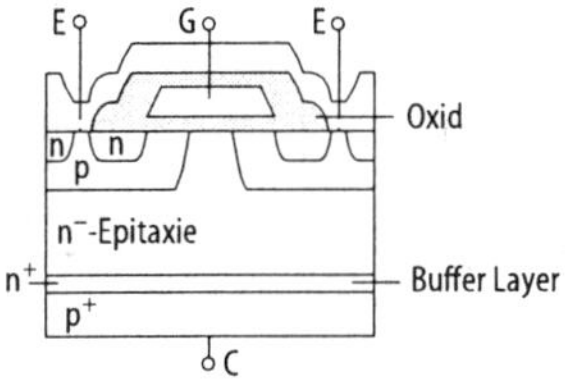 E, G, E, Oxid, n/n, p, $n^-$-Epitaxie, $n^+$, $p^+$, C, Buffer Layer | 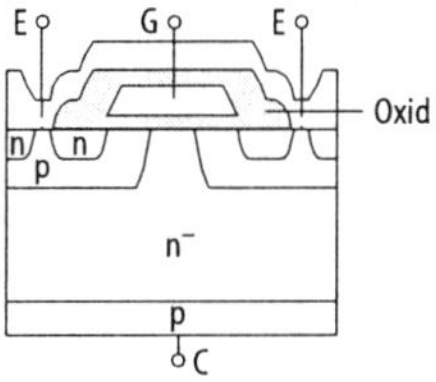 E, G, E, Oxid, n/n, p, $n^-$, p, C |
| Ersatzschaltbild | | 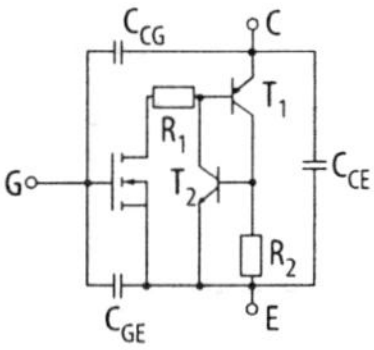 $C_{CG}$, C, $T_1$, $R_1$, $T_2$, $C_{CE}$, G, $R_2$, $C_{GE}$, E |
| Kennlinie | | 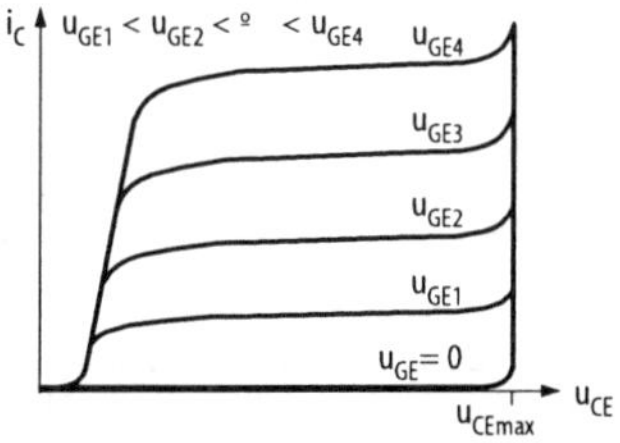 $i_C$, $u_{GE1} < u_{GE2} < ° < u_{GE4}$, $u_{GE4}$, $u_{GE3}$, $u_{GE2}$, $u_{GE1}$, $u_{GE} = 0$, $u_{CEmax}$, $u_{CE}$ |
| Grenzwerte ($u_{max}$, $i_{max}$) | 1200 V, 600 A | 3300 V, 1200 A |
| Eigenschaften | – hoher Tailstrom beim Ausschalten <br> – kurze Tailstromzeiten (...1μs) <br> – starke Temperaturabhängigkeit aller Parameter <br> – kurze Schaltzeiten <br> – sehr einfache, verlustarme Ansteuerung <br> – gute bis sehr gute Kurzschlußfestigkeit <br> – hohe Robustheit und Zuverlässigkeit | – flacher und langer Tailstrom (... 10 μs) <br> – sehr gute Temperaturstabilität <br> – gute Eignung für hohe Blockierspannungen <br> – kurze Schaltzeiten <br> – sehr einfache, verlustarme Ansteuerung <br> – gute bis sehr gute Kurzschlußfestigkeit <br> – hohe Robustheit und Zuverlässigkeit |
| Anwendungen | – Stromrichter im Leistungsbereich bis 1 MVA <br> – bei Schaltfrequenzen (hartes Schalten) bis ca. 15 kHz | – Stromrichter im Leistungsbereich bis 1 MVA <br> – bei Schaltfrequenzen (hartes Schalten) bis ca. 15 kHz |
| Modifikationen | – P-Kanal-Typ (nur Laborrealisierung) <br> – low-$u_{CESat}$-Typ <br> – high-speed-Typ | – P-Kanal-Typ (nur Laborrealisierung) |

**Bild 4.25.** Insulated Gate Bipolar Transistor (IGBT)

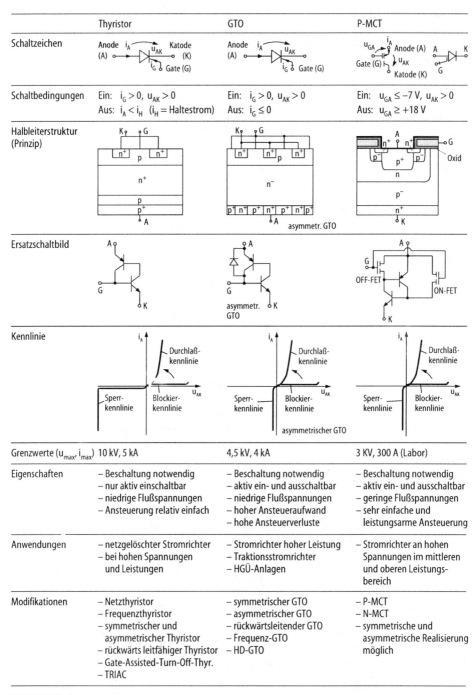

**Bild 4.26.** Thyristoren

von MOS-gesteuerten Thyristorstrukturen, die bei hohen Spannungen das vorteilhafte Durchlaßverhalten klassischer Thyristoren und GTOs mit der einfachen und leistungsarmen MOS-Ansteuerung in sich vereinen. Ein erstes Ergebnis dieser Entwicklung ist der *MOS Gated Thyristor*. Diese Struktur kann über ein MOS-Gate aktiv und sehr schnell eingeschaltet werden. Das Ausschalten erfolgt passiv wie bei einem konventionellen Thyristor. Ein breiter industrieller Einsatz erfolgte nicht. Eine weitere Klasse MOS-gesteuerter Thyristorstrukturen bilden die unter der Bezeichnung *FCTh* (Field Controlled Thyristor) bekannten Bauelemente, die in den 80er Jahren vor allem in Japan entwickelt wurden. Allerdings haben diese Bauelemente das Labor- und Teststadium noch nicht überschritten.

Gegenwärtiger Hauptentwicklungsgegenstand auf dem Gebiet der feldgesteuerten Thyristoren ist der MCT (MOS Controlled Thyristor), dem das umfangreichste zukünftige Entwicklungspotential bei Hochspannungsbauelementen eingeräumt wird. Besonders in Bezug auf den Ansteueraufwand und der $du/dt$- bzw. $di/dt$-Empfindlichkeit kann der MCT als Alternative zum GTO weiterentwickelt werden.

Gegenwärtig sind auf dem Markt ausschließlich P-MCTs in diskreter Bauform verfügbar (600 V/75 A, 1000 V/65 A, 600 V/35 A). Mit der Weiterentwicklung des MCTs besteht die Chance, ausgehend vom Leistungs-MOSFET und IGBT ein leistungselektronisches Schalterkonzept mit einem einheitlichen Ansteuerprinzip im Blockierspannungsbereich von einigen 10 V bis einigen 1000 V zu realisieren.

#### 4.2.2.4
*Entwicklungstrends*

Einen Vergleich der wichtigsten Leistungshalbleiterbauelemente auf der Basis des gegenwärtigen Standes der Technik zeigt das Bild 4.27.

Im Bereich der leistungselektronischen Halbleiterbauelemente ist in den nächsten Jahren mit folgenden Entwicklungsschwerpunkten zu rechnen:

- Verbesserung der Eigenschaften MOS-gesteuerter Thyristorstrukturen,
- Erweiterung des Spannungsbereiches von IGBTs, GTOs und schnellen Dioden,
- Integration (Hybridisierung) von Steuerungs-, Schutz- und Treiberfunktionen in kundenspezifischen Schaltkreisen,
- weitere Integration von Bauelementegrundfunktionen und zusätzlichen Schutz- und Diagnosefunktionen zu "intelligenten Bauelementen",
- Erprobung neuartiger Materialien wie GaAs und SiC unter leistungselektronischen Gesichtspunkten,
- Verbesserung der Modultechnik.

### 4.3
### Leistungselektronische Schaltungstechnik

#### 4.3.1
**Vorbemerkung**

Eine geschlossene Darstellung der leistungselektronischen Schaltungstechnik existiert gegenwärtig nicht. Die äußerst umfangreiche Vielfalt an existierenden Schaltungen und Wirkprinzipien macht für die nachfolgende Behandlung der Schaltungstechnik eine Beschränkung auf die gegenwärtig am häufigsten eingesetzten Schaltungen notwendig. Es werden aus diesem Grund innerhalb der Hauptfunktionen der Grundschaltungen – Gleichrichten, Wechselrichten, Wechselstellen und Gleichstellen – (vgl. Abschn. 4.1.4) jeweils nur die wichtigsten Schaltungen vorgestellt. Grundsätzlich kann jede der aufgezeigten Schaltungen durch zusätzlichen Beschaltungsaufwand von der hartschaltenden bis zur resonanten Betriebsweise der Schalter modifiziert werden, ohne daß sich die Hauptfunktion ändert. Um dem beabsichtigten Übersichtscharakter der Ausführungen gerecht zu werden, wird nachfolgend auf die Behandlung der Schaltungstechnik bis hin zur Resonanztechnik verzichtet.

#### 4.3.2
**Pulsstellerschaltungen**
#### 4.3.2.1
*Kommutierung*

In Pulsstellerschaltungen, die mit 2 Freiheitsgraden ausgestattet sind, arbeiten immer zwei Schalter alternierend. Ein aktiv ein- und ausschaltbarer Leistungshalbleiter

| Kriterium | Bauelement | | | | | | | | | | | |
|---|---|---|---|---|---|---|---|---|---|---|---|---|
| | BJT | MOSFET | SIT/J-FET | PT-IGBT | NPT-IGBT | Thyristor | GTO | MCT | FCTh/SITh | Schottky-Diode | Epitaxie-Diode | schnelle Diffusionsdiode | Netzdiode |
| Schaltzeichen | 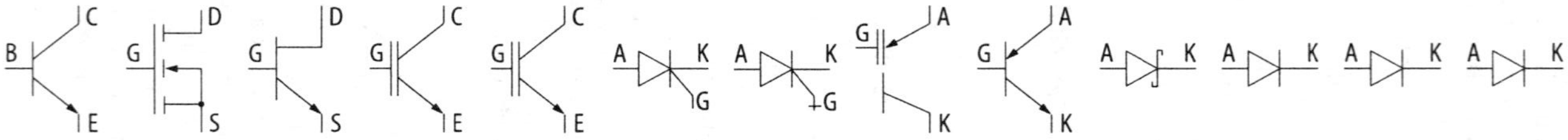 | | | | | | | | | | | | |
| $u_{max}$, $i_{max}$ [1] | 1,4 kV 600 A | 1 kV, 100 A 50 V, 300 A | 1,4 kV 100 A | 1,2 kV 600 A | 3,3 kV 1200 A | 10 kV 5 kA | 4,5 kV 4 kA | 3 kV 300 A | 3,5 kV 600 A | 200 V 300 A | 1,4 kV 600 A | 4,5 kV 5kA | 10 kV 5 kA |
| Stromführung | bipolar | unipolar | unipolar | bipolar | bipolar | bipolar | bipolar | bipolar | bipolar | unipolar | bipolar | bipolar | bipolar |
| Steuergröße | i | u | u | u | u | i | i | u | u | – | – | – | – |
| Ansteueraufwand | hoch | sehr gering | gering | sehr gering | sehr gering | gering | sehr hoch | gering | hoch | – | – | – | – |
| Ansteuerverluste | hoch | sehr gering | sehr gering | sehr gering | sehr gering | hoch | sehr hoch | sehr gering | gering | – | – | – | – |
| Durchlaßverhalten | gut | schlecht | schlecht | gut | gut | sehr gut | sehr gut | sehr gut | sehr gut | schlecht | gut | sehr gut | sehr gut |
| Schaltgeschwindigkeit | mittel | sehr hoch | sehr hoch | hoch | hoch | gering | gering | hoch | hoch | sehr hoch | hoch | hoch | gering |
| Stromdichte (A/cm²) | 30 ... 50 | 10 ... 20 | 10 ... 20 | ... 50 | ... 50 | 100 ... 200 | 100 ... 200 | ... 1000 | ... 200 ... | 50 ... 100 | 100 ... 200 | 100 ... 200 | 100 ... 200 |
| du/dt-Begrenzung (Beschaltung) | nein | nein | nein | nein | nein | ja | ja | ja | nein | nein | nein | nein | nein |
| di/dt-Begrenzung (Beschaltung) | nein | nein | nein | nein | nein | ja | ja | ja | nein | nein | nein | nein | nein |
| $f_{max}$ (kHz) hart | 1 ... 5 | ... 100 | ... 300 | ... 15 | ... 20 | ... 1 | ... 1 | 1 ... 3 | 1 ... 10 | – | – | – | – |

**Bild 4.27.** Vergleich von Leistungshalbleitern

[1] am Markt verfügbar oder in Entwicklung

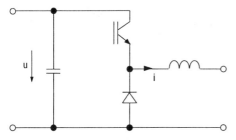

**Bild 4.28.** Ersatzkommutierungskreis

wechselt sich in der Stromführung mit einer neutral schaltenden Diode ab.

Der Ersatzkommutierungskreis hat deshalb die Gestalt nach Bild 4.28, die gleichzeitig identisch ist mit der einfachsten Pulsstellerschaltung – dem Tiefsetzsteller im Einquadrantenbetrieb. Eine durch einen Kondensator eingeprägte Gleichspannung $u$ wirkt als Kommutierungsspannung. In den gemeinsamen Anschlußknoten von Transistor und Diode fließt ein eingeprägter Strom $i$.

Während der zyklischen Betriebsweise wechseln sich induktive und kapazitive Kommutierungsvorgänge ab. Falls keine zusätzlichen Beschaltungsnetzwerke für Transistor oder Diode vorgesehen sind, laufen ständig harte Ein- und Ausschaltvorgänge des Transistors ab.

#### 4.3.2.2
*Steuerprinzip*

Prinzipiell arbeiten alle Pulsstellerschaltungen nach einem Verfahren der *Pulsbreitenmodulation*. Ein bekanntes Verfahren verdeutlicht Bild 4.29.

Ein sägezahnförmiges Vergleichssignal wird mit einer Steuergröße $v_{ref}$ verglichen. Das Ansteuersignal des aktiv ein- und aus-

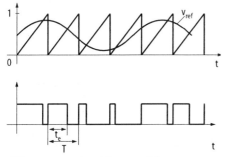

**Bild 4.29.** Prinzip der Pulsbreitenmodulation

schaltbaren Transistors wird beispielsweise so gewonnen, daß der Transistor im Einzustand verbleibt, solange die Steuergröße $v_{ref}$ größer als das Vergleichssignal ist. Unabhängig von einer analogen oder digitalen Realisierung bestimmt das Vergleichssignal die Pulsfrequenz des Transistors und die Steuergröße das Tastverhältnis, d.h. die Einzeit $t_e$ des Transistors bezogen auf die Periodendauer $T$ der Pulsfrequenz. Steuerfreiheitsgrade der Schaltung sind demzufolge die Pulsfrequenz und das Tastverhältnis.

#### 4.3.2.3
*Mittelpunktschaltungen (Bild 4.30)*

#### 4.3.2.4
*Brückenschaltungen (Bild 4.31)*

### 4.3.3
### Wechselspannungssteller

#### 4.3.3.1
*Kommutierung*

In den Schaltungsvarianten der Wechselspannungssteller, bei denen eingangs- und ausgangsseitig eingeprägte Wechselströme vorliegen, findet im eigentlichen Sinn keine Kommutierung statt. Nach einem induktiven Einschaltvorgang beginnt der Schalterstrom in einer Richtung zu fließen, um anschließend aufgrund der Wechselspannungen wieder den Wert Null zu erreichen. Nach einem passiven Ausschaltvorgang ist der Schalter wieder sperr- und blockierfähig. Im gesteuerten Betrieb arbeitet der Steller im Lückbereich des Stromes mit einem Steuerfreiheitsgrad.

Der Ersatzkommutierungskreis hat in den Schaltungsvarianten mit eingangs- oder ausgangsseitig eingeprägter Wechselspannung die Struktur nach Bild 4.32.

Aufgrund der beiden aktiv ein- und ausschaltbaren Schalter kann die eingeprägte Wechselspannung im Pulsverfahren auf den induktiven Schaltungszweig durchgeschaltet werden. Dabei wechseln sich ständig induktive und kapazitive Kommutierungsvorgänge ab.

#### 4.3.3.2
*Steuerprinzip*

Die Erläuterung der Steuerverfahren beziehen sich jeweils auf die einphasige

384  Teil C  Bauelemente für die Signalverarbeitung mit elektrischer Hilfsenergie

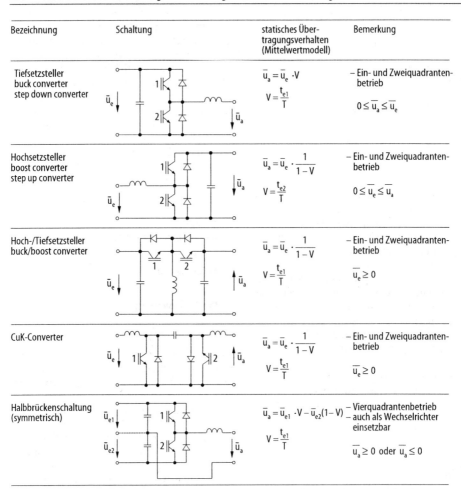

**Bild 4.30.** Mittelpunktschaltungen

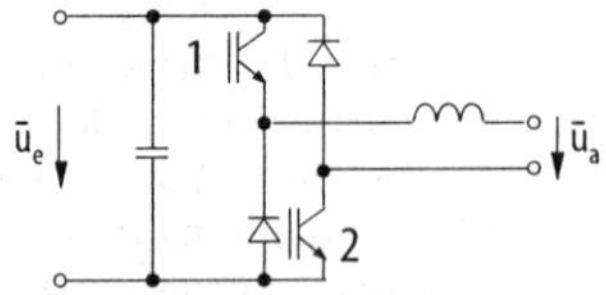

**Bild 4.31.** Brückenschaltungen

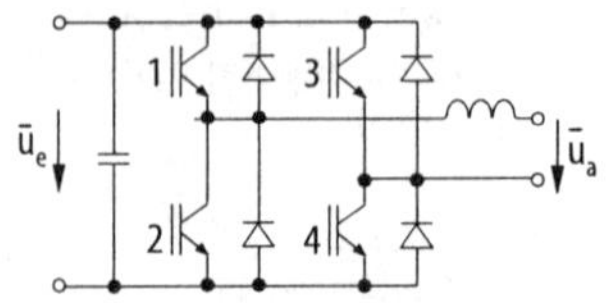

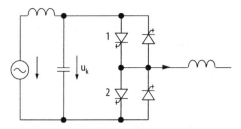

**Bild 4.32.** Ersatzkommutierungskreis bei eingeprägter Wechselspannung

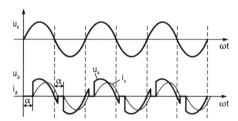

**Bild 4.34.** Prinzip der Phasenanschnittsteuerung

Schaltungsanordnung. Die ersten beiden Verfahren finden bei beidseitig eingeprägten Wechselströmen Verwendung. Die weiteren Verfahren können nur realisiert werden, falls durch eine eingeprägte Spannung sowohl induktive als auch kapazitive Kommutierungen ablaufen können.

*Schwingungspaketsteuerung*
Bei diesem Steuerverfahren werden von der Netzspannung immer eine bestimmte Anzahl von Perioden durch den Schalter auf den Ausgang durchgeschaltet.
Bild 4.33 verdeutlicht den Zusammenhang zwischen Eingangs- und Ausgangsspannung für den Fall, daß jeweils zwei Perioden durchgeschaltet werden und zwei Perioden gesperrt werden. Die sperr- und blockierfähigen Schalter benötigen eine Ansteuerschaltung, die nach einem Steuersignal zur Einschaltbereitschaft erst im Zeitpunkt eines Spannungsnulldurchganges den Schalter leitend steuert.

*Phasenanschnitt*
Die Phasenanschnittsteuerung benötigt ein netzspannungssynchrones Steuersignal, von dem aus der Schaltereinschaltzeitpunkt nach einem Spannungsnulldurchgang mit einer einstellbaren Verzögerungszeit in jeder Halbwelle eingeleitet wird.
Diese Verzögerungszeit ist die Steuergröße der Schaltung. Sie wird meist über die Kreisfrequenz in einen Zeitwinkel umgerechnet und dann als Zündwinkel α bezeichnet. Wie Bild 4.34 zeigt, liegt der Steuerbereich dieses Zündwinkels zwischen maximal 180° und minimal bei einem Winkel φ, der bei ständig eingeschaltetem Schalter dem Phasenwinkel zwischen Spannung und Strom entspricht.

*Phasenan- und -abschnittsteuerung*
Diese Art der Steuerung setzt einen *Freilaufkreis* für den eingeprägten Strom voraus.
Aus dem netzsynchronen Steuersignal werden symmetrisch zur Sinusspannung ein Phasenanschnittwinkel α und ein Phasenabschnittwinkel β gewonnen: β = 180 - α (Bild 4.35). Bezogen auf den Kommutierungskreis wechselt der Strom im Zündzeitpunkt ω t = α von Schalter 2 auf Schalter 1 und im Zeitpunkt ω t = β wieder zurück auf Schalter 2. Bei einer unsymmetrischen Steuerung kann in gewissen Gren-

**Bild 4.33.** Prinzip der Schwingungspaketsteuerung

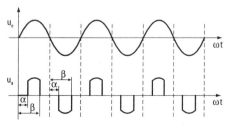

**Bild 4.35.** Prinzip der Phasenan- und -abschnittsteuerung

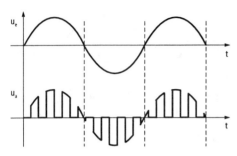

**Bild 4.36.** Prinzip der Pulsung

zen der Phasenwinkel zwischen Eingangsspannung und -strom beeinflußt werden.

### Pulsverfahren

Finden abwechselnd mehrere induktive und kapazitive Kommutierungsvorgänge während einer Netzspannungshalbperiode statt, spricht man von Pulsverfahren. Bezogen auf eine einphasige Mittelpunktschaltung ergeben sich die in Bild 4.36 dargestellten Spannungsverläufe. Aufgrund der vom Verhältnis zwischen Netz- und Pulsfrequenz bestimmten Anzahl von Freiheitsgraden lassen sich durch ausgewählte Pulsverfahren sowohl die Grundschwingung als auch mehrere Oberschwingungen des Stromes gezielt beeinflussen.

#### 4.3.3.3
**Wechselspannungssteller mit eingeprägten Strömen** (Bild 4.37)

#### 4.3.3.4
**Wechselspannungssteller mit eingeprägten Spannungen** (Bild 4.38)

### 4.3.4
### Netzgelöschte Wechsel- und Gleichrichter

#### 4.3.4.1
#### Kommutierung

Netzgelöschte Gleich- und Wechselrichter lassen sich auf den Ersatzkommutierungskreis nach Bild 4.39 zurückführen.

Die Netzspannung wirkt über die an den Eingangsklemmen der Stromrichter wirksamen Impedanzen als Kommutierungsspannung $u_k$. Es finden grundsätzlich induktive Kommutierungen statt, d.h. die Leistungshalbleiter werden als Nullstromschalter mit Netzfrequenz betrieben.

#### 4.3.4.2
#### Steuerprinzip

Die Steuerung erfolgt grundsätzlich mit einem Freiheitsgrad nach dem Prinzip der Phasenanschnittsteuerung. Aus einem zur Netzspannung synchronem Steuersignal wird für jeden Schalter der natürliche Zündzeitpunkt abgeleitet. Falls alle Schalter zu diesem Zeitpunkt leitend gesteuert werden, liegt ein ungesteuerter Betrieb der Schaltungen wie bei reinen Diodenschaltungen vor. Gesteuerter Betrieb ergibt sich, wenn der tatsächliche Zündzeitpunkt ge-

| Bezeichnung | Schaltung | statisches Übertragungsverhalten | Bemerkung |
|---|---|---|---|
| Wechselspannungssteller (einphasig) | 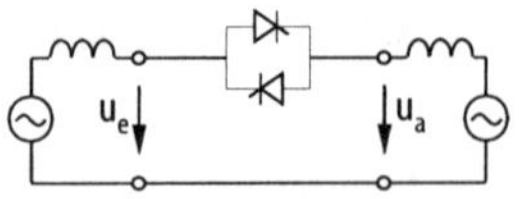 | $u_{aeff} = f(\alpha, \varphi, u_{eeff})$ | – nichtlineare lastabhängige Steuerkennlinie<br><br>$f_e = f_a$ |
| Drehstromsteller (dreiphasig) | 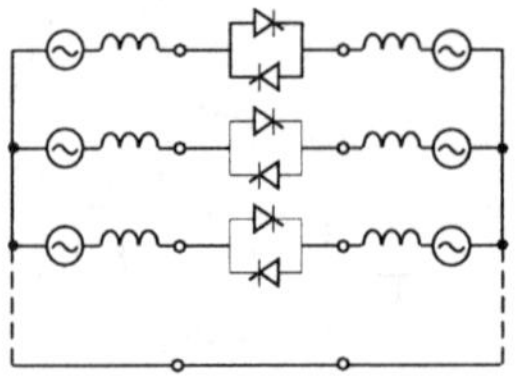 | $u_{aeff} = f(\alpha, \varphi, u_{eeff})$ | – nichtlineare lastabhängige Steuerkennlinie<br>– Sternpunkte offen und verbunden<br><br>$f_e = f_a$ |

**Bild 4.37.** Wechselspannungssteller mit eingeprägten Strömen

# 4 Elektrische Leistungsverstärker

| Bezeichnung | Schaltung | statisches Übertragungsverhalten | Bemerkung |
|---|---|---|---|
| pulsfähiger Wechselspannungssteller (einphasig) | 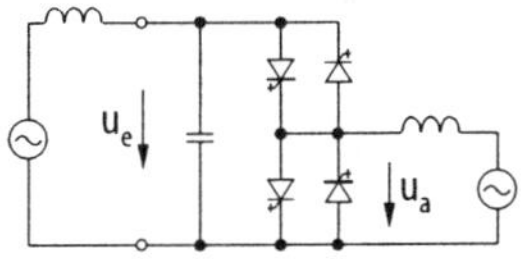 | $u_a = f(v, u_e)$ | – Übertragungsverhalten abhängig vom Pulsverfahren<br><br>$f_a \leq f_e$ |
| pulsfähiger Wechselspannungssteller Matrixconverter (dreiphasig) | 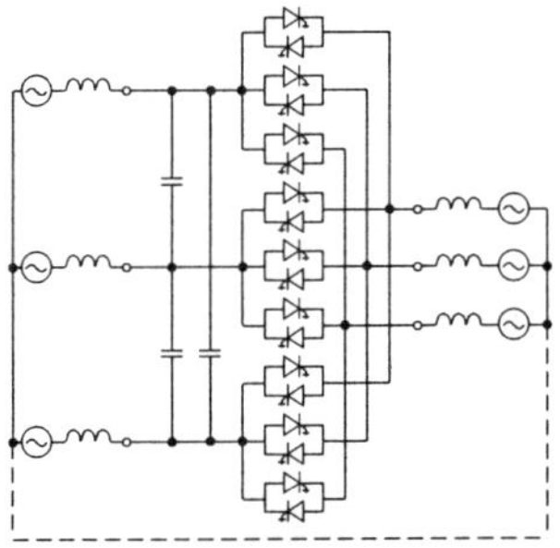 | $u_a = f(v, u_e)$<br><br>$v$ = Steuergröße | – Übertragungsverhalten abhängig vom Pulsverfahren<br><br>$f_a \leq f_e$ |

**Bild 4.38.** Wechselspannungssteller mit eingeprägten Spannungen

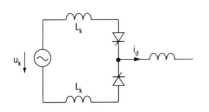

**Bild 4.39.** Kommutierungskreis

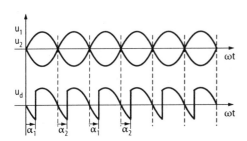

**Bild 4.40.** Steuerung einer Zweipuls-Mittelpunktschaltung

genüber dem natürlichen Zündzeitpunkt um eine bestimmte einstellbare Zeitdifferenz $\Delta t$ verzögert wird. Die Steuergröße der Schaltungen ist die als Zündwinkel $\alpha$ in einen Zeitwinkel umgerechnete Verzögerungszeit $\Delta t$. Der theoretisch mögliche Zündwinkelbereich liegt zwischen $\alpha = 0$ bei Vollaussteuerung und $\alpha = 180°$. Bild 4.40 zeigt das Steuerprinzip am Beispiel der Zweipuls-Mittelpunktschaltung.

### 4.3.4.3
*Mittelpunktschaltungen* (Bild 4.41)
### 4.3.4.4
*Brückenschaltungen* (Bild 4.42)

## 4.3.5
### Spannungswechselrichter und -gleichrichter

### 4.3.5.1
*Kommutierung*

Es ist grundsätzlich der gleiche Kommutierungskreis wirksam wie in Pulsstellerschaltungen. Die Gleichspannung des Spannungszwischenkreises wirkt als Kommutierungsspannung $u_K$ (Bild 4.43).

Im Unterschied zu den Pulsstellern fließt jedoch ein eingeprägter Wechselstrom $i_L$. Die deshalb verursachte Leistungsumpolung erlaubt in getakteter Betriebsweise fortlaufend entweder nur induktive oder nur kapazitive Kommutierungsvorgänge zu realisieren. Dabei kann der aktive Schalter als Nullstromschalter oder als Nullspannungsschal-

| Bezeichnung | Schaltung | statisches Übertragungsverhalten (Mittelwertmodell) | Bemerkung |
|---|---|---|---|
| Zweipuls-Mittelpunktschaltung | 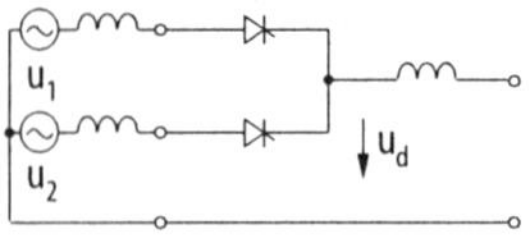 | $\bar{u}_d = \bar{u}_{d0} \cos \alpha$ <br> $\bar{u}_{d0} = \dfrac{2\hat{u}}{\pi}$ | $u_1 = \hat{u} \sin \vartheta$ <br> $u_2 = \hat{u} \sin(\vartheta - \pi)$ |
| Dreipuls-Mittelpunktschaltung | 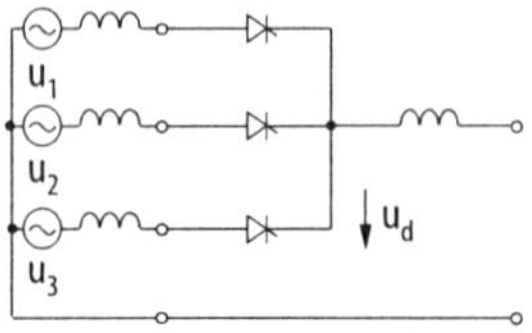 | $\bar{u}_d = \bar{u}_{d0} \cos \alpha$ <br> $\bar{u}_{d0} = \dfrac{3\sqrt{3}\,\hat{u}}{2\pi}$ | $u_1 = \hat{u} \sin \vartheta$ <br> $u_2 = \hat{u} \sin(\vartheta - \dfrac{2\pi}{3})$ <br> $u_3 = \hat{u} \sin(\vartheta - \dfrac{4\pi}{3})$ |

**Bild 4.41.** Mittelpunktschaltungen

| Bezeichnung | Schaltung | statisches Übertragungsverhalten | Bemerkung |
|---|---|---|---|
| Zweipuls-Brückenschaltung | 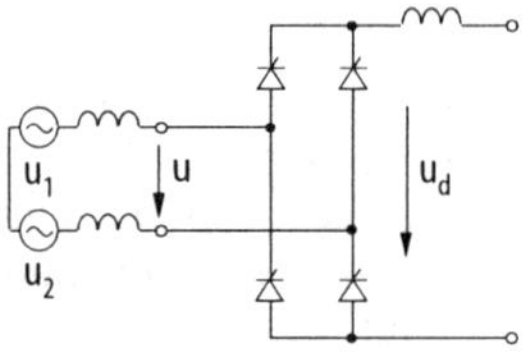 | $\bar{u}_d = \bar{u}_{d0} \cos \alpha$ <br> $\bar{u}_{d0} = \dfrac{4\hat{u}}{\pi}$ | $u_1 = \hat{u} \sin \vartheta$ <br> $u_2 = \hat{u} \sin(\vartheta - \pi)$ <br> $u = u_1 - u_2$ |
| Sechspuls-Brückenschaltung | 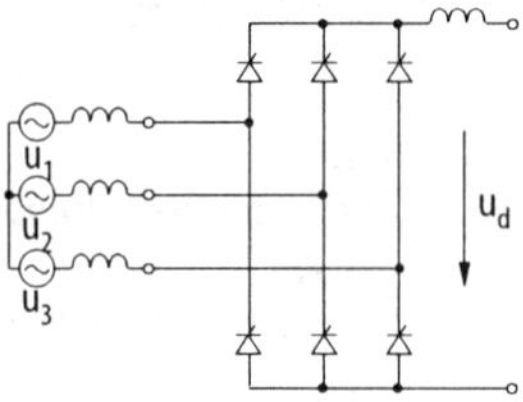 | $\bar{u}_d = \bar{u}_{d0} \cos \alpha$ <br> $\bar{u}_{d0} = \dfrac{3\sqrt{3}\,\hat{u}}{\pi}$ | $u_1 = \hat{u} \sin \vartheta$ <br> $u_2 = \hat{u} \sin(\vartheta - \dfrac{2\pi}{3})$ <br> $u_3 = \hat{u} \sin(\vartheta - \dfrac{4\pi}{3})$ |

**Bild 4.42.** Brückenschaltungen

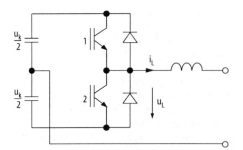

**Bild 4.43.** Ersatzkommutierungskreis

ter jeweils nur einem Steuerfreiheitsgrad betrieben werden. Im Pulsbetrieb wechseln sich induktive und kapazitive Kommutierungsvorgänge ab, und die Schalter arbeiten mit zwei Steuerfreiheitsgraden.

### 4.3.5.2
### Steuerprinzip

#### Getakteter Betrieb – induktiv

Mit Hilfe eines zur Stromgrundschwingung synchronen Signals wird ein Zündwinkel α als Steuergröße gewonnen (Bild 4.44). Zu Beginn der positiven Stromhalbwelle ist die Diode von Schalter 2 leitend,

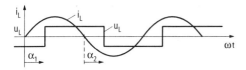

**Bild 4.44.** Phasenanschnittsteuerung

so daß im Zündzeitpunkt $\omega t = \alpha_1$ der Transistor 1 aktiv einschaltet. In der negativen Stromhalbwelle schaltet Transistor 2 induktiv ein. Daraus resultiert eine Phasenanschnittsteuerung.

***Getakteter Betrieb – kapazitiv***
Bei dieser Betriebsweise schaltet in der positiven Stromhalbwelle der leitende Transistor 1 nach dem Winkel $\beta_1$ im Sinne einer Phasenabschnittsteuerung aktiv aus. Entsprechend reagiert Transistor 2 in der negativen Halbwelle (Bild 4.45).

***Pulsbetrieb – alternierend induktiv und kapazitiv***
Im Pulsbetrieb existieren vielfältige Möglichkeiten der Pulsbreitenmodulation. Bild 4.46 zeigt das häufig verwendete *Unterschwingungsverfahren*. Aus der Überlagerung des Referenzsignals $v_{ref}$ mit einem Sägezahnsignal folgen die Umschaltzeitpunk-

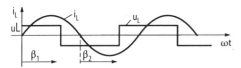

**Bild 4.45.** Phasenabschnittssteuerung

te von Schalter 1 und Schalter 2 und damit der Zeitverlauf der Spannung $u_L$.

#### 4.3.5.3
**Mittelpunktschaltungen** *(Bild 4.47)*

#### 4.3.5.4
**Brückenschaltungen** *(Bild 4.48)*

### 4.3.6
**Stromwechselrichter und -gleichrichter**

#### 4.3.6.1
*Kommutierung*

Dieser Kommutierungskreis entsteht durch das Abstützen der Wechselspannungsanschlüsse mit Kapazitäten. Er ermöglicht durch die eingeprägte Kommutierungsspannung $u_K$ sowohl kapazitive als auch induktive Kommutierungsvorgänge (Bild 4.49). Arbeiten die Schalter mit Netzfrequenz, können die Schalter mit nur einem Freiheitsgrad entweder als Nullspannungsschalter nur kapazitiv oder als Nullstromschalter nur induktiv schalten. Bei reinem Pulsbetrieb mit hohen Schaltfrequenzen wechseln sich ständig induktive und kapazitive Kommutierungsvorgänge ab. Die dann aktiv ein- und ausschaltbaren Schalter arbeiten mit zwei Steuerfreiheitsgraden.

#### 4.3.6.2
*Steuerung*

***Getakteter Betrieb – induktiv***
Die Phasenanschnittsteuerung ist prinzipiell identisch mit der Steuerung netzgelöschter Wechsel- und Gleichrichter. Bild 4.50 verdeutlicht das Steuerprinzip am Beispiel der Ersatzschaltung nach Bild 4.49.

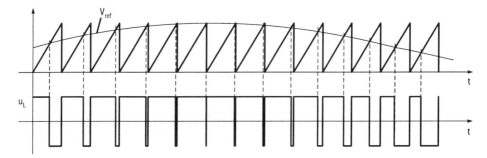

**Bild 4.46.** Pulsbreitenmodulation

| Bezeichnung | Schaltung | statisches Übertragungsverhalten (Grundschwingungsmodell) | Bemerkung |
|---|---|---|---|
| Mittelpunktschaltung (einphasig) | 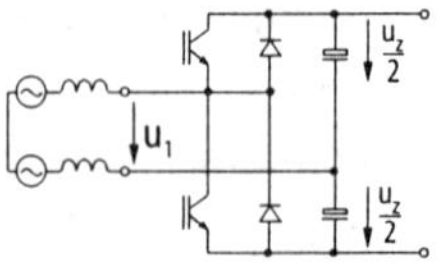 | $u_1 = \dfrac{u_z}{2} V$ <br> $V_{(1)} = \hat{V}_{ref} \sin\vartheta$ | – weitere Steuerverfahren möglich |
| Mittelpunktschaltung (dreiphasig) | 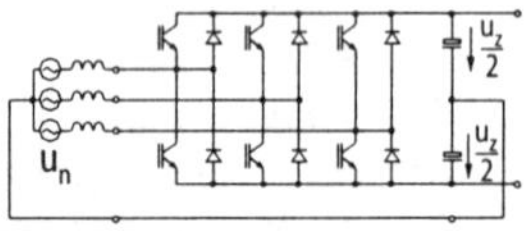 | $u_n = \dfrac{u_z}{2} V_n$ <br> $V_{1(1)} = \hat{V}_{ref} \sin\vartheta$ <br> $V_{2(1)} = \hat{V}_{ref} \sin(\vartheta - \dfrac{2\pi}{3})$ <br> $V_{3(1)} = \hat{V}_{ref} \sin(\vartheta - \dfrac{4\pi}{3})$ | – weitere Steuerverfahren möglich |

**Bild 4.47.** Mittelpunktschaltungen

| Bezeichnung | Schaltung | statisches Übertragungsverhalten (Grundschwingungsmodell) | Bemerkung |
|---|---|---|---|
| Brückenschaltung (einphasig) | 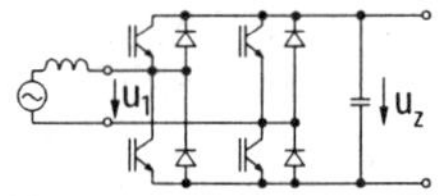 | $u_1 = u_z V$ <br> $V_{(1)} = \hat{V}_{ref} \sin\vartheta$ | – weitere Steuerverfahren möglich |
| Brückenschaltung (dreiphasig) | 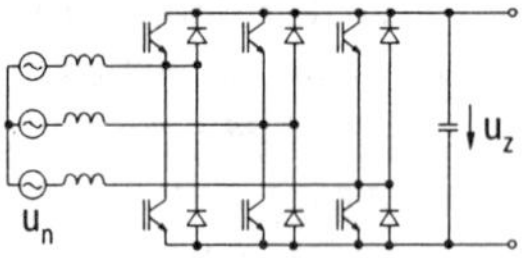 | $u_n = u_z V_n$ <br> $V_{1(1)} = \dfrac{1}{2}\hat{V}_{ref} \sin\vartheta$ <br> $V_{2(1)} = \dfrac{1}{2}\hat{V}_{ref} \sin(\vartheta - \dfrac{2\pi}{3})$ <br> $V_{3(1)} = \dfrac{1}{2}\hat{V}_{ref} \sin(\vartheta - \dfrac{4\pi}{3})$ | – weitere Steuerverfahren möglich |

**Bild 4.48.** Brückenschaltungen

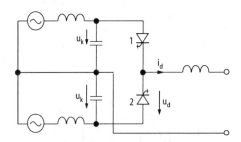

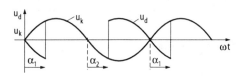

**Bild 4.50.** Phasenanschnittsteuerung

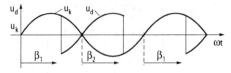

**Bild 4.49.** Ersatzkommutierungskreis

**Bild 4.51.** Phasenabschnittsteuerung

### Getakteter Betrieb – kapazitiv

Bei nur kapazitiver Betriebsweise der Schalter ergibt sich eine Phasenabschnittsteuerung, deren Prinzip Bild 4.51 verdeutlicht. In der positiven Halbwelle der Kommutierungsspannung $u_k$ schaltet nach dem Phasenabschnittwinkel der Schalter 1 kapazitiv aus. In der negativen Halbwelle schaltet Schalter 2 aktiv aus.

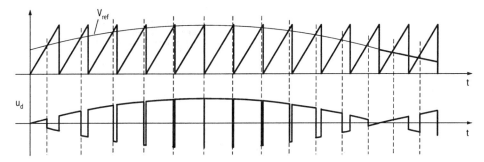

**Bild 4.52.** Unterschwingungsverfahren

| Bezeichnung | Schaltung | statisches Übertragungsverhalten (Grundschwingungsmodell) | Bemerkung |
|---|---|---|---|
| Mittelpunktschaltung (einphasig) | 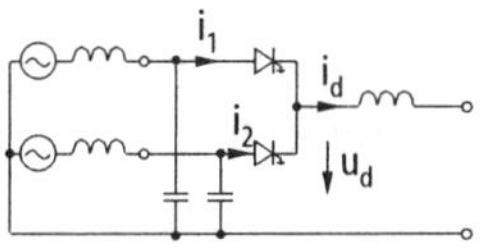 | $i_1 = i_d V_1$ <br> $i_2 = i_d V_2$ <br> $V_{1(1)} = \frac{1}{2} + \hat{V}_{ref} \sin \vartheta$ <br> $V_{2(1)} = \frac{1}{2} + \hat{V}_{ref} \sin (\vartheta - \pi)$ | – Gleichanteil im Strom $i_1$ und $i_2$ |
| Mittelpunktschaltung (dreiphasig) | 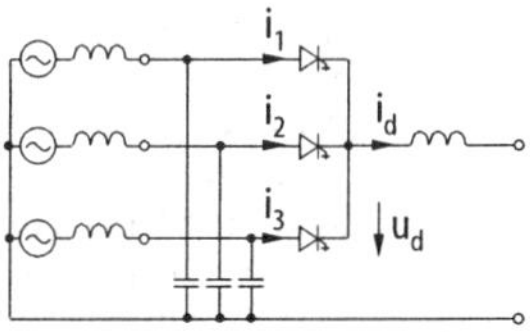 | $i_n = i_d V_n$ <br> $V_{1(1)} = \frac{1}{2} + \hat{V}_{ref} \sin \vartheta$ <br> $V_{2(1)} = \frac{1}{2} + \hat{V}_{ref} \sin (\vartheta - \frac{2\pi}{3})$ <br> $V_{3(1)} = \frac{1}{2} + \hat{V}_{ref} \sin (\vartheta - \frac{4\pi}{3})$ | – Gleichanteil in den Strömen $i_n$ |

**Bild 4.53.** Mittelpunktschaltungen

### Pulsbetrieb – alternierend induktiv und kapazitiv

Bild 4.52 verdeutlicht diese Betriebsweise am Beispiel des Unterschwingungsverfahrens. Die Überlagerung eines Referenzsignales des Stromes $V_{ref}$ (entspr. $i_{ref}$) mit einem Sägezahnsignal liefert die Umschaltzeitpunkte zwischen beiden Schaltern. Der Gleichstrom $i_d$ wird dabei in einen netzspannungssynchronen Wechselstrom transformiert. Die Größe $i_{ref}$ ist der Grundschwingung dieses Stromes proportional und in Bild 4.52 phasengleich zur Spannung $u_k$.

#### 4.3.6.3
**Mittelpunktschaltungen** (Bild 4.53)

#### 4.3.6.4
**Brückenschaltungen** (Bild 4.54)

### 4.3.7
### Zwischenkreisumrichter

In einem Zwischenkreisumrichter sind ein $n$-phasiger netzseitiger und ein $m$-phasiger lastseitiger Stromrichter über einen Zwischenkreis (Energiespeicher) miteinander verbunden (Bild 4.55). Der Energiezwischenspeicher kann dabei durch alle im Abschn. 4.1.5 aufgezeigten Varianten realisiert werden. Da an den Ein- und Ausgangsklemmen der Einzelstromrichter so-

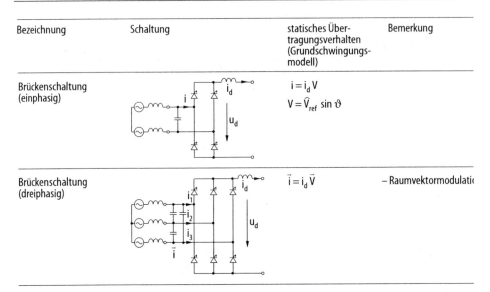

**Bild 4.54.** Brückenschaltungen

wohl eingeprägte Gleich- oder Wechselströme als auch Gleich- oder Wechselspannungen auftreten können, kommen prinzipiell alle im Abschn. 4.3 abgeleiteten Topologien in Frage.

Gegenwärtig dominieren innerhalb der Automatisierungstechnik Umrichter mit Spannungszwischenkreisen. Vor allem für *elektrische Stellantriebe* (Kap. I 1) werden verbraucherseitig entsprechend der eingesetzten Motortypen Pulssteller oder Wechselrichterschaltungen an der Zwischenkreisspannung betrieben. Netzseitig erfolgt die Gleichrichtung aus Kostengründen über ungesteuerte Diodenbrücken. Vom Verbraucher rückgespeiste Energie muß in diesem Fall über Widerstände und Bremschopper in Wärme umgewandelt werden. Zur Verbesserung der Netzrückwirkungen ist perspektivisch verstärkt der Einsatz von pulsfähigen Gleichrichtern zu erwarten, die bei annähernd sinusförmigen Netzströmen auch Energie in das Netz *zurückspeisen* können.

Werden andere, von der Netzspannung abweichende, Spannungsebenen der Zwischenkreisspannungen benötigt, sind entweder 50 Hz-Transformatoren oder potentialtrennende DC/DC-Wandler notwendig (vgl. Kap. L 1).

## Literatur

4.1 Bradley DA (1994) Power Electronics, 2. Aufl. Chapman and Hall, London

4.2 Lappe R, u.a. (1994) Handbuch Leistungselektronik: Grundlagen, Stromversorgung, Antriebe, 5. Aufl. Verlag Technik, Berlin München

4.3 Muhammed HR (1993) Power Electronics-Circuits, Devices and Applications, 2. Aufl. Prentice Hall, Englewood Cliffs, New Jersey

4.4 Mazda FF (1993) Power Electronics Handbook:Components, Circuits and Applications, 2. Aufl. Butterworths, London

4.5 Segnier G, Labrique F (1993) Power Electronic Converters: DC-AC Conversion, Springer, Berlin Heidelberg New York

4.6 Bausiere R, Labrique F, Seguier G (1993) Power Electronic Converters: DC-DC Conversion, Springer, Berlin Heidelberg New York

4.7 Baliga BJ (1992) Modern Power Devices, Krieger Publishing, Malabar

4.8 Williams BW (1992) Power Electronics: Devices, Drivers, Applications and Passive Components, 2. Aufl. Macmillan, Basingstoke

4.9 Michel M (1992) Leistungselektronik, Springer, Berlin Heidelberg New York

4.10 Lappe R, Conrad H, Kronberg M (1991) Leistungselektronik, 2. Aufl. Verlag Technik, Berlin München

4.11 Heumann K (1991) Grundlagen der Leistungselektronik, 5. Aufl. Teubner, Stuttgart

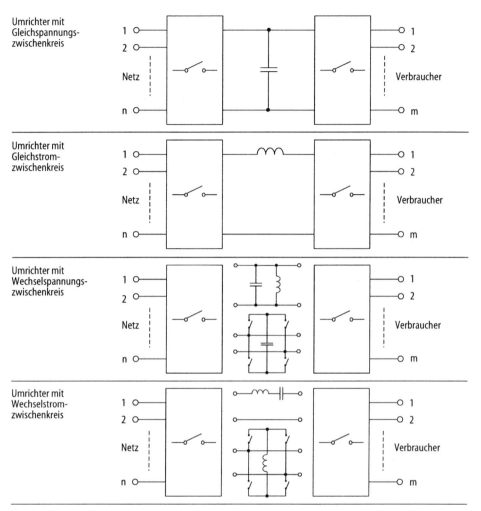

**Bild 4.55.** Zwischenkreisumrichter

4.12 Meyer M (1990) Leistungselektronik: Einführung, Grundlagen, Überblick, Springer, Berlin Heidelberg New York
4.13 Mohan N, Undeland TM, Robbins WP (1989) Power Electronics: Converters, Applications and Design, John Wiley & Sons, New York
4.14 Griffith DC (1989) Uninterruptible Power Supplies: Power Conditioners for Critical Equipment, Dekker, New York
4.15 Zach F (1988) Leistungselektronik: Bauelemente, Leistungskreise, Steuerungskreise, Beeinflussungen, 2. Aufl. Springer, Berlin Heidelberg New York
4.16.Sze SM (1981) Physics of Semiconductor Devices, 2. Aufl. John Wiley & Sons, New York

# 5 Analogschalter und Multiplexer

M. SEIFART

## 5.1 Analogschalter

Ein Analogschalter soll ein Analogsignal (Spannung oder Strom) in Abhängigkeit von einem äußeren Steuersignal möglichst amplituden- oder formgetreu übertragen bzw. sperren (Bild 5.1). Das Schalten von Analogsignalen mit hoher Geschwindigkeit und Genauigkeit ist wesentlich schwieriger zu realisieren als das Schalten digitaler Signale. Besondere Schwierigkeiten bereitet das schnelle und genaue Schalten kleiner Gleichspannungen und -ströme (mV-Bereich bzw. µA-Bereich und darunter) infolge der Fehlereinflüsse durch Offset- und Driftgrößen sowie Thermospannungen.

Fehler entstehen vor allem durch folgende Schalterkenngrößen:

1. Offsetspannung
2. Durchlaßwiderstand
3. Sperrstrom (Reststrom)
4. Kapazitäten.

Feldeffekttransistoren eignen sich aus mehreren Gründen besonders gut als Analogschalter:

1. nahezu völlige Isolation zwischen Steuerelektrode ($G$) und Schaltstrecke (d.h. dem analogen Signalpfad)
2. FET können sowohl positive als auch negative Spannungen schalten
3. keine Offsetspannung im eingeschalteten Zustand (Schalten sehr kleiner Spannungen möglich)
4. sehr kleine Steuerleistung erforderlich
5. großes Schaltverhältnis ($r_{off}/r_{on}$).

Sehr unangenehm machen sich die Transistorkapazitäten $C_{gd}$, $C_{gs}$ und $C_{ds}$ bemerkbar. Sie haben folgende Auswirkungen:

1. *Spannungsspitzen.* Bei steilen Flanken der Steuerspannung am Gate werden über die Kapazitäten $C_{gd}$ und $C_{gs}$ Spannungsspitzen auf den Ausgang bzw. Eingang des Schalters eingekoppelt. Besonders kritisch sind die auf den Ausgang gekoppelten Spannungsspitzen, da sie weiterverarbeitet werden und u.U. das Nutzsignal erheblich beeinflussen können. Je steiler die Flanken der Steuerspannung sind, um so größer ist die Amplitude der Spannungsspitzen [3.7, 3.8].
2. *Endliche Flankensteilheit.* Die Eingangskapazität am Gate bewirkt, daß die Gatespannung nicht beliebig schnell ansteigen bzw. abfallen kann. Um den FET schnell umzuschalten, ist ein niedriger Innenwiderstand der Steuersignalquelle erforderlich.
3. *Übersprechen.* Die Impedanz des gesperrten FET wird mit wachsender Frequenz kleiner, d.h., sein Sperrverhalten wird schlechter. In der Regel ist aber $C_{ds}$ sehr klein ($C_{ds}$ <0,1 ... 1 pF typisch, falls das Substrat wechselstrommäßig geerdet ist).

Das Produkt $r_{on}C_{gd}$ ist ein Gütemaß für FET hinsichtlich der Anwendung als Schalter und Zerhacker. Es soll möglichst klein sein.

## 5.2 Multiplexer für analoge Signale

Ein Analogmultiplexer schaltet $N$ Eingangssignale (Eingangsleitungen) zeitlich nacheinander (im Zeitmultiplexbetrieb) auf eine Ausgangsleitung. Am Ausgang erscheinen die Abtastwerte der verschiedenen Eingangssignale zeitlich gestaffelt. Die Funktion eines Multiplexers kann mit der eines elektromechanischen Schrittschaltwerkes verglichen werden. Die Anwahl einer bestimmten Eingangsleitung erfolgt durch eine digitale Adresse, üblicherweise im Dualkode, d.h. durch ein digitales Kodewort. Mit einer 4-bit-Adresse (vierstelliges Kodewort im 1-2-4-8-Kode) können auf diese Weise $2^4 = 16$ Eingänge zeitlich nacheinander auf die Ausgangsleitung geschaltet werden (Bild 5.1b).

Ein Demultiplexer führt die inverse Operation aus. Er hat nur einen Eingang. Zeitlich nacheinander auf diesem Eingang ankommende Signale werden auf eine von $N$ Ausgangsleitungen geschaltet.

Durch den Zeitmultiplexbetrieb kann die Anzahl der Signalverarbeitungskanäle bzw. der Verbindungsleitungen eines Systems erheblich reduziert werden. Ein typisches Beispiel sind Datenerfassungssysteme in der Meßtechnik. Dem Eingang eines Multiplexers werden die Meßwerte von $N$ Meßstellen zugeführt, die nacheinander über eine einzige Leitung zu einem Prozeßrechner oder zu anderen Verarbeitungseinheiten geleitet werden.

An einen Multiplexer für Analogsignale werden meist wesentlich härtere Forderungen gestellt als an Multiplexer für digitale Signale, weil die Analogsignale möglichst formgetreu übertragen werden müssen (besonders in der Meßtechnik!). Eine gewisse Verformung der digitalen Signale bedeutet dagegen keinen Informationsverlust.

Als Schalter werden CMOS-Schalter verwendet. In integrierter Ausführung haben sie Durchlaßwiderstände von $r_{on} \approx 500\ \Omega$ (typisch) und Sperrwiderstände von der Größenordnung 50 M$\Omega$. Mit wachsender positiver Eingangsspannung wird der p-Kanal-FET weiter aufgesteuert. Entsprechendes gilt für negative Eingangssignale und den n-Kanal-FET. Unabhängig von der Eingangssignalspannung bleibt der gesamte EIN-Widerstand des Schalters nahezu konstant.

Das Substrat beider FET muß so vorgespannt werden, daß die Drain- bzw. Source-Substrat-Diode nicht in Durchlaßrichtung geraten kann. Bei gesperrtem Schalter wird deshalb zweckmäßigerweise das Substrat des n-Kanal-FET mit $-10 \ldots -15$ V verbunden und das des p-Kanal-FET mit $+10 \ldots +15$ V (Signalspannungsbereich $-10\ \text{V} \leq U_E \leq +10\ \text{V}$).

Bei eingeschaltetem Schalter ist es zweckmäßig, beide Substratanschlüsse miteinander zu verbinden. Dann wird das Substratpotential näherungsweise dem Potential der Signalspannung nachgeführt, und es tritt keine „Substratmodulation" auf, d.h., der Durchlaßwiderstand $r_{on}$ des Schalters bleibt unabhängig von der Signalspannung nahezu konstant.

*Überspannungsschutz.* Alle HCMOS-Multiplexer/Demultiplexer und Analogschalter haben Eingangsschutzdioden an ihren E/A-Anschlüssen, die den Baustein schützen, wenn

a) die analoge E/A-Spannung entweder den positiven oder den negativen Versorgungsspannungsgrenzwert überschreitet oder

b) eine elektrostatische Entladung an den Analoganschlüssen auftritt. Für länger dauernde Überlastung muß zusätzlich ein Strombegrenzungswiderstand vor jeden Eingang und Ausgang geschaltet werden.

*Industrielle Beispiele.* HI-506/509 A (Burr Brown): CMOS-Multiplexer, Analogsignalbereich $\pm 15$ V, $r_{on} \approx 1{,}2$ k$\Omega$ (typ.), Einschwingzeit auf 0,01% $< 3{,}5$ µs, Besonderheit: hohe Durchsatzraten erlauben Transfergenauigkeiten entsprechend 0,01% bei Abtastraten bis 200 kHz, Überspannungsschutz bis zu $\pm 70\ V_{SS}$. Auch digitale Eingänge sind geschützt bis zu 4 V oberhalb jeder Betriebsspannung, $P_v$ typ. 7,5 mW; LM 604 (National Semiconductor): Multiplex-OV, enthält im Eingang 4 Instrumentationsverstärker, die über einen Analogmultiplexer auf einen Ausgangsverstärker geschaltet werden.

*Weitere Typen*: CMOS-Video-Multiplexer MAX 310/311 (Maxim): Signalfrequenzen bis zum Videobereich, extrem hohe Isolation zwischen Ein- und Ausgang eines gesperrten Schalters: $-66$ dB bei 5 MHz, Eingangsspannungsbereich $+12$ V$\ldots -15$ V bei Betriebsspannung $\pm 15$ V, Betriebsspannungsbereich $\pm 4{,}5 \ldots \pm 16{,}5$ V, bidirektionaler Betrieb möglich, am Ausgang ist ein 75-$\Omega$-Lastwiderstand anschließbar.

# 6 Spannungs-Frequenz-Wandler (*U/f, f/U*)

M. SEIFART

*U/f*-Wandler liefern als Ausgangssignal in der Regel eine Rechteckimpulsfolge, deren Folgefrequenz $f_a$ proportional zur Amplitude (exakt: zum arithmetischen Mittelwert während einer Periodendauer $1/f_a$ des Ausgangssignals) des jeweils anliegenden Eingangssignals (*U* oder *I*) ist. Sie haben mehrere vorteilhafte Eigenschaften: einfache Realisierbarkeit hochgenauer *U/f*-Wandler, das Ausgangssignal läßt sich einfach und ohne Genauigkeitsverlust galvanisch trennen, über große Entfernungen übertragen, an Mikroprozessoren/Mikrocontroller ankoppeln (CTC, Zähleingänge); zeitliche Integration des Eingangssignals bedingt weitgehende Unempfindlichkeit gegenüber Störimpulsen und ermöglicht ohne Zusatzaufwand Zeitsummation mehrerer Meßwerte (z.B. Energieverbrauchsmessung, Ladungsmessung). Mit *U/f*-Wandlern sind sehr einfach hochauflösende AD-Umsetzer realisierbar. Die Impulsrate des Ausgangssignals („Frequenz" $f_a$) muß lediglich mittels Zähler/Zeitgeber ermittelt werden (Prinzip der Frequenzmessung), s. Abschn. 11.4.3.

Viele industrielle *U/f*-Wandlertypen (meist monolithische IS) lassen sich *wahlweise* als *U/f*- oder als *f/U*-Wandler einsetzen.

Die meisten Schaltungsrealisierungen von Präzisions-*U/f*-Wandlern beinhalten einen Integrator (Miller-Integrator), der mit einer zeitlichen Ladungsänderung aufgeladen wird, die proportional zum jeweiligen Eingangssignal ist. Immer wenn die Ladungsmenge des Integrators einen Komparatorschwellwert (entspricht einer bestimmten Ausgangsspannung des Integrators) erreicht, wird der Integrator entladen, und die Aufladung beginnt erneut.

Der typische Frequenzbereich der Ausgangsimpulsrate von *U/f*-Wandlern liegt je nach Ausführungsform, Genauigkeit und Aufwand zwischen 0 ... 10/100 kHz (VFC 62 bzw. 320) und 0 ... 4 MHz (VFC 110).

## 6.1 Wirkungsweise einer hochlinearen *U/f*-Wandlerschaltung

Als typisches Beispiel betrachten wir den monolithischen Schaltkreis VFC 320 (Burr Brown) [6.1]. Er zeichnet sich durch sehr hohe Linearität (Nichtlinearität <±0,005% bei 10 kHz F. S., <±0,1% bei 1 MHz F.S.) entsprechend einer Auflösung von 12 ... 14 Bit und durch einen hohen Dynamikbereich von 6 Dekaden aus. Die Ausgangsimpulsfolge ist TTL/CMOS-kompatibel.

Die wesentlichen Funktionsgruppen sind ein Eingangsverstärker $V_1$, zwei Komparatoren $K_A$ bzw. $K_B$, ein RS-Flipflop FF ($K_A$, $K_B$ und FF bilden einen Univibrator), zwei geschaltete Stromsenken $I_A$ bzw. $I_B$ und eine Ausgangsstufe mit offenem Kollektor ($T_1$), s. Bild 6.1 a.

Der Eingangsverstärker bildet mit den externen Elementen $R_1$ und $C_2$ einen Integrator. Dessen Ausgangsspannung $u_{A\,int}$ verläuft dreieck- bzw. sägezahnförmig (Bild 6.1 b). Während $t_1$ fließt der Eingangsstrom $i_1 = u_1/R_1$ durch den Integrationskondensator $C_2$, und $u_{A\,int}$ fällt mit der Steigung

$$\frac{du_{A\,int}}{dt} = -\frac{u_1}{R_1 C_2} < 0\,.$$

Wenn $u_{A\,int}$ =0 erreicht ist, wechselt der $K_A$-Ausgang von *L* auf *H*, FF wird gesetzt, und $I_A$ sowie $I_B$ werden eingeschaltet (Beginn der Rückintegrationsphase $t_2$). Von diesem Zeitpunkt an fließt ein entgegengesetzt gerichteter Kondensatorstrom $i_{C2} = i_1 - I_A$, der ein Ansteigen von $u_{A\,int}$ mit der (positiven) Steigung

$$\frac{du_{A\,int}}{dt} = \frac{i_1 - I_A}{C_2} > 0$$

zur Folge hat. Am Ende des Intervalls $t_2$ werden die Stromsenken $I_A$, $I_B$ abgeschaltet, und der Vorgang wiederholt sich.

Da sich im Mittel die Ladung des Integrationskondensators nicht ändern kann, muß Ladungsgleichgewicht (Charge balancing) zwischen zu- und abfließender Ladung herrschen, und es gilt

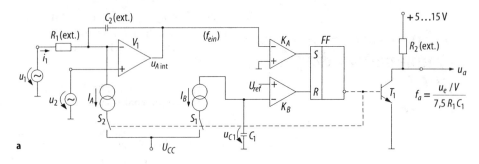

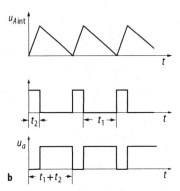

**Bild 6.1.** Präzisions-U/f-Wandler VFC 320 (Burr Brown)
a Blockschaltbild; b Zeitverlauf

$\overline{i_1}(t_1 + t_2) = I_A t_2$ .

Mit $f_a = 1/(t_1 + t_2)$ und $\overline{i_1} = \overline{u_1}/R_1$

ergibt sich

$$f_a = \frac{\overline{u_1}}{I_A R_1 t_2} \qquad (6.1)$$

$u_1$ bzw. $\overline{i_1}$ = arithmetischer Mittelwert während $t_1 + t_2$.

Während $t_2$ wird der externe Kondensator $C_1$ mit dem konstanten Strom $I_B$ von Null bis zur Referenzspannung $U_{ref} = -7{,}5$ V entladen. Daher gilt mit $Q = I_B t_2 = C_1 \cdot 7{,}5$ V

$$t_2 = \frac{C_1 \cdot 7{,}5 \text{ V}}{I_B} \quad .$$

Einsetzen von (6.2) in (6.1) liefert mit $I_A = I_B$ die Übertragungsfunktion (Übertragungskennlinie) des U/f-Wandlers zu

$$f_a = \frac{\overline{u_1}}{R_1 C_1 \cdot 7{,}5 \text{ V}} \quad .$$

Der Integrationskondensator $C_2$ hat also keinen Einfluß auf die Übertragungsfunktion, da er in beiden Phasen wirksam ist. Der Einfluß von $C_1$ kann in einer speziellen Schaltungsvariante (taktgesteuerter, synchroner U/f-Wandler) eliminiert werden.

Der U/f-Wandler VFC 320 ist wahlweise mit positiven oder negativen Eingangsspannungen bzw. -strömen im Differenzbetrieb ansteuerbar. Über einen gesonderten Eingang $f_{ein}$ (Bild 6.1a) läßt er sich mit einer Impulsfolge ansteuern und arbeitet dann als f/U-Wandler mit der Ausgangsspannung $u_{A\,int}$ ($u_1$ und $u_2$ kurzgeschlossen, Verbindung zwischen $u_{A\,int}$ und $f_{ein}$ aufgetrennt). Jeder Eingangsimpuls löst einen Univibratorimpuls der Breite $t_2 = C_1 \cdot 7{,}5$ V/$I_B$ aus, der vom Integrator integriert wird.

## 6.2
## Taktgesteuerter U/f-Wandler

U/f-Wandler lassen sich schaltungstechnisch auch „synchron", d.h. taktgesteuert, realisieren. Ihr Vorteil besteht u.a. darin, daß die kritische Abhängigkeit der Übertragungskennlinie von $C_1$ (und damit von der Verweilzeit des Univibrators) eliminiert wird. Als Beispiel zeigt Bild 6.2 das Blockschaltbild des Charge-balancing-U/f-Wandlers VFC 100 (Burr Brown) mit $f_{aus} \leq 2$ MHz [6.1]. Die Wirkungsweise entspricht weitge-

## 6 Spannungs-Frequenz-Wandler (U/f, f/U)

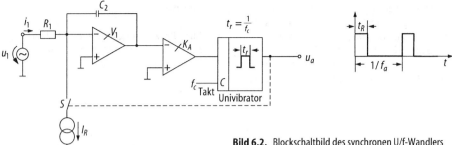

**Bild 6.2.** Blockschaltbild des synchronen U/f-Wandlers VFC 100 (Burr Brown) $I_R = 1\text{mA}$

hend der vorstehend beim Typ VFC 320 beschriebenen. Abweichend ist das Erzeugen der Verweilzeit des Univibrators:

Der Univibrator wird so realisiert, daß seine Verweilzeit der Taktperiodendauer entspricht: $t_R = 1/f_c$.

Auf dem Integrationskondensator besteht im Mittel Ladungsgleichgewicht: $\overline{i_1} = \overline{i_R}$. Daraus folgt

$$\frac{\overline{i_1}}{f_a} = I_R t_R = \frac{I_R}{f_c}.$$

Mit $i_1 = u_1/R_1$ ergibt sich die Übertragungsfunktion

$$f_a = \frac{\overline{i_1}}{I_R} f_c = \frac{\overline{u_1}}{I_R R_1} f_c$$

$f_c$ = Taktfrequenz.

Diese Übertragungsfunktion beinhaltet eine einfache Multiplikationsmöglichkeit. Falls $f_c$ proportional einer gewünschten Variablen X gewählt wird, ist die Ausgangsfrequenz $f_a$ proportional zum Produkt aus dem Eingangssignal $\overline{u_1}$ und der Variablen X.

### 6.3 Typische Anwendungen

Typische Anwendungsgebiete von U/f- bzw. f/U-Wandlern sind hochauflösende AD-Umsetzer, Digitalanzeigen, FM-Modulatoren/Demodulatoren für Sensorsignale, Präzisionslangzeitintegratoren, Drehzahlmesser. Bild 6.3 zeigt einige Anwendungen.

*Industrielle Beispiele*: VFC 320: $f_{aus} \leq 1$ MHz, Linearitätsfehler $\leq \pm 0{,}002$ bei $f_{aus} = 10$

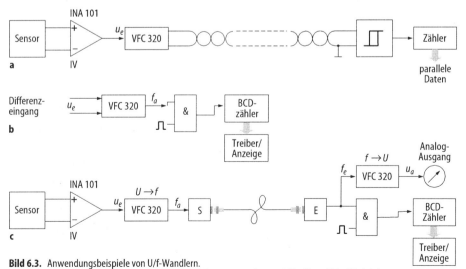

**Bild 6.3.** Anwendungsbeispiele von U/f-Wandlern.
**a** einfache AD-Umsetzung mit störarmer Binärsignalübertragung über verdrillte (lange) Zweidrahtleitung;
**b** einfache Digitalanzeige; **c** Sensorsignalerfassung, Lichtleiterübertragung und analog/digitale Anzeige des Sensorsignals

kHz, TK <±20 ppm/°C; VFC 101: $f_{aus}$ <2 MHz (taktgesteuert), $u_1$ = 0 ... +10 V, –5 V ... +5 V u.a., Linearitätsfehler <±0,02 bei $f_{aus}$ = 100 kHz, TK <±40 ppm/°C; VFC 110: $f_{aus}$ ≤4 MHz, $u_1$ = 0 ... 10 V, Linearitätsfehler <±0,05 bei $f_{aus}$ = 1 MHz, TK <±50 ppm/°C.

## Literatur

6.1 Burr Brown integrated circuits data book. vol. 33 d,e. (1992, 1994) Burr Brown Corp., Tucson, AZ

# 7 Funktionsgruppen für analoge Rechenfunktionen. Oszillatoren

M. SEIFART

## 7.1 Multiplizierer, Quadrierer, Dividierer, Radizierer

Zahlreiche Schaltungsmöglichkeiten gibt es für nichtlineare Rechenschaltungen. Die erreichbaren Fehlerklassen betragen 0,1 bis einige Prozent. Besondere Bedeutung haben Multiplizierer. Es entstanden zahlreiche Prinzipien, die je nach geforderter Genauigkeit, Bandbreite und vertretbarem Aufwand ausgewählt werden.

Rein elektronisch arbeiten Hall-Multiplikatoren (Gesamtfehler <0,5%). Zunehmende Bedeutung erlangen Schaltungen, bei denen die Rechenoperation durch die nichtlinearen Kennlinien von Halbleiterdioden und Transistoren realisiert wird. Sie haben nicht immer hohe Genauigkeit, jedoch wesentlich größere Bandbreite und sind in Form von IS sehr ökonomisch realisierbar.

Analog zu Verstärkerschaltungen für kleine Gleichgrößen lassen sich Multiplizierer- und Dividiererschaltungen in

a) direkt arbeitende (ohne Modulationsverfahren) und
b) Modulationsmultiplizierer bzw. -dividierer

einteilen. Je nachdem, ob nur eine oder ob beide Polaritäten der zwei zu multiplizierenden Eingangsspannungen verarbeitet werden, unterscheidet man Einquadranten-, Zweiquadranten- und Vierquadrantenmultiplizierer bzw. -dividierer.

Bild 7.1 zeigt einige Beispiele moderner elektronischer Verfahren. Schaltung a) erläutert das Prinzip eines Einquadrantenmultiplizierers ($u_1 > 0$, $u_2 > 0$; Fehler 1 ... 5%). Durch Subtrahieren der logarithmier-

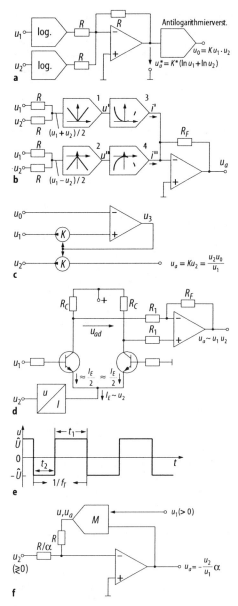

**Bild 7.1.** Analogmultiplizierer und -dividierer mit OV
**a** logarithmischer Multiplizierer; **b** Viertelquadratmultiplizierer (Parabelmultiplizierer) $u' = |u_1 + u_2|^2$, $u'' = |u_1 - u_2|^2$, $i' = Ku'^2$, $i'' = -Ku''^2$, $u_a = -KR_F u_1 u_2$
Die Betragsbildung (Blöcke 1,2) kann entfallen, falls Zweiquadrantenquadrierer verwendet werden (gestrichelt in den Blöcken 3 und 4); **c** Multiplizierer bzw. Dividierer mit gesteuerten Koeffizientengliedern ; **d** Multiplizierer mit variabler Steilheit; **e** Timedivision-Multiplizierer; **f** Dividierschaltung unter Verwendung eines Multiplizierers (M)

ten Spannungen $u_1$ und $u_2$ entsteht ein Dividierer.

Beim Viertelquadratmultiplizierer (sog. Zweiparabelverfahren, Schaltung b) wird die Multiplikation gemäß der Beziehung $u_1 u_2 = 1/4[(u_1 + u_2)^2 - (u_1 - u_2)^2]$ auf Addition, Subtraktion und Quadrieren zurückgeführt. Zum Quadrieren sind Diodenfunktionsgeneratoren (Bild 14.1, Nr. 5) geeignet.

Die Genauigkeit (Fehler ≈0,1%) und die Bandbreite (einige Kilohertz) sind gut, der Aufwand relativ hoch (mehrere beschaltete OV für Quadrierer, zur Betragsbildung usw.; Bild 7.1b).

Multiplizierer mit gesteuerten Koeffizientengliedern (mit isolierenden Kopplern; Bild 7.1c) enthalten zwei Koeffizientenglieder mit möglichst gleichen Kennlinien, deren Ausgangsspannung $Ku_1$ bzw. $Ku_2$ proportional zur Eingangsspannung ist (kontaktlose Potentiometer). Die Größe des Übertragungsfaktors $K$ wird von der Ausgangsspannung eines OV gesteuert. Diese stellt sich im Sinne eines Folgeregelkreises so ein, daß $Ku_1 = u_o$ wird. Die Ausgangsspannung der Schaltung beträgt deshalb $u_a = Ku_2 = u_2 u_o / u_1$. Je nachdem, ob $u_o$ und $u_2$ oder $u_o(u_2)$ und $u_1$ als Eingangsgrößen verwendet werden, wirkt die Schaltung als Multiplizierer bzw. Dividierer. Das Arbeitsprinzip entspricht dem Servomultiplizierer, der hier vollelektronisch realisiert wird. Als Koeffizientenglieder lassen sich steuerbare Widerstände (FET, Fotowiderstände usw.) einsetzen. Bei Verwendung von FET (z.B. Doppel-FET) wird der Drain-Source-Widerstand durch $u_3$ gesteuert.

Die wahrscheinlich einfachste Multiplikationstechnik verwendet der Multiplizierer mit variabler Steilheit, der allerdings zwei völlig gleiche Bipolartransistoren voraussetzt und erhebliche Temperaturabhängigkeit aufweist (Bild 7.1d). Es wird die exponentielle $I_E$-$U_{BE}$-Kennlinie der Bipolartransistoren ausgenutzt. Die Differenzausgangsspannung des Differenzverstärkers ergibt sich aus Bild 3.4j zu $u_{ad} \approx (S/2)R_c u_1 \approx (I_E/2U_T) R_c u_1$.

Weil der Emitterstrom des Differenzverstärkers von $u_2$ gesteuert wird ($I_E \sim u_2$), gilt $u_{ad} \sim u_1 u_2$.

Eine Weiterentwicklung mit verbesserten Eigenschaften ist der Stromverhältnismultiplizierer, der ebenfalls die exponentielle Abhängigkeit des Transistor-pn-Übergangs ausnutzt. Die Schaltung eignet sich besonders für den Aufbau als IS. Aber auch bei der Realisierung mit sorgfältig ausgesuchten diskreten Transistoren beträgt der Fehler ≈1%.

Als Beispiel für ein Modulationsverfahren erläutert Bild 7.1e das Prinzip des Timedivision-Verfahrens, mit dem sich zwei Spannungen $u_1$ und $u_2$ multiplizieren lassen. Man erzeugt eine Rechteckspannung von konstanter Frequenz $f$, deren Amplitude $\hat{U} \sim u_1$ und deren Zeitdifferenz $(t_1 - t_2) \sim u_2$ ist. In einem Tiefpaßfilter wird der arithmetische Mittelwert der Rechteckspannung gebildet. Er beträgt $\bar{u} \sim f u_1 u_2$. Die Proportionalität $(t_1 - t_2) \sim u_2$ kann mit einem Impulsbreitenmodulator erreicht werden, der sich unter Verwendung eines Generators für Dreieckimpulse und eines Analogkomparators aufbauen läßt. Bei hohen Forderungen an Genauigkeit und Bandbreite steigt der Aufwand beträchtlich. Die Bandbreite wird durch die Grenzfrequenz des Tiefpasses bestimmt, die wesentlich kleiner sein muß als $f$. Schaltet man eine Multiplizierschaltung in den Gegenkopplungskreis eines OV, so ergibt sich ein Analogdividierer (Bild 7.1f). Da sich die Ausgangsspannung $u_a$ des OV immer so einstellt, daß seine Differenzeingangsspannung verschwindet, gilt $\alpha u_2 = -u_1 u_a$. Verbindet man beide Eingänge der Multiplizierschaltung mit dem OV-Ausgang, erhält man einen Radizierer. Hauptanwendungen bei der Automatisierung, für die es auch Serienerzeugnisse gibt, bilden Radizierer und Durchflußkorrekturrechner ($\sqrt{ab/c}$) zur Kennlinienkorrektur bei der Durchflußmessung mit Blenden oder Düsen.

Für sehr hohe Genauigkeitsansprüche müssen digital arbeitende Rechenschaltungen eingesetzt werden. Mikroprozessoren sind hier echte Ergänzungen oder Alternativen für analoge Rechenfunktionseinheiten.

## 7.2
## Generatoren für Sinusschwingungen

In der Automatisierungstechnik werden *Oszillatorschaltungen* für sinusförmige Schwingungen vor allem für die folgenden Einsatzgebiete benötigt:

- Zeitbasis: 1 ... 10 MHz,
- frequenzanaloge Signale: 0 ... 10 kHz (auch >1 MHz),
- Trägerfrequenz (Frequenzmultiplex-Fernübertragung): kHz bis MHz,
- Aussetzoszillatoren in Initiatoren: 0,2 ... 1 MHz,
- Frequenz- und Phasenmodulation: kHz bis MHz.

Die Frequenzkonstanz von Oszillatoren für sinusförmige Schwingungen ist in der Regel wesentlich besser als die von Impulsgeneratoren, weil die Schwingungsfrequenz von Impulsgeneratoren meist von der relativ inkonstanten Umschaltschwelle der Transistorstufen abhängt.

Zur Aufrechterhaltung stabiler Schwingungen muß die Rückkopplungsbedingung $\underline{G_v}\underline{G_r} = -1$ erfüllt sein ($\underline{G_v}\underline{G_r}$ Schleifenverstärkung), aus der sich der notwendige Betrag $|\underline{G_v}\underline{G_r}| = 1$ und die erforderliche Phasendrehung $\varphi_v + \varphi_r = 180°$ der Schleifenverstärkung ableiten.

Die Frequenzselektivität einer Oszillatorschaltung zur Erzeugung von Sinusschwingungen wird meist durch einen Schwingkreis oder ein frequenzabhängiges Rückkopplungsnetzwerk bewirkt. Die Bedingung $G_v G_r = -1$ ist in der Regel nur für eine Frequenz erfüllt. Weil sich Schwingungen mit *konstanter Amplitude* lediglich einstellen, wenn diese Bedingung genau eingehalten wird, ist in jedem harmonischen Oszillator ein nichtlineares Glied oder eine Regelschaltung erforderlich, die dafür sorgen, daß sich der erforderliche Wert der Verstärkung genau einstellt.

Sinusgeneratoren für hohe Frequenzen sind meist als LC-Oszillatoren aufgebaut, von denen der Meißner-Oszillator eine der am längsten bekannten Schaltungen ist (Bild 7.2a).

Die Rückkopplung erfolgt hierbei durch einen Übertrager, der gleichzeitig die notwendige Phasendrehung bewirkt (als Aussetzoszillator für induktive Initiatoren angewendet). Ein Kondensator lädt sich infolge Spitzengleichrichtung durch die Gate-Source-Diode des SFET auf eine Gleichspannung auf, wodurch sich der Arbeitspunkt verschiebt. Hierdurch verringert sich die Verstärkung der Stufe gerade so weit, daß die Rückkopplungsbedingung genau eingehalten wird. Weitere, oft verwendete LC-Oszillatorschaltungen sind die kapazitive und die induktive Dreipunktschaltung (Bild 7.2b, c).

Die Frequenzinkonstanz von LC-Oszillatoren beträgt üblicherweise $\Delta f/f_0 \approx 10^{-2} \ldots 10^{-3}$. Für sehr hohe Anforderungen an Frequenzgenauigkeit und -konstanz müssen Quarzoszillatoren eingesetzt werden. Je nach Aufwand (u.U. Einbau in einen Thermostaten) sind Werte $\Delta f/f_0 \approx 10^{-6} \ldots 10^{-10}$ erreichbar.

Bild 7.2d zeigt als Beispiel einen Quarzoszillator mit einem CMOS-Inverter, der als invertierende Verstärkerstufe wirkt. Die Schaltung wirkt als kapazitive Dreipunktschaltung analog zu Bild 7.2b. Der Quarz

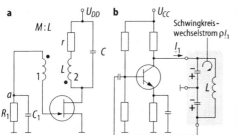
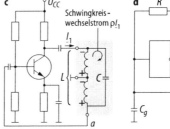
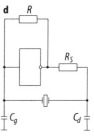

**Bild 7.2.** LC-Oszillatorschaltungen, Quarzoszillator. **a** Meißneroszillator mit FET und automatischer Gatevorspannungserzeugung; **b** kapazitive Dreipunktschaltung (Emitterschaltung); **c** induktive Dreipunktschaltung (Emitterschaltung); **d** Quarzoszillator mit CMOS-Inverter (kapazitive Dreipunktschaltung)

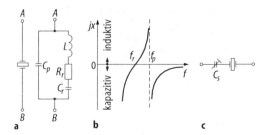

**Bild 7.3.** Schwingquarz. **a** Ersatzschaltbild; **b** Frequenzabhängigkeit des Scheinwiderstandes zwischen A und B; **c** Abgleich der Resonanzfrequenz durch äußere Kapazität $C_s \gg C_r$.
Typische Werte: $L = 1{,}4$ Vs/A, $C_r = 0{,}009$ pF, $C_p = 1{,}5$ pF, $R_r = 86\,\Omega$, $Q = 1{,}2 \cdot 10^5$, $f_{res} = 1{,}4$ MHz, typische Abmessungen: $30 \times 4 \times 1{,}5$ mm;
Typische Werte eines 4-MHz-Quarzes:
$L = 100$ mVs/A, $C_r = 0{,}015$ pF, $C_p = 5$ pF, $R_r = 100\,\Omega$, $Q = 25000$, $f_{res} = 4$ MHz

wirkt als Induktivität, d.h. es erregt sich in der Schaltung eine Schwingfrequenz, die geringfügig unterhalb der Parallelresonanzfrequenz des Quarzes liegt. In diesem Frequenzbereich verhält sich der Quarz wie eine Induktivität (Bild 7.3).

Quarzoszillatoren sind industriell, z.B. in SMD-Technik, mit typischen Schwingfrequenzen bis 60 MHz und Instabilitäten von ±100 ppm und darunter verfügbar.

Mittlere und niedrige Frequenzen werden in der Automatisierungstechnik häufiger benötigt als hohe Frequenzen. Deshalb haben RC-Generatoren große Bedeutung, da sie keine Spulen benötigen und für diesen Frequenzbereich gut geeignet sind. Die Schwingfrequenz $f_o$ wird durch die frequenzabhängige Phasenverschiebung der RC-Netzwerke bestimmt. Die beiden bekanntesten Schaltungen sind der Phasenschiebergenerator und der Wien-Robinson-Generator. Zur Amplitudenstabilisierung muß entweder ein Begrenzer in den Gegenkopplungskreis geschaltet werden oder ein steuerbarer Widerstand, der die Verstärkung in Abhängigkeit von der Signalausgangsspannung regelt (Bild 7.4).

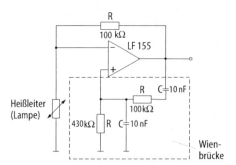

**Bild 7.4.** Beispiel eines dimensionierten Wienbrücken-Oszillators mit einfacher Amplitudenstabilisierung. Schwingfrequenz: $f_0 = 1/2\,pRC$

Für sehr niedrige Frequenzen ($f < 1$ Hz) eignen sich die bisher beschriebenen Oszillatorschaltungen praktisch nicht. Die Schwingungen werden in diesem Frequenzbereich besser synthetisch erzeugt. Eine Möglichkeit hierfür besteht darin, Dreieckschwingungen zu erzeugen (in diesem Frequenzbereich mit Integratorschaltungen gut realisierbar) und diese so zu verformen, daß am Ausgang ein (nahezu) sinusförmiges Signal entsteht. Eine zweite Möglichkeit ist der Integrationsoszillator. Er modelliert die Schwingungsdifferentialgleichung und läßt sich z.B. aus drei OV in Verbindung mit RC-Gliedern aufbauen [3.4, 3.6].

## 7.3
## Phasenregelkreis (PLL)

Der Phasenregelkreis (Phase-locked-loop, PLL) ist ein spezielles Rückkopplungs- bzw. Servosystem, in dem das Fehlersignal nicht durch einen Spannungs- oder Stromvergleich, sondern durch einen Phasenvergleich erhalten wird. Wesentlicher Bestandteil ist ein als Spannungsfrequenzwandler arbeitender spannungsgesteuerter Oszillator (VCO, voltage controlled oscillator), dessen Schwingfrequenz durch eine Steuerspannung (Fehlersignal $u_f$) verändert werden kann (Bild 7.5).

Der Phasenregelkreis bewirkt eine Ausregelung kleiner Frequenzunterschiede zwischen dem Eingangs- und dem Vergleichssignal, d.h. er führt die Frequenz eines Vergleichssignals ($f'_a$) der Frequenz des Eingangssignals ($f_e$) nach. Die Frequenz des Vergleichssignals ist entweder direkt die Ausgangsfrequenz oder sie steht in definiertem Verhältnis zu ihr ($f'_a = f_a/N$).

Die PPL-Schaltung im Bild 7.5 wirkt wie folgt: Ohne Eingangssignal ist das Fehler-

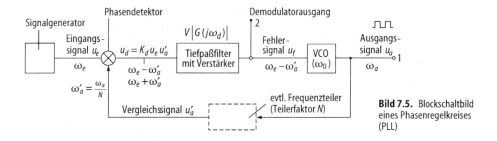

Bild 7.5. Blockschaltbild eines Phasenregelkreises (PLL)

signal $u_f = 0$. Nach Zuführen eines Eingangssignals ($f_e$) vergleicht der Phasendetektor Phase und Frequenz des Eingangssignals mit dem Vergleichssignal. Bei Nichtübereinstimmung liefert der Phasendetektor die Ausgangsspannung $u_d$, die Frequenzkomponenten mit $f_e - f'_a$ und $f_e + f'_a$ enthält. Die Differenzfrequenz $f_e - f'_a$ dient als Regelsignal zur Steuerung der VCO-Schwingfrequenz. Diese wird so weit verändert, daß $f_e - f'_a$ gegen Null geht. Im „eingerasteten" Zustand ist $f'_a = f_e$, d.h. $f_a = Nf_e$ (N = Teilerfaktor des Frequenzteilers).

Solange $f_e$ und $f'_a$ weit auseinanderliegen, entsteht keine Fehlerspannung $u_f$ am VCO-Eingang, da sowohl $f_e + f'_a$ als auch $f_e - f'_a$ außerhalb des Durchlaßbereiches des Tiefpaßfilters liegen. Der VCO schwingt mit seiner Freilauffrequenz $f_0$. Nähern sich $f_e$ und $f'_a$, gelangt $f_e - f'_a$ in den Durchlaßbereich des Tiefpaßfilters, und der PLL „rastet ein", d.h. die VCO-Schwingfrequenz wird so weit verändert, daß $f_e - f'_a \to 0$ wird. Die größte Frequenzdifferenz $|f_e - f_0|$, die unterschritten werden muß, damit der PLL einrastet, heißt „Fangbereich". Der „Haltebereich $2\Delta f_L$", d.h. der Frequenzbereich $f_0 \pm \Delta f_L$, in dem der eingerastete PLL der Eingangsfrequenz $f_e$ folgen kann, ist stets größer als der Fangbereich.

PLL-Schaltungen sind als monolithische Schaltkreise verfügbar, z.B. die Typen 74 LS 297 (TTL, Low Power Schottky, Texas Instr.) mit $f_0 \leq 50$ MHz und LM 565 mit $f_0 \leq 500$ kHz.

Typische PLL-Anwendungen sind FM-Demodulatoren, digitale Frequenzmodulation (FSK = frequency shift keying) und vor allem die Frequenzsynthese (Bild 7.6), die es ermöglicht, aus einer hochgenauen und hochkonstanten Referenzfrequenz zahlreiche diskrete Frequenzen mit gleicher Genauigkeit und Konstanz abzuleiten (Beispiel: PLL-Frequenzsynthese bei Rundfunkempfängern zur Sendereinstellung).

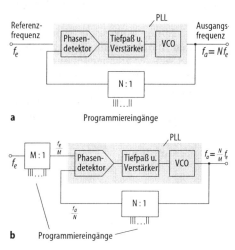

Bild 7.6. Programmierbare Frequenzsynthese.
a ganzzahlige Vervielfachung; b Vervielfachung mit gebrochenen Zahlen

# 8 Digital-Resolver- und Resolver-Digital-Umsetzer

H. BEIKIRCH

## 8.1 Resolverwirkprinzip

*Resolver* sind induktive Signalgebersysteme. Sie können als *Drehmelder* mit zweisträngiger Ständerwicklung bezeichnet werden und sind allgemein in die Gruppe der *Transformatorgeber* einzuordnen. Man nutzt bei derartigen Systemen die Änderung des Koppelfaktors zwischen den Wicklungen aus.

Resolver werden zur *Positionier-* und *Folgeregelung* verwendet. Sie werden als Weg- und Winkelgeber zur Sollwert-Istwert-Differenzbildung eingesetzt. Neben den zwei festen Ständerwicklungen, die meist im Winkel von 90° zueinander angeordnet sind, gehört zum Resolver eine bewegliche Wicklung. Der *Winkelsollwert* $\alpha_s$ wird den beiden festen Ständerwicklungen a und b in Form der Wechselspannungen (nach [8.1])

$$u_a = \hat{u} \cos\alpha_s \sin\omega t \qquad (8.1)$$

und

$$u_b = \hat{u} \sin\alpha_s \sin\omega t \qquad (8.2)$$

über einen geeigneten Digital-/Analogumsetzer zugeführt. Durch die Anordnung der Wicklungen zueinander wird in der Läuferwicklung die Spannung

$$u_F = k\,\hat{u} \cos(\alpha_s - \alpha_i)\sin\omega t \qquad (8.3)$$

induziert ($\alpha_i$ Winkelistwert). Die induzierte Spannung ist der Regelabweichung proportional. Der Kopplungsfaktor zwischen Ständer und Läufer wird durch $k$ beschrieben.

Durch eine phasenrichtige Gleichrichtung kann die induzierte Spannung über einen geeigneten Regelkreis ausgeregelt werden.

Bild 8.1 zeigt das Schaltbild eines Resolvers und den zugehörigen Verlauf der *Läuferspannung* $u_F$.

Die äußere Beschaltung des Resolvers kann beispielsweise als transformatorischer *Wegaufnehmer* nach Bild 8.2 erfolgen. Das Prinzipschaltbild (nach [8.2]) zeigt die einzelnen Funktionsstufen Generator, Teiler, Tiefpaß und Phasenschieber zur Erzeugung der Ständerspannungen $u_1$ und $u_2$. Die Ständerspannung wird über Impulsformer, Triggerung und Gatter als Weginformation ausgegeben. Das Funktionsprinzip beruht darauf, daß man eine hohe Hilfsfrequenz (z.B. 5 MHz), die einem Ausgangstor zugeführt wird, um einige Zehnerpotenzen teilt (z.B. auf 2,5 kHz) und damit die Ständerwicklung 1 speist. Bei 90°-Anordnung der beiden Ständerspulen wird an Ständerwicklung 2 die gleiche Frequenz um 90° phasenverschoben angelegt ($\hat{u}_1 = \hat{u}_2$). Bei einer Auslenkung der beweglichen Spule 3 um den Winkel $\alpha$ wird von dieser eine phasenverschobene Spannung $u_3$ abgegeben, die über Trigger das nachfolgende Tor je-

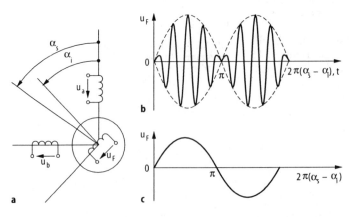

**Bild 8.1. a** Resolverschaltbild, **b** Verlauf der Läuferspannung und **c** phasenrichtige, gleichgerichtete und geglättete Läuferspannung [8.1]
($\alpha_s$ Sollwert, $\alpha_i$ Istwert)

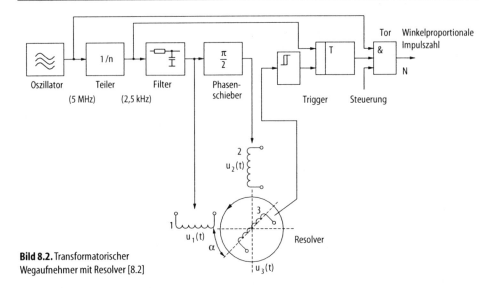

**Bild 8.2.** Transformatorischer Wegaufnehmer mit Resolver [8.2]

weils für eine dem Phasenwinkel entsprechende Zeit öffnet. So kann für einen Drehwinkel von 0–180° eine lineare Torung von Impulsen der Generatorfrequenz (5 MHz) erfolgen. Die zyklische Zählung der Ausgangsimpulse entspricht dem Digitalwert des Drehwinkels $\alpha$. Dieses Verfahren ist besonders für sehr hohe Auflösungen geeignet.

Beispielsweise können bei einer Hilfsfrequenz von 5 MHz und entsprechend präziser mechanischer Anordnung 0–5000 Impulse einem Winkelbereich von 0–180° zugeordnet werden.

## 8.2
## Resolver-Digital-Umsetzer

Die Nutzung des Resolvers wird mit entsprechenden Umsetzerschaltkreisen für die Implementierung in elektronischen Regelungssystemen effektiv realisierbar. Diese Bausteine sind auf die Resolverfunktion abgestimmt und können so mit hoher Auflösung in einem einzigen monolithischen oder hybriden Bauelement die gesamte Steuerung und Signalumformung übernehmen. Das Funktionsprinzip beruht darauf, daß man die Resolverrotorwicklung mit einer Referenzwechselspannung speist. Die Referenzwechselspannung und die beiden Signale der Statorwicklungen werden im Schaltkreis verarbeitet. Ausgangsseitig steht die Winkelinformation digital kodiert in verschiedenen Bitbreiten zur Ausgabe bereit.

*Resolver-Digital-Umsetzer* werden in großer Vielfalt industriell angeboten. Allein wird derzeitig beispielsweise von der Fa. Analog Devices ein Spektrum von 12 verschiedenen integrierten bzw. hybriden Bausteinen zur Verfügung gestellt. In diesem Spektrum sind Auflösungen von 10 bis 16 bit sowie ein- oder zweikanalige Ausführungen enthalten.

Bild 8.3 zeigt das Blockschaltbild des Umsetzers AD2S46 mit seinen internen Funktionsblöcken sowie das Prinzip der äußeren Beschaltung.

Ein interner Reglkreis, der aus Multiplizierer, Verstärker, phasenempfindlichem Detektor, Integrator, VCO (spannungsgesteuerter Oszillator) und einem gelatchten Vor-/Rückwärtszähler besteht, erzeugt aus den eingangsseitig angelegten Resolverwechselspannungen eine winkelproportionale Impulszahl in Form eines binären Zählerstandes. Die Ständerwicklungsspannungen des Resolvers werden nach einer Verstärkung und Anpassung dem Multiplizierer zugeführt und von dem anliegenden Zählerstand beeinflußt. Das Multipliziererausgangssignal wird vom Phasendetektor mit der Referenzwechselspannung verglichen. Entsprechend der Phasendifferenz wird über den Integrator der VCO angesteu-

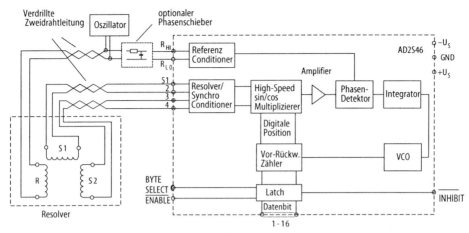

**Bild 8.3.** Prinzip des Resolver-Digital-Umsetzers AD2S46 [8.3]

ert. Die daraus resultierende Zählerstandsänderung (digitale Position) geht wiederum in die Multiplikation mit den Resolverspannungen ein.

Besonders ist zu beachten, daß die Verbindungsleitungen zu den Resolverwicklungen symmetrisch und störungsfest (verdrillte Zweidrahtleitung) verlegt werden, um auch nur geringfügige Phasenveränderungen der Signale zu verhindern. Ebenfalls ist in bekannter Weise die Betriebsspannung von ±15 V abzublocken. Der digitale Ausgangssignalanschluß ist für die Steuerung mittels Mikroprozessor vorbereitet. Der Baustein ist deshalb auch in derartige Systeme leicht integrierbar.

Anwendungsbereiche von Resolver-Digital-Umsetzern sind beispielsweise Ultraschallsysteme, CNC-Maschinensteuerungen, Servo-Steuerungssysteme, Antennensteuerungen, Radarsysteme und Kreiselsteuerungen.

## 8.3
## Digital-Resolver-Umsetzer

Digital-Resolver-Umsetzer werden mit digitalen Eingangssignalen gesteuert. Die digitalen Eingangssignale werden meist parallel (z.B. 14–16 bit) angelegt und stellen jeweils einen Faktor für den Sinus- und den Cosinusmultiplizierer ein. An die beiden Multiplizierer wird als zweiter Faktor eine Referenzwechselspannung, die eine variable Frequenz von beispielsweise von 10 kHz bis hinunter zu 0 Hz (Gleichspannung) haben kann, angelegt. Mit den von den beiden Multiplizierern erzeugten und verstärkten Ausgangssignalen können 2 Resolverwicklungen angesteuert werden. An der dritten Resolverwicklung kann so die eingestellte Phaseninformation abgenommen werden.

Für die hochauflösende Signalkonvertierung mit Digital-Resolver-Umsetzern stehen einige industrielle integrierte bzw. Hybridbausteine zur Verfügung. Unter anderem bietet Analog Devices [8.3] die Bausteine DRC1746 und AD2S66 für 16 bit Auflösung sowie DRC1745 und AD2S65 für 14 bit Auflösung an.

Über ein internes transparentes Latch werden die zwei Multiplizierer digital parallel angesteuert. Die Multiplikation erfolgt jeweils mit der Wechselspannung, die der externe Oszillator an den Eingängen $A_{HI}$ und $A_{LO}$ bereitstellt. Die Ausgangswechselspannungen der Multiplizierer werden verstärkt und liegen an den Ausgängen SIN und COS zur Ansteuerung der Resolverwicklungen an.

Die Anwendung dieser Bausteine ist vorzugsweise bei Radar- und Navigationssystemen, Flugzeuginstrumenten, Simulationssystemen, Koordinatenkonvertierung und Tiefstfrequenzoszillatoren zu finden.

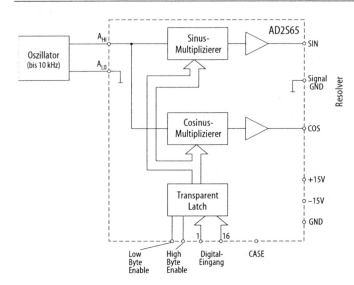

**Bild 8.4.** Prinzip des Digital-Resolver-Umsetzers AD2S65 [8.3]

## Literatur

8.1 Junge H-D, Müller G (1994) Lexikon Elektrotechnik. VCH Verlag, Weinheim

8.2 Töpfer H, Kriesel W (1988) Funktionseinheiten der Automatisierung. 5. Aufl., Verlag Technik, Berlin

8.3 Data Converter Reference Manual, Vol. 1. (1992) Analog Devices Inc., Norwood, Mass. (USA)

# 9 Modulatoren und Demodulatoren

M. Seifart

Modulation ist das Aufprägen einer Signalgröße (Information) auf eine Trägergröße (Zeitfunktion, z.B. höherfrequente Sinus- oder Rechteckschwingung). In Abhängigkeit davon, welcher Parameter des Trägers durch die Signalgröße verändert (gesteuert) wird, ist zwischen AM (Amplitudenmodulation), FM (Frequenzmodulation) und PM (Phasenmodulation) zu unterscheiden. Darüber hinaus gibt es weitere Modulationsarten.

**Modulationsarten [9.1–9.5]**
Sowohl der Träger als auch das modulierende Signal können a) zeitkontinuierliche oder b) zeitdiskrete Funktionen sein. Es lassen sich daher folgende vier Modulationsarten unterscheiden:

1. Zeitkontinuierlicher Träger (sinusförmiger Träger)
   a) wertkontinuierliches modulierendes Signal
      Beispiele: AM, FM, PM
   b) wertdiskretes modulierendes Signal
      Beispiele: ASK (amplitude shift keying = Amplitudenumtastung), FSK (frequency shift keying = Frequenzumtastung), PSK (phase shift keying = Phasenumtastung)
2. Zeitdiskreter Träger (Pulsfolge als Träger)
   a) wertkontinuierliches modulierendes Signal
      Beispiele: PAM (Pulsamplitudenmodulation), PFM (Pulsfrequenzmodulation), PPM (Pulsphasenmodulation), PDM (Pulsdauermodulation), Puls-Tastverhältnismodulation
   b) wertdiskretes modulierendes Signal
      Beispiele: quantisierte PAM/PFM/PPM/PDM; digitale Modulationsverfahren, z.B. PCM (Pulskodemodulation), Deltamodulation.

Mit Hilfe der Modulation ist es möglich, niederfrequente Signale in einen wesentlich höheren Frequenzbereich zu transponieren, der sich für die Informationsübertragung (z.B. drahtlos) besser eignet. Am Ende der Übertragungsstrecke muß eine Demodulation vorgenommen werden, um das ursprüngliche niederfrequente Signal zu rekonstruieren.

Die Trägergröße und das modulierende Signal werden im Modulator multiplikativ verknüpft. Schaltungstechnisch und hinsichtlich des Wirkprinzips kann diese Multiplikation auf unterschiedliche Weise erfolgen:

1. Durch Multiplizierstufen (multiplikative Modulatoren); realisierbar mittels aktiver Bauelemente oder Schaltungen mit zwei unabhängig wirkenden Steuereingängen (Mischröhre, Dual-Gate-FET, Steilheitsmultiplizierer),
2. über nichtlineare Elemente, an dessen Eingang sowohl die Träger- als auch die Signalfrequenz zugeführt wird (additive Modulatoren),
3. über gesteuerte Schaltelemente, z.B. Dioden,
4. durch logische Verknüpfungen,
5. durch Rückführen in andere Modulationsarten als Zwischenschritt.

Viele Modulator-/Demodulatorschaltungen sind für funktechnische Anwendungen bzw. sehr hohe Frequenzen konzipiert. Nachfolgend beschränken wir uns auf typische Schaltungen und Prinzipien für den Einsatz in der Meß- und Automatisierungstechnik. Weitergehende Ausführungen findet man u.a. in [9.1–9.3].

## 9.1 Modulatoren

### 9.1.1 Wertkontinuierliches Modulationssignal

*AM*. Var. 1 (multiplikative Modulation): Multipliziert man, z.B. mittels eines integrierten Vierquadrant-Multiplizierers (s. Abschn. 7.1) zwei Sinusschwingungen mit den unterschiedlichen Frequenzen $f_S$ (Signalfrequenz) und $f_T$ (Trägerfrequenz), so entsteht eine Ausgangsspannung, die die beiden Frequenzkomponenten $f_T + f_S$ und $f_T - f_S$ (Seitenbänder) enthält (AM-Rundfunk).

Var. 2 (additive Modulation): Werden zwei nichtlineare Elemente in einer symmetrischen Differenzanordnung so zusammengeschaltet, daß das eine mit der Differenz und das andere mit der Summe von $f_T$ und $f_S$ erregt wird, tritt im Ausgangssignal u.a. das Produkt aus $f_S$ und $f_T$ auf, d.h. es entstehen die gleichen Seitenbänder wie bei Var. 1. Auf diesem Wirkprinzip beruht der weitverbreitete Gegentaktmodulator mit Dioden. Die Trägeramplitude schaltet beide Dioden periodisch in den Sperr- und Durchlaßzustand (Bild 9.1a, b). Ein weiteres Beispiel ist der Ringmodulator, der im Prinzip ein Doppelgegentaktmodulator ist (Bild 9.1c, d), s.a. Abschn. 3.4.3.

Die gleiche Funktion wie der Ringmodulator führt auch ein gesteuerter Polaritätsumkehrer aus: Die Rechteckträgerfrequenz schaltet abwechselnd den Schalter S ein und aus. Bei geschlossenem Schalter invertiert die Schaltung: $u_A = -u_E$. Bei geöffnetem Schalter wirkt sie als Spannungsfolger: $u_A = u_E$ (Bild 9.2).

*FM.* Die meisten Modulatoren enthalten LC-Oszillatoren, deren Frequenz (>0,1 ... 1 MHz) durch die modulierende Größe über eine Kapazitätsdiode oder eine Reaktanzschaltung gesteuert wird. Beispiele solcher Oszillatoren sind Dreipunktoszillatoren, VCOs und astabile Multivibratoren. Die größte Linearität und einen sehr großen Dynamikbereich haben Spannungs- und Stromfrequenzwandler. Ihre Übertragungskennlinie $f(U_{Steuer})$ geht nahezu exakt durch Null. Sie eignen sich für niedrige und mittlere Frequenzen (<1 ... 5 MHz).

*PM.* Bei höheren Frequenzen wird ein auf $f_T$ abgestimmter Selektivverstärker verwendet, dessen Resonanzfrequenz (und damit seine Phasendrehung) durch eine Kapazitätsdiode oder Reaktanzschaltung in Abhängigkeit von der modulierenden Signalfrequenz gesteuert wird.

*PAM.* Die Amplitude einer Rechteckimpulsfolge wird proportional zur Amplitude des modulierenden Signals gesteuert. Eine

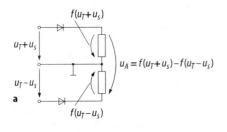

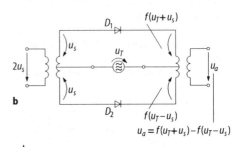

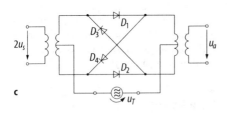

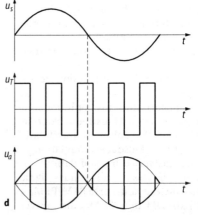

**Bild 9.1.** Schaltungen zur Amplitudenmodulation.
**a** Prinzip; **b** Schaltung des Gegentaktmodulators;
**c** Ringmodulator; **d** Wirkungsweise des Ringmodulators als Multiplizierer

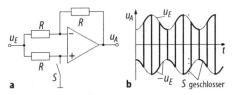

**Bild 9.2.** Gesteuerter Polaritätsumkehrer als Modulator.
a Schaltung; b Zeitverlauf von $u_A$

Abtast- und Halteschaltung hält den jeweiligen Amplitudenwert bis zum nächsten Abtastimpuls konstant.

*PDM.* Diese Modulationsart hat den Vorteil, daß die Übertragung nicht linear erfolgen muß und die Demodulation sehr einfach durch Mittelwertbildung (Tiefpaß) erfolgen kann. Ein Schaltungsbeispiel mit einem Komparator und einem Dreieckgenerator zeigt Bild 9.3. Genau betrachtet ist diese Schaltung ein Tastverhältnismodulator, denn es gilt [3.4] $t_1/t_2 = (U_P - u_1)/(U_P + u_1)$ und $t_1/T_{per} = t_1/(t_1 + t_2)$.

Eine weitere Schaltung zur $U(I)$/Tastverhältniswandlung ist der im Charge-balancing-ADU enthaltene $U(I)/f$-Wandler (s. Abschn. 11.4.3.).

### 9.1.2
**Wertdiskretes Modulationssignal**

*ASK*: Die Trägeramplitude wird ein-/ausgeschaltet

*FSK*: Die Modulation erfolgt z.B. mit einer PLL-Schaltung (VCO)

*PCM*: Der Träger ist pulsförmig. Er wird mit einem diskontinuierlichen kodierten Impulssignal moduliert (serielle digitale Datenübertragung).

## 9.2
## Demodulatoren

*AM.* Die Demodulation kann durch Gleichrichten oder Multiplizieren erfolgen. Bei genügend großer Amplitude der modulierten Schwingung läßt sich die lineare Gleichrichterschaltung verwenden. Noch einfacher und in Rundfunkempfängern häufig verwendet ist der Spitzengleichrichter. Die Kondensatorspannung $u_C$ folgt bei geeigneter Dimensionierung der RC-Zeitkonstante [3.4] in guter Näherung dem zeitlichen Verlauf der Signalspannung $u_S$ („Hüllkurve" im Bild 9.4)

Eine weitere Möglichkeit ist der Synchrondemodulator (Synchrongleichrichter, phasenempfindlicher Gleichrichter). Führt man dem einen Eingang eines Multiplizierers die amplitudenmodulierte Schwingung und dem anderen Eingang die Trägerschwingung zu, so erhält man eine Ausgangsspannung, die das demodulierte Signal enthält.

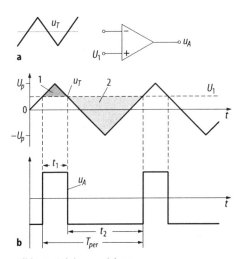

**Bild 9.3.** Pulsdauermodulator.
a Prinzip; b Zeitverlauf der Ein- und Ausgangsspannungen
$u_T$ (Träger), $U_1$ (Signal)

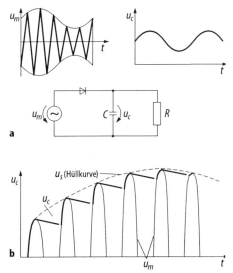

**Bild 9.4.** Spitzengleichrichter als AM-Demodulator.
a Schaltung; b Zeitverlauf

*FM*. Var. 1: Die FM-Schwingung wird z.B. an der Flanke eines Resonanzkreises in eine AM-Schwingung umgewandelt, die anschließend demoduliert wird (Ratiodetektor in Rundfunkempfängern). Var. 2: Bessere Eigenschaften erhält man bei der Demodulation mittels *f/U*-Wandler oder PLL (Linearität). Var. 3: Eine PLL-Schaltung läßt sich zur FM-Demodulation einsetzen, indem sie so dimensioniert wird, daß die Freilauffrequenz des VCO annähernd mit der Trägerfrequenz des FM-Signals übereinstimmt. Die VCO-Frequenz folgt der frequenzmodulierten Eingangsschwingung. Dabei stellt die Fehlerspannung $u_f$ die demodulierte NF-Schwingung dar.

Die Linearität des Demodulators wird von der Linearität des VCO bestimmt.

*PDM*. Das modulierende Signal läßt sich durch einfache Mittelwertbildung der modulierten Rechteckpulsfolge zurückgewinnen.

*FSK*. Bei diesem weit verbreiteten Modulationsverfahren erfolgt die Demodulation mittels einer PLL-Schaltung (s. Abschn. 7.3). Sie wird so dimensioniert, daß die Freilauffrequenz des VCO in der Mitte der beiden für die 0/1-Signaldarstellung benutzten Frequenzen liegt. Die Fehlerspannung $u_f$ des PLL-Regelkreises stellt das demodulierte Binärsignal dar. Bei der hohen Frequenz ist $u_f$ groß, bei der niedrigen Frequenz ist $u_f$ Null oder negativ.

## Literatur

9.1 Fink DG, Christiansen D (Hrsg.) (1989) Elektronics Engineers' Handbook, 3. Aufl. Mc Graw-Hill, New York

9.2 Zinke O (1993) Hochfrequenztechnik. Springer, Berlin Heidelberg New York

9.3 Herter E, Lörcher W (1992) Nachrichtentechnik, 6. Aufl. Hanser, München Wien

9.4 Junge H-D, Möschwitzer A (1993) Lexikon Elektronik. VCH, Weinheim

9.5 Sautter D, Weinerth H (1993) Lexikon Elektronik und Mikroelektronik, 2. Aufl. VDI Verlag, Düsseldorf

# 10 Sample-and-Hold-Verstärker

M. SEIFART

Sample-and-Hold-Verstärker (Abtast- und Halteschaltungen) sind Analogwertspeicher mit begrenzter Speicherzeit. Sie haben die Aufgabe, aus einem analogen Signal zu einer beliebigen Zeit den Momentanwert herauszugreifen (abzutasten, engl. sample) und bis zu einem anderen vorgegebenen Zeitpunkt zu halten (speichern). Typische Anwendungen sind Analog-Digital- und Digital-Analog-Umsetzer (z.B. in schnellen Datenerfassungssystemen), analoge Verzögerungsglieder und die Pulsamplitudenmodulationstechnik.

Das Prinzip zeigt Bild 10.1. Während der Abtastperiode (Sample- bzw. Track-Betriebsart) schließt der Schalter S, und C lädt sich näherungsweise auf den am Ende der Abtastperiode vorhandenen Analogwert $U_E$ auf. Wenn ein HOLD-Befehl (H-Pegel) am Steuereingang $U_{st}$ auftritt, speichert die S/H-Schaltung die auf dem Speicherkondensator befindliche Spannung bis zum nächsten Sample- bzw. Track-Befehl. Falls die Schaltung überwiegend mit geschlossenem Schalter betrieben wird, spricht man von einer Track-and-hold-Schaltung. Die Steuereingänge sind üblicherweise für TTL-Pegel ausgelegt. Praktisch werden die Schaltungen mit Operationsverstärkern und mit FET-Schaltern realisiert.

Als Speicherkondensatoren müssen hochwertige Typen mit hohem Isolationswiderstand eingesetzt werden. Sie dürfen keine Nachladungserscheinungen aufweisen. Günstig sind Kondensatoren mit Polykarbonat-, Polyäthylen- oder Teflondielektrikum.

Falls sich C mit dem konstanten Strom $I_{ent}$ (Eingangsruhestrom des OV und Sperrstrom durch den Schalter) entlädt, ändert sich seine Spannung während der Haltezeit $t_s$ um $\Delta U = I_{ent} t_s / C$. Bei $I_{ent} = 10$ µA und $C = 10$ µF entlädt sich der Speicherkondensator während der Haltezeit um etwa 1 mV/s. Die zulässige Haltezeit hängt von der erforderlichen Genauigkeit der gespeicherten Spannung ab. Typische Werte: Sekunden bis Minuten.

Mit Vergrößerung von C wächst die Einschwingzeit und damit die erforderliche Abtastzeit.

Ein zusätzlicher Offsetfehler entsteht durch Schaltspitzen (Spikes) beim Schalten des FET infolge der Kapazität $C_{gs}$ und evtl. $C_{gd}$ [3.8]. Besonders beim Sperren des Schalters (Übergang von Abtasten auf Halten) ruft die über seine GS- (bzw. GD-) Strecke auf den Haltekondensator injizierte Ladung eine Spannungsänderung $\Delta U_A = \Delta Q/C$ hervor (Pedestal-Fehler). Sie läßt sich durch genügend große Speicherkapazität C meist klein halten, allerdings wächst dadurch die Einschwingzeit. Eine weitere Möglichkeit zur Reduzierung des entsprechenden Fehlers besteht in der Verwendung von Differenzschaltungen.

Als Schalter werden fast ausschließlich FET eingesetzt.

***Einige Kenngrößen*** *(Bild 10.2):*
*Einstellzeit* (aquisition time). Zeitintervall zwischen der Flanke des Steuersignals

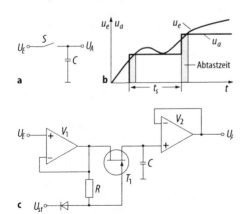

**Bild 10.1.** Abtast- und Halteschaltungen.
**a** Prinzip; **b** Erläuterung des Abtastvorgangs; **c** Schaltung mit getrennter Gegenkopplung

$$U_A = \begin{cases} U_E & \text{für } U_{st} > U_{E\,max} \\ \text{const} & \text{für } U_{st} < U_{E\,min} + U_p \end{cases}$$

$U_p$ Schwellspannung von $T_1$

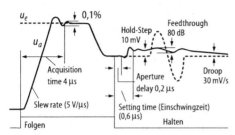

**Bild 10.2.** Zur Erläuterung der Kenndaten von Sample-(Track-) and Hold-Schaltungen. Zahlenwerte typisch für LF 398 (mehrere Hersteller) mit einem Haltekondensator von 1 nF

SAMPLE (Beginn der Sample-Phase) und dem Zeitpunkt, zu dem die Ausgangsspannung $U_A$ bis auf eine Abweichung von ±0,01% oder 0,1% eingeschwungen ist; wird in der Regel bei maximaler Eingangsspannung angegeben. Der kritischste Fall liegt vor, wenn sich die Eingangsspannung zwischen zwei aufeinanderfolgenden Abtastungen über den gesamten Eingangsspannungsbereich ändert.

*Aperturzeit $t_A$* (auch aperture delay genannt). Zeitintervall zwischen dem Anlegen eines HOLD-Befehls und dem völligen Öffnen des Schalters.

*Apertur-Jitter $\Delta t_A$.* Der Schwankungsbereich der Aperturzeit. Er bestimmt letzten Endes die maximale Eingangssignalfrequenz bzw. Anstiegsgeschwindigkeit, die für eine vorgegebene Genauigkeit verarbeitet werden kann, da der Übernahmezeitpunkt um $\Delta t_A$ unsicher ist.

*Haltedrift* (droop rate). Die zeitliche Änderung der Ausgangsspannung während der HOLD-Phase (2 µV/ms ... 1 mV/ms).

*Abtastrate* (sample rate). Maximale Frequenz, mit der ein kompletter Abtast- und Haltevorgang bei vorgegebener Genauigkeit der Signalübertragung ablaufen kann.

*Anstiegsrate* (slew rate) $S_r$. Maximale Änderungsrate, die die Ausgangsspannung während der Track-(Sample-)Phase realisieren kann.

*Einschwingzeit* (settling time track mode). Zeitintervall zwischen dem Anlegen eines Track-Befehls und dem Einschwingen der Ausgangsspannung bis auf definierte Abweichung vom Endwert.

*Track-to-Hold-Settling:* Zeitintervall zwischen dem HOLD-Befehl und dem Einschwingen der Ausgangsspannung bis auf ein definiertes Fehlerband (z.B. ±0,01%).

*Durchgriff* (feedthrough). Derjenige Betrag des analogen Eingangssignals, der zum Analogausgang während der Hold-Phase gekoppelt wird; steigt mit zunehmender Eingangssignalfrequenz. Trotz des gesperrten Schalters kann z.B. über dessen Kapazität in der Speicherstellung ein geringer Teil der Eingangsspannung in den Ausgangskreis gelangen (proportional zur Eingangssignalfrequenz, umgekehrt proportional zu C wegen $\Delta U_A = \Delta U_E C_{DS}/C$). Das kann bei Multiplexbetrieb störend sein und u.U. erforderlich machen, daß der nächste „Kanal" erst an die Abtast- und Halteschaltung angeschlossen wird, nachdem das vorhergehende Signal verarbeitet ist.

*Pedestal* (hold pedestal, hold step $\Delta U_A$). Unerwünschter Ausgangsspannungssprung, der beim Umschalten in die Hold-Phase infolge von Ladungseinkopplung während des Schaltvorgangs auftritt; auch Sample- bzw. Track-Hold-Offset genannt.

*Gesamter Offset* (in der HOLD-Phase). Differenz zwischen der analogen Eingangsspannung und der Ausgangsspannung, nachdem der HOLD-Befehl eingetroffen ist und alle Einschwingvorgänge abgeklungen sind. Beinhaltet alle internen Offsetgrößen einschließlich des HOLD-Pedestal.

*Industrielle Beispiele:* LF 198/298/398 (allgemeine Anwendungen, Einschwingzeit 4 µs auf 0,1%); NE 5080 (Signetics) (höhere Genauigkeit und Geschwindigkeit als LF 398, 12 ... 14 bit, Einschwingzeit 1 µs auf 0,01%); AD 781 (Analog Devices): Speicherkondensator intern, Einschwingzeit 0,6 µs, Genauigkeit 12 bit, $S_r$ = 60 V/µs, Dachabfall 10 mV/s, BiMOS-Technologie.

# 11 Analog-Digital-Umsetzer

M. SEIFART

Zur digitalen Verarbeitung und Weiterverarbeitung von Analogsignalen muß das Analogsignal, ggf. nach Verstärkung und analoger Vorverarbeitung (z.B. Konditionierung von Sensorsignalen und Umwandlung in Spannungssignale), zunächst digitalisiert werden. Die dazu erforderlichen AD-Umsetzer (ADU) sind heute meist als integrierte Schaltkreise in zahlreichen Ausführungen auf dem Markt. Spezielle Ausführungen sind mit einem Analogmultiplexer und/oder einer Sample and Hold-Schaltung kombiniert. Es gibt auch Einchipmikrorechner mit auf dem Chip integriertem 8- oder 10-Bit ADU.

Die überwiegende Anzahl elektrischer ADU ist für die Umsetzung einer Spannung ausgelegt. Solche ADU werden nachfolgend behandelt [3.4, 3.6, 11.1–11.5]. Umsetzer für geometrische Größen findet man im Abschnitt 8.2.

## 11.1 Umsetzverfahren

*Hauptschritte bei der Umsetzung.* Die Umsetzung analoger in digitale Signale erfolgt in der Regel in der Weise, daß das analoge Eingangssignal zu bestimmten diskreten Zeitpunkten abgetastet wird und diese Abtastwerte vom ADU in ein proportionales digitales Signal (Zahl) umgesetzt werden. Bei der Umsetzung laufen zeitlich nacheinander oder teilweise gleichzeitig folgende drei Vorgänge ab:

1. Zeitliche Abtastung des analogen Eingangssignals (Zeitquantisierung)
2. Quantisierung der Signalamplitude (der max. Quantisierungsfehler beträgt $\pm U_{E\,lsb}$)
3. Kodierung (Verschlüsselung) des ermittelten Amplitudenwertes.

Durch die Abtastung und die Quantisierung entsteht ein Informationsverlust. Dieser Fehler läßt sich durch eine genügend hohe Abtastrate sowie durch hinreichend kleine Quantisierungsschritte klein halten. Das führt jedoch u.U. zu harten Forderungen hinsichtlich der ADU-Auflösung und seiner Umsetzzeit. Beispielsweise eignen sich ADU mit Umsetzzeiten von mehreren 10 µs bei vertretbaren Fehlern nur zur Umsetzung von Eingangssignalen mit einer Bandbreite von wenigen kHz.

*Kennlinie des ADU.* Ein ADU setzt eine analoge Eingangsgröße (meist Eingangsspannung $u_E$) in eine diskrete Zahl z um, die angibt, wievielmal die elementare Quantisierungseinheit $U_{E\,LSB}$ (das ist die dem LSB des ADU-Ausgangswortes entsprechende ADU-Eingangsspannung) in der analogen Eingangsgröße enthalten ist:

$$u_E = z U_{E\,LSB} . \qquad (11.1)$$

Das digitale Ausgangswort z des ADU ist eine kodierte Darstellung des Verhältnisses $u_E/U_{E\,LSB}$. Bei einem $n$-Bit-ADU gilt [3.4]

$$U_{E\,LSB} = \frac{FSR}{2^n} \qquad (11.2)$$

$FSR$ = nomineller Eingangssignalbereich (hier: Eingangsspannungsbereich) des ADU, z.B. 10 V bei $u_E = 0\ldots+10$ V, 20 V bei $u_E = -10$ V$\ldots+10$ V.

Ein $n$-Bit-ADU mit Dualausgang z kann $2^n$ unterschiedliche Werte unterscheiden und ausgeben. Bei unipolarer Eingangsspannung gilt die Zuordnung $u_E = 0 \,\hat{=}\, z = 0$. Die maximale Ausgangszahl beträgt

$$z_{max} = 2^n - 1 . \qquad (11.3)$$

Aus (11.3) folgt mit (11.1) und (11.2)

$$u_{E\,max} = z_{max} U_{E\,LSB} = \left(2^n - 1\right) \frac{FSR}{2^n} \qquad (11.4)$$
$$= \left(1 - 2^{-n}\right) FSR .$$

Die der maximalen Ausgangszahl $z_{max}$ entsprechende Eingangsspannung $u_{E\,max}$ ist also um $U_{E\,LSB}$ kleiner als der nominelle Bereichsendwert $FSR$ (Bild 11.1).

*Klassifizierung.* Die zahlreichen Schaltungsvarianten von ADU lassen sich nach verschiedenen Gesichtspunkten klassifizieren, z.B.

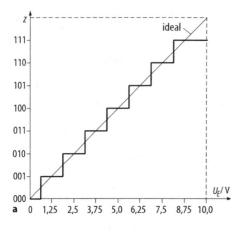

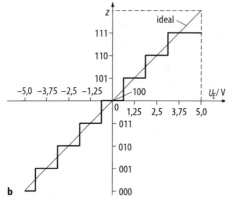

**Bild 11.1.** Kennlinie eines 3-bit-ADU.
**a** Unipolarbetrieb; **b** Bipolarbetrieb mit offsetbinärem Ausgangscode $FSR = 10\,V$, $U_{E\,LSB} = 1{,}25\,V$.
*Bemerkung*: Der ADU kann auch so abgeglichen werden, daß die Treppenkurve um 0,625 V nach rechts verschoben ist

- ADU mit Rückkopplung und reine Vorwärtstypen (ohne Rückkopplung)
- direkte (direkter Spannungsvergleich) und indirekte ADU (Frequenz oder Zeit als Zwischenabbildgröße)
- Momentanwert- und integrierende ADU
- Einteilung nach der Anzahl der Normale und der Rechenschritte beim Umsetzvorgang.

Die letztgenannte Klassifizierung ist besonders aussagekräftig (Tabelle 11.1). Sie erfaßt ausschließlich den Vorgang der Umsetzung und ist unabhängig von schaltungstechnischen Varianten. Die erforderliche Anzahl von Vergleichs- und Zähloperationen, d.h. die Anzahl der Rechenschritte, die benötigt wird, um die Übereinstimmung zwischen dem analogen Eingangssignal und dem Vergleichsnormal herzustellen, und die Anzahl der Normale stehen im umgekehrten Verhältnis zueinander.

Die am meisten verwendeten Wirkprinzipien sind das Parallelverfahren, das Wägeverfahren (Sukzessiv-Approximationsverfahren, Stufenumsetzer) und Zählverfahren mit analoger Zwischenspeicherung (Tabelle 11.1). Das Parallelverfahren („Video-ADU") wird nur angewendet, wenn extrem hohe Abtastraten benötigt werden. Mehrkanalige Analogwerterfassungseinheiten für Mikrorechner mit Analogmultiplexer verwenden aus Gründen der kurzen Umsetzzeit meist ADU nach dem Sukzessiv-Approximationsverfahren.

Falls jedoch auf hohe Umsetzraten kein Wert gelegt werden muß, z.B. beim prozeßnahen Einsatz, ist ein integrierender ADU (z.B. Zweiflanken- oder Charge-balancing-Verfahren) deutlich überlegen, da eine hohe Störunterdrückung erzielt wird. Das Verhalten eines ADU gegenüber Störspannungen ist eine für den praktischen Einsatz in der Automatisierungstechnik wichtige Eigenschaft. Der Momentanwertumsetzer gibt den im Augenblick des Vergleichs vorhandenen Amplitudenwert der Eingangsgröße aus, ist also empfindlich gegenüber Störspannungen. Integrierende Umsetzer sind in der Lage, bei geeignet gewählter Integrationszeit periodische Störgrößen (und auch Impulsgrößen) zu unterdrücken. Beträgt die Integrationszeit 20 ms oder ein Vielfaches davon, so werden die häufig auftretenden 50-Hz-Störungen einschließlich der Oberwellen nahezu völlig unterdrückt.

*Ratiometrische Umsetzung.* Viele ADU ermöglichen das Anschalten einer externen Referenzspannungsquelle. Falls diese Spannung in einem großen Spannungsbereich schwanken darf, ohne daß die Funktion des ADU beeinträchtigt wird, läßt sich die „ratiometrische Umsetzung" nach Bild 11.2 realisieren. Das digitale Ausgangssignal ist hierbei unabhängig von der Referenzspannung (Anwendungsbeispiel: Messung an Meßbrücken, digitale Anzeige von Potentiometerstellungen).

**Tabelle 11.1.** Die wichtigsten AD-Umsetzverfahren mit Angabe der Anzahl der Rechenschritte und der benötigten Normale für einen Umsetzvorgang (bezogen auf einen n-Bit-ADU)

| Verfahren | Schritte | Normale | besondere Merkmale |
|---|---|---|---|
| Parallelverfahren (Video-ADU) Momentanwertverfahren | 1 | $2^n-1$ | – sehr schnell (Umsetzraten >50 bis 300 MHz)<br>– sehr aufwendig (255 Komparatoren für 8-bit-ADU) |
| Sukzessiv-Approximationsverfahren, Wägeverfahren | n | n | – relativ kurze Umsetzzeit (typ. 5 … 20 µs)<br>– mittlere bis hohe Genauigkeit<br>– Sample-and-Hold-Schaltung erforderlich<br>– Arbeitsweise wie Waage mit dual gestuften Gewichten (8 Schritte und 8 dual gestufte Normale bei 8-bit-ADU) |
| Zählverfahren, integrierende Verfahren mit analoger Zwischenumsetzung | $2^n-1$ | 1 | – sehr einfach<br>– sehr genau<br>– lange Umsetzzeit (typ. >1 ms)<br>– Mittelwertbildung des Eingangssignals (Störunterdrückung)<br>– Eingangssignal wird in einem Integrator (Sägezahngenerator) in ein proportionales Zeitintervall bzw. in eine Frequenz umgewandelt, danach: Digitalisierung durch Auszählen |

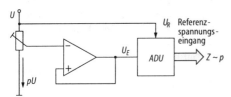

**Bild 11.2.** Ratiometrische AD-Umsetzung

## 11.2 Parallelverfahren

Der parallele ADU ermöglicht vom Wirkprinzip her die kürzesten Umsetzzeiten. Seine Wirkungsweise beruht darauf, daß (im Fall eines n-Bit-ADU) die analoge Eingangsspannung in einem einzigen Schritt mit $2^n-1$ unterschiedlichen Referenzspannungen (Normalen) verglichen wird und daß festgestellt wird, welches dieser $2^n-1$ Normale mit der Eingangsspannung annähernd gleich ist. Die "Nummer" dieses Normals wird in kodierter Form (z.B. im Dualkode) als digitales Ausgangswort des ADU ausgegeben (Bild 11.3). Der Aufwand für ADU nach diesem Verfahren ist sehr hoch; denn für einen 8-Bit-Umsetzer werden $2^8-1 = 255$ Komparatoren benötigt. Große Probleme stellt auch die geforderte Genauigkeit der Komparatorschwelle dar. Solche „Video-ADU" werden daher nur für Auflösungen <8 … 10 Bit bei Umsetzraten

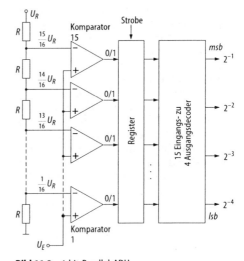

**Bild 11.3.** 4-bit-Parallel-ADU

bis 300 bzw. 100 MHz und <6 … 8 Bit bei Umsetzraten bis 500 MHz hergestellt. Ihr Einsatz erfolgt in Digitaloszilloskopen sowie für schnelle Signalverarbeitungsaufgaben mit Signalprozessoren, z.B. zur Sprachverarbeitung und -erkennung, Hochgeschwindigkeitsabtastung bei der Bildverarbeitung, Datenanalyse, für Transientenrekorder, für stochastische Meßtechnik usw. Zu dieser Gruppe von Umsetzern gehören auch Abarten des Parallelverfahrens, z.B. das

2-Stufen-Parallelverfahren, bei dem zur Auflösungserhöhung zwei parallele ADU in Kaskade Verwendung finden. Die Umsetzung erfolgt dabei in zwei Schritten [2.2].

## 11.3 Wägeverfahren (sukzessive Approximation)

Charakteristisch für dieses Verfahren ist, daß die Stufen, in denen die Kompensationsspannung (Ausgangsspannung eines DA-Umsetzers) verändert wird, unterschiedlich groß sind, d.h. unterschiedliches „Gewicht" haben. Die Stufung entspricht dem verwendeten Kode; Quantisierung und Kodierung erfolgen hier in einem einzigen Prozeß, da der Kode durch die Stufen festgelegt ist. Der Vergleich zwischen Eingangs- und Vergleichsspannung erfolgt zeitlich nacheinander Bit für Bit unter Verwendung eines DA-Umsetzers in einer Kompensationsschaltung nach Bild 11.4.

Die Umsetzung läuft wie folgt ab: Nach dem Startsignal werden von der Programmsteuerung das MSB (MSB most significant bit: höchstes signifikantes Bit) des DA-Umsetzers auf 1 und alle übrigen Bits auf 0 gesetzt, so daß die DAU-Ausgangsspannung $U_R/2$ beträgt. Im Fall $U_E < (U_R/2)$ wird das MSB wieder nullgesetzt; für $U_E > (U_R/2)$ verbleibt das MSB auf 1-Signal. Anschließend daran werden in gleicher Weise alle übrigen Bits verarbeitet. Das nach beendeter Umsetzung an den DAU-Eingängen anliegende Bitmuster (das zusätzlich in das Pufferregister geladen wird) stellt den Digitalwert der Eingangsspannung $U_E$ dar.

Die geringe erforderliche Schrittzahl beim Stufenumsetzer (acht Schritte bei 8-Bit-Auflösung) ermöglicht eine Umsetzzeit im Bereich von einer Mikrosekunde bis zu etwa 50 μs (abhängig von der DAU- und Komparatoreinschwingzeit).

Während der Umsetzzeit muß die analoge Eingangsspannung bis auf $\pm^1/_2$ LSB vom Eingangsspannungsbereich konstant gehalten werden. Hierzu ist meist das Vorschalten einer Abtast- und Halteschaltung erforderlich [11.4].

Der Trend bei digitaler Meßwerterfassung geht dahin, die Umformung des analogen Meßwerts in diskrete oder frequenzanaloge Signale innerhalb der Meßkette möglichst weit in Richtung zum Aufnehmer (Fühler) zu verschieben. Die Preisentwicklung bei hochintegrierten Schaltungen – einschließlich des Mikroprozessors und der Koppelelemente zum Prozeß – verstärkt den Trend zur dezentralisierten Meßwerterfassung und (Vor-)Verarbeitung. In zunehmendem Umfang erfolgt die dezentrale Aufbereitung von Meßwerten (Umsetzung, Korrektur, Verknüpfung mehrerer Meßwerte, Mittelwertbildung u.a.) durch Mikrorechner, von denen aus verdichtete Meßwerte in diskreter Form z.B. zum zentralen Rechner übertragen werden.

Die Übertragung kodierter Signale ist gegenüber industrietypischen Störungen sehr empfindlich, so daß für diese Anwendung zusätzliche Maßnahmen zur Datensicherung notwendig sind, z.B. fehlererkennende Kodeprüfungen nach dem CRC-Verfahren (vgl. Abschn. 5.2.1.).

## 11.4 Zählverfahren

ADU nach dem Zählverfahren existieren in zahlreichen Varianten und Ausführungsformen. Am verbreitetsten sind Nachlaufumsetzer und Sägezahnumsetzer.

### 11.4.1 Nachlauf-AD-Umsetzer

Er stellt einen Regelkreis dar, dessen Rückwärtszweig einen von einem Vorwärts-Rückwärts-Zähler gesteuerten DA-Umsetzer enthält (Bild 11.5). Die Eingangsspannung $U_E$ wird in einem Komparator mit der

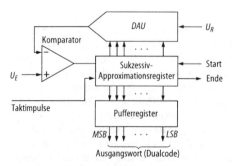

Bild 11.4. ADU nach dem Wägeverfahren

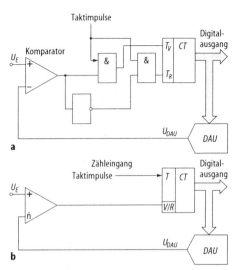
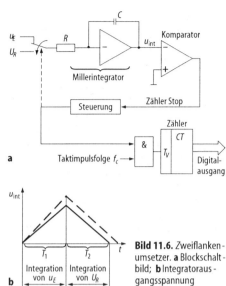

**Bild 11.5.** Nachlauf-AD-Umsetzer. **a** mit getrennten Vorwärts- und Rückwärtseingängen; **b** mit Zählrichtungssteuerung

**Bild 11.6.** Zweiflankenumsetzer. **a** Blockschaltbild; **b** Integratorausgangsspannung

Ausgangsspannung des DA-Umsetzers verglichen. Für $U_E > U_{DAU}$ wird der Zähler in Vorwärtsrichtung, für $U_E < U_{DAU}$ in Rückwärtsrichtung gesteuert. Auf diese Weise läuft die DAU-Ausgangsspannung in LSB-Stufen ständig der Eingangsspannung nach (LSB least significant bit: letztes, niedrigwertiges signifikantes Bit). Es steht ständig ein zu $U_E$ proportionales digitales Ausgangssignal zur Verfügung. Bei kleinen $U_E$-Änderungen ist die Einschwingzeit (=Umsetzzeit) klein (μs-Bereich). Springt jedoch $U_E$ plötzlich zwischen Null und Vollausschlag, so tritt eine Einschwingzeit von $NT_c$ auf ($N$ Zählerstand bei voller Eingangsspannung, $T_c$ Taktperiodendauer).

### 11.4.2
### Zweiflankenverfahren (Dual-slope)

Das Zweiflankenverfahren (Doppelintegrationsverfahren) gehört zu den meist verwendeten AD-Umsetzverfahren und ist überall dort anwendbar, wo keine kurze Umsetzzeit gefordert wird (z.B. in vielen Digitalvoltmetern, Multimetern, digitalen Schalttafelinstrumenten). Einer der Vorteile ist die durch das integrierende Verfahren bedingte Störunterdrückung.

Die Umsetzung erfolgt in zwei aufeinanderfolgenden Phasen (Bild 11.6). In der ersten Phase ($T_1$) wird die Eingangsspannung $u_E$ einem Miller-Integrator zugeführt. Anschließend wird anstelle von $u_E$ eine Referenzspannung $U_R$ von entgegengesetzter Polarität so lange an den Integrator geschaltet, bis der Integrationskondensator wieder auf den Anfangswert entladen ist. Die Entladezeit $T_2$ wird mittels der Taktfrequenz $f_c$ gemessen. Die Dauer der ersten Phase $T_1$ ist dadurch vorgegeben, daß der Zähler während $T_1$ genau einmal vollgezählt wird: $T_1 = N_1 / f_c$ ($N_1$ max. Zählkapazität des Zählers). Da während der zweiten Phase die gleichen Werte $R$, $C$, $f_c$ wirksam sind wie während $T_1$, gilt $T_2/T_1 = \overline{u}_E / U_R$ ($\overline{u}_E$ arithmetischer Mittelwert von $u_E$ während $T_1$). Der Zähler wird zu Beginn der zweiten Phase nullgestellt. Sein Zählerstand $N_2$ am Ende der zweiten Phase ist streng proportional zum arithmetischen Mittelwert der Eingangsspannung $\overline{u}_E$ (gemittelt über die erste Phase).

Es gilt [3.4]:

$$N_2 = T_c f_c \pm 1 = T_1 f_c \frac{\overline{u}_e}{U_R} \pm 1$$

$$= N_1 \frac{\overline{u}_e}{U_R} \pm 1 \qquad (11.5)$$

N1 = max. Zählkapazität des Zählers.

Weder die Integratorzeitkonstante $RC$ noch die Taktfrequenz $f_c$ beeinflussen die AD-Umsetzerkennlinie, solange diese Größen während einer Umsetzphase $T_1 + T_2$ konstant bleiben.

Periodische Störspannungen, z.B. Brummspannungen, werden eliminiert, wenn $T_1$ gleich ihrer Periodendauer oder ein Vielfaches $n$ davon ist. Zur Unterdrückung des Netzbrummens (50 bzw. 100 Hz) als häufigste Störquelle wird $T_1 = n/50$ s gewählt, so daß bei $T_1 = T_2$ maximal 25 Umsetzungen/s möglich sind.

Auch kurzzeitige Störimpulse verursachen nur einen geringen Meßfehler, da sie wegen des integrierenden Verhaltens über $T_1$ „eingeglättet" werden.

### 11.4.3
### Ladungsausgleichsverfahren (Charge-balancing-Verfahren)

Bereits im Abschn. 6 ist ausgeführt, daß mit Spannungs-Frequenz-Wandlern in einfacher Weise hochauflösende AD-Umsetzer realisiert werden können. Besonders günstige Eigenschaften (mit dem Zweiflankenverfahren vergleichbare Daten bei geringerem Aufwand) weist das Ladungsausgleichsverfahren auf. Zusätzlich zum $U(I)/f$-Wandler sind lediglich digitale Standardbausteine (Frequenzteiler, Zähler) erforderlich.

Bild 11.7 zeigt ein Beispiel. Am Frequenzteilerausgang tritt eine Mäanderschwingung (Rechteckfolge) mit der Periodendauer $NT_c$ auf ($T_c = 1/f_c$). Das Zählergebnis beträgt

$$z = \bar{f}_a \Delta t \pm 1 = \frac{N \bar{i}_e}{2 I_R} \pm 1 \qquad (11.6)$$

mit

$$|\bar{i}_e| = |\bar{u}_e| / R \ .$$

Ein Beispiel für die schaltungstechnische Realisierung des im Bild 11.8 benötigten $U/f$-Wandlers zeigt Bild 11.7. Diese Schaltung arbeitet wie folgt: Der Integrationskondensator C wird durch den Eingangsstrom $i_e \approx u_e/R$ aufgeladen. Nachdem die Integratorausgangsspannung die Ansprechschwelle des D-Eingangs von D-Flipflop (Komparatorschwelle) erreicht hat, wird, beginnend mit dem darauffolgenden Takt-

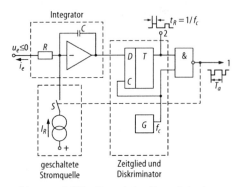

**Bild 11.7.** $U(I)/f$-Wandler nach dem Charge-balancing Prinzip

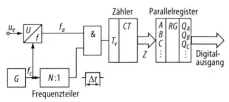

**Bild 11.8.** ADU mit synchronem $U/f$-Wandler nach Bild 11.7

impuls, in den Integratoreingang eine definierte Rücksetzladung $Q_R = I_R t_R$ eingespeist. Dadurch fällt die Integratorausgangsspannung unter die Ansprechschwelle des D-Flipflops (falls $I_R > 2 i_{e\,max}$ ist), und beim nächsten Taktimpuls wird die Einspeisung der Rücksetzladung beendet ($t_R = 1/f_c$). Im Mittel herrscht Ladungsgleichgewicht (charge balancing) zwischen der von der Eingangsgröße aufgebrachten Ladung $Q_e$ und der Rücksetzladung $Q_R$.

Der mittlere Ladestrom $\bar{i}_e$, der den Integrationskondensator C auflädt, wird integriert und mit der aus einer Referenzquelle stammenden Rücksetzladung $Q_R$ verglichen.

Aus der Gleichsetzung von $Q_R = Q_e$ folgt mit $Q_e = \bar{i}_e T_a$ und $Q_R = I_R t_r$ unter Berücksichtigung von $t_R = 1/f_c$ und $T_a = 1/f_a$ die Wandlerkennlinie

$$\frac{T_c}{\overline{T}_a} = \frac{\bar{f}_a}{f_c} = \frac{\bar{i}_e}{I_R} \ ; \qquad (11.7)$$

$\bar{i}_e$ arithmetischer Mittelwert des Eingangsstroms während $T_a$.

Anwendungsvorteile dieser ADU sind vor allem

- exakte Integration der Eingangsgröße
- Umsetzung sehr kleiner Eingangsströme möglich (bis Picoampere)
- großer Dynamikbereich des Eingangsstroms umsetzbar
- Auflösung durch Wahl der Umsetzzeit in weiten Grenzen wählbar.

*Maximale Eingangssignalfrequenz von ADU.* Zwei Sachverhalte sind entscheidend für die maximale Eingangssignalfrequenz, die einem ADU-Eingang zugeführt werden darf:

1. Die Forderung des Abtasttheorems nach mindestens zweifacher Abtastung der höchsten im Eingangssignal enthaltenen Frequenzkomponente (Nyquist-Theorem) und
2. die Forderung nach konstanter Eingangsspannung während der Umsetzzeit bei einigen wichtigen ADU-Prinzipien (z.B. Sukzessiv-Approximation).

Konstante Eingangsspannung des ADU. Bei ADU nach dem Sukzessiv-Approximationsverfahren darf sich die Eingangsspannung während der Umsetzzeit $t_U$ nicht mehr als $\pm 1/2$ LSB ändern (Abschn. 11.3). Aus dieser Bedingung läßt sich die maximal zulässige obere Grenzfrequenz $f_0$ des Eingangssignals wie folgt berechnen: Die maximale Steilheit eines Sinussignals tritt beim Nulldurchgang auf und beträgt $du/dt = 2\pi f \hat{U}$ ($\hat{U}$ Amplitude der Sinusspannung). Daher gilt für die obere Grenzfrequenz des ADU-Eingangssignals

$$f_0 = \frac{(du/dt)_{max}}{2\pi\hat{U}} \approx \frac{\Delta U_{max}}{2\pi t_u \hat{U}}, \quad (11.8)$$

wobei $\Delta U_{max}$ der $1/2$-LSB-Wert ist.

*Zahlenbeispiel*: Ein 12-Bit-ADU mit $\hat{U} = 10$ V FS (Vollausschlag) und mit $t_U = 25$ μs ist nur in der Lage, analoge Eingangssignale mit einer maximalen oberen Grenzfrequenz von $f_0 \approx 1{,}55$ Hz umzusetzen, denn es ist $\Delta U_{max} = 2{,}44$ mV.

Durch Vorschalten einer Sample-and-hold-Schaltung vor den ADU-Eingang läßt sich die maximal zulässige obere Grenzfrequenz des ADU-Eingangssignals erheblich vergrößern, weil die ADU-Eingangsspannung während $t_U$ konstant gehalten wird. Die Grenze ist in diesem Falle durch die Unsicherheit des Abtastzeitpunktes (Aperturunsicherheit der Sample-and-hold-Schaltung) gegeben. Die Aperturunsicherheit (aperture jitter, aperture uncertainty time) muß anstelle der Umsetzzeit $t_U$ in (11.8) eingesetzt werden. Falls diese Unsicherheit 25 ns beträgt, ergibt sich im o.g. Zahlenbeispiel eine 1000fach höhere obere Grenzfrequenz des analogen Eingangssignals von $f_0 \approx 1{,}55$ kHz. Bei integrierenden ADUs muß die hier genannte Forderung nicht gestellt werden, da sie den arithmetischen Mittelwert des Eingangssignals umsetzen.

*Abtastfrequenz* (Nyquist-Kriterium). Bei der digitalen Verarbeitung analoger Signale muß das analoge Eingangssignal gemäß dem „Abtasttheorem" mit einer Frequenz $f_c$ abgetastet werden, die mehr als das Doppelte der im Analogsignal enthaltenen höchsten Frequenzkomponente beträgt. Falls das Analogsignal diese Bedingung nicht erfüllt, kann durch Überlappung von Frequenzanteilen ein „Aliasing"-Fehler (Schwebung) auftreten.

Zur Vermeidung von „Aliasing"-Fehlern wird die Bandbreite des Eingangssignals häufig durch ein geeignetes Tiefpaßfilter (Antialiasing-Filter, z.B. Butterworth-Typ) begrenzt (s. Kap. 15). Falls der „Aliasing"-Fehler kleiner als $1/2$ LSB bleiben soll, wird bei 12 Bit Auflösung ein Butterworthfilter 5.(10.) Ordnung benötigt, und das Eingangssignal muß mit der 11(5) fachen Filtergrenzfrequenz abgetastet werden [11.4]. Hieraus folgt, daß das Abtasttheorem allein noch keine hinreichende Bedingung für die erforderliche Abtastrate (Abtastfrequenz) $f_c$ ist. Es muß ein Kompromiß zwischen den Forderungen des Abtasttheorems und der Grenzfrequenz des evtl. erforderlichen Tiefpaßfilters getroffen werden.

## 11.5
## Delta-Sigma-AD-Umsetzer. Oversampling

Mit steigendem Integrationsgrad monolithischer Schaltkreise ist es zunehmend ökonomischer, hochpräzise Analogfunktionen durch Methoden der digitalen Signalverarbeitung zu ersetzen. Besonders große Bedeutung erlangte in diesem Zusammenhang in den letzten Jahren das Prinzip der Überabtastung (Oversampling) für die Realisierung hochauflösender AD- und DA-Umsetzer in VLSI-Technik. Ein markantes Beispiel für diesen Trend stellt der Delta-Sigma-AD-Umsetzer dar. Bei ihm wird das Prinzip der Überabtastung (Abtastung des Eingangssignals mit 100- ... 1000facher Nyquistrate) mit anschließender Filterung und Rauschverringerung kombiniert [11.6, 11.7].

*Grundprinzip.* Der klassische Delta-Sigma-ADU wandelt das analoge Eingangssignal zunächst in einem Delta-Sigma-Pulsdichtemodulator in eine hochfrequente serielle Bitfolge mit (üblicherweise) 1 bit Auflösung um (allgemeiner: in eine hochfrequente Folge von grob quantisierten Abtastwerten). Durch digitale Tiefpaßfilterung wird dieses Modulatorausgangssignal in hochauflösende Parallelworte mit wesentlich geringerer Abtastrate umgewandelt. Die Energie des Quantisierungsrauschens wird durch die Überabtastung gleichmäßig auf ein breites Frequenzband 0 ... $0,5 f_c$ ($f_c$ Abtastfrequenz des Eingangssignals) verteilt. Der in das (viel schmalere) Signalband fallende Anteil dieses Rauschens wird durch eine oder mehrere Integrationen (die als Tiefpaßfilterung wirken) und zusätzliche Filterung stark reduziert.

Insgesamt lassen sich folgende Vorteile dieses Umsetzverfahrens nennen: Kein Antialiasing-Filter erforderlich; keine Sample-and-hold-Schaltung nötig; prinzipbedingt linear; keine differentielle Nichtlinearität; unbegrenzte Linearität; Signal-Rausch-Verhältnis unabhängig vom Eingangssignalpegel; niedrige Kosten; ADU-Auflösung kann so groß gewählt werden, daß bei der Sensorsignalerfassung der Sensor und nicht die Elektronik auflösungs- und genauigkeitsbegrenzend wirkt; optimales Wirkprinzip für DSP-Applikationen.

Im Unterschied gegenüber anderen integrierenden ADU ist der Delta-Sigma-ADU ein kontinuierlich arbeitendes System, d.h., es erfolgt in der Regel zwischen den einzelnen Umsetzungen keine Rücksetzung des Modulators. Die vorausgegangenen Umsetzergebnisse werden mit in das aktuelle Umsetzergebnis einbezogen.

Für die Modulatorstufe können Schaltungen 2. Ordnung (Crystal CS 5317, 16 Bit), 3. Ordnung (Motorola 56 ADC mit Abtastrate von 6,4 MHz = der 64fachen Ausgangswortrate des ADU) oder 4. Ordnung (Crystal CS 5326) eingesetzt werden.

Haupteinsatzgebiet ist die Digitalisierung von Audiosignalen (Sprache, Musik). Seine Vorzüge für diesen Einsatzbereich sind sehr hohe Auflösung, hohe Umsetzrate und kostengünstige Realisierung in VLSI-Technik.

Typische mit monolithischen Schaltkreisen erreichbare Werte sind 16 Bit Auflösung, 84 ... 96 dB Signal-Rausch-Abstand und eine Bandbreite des Eingangssignals von 20 kHz (CMOS, $f_c \approx 5 \ldots 15$ MHz).

Der Delta-Sigma-ADU enthält zwei Hauptbaugruppen: einen Delta-Sigma-Modulator und ein digitales Filter.

Die grundsätzliche Funktion dieses Überabtastungs-ADU läßt sich wie folgt charakterisieren: zunächst wird eine AD-Umsetzung mit niedriger Auflösung (z.B. 1 bit) ausgeführt. Anschließend wird das Quantisierungsrauschen mit analoger und digitaler Filterung stark reduziert.

Ein vereinfachtes Modell des Modulators 1. Ordnung zeigt Bild 11.9. Die Signal- und Rauschübertragungsfunktionen dieses Systems sind im Bild 11.9. angegeben. Sie verdeutlichen die Hauptfunktion des Modulators: Das Signal wird tiefpaß-gefiltert, und das Rauschen wird hochpaß-gefiltert. Als Wirkung der Schleifenverstärkung verschiebt sich das Rauschen in ein höheres Frequenzband. Die digitalen Filterstufen haben zwei Aufgaben: 1. Rauschfilterung und 2. Dezimation, d.h. Transformieren eines hochfrequenten 1-Bit-Datenstroms in einen 16-Bit-Datenstrom mit wesentlich niedrigerer Wiederholungsrate. Dezimierung (Dezimation) ist sowohl eine Mittelungsfunktion als auch eine Wortratenreduktion, die gleichzeitig erfolgt.

Delta-Sigma-ADU wurden in den letzten Jahren besonders intensiv weiterentwickelt. Die bereits erzielte Leistungsfähigkeit wird am Beispiel des Typs AD7710 (Analog Devices) deutlich. Dieser ungewöhnlich hochauflösende 21-Bit-Zweikanal-ADU gehört zur zweiten Generation von Delta-Sigma-Umsetzern und ermöglicht den direkten Anschluß von Meßaufnehmern (Dehnungs-

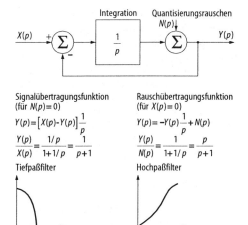

**Bild 11.9.** Vereinfachtes Modell eines Delta-Sigma-Modulators erster Ordnung [11.7] ($p = s = \delta + jw$)

meßstreifen, Thermoelemente, Widerstandsthermometer). Die Verstärkung des auf dem Chip integrierten Verstärkers ist zwischen 1 und 128 programmierbar. Dadurch lassen sich Vollausschlagbereiche zwischen 0 ... ±20 mV und 0 ... ±2,5 V einstellen. Sowohl der Signal- als auch der Referenzeingang sind als Differenzeingänge mit hoher Gleichtaktunterdrückung (>100 dB von Gleichspannung bis zu einigen kHz) und hohem Gleichtaktaussteuerbereich zwischen der positiven (+5 ... 10 V) und der negativen (0 ... −5 V) Betriebsspannung ausgeführt. Die Referenzspannung ist intern oder extern wählbar. Im ADU ist ein programmierbares Digitalfilter enthalten, mit dem der Anwender die Grenzen des Durchlaßbereiches (zwischen 2,62 und 262 Hz) und die Dämpfung außerhalb des Durchlaßbereiches optimieren kann. Die effektive Auflösung beträgt bis zu 22 Bit und die Leistungsaufnahme 40 ... 50 mW (50 ... 100 µW bei Power-down-Betrieb). Umfangreiche Selbstkalibrierung, die z.T. im Hintergrund abläuft, verringert erheblich Verstärkungs- und Offsetfehler sowie zeit- und temperaturabhängige Drifteffekte. Er ist wahlweise mit einer +5 ... 10 V- oder mit einer ±5-V-Betriebsspannung betreibbar. Haupteinsatzbereich sind Waagen und Temperaturmeßanordnungen. Weitere Daten: Abtastfrequenz des analogen Eingangssignals: 20 kHz ... 160 kHz je nach programmiertem Verstärkungsfaktor. Eingangsruhestrom <10 pA, zulässiger Innenwiderstand der Signalquelle <10 kΩ.

Der ähnliche Typ AD7711 ist für den Anschluß von Widerstandsthermometern ausgelegt. Er enthält u.a. die Stromquellen zur Speisung der Widerstandssensoren. Bezüglich detaillierterer Ausführungen zu diesem Umsetzverfahren wird auf die Literatur verwiesen [3.4, 11.3–11.7].

## 11.6 Anwendungsgesichtspunkte

*Vergleich und Auswahlkriterien.* Industriell wird eine große Anzahl unterschiedlicher ADU-Typen und -Varianten in Form monolithischer und hybrider Schaltkreise produziert. Wegen der unterschiedlichen Anwenderforderungen unterteilen die Hersteller ihre Produkte in Hauptgruppen, z.B. in ADU für

– allgemeine Anwendungen,
– hohe Auflösung,
– kurze Umsetzzeit,
– extrem kurze Umsetzzeit (Video-ADU),
– niedrige Verlustleistung.

Die Auswahl eines ADU hängt in erster Linie vom Anwendungsfall ab. Wesentliche Gesichtspunkte sind Geschwindigkeit, Genauigkeit (Auflösung), Preis, Form des Interfaces zum Anschluß der digitalen Einheiten (meist Mikroprozessor, Mikrocontroller). Die benötigte Geschwindigkeit (Umsetzzeit) bestimmt, welches der drei hauptsächlichen ADU-Verfahren das zweckmäßigste ist (Parallel-, Sukzessiv-Approximations-, Zählverfahren). Die Dynamik des Eingangssignals in Verbindung mit dem verwendeten Umsetzverfahren ist häufig auch das Kriterium, ob eine Sample-and-hold-Schaltung vor den ADU-Eingang geschaltet werden muß.

Die meist verwendeten Umsetzprinzipien (95% aller Anwendungen) sind das Wägeverfahren und Integrationsverfahren.

Die Unterscheidung zwischen beiden Verfahren ist vor allem durch die Umsetzzeit gegeben. Falls es nicht auf kurze Umsetzzeit ankommt (langsam veränderliches Eingangssignal), sind integrierende Umsetzer (z.B. Zweiflanken-ADU oder ADU mit Ladungsmengenkompensation) zu bevorzugen. Sie sind billig, benötigen keine Abtast- und Halteschaltung, wirken als Tiefpaßfilter (s. Kap. 15), und das HF-Rauschen sowie Störspitzen werden „eingeglättet", d.h. weitgehend unwirksam. Außerdem besteht hier die Möglichkeit, periodische Störsignale völlig auszusieben, indem die Umsetzzeit (bzw. beim Zweiflanken-ADU die Zeitdauer der ersten Umsetzphase) zu einem Vielfachen der Periodendauer des Störsignals gewählt wird. Auf diese Weise lassen sich insbesondere aus dem Netz stammende Störsignale weitgehend unterdrücken.

Darüber hinaus eignen sich solche ADU auch zur Umsetzung kleiner Eingangsspannungen (100 mV-Bereich).

ADU nach dem Wägeverfahren sind überlegen, wenn es auf kurze Umsetzzeit bei mittlerer und hoher Auflösung ankommt. Ein Beispiel sind Datenerfassungsanlagen, bei denen eine Vielzahl analoger Meßwerte mit hoher Abtastrate (z.B. 10 kHz) periodisch abgefragt und digitalisiert werden muß.

Diese Umsetzer haben sich zum Standard bei mittelschnellen und schnellen ADU herausgebildet.

*Industrielle Beispiele*: AD9060 (Analog Devices): Bipolartechnik, Parallelverfahren, 10 Bit, 75 MSPS (Millionen Umsetzungen/s), $U_E = -1{,}75$ V... $+1{,}75$ V, 68 pol. Gehäuse; MAX 120 (Maxim): BiCMOS, Wägeverfahren, 12 bit, Umsetzzeit 1,6 µs, $U_E = -5$ V... $+5$ V, 24-pol. Gehäuse; MAX 155: CMOS, 8-Kanal-Sampling-ADU 8(9) bit, Umsetzzeit 3,6 µs/Kanal, 28-pol. Gehäuse; MAX 138 (LCD-Treiber) und MAX 139 (LED-Treiber): CMOS; Zweiflankenverfahren, $3^1/_2$ digit, 2,5 Umsetzungen/s, direkte Ansteuerung einer LCD (LED)-Anzeige, $U_E = -5$ V... $+5$ V, Differenzeingang, 5 V Betriebsspannung, 200 µA Stromaufnahme, 40-pol. Gehäuse.

### Literatur

11.1 Philippow E (1988) Taschenbuch Elektrotechnik, Band 3/I u. II, 3. Aufl. Verlag Technik, Berlin
11.2 Carr JJ (1988) Data acquisition and control. Division of TAB Books Inc., Blue Ridge Summit
11.3 Crystal Semiconductor audio databook (1994) Crystal Semiconductor Corporation, Austin, TX
11.4 Mercer D, Grant D (1984) 8-bit a-d converter mates transducers with µPs. Elektonic Design 1
11.5 Swager AW (1989) High Resolution A/D Converters. EDN, 3.8.1989, S 103–105
11.6 Goodenough F (1988) Grab distributed sensor data with 16-bit delta-sigma ADCs. Electronic Design, 14.4.1988, S 49–55
11.7 Schliffenbacher J (1979) Deltamodulation – ein Verfahren zur digitalen Verarbeitung von Analogsignalen. Elektronik 21:81–83

# 12 Digital-Analog-Umsetzer

M. Seifart

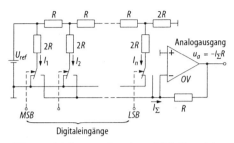

**Bild 12.1.** DA-Umsetzer (integriertes R/2R-Kettenleiternetzwerk in Stromschalterbetriebsart)

Zur Weiterverarbeitung digitaler Signale, z.B.

- für analoge Anzeige mittels Zeigerinstrumenten,
- für analoge Registrierung (Trendüberwachung),
- in Analogrechnern,
- mittels stetig arbeitender Regler

ist eine Digital-Analog-Umsetzung erforderlich. Da die vorgenommene Quantisierung grundsätzlich nicht mehr rückgängig gemacht werden kann, bleibt die Ausgangsgröße (Gleichspannung oder -strom) gestuft in den elementaren Schritten der Quantisierungseinheit.

Digital-Analog-Umsetzer (DAU) liefern daher nur ein quasianaloges Ausgangssignal. Bei hinreichend kleiner Quantisierungseinheit (1/1000 des Meßbereichs) ist die Stufung jedoch durch MSR-Geräte nicht mehr aufzulösen, so daß man von einem analogen Signal sprechen kann.

Hinsichtlich des Wirkprinzips ist zwischen den meist verwendeten direkten und indirekten DA-Umsetzern zu unterscheiden.

*Direkte (parallele) DAU.* Das „klassische" bei monolithischen und Hybridschaltkreisen meist verwendete Verfahren beruht darauf, daß entsprechend dem digitalen Eingangswort mit Hilfe eines Widerstandsnetzwerks (R/2R-Kettenleiternetzwerk; s. Bild 12.1) oder mit Stromquellen dual gestufte Ströme erzeugt und von einer Summationsschaltung summiert werden.

In der Regel ist das Eingangswort bei unipolarem (bipolarem) DAU-Ausgangssignal eine Dualzahl (Offsetbinär- oder Zweierkomplementzahl).

Die zur Funktion eines DAU erforderliche Referenzquelle ist in der Regel im Schaltkreis integriert. Bei sog. „multiplizierenden" Typen ist eine externe Referenzspannung anschaltbar, die sich in einem weiten Bereich verändern läßt (digital einstellbares Dämpfungsglied). CMOS-DAU sind vierquadrantmultiplizierend, d.h., sie verarbeiten sowohl positive als auch negative Eingangs- und Referenzspannungen.

In neuerer Zeit werden zunehmend SC-(Switched-capacitor-)Netzwerke als Ersatz des klassischen Widerstandsnetzwerks verwendet. Sie führen zu höheren Integrationsdichten und zu besseren Ausbeuten bei monolithischen Schaltkreisen.

Bei *hochauflösenden DAU* müssen sehr hohe Anforderungen an die Genauigkeit und Konstanz der Widerstandsnetzwerke gestellt werden. Beim Prinzip der „MSB-Segmentierung" sind größere Widerstandstoleranzen zulässig. Die höchstwertigen Bitstellen werden von den übrigen getrennt (segmentiert) und mittels gleicher Widerstände dekodiert. Die Dekodierung der restlichen Bitstellen erfolgt in klassischer Weise. Zum Schluß erfolgt die Addition der beiden Analogsignale.

*Indirekte DAU.* Das digitale Eingangssignal wird zunächst in ein Zwischensignal (z.B. pulsbreiten- oder pulsratenmoduliert) umgewandelt, aus dem anschließend das quasi-analoge Ausgangssignal erzeugt wird. Am Beispiel der Pulsbreitenmodulation wird anhand Bild 12.2 das Verfahren erläutert. Mit der Schaltung im Bild 12.2a wird aus der dualen Eingangszahl ein proportionales pulsbreitenmoduliertes (exakt: tastverhältnismoduliertes) Signal erzeugt. Ein an den Ausgang des Modulators angeschaltetes Tiefpaßfilter erzeugt aus dem pulsbreitenmodulierten Signal das quasianalo-

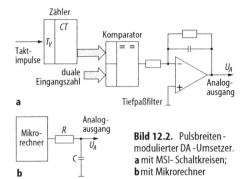

**Bild 12.2.** Pulsbreitenmodulierter DA-Umsetzer.
**a** mit MSI-Schaltkreisen;
**b** mit Mikrorechner

ge DAU-Ausgangssignal. Bedingt durch das Tiefpaßfilter ist die Einschwingzeit des Verfahrens sehr groß (ms-Bereich).

*Mikroprozessorkompatibilität.* An Mikroprozessoren direkt anschließbare DAU enthalten zusätzliche Pufferregister und Steuerschaltungen (Schreib-, Chipauswahl, Datenaktivierungssteuerung). Falls die Wortbreite des DAU größer ist als die vom Mikrorechnerdatenbus (so daß die Daten in Form mehrerer Bytes zeitlich nacheinander in den DAU eingegeben werden müssen), ist doppelte Pufferung erforderlich. Erst nachdem das gesamte Datenwort in den DAU geladen ist, wird das DAU-Register beschrieben, und am Ausgang erscheint das aktuelle quasianaloge Ausgangssignal.

*Industrielle Beispiele:* MAX 514 (Maxim): multiplizierender 4fach-CMOS-DAU, 12 bit Auflösung, 0,25 µs Einschwingzeit, 4 getrennte serielle Dateneingänge, +5 V Betriebsspannung, Leistungsaufnahme <10 mW, 24-pol. Gehäuse; ADV 101: 8-bit-Dreifach-Video-DAU mit 80 MHz Umsetzrate für Farbgrafik, Bildverarbeitung u.a., 5 V Betriebsspannung, Leistungsaufnahme <400 mW, 40-pol. Gehäuse; Variante ADV 7150/52 mit 170 MHz Pipelinearbeitsweise.

# 13 Referenzspannungsquellen

M. Seifart

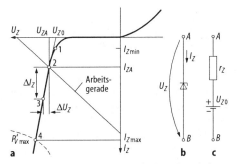

Bild 13.1. Z-Diode, a statische Kennlinie; b Symbol; c vereinfachte Ersatzschaltung für den Z-Bereich ($I_{Z\min} < I_Z < I_{Z\max}$)

Referenzspannungs- und -stromquellen dienen als elektrische Sollwerteinsteller. Bei geringen Anforderungen und kleinen Ausgangsleistungen (typisch <1 W) sind einfache Z-Dioden-Schaltungen geeignet. In den meisten Fällen werden jedoch elektronische Regelschaltungen eingesetzt. Mit ihnen lassen sich sehr hohe Konstanz, große Ausgangsleistungen, in weitem Bereich einstellbare Ausgangsgrößen und Lastunabhängigkeit erzielen.

Alle Schaltungen enthalten als Referenzspannungsquelle Z-Dioden oder Referenzelemente ($TK$ <0,0005%/K erreichbar).

Bei Konstantspannungs- und -stromquellen interessieren vor allem folgende Größen: Ausgangsspannungs- und -strombereich, maximale Ausgangsleistung, Stabilität der Ausgangsspannung, Innenwiderstand, TK, Restwelligkeit am Ausgang, Kurzschlußfestigkeit, Abmessungen, Temperaturbereich, Preis.

## 13.1 Referenzspannungserzeugung mit Z-Dioden

Bild 13.1 zeigt die statische Kennlinie sowie das Ersatzschaltbild einer Z-Diode. Bei kleinen *Zenerspannungen* ($U_Z <$ etwa 6 V) überwiegt der Zener- oder Feldeffekt (TK <0), bei größeren Zenerspannungen herrscht der Lawinen- bzw. Avalanche-Effekt vor (TK >0). In der Umgebung von $U_Z \approx 5{,}5 \ldots 5{,}8$ V haben sowohl der Temperaturkoeffizient als auch der „Zenerwiderstand" $r_Z$ ein Minimum.

Für besonders hohe Ansprüche an einen niedrigen TK sind Referenzelemente (Kombination aus Si-Dioden und einer Z-Diode mit entgegengesetztem TK) mit einem TK von typisch $10^{-5} \ldots 10^{-4}$/K verfügbar.

Eine einfache Z-Dioden-Stabilisierungsschaltung zeigt Bild 13.2. Zur Berechnung der Ausgangsspannungsänderung $\Delta U_A \equiv \Delta U_Z$ bei einer auftretenden Änderung der Eingangsspannung $\Delta U_E$ müssen alle Gleichspannungsquellen im Netzwerk ($U_E$, $U_{Z0}$) nullgesetzt werden. Damit ergibt sich Bild 13.2c. Aus dieser Ersatzschaltung läßt sich der Stabilisierungsfaktor (relative Eingangsspannungsschwankung/relative Ausgangsspannungsschwankung) berechnen zu [3.4]

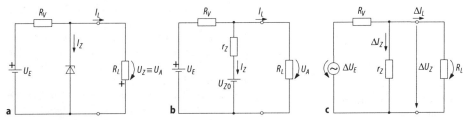

Bild 13.2. Einfache Z-Diodenstabilisierung. a Schaltung; b Ersatzschaltung für den Z-Bereich ($I_{Z\min} < I_Z < I_{Z\max}$); c Ersatzschaltung zur Berechnung von Spannungs- und Stromänderungen

$$S = \frac{\frac{\partial U_E}{U_E}}{\frac{\partial U_A}{U_A}} = \left(1 + \frac{R_V}{r_Z}\right)\frac{U_{ZO}}{U_E}.$$

Damit der Arbeitspunkt im steilen Teil der Z-Diodenkennlinie liegt, darf der Vorwiderstand RV den Minimalwert ($U_{E\,\text{max}} - U_Z)/(I_{L\,\text{min}} + I_{Z\,\text{max}})$ nicht unterschreiten und den Maximalwert ($U_{E\,\text{min}} - U_Z)/(I_{L\,\text{max}} + I_{Z\,\text{min}})$ nicht überschreiten [3.4].

## 13.2 Stabilisierungsschaltungen mit Regelung

Für höhere Ansprüche an die Genauigkeit, Konstanz und Ausgangsleistung werden geregelte Stabilisierungseinheiten verwendet. Hierbei wird ein Stellglied (Leistungstransistor) durch eine Stellgröße (Spannung, Strom) beeinflußt, die aus der Differenz zwischen Istwert (definierter Bruchteil der Ausgangsspannung bzw. des Ausgangsstroms) und Sollwert (Referenzspannung) abgeleitet wird. Man nennt dieses Prinzip Rückwärtsregelung.

Sehr einfach läßt sich dieses Prinzip mit OV realisieren. Sowohl die invertierende als auch die nichtinvertierende OV-Grundschaltung lassen sich als Konstantspannungsquelle einsetzen. Man braucht als Eingangsspannung der Verstärkerschaltung lediglich eine konstante Referenzspannung zu verwenden (Bild 13.3). Die maximal einstellbare Ausgangsspannung ist durch den Ausgangsaussteuerbereich des OV begrenzt. Die minimale Ausgangsspannung ($R_2 \to$ o) beträgt $U_Z$ (a) bzw. Null (b).

Monolithisch integrierte Spannungsreglerfamilien 7800/7900 und 317/337. Diese Typen sind sehr verbreitet und bieten eine einfache Möglichkeit zur Erzeugung einer positiven bzw. negativen stabilisierten Spannung mit Ausgangsströmen bis zur Größenordnung 1 A. Sie sind gegen Übertemperatur und Kurzschluß geschützt. Der Unterschied zwischen beiden Familien wird aus Bild 13.4 deutlich. Die Serie 7800 (4 Anschlüsse) verwendet eine massebezogene Referenzspannung von ca. 5 V. Sie ermöglicht eine mittels $R_1$ und $R_2$ einstellbare Ausgangsspannung im Bereich von 5 ... 24 V bei einem Ausgangsstrom $\leq$1 A. Über $R_1$ tritt in guter Näherung der Spannungsabfall $U_{ref}$ auf. Für negative Ausgangsspannungen gibt es den komplementären Typ 7900.

Bei der Serie 317 ist die Referenzspannung kleiner ($U_{ref}$ = 1,25 V) und nicht auf Masse bezogen. Der Spannungsabfall über $R_2$ stellt sich infolge der Gegenkopplung so ein, daß er gleich $U_{ref}$ ist (Bild 13.4b). Daher gilt für die Ausgangsspannung $U_A$ = (1+$R_1/R_2)U_{ref}$. Dieses Bauelement benötigt nur drei Anschlüsse. Für negative Ausgangsspannungen eignet sich der Komplementärtyp 337.

Weil der negative Betriebsspannungsanschluß des OV mit dem Schaltungsausgang verbunden ist, läßt sich die Serie 317 auch zum Konstanthalten von Spannungen einsetzen, die größer als die zulässige OV-Betriebsspannung sind. Es muß lediglich die Spannungsdifferenz $U_E - U_A$ kleiner sein als die für den IC zulässigen Spannungen (Vorsicht bei Ausgangskurzschluß!). Der Ausgang darf nicht im Leerlauf betrieben werden, weil der Versorgungsstrom des OV über die Ausgangsklemme zur Masse fließt (Unterschied zur Serie 7800).

Einen höheren Wirkungsgrad als der Typ 317 gewährleistet der Schaltkreis LT 1086 der Firma LTC ($\eta \approx$ 50 ... 80% gegenüber 40 ... 60% beim 317). Weitere Beispiele sind LT 1083, LT 1005 (<1 A), LT 1117, LT 350 A (<3 A) und LT 1185.

Der LT 1185 hat die Daten $I_A$= 5 mA ... 3 A bei $U_A$ = 2,5 ... 25 V, 0,8 V Dropout-Spannungsabfall, $r_{on} \approx$ 0,25 $\Omega$, Ruhestrom $\approx$ 2,5 mA, genau einstellbare Ausgangsstrom-

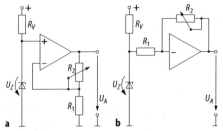

**Bild 13.3.** Präzisionsspannungsquellen mit den beiden OV-Grundschaltungen.
**a** nichtinvertierende Schaltung $U_a = U_Z[1+ (R_2 / R_1)]$;
**b** invertierende Schaltung $U_a = -(R_2 / R_1)U_Z$

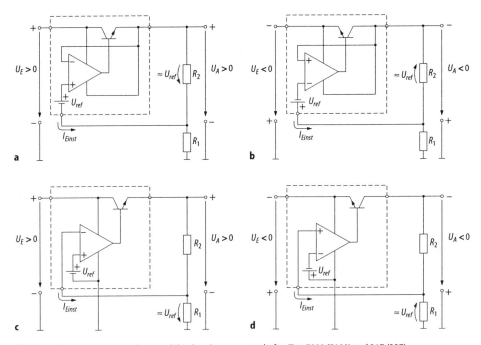

**Bild 13.4.** Prinzipschaltungen der monolithischen Spannungsreglerfamilien 7800 (7900) und 317 (337)

a Serie 317, $U_{ref} \approx 1{,}25$ V, $U_A = U_{ref}\left(1+\dfrac{R_1}{R_2}\right)$ für $I_{Einst} = 0$  c Serie 7800, $U_{ref} \approx 5$ V, $U_A = U_{ref}\left(1+\dfrac{R_1}{R_2}\right)$

b Serie 337, $U_{ref} \approx 1{,}25$ V, $U_A = -U_{ref}\left(1+\dfrac{R_1}{R_2}\right)$ für $I_{Einst} = 0$  d Serie 7900, $U_{ref} \approx 5$ V, $-U_A = U_{ref}\left(1+\dfrac{R_1}{R_2}\right)$

begrenzung, 5-poliges TO-3- oder TO-220-Gehäuse. Der zulässige Eingangsspannungsbereich des LT 1185 für $U_A = 5$ V, $I_A \leq 3$ A beträgt 6 ... 16 V.

*Referenzstromquellen.* Bild 13.5 zeigt, wie geregelte Konstantstromquellen realisierbar sind. Der Ausgangsstrom $I_L$ wird über den OV so geregelt, daß der von ihm erzeugte Spannungsabfall $I_L R_E$ bzw. $I_L R_S$ gleich $U_{ref}$ wird.

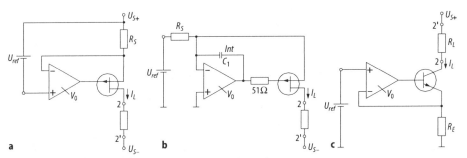

**Bild 13.5.** Unipolare Stromquellen mit Transistoren und OV. a nichtinvertierende Schaltung mit p-Kanal-SFET, $I_L \approx U_{ref}/R_S$; b invertierende Schaltung mit p-Kanal-SFET, $I_L \approx U_{ref}/R$, $C_1$ sichert die dynamische Stabilität; c nichtinvertierende Schaltung mit npn-Transistor, $I_L = A_N I_E + I_{CBO} \approx A_N U_{ref}/R_E = [B_N/(B_N+1)](U_{ref}/R_E)$. Hinweis zu a–c: Anstelle von SFET können auch MOSFET oder Bipolartransistoren eingesetzt werden (und umgekehrt)

# 14 Nichtlineare Funktionseinheiten

M. Seifart

Die Entwicklung auf dem Gebiet der nichtlinearen Signalverarbeitung ist durch eine starke Zunahme digitaler Methoden gekennzeichnet. Da die digitale Signalverarbeitung infolge der begrenzten Verarbeitungsgeschwindigkeit von Digitalrechnern auf niedrige und mittlere Signalfrequenzen beschränkt ist, werden nichtlineare Analogschaltungen vor allem bei hohen Signalfrequenzen und bei sehr preisgünstigen Lösungen bevorzugt.

## 14.1 Verstärker, Begrenzer, Betragsbildner, Gleichrichter, analoge Torschaltungen

Unter Ausnutzung der exponentiellen U-I-Kennlinie von Halbleiterdioden lassen sich logarithmische Verstärker realisieren. Die einfache Schaltung nach Bild 14.1a ist je-

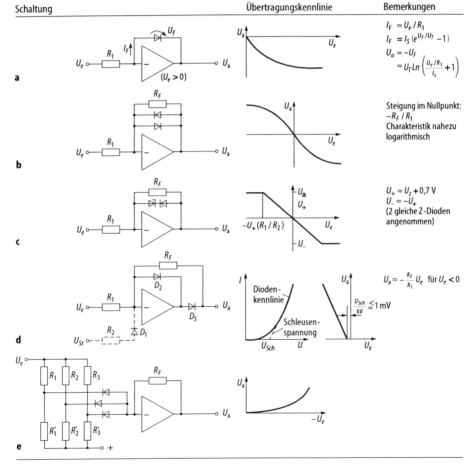

**Bild 14.1.** Einige nichtlineare Verstärkerschaltungen mit OV. **a** logarithmischer Verstärker; **b** nahezu logarithmischer Verstärker mit symmetrischer Kennlinie; **c** Begrenzer; **d** Erzeugung einer Knickkennlinie (Einweggleichrichter); **e** Diodenfunktionsgenerator (Prinzip)

doch stark temperaturabhängig, so daß Kompensationsmaßnahmen notwendig sind. Der Dynamikbereich (Verhältnis der größten zur kleinsten verarbeitbaren Signalamplitude $U_e$) wird durch den Eingangsruhestrom, die Offsetspannung und das Rauschen des OV auf wenige Dekaden begrenzt.

Zwei antiparallelgeschaltete Dioden bewirken eine symmetrische Kennlinie (Bild 14.1b).

Durch Einschalten von Z-Dioden in den Gegenkopplungskreis läßt sich eine Begrenzerkennlinie herstellen (Bild 14.3c).

Vielfältige Anwendungen finden Knickkennlinien nach Bild 14.1d. Weil die Dioden $D_2$ und $D_3$ im Gegenkopplungskreis liegen, werden ihre Kennlinienrundungen und damit auch die Schleusenspannung der Dioden (bei Siliziumdioden $\approx 0,5 \ldots 0,7$ V), bezogen auf den Eingang der Schaltung, um den Faktor kV (Schleifenverstärkung) verkleinert. Mit dieser Grundschaltung können Begrenzer- und lineare Gleichrichterschaltungen aufgebaut werden, die auch bei kleinen Signalen (mV-Bereich) gut arbeiten (Bild 14.2). Durch Zufügen der im Bild 14.1d gestrichelt eingezeichneten Elemente $D_1$ und $R_2$ entsteht eine lineare Torschaltung. Für $U_{St} \leq 0$ sperrt $D_1$, und der Steuereingang hat keinen Einfluß auf die Verstärkung $U_a/U_e$. Falls aber $(U_{St}-U_{D1})/R_2>(-U_e/R_1)$ ist ($U_{D1}$ Durchlaßspannung von $D_1$), beträgt die Ausgangsspannung $U_a \approx 0$, d.h., die Eingangsspannung wird nicht zum Ausgang übertragen.

## 14.2
## Funktionsgeneratoren

Zur Nachbildung oder Korrektur nichtlinearer Funktionen sind Funktionsgeneratoren geeignet, die als funktionsbildendes Element vorgespannte Dioden verwenden. Die nichtlineare Kennlinie wird dabei durch einen Polygonzug angenähert (Bild 14.1e). Die Spannungsteiler am Eingang ($R_1$, $R'_1$; $R_2$, $R'_2$; $R_3$, $R'_3$) werden so dimensioniert, daß die Dioden unterschiedliche Vorspannung erhalten. Dadurch werden sie in Abhängigkeit von der Eingangsspannung $U_e < 0$ leitend. Mit jeder zusätzlich in den leitenden Zustand gelangenden Diode wird der zum Summationspunkt fließende Strom größer, und es entsteht die angegebene Knickkennlinie. Das Einschalten des gleichen Diodennetzwerks in den Gegenkopplungskreis bewirkt, daß die Umkehrfunktion erzeugt wird.

Funktionsgeneratoren werden als komplette Bausteine in vielen Varianten hergestellt.

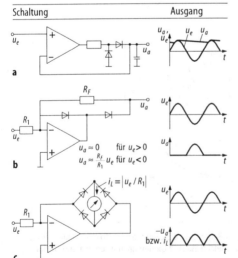
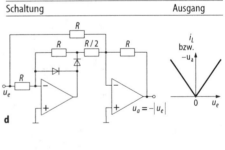

**Bild 14.2.** Gleichrichterschaltungen mit OV. **a** Spitzengleichrichter; **b** Einweggleichrichter; **c** und **d** Zweiweggleichrichter (Kurvenverläufe gelten für beide Schaltungen)

## 14.3 Grenzwertmelder (Komparatoren), Extremwertauswahl, Totzone

Zum Vergleich zweier Analogsignale eignen sich Komparatorschaltungen ohne Rückkopplung (Bild 14.3) und rückgekoppelte hysteresebehaftete Schaltungen (Schmitt-Trigger, Abschn. 17.3.1). Bei rückgekoppelten Schaltungen läßt sich durch die mit dem Rückkopplungsfaktor k einstellbare Hysterese (Zweipunktregler, Abschn. 2.) undefiniertes Hin- und Herkippen („Flattern") vermeiden, das infolge überlagerter Störsignale bei den Schaltungen nach Bild 14.3 auftreten kann, falls während einer längeren Zeitspanne $U_e \approx U_{ref}$ ist. Komparatorschaltungen werden mit OV, häufiger mit speziellen integrierten Analogkomparatorbausteinen (größere Bandbreite, d.h. schnelleres Ansprechen, jedoch kleinere Verstärkung als OV) aufgebaut.

Mit Hilfe einer Schaltung zur Extremwertauswahl (Bild 14.4) wird von mehreren anliegenden Eingangsspannungen der maximale (bzw. minimale, falls alle Dioden umgepolt werden) Wert zum Ausgang übertragen, weil nur die Diode mit der größten Eingangsspannung leitet.

Eine geknickte Kennlinie mit einstellbarer Totzone läßt sich nach Bild 14.4b erzeugen. Mittels der beiden Potentiometer sind die Knickspannungen $U_{K1}$ und $U_{K2}$ nach Bild 14.4c unabhängig voneinander einstellbar.

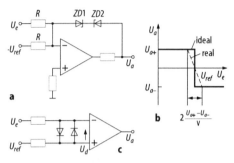

**Bild 14.3.** Analogkomparatoren (Schwellwertschalter) ohne Hysterese. **a** Ansteuerung an einem OV-Eingang (exakter Komparator); **b** Kennlinie zu a: $U_{a+} \approx [U_{Z1}] + 0{,}7$ V, $-U_{a-} \approx [U_{Z2}] + 0{,}7$ V, $U_{Z1}, U_{Z2}$ Zener-Spannung von ZD1 bzw. ZD2; **c** Ansteuerung an beiden OV-Eingängen, $U_a = 0$ für $U_d = -U_{a1}/$ CMRR

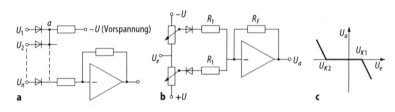

**Bild 14.4.** Extremwertauswahl **a** und Totzone **b**; **c** Kennlinie zu **b**

# 15 Filter

M. SEIFART

## 15.1 Übersicht

Bei der Signalübertragung und -verarbeitung (z.B. zur Bandbegrenzung, Selektion, Kanaltrennung, Unterdrückung von Frequenzbereichen) besteht häufig die Aufgabe, bestimmte Frequenzkomponenten oder -bereiche eines Signals zu dämpfen oder bevorzugt zu übertragen. Zu diesem Zweck werden Filter benötigt [3.4, 3.6, 9.1, 15.1– 15.7].

*Historische Entwicklung.* Die „klassische" Filterrealisierung erfolgte mit passiven RLC-Schaltungen. Auch heute haben sie noch Verbreitung, obwohl sie zunehmend durch modernere Konzeptionen (aktive Filter, SC-Filter, Quarzresonatorfilter, digitale Filter) abgelöst werden bzw. wurden.

Da Induktivitäten nicht monolithisch integrierbar sind, wurden zeitlich parallel mit den Integrationstechniken Filterschaltungen entwickelt, die ohne Induktivitäten auskommen. Induktivitäten lassen sich durch aktive Bauelemente ersetzen. Dieses Prinzip wird seit den 60er Jahren bei den aktiven RC-Filtern angewendet. Sie bestehen aus Widerständen, Kapazitäten und Operationsverstärkern und wurden in den 60er und 70er Jahren intensiv untersucht. Da sie jedoch nicht monolithisch integrierbar sind (lediglich in Dünn- und Dickschichttechnik) und eine größere Parameterempfindlichkeit als LC-Filter aufweisen, konzentriert sich die Entwicklung seit etwa 10 Jahren zunehmend auf solche Filterprinzipien, die mit der VLSI-Technik kompatibel und in dieser Technologie herstellbar sind.

Historisch gesehen, läßt sich die schaltungstechnische und technologische Entwicklung der Filterschaltungen stark vereinfacht in die folgenden drei Etappen unterteilen:

1. Etappe: (bis $\approx$ 1950 ... 1960): Reaktanzfilter (RLC) in Einzelelementetechnik („klassische" Filter),
2. Etappe: (ab $\approx$ 1960 ... 1970): Aktive RC-Filter (R, C, OV) in Einzelelemente- und Dünnschicht-/Dickschichttechnik),
3. Etappe: (ab $\approx$ 1980): Monolithische Filter (C, Schalter, OV) in den drei Gruppen a) CCD-, b) SC- und c) digitale Filter.

Es gibt eine Vielzahl unterschiedlicher Filterprinzipien und -technologien, denn der für Filterschaltungen interessierende Signalfrequenzbereich umfaßt mehr als 12 Dekaden (0,1 ... $10^{12}$ Hz) und läßt sich keinesfalls mit einem einzigen Filterprinzip abdecken.

*Klassen von Filtern.* Die Vielzahl der Filtervarianten und -prinzipien läßt sich nach unterschiedlichen Merkmalen klassifizieren (Tabelle 15.1, Bild 15.1). Die wichtigsten Unterscheidungsmerkmale sind:

1. Nach der Art des im Filter verarbeiteten Signals
   – *Analoge Filter.* Die im Filter verarbeiteten Signale sind amplituden- und zeitkontinuierlich (Beispiel: RLC-Filter, aktive RC-Filter).
   – *Analoge Abtastfilter* (Sampled-data filter). Die im Filter verarbeiteten Signale sind amplitudenkontinuierlich und zeitdiskret. Die abgetasteten Signalwerte werden in Form von „Ladungspaketen" verarbeitet (Beispiel: SC-Filter).
   – *Digitale Filter.* Die im Filter verarbeiteten Signale (digitale Worte) sind amplituden- und zeitdiskret. Die Filteroperationen führt ein Signalprozessor oder Mikrorechner in Form einer zeitlichen Folge einfacher arithmetischer Operationen aus (Multiplikation, Addition, Speicherung). Das analoge Eingangssignal wird mit einem AD-Umsetzer in eine Folge von Digitalwerten umgesetzt. Falls ein analoges Ausgangssignal gewünscht wird, muß ein DA-Umsetzer an den Filterausgang angeschaltet werden.
2. Bezüglich der schaltungstechnischen Realisierung
   – *Reaktanzfilter* (passive RLC-Filter)
   – *Aktive RC-Filter*
   – *Monolithische Filter* (integrierte Filter):

**Tabelle 15.1.** Übersicht zu den Klassen von Filtern

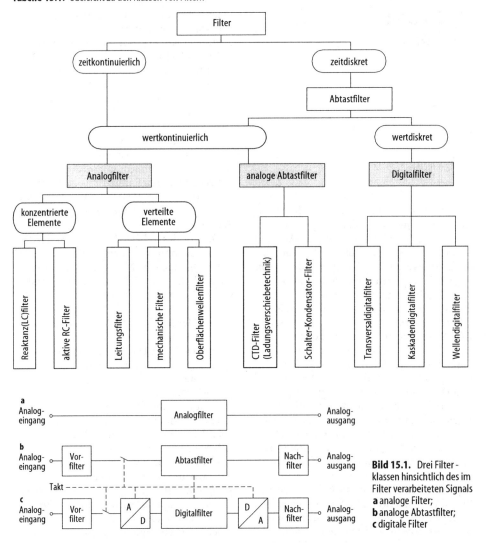

**Bild 15.1.** Drei Filterklassen hinsichtlich des im Filter verarbeiteten Signals
**a** analoge Filter;
**b** analoge Abtastfilter;
**c** digitale Filter

a) CCD-Filter
b) SC-Filter
c) digitale Filter
Eine monolithische Ausführung ist für SC-, CCD/CTD-, Keramik-, Quarz- und Digitalfilter möglich.
3. Bezüglich des Frequenzbereiches und des Frequenzintervalls
Siehe hierzu Bild 15.2. Hinsichtlich des beeinflußten Frequenzbandes unterscheidet man Tiefpaß-, Hochpaß-, Bandpaß- und Allpaßfilter sowie Bandsperren.

4. Bezüglich der Form der Übertragungsfunktion und Impulsantwort
– *Rekursive Filter.* Sie besitzen eine zeitlich unbegrenzte Impulsantwort
– *Nichtrekursive Filter (*Transversalfilter, FIR-(Finite impulse response) Filter). Sie besitzen eine zeitlich begrenzte Impulsantwort. Die Filterausgangsspannung $u_A$ kann durch Mehrfachverzögerung von $u_E$, Gewichtung und Summation erzeugt werden.

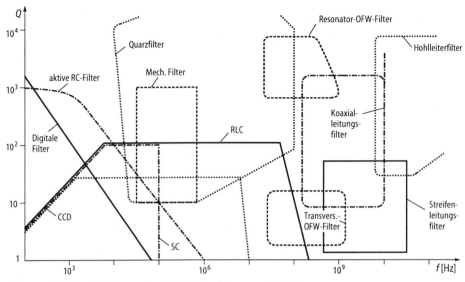

**Bild 15.2.** Typische Arbeitsfrequenzbereiche wichtiger Filterarten. $Q$ Filtergüte

## 15.2 Kontinuierliche Analogfilter

### 15.2.1 Passive RLC-Filter

Im HF-Bereich werden Filter häufig mit passiven RLC-Schaltungen aufgebaut. Bei niedrigen Frequenzen werden Induktivitäten zu groß, und ihre elektrische Güte verschlechtert sich. Daher sind im Frequenzbereich unterhalb von 0,1 bis zu einigen MHz RC-Filter, meist in Form von aktiven Filtern, SC-Filter und digitale Filter verbreitet.
Bild 15.3 gibt einen Überblick zu einfachen passiven RC-Filternetzwerken.

### 15.2.2 Aktive RC-Filter

Aktive Filter verzichten auf Spulen und verwenden ausschließlich RC-Glieder und Operationsverstärker. Filter 1. Ordnung enthalten ein RC-Glied, Filter 2. Ordnung enthalten zwei RC-Glieder usw. Durch Kettenschaltung mehrerer Einzelfilter entstehen Filter höherer Ordnung. Damit wächst die Flankensteilheit, d.h. der Übergang vom Durchlaß- in den Sperrbereich wird steiler (Annäherung an eine Rechteckkurve).
Da in aktiven Filtern die RC-Glieder mit Verstärkerelementen kombiniert sind, werden die Flankensteilheit und die Selektivität gegenüber passiven Filtern wesentlich erhöht.

*Realisierung von Tiefpaß- und Hochpaßfiltern.* Für die schaltungstechnische Realisierung aktiver Filter gibt es mehrere Möglichkeiten. Die verbreitetsten Schaltungsstrukturen sind die Einfach- und Mehrfachgegenkopplung sowie die Einfachmitkopplung. Alle haben bei entsprechender Dimensionierung gleiches Frequenzverhalten. Die Toleranzen der RC-Elemente müssen in der Regel kleiner sein als etwa 1%. Es können aber auch Normwerte für die Widerstände und Kondensatoren verwendet und das Filter mit einem Potentiometer abgeglichen werden, wie in den Bildern 15.4 und 15.5 gezeigt ist.
Aktive Filter erster und zweiter Ordnung lassen sich mit einem einzigen Operationsverstärker realisieren. Filter höherer Ordnung entstehen durch Reihenschaltung von Filtern erster und zweiter Ordnung. Alle hier besprochenen Filter müssen möglichst niederohmig angesteuert werden.
Besonders günstig sind Filter mit Einfachmitkopplung. Sie kommen mit geringem Schaltungsaufwand aus und lassen sich bezüglich Grenzfrequenz und Filtertyp leicht abgleichen. Durch interne Gegenkopplung muß die Verstärkung auf einen definierten Wert eingestellt werden, damit

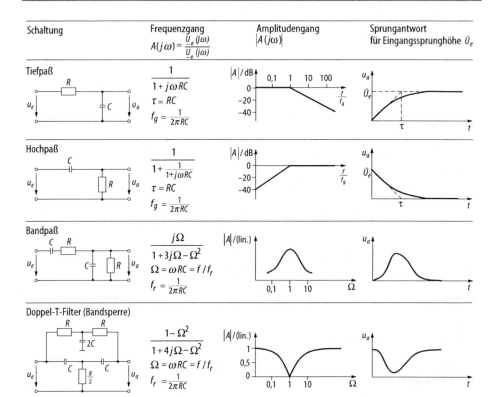

**Bild 15.3.** Überblick zu einfachen passiven RC-Filternetzwerken

leicht abgleichen. Durch interne Gegenkopplung muß die Verstärkung auf einen definierten Wert eingestellt werden, damit die Schaltung dynamisch nicht instabil wird. Bild 15.4 zeigt als Beispiel ein Tiefpaß- und ein Hochpaßfilter.

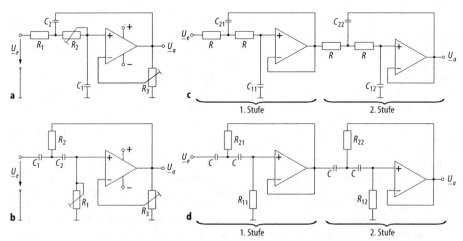

**Bild 15.4.** Aktiver Tiefpaß und Hochpaß mit Einfachmitkopplung. **a** Tiefpaß; **b** Hochpaß; **c** Tiefpaß (4. Ordnung); **d** Hochpaß (4. Ordnung)

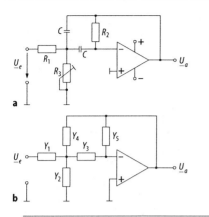

| c Filtercharakteristik | $Y_1$ | $Y_2$ | $Y_3$ | $Y_4$ | $Y_5$ |
|---|---|---|---|---|---|
| Tiefpaß | R | C | R | R | C |
| Hochpaß | C | R | C | C | R |
| Bandpaß | R | R | C | C | R |

**Bild 15.5.** Aktives Filter mit Mehrfachgegenkopplung
**a** Aktives Filter; **b** allgemeine Struktur, die zugehörige Übertragungsfunktion lautet:

$$\underline{U}_a / \underline{U}_e = \frac{-Y_1 Y_3}{Y_5(Y_1 + Y_2 + Y_3 + Y_4) + Y_3 Y_4}$$

**c** zur Realisierung der allgemeinen Struktur von Bild 15.5b für unterschiedliche Filtercharakteristiken

aller Tiefpaßfilter läßt sich durch die Beziehung

$$V_{(P)} = \frac{V_0}{\prod_i \left(1 + a_i P + b_i P^2\right)}$$

$$= \frac{V_0}{\left(1 + a_1 P + b_1 P^2\right)\left(1 + a_2 P + b_2 P^2\right) \ldots} \quad (15.1)$$

und die aller Hochpaßfilter durch

$$V_{(P)} = \frac{V_\infty}{\prod_i \left[1 + (a_i / P) + (b_i / P^2)\right]} \quad (15.2)$$

darstellen. Die Abkürzungen bedeuten P = $p/\omega_g$, p = Laplace-Operator, $\omega_g = 2\pi f_g$, $f_g$ = 3dB-Grenzfrequenz des Filters, $V_0 = |V|_{f \to 0}$, $V_\infty = |V|_{f \to \infty}$.

Die Koeffizienten $a_i$, $b_i$ werden berechnet bzw. aus Tafeln entnommen, wobei sich für die unterschiedlichen Filtertypen (kritische Dämpfung, Butterworth, Tschebyscheff, Bessel u.a.) jeweils andere Werte ergeben [3.6].

Die allgemeine Übertragungsfunktion aktiver Filter lautet [3.6]

$$V_{(P)} = \frac{d_0 + d_1 P + d_2 P^2 + \ldots}{c_0 + c_1 P + c_2 P^2 + \ldots}. \quad (15.3)$$

Aus ihr gehen die Gln. (15.1) und (15.2) jeweils als Spezialfall hervor.

Bild 15.6 gibt einen Überblick zu häufig verwendeten Typen aktiver Filter. Weitere Einzelheiten zur Wirkungsweise und zur Dimensionierung findet man in der umfangreichen Literatur [15.1–15.5].

*Trend.* Zunehmend werden programmierbare Filter auf einem Chip hergestellt. Der Anwender kann Grenzfrequenzen (z.B. 5 … 13 MHz), Pole und Nullstellen in weitem Bereich (z.B. 0,1 … 4 MHz) extern einstellen. Zu erwarten sind zukünftig programmierbare und kundenspezifische Filter im Signalfrequenzbereich 0 … 100 MHz [15.5].

### 15.2.3
### Filter mit verteilten Elementen
#### 15.2.3.1
#### Mechanische Filter

Wegen ihrer hohen Gütewerte (20 000 … 100 000 gegenüber 200 … 500 bei elektrischen Schwingkreisen), des niedrigen TK ($10^{-6}$ … $10^{-7}$/K gegenüber $10^{-4}$ … $10^{-5}$/K bei elektrischen Schwingkreisen), der geringen Abmessungen und des günstigen Preises sind mechanische Filter weit verbreitet.

Am Filterein- und -ausgang befindet sich ein elektromechanischer Energiewandler zur Wandlung von Strom-Spannungs-Schwankungen in Kraft-Schnelle-Änderungen und umgekehrt (Bild 15.7). Mechanische Filter enthalten frequenzselektive mechanische Einzelelemente, die mechanisch (höchstens teilweise elektrisch) miteinander verkoppelt bzw. verbunden sind [15.7].

Neben mechanischen Filtern gibt es auch mechanisch schwingende Einzelelemente (z.B. Schwingquarz, Keramikschwinger, Keramik-Metall-Verbundschwinger), die hier nicht betrachtet werden. Folgende drei Hauptgruppen von mechanischen Filtern lassen sich unterscheiden:

1. Metallresonatorfilter
   a) mit piezoelektrischem Wandler,
   b) mit magnetostriktivem Wandler (von Spule umgebener Ferrit wird zu Kom-

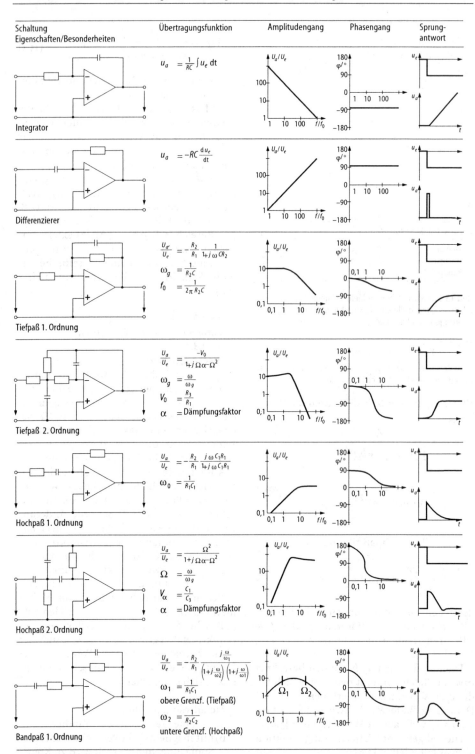

**Bild 15.6.** Zusammenstellung dynamisch beschalteter Operationsverstärker [15.5]

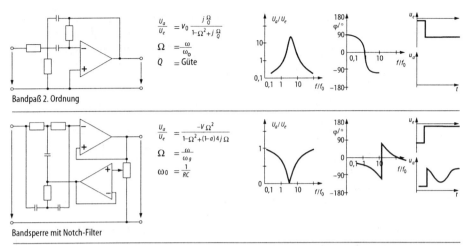

Bandpaß 2. Ordnung

Bandsperre mit Notch-Filter

**Bild 15.6** (Fortsetzung)

**Bild 15.7.** Prinzip des mechanischen Filters

pressionsschwingungen angeregt, $f \approx$ 100 ... 800 kHz);

Gütewerte: 20 000 ... 50 000; Anwendungen: ZF-Filter in der Funktechnik, Kanal-, Träger- und Signalfilter in der Trägerfrequenztechnik.

2. Keramischer Filter
   Typisches Massenerzeugnis für die Konsumgüterelektronik (Rundfunk- und Fernsehton-ZF-Filter)
3. Monolithische Filter
   a) Volumenwellenfilter (monolithische Quarz- und Keramikfilter)
   b) akustische Oberflächenwellenfilter (AOW-Filter).

Die Gruppen 1 und 2 bilden Bauelemente mit einzelnen volumenschwingenden Resonatoren, die über verschiedenartige Koppelelemente miteinander verkoppelt werden. Bei Gruppe 3 wird die Herstellungstechnologie der Mikroelektronik (Fotolithografie) angewendet. Man nennt sie daher auch frequenzselektive Bauelemente der Mikroakustik.

*Volumenwellenfilter.* Elektrisch verhalten sich solche monolithischen Filter wie gekoppelte Schwingkreise. Ein piezoelektrisches Substrat enthält paarweise aufgedampfte metallische Elektroden, die über eine Koppelstrecke verkoppelte Resonanzgebiete bilden.

*Akustische Oberflächenwellenfilter.* Oberflächenwellen treten nicht nur auf Flüssigkeiten, sondern auch auf elastischen Oberflächen von Festkörpern auf. Vergleichbar mit Schallwellen erfolgt eine Signalausbreitung durch Teilchenschwingungen im Ausbreitungsmedium. Die Ausbreitungsgeschwindigkeit beträgt einige km/s. Sie ist $10^5$fach geringer als die von elektromagnetischen Wellen. Die Folge sind kleinere Strukturabmessungen für frequenzselektive Anordnungen.

Für die Anregung einer Oberflächenwelle auf einem Festkörper wird der piezoelektrische Effekt ausgenutzt. Das elektrische Eingangssignal wird in einem auf dem piezoelektrischen Substrat (meist LiNbO3) befindlichen Eingangswandler in eine Oberflächenwelle (Eindringtiefe $\approx 3\lambda$) umgewandelt. Ein definierter Anteil dieser Oberflächenwelle wird in einem auf dem gleichen Substrat befindlichen Ausgangswandler in ein elektrisches Ausgangssignal rückgewandelt. Eine Filterwirkung kommt dadurch zustande, daß sich an einem bestimmten Ort des Substrats die von mehreren „Sendern" ausgehenden Signalkomponenten infolge unterschiedlicher Laufzeiten zwischen Sender und Empfänger für bestimmte Frequen-

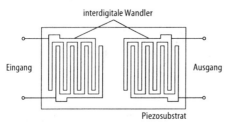

**Bild 15.8.** Grundaufbau eines Oberflächenwellenfilters

zen überlagern und für andere Frequenzen schwächen bzw. auslöschen.

Die Frequenzcharakteristik des Filters wird durch die geometrische Struktur bestimmt. Üblich ist die Interdigitalstruktur (Bild 15.8). Jeder Finger dieser Struktur kann als linienförmiger Sender für Oberflächenwellen aufgefaßt werden. Bei äquidistanten linienförmigen Fingern entsteht ein Filterspektrum mit periodischen Durchlaßbereichen. Die Interdigitalstruktur ermöglicht Oberflächenwellenfilter nach dem Transversalprinzip ähnlich zur CTD-Technik (Abschn. 15.3.1). Die spezielle Filtercharakteristik wird durch den Fingerabstand, die Fingeranzahl, die Fingerlänge und die gegenseitige Fingerüberlappung bestimmt. Die geometrischen Abmessungen von AOW-Filtern liegen in der Größenordnung von Millimetern ($\approx 1$ mm ... 1 µm im Frequenzbereich zwischen 3 MHz und 3 GHz). Sie werden mit der kostengünstigen Technologie der Mikroelektronik hergestellt und sind für den Großeinsatz geeignet (Unterhaltungselektronik, z.B. Bild-ZF-Filter, professionelle Nachrichtentechnik).

*Industrielles Beispiel:* Monolithisches Kristallfilter Modell 4051, 4. Ordnung, 21,4 MHz, Bandbreite: ±7,5 kHz bei 3 dB Dämpfung mit ±25 kHz bei 35 dB Dämpfung, Sperrdämpfung >70 dB, Welligkeit <1 dB, Keramikgehäuse 11,3×11,3×1,5 mm (Piezo Technology, USA).

## 15.3
## Analoge Abtastfilter

### 15.3.1
### Ladungsverschiebeelemente (Charge-Transfer Devices)

Diese Elemente ermöglichen durch die Anwendung von Eimerkettenschaltungen oder ladungsgekoppelten Strukturen monolithisch integrierte Abtastanalogfilter, die recht gut mit den üblichen MOS-Technologien herstellbar sind. Auf der Basis des Prinzips der angezapften Verzögerungsleitung finden folgende drei Varianten Verwendung:

1. Eimerkettenschaltungen (Bucket-Brigade Devices = BBD),
2. Ladungsgekoppelte Strukturen (Charge-Coupled Devices = CCD),
3. Ladungsinjektionsstrukturen (Charge-Injection Devices = CID).

Solche Strukturen werden für Verzögerungsleitungen, Abtastanalogfilter und Bildsensoren eingesetzt.

Nachfolgend betrachten wir das Grundprinzip eines in MOS-Technologie realisierbaren CCD-Transversalfilters.

Grundelemente jeder CCD-Struktur sind MOS-Kondensatoren. Die Information wird bei den hier betrachteten analogen CCD-Abtastfiltern in Form von amplitudenanalogen Ladungspaketen auf diesen MOS-Kondensatoren (unter den MOS-Elektroden) gespeichert. Durch das Anlegen gegeneinander zeitlich verschobener Taktimpulse wird die Ladung entlang der Kette von Kondensator zu Kondensator weiter transportiert. Die Verarmungsgebiete müssen sich hierbei stückweise überlappen. Daher sind Abstände von wenigen µm erforderlich.

### 15.3.2
### SC-Filter (Switched Capacitor)

Diese Filter bestehen aus Elementen, die sich besonders gut für die monolithische MOS-Herstellungstechnologie eignen: aus Schaltern, Kondensatoren und Verstärkern. Sie lassen sich leicht mit anderen integrierten Funktionselementen (Logikschaltungen, Komparatoren, Gleichrichtern usw.) kombinieren. Ein weiterer Vorteil ist ihr niedriger Leistungsverbrauch von 0,1 ... 1 mW je Filterpol.

Die Übertragungsfunktion von SC-Filtern hängt nur von Kapazitätsverhältnissen und von der Taktfrequenz ab, nicht jedoch von den Absolutwerten der Kondensatoren. Temperatur- und Alterungseinflüsse wirken sich auf alle Kapazitäten im Chip nahezu gleich aus. Typische Eigenschaften der

ken sich auf alle Kapazitäten im Chip nahezu gleich aus. Typische Eigenschaften der Bauelemente von SC-Filtern sind: $C = 1$ bis 100 pF; $\Delta C/C < 0,1 \ldots 0,05\%$ bezogen auf Kapazitätsverhältnisse; TK $\approx 25$ ppm/K; Spannungskoeffizient $\approx -20$ ppm/V; Schalter: Durchlaßwiderstand $< 2$ k$\Omega$, Chipfläche $\approx 10^{-4}$ mm². Zum Vergleich monolithische Widerstände: $\Delta R/R \approx 2\%$, TK $\approx 1500$ ppm/K, Spannungskoeffizient $\approx -200$ ppm/V.

SC-Filter lassen sich aufwandsarm mit speziell für diese Anwendung entwickelten Schaltkreisen realisieren. Beispiel: Der Schaltkreis RF 5621 (5622) (Reticon) enthält zwei (vier) Filter zweiter Ordnung mit Tief-/Hoch-/Bandpaßeingang. Zur Realisierung des gewünschten Filterverhaltens sind lediglich externe Widerstände erforderlich.

*Trend.* SC-Filter werden in naher Zukunft für den Signalfrequenzbereich um 100 kHz einsetzbar sein.

*Prinzip.* Das Grundelement von SC-Filtern stellt die geschaltete Kapazität dar. Sie läßt sich unter bestimmten Betriebsbedingungen als Widerstand $R$ betrachten, wie folgende Überlegung zeigt (Bild 15.9). Der Schalter $S$ schaltet während jeder Taktperiodendauer $T$ die Kapazität $C$ einmal an den Eingang und einmal an den Ausgang. Dabei entstehen auf dem Kondensator jeweils Ladungsänderungen $\Delta Q = C\,(u_E - u_A)$, die einen mittleren Strom

$$\bar{i} = \frac{\Delta Q}{T} = \frac{C(u_E - u_A)}{T}$$

vom Eingang zum Ausgang zur Folge haben.

Solange die Abtastrate (Taktfrequenz) $1/T$ viel größer ist als die maximale Signalfrequenz der Eingangsspannung $u_E(t)$, wirkt der geschaltete Kondensator im Bild 15.9a wie ein Widerstand (Bild 15.9b):

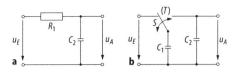

**Bild 15.10.** Realisierung eines Tiefpaßfilters erster Ordnung. **a** passives RC-Filter; **b** äquivalente Realisierung mit SC-Filter für Signalfrequenzen $\ll 1/T$

$$R = \frac{T}{C}.$$

In MOS-Technik wird der Schalter mit Hilfe zweier MOSFET realisiert, die von zwei zeitlich verschobenen sich nicht überlappenden Taktimpulsfolgen angesteuert werden (Bild 15.9c und d).

Beispiel: Filter erster Ordnung. Unter Verwendung des SC-Elements von Bild 15.9a läßt sich ein Tiefpaßfilter erster Ordnung realisieren, indem beim bekannten Tiefpaß-RC-Filter erster Ordnung der Widerstand durch eine geschaltete Kapazität ersetzt wird (Bild 15.10). Die Zeitkonstante dieses Tiefpaß-SC-Filters beträgt unter Voraussetzung genügend hoher Abtastrate mit $R_1 = T/C_1$

$$\tau = \frac{C_2}{C_1} T. \qquad (15.4)$$

Aus (15.4) folgen zwei allgemeingültige Eigenschaften von SC-Filtern:

1. Zeitkonstanten sind proportional zu Kapazitätsverhältnissen und
2. Zeitkonstanten sind umgekehrt proportional zur Taktfrequenz.

In praktischen Filteranordnungen werden die SC-Elemente mit Verstärkern kombiniert. Dadurch sind günstige Eigenschaften erzielbar. Ein häufig verwendetes Grundelement ist der Integrator (Bild 15.11).

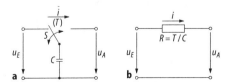

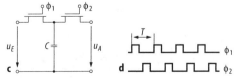

**Bild 15.9.** Grundelement von SC-Filtern.
**a** Schaltung, die bei genügend hoher Abtastrate (Signalfrequenzen $\ll 1/T$) äquivalent zu Schaltung **b** ist.
**c** Realisierung der Schaltung mit MOSFET; **d** Zeitverlauf der Ansteuerspannungen der beiden MOSFETs von Bild **c**, bei $\phi_{1,2} = H$ ist der jeweilige MOSFET eingeschaltet

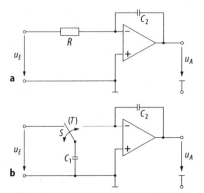

**Bild 15.11.** Integrator. **a** „klassische" Realisierung mit RC-Glied; **b** äquivalente Realisierung als SC-Filter (SC-Integrator)

## 15.4 Digitale Filter

Die gravierende Kostenreduktion bei der Herstellung digitaler integrierter Schaltkreise hat dazu geführt, daß in den letzten Jahren Signalverarbeitungsfunktionen, die bisher ausschließlich mit der Analogtechnik realisiert wurden – darunter auch die Realisierung von Filtern – in zunehmendem Maße mit digitalen Signalprozessoren und Mikrorechnern digital realisiert werden. Markante Vorteile der digitalen Lösungen sind hierbei u.a. die Realisierbarkeit in VLSI-Technik, ihre Programmierbarkeit, nahezu beliebige Präzision (nur von der Wortbreite und von der eingangs- bzw. ausgangsseitigen Auflösung abhängig) und die Unabhängigkeit gegenüber Temperatur-, Alterungs- und Betriebsspannungseinflüssen (kein „Weglaufen" der kritischen Bauelemente und -parameter.).

*Prinzip.* Das Eingangssignal eines digitalen Filters ist eine Zahlenfolge (Bild 15.12). Die Filterwirkung wird im Digitalfilter mittels eines Rechenprozesses realisiert. Der ausnutzbare Frequenzbereich des Eingangssignals ist auf $0 \leq f \leq 1/2T$ begrenzt ($T$ = Abtastperiodendauer). Daher ist der Tiefpaß vor dem Abtast- und Halteglied im Bild 15.12 von großer Bedeutung. Er muß gewährleisten, daß am Eingang des Abtast- und Halteglieds keine Frequenzkomponenten $f \geq 1/2T$ auftreten, um Aliasing-Effekte zu verhindern. Andererseits soll er alle Eingangssignalfrequenzen $0 \leq f \leq f_{max}$ möglichst ungedämpft durchlassen. Um nicht zu harte Forderungen an den Frequenzgang des Filters stellen zu müssen, darf der Abstand zwischen $f_{max}$ und $1/2T$ nicht zu klein sein, d.h. $1/2T$ muß möglichst große Werte annehmen (Überabtastung = Oversampling anwenden).

*Schaltungsrealisierung.* Die schaltungstechnische Realisierung digitaler Filter erfolgt wie bei den Analogfiltern am einfachsten dadurch, daß Blöcke erster und zweiter Ordnung kaskadiert werden. Der Filterentwurf besteht dann lediglich aus dem Entwurf von Filterstufen erster und zweiter Ordnung. Die gewünschte Übertragungsfunktion wird in das Produkt mehrerer Teilübertragungsfunktionen erster und zweiter Ordnung zerlegt. Die Übertragungsfunktion einer digitalen Filterstufe 2. Ordnung lautet (z-Bereich) [3.6]

$$G_{(z)} = \frac{\alpha_0 + \alpha_1 z^{-1} + \alpha_2 z^{-2}}{1 + \beta_1 z^{-1} + \beta_2 z^{-2}}. \quad (15.5)$$

Die Dimenionierung eines digitalen Filters kann z.B. erfolgen, indem man zunächst die kontinuierliche Übertragungsfunktion $V(P)$ der gewünschten Filtercharakteristik (s. Abschn. 15.2.2.) berechnet und daraus, z.B. mittels der bilinearen Transformation, die digitale Übertragungsfunktion $G(z)$ ermit-

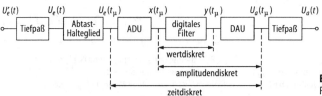

**Bild 15.12.** Einsatz eines digitalen Filters in einer analogen Umgebung

telt [3.6]. Bei dieser Transformation ergeben sich die benötigten Filterkoeffizienten $\alpha_0, \alpha_1, \alpha_2, \beta_1, \beta_2$.
Die Übertragungsfunktion Gl. (15.5) kann mit unterschiedlichen Schaltungsstrukturen realisiert werden [3.6]. Wir beschränken uns nachfolgend auf die häufig eingesetzten FIR-Filter.
*FIR(Finite-Impulse-Response)-Filter.* Sie beinhalten keine Rückkopplung vom Ausgang zu vorherigen Stufen. Alle Koeffizienten $\beta_1, \beta_2 \ldots$ sind Null. Das Ausgangssignal ist die gewichtete Summe des Eingangssignals und seiner Verzögerungen (die Multiplikation im z-Bereich mit $z^{-1}$ entspricht im Zeitbereich einer Verzögerung um eine Abtastperiodendauer $T$). Die Impulsantwort dieser Filter umfaßt $N + 1$ Werte, d.h. $N + 1$ Periodendauern der Abtastfrequenz ($N$ = Filterordnung). Ein großer Vorteil dieser Filter ist die konstante, frequenzunabhängige Gruppenlaufzeit („lineare Phase"). Bild 15.13 zeigt die beiden möglichen Schaltungsstrukturen von FIR-Filtern [3.6].
*Realisierung von FIR-Filtern.* Die Differenzgleichung von FIR-Filtern (Zeitbereich) lautet

Schaltungstechnisch muß also die mit den Koeffizienten $\alpha_0, \alpha_1, \ldots$ gewichtete Summe der $N$ letzten Eingangswerte berechnet werden. Diese Operation kann parallel in einem Schritt oder seriell in $N$ Schritten ausgeführt werden. Tabelle 15.2 zeigt den Hardwareaufwand, Speicherbedarf und die Rechenzeit für eine Basisoperation (Multiplikation und Addition).
Zur parallelen Verarbeitung sind VLSI-Schaltkreise mit Abtastfrequenzen von 0,5 … 40 MHz verfügbar, die das Schaltungsprinzip von Bild 15.13a realisieren. Die Koeffizienten werden meist nach dem Anschalten des Chips eingelesen (Konfigurierung) und sind während des Betriebs veränderbar (adaptive Filter).
Die serielle Verarbeitung erfolgt meist mit digitalen Signalprozessoren, die die benötigte Multiplikation und Addition in einem einzigen Maschinenzyklus von 25 … 150 ns ausführen. Es gibt spezielle FIR-Prozessoren, z.B. DSP 56200 (Motorola) mit entsprechender Hardware, so daß die Anwenderprogrammierung weitgehend entfallen kann. Das Blockschaltbild eines seriell arbeitenden FIR-Filters mit dem „Filter-Control Chip" Im 29C128 (Intersil) zeigt Bild 15.14.

$$y_N = \alpha_0 x(t_N) + \alpha_1 x(t_{N-1}) + \ldots$$
$$= \sum_{k=0}^{N} \alpha_k x(t_N - k).$$

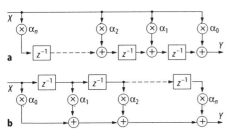

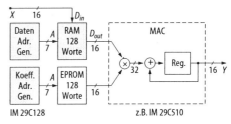

**Bild 15.13.** FIR-Filter. **a** mit verteilten Summierern; **b** mit einem globalen Summierer am Ausgang

**Bild 15.14.** Seriell arbeitendes FIR-Filter mit dem „Filter-Control-Chip" IM 29C128 (grau) von Intersil. *MAC* Multiplizier-Addier-Einheit

**Tabelle 15.2.** Aufwandsabschätzung für FIR-Filter $n$ter Ordnung bei paralleler bzw. serieller Verarbeitung

| Verarbeitung | Multiplizierer | Summierer | Rechenzeit | Speicher |
|---|---|---|---|---|
| parallel | $n + 1$ | $n$ | 1 Takt | $2n + 1$ |
| seriell | 1 | 1 | $n + 1$ Takt | $2n + 1$ |

## Literatur

15.1 Dorf RC (Hrsg.) (1993) The Electrical Engineering Handbook. CRC Press, Boca Raton
15.2 Philippow E (1987) Taschenbuch Elektrotechnik, Bd. 2. Grundlagen der Informationstechnik, 3. Aufl. Verlag Technik, Berlin
15.3 Best R (1987) Handbuch der analogen und digitalen Filterungstechnik, 2. Aufl. AT-Verlag, Stuttgart
15.4 Lacroix A (1988) Digitale Filter, 3. Aufl. Oldenbourg, München
15.5 Hering E, Bressler K, Gutekunst J (1992) Elektronik für Ingenieure. VDI-Verlag, Düsseldorf
15.6 Goodenough F (1990) Voltage Tunable Linear Filters Move onto a Chip. Electronic Design 38/3:43-54
15.7 Hälsig Ch (1980) Mechanische frequenzselektive Bauelemente. radio fernsehen elektronik 29/2:71-74 und 3:160-162

# 16 Pneumatisch-elektrische Umformer

H. BEIKIRCH

## 16.1 Einführung

Allgemein werden *Signalumformer* nach der Art der Ein- und Ausgangssignale sowie nach der Form der Konvertierung eingeteilt. Man unterscheidet danach als mögliche Eingangs- und Ausgangssignalformen *elektrische, pneumatische, hydraulische* und *mechanische* Signalumformer. Die Art der Umformung wird durch den zeitlichen Signalverlauf der Ein- und Ausgangsgrößen (analog oder diskret) und die Übertragungsfunktion (linear oder nichtlinear) bestimmt. Bild 16.1 zeigt die möglichen Signalein- und Ausgangsformen sowie den Weg und das Prinzip der Signalumformung. Es wird dabei nur angedeutet, daß eine große Vielfalt der Konvertierungsmöglichkeiten besteht. Zur Anpassung und Verarbeitung analoger und digitaler Signalformen sind u.a. Verstärker sowie Analog-/Digital- und Digital-/Analogumsetzer notwendig.

In weiteren Darlegungen soll hier die Beziehung pneumatischer und elektrischer Signale zueinander mit ausgewählten Umformerkonzepten betrachtet werden.

*Elektrisch-pneumatische Umformer (EP-Umformer)* sind Systeme, die elektrische Signale in pneumatische Signale umformen. Bei entgegengesetzter Signalflußrichtung spricht man von *pneumatisch-elektrischen Umformern (PE-Umformer)*, die pneumatische in elektrische Signale konvertieren.

Für den Umformungsprozeß muß dem Umformer eine dem jeweiligen Signalbereich entsprechende Hilfsenergie zur Verfügung gestellt werden. Das bedeutet, daß in jedem Fall mindestens eine elektrische oder eine pneumatische *Hilfsenergieversorgung* benötigt wird.

Im Normalfall erfolgt die Umformung der Signale auf der Basis von *Einheitssignalen*. Das betrifft sowohl den elektrischen als auch den pneumatischen Signalbereich. Je nach Wirkungsgrad des Umsetzers muß ein über dem Einheitssignalbereich liegender höherer Hilfsenergie-Signalpegel eingespeist werden. Beispielsweise wird für einen Signalumformer mit pneumatischem Ausgangssignalbereich von 0,4 ... 2 bar eine Hilfsenergie von 2,4 ± 0,1 bar verlangt [16.1].

## 16.2 Umformer für analoge Signale

### 16.2.1 Elektrisch-pneumatische Umformer

Diese Umformer liegen mit ihrem *Eingangssignalbereich* fast ausschließlich bei

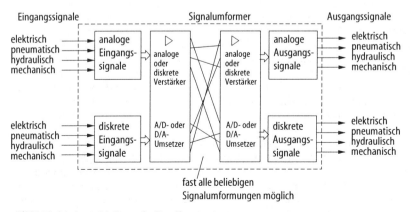

**Bild 16.1** Prinzip und Varianten der Signalformung

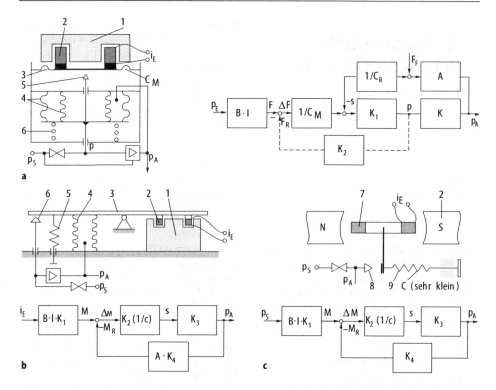

**Bild 16.2.** Elektrisch-pneumatische Umformer. [16.3] $F$ Kraft der Tauchspule, $C$ Federkonstante, $C_M$ Federkonstante der Mer bran, $C_R$ Federkonstante der Wellrohre, $K_1$ Übertragungsfaktor Düse-Prallplatte, $K_2$ Koeffizient für Strahlkraft, $F_F$ Federkraft. **a** Wegvergleich. *1* Topfmagnet, *2* Spule, *3* Membran, *4* Wellrohre, *5* Düse, *6* Nullpunktfeder. **b** Momentenkompensation. *1* Topfmagnet, *2* Spule, *3* Wippe, *4* Wellrohre, *5* Nullpunktfeder, *6* Düse. **c** Ausschlagverfahren. *2* Magnet, *7* Drehspule, *8* Düse, *9* Nullpunktfeder

Stromsignalen im Bereich von 0 bis 20 mA. Während bei Eingangsströmen von über 5 mA Wirkprinzipien der *Kraft- und Momentenkompensation* dominieren, wählt man bei kleineren Eingangsströmen aus konstruktiven Gründen den *Wegvergleich*. Bild 16.2 zeigt einige technische Ausführungen dieser Wirkprinzipien. Die Darstellung der Prinzipien *a* Wegvergleich, *b* Drehmomentvergleich und *c* Ausschlagverfahren mit Rückwirkung über Strahlkraft sind als technische Anordnung und als Blockschaltbild ausgeführt. Prinzipien des Drehmomentenvergleichs (Momentenkompensation) dominieren derzeitig in technischen Ausführungen.

*a) Wegvergleich.* Die Magnetspule (Bild 16.2a) wird über $i_E$ gesteuert und damit die Membran 3 bewegt. Die sich bewegende Membran steuert die Düse 5 und damit den Ausgangsdruck $p_A$. Durch die Wirkung von $p_A$ auf die Differenzfläche der Wellrohre 4 werden diese ausgelenkt und auch Düse 5 wird soweit bewegt, bis ein Weggleichgewicht erreicht ist (Abschn. E 1.3). Das Gleichgewicht entspricht der Beziehung $p_A = k i_E$. Das zugehörige Blockschaltbild zeigt die Rückwirkung der Strahlkraft gestrichelt. Gut beherrschbar ist die statische Genauigkeit des Umformers. Dynamisch können Probleme durch Schwingneigung auftreten.

*b) Momentenkompensation.* Über eine große Hebelübersetzung (Bild 16.2b) wird die Kraft der Tauchspule 2 der pneumatischen Kompensationskraft gegenübergestellt. Die Kraft der Tauchspule ist klein gegenüber der pneumatischen Kraft (Hebelübersetzung etwa 10 : 1). Eine Vergrößerung der Tauchspulenkraft ist im wesentlichen nur durch Erhöhung der Windungszahl (Kraft ~ Amperewindungen) erreichbar und technisch begrenzt (Spulenmasse).

**c) Ausschlagverfahren.** Der Eingangsstrom $i_E$ fließt durch die Spule 7 und erzeugt ein Drehmoment. Dieses Drehmoment erzeugt gegen die Federkraft der Feder 9 und der Strahlkraft eine Wegauslenkung. Über das dabei wirksame Düse-Prallplatte-Prinzip stellt sich ein dem Eingangsstrom proportionaler Ausgangsdruck $p_A$ ein. Die mit einem derartigen System erreichbare Genauigkeit ist geringer als bei dem Prinzip nach a) oder b).

Industrielle Signalumformer, wie beispielsweise der Signalumformer TEIP 2 ([16.1], Hartmann&Braun), erreichen Genauigkeiten von ±0,2% bei linear steigender oder fallender Kennlinie. Die technischen Ausführungen dieses Umformers sind sowohl für Feld- als auch für Wartenmontage vorgesehen. Die Signalbereiche für Ein- und Ausgang sind in Tabelle 16.1 enthalten. Auch bei vergleichbaren Geräten anderer Hersteller liegen diese in ähnlichen Bereichen.

### 16.2.2
### Pneumatisch-elektrische Umformer

Im allgemeinen arbeiten pneumatisch-elektrische Umformer nach dem Prinzip des *Ausschlag- oder Kompensationsverfahrens*.

Für einfache Signalumformungen zur elektrischen Messung nichtelektrischer Größen werden vorzugsweise *Ausschlagverfahren* benutzt. Diese Verfahren lassen sich in vielfältiger Form mit einfachen mechanischen Mitteln und mit wenig Aufwand realisieren, einige Prinzipien sind aber im Bereich der Genauigkeit und Reproduzierbarkeit eingeschränkt.

Ein einfaches Beispiel zum Ausschlagverfahren ist eine mit *Dehnmeßstreifen* (DMS) versehene Biegefeder, die von einer Membran ausgelenkt werden kann. Wirkt eine Änderung des Eingangsdrucksignals $p_E$ auf die Membran, erzeugen die sich biegenden Dehnmeßstreifen in einem angeschlossenen Stromkreis eine Änderung des Ausgangssignals $i_A$. Man kann durch Brückenschaltungen der Dehnmeßstreifen und geeignete Temperaturkompensation Genauigkeit, Linearität und Reproduzierbarkeit erheblich verbessern. Das zeigen beispielsweise die industriell verfügbaren Signalumformer PI 25 ([16.4], Fa. Eckhard), die als Geräte für Feld- und Wartenmontage gebaut werden. Bild 16.3 zeigt das Blockschaltbild eines solchen Signalumformers.

Der Eingangsdruck $p_E$ bewegt über eine Membran $A$ den Biegebalken $B$, auf dem eine Brückenschaltung von Metall-Dünnfilm-Dehnmeßstreifen $C$ aufgebracht ist. Über die Kodierbrücken $E$ wird die Brückenschaltung an den abgleichbaren Meßverstärker $H$ (Nullpunkt und Endwert mit Potentiometer $G$ und $F$ einstellbar) angeschlossen. Der Ausgangstreibertransistor $I$ liefert das Ausgangsstrom- oder -spannungssignal (Auswahl mittels Kodierbrücke $E$), das auch an den Prüfbuchsen $K$ für Testzwecke anliegt. Zur Energieversorgung kann Gleich- oder Wechselspannung (24 V) an das potentialgetrennt ausgeführte Transverternetzteil $L$ angelegt werden. Die zwei im Gerät enthaltenen Kanäle sind vollkommen gleich aufgebaut und werden aus der gleichen Speisequelle potentialgetrennt versorgt (Versorgungsteil $M$). Bei dieser Geräteausführung sind Eingangssignale für

**Tabelle 16.1.** Ein- und Ausgangssignalbereiche der Signalumformer TEIP 2 [16.1]

| Eingangssignalbereich (mA) bei Re ≈ 130 Ω (Re ≈ 130 Ω bei Ex) | 0...20 | 4...20 | 0...10 | 10...20 | 4...12 | 12...20 |
|---|---|---|---|---|---|---|
| | E/A-Signalbereichszuordnung wählbar ||||||
| Ausgangssignalbereich Druckluft | | 0,2...1 bar | 3...15 psi | 0,4...2 bar | | 6...30 psi |
| Energieversorgung Druckluft | | 1,4 ±0,1 bar | 20 ±1,5 psi | 2,4 ±0,1 bar | | 36 ±1,5 psi |

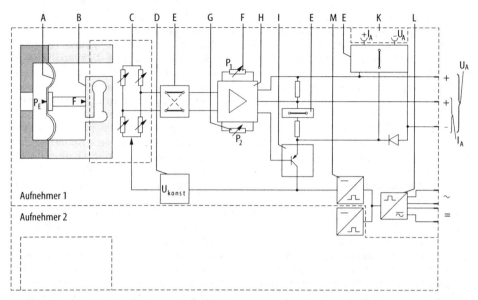

**Bild 16.3** Blockschaltbild des Signalumformers PI 25 [16.4]

die Bereiche 0,2 ... 1 bar, 3 ... 15 psi oder 20 ... 100 kPa wählbar und für die Ausgangssignale die Bereiche 0/4 ... 20 mA bzw. 0 ... 10 V mit steigender oder fallender Kennlinie einstellbar. Der Linearitätsfehler wird vom Hersteller mit ≤0,1% angegeben. Dazu muß noch der Temperatureinfluß von ≤0,1%/10 K addiert werden. Das Zeitverhalten wird durch die Sprungantwort angegeben. Sie liegt durch das elektromechanische System bedingt bei $\tau=0{,}5$ s.

Derzeitig sind auch *Kompensationsverfahren* in breiter Anwendung. Wie auch bei Ausschlagverfahren hängt die ausgangsseitige Struktur der Umsetzer stark von der Signalanpassung (Verstärkung, Einheitssignalpegel) und der Form der Signalverarbeitung („intelligente" Umformer) ab.

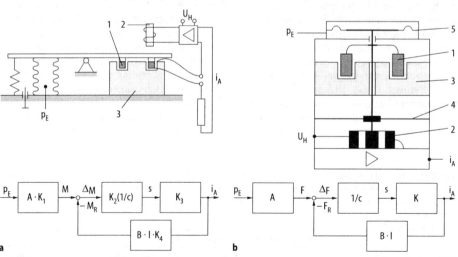

**Bild 16.4.** Pneumatisch-elektrische Umformer [16.3.]
**a** und **b** C - Gesamtfederkonstante, A - Wirksame Fläche,
1 - Tauchspule, 2 - Abgriffsystem, 3 - Magnet,
4 - Führungsmembran, 5 - Meßmembran

Dem Prinzip des Kompensationsverfahrens entsprechen die Darstellungen a) und b) im Bild 16.4. Hier sind zum Teil die umgekehrten Wirkrichtungen der Darstellungen des Bildes 16.2 zu erkennen.

Funktionsweise der Darstellungen im Bild 16.4:

*a) Drehmomentvergleich.* Eine Eingangsdruckänderung $p_E$ bewegt die Wippe. Aus dieser Bewegungsänderung, der die Kraft der Tauchspule 1 entgegenwirkt, erfolgt die Veränderung einer Induktivität (Spule 2, mechanisch fest gelagert), die dann als Ausgangsinformation ausgewertet werden muß. Solche Änderungen können bei Ferritkernbewegung Oszillatoren verstimmen oder auch kapazitiv aufgenommen werden (z.B. Änderung des Plattenabstands).

*b) Kraftvergleich.* Eine Änderung der Eingangsgröße $p_E$ bewirkt eine relative Lageänderung des mechanisch gekoppelten Systems (Tauchspule, Meß- und Führungsmembran, Abgriffsystem). Die Kraft der Tauchspule 1 wirkt kompensierend zum Eingangsdruck. Die Ausgangsgröße $i_A$ stellt sich nach der Größe der Wegänderung ein und ist dem Eingangsdruck $p_E$ im Arbeitsbereich proportional. Der Aussteuerbereich ist durch die direkte Kompensation ohne Hebelübersetzung stark von der Anpassung an die Kompensationskraft der Tauchspule abhängig.

## 16.3
## Umformer für diskrete Signale

### 16.3.1
### Elektrisch-pneumatische Umformer

Die Umformung elektrischer in pneumatische Signale kann bei diskreten Eingangssignalen in vielfältiger Form durch Nutzung magnetischer Kräfte erfolgen. Wahlweise sind auch Zwischenabbildgrößen gebräuchlich. Als Zwischenabbildgröße kann beispielsweise die Temperatur benutzt werden. Die Bilder 16.5 und 16.6 zeigen zwei Varianten elektrisch-pneumatischer Umformer.

Im Bild 16.5 wird über den Anker eines kleinen Hubmagneten $M$ die pneumatische Vorsteuerung eines pneumatischen Relais beaufschlagt. Das pneumatische Relais bewirkt gleichzeitig eine Mengenverstärkung (Abschn. E 2.2).

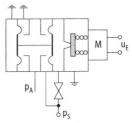

**Bild 16.5.** Elektrisch-pneumatischer Umformer mit pneumatischem Relais [16.3]

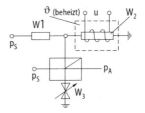

**Bild 16.6.** Elektrisch-pneumatischer Umformer mit Druckteiler [16.3.]

Über das Zwischenabbildsignal Temperatur wird der Umformer nach Bild 16.6 gesteuert. Bei einem Umformer mit pneumatischem Druckteiler $W_1$ und $W_2$ (pneumatische Widerstände, Abschnitt E 1.2) wird der Widerstand $W_2$ als Meßwiderstand benutzt und von der angelegten Eingangsspannung $u$ beheizt. Die Erwärmung des Meßwiderstandes verändert das Druckverhältnis und es gelingt so, den Kaskadendruck zur Umschaltung eines monostabilen Wandstrahlelementes (Abschnitt E 1.7) zu nutzen. Der Schaltpunkt ist durch Regulierung mit $W_3$ in Grenzen einstellbar.

### 16.3.2
### Pneumatisch-elektrische Umformer

Eine Realisierung pneumatisch-elektrischer Umformer ist für die diskrete Signalbereitstellung einfach, wenn über eine vom Eingangsdruck steuerbare Membran Mikroschalter, Springkontakte oder kontaktlose Initiatoren betätigt werden.

Interessant sind auch Lösungswege, die beispielsweise das Aufheizen und Abkühlen von Thermistoren zur Darstellung diskreter Zustände nutzen. Bild 16.7 zeigt eine interessante Lösung (nach [16.3]), die im Ausgangsstromkreis einen Thermistor betreibt.

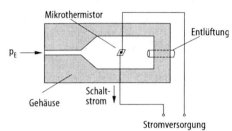

**Bild 16.7.** Pneumatisch-elektrischer Umformer [16.3.]

Der Thermistor kann beispielsweise ein *Mikrothermistor* (Durchmesser ca. 1 mm) mit einer sehr geringen Wärmekapazität sein, der sich im Ausgangsstromkreis durch seine eigene Verlustleistung auf etwa 200 °C aufheizt. Wird nun das Eingangssignal $p_E$ angelegt, so bläst diese Druckluft den Thermistor an und kühlt ihn schlagartig ab, so daß sein Widerstand stark ansteigt.

Mit dem erläuterten Prinzip sind Ansprechzeiten von 1 ms und Frequenzen von 250 Hz max. erreichbar.

## 16.4 Entwicklungstrend

Besonders beim vorhergehenden Abschnitt ist leicht erkennbar, daß künftig Prinzipien und technische Lösungen von Umformern besonders im Bereich der *Mikrosysteme* liegen werden. Schon derzeitig sind umfangreiche Vorhaben in Entwicklung, die komplette mechanische, pneumatische/hydraulische (fluidische) und elektrische Funktionselemente in Mikrosystemen integrieren. Der hohe technologische Stand der Halbleiterindustrie und die vielfältigen Möglichkeiten der *Mikromechanik* erlauben es beispielsweise Membrane, Biegebalken, Relais, Mikromotoren u.a. in monolithischer Technik in einem einzigen Chip zu integrieren. Unter der besonderen Berücksichtigung dieser Mikrodimensionen ist bei den vorgestellten Umformerprinzipien eine größere Systemdynamik erreichbar. Durch Kompensationsmethoden sind Temperatur, Drift und andere Störeinflüsse gut beherrschbar.

## Literatur

16.1 Geräte für die Prozeßtechnik. Katalog Ausg. 1993, Hartmann & Braun, Frankfurt/ Main,

16.2 Korn U, Wilfert H-H (1982) Mehrgrößenregelungen. 1. Aufl., Verlag Technik, Berlin

16.3 Töpfer H, Kriesel W (1988) Funktionseinheiten der Automatisierung. 5. Aufl., Verlag Technik, Berlin

16.4 Pneumatisch-elektrische Signalumformer 19" PI 25. ECKHARD AG, Stuttgart, Typenblatt und Betriebsanleitung, Ausgabe 6.88

# 17 Digitale Grundschaltungen

M. SEIFART

## 17.1 Schaltungsintegration

Digitale Systeme arbeiten fast immer mit einem Binäralphabet (0,1-Signal.) Diese Signale lassen sich technisch besonders leicht realisieren, weil die aktiven Bauelemente im Schalterbetrieb arbeiten und nur zwei Zustände unterschieden werden müssen. Hieraus erwachsen auch besondere Vorteile für die Herstellung hochintegrierter Schaltungen (LSI, VLSI), so daß hohe Integrationsgrade bei digitalen IS besser beherrschbar sind als bei analogen IS. Folglich wird auch eine höhere Ausbeute im mikroelektronischen Herstellungsprozeß erzielt, so daß es heute möglich ist, sehr komplexe digitale IS (z.B. mit mehr als $10^7$ Transistoren auf einem einzigen Chip) zu einem Preis herzustellen, der mehrere Zehnerpotenzen unter dem entsprechender Funktionseinheiten in diskreter Technik liegt. Dadurch finden digitale Funktionseinheiten auch in der Automatisierungstechnik immer breiteren Einsatz. Der niedrige Preis digitaler (Standard-)IS ergibt sich aus dem großen Stückzahlbedarf der Hauptanwender (Rechentechnik/EDV, Nachrichtentechnik u.a., jährlich mehr als $10^5$ bis $10^6$ IS eines Typs). Hieraus folgt jedoch die Notwendigkeit, auch Funktionseinheiten der Automatisierungstechnik mit universell einsetzbaren Standardtypen zu realisieren. Darüberhinaus wird der Einsatz von anwenderspezifischen Schaltkreisen (ASIC, vor allem Standardzellen und Gate Arrays) sowie von programmier- und löschbaren Logikschaltkreisen eine größere Rolle spielen, da sie in Zukunft bei immer kleinerem Stückzahlbedarf ökonomisch vertretbar sind.

Bezüglich des Integrationsgrades von integrierten Schaltungen (IS) werden häufig folgende Stufen unterschieden:

SSI (small scale integration) 3 bis 30 logische Gatter(typ. $10^2$ Bauelemente)
MSI (medium scale integration) 30 bis 300 logische Gatter(typ. $10^2$ bis $10^3$ Bauelemente)
LSI (large scale integration)
300 bis 3000 logische Gatter(typ. $10^3$ Bauelemente)
VLSI (very large scale integration)
>3000 logische Gatter(typ. $10^4$ bis $10^5$ Bauelemente)
ULSI (ultra large scale intergration)
>100 000 logische Gatter(typ. >$10^6$ Bauelemente).

Digitale Systeme werden mit drei Gruppen von Schaltungen und deren Kombination realisiert [3.1, 3.4, 3.6, 9.1, 9.4, 9.5, 11.1, 15.1, 17.1–17.3]:

- mit kombinatorischen (speicherfreien) Schaltungen (Kombinationsschaltungen)
- mit sequentiellen (Speicher-)Schaltungen (Folgeschaltungen), die neben der Speicherung und Zeitverzögerung digitaler Signale auch die Impulserzeugung ermöglichen
- mit Sonderschaltungen zur Anpassung von Eingangs- und Ausgangssignalen, Pegelumsetzung, Leistungsverstärkung u.ä.

Tabelle 17.1 gibt eine Übersicht zur Signal- und Informationsdarstellung sowie zu den Verknüpfungsprinzipien und zur Systemarbeitsweise digitaler Schaltungen.

Früher wurden Kippschaltungen wegen des geringen Bauelementeaufwands asynchron (ungetaktet) betrieben (z.B. Binäruntersetzer, Zähldekaden). Heute ist bei IS die synchrone (getaktete) Arbeitsweise weit verbreitet. Die Funktionseinheiten haben einen Takteingang, der dafür sorgt, daß die Information nur beim Anlegen eines Taktimpulses weitergeleitet wird. Durch den Taktbetrieb wird die Störsicherheit digitaler Funktionseinheiten wesentlich erhöht. Für den Einsatz in der Automatisierungstechnik ist das ein entscheidender Vorteil; denn Störsignale, die zeitlich nicht in die Taktimpulsbreite fallen, können keine Fehlschaltungen hervorrufen. Ein weiterer Vorteil der getakteten Arbeitsweise besteht darin, daß sich der logische Ablauf besser

**Tabelle 17.1.** Verknüpfungs- und Arbeitsprinzipien digitaler Schaltungen

| Verknüpfungsprinzip der Schaltungen | Signaldarstellung | Informations- darstellung, -übertragung | Systemarbeitsweise |
| --- | --- | --- | --- |
| Kombinatorisch (Kombinationsschaltung) | statisch (Gleichschaltung) | parallel | ungetaktet (asynchron) |
| Sequentiell (Folgeschaltung) | dynamisch (Impulsflanke) | seriell | getaktet (synchron) |

überblicken und beherrschen läßt. Beispielsweise können bei ungetakteten Schaltungen infolge von Laufzeitunterschieden zwischen verschiedenen Elementen der Schaltung Fehlfunktionen entstehen (Hasards). Durch Taktbetrieb werden diese Laufzeitunterschiede unwirksam, da das Umschalten der Stufen synchronisiert erfolgt.

Beim konstruktiven Aufbau ist zu beachten, daß Taktleitungen auch selbst Ausgangspunkt von Störsignalen sind (Taktimpulse mit ihren steilen Flanken; Abhilfe: zweckmäßige Leitungsführung, evtl. Abschirmen).

Hinsichtlich des Informationsparameters lassen sich Schaltsysteme in statische und dynamische Systeme einteilen. In den heute meist verwendeten statischen Systemen werden alle Signale zu jedem Zeitpunkt des Beharrungsintervalls eindeutig durch einen konstanten Wert des Informationsparameters dargestellt und sind über diesen auch auswertbar.

*Schaltzeichen, Normen.* Zu den genormten Darstellungen von Schaltzeichen der digitalen Baugruppen und zu Gehäuseformen wird auf die Literatur verwiesen (u.a. [15.5]). Im vorliegenden Abschnitt werden aus didaktischen Gründen überwiegend vereinfachte Schaltzeichen benutzt, die sich jedoch nur unwesentlich von den Normdarstellungen unterscheiden.

## 17.2 Schaltkreisfamilien

### 17.2.1 Überblick

Im Laufe der Entwicklung bildeten sich verschiedene Schaltungskonzepte für den inneren Aufbau digitaler Grundschaltungen heraus (Schaltkreisfamilien). Die Bausteine einer Familie haben annährend gleiche Grundeigenschaften (Signalpegel, Geschwindigkeit, maximale Taktfrequenz, Störabstand, Leistungsaufnahme u.a.), jedoch unterschiedliche Logikfunktionen. Tabelle 17.2 gibt einen Überblick zu den wichtigsten Schaltkreisfamilien. Die CMOS-Technik spielt bei digitalen Schaltungen seit Jahren eine dominierende Rolle, u.a. wegen ihres geringen Leistungsverbrauchs und relativ hohen Störabstands, der vor allem beim prozeßnahen Einsatz in der Meß- und Automatisierungstechnik von großer Wichtigkeit ist.

Zusätzlich zu den in Tabelle 17.2 aufgeführten TTL- und CMOS-Schaltkreisfamilien wurden in den vergangenen Jahren die BiCMOS-Reihen BCT („normale" BiCMOS) und ABT (advanced BiCMOS) entwickelt. Sie vereinen die Vorteile der CMOS- mit denen der Bipolartechnik (sehr niedriger Leistungsverbrauch, sehr hohe Taktfrequenzen, hohe Ausgangstreiberfähigkeit), allerdings bei höheren Herstellungskosten, weil Fertigungsschritte der CMOS-Technik mit denen der Bipolartechnik kombiniert werden. Typische Funktionen von BiCMOS-Schaltkreisen sind schnelle Bustreiber.

*Negator.* Das Grundelement zum Aufbau digitaler Transistorschaltungen ist der Negator. Sein statisches Verhalten wird durch die Übertragungskennlinie beschrieben. Bild 17.1 zeigt diese Kennlinie am Beispiel eines Negators in Bipolartechnik (Emitterschaltung).

Ein großer Störabstand $S_L$, $S_H$ ist erwünscht, damit Betriebsspannungstoleranzen, eingekoppelte Störimpulse usw. keine falsche Signalauslösung bewirken.

Die beiden Ausgangspegel (exakter: Ausgangspegelbereiche) des Negators (Transistor gesperrt bzw. eingeschaltet) und ande-

**Tabelle 17.2.** Technische Daten von Schaltkreisfamilien

| | $t_D$/Gatter ns | Togglefrequenz MHz | Verlustl./ Gatter mW | Betriebsspannung V | $I_{A\,max}$ mA |
|---|---|---|---|---|---|
| TTL | 10 | 35 | 10 | 5 | 16 |
| LS-TTL | 8...9 | 45 | 2 | 5 | 8 |
| ALS-TTL | 4 | 70 | 1,2 | 5 | 8 |
| S-TTL | 4(3) | 75 | 20 | 5 | 20 |
| AS-TTL | 1,5 | 200 | 10 | 5 | 48 |
| FAST | 3 | 100 | 4 | 5 | 20 |
| CMOS (z.B. HEF4000B) | 15 (15 V) 40 (5 V) | 36 (15 V) 12 (5 V) | (0,3 ... 3) µW/kHz | 3 ... 15 | 0,45 ... 3 |
| HC | 8 | 50 | 0,5 µW/kHz | 2 ... 6 | 4 |
| HCT | 8 | 50 | 0,5 µW/kHz | 4,5 ... 5,5 | 4 |
| AC/ACT | 3 | 125 | 0,8 µW/kHz | 2 ... 6/4,5 ... 5,5 | 24 |
| ECL | 1(0,6) | 500 | 20 ... 60 | −5,2 | |

$t_D$ Verzögerungszeit; Togglefrequenz: max Taktfrequenz, mit der ein Flipflop umgeschaltet werden kann;
$I_{A\,max}$ Ausgangsstrom bei L-Pegel am Ausgang (in der Regel höher als bei Ausgangs-H-Pegel)

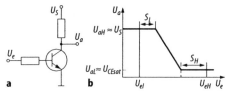

**Bild 17.1.** Negator. **a** Schaltung mit Bipolartransistor (Emitterschaltung); **b** Vereinfachte statische Übertragungskennlinie; $S_H$, $S_L$ statischer H- bzw. L-Störabstand

rer Logikschaltungen werden wie folgt bezeichnet:

- H-(High-)Pegel: Werte näher bei +∞,
- L-(Low-)Pegel: Werte näher bei −∞.

Diese Pegel ordnet man den Binärsignalen 0 bzw. 1 zu, wobei es zwei Möglichkeiten gibt:

- positive Logik H = 1, L = 0,
- negative Logik H = 0, L = 1.

Jede logische Stufe benötigt einen bestimmten statischen Eingangsstrom $I_e$ und darf am Ausgang nur mit einem maximalen Laststrom $I_{a\,max}$ belastet werden, weil andernfalls die Ausgangsspannung nicht mehr in den vereinbarten Pegelbereichen liegt. Zur Beschreibung der Zusammenschaltbedingungen werden Lastfaktoren eingeführt:

- Eingangslastfaktor $F_{Le} = I_e / I'_e$ (fan-in),
- Ausgangslastfaktor $F_{La} = I_{a\,max} / I'_e$ (fan-out).

Der Bezugswert $I'_e$ ist meist der kleinste Eingangsstrom innerhalb einer Schaltkreisfamilie. Der Ausgangslastfaktor gibt an, wieviel Stufen (Gatter) mit dem Eingangsstrom $I'_e$ gleichzeitig an den Ausgang einer Stufe geschaltet werden dürfen. In der Regel ist $F_{La} \geq 10$. Zusätzlich muß die kapazitive Belastung der Stufe berücksichtigt werden. Mit zunehmender kapazitiver Last verlängern sich die Schaltflanken, wodurch die maximale Schaltfrequenz sinkt. So ist z.B. die maximal zulässige Ausgangsbelastung von MOS-Schaltkreisen praktisch nur durch die kapazitive Last bestimmt, weil der statische Eingangsstrom $I_e$ vernachlässigbar klein ist (pA-Bereich).

### 17.2.2
### TTL-Schaltkreise

Die TTL-Schaltkreisfamilie (Transistor-Transistor-Logik) war international die erste weit ausgebaute Familie und wird von zahlreichen Herstellern produziert. Die Typen sind in der Regel elektrisch und konstruktiv austauschbar.

TLL-Schaltkreise werden für normale und erweiterte Arbeitstemperaturbereiche hergestellt, z.B.

| Reihe | $\vartheta/°C$ |
|---|---|
| TTL (alle Reihen) | |
| SN 54 | −55 … +125 |
| SN 74 | 0 … +70 |
| SN 84 | −25 … +85 |

| Reihe | $\vartheta/°C$ |
|---|---|
| CMOS | |
| HEF 4000 B | −40 … +85 |
| 54 HC, AC | −55 … +125 |
| 74 HC, AC, HCT, ACT | −40 … +85 |

Das immer wiederkehrende TTL-Grundgatter bestimmt die wesentlichen Eigenschaften der ganzen Baureihe. Es wird in verschiedenen Ausführungen eingesetzt, die sich infolge unterschiedlicher Schaltungsdimensionierung hinsichtlich der Schaltzeiten und des Leistungsverbrauchs unterscheiden. Die folgenden TTL-Schaltkreisreihen sind am verbreitetsten (s.a. Tabelle 17.2):

TTL (Standard-TTL, ab 1963; wurde in den letzten Jahren durch die LS-TTL und weitere Neuentwicklungen verdrängt),
LS-TTL (Low-power-Schottky-TTL, ab 1971),
ALS-TTL (Advanced Low-power-Schottky-TTL, ab 1980),
S-TTL (Schottky-TTL, ab 1969; wurde durch ALS-TTL verdrängt),
AS-TTL (Advanced Schottky-TTL, ab 1982),
FAST (Fairchild-Advanced-Schottky-TTL, ab 1979).

TTL-Schaltungen des gleichen Typs, aber verschiedener Baureihen (z.B. 7400, 74LS00, 74 ALS00) sind pin- und funktionskompatibel [17.2].

Bild 17.2 zeigt zwei Schaltungsbeispiele von TTL-Gattern.

Die UND-Verknüpfung am Eingang des Standard-TTL-Gatters erfolgt durch einen technologisch vorteilhaft herstellbaren Multiemittertransistor, der in Gattern mit ≤8 Eingängen Verwendung findet. Der Ausgang von TTL-Schaltkreisen kann in der Regel bei H-Pegel wegen des durch den

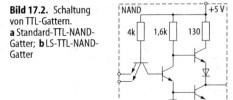
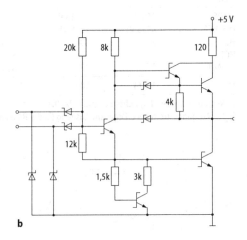

**Bild 17.2.** Schaltung von TTL-Gattern. **a** Standard-TTL-NAND-Gatter; **b** LS-TTL-NAND-Gatter

Ausgangsstrom am Kollektorvorwiderstand der Endstufe auftretenden Spannungsabfalls weniger stark belastet werden als bei L-Pegel am Ausgang.

Die höhere Leistungsfähigkeit der LS- und S-TTL-Schaltungen beruht auf der teilweisen Verwendung von Schottky-Transistoren. Eine integrierte Schottky-Diode (kleine Durchlaßspannung 0,4 V, sehr kurze Sperrerholzeit) zwischen Kollektor und Basis verhindert, daß der Transistor in den Übersteuerungsbereich gelangt, wodurch die Speicherzeit wegfällt und kürzere Schaltzeiten auftreten. Dadurch kann die Schaltung hochohmiger und damit leistungsärmer dimensioniert werden.

Die neueren „Schottky"-Familien AS, ALS, F sind dielektrisch isoliert und haben daher kleinere Schaltkapazitäten als die früher entwickelten sperrschichtisolierten Reihen. Das bringt den Vorteil einer deutlich kleineren Verzögerungszeit.

In der Regel ist ausgangsseitiges Parallelschalten mehrerer Gatter nicht erlaubt, da die Endstufe überlastet wird und/oder undefinierte Signalpegel auftreten könnten. Bei Gattern mit offenem Kollektor (o.C.-Ausgang) ist das ausgangsseitige Parallelschalten erlaubt. Der Kollektorwiderstand des Ausgangstransistors wird extern angeschaltet. Allerdings ist die Verzögerungszeit solcher Gatter wesentlich vergrößert. Durch das Parallelschalten mehrerer Ausgänge entsteht eine logische UND- bzw. ODER-Verknüpfung (Wired-logic) [17.2, 17.3].

In vielen Anwendungen, vor allem beim Anschluß an Bussysteme, werden Schaltkreise mit Dreizustandsausgang (Tri-State) eingesetzt. Ihr Ausgang läßt sich durch einen zusätzlichen Steuereingang in den hochohmigen Zustand schalten, in dem beide Ausgangstransistoren der Endstufe gesperrt sind. Dadurch wirkt der Schaltkreis ausgangsseitig von der Last (z.B. Bus) „abgetrennt".

### 17.2.3
### CMOS-Schaltkreise

Die Hauptvorteile der CMOS (Komplementär-MOS)-Schaltkreise sind sehr niedrige Verlustleistung bei geringen Schaltfrequenzen (<einige MHz), großer Ausgangsspannungshub ($\approx$ Betriebsspannung $U_s$), großer Betriebsspannungsbereich und hoher statischer Störabstand ($\approx 0{,}45\ U_s$).

Wegen dieser Vorteile sind sie die wichtigsten Schaltkreisfamilien der Digitaltechnik, insbesondere der hoch- und höchstintegrierten Schaltkreise. Zunehmend werden auch kombiniert digital/analoge Schaltungen in CMOS-Technik realisiert (z.B. ADU, DAU).

Der CMOS-Negator ist mit zwei komplementären MOSFETs (nMOS, pMOS) aufgebaut (Bild 17.3). Beide Transistoren übernehmen abwechselnd die Rolle des aktiven und des Lastelements. Bei $U_e = 0$ sperrt T1 und leitet T2; bei $U_e \approx U_s$ leitet T1 und sperrt T2. Ein merklicher Leistungsverbrauch tritt nur während des Umschaltens auf (Umladung der Lastkapazitäten und kurzer Stromimpuls beim Umschalten). Im Ruhezustand verbraucht ein CMOS-Gatter nur wenige Nanowatt Leistung (durch Leckströme bedingt). CMOS-Schaltungen sind bei größerer kapazitiver Last wesentlich schneller als Einkanal-MOS-Schaltungen, weil die Lastkapazität sowohl beim Auf- als auch beim Entladen mit relativ großem Strom umgeladen wird.

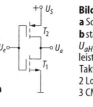
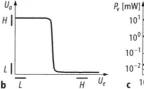
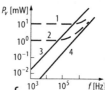

**Bild 17.3.** CMOS-Negator.
**a** Schaltung ($T_1$: nMOS, $T_2$: pMOS);
**b** statische Übertragungskennlinie, $U_{aH} \approx U_s$, $U_{AL} \approx 0\ V$; **c** Verlustleistung $P_V$ in Abhängigkeit von der Taktfrequenz, 1 TTL-Standard, 2 Low-power-Schottky-TTL, 3 CMOS, $U_s = 15\ V$, 4 CMOS, $U_s = 5\ V$

Der CMOS-Negator hat eine steilere Übertragungscharakteristik als z.B. der TTL-Negator. Dadurch und durch den weiten Betriebsspannungsbereich (3 ... 15 V bei der Reihe HEF 4000 B) läßt sich ein wesentlich größerer statischer Störabstand (z.B. 5 ... 6 V) als bei TTL-Schaltungen realisieren. Die Schaltung eines CMOS-NAND-Gatters ist im Bild 17.4 dargestellt.

Die hohe Störsicherheit, die einfache Betriebsspannungsversorgung (unstabilisiert, sehr geringer Leistungsbedarf, Betriebsspannung von TTL-Systemen oder von OV verwendbar) und die geringe Leistungsaufnahme bei niedrigen Schaltfrequenzen sind beim Einsatz in der Automatisierungstechnik erhebliche Vorteile gegenüber TTL-Schaltungen.

Bei CMOS-Schaltkreisen ist zwischen der in den 70er Jahren verbreiteten „klassischen" CMOS-Schaltkreisreihe mit Metall-Gate (z.B. CD 4000 B und HEF 4000 B) mit einem Betriebsspannungsbereich von 3 ... 15 V und den Anfang der 80er Jahre entwickel-

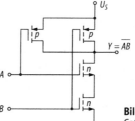

**Bild 17.4.** CMOS-NAND-Gatter mit 2 Eingängen

ten Hochgeschwindigkeitsreihen HC/ HCT mit Betriebsspannungsbereichen von 2 ... 6 V bzw. 5 V ±10% zu unterscheiden. Die Hochgeschwindigkeitsreihen verwenden Silicon-Gate-Technologie (kleinere Kapazitäten) und erreichen die Geschwindigkeit der LS-TTL-Familie bei z.T. erheblich niedrigerem Leistungsverbrauch (Ruheleistung ≈ 0). Das hat dazu geführt, daß in vielen Einsatzfällen TTL-Schaltkreise durch Hochgeschwindigkeits-CMOS-Typen abgelöst wurden. Die HCT-Reihe ist voll TTL-kompatibel einschließlich der Pinkompatibilität. Die HC-Reihe ist pinkompatibel. HC-Schaltkreise eignen sich sehr gut für batteriebetriebene Schaltungen, da sie bis herab zu 2 V Betriebsspannung funktionsfähig sind.

Weiterentwicklungen der HC/HCT-Reihe mit noch höherer Leistungsfähigkeit sind die Reihen AC/ACT(Advanced-CMOS-Logikfamilie) und FACT (Fairchild-Advanced-CMOS-Technologie), die etwa ab 1986 entwickelt wurden. Die ACT- und FACT-Reihe sind voll TTL-kompatibel. Diese AC/ACT-Reihen werden viele TTL- und HC/HCT-Schaltkreise zukünftig ablösen.

Das Potential offener CMOS-Eingänge ist undefiniert. Daher müssen sie (ggf. über einen Widerstand) mit Masse bzw. der Betriebsspannung verbunden werden. Die Eingänge von CMOS-Schaltkreisen sind im Schaltkreis durch Dioden geschützt.

*Dynamische Schaltungen.* In dynamischen MOS-Schaltungen wird die kurzzeitige Ladungsspeicherung in Leitungs- und Gate-Kanal-Kapazitäten von MOSFET (typ. ≈ 0,05 ... 0,5 pF) ausgenutzt. Die gespeicherte Information wird mittels FET-Schaltern, die zu verschiedenen Zeiten betätigt werden (Taktsysteme), „durchgeschaltet". Infolge des hohen MOSFET-Eingangswiderstands entladen sich die Kapazitäten nur langsam (1 ... 100 ms). Sie müssen in Zeitabständen, die gegenüber der Entladezeitkonstanten kurz sind, wieder nachgeladen werden. Das erfolgt durch Taktsteuerung mit Taktfrequenzen >10 kHz.

Durch die dynamische Schaltungstechnik lassen sich integrierte Digitalschaltungen, z.B. Schieberegister, einfach und mit wenig Elementen realisieren. Dadurch läßt sich die Packungsdichte der IS merklich erhöhen. Zusätzlich ergibt sich eine wesentliche Senkung des Leistungsverbrauchs. Dynamische Schaltungen haben vor allem für hochintegrierte Schaltungen Bedeutung.

### 17.2.4
**Interfaceschaltungen. Störeinflüsse**

Interfaceschaltungen haben die Aufgabe,

- Schaltungen verschiedener Schaltungsfamilien untereinander zu koppeln
- Logikschaltungen größeren Lasten oder höheren Pegeln anzupassen.

In bestimmten Fällen sind Logikschaltungen unterschiedlicher Schaltungsfamilien nicht kompatibel, so daß Schaltungen zur Pegelanpassung, Pegelverschiebung und Veränderung des Signalhubs (Differenz zwischen H- und L-Pegel) erforderlich sind.

Eine Vergrößerung des Signalhubs kann zweckmäßig sein, wenn Signale bei sehr hohen Störpegeln (elektrische Anlagen, Motoren usw.) oder stark unterschiedlichen Erdpotentialen übertragen werden müssen (Bild 17.5a).

Durch Zuschalten eines „Miller-Kondensators" $C_M$ lassen sich die Schaltflanken des Senders so verlängern, daß Übersprechen auf andere Signalleitungen und Leitungsreflexionen weitgehend unwirksam bleiben (Flankendauer gegenüber Laufzeit auf der Leitung groß). Zusätzlich ergibt sich eine erhebliche Vergrößerung der dynamischen Störsicherheit durch Einfügen eines Tiefpasses. Der nachgeschaltete *Schmitt-Trigger* (Abschn. 17.3.1) besorgt die notwendige Flankenversteilerung zum Ansteuern nachfolgender Stufen.

Eine Leitung zum Übertragen von Impulsen kann als „elektrisch kurz" betrachtet werden, d.h. sie wirkt nahezu als reine Kapazität, solange ihre Laufzeit kleiner ist als die halbe kürzeste Impulsflanke der zu übertragenden Impulse.

Bei den Reihen 74 HC, 74 LS können Leitungslängen bis zu ca. 50 cm als elektrisch kurz betrachtet werden (isolierter Schaltdraht, Laufzeit 4,5 ns/cm). Als „elektrisch lang" (d.h. die Leitung wirkt wie ihr ohmscher Wellenwiderstand) muß eine Leitung betrachtet werden, wenn ihre Signallaufzeit größer als die halbe kürzeste Impulsflanke ist. In diesem Falle können durch Fehlanpas-

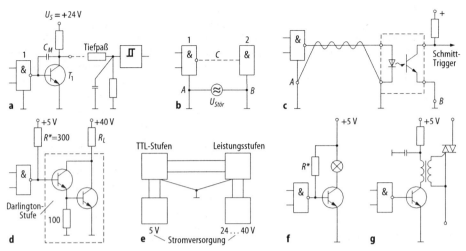

**Bild 17.5.** Interfaceschaltungen. **a** Signalübertragung mit erhöhtem Pegel; **b** unterschiedliche Erdpotentiale; **c** optoelektronische Kopplung; **d** große Lastströme; **e** zweckmäßige Erdung bei Kopplung mit Leistungsstufen; **f** Ansteuerung einer Glühlampe; **g** galvanisch getrennte Ansteuerung eines Triac

sung Reflexionen am Leitungsanfang und -ende ein störendes Überschwingen hervorrufen, das länger dauert als die Impulsflanke. Elektrisch lange Leitungen müssen einen definierten Wellenwiderstand aufweisen (z.B. verdrillte Zweidrahtleitung oder nahe an Masse geführter Einzelleiter [17.1–17.3]).

Neben dem Übersprechen auf andere Signalleitungen und Reflexionen auf den Verbindungsleitungen sind Stromstöße in Speisespannungs- und Erdleitungen eine weitere Störquelle.

Besonders störend können sich auf Erdleitungen fließende Ströme auswirken. Falls die Störspannung zwischen $A$ und $B$ im Bild 17.5b sehr groß ist, kann Gatter 2 geschaltet werden; denn die Störspannung zwischen $A$ und $B$ wirkt (bei niederohmigem Gatterausgangswiderstand zwischen $A$ und $C$) gleichzeitig als Eingangssignal zwischen $C$ und $B$. In besonders schwierigen Fällen hilft die optoelektronische Kopplung (Bild 17.5c), die vor allem an Eingangs-Ausgangs-Schnittstellen der Geräte und Anlagen große Vorteile bietet, da sich unterschiedliche Erdpotentiale und Störspannungen auf den Erdleitungen (zwischen $A$ und $B$) praktisch nicht störend auswirken. Bei TTL- und CMOS-Schaltkreisen tritt beim Umschalten der Endstufe eine Stromspitze zwischen dem Betriebsspannungs- und Masseanschluß von 3 ... 10 mA und einigen ns Dauer auf. Damit als Folge keine unzulässigen Störspannungen auf der Betriebsspannungs- und Masseleitung auftreten, werden in unmittelbarer Schaltkreisnähe induktionsarme *Stützkondensatoren* von 10 ... 100 nF für in der Regel jeweils mehrere Schaltkreise angebracht, die die von der Stromspitze benötigte Ladung liefern.

Zur Kopplung einer Last an den Ausgang eines Gatters, die den zulässigen Ausgangslastfaktor des Gatters überschreitet, genügt häufig das Zwischenschalten einer Emitterschaltung oder eines Emitterfolgers. Bei großen Lastströmen sind *Darlington-Schaltungen* sehr gut geeignet (Bild 17.5d), weil der Ausgangsstrom ungefähr um den Faktor $\beta \approx \beta_1 \beta_2$ (typ. $\approx 500$) größer ist als der den Gatterausgang belastende Steuerstrom (Basisstrom) am Eingang. Durch Einfügen eines zusätzlichen Widerstands ($R^*$) läßt sich der zur Ansteuerung der Endstufe verfügbare Strom soweit erhöhen, daß mit einem TTL-Grundgatter (z.B. SN 7400) ein Ausgangsstrom bis 5 A geschaltet werden kann, falls $\beta \geq 500$ ist.

Damit die großen Laststromimpulse keine unzulässigen Störspannungen hervorrufen, die sich den Signalspannungen überlagern können, ist häufig eine getrennte Stromversorgung für den Lastkreis zweckmäßig (Bild 17.5e), wobei hohe Betriebsspannungen (unstabilisiert) günstig sind, da sie kleinere Lastströme und dadurch ein billigeres Netzteil und kleinere Leiterquerschnitte ermöglichen.

Kleinere Lasten können direkt oder über einen Transistor angeschlossen werden (Bild 17.5f). Dabei ist zu beachten, daß der zulässige Ausgangsstrom von TTL-Gattern wesentlich größer ist, wenn der Gatterausgang L-Pegel führt. Die Last schaltet man deshalb nicht gegen Masse, sondern zwischen Gatterausgang und die Betriebsspannung.

Thyristoren und Triacs für hohe Ströme werden über Impulstransformatoren angesteuert (Bild 17.5g), falls gleichzeitig eine Potentialtrennung erwünscht ist. Es gibt auch spezielle IS zur Ansteuerung. Auch die Zündung durch Lichtimpulse (Fotothyristoren) ist eine galvanisch getrennte Ansteuerung.

### 17.2.5
**Störempfindlichkeit**

Elektronische Funktionseinheiten sind wesentlich empfindlicher gegenüber elektrischen Störsignalen als beispielsweise Relaissteuerungen (EMV, siehe Kap. A 3.4).

Vor allem in Eingangs- und Ausgangseinheiten von Automatisierungsgeräten, in die systemfremde Störimpulse besonders leicht eindringen können, ist deshalb oft Zusatzaufwand erforderlich, um Fehlfunktionen der elektronischen Funktionseinheiten zu vermeiden.

Gerade der Übergang von der diskreten (konventionellen) Schaltungstechnik zu den modernen integrierten digitalen Schaltungen hat das Problem der Störempfindlichkeit verschärft. Störsignale wirken sich um so mehr aus, je kleiner die Signalleistungspegel sowie die Verzögerungs- und Schaltzeiten der elektronischen Funktionseinheiten sind. Digitale Funktionseinheiten in der Automatisierungstechnik sollten deshalb „so langsam wie möglich und so schnell wie nötig" sein.

Übliche integrierte Digitalschaltungen haben aber Schaltgeschwindigkeiten, die mehrere Zehnerpotenzen größer sind als die früher mit Einzelbauelementen aufgebauten digitalen Steuerungen der Automatisierungstechnik. Auch die Signalpegel (<5 V bei TTL) sind oft kleiner als bei Schaltungen aus Einzelelementen (12 ... 24 V). Das hat zur Folge, daß die Störsicherheit dieser IS in der Automatisierungstechnik nicht immer ausreicht. Die Forderung nach digitalen Schaltkreisen mit erhöhter Störsicherheit läßt sich auf zwei unterschiedlichen Wegen lösen, wobei die Erhöhung der Störsicherheit mit verringerter Arbeitsgeschwindigkeit einhergeht.

1. Zusatzmaßnahmen zur Erhöhung der Störsicherheit handelsüblicher IS (TTL, MOS) auf das in Automatisierungseinrichtungen notwendige Maß (Einfügen von „Miller-Kondensatoren", s. Bild 17.5a, RC-Filterung von Störsignalen, optoelektronische Signalkopplung, Signalübertragung mit erhöhten Signalpegeln u.ä.) Hierdurch geht der Vorteil des Einsatzes von IS z.T. verloren (Zusatzaufwand, Volumen, Arbeitsgeschwindigkeit wird bewußt stark reduziert).

2. Entwicklung spezieller IS mit extremer Störsicherheit, die für den Einsatz in der Automatisierungstechnik besonders geeignet sind (hohe Betriebsspannung und Signalpegel, langsame Flankenanstiegszeiten und -abfallzeiten, dynamische Schaltverzögerung durch RC-Glieder u.ä.).

Schaltungen mit extremer Störsicherheit sind infolge ihrer niedrigen Arbeitsgeschwindigkeit besonders für langsame Steueraufgaben und für Eingabe-Ausgabe-Einheiten einsetzbar. Deshalb ist oft in Abhängigkeit von der Arbeitsgeschwindigkeit der Einsatz unterschiedlicher Schaltkreisfamilien oder Baugruppen zweckmäßig.

In der Regel stehen keine IS mit extremer Störsicherheit zur Verfügung, so daß auf handelsübliche Schaltkreise (z.B. CMOS-Schaltkreise mit 12 ... 15 V Betriebsspannung) – ggf. mit den genannten Zusatzmaßnahmen – zurückgegriffen werden muß.

### 17.3
**Kippschaltungen**

Zum Aufbau sequentieller Schaltungen benötigt man *Speicherschaltungen*, die in der Lage sind, eine Information statisch oder dynamisch zu speichern. Sie können
1. als rückgekoppelte Kippschaltungen oder

2. nach dem Prinzip der dynamischen MOS-Technik realisiert werden.

Nachfolgend werden Schaltungen der ersten Gruppe behandelt. Die zweite Gruppe ist für hochintegrierte Schaltungen (z.B. dynamische Speicher) von Interesse.

### 17.3.1
**Schmitt-Trigger**

Schmitt-Trigger sind Schwellwertschalter mit Hysterese (Zweipunktglieder), die beim Über- bzw. Unterschreiten bestimmter Eingangsschwellspannungen umkippen und H- bzw. L-Pegel am Ausgang annehmen. Hauptanwendungen in der Automatisierungstechnik sind

- Einsatz als Schwellwertschalter (z.B. Grenzwertüberwachung analoger Signale, Unterdrückung kleiner Störsignale in digitalen Systemen),
- Signalregenerierung und Impulsformung (Flankenregenerierung binärer Signale, Erzeugung von Rechteckimpulsen aus Sinusspannungen oder anderen Analogsignalen),
- Einsatz in Mehrpunktgliedern zum Aufbau unstetiger elektronischer Regler.

Die schaltungstechnische Realisierung erfolgt in Form rückgekoppelter (Gleichspannungs-)Verstärker (positive Rückkopplung). Die zur Schwingungserzeugung notwendige hohe Schleifenverstärkung $kV \geq 1$ (bei Kippschaltungen $kV \gg 1$) ist nur während des Umkippvorgangs wirksam. In den beiden statisch stabilen Betriebszuständen wird der Verstärker übersteuert, und es gilt $V = 0$. Infolge der Gleichspannungskopplung kippt die Schaltung auch bei beliebig langsamer Änderung der Eingangsspannung. Je nach den Forderungen an die Genauigkeit und die Konstanz der Triggerschwellen bzw. an die Flankensteilheit des Ausgangsspannungssprungs werden unterschiedliche Verstärkerelemente eingesetzt. Die Schaltschwellen und die Größe der Hysterese lassen sich durch Verändern des Rückkopplungsfaktors und durch eventuelle Zusatzspannungen häufig in einem weiten Bereich einstellen (Beispiel: Schaltung (Mitte) im Bild 17.6).

Bei der früher weitverbreiteten Schaltung aus Einzelbauelementen (Bild 17.6, oben)

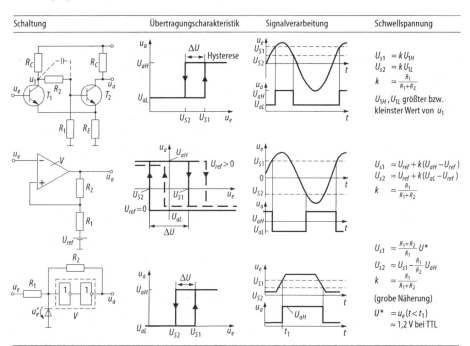

**Bild 17.6.** Schmitt-Trigger-Schaltungen

erfolgt die Rückkopplung über den gemeinsamen Emitterwiderstand $R_E$. Der Innenwiderstand des Signalgenerators darf nicht zu groß sein (abhängig vom Eingangswiderstand von T1), da sonst die Rückkopplung sehr klein wird und die Schaltung u.U. nicht mehr kippt.

Sehr genaue Schaltschwellen erhält man bei dem Verwenden von Operationsverstärkern (bzw. integrierten Analogkomparatoren); vgl. Bild 17.6, Mitte. Die Konstanz der Schwellen wird hauptsächlich durch die Drift, die Flankensteilheit der Ausgangsspannung durch die Slew-Rate (Abschn. 3.4.1.) des Operationsverstärkers bzw. Komparators bestimmt.

Eine einfache Möglichkeit ist der Aufbau mit zwei logischen Gattern (Bild 17.6, unten). Die Schaltschwelle ist stark temperaturabhängig, die Flankensteilheit bei Verwendung von TTL-Gattern jedoch sehr gut (Flankendauer z.B. <20 ... 40 ns). Diese Schaltung eignet sich vor allem als Impulsformer.

Wegen ihrer vielfältigen Einsatzmöglichkeiten sind Schmitt-Trigger Bestandteil aller Schaltkreisfamilien.

Industrielle Beispiele sind die Typen

*LSTTL:*
SN 74LS14 sechs invertierende Schmitt-Trigger
SN 74LS132 vier NAND-Schmitt-Trigger mit je zwei Eingängen

*CMOS:*
CD 4093 vier Schmitt-Trigger mit je zwei Eingängen

*HC/AC:*
SN 74HC/AC 14 sechs invertierende Schmitt-Trigger
SN 74HC/AC 132 vier NAND-Schmitt-Trigger mit je zwei Eingängen

### 17.3.2
**Flipflopstufen**
#### 17.3.2.1
*Allgemeiner Überblick*

Flipflops (FF) sind neben Gattern die wichtigsten Grundelemente digitaler Schaltungen. Sie sind die Grundbausteine von Speichern, Zählern, Schieberegistern und Frequenzteilern. Ihre wesentliche Eigenschaft ist, daß sie ein Bit beliebig lange speichern können und daß der Speicherinhalt ständig als Ausgangspegel zur Verfügung steht.

Ein FF läßt sich in der einfachsten Ausführung aus zwei NAND- oder NOR-Gattern aufbauen (RS-FF im Bild 17.9). Legt man an den Setzeingang $S$ bzw. an den Rücksetzeingang $R$ dieses „Grund-FF" eine logische 1, so kippt der FF in die Lage $Q = 1$ bzw. $\bar{Q} = 1$. Der Zustand $R = S = 1$ ist nicht zulässig. Das schränkt die Anwendbarkeit ein. Deshalb wurden Flipfloptypen entwickelt, die diesen Nachteil nicht aufweisen (JK-FF, Bild 17.9). Häufig sind Flipflops erforderlich, die nur zu bestimmten Zeitpunkten die an den Eingängen anliegenden logischen Signale übernehmen. Dieses Verhalten läßt sich durch Vorschalten weiterer Gatter realisieren (Takteingang $C$, Bild 17.9). Die an den Vorbereitungseingängen liegenden Logiksignale werden in den Flipflop übernommen, solange $C = 1$ ist (Auffang-FF). Bei $C = 0$ speichert der Flipflop den vorhergehenden Zustand.

Wenn die FF-Ausgänge mit seinen Eingängen oder mit den Eingängen eines nachfolgenden vom gleichen Taktimpuls gesteuerten FF2 verbunden werden sollen, sind FF mit Zwischenspeicher (Zähl-FF) erforderlich. Bei Verwendung von D-FF nach Bild 17.9 in einem Schieberegister würde eine an den ersten FF angelegte Information während der Taktimpulsdauer durch das Schieberegister rasen (Raceproblem), weil jeder FF den nachfolgenden ansteuert, und alle FF während der gesamten Taktimpulsdauer empfindlich sind. Im Schieberegister darf aber die Information bei jedem Taktimpuls nur eine Zelle weitergeschoben werden. Das ließe sich (theoretisch) erreichen, indem die Taktimpulsbreite nicht größer gewählt wird als die FF-Verzögerungszeit. Praktisch ist das jedoch infolge unvermeidlicher Toleranzen nicht realisierbar.

Zum Aufbau von Schieberegistern, Zählern, Frequenzteilern u. dgl. sind deshalb „Zähl-FF" mit einem dynamischen oder statischen Zwischenspeicher erforderlich (z.B. Bild 17.8). In ihnen erfolgt eine zeitliche Trennung zwischen der Übernahme der Eingangsinformation und dem Umschalten der

FF-Ausgänge. Die neu zugeführte Eingangsinformation wird so lange zwischengespeichert, bis die vorher im FF gespeicherte Information ausgegeben wurde.

### 17.3.2.2
### Systematik der Flipflopstufen

Die Möglichkeiten der integrierten Schaltungstechnik und die unterschiedlichen Anforderungen an das logische Verhalten sowie an die Art der Ansteuerung führten zur Entwicklung zahlreicher Flipfloptypen.

Es ist zweckmäßig, die FF-Stufen nach zwei Gesichtspunkten zu unterscheiden:

- nach der Wirkungsweise des Taktes
- nach der logischen Abhängigkeit zwischen Ausgangs- und Eingangssignalen.

Unterschiede hinsichtlich der Wirkungsweise des Taktes (Bild 17.7)

*Eingänge.* Man unterscheidet

- asynchron wirkende Direkteingänge ($R_A$, $S_A$ im Bild 17.9), die unmittelbar auf den Flipflopausgang wirken,
- Takteingänge (C), die keine verknüpfende, sondern nur auslösende Funktion haben,
- Vorbereitungseingänge (R, S, J, K, D im Bild 17.9), an denen die logischen Eingangssignale bereitgestellt werden, die beim nächsten Taktimpuls in den FF übernommen werden sollen.

*Taktsteuerung.* Beim taktzustandsgesteuerten FF wird die an den Vorbereitungseingängen liegende Information während der gesamten Dauer des Taktimpulses in den FF übernommen. Signaländerungen an den Vorbereitungseingängen wirken sich praktisch sofort am Flipflopausgang aus. Wegen dieser Eigenschaft sind diese Stufen nicht zum Aufbau von Frequenzteilern, Zählern usw. geeignet (Abschn. 17.4).

Bei Einflankensteuerung (flankengetriggerte FF) wird diejenige Eingangsinformation in den FF übernommen, die unmittelbar vor der auslösenden (aktiven) Taktflanke an den Vorbereitungseingängen liegt. Während der Zeit zwischen zwei aktiven Taktflanken ist der FF gegenüber Signaländerungen bzw. Störsignalen an den Vorbereitungseingängen unempfindlich. Diese FF enthalten meist einen dynamischen Zwischenspeicher und sind einfacher aufgebaut als die nachstehend beschriebenen Master-Slave-FF. Allerdings werden hohe Anforderungen an die Steilheit der Taktflanken gestellt.

Zweiflankensteuerung liegt in der Regel beim Master-Slave-Flipflop vor. Diese Flipflops enthalten einen statischen Zwischenspeicher (Master) und einen Hauptspeicher (Slave); vgl. Bild 17.8. Solange $C = 1$ ist, übernimmt der Zwischenspeicher die Eingangsinformation, und der Hauptspeicher ist abgetrennt. Wenn $C = 0$ wird, übernimmt der Slave die im Master zwischengespeicherte Information, und der Master wird von den Eingängen getrennt. Eine Signaländerung (Nutz- oder Störsignal) an den Vorbereitungseingängen während des Taktimpulses erscheint also zeitverzögert am Flipflopausgang. Hinsichtlich der Empfindlichkeit gegenüber Störsignalen ist deshalb die Zweiflankensteuerung etwas ungünstiger als die Einflankensteuerung.

Der höhere Aufwand von Master-Slave-Flipflops spielt bei IS eine untergeordnete Rolle. Vorteilhaft gegenüber einflankengetriggerten FF sind die weniger scharfen

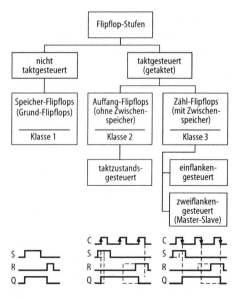

**Bild 17.7.** Einteilung der Flipflopstufen nach der Wirkungsweise des Taktes, aktive (auslösende) Taktflanke durch Pfeil gekennzeichnet

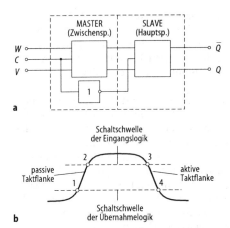

**Bild 17.8.** Master-Slave-Flipflop. **a** prinzipieller Aufbau; **b** Wirkungsweise der Taktsteuerung (Zweiflankensteuerung) 1 Sperren des Slave (Abtrennen vom Master), 2 Übernahme der Eingangsinformation (V,W) in den Master, 3 Trennen der Eingangsinformationen (V,W), 4 Übernahme der im Master zwischengespeicherten Information in den Slave

Forderungen an die Steilheit der Taktflanken. Theoretisch können die Flanken wegen der reinen Gleichspannungskopplung beliebig flach sein. Bei TTL-FF fordert man aus schaltungstechnischen Gründen eine Flankendauer <100 ns.

Unterschied hinsichtlich des logischen Verhaltens (Bild 17.9)

Die unterschiedliche Wirkungsweise der FF-Stufen hinsichtlich des logischen Verhaltens ist aus ihren Schaltbelegungstabellen bzw. aus den Logikgleichungen zu erkennen.

Nicht alle Flipfloptypen lassen sich in sämtlichen drei Klassen realisieren. Zum Beispiel sind Flipflops mit Rückführungen vom Ausgang zum Eingang nur als Zähl-FF (Klasse 3) stabil. Taktgesteuerte Flipflops haben meist zusätzlich zu den Vorbereitungseingängen direkt wirkende (asynchrone) Eingänge, mit denen der Flipflop unabhängig vom Taktsignal auf einen gewünschten Zustand einstellbar ist.

Beispiele industrieller Flipflopschaltkreise:

*LSTTL:*
SN74LS112A zwei JK-FF, maximale Taktfrequenz 45 MHz

*CMOS:*
CD4013B zwei Master-Slave-D-FF, maximale Taktfrequenz (typ.) 12/25/36 MHz bei UDD = 5/10/15 V
CD4044 vier RS-FF (Latch), Register

*HC/AC:*
SN74HC/AC/ACT112 zwei JK-FF, maximale Taktfrequenz 50 MHz (HC)
SN74HC/HCT/AC/ACT 373 acht RS-FF (Latch), Register

### 17.3.3
### Univibratoren (Monoflops)

Univibratoren sind Kippschaltungen, die nach Anlegen eines Triggerimpulses infolge starker Rückkopplung sprungförmig aus ihrem stabilen Ruhestand in einen zeitlich begrenzten (metastabilen) Verweilzustand kippen und nach Ablauf der Verweilzeit (einige zehn Nanosekunden bis >100 s) wieder in den Ruhestand zurückkippen.

Ihre Hauptanwendungen sind

– Realisierung von Zeitverzögerungen,
– Erzeugung von Rechteckimpulsen einstellbarer Impulsbreite,
– dynamische Speicherung von Binärsignalen.

Ähnlich wie bei Schmitt-Triggern existieren verschiedene schaltungstechnische Realisierungsmöglichkeiten. Schaltungen mit Einzelbauelementen sind vom FF bzw. Schmitt-Trigger abgeleitet, enthalten jedoch sowohl eine Gleichspannungs- als auch eine Wechselspannungskopplung (RC-Glied). In der Schaltung nach Bild 17.10a ist im Ruhezustand $T_2$ leitend und $T_1$ gesperrt. Durch das Legen eines negativen Triggerimpulses mit möglichst steiler Vorderflanke an den Eingang ($u_e$) kippt die Schaltung in den Verweilzustand ($T_2$ gesperrt, $T_1$ leitend). Wenn sich C über $R_{B2}$ soweit umgeladen hat, daß $u_{BE} \approx 0,5$ V ist, wird $T_2$ wieder leitend, und die Schaltung kippt zurück. Die Verweilzeit $T$ ist durch Verändern von C und $R_{B2}$ in weiten Grenzen einstellbar. Da $R_{B2}$ den Basisstrom von $T_2$ bestimmt, muß i. allg. $R_{B2} <0,1 \dots 1$ MΩ gewählt werden.

Große Verweilzeiten lassen sich besser mit aus FET aufgebauten Univibratoren er-

17 Digitale Grundschaltungen 467

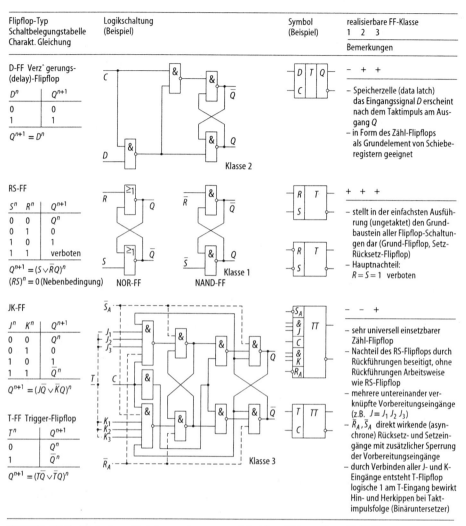

**Bild 17.9.** Häufige Flipfloptypen (Einteilung nach logischem Verhalten)

Beispiel zur Wirkungsklasse: RS-Flipflop
+ realisierbar, − nicht realisierbar

zeugen. Infolge des sehr kleinen Gatestroms der FET kann $R_{B_2}$ hochohmiger sein.

Unmittelbar nach dem Ende der Verweilzeit kann die Schaltung nicht sofort gekippt werden, weil sich $C$ über $R_{C_1}$ erst wieder aufladen muß. Nach Ablauf der „Erholzeit" ist der Ruhezustand wieder hergestellt. Während der Erholzeit ist oft eine Triggerung möglich; jedoch wird eine größere Triggerimpulsamplitude benötigt, und die Verweilzeit ändert sich.

Mit Operationsverstärkern bzw. Analogkomparatoren lassen sich Univibratorschaltungen realisieren, deren Verweilzeit infolge der hohen inneren Verstärkung und der geringen Drift des OV überwiegend durch die äußeren Beschaltungselemente sowie durch relativ gut konstant zu haltende Spannungen bestimmt ist (Bild 17.10b).

Wenn das Potential des invertierenden OV-Eingangs durch Anlegen eines Triggerimpulses $u_e$ kurzzeitig negativer als $U_{ref}$ wird, springt die Ausgangsspannung auf $U_{aH}$, und an den nichtinvertierenden OV-Eingang wird analog zur Schmitt-Trigger-Schaltung mit OV (Bild 17.6, Mitte) ein posi-

**Aufbau aus Einzelbauelementen**

**Aufbau mit einfachen Gattern**

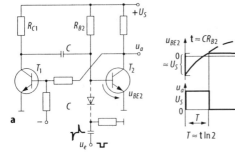

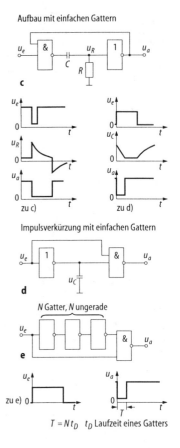

**Aufbau mit Operationsverstärkern**

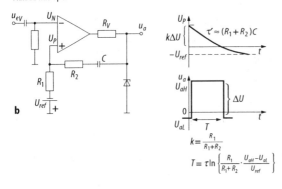

**Bild 17.10.** Univibratorschaltungen (**a** bis **b**) und Impulsverkürzung mit einfachen Gattern (**d** und **e**)

$T = N t_D$   $t_D$ Laufzeit eines Gatters

tiver Spannungssprung rückgekoppelt. Die Spannung $u_P$ fällt exponentiell ab (dynamische Rückkopplung). Wenn sie den Wert $u_P \approx u_N$ ($\approx 0$ V) erreicht hat, kippt die Schaltung wieder zurück.

Mit TTL-Gattern aufgebaute Univibratorschaltungen (Bild 17.10c) eignen sich, bedingt durch die kurzen Verzögerungszeiten und den relativ niederohmigen Gattereingang und -ausgang, besonders für kurze Verweilzeiten ohne Ansprüche an Genauigkeit (Inkonstanz der Schwellspannungen und des Eingangsstroms der Gatter). Lange Verweilzeiten lassen sich wegen des hochohmigen Eingangs mit MOS-Gattern erzeugen (<100 s).

Auch zur Herstellung sehr kurzer Impulse im ns-bis-µs-Bereich und als einfache Differenzierschaltung lassen sich Gatterschaltungen gut verwenden (Bild 17.10d und e). Hierbei wird die Laufzeit durch die einzelnen Gatter ausgenutzt. Diese Schaltungen sind kombinatorische Schaltungen. Sie benötigen Eingangsimpulse mit möglichst steilen Flanken. Wesentlich bessere und stabilere Eigenschaften als die aus einfachen Gattern aufgebauten Schaltungen haben integrierte Univibratorschaltungen, da ihre Schaltungsauslegung großzügiger erfolgen kann (viele Transistoren, Kompensation von Temperatur- und Betriebsspannungseinflüssen). Sie werden in zwei Varianten hergestellt:

Variante 1. Die Verweilzeit bleibt konstant, wenn ein neuer Triggerimpuls eintrifft, bevor die Schaltung in den Ruhezustand zurückgekippt ist.

Variante 2. Ein Triggerimpuls löst stets einen Ausgangsimpuls aus, auch wenn die Schaltung noch nicht wieder in ihre Ruhelage zurückgekippt ist, d.h., die Verweilzeit verlängert sich, wenn zwischendurch Triggerimpulse eintreffen (wiedertriggerbare Univibratoren).

Beispiele industrieller Univibratorschaltkreise (s.a. Abschn. 17.3.4., LM 555, 556):

*LSTTL:*
SN74LS123 zwei wiedertriggerbare Univibratoren

*CMOS:*
CD4538B zwei wiedertriggerbare Präzisionsunivibratoren

*HC/AC:*
74HC221 zwei Univibratoren mit Schmitt-Trigger-Eingang

### 17.3.4 Multivibratoren

Der Einsatz astabiler Multivibratoren erfolgt zum Erzeugen von Impulsfolgen, z.B. in Taktimpulsgeneratoren. Sie haben keinen Ruhezustand, sondern kippen abwechselnd von einem in den anderen dynamischen Zustand. Der „klassische" Aufbau ist die Kreuzkopplung zweier Transistoren, die sich abwechselnd selbst ein- und ausschalten (Bild 17.11a). Das Tastverhältnis des Multivibrators läßt sich in weiten Grenzen verändern, indem die Schaltung unsymmetrisch ausgelegt wird.

Multivibratoren lassen sich auch mit Schmitt-Triggern aufbauen.

Die Schaltung nach Bild 17.11b arbeitet wie folgt: Bei $u_a = U_{aH}$ wird $C$ über $R$ aufgela-

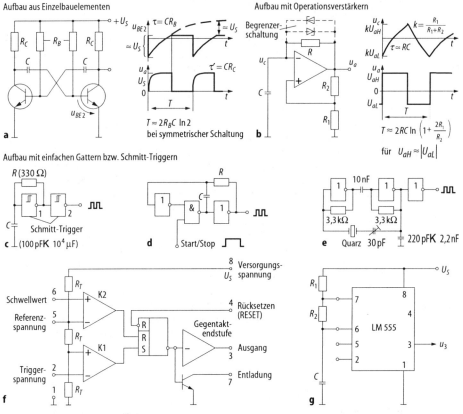

**Bild 17.11.** Multivibratorschaltungen. **a** aus Einzelbauelementen; **b** mit Operationsverstärker bzw. Komparator; **c** mit Schmitt-Triggern; **d** Start - Stop - Oszillator; **e** Quarzoszillator mit TTL - Standard - Gattern [$f = 0,1 \ldots 5(20)$ MHz, $\Delta f / f \approx 10^{-5}$]; **f** Blockschaltbild des integrierten Multivibrator / Univibratorschaltkreises LM 555 **g** Beschaltungsmöglichkeit des Schaltkreises LM 555 als astabiler Multivibrator, $f = 1,44 / (R_1 + 2R_2) C$

den, bis die obere Schaltschwelle $kU_{aH}$ des Schmitt-Triggers erreicht ist. Durch das Kippen des Schmitt-Triggers springt die Ausgangsspannung auf $u_a = U_{aL}$, und $C$ wird bis zur unteren Schaltschwelle $kU_{aL}$ entladen. Der Schmitt-Trigger kippt zurück, und der Vorgang wiederholt sich. Durch die im Bild 17.11b angedeutete Begrenzungsschaltung lassen sich die Spannung $U_{aH}$ und $U_{aL}$ sehr genau einstellen. Die Schaltung eignet sich für niedrige bis mittlere Frequenzen (z.B. f <100 kHz). Die Flankensteilheit wird wesentlich durch die Slew-Rate des OV bestimmt (Abschn. 3.4.1.).

Höhere Impulsfolgefrequenzen ($f \approx 0,1 \ldots 10$ MHz) können erzeugt werden, wenn integrierte Schmitt-Trigger (z.B. TTL-Schaltkreise) Verwendung finden (Bild 17.11c).

Mit wenig Aufwand sind Start-Stop-Oszillatoren (Bild 17.11d) realisierbar. Die Schaltung schwingt nur, solange ein H-Pegel am Steuereingang (Start/Stop) anliegt.

Wesentlich bessere und stabilere Eigenschaften weisen integrierte Multivibratorschaltungen auf, die mit erheblich größerem Schaltungsaufwand innerhalb des Schaltkreises realisiert werden können. Ihre Folgefrequenz wird praktisch nur von den außen angeschalteten Kapazitäten bestimmt. Höchste Genauigkeit und Stabilität der Folgefrequenz sind nur mit Quarzoszillatoren zu erreichen. Quarzstabilisierte Rechteckimpulsfolgen lassen sich unter anderem mit einfachen Grundgattern erzeugen (Bild 17.11e).

Industrielle Beispiele: Ein weitverbreiteter industrieller Typ mit sehr guten Eigenschaften ist der Zeitgeberschaltkreis (Timer) LM 555 bzw. der Doppelzeitgeberschaltkreis LM 556. Er läßt sich als Univibrator, astabiler Multivibrator im Frequenzbereich <0,1 Hz bis zu einigen hundert Kilohertz und für zahlreiche weitere Anwendungen einsetzen (Bild 17.11f und g).

Weitere Beispiele (LSTTL):

LS 625 ... 627 Zwei VCOs (spannungsgesteuerte Oszillatoren), 12 ... 100 MHz
LS 321 Quarzoszillator mit Teiler

*Sperrschwinger.* Monostabile und astabile Kippschaltungen lassen sich auch mit einem einzigen Transistor aufbauen, wenn zur Phasendrehung ein Transformator verwendet wird. Die Schaltungen ähneln dem Meißner-Oszillator (Abschn. 7.2). Infolge sehr starker Rückkopplung erzeugen sie Kippschwingungen. Sie lassen sich in den drei Transistorgrundschaltungen aufbauen und wirken je nach gewähltem Arbeitspunkt als monostabile oder astabile Schaltung.

Allgemein ist ihre Bedeutung gering, weil Transformatoren in der modernen Elektronik vermieden werden (Preis, Masse, Größe). In der Automatisierungstechnik werden sie als „Aussetzoszillator" bei induktiven Initiatoren eingesetzt.

Vorteile bieten sie auch bei der Erzeugung hoher Impulsspannungen, deren Amplitude wesentlich über der üblicher Transistorschaltungen liegt.

## 17.4
## Zähler und Frequenzteiler

Ein Frequenzteiler (Untersetzer) gibt nach $N$ eintreffenden Eingangsimpulsen einen Ausgangsimpuls ab und kehrt anschließend in seine Ausgangslage zurück. Ein Zähler addiert bzw. subtrahiert die eintreffenden Impulse, speichert sie und gibt das gespeicherte Zählergebnis aus.

Zähler und Teiler werden aus Flipflopstufen aufgebaut, da eine solche Stufe ein sehr zuverlässiger Binärteiler ist. Zur Anzeige des gespeicherten Zählergebnisses werden die Ausgangspegel der FF-Stufen benutzt. Wie im Abschn. 17.3.2.1 erläutert, müssen zum Aufbau von Zählern und Frequenzteilern Zähl-FF (FF mit Zwischenspeicher) verwendet werden. Häufig benutzte Typen sind JK-Master-Slave-Flipflops und einflankengetriggerte D-Flipflops.

Für niedrige Zählgeschwindigkeiten werden neben elektronischen Zählern auch elektromechanische Zählwerke eingesetzt.

Zähler und Frequenzteiler werden häufig nach folgenden Merkmalen unterschieden:

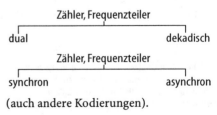

(auch andere Kodierungen).

Asynchrone Schaltungen benötigen weniger Verknüpfungsaufwand und damit weniger Gatter und Verknüpfungsleitungen. Nachteilig ist für manche Anwendungen, z.B. wenn Steuerfunktionen während des Zählvorgangs ausgelöst werden sollen oder bei Rückführungen zwischen Ausgang und Eingang, daß sich die Verzögerungszeiten mehrerer hintereinandergeschalteter Stufen addieren (z.T. Beschränkung der maximalen Zählfrequenz).

Synchrone Schaltungen erlauben häufig höhere Zählgeschwindigkeiten und sind unempfindlicher gegenüber Störungen, weil sie nur während der Taktimpulsbreite auf Eingangssignale reagieren.

### 17.4.1
### Zähler

Die einfachsten Zähler sind Dualzähler (Binärzähler), s. Bild 17.12a, b. Den einzelnen Flipflops sind die Wertigkeiten 1, 2, 4,

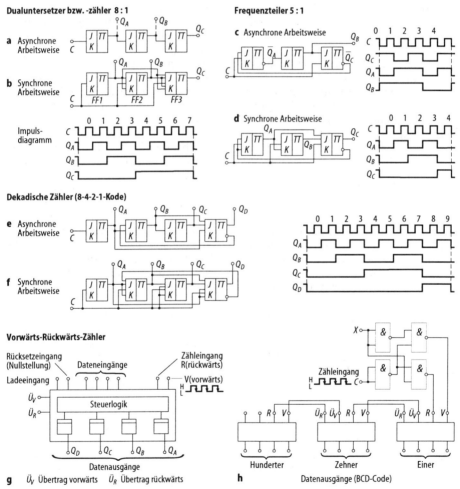

**Bild 17.12.** Frequenzteiler- und Zählschaltungen, realisierbar z.B. mit JK-Flipflops; Zähleingang: C
**a, b** Dualuntersetzer bzw. -zähler 8:1; **c,d** Frequenzteiler 5:1; **e,f** dekadische Zähler (8-4-2-1-Kode); **g** Informationsein- und -ausgabe bei Vorwärts-Rückwärts-Zählbausteinen; HIL-Flanke am Ladeeingang bewirkt Übernahme der Information in die FFs; industrielle Beispiele: CMOS-Schaltweise HEF 40192 B (Zähldekade), HEF 40193 B (Dualzähler); **h** dekadischer Vorwärts-Rückwärts-Zähler mit Zählrichtungssteuerung (X = L vorwärts, X = H rückwärts)

8, ... entsprechend der darzustellenden Dualzahl zugeordnet (Dualkode). Die Zählkapazität eines Dualzählers aus $N$ Flipflops beträgt $2^N-1$ Impulse. Beim $2^N$ten Impuls ist die Nullstellung wieder erreicht. Häufig will man nicht dual, sondern dezimal zählen und anzeigen. Dazu wird für jede Dezimalstelle eine Zähldekade benötigt (Modulo-10-Zähler). Um mit möglichst wenig Flipflopstufen auszukommen, werden die Zahlen 0 bis 9 im BCD-Kode (binär kodierte Dezimalzahl) dargestellt. Am weitesten verbreitet ist der 8-4-2-1-Kode (natürlicher BCD-Kode). Die Zähldekaden werden aus vier Flipflops aufgebaut (4-Bit-Zähler; Bilder 17.12e und f). Da hiermit jedoch 16 Zustände darstellbar sind, werden die sechs nicht benötigten Zustände durch Rückführungen (Nullsetzen der Zähldekade beim Eintreffen des zehnten Eingangsimpulses) übersprungen. Die Verwendung anderer BCD-Kodes (durch geeignete Wahl der Rückführungen realisierbar) kann eine Schaltungsvereinfachung ergeben. Sie erschwert aber die Zusammenschaltung mit anderen digitalen Einheiten, die fast immer im 8-4-2-1-Kode arbeiten.

Bei synchronen Zählern und Frequenzteilern werden alle Takteingänge der FF parallel angesteuert (Bilder 17.12b und d). Um zu erreichen, daß nur die gewünschten FF kippen, erfolgt eine Blockierung der übrigen durch Vorbereitungseingänge. Das erfordert jedoch viele Zwischenverbindungen und FF mit mehreren untereinander verknüpften Vorbereitungseingängen.

Zähldekaden lassen sich auch mit Schieberegistern aufbauen (Ringzähler, Johnson-Zähler; diese Zähler arbeiten synchron). Sie benötigen jedoch zehn bzw. fünf FF-Stufen und werden deshalb selten für reine Zählzwecke angewendet. Ihr Vorteil ist die einfachere Dekodierbarkeit, die z.B. zur Anzeige des Zählinhalts erforderlich ist (Ringzähler arbeiten im 1-aus-10-Kode; der Johnson-Kode ist einfach in diesen Kode umwandelbar).

Das Zusammenschalten der Zähldekaden mehrstelliger dekadischer Zähler erfolgt häufig asynchron, indem der beim Übertrag von 9 nach 0 entstehende Ausgangsimpuls der Zähldekade als Ansteuersignal für die nächste Zähldekade benutzt wird. Die Kopplung kann aber auch synchron erfolgen [17.2].

Oft sind in der Automatisierungstechnik Vorwärts-Rückwärts-Zähler erwünscht, die ebenfalls synchron oder asynchron aufgebaut werden können.

Wenn die Zählrichtung eines asynchronen Dualzählers umgeschaltet werden soll, müssen anstelle der Q-Ausgänge die $\overline{Q}$-Ausgänge mit dem Triggereingang des nachfolgenden FF verbunden werden. Das wird über zusätzliche Gatter zwischen den FF-Stufen realisiert. In ähnlicher Weise arbeiten auch andere Vorwärts-Rückwärts-Zählschaltungen [17.2].

Praktisch sind heute Vorwärts-Rückwärts-Zähldekaden als IS aufgebaut, die meist synchron arbeiten. Hinsichtlich der Ansteuerung lassen sich zwei Varianten unterscheiden:

1. Zählbausteine mit je einem getrennten Vorwärts- und Rückwärtseingang (Bild 17.12g)
2. Zählbausteine mit einem gemeinsamen Vorwärts-Rückwärts-Eingang. Die Zählrichtung läßt sich durch Anlegen eines Vorzeichensignals umschalten. Um Fehlzählungen zu vermeiden, werden die Flipflopeingänge während des Umschaltens durch einen „Enable"-Eingang blockiert.

Zählbausteine der ersten Gruppe können mittels zusätzlicher Gatter so erweitert werden, daß sie über einen gemeinsamen Vorwärts-Rückwärts-Eingang ansteuerbar sind (Bild 17.12h).

*Vorwahl bei Zählern.* Sehr häufig soll ein Zähler beim Erreichen eines bestimmten Zählergebnisses ein Steuersignal abgeben, z.B. bei Dosiervorgängen. Eine einfache Lösungsmöglichkeit besteht darin, die BCD-Ausgänge der einzelnen Zähldekaden über Schalter so mit den Eingängen eines NAND-Gatters zu verbinden, daß an dessen Ausgang genau dann ein Signal auftritt, wenn der Zähler die vorgewählte Zahl erreicht hat. Stellt man unmittelbar mit diesem Signal oder durch den nächsten Taktimpuls den Zähler auf Null, so arbeitet die

Anordnung als programmierter Frequenzteiler.

*Voreinstellung von Zählern.* In bestimmten Anwendungen soll ein Zähler seine Zählung nicht bei Null, sondern bei einer voreinstellbaren Zahl beginnen. Zur Voreinstellung müssen die FF der Zähldekaden so gesetzt werden, daß bei Beginn der Zählung die voreingestellte Zahl gespeichert ist. Zu diesem Zweck haben die Zähldekaden von voreinstellbaren Zählern Dateneingänge (Bild 17.12g), an die die gewünschte voreinzustellende Zahl im BCD-Kode angelegt wird.

*Industrielle Beispiele.* Besonders in MOS-Schaltkreisen sind oft umfangreiche Hilfsfunktionen mit integriert (statische Zwischenspeicher, Dekodiernetzwerke, Steuerschaltungen) sowie mehrere Zähldekaden in einem Schaltkreis (LSI) zusammengefaßt.

Ein typisches Beispiel ist der 4-Dekaden-CMOS-Vorwärts-Rückwärtszähler ICM 7217/27 (Intersil) im 28-poligen DIL-Gehäuse. Über den gesamten 4-Dekaden-Bereich ist er durch einen BCD-Eingang oder durch vier Vorwahldekadenschalter (Kodierschalter) beliebig voreinstellbar. Er steuert die 7-Segment-Anzeige im Multiplexbetrieb direkt an. Der Zähleingang hat Schmitt-Trigger-Charakteristik (Unabhängigkeit von der Eingangsimpulsform). Zusätzlich ermöglicht er mehrere Steuerfunktionen. Er enthält u.a. ein voreinstellbares Register, dessen Inhalt kontinuierlich mit dem Zählerinhalt verglichen wird. Bei Gleichheit beider Inhalte und beim Zählergebnis Null wird je ein Steuersignal abgegeben.

Mit ECL-Schaltungen sind Zählfrequenzen bis zum GHz-Bereich realisierbar, die jedoch für die Automatisierungstechnik praktisch uninteressant sind. Wegen der hohen Störsicherheit haben sich hier CMOS-Schaltungen stärker durchgesetzt. Elektromechanische Zähler behalten für einfache und langsame Zähl- und Steueraufgaben (Kleinautomatisierung) dort Bedeutung, wo ihre Vorteile gegenüber elektronischen Zähleinheiten (Unempfindlichkeit gegenüber elektrischen Störspannungen, einfachere Stromversorgung, niedrige Preise) das rechtfertigen.

Einfache Zählerschaltkreise:

*LSTTL:*
74LS193 (dual) / 74LS192 (dezimal) synchroner Vorwärts-Rückwärts-Zähler mit vier Master-Slave-FF und zwei getrennten Zähleingängen; Stromaufnahme 34 mA; 25 MHz
74LS93 / 74LS90 4-Bit-Zähler; Stromaufnahme $\leq$15 mA; Zählfrequenz $\leq$32 MHz; 093: dual, 090: dezimal

*CMOS:*
HEF4520B zwei synchrone 4-Bit-Dualzähler; maximale Zählfrequenz typ. 6/15/21 MHz bei $U_{DD}$ = 5/10/15 V
HEF4029B zwei synchrone Vorwärts-Rückwärts-Dezimal/Dual-Zähler; maximale Zählfrequenz typ. 8/25/35 MHz bei $U_{DD}$ = 5/10/15 V

*HC/AC:*
74HC4020 14-stufiger Binärzähler; typ. 60 MHz
74HC590 8-Bit-Binärzähler mit Ausgangsregister

### 17.4.2
### Frequenzteiler

Die einfachste Frequenzteilerschaltung (asynchroner Binäruntersetzer, Dualuntersetzer $2^N$ : 1; Bild 17.12 a) entsteht durch Hintereinanderschalten (Kettenschaltung) von $N$ Zähl-FF, die für Triggerarbeitsweise geeignet sind, z.B. von T-, JK- oder D-FF (T-FF mit $T = 1$, JK-FF mit $J = K = 1$, D-FF mit $D = \overline{Q}$).

Kleinere Teilerverhältnisse lassen sich durch Rückführungen realisieren (teilsynchrone Ansteuerung; Bild 17.12b). Hierdurch werden einige der $2^N$ möglichen Zustände übersprungen. Frequenzteiler- und Zählerbausteine werden in zahlreichen Varianten als IS (meist MSI-Schaltkreise) hergestellt. Durch Verbinden äußerer Anschlüsse sind unterschiedliche Teilerverhältnisse einstellbar. Oft läßt sich durch Anlegen eines logischen Steuersignals (Vorzeichensignal) auch die Zählrichtung verändern (Vorwärts-Rückwärts-Zähler).

Zum Aufbau von Frequenzteilern mit beliebigen Teilerverhältnissen gibt es folgende Möglichkeiten:

1. Rückführungen zwischen den FF (bei kleinen Teilerverhältnissen),
2. Zerlegen des gewünschten Teilungsfaktors in mehrere Faktoren und Hintereinanderschalten von Teilern, die diese Faktoren realisieren (Gesamtteilungsfaktor = Produkt der Einzelfaktoren),
3. Verwenden eines Teilers oder Zählers (auch mehrere Dekaden), der nach Erreichen des gewünschten Teilerverhältnisses sofort oder beim nächsten Taktimpuls nullgestellt wird (programmierbarer Teiler).
Das gewünschte Teilerverhältnis läßt sich z.B. durch einen Ziffernschalter (Vorwahlschalter) einstellen. Der Vergleich mit dem Zählinhalt des Teilers bzw. Zählers erfolgt durch einen digitalen Komparator (Abschn. 17.7). Dieses Verfahren ist besonders bei großen Teilungsfaktoren zweckmäßig.
4. Verwenden eines Teilers oder Zählers, der auf das gewünschte Teilerverhältnis voreingestellt wird, rückwärts bis Null zählt und danach wieder auf die voreingestellte Zahl springt (programmierbarer Teiler),
5. Aufbau aus Schieberegistern (Ringzähler, Johnson-Zähler).

## 17.5
## Dekodierer

Dekodiernetzwerke sind kombinatorische Schaltungen (Festwertspeicher), die die Aufgabe haben, Wörter aus verschiedenen Kodes ineinander umzuwandeln. Sie benötigen die Eingangsinformation in paralleler Form und geben die Ausgangsinformation gleichfalls parallel aus. Soll ein serielles Kodewort dekodiert werden, so ist in der Regel nunächst eine Serien-Parallel-Wandlung erforderlich (Schieberegister).

Dekodierschaltungen wurden früher mit Widerstands- und Diodennetzwerken aufgebaut. Heute verwendet man Gatterkombinationen und spezielle IS. Auch ROM sind geeignet. Wenn die Dekodierschaltung in einen Steuerkreis einbezogen ist, muß beachtet werden, daß zwischen dem Anlegen der Eingangsinformation an den Dekodiereingängen und dem Erscheinen der Ausgangsinformation eine Verzögerungszeit von u.U. mehreren Gatterlaufzeiten liegt. Beim Wechsel des Eingangssignals können auch Störspannungsspitzen am Ausgang auftreten. Sie lassen sich durch einen Steuereingang (enable), mit dem die Ausgänge abgeschaltet werden, unterdrücken, solange sich die Eingangsinformation ändert.

*Industrielle Beispiele:*

*LSTTL:*
LS7442 BCD-zu-Dezimal-Dekoder
LS74138 3-zu-8-Leitungsdekoder
LS247 ... 249 BCD-zu-7-Segment-Dekoder

*CMOS:*
CD4028B BCD-zu-1-aus-10-Dekoder
HEF4511 Hexadezimal-zu-7-Segment-Dekoder mit Eingangszwischenspeicher zur direkten Ansteuerung von 7-Segment-LED

*HC/AC:*
HC7442 BCD-zu-Dezimal-Dekoder
HC/HCT/AC/ACT74138 3-zu-8-Leitungsdekoder

## 17.6
## Multiplexer

Ähnlich wie Dekodierer sind Multiplexer (Datenwähler) aufgebaut (Bild 17.13). Den Eingängen des Dekoders entsprechen hier die Adresseneingänge. Durch Anwählen einer Adresse (meist im Dualkode) wird jeweils einer von $N$ Dateneingängen zur Ausgangsleitung (negiert) durchgeschaltet. Der Datenweg zwischen Eingang und Ausgang läßt sich durch einen „Strobe"-Eingang (enable) mittels einer Torschaltung unterbrechen. Die Anzahl der Dateneingänge kann durch direktes oder indirektes ausgangsseitiges Parallelschalten mehrerer Multiplexer erweitert werden. Durch Verbinden der Adresseneingänge des Multiplexers mit den Parallelausgängen eines Binärzählers (Adressenzähler) entsteht ein Multiplexer zur sequentiellen Datenabfrage. Er wirkt wie ein elektromechanischer Schrittschalter, der zeitlich nacheinander je einen Eingang zum Ausgang durchschaltet. Diese Schaltung läßt sich auch zur Parallel-Seri-

# 17 Digitale Grundschaltungen

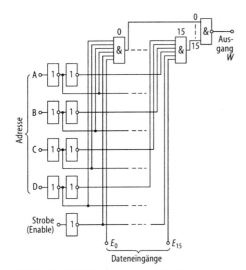

**Bild 17.13.** Multiplexer zur sequentiellen Datenabfrage

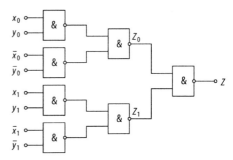

**Bild 17.14.** Digitaler Komparator zur Prüfung auf Gleichheit zweier Dualzahlen von je 2 Bit ($x_1, x_0$ bzw. $y_1, y_0$)

en-Umsetzung verwenden. Ein paralleles Wort (= $N$ bit) an den Dateneingängen erscheint auf der Ausgangsleitung als serielles Wort, wenn der Adressenzähler durch eine Taktimpulsfolge angesteuert wird.

*Industrielle Beispiele:*

*LSTTL:*
74153, 74353 Zweifach-4-Eingangs-Multiplexer
74151 1-aus-8-Demultiplexer/Dekoder

*HC/AC:*
HC/AC/ACT74153 Zweifach-4-Eingangs-Multiplexer
HC/HCT/AC/ACT74151 8-zu-1-Leitungs-Multiplexer

## 17.7 Digitale Komparatoren

Häufig besteht die Aufgabe, zwei Zahlen miteinander zu vergleichen. Diese Aufgabe läßt sich mit kombinatorischen Schaltungen lösen. Bild 17.14 zeigt, wie zwei Dualzahlen von je 2 Bit auf Gleichheit geprüft werden können. Nur wenn beide Zahlen in allen Bits übereinstimmen, erscheint ein Ausgangssignal 1.

Um festzustellen, welche von zwei zu vergleichenden Zahlen größer ist, sucht man bei mehrstelligen Dualzahlen die höchste ungleiche Stelle. Die beiden zu dieser Stelle gehörenden Signale der zu vergleichenden Zahlen werden einem einfachen UND-Gatter zugeführt.

*Industrielle Beispiele:* CMOS-4-Bit-Größenkomparator CD4585B; 8-Bit-Komparator ALS/F 74520, AC/ACT 74520.

Zur Überwachung der Datenübertragung werden Paritätsgeneratoren verwendet, die nach ähnlichem Prinzip arbeiten wie die beschriebenen Komparatoren. Diese IS bilden das Paritätsbit eines digitalen Wortes. Es wird geprüft, ob die Summe der Eingangs-H-Signale gerade oder ungerade ist.

*Industrielle Beispiele:* CMOS-12-Bit-Paritätsprüfer CD4531B; 9-Bit-Paritätsprüfer/Generator LS/S/ALS/F/AS 74280, HC/AC, ACT 74280.

## Literatur

17.1 Kammerer J et al. (1992) Elektronik III, Baugruppen der Mikroelektronik, 7. Aufl. HPI-Fachbuchreihe Elektronik/Mikroelektronik. Pflaum Verlag, München
17.2 Kühn E (1993) Handbuch TTL- und CMOS-Schaltungen, 4. Aufl. Hüthig, Heidelberg
17.3 Seifart M, Beikirch H (1998) Digitale Schaltungen, 5. Aufl. Verlag Technik, Berlin

# Teil D

## Bus-Systeme

1 Überblick und Wirkprinzipien
2 Parallele Busse
3 Serielle Busse

# 1 Überblick und Wirkprinzipien

W. KRIESEL, D. TELSCHOW

## 1.1
### Einteilung und Grundstrukturen

In den Systemen der Meß- und Automatisierungstechnik hat sich in den zurückliegenden Jahren ein gravierender Strukturwandel vollzogen. Neben dem Einsatz von Bildschirmen und Tastaturen führte vor allen Dingen die dezentrale Anordnung einer Vielzahl von Mikrorechnern und Einchip-Mikrocontrollern zu einer enormen Ausweitung der digitalen Übertragung von Informationsströmen im Echtzeitbetrieb. Hierfür erfolgt aus Kostengründen überwiegend eine Mehrfachnutzung der Leitungen nach dem Sammelleitungsprinzip über *Bussysteme*.

Derartige Bussysteme bilden also zunehmend die standardisierte Schnittstelle zwischen den einzelnen Baueinheiten. In diesem Sinne sind Bussysteme also eine besondere Ausprägung für ein *Interface*, das ganz allgemein die Gesamtheit aller vereinheitlichter Bedingungen zur Sicherstellung des Zusammenwirkens und der Austauschbarkeit (Zusammenschaltbarkeit) von Teilen eines Systems beschreibt. Diese Bedingungen umfassen insbesondere den Funktionsumfang, den Signalträger und die Konstruktion an der jeweiligen Schnittstelle, an der die Kopplung der Baueinheiten erfolgen soll.

Diese neuartige Bus-Kommunikationstechnik ist zur Informationsübertragung sowohl innerhalb einzelner Ebenen (Einebenen-Strukturen) als auch zwischen mehreren Ebenen von Meß- und Automatisierungssystemen (Mehrebenen-Strukturen) durchgängig eingeführt, beginnend bei übergeordneten Ebenen zur Koordinierung von dezentralen Mikroprozeßrechnern bis hin zur untersten Sensor/Aktuator-Ebene [1.1, 1.2].

Hierzu vermittelt Bild 1.1 einen Überblick zu Strukturprinzipien, wobei deutlich wird, daß die ursprüngliche Punkt-zu-Punkt-Übertragung (einkanalig oder sternförmig) in Form aktiv gekoppelter Teilnehmer ihre Bedeutung auch für busähnliche Prinzipien weiterbehält und insbesondere bei der Übertragung mit Lichtwellenleitern angewendet wird. Aktive Kopplung bedeutet hierbei, daß die Leitungsverbindung zwischen zwei Teilnehmern jeweils durch aktive Bauelemente (Verstärker, Wandler) unterbrochen ist und ausschließlich nur von diesen beiden Teilnehmern genutzt wird (keine Mehrfachnutzung, kein Sammelleitungsprinzip).

Mit Bild 1.2 wird eine Einteilung für Bussysteme im engeren Sinne vorgenommen, wie sie in der rechten Spalte von Bild 1.1 dargestellt sind. Angemerkt sei, daß die Mehrfachnutzung von Leitungen (Sammelleitungs- oder Busprinzip) auch für die Übertragung von Analogsignalen nutzbar ist, d.h. ein Bus ist seinem Wesen nach ein verteilter Multiplexer (MUX).

Für die stark differierenden Anforderungen bei der Übertragung digitaler Informationen in den unterschiedlichen Ebenen und Anwenderbranchen ist eine breite, schwer überschaubare Palette von Bussystemen entstanden. Somit existieren nahezu für alle Prinzipien nach Bild 1.1 und 1.2 zugleich auch Industrielösungen, deren typische Lösungsprinzipien nachfolgend behandelt werden.

## 1.2
### Buszugriffsverfahren

Das Busprinzip mit seiner Mehrfachnutzung von Leitungen (vgl. Bild 1.1) setzt stets voraus, daß während einer Übertragung nur ein einziger Sender wirksam ist und an einen oder mehrere Empfänger sendet. Sobald zwei oder mehrere Sender gleichzeitig auf die Busleitung senden, tritt eine Kollision und somit eine Verfälschung der übertragenen Information ein. Aufgabe des Buszugriffsverfahrens ist es also, den Buszugriff durch mehrere Teilnehmer (Sender) so zu steuern, daß am Ende eine *kollisionsfreie Übertragung* stattfindet.

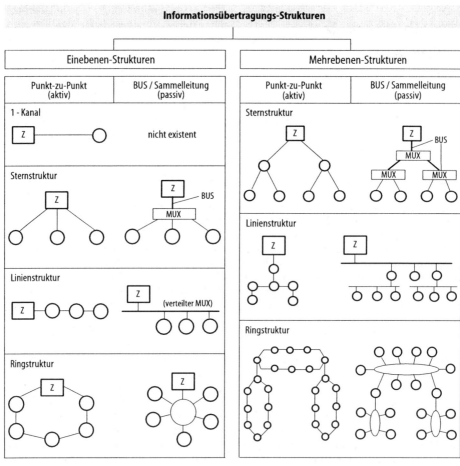

**Bild 1.1.** Grundstrukturen der Informationsübertragung

### 1.2.1
### Zufälliger Buszugriff: CSMA, CSMA/CD, CSMA/CA

Die einfachste Art der Zugriffssteuerung ist das CSMA-Verfahren (*Carrier Sense Multiple Access*), wie es im Prinzip vom Telefon her bekannt ist. Ein sendewilliger Teilnehmer stellt zunächst fest, ob die gemeinsame Busleitung frei ist (Carrier Sense), und er sendet, falls diese nicht belegt ist. Wird dagegen die Busleitung bereits durch einen anderen Sender benutzt, dann wartet der sendewillige Teilnehmer und versucht zu einem späteren Zeitpunkt erneut, seine Informationen zu übertragen (Multiple Access).

Dieses Buszugriffsverfahren heißt zufällig, weil einerseits jeder sendewillige Teilnehmer zu einem beliebigen, nicht im voraus bestimmbaren Zeitpunkt auf den Bus zugreifen kann und andererseits nicht sichergestellt ist, daß er innerhalb einer bestimmten Zeit tatsächlich das Senderecht erhält und kollisionsfrei übertragen kann. Somit ist ein zufälliges Buszugriffsverfahren im Prinzip auch nicht echtzeitfähig und daher für Meß- und Automatisierungsaufgaben nur unter bestimmten Bedingungen einsetzbar, z.B. für zeitunkritische Übertragungen auf höheren Ebenen oder bei sehr geringer zeitlicher Busbelastung unterhalb von 10%.

Die zeitliche Übertragungeffizienz beim CSMA-Verfahren läßt sich verbessern, wenn jeder Sender seine gesendeten Datensignale auf der Busleitung ständig selbst

# 1 Überblick und Wirkprinzipien

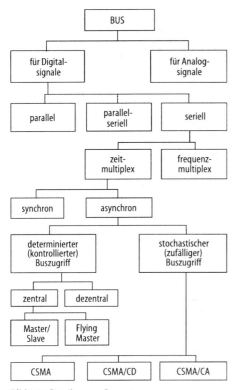

**Bild 1.2.** Einteilung von Bussystemen

kontrolliert und somit eine mögliche Kollision schnell erkennt: *Collision Detection* (CSMA/CD); im Kollisionsfall wird die Sendung bei beiden Teilnehmern abgebrochen und nach zufälligen Zeitintervallen neu versucht.

Das CSMA/CA-Verfahren dagegen arbeitet mit Kollisionsverhinderung (*Collision Avoidence*), indem Prioritäten für die einzelnen Teilnehmer vergeben werden, so daß sich der Teilnehmer mit der niedrigsten Priorität automatisch zurückzieht, also seine Übertragung abbricht zugunsten des höherpriorisierten Teilnehmers. Diese Prozedur kann z.B. dadurch erfolgen, daß jeder Sender am Anfang seines Sendetelegramms die eigene Adresse sendet (sog. Identifier). Ordnet man der logischen Null den low-Pegel zu und ist dieser dominant gegenüber dem high-Pegel (d.h. ein low-Pegel zieht alle gesendeten high-Pegel der anderen Teilnehmer auf low), so dominiert der Teilnehmer mit der niedrigsten Adresse, und

der Teilnehmer mit der höheren Adresse unterbricht seinen Sendewunsch, um ihn später zu wiederholen.

## 1.2.2
### Kontrollierter Buszugriff: Master-Slave, Token-Passing

Beim Master-Slave-Verfahren stellt eine zentrale, aktive Bussteuereinheit (Master) die Verbindung zu jeweils einem der am Bus befindlichen passiven Teilnehmer (Slave) her. Dieser aufgerufene Slave antwortet unmittelbar auf den Datenaufruf des Masters und legt hierzu seine Slaveantwort auf den Bus. In der Regel stellt der Master die Verbindung zu den einzelnen Slaves zeitlich nacheinander und in zyklischer Reihenfolge her: Polling-Verfahren. Somit aktualisiert der Master z.B. sein Abbild des zu steuernden Prozesses in Form von abgetasteten Meß- und Stellsignalen laufend.

Das Master-Slave-Prinzip (Polling) garantiert eine bestimmte Abtastzeit für die einzelnen Teilnehmer und ist durch diesen determinierten Buszugriff zugleich echtzeitfähig. Darüber hinaus ist die Busanschaltung der Slaves relativ einfach und kostengünstig realisierbar, weil die benötigte Bussteuerung überwiegend im Master konzentriert ist. Dies hat allerdings zur Folge, daß bei höheren Zuverlässigkeitsanforderungen entsprechende Sicherungsmaßnahmen erforderlich sind, z.B. doppelte Anordnungen (Redundanzen). Der Master seinerseits sollte die Slaves hinsichtlich korrekter Funktion überwachen, defekte Slaves aus seiner Polliste entfernen und solange nicht mehr abfragen, bis sie wieder funktionsfähig sind.

Beim Buszugriff nach dem Token-Passing-Verfahren sind alle Busteilnehmer völlig gleichberechtigt (kein zentraler Master), so daß jeder die Kommunikationssteuerung übernehmen kann, sofern er über ein spezielles Zeichen (Token) verfügt, das nur einmal im System vorhanden ist. Nach Abschluß seiner Datenübertragung reicht der Teilnehmer das Token an den nächsten Teilnehmer weiter, der somit das Senderecht erhält (Prinzip Staffelstab). Dabei wird die Zeit des Token-Besitzes begrenzt, so daß auch dieses Verfahren echtzeitfähig ist. Der Ausfall eines Teilnehmers führt hier in der

Regel nicht zum Systemausfall, aber es sind Vorkehrungen in der Steuerung zu treffen, so daß sowohl Tokenverlust als auch Mehrfach-Token automatisch überwacht und kompensiert werden.

## 1.3
## Datensicherung/Fehlererkennung

Digitale Informationsübertragungen können durch Störungen verschiedener Art verfälscht werden (vgl. Abschn. A 3.5), z.B. durch induktive oder kapazitive Einstreuungen, Potentialdifferenzen zwischen Sende- und Empfangsort, Drift von Triggerschwellen u.ä. Derartige Störungen können zur Invertierung von einzelnen Bits führen und somit die zu übertragende Information verändern. Diese Störeinflüsse lassen sich von zwei Seiten bekämpfen:

- Fernhalten von Störeinflüssen, z.B. durch abgeschirmte Kabel bzw. Lichtwellenleiter, potentialfreie Übertragung, worst-case-Dimensionierung von Bauelementen u.ä.,
- Überwachung der übertragenen Telegramme zwecks Fehlererkennung und ggf. automatische Einleitung von Gegenmaßnahmen (z.B. Wiederholung) bzw. Fehlermeldung.

Für die Überwachung, Fehlererkennung und Fehlerbehandlung sind folgende Kenngrößen maßgebend:
Die *Bitfehlerrate p* definiert ein Maß für die Störempfindlichkeit des Übertragungskanals:

$$p = \frac{\text{Anzahl der gesendeten Bits}}{\text{Gesamtzahl der gesendeten Bits}}.$$

Für industrielle Bussysteme sollte die Bitfehlerrate möglichst unter $p = 10^{-3}$ liegen.
Die *Restfehlerrate R* beschreibt den Anteil der unerkannten Fehler, die nach Anwendung einer Fehlererkennungstechnik noch verbleiben:

$$R = \frac{\text{Anzahl der unerkannt fehlerhaften Bits}}{\text{Gesamtzahl der gesendeten Bits}}.$$

Die Restfehlerrate ist ein Maß für die Datenintegrität (Unversehrtheit der Daten). Je nach Integritätsklasse sollte bei einer Bitfehlerrate von $10^{-3}$ die zulässige Restfehlerrate kleiner als $10^{-4}$, $10^{-6}$ bzw. $10^{-12}$ sein, wobei industrielle Bussysteme eine hohe Integritätsklasse (kleine Restfehlerrate) aufweisen sollen.

Die *Hamming-Distanz d* bzw. HD ist ein Maß für die Störfestigkeit eines Codes. Ist $e$ die kleinste Anzahl der sicher erkennbaren Fehler, so gilt $d = e+1$. Ist z.B. ein einziger Fehler sicher erkennbar ($e = 1$), so beträgt die Hamming-Distanz $d = 2$ (Beispiel: Codesicherung durch Paritätsbit).

Bei industriellen Bussystemen wird eine Hamming-Distanz von $d = 4$ bzw. 6 gefordert, vgl. Abschn. 3.2.6.

Bei schnellen Bussystemen mit kurzen Telegrammen (typisch Sensor-Aktuator-Busse) wird die Störfestigkeit weitgehend über Sinnfälligkeitsprüfungen der codierten Signale erreicht; diese werden jedoch in der Hamming-Distanz nicht erfaßt, so daß die Hamming-Distanz hier ihre Relevanz verliert, z.B. beim ASI-System [1.2], vgl. Abschn. 3.2.4.

Wichtige Strategien der *Fehlererkennung* sind Paritätsprüfung und CRC-Test. Die hiernach bei der Übertragung in einem Bussystem erkannten Fehler werden korrigiert, z.B. automatisch durch Wiederholung der Übertragung oder durch Fehlermeldung mit Eingriff durch den Menschen. Dabei verbleiben unerkannte Restfehler, deren Umfang von der verwendeten Erkennungsstrategie abhängt und durch die Restfehlerrate beschrieben wird.

Bei der *Paritätsprüfung* (Parity Check) wird von dem zu prüfenden Telegrammteil die Quersumme gebildet und festgestellt, ob diese gerade oder ungerade ist. Wurde für Sender und Empfänger am Bus z.B. eine gerade Quersumme festgelegt, so wird der Telegrammteil durch das Paritätsbit entsprechend mit 0 oder 1 ergänzt, so daß die Quersumme aus Telegramm plus Parität gerade wird:

11010011+$P$=1,
Quersumme = 6, Parität gerade.

Wird in diesem Telegramm genau ein Bit verfälscht, so wird die Quersumme 5 oder 7, ist somit nicht mehr gerade, und der Fehler wird erkannt. Ein Doppelfehler verändert die Quersumme wieder in eine gerade Zahl, und daher bleibt er folglich mit dieser Paritätsstrategie unerkannt. Ein Dreifachfehler wiederum wird erkannt usw. Als Hamming-Distanz ergibt sich also für die Paritätsprüfung:

wegen $e=1$ somit $d=2$.

Eine Lokalisierung des Fehlerbits innerhalb des Telegramms wird dadurch möglich, daß zusätzlich zur oben beschriebenen *Längsparität* auch noch die *Querparität* für mehrere nacheinander gesendete Telegramme im Sinne der Zeilen und Spalten einer Matrix überprüft wird.

Der *CRC-Test* (Cyclic Redundancy Check) faßt das zu prüfende Telegramm als Binär-Zahl $B$ auf, die auf der Sendeseite durch eine andere feste Zahl (sog. Generatorpolynom $G$) dividiert wird:

$$\frac{B}{G} = Q + \frac{R}{G} \quad \text{bzw.} \quad B = Q \cdot G + R.$$

Der ganze Quotient $Q$ wird verworfen, aber der verbleibende Rest $R$ wird an das Telegramm angefügt und der gesamte Codevektor $B+R$ auf dem Bus übertragen. Der Empfänger subtrahiert zunächst den doppelten Rest: $(B+R) - 2R = B - R = Q \cdot G$. Eine Division dieses Terms auf der Empfängerseite $(B-R)/G = Q$ muß bei korrekter Übertragung ohne Rest ($R = 0$) aufgehen. Der CRC-Test erlaubt je nach Telegrammlänge und gewähltem Generatorpolynom, eine Hamming-Distanz von $d = 4$ bzw. $d = 6$ zu erzielen. Für die Abwicklung der beschriebenen Testoperation existieren spezielle Schaltkreise. Da die anzuhängenden CRC-Prüfzeichen (Rest $R$) das Telegramm z.B. um 8 Bit (1 Byte) verlängern, lohnt sich die CRC-Strategie nur bei relativ langen Bustelegrammen mit einer größeren Anzahl Bytes (z.B. geeignet bei universellen Feldbussen wie PROFIBUS nach Abschn. 3.2.1, dagegen ungeeignet für Sensor-Aktuator-Busse, vgl. Abschn. 3.2.4).

## 1.4. Elektrische Schnittstellen als Übertragungsstandards

Die überwiegende Anzahl der Übertragungssysteme wird mit Leitungen aus Kupfer realisiert, daneben werden Varianten mit Lichtwellenleitern benutzt. Für die elektrischen Schnittstellen der Teilnehmer zur Leitung existieren internationale Standards (RS 232, RS 422, RS 485, 20 mA-Stromschleife, Centronics), für die zugleich entsprechende Schaltkreise am Markt verfügbar sind. Daneben gibt es auch firmenspezifische Schnittstellen, teilweise ebenfalls als Schaltkreise realisiert, vgl. Abschn. 3.2.4.

Die US-amerikanische Schnittstelle RS 232C (Recommanded Standard) ist ausschließlich für Punkt-zu-Punkt-Verbindungen geeignet (vgl. Bild 1.1) und ist weltweit verbreitet zum Anschluß von Endgeräten (Mouse) und Übertragungseinrichtungen (Modem) im Umfeld von Personalcomputern/Industrie-PC, SPS u.ä. Die RS 232C stimmt weitgehend mit der internationalen Norm (CCITT V24; EIA 232) und der deutschen Norm (DIN 66 020) überein. Für diese erdunsymmetrische Schnittstelle sind als Logikpegel definiert:

Logisch 0: $+3V < U < +15V$
Logisch 1: $-15V < U < -3V$ .

Die realisierbare Leitungslänge hängt von der gewählten Übertragungsrate ab, wobei folgende Richtwerte gelten:

| Übertragungsrate | Leitungslänge |
|---|---|
| 1,2 kBaud (kbit/s) | 900 m |
| 19,2 kBaud (kbit/s) | 50 m . |

Zur Erhöhung der Datensicherheit bei der Übertragung kann ein Quittungsbetrieb (Handshake) gewählt werden, wofür die entsprechenden Melde- und Steuerleitungen neben Sende- und Empfangsleitungen existieren (insgesamt 7 Leitungen).

Ebenfalls für Punkt-zu-Punkt-Verbindungen ist die Schnittstelle RS 422 standardisiert, aber erdsymmetrisch, so daß die logischen Zustände durch eine Differenzspannung zwischen den Leitungen dargestellt werden (entsprechende Normen: CCITT V11; EIA 422; DIN 66 259). Die elektrischen Spezifikationen sowie Leitungslängen und Übertragungsraten stimmen mit nachfolgend beschriebener RS 485 überein.

Die RS 485-Schnittstelle ist im Unterschied zur RS 422 für Mehrpunktverbindungen geeignet, somit direkt für das Busprinzip nutzbar und folglich in den meisten industriellen Bussystemen angewendet (entsprechende Normen: EIA 485; ISO 8482). Ein Sender kann also in der Regel durch die Parallelschaltung von bis zu 32 Teilnehmern sowie ggf. den Abschlußwiderstand belastet werden, so daß für Sender und Empfänger unterschiedliche Pegel des erdsymmetrischen Signals festgelegt sind:

*Sender*
Logisch 0: $+1{,}5\text{V} \leq U \leq +5\text{V}$
Logisch 1: $-5\text{V} \leq U \leq -1{,}5\text{V}$

*Empfänger*
Logisch 0: $U > +0{,}2\text{V} (+0{,}3\text{V})$
Logisch 1: $U < -0{,}2 \text{ V} (-0{,}3\text{V})$.

Die Leitungslänge in Abhängigkeit von der Übertragungsrate ist in Bild 1.3 vergleichend dargestellt. Beispiele für Busanschaltungen sind im Abschn. 3.2.1 und 3.2.3. angegeben (Bild 3.3 und 3.7).

In der Meß- und Automatisierungstechnik wird wegen der generell hohen Störsicherheit von Stromsignalen (z.B. analoges 0(4)…20 mA-Signal) auch gern die digitale 20 mA-Stromschleife benutzt, um Punkt-zu-Punkt-Verbindungen zu realisieren, z.B. Parameterübergaben an back-up-Regler. Folgende Pegel sind definiert:

Logisch 0: $0\text{mA} \leq I \leq 3\text{mA}$
Logisch 1: $14\text{mA} \leq I \leq 20\text{mA}$.

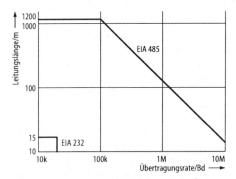

**Bild 1.3.** Leitungslänge in Abhängigkeit von der Übertragungsrate für die Norm-Schnittstellen EIA 232 (Punkt-zu-Punkt) und EIA 485 (Mehrpunkt/Bus)

Als Leitungslängen werden maximal 1000 m empfohlen, wobei die Übertragungsrate maximal 9,6 kbit/s beträgt.

*Leitungsarten:* Für die meisten Feldbusse mit RS 485-Schnittstelle verwendet man abgeschirmte, verdrillte Kupferleitungspaare (shielded twisted pair), bei kürzeren Entfernungen auch ungeschirmte, verdrillte Kupferleitungspaare (unshielded twisted pair) bzw. auch ungeschirmte, unverdrillte Leitungen. Hierbei liegen die Übertragungsraten in der Größenordnung von 100 kbit/s (stets kleiner als 1 Mbit/s).

Bei höheren Anforderungen an die Störsicherheit in Verbindung mit höheren Übertragungsraten (1…10 Mbit/s) werden Koaxialkabel bevorzugt (Buszugriff über Token bzw. CSMA/CD).

Die parallele „Centronics"-Schnittstelle wird meistens an Personalcomputern zum Anschluß von Druckern verwendet. Bereits in den 70er Jahren hat Centronics als Druckerhersteller einen definierten Schnittstellenstandard hierfür etabliert.

Diese Schnittstelle benutzt zur Datenübertragung 18 parallele Leitungen, welche sich in 8 Daten- und zusätzliche Steuerleitungen sowie die Masse aufteilen. Ein Teil dieser Steuerleitungen wird für Handshake-Funktionen, vgl. Abschn. 3.2.2, benutzt, weitere tragen Informationen, z.B. über den Papiervorrat am Drucker, die Funktionsbereitschaft des Druckers sowie dessen Steuerung. Eine Realisierung dieser Centronics-Schnittstelle ist z.B. mit Hilfe des Portbaustein-Schaltkreises 8255 möglich.

Zur Erhöhung der Störsicherheit sind die 18 Signalleitungen jeweils paarweise mit einer Masseleitung verdrillt. Standardisiert für den elektromechanischen Anschluß ist daher ein 36poliger Stecker.

### Literatur

1.1 Schnell G (Hrsg) (1996) Bussysteme in der Automatisierungstechnik. 2. Aufl. Vieweg, Braunschweig Wiesbaden

1.2 Kriesel W, Madelung OW (Hrsg) (1994) ASI – Das Aktuator-Sensor-Interface für die Automation. Hanser, München Wien

# 2 Parallele Busse

W. Kriesel, D. Telschow

## 2.1 IEC-Bus

Dieses Bussystem gestattet die problemlose Integration von Meß- und Prüfgeräten in ein automatisches Meß- und Prüfsystem unter Kontrolle (Steuerung) eines Rechners, insbesondere eines PC [2.1].

Mit der Verabschiedung der Publikation 625-1, „Standard Interface System for programable measuring equipment" durch die Internationale Elektrotechnische Kommission (IEC) steht damit eine genormte Schnittstelle zur Verfügung, basierend auf einem bereits 1965 von der Firma Hewlett-Packard entwickelten Interface-Bussystem.

Im Laufe der Zeit haben sich für Implementierungen dieser Norm unterschiedliche, firmeneigene Namen, wie IEEE-Bus, GPIB, HP-IB, eingebürgert.

Für die Zusammenschaltung zu einem arbeitsfähigen System müssen drei grundlegende Funktionselemente vorhanden sein:

- ein Sprecher (Talker), z.B. Voltmeter, Zähler,
- ein Hörer (Listener), z.B. programmierbarer Signalgenerator und
- eine Steuereinheit (Controller), z.B. Personalcomputer.

Diese drei Grundfunktionen können in einem Gerät implementiert sein, zur Übertragung von Daten ist aber mindestens ein zweites erforderlich, das senden oder empfangen kann. Die einzelnen Geräte müssen aber nicht jeweils mit allen Funktionen ausgerüstet sein, z.B. nur mit Hören oder Sprechen.

Der IEC-Bus besteht aus 16 Leitungen: 8 dienen der Übertragung von Daten (Daten-Bus), 3 sind zur Steuerung des Datentransfers (Handshake-Bus) und 5 sind für Kontrollzwecke (Management-Bus) vorhanden. Die bitparallele, byteserielle Übertragung der Daten auf den Datenleitungen erfolgt gewöhnlich unter Nutzung des 7-Bit-ASCII-Codes (American Standard Code for Information Interchange) mit Hilfe eines 3-Leiter-Handshake-Verfahrens. Damit ist eine asynchrone Kommunikation über einen großen Bereich von Übertragungsraten möglich.

Bild 2.1 zeigt schematisch ein IEC-Bussytem mit 4 Geräten.

Die 8 Datenleitungen werden mit DIO 0 ... DIO 7 gekennzeichnet, wobei das niederwertigste Bit der Datenleitung DIO 0 zuge-

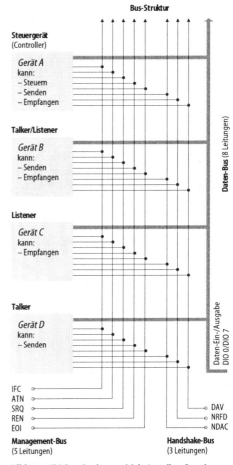

**Bild 2.1.** IEC-Bus-Struktur und Schnittstellen-Grundfunktionen

ordnet ist. Jedes auf dem Daten-Bus übermittelte Nachrichtenbyte wird durch die Schnittstellen-Signalleitungen (Handshake-Bus)

- DAV (Data Valid)
  Daten gültig,
- NRFD (Not Ready For Data)
  nicht bereit für Datenübernahme,
- NDAC (No Data Accepted)
  keine Daten empfangen

mit Hilfe des Handshake-Prozesses übertragen, da IEC-Geräte unterschiedliche Datenübernahme- und -verarbeitungszeiten aufweisen können. Dabei bestimmt das langsamste Gerät die Geschwindigkeit der Datenübertragung. Durch dieses Verfahren wird also sichergestellt, daß schnelle Geräte sowohl mit schnellen als auch mit langsamen kommunizieren können. Am Datenaustausch können nur Geräte teilnehmen, die vorher durch eine entsprechende Adressierung dazu ermächtigt wurden. Damit können zwei schnelle Geräte auch Daten untereinander austauschen, ohne von einem langsamen dritten gebremst zu werden, indem das langsame Gerät aus der Adressierung herausgenommen wird.

Die Signale des Management-Busses dienen zur Kontrolle des Informationsflusses auf dem Daten-Bus und haben folgende Aufgaben:

- ATN (Attention)
  Daten sind Schnittstellen- oder Gerätenachrichten,
- IFC (Interface Clear)
  Zurücksetzen in Grundeinstellung,
- REN (Remote Enable)
  Einstellung der angeschlossenen Geräte für Fernsteuerbetrieb,
- EOI (End or Identity)
  Ende einer Datenübertragung oder Indentifizierung von Geräten,
- SRQ (Service Request)
  Gerät fordert Bedienung durch das Steuergerät und Unterbrechung der laufenden Ereignisse.

Bei der Nachrichtenübertragung unterscheidet man grundsätzlich zwischen zwei Arten von Nachrichten:

- Schnittstellennachrichten, Kommandos oder Befehle, welche zur Steuerung und Einstellung der angeschlossenen Geräte dienen, und
- Gerätenachrichten oder Daten, welche vom Schnittstellensystem nicht verarbeitet werden, wie z.B. Meßwerte, Ergebnisse und Statusinformationen.

In einem IEC-Bus-System beträgt die maximale Gesamtlänge der Bus-Kabel 20 m und zwischen den Geräten 2 m. Hierbei kann eine Übertragungsrate von bis zu 500 kbyte/s (4 Mbit/s) bzw. bei eingeschränkter Kabellänge max. 1 Mbyte/s (8 Mbit/s) erreicht werden. Es können bis zu 15 Geräte angeschlossen sein. Sollten diese Kabellängen nicht ausreichen, stehen zusätzlich *Extender* für Entfernungen bis zu 1000 m zur Verfügung.

## 2.2
## VMEbus

Der VMEbus (Versa Module Europe) benutzt als Basis den 16/32-bit-VERSAbus, der von Motorola bereits 1979 entwickelt wurde.

Beide Bussysteme unterstützen speziell die Busstrukturen des Mikroprozessors MC 68000 und sind damit optimale Bussysteme für viele Mikroprozessor-Anwendungen. Der bevorzugte Einsatz dieses parallelen Bussystems erfolgt als Rückwandbus für Funktionseinheiten (Kassetten), insbesondere zur Meßwerterfassung und -verarbeitung.

Durch folgende Leistungsmerkmale zeichnet sich der VMEbus aus:

- Unterstützung von Mikroprozessor-Architekturen bis zu 32-bit Wortbreite,
- Unterstützung von Mikroprozessor-Systemen,
- Datendurchsatz bis zu 20 Mbyte/s (160 Mbit/s) bzw. 40 Mbyte/s (320 Mbit/s) bei Blocktransfer BLT nach Revision C und bis zu 160 Mbyte (1280 Mbit/s) nach Revision D),
- vollständig asynchrones, multiplexfreies Busprotokoll, d.h. getrennte Adreß- und Datenleitungen,
- prioritätsgesteuerte Busbelegung über Prioritätsebenen und zusätzlichen Daisy-Chain,

- Unterstützung von zentraler oder verteilter Interruptverarbeitung in 7 Prioritätsebenen und Daisy-Chain,
- serieller „Inter-Intelligence-Bus" zur Erhöhung der Systemsicherheit in Multiprozessorsystemen,
- zusätzliche Informationen über Adreßmodifier-Leitungen zur flexiblen Systemkonfigurierung,
- Unterstützung von Datenblock-Transfers und
- zusätzliche Meldeleitungen (Bus-, System-, Spannungsfehler).

Als 24-bit-Adreß- und 16-bit-Datenbus ist der VMEbus auf Einfach-Europakarten (100 mm × 160 mm) implementierbar, für den vollen 32 bit-Adreß- und Datenbereich wird eine Doppel-Europakarte (233 mm × 160 mm) benötigt. Alle VMEbus-Signale werden über einen bzw. zwei 96polige DIN-Stecker geführt.

Der VMEbus gliedert sich in fünf unabhängige Teilsysteme (Bild 2.2):

Der *Daten-Transfer-Bus* enthält alle Daten- und Adreßleitungen sowie die dazu notwendigen Steuerleitungen.

Hinsichtlich der Adreßverwaltung verfügt der VMEbus über ein äußerst leistungsfähiges und flexibles Konzept. Dazu dienen 6 Adreß-Modifier-Leitungen, die dem Zeitverhalten der Adreßleitungen folgen und zusätzliche Informationen über die anliegende Adresse liefern. Über insgesamt 64 verschiedene Adreßinformationen werden z.B. folgende Anwendungsfälle abgedeckt:

- Festlegung von 3 Adreßbereichen: Extended (32-bit-Bereich), Standard (24-bit-Bereich), Short (16-bit-Bereich),
- Privilegierter Speicherzugriff zur Erhöhung der Systemsicherheit: Supervisor- und Non-Privileged-Modus,
- Aufteilung des Speichers in Daten- und Programmbereich,
- Unterscheidung zwischen Zugriff auf Speicher oder Ein-/Ausgabe-Einheit,
- Festlegung von ganzen Datenübertragungszyklen.

Der *Arbitrations-Bus* dient zur Steuerung eines Multi-Master-Systems.

In einem Multiprozessor-System können mehrere Master (Multi-Master) auf den Daten-Transfer-Bus zugreifen. Die notwen-

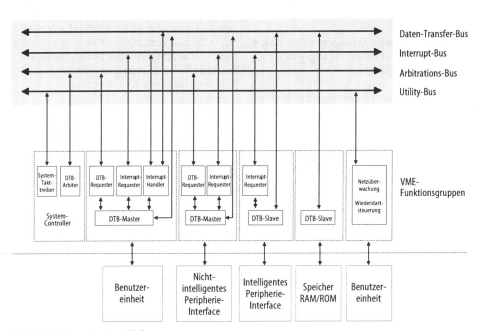

**Bild 2.2.** VMEbus mit seinen 5 Teilsystemen

dige Koordination wird hierfür von einem Arbiter vorgenommen. Jeder Master kann über sog. Bus-Request-Leitungen den Bus anfordern. Der Arbiter koordiniert den Buszugriff dann bzgl. der Priorität der Master. Zusätzlich wird mit Hilfe der Daisy-Chain-Technik eine weitere Prioritätsebene eingebaut, d.h. der dem Arbiter am nächsten befindliche Master hat die höchste Priorität. Jede der 4 Bus-Request-Leitungen hat eine eigene Daisy-Chain. Damit können beliebig viele Master auf dem VMEbus zusammenarbeiten (echter Multi-Master-Bus).

Der *Interruptbus* gestattet die Behandlung von Unterbrechungsanforderungen.

Der VMEbus erlaubt eine prioritätsgesteuerte Interruptverarbeitung über Interruptvektoren. Eine typische Verarbeitung läuft in 3 Phasen ab:

1. Interruptanforderung über 7 Interrupt-Request-Leitungen: Auch hier kommt die Daisy-Chain-Technik zur Anwendung, womit die Anzahl der Interruptanforderer nicht begrenzt wird.
2. Interrupterkennung: Dies geschieht über die Bus-Arbitrationslogik.
3. Abarbeitung der Interrupt-Service-Routine.

Der serielle *„Inter-Intelligence-Bus"* kann Zusatzinformationen unabhängig vom parallelen Bus übertragen.

Unter *Versorgungs- und Hilfsleitungen* werden alle restlichen Signale (Stromversorgung, Fehlererkennung, 3) zusammengefaßt.

Der VMEbus verfügt damit über spezielle unabhängige Signale für Synchronisation, Initialisierung, Systemtakt und Fehlerdiagnose. Diese stellen einen wesentlichen Beitrag zur Gesamtleistungsfähigkeit des Bussytems dar.

Es sind z.B.:

- Systemtakt, vom Prozessortakt unabhängiges 16 MHz Taktsignal ohne feste Phasenlage, z.B. für Zähl- und Synchronisationsfunktionen,
- System-Reset (SYS RESET),
- System-Test-Leitungen (SYS FAIL) zur Meldung eines Systemfehlers,
- AC FAIL zur Meldung eines Spannungseinbruchs im System.

Mit der Notwendigkeit der Erhöhung des Datendurchsatzes z.B. bei Bildverarbeitungseinheiten wurde der VMEbus in der Revision D auf 64-bit-Breite erweitert. Hinzu kamen 2 Block-Transfer-Zyklen MBLT (Multiplexed Block Transfer) und SSBLT (Source Synchronous Block Transfer).

Beim MBLT wird der 32-bit-Adreßbus als 64-bit-Erweiterung beim Blocktransfer für Daten genutzt, d.h. Adressen und Daten werden multiplex betrieben. Hiermit sind beim Blocktransfer sehr hohe Datenraten bis zu 80 Mbyte/s (640 Mbit/s) möglich.

Beim SSBLT wird der Blocktransfer quellensynchronisiert, d.h. es wird kein Handshake verwendet, sondern durch ein spezielles Signal kennzeichnet sich der Master oder Slave als Quelle der Daten. Damit sind extrem hohe Datenraten von bis zu 160 Mbyte/s (1280 Mbit/s) erreichbar.

**Literatur**

2.1 Piotrowski A (1987) IEC-Bus; Die Funktionsweise des IEC-Bus und seine Anwendung in Geräten und Systemen. Franzis, München

# 3 Serielle Busse

W. KRIESEL, D. TELSCHOW

## 3.1 Mehrebenenstrukturen der industriellen Kommunikation

Bei der Einteilung industrieller Kommunikationssysteme im Abschn. 1.1 wurde bereits darauf hingewiesen, daß diese Systeme sich in die Mehrebenenstruktur von Meß- und Automatisierungssystemen einfügen, vgl. hierzu Bild 1.1. Entsprechend unterscheiden sich die Anforderungen auf jeder dieser Ebenen hinsichtlich der zu übertragenden Datenmenge, der erforderlichen Antwortzeit bei der Abfrage für die einzelnen Steuerungsaufgaben jeder Ebene (Datenresponsezeit) sowie hinsichtlich der Abfragehäufigkeit für die Einhaltung der Echtzeitbedingungen einer Steuerung bzw. des Mensch-Maschine-Interface (Abtastzeit). Hierbei steigen die Anforderungen an die zu übertragende Datenmenge von der prozeßnahen Vor-Ort-Ebene in Richtung auf die Management-Ebene, während dagegen die Zeitforderungen abnehmen (Tabelle 3.1).

Der ursprüngliche Ansatz der Industrie, wonach für jede Ebene spezielle sowie firmenspezifische Lösungen bereitgestellt wurden, die ihrerseits nicht kompatibel waren, hat sich auf dem Markt als nicht zukunftssicher erwiesen. Vielmehr hat sich aus langjährigen Erfahrungen von Anwendung und Normung eine typische Struktur mit drei Hauptebenen herausgebildet, die relativ selbständig und somit auch getrennt funktionsfähig sind (Bild 3.1):

- Feldbereich: FAN (Field Area Network),
- Prozeßleit-/Zellbereich: LAN (Local Area Network),
- Betriebsleit-/Fabrikbereich: WAN (Wide Area Network), gewissermaßen als Rückgrat (Backbone) des Gesamtsystems.

Die Busse dieser Ebenen sind auch weitgehend genormt, wobei die *internationale Normung* eines Feldbusses mehrfach verschoben wurde und bisher nicht gelungen ist. Zwischen den Bussen bestehen im Einzelfall auch Kopplungsmöglichkeiten über spezielle Gateways.

Der Ebenenaufbau für Kommunikationssyteme nach Bild 3.1 darf nicht verwechselt werden mit dem ISO/OSI 7-Schichten-Referenzmodell, das seinerseits einen Rahmen für den Aufbau innerhalb eines jeden einzelnen Bussystems umfaßt [3.1, 3.2].

Nachfolgende Darstellungen beziehen sich ausschließlich auf die Feldbusebene, wie sie für den Bereich der prozeßnahen Meß-, Steuerungs- und Regelungstechnik kennzeichnend ist. Dieser Bereich ist hinsichtlich der Leistungseigenschaften sowie des erforderlichen Aufwandes nochmals in zwei bis drei Ebenen zu unterteilen, die je nach Anwendungsfall optional nutzbar sind, vgl. Bild 3.1.

**Tabelle 3.1.** Anforderungen an Kommunikationssysteme

| Kommunikations-ebene | Daten-menge | Daten-responsezeit | Abtast-zeit |
|---|---|---|---|
| Management | Mbyte | Stunden/Tag | Tag/Schicht |
| Prozeß-/Fertigungs-leitung | kbyte | Sekunden | Stunden/Tag |
| Prozeßführung | byte | 100 ms | Sekunden |
| Vor Ort: Steuerung/Regelung | bit | Milli-sekunden | Milli-sekunden |

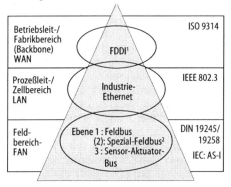

**Bild 3.1.** Typischer Ebenenaufbau der industriellen Kommunikation. [1] Fibre Distributed Data Interface, [2] mittlere Leistungsklasse

**Bild 3.2.** Spezifische Anforderungsbereiche für Feldbusse

## 3.2
## Feldbusse

Im Bild 3.2 sind Anforderungsklassen angegeben, wie sie spezifisch für Feldbusse sind. Innerhalb dieses Feldbereiches besteht wiederum eine Ebenenstruktur in Richtung auf den Sensor-Aktuator-Bereich, wobei auch diese leistungsgestuften Ebenen jeweils wahlweise für die einzelnen Anwendungsfälle eingesetzt werden. Typische Vertreter für diese Ebenen sind nachfolgend dargestellt.

### 3.2.1
### PROFIBUS

Innerhalb des Feldbereiches wird die leistungsfähigste und zugleich aufwendigste Ebene durch die PROFIBUS-Norm charakterisiert [3.3]. Nach dieser Norm sind zahlreiche Implementierungen durch unterschiedliche Hersteller erfolgt [3.4, 3.5], und diese Norm ist auch in eine Euronorm eingeflossen. Die DIN 19245 legt im Teil 1 die Übertragungsphysik und die Buszugriffsverfahren fest (entsprechend Schicht 1 und 2 des ISO/OSI-Referenzmodells), während Teil 2 das Anwenderprotokoll und die Anwenderschnittstelle fixiert (Schicht 7).

Im Bild 3.3 ist das Prinzip einer PROFIBUS-Anschaltung zur wahlweisen Kopplung von z.B. Speicherprogrammierbaren Steuerungen (SPS), Mikrorechnersystemen (MRS), Industrie-PC als Hostrechner sowie von Meßeinrichtungen (Sensoren) an die serielle Übertragung dargestellt. Hierbei wird für diesen Linienbus nach Bild 1.1 ein hybrides Zugriffsverfahren realisiert (Bild 3.4):

– Token-Passing-Prinzip (1) zwischen mehreren aktiven Teilnehmern, die als Master berechtigt sind, einen Busverkehr zu starten, z.B. SPS, PC (Multi-Mastersystem). Das Senderecht wird hierbei im Sinne eines logischen Ringes vom ersten Master M1 zum letzten Master M5 und von diesem wieder zum ersten Master M1 weitergegeben.
– Master-Slave-Prinzip (2) zwischen einem aktiven Teilnehmer (Master M) und den passiven Teilnehmern, die selbst keinen Busverkehr starten können, z.B. Sensoren (Slaves S).

Ein Vergleich mit Abschn. 1.2.2 macht deutlich, daß es sich in beiden Fällen um einen kontrollierten Buszugriff handelt, der die erforderliche Echtzeitfähigkeit herstellt.

Die als Schicht 7 definierte Anwenderschnittstelle des PROFIBUS mit der Bezeichnung FMS (Fieldbus Message Specification) umfaßt sowohl Anwenderdienste (wie z.B. Lesen oder Schreiben) als auch Verwaltungsdienste, vgl. hierzu Tabelle 3.2.

Das universelle Multi-Master-Konzept des PROFIBUS ist relativ aufwendig in seiner Steuerung, damit zugleich relativ langsam sowie in der Anwendung nicht ganz einfach. Daher wurde für schnelle und zyklische Datenübertragung eine einfachere Variante mit nur einem Master und folglich nur mit Master-Slave-Zugriff unter der Bezeichnung PROFIBUS-DP (Dezentrale Peripherie) als Teil 3 der DIN 19245 geschaffen, vgl. Tabelle 3.3. Im Teil 4 dieser Norm ist der PROFIBUS-PA für die Prozeßautomatisie-

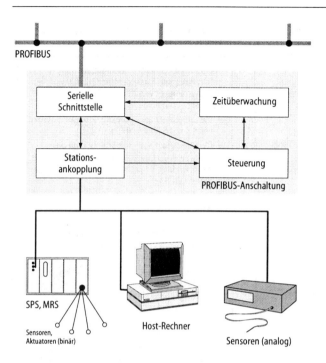

**Bild 3.3.** PROFIBUS-Anschaltungen verschiedener Meß- und Automatisierungsgeräte

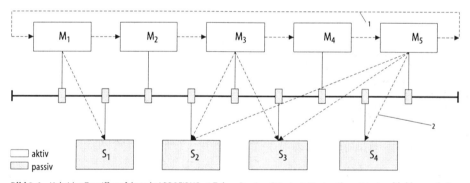

**Bild 3.4.** Hybrides Zugriffsverfahren bei PROFIBUS ; 1 Token-Passing-Prinzip, 2 Master-Slave-Prinzip  M MASTER, S SLAVE

rung in explosionsgefährdeten Bereichen spezifiziert. Diese Variante gestattet zugleich auch eine Hilfsenergieversorgung der Busteilnehmer über das Buskabel (vgl. Tabelle 3.3 sowie Abschn. 3.2.5).

Eine weitere Option für den PROFIBUS besteht im Einsatz von *Lichtwellenleitern* (LWL). Dabei können alle Implementierungen, die der PROFIBUS-Norm entsprechen, rückwirkungsfrei mit optischen Übertragungsstrecken oder Netzen gekoppelt werden. Die erweiterten Eigenschaften sind in Tabelle 3.4 zusammengefaßt. Der LWL-Einsatz wird vorwiegend über aktive Kopplung nach dem Punkt-zu-Punkt-Prinzip realisiert, d.h. die Linienstruktur mit passiver Buskopplung gemäß Bild 3.4 muß hierbei verlassen werden, vgl. auch Bild 1.1.

### 3.2.2
### INTERBUS-S

Dem INTERBUS-S liegt gleichermaßen eine DIN-Norm zugrunde [3.6], aber dieses System unterscheidet sich strukturell grundle-

**Tabelle 3.2.** Übersicht zu Diensten der Anwenderschnittstelle FMS des PROFIBUS

**Anwenderdienste:**
- *Variable Access*
  Lesen und Schreiben von im Objektverzeichnis definierten Variablen eines Feldgerätes
- *Program Invocation*
  Zusammenstellung von Domains zu einem Programm und Steuerung des Programmablaufs
- *Domain Management*
  Laden logisch zusammenhängender Speicherbereiche (Domains)
- *Event Management*
  Dienste zur anwendergesteuerten Alarmbearbeitung

**Verwaltungsdienste:**
- *VFD Support*
  Dienste für Informationen über das Gerät
- *Objektverzeichnis Management*
  Lesen und Schreiben des Objektverzeichnisses
- *Context Management*
  Verbindungsaufbau, -abbau, -abbruch

**Tabelle 3.4.** Optische Übertragungstechnik für den PROFIBUS

Durch Einsatz optischer Übertragungstechnik auf der Basis von Lichtwellenleitern (LWL) wird die Leistungsfähigkeit von PROFIBUS beträchtlich erweitert:
- Die Datenübertragung umfaßt Geschwindigkeiten von 9,6 kbit/s bis 1,5 Mbit/s.
- Die Länge einer optischen Strecke kann unabhängig von der Übertragungsgeschwindigkeit bis zu 1,7 km bzw. 3,1 km betragen (je nach verwendetem LWL-Typ).
- Durch Kaskadieren optischer Strecken lassen sich Netze nahezu beliebiger Ausdehnung einfach realisieren.
- Das optische Netz ist unempfindlich gegenüber elektro-magnetischen Störungen, d.h.:
  - kein Übersprechen zwischen LWL
  - keine Störeinkopplung aus elektrischen Leitungen
  - keine Störbeeinflussung beim Schalten großer elektrischer Leistungen.
- Blitzschutzmaßnahmen auf der Übertragungsstrecke sind nicht erforderlich.
- Erdungsprobleme existieren nicht: keine Ausgleichsströme, Potentialtrennung der Teilnehmer.

**Tabelle 3.3.** Eigenschaften des PROFIBUS-DP und des PROFIBUS-PA

- Schnelle, zyklische Kommunikation mit Feldgeräten für Anwendungen mit sehr kurzen Systemreaktionszeiten
- Direkt aufsetzend auf die PROFIBUS-Norm DIN 19245 Teil 1 (Physikalische Schicht 1)
- Erhöhung der Datenübertragungsrate auf 1,5 Mbit/s (12 Mbit/s)
- Vereinfachter Zugang zur FDL-Schicht (Schicht 2) über Direct-Data-Link-Mapper (DDLM)
- Zugeschnitten für die Prozeßautomatisierung mit großer Leitungslänge (2km) bei reduzierter Datenrate
- Explosionsschutz durch Eigensicherheit ohne Reduzierung der Leitungslänge
- Signalübertragung und Fernspeisung der Teilnehmer über eine verdrillte Zweidrahtleitung (geschirmt/ungeschirmt)
- Linien- und Baumstruktur möglich

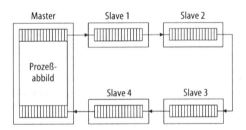

**Bild 3.5.** Strukturprinzip des INTERBUS-S-Systems

gend vom PROFIBUS, indem hier eine Ringstruktur mit aktiver Punkt-zu-Punkt-Übertragung benutzt wird, vgl. Bild 1.1.

Aus Bild 3.5 geht hervor, daß an einen zentralen Master die $n$ Slaves (Teilnehmer-Geräte) angeschlossen sind. Die Funktion basiert auf einem räumlich verteilten, rückgekoppelten Schieberegister, wobei der Master während eines Zyklus ein entsprechend langes Telegramm mit allen Ausgangsdaten durch alle Slaves (Teilnehmer) schiebt und dann stoppt. Die Slaves lesen diese Ausgangsdaten aus ihrem Schieberegister, und sie haben zuvor bereits ihre Eingangsdaten in das eigene Schieberegister geschrieben. Damit schiebt der Master diese Eingangsdaten in seinen eigenen Speicherbereich und erhält somit ein aktuelles Prozeßabbild schon im selben Zyklus [3.7].

Ein solches System arbeitet also mit einem quasiparallelen Zugriff und ist somit prinzipbedingt schneller als Systeme nach dem seriell ablaufenden Polling-Verfahren. Durch die Ringstruktur in Verbindung mit dem Summenprotokoll aller Ausgangs- bzw. Eingangsdaten entfällt ein spezielles Adressierungsverfahren, vielmehr bestimmt nur der Einbauort im Ring indirekt die Adresse, so daß die Slaves relativ einfach ohne Einstellung einer Teilnehmeradresse zu installieren sind.

Die elektrische aktive Kopplung der Teilnehmer gestattet innerhalb dieser, auch alternative Signalwege zu schalten und somit aufgetretene Fehler zu umgehen (Fehlerisolierung, Selbstheilung als Formen von Fehlertoleranz).

### 3.2.3 CAN

CAN (Controller Area Network) wurde von den Firmen Bosch und Intel für eine störsichere Vernetzung im Kraftfahrzeug unter Verwendung einer Linienstruktur entwickelt. Aufgrund der hohen Übertragungsraten bei hoher Störsicherheit finden CAN-Netze inzwischen auch in industriellen Bereichen der unteren Feldebene ihre Anwendung [3.8, 3.9].

Die meisten Bussysteme verwenden bei der Adressierung in der Regel durch Hard- oder Softwaremaßnahmen veränderbare Adressen der Busteilnehmer. Im Gegensatz dazu benutzt CAN eine objektorientierte Adressierung, d.h. Nachrichtentelegramme mit den Daten wie Meßwerte, Stellwerte, Zustandsinformationen usw. erhalten einen Namen (Identifier), vgl. Bild 3.6.

Als Zugriffsverfahren verwendet CAN ein modifiziertes CSMA-Verfahren, wie es aus Abschn. 1.2.1 bekannt ist. Dabei ist jede Station gleichberechtigt, d.h. wenn der Bus nicht durch ein gerade laufendes Telegramm belegt ist, darf jeder Teilnehmer auf ihn spontan zugreifen. CAN gestattet hierbei durch eine prioritätengesteuerte Arbitration, im Kollisionsfall ohne Zeitverlust eines der beteiligten Telegramme zu übertragen (CSMA/CA). Voraussetzung dazu ist das Dominant-Rezessiv-Verhalten des verwendeten Übertragungssytems, welches beim Senden zweier unterschiedlicher logischer Pegel durch mehrere Sender einen Zustand – den dominanten – durchsetzt (dominant ist der Bitzustand „0" mit dem Low-Pegel). Als Beispiel sendet Teilnehmer 1 das Telegramm „1010 ..." und Teilnehmer 2 „1011...". Hierbei erkennt Teilnehmer 2 bereits nach dem 4. Bit „0" vom Teilnehmer 1, daß sein 4. Bit „1" bereits dominant „0" überschrieben wurde und bricht damit seine weitere Übertragung ab. Der Teilnehmer 1 hat damit das Senderecht auf dem Bus und sendet ohne Zeitverlust weiter. Dieses von Teilnehmer 1 ausgesendete Telegramm wird von allen Busteilnehmern empfangen, worauf sie den darin enthaltenen Identifier mit einer Liste von Nachrichtenobjekten, welche als zum Empfang gekennzeichnet sind, vergleichen. Nur bei den Teilnehmern, wo der Identifier aus der Liste der Nachrichtenobjekte mit dem empfangenen Telegramm übereinstimmt, wird die Information aus dem Datenfeld des Telegramms ausgewertet. Damit gestattet das Verfahren effektiv Multicast- und Broadcast-Verbindungen.

CAN integriert ein hochentwickeltes Verfahren zur Fehlererkennung, das aus zwei Stufen besteht:

– Jedes Datentelegramm muß noch zum Zeitpunkt des Aussendens durch mindestens eine empfangende Station (Teilneh-

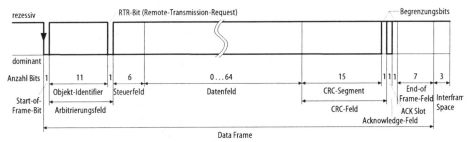

**Bild 3.6.** Telegrammaufbau CAN

mer) bestätigt werden. Dazu enthält der Datenrahmen ein Quittungsbit. Hierdurch kann aber nicht garantiert werden, daß alle Teilnehmer die Nachricht korrekt empfangen haben (Bestätigung durch einen Empfänger ausreichend).
- Die Überprüfung der übermittelten Telegramme auf Fehlerfreiheit erfolgt durch Auswertung einer 15 Bit breiten CRC-Summe, womit eine Hamming-Distanz $d = 6$ ermöglicht wird (vgl. Abschn. 1.3).

Bei der Übertragungstechnik auf der Busleitung schreibt CAN außer diesem dominant-rezessiven Verhalten keine spezielle Realisierung vor und überläßt diese dem Nutzer. Orientiert wird bei der Buskopplung aber auf eine modifizierte RS485-Schnittstelle, vgl. Bild 3.7.

Zum Aufbau eines CAN-Teilnehmers existiert ein Controller-Chip 82526 von Intel. Dieser kann wie übliche Peripheriebausteine an Microcontroller angeschaltet werden. Als Schnittstelle zum Anwender enthält er einen Dualport-RAM. Weiterhin bietet Philips den Chip 82C20000 sowie den 87C592 an, einen zur 8051-Microcontroller-Familie kompatiblen Prozessor mit integriertem 82C200. Auch NEC, Siemens, Motorola, Bosch u.a. verfügen über weitere Bausteine.

Durch CAN wird entsprechend dem ISO/OSI-Referenzmodell im wesentlichen nur die Schicht 2 spezifiziert, für die Schicht 7 existieren vereinzelt firmenspezifizierte Definitionen. Für eine internationale Normung im Kfz-Bereich wurde CAN bei der ISO vorgeschlagen. Darüber hinaus wurde CAN in serienmäßig hergestellte, kleine Prozeßleitsysteme einbezogen (Hartmann & Braun).

### 3.2.4
### AS-Interface

AS-Interface (Aktuator-Sensor-Interface) stellt ein serielles Übertragungssystem der untersten Feldebene in der Automatisierungshierarchie gemäß Bild 3.1 dar. AS-Interface gestattet, binäre Sensoren und Aktuatoren über ein sog. Sensor/Aktuator-Bussystem mit Steuerungen zu verbinden. Damit kann die konventionelle, sternförmige Verkabelung von Sensoren und Aktuatoren kostengünstiger (geringerer Kabelaufwand, Installationskosten) ersetzt werden, vgl. Bild 3.8a. Beim AS-Interface besteht die Möglichkeit, entweder konventionelle Sensoren und Aktuatoren extern anzuschließen, oder in diese den ASI-Busanschluß direkt zu integrieren, vgl. Bild 3.8b [3.10].

Aufgrund des niedrigen Preisniveaus binärer Sensoren und Aktuatoren ist AS-Interface für diesen Einsatzbereich speziell entworfen und optimiert worden.

Konkret für AS-Interface als komplette Systemlösung bedeutet dies vor allem:

- einfache Projektierung und Installation,
- einfache Inbetriebnahme und Wartung,
- Übertragung von Informationen (Daten) und Hilfsenergie für alle Sensoren und die meisten Aktuatoren über ungeschirmte Zweileiterkabel,
- keine Einschränkung bzgl. Netztopologien (Linie, Baum),
- Busanschluß klein, kompakt, preisgünstig durch integrierte Schaltungen (ASIC), d.h. keine Verwendung bekannter Übertragungsstandards wie RS 485.

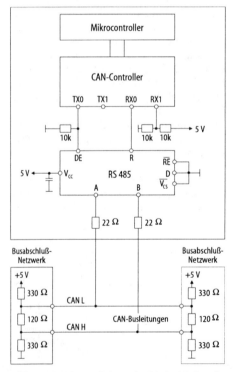

**Bild 3.7.** CAN-Busanschaltung über RS 485-Schnittstelle

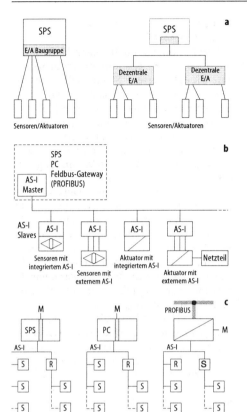

**Bild 3.8.** Kommunikation im Sensor-Aktuator-Bereich; **a** konventionelle Lösung, **b** AS-Interface, **c** Struktur des A-S-I-Systems, M Master, S Slave, R Repeater

Die Hauptkomponenten sind der Slave-Chip (Firma AMS) als Koppelelement zwischen Sensoren/Aktuatoren und dem Bus ohne weiteren Prozessor und daher ohne Software, ein Master (Chips von AMS) als Koppelelement zwischen dem Bus und einem Host (SPS, Industrie-PC), der selbständig den Datenverkehr abwickelt, und eine modular aufgebaute Elektromechanik

mit vereinfachter, neuartiger Verbindungstechnik (Durchdringungs- bzw. Schneid-Klemm-Technik) zum Anschluß der Komponenten und zum Aufbau des Netzes.

Als Buszugriffsverfahren wurde durch die Forderung nach definierten, sehr kurzen Reaktionszeiten (kleiner 5 ms) ein Master-Slave-Verfahren mit zyklischem Polling verwendet (vgl. Abschn. 1.2.2), d.h. der Master sendet ein Telegramm an eine bestimmte Slaveadresse und dieser antwortet sofort hierauf, bevor der Master die anderen Slaves der Reihe nach zyklisch anspricht. Eine Nachricht besteht nach Bild 3.9 aus einem Masteraufruf, der Masterpause, der Slaveantwort sowie einer Slavepause.

Im Fall einer kurzzeitigen Störung auf dem Bus kann der Master einzelne Telegramme, auf die er keine gültige Antwort empfangen hat, sofort wiederholen. Damit ist bei einer Bruttoübertragungsrate von 167 kbit/s eine Nettodatenrate von 53,3 kbit/s einschließlich aller notwendigen Pausen möglich. Diese hohen Werte wurden erreicht, weil nur 9 verschieden definierte Busaufrufe vorliegen.

Der Master als zentrales Element steuert aber nicht nur den Informationsaustausch mit den Slaves, sondern überwacht auch die gesamte Busfunktion.

In einer Initialisierungsphase nach dem Einschalten erkennt der Master die Konfiguration des angeschlossenen Busses mit seinen Slaves und vergleicht diese mit der gespeicherten Soll-Konfiguration. Im folgenden Normalbetrieb werden mit allen Slaves zyklisch Daten ausgetauscht, fehlerhafte Telegramme identifiziert und wiederholt. Als Busfunktionen werden die Anwesenheit der Slaves, die Konfiguration des Busses und die Stromversorgung überwacht. Sogar der Austausch einzelner de-

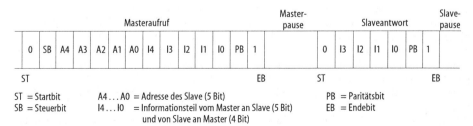

**Bild 3.9.** Struktur einer Nachricht des AS-Interface

fekter Slaves erfolgt ohne zusätzliche Inbetriebnahmeaufgaben für den Betreiber durch automatische Adressierung.

Bei der Spezifikation der Funktionalität wurde auf eine größtmögliche Einfachheit geachtet, um damit Masterimplementierungen für einfache SPS, Industrie-PC oder Gateways zu anderen Bussystemen (z.B. PROFIBUS) zu ermöglichen.

Als geeignetes Modulationsverfahren zur Informationsübertragung über den Bus wird eine Alternierende-Puls-Modulation (APM) verwendet. Dabei wird die Sende-Bitfolge zunächst in eine Bitfolge umcodiert, die bei jeder Änderung des Sendesignals eine Phasenumtastung (Manchester-Code) vornimmt. Daraus wird ein Sendestrom generiert, der in Verbindung mit einer im System vorhandenen Induktivität (im ASI-Netzteil integriert) durch Differentiation den gewünschten Signalspannungsverlauf auf dem Bus (Zweidraht-Leitung) erzeugt. Dieses Nachrichtensignal, welches der Hilfsenergie überlagert wird, ist somit gleichstromfrei. Durch näherungsweise Formung der Spannungspulse als $sin^2$-Pulse wird eine niedrige Grenzfrequenz und damit zugleich eine geringe Störabstrahlung erreicht.

Die Datensicherung erfolgt wegen der sehr kurzen Nachrichtentelegramme gemäß Abschn. 1.3 nach einem anderen Prinzip, als es bei den meisten bekannten Bussystemen üblich ist. Eine Sicherung mit der Hamming-Distanz $d = 4$ würde wegen der kurzen Telegramme die Nettodatenrate drastisch senken. Beim AS-Interface wird stattdessen in der physikalischen Schicht 1 des ISO/OSI-Referenzmodells ein hoher Sicherungsaufwand betrieben, wie z.B. durch Mehrfachabtastung des Signalverlaufs, Auswertung der Signalform, Kontrolle des Wechsels von positiven und negativen Signalpulsen und schließlich auch durch die Paritätsprüfung. Damit erreicht dieses Datensicherungsverfahren trotz niedriger Hamming-Distanz $d = 2$ sehr kleine Restfehlerwahrscheinlichkeiten [3.10].

AS-Interface ist als offener Standard konzipiert. Die einzelnen Komponenten dieses Bussystems sind in Spezifikationen und Profilen festgeschrieben, welche die Basis eines IEC- und CENELEC-Normentwurfes darstellen. Die ASI-Chips sind am Markt verfügbar.

### 3.2.5
### HART-Protokoll

In Verbindung mit intelligenten Meßumformern für die Prozeßautomatisierung wurde eine digitale, serielle Schnittstelle de facto standardisiert und offengelegt, deren Signale dem traditionellen analogen Einheitsstromsignal 4 ... 20 mA überlagert werden. Dieses sog. HART-Protokoll wurde, von den USA (Rosemount) auch nach Europa kommend, als Punkt-zu-Punkt-Verbindung entsprechend Bild 1.1 zwischen Meßumformern und Leiteinrichtungen (Leitsystemen, Industrie-PC) eingeführt [3.11]. Dies erlaubt dem Operator, über eine spezielle Bedienoberfläche in Window-Technik (Mensch-Maschine-Interface), eine zweiseitige Verbindung zur intelligenten Meß- oder Stelleinrichtung herzustellen: z.B. Parameterübergabe zur Kennlinienanpassung oder Fernabfrage von Diagnosedaten.

HART (High Adressable Remote Transducer) realisiert einen kontrollierten Buszugriff nach dem Master-Slave-Verfahren (vgl. Abschn. 1.2.2), d.h. jede Übertragung geht primär von einer Anzeige- oder Bedienkomponente als Master aus. Ein von hier gesendetes Telegramm wird von der angesprochenen Meß- oder Stelleinrichtung interpretiert und beantwortet. Es ist auch möglich, im Sinne eines Multimaster-Systems, gleichzeitig mehrere Anzeige- und Bedienkomponenten anzuschließen, z.B. Leitsystem, Industrie-PC, Handterminal.

Der Hauptvorteil des HART-Protokolls liegt in der gleichzeitigen Übertragbarkeit des traditionellen Analogsignals 4 ... 20 mA und des überlagerten digitalen Signals auf derselben Leitung. Hieraus folgt zwangsläufig, daß diese Variante von HART an die bestehenden Punkt-zu-Punkt-Verbindungen der Analogtechnik gebunden ist, weil keine Unterbrechung der analogen Übertragung erfolgen soll.

Als zweite Variante der Topologie sieht HART auch eine rein digitale Übertragung vor, so daß die beteiligten Geräte mit einem Linienbus verbunden werden (sog. Multidrop).

Die bevorzugte Anwendung zu Bedienzwecken bei langsamen technologischen Prozessen (Verfahrenstechnik/Chemie, Energietechnik) erlaubt eine entsprechend

**Tabelle 3.5.** Übersicht zu industriellen Feldbussystemen

| | Länge/Datenrate | Teilnehmer-zahl | Zugangs-steuerung | Telegrammlänge | elektrische Schnittstelle | Übertragungs-medium |
|---|---|---|---|---|---|---|
| PROFIBUS | 200 m / 500 kbit/s<br>1200 m / 90 kbit/s<br>1900 m / 31 kbit/s | 122<br>max. 32 Master | Token passing für aktive Teilnehmer, Polling für passive Teilnehmer | max. 255 byte | RS 485 | twisted pair, Lichtwellen-leiter (LWL) |
| INTERBUS-S | 12 km (80 km bei LWL) / 300 kbit/s | 256 | Polling, aktiver Ring | nach Teil-nehmerzahl max. 520 byte | RS 485 | twisted pair, LWL |
| CAN | 40 m / 1 Mbit/s<br>1200 m / 33 kbit/s | 2032 | Multi-Master, Arbitration | 8 byte | nicht festgelegt | nicht festgelegt |
| AS-Interface | 100 m / 166 kbit/s | 124 | Polling | 1…2 byte | Master – speziell, Slave – on-Chip | 2adrig unge-schirmt für Daten und Energie |
| HART | 1,5 bis 3(5) km / 1,2 kbit/s | 15 | Frequenz-umtastung FSK | 24 byte | HART-Chip, Modem | twisted pair, geschirmt |
| Bitbus | 30 m / 2,4 Mbit/s<br>1200 m / 62,5 kbit/s | 250 | Polling | durch Puffer-größe bestimmt | RS 485 | twisted pair |
| DIN-Meßbus | 500 m / 1 Mbit/s | 32 | Polling | 128 byte | RS 485 | doppelte twisted pair |

langsame Übertragung: Übertragungsrate 1200 bit/s, woraus sich je nach gewählter Telegrammlänge (Daten bis 24 byte) eine Zykluszeit von etwa 500 ms pro Feldgerät ergibt.

Als Übertragungsverfahren wird die Frequenzumtastung FSK (Frequency Shift Keying) benutzt. Hiernach wird der Bitinformation „0" ein Sinussignal mit der Frequenz 2200 Hz und der „1" ein solches mit 1200 Hz zugeordnet und dem analogen Stromsignal überlagert.

Zur Realisierung des HART-Protokolls in entsprechenden Modems werden am Markt mehrere HART-Chips angeboten. Für den Anschluß an Leiteinrichtungen und PC stehen Umsetzer zwischen HART und der RS232-Schnittstelle zur Verfügung (vgl. Abschn. 1.4).

### 3.2.6
**Übersicht zu industriellen Feldbussystemen**

In Tabelle 3.5 sind vergleichend einige Parameter relevanter, im industriellen Einsatz befindlicher Feldbussysteme zusammengestellt. Aus ihren wesentlichen Unterschieden, wie u.a. Länge, Datenrate, Telegrammlänge, Teilnehmerzahl und dem daraus ab- leitbaren Echtzeitverhalten, sowie weiteren topologischen Gesichtspunkten, begründen sich die verschiedenen Anwendungsbereiche in der Praxis [3.12].

### Literatur

3.1 Schnell G (Hrsg) (1996) Bussysteme in der Automatisierungstechnik. 2. Aufl. Vieweg, Braunschweig Wiesbaden

3.2 Beuerle H-P, Bach-Bezenar G (1991) Kommunikation in der Automatisierungstechnik. Siemens AG, Berlin München

3.3 DIN 19245 (1990) PROFIBUS – Process Field Bus. Beuth, Berlin

3.4 Bender K (Hrsg) (1992) PROFIBUS – Der Feldbus für die Automation. 2. Aufl. Hanser, München Wien

3.5 Borst W (1992) Der Feldbus in der Maschinen- und Anlagentechnik. Die Anwendung der Feldbus-Norm bei Entwicklung und Einsatz von Meß- und Stellgeräten. Franzis, München

3.6 DIN 19258 (1994) INTERBUS-S, Sensor-Aktornetzwerk für industrielle Steuerungssysteme. Beuth, Berlin

3.7 Baginski A, Müller M (1994) INTERBUS-S: Grundlagen und Praxis. Hüthig, Heidelberg

3.8 Etschberger K (Hrsg) (1994) Controller area network: CAN; Grundlagen, Protokolle, Bau-

steine, Anwendungen. Hanser, München Wien
3.9 Lawrenz W (Hrsg) (1994) CAN Controller Area Network – Grundlagen und Praxis. Hüthig, Heidelberg
3.10 Kriesel W, Madelung OW (Hrsg) (1994) ASI – Das Aktuator-Sensor-Interface für die Automation. Hanser, München Wien
3.11 Müller W (1992) Das HART-Feld-Kommunikations-Protokoll. Automatisierungstechn. Praxis, 34/9:518–529
3.12 Kriesel W (1995) Vergleich verschiedener Feldbussysteme. In: Forst H-J Bussysteme für die Prozeßleittechnik. VDE-Verlag, Berlin Offenbach

# Teil E

## Bauelemente für die Signalverarbeitung mit pneumatischer Hilfsenergie

1 Grundelemente der Pneumatik
2 Analoge pneumatische Signalverarbeitung
3 Pneumatische Schaltelemente
4 Elektrisch-pneumatische Umformer

# 1 Grundelemente der Pneumatik

H. Töpfer, P. Besch

## 1.1 Überblick

Bauelemente und Geräte der Pneumatik lassen sich im wesentlichen aus den in Bild 1.1 zusammengestellten Grundelementen aufbauen [1.1, 1.2]. Diese Übersicht zeigt die Aufgaben, Funktionsprinzipien und typischen Anwendungen in Zusammenschaltungen.

*Strömungswiderstände* (Abschn. 1.2) können in Analogie zur Elektrotechnik zunächst wie ohmsche Widerstände betrachtet werden. Sie finden in Form fester oder verstellbarer Widerstände Anwendung. Ihr Einsatz erfolgt vor allem in *Druckteilerschaltungen* (Abschn. 1.3), deren Aufgabe die Steuerung eines Ausgangsdruckes ist. Hierbei wird über einen Festwiderstand ein durchflußabhängiger Druckabfall erzeugt, der mit Hilfe eines veränderbaren Widerstandes einstellbar ist.

*Volumenelemente* (Abschn. 1.4) werden beim Aufbau von Verzögerungsgliedern benötigt, sie dienen in Kopplung mit Widerständen zur Dämpfung von dynamischen Vorgängen oder in Rückkopplungsschaltungen zur Veränderung des Zeitverhaltens. In Analogie zur Elektrotechnik stellen sie die Kapazitäten dar.

*Elastische Elemente* (Abschn. 1.5) werden durch die auf sie wirkenden Drücke ausgelenkt und können durch Veränderung von Durchflußquerschnitten Widerstandsschaltungen ansteuern oder Stellbewegungen erzeugen.

*Pneumatische Leitungen* (Abschn. 1.6) dienen zur Signalübertragung. In Analogie zur Elektrotechnik können sie als Ersatzschaltung von Widerständen, Kapazitäten und Induktivitäten dargestellt werden. Die Induktivität ist in der Pneumatik kein „selbständiges Element", ihre Wirkung läßt sich jedoch am Beispiel der pneumatischen Leitung am deutlichsten erkennen.

*Strahlelemente* (oft auch als „Fluidics", „dynamische Elemente" oder „Elemente ohne bewegte Bauteile" bezeichnet) (Abschn. 1.7) sind Elemente, bei denen das Verhalten von Fluidstrahlen, deren Wechselwirkung untereinander oder mit umgebenden Begrenzungen (Wänden) gezielt genutzt wird. Sie wurden zuerst für die Verarbeitung diskreter Signale eingesetzt, werden zunehmend jedoch auch für die analoge Signalverarbeitung genutzt.

## 1.2 Strömungswiderstände

### 1.2.1 Einzelwiderstände

*Strömungswiderstände* werden in Anlehnung an die Elektrotechnik durch die Kennlinie $\dot{m} = f(\Delta P)$ beschrieben (Bild 1.2).

Als charakteristische Größe wird der Widerstand $W$ oder der Leitwert $G$ gewählt. In der Analogie entspricht der Massenstrom dem elektrischen Strom und der Druck der elektrischen Spannung. Die Kennlinie ist jedoch bedingt durch strömungstechnische und thermodynamische Effekte der Energieumwandlung meist nichtlinear. Der dynamische Widerstand wird in der Umgebung des Arbeitspunktes $A$ durch den Differentialquotienten

$$W_d = \left(\frac{\partial \Delta P}{\partial \dot{m}}\right)_A \tag{1.1}$$

beschrieben. Der Kehrwert kann in Analogie zur Elektrotechnik als Leitwert

$$G_d = \left(\frac{\partial \dot{m}}{\partial \Delta P}\right)_A = \frac{1}{W_d} \tag{1.2}$$

bezeichnet werden.

Die Kennlinienverläufe werden von der Höhe des Druckabfalls über dem Widerstand, vom Typ und den Abmessungen des Widerstands (Kapillare, Blende) sowie der Strömungsform (laminar, turbulent) bestimmt. Die Strömungsform ist von der Reynolds-Zahl $Re$ abhängig, die als Verhältnis von Trägheitskraft und Zähigkeitskraft aus der Strömungsgeschwindigkeit $w$, dem gleichwertigen hydraulischen Durchmesser

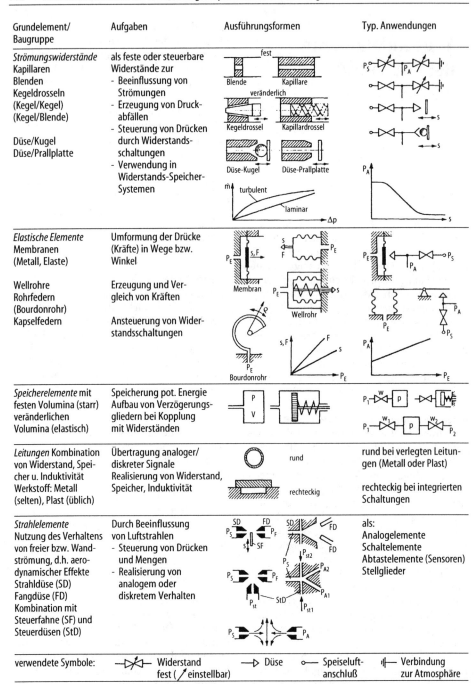

**Bild 1.1.** Grundelemente und Baugruppen pneumatischer Geräte

# 1 Grundelemente der Pneumatik

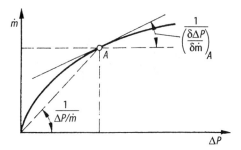

**Bild 1.2.** Durchflußkennlinie

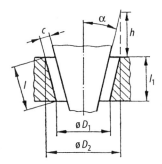

**Bild 1.4.** Kegeldrossel

$d_{hy} = 4A/U$ und der kinematischen Viskosität $v$ berechnet werden kann.

$$Re = \frac{w d_{hy}}{v}. \qquad (1.3)$$

Der Umschlag von laminarer zu turbulenter Strömung erfolgt in Rohren mit $l/d \gg 1$ bei $Re_U \geq 2320$.

In der Kapillare ist vorwiegend eine laminare Strömung vorhanden ($Re < 2320$), der Druckabfall wird vor allem durch Reibung hervorgerufen. Die Dichteänderung ergibt sich durch die Druckänderung bei konstanter Temperatur (*isotherme Zustandsänderung*).

In der Blende oder Düse treten Drosselverluste durch turbulente Strömung (Re >2320) auf. Die Dichte ändert sich auf Grund einer *polytropen Zustandsänderung*, die mit einer Temperaturänderung des Arbeitsmediums verbunden ist.

Daraus ergeben sich die im Bild 1.3 dargestellten Kennlinienformen.

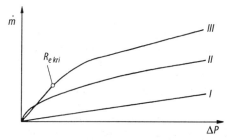

**Bild 1.3.** Typische Kennlinienformen. *I* Kapillare (Reibungseinfluß, Strömung laminar), *II* Blende (Drosselverluste, Strömung turbulent), *III* Kapillare (Reibungseinfluß, bis $R_{e\,kri}$ laminar, dann turbulent)

Da sich die Dichte des Arbeitsmediums mit dem Druck ändert, ist im Gegensatz zu elektrischen Widerständen, bei denen der Strom nur von der Spannungsdifferenz, nicht aber vom Spannungsniveau bestimmt wird, der Massenstrom vom Druckniveau abhängig.

Bei der Kegeldrossel (Bild 1.4) ist der freie Strömungsquerschnitt einstellbar. Wird der Druckabfall erhöht, kann damit der Massenstrom verringert werden.

Bild 1.5 zeigt experimentell bestimmte Kennlinien pneumatischer Widerstände, aus denen entnommen werden kann, daß die Kennlinie der Kapillare bei größer werdendem $l/d$ linear wird, daß bei Blenden gekrümmte Kennlinien typisch sind und daß bei der Kegeldrossel der Verlauf von der Dimensionierung abhängt. Die genannten drei Widerstandstypen dominieren in der Anwendung.

## 1.2.2
### Widerstände in Schaltungen

Für die hier zu betrachtenden Schaltungen gilt nach Bild 1.6 bei linearisierten Widerständen:

*Parallelschaltung*

$$\Delta P_{ges} = \Delta P_1 = \Delta P_2 \;;$$

$$\dot{m}_{ges} = \dot{m}_1 + \dot{m}_2$$

$$\frac{\dot{m}_{ges}}{\Delta P_{ges}} = \frac{\dot{m}_1 + \dot{m}_2}{\Delta P_{ges}} \quad \text{oder} \qquad (1.4)$$

$$\frac{1}{W_{ges}} = \frac{1}{W_1} + \frac{1}{W_2}$$

*Reihenschaltung*

$$\Delta P_{ges} = \Delta P_1 + \Delta P_2 ;$$

$$\dot{m}_{ges} = \dot{m}_1 = \dot{m}_2$$

$$\frac{\Delta P_{ges}}{\dot{m}_{ges}} = \frac{\Delta P_2}{\dot{m}_1} + \frac{\Delta P_2}{\dot{m}_2} \quad \text{oder} \quad (1.5)$$

$$W_{ges} = W_1 + W_2 .$$

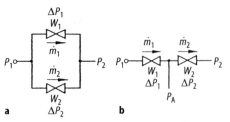

**Bild 1.6.** Strömungswiderstände. **a** Parallelschaltung, **b** Reihenschaltung

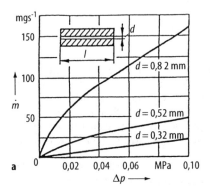

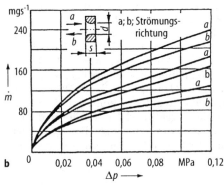

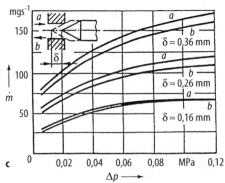

**Bild 1.5.** Durchflußkennlinie typischer Widerstände.
**a** Kapillare, $l = 50$ mm, **b** Blende, **c** Kegeldrossel, Kegelwinkel 21,5°

Die Druckteilerschaltung stellt die häufigste Anwendung der Reihenschaltung dar, sie ist das Analogon zum elektrischen Spannungsteiler. Die Druckteilerschaltung wird meist bei konstantem Druck $P_1$ am Eingang, $P_2 = P_0$ (Atmosphärendruck) als Gegendruck und stets mit geringer Last (Durchfluß) betrieben.

Für die Anwendung interessiert der Druck $P_A = f(P_1, P_2, W_1, W_2)$, er folgt aus dem Ansatz der Reihenschaltung (1.5) zu

$$\frac{P_A - P_2}{P_1 - P_2} = \frac{W_2}{W_1 + W_2} . \quad (1.6)$$

Beziehen wir den Druck auf das meist vorhandene Bezugspotential (Atmosphärendruck $P_0$) – wobei mit kleinen Buchstaben Überdrücke bezeichnet werden sollen –, so folgt mit $p_1 = P_1 - P_0$, $p_2 = P_2 - P_0$, hier also $p_2 = 0$ aus (1.6)

$$\frac{p_A}{p_1} = \frac{W_2}{W_1 + W_2}$$

und daraus schließlich

$$p_A = p_1 \frac{1}{1 + \frac{W_1}{W_2}} . \quad (1.7)$$

Das Druckteilerverhätnis ist also über $W_1/W_2$ einstellbar. Die Kennlinien des Druckteilers sind nur dann linear, wenn die Widerstände $W_1$ und $W_2$ konstant und druckunabhängig sind.

Bild 1.7a bestätigt diesen linearen Verlauf bei niedrigen Betriebsdrücken, während die Kennlinien im meist interessierenden Normaldruckbereich (0,02 ... 0,1 MPa) (Bild 1.7b) davon abweichen. Da die nichtlinearen Kennlinien in vielen Anwendungsfällen der Schaltungen stören, wird der Druckteiler oft nur für kleine Änderungen

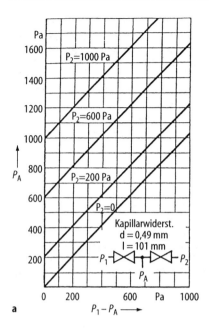

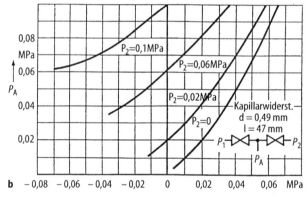

**Bild 1.7.** Druckteilerkennlinien. **a** Niederdruckbeich, **b** Normaldruckbereich

$\Delta P$ annähernd linear betrieben und mit einem Druckverstärker (V ≈ 20) gekoppelt, um so das gewünschte Ausgangssignal über den gesamten Normaldruckbereich zu erhalten, dabei erfolgt durch den Verstärker gleichzeitig eine Leistungsverstärkung.

## 1.3
## Druckteilerschaltungen

Die Widerstände $W_1$ oder/und $W_2$ des Druckteilers werden bei den hier zu behandelnden „Steuerelementen" nicht von Hand, sondern durch Lage- oder Winkeländerungen verstellt. Diese Verstellung erfolgt z.B. durch Druck-Weg-Wandler oder Kraft-Weg-Wandler. Es handelt sich somit um Elemente, deren Eingang eine Lage- oder Wegänderung $s$ und deren Ausgang eine Druckänderung $\Delta P$ ist. Diese Baugruppen bilden mit den Druck-Weg-Wandlern auf Grund der universell nutzbaren Funktion und ihres einfachen Aufbaus ein wesentliches Grundelement pneumatischer Baugruppen und Geräte.

### 1.3.1
### System Düse-Prallplatte

Entsprechend Bild 1.8 besteht diese Baugruppe aus dem als Vordrossel bezeichne-

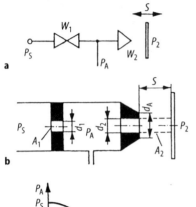

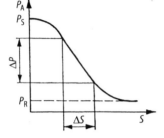

**Bild 1.8.** System Düse-Prallplatte. **a** Prinzip, **b** Aufbau und Abmessungen, **c** Kennlinienverlauf. Übliche Werte: $\Delta p = 0{,}02 \ldots 0{,}1$ MPa, $P_R < 0{,}02$ MPa, $d_1 = 0{,}2 \ldots 1$ mm, $d_2 = 0{,}5 \ldots 2$ mm, $\Delta s = d_2/8$, $d_A \approx d_2 + (0{,}2 \ldots 0{,}4$ mm$)$

ten Festwiderstand $W_1$, der meist in Form einer Blende ausgeführt wird, und einem Widerstand $W_2$, bestehend aus Düse und Prallplatte.

Durch die Lageänderung der Prallplatte wird der Ausströmquerschnitt $A_2 = d_2\pi s$ (Zylindermantelfläche), d.h. $W_2$ beeinflußt und dadurch $p_2$ gesteuert. Die typische Form der Kennlinie $P_A = f(s)$ und das Verhalten des Systems sind wie folgt charakterisierbar.

- Düse geschlossen, $s = 0$ bedeutet $W_2 = \infty$, dafür ergibt sich $P_A = P_{max} = P_S$.
- Düse völlig offen, d.h. $s = \infty$ bedeutet $W_2 = W_{Düse} \neq 0$, es ergibt sich $P_{min} = P_{rest} = P_0$. Hierin liegt übrigens ein Grund für die Wahl eines Einheitssignals mit lebendem Nullpunkt (engl. life zero) von 0,02 MPa im Normaldruckbereich.
- Zwischen $s = 0$ und $s = \infty$ ist der Verlauf der Kennlinie nichtlinear. Das System ist spätestens dann ausgesteuert, wenn der Abströmquerschnitt $A_2 = d_2\pi s$ gleich

dem Düsenquerschnitt $A_1 = d_2^2\pi/4$ ist. Also wegen $d_2^2\pi/4 = d_2\pi s$ wird $s_{max} = d_2/4$. Der real nutzbare Bereich liegt etwa bei 50% dieses Wertes, also bei $s_{real} \approx d_2/8$.

*Rechnerische Beschreibung* der Kennlinie $P_A = f(s)$.

Die Berechnung [1.3] geht von der *Kontinuitätsgleichung* (1.8) und der *Bernoulli-Gleichung* (1.9) aus.

$$\dot{m} = \varrho A \overline{w} = \text{const.} \tag{1.8}$$

$$P_{ges} = \varrho\frac{\overline{w}^2}{2} + p + \varrho g h = \text{const} \tag{1.9}$$

$\overline{w}$ ist der Mittelwert der Strömungsgeschwindigkeit im durchströmten Kanal.

Bei Änderungen der Dichte ist darüber hinaus die *Zustandsgleichung* zu berücksichtigen

$$PV = mRT \tag{1.10a}$$

bzw.

$$P = \varrho RT. \tag{1.10b}$$

Wird der geodätische Höhenunterschied vernachlässigt ($\varrho g \Delta h = 0$) und ein Verlustbeiwert $\mu$ berücksichtigt, so folgt aus (1.8) und (1.9)

$$\dot{m} = \mu A\sqrt{2\varrho \Delta P}. \tag{1.11a}$$

oder mit (1.10b)

$$\dot{m} = \mu A\sqrt{\frac{2}{RT}P_2(P_1 - P_2)}. \tag{1.11b}$$

Es gilt $\dot{m}_1 = \dot{m}_2$ (1.8). Aus

$$\mu_1 A_1\sqrt{2\varrho(P_S - P_A)} = \mu_2 A_2\sqrt{2\varrho(P_A - P_2)}$$

folgt mit konstanter Dichte $\varrho$ und $\mu_1 = \mu_2$

$$\frac{A_2}{A_1} = \sqrt{\frac{P_S - P_A}{P_A - P_2}} = \sqrt{\frac{p_S - p_A}{p_A}}$$

$$= \sqrt{\frac{p_S}{p_A} - 1}. \tag{1.12}$$

Hierbei wurde $P_2 = P_0$ angenommen. Überdrücke werden mit kleinen Buchstaben bezeichnet, $p = P - P_0$.

Nach Bild 1.8 ist

$$A_1 = \frac{d_1^2\pi}{4}; \quad A_2 = d_2 s\pi,$$

damit wird

$$\frac{4d_2 s}{d_1^2} = \sqrt{\frac{p_S}{p_A} - 1},$$

nach $p_A$ aufgelöst ergibt sich

$$p_A(s) = p_S \frac{1}{1 + \left(\frac{4d_2}{d_1^2}\right)^2 s^2}. \quad (1.13)$$

Die Übereinstimmung von Rechnung und Experiment wird verbessert, wenn entsprechend (1.11b) die Dichteänderung berücksichtigt wird. Nach der Zustandsgleichung (1.10) setzen wir $\rho_i = P_i/RT$ und erhalten bei Berücksichtigung des Wertes $\rho$ vor der Drossel, d.h. $\rho = \rho_i$:

$$\frac{A_2}{A_1} = \sqrt{\frac{p_S(p_S - p_A)}{p_A(p_A - p_2)}}. \quad (1.14)$$

Mit $\rho = \rho_{i+1}$ (nach der Drossel)

$$\frac{A_2}{A_1} = \sqrt{\frac{p_A(p_S - p_A)}{p_2(p_A - p_2)}}. \quad (1.15)$$

Bild 1.9a zeigt die Verläufe, die nach (1.12), (1.14) und (1.15) berechnet wurden. Die Ergebnisse zeigen anschaulich, daß die Verstärkung (Neigung der Kennlinien) im Anwendungsbereich ausreichend gut übereinstimmt. Weitere Untersuchungen haben bestätigt, daß die Anwendung von (1.15) besser mit experimentellen Ergebnissen übereinstimmt und deshalb zur Anwendung empfohlen wird. Den Vergleich Rechnung-Experiment für (1.15) zeigt Bild 1.9b.

### 1.3.2
### System Düse-Prallplatte mit Ejektorwirkung

Erfolgt der Aufbau wie im Bild 1.10 skizziert, so verläuft die Kennlinie $P_A = f(s)$ über größere Bereiche näherungsweise linear und erreicht auch $P_A = P_0$.

Wichtig für die Erzielung dieses Verhaltens ist, daß der Druck $P_A$ dort entnommen wird, wo das Gas eine große Strömungsgeschwindigkeit erreicht. Das ist in der Nähe des Ausgangs der Vordrossel der Fall, weil dort der entnommene statische Steuerdruck $P_A$ stets kleiner als der statische Druck unmittelbar vor der Prallplatte ist. Dadurch treten bei großen Abständen der Prallplatte Drücke $P_A < P_0$ auf. Durch Anwendung der Kontinuitätsgleichung, der Bernoulli-Gleichung und des Impulssatzes ergibt sich folgender Zusammenhang, wenn das Element gegen $P_0$ arbeitet:

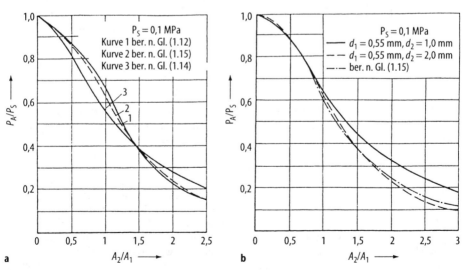

**Bild 1.9.** Kennlinien des System Düse-Prallplatte. **a** Vergleich rechnerischer Ergebnisse, **b** Vergleich Rechnung-Experiment

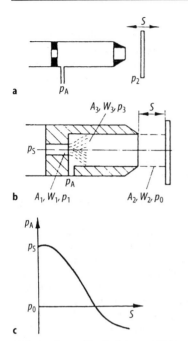

**Bild 1.10.** System Düse-Prallplatte mit Ejektorwirkung.
**a** Prinzip, **b** Aufbau und Abmessungen, **c** Kennlinienverlauf.
Übliche Werte: $\Delta p = 0{,}02 \ldots 0{,}1$ MPa, $d_1 = 0{,}2 \ldots 1$ mm,
$d_2 = 0{,}5 \ldots 2$ mm, $d_3 \approx d_2$, $\Delta S \approx d_2/8$

$$\frac{A_1}{A_2} = \frac{1}{\sqrt{2\dfrac{A_1}{A_3} - \left(\dfrac{A_1}{A_3}\right)^2 + \dfrac{p_A}{p_S - p_A}}}. \quad (1.16)$$

Die nach (1.16) berechneten Kennlinien für verschiedene Querschnittsverhältnisse $A_1/A_3$ sind im Bild 1.11a skizziert. Gleichzeitig ist dort zum Vergleich die nach (1.12) ermittelte Kennlinie eingezeichnet.

Bild 1.11b gestattet den Vergleich zwischen Rechnung und Experiment, der die Brauchbarkeit der Gl. (1.16) bestätigt.

Die Anwendung dieser Systeme ist jedoch nur dann möglich, wenn Vordrossel und Düse räumlich eng beieinander angeordnet sind.

### 1.3.3
### System Einlaßdüse-Auslaßdüse

Entsprechend Bild 1.12 können Druckteiler aufgebaut werden, deren Widerstände gleichzeitig und gegensinnig verändert werden. Die skizzierte Kennlinie läßt erkennen, daß durch Verstellung des Parameters Düsenabstand $a$ die Steilheit der Kennlinie relativ einfach verändert werden kann.

Zur Berechnung von $P_A = f(a,s)$ benutzen wir (1.15), setzen nach Bild 1.12 $A_1 = d_1 \pi s$, $A_2 = d_2 \pi (a - s)$ und erhalten damit

$$s = \frac{a}{1 + \dfrac{d_1}{d_2}\sqrt{\dfrac{P_A(P_S - P_A)}{P_2(P_A - P_2)}}}. \quad (1.17)$$

Im Bild 1.13 ist das grundsätzliche Verhalten dieses Systems dargestellt. Daraus läßt sich auch ablesen, daß der Abstand bis zu etwa $a < 0{,}3d$ ($d$ kleinster Durchmesser) veränderbar ist, ohne daß die Kennlinien ihren grundsätzlichen Verlauf ändern. Die Rechnung bietet hier nur eine grobe Näherung für den Kennlinienverlauf im Hinblick auf die Verstärkung (Steilheit). Die Verstärkung läßt sich durch Variation von $a$ etwa bis zu 1:10 verändern.

### 1.3.4
### System Düse-Kugel

Im Vergleich zum Typ Düse-Prallplatte treten hier, wie Bild 1.14 zeigt, neben der Lageänderung $s$ der Kugel und dem Vordrosseldurchmesser $d_1$, auch der Öffnungswinkel $\gamma$ der Düse und vor allem der Kugeldurchmesser $d_K$ als Parameter auf, die den Verlauf der Kennlinie beeinflussen.

Das läßt sich an der in [1.4] angegebenen Gleichung zeigen. Die Abhängigkeit $P_A = f(s; d_1; d_K; \gamma; P_S)$ wird wie folgt beschrieben:

$$P_A = \frac{d_1^2 P_S}{2 d_K \sin \gamma} \cdot \frac{1}{s} \cdot \frac{\Psi_1}{\Psi_2}. \quad (1.18)$$

Daran läßt sich der prinzipielle Zusammenhang zeigen; umfangreiche experimentelle Ergebnisse sind dazu in [1.4] angeführt. Das System Düse-Kugel hat im Prinzip keine Vorteile gegenüber dem Typ Düse-Prallplatte. Interessant ist allerdings für spezifische Anwendungen, daß durch Variation des Kugeldurchmessers die Linearität und Steilheit der Kennlinie beeinflußbar sind. Nachteilig können sich die Lageabhängigkeit (Kugellage) und die Gefahr des Klebens der Kugel durch abgelagerte Schmutzteilchen in der kegeligen Düse auswirken.

1 Grundelemente der Pneumatik 509

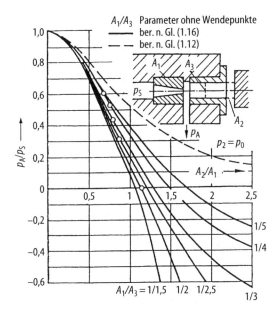

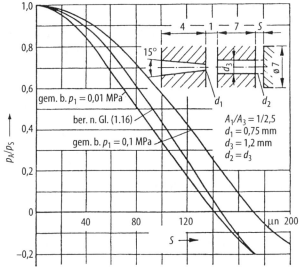

**Bild 1.11.** Kennlinien des Systems Düse-Prallplatte mit Ejektorwirkung. **a** rechnerische Ergebnisse, **b** Vergleich Rechnung-Experiment

### 1.3.5
**Bemerkungen**

Die im Abschn. 1.3 vorgestellten Baugruppen arbeiten nach dem Grundprinzip des Druckteilers. Ihre Kennlinien zeigen, daß es sich um Elemente mit Analogverhalten handelt. Ihr Einsatz erfolgt in der Pneumatik – vor allem auch für die Informationsgewinnung – in einer so großen Vielfalt, daß hier auf eine Behandlung spezieller Anwendungen, die sich auf die vorgestellten Prinzipien zurückführen lassen, verzichtet werden soll. In den Abschn. 2.2.1, 2.4.2, 3.2 und in [1.5] sind dazu detaillierte Angaben zu finden. Vorab sei bemerkt, daß diese Elemente in modifizierter Form auch als Schaltelemente eine breite Anwendung gefunden haben: s. Kap. 3.

Bei der Berechnung müssen u.U. die z.B. durch den statischen und dynamischen

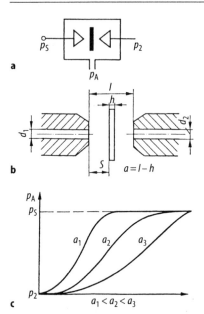

**Bild 1.12.** System Einlaßdüse – Auslaßdüse. **a** Prinzip, **b** Aufbau und Abmessungen, **c** Kennlinienverlauf. Übliche Werte: $\Delta p = 0{,}02 \ldots 0{,}1$ MPa, $d_{1,2} = 0{,}5 \ldots 2$ mm, $a < 0{,}3\,d$, Änderung der Steilheit durch $a$ bis 1:10

Druck auf die Prallplatte wirkenden Kräfte $F$ berücksichtigt werden. Für das System entsprechend Bild 1.8 ist nach [1.5]

$$\frac{dF}{dP_A} = C_1 \approx 1{,}1 \frac{d_2^2 \pi}{4} \; ; \tag{1.19}$$

die Abweichungen zwischen Rechnung und Experiment betragen etwa ±10%. Diese Gleichung gilt allerdings nur, wenn die Abmessungen des Düsenrandes nicht größer werden als im Bild 1.8 skizziert ist.

## 1.4
## Volumenelemente

Pneumatische Elemente, wie Wellrohre, Leitungen usw. enthalten Volumina, die entweder unabhängig vom Druck sind oder sich mit dem Druck auf Grund der Elastizität dieser Elemente ändern. Diese Volumina bilden Speicher, die die Eigenschaft haben, daß sie bei Füllung mit kompressiblen Medien potentielle Energie speichern können. In bestimmten Fällen sind diese Speicherwirkungen, die durch den Geräteaufbau bedingt sind, unerwünscht. Sie müssen dann möglichst klein gehalten werden. In anderen Fällen werden die Effekte der Füllung und Entleerung der Speicher bewußt ausgenutzt, um Verzögerungsglieder aufzubauen.

### 1.4.1
### Starre Speicher

Volumina mit festen Wänden (Hohlräume) bilden starre Speicher. Die im Volumen $V$ enthaltene Luftmasse $m$ ist dem im Speicher herrschenden Druck $P$ proportional. Nennt man $S$ die Speicherfähigkeit (Kapazität), so gilt bei isothermer Zustandsänderung mit

$$\frac{dm}{dt} = S\frac{dP}{dt} \quad \text{bzw.}$$

$$S = \frac{dm}{dP} = \frac{\Delta m}{\Delta P} = \frac{m}{P} . \tag{1.20}$$

Über die Analogie zur Elektrotechnik kämen wir wegen $C = Q/U$ zum gleichen Ergebnis. Setzen wir die Zustandsgleichung (1.10) in (1.20) ein, so ergibt sich

$$S = \frac{V}{RT} . \tag{1.21}$$

Die Kapazität $S$ eines starren Speichers ist also unabhänig vom Druck.

### 1.4.2
### Elastischer Speicher

Sind die Begrenzungen oder eine Wand des Speichers, wie im Bild 1.15 elastisch, dann ergibt sich folgendes: Durch die Druckänderung um $\Delta p$ ändert sich die Masse um

$$\Delta m = \frac{V}{RT} \Delta p \left(1 + \frac{V_{ela}}{V}\frac{P}{\Delta p}\right). \tag{1.22}$$

Mit $V_{ela} = K\,\Delta p$ als federelastischer Eigenschaft des Speichers wird

$$S_{ela} = \frac{\Delta m}{\Delta p} = \frac{V}{RT}\left(1 + \frac{KP}{V}\right) \tag{1.23}$$
$$= S\left(1 + \frac{KP}{V}\right).$$

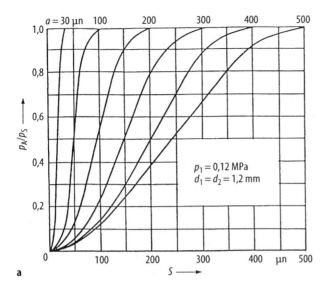

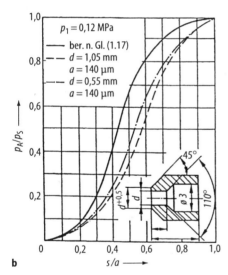

**Bild 1.13.** Kennlinien des Systems Einlaßdüse – Auslaßdüse. **a** mit $a$ als Parameter (gerechnet), **b** Vergleich Rechnung – Experiment

Die Kapazität $S_{ela}$ ist also vom absoluten Druck $P$ und den federelastischen Eigenschaften $K$ des Speichers abhängig.

### 1.4.3
**Widerstand-Speicher-Kombinationen**

Die pneumatischen RC-Glieder bestehen aus Widerstands- und Speicherelement. Sie werden zur Bildung von Zeitverzögerungen und Zeitfunktionen beim Aufbau von Regeleinrichtungen, Kompensations- und Korrekturgliedern eingesetzt. Die elektrische Analogie ist im Bild 1.16 dargestellt.

In Reihe liegende Kapazitäten, wie bei elektrischen Schaltungen üblich, sind möglich, werden aber selten angewendet.

Das Zeitverhalten des Kammerdruckes $p$ der RC-Kombination nach Bild 1.16 kann unter Verwendung von (1.20) berechnet werden. Aus

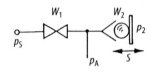

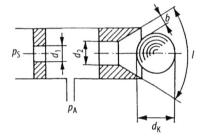

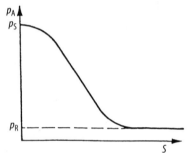

$$S\frac{dp}{dt} = \dot{m}_1 - \dot{m}_2 = \frac{p_S - p}{W_1} - \frac{p - p_2}{W_2}$$

folgt

$$SW_1 \frac{1}{1+\frac{W_1}{W_2}} \frac{dp}{dt} + p \qquad (1.24)$$

$$= \frac{p_S}{1+\frac{W_1}{W_2}} + \frac{p_2}{1+\frac{W_2}{W_1}}.$$

Beim Abströmen gegen den Außendruck $p_2$ wird

$$SW_2 \frac{dp}{dt} + p = p_2. \qquad (1.24a)$$

Im Fall des Einströmens bei abgeschlossener Kammer wird mit $W_2 = \infty$.

$$SW_1 \frac{dp}{dt} + p = p_S. \qquad (1.24b)$$

**Bild 1.14.** System Düse – Kugel. **a** Prinzip, **b** Aufbau und Abmessungen, **c** Kennlinienverlauf. Übliche Werte: $\Delta p = 0{,}02 \dots 0{,}1$ MPa, $p_R < 0{,}02$ MPa, $d_1 = 0{,}1 \dots 1$ mm, $d_2 = 1 \dots 4$ mm, $d_K = 4 \dots 15$ mm, $\gamma = 60 \dots 150°$

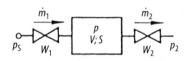

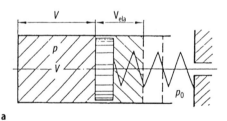

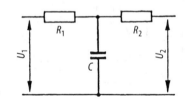

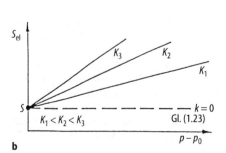

**Bild 1.15.** Elastischer Speicher. **a** Prinzip, **b** Kennlinie

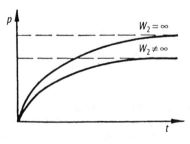

**Bild 1.16.** Pneumatisches Zeitglied. **a** Prinzip, $W_2 = \infty$ geschlossene Kammer, $W_2 \neq \infty$ durchströmte Kammer, **b** Ersatzschaltbild, **c** Sprungantwort

Für $dp/dt = 0$ und $p_2 = 0$ als Atmosphärendruck erhalten wir dann aus (1.24) die Gleichung für das stationäre Verhalten des Druckteilers, nämlich

$$p = p_S \frac{1}{1+\dfrac{W_1}{W_2}}. \qquad (1.25)$$

In (1.24) stellt $SW_1 = T_1$ die Zeitkonstante dar, ihre Bestimmung erfolgt mit Hilfe der in den Abschnitten 1.2 und 1.4.1 angegebenen Gleichungen für die Massenströme $\dot{m}$ und die Kapazitäten $S$. Die Lösung von (1.24b) ergibt für das

Einströmen

$$p(t) = (p_S - p_0)\left(1 - e^{-t/T_1}\right) + p_0, \qquad (1.26a)$$

Ausströmen

$$p(t) = (p_0 - p_2)e^{-t/T_1} + p_2, \qquad (1.26b)$$

wobei $p_0$ der Druck im Speicher bei $t = 0$, $p_S$ der Speisedruck und $p_2$ der Druck, gegen den der Speicher entleert wird, ist.

Diese Lösungen gelten allerdings nur für lineare und druckunabhängige Widerstände, also bei kleinen Druckabfällen, mit Kapillaren als Widerstände, bei isothermer Zustandsänderung usw., d.h. bei $W_1 = \text{const.}$ Genauere Untersuchungen wurden z.B. in [1.6, 1.7] durchgeführt. Die hier angegebenen Lösungen genügen jedoch häufig zur Abschätzung des Zeitverhaltens von Verzögerungsgliedern. Bei genauerer Untersuchung ergibt sich weiter, daß die Zeitkonstanten für Ein- und Ausströmung unterschiedlich sind, danach gilt $T_{Einstr} < T_{Ausstr}$.

Diese Abweichungen sind auf die nicht erfüllte Annahme einer konstanten Dichte zurückzuführen. Nach [1.8] gilt

$$\dot{m} = \frac{K}{2RT}(p_S + p)(p_S - p)$$

$$= \frac{K}{2RT}\left(p_S^2 - p^2\right).$$

Damit ergibt sich jetzt mit $S(dp/dt) = (K/2RT)(p_S^2 - p^2)$, eine nichtlineare Differentialgleichung, die genauere Aussagen liefert, deren Lösung hier aber nicht weiter untersucht werden soll.

Zur Genauigkeit der durchgeführten Abschätzung des Verhaltens von Verzögerungsgliedern ist zu bemerken, daß sich die Temperaturfehler von Widerstand und Speicher gegensinnig ändern und der resultierende Temperaturfehler damit bei etwa +3%/10 K liegt.

Zeitglieder mit elastischem Speicher gehorchen unter Beachtung der Dichteänderung wie die Glieder mit starrem Speicher ebenfalls nichtlinearen Differentialgleichungen, deren Lösung kompliziert ist. Rechnen wir weiter mit Näherungen, so treten nach [1.9] Abweichungen für die Zeitkonstante ($T_{63\%}$-Zeit) auf, die im durchaus vertretbaren Bereich <10% liegen. Wir berechnen $T_1$ nach $T_1 = S_g W_1$. Für $S_g$ benutzen wir dabei nach [1.9] die elastische Kapazität nach (1.23)

$$S_g = S_{ela} = \frac{V}{RT}\left(1 + \frac{V_{ela}}{V}\frac{P}{P - P_0}\right). \qquad (1.27)$$

## 1.5
### Elastische Elemente

Elastische Elemente dienen entsprechend Bild 1.17 zur Druck-Weg-Wandlung oder zur Druck-Kraft-Wandlung. Die Wandlung erfolgt stets über Membranen, Wellrohre oder Rohrfedern (Bourdonfedern). Sie finden sowohl in Meß- und Stelleinrichtungen als auch in Verstärkern Anwendung.

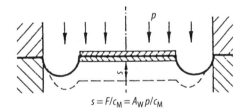

a

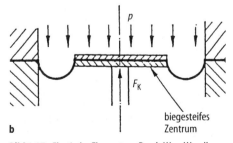

b

**Bild 1.17.** Elastische Elemente. **a** Druck-Weg-Wandler, **b** Druck-Kraft-Wandler

Bei der Druck-Weg-Wandlung werden die elastischen Elemente durch den Druck im elastischen Bereich deformiert, weil der auf die wirksame Fläche $A_W$ des Elements wirkende Druck $P$ bzw. die Druckdifferenz $\Delta P$ eine Kraft $F = \Delta P\, A_W$ erzeugt. Die entstehende Auslenkung $s$, d.h. die Deformation geht so weit, bis nach Bild 1.17 die elastischen Kräfte der Druckkraft das Gleichgewicht halten, wir können dafür mit $c_M$ als Federsteifigkeit schreiben: $F = \Delta P A_W = c_M s$. Daraus folgt

$$s = \frac{A_W}{c_M}\Delta P \; . \qquad (1.28)$$

Die Forderung nach linearer Druck-Weg-Wandlung bedeutet, daß $A_W$ und $c_M$ unabhängig von $\Delta P$ konstant sein müssen.

Bei der Druck-Kraft-Wandlung wird i.allg. die gleiche Art von Elementen verwendet. Hier kommt es darauf an, den auf das Wellrohr oder die Membran von außen wirkenden Kompensationskräften $F_K$ (Bild 1.17) durch die Kraft $F = \Delta P A_W$ das Gleichgewicht zu halten, wodurch $\Delta P \sim F_K$ wird. Allgemein läßt sich schreiben

$$F_K = \Delta P A_W - c_M s \; . \qquad (1.29)$$

Proportionalität zwischen $F_K$ und $P$ wird nur bei $A_W$ = const und $c_M s \approx 0$ erreicht, d.h. die Federsteifigkeit $c_M$ der elastischen Elemente und die Auslenkung $s$ müssen sehr klein gehalten werden.

Die Güte der elastischen Elemente ist also davon abhängig, wie gut es gelingt, ihre wirksamen Flächen $A_W$ und die Federsteifigkeit $c_M$ konstant zu halten, oder das Produkt $c_M s$ gegen Null gehen zu lassen, ohne die Festigkeit und Zuverlässigkeit der Elemente zu gefährden.

Elastische Elemente haben entscheidenden Einfluß auf die Genauigkeit sowie das Langzeit- und Temperaturverhalten pneumatischer Bauelemente, Geräte und Anlagen. Die Auslegung, Produktion und Montage bedarf deshalb großer Erfahrungen. Sowohl die geometrischen und Materialdaten, aber auch die Einflüsse der Produktion und nicht zuletzt der Montage haben Auswirkungen auf das Gesamtverhalten, was ihre Berechnung kompliziert und unsicher macht. Deshalb stützt man sich meist auf experimentelle Erfahrungen.

### 1.5.1
**Membranen**

Metallmembranen dominieren als elastische Elemente bei Meßeinrichtungen. Sie sind durch eine ausgeprägte Eigensteifigkeit $c_M$ gekennzeichnet und werden deshalb als elastische Membranen bezeichnet. Der Kennlinienverlauf $s = f(p)$ wird durch die Formgebung beeinflußt, die einfachste Ausführung ist die Flachmembran (ohne Sicken), komplizierter ist die gewellte Membran (mit Sicken).

Bild 1.18 zeigt als Beispiel typische Kennlinien von flachen bzw. gewellten Membranen. Übliche Membranlegierungen sind Tombak und nichtrostende Stähle.

Nichtmetallische Membranen dominieren in Reglern und Stelleinrichtungen. Die verschiedenen Membranformen zeigt Bild 1.19.

Die *Schlappmembran* hat eine geringe Rückstellkraft, d.h. kleines $c_M$. Sie ist zweiseitig belastbar. Unsicherheiten ergeben sich bei $\Delta p \approx 0$.

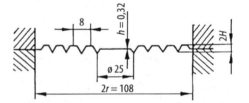

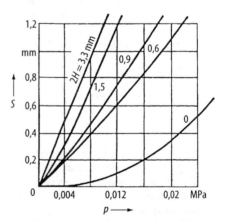

**Bild 1.18.** Metallmembran. Daten und Kennlinien (Beispiel): $h$ Materialdicke, $2r$ Durchmesser, $2H$ Tiefe der Wellung, $S$ Durchbiegung, $E$ Elastizitätsmodul

# 1 Grundelemente der Pneumatik

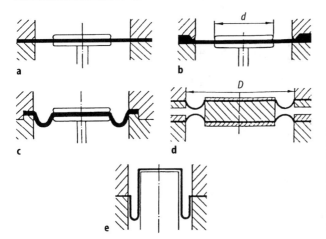

**Bild 1.19.** Nichtmetallmembranen. **a** Schlappmembran, **b** gespannte Membran, **c** vorgeformte Membran **d** Doppelmembran, **e** Rollmembran. Übliche Werte: $D \approx 20 \ldots 100$ mm, $(D-d) > 6 \cdot$ Membrandicke, $c_M = 1 \ldots 10$ N/mm, Änderung der wirksamen Fläche: $\Delta A_W / A_W \approx 1 \ldots 10\,\%$, bei Rollmembranen Null.

Bei der *gespannten Membran* ist die Rückstellkraft etwas größer. Sie ist zweiseitig belastbar. Auch hier ergeben sich Unsicherheiten bei $\Delta p \approx 0$.

Die *vorgeformte Membran* hat geringe Rückstellkräfte. Die Membranfläche $A_M$ weist eine höhere Konstanz auf. Sie ist nur einseitig belastbar, kann aber höher belastet werden, damit sind größere Hübe möglich.

*Doppelmembranen* bestehen aus zwei vorgeformten Membranen, sie sind zweiseitig belastbar und haben eine höhere Steifigkeit. Hier ergibt sich bei $\Delta p \approx 0$ eine definierte Lage.

*Rollmembranen* werden für Druck-Weg-Wandler verwendet. Sie lassen größere Hübe zu, die Steifigkeit ist gering, die Membranfläche bleibt konstant.

Für die Betrachtung der Auslegung und der Eigenschaften von Membranen ist die vorgeformte Membran repräsentativ. Die schlappen und eingespannten Membranen nehmen bei Druckbelastung die gleiche Form an, da sich dann bei der schlappen Membran ebenfalls eine Sicke ausbildet. Die wirksame Fläche errechnet sich mit den Abmessungen nach Bild 1.19 zu

$$A_W = \frac{\pi}{12}\left(D^2 + Dd + d^2\right). \quad (1.30)$$

Die hierbei auftretenden Fehler übersteigen nicht 2,5%.

Nach Bild 1.20 gilt auch

$$A_W = \frac{d_M^2 \pi}{4}. \quad (1.31)$$

Der wirksame Durchmesser $d_M$ ist von $a$, $l$ und $s$ abhängig. Untersuchungen über den Einfluß der Sickenform [1.1] zeigen, daß bei einer Halbkreisform der Sicke nur kleine Änderungen der wirksamen Membranfläche auftreten. Die günstigste Auslegung finden wir in dieser Hinsicht in der Rollmembran, hier bleibt $d_M$ und damit $A_W$ über den gesamten Hub konstant.

Bei schlappen bzw. gespannten Membranen ändert sich $l$ mit dem Druck bis die Halbkreisform erreicht ist, und somit wird

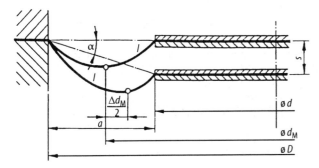

**Bild 1.20.** Vorgeformte Membran, Einzelheiten, *l* Bogenlänge

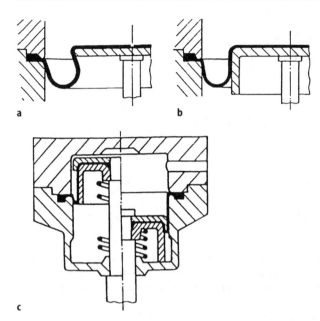

**Bild 1.21.** Einzelheiten zur konstruktiven Gestaltung. **a** Membran im Einbauzustand unter Last, **b** Abstützung der Sicke durch Topfform der Membranauflage, **c** Rollmembran (beide Endlagen)

auch die Änderung der wirksamen Membranfläche immer kleiner.

Die biegesteifen Zentren werden je nach Anforderung ausgebildet. Um unkontrollierte Verformungen der Membran (Bild 1.21a) zu vermeiden, kann die Sicke u.U. abgestützt werden (Bild 1.21b), ähnlich, wie das bei Rollmembranen der Fall ist (Bild 1.21c).

Die Festlegung der Membranwerkstoffe erfolgt entsprechend den mechanischen, thermischen und chemischen Beanspruchungen. Zwei Typen von Membranen werden hergestellt, und zwar aus Kautschuk oder aus Kautschuk mit zusätzlicher Gewebeverstärkung. Die Gewebeverstärkung erfolgt je nach Beaufschlagung und wird als Gewebeeinlage oder -auflage ausgeführt.

Die folgenden Materialangaben stellen typische Beispiele dar (nach Prospekten von Membranherstellern) (Tabelle 1.1).

### 1.5.2
### Metallfaltenbälge (Wellrohre)

Das Wellrohr kann grundsätzlich wie eine Membran eingesetzt werden und erfüllt in gleicher Weise die Aufgaben der Druck-Weg- oder Druck-Kraft-Wandlung. Der Aufbau ist unmittelbar aus Bild 1.22 zu ersehen.

Eine Stirnseite des Wellrohrs ist meist geschlossen, die offene Stirnseite dient dem Anschluß an die Druck- bzw. Signalleitung.

**Tabelle 1.1.** Nichtmetallische Membranwerkstoffe

| Werkstoff | Eigenschaften |
|---|---|
| Polyester | gute Festigkeit schon bei geringen Gewebedichten, in Luft bis 140° C |
| Aliphatische Polyamide | bessere Bindung zwischen Gummi und Gewebe (wichtig bei hochbeanspruchten Membranen: höhere Lebensdauer) bei 100° C noch 70% Festigkeit gegenüber Raumtemperatur |
| Aromatische Polyamide | in Luft bei 180° C noch 50% Festigkeit gegenüber Raumtemperatur, besonders für Heißwasser geeignet |
| Chlor-Butadien-Kautschuk | günstig bei Luft, kälteflexibel, alterungsbeständig, bei Mineralöl ungünstig |
| Acrylnitril-Butadien-Kautschuk | günstig für Luft, Mineralöl, Wasser, kältebeständig |
| Silikon-Kautschuk | sehr großer Temperaturbereich: -65 ... +200° C |

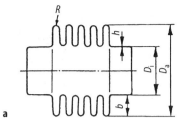

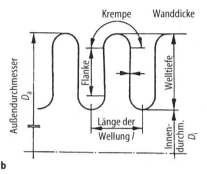

**Bild 1.22.** Metallfaltenbalg. **a** Aufbau, **b** Geometrie.
Übliche Werte: $D_a$ = 15 ... 200 mm, $h$ = 0,5 ... 1 mm (ein- und mehrwandig), zul. Außendruck $p_a \approx$ ...3 MPa, max. Hub je Welle = 0,1 ... 2 mm, Federhärte je Welle $c_{1W}$ = 12 ... 2000 N/mm

Die im Bild 1.22 angegebenen Daten zeigen, daß die Belange der Normaldruckpneumatik sowohl von den Abmessungen als auch von den elastischen Eigenschaften erfüllt werden. Wellrohre werden aus Tombak, nichtrostendem Stahl (V2A oder V4A) oder auch aus Plastmaterialien hergestellt.

*Abschätzung wichtiger Kenngrößen*
Für die Eigenschaften und das Verhalten von Wellrohren sind folgende Kenngrößen von Bedeutung: Federkonstante $c_W$, wirksame Fläche $A_W$, zulässiger Hub $s_{zul}$, Druckfestigkeit $P_f$, Anzahl der Wandungen $n$, Streckgrenze $\sigma_F$. Die Abschätzungen erfolgen nach [1.10].
*Federkonstante $c_W$.* Die für eine Längenänderung $s$ in Achsenrichtung aufzubringende Kraft $F$ kann experimentell ermittelt werden und ergibt $c_W = F/s$. Rechnerisch erhält man, bezogen auf eine Welle,

$$c_{1W} = a_1 \frac{\pi E D_a h^3 n}{b^3}. \quad (1.32)$$

$a_1$ ist ein von der Fertigung abhängiger Faktor, er wird experimentell ermittelt. $E$ ist der Elastizitätsmodul. Wie (1.32) zeigt, wirken sich Schwankungen von $h$ und $b$ wegen der 3. Potenz stark aus. Deshalb kann $c_W$ bis zu 30% vom berechneten Wert abweichen.
*Zulässiger Hub $s_{zul}$.* Der zulässige Hub wird so festgelegt, daß bei einer Belastung und darauffolgender Entlastung das Wellrohr mit einem Fehler von <1% in seine Ausgangslage zurückkehrt. Für den zulässigen Hub einer Welle gilt

$$s_{1zul} = a_2 \frac{b^2 \sigma_F}{En}. \quad (1.33)$$

$a_2$ ist ein Fertigungsfaktor, $\sigma_F$ die Streckgrenze des Wellrohrmaterials. Der zulässige Hub bezieht sich auf eine axiale Längung des Wellrohrs.
Beim Einsatz eines Wellrohrs sollen etwa 60% des zulässigen Hubes nicht überschritten werden.
Wird der Balg mit Innendruck beaufschlagt, so ist die Balglänge wegen der Gefahr des Ausknickens höchstens gleich der des Außendurchmessers zu wählen.
*Druckfestigkeit $P_f$.* Bei Außenbelastung des Wellrohrs ist die zulässige Druckbelastung

$$P_f = a_3 \frac{\sigma_F h^2 n}{b^2} \quad (1.34)$$

$a_3$ ist wiederum ein Fertigungsfaktor.
*Wirksame Fläche $A_W$.* Ihre Ermittlung erfolgt nach der Beziehung

$$A_W = \frac{\pi}{16}(D_a + D_i)^2 \quad (1.35)$$

Bei der Auslenkung eines Wellrohrs kann die Änderung der wirksamen Fläche in Abhängigkeit vom Innendruck in ungünstigen Fällen bis zu einem Prozent betragen.
*Mittlere erreichbare Lastwechselzahl.* Bei Einhaltung der vorgeschriebenen Belastungsgrenzen läßt sich die erreichbare Lastwechselzahl in Abhängigkeit von $s/s_{zul}$ mit $P/P_f$ als Parameter darstellen, Bild 1.23.
Aus den dargestellten experimentellen Ergebnissen folgt deutlich, daß eine geringere als die zulässige Belastung hinsichtlich der Auslenkungen und der Drücke zu einer deutlichen Steigerung der Lebensdauer führt. Auf eine Behandlung von Bourdonfedern soll hier verzichtet werden.

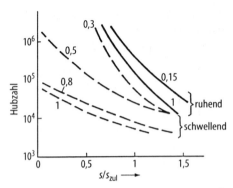

**Bild 1.23.** Lebensdauer (erreichbare Hubzahl) von Metallfaltenbälgen. Parameter $P/P_f$

## 1.6
## Pneumatische Leitungen

### 1.6.1
### Ermittlung der Leitungsparameter

Aus der Sicht der Elektroanalogie können Drosselstellen als Widerstände, Volumenelemente als Kapazitäten bezeichnet werden. Bei der Strömung in pneumatischen Leitungen kann sich die Massenträgheit des Mediums als Strömungswiderstand bemerkbar machen, eine Eigenschaft, die der Induktivität analog ist. Dieser Effekt tritt merklich vor allem bei größerer Dichte des Strömungsmediums und ausschließlich bei dynamischen Vorgängen auf.

Bei der bisherigen Betrachtung wurden diese Einflüsse vernachlässigt. Zur Analyse der Wirkung soll hier die Leitung als Element mit konzentrierten Parametern betrachtet werden, die damit zu gewinnenden Aussagen genügen zur Abschätzung des dynamischen Verhaltens. Genauere Untersuchungen enthalten [1.11, 1.12].

Die bestimmenden Parameter für das Verhalten sind der Leitungswiderstand, die Kapazität und die Induktivität sowie die durch die endliche Schallgeschwindigkeit bedingte Totzeit.

Sie lassen sich wie folgt angeben:

*Leitungswiderstand $W_L$.*
Bei stationärer Strömung gilt $d\dot m = \overline{w}\rho\, dA$, bei laminarer Strömung nach Bild 1.24 $dA = 2\pi x\, dx$ und $\overline{w} = (\Delta p/l\eta)(r^2 - x^2)/4$, damit wird

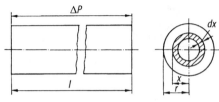

**Bild 1.24.** Leitungselement

$$\dot m = \frac{\Delta p\, A^2 \varrho}{8l\,\eta\pi} \quad \text{und mit} \quad W = \frac{\Delta p}{\dot m} \quad (1.36)$$

$$W_L = \frac{8\pi\eta}{\varrho}\frac{l}{A^2}.$$

*Leitungskapazität $S_L$*

$$S_L = \frac{Al}{RT}. \quad (1.37)$$

*Leitungsinduktivität $I_L$.*
Aus der einer Bewegung entgegenwirkenden Trägheitskraft ermitteln wir mit

$$F = \Delta p A = m\frac{dw}{dt}. \quad (1.38)$$

Wir erhalten aus

$$\frac{d\dot m}{dt} = \varrho A \frac{dw}{dt}\,;\quad \frac{dw}{dt} = \frac{d\dot m}{dt}\frac{1}{\varrho A}:$$

mit $m = \varrho A l$ wird aus (1.38)

$$\Delta p A = \frac{\varrho A l}{\varrho A}\frac{d\dot m}{dt}\,;$$

daraus folgt

$$\Delta p = \frac{l}{A}\frac{d\dot m}{dt}\,;\quad \text{das ergibt}\quad I_L = \frac{l}{A} \quad (1.39a)$$

Die Induktivität $I_L$ ist eine Proportionalitätskonstante, die Aussagen über den zur Beschleunigung einer Masse erforderlichen Druckabfall macht. Die gewonnene Beziehung zur Beschreibung der Induktivität einer Leitung ist analog der aus der Elektrotechnik bekannten Beziehung

$$\Delta p = I_L \frac{d\dot m}{dt}\,;\quad U_L = \frac{di}{dt}. \quad (1.39b)$$

*Totzeit (Laufzeit) $T_t$.*
Die maximale Geschwindigkeit, mit der sich kleine Druckänderungen ausbreiten, ist die Schallgeschwindigkeit $a$. Die Zeit, die

eine Druckänderung zum Durchlaufen der Leitungslänge $l$ benötigt, beträgt damit

$$T_t = \frac{l}{a}, \tag{1.40}$$

wobei für isotherme Zustandsänderungen

$$a = \sqrt{\frac{dp}{d\varrho}} = \sqrt{RT}$$

gilt. Damit kann man schreiben

$$T_t = \frac{1}{\sqrt{RT}}. \tag{1.41}$$

$T_t$ folgt auch aus

$$S_L I_L = \frac{Al}{RT}\frac{l}{A} = \frac{l^2}{RT} = T_t^2, \tag{1.42}$$

daraus folgt

$$T_t = \sqrt{S_L I_L}.$$

## 1.6.2
**Übertragung analoger Signale**

Nach Bild 1.25 beschreiben wir die Leitung näherungsweise durch die soeben ermittelten Parameter. Die Beschreibung gilt in guter Näherung dann, wenn sich Druck und Massenstrom linear mit der Leitungslänge ändern. Für das Übertragungsverhalten ergibt sich auf Grund experimenteller Erfahrungen entsprechend Bild 1.26 eine Übertragungsfunktion 2. Ordnung mit Totzeit. Es gilt

$$G(p) = \frac{e^{-pT_t}}{T_1 T_2 p^2 + T_1 p + 1}. \tag{1.43}$$

Die Zeitkonstanten $T_1$, $T_2$ sowie die Totzeit $T_t$ lassen sich aus $W_L$, $S_L$ und $I_L$ ermitteln:

$$T_1 = W_L S_L = \frac{32}{RT}\frac{\eta}{\varrho}\frac{l^2}{d^2}, \tag{1.44}$$

$$T_2 = \frac{I_L}{W_L} = \frac{\varrho}{32\eta} d^2, \tag{1.45}$$

$$T_t = \sqrt{S_L I_L} = \frac{1}{\sqrt{RT}} = \frac{1}{a}. \tag{1.41/1.42}$$

Vereinfachungsmöglichkeiten ergeben sich bei Annäherung der Sprungantwort durch ein Verzögerungsglied 1. Ordnung mit Ersatztotzeit $T_{tE} = T_t + \sqrt{T_1 T_2}$.
Der zeitliche Druckverlauf $p(t)$ ergibt sich dann

$$\frac{p(t)}{\Delta P_{Ein}} = \begin{cases} 1 - e^{-\frac{t-T_{tE}}{T_1(0,5+r)}} & \text{für } t \geq T_{tE} \\ 0 & \text{für } t \leq T_{tE} \end{cases} \tag{1.46}$$

Mit $S_A$ als die Leitung belastendes Volumen gilt $r = S_A/S_L$, bei $V_A = \infty$ liegt die Leitung an Atmosphäre. Um einen Einblick über die Einflüsse von $T_1$, $T_2$ und $T_t$ auf das Übertragungsverhalten zu gewinnen, betrachten wir den Dämpfungsgrad $D$, der sich nach [1.10] wie folgt beschreiben läßt:

$$D = \frac{16\eta}{a\varrho}\frac{l}{d^2}. \tag{1.47}$$

Am Beispiel einer Leitung vom Durchmesser $d = 2$ mm soll der Einfluß demonstriert werden (Tabelle 1.2):
Hieraus kann man erkennen, daß bei den Dämpfungsgraden der Leitung

$D > 100$ nur die Zeitkonstante $T_1$, d.h. die Verzögerung durch Widerstand und Kapazität, bei
$10 < D < 100$ die Zeitkonstante $T_1$ und die Totzeit $T_t$ und bei
$D < 10$ $T_1$, $T_2$ und $T_t$ zu berücksichtigen sind.

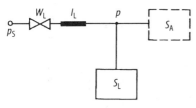

**Bild 1.25.** Pneumatische Leitung (Modell mit konzentrierten Parametern)

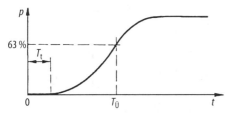

**Bild 1.26.** Sprungantwort einer pneumatischen Leitung

**Tabelle 1.2.** Zeitkonstanten und Dämpfungsgrad pneumatischer Leitungen in Abhängigkeit von der Leitungslänge

| $l$ in m | 600 | 60 | 6 | 0,6 | 0,06 |
|---|---|---|---|---|---|
| $l/d$ | $3 \cdot 10^5$ | $3 \cdot 10^4$ | $3 \cdot 10^3$ | $3 \cdot 10^2$ | $3 \cdot 10^1$ |
| $T_1$ in s | $5,3 \cdot 10^2$ | 5,3 | $5,3 \cdot 10^{-2}$ | $5,3 \cdot 10^{-4}$ | $5,3 \cdot 10^{-6}$ |
| $T_2$ in s | $8 \cdot 10^{-3}$ | $8 \cdot 10^{-3}$ | $8 \cdot 10^{-3}$ | $8 \cdot 10^{-3}$ | $8 \cdot 10^{-3}$ |
| $T_t$ in s | 2,1 | $2,1 \cdot 10^{-1}$ | $2,1 \cdot 10^{-2}$ | $2,1 \cdot 10^{-3}$ | $2,1 \cdot 10^{-4}$ |
| $D$ | 128 | 12,8 | 1,28 | 0,128 | 0,0128 |

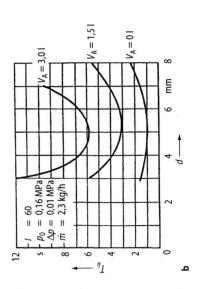
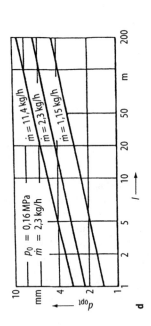
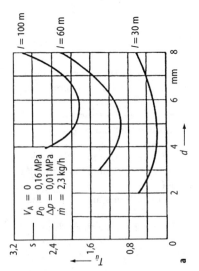
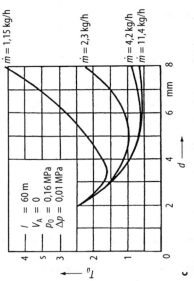

**Bild 1.27.** Kennlinien zur Auswahl günstiger Leitungen bei der analogen Signalübertragung (experimentelle Ergebnisse), $p_0$ statischer Druck in der Leitung. **a** $T_\mathrm{ü} = f(d, l)$, **b** $T_\mathrm{ü} = f(d, V_a)$, **c** $T_\mathrm{ü} = f(d, \dot{m})$, **d** $d_\mathrm{opt} = f(l, \dot{m})$

# 1 Grundelemente der Pneumatik

*Hinweise zur Auslegung der Leitung*
Zunächst sei bemerkt, daß auf Grund der Gefahr der Reflexion an Unstetigkeitsstellen der Leitung, wie Abzweigungen usw., eine Anpassung mit dem Wellenwiderstand wie im elektrischen Fall erforderlich ist. Nach [1.11, 1.12] erfolgt diese Anpassung mit einem Verzögerungsglied als Wellenwiderstand.

Im praktischen Fall des Einsatzes von Leitungen interessiert vor allem eine Dimensionierung im Hinblick auf eine schnelle Signalübertragung. Die Signalübertragungszeit wird entsprechend Bild 1.26 an Hand der Zeit $T_{\ddot{u}}$ abgeschätzt.

Die zur Ermittlung der Abhängigkeit der Zeit $T_{\ddot{u}}$ von den Leitungsparametern durchgeführten Experimente erbrachten die im Bild 1.27 angegebenen Ergebnisse, sie lassen die wichtigsten Anhaltspunkte für eine Auswahl der „zeitoptimalen" Leitung ablesen. Weitere und genauere Informationen sind u.a. in [1.11, 1.12] zu finden.

### 1.6.3
**Übertragung diskreter Signale**
Durch die Entwicklung von Schaltelementen zur Informationserfassung und -verarbeitung wird auch die Übertragung diskreter Signale für die Anwendung in der Pneumatik notwendig. Die Übertragungssysteme sind nach [1.11–1.13] durch die Verwendung zugeschnittener Impulsgeber (IG) und Impulsempfänger (IE) nach Bild 1.28 für früher nicht übliche Frequenzbereiche und Leitungslängen geeignet.

Der Impulsempfänger nach Bild 1.28b ist so ausgelegt, daß die am Ende der Leitung stark gedämpften Impulse differenziert und verstärkt werden und über einen Impulsformer IF ihre endgültige Regeneration erfahren. Die Übertragung ist bis zur Ansprechschwelle des Impulsempfängers, die über dem Störpegel liegen muß, gewährleistet. Die Übertragung von pulsbreiten-modulierten Signalen wird hier nicht besprochen, wir beschränken uns auf die Betrachtung der Übertragung von frequenten Signalen. Sind die Eingangssignale periodisch, dann erreichen wir, abhängig von der Luftleistung des Impulsgebers, die im Bild 1.29 skizzierten Verläufe, die aus experimentellen Ergebnissen abgeleitet wurden [1.13, 1.14].

Bei der Übertragung nichtperiodischer Impulsfolgen treten Schwierigkeiten bezüglich der Entlüftung und Belüftung der Leitung auf, da bei völlig entleerter Leitung

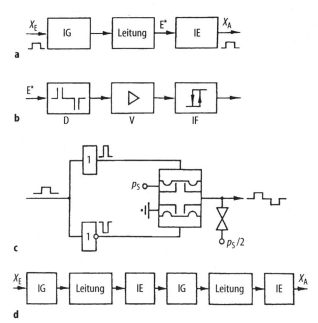

**Bild 1.28.** Pneumatische Impulsübertragung. **a** Prinzip der Übertragung, **b** Prinzip des Empfängers, **c** Prinzip des Gebers für nichtperiodische Impulse, **d** Prinzip der Übertragung mit Zwischenverstärkung

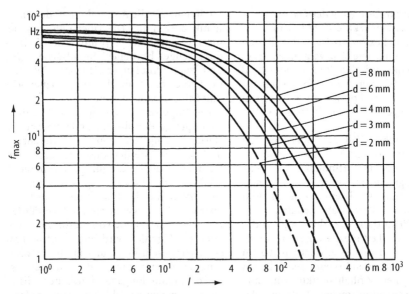

**Bild 1.29.** Übertragbare Frequenz in Abhängigkeit von *d* und *l* der Leitung bei periodischen Signalen (experimentelle Ergebnisse)

keine optimale und bei – auf den Enddruck – gefüllter Leitung gar keine Übertragung möglich wäre. Deshalb wurde in [1.15] der im Bild 1.28c skizzierte Impulsgeber vorgeschlagen, der diese Schwierigkeiten beseitigt. Bei seiner Verwendung ist stets ein mittlerer Leitungsdruck von 0,5 $p_S$ gewährleistet. Bei der Übertragung nichtperiodischer Impulse werden mit dem Übertragungssystem nach Bild 1.28a und dem skizzierten Geber etwa 60% der im Bild 1.29 angegebenen Werte erreicht. Weitere Angaben hierzu sind in [1.15] zu finden.

Sind sehr große Entfernungen zu überbrücken – was in Sonderfällen auftreten kann –, so müßten nach Bild 1.28d mehrere Übertragungssysteme in Reihe geschaltet werden.

Arbeitet man generell ohne zusätzliche Empfänger und Geber, dann werden bei Verwendung üblicher Schaltelemente, z.B. dem Doppelmembranrelais (Abschn. 3.2), Werte erreicht, die wesentlich niedriger liegen. So ergeben sich bei $d = 4$ mm und $l = 100$ m nur noch $f \approx 0{,}24$ Hz, das sind etwa $1/50$ der maximal erreichbaren Ergebnisse [1.12, 1.15].

In [1.16] wurde ein einfacher erfolgversprechender passiver Impulsformer PIF nach Bild 1.30 vorgeschlagen. Dieser PIF wird eingangsseitig von einem Normaldrucksignal (0,1 MPa) beaufschlagt und liefert am Ausgang ein Niederdrucksignal (0,001 MPa). Als Empfänger ist am Leitungsende ein Niederdruck-Normaldruck-Wandler (Abschn. 2.2) vorzusehen. Die damit erzielten Ergebnisse sind im Bild 1.30b angegeben, die Angaben für $f_{max}$ und $t_s$ informieren über die maximal übertragbare Frequenz und die Zeit zwischen Impulseingabe und -ausgabe.

## 1.7
## Strahlelemente

In Strahlelementen, auch dynamische Elemente, Fluidics, pneumonische Elemente, fluidische Elemente ohne bewegte Teile genannt, werden durch eine oder mehrere Düsen mit kreisförmigem oder rechteckigem Querschnitt Freistrahlen erzeugt. Diese breiten sich in einem von Wänden begrenzten Wirkraum aus und treffen auf eine Fangdüse, in welcher ein Druck aufgebaut wird, der als Ausgangssignal genutzt wird. Die Steuerung erfolgt durch einen oder mehrere Steuerstrahlen, die den Hauptstrahl entweder zur Fangdüse hin- oder von

# 1 Grundelemente der Pneumatik 523

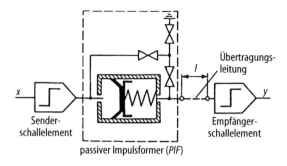

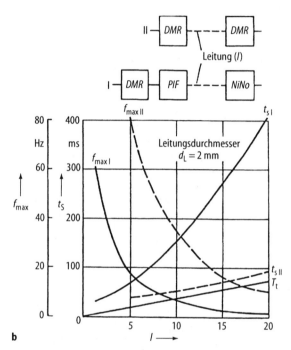

**Bild 1.30.** Passiver Impulsformer.
**a** Aufbau, **b** Kennlinie (experimentelle Ergebnisse) *DMR* Doppelmembranrelais, *NiNo* Niederdruck/Normaldruckwandler

dieser ablenken, oder sie stören den Strahl derart, daß dieser geschwächt wird.

Ausgenutzt werden dabei folgende Effekte:

- die Strahlablenkung,
- die Strahlstörung durch gegeneinander gerichtetes Auftreffen von Freistrahlen,
- der Strömungsumschlag (laminar-turbulent),
- der Wandhafteffekt (Coanda-Effekt),
- der Dralleffekt einer Wirbelströmung.

Damit werden unterschieden: Strahlablenkelemente, Gegenstrahlelemente, Turbulenzelemente, Wandstrahlelemente und Wirbelkammerelemente.

Im Gegensatz zu den statischen Elementen werden Strahlelemente im Betriebszustand stets von Luft durchströmt, sie haben also einen ständigen Luftverbrauch. Die genannten Effekte der Strömungstechnik, die hierbei genutzt werden, sind bereits seit längerer Zeit bekannt, sie wurden von Prandtl (1904), Coanda (1938) u.a. beschrieben. Wegen des ständigen Luftverbrauchs arbeiten Strahlelemente meist bei niedrigem Druckpegel (0,1 bis 10 kPa). Durch das Fehlen bewegter Bauteile ist ihr Verschleißverhalten – bei sauberer Betriebsluft – wesentlich günstiger. Kennzeichen sind eine sehr kleine Baugröße, die Eignung zur Schaltungsintegration, die Möglichkeit einer einfachen Herstellung durch Spritzen, Ätzen u.ä. Ihre Nachteile sind die im Vergleich zu den statischen Elementen relativ geringe Ausgangsleistung und die durch gegenseitige Beeinflussung auftretenden Probleme beim Zusammenschalten der Elemente. Die Kombination solcher Elemente erfordert also Vorkenntnisse und Erfahrungen.

### 1.7.1
**Strahlablenkelemente**

Das Wirkprinzip von Strahlablenkelementen, auch Impulsverstärker oder Freistrahlelemente genannt, besteht in der Ablenkung eines Hauptstrahls durch einen oder mehrere Steuerstrahlen. Sie sind vorrangig symmetrisch und planar aufgebaut. Gegenüber einer Versorgungsdüse befinden sich zwei Fangdüsen (Bild 1.31a). Senkrecht dazu sind die Steuerdüsen angeordnet, die die Strahlablenkung bewirken.

Durch vektorielle Addition der Fluidimpulsströme der beteiligten Freistrahlen ergeben sich die Richtung und der Impuls des abgelenkten Hauptstrahls, der zum Druckaufbau in den Fangdüsen führt. Strahlablenkelemente finden hauptsächlich als binäre Elemente (Schaltelemente) für logische Funktionen Anwendung (s. Abschn. 3.3).

### 1.7.2
**Gegenstrahlelemente**

In Gegenstrahlelementen stoßen zwei gegeneinander gerichtete turbulente Freistrahlen zusammen und bilden am Stoßpunkt einen Radialstrahl, aus dessen Strömungsenergie das Ausgangssignal zurückgewonnen wird. Gegenstrahlelemente bestehen aus zwei axial angeordneten Versorgungsdüsen, einer axialen oder transversalen Steuerdüse und aus einer Fangdüse, die gleichfalls in der Hauptstrahlachse liegt (Bild 1.32a).

Wird ein solches Element mit den zwei Versorgungsdrücken $p_{V_1}$ und $p_{V_2}$ gespeist, so liegt der Stoßpunkt an der Stelle, an der sich ihre Fluidimpulsströme bzw. Strahlkräfte aufheben. Die Lage des Stoßpunktes kann sowohl durch die Versorgungsdruckdifferenz $\Delta p_V = p_{V_1} - p_{V_2}$ (Bild 1.32b) als auch durch einen zusätzlichen Steuerstrahl verändert werden. Gelangt durch Verlagerung des Stoßpunktes der Radialstrahl in die Fangdüse, so wird ein entsprechender Ausgangsdruck erzeugt.

Entsprechend Bild 1.33 sind drei Varianten von Gegenstrahlelementen bekannt, die sich hinsichtlich der Steuerung des Radialstrahls und folglich der Druckverstärkung unterscheiden. Die höchste Verstärkung (max. 200) besitzt das Gegenstrahlelement mit axialer Steuerdüse. Kennwerte von Gegenstrahlelementen enthält Tabelle 1.3.

Infolge ihrer relativ hohen Verstärkung und geringen Belastungsabhängigkeit eignen

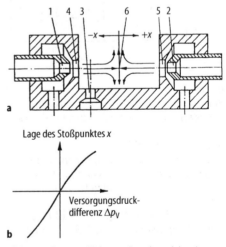

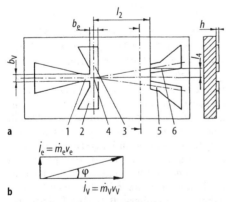

**Bild 1.31.** Planares Strahlablenkelement. **a** Prinzipieller Aufbau in Stegbauweise, *1* Versorgungsdüse, *2* und *3* Steuerdüsen, *4* Wirkraum, *5* und *6* Fangdüsen, **b** Fluidimpulsströme in vektorieller Darstellung

**Bild 1.32.** Gegenstrahlelement (Impaktmodulator). **a** Prinzipieller Aufbau, *1* und *2* Versorgungsdüsen, *3* transversale Steuerdüse, *4* axiale Steuerdüse, *5* Fangdüse, *6* Stoßpunkt, **b** Lage des Stoßpunktes $x$ in Abhängigkeit von der Versorgungsdruckdifferenz $\Delta p_V$

1 Grundelemente der Pneumatik 525

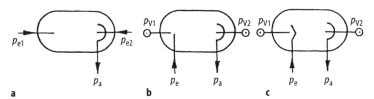

**Bild 1.33.** Varianten von Gegenstrahlelementen. **a** summierender Impaktmodulator (SIM) ohne Steuerdüsen, **b** transversaler Impaktmodulator (TIM) mit transversaler Steuerdüse, **c** direkter Impaktmodulator (DIM) mit axialer Steuerdüse

sich Gegenstrahlelemente zum Aufbau von Verstärkern, Vergleichern und Komparatoren für pneumatische Meß- und Regelgeräte.

### 1.7.3
### Turbulenzelemente

In Turbulenzelementen wird der Umschlag von laminarer zur turbulenten Strömung eines Freistrahls ausgenutzt. Turbulenzelemente bestehen aus einem langen Versorgungskanal, einer dazu fluchtend angeordneten Fangdüse und aus einer (oder aus mehreren) quer zur Hauptstrahlachse liegenden Steuerdüse(n) (Bild 1.34).

Die Ausbildung von Turbulenz in dem ursprünglich laminaren Hauptstrahl erfolgt durch die querströmenden Steuerstrahlen oder in Sonderfällen durch Ultraschall.

Typische Kennwerte von Turbulenzelementen sind in Tabelle 1.3 enthalten. Turbulenzelemente werden als Verstärkerelemente (Abschn. 2.2.2) (maximale Druckverstärkung 10), logische NOR-Elemente (Abschn. 3.3) (maximale Belastungszahl bzw. fan out 4) und in Sonderfällen als Wandlerelemente (z.B. in Ultraschallsensoren) verwendet.

### 1.7.4
### Wandstrahlelemente

In Wandstrahlelementen wird der Wandhafteffekt (Coanda-Effekt) von begrenzten Freistrahlen ausgenutzt. Wandstrahlelemente besitzen eine Versorgungsdüse, meist mehrere dazu senkrecht angeordnete Steuerdüsen, zwei von der Hauptstrahlachse versetzte Haftwände in Form eines Diffusors und zwei Fangdüsen (Bild 1.35a). Tritt aus der Versorgungsdüse ein Freistrahl (vorrangig turbulent) aus, so wird dieser durch den entstehenden Unterdruck (Un-

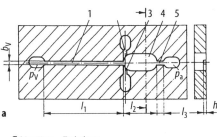

**Bild 1.34.** Planares Turbulenzelement. **a** Prinzipieller Aufbau, *1* Versorgungskanal, *2* und *3* Steuerdüsen, *4* Entlüftungsraum, *5* Fangdüse, **b** Versorgungskennlinie

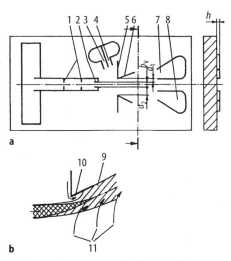

**Bild 1.35.** Planares monostabiles Wandstrahlelement. **a** Prinzipieller Aufbau in Stegbauweise, *1* Vordrosseln, *2* Versorgungsdüse, *3* und *4* Steuerdüsen, *5* Leitflächen, *6* Diffusor, *7* und *8* Fangdüsen, **b** Strahlhaftung, *9* turbulenter Freistrahl, *10* Unterdruckblase, *11* angesaugtes Fluid

**Tabelle 1.3.** Kennwerte und Eigenschaften von Strahlelementen

| Kenngröße | Einheit | Turbulenzelement | Strahlablenkelement | Wandstrahlelement |
|---|---|---|---|---|
| Symbol | | | | |
| Steuerkennlinie bei Leerlauf (L) und Belastung (B) | | | | |
| Düsenabmessung $d, b, h$ | mm | 0,2...1 | 0,5...1 | 0,2...100 |
| Versorgungsdruck $p_v$ | kPa | 0,5...20 | 1...200 | 1...100 |
| Versorgungsstrom $\dot{V}_v$ | cm³/s | 10...20 | 5...50 | 10...50 |
| Druckrückgewinn $p_a/p_v$ | % | ≤60 | 50...70 | 40...65 |
| Stromrückgewinn $\dot{V}_a/\dot{V}_v$ | % | ≤10 | 30...80 | nicht bekannt |
| Druckverstärkung $V_p$ | 1 | ≤10 | 5...20 | – |
| Belastungszahl (fan out) | Stück | ≤4 | – | ≤6 |
| Widerstände $R$ | kPa · s/cm³ | 0,1...1 | 0,1...1 | 0,1...1 |
| Verzögerungszeit | ms | 1...6 | 1 | 0,5...2 |
| Grenzfrequenz $f_g$ | Hz | ≤200 | ≤1000 | ≤500 |

| Kenngröße | Einheit | Wirbelkammerelement | Gegenstrahlelement |
|---|---|---|---|
| Symbol | | | |
| Steuerkennlinie bei Leerlauf (L) und Belastung (B) | | | |
| Düsenabmessung $d, b, h$ | mm | 10...50 | 0,4...1 |
| Versorgungsdruck $p_v$ | kPa | 60...700 | 2...140 |
| Versorgungsstrom $\dot{V}_v$ | cm³/s | ≤10³ | nicht bekannt |
| Druckrückgewinn $p_a/p_v$ | % | ≤96 | ≤60 |
| Stromrückgewinn $\dot{V}_a/\dot{V}_v$ | % | nicht bekannt | nicht bekannt |
| Druckverstärkung $V_p$ | 1 | ≤10 | 20...200 |
| Belastungszahl (fan out) | Stück | – | – |
| Widerstände $R$ | kPa · s/cm³ | nicht bekannt | nicht bekannt |
| Verzögerungszeit | ms | nicht bekannt | nicht bekannt |
| Grenzfrequenz $f_g$ | Hz | ≤50 | nicht bekannt |

terdruckblase) zur Wand abgelenkt und haftet schließlich an dieser (Bild 1.35b).

Die Entstehung des Unterdruckes ist durch das aerodynamische Paradoxon einer Strömung zu erklären. Der Unterdruck entsteht dadurch, daß auf Grund der Scherspannung zwischen Strahl und Umgebungsfluid der Freistrahl versucht, Fluidpartikel aus seiner Umgebung anzusaugen, was dann aber an der Begrenzungswand verhindert wird. Die Wandhaftung ist aber nur unter bestimmten Bedingungen stabil, z.B. bei relativ hoher Strahlgeschwindigkeit (hohe Reynolds-Zahl) und geringer Versetzung $a_1$ der Wand (Bild 1.35a). Bei ungleicher Versetzung ($a_2 > a_1$) haftet der Freistrahl stets an der geringer versetzten Wand (monostabiles Verhalten). Die Umschaltung des Freistrahls von der einen an die andere Wand erfolgt durch Steuerstrahlen, die die Unterdruckblase auffüllen und so die Unterdruckwirkung aufheben. Wandstrahlelemente (auch Haftstrahlelemente oder Coanda-Elemente genannt) weisen ein Schaltverhalten auf und werden als Logikelemente (Abschn. 3.3) und als Umschaltventile ohne mechanisch bewegte Teile für große Fluidströme (z.B. im Wasserbau, in der Klima- und Verfahrenstechnik) verwendet. Typische Kennwerte von Wandstrahlelementen enthält Tabelle 1.3.

### 1.7.5
### Wirbelkammerelemente

In Wirbelkammerelementen (auch Vortex-Elemente genannt) wird der Dralleffekt einer Wirbelströmung ausgenutzt. Diese Elemente enthalten z.B. eine Wirbelkammer, einen dazu radial angeordneten Versorgungskanal, einen tangential angeordneten Steuerkanal und einen axial angeordneten Ausgangskanal (Bild 1.36a).

Das vom Versorgungskanal durch die Wirbelkammer zum Ausgangskanal fließende Fluid wird durch die Steuerströmung in Rotation versetzt, wobei die tangentiale Strömungsgeschwindigkeit in der Wirbelkammer den im Bild 1.36b gezeigten radialen Verlauf hat. Durch die Wirbelbildung wird die Durchflußzahl und damit auch der Durchfluß verringert, so daß hiermit eine Steuerung des Stromes möglich wird. Wegen dieser Besonderheit werden Wirbelkammerelemente vor allem als fluidische Drosseln, Dioden und Ventile ohne mechanisch bewegte Teile verwendet (Bild 1.37). Sie werden auch als Stellelemente mit relativ großen Abmessungen und zur Steuerung großer Volumenströme eingesetzt. Zu beachten ist, daß der Steuerdruck größer als der Versorgungsdruck sein muß ($p_e > p_v$).

In Sonderfällen finden Wirbelkammerelemente auch Anwendung zum Aufbau von Verstärkern und Sensoren, bei denen eine Fangdüse zur Rückgewinnung des Ausgangsdruckes $p_a$ im Ausgangskanal liegt (Bild 1.37d). Einige Kennwerte von Wirbelkammerelementen sind in Tabelle 1.3 enthalten.

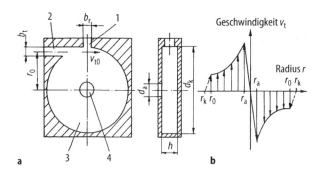

**Bild 1.36.** Wirbelkammerelement. **a** Prinzipieller Aufbau, *1* Versorgungskanal, *2* Steuerkanal, *3* Wirbelkammer, *4* Ausgangskanal, **b** Geschwindigkeitsverteilung in der Wirbelkammer

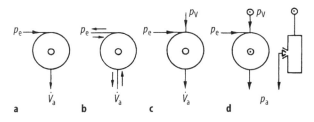

**Bild 1.37.** Varianten von Wirbelkammerelementen. **a** Drossel, **b** Diode, **c** Ventil, **d** Verstärker

Zur Bewertung von Wirbelkammerelementen dienen folgende Kennzahlen:

*Steuerdruckverhältnis*
(*engl*.: control pressure ratio)

$$CPR = \frac{p_e(\dot{V}_V = 0)}{p_V} \quad (1.48)$$

*Volumenstromverhältnis*
(*engl*.: turn down ratio)

$$TDR = \frac{\dot{V}_V}{\dot{V}_e(\dot{V}_V = 0)} \quad (1.49)$$

*Leistungsverhältnis*
(*engl*.: index of performance)

$$IP = \frac{TDR}{CPR} = \frac{p_V \dot{V}_V}{p_e \dot{V}_e(\dot{V}_V = 0)} \quad (1.50)$$

Typische Werte dieser Kennzahlen liegen bei $CPR \geq 1{,}015$, $TDR \leq 14$ und $IP \leq 14$.

## Literatur

1.1 Töpfer H, Kriesel W (1988) Funktionseinheiten der Automatisierungstechnik, 5. Aufl. Verlag Technik, Berlin
1.2 Töpfer H, Schwarz A (1988) Wissensspeicher Fluidtechnik. Hydraulische und pneumatische Antriebs- und Steuerungstechnik. Fachbuchverlag, Leipzig
1.3 Töpfer H, Schrepel D (1965) Berechnung und experimentelle Untersuchung eines verbesserten Systems Düse-Prallplatte. msr 8/2:44-48
1.4 Töpfer H, Siwoff F (1962) Verhalten des Systems Düse-Kugel als Steuereinheit. msr 5/8:369-374
1.5 Winkler R, Kramer K (1960) Näherungsweise Berechnung von Düse-Prallplatten-Systemen. Regelungstechnik 8/12:439-446
1.6 Liesegang R (1968) Zum Übertragungsverhalten von pneumatischen Drossel-Speicher-Gliedern. Regelungstechnik 16/4:150-157
1.7 Töpfer H (1959) Zeitkonstanten von pneumatischen Widerstands-Speichergliedern. Monatsberichte der Deutschen Akademie der Wissenschaften, Berlin Bd. 1, 451-458
1.8 Ehrlich H, Kriesel W (1966) Berechnung und experimentelle Untersuchung einstellbarer Drosseln vom Typ Kegel-Kegel und Kegel-Zylinder. msr 9/1:21-29
1.9 Töpfer H (1964) Über die Verringerung des Einflusses atmosphärischer Druckschwankungen auf das Verhalten von Geräten der Niederdruckpneumatik. msr 7/9: 304-309
1.10 Nothdurft H (1957) Eigenschaften von Metallbälgen. Regelungstechnik 5/10:334-338
1.11 Töpfer H, Rockstroh M (1964) Verhalten und Dimensionierung pneumatischer Übertragungsleitungen. msr 7/11:373-380
1.12 Rockstroh M (1970) Beitrag zur pneumatischen Signalübertragung in Systemen mit langen Übertragungsleitungen. Dissertation, TU Dresden
1.13 Töpfer H, Rockstroh M (1967) Impulsübertragung in pneumatischen Leitungen. msr 10/6:219-222
1.14 Schrepel D, Schwarz A, Rockstroh M (1972) Improved Fluidic Pulse Transmission System. 5. Cranfield-Fluidic-Conference, Paper G1, Uppsala 1972
1.15 Schrepel D (1972) Beitrag zur pneumatischen digitalen Informationsübertragung. Dissertation, TU Dresden
1.16 Schwarz A (1974) Möglichkeiten und Tendenzen der digitalen pneumatischen Informationsverarbeitung. Akademie der Wissenschaften der DDR, ZKI-Informationen 2, 12-18

# 2 Analoge pneumatische Signalverarbeitung

H. TÖPFER, P. BESCH

## 2.1 Arbeitsverfahren

Durch Kombination der im Kapitel 1 beschriebenen Grundelemente lassen sich eine Vielzahl von Baueinheiten und Geräten aufbauen [1.1, 1.2, 2.1–2.6]. Die hier und im Kapitel 3 verfolgte Darstellung aller relevanten Grundprinzipien pneumatischer Baueinheiten erlaubt den Verzicht auf eine breit angelegte Beschreibung konkreter Geräteausführungen. Mit einer Zerlegung in die hier erläuterten Prinzipien kann die Funktionsweise praktisch jedes industriellen pneumatischen Gerätes ohne Schwierigkeiten verständlich gemacht werden.

Nach dem Aufbau und damit nach der inneren Struktur der Signalübertragung kann zwischen dem Ausschlagverfahren und dem Kompensationsverfahren unterschieden werden (Bild 2.1).

- Baueinheiten oder Geräte, die als offene Kette in Reihenschaltung aufgebaut sind, arbeiten nach dem *Ausschlagverfahren*. Ihr Kennzeichen ist, daß sie primär keine Rückführungen enthalten.
- Baueinheiten oder Geräte, die Rückführungen (Gegenkopplungen) enthalten, arbeiten nach dem *Kompensationsverfahren*. Ihr Kennzeichen ist der Vergleich des rückgeführten Ausgangssignals mit dem Eingangssignal in einer Kreisschaltung.

### 2.1.1 Ausschlagverfahren

Der Aufbau dieser Baugruppen und Geräte als offene Kette bedingt, daß die Eingangsgrößen $E$ durch in Reihe geschaltete Übertragungsglieder Ausgangsgrößen $A$ erzeugen, wobei entweder eine Signalwandlung, eine Änderung des Signalpegels oder eine

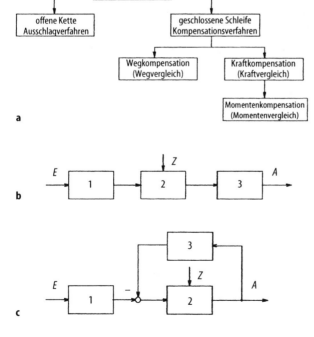

**Bild 2.1.** Arbeitsprinzipien analoger Baugruppen und Geräte. **a** Übersicht, **b** Struktur des Ausschlagverfahrens, **c** Struktur des Kompensationsverfahrens

Leistungsverstärkung erfolgt. Die Bezeichnung Ausschlagverfahren basiert heute nicht mehr darauf, daß meßbare Weg- oder Winkelausschläge vorhanden sind, obwohl dieser Bezug in der Meßtechnik ursprünglich vorhanden war.

Die Übertragungsfunktion der Reihenschaltung (Bild 2.1b) lautet

$$F(p) = F_1(p) \cdot F_2(p) \cdot F_3(p). \quad (2.1)$$

Die nach diesem Arbeitsprinzip aufgebauten Baugruppen und Geräte haben folgende Eigenschaften:

- Störungen Z, die sich einschließlich Alterung und Verschmutzung auf das Übertragungsverhalten auswirken, können am Ausgang voll wirksam werden.
- Die erreichbare Genauigkeit ist dadurch unter den oft harten Einsatzbedingungen in der Meß- und Automatisierungstechnik eingeschränkt.
- Höhere Forderungen in der Anwendung sind damit nur durch einen hohen Aufwand bei der Herstellung und im Betrieb zu erfüllen.
- Vorteile sind der meist einfache Aufbau und die höhere Geschwindigkeit der Signalübertragung.

Zu den typischen Vertretern von Baueinheiten, die nach dem Ausschlagverfahren arbeiten, zählen z.B. einfache Widerstandsschaltungen, bei denen der lineare bzw. quadratische Zusammenhang von Durchfluß und Druckdifferenz bei Laminar-, bzw. Turbulenzwiderständen ausgenutzt wird. Das gelingt, wenn man im dafür geeigneten Druckbereich (Niederdruckbereich 0 bis 1 kPa) arbeitet und so die im Bild 2.2 skizzierten Funktionen realisieren kann. Obwohl diese Verfahren zur Ausführung solcher Operationen wie Multiplikation, Mittelwertbildung, Quadrieren, Radizieren usw. geeignet sind, werden sie praktisch meist in Kombination mit Kompensationsverfahren genutzt. Auch pneumatische Operationsverstärker ohne bewegte Bauteile sind meist nach dem Kompensationsprinzip aufgebaut.

### 2.1.2
### Kompensationsverfahren

Dieses Arbeitsprinzip beruht auf der Rückführung des Ausgangssignals auf den Eingang. Hierbei wird durch eine Signalwandlung oder Verstärkung ein Ausgangssignal erzeugt, das die gewünschte Funktion erfüllt.

Die Übertragungsfunktion der Kreisschaltung (Bild 2.1c) lautet

$$F(p) = F_1(p) \frac{F_2(p)}{1 + F_2(p) \cdot F_3(p)}$$

$$= \frac{F_1(p)}{\frac{1}{F_2(p)} + F_3(p)}. \quad (2.2)$$

Hierbei ist $F_2(p)$ die Übertragungsfunktion des unbeschalteten Verstärkers und $F_3(p)$

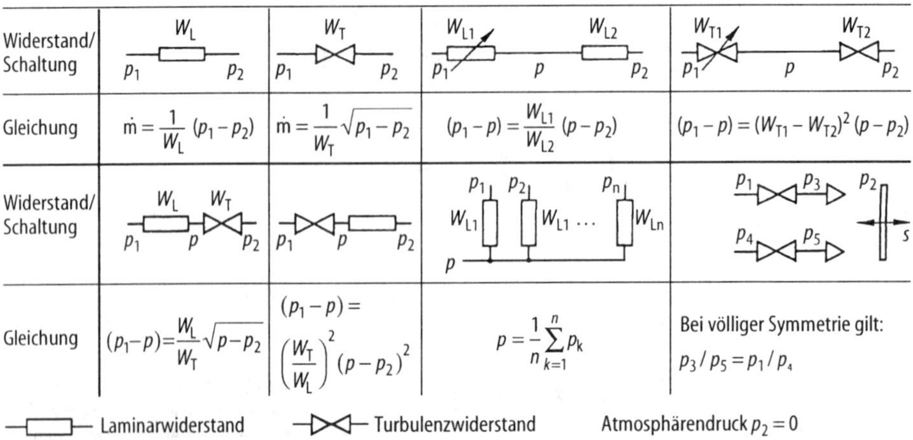

| Widerstand/Schaltung | $W_L$ $p_1$ —[]— $p_2$ | $W_T$ $p_1$ —▷◁— $p_2$ | $W_{L1}$ $W_{L2}$ $p_1$ —[]—$p$—[]— $p_2$ | $W_{T1}$ $W_{T2}$ $p_1$ —▷◁—$p$—▷◁— $p_2$ |
|---|---|---|---|---|
| Gleichung | $\dot{m} = \frac{1}{W_L}(p_1 - p_2)$ | $\dot{m} = \frac{1}{W_T}\sqrt{p_1 - p_2}$ | $(p_1 - p) = \frac{W_{L1}}{W_{L2}}(p - p_2)$ | $(p_1 - p) = (W_{T1} - W_{T2})^2 (p - p_2)$ |
| Widerstand/Schaltung | $W_L$ $W_T$ $p_1$ —[]—$p$—▷◁— $p_2$ | $W_T$ $W_L$ $p_1$ —▷◁—$p$—[]— $p_2$ | $p_1$ $p_2$ ... $p_n$ $W_{L1}$ $W_{L1}$ ... $W_{Ln}$ $p$ | $p_1$ ▷◁ $p_3$ ▷◁ $p_2$ / $p_4$ ▷◁ $p_5$ ▷◁ / $s$ |
| Gleichung | $(p_1 - p) = \frac{W_L}{W_T}\sqrt{p - p_2}$ | $(p_1 - p) = \left(\frac{W_T}{W_L}\right)^2 (p - p_2)^2$ | $p = \frac{1}{n}\sum_{k=1}^{n} p_k$ | Bei völliger Symmetrie gilt: $p_3 / p_5 = p_1 / p_4$ |

—[]— Laminarwiderstand    —▷◁— Turbulenzwiderstand    Atmosphärendruck $p_2 = 0$

**Bild 2.2.** Widerstandsschaltungen nach dem Ausschlagverfahren

die Übertragungsfunktion der Rückführung. Werden Verstärker mit hohen Verstärkungsfaktoren verwendet, so haben Veränderungen des Verhaltens von $F_2$ (z.B. Schwankungen des Speisedruckes, Änderungen der Düsenquerschnitte durch Verschmutzung) wenig Einfluß auf das Verhalten der Kreisschaltung - und zwar um so weniger, je größer der Übertragungsfaktor $K_2$ des Verstärkers ist. Das Verhalten der Schaltung wird dann wesentlich vom Verhalten der Rückführung $F_3$ bestimmt. Durch die Verwendung passiver Bauglieder, deren Verhalten sich praktisch nicht ändert, ist das Übertragungsverhalten der Kreisschaltung weitgehend invariant und damit gut reproduzierbar.

Die nach diesem Arbeitsprinzip aufgebauten Baugruppen und Geräte haben folgende Eigenschaften:

- Am Vorwärtszweig auftretende Störungen Z werden in ihrer Auswirkung auf den Ausgang weitgehend kompensiert.
- Es können mit vertretbaren Forderungen an Fertigung und Wartung relativ hohe Genauigkeiten erreicht werden.
- Der Aufbau ist zwar aufwendiger, jedoch kann durch die Wahl der Rückführung auch das Zeitverhalten mit einfachen Mitteln beeinflußt werden.

Der Vergleich zeigt, daß jedes Verfahren seine Berechtigung hat und die Auswahl vor allem von den jeweiligen Einsatzbedingungen und Genauigkeitsforderungen abhängt. Daneben wird die Entscheidung auch von den Kosten beeinflußt.

Da in der Pneumatik die Eingangsgröße meist als Weg, als Kraft oder als Drehmoment vorliegt, wird auch das rückgeführte Signal in die entsprechende physikalische Größe gewandelt. So kann man zwischen Wegvergleich (Wegkompensation), Kraftvergleich (Kraftkompensation) und Momentenvergleich (Momentenkompensation) unterscheiden.

Typische Beispiele dafür zeigt Bild 2.3.

*Wegkompensation* (Bild 2.3a). Das in einen Druck $p_2$ zu wandelnde Eingangssignal $p_1$ wird durch ein Wellrohr in einen Weg $s_1$ umgeformt. Bei Veränderung von $s_1$ wird der Hebel $H$ um $A$ gedreht, es ergibt sich

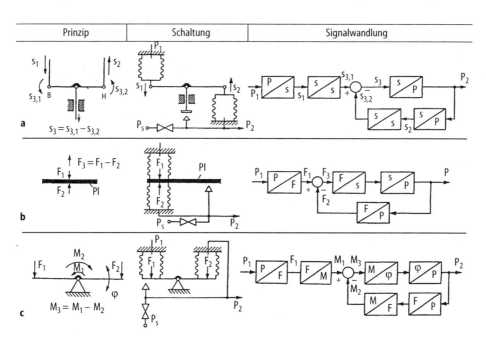

**Bild 2.3.** Kompensationsverfahren/Vergleichsverfahren. **a** Wegvergleich, **b** Kraftkompensation, **c** Momentenkompensation

eine Lageänderung am Ausgang $s_3$ um $s_{31}$. Dieser Weg verändert über das System Düse-Prallplatte den Druck $p_2$, damit wird $s_3$ um $s_{32}$ in entgegengesetzter Richtung verstellt, also $H$ um $B$ gedreht. Der Hebel ändert seine Lage so lange, bis bei $s_3 = s_{31} - s_{32}$ Gleichgewicht herrscht, also $p_2 = k\,p_1$ erfüllt ist. Die Wellrohre arbeiten hier als Druck-Weg-Wandler.

Die durch den Strahl hervorgerufene Kraft wird bei dieser Betrachtung vernachlässigt. Die Verstärkung $k$ hängt vom Übersetzungsverhältnis am Hebel $H$, der Steilheit bzw. Verstärkung des Systems Düse-Prallplatte, sowie von den Eigenschaften des „Rückführ- bzw. Kompensationswellrohrs" und des Eingangswellrohrs ab. Das Prinzip des Wegvergleichs wird meist dann angewendet, wenn die Eingangsgröße bereits als Weg vorliegt oder wenn gleichzeitig eine Anzeige oder Registrierung durch Zeigergeräte gefordert wird. Als Druck-Weg-Wandler kommen Membranen, Wellrohre oder für den Eingang $p_1$ auch Bourdonfedern zum Einsatz.

*Kraftkompensation* (Bild 2.3b). Das in einen Druck $p_2$ zu wandelnde Eingangssignal $p_1$ wird hier über ein als Druck-Kraft-Wandler arbeitendes Wellrohr in eine Kraft $F_1$ umgewandelt. Das hat eine Änderung der Lage der Platte $Pl$ des Systems Düse-Prallplatte und damit des Druckes $p_2$ zur Folge, bis $F_1 = F_2$ bzw. $p_2 = kp_1$ ist, d.h. Gleichgewicht zwischen $F_1$ und $F_2$ herrscht. Hier hängt die Gesamtverstärkung $k$ ebenfalls von der Verstärkung des Systems Düse-Prallplatte und den Parametern der Wellrohre, nicht aber von zusätzlichen Hebelübersetzungen ab. Als Druck-Kraft-Wandler werden vorzugsweise Membranen – sie lassen sich gut übereinander anordnen (stapeln) – oder Wellrohre eingesetzt. Die nach dem Kraftvergleich aufgebauten Bauelemente und Geräte sind an die Stapelbauweise der Druck-Kraft-Wandler gebunden, weil alle zu vergleichenden Kräfte auf der gleichen Wirkungslinie liegen müssen.

*Drehmomentkompensation* (Bild 2.3c). Bei dieser modifizierten Kraftkompensation werden die Kräfte über einen Hebel (Wippe) miteinander verglichen, so daß sie nicht auf der gleichen Wirkungslinie liegen müssen. Die Verstärkung und die Genauigkeit können über das Verhältnis der Hebelarme gezielt beeinflußt werden, wodurch die zusätzlichen Fehler, die durch die Lagerung der Wippe entstehen, wieder reduziert werden können. Als Druck-Kraft-Wandler werden vornehmlich Wellrohre verwendet. Die Geräte nach dem Momentenvergleich sind somit an die Wippenbauweise gebunden.

Ein Vergleich zwischen Weg-, bzw. Kraft- und Momentenkompensation ergibt einige wichtige Aspekte.

Für die *Kraft- und Momenten-Kompensation* sprechen

– die kleinen Wege der elastischen Elemente, daher die hohe Lebensdauer,
– geringe Änderungen der wirksamen Flächen und geringe störende elastische Kräfte,
– die Reduzierung der Reibungsquellen (Gelenke) und des Verschleißes, daher höhere Lebensdauer sowie geringe Wartung,
– die erreichbare hohe Genauigkeit,
– der übersichtliche und servicefreundliche Aufbau der Geräte.

Für die *Wegkompensation* sprechen

– die einfache Möglichkeit einer Anzeige durch Nutzung des Wegsignals,
– die Möglichkeit rückwirkungsfreier Abgriffe.

Die Nutzung aller Vorteile ergibt auch Gerätelösungen, bei denen Kraft- und Wegkompensation kombiniert angewendet werden.

## 2.2
## Verstärker

### 2.2.1
### Verstärker mit bewegten Bauteilen

Die Aufgaben analoger Verstärker lassen sich mit den in Tabelle 2.1 aufgeführten Baugruppen lösen. Ihre Ein- und Ausgangsgrößen sind Drücke, Druckdifferenzen oder Wege. Die analogen Verstärker sind Zusammenschaltungen der im Bild 2.2 skizzierten Widerstandsnetzwerke mit Wippen- oder Stapelgliedern nach Bild 2.4. In diesen

## 2 Analoge pneumatische Signalverarbeitung

**Tabelle 2.1.** Überblick zu den Aufgaben analoger Baugruppen

| Aufgabe | Eingang | Ausgang | Operation, Verhalten | Typische Bauweise | Typische Anwendung | Beispiel Bild Nr. |
|---|---|---|---|---|---|---|
| Vergleich (Soll-Ist-Mischstelle) | $P_{E1}$ $P_{E2}$ | $P_A$ | Subtraktion Addition | Stapelprinzip Wippenprinzip | Regler Grenzwertglied | 2.4 |
| Verstärkung Druck/Menge | $P_E$ $\Delta P_E$ | $P_A$ $(\dot{m}_A)$ | $P_A = k_1 P_E$ | Stapelprinzip Wippenprinzip | Regler Recheneinrichtung Handeinstellung | 2.6 2.7 |
| Rückführung Korrekturglied (Dynamik) | $P_E (P_A)$ | $P_R$ | $P_R = k_2 P_E$ $T_1 \dot{P}_R + P_R = k_3 P_E$ | Druckteiler Drossel-Speicher Mit-, Gegenkopplung | Regler Recheneinrichtung | 2.5 |
| Recheneinrichtungen (allgemein) | $P_{E1}$ $P_{E2}$ | $P_A$ | Addition/Subtraktion Multiplikation/Division Radizierung/Potenzierung | Wippenprinzip Widerstandsschaltungen | Mittelwertbildung Radizierung von Wirkdrücken Berechnung von Regelgrößen | 2.10 2.11 |
| Analogwertspeicherung | $P_{E1}$ | $P_A (P_{E1})$ | 1:1-Abbildung des Eingangs und Halten über längere Zeit | Stapelbauweise aktiv/passiv | Halteglieder | 2.12 |
| Druck-Weg-Wandlung | $P_E$ $\Delta P_E$ | $s; \varphi_A$ | $s = k_4 P_E$ | Weg über Stellzylinder oder Rollmembran | Anzeiger, Schreiber A/D-Umsetzer | 2.13 |

Wippen- oder Stapelgliedern erfolgt primär die Operation Vergleichen.

Durch Reihen-, Parallel- oder Rückführschaltung der im Bild 2.5 angegebenen Korrekturglieder mit den skizzierten Baueinheiten zum Vergleichen wird das Zeitverhalten der Stapel- oder Wippenglieder bestimmt. Die in den Korrekturnetzwerken verwendeten Widerstände sind fest oder veränderlich. Werden sie als Einstellwiderstände für $T_n$, $T_V$ bzw. $K_P$ (s. Abschn. 2.4) eingesetzt, so ist eine relativ hohe Einstellgenauigkeit notwendig.

Für die zur Dämpfung oder in Rückführungen erforderlichen RC-Glieder sind Volumenelemente (Abschn. 1.4) bereits mit einer einfachen Kegel-Kegel-Drossel kombiniert, bei Feineinstellungen kann der oben beschriebene Einstellwiderstand zusätzlich eingesetzt werden.

Bild 2.6 gibt einen Überblick über die pneumatischen Verstärker. Der Druckverstärker Typ a) mit $K = 1$ wird lediglich als Trennverstärker eingesetzt. Die Trennverstärker müssen sehr genau arbeiten. Der Typ b) erlaubt dagegen relativ große Verstärkungen, ist allerdings für höhere Genauigkeiten (Fehler<2%) nicht geeignet, die Gegenkopplung erfolgt hier über die Strahlkraft der Düse. Eine für hohe Genauigkeiten geeignete Ausführung in Wippenbauweise, bei der die Verstärkung über das Hebelverhältnis $l_R/l_E$ oder/und über das Druckteilerverhältnis $k$ eingestellt werden kann, ist mit Typ c) skizziert.

Reine Leistungsverstärkung liegt bei den Modellen nach Bild 2.6d vor. Ist $p_E > p_A$, dann wird hier der untere Kegelsitz – großer Querschnitt – geöffnet, $p_S$ beeinflußt direkt den Ausgang $p_A$, der Verstärker fördert dabei größere Luftmengen.

Bei $p_E < p_A$ wird dagegen die Doppelmembran angehoben, der obere Sitz geöffnet, und der Ausgang ist so lange mit der Atmosphäre verbunden, d.h. der Verstärker bläst die Luft in die Atmosphäre ab, bis $p_E = p_A$ ist.

Eine einfache kombinierte Druck- und Leistungsverstärkung zeigt Typ f), der wie d) aufgebaut ist, bei dem jedoch die Rückführung des Ausgangsdruckes über eine kleinere Fläche $A_2 < A_1$ erfolgt, wodurch $p_E > p_A$ wird.

Ein Verstärker vom Typ g) ist im Bild 2.7 dargestellt. Die durch $p_E$ erzeugte Kraft drückt den Faltenbalg (2) gegen die einstellbare Nullpunktfeder (1) auf die Steuerkugel (4). Diese bildet mit dem durchbohrten beweglichen Steuerkolbenauslaß und der dort quergebohrten Vordrossel (3) – sie

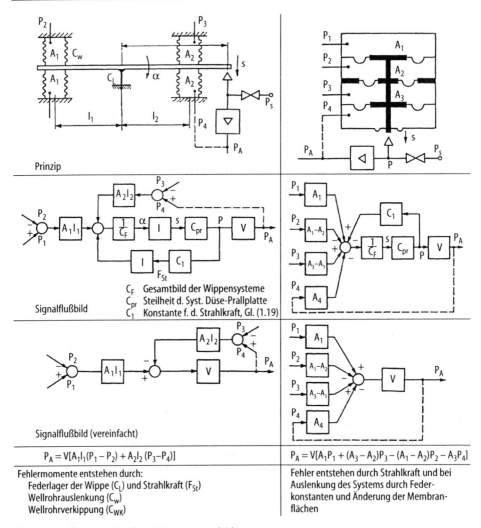

**Bild 2.4.** Grundformen des Kraft- und Momentenvergleichs

wird über $p_S$ gespeist – ein System Düse-Kugel und erzeugt so den Ausgangsdruck $p_A$.
Im stationären Zustand gilt

$$p_A = p_E \frac{A_W}{A_{st}} - \frac{F_0}{A_{st}} \qquad (2.3)$$

$F_0$ Kraft der Nullpunktfeder
$A_{st}$ Steuerkolbenfläche.

Steigt $p_E$, so wächst im Aussteuerbereich $p_A$ entsprechend der statischen Verstärkung bis maximal $p_A \approx p_S$. Ändert sich $p_E$ jedoch darüber hinaus, so wird die Luft nicht mehr allein über die Vordrossel geliefert, sondern der Steuerkolben (5) wird jetzt ausgelenkt, und der Ausgang wird durch die Alternativsteuerung über einen relativ großen Öffnungsquerschnitt direkt mit dem Speisedruck oder der Atmosphäre verbunden. Dann fördert der Verstärker größere Luftmengen, wie sie für die schnelle Auffüllung der Volumen von Stellantrieben oder langen Leitungen erforderlich sind. Fällt $p_E$ ab, dann wird das Wellrohr durch die Null-

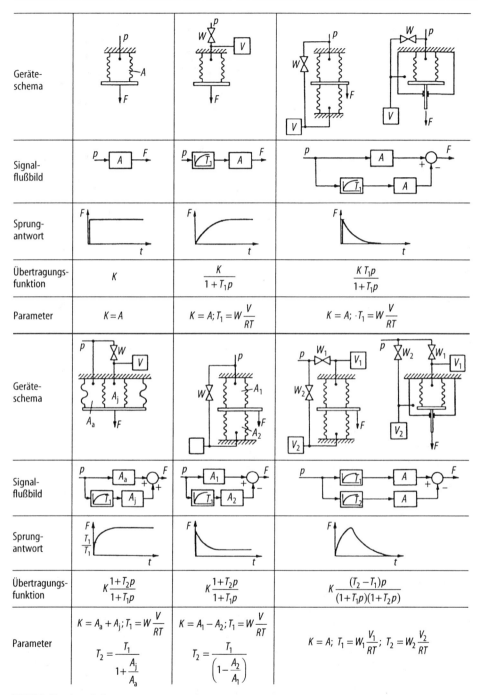

**Bild 2.5.** Korrekturglieder

| Typ | Druck-Verstärker | Leistungs-Verstärker | Druck-Mengen-Verstärker |
|---|---|---|---|
| Prinzip | 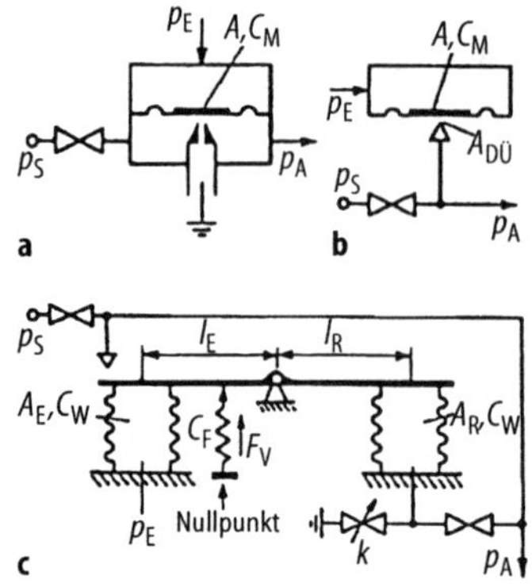 a, b, c | 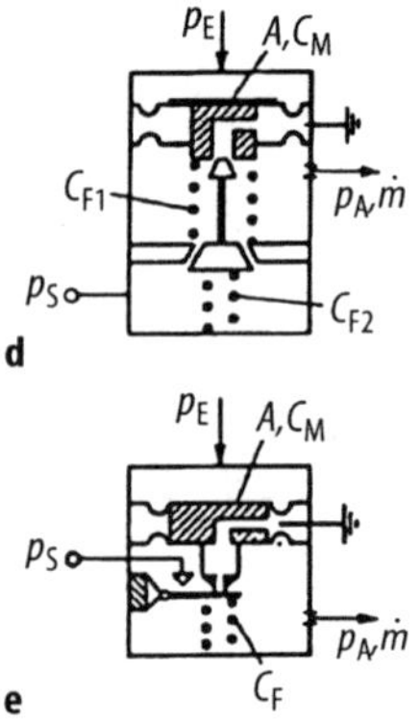 d, e | 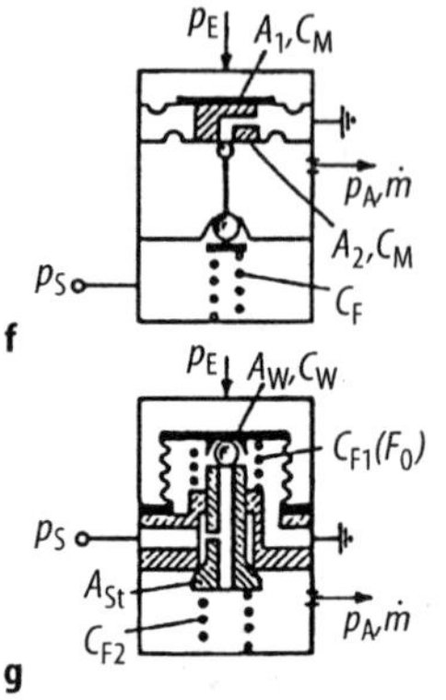 f, g |
| Verstärkung | $K=1;\ K<1000;\ K=f(k)$ einstellbar | $K\approx 1$ <br> $\dot{m}_{max}\approx 25\ldots 50\ \dfrac{l}{min}$ | $K\approx 2\ldots 5;$ bzw. $K\approx 20$ <br> $\dot{m}_{max}\approx 25\ldots 50\ \dfrac{l}{min}$ |
| Fehlereinfluß | $\Delta\left(\dfrac{p_A}{p_E}\right)=f(A_W; C_M);$ <br> $\Delta\left(\dfrac{p_A}{p_E}\right)=f\left(\dfrac{A_{Dü}}{A}; C_M; F_{Str.}\right)$ <br> $\Delta\left(\dfrac{p_A}{p_E}\right)=f\left(\dfrac{l_R}{l_E}; \dfrac{A_R}{A_E}; F_V; C_W; k; F_{Str.}\right)$ | $\Delta\left(\dfrac{p_A}{p_E}\right)=f(A; C_M; C_{F1})$ <br> $\Delta\left(\dfrac{p_A}{p_E}\right)=f(A; C_M)$ | $\Delta\left(\dfrac{p_A}{p_E}\right)=f\left(C_M; \dfrac{A_2}{A_1}\right)$ <br> $\Delta\left(\dfrac{p_A}{p_E}\right)=f\left(\dfrac{A_W}{A_{St}}; C_W; C_{F1}\right)$ |
| Signalbild | 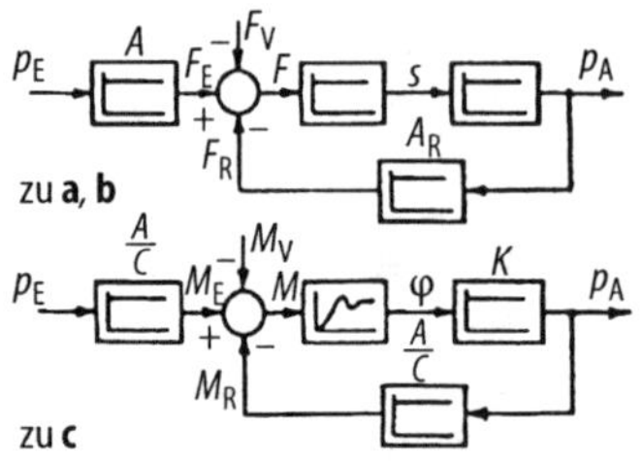 zu a, b; zu c | 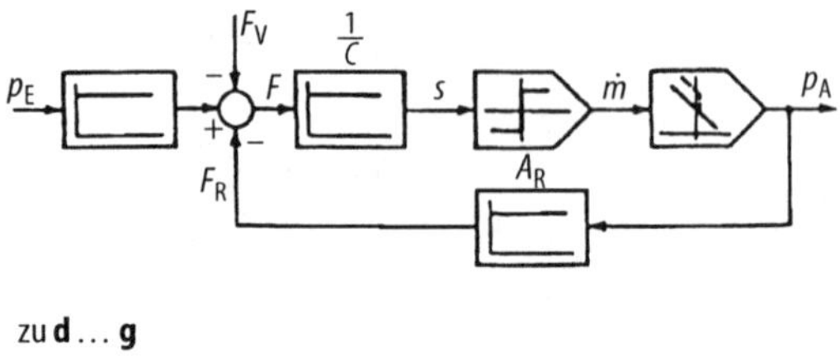 zu d ... g | |

**Bild 2.6.** Typen pneumatischer Verstärker

punktfeder (1) und somit der Steuerkolben durch die Druckfeder (9) nach oben gedrückt, der Ausgang ist mit der Atmosphäre verbunden, er bläst ab, Bild 2.7b zeigt die Kennlinie. Der Verstärker wird durch die Nullpunktfeder so eingestellt, daß er nach Bild 2.7c eine große Menge $\dot{m}_{zu}$ erst bei $p_E > 0{,}09$ MPa fördert und auch bei $p_E < 0{,}03$ MPa erst größere Mengen $\dot{m}_{ab}$ abblasen läßt. Es wäre durchaus möglich, die skizzierten Kennlinien steiler auszulegen, allerdings hätte das beim Einsatz des Verstärkers, z.B. in einem Regler, Konsequenzen für dessen

Stabilität. Die bei diesen Leistungsverstärkern prinzipbedingten Umsteuerfehler entstehen dadurch, daß sich die Rückkopplungskräfte im Fall Fördern und Abblasen unterscheiden, dadurch ergibt sich ein Sprung in der Kennlinie $p_A = f(\dot{m})$. Das entsprechende Signalflußbild, das diese Kennlinie als nichtlineares Übertragungsglied enthält, ist im Bild 2.6 dargestellt. Der Umsteuerfehler kann allerdings durch ein künstliches Leck in Form einer angepaßten Abströmdrossel beseitigt werden, wenn dafür der zusätzliche Luftverbrauch in Kauf

2 Analoge pneumatische Signalverarbeitung   537

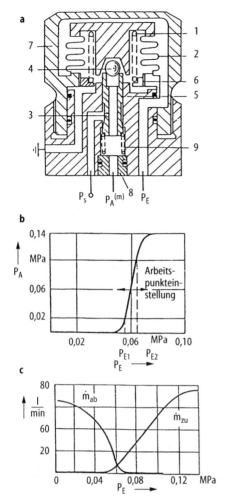

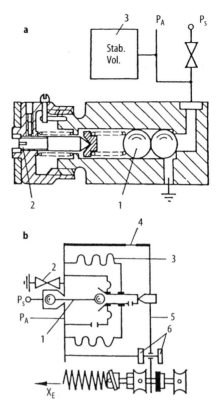

**Bild 2.7.** Druck-Leistungsverstärker. **a** konstruktiver Aufbau: *1* Nullpunktfeder, *2* Wellrohr, *3* Vordrossel, *4* Steuerkugel, *5* Steuerkolben, *6* Einstellring, *7* Kappe (Feineinstellung), *8* Verschluß, *9* Druckfeder, **b** stationäre Kennlinie, **c** Luftleistungskennlinie

**Bild 2.8.** Druckgeber. **a** Stützdruckgeber: *1* Kugeln, *2* Einstellschraube, *3* Stabilisierungsvolumen, **b** Druckgeber: *1* Alternativsteuerung, *2* Drossel, *3* Meßbalg, *4* Federband, *5* Wippe, *6* Anschläge $P_A = 0{,}02\ldots0{,}1$ MPa

genommen wird. Die Hilfsdruckabhängigkeit dieses Verstärkers beträgt im Arbeitspunkt bei 0,06 MPa etwa 0,1 %, bei Abweichungen von $p_S = 0{,}14$ MPa $\pm 10\%$.

Für einfache Aufgaben, wie die Einstellung des Arbeitspunktes von Reglern, werden sogenannte Stützdruckgeber einfachster Konstruktion nach Bild 2.8a angewendet. Über den Eingangsweg wird eine Feder vorgespannt, sie bestimmt den Ausgangsdruck $p_A$. Die Feineinstellung der Stelldrücke oder Fixierung der Sollwerte

erfordert dagegen höhere Präzision und erfolgt mit einem Druckgeber nach Bild 2.8b. Das Eingangssignal ist ein Weg $x_E$, er wird über eine Feder in ein Moment der federgelagerten Wippe (5) umgeformt und mit dem über das Wellrohr (3) und die Alternativsteuerung erzeugten Gegenmoment verglichen. Das über die zusätzliche Drossel (2) erzeugte ständige Leck vermeidet die bereits beschriebenen Umsteuersprünge.

### 2.2.2
### Verstärker ohne bewegte Bauteile

Zu den Arbeitsprinzipien analoger pneumatischer Verstärker gehören auch solche, die im Gegensatz zu den bisher besprochenen Fällen vornehmlich Grundelemente ohne bewegte Teile nutzen. Der Aufbau dieser Bauelemente und Geräte erfolgt mit analogen Strahlelementen. In Anlehnung an die Elektronik werden Strahlablenkelemente (Abschn. 1.7.1, Bild 1.31) zu pneumatischen Operationsverstärkern nach Bild 2.9 zusammengeschaltet.

Ihre Verknüpfung mit Rückkopplungsnetzwerken führt zu Schaltungen, die nach dem Kompensationsverfahren arbeiten. Mit diesen Verstärkern sind Verstärkungen von $K \approx 500$ bis 4000 erreichbar, die Verstärkung ist vom Speisedruck abhängig, die Kennlinien sind gut linear, das Ausgangssignal bleibt im Sättigungsbereich unabhängig vom Eingangsdruck konstant.

Komplette Gerätesysteme oder Baureihen sind in dieser Form bisher nicht bekannt geworden. Die Anwendungen sind bisher nur für spezielle Fälle bekannt geworden. Wegen der günstigen Eigenschaften fluidischer Rückführschaltungen, wie einfacher Aufbau, kleines Bauvolumen, gutes statisches und dynamisches Verhalten, sind breitere Anwendungen für Rechenschaltungen, Regeleinrichtungen usw. möglich. Zum Aufbau fluidischer Rückführschaltungen sind in [2.7–2.11] einige grundlegende Angaben zu finden.

An pneumatische Operationsverstärker werden für den Einsatz folgende Forderungen gestellt: hohe Verstärkung, großer Eingangswiderstand $R_{C1}$, kleiner Ausgangswiderstand $R_0$, geringe Phasendrehung, große Grenzfrequenz, geringe Drift (Alterung, Temperatur, Speisedruck), geringes Rauschen, großer Arbeitsbereich, große Ausgangsleistung, kleine Speiseleistung.

Die Vorteile fluidischer analoger Verstärker ohne bewegte Bauteile liegen im kleineren Bauvolumen, dem geringeren Leistungsbedarf, der höheren Grenzfrequenz, der höheren Ansprechempfindlichkeit, der größeren Lebensdauer und geringeren Empfindlichkeit gegen Temperatur- und Lageänderungen und gegen Vibration. Gewisse Probleme bereitet vom Aufwand, falls erforderlich, die Signalanpassung des Pegels und der Ausgangsleistung (Verstärkung), die nach wie vor in konventioneller Technik erfolgt, ähnlich ist die Lage für die Aufgaben der Parameterverstellung.

## 2.3
## Rechengeräte

*Rechenoperationen* lassen sich sowohl mit dem Stapel- als auch mit dem Wippenprinzip realisieren. Das Stapelprinzip eignet sich vorzugsweise für die Addition, die Mittelwertbildung und die Multiplikation mit einem konstanten Faktor, einfache Beispiele zeigt Bild 2.10. Die Benutzung des im Bild 2.10d angegebenen gesteuerten Druckteilers zur Multiplikation setzt Linearität der Widerstände und völlige Symmetrie voraus. Diese Voraussetzungen lassen sich nur im Niederdruckbereich erfüllen, dort wurden solche Funktionseinheiten auch mit Erfolg eingesetzt.

Beim Wippenprinzip läßt sich über das Produkt Kraft mal Hebelarm der Momentenvergleich günstig ausnutzen, dazu sollen zwei Funktionseinheiten als repräsentative Beispiele betrachtet werden. Die im Bild 2.11 dargestellten Funktionseinheiten sind durch eine entsprechende Belegung der Eingänge für die Rechenoperationen Multiplikation, Division, Radizieren und Quadrieren einsetzbar. Diese Funktionseinheiten arbeiten durchweg im Normaldruckbereich. Weitere Lösungen, wie pneumomechanische Fliehkraftintegratoren und Einrichtungen zur Extremwertauswahl sind in [2.12] beschrieben.

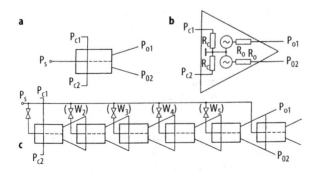

**Bild 2.9.** Pneumatischer Operationsverstärker. **a** Schaltsymbol des Strahlablenkverstärkers, **b** Schaltung des Operationsverstärkers, **c** Reihenschaltung mehrerer Operationsverstärker

2 Analoge pneumatische Signalverarbeitung   539

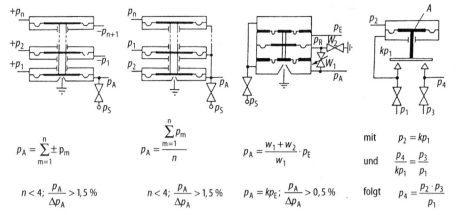

**Bild 2.10.** Rechenglieder nach dem Stapelprinzip

Dieser Überblick möge genügen, um die Leistungsfähigkeit der Pneumatik zur Realisierung von Rechenoperationen zu erläutern. Funktionen wie Integration und Differentiation werden durch Rückkopplungsschaltungen realisiert.

Müssen bei Rechenoperationen, zum Aufbau von Tastsystemen oder für Leitgeräte Analogwerte gespeichert werden, dann bedient man sich des sog. Analogwertspeichers. Er besteht nach Bild 2.12 aus einem Absperrglied und einem 1 : 1-Verstärker. Durch ein Signal (Einspeicher- oder Tastsignal) $p_T$ wird der Eingangsdruck $p_E$ eingespeichert, der Wert sei $p_Z$, er bildet den Eingang des 1 : 1-Verstärkers, dessen Ausgang $p_A$ sei. Ideales Verhalten ergäbe $p_E = p_Z = p_A$. Unvermeidbare Fehler bei der Einspeicherung, Undichtheiten des Absperrelements und Fehler des 1 : 1-Verstärkers bedingen einen Fehler des Analogwertspeichers. Durch Zuschalten von $p_q$ können – wenn erforderlich – der Schaltpunkt und damit der Einspeicherzeitpunkt beeinflußt werden. In [2.13] sind dazu nähere Untersuchungen angestellt.

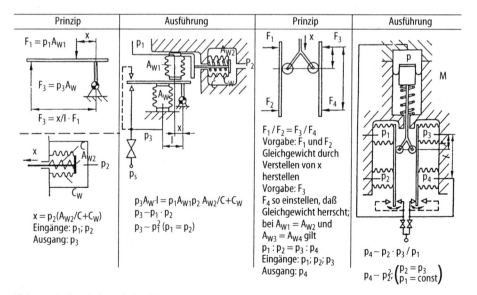

**Bild 2.11.** Rechenglieder nach dem Wippenprinzip

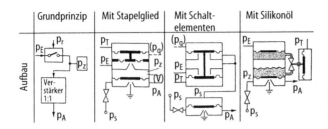

**Bild 2.12.** Analogwertspeicherung (Normaldruckbereich). Übliche Werte: Fehler <0,5%, Haltezeit $T_H \leq 10$ min, Umspeicherzeit $T_U \leq 0,01\ldots0,2$ s

Bild 2.12 gibt einen Überblick über die Möglichkeiten des Aufbaus solcher Analogwertspeicher. Die statischen Fehler werden klein, wenn die Schaltwege der Absperrmembran klein sind, das Volumen $V$, in dem $p_Z$ gespeichert wird, groß und der 1 : 1-Verstärker genau ist. Große Volumina $V$ erhöhen zwar die erreichbare Haltezeit $T_H$, verschlechtern aber die Dynamik, ein Kompromiß ist stets erforderlich. Sind größere Haltezeiten $T_H > 10$ min erforderlich, so werden Lösungen angewendet, die nach dem Prinzip des Folgeregelkreises arbeiten. Das zu speichernde Signal $p_E$ wird dann in einen Weg umgewandelt, über diesen Weg wird ein Druckteiler verstellt oder die Vorspannung einer Feder verändert und $p_E$ so in den Sollwert des Folgesystems umgewandelt. Der Sollwert (Lage des Druckteilers oder Vorspannung einer Feder) wird durch Anlegen von $p_T$ arretiert, die Speicherzeit wäre somit unbegrenzt. Detaillierte Darstellungen und nähere Angaben enthält [2.13].

Für Zwecke der Anzeige, wie in Bild 2.13 angenommen, der Verschiebung von Kodelinealen (A/D-Wandlung) usw. werden Druck-Weg-Wandler für größere Wege – oft als Weggeber bezeichnet – benötigt. Sie nutzen den Kraft- bzw. Momentenvergleich, wobei nach Bild 2.13 Eingangsdruckänderungen $p_E$ bzw. $\Delta p_E$ in einen Druck $p_R$ gewandelt werden. Dadurch wird ein Stellmotor gegen eine Feder um den Weg $s$ ausgelenkt und über Bänder in eine Drehbewegung $\varphi_A$ einer Welle umgeformt. Der über ein Band zurückgeführte Weg wird über die Meßfeder in eine an der Wippe angreifende Kompensationskraft umgewandelt.

Die hier gezeigten Bauglieder können auch in Baukastensystemen angewendet werden, die durch eine geeignete Zusammenstellung ein gewünschtes Verhalten ergeben und damit auch bei kleinen Stückzahlen eine rationale Lösung ermöglichen.

Im Bild 2.14 ist ein Beispiel eines solchen Gerätes in Stapelbauweise dargestellt. Es zeigt den Aufbau des aus einheitlichen Membranschalen bestehenden gestapelten Gehäuses (1), die einheitlichen Membranen (2), die biegesteifen Zentren (3), und Ringe (4) zur Bemessung der wirksamen Fläche, die Bolzen (5) und die Distanzringe (6), die die Membran zusammenspannen, die Abschlußplatten (7), die auch die Düsen (8) oder Schrauben (9) tragen, die zur Abdichtung dienenden Rundringe (10) und die Platten (11) sowie die Bolzen und Muttern (12) zur Verschraubung des gesamten Gerätes.

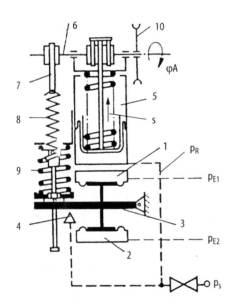

**Bild 2.13.** Weggeber. *1, 2* Eingangskammern, *3* Wippe (Prallplatte), *4* Düse, *5* Stellantrieb, *6* Welle mit Bändern, *7* Rückführband, *8* Meßfeder, *9* einstellbare Nullpunktfeder, *10* Seilscheibe für Zeigerantrieb, Hub $S_{max} = 22$ mm, $p_E = 0,02\ldots0,1$ MPa

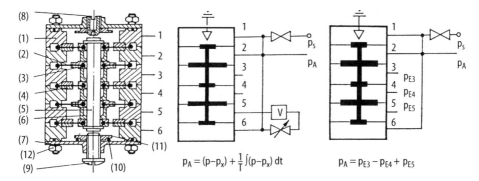

**Bild 2.14.** Aus Baukastenelementen zusammengesetztes Gerät

## 2.4 Pneumatische Regeleinrichtungen

### 2.4.1 Arbeitsweise

Mit den in den Abschn. 2.2 und 2.3 beschriebenen Verstärkern und Rechengliedern können Regeleinrichtungen aufgebaut werden.

Hierbei sind folgende Funktionen zu erfüllen:

- Erfassen der Regelgröße als Weg-, Kraft- oder Druckeingangsgröße,
- Vergleich mit der Führungsgröße, die als Weg, Kraft oder Druck der Regelgröße entgegengeschaltet wird,
- Berechnung der Reglerausgangsgröße mit dem gewünschten statischen und dynamischen Verhalten (Regelalgorithmus),
- Leistungsverstärkung der Reglerausgangsgröße,
- gegebenenfalls Anzeige von Regelgröße, Sollwert und Stellgröße, Einstellung der Reglerparameter, Hand-/Automatik-Umschaltung (Funktionen des Leitgerätes).

Die Struktur pneumatischer Regeleinrichtungen zeigt Bild 2.15.

Überwiegend werden Bauglieder mit bewegten Bauteilen verwendet, aus denen pneumatische Einheitsregler aufgebaut werden (Abschn. 2.4.2).

Daneben sind auch pneumatische Regler auf der Basis fluidischer Operationsverstärker entwickelt worden (Abschn. 2.4.3), deren Anwendung jedoch bisher auf Spezialfälle beschränkt geblieben ist.

### 2.4.2 Regler mit bewegten Bauteilen

Pneumatische Einheitsregler haben folgende allgemeinen Merkmale [2.2, 2.6]:

- Ein- und Ausgangssignale im Einheitssignalbereich (0,2…1,0 bar),
- Aufbau in Kreisstruktur,
- wählbarer Regelalgorithmus; üblich sind Regler mit P-, PI- und PID-Verhalten,
- Ausgangssignal wird über Druckleistungsverstärker erzeugt,
- Vorzeichenwechsel des Ausgangssignals ist möglich.

Die Gesamtfunktion wird durch Zusammenschaltung von Baugruppen zu Kompaktgeräten oder in Modulbauweise als Bausteingeräte erreicht.

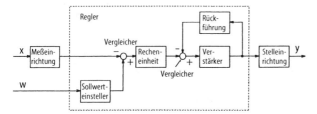

**Bild 2.15.** Struktur einer pneumatischen Regeleinrichtung

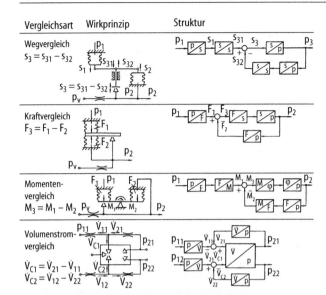

Bild 2.16. Pneumatische Vergleichseinheiten

Der Aufbau pneumatischer Einheitsregler erfolgt nach dem Kompensationsverfahren (Kreisstruktur) entweder in Stapelbauweise oder in Wippenbauweise.

*Vergleichseinheit.* Hauptfunktionsteil ist dabei die Vergleichseinheit als Mischstelle zur Addition oder Subtraktion von Signalen. Hierbei werden bei Geräten nach der Stapelbauweise Membranen eingesetzt, der Vergleich erfolgt als Kraftvergleich. Bei den Geräten in Wippenbauweise wirken die Eingangsdrücke meist auf Metallfaltenbälge und der Vergleich erfolgt als Drehmomentvergleich. Bild 2.16 zeigt das Wirkprinzip und die Struktur von Vergleichseinheiten. Vergleichsglieder werden sowohl für die Bildung der Regelabweichung durch Vergleich von Regelgröße und Führungsgröße verwendet als auch am Eingang von Verstärkern zur Aufschaltung des Rückführsignals auf das Eingangssignal. Der Abgriff des Vergleichsgliedes erfolgt meist durch Weg-Druck-Wandler, z.B. bei der Ansteuerung eines Düse-Prallplatten-Systems.

*Recheneinheit.* Auf der Grundlage der in Abschn. 2.3 dargestellten Prinzipien werden Bauglieder als Bestandteil von Regeleinrichtungen verwendet. Tabelle 2.2 zeigt Schaltungen, die dabei eingesetzt werden. Durch Kraft- oder Drehmomentvergleich werden Summen oder Differenzen gebildet. Mit Hilfe von Hebelübersetzungen kann ein Signal mit einem konstanten Faktor multipliziert werden. Durch ein veränderliches Hebelverhältnis läßt sich ein Einstellbereich von etwa 1 : 10 realisieren. Auf diese Weise kann bei P-Reglern der Übertragungsfaktor $K_P$ eingestellt werden.

*Verstärker.* Zur Druckverstärkung werden meist Düse-Prallplatten-Systeme verwendet. Sie zeichnen sich durch geringen Luftverbrauch und gut reproduzierbares Übertragungsverhalten aus. Wird ein Eingangssignal mit niedrigem Druck oder kleinem Differenzdruck (z.B. im Bereich 20 ... 100 Pa) verwendet, so kann durch Gestaltung des Druck-Weg-Wandlers (Membranfläche) und großes Übersetzungsverhältnis des Hebels zur Ansteuerung der Prallplatte der Normaldruckbereich 0,02 ... 0,1 MPa (0,2...1,0 bar) ausgesteuert werden. Es sind also bei unbeschaltetem Verstärker (ohne Rückführung) Übertragungsfaktoren von $K_V \approx 10^3$ und mehr realisierbar. Zur Leistungsverstärkung wird der Ausgang über ein Doppelsitzventil direkt mit dem Vordruck bzw. mit der Atmosphäre verbunden, so daß große Luftmengen geliefert bzw. zur Atmosphäre abgeblasen werden können. Diese Schaltung wird als *Alternativsteuerung* bezeichnet.

Funktionsschemata und Signalflußbilder gebräuchlicher Verstärker zeigt Tabelle 2.3.

*Rückführungen.* Zur Realisierung eines gewünschten dynamischen Verhaltens (PI-, PD-, PID-Algorithmen) werden Zeitglieder

2 Analoge pneumatische Signalverarbeitung    543

**Tabelle 2.2.** Pneumatische Recheneinheiten

| Aufgabe | Funktionsschema | Funktioneller Zusammenhang | Wesentliche Kennwerte Anschlußbelegung | Anwendung/Bemerkung |
|---|---|---|---|---|
| Addition Subtraktion | | Allgemeine Beziehung $$P_a = \sum_{n=1}^{i} P_{e(2n-1)} - \sum_{n=1}^{k} P_{e2n}$$ | üblich $i,k \leq 3$; Membrandurchmesser $20\,\text{mm} \leq D \leq 60\,\text{mm}$ | Summierglied; Mischstelle |
| | | I. $P_a = P_{e1} + P_{e3} - P_{e2}$  II. $P_a = \dfrac{P_{e1} + P_{e2}}{2}$ | Anschluß \| 0 \| 1 \| 2 \| 3  I. Belegung \| $P_a$ \| $P_{e1}$ \| $P_{e2}$ \| $P_{e3}$  II. Belegung \| $P_a$ \| $P_{e1}$ \| $P_a$ \| $P_{e2}$ | I. Summierglied  II. Mittelwertbildung |
| Multiplikation mit konstantem Faktor | | $P_a = K P_e$  mit $K = \dfrac{R_1 + R_2}{R_1}$ | $K \geq 1$ | Druckteilerschaltungen für $K_P$-Einstellung bei Reglern; Grundschaltung für Bewertungsbausteine |
| | | $P_a = K P_e$  mit $K = \dfrac{l/2 - x}{l/2 + x}$ | theoretisch: $K = 0$ bis $\infty$  Fehlerangaben für Reproduzierunsicherheit und Hysterese nur für definierten Bereich angebbar, z.B. für $K = 0{,}2\ldots 1{,}5$ | mechanische $K_P$-Bereichseinstellung bei $P$-Regler; Verhältnisglied in Rechengeräten |

**Tabelle 2.2.** Fortsetzung

| Aufgabe | Funktionsschema | Funktioneller Zusammenhang | Wesentliche Kennwerte Anschlußbelegung | Anwendung/Bemerkung |
|---|---|---|---|---|
| (noch) Multiplikation mit konstantem Faktor | 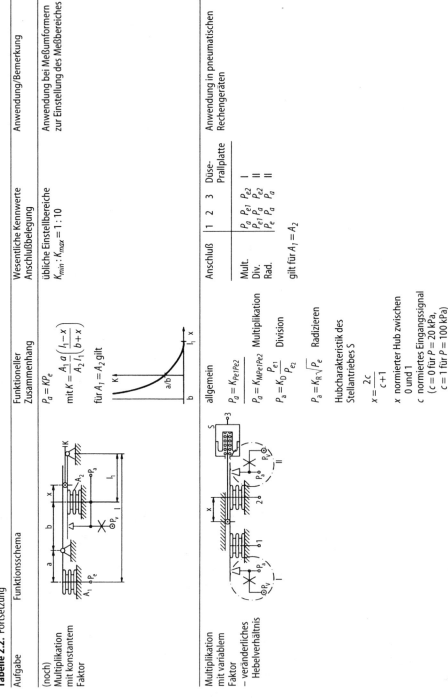 | $p_a = K p_e$ mit $K = \dfrac{A_1}{A_2} \dfrac{a}{l_1} \left( \dfrac{l_1 - x}{b + x} \right)$ für $A_1 = A_2$ gilt | übliche Einstellbereiche $K_{min} : K_{max} = 1 : 10$ | Anwendung bei Meßumformern zur Einstellung des Meßbereiches |
| Multiplikation mit variablem Faktor – veränderliches Hebelverhältnis | | allgemein $p_a = K_{Pe1Pe2}$  Multiplikation $p_a = K_{MPe1Pe2}$  $p_a = K_D \dfrac{p_{e1}}{p_{e2}}$  Division $p_a = K_R \sqrt{p_e}$  Radizieren  Hubcharakteristik des Stellantriebes S $x = \dfrac{2c}{c+1}$  $x$ normierter Hub zwischen 0 und 1  $c$ normiertes Eingangssignal ($c = 0$ für $P = 20$ kPa, $c = 1$ für $P = 100$ kPa) | Anschluß  1  2  3  Düse-Prallplatte  Mult. $p_a$ $p_{e1}$ $p_{e2}$ —  Div. $p_{e1}$ $p_a$ $p_{e2}$ =  Rad. $p_e$ $p_a$ $p_a$ =  gilt für $A_1 = A_2$ | Anwendung in pneumatischen Rechengeräten |

## 2 Analoge pneumatische Signalverarbeitung

**Tabelle 2.2.** Fortsetzung

| Aufgabe | Funktionsschema | Funktioneller Zusammenhang | Wesentliche Kennwerte Anschlußbelegung | | | | Anwendung/Bemerkung |
|---|---|---|---|---|---|---|---|
| | | | Anschluß | 1 | 2 | 3 | |
| Multiplikation mit variablem Faktor – veränderliche Federkonstante | | $P_a = K_M P_{e1} P_{e2}$ $P_a = K_D \dfrac{P_{e1}}{P_{e2}}$ $P_a = K_R \sqrt{P_e}$ | Mult. Div. Rad. | $P_a$ $P_{e1}$ $P_e$ | $P_{e1}$ $P_a$ $P_a$ | $P_{e2}$ $P_{e2}$ | Anwendung in pneumatischen Rechengeräten |

als Rückführungen verwendet. Tabelle 2.4 zeigt eine Auswahl von Zeitgliedern und Kreisschaltungen mit einer verzögerten bzw. nachgebenden Rückführung. Die zugehörigen Übergangsfunktionen und Übertragungsfunktionen sind angegeben.

*Reglerschaltungen.* Ausgewählte Reglerschaltungen sind in Tabelle 2.5 dargestellt. Hier wird das Wippenprinzip zum Drehmomentenvergleich genutzt. Eine weitere Möglichkeit ist die Kreuzbalgwaage, mit der ein Wegvergleich stattfindet. Praktisch ausgeführte Regler nach diesem Prinzip werden als *Kreuzbalgregler* bezeichnet.

Für die Beurteilung einer Reglerschaltung sind weiter von Bedeutung:

– die Verkopplung der Reglerparameter,
– die Erfüllung von Zusatzfunktionen (z.B. Störgrößenaufschaltung),
– die Beherrschung verschiedener Betriebsarten (Strukturumschaltung).

Die Entkopplung der Einstellparameter in den in Tabelle 2.5 aufgeführten Reglerschaltungen wird u.a. erreicht durch die Bildung des $D$-Verhaltens im Meßzweig bzw. durch mechanische Einstellung der Reglerverstärkung. Die vollständige Verschaltung eines Reglers zeigt am Beispiel einer Kraftwaage mit 6 Wellrohren (Bild 2.17) Möglichkeiten zur Realisierung von Zusatzfunktionen und zur Beherrschung verschiedener Betriebsarten im Zusammenwirken mit einem Leitgerät. Bei P- und PI-Schaltungen können die verbleibenden Wellrohre für die Aufschaltung von Zusatzgeräten genutzt werden.

Häufigste Anwendungsfälle sind:

– Differentiale Aufschaltung einer Störgröße (DZ-Aufschaltung) (Bild 2.17),
– Erweiterung des Einstellbereiches der Reglerverstärkung durch zusätzliche Aufschaltung des Ausgangssignals auf eines der beiden Wellrohre.

Das Hand-Automatik-Umschaltglied dient zur:

– Verbindung des Ausgangssignals $y_R$ des Reglers mit der Stelleinrichtung (3) bei Automatikbetrieb (gezeichnete Schaltstellung im Bild 2.17),

**Tabelle 2.3.** Pneumatische Verstärker

| Verstärkerart | Funktionsschema | Signalflußbild | Wesentliche Kennwerte | Anwendung/Bemerkung |
|---|---|---|---|---|
| Druckverstärker | | | $K = 1$ <br> $\dot{V} \approx 5...10\ dm^3/min$ (je nach Vordrossel) <br> $K = f\left(\dfrac{A}{A_{Dü}}\right)$ <br> üblich $K < 1000$ | 1 : 1 Trennverstärker in Reglerschaltungen <br><br> Verzögerungsglieder vernachlässigt |
| Leistungsverstärker | | | $K = 1$ <br> $\dot{V}_{max}$ bis 50 $dm^3/min$ (je nach Steuerquerschnitt) <br> $\Delta\left(\dfrac{p_a}{p_e}\right) = f(A, c_M, A_W)$ | Verstärker zur Erhöhung der Signalübertragungsgeschwindigkeit <br><br> Verzögerungsglieder vernachlässigt |
| | | | $K \approx \dfrac{A_1}{A_2}$ <br> $K = 3...20$ <br> $\dot{V}_{max}$ bis 50 $dm^3/min$ | unterschiedliche wirksame Fläche für $p_e$ und $p_a$ <br><br> unterschiedliche wirksame Membrandurchmesser |
| Druck-Leistungsverstärker | | | $K \approx \dfrac{A_1}{A_2}$ <br> $K \approx 20$ <br> $\dot{V}_{max}$ bis 50 $dm^3/min$ | Differenzanordnung von Faltenbälgen <br><br> Faltenbalg und Kugelsitz |

## 2 Analoge pneumatische Signalverarbeitung

**Tabelle 2.4.** Pneumatische Zeitglieder

| Aufgabe | Funktionsschema | Signalflußbild | Übergangsfunktion/ Übertragungsfunktion | Wesentliche Kennwerte | Bemerkungen |
|---|---|---|---|---|---|
| Pneumatisches RC-Glied $T_1$ | | | $\dfrac{1}{1+T_1 P}$ | $T_1 = RC$ $C = \dfrac{V}{R_G T}$ | Übertragungsfunktion gilt exakt nur für laminare Drossel |
| Verzögerungsfreies Glied $P$ | | | $K$ | $K = A$ | Übertragungsfunktion idealisiert, in Realität Verzögerungsglied vorhanden, Volumen muß extrem klein gehalten werden |
| Verzögerungsglied 1. Ordnung $PT_1$ | | | $\dfrac{K}{1+T_1 P}$ | $K = A$ $T_1 = RC$ $C = \dfrac{V}{R_G T}$ | gezielter Aufbau für Zeitglieder; parasitär in allen realen gerätetechnischen Ausführungen |
| Nachgebendes Glied $DT_1$ | | | $K\dfrac{T_1 P}{1+T_1 P}$ | $A_1 = A_2 = A$ $K_1 = K_2 = K$ $C = \dfrac{V}{R_G T}$ $T_1 = RC$ | Ausführung läßt sich in gleicher Form mit Membranen realisieren |
| $PDT_1$ | | | $K\dfrac{1+T_2 P}{1+T_1 P}$ | $A_1 \neq A_2$ $K = A_1 - A_2$ $T_2 = \dfrac{T_1}{1-\dfrac{A_2}{A_1}}; T_1 = RC$ | |

**Tabelle 2.4.** Fortsetzung

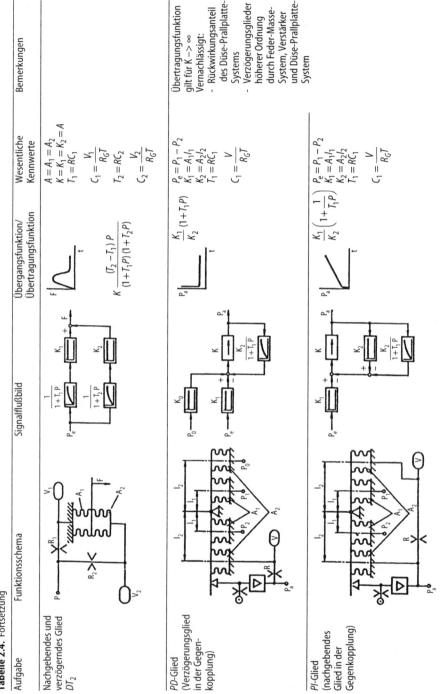

2 Analoge pneumatische Signalverarbeitung 549

**Tabelle 2.5.** Ausgewählte Reglerschaltungen

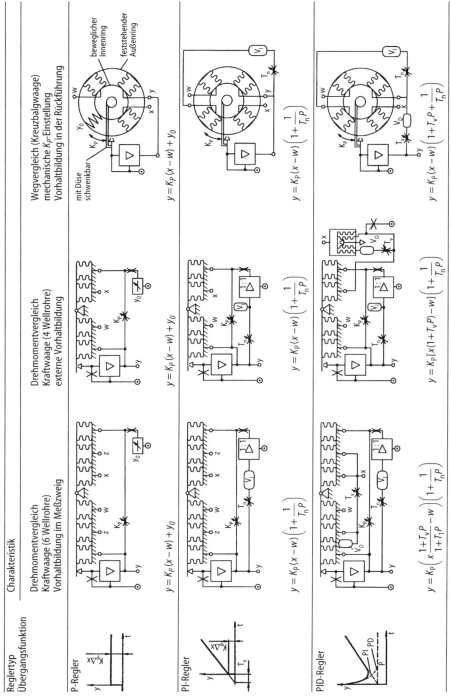

550  Teil E  Bauelemente für die Verarbeitung mit pneumatischer Hilfsenergie

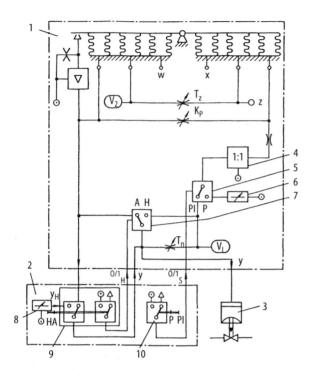

**Bild 2.17.** Verschaltung eines PI (DZ)-Reglers mit Handsteuerteil des Leitgerätes. *1* Regler, *2* Handsteuerteil des Leitgerätes, *3* Stelleinrichtung, *4* Trennverstärker, *5* P/PI-Strukturumschalter (pneumatisch angesteuert), *6* Stützdruckgeber (Arbeitspunkt für P-Regler), *7* A/H-Umschalter (pneumatisch angesteuert), *8* Handstelldruckgeber, *9* A/H-Umschalter, *10* P/PI-Umschalter, $0/1_H$ und $0/1_S$ binäre Schaltsignale

– Verbindung des Ausgangssignals $y_H$ des Stelldruckgebers (8) im Leitgerät mit der Stelleinrichtung (3) bei Handbetrieb, wobei die $T_n$-Drossel zwecks *stoßfreier Umschaltung* überbrückt wird.

Je nach Ausführung des Gehäuses wird zwischen *Feld-* und *Wartenreglern* unterschieden. Kompaktregler enthalten meist die Funktionen der Anzeige und der Handeinstellung von Parametern und Eingangsgrößen (Leitgerätefunktion).

### 2.4.3
### Regler ohne bewegte Bauteile

Der Aufbau fluidischer Regler erfolgt entsprechend der Grundschaltung nach Bild 2.18.

Die Bilanz der Volumenströme an der Verzweigungsstelle *I* lautet

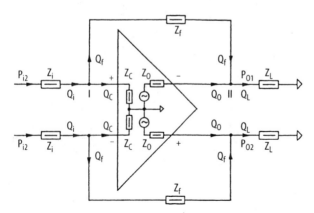

**Bild 2.18.** Grundschaltung fluidischer Regler

## 2 Analoge pneumatische Signalverarbeitung

| | Schaltung | Übertragungsgleichung | Kennwerte | Kennwerte |
|---|---|---|---|---|
| P | 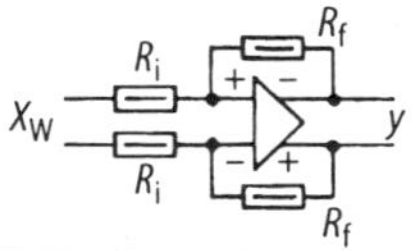 | $y = -K_p x_w$ | $K_p = \dfrac{R_f}{R_i} \dfrac{G_{eff}}{1+G_{eff}}$ | $G_{eff} = \dfrac{G_{OB}}{\left(1+\dfrac{R_O}{R_f}+\dfrac{R_O}{R_L}\right)\left(1+\dfrac{R_f}{R_C}+\dfrac{R_f}{R_i}\right)} \gg 1$ |
| I | 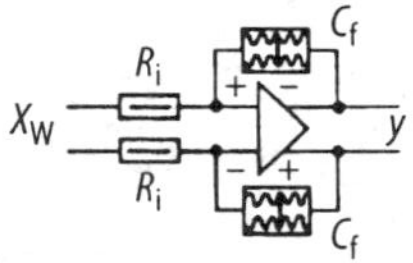 | $y = -\dfrac{1}{\dfrac{1}{G_{eff}}+sT_I} x_w$ | $T_I = R_i C_f$ | $G_{eff} = \dfrac{G_{OB}}{\left(1+\dfrac{R_O}{R_L}\right)\left(1+\dfrac{R_i}{R_C}\right)} \gg 1$ |
| D | 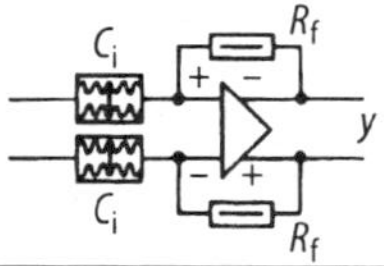 | $y = -\dfrac{sT_v}{1+sT_1} x_w$ | $T_v = R_f C_i \dfrac{G_{eff}}{1+G_{eff}}$  $\dfrac{T_v}{T_1} = \left(1+\dfrac{R_f}{R_C}\right)$ | $G_{eff} = \dfrac{G_{OB}}{\left(1+\dfrac{R_O}{R_f}+\dfrac{R_O}{R_L}\right)\left(1+\dfrac{R_f}{R_C}\right)} \gg 1$ |
| PD | 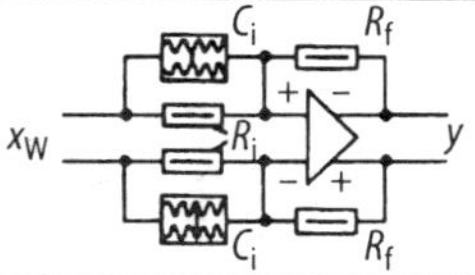 | $y = -K_p \dfrac{1+sT_v}{1+sT_1} x_w$ | $K_p = \dfrac{R_f}{R_i} \dfrac{G_{eff}}{1+G_{eff}}$  $T_v = R_i C_i$  $K_p \dfrac{T_v}{T_1} = \left(1+\dfrac{R_f}{R_C}+\dfrac{R_f}{R_i}\right)$ | $G_{eff} = \dfrac{G_{OB}}{\left(1+\dfrac{R_O}{R_f}+\dfrac{R_O}{R_L}\right)\left(1+\dfrac{R_f}{R_C}+\dfrac{R_f}{R_i}\right)} \gg 1$ |
| PI | 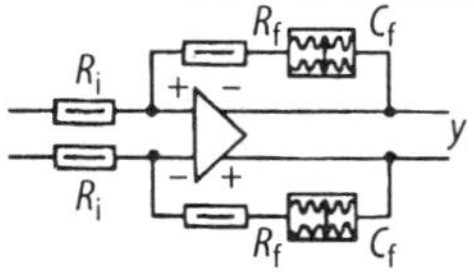 | $y = -K_p \dfrac{1+sT_n}{G_{eff}}+sT_n} x_w$ | $K_p = \dfrac{R_f}{R_i}$  $T_n = R_i C_f$ | $G_{eff} = \dfrac{G_{OB}}{\left(1+\dfrac{R_O}{R_L}\right)\left(1+\dfrac{R_i}{R_C}\right)} \gg 1$ |
| PID | 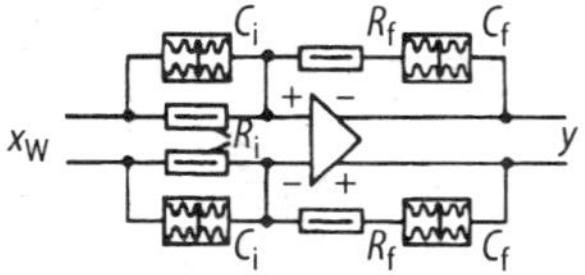 | $y = -K_p \dfrac{1+\dfrac{1}{sT_n}+sT_v}{\left(1+\dfrac{K_p}{sT_n G_{eff}}\right)(1+sT_1)} x_w$ | $K_p = AR_f/R_i$  $T_n = AR_f/C_f$  $T_v = C_i R_i/A$  $K_p T_v/T_1 = (1+R_i/R_C) G_{eff}$  $A = 1 + R_i C_i / R_f C_f$ | |

**Bild 2.19.** Schaltungen, Übertragungsgleichungen und Kennwerte fluidischer Regler. Einstellbereich: $K_p = 0{,}16 \ldots 25$, $T_v = T_n = 6 \ldots 1000$ s, Grenzfrequenz: 100 Hz, Einstellmöglichkeit: $I$, $P$, $(2 \times R_i)$, $P_I$, $PD$, $PID$, $(2 \times R_i)$, $(2 \times R_f)$

**Tabelle 2.6.** Kennwerte des benutzten Strahlablenkelements und des daraus aufgebauten Operationsverstärkers

|  | Strahlelement | Operationsverstärker (5 Strahlelemente) |
|---|---|---|
| Speisedruck $P_s$ | 4 kPa | |
| Speisestrom $Q_s$ | 6 cm³/s | 30 cm³/s |
| Speiseleistung $P_s Q_s$ | 24 mW | 120 mW |
| Arbeitspunkt 0,5 $(P_{c1} + P_{c2})$; 0,5 $(P_{01} + P_{02})$ | 1 kPa<br>1 kPa | 1 kPa<br>1 kPa |
| Steuerbereich $(P_{01} - P_{02})_{min} \dots (P_{01} - P_{02})_{max}$ | -2,2 kPa ... +2,2 kPa | -2,2 kPa ... +2,2 kPa |
| Eingangswiderstand $R_c$ | 0,53 kPa/cm³ s⁻¹ | 0,53 kPa/cm³ s⁻¹ |
| Ausgangswiderstand $R_0$ | 0,49 kPa/cm³ s⁻¹ | 0,49 kPa/cm³ s⁻¹ |
| Leerlaufverstärkung $G_{OB}$ | 5,4 | 290 |
| Verstärkung bei Belastung $G_{mB}$ | 2,7 | 145 |
| Grenzfrequenz $f_g$ | 500 Hz | 300 Hz |
| Düsenquerschnitt $h \times b$ | 0,25 mm × 0,55 mm | 0,25 mm × 0,55 mm |
| Abmessung $l \times b \times d$ | 48 mm × 24 mm × 2 mm | 60 mm × 24 mm × 22 mm |
| Material | Hartgummi | Hartgummi, Alu |

$$Q_C = Q_i - Q_f \qquad (2.4)$$

und an der Mischstelle II

$$Q_L = Q_0 + Q_f . \qquad (2.5)$$

Das sich einstellende Druckverhältnis hängt von der Eingangs- und Rückführimpedanz und von der Kreisverstärkung $G_{eff}(s)$ ab

$$\frac{\Delta p_0}{\Delta p_i} = \frac{p_{01} - p_{02}}{p_{i1} - p_{i2}} = -\frac{Z_f}{Z_i} \frac{G_{eff}(s)}{1 + G_{eff}(s)} . \qquad (2.6)$$

Die Kreisverstärkung ist

$$G_{eff}(s) = \frac{G_{OB}(s)}{\left(1 + \dfrac{Z_0}{Z_f} + \dfrac{Z_0}{Z_L}\right)\left(1 + \dfrac{Z_f}{Z_c} + \dfrac{Z_f}{Z_i}\right)} \qquad (2.7)$$

wobei $G_{oB}(s)$ die Leerlaufverstärkung ist.

Schaltungen, Übertragungsgleichungen und Kennwerte typischer Regler sind in Bild 2.19 zusammengestellt. Einen Überblick über die Daten des verwendeten Strahlelements und daraus entwickelter Operationsverstärker gibt Tabelle 2.6, den konstruktiven Aufbau zeigt Bild 2.20.

Die symmetrische Beschaltung der Regler ist wegen der erforderlichen Synchronverstellung von $R_i$ bzw. $R_f$ durch Tandemwiderstände etwas aufwendig. Diese Schaltung gestattet dafür eine einfache Differenzbildung

für die Regelabweichung und sichert gute Arbeitspunktstabilität der Regler. $G_{eff}(s)$ ist also nach (2.7) von der Leerlaufverstärkung $G_{oB}$ und den Ein- und Ausgangsimpedanzen des Operationsverstärkers abhängig und muß möglichst groß sein.

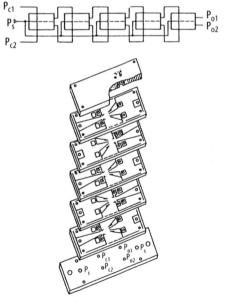

**Bild 2.20.** Schaltung und Aufbau eines fluidischen Operationsverstärkers

Die im Bild 2.19 skizzierten Fluidkondensatoren (zwei gleiche Faltenbälge durch eine starre Wand getrennt) sind elastische Kapazitäten, die als Reihenkondensatoren wirken und so an beiden Enden frei verschaltet werden können.
Wichtige technische Daten der Regler folgen unmittelbar aus der Bildunterschrift.

## Literatur

2.1 Bittner HW (1970) Pneumatische Meßumformer ud Regler. Verlag Technik, Berlin
2.2 Bittner HW (1975) Pneumatische Funktionselemente, 2. Aufl. Verlag Technik, Berlin
2.3 Bork W (1994) Konstruktionsjahrbücher Ölhydraulik und Pneumatik 94/95. Vereinigte Fachverlage, Mainz
2.4 Isermann R (1993) Intelligente Aktoren. VDI-Bericht 277. VDI-Verlag, Düsseldorf
2.5 Janocha H (1992) Aktoren. Grundlagen und Anwendungen. Springer Berlin Heidelberg, New York
2.6 Strohrmann G (1990) Automatisierungstechnik. Grundlagen, analoge und digitale Prozeßleitsysteme, 2. Aufl. Oldenbourg, München Wien
2.7 Multrus V (1970) Pneumatische Logikelemente und Steuerungssysteme. Krausskopf, Mainz
2.8 Schädel HM (1979) Fluidische Bauelemente und Netzwerke. Vieweg, Wiesbaden
2.9 Schädel HM (1974) Grundlagen zur Berechnung von fluidischen Netzwerken. 3. Industrielle Fluidik-Tagung Zürich, Oktober 1974,(F1-F20)
2.10 Rockstroh M (1974) Prinzipielle Möglichkeiten der analogen Informationsverarbeitung mit fluidischen Elementen. Akademie der Wissenschaften der DDR, ZKI-Informationen 2, 47-54
2.11 Rockstroh M, Frei S, Pieloth M (1978) Struktur, Aufbau und Verhalten fluidischer Regler. msr 21/11:633-638.
2.12 Schwarz A (1973) Verarbeitung digitaler Informationen in Moduleinheiten. msr 16ap/3:65-68, 5:115-120
2.13 Schwarz A (1970) Beitrag zur gerätetechnischen Synthese pneumatischer Abtastsysteme. Dissertation, TU Dresden

# 3 Pneumatische Schaltelemente

H. TÖPFER, P. BESCH

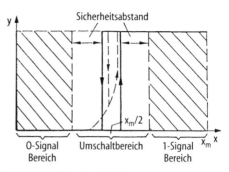

**Bild 3.1.** Kennlinie eines Schaltelements.
— idealisiert, ---- real

## 3.1 Arbeitsweise

Schaltelemente unterscheiden sich hinsichtlich ihres Aufbaus, ihrer Wirkungsweise, ihres logischen Verhaltens und der Art der verwendeten Hilfsenergie. Während z.B. ein elektrisches Relais einen Stromkreis unterbricht oder schließt, was den Signalzuständen *o* bzw. *1* zugeordnet werden kann, muß ein pneumatisches Schaltelement eine bestimmte Signalleitung ent- oder belüften, um die Signalzustände *o* oder *1* zu erhalten. Damit wird der Aufbau pneumatischer Schaltelemente bestimmt. Neben den Anschlüssen für die Eingangs- und Ausgangssignale müssen Anschlüsse für die Luftversorgung und für die Entlüftung der Ausgänge vorhanden sein. Im einfachsten Fall hat ein pneumatisches Relais einen Eingang, einen Ausgang, einen Speiseluftanschluß und eine Entlüftungsöffnung. Beim *1*-Signal wird der Ausgang von der Entlüftungsöffnung getrennt und mit dem Speiseluftanschluß verbunden. *o*-Signal bedeutet Entlüftung der Ausgangsleitung bei abgeschlossenem Speiseluftanschluß. Die Kennlinie eines Schaltelements ist in Bild 3.1 dargestellt.

Durch die Speiseluft wird dem Element Hilfsenergie zugeführt. Elemente mit Zufuhr von Hilfsenergie werden *aktive Elemente* genannt. Liefert dagegen das Eingangssignal gleichzeitig die zur Funktion erforderliche Speiseluft, dann ist das Element *passiv*. Daraus folgt, daß nicht zu viele passive Elemente hintereinandergeschaltet werden dürfen. Die Entscheidung, ob aktive oder passive Elemente verwendet werden, hängt von den Anforderungen an die Schaltung ab. Ein durch mehrere passive Elemente übertragenes Signal ist „geschwächt".

Für den Aufbau eines Schaltsystems ist weiterhin von Interesse, wieviel Eingänge nachgeschalteter Elemente an den Ausgang eines Schaltelements angeschlossen werden können. Diese Zahl wird als *fan out* („Auffächerung") bezeichnet.

Die übertragenen Signale werden durch die in der Signalstrecke liegenden Bauelemente und Leitungen verzögert. Die Schaltelemente, die Leitungen, Leitungsverzweigungen, -verengungen und -knicke wirken als Widerstände; alle aufzufüllenden Volumina, wie Kammern, Leitungen, bilden die Kapazitäten. Die Trägheitswirkung der transportierten Luftmasse wirkt sich als Induktivität aus. Zur Erzielung einer schnellen Signalübertragung müssen die Verzögerungsglieder, d.h. die Volumina möglichst klein gehalten werden. Andererseits können ausreichende Luftmassenströme, d.h. die erforderliche Leistung nur bei ausreichenden Strömungsquerschnitten übertragen werden. Es ist also in Abhängigkeit von den Anforderungen ein geeigneter Kompromiß zwischen Signalübertragungszeit und übertragbarer Leistung zu finden.

In Abhängigkeit vom verwendeten Speisedruck unterscheidet man zwischen Schaltelementen für Steuerungen im *Nieder-, Normal-* und *Hochdruckbereich*. Tabelle 3.1 zeigt ausgewählte Funktionsprinzipien und Kennwerte.

Nach dem Aufbau können zwei Typen von Elementen unterschieden werden:

– *Elemente mit bewegten Bauteilen*, wie Kölbchen, Membranen, Kugeln oder Folien, durch deren Lageänderung das angestrebte Schaltverhalten erreicht wird.

**Tabelle 3.1.** Ausgewählte pneumatische Schaltelemente

| Elementeart | Funktionsprinzip | Versorgungsdruck kPa | Schaltzeit ms | Anwendung | Bemerkungen |
|---|---|---|---|---|---|
| Kolbenelement | Absperrung/Öffnung von Signalwegen durch Kolben-Zylinder-Paarung | 100...600 (1000) | 6...8 | häufig bi- monostabil Mehrfunktionselement | Bauart wie Wegeventile, direkte Ansteuerung von Antrieben, für Realisierung weniger Logikoperationen geeignet dauernder Luftverbrauch in bestimmten Schaltstellungen |
| Kugelelement | Kugel verschließt Düsen, Steuerung der Widerstände | bis 600 | 1...10 | wenig mono-, bi- und tristabil | Grundelement für Bausteinsysteme, hohe Zuverlässigkeit |
| Membran-Schaltelement | Absperrung/Öffnung von Signalwegen durch Membran-Sitz-Paarung | 140 | 2...5 | sehr häufig monostabil Mehrfunktionselement | für stellantriebnahen Bereich Umfang an Logikoperationen gering |
| Membran-Sitzventilelement | Absperrung/Öffnung von Signalwegen durch membrangesteuerte Sitzventile | 100...600 (1000) | >3 | häufig monostabil Mehrfunktionselement | dauernder Luftverbrauch in einer Schaltstellung, keine Bausteinsysteme |
| Folienelement | Steuerung der Signalwege durch freibewegliche Folien | 100...200 | >2 | wenig mono- und bistabil | integrierbar, auch zur Steuerung von Stoffströmen auslegbar |
| Wandstrahlelement | Strahlwechselwirkung mit Umgebungswänden | 2...20 (70) | 1...2 | rückläufig für Objekte mit extremen Umgebungsbedingungen (Temperatur, Strahlung) | für integrierte Bauformen wenig geeignet |
| Turbulenzelement | Umschlag der Strömungsform des Freistrahles laminar – turbulent | 1...10 | 1...3 | rückläufig Realisierung der NOR-Funktion | |

## 3 Pneumatische Schaltelemente

Diese Elemente werden auch *statische Elemente* genannt.
- *Strahlelemente*, die ohne bewegte Bauteile arbeiten und bei denen strömungstechnische Effekte genutzt werden, um das gewünschte Verhalten zu erfüllen. Da die Funktionsweise dieser Elemente eine ständige Durchströmung erfordert, werden sie als *dynamische Elemente* bezeichnet.

### 3.2
### Schaltelemente mit bewegten Bauteilen

Bei diesen Schaltelementen wird das gewünschte Schaltverhalten (Bild 3.1) durch Lageänderung von bewegten Bauteilen erreicht. Dabei unterscheidet man

- statische Elemente (mit Membranen oder Kolben), bei denen ein Luftverbrauch nur in der Umschaltphase auftritt,
- quasistatische Elemente (mit Kugeln und Federn), bei denen ein ständiger Luftverbrauch vorhanden ist.

In der Anwendung überwiegen die statischen Elemente.

Bei den statischen Elementen muß der Schaltpunkt in Abhängigkeit vom Eingangsdruck festgelegt werden. Dazu gibt es folgende konstruktive Möglichkeiten:

- der Schaltpunkt wird durch Federelemente bestimmt,
- der Schaltpunkt wird durch zusätzliche Stützdrücke bestimmt,
- der Schaltpunkt wird durch das Verhältnis der Wirkflächen bestimmt.

Vom Prinzip her handelt es sich bei diesen Elementen um diskret angesteuerte Druckteilerschaltungen, deren Widerstände $W_1$ und $W_2$ im geschalteten Zustand (Bild 3.2) stets zwei Grenzwerte $W_{1,2} \to \infty$ bzw. $W_{1,2} \to 0$ annehmen.

Die Bauelemente unterscheiden sich in der Luftleistung, den Schaltzeiten und der Baugröße nicht wesentlich voneinander [2.7, 3.1]. Zuverlässigkeit und Lebensdauer der Elemente sind allerdings nicht unwesentlich vom Konstruktionsprinzip abhängig. So haben sich besonders Elemente, die auf der Basis des Flächenverhältnisses arbeiten, bewährt, da hier weder zusätzliche Federn noch zusätzliche Stützdrücke erforderlich sind und die Elemente dadurch gegen Druckänderungen relativ unempfindlich sind.

Im folgenden soll als Beispiel das Doppelmembranrelais *DMR* (Bild 3.3) betrachtet

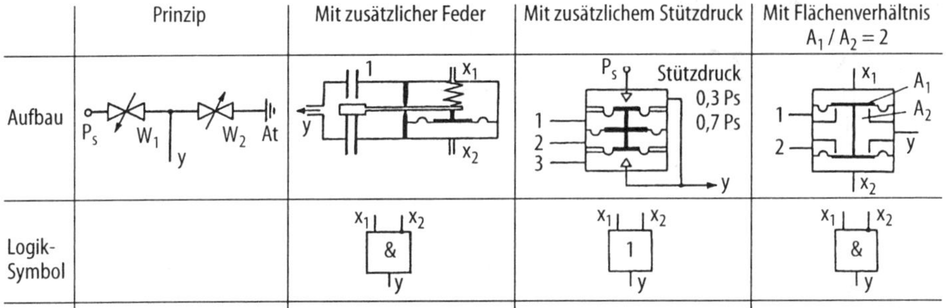

| | Prinzip | Mit zusätzlicher Feder | Mit zusätzlichem Stützdruck | Mit Flächenverhältnis $A_1/A_2 = 2$ |
|---|---|---|---|---|
| Aufbau | $P_s$ $W_1$ $y$ $W_2$ At | $x_1$ / $x_2$ / $y$ | $P_s$ Stützdruck 0,3 Ps / 0,7 Ps / 1,2,3 / y | $x_1$ $A_1$ / $A_2$ / 1,2 / y / $x_2$ |
| Logik-Symbol | | $x_1$ $x_2$ & $y$ | $x_1$ $x_2$ 1 $y$ | $x_1$ $x_2$ & $y$ |
| Schaltbelegung | $W_1$ $W_2$ $y$ <br> 0 ∞ 1 <br> ∞ 0 0 <br> 0 0 0 <br> ∞ ∞ 0 | $x_1$ $x_2$ 1 2 $y$ <br> 0 0 At $P_s$ 1 <br> 0 1 At $P_s$ 0 <br> 1 0 At $P_s$ 1 <br> 1 1 At $P_s$ 1 <br> 0 0 $P_s$ At 1 <br> 0 1 $P_s$ At 1 <br> 1 0 $P_s$ At 0 <br> 1 1 $P_s$ At 0 | 1 2 3 $y$ <br> $x_1$ 0,7Ps $x_2$ <br> 1 0 1 0 <br> 1 1 1 1 <br> 1 1 0 1 <br> 0 1 1 1 <br> 0,3Ps x At <br> 1 0 0 1 <br> 1 1 0 0 <br> x 0,7Ps At <br> 0 1 0 0 <br> 1 1 0 0 | $x_1$ $x_2$ 1 2 $y$ <br> 0 0 At $P_s$ 1 <br> 0 1 At $P_s$ 0 <br> 1 0 At $P_s$ 1 <br> 1 1 At $P_s$ 1 <br> 0 0 $P_s$ At 1 <br> 0 1 $P_s$ At 1 <br> 1 0 $P_s$ At 0 <br> 1 1 $P_s$ At 1 |

**Bild 3.2.** Typische Ausführungen von Schaltelementen. Übliche Werte: $Q_{max} = 1{,}2$ m$^3$ i.N./h, Schaltzeit 1…3 ms

558  Teil E  Bauelemente für die Signalverarbeitung mit pneumatischer Hilfsenergie

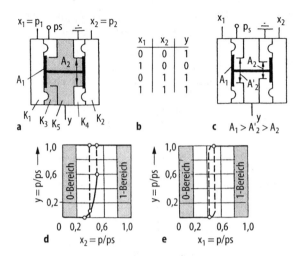

**Bild 3.3.** Doppelmembranrelais.
**a** symmetrischer Aufbau, **b** Schaltbelegungstabelle, **c** unsymmetrischer Aufbau, **d** Kennlinie für a) bei $x_1 = p_S$, **e** Kennlinie für c) bei $x_2 = p_S$

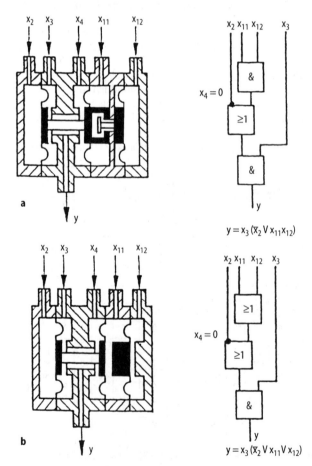

**Bild 3.4.** Erweiterte Doppelmembranrelais mit **a** zusätzlicher UND-Verknüpfung, **b** zusätzlicher ODER-Verknüpfung

werden. In einem Gehäuse sind zwei starr miteinander verbundene Membranen angeordnet. Durch Zwischenwände werden 5 Kammern gebildet: die beiden abgeschlossenen äußeren Kammern $K_1$ und $K_2$, die beiden Ringkammern $K_3$ und $K_4$ sowie die Ausgangskammer $K_5$. Der freie Membranhub zwischen den Dichtsitzen beträgt etwa 0,1 ... 0,15 mm. Das wirksame Membranflächenverhältnis $A_1/A_2$ beträgt 2 : 1. In den beiden Schaltstellungen wird jeweils eine Ringkammer gegen die Ausgangskammer abgeschlossen. Die Funktionsweise kann aus der Kräftebilanz an der Doppelmembran abgeleitet werden. Liegt nur der Speisedruck $p_S$ an, so gilt in Kammer 5: mit $A_1 = 2A_2$ wird $F = A_1 p_S - A_2 p_S = p_S(2A_2 - A_2) = A_2 p_S$. Daraus folgt, daß das Relais den rechten Sitz schließt bzw. den linken mit der Kraft $F$ geöffnet hält. Kammer 3 ist mit $p_S$ verbunden, es gilt $y = p_S$. Wird nun noch ein Druck an Kammer 1 gelegt, dann wird bei $p_1 \approx p_S/2$ der Gleichgewichtszustand vorhanden sein, bei $p_1 > p_S/2$ werden wegen $F = -A_2 p_1$ der linke Sitz geschlossen und der rechte Sitz geöffnet. Damit ist Kammer 5 mit der Atmosphäre verbunden, d.h. $y = p_{At} = 0$, wie auch die Schaltbelegungstabelle im Bild 3.3b zeigt. Weiterführende Darstellungen zu den einzelnen Schaltphasen der Elemente findet man in [3.1].

Nach Bild 3.3a ist das Relais symmetrisch ausgelegt, Hilfsenergie- bzw. Atmosphärenanschluß können vertauscht werden. Wird das Relais jedoch unsymmetrisch aufgebaut (Bild 3.3c), so kommt der Verlauf der Schaltkennlinie nach Bild 3.3d rechts bei $x^2 = 1$ wegen der Mitkopplung bei der Umschaltung dem idealen Verlauf sehr nahe.

Entsprechend Bild 3.4 lassen sich die Doppelmembranrelais durch zusätzliche UND- bzw. ODER-Verknüpfungen erweitern, wodurch eine wesentlich höhere Packungsdichte entsteht. Wenn auch die hier dargestellten Elemente die Realisierung der ODER-Funktion erlauben, verwendet man aus Gründen möglicher Vereinfachungen oft Dioden nach Bild 3.5, auf deren Erläuterung verzichtet werden kann.

Mit Hilfe der angebenen Elemente lassen sich alle erforderlichen logischen Operationen realisieren. Als Beispiel sind im Bild 3.6 einige Schaltungen angegeben.

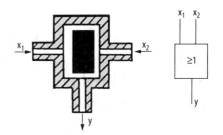

**Bild 3.5.** Diode als ODER-Glied

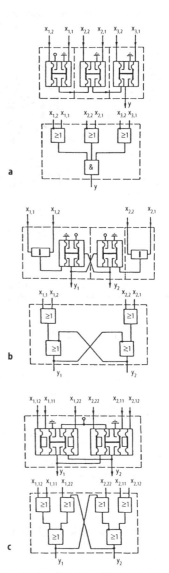

**Bild 3.6.** Schaltungsbeispiele. **a** UND-Funktion, **b** Flipflop, **c** Flipflop

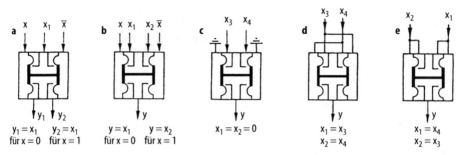

**Bild 3.7.** Spezielle Anwendungen des Doppelmembranrelais. **a** Signalweiche, **b** Umschalttor, **c** und **d** Maximumauswahl bzw. passive ODER-Funktion, **e** Minimumauswahl bzw. passive UND-Funktion

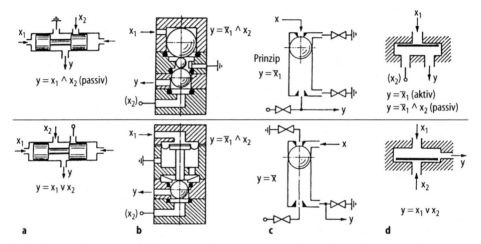

**Bild 3.8.** Weitere Logikelemente mit bewegten Bauteilen. **a** Kolbenelement (2mm), **b** Kugelelement, **c** quasistatisches Element mit Kugel, **d** quasistatisches Element mit Folie

Bild 3.7 zeigt die Verwendung der Elemente als Umschalter, Signalweiche oder zur Extremwertauswahl.

Schließlich sind im Bild 3.8 noch einige typische Elemente, die mit Kölbchen, Kugeln bzw. Folien arbeiten, skizziert, gleichzeitig werden damit zwei Beispiele für die quasistatischen Elemente angegeben, (Bilder 3.8c,d).

Ausführliche Beschreibungen weiterer Typen von Elementen sowie Literaturstellen sind in [2.7, 3.2] zu finden.

## 3.3
### Schaltelemente ohne bewegte Bauteile

Im Gegensatz zu den statischen Elementen werden Schaltelemente ohne bewegte Bauteile im Betriebszustand stets von Luft durchströmt, sie haben also einen ständigen Luftverbrauch. Bei diesen Elementen werden Effekte der Strömungstechnik genutzt, deren Entdeckung bereits auf Prandtl (1904) und Coanda (1938) zurückgeht. Wegen des ständigen Luftverbrauchs arbeiten sie bei niedrigem Druckpegel ab 0,1 bis 10 kPa. Wegen des Fehlens bewegter Bauteile ist ihr Verschleißverhalten – bei sauberer Betriebsluft – wesentlich günstiger. Kennzeichen sind eine sehr kleine Baugröße, die Eignung zur Schaltungsintegration, die Möglichkeit einer einfachen Herstellung durch Spritzen, Ätzen u.ä. Ihre Nachteile sind die im Vergleich zu den statischen Elementen relativ geringe Ausgangsleistung und die durch gegenseitige Beeinflussung auftretenden Probleme beim Zusammenschalten der Elemente. Die Kombination solcher Elemente erfordert also Vorkenntnisse und Erfahrungen.

Grundprinzip ist die Steuerung eines aus einer Düse (Strahldüse) austretenden Speisestrahls mittels eines oder mehrerer Steuerstrahlen durch Ausnutzung

- der Strahlablenkung (Strahlablenkelemente),
- des Strömungsumschlags laminar-turbulent (Turbulenzelemente),
- des Wandhafteffektes (Wandstrahlelemente, Coanda-Effekt).

Die Steuerung erfolgt derart, daß der Strahl entweder zu der Fangdüse, die das Ausgangssignal liefert, hingelenkt oder von dieser abgelenkt wird bzw. daß der die Fangdüse erreichende Strahl entweder ungestört empfangen oder vom Steuerstrahl gestört und damit geschwächt wird. Nachfolgend werden diese drei Prinzipien und zugehörige Lösungen beschrieben.

*Strahlablenkelemente* (Impulsverstärker, Freistrahlelemente) beruhen auf der gegenseitigen Beeinflussung der Speise- und Steuerstrahlen durch Bildung eines resultierenden Strahls, dessen Richtung eine Funktion der Impulse der Strahlen ist. Man nutzt ein analoges Grundelement (Strahldüse-Fangdüse) durch Ansteuerung mit diskreten Signalen für logische Operationen. Bild 3.9 zeigt einige Möglichkeiten, deren Einfachheit auch aus konstruktiver Sicht besticht. Auf Grund ihrer relativ geringen Verstärkung (Abschn. 1.7) eignen sie sich zum Aufbau logischer Elemente nur bedingt, weil die erforderliche Steuerleistung im Vergleich zur Eingangsleistung relativ hoch ist und so die Zusammenschaltung mehrerer Elemente begrenzt wird (geringes fan out). Deshalb findet man das Prinzip der Strahlablenkung in der Praxis nur in passiven UND- bzw. ODER-Vorsätzen am Steuereingang von Elementen, die nach den Prinzipien des Strömungsumschlags bzw. des Coandaeffektes arbeiten (Bild 3.10 bzw. 3.12).

*Turbulenzelemente* nach Bild 3.10 sind ähnlich aufgebaut wie Strahlablenkelemente, sie werden jedoch so ausgelegt, daß der die Strahldüse verlassende Strahl noch laminar ist und erst bei Ansteuerung durch den Steuerstrahl turbulent wird und „zerfällt". Die bei laminarer oder turbulenter Strömung in der Fangdüse empfangenen Signalamplituden sind deutlich als binäre Signale empfangbar ($A_{1-Sign}/A_{0-Sign} \approx 1:8$). Der erforderliche Steuerdruck liegt bei $p_{St} \approx 0{,}1 p_S$ und ist damit relativ niedrig. Daher ist auch der Durchfluß des Steuerstromes $\dot{m}_{St} \approx 0{,}1\,\dot{m}_s$. Damit erreicht man mit diesen Elementen eine brauchbare Verstärkung und ein fan out von etwa 4, d.h. ein Element kann 4 weitere ansteuern.

Der Übergang von der laminaren in die turbulente Strömung erfolgt stetig, so daß das Element kein ausgeprägtes Schaltverhalten aufweist. Die Kennlinien sind jedoch steil genug, um das Element bei Ansteuerung mit diskreten Signalen erfolgreich als Schaltelement betreiben zu können. Während die Elemente früher in koaxialer Bauweise relativ

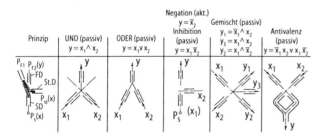

**Bild 3.9.** Prinzipieller Aufbau von Strahlablenkelementen

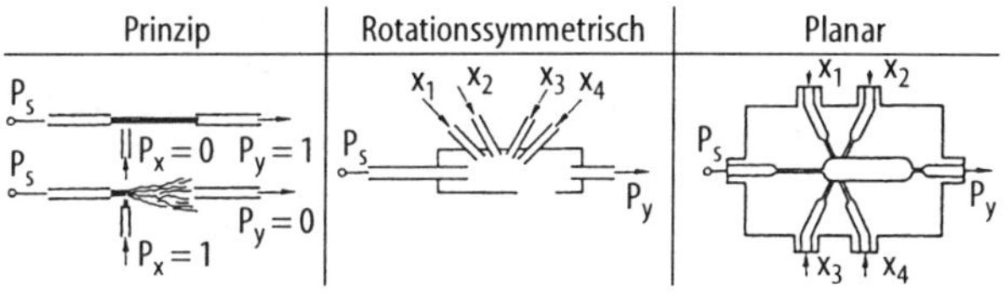

**Bild 3.10.** Turbulenzelemente. Übliche Werte: $p_s \approx 1$ kPa; Abmessungen (planar) 20 x 30 mm$^2$

groß gebaut wurden, hat sich seit einigen Jahren die günstigere Planarbauweise durchgesetzt. Sie eignet sich jedoch nicht gut für integrierte Schaltungen. Turbulenzelemente werden meist mit mehreren Eingängen ausgelegt und ergeben typische NOR-Elemente. Diese eignen sich zur Realisierung aller Logikfunktionen. Aus derartigen Elementen wurden komplette Logiksysteme abgeleitet [2.2, 2.7, 3.4].

*Wandstrahlelemente*, auch *Grenzschichtverstärker* genannt, nutzen z.B. die Adhäsionseigenschaften einer Grenzschicht beim Umströmen eines flügelartigen Profils. Das Grundprinzip ist z.B. in [2.7] beschrieben, es ergibt ein monostabiles Schaltelement, wie in Bild 3.11 gezeigt.

Der aus der Strahldüse $SD$ austretende Strahl folgt dem skizzierten Profil und trifft auf die Fangdüse $FD(y_1)$. Wird jedoch ein Steuersignal $x$ aufgeschaltet, dann ist die Grenzschicht gestört, der Strahl löst sich vom Profil ab und trifft auf die andere Fangdüse $FD(y_2)$. Sind zwei Eingänge $x_1, x_2$ vorgesehen, so entsteht, bezogen auf $y_1$, ein NOR-Element und, bezogen auf $y_2$, ein ODER-Element. Bei entsprechender Anordnung der Düse bei $y_2$ ist es auch möglich, eine UND-Funktion $y_1 = x_1 \wedge x_2$ zu realisieren. Koppelt man bei einem solchen Element $y_2$ zurück, dann entsteht ein Flipflop, das über $x_1$ gesetzt und über die zusätzliche Steuerdüse durch $x_2$ gelöscht werden kann, Bild 3.11c. Elemente nach diesem Grundprinzip haben industriell keine wesentliche Anwendung gefunden.

Der Coanda-Effekt hat sich dagegen zum Aufbau von Wandstrahl-Logikelementen in der Anwendung besser bewährt. Tritt ein turbulenter Freistrahl aus einer Düse, so reißt er das Fluid aus seiner Umgebung (Randzone) mit, er hat den in Bild 3.12a gezeichneten Verlauf. Bringt man in der Nähe des Strahls eine Wand an (Bild 3.12b), so können an dieser Seite die mitgerissenen Teilchen nur über einen verengten Querschnitt zwischen Strahl und Wand als Rückstrom geliefert werden, das hat nach der Bernoulli-Gleichung (1.9) eine Erhöhung der Geschwindigkeit und damit eine Abnahme des Druckes auf der Wandseite zu Folge. Auf der anderen Seite des Strahls wirkt jedoch der Umgebungsdruck, der größer als der an der Wand herrschende Druck ist. Die so entstehende Differenzkraft drückt den Strahl gegen die Wand, dadurch wird der Rückstrom entlang der Wand verhindert, und an der Wand bildet sich eine Unterdruckblase, der Strahl haftet an der Wand. Der Rückstrom erfolgt nun vom Anlegepunkt $A$ des Strahls (Bild 3.12c), in der Unterdruckblase herrscht dadurch ein Wirbel, und die Unterdruckblase bleibt erhalten. Die Elemente werden symmetrisch aufgebaut, ohne daß der Strahl in der Mitte durchbricht. Dadurch wird das Element bistabil, d.h. der Strahl legt sich an eine der beiden Begrenzungswände an. Die Eindeutigkeit für die Be-

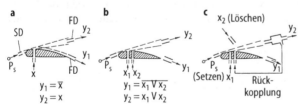

**Bild 3.11.** Wandstrahlelement. **a** und **b** monostabil, **c** Flipflop

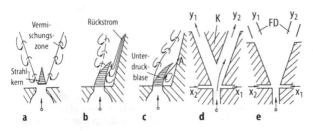

**Bild 3.12.** Funktion und Aufbau von Elementen mit Nutzung des Coanda-Effektes. **a** Strahl in freier Umgebung, **b** Rückstrom entlang der Begrenzungswand, **c** Entstehung der Unterdruckblase, **d** Element mit Keil, **e** Element mit Fangdüsen. Übliche Werte:
$p_s \approx 0{,}001\ldots 0{,}1$ MPa, fan out $\approx 4$,
$T_s \approx 1$ ms, Bauform: flach; Düsenabmessung: $0{,}2\ldots 1$ mm; $p_s/p_{st} \approx 10\ldots 15$

legung der Ausgänge entsteht entweder durch einen zwischen beiden Wänden symmetrisch angeordneten Keil $K$ (Bild 3.12d) oder durch symmetrisch angeordnete Fangdüsen $FD$ (Bild 3.12e). Die Umsteuerung des Elements erfolgt durch die Signale $x_1$ und $x_2$, die den Strahl zwar durch den kurzzeitigen Impuls beeinflussen, aber die Umschaltung vor allem durch die „Zerstörung" der Unterdruckblase erreichen. Das Element arbeitet in der skizzierten Form als Flipflop. Das Verhältnis vom Speisedruck $p_S$ zum Steuerdruck $p_{St}$ beträgt $p_S/p_{St} = 10 \dots 15$. Wichtig für die Funktion der Elemente ist eine gute Entlüftung des Elements. Die Erfüllung der gewünschten Funktion durch ein solches Element ist von vielen geometrischen und strömungstechnischen Daten abhängig [3.3].

Bisher wurde nur das bistabile Verhalten beschrieben, die zum Aufbau kombinatorischer Schaltungen erforderlichen monostabilen Elemente erhält man aus bistabilen Elementen durch einen geometrisch unsymmetrischen Aufbau der Elemente, wodurch erreicht wird, daß das Element stets eine bestimmte Vorzugslage einnimmt, wenn nicht durch anliegende Signale die Auslenkung aus der Vorzugslage erzwungen wird. Diese Unsymmetrien sind an ausgeführten Elementen für den Nichtfachmann kaum erkennbar. Möglichkeiten dazu bieten sich vor allem in der unsymmetrischen Anordnung der Begrenzungswände und der Steueröffnungen [3.3]. Werden die Eingänge dieser Elemente durch die im Bild 3.9 gezeigten Strahlablenkelemente erweitert, so entstehen da-

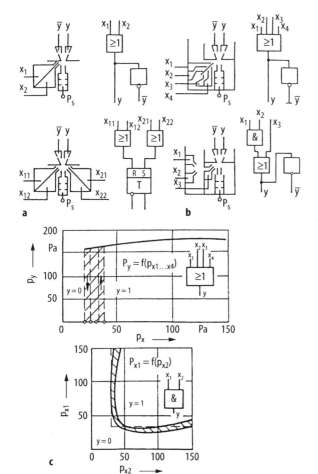

**Bild 3.13.** Moduleinheiten mit Wandstrahlelementen. **a** Beispiel der Elemente einer Moduleinheit, **b** weitere Elemente einer Moduleinheit, **c** Kennlinien für Moduleinheiten

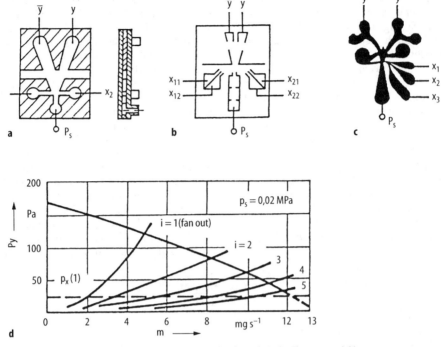

**Bild 3.14.** Wandstrahlelemente. **a** und **b** bistabil, **c** monostabil, **d** Kennlinie des Elements nach b)

durch UND- bzw. ODER-Vorsätze, die Logikkapazität der Elemente wird erhöht. Beispiele dazu zeigt Bild 3.13.

Das Verhalten der Elemente ist sehr lastabhängig, die Kennlinie des bistabilen Wandstrahlelements (Bild 3.14b) zeigt Bild 3.14d, sie zeigt deutlich das Verhalten in Abhängigkeit von der Last und gibt gleichzeitig Auskunft über das zulässige fan out [3.4].

Die häufig zitierten Vorteile der Strahlelemente, wie

- große logische Kapazität,
- Schaltungsintegration,
- Unempfindlichkeit gegen äußere Einflüsse,
- kleinere Abmessungen,
- höhere Grenzfrequenzen,
- höhere Zuverlässigkeit und
- Vereinfachung der Fertigung,

überwiegen meist gegenüber den Nachteilen, wie

- ständiger Luftverbrauch,
- höherer Aufwand bei der Luftaufbereitung,
- vom Normaldruck abweichende Signalpegel und
- Erfordernisse nach höheren Fertigungsgenauigkeiten.

Die Vorteile können nicht immer voll genutzt werden, so sind einer breiten Einführung stets reale Grenzen gesetzt.

Gute Anwendungschancen bieten sich für diese Funktionseinheiten besonders bei großen Stückzahlen, wo sich der Einsatz integrierter Schaltungen lohnt. Bedeutung haben sie bisher auch dort gewinnen können, wo andere Techniken versagen, wie bei Umgebungstemperaturen von einigen hundert Grad, für die man Elemente aus Keramik und Glas herstellen kann, und bei sehr großen Beschleunigungen oder Strahlungseinflüssen.

Einen Vergleich der in den digitalen Funktionseinheiten eingesetzten Elemente im Hinblick auf die Ausgangsleistung und

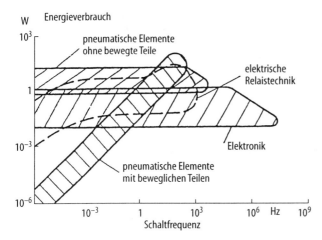

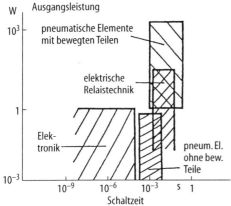

**Bild 3.15.** Verlust- und Ausgangsleistungen verschiedener Schaltelemente [2.2]. **a** Energieverbrauch in Abhängigkeit von der Schaltfrequenz, **b** Ausgangsleistung in Abhängigkeit von der Schaltzeit

den Leistungsverbrauch in Abhängigkeit von der Schaltfrequenz bzw. der Schaltzeit gegenüber anderen Techniken erlaubt Bild 3.15.

## Literatur

3.1 Töpfer H, Schrepel D, Schwarz A (1973) Pneumatische Bausteinsysteme der Digitaltechnik, 2. Aufl. Verlag Technik, Berlin

3.2 Helm L (1971) Einführung in die Fluidik. Akademia Kiado, Budapest

3.3 König G (1975) Zum Entwurf von Fluidelementen unter Benutzung analytischer Modelle. Dissertation, TU Dresden

3.4 Ufer W (1973) Dreloba-Fluid-Module. msr 16/3:69–72

# 4 Elektrisch-pneumatische Umformer

H. Grösch

Die Schnittstelle von elektronischen Reglern oder Systemen zu pneumatischen Stellantrieben hat in der Prozeßautomatisierung eine wichtige Verbindungsfunktion, nicht zuletzt wegen der problemlosen Anwendung des pneumatischen Signals im explosionsgefährdeten Bereich.

Um ein elektrisches Signal in einen adäquaten pneumatischen Ausgangsdruck umzuformen, stehen mehrere konstruktive Möglichkeiten zur Verfügung:

- Ausschlagverfahren,
- Wegvergleichendes Prinzip,
- Kraftvergleichendes Prinzip,
- Drehmomentvergleichendes Prinzip,
- Elektrischvergleichendes Prinzip.

## 4.1 Ausschlagverfahren

Zur Messung und Umformung kleiner Wege oder Ausschläge von elektrischen Meßwerken verwendet man das Prinzip des aus der Reglertechnik bekannten pneumatischen Umformers (Bild 4.1).

Das Meßwerk (6) greift an einem Hebel (5) an, der als Prallplatte für einen durch eine Düse (4) entspannten Luftstrom dient.

Der Druck zwischen einer Festdrossel und einer Düse reagiert außerordentlich empfindlich auf geringste Abstandsänderungen zwischen Düse und Prallplatte (s. Abschn. 1.3).

Je nach gewählten Abmessungen von Düse und Festdrossel und bei entsprechend gewählter Zuluft, genügen bereits Abstandsänderungen von weniger als 0,05 mm, um eine Druckänderung zwischen Festdrossel und Düse von mehr als 1 bar zu erzielen. Dieser Druckbereich ist allerdings nur in einem kleinen Bereich linear [4.1], es sei denn, man hält den Druckabfall an der Düse durch einen speziellen Druckdifferenzregler konstant [4.2]. Auch bei großer Präzision in der mechanischen Bauweise und guter Konstanz des Düsenwiderstandes neigt diese Anordnung zu Schwingungen. Aus diesem Grund nimmt man in der Regelungstechnik üblicherweise eine starre Rückführung hinzu. Der Steuerdruck bewegt z.B. über eine Membrandose entweder die Düse oder die Prallplatte zurück (Bild 4.2).

Die Darstellung der elektrisch-pneumatischen Umformung nach Bild 4.1 und Bild 4.2 zeigt auf einfache Weise das Funktionsprinzip der meisten elektrisch-pneumatischen Umformer. Sie ist deshalb besonders gut geeignet für die Darstellung des Prinzips der elektrisch-pneumatischen Umformung.

Gemeinsam ist allen elektrisch-pneumatischen Umformern der berührungslose und somit reibungsfreie Abgriff der elektrischen Meßkraft, um eine Verfälschung der Umformung zu vermeiden.

## 4.2 Wegvergleichendes Prinzip

Bei anzeigenden elektrischen Meßwerken mit größerem Zeigerausschlag (z.B. Dreh-

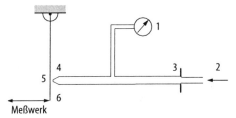

**Bild 4.1.** Ausschlagverfahren. *1* Ausgangsdruck, *2* Zuluft, *3* Festdrossel, *4* Düse, *5* Hebel (Prallplatte), *6* Meßwerk

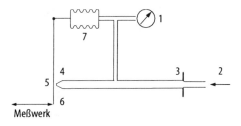

**Bild 4.2.** Ausschlagverfahren mit Rückführung. *1* Ausgangsdruck, *2* Zuluft, *3* Festdrossel, *4* Düse, *5* Hebel (Prallplatte), *6* Meßwerk, *7* Rückführung

spul- oder Kreuzspulmeßwerken) kann man ein Abtastsystem Strahl-Fangdüse (3, 4) der an Zeigerachse (1) befestigten Steuerfahne (2) nachlaufen lassen (Bild 4.3).

Die Nachführung des Abtastsystems geschieht durch eine vom Ausgangsdruck beaufschlagte Balgfeder (6) mittels einer Kurve (7), deren Kennlinie die eventuell erforderlichen Korrekturen des Umformers beinhaltet.

Dieses System arbeitet, der geringen Kraft des elektrischen Meßwerks wegen, rückwirkungsfrei mit einem sehr niedrigen pneumatischen Strahldruck von ca. 30 mbar und einen Staudruck an der Fangdüse von maximal 10 mbar.

Um auf den in der pneumatischen Regelungstechnik normierten Druck von 0,2 – 1 bar zu kommen, ist deshalb ein nachgeschalteter pneumatischer Verstärker (5) mit einem Verstärkungsfaktor von >150 erforderlich.

Das Übertragungsverhalten eines anzeigenden elektrisch-pneumatischen Umformers hängt von der Präzision der mechanischen Teile, sowie des gesamten mechanischen Aufbaus ab und wird zusätzlich durch den langsamen systembedingten pneumatischen Druckaufbau des Strahl-Fangdüse-Systems beeinflußt.

Die *Sprungantwort* nach DIN 19 226 wird vorrangig bestimmt durch die *Anschwingzeit* und die *Ausgleichzeit* mit möglichst geringer *Überschwingweite*.

Diese Art der elektrisch-pneumatischen Umformung mittels anzeigenden elektrischen Meßwerken ist heute nicht mehr sehr gebräuchlich und dies nicht nur wegen des relativ hohen mechanischen Aufwands. Mit der fortschreitenden Prozeßautomatisierung war das *dynamische Übertragungsverhalten* dieser Geräteart zu langsam und auch des hohen mechanischen Aufwands wegen zu teuer geworden.

Die Verzugszeit $T_u$ ist bei dieser Geräteart im Verhältnis zur Einschwingzeit zu lang und deshalb störend im Zeitverhalten des Regelsystems.

Die Grenzfrequenz nach DIN IEC 770 liegt eher niedrig und beträgt weniger als 1 Hz.

Die Spitze-zu-Spitze-Amplitude des am Eingang liegenden sinusförmigen Signals ist so zu wählen, daß sie für eine gültige Messung ausreicht, und daß sie andererseits relativ klein gehalten werden muß (nicht über 20% der Spanne). Die Frequenz des Eingangssignals wird in Stufen erhöht, mit einem niedrigen Wert beginnend, um der Bedingung der Frequenz 0 zu entsprechen bis zur Frequenz bei welcher die Ausgangsgröße auf die Hälfte der ursprünglichen Amplitude abgesunken ist. Bei jeder eingestellten Frequenzstufe muß mindestens eine vollständige Schwingung der

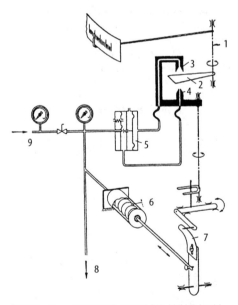

**Bild 4.3.** Wegvergleichendes Prinzip [Werkbild: Eckardt].
*1* Zeigerachse, *2* Steuerfahne, *3* Fangdüse, *4* Strahldüse, *5* Verstärker, *6* Balgfeder, *7* Kurve, *8* Ausgang, *9* Zuluft

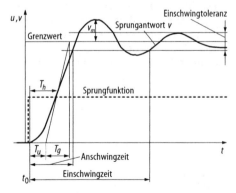

**Bild 4.4.** Sprungantwort eines Übertragungsgliedes. $T_u$ Verzugszeit, $T_g$ Ausgleichzeit, $V_m$ Überschwingweite

## 4 Elektrisch-pneumatische Umformer

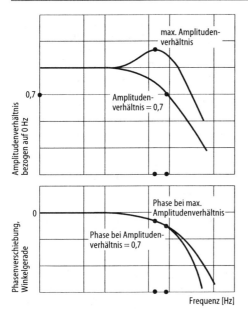

**Bild 4.5.** Frequenzgang (Bode-Diagramm)

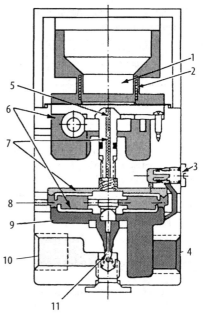

**Bild 4.6.** Elektrisch-pneumatische Umformung nach dem kraftvergleichenden Prinzip [Werkbild: Bellofram].
*1* Magneteinheit, *2* Tauchspule, *3* Festdrossel, *4* Ausgangsdruck, *5* Düse, *6* Atmosphäre, *7* Steuerdruck, *8* Membrangruppe, *9* Entlüftungsventil, *10* Zuluft, *11* Steuerventil

Eingangs- und Ausgangsgröße aufgezeichnet werden. Die Ergebnisse sind graphisch darzustellen.

### 4.3 Kraftvergleichendes Prinzip

Die elektrisch-pneumatische Umformung nach dem kraftvergleichenden Prinzip entspricht in seiner Wirkweise dem Funktionsprinzip nach Bild 4.2.

Justierhilfen wie z.B. Nullpunkt- oder Spanneneinstellung sind außer acht gelassen.

Anhand des Funktionsprinzips nach Bild 4.6 wird die Wirkungsweise dieser Geräteart näher erläutert.

Eine freischwingend und reibungsfrei gelagerte Tauchspule bewegt sich in Abhängigkeit des Spulenstroms von z.B. 4 – 20 mA axial gegen eine Düse und verändert den Steuerdruck des Systems Festdrossel-Düse.

Dieser Steuerdruck wirkt auf die Eingangsmembrane des nachgeschalteten pneumatischen Verstärkers.

Das System bewirkt also bei Veränderung des Eingangsstromes von z.B. 4 – 20 mA eine proportionale Veränderung des Ausgangsdruckes. Wegen der dieser Bauart eigenen hohen Verstärkung ist diese Art der elektrisch-pneumatischen Umformung gut geeignet, durch Verwendung einer entsprechenden Membrangruppe mit größerem Verstärkungsfaktor (Flächenverhältnis) einen höheren Ausgangsdruck als 0,2 – 1 bar zu erzielen. Werte von 0,2 – 6 bar sind bei Verwendung von entsprechend höherem Zuluftdruck mit guter Linearität zwischen Eingangsstrom und Ausgangsdruck zu erreichen. Die runde geschlossene Bauweise dieser Geräte gestattet ohne weitere Schutzmaßnahme, wie z.B. zusätzliches Gehäuse, eine Feldmontage.

Das *dynamische Übertragungsverhalten* ist aufgrund der kompakten Bauweise gut; die *Verzugszeit* $T_u$ ist im Verhältnis zur Einschwingzeit gering. Die *Einschwingzeit* hängt in großem Maß ab von dem nachgeschalteten Volumen oder der Leitungslänge zum nächsten Regel- oder Steuergerät. Aus diesem Grund versucht man die Luftlieferung des pneumatischen Verstärkers auf große *Luftleistung* auszulegen.

Tabelle 4.1 zeigt exemplarisch den Zusammenhang von angeschlossenem Volu-

**Tabelle 4.1.** Einschwingzeiten in Abhängigkeit vom angeschlossenen Volumen

| Eingang | 10...90% | | 90...10% | |
|---|---|---|---|---|
| | angeschlossenes Volumen (in cm³) | | | |
| | 100 | 1000 | 100 | 1000 |
| $V_m$ % | 1 | 1 | 1 | 1 |
| $T_u$ (s) | 0,3 | 0,6 | 0,6 | 1 |
| Einschwingzeit (s) | 1 | 3 | 1,5 | 5,5 |

men und Übertragungsverhalten von pneumatischen Übertragungsgliedern.

Die Tabellenwerte beziehen sich auf den in der Regelungstechnik normierten Ausgangsdruck von 0,2 – 1 bar und einen Zuluftdruck von 1,4 bar (Bild 4.7).

## 4.4 Drehmomentvergleichendes Prinzip

Die elektrisch-pneumatische Umformung mittels Drehmomentvergleich ist heute die am häufigsten verwendete Bauweise der elektrisch-pneumatischen Umformer. Bei entsprechend gewählten Materialkombina-

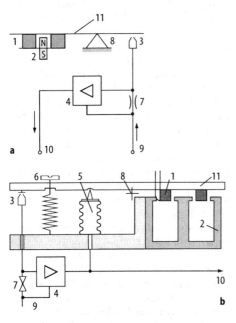

**Bild 4.7.** Elektrisch-pneumatische Umformung nach dem Drehmomentvergleichenden Prinzip. **a** [Werkbild: H & B]; **b** [Werkbild: Eckardt]; *1* Tauchspule, *2* Magnet, *3* Düse, *4* Verstärker, *5* Rückführung, *6* Justierung, *7* Festdrossel, *8* Kreuzbandlager, *9* Zuluft, *10* Ausgang, *11* Hebel

tionen besitzen diese Geräte Meßeigenschaften. Bild 4.7a und b zeigen zwei typische Bauweisen dieser Geräteart mittels Tauchspulsystemen.

Die vom Signalstrom durchflossene Tauchspule (1) erzeugt im Magnetfeld des Permanentmagneten (2) eine Stellkraft, die durch den mittels Kreuzband (8) gelagerten Hebel (11) ein Drehmoment erzeugt. Dieses Drehmoment steuert eine Düse (3) und ändert somit den Staudruck des Systems Festdrossel-Düse. Dieser Staudruck wird dem Eingang eines pneumatischen Verstärkers (4) zugeführt.

Bei dem elektrisch-pneumatischen Umformer nach Bild 4.7a wird der Staudruck direkt als Kompensationsdruck verwendet. Das bedeutet, daß der nachgeschaltete pneumatische Verstärker über Meßeigenschaften verfügen muß. Auch sind die Anforderungen an die mechanischen Bauteile der Düse und Prallplatte hoch.

Anders hingegen die Wirkweise des elektrisch-pneumatischen Umformers nach Bild 4.7b. Der von der Düse (3) gesteuerte Staudruck wird nur dem Eingang des pneumatischen Verstärkers (4) zugeführt. Der Ausgang des pneumatischen Verstärkers beaufschlagt einen Rückführbalg (5) soweit, daß das von der Tauchspule (1) erzeugte Drehmoment kompensiert wird.

Da der Ausgangsdruck des pneumatischen Verstärkers als Kompensationsdruck dem Rückführbalg zugeführt wird, ist die Anforderung an die Eigenschaften des pneumatischen Verstärkers nicht sehr hoch.

Üblicherweise wird ein Verstärker mit einem Verstärkungsfaktor von >2 verwendet, um die Anforderung an das System Festdrossel-Düse nicht unnötig hoch und somit teuer zu gestalten. Des weiteren erhöht sich mit dieser Kreisstruktur die *Grenzfrequenz*, da nur ein Teilbereich des von der Festdrossel-Düse erzeugten Steuerdrucks verwendet wird.

Da das drehmomentvergleichende Prinzip die am häufigsten verwendete Bauweise für elektrisch-pneumatische Umformer in der industriellen Prozeßtechnik ist, wird an dieser Stelle generell auf die Anforderungen an diese Geräteart eingegangen. DIN IEC 770 „Methoden der Beurteilung des

Betriebsverhaltens von Meßumformern zum Steuern und Regeln in Systemen der industriellen Prozeßtechnik" enthält auch die aus Sicht des Anwenders wichtigsten Anforderungen. Diese sollten auch in den technischen Datenblättern des Herstellers ihren Niederschlag finden.

Das technische Datenblatt eines jeden Gerätes sollte folgende Angaben enthalten (hier gleich mit exemplarischen Werten dieser Gerätegruppe versehen):

*Eingang*
Signalbereiche        0 – 20 mA; 4 – 20 mA
Eingangsimpedanz      200 Ω bei 20 °C

*Ausgang*
Signalbereiche        0,2 – 1 bar; 3 – 15 psi
Luftbereiche          max. 3 $m_n^3$/h

*Hilfsenergie*
Hilfsenergie          1,4 bar; 15 psi
Eigenverbrauch        0,08 $m_n^3$/h
Hilfsenergieeinfluß   0,2%/10% Änderung

*Übertragungsverhalten*
Kennlinienabweichung  ≤0,2%
Hysterese             ≤0,1%
Bürdencharakteristik  ± 3% bei Luftlieferung von 0,4 $m_n^3$/h
Temperatureinfluß     0,02%/10 °K
Umgebungstemperatur   – 40 °C ... + 60 °C

*Dynamisches Verhalten*
Grenzfrequenz         10 Hz
Phasenverschiebung    – 180°

*Schutzart*           IP 54 nach DIN 40050

*Explosionsschutz*    eigensicher, EExib II CT 6

*Gewicht*             ca. 1,4 kg

In den technischen Datenblättern steht häufig beim Übertragungsverhalten für die Kennlinienabweichung die Bezeichnung Linearitätsfehler oder *Linearität* (Bild 4.8).

*Anmerkung:* Linearität ist ein besonderer, aber oft gebrauchter Fall der Kennlinienübereinstimmung, bei dem die festgelegte Kurve eine Gerade ist.

Die für diese Gerätegruppe angegebenen exemplarischen Werte sind auf Dauer nur

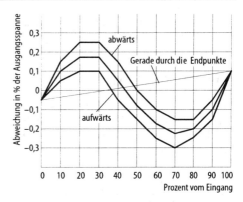

**Bild 4.8.** Abweichungskurve zur Definition der Linearität. (Linearität = Abweichung von der Geraden in %, Hysterese = Differenz zwischen auf- und abwärts – Messung in %)

zu halten, wenn die pneumatische Energieversorgung (s. Abschn. L2) den Qualitätsanforderungen an die Instrumentenluft nach DIN IEC 654 Teil 2 entspricht. Unabhängig von den dort aufgeführten Versorgungsdruckbereichen bedarf der Abschnitt *Feuchtigkeit und Verunreinigungen* in der pneumatischen Versorgung besonderer Aufmerksamkeit des Anwenders und Betreibers.

Für den Anlagenplaner und Betreiber wissenswerte technische Daten sind in den Gerätedokumentationen selten aufgeführt, obwohl gerade diese Angaben in neuerer Zeit immer wichtiger werden. Hierzu gehören die Angaben über *Einschaltdrift, Langzeitdrift, Hochfrequenzeinstrahlung, Einfluß magnetischer Fremdfelder* (s. Teil A), *Mechanische Schwingungen*.

Deshalb seien hier exemplarische Werte für diese Gerätegruppe genannt:

Einschaltdrift        0,2% nach 4 h
Langzeitdrift         < 0,1% nach 30 Tagen; < 0,5% im Jahr
Hochfrequenzeinstrahlung   Vereinbarung zwischen Hersteller und Anwender
Einfluß magnetischer Fremdfelder  kein Einfluß bei 400 A/m
Mechanische Schwingungen   < 1% zwischen 0 – 500 Hz, 2g (IEC-Publikation 68-2-6)

Die Ausführungen dieser Gerätegruppe sind variantenreich: Von der Feldausführung im Schutzgehäuse über den 19"-Einschub mit

Anschluß nach DIN 41 612 bis zur Ausführung für die DIN-Schienenmontage.

## 4.5 Elektrischvergleichendes Prinzip

Im Zuge der weitergehenden Prozeßautomatisierung werden die Steuerungen in den Regelsystemen immer häufiger und in Anbetracht der verschiedenen pneumatischen Stellantriebe steigen die Anforderungen an die Bauelemente für die pneumatischen Steuerungen und Regelungen. Elektrischpneumatische Umformer mit einem Eingangssignal von z.B. 4 – 20 mA und einem Ausgangsdruck bis 10 bar finden Eingang in die Prozeßautomatisierung.

Ausreichend konzipierte Querschnitte des pneumatischen Verstärkers erfüllen die Forderung nach kurzer Stellzeit der pneumatischen Stellantriebe trotz großer und verschiedener Antriebsvolumina (Bild 4.9).

Die bisher beschriebenen elektrischpneumatischen Umformer sind *passive* Geräte, teils mit Meßeigenschaften, *ohne* elektronische Bauelemente und *ohne* elektrische Hilfsenergie.

Beim elektrischvergleichenden Prinzip sind elektronische Bauelemente erforderlich, bei manchen Geräten auch elektrische Hilfsenergie. Meßeigenschaften werden nicht gefordert und sind auch nicht erforderlich.

Die elektrisch-pneumatischen Umformer *ohne* elektrische Bauelemente sind gegenüber Störeinflüssen, wie Hochfrequenzeinstrahlung (Funkverkehr usw.) stabil und besitzen ebenso eine hohe Stabilität gegen Einfluß magnetischer Fremdfelder. Elektrisch-pneumatische Umformer *mit* elektronischen Bauelementen benötigen entsprechende Schutzmaßnahmen am Gerät.

Das elektrische Eingangssignal von z.B. 4 – 20 mA wird in einem elektronischen Regler (8) in ein Spannungssignal bis 80 V umgeformt und damit mittels einer Piezo-Prallplatte (1) und einer Düse (2) ein Staudruck gesteuert. Dieser Staudruck wiederum steuert über eine Membran (4) den Ausgangsdruck eines pneumatischen Verstärkers (9).

Der Ausgangsdruck eines pneumatischen Verstärkers wird mittels Druckaufnehmer (7) wieder in ein Spannungssignal umgeformt, dem Regler als Rückführsignal zugeführt und mit dem Eingangssignal verglichen. Der elektronische Regler steuert also solange die Piezo-Prallplatte, bis das Rückführsignal und somit der Ausgangsdruck des pneumatischen Verstärkers dem Eingangssignal entspricht.

*Anmerkung*: Auch diese elektrisch-pneumatischen Umformer sind aus Gründen der Funktionssicherheit mit pneumatischer Hilfsenergie entsprechend den Qualitätsanforderungen nach DIN IEC 654 Teil 2 zu betreiben.

## 4.6 Zusammenfassung

Alle beschriebenen elektrisch-pneumatischen Umformer sind Umformer mit analogen Signalen, d.h. sowohl die elektrischen Eingangssignale als auch die pneumatischen Ausgangssignale sind analoge Werte mit einem sehr hohen Auflösungsvermögen von <0,05%.

Der asymptotische Verlauf des pneumatischen Ausgangsdruckes an den wahren

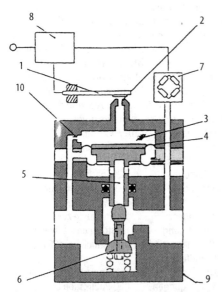

**Bild 4.9.** Elektrisch-pneumatische Umformung nach dem elektrischvergleichenden Prinzip. *1* Piezo-Prallplatte, *2* Düse, *3* Düsenkammer, *4* Membran, *5* Entlüftung, *6* Steuerventil, *7* Druckaufnehmer, *8* Regler, *9* Verstärker, *10* Festdrossel

Ausgangsdruckwert nach schnellen elektrischen Eingangssignaländerungen stabilisiert in erwünschter Weise den Regelkreis.

Die Palette der verschiedenen elektrisch-pneumatischen Umformer und deren speziellen Eigenschaften, ermöglichen projektierenden Fachleuten und Anwendern für den vorgesehenen Einsatz eine optimale Auswahl.

Oberster Grundsatz für den jahrelangen und störungsfreien Betrieb dieser Geräte ist, dafür zu sorgen, daß die Rahmenbedingungen hierfür anlagenseitig beachtet werden.

### Literatur

4.1 Samal E (1954) Regelungstechnik 2. S 59 – 63
4.2 Bergen SA (1954) (Sunvic) Regelungstechnik 2 S 3 – 10

# Teil F

## Elektronische Steuerungen

1 Speicherprogrammierbare Steuerung
2 Numerische Steuerungen

# 1 Speicherprogrammierbare Steuerung

M. Martin

## 1.1 Strukturelle Betrachtung der speicherprogrammierbaren Steuerung

### 1.1.1 Grundstruktur einer speicherprogrammierbaren Steuerung (SPS)

Das Spektrum der elektronischen Steuerungen ist sehr breit und hat im Zuge der Entwicklung den überwiegenden Teil der elektromechanischen Steuerungen abgelöst. Die Realisierungsmöglichkeiten elektronischer Steuerungen reichen von der hardwaremäßigen Verknüpfung logischer Bauelemente bzw. integrierter Schaltkreise, über die Verwendung programmierbarer Logik bis hin zum Einsatz von Mikrorechnersystemen. Das Kernstück eines Mikrorechnersystemes ist der *Mikroprozessor*, der entsprechend seiner Befehlsstruktur die Signalverarbeitung übernimmt. Komplettiert wird das System mittels Ein- und Ausgabebaugruppen und den benötigten Speichermedien (Bild 1.1).

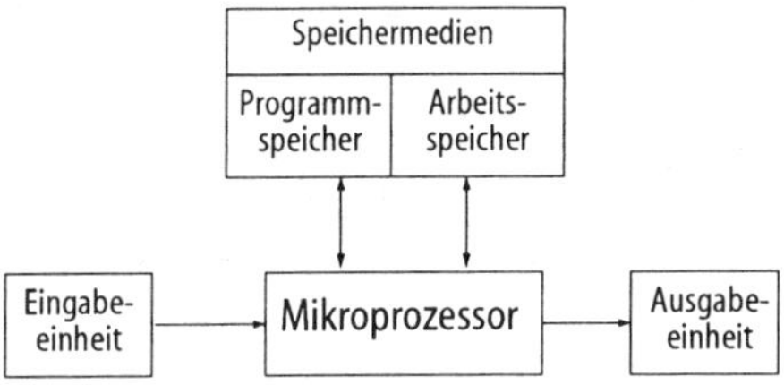

Mikrorechner werden in ihrer Architektur und der Art und Weise der Ein- und Ausgabe der Daten ihren jeweiligen Einsatzgebieten angepaßt. Die speicherprogrammierbare Steuerung ist ihrer Struktur nach demzufolge ein dem Anwendungsgebiet Prozeßsteuerung und -regelung angepaßtes Mikrorechnersystem. Ihre funktionale Komponente erhält sie erst durch das speziell auf den Prozeß bezogene *Anwenderprogramm*.

Das Bild 1.2 stellt als Prinzipschema der Struktur einer speicherprogrammierbaren Steuerung dar.

Das modifizierte Mikrorechnersystem verfügt in der Zentralbaugruppe über einen Mikroprozessor (CPU), verschiedene Speichermedien mit unterschiedlichen Aufgabengebieten und Schnittstellen zur Programmierung bzw. Kommunikation. Die Peripheriebaugruppen werden sowohl als Ein- als auch als Ausgabebaugruppen ausgeführt. Eine eigenständige Stromversorgung sorgt für die notwendigen Betriebsspannungen, auch wenn die Anlage nicht in Betrieb ist.

Speicherprogrammierbare Steuerungen können in zwei Bauformen ausgeführt wer-

**Bild 1.1.** Prinzipieller Aufbau eines Mikrorechners

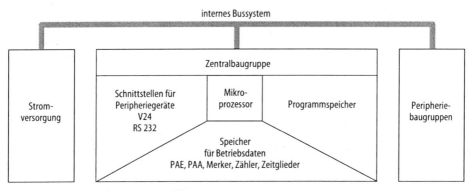

**Bild 1.2.** Prinzipschema der Struktur einer SPS

den. Dies ist zum einen die *Kompakt-* und zum anderen die *Modulbauweise*. Die Kompaktbauweise findet ihre Anwendung bei Steuerungsaufgaben mit bis zu 16 Ein- und Ausgängen. Bei diesen Geräten sind die Zentralbaugruppe, die E/A-Baugruppen und die Stomversorgung in einem Gehäuse untergebracht (Bild 1.3).

Alle für die Programmierung und die Funktion notwendigen Informationsträger sind auf der Frontplatte angebracht. Eine Modifizierung der E/A-Baugruppen ist nicht vorgesehen. Einige Hersteller bieten aber die Möglichkeit, die Programmierschnittstelle mit einer anderen Konfiguration zu versehen, die es damit gestattet, eine Kommunikation zu anderen Geräten aufzubauen.

Umfangreichere Steuerungen werden hingegen mittels einer modularen SPS realisiert (Bild 1.4).

Diese Bauform bietet den Vorteil flexibel die für die jeweilige Steuerungsaufgabe notwendigen Baugruppen zu verwenden. Alle Baugruppen der modularen SPS werden auf einem Baugruppenträger montiert. Über Steckverbinder wird die Verbindung zum internen Bus hergestellt. Ist das Modul „Zentraleinheit" mit einer Programmierschnittstelle ausgestattet, so ist die Kommu-

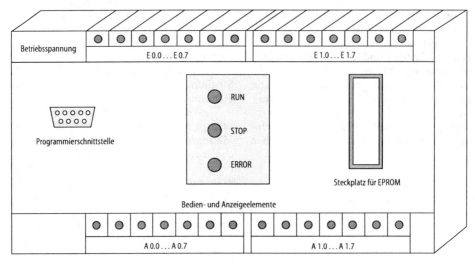

**Bild 1.3.** Darstellung einer SPS in Kompaktbauweise

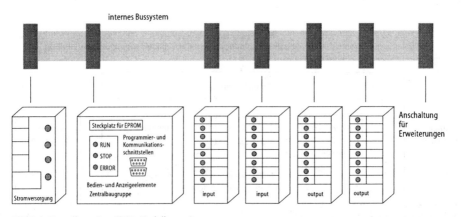

**Bild 1.4.** Darstellung einer SPS in Modulbauweise

nikationsbaugruppe für die Programmierung und den Betrieb der SPS als eigenständige Steuerung nicht unbedingt erforderlich.
Eine dritte Bauform ist die *Steckkarte*. Sie gibt es sowohl in Industrie-PC als auch in Ausführungen für Standard-PC.

### 1.1.2
### Die Zentralbaugruppe
#### 1.1.2.1
#### Struktur der Zentralbaugruppe

Die Zentralbaugruppe ist die Verarbeitungseinheit der speicherprogrammierbaren Steuerung (Bild 1.5).

Der Mikroprozessor ist meist ein Standardmikroprozessor, der mittels eines Betriebssystemes (in der Regel Firmware) für die Aufgabenerfüllung modifiziert wird. Er ist sowohl für die Anwenderprogrammabarbeitung als auch für die interne Organisation wie Speicherverwaltung und Schnittstellenkontrolle zuständig. Für umfangreichere Steuerungsaufgaben werden Mehrprozessorsysteme eingesetzt. Die Prozessoren arbeiten entweder parallel (Aufteilung in Teilprozesse) oder im Zeitmultiplex (Verteilung der zu bearbeitenden Daten). Die Prozessoren sind entweder alle in der Zentraleinheit oder in extra dafür konzipierten E/A-Modulen untergebracht.

In den Speicherbaugruppen sind das Anwenderprogramm und für die CPU relevante Daten wie Prozeßabbilder, Merker, Zeiten und Zähler und das Betriebssystem des Prozessors abgelegt.

Über die Schnittstellen werden Programmier- und Kommunikationsgeräte angeschlossen.

#### 1.1.2.2
#### Bit- und Wortverarbeitung

Zur Abarbeitung von Programmen der digitalen Schaltungstechnik, die nur Bauelemente zum Ausführen von Konjunktion, Disjunktion und Negation beinhalten reicht die Anwendung eines Bitprozessors. Der Bitprozessor ist in der Lage, logische Verknüpfungen in sehr kurzer Zeit herzustellen. Ein Großteil der Anwenderprogramme sind jedoch *Schaltwerke*, deren Realisierung die Speicherung von Zwischenzuständen in Merkern erfordert. Bei ausreichendem Speicherplatz, einer entsprechenden Zykluszeit und relativ großem Programmieraufwand ist die Realisierung auch mit einem Bitprozessor möglich, was jedoch den Ausnahmefall darstellt. In der Regel werden hier Wortprozessoren eingesetzt. Wortprozessoren sind in der Regel Standardmikroprozessoren. Zu ihrem Funktionsumfang zur Bearbeitung von Steuerungsalgorithmen gehören die Ausführung logischer Verknüpfungsoperationen und Wortoperationen wie arithmetische Zeitgeber- und Zählerfunktionen. Der Einsatz von Wortprozessoren ist in mittleren und größeren speicherprogrammierbaren Steuerungen zum Standard geworden. Da die Bitprozessoren eine bessere Zeiteffizienz bei der Abarbeitung logischer Verknüpfungen aufweisen, setzen einige Hersteller sie häufig zur Unterstützung der Wortprozessoren ein. Dabei gilt es aber, die Problematik der Verzweigung und Zusammenführung der Daten zu organisieren. Die zeitliche Organisation der Bit- und Wortverarbeitung kann entweder sequentiell oder parallel erfolgen. Bei der sequentiellen Verarbeitung werden die Funktionen eines Anwenderprogrammes nacheinander abgearbeitet und je nach Zuständigkeit dem Bit- bzw. Wortprozessor übergeben. Die parallele Verarbeitung setzt zwei getrennte Anwenderproramme jeweils für die Bit- bzw. Wortverarbeitung voraus. In beiden Programmen müssen jedoch Anweisungen zur Synchronisation der Programme vorgesehen werden. Die beiden Prozessoren arbeiten gleichzeitig nebeneinander und die Ver-

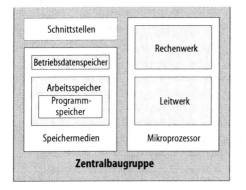

**Bild 1.5.** Struktur der Zentralbaugruppe

arbeitungsergebnisse werden anschließend synchronisiert. Andere Hersteller setzen nur Wortprozessoren ein und holen die Zeiteffizienz aus der Gestaltung des Betriebssystemes und der Speicherorganisation.

#### 1.1.2.3
#### Speicher der Zentralbaugruppe

Als Speichermedien der Zentralbaugruppe werden Halbleiterspeicher-Bauelemente eingesetzt. Je nach Verwendungszweck der zu speichernden Daten werden flüchtige oder nicht flüchtige Speicherbaugruppen eingesetzt. Die Speicherkapazität einer SPS ergibt sich aus der Anzahl der gespeicherten Anweisungen in 1 kB (1 kB = 1024 Speicherplätze). In der Regel belegt eine Steuerungsanweisung 16 Bit (2 Byte). Werden z.B. 1000 Anweisungen in einem Speicher abgelegt, sind demzufolge 2 kB belegt. Die eingesetzten Speicherkapazitäten richten sich nach den Größenklassen der jeweiligen SPS und liegen zwischen 0,5 kB und 1 MB.

*Betriebsdatenspeicher*

Der Betriebsdaten- oder Systemspeicher ist ein „nur lese"-Speicher in Form eines ROM oder PROM. Er beinhaltet das Verwaltungsprogramm der SPS (Betriebssystem). In dieser Firmware sind alle internen Befehle und Arbeitsroutinen für die Arbeit des Prozessors und seiner Dienstprogramme hinterlegt, die, begründet durch das Speichermedium, vom Anwender nicht editiert werden können.

*Arbeitsspeicher*

Der Arbeitsspeicher ist in der Regel ein flüchtiger Speicher in Form eines RAM. Dies bedeutet, daß bei einem Wegfall der Betriebsspannung der Speicherinhalt verloren geht. Dies kompensiert man mit einer *Batteriepufferung*, die dafür sorgt, daß nach Wegfall der Betriebsspannung das eventuell darin befindliche Anwenderprogramm und remanente Merker weiterhin erhalten bleiben. Das Anwenderprogramm sollte jedoch nach Erstellung und Test auf einen EPROM gebracht werden und somit unabhängig vom Arbeitsspeicher der SPS zur Verfügung stehen. Im Arbeitsspeicher werden die Prozeßabbilder der Eingangs- und der Ausgangssignalbelegung sowie Zeiten, Zähler und Merker gespeichert, die im Laufe der zyklischen Programmabarbeitung anfallen und für eine spätere Verwendung aufbewahrt werden müssen.

*Merker*

Merker sind Verknüpfungsergebnisse, die in einem bestimmten Teil des Arbeitsspeichers abgelegt werden und auf die der Nutzer explizit zugreifen kann. Merker, auch *Hilfsausgänge* genannt, werden bei der Programmierung häufig eingesetzt, um Schaltungen in ihrer Struktur zu vereinfachen, übersichtlicher zu machen, redundante Programmteile schneller zu bearbeiten und somit mögliche Fehlerquellen zu beseitigen. Dabei werden große logische Verknüpfungen in kleinere übersichtlichere Teilverknüpfungen zerlegt, deren Ergebnis dann als ein Merker im Speicher abgelegt wird. Durch die Verknüpfung der Merker entsteht dann das Endergebnis (Bild 1.6).

Die Konjunktionen der Eingangsvariablen der Pfade 1 und 2 werden disjunktiv verknüpft auf den Ausgang 1.0 gegeben. Untergliedert man nun in Teilsysteme, so werden die Verknüpfungsergebnisse der Pfade 3 und 4 jeweils an einen Merker übergeben. Diese Merker werden dann im Pfad 5 und 6 disjunktiv verknüpft und das Ergebnis stellt die Information für den Ausgang 1.0 dar.

Bei den Merkern unterscheidet man prinzipiell zwei Arten, einerseits die *nicht remanenten* und zum anderen die *remanenten* Merker. Der Unterschied zwischen den beiden Merkern besteht darin, daß remanente Merker im batteriegepufferten Teil des Arbeitsspeichers abgelegt werden. Dieser Bereich ist für jede SPS vom Hersteller definiert. Nach einem Betriebsspan-

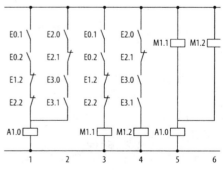

**Bild 1.6.** Fallbeispiel zur Verwendung von Merkern

nungsausfall wird ein remanenter Merker den selben Signalzustand wie vor dem Spannungsausfall haben. Ein nicht remanenter Merker wird den Signalzustand 0 einnehmen.

### 1.1.3
### Die Peripheriebaugruppen
#### 1.1.3.1
#### Eingangsbaugruppen

Die Eingangsbaugruppen stellen eine Schnittstelle zum Prozeß dar, über die Informationen vom Prozeß in die Steuerung gelangen. Die Eingangsbaugruppen sind über das interne Bussystem direkt mit der Zentralbaugruppe verbunden, was zur Folge hat, daß neben der eigentlichen Übertragungsfunktion noch zusätzlich Wandler- und Aufbereitungsfunktionen durch die Eingangsbaugruppe übernommen werden müssen.

*Digitaleingabe-Baugruppe*
Digitaleingabe-Baugruppen werden zur Übertragung digitaler Prozeßsignale eingesetzt. Die verschiedenen Baugruppen aus dem Bereich der Sensoren, Meßwertaufnehmer und Signalgeber stellen ihre Informationen entsprechend ihrer Spezifikation in den unterschiedlichsten Formen zur Verfügung. Die unterschiedlichen Gleich- und Wechselspannungen müssen dem internen Signalpegel (in der Regel 5 V) angepaßt werden. Durch eine entsprechende Dimensionierung der Pegelwandlerstufe realisiert man außerdem einen Schutz der SPS gegen Überspannung, Verpolung und Kurzschluß. Neben der Pegelwandlerfunktion müssen die Eingabebaugruppen auch die galvanische Trennung zwischen den Potentialen von Prozeß und Steuerung realisieren. Dies geschieht meist mittels Optokopplern. Die Verzögerung der Eingangssignale um einige Millisekunden filtert die Prozeßsignale von den Störsignalen, indem nur Signale übertragen werden, die zeitlich länger als die Verzögerungszeit anliegen.

Eine Digitaleingangs-Baugruppe hat zwischen 8 und 32 Eingangsschaltungen die jeweils ihren aktiven Zustand (HIGH-Zustand) über eine Leuchtdiode auf der Frontplatte anzeigen.

*Analogeingabe-Baugruppe*
Die Analogeingabe-Baugruppe bereitet ankommende analoge Prozeßsignale für die Verarbeitung in der Zentralbaugruppe auf. Analoge Prozeßsignale treten in Form von Strom-, Spannungs-und Widerstandswerten auf, mit denen es möglich ist fast alle Prozeßgrößen zu erfassen. Nachdem sie in der Eingangsbaugruppe verstärkt und gegebenenfalls mittels eines Optokopplers galvanisch vom Prozeßpotential getrennt werden, werden sie einem Analog-/Digitalwandler zugeführt. Nach der Digitalisierung wird der in Bit umgewandelte Strom- bzw. Spannungswert zur Verarbeitung durch den Wortprozessor der Zentralbaugruppe bereitgestellt.

#### 1.1.3.2
#### Ausgabebaugruppen

Die Ausgabebaugruppen stellen die Schnittstelle zwischen Zentralbaugruppe der SPS und dem Prozeß sicher, indem sie das Verarbeitungsergebnis in für die Aktorbaugruppen nutzbare Signale umsetzen.

*Digitalausgabe-Baugruppe*
Die Umwandlung des internen Signalpegels in einen externen digitalen Prozeßsignalpegel realisieren Transistorendstufen und Triac-Schaltungen. Der galvanisch getrennte interne Signalpegel ist für das Schalten eines Leistungstransistors verantwortlich. Bei einem „HIGH-Pegel" wird der Leistungstransistor durchgesteuert und eine externe Gleichspannungsquelle übernimmt die Speisung der Verbraucher. Zum Schutz gegen Verpolung ist parallel zum Emitter-Kollektor des Leistungstransistors eine Freilaufdiode geschalten. Die externe Speisespannung kann mehrere Transistoren versorgen, bei einer Überschreitung der Laststromgrenze schaltet die Baugruppe jedoch ab. Für Wechselstromverbaucher werden Triac-Ausgänge vorgesehen. Der „HIGH-Zustand" eines Ausganges wir auf der Frontplatte durch eine Leuchtdiode signalisiert.

*Analogausgabe-Modul*
Das Analogausgabe-Modul wandelt das digitale Verarbeitungsergebnis in eine Versorgungsspannung für analoge Aktorbau-

gruppen um. Für die unterschiedlichen Spannungs-und Strombereiche gibt es entsprechende Baugruppen, die alle mit einer galvanischen Trennung ausgestattet sind. In einem zur Ausgabebaugruppe gehörenden Speicher werden die ankommenden digitalen Signale zwischengespeichert und dem Digital-/Analogwandler zugeführt.

#### 1.1.3.3
**Intelligente Peripheriebaugruppen**
Produktionsprozesse mit hohem Automatisierungsgrad stellen heutzutage vielseitige Anforderungen an moderne SPS-Systeme. Die zu realisierenden Aufgaben reichen vom Zählen von Impulsen über Wegerfassung und Zeitmessungen bis hin zur Realisierung von Regelkreisen oder der Positionierung von Antrieben. All diese Aufgaben würden den Zentralprozessor der SPS stark beanspruchen; die Programmbearbeitungszeit und somit die Reaktionszeit würde zunehmen.

Durch den Einsatz *signalvorverarbeitender*, sogenannter intelligenter Peripheriebaugruppen (IP) erreicht man hingegen eine Entlastung des Zentralprozessors. Die intelligenten Peripheriebaugruppen realisieren selbständig in sich geschlossene Teilaufgaben, d.h. die vom Prozeß kommenden Signale werden ohne den Zentralprozessor verarbeitet, aufbereitet und auf dem SPS-internen Datenbus zur Verfügung gestellt. Dafür benötigen sie zugunsten einer schnelleren Programmbearbeitung meist weniger Zeit als der Zentralprozessor. IP-Baugruppen sind an jeden Prozeß individuell anpaßbar. Sie werden mit Hilfe von standardisierten Software-Funktionsbausteinen über eine Bedieneroberfläche parametriert. Diese Funktionsbausteine (FB) übernehmen auch die Organisation des Datenverkehrs auf der Schnittstelle zur IP-Baugruppe.

Zählerbaugruppen erlauben das Erfassen von Zählimpulsen mit weit höherer Frequenz, als das mit einer SPS möglich ist. Sie besitzen Register für das Laden von Anfangswerten sowie mehrere Zählkanäle, die durch Kaskadierung eine höhere maximale Zählbreite (Bitbreite) ermöglichen. Hat der Zähler den vorgegebenen Wert erreicht, wird ein Ausgangssignal gesetzt und gegebenenfalls eine Meldung an den Zentralprozessor der SPS gesendet. Für die Baugruppe gibt es verschiedene Betriebsarten, wie z.B. für die Triggerung, für den Zählvorgang (einmalig oder periodisch) oder auch für die Verwendung des Zählers als Impulsgeber bzw. Frequenzgenerator.

IP-Baugruppen zur digitalen Wegerfassung realisieren die Auswertung von Signalen inkrementeller, absolut kodierter und analoger Weggeber und stellen diese Werte zyklisch dem Zentralprozessor zur Verfügung.

Temperaturregelbaugruppen dienen der Erfassung, Regelung und Überwachung analoger Gebersignale. Der baugruppeninterne Mikroprozessor ist speziell für die Realisierung von Reglerfunktionen ausgelegt. Die optimalen Regelparameter werden durch selbständige *Prozeßidentifikation* beim Hochfahren der Anlage ermittelt. Bei Überschreiten von Grenzwerten bzw. Verlassen des Toleranzbereiches des zu überwachenden Istwertes erfolgt eine Meldung an den Zentralprozessor der SPS.

Für schnelle Regelungen mit häufig verwendeten Zusatzfunktionen existieren Regelungsbaugruppen. Diese sind allgemeine Standard-Regelungsbaugruppen, die erst durch ein steckbares Speichermodul mit der entsprechenden Software an die spezielle Regelungsaufgabe angepaßt werden.

Positionierbaugruppen sind besonders für die Realisierung schneller und sehr genauer Positionierungen geeignet. Dazu sind alle notwendigen Funktionen auf der Baugruppe selbst integriert, so daß sich die Kommunikation mit dem Zentralprozessor der SPS auf die Funktionsauswahl, Start-/Stop-Anweisungen und Auskünfte beschränkt. Ein implementierter Lageregler berechnet die auszugebende Stellgröße. Die für die Wegerfassung erforderlichen inkrementellen Weggeber und ein Programmiergerät können direkt an die Baugruppe angeschlossen werden.

### 1.2
### Funktionale Betrachtung der speicherprogrammierbaren Steuerung

#### 1.2.1
**Aufbau der Steuerungsanweisung**
Das Programm einer speicherprogrammierbaren Steuerung setzt sich aus einer

Folge von elementaren Steuerungsanweisungen zusammen, die entsprechend ihrer Reihenfolge abgearbeitet werden. Die Steuerungsanweisung, als kleinste selbstständige Einheit eines Programms, wird unter einer bestimmten Adresse im Programmspeicher abgelegt. Prinzipiell besteht eine solche Anweisung aus dem *Operationsteil* und dem *Operandenteil* (Bild 1.7).

Der Operationsteil legt fest, welche Operation bzw. Verknüpfung (UND, ODER, SETZEN, RÜCKSETZEN etc.) der Prozessor mit dem Operanden durchführen soll. Der Operand ist im Operandenteil vereinbart und besteht aus dem Operandenkennzeichen, das die Art des Objektes vorgibt (EINGANG, AUSGANG, MERKER etc.), und dem Parameter, der das Objekt näher bestimmt. Der Parameter besteht bei Zeit- und Zählerbausteinen aus einer Zahl, bei Eingängen, Ausgängen und Merkern aus zwei Zahlen, die durch einen Punkt getrennt sind. Dabei steht vor dem Punkt die Byte-Adresse und nach dem Punkt die Bit-Adresse. Bild 1.8 zeigt zur Veranschaulichung des Aufbaus vier Steuerungsanweisungen in Form eines Netzwerkes.

Die Anweisungen stehen in der Reihenfolge, in der sie abgearbeitet werden sollen, wobei die den Befehlen zugeordneten Adressen fortlaufend numeriert sind. Der Zugriff des Prozessors auf die Anweisungen erfolgt mit Hilfe eines Adreßzählers (auch Programmzähler), der die Adressen schrittweise anwählt und somit eine serielle Programmabarbeitung ermöglicht. Die dafür erforderlichen Impulse erhält er von einem Taktgeber (z.B. Quarz). Während ein solcher Impuls (ca. 2–5 Mikrosekunden) an einer Adresse anliegt, d.h. während der Adreßzähler auf eine bestimmte Adresse weist, wird die zugehörige Anweisung aus dem Speicher ausgelesen, entschlüsselt und ausgeführt. Nach der Ausführung der letzten Anweisung des Programmes springt der Zähler erneut auf die erste Adresse; das Programm beginnt von vorn. Man spricht von einer *zyklischen Programmbearbeitung* durch die SPS.

### 1.2.2
### Zyklische Programmbearbeitung

Innerhalb des Speicherbereiches der Zentralbaugruppe können die aktuellen Zustände der E/A-Baugruppen über den internen Bus eingelesen werden (die Prozeßabbilder der Eingänge und der Ausgänge). Ein Programmzyklus beginnt mit der Übernahme der aktuellen Eingangssignale in das Prozeßabbild der Eingänge (PAE). Wird während der Bearbeitung ein Eingangssignal benötigt, so wird dieses aus dem PAE gelesen, unabhängig davon, ob das Signal zu diesem Zeitpunkt tatsächlich anliegt. Ebenso werden Ausgangssignale, die durch Verknüpfungen und Operationen während des Programms entstehen, im Prozeßabbild der Ausgänge (PAA) abgelegt und erst nach Bearbeitung der letzten Programmanweisung an die Ausgänge übertragen. Auch wenn sich im Verlauf der Programmbearbeitung Ausgangssignale ändern, gelangen ausschließlich die zuletzt gespeicherten Zustände an die Ausgänge; ein „Flattern" während des Zyklusses wird somit vermieden. Das Bild 1.9 veranschaulicht den zyklischen Programmdurchlauf innerhalb einer SPS.

Die zyklische Programmbearbeitung kann durch Alarm- oder Zeitroutinen unterbrochen werden.

Die alarmgesteuerte Programmbearbeitung ist für eine schnelle Behandlung

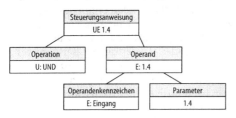

**Bild 1.7.** Aufbau einer Steuerungsanweisung nach DIN 19238

| Adresse | Operation | Operand | Parameter |
|---------|-----------|---------|-----------|
| 0000    | U         | E       | 16.2      |
| 0001    | U         | E       | 16.4      |
| 0002    | UN        | M       | 12.1      |
| 0003    | S         | A       | 2.0       |

**Bild 1.8.** Steuerungsanweisungen eines Netzwerkes

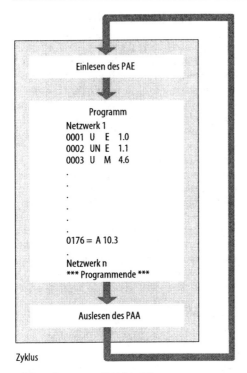

Bild 1.9. Programmzyklus einer SPS

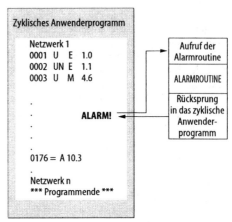

Bild 1.10. Programmunterbrechung durch Alarm

außergewöhnlicher Situationen geeignet. Bei Anliegen eines Alarmsignals wird der laufende Programmzyklus unterbrochen (Interrupt) und ein spezielles Alarmprogramm aufgerufen. Dieses beinhaltet Anweisungen zur Reaktion auf den Alarm. Nach Beenden dieser Routine wird das Hauptprogramm an der Unterbrechungsstelle fortgesetzt. Ein Alarmprogramm besitzt die Möglichkeit, weitere Programme aufzurufen, kann aber nicht von nachfolgenden Alarmmeldungen unterbrochen werden. Treten mehrere Alarme gleichzeitig auf, werden sie entsprechend ihrer Priorität bearbeitet (Bild 1.10).

Die zeitgesteuerte Programmbearbeitung dient dazu, regelmäßig anfallende Aufgaben in einstellbaren Intervallen auszuführen, wie z.B. die Abfrage analoger Meßgrößen. So können für die Bearbeitung bestimmter Programmteile größere Intervalle (z.B. 10 Sekunden) vereinbart werden, wodurch sich die mittlere Zykluszeit zugunsten anderer Programmteile verringert. Zyklisch arbeitende Programmabschnitte können von einem zeitgesteuerten Programm nach jeder Anweisung unterbrochen werden. Nach der Bearbeitung der Routine wird das zyklische Programm an der Unterbrechungsstelle fortgesetzt. Alarmgesteuerte Programme lassen sich von zeitgesteuerten Programmen nicht unterbrechen, sie können erst im Anschluß an die Alarmbehandlung ausgeführt werden.

### 1.2.3
### Zykluszeit und Reaktionszeit

Die Zeit für das Durchlaufen eines Zyklusses heißt Zykluszeit. Sie ergibt sich aus der Zeit, die für die Bearbeitung einer Anweisung benötigt wird und der Anzahl der zu bearbeitenden Anweisungen. Beispielsweise wird ein Zyklus mit 1 K = 1024 Anweisungen und einer Bearbeitungszeit von durchschnittlich 5 Mikrosekunden pro Befehl in 5,12 Millisekunden abgearbeitet, pro Sekunde würden folglich ca. 195 Zyklen stattfinden. Die Zykluszeit bei Programmen mit 1 K Anweisungen ist eine charakteristische Kenngröße zur Beurteilung von SPS-Systemen.

Die Zeit zwischen der Änderung eines Eingangssignals (Ansprechen von Sensoren) und der Reaktion eines bestimmten Ausganges (Stellsignale für Aktoren) nennt man *Reaktionszeit*. Sie setzt sich aus der Filterzeit am Eingang, der Zykluszeit sowie der Filterzeit am Ausgang zusammen und ist maßgeblich davon abhängig, zu welchem Zeitpunkt der Programmbearbeitung sich die Eingangsgröße ändert. Im ungünstigsten Fall liegt das Signal kurz nach dem Start eines neuen Zyklusses an und wird für den aktuellen Durchlauf nicht mehr berücksichtigt. Erst zu Beginn des nächsten Zyklusses gelangt es in das PAE, wird verarbeitet, und das entsprechende Ausgangssignal gelangt in das PAA. Die Reaktionszeit beinhaltet in diesem Fall neben den Filterzeiten die zweifache Zykluszeit. Ändert sich das Eingangssignal hingegen kurz vor Beginn eines Zyklusses, wird es sofort berücksichtigt, und die Reaktionszeit beinhaltet nur die einfache Zykluszeit. Eine Möglichkeit zur Verkürzung der Reaktionszeit besteht in der in Abschn. 1.2.2 erläuterten, alarmgesteuerten Programmbearbeitung.

## 1.3
## Programmierung

Die Programmierung einer speicherprogrammierbaren Steuerung beruht auf dem Prinzip der Hinterlegung eines für den Prozessor lesbaren und verarbeitbaren Programms im Speicher der Steuerung. Die verwendeten Prozessoren sind von Hersteller zu Hersteller unterschiedlich. Aus diesem Grund hat jeder SPS-Hersteller auch ein eigenes Programmiersystem, welche sich aber in ihrem Aufbau und ihrer Handhabbarkeit prinzipell ähneln. Erst mit der Einführung der Europanorm DIN EN 61131 wird es auf diesem Gebiet der Programmiersprachen eine *Vereinheitlichung* geben. In den weiteren Ausführungen wird sich deshalb an dem Programmiersystem eines derzeitigen Marktführers orientiert.

### 1.3.1
### Strukturierter Programmaufbau

Das Anwenderprogramm einer speicherprogrammierbaren Steuerung sollte nach den Regeln der strukturierten Programmierung erstellt werden, was die konsequente Nutzung der Bausteintechnik erfordert. Für fast alle auf dem Markt angebotenen Steuerungen bieten die dazugehörigen Programmiersysteme die Bausteintechnik an. Übersichtlichkeit, schnellere und sichere Fehlersuche lassen den nicht unbedingt größeren Programmier- und Vorbereitungsaufwand rechtfertigen. Im einzelnen bietet die Bausteintechnik folgende *Vorteile*:

– Zerlegung einer Gesamtaufgabe in Teilprobleme aus strukturellen oder funktionalen Gesichtspunkten;
– die Zerlegung macht das Problem übersichtlicher, leichter durchschaubar und damit verständlicher;
– einzelne Bausteine, die Teilaufgaben realisieren, können getrennt voneinander programmiert und getestet werden;
– in der Programmerstellung können Bausteine mehrmals verwendet werden oder vom Hersteller angebotene Bausteine benutzt werden, die nur noch über Parameter an die jeweilige Steuerungsaufgabe angepaßt werden müssen.

Somit ist das zu steuernde Gesamtsystem in mehrere Teilsysteme zu zerlegen. Diese Aufgabe ist im Vorfeld der Programmierung zu erledigen. Dabei ist nicht nur der technologische Zusammenhang zu beachten, sondern auch die Entstehung logischer Teilsysteme mit minimalen Schnittstellen. Entstehen Teilsysteme mit nur einer Schnittstelle zum übergeordneten System, so kennzeichnet dieses System eine gewisse Modularität und damit Vielseitigkeit und Austauschbarkeit. Jedes einzelne Teilsystem wird ebenfalls wieder in Teilsysteme zerlegt, so daß das Gesamtsystem aus überschaubaren Einzelsytemen besteht, die in ihrem Zusammenwirken die Gesamtfunktion des Systems wiederspiegeln.

In einem Hauptprogramm werden Reihenfolge und Bedingungen der Programmabarbeitung und der Bausteinaufrufe festgelegt. Somit besteht das Hauptprogramm aus logischen Verknüpfungen, die Bedingungen für Unterprogrammaufrufe darstellen, sowie aus direkten Unterprogrammaufrufen.

In den Programmbausteinen (Unterprogrammen) sind die einzelnen Teilsysteme untergebracht. Der Programmablauf ist in einzelnen Netzwerken hinterlegt, die jeweils aus einer bestimmten Anzahl von Anweisungen bestehen.

Aus den Programmbausteinen heraus können ebenfalls Unterprogramme, Daten-

oder Funktionsbausteine aufgerufen werden.

Funktionsbausteine enthalten sich häufig wiederholende Programmsequenzen in parametrischer Form, d.h. die aktuellen Operanden werden erst bei Bausteinaufruf zugeordnet.

In Datenbausteinen sind feste oder variable Daten oder Parameter enthalten, die für den Programmablauf notwendig sind.

Im Organisationsbaustein (OB) sind absolute Sprünge (SPA) in Unterprogramme dargestellt (Bild 1.11). Dies bedeutet, es soll unabhängig von Bedingungen auf jeden Fall in den jeweiligen Programmbaustein gesprungen werden. Ist der jeweils aufgerufene Baustein abgearbeitet, d.h. das Bausteinende ist erreicht, so geht die Programmabarbeitung an der Stelle des übergeordneten Programmes weiter, wenn nicht anders definiert, wo der Aufruf erfolgte. Es kann aber im aufgerufenen Baustein auch festgelegt werden, zu welcher Stelle der Rücksprung erfolgt. In den einzelnen Programmbausteinen sind in Netzwerken das Programm in Form von logischen Verknüpfungen untergebracht. Das Ergebnis der Verknüpfung wird entweder an ein Ausgangsbit oder ein Merkerbit übergeben. Die Merkerbits werden an einer anderen Stelle im Programm verarbeitet, das Ausgangsbit wird am Zyklusende in das Prozeßabbild der Ausänge transferiert.

Für bestimmte Abläufe ist es notwendig, die Ressourcen von Daten- und Funktionsbausteinen mit einzubinden.

Der Organisationsbaustein mit seinen Unterprogrammen wirkt zyklisch.

### 1.3.2
### Programmiersprachen

Damit eine Steuerung mit dem zu steuernden Prozeß selbständig zusammenarbeiten kann, ist es notwendig zwischen ihnen Informationen auszutauschen.

Der Informationsaustausch erfordert, daß beide Teilnehmer sowohl Informationen senden als auch empfangen können und daß beide eine gemeinsame Sprache sprechen. Die Schnittstellen hierzu sind die E/A-Baugruppen der SPS, die alle ankommenden bzw. abgehenden Prozeßsignale umwandeln. Die Programmierung der Signalverarbeitungseinheit (Mikroprozessor) basiert auf einer für den jeweiligen Mikroprozessor eigenen Programmiersprache. Um die Programmierung zu erleichtern, wurden *problemorientierte Fachsprachen* für die SPS-Programmierung entwickelt, die mittels eines Compilers in die Maschinensprache umgesetzt weden.

In der Praxis haben sich drei Programmiersprachen durchgesetzt: die Anweisungsliste, der Kontaktplan und der Funktionsplan (Logikplan).

#### 1.3.2.1
#### Programmierung des Anwenderprogrammes in der Anweisungsliste

Die Anweisungsliste stellt die logischen Verknüpfungen des Stromlaufplanes in Form einzelner Steuerungsanweisungen dar (Bild 1.12).

Der Operationsteil sind memotechnische (merkfähige) Abkürzungen für Operationen und Operanden und besteht aus den

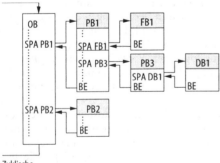

Zyklische Programmabarbeitung

**Bild 1.11.** Zyklischer Programmablauf aus Sicht der Programmierung

| Beispiele für Operanden und ihre Kennzeichnung | | Beispiele für Zuordnung von Bauteilen | |
|---|---|---|---|
| UND | U | Schalter | E 0.1 |
| ODER | O | Temperatursensor | E 0.2 |
| UNDNICHT | U N | Hilfsschütz | M 1.7 |
| ODERNICHT | O N | Motorschütz | A 2.0 |
| SETZEN | S | | |
| RÜCKSETZEN | R | | |

**Bild 1.12.** Darstellung der wesentlichen Symbolik der Anweisungsliste

# 1 Speicherprogrammierbare Steuerung

**Programmbaustein 1**
```
0000 : Netzwerk 1
0001 : U(
0002 : O    E   0.1
0003 : ON   E   0.2
0004 : )
0005 : U    M   7.0
0006 : =    M   1.20

0007 : Netzwerk 2
0008 : U    M   12.0
0009 : UN   M   7.1
0010 : =    A   1.1
0011 : BE
```

**Bild 1.13** Darstellung eines SPS-Programmteils in der Anweisungsliste

den jeweiligen Bausteinen zugeordneten E/A-Klemmen der SPS.

Eine Folge von Anweisungen bildet dann ein Netzwerk. Begründet durch die zyklische sequentielle Programmabarbeitung ist mit der Aufeinanderfolge der Anweisungen auch der Programmablauf bestimmt.

Im Bild 1.13 ist ein Beispiel eines Programmbausteines in der Anweisungsliste dargestellt. Die vierstellige Nummer vor den Anweisungen stellt die Adressierung im Programmspeicher dar. Ist eine Anweisung an den Prozessor zur Bearbeitung übergeben, wird der Adresszähler um 1 erhöht und somit die nächste Anweisung geladen. Die Anweisung BE für Programmende kennzeichnet das logische und physische Ende des Bausteins. Die Anweisungsliste ist eine maschinennahe Programmiersprache, die ähnlich wie die Assemblersprache festgeschriebene Befehlsfolgen besitzt und sich somit leicht in einen für den Prozessor verständlichen Code kompilieren läßt.

Für die Programmierung einer speicherprogrammierbaren Steuerung ist es auch möglich, mit einem beliebigen Programmiersystem das Programm zu erstellen, es muß dann nur über einen entsprechenden Compiler in die Syntax der Anweisungsliste der jeweiligen Steuerung übersetzt werden.

## 1.3.2.2
### Programmierung des Anwenderprogramms als Funktionsplan

Der Funktionsplan gehört zu den modernen graphischen Programmiersprachen, der die Darstellungsweise aus dem Logikplan übernommen hat. Durch die verwendete Symbolik, die in vielen Fachgebieten angewendet wird, gilt diese Darstellungsform als gutes Verständigungsmittel und kann auch direkt in SPS-Programmiergeräte eingegeben werden.

Die Verknüpfungen einer Steuerung werden in rechteckigen Symbolen dargestellt. Hauptsächlich werden die logischen Grundfunktionen (UND, ODER, NICHT) und Flip-Flops (zur Realisierung von Merkern und Ausgängen) verwendet.

Die Funktionsplandarstellung ist in vielen Programmiersystemen seitenorientiert aufgebaut. Auch aus diesem Grund ist es empfehlenswert, das Anwenderprogramm gut strukturiert in möglichst kleine Netzwerke zu zerlegen. Wie in Bild 1.14 zu erkennen ist, wird über das Zuweisen von Merkern das Verknüpfen logischer Ausdrücke gewährleistet. Einige der angebotenen Programmiersysteme lassen die Option der Konvertierung der Programmiersprachen untereinander zu. Da man in der Funktionsplandarstellung an die logischen Symbole gebunden ist, lassen sich nicht alle Programmteile, die in der Anweisungsliste erstellt wurden, in den Funktionsplan konvertieren (z.B. Sprungbefehle). Sollte man jedoch die Funktionsplanprogrammierung wegen ihrer grafischen Möglichkeiten bevorzugen, ist es möglich, das Anwenderprogramm mit den Mitteln des Funktionsplanes zu erstellen und nach der Konvertierung in die Anweisungsliste die übrigen Funktionen hinzuzufügen.

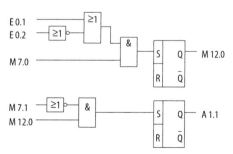

**Bild 1.14.** Darstellung eines SPS-Programmteils im Funktionsplan

#### 1.3.2.3
**Programmierung des Anwenderprogramms im Kontaktplan**

Die Darstellungsform des Kontaktplanes ist aus der Stromlaufplandarstellung der Elektrotechnik entstanden. Die einzelnen Elemente des Kontaktplanes zeigen die Stromwege und damit die Wirkungsweise der Schaltung. Liegt eine Steuerungsaufgabe in Form eines Stromlaufplans vor, ist es demnach naheliegend, zur Programmierung der SPS den Kontaktplan zu nutzen (Bild 1.15).

Logische Verknüpfungen werden durch die Anordnung von Verknüpfungssymbolen mit 1- und 0-Signal hergestellt. Eine UND-Verknüpfung ohne Negation erhält man durch die Reihenschaltung von Verknüpfungssymbolen mit 1-Signal. Eine ODER-Verknüpfung eines negierten und eines unnegierten Signales erhält man durch die Parallelschaltung eines Verknüpfungssymbols mit 1-Signal und eines mit 0-Signal. Die Zuweisung „Setzen" und „Rücksetzen" werden zur Definition von Merkerzuständen verwendet (Bild 1.16).

Durch die symbolische Darstellung kann bei der Konvertierung von Programmteilen aus der Anweisungsliste die Problematik der Übersetzbarkeit, ähnlich, wie in Abschn. 1.3.2.2 beschrieben, auftreten.

#### 1.3.2.4
**Programmiersprachen für Ablaufsteuerungen**

Nach DIN 19237 ist die Ablaufsteuerung eine Steuerung mit zwangsläufig schrittweisem Ablauf, bei der das Weiterschalten von einem Schritt zum folgenden von Weiterschaltbedingungen abhängig ist. Für

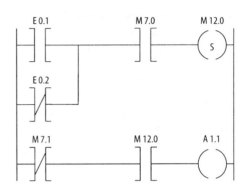

**Bild 1.16.** Darstellung eines SPS-Programmteils im Kontaktplan

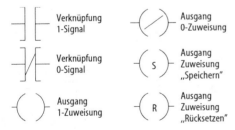

**Bild 1.15.** Darstellung der wesentlichen Symbolik des Kontaktplans

deren Darstellung und rechentechnische Umsetzung wurden Sprachen wie GRAPH5, GRAFCET und GRAFTEC entwickelt. Die Ablaufsteuerung besteht aus einem Betriebsartenteil, einer Ablaufkette und einer Befehlsausgabe. Im Betriebsartenteil werden Automatik- bzw. Einzelschrittbetrieb und Start-Stop-Signale verarbeitet. Daraus entstehen die Freigabesignale für die Ablaufkette und für die Befehlsausgabe. In der Ablaufkette wird das eigentliche Steuerprogramm abgearbeitet. Das Weiterschalten in der Ablaufkette erfolgt bei Erfüllen der Weiterschaltbedingung, die sowohl zeit- als auch prozeßgeführt sein kann. Die Befehlsausgabe realisiert das Ein- bzw. Ausschalten der Steuergeräte.

Die Programmierung in GRAFCET (grafische Darstellung für Steuerungen mit Schritten und Weiterschaltbedingungen) ist eine bildschirmorientierte Entwicklungsmethode für Steuerungen. Es werden sequentielle Prozesse in eine Folge von Schritten, Weiterschaltbedingungen und Befehlsausgaben zerlegt. Die Steuerungsaufgabe wird in einzelne Schritte unterteilt, deren Abfolge durch Weiterschaltbedingungen reglementiert ist und denen Ausgabeaktionen zugeordnet sind.

Die Schrittfolge kann je nach Steuerungsaufgabe linear, simultan oder alternativ sein. Die Simultanverzweigung aktiviert aus einer Transition heraus gleichzeitig mehrere Schritte. Die Zusammenführung erfolgt über Synchronisation. Die Alternativverzweigung läßt jeweils nur einen Pfad durchlaufen.

Auch bei sorgfältiger Programmierung kann es passieren, daß sich Fehler einschleichen. Um die Fehlerquellen schnell und zuverlässig zu diagnostizieren, werden in den Programmiersystemen Hilfsmittel angeboten. Ein Hilfsmittel ist der Test der Ein- und Ausgänge. Dieser Test kann entweder off-line (auf dem Bildschirm des Programmiergerätes) oder on-line (durch LEDs an den SPS-I/Os) erfolgen. Hierbei stellen sich Verdrahtungs- oder Programmierfehler heraus. Eine weitere Möglichkeit besteht in der Abfrage des Status der SPS. Hierbei werden interne SPS-Fehler detektiert.

# 2 Numerische Steuerungen

G. DUELEN

## 2.1 Einführung und Definition

Bevor die Elektronik bei der Werkzeugmaschinensteuerung Einzug hielt, wurden die Maschinen *manuell* bzw. durch mechanische Automaten gesteuert. Durch Regelantriebe mit hohem Regelbereich, hoher Steifigkeit und kompakter Bauweise wurde die manuelle Steuerung abgelöst. Zunächst wurden die Maschinen mit Vorschubantrieben und Meßsystemen ausgerüstet. Die Integration von Werkzeugmagazinen und von automatischen Werkzeugwechslern erhöhte den Automatisierungsgrad.

Heutige Fertigungsanlagen sind mit moderner *Mikroprozessortechnik* [CNC-Technik; CNC = Computer Numerical Control (computergestützte numerische Steuerung)] realisiert, die eine hohe Flexibilität bieten.

Die Steuerung einer Fertigungsanlage führt sowohl logische Verknüpfungen als auch komplexe Rechenoperationen durch. Die Leistung und Flexibilität einer Fertigungsanlage wird durch den Entwicklungsstand der Werkzeugmaschinen gegeben. Die Entwicklung tendiert heute immer mehr zu flexiblen Fertigungsanlagen für die Kleinserien- und Einzelfertigung.

In den letzten Jahren ist zu erkennen, daß *Industrieroboter* als flexibles Produktionsmittel eine breite Anwendung finden. Insbesondere die Automobilindustrie setzt in großen Stückzahlen Industrieroboter zum Punktschweißen von Karosserieteilen ein. Vermehrt werden das Spritzlackieren, das Auftragen von Klebstoffen sowie das Nahtschweißen und Montagevorgänge durch Einsetzen von Industrierobotern automatisiert. In vielen Industriezweigen wird das Handhaben von Teilen, das Schneiden von Kunststoffen, das Entgraten und das Putzen von Werkstücken mit Industrierobotern erprobt.

Die globale Funktionsstruktur einer numerischen Steuerung ist in Bild 2.1 dargestellt. Der Interpreter dekodiert die Befehle aus dem Bedienpult (manuell) und aus dem Anwenderprogramm (automatisch oder schrittweise) und unterscheidet zwischen Bewegungs- und Schaltfunktionen.

Für die Positionierung des Werkzeuges bzw. Werkstückes wird entweder das Werkstück (in Werkstückkoordinaten) oder das Werkzeug (in Werkzeug- bzw. Maschinenkoordinaten) bewegt.

Für die Koordinatenachsen und Bewegungsrichtungen numerisch gesteuerter Werkzeugmaschinen wird gemäß DIN 66271 nach der 3-Finger-Regel ein rechtshändiges und rechtwinkliges Koordinatensystem – mit den Achsen x, y und z – verwendet.

Ein frei beweglicher Körper im Raum hat sechs *Freiheitsgrade* und kann durch mindestens drei translatorische und/oder rotatorische Bewegungen in eine andere Lage gebracht werden.

Bei Industrierobotern wird die Positionierung und Orientierung des Werkzeugmittelpunktes (TCP = Tool Center Point) mit Hilfe von *kartesischen* Koordinaten in Bezug auf Roboterbasiskoordinaten definiert. Die *achsspezifischen* Roboterkoordinaten sind in einem roboterunabhängigen Koordinatensystem definiert, dessen Nullpunkt sich im Tool-Center-Point befindet (Bild 2.2).

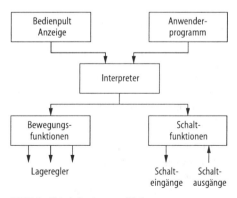

**Bild 2.1.** Globale Struktur von NC-Steuerungen

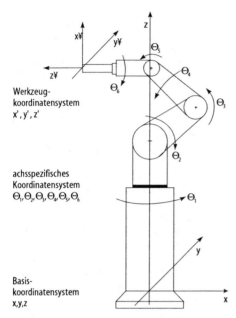

**Bild 2.2.** Koordinatensysteme eines Industrieroboters

Die den Maschinenbewegungen (der Positionierung und bei mehr als drei Achsen, der Orientierung) zugrundeliegenden Koordinatensysteme unterscheiden sich in *kartesische* und *nichtkartesische* Systeme. Maschinen mit kartesischen Kinematiken geben Werte an den Lageregler in kartesischen Koordinaten weiter, während Maschinen mit nichtkartesischen Koordinaten eine Transformation benötigen, um die kartesischen Werte in achsspezifische Daten umzurechnen.

Für die Positionierung des Werkzeuges bzw. Werkstückes bei Werkzeugmaschinen wird ein rechtwinkliges und rechtshändiges Koordinatensystem mit den Achsen x,y und z verwendet. Bei nichtkartesischen Kinematiken muß zusätzlich die Orientierung beachtet werden (A,B,C). Bei beiden Kinematiken wird eine Interpolation durchgeführt.

Zu den kartesischen Kinematiken zählen Drehmaschinen, Schleifmaschinen, Bohrmaschinen, 4-Achsen-Fräsmaschinen und Bearbeitungszentren.

### 2.1.1
### Kartesische Kinematiken
***Drehmaschinen.***
In der Werkstückbearbeitung wurde die Kurven- oder Nockensteuerung durch die numerische Steuerung ersetzt. Das erhöhte die Flexibilität in der Umprogrammierung (frei programmierbare Vorschubwege, Vorschubgeschwindigkeiten und Spindeldrehzahlen) und die Wirtschaftlichkeit (kurze Stillstandszeiten, Zeitgewinn bis zu 85%). Um die Programmierung und die Bedienung zu erleichtern, werden heutige Maschinen mit CNC-Steuerungen ausgerüstet, die verschiedene Funktionen wie Schnittgeschwindigkeit, Werkzeugverschleißkontrolle, Vorschubsteuerung oder Werkzeugwechselkontrolle überwachen und durchführen, wobei der automatische Werkzeugwechsel häufig über einen Revolver erfolgt. Moderne CNC-Drehmaschinen sind mit aktiven Werkzeugen ausgerüstet und können sogenannte *Komplettbearbeitung* (Drehen, Fräsen, Bohren durchführen. Dies setzt voraus, daß die Hauptspindel positionierbar ist (C-Achse: Werkstückrotationsachse).

***Bohrmaschinen***
Bohrmaschinen haben eine Bohrspindel (z-Achse horizontal oder vertikal) mit Spindelkopf und einen Werkstücktisch mit beweglichen x- und y-Achsen.

Der Bohrdruck wird auf das Werkstück ausgeübt, das auf dem Werkstücktisch aufgespannt ist. Die CNC-Steuerung ermöglicht bei den Bohrarbeiten Funktionen wie automatischen Werkzeugwechsel, programmierbare Auswahl der Spindeldrehzahl und des Vorschubes, das Spiegeln der Bohrarbeiten auf andere Quadranten sowie feste Bohrzyklen (Unterprogramme mit verschiedenen Varianten werden nach der Positionierung ausgeführt).

***Schleifmaschinen***
Bei Schleifmaschinen hat sich die CNC-Technik erst in den letzten Jahren durchgesetzt. Eine Schleifmaschine hat höhere Anforderungen als Dreh- oder Fräsmaschinen zu erfüllen, wie z.B. höhere Genauigkeit, höhere Auflösung, größere Vorschubbereiche sowie automatische Korrekturen nach dem Abrichten der Schleifscheibe. Rundschleifmaschinen besitzen im allgemeinen zwei Achsen, während Flachschleifmaschinen drei Achsen besitzen. Werkzeugschleifmaschinen können dagegen bis zu fünf Achsen haben.

## 2.1.2
### Nichtkartesische Kinematiken

Industrieroboter (Handhabungsgeräte) mit fünf oder sechs Freiheitsgraden zählen zu den nichtkartesischen Maschinen, bei denen die kartesischen Werte durch eine *Transformation* in Winkelkoordinaten bzw. Polarkoordinaten (achsspezifische Koordinaten) umgerechnet werden müssen (oder umgekehrt). Die Umrechnung der Roboterkoordinaten in kartesische Koordinaten wird Vorwärtstransformation und die Umrechnung der kartesischen Werte in Winkelkoordinaten wird Rückwärtstransformation genannt (Bild 2.3).

Die meisten Roboter setzen sich aus einer Kombination von drei Bewegungsachsen zur Positionierung und drei weiteren Bewegungsachsen zur Orientierung des Werkzeugs zusammen. Die Kombination der Bewegungsachsen zur Positionierung jeweils mit drei Freiheitsgraden bestimmen die vier charakteristischen Arbeitsräume des Roboters.

Auch Werkzeugmaschinen können zu den nichtkartesischen Maschinen gehören, wenn sie zusätzlich eine Orientierung aufweisen. Ein Beispiel dafür ist die 5-achsige Fräsmaschine. Die 5-achsige Fräsmaschine zum CNC-Fräsen von Werkstücken mit gekrümmten Flächen bietet neben geometrischen und technologischen auch wirtschaftliche Vorteile wegen der zusätzlichen Freiheitsgrade der Maschine gegenüber dem dreiachsigen CNC-Fräsen. Da beim 5-Achsen-Fräsen außer der Fräserspitze auch die Achsrichtung des Fräsers zum Werkstückkoordinatensystem bahngesteuert wird, erfolgt beim Stirnfräsen eine Kippung der Fräserachsorientierung. Somit wird eine bessere Anpassung der Werkzeug- an die Werkstückgeometrie bei der Verarbeitung gekrümmter Flächen erzielt.

Der Einsatz neuer, leistungsfähiger Hardwarestrukturen in der CNC-Steuerung ermöglicht die Verlagerung von Softwarefunktionen aus der Arbeitsvorbereitung in den Maschinenbereich. Die Schaffung von 3D-Werkzeugkorrekturen mit Konturschutz in der CNC-Steuerung erlaubt einen flexibleren Werkzeugeinsatz. Höhere Interpolationsverfahren führen zur Reduzierung der NC-Daten und zur Steigerung von Bearbeitungsgenauigkeit und Oberflächengüte. Weitere Sonderfunktionen einer CNC-Steuerung, wie z.B. eine grafische Simulation sowie eine Kollisions- und Beschleunigungskontrolle, ergänzen das Konzept für eine effiziente Fräsbearbeitung.

Für das Fräsen von Umformwerkzeugen dienen häufig Modelle als Vorgabe. Durch das Digitalisieren der Modellform auf einem Koordinatenmeßgerät und die anschließende Modellierung der Daten auf einem CAD-System kann eine vollständige Geometriebeschreibung des Werkstücks erzielt werden. Beim Einsatz eines in einem CAD-System [CAD = Computer Aided Design (computerunterstützte Konstruktion von Produkten)] integrierten NC-Moduls wird entsprechend einer gewählten Schnittaufteilung in der Regel eine große Anzahl von Koordinatenwerten der 5 Achsen berechnet und als NC-Programm der Steuerung übergeben. Dieser Datentransfer ist über ein DNC-System (DNC = Direct Numerical Control) zwischen dem übergeordneten Rechner und der CNC-Steuerung möglich. Durch die Integration eines NC-Moduls in das CAD-System können schwierige Geometrien ohne Genauigkeitsverlust aufbereitet werden.

## 2.2
### Bewegungssteuerung

### 2.2.1
### Einführung

Die Steuerbefehle werden alphanumerisch kodiert an die Steuerung übergeben und

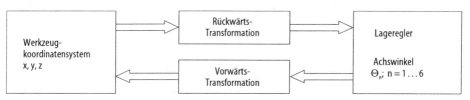

**Bild 2.3.** Koordinatentransformation kartesischer Daten in achsspezifische Daten

setzen sich aus Weginformationen und Schaltinformationen zusammen. Weginformationen, die die relative Lage von Werkzeug und Werkstück zueinander kennzeichnen, setzen voraus, daß die numerisch gesteuerten Achsen mit einem Meßsystem ausgerüstet sind sowie über technologische Daten wie z.B. Vorschubgeschwindigkeit oder Spindeldrehzahl verfügen. Durch die Schaltinformationen werden die Zustände von zusätzlichen Maschinenfunktionen wie z.B. Werkzeugwechsel oder Spannvorrichtung bestimmt.

Ein CNC-Anwenderprogramm ist aus genormten Sätzen aufgebaut, die aus einzelnen Wörtern bestehen. Sie beginnen jeweils mit einer Adresse, gefolgt von numerischen Information (Satznummer, Wegbedingung, Position, Vorschubgeschwindigkeit, Drehzahl, Werkzeugauswahl, Schaltbedingungen, z.B. Kühlmittel ein/aus).

Jeder NC-Satz wird als ein Programmschritt interpretiert. Die Abarbeitung des Programms geschieht nicht nach den Satznummern, sondern in der Reihenfolge der Speicherplätze.

Ein Merkmal der CNC-Steuerung ist die Art, wie der Bewegungsablauf der zu steuernden Bewegungsachsen durchgeführt wird.

*Punktsteuerungen* [PTP = point to point (Punkt zu Punkt)] sind durch das gleichzeitige Verfahren aller Bewegungsachsen gekennzeichnet, wobei kein funktionaler Zusammenhang zwischen den Achsbewegungen erforderlich ist (Bild 2.4).

Bei *Vielpunkt-* oder *Quasibahnsteuerungen* wird die zu verfolgende Bahn durch eine Vielzahl von Stützpunkten programmiert. Diese Stützpunkte können durch

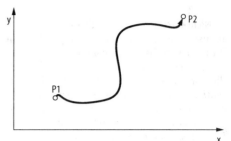

**Bild 2.5.** Bahnsteuerung

Punktsteuerung oder durch Interpolation in dem geräteeigenen Koordinatensystem abgefahren werden.

Bei einer *Bahnsteuerung* bewegen sich alle Verfahrachsen nach einem vorgegebenen funktionalen Zusammenhang (Bild 2.5). Die Werkzeuge müssen mit vorgeschriebener Orientierung und Geschwindigkeit entlang einer programmierten Bahn durchgeführt werden können. Abweichungen in der zu verfolgenden Bahn sowie in der Lage des Werkstücks bzw. der Werkstückteile sind mit Sensoren zu erfassen und in der Steuerung zu korrigieren.

Je nach der Anzahl der gleichzeitig und unabhängig voneinander steuerbaren Achsen spricht man von 2-, 3- oder mehrachsigen Bahnsteuerungen. Zur Berechnung der Bahnpunkte bis zum Zielpunkt enthält die Steuerung einen *Interpolator*. Bei gleichzeitiger Interpolation aller Achsen spricht man von 3D-Bahnsteuerung. Der hierzu notwendige Rechenaufwand erfordert den Einsatz von leistungsfähigen Mikroprozessorsystemen.

### 2.2.2
### Interpolation

Der Interpolator sorgt dafür, daß die aus den Achsenbewegungen resultierende Bewegung zwischen dem Anfangs- und Endpunkt auf der programmierten Bahnkurve liegt. Dazu gibt es verschiedene Interpolationsarten, z.B. *Linearinterpolation*, *zirkulare* Interpolation oder *quadratische* Interpolation (Bild 2.6).

Die Linearinterpolation erfolgt durch die geradlinige, gleichzeitige Bewegung der Achsen vom Anfangs- bis zum Endpunkt. Theoretisch lassen sich alle Bahnsteuerungsaufgaben mit Linearinterpolation lösen.

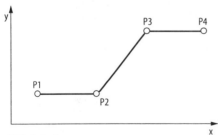

**Bild 2.4.** Punktsteuerung

## 2 Numerische Steuerungen

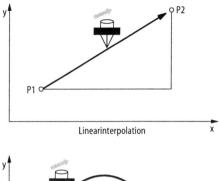

Linearinterpolation

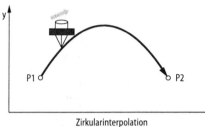

Zirkularinterpolation

**Bild 2.6.** Darstellung der Zirkular- und Linearinterpolation

Bei schnellen Bewegungen treten bei Richtungs- oder Geschwindigkeitsänderungen an den Eckpunkten der Bahn Schwingungen auf. Für ein geeignetes Übergangsverhalten von einem Bahnsegment zum anderen (abgerundete Übergänge) können zirkulare oder quadratische Interpolationen angewandt werden, wenn die Bahnkurve nicht die Eckpunkte einhalten muß.

Die erwähnten Bearbeitungsverfahren erfordern die Möglichkeit, neben der Position auch die Orientierung des Werkzeugs im Arbeitsraum nach vorgegebenen programmierten Anweisungen einzustellen. Mit diesen Anforderungen ergeben sich zwei steuerungstechnische Aufgaben:

- Bahnverfolgung mit einem definierten Punkt des Werkzeugs,
- Orientierung eines nichtrotationssymmetrischen Werkzeuges in Bezug zur Bahn.

Die Anforderung, kartesische Koordinaten für eine Bahnsteuerung von Systemen mit nichtkartesischen Kinematiken zu verwenden, beruht auf folgenden Überlegungen:

- Ein dreidimensionales Interpolationsverfahren ist ausreichend.
- Durch Translation und Rotation der Anwenderprogrammdaten können Positionsänderungen des Gesamtwerkstücks oder der Werkstückteile berücksichtigt werden.
- Bahnkorrekturen können durch Verarbeitung von Sensorsignalen im Interpolationsvorgang vorgenommen werden.
- Die Programmierung durch numerische Eingabe der Koordinaten sowie die Verwendung von Referenzpunkten ist möglich.
- Die Programmierung durch das *Teach-In-Verfahren* (Programmierung durch Positionsaufnahme) wird erheblich erleichtert, so daß die Bedienbarkeit der Maschine durch die Beschreibung des Arbeitsraumes mit kartesischen Koordinaten verbessert wird.

Die Verwendung von kartesischen Koordinaten erfordert bei der Ausführung des Anwenderprogrammes einen zweistufigen Berechnungsvorgang:

- Die Stützpunkte auf der Bahn werden durch Interpolation im kartesischen Koordinatensystem ermittelt.
- Die Transformation der kartesischen Koordinaten ergibt entsprechende Führungsgrößen für die Achsen.

Die im Teach-In-Verfahren ermittelten Informationen sind aus den Winkelpositionen der Bewegungsachsen zusammengestellt. Die kartesischen Koordinaten werden durch Transformation aus diesen Informationen abgeleitet.

Ziel des Interpolators ist es, die Informationsflut in der Steuerung so klein wie möglich zu halten. Um einer beliebigen Kurve mit einem Werkzeug zu folgen, müssen die Koordinaten verschiedener Punkte auf der Kurve an die Servosysteme weitergegeben werden. Die zumeist vorkommenden Werkstückkonturen sind aus Geraden und Kreisbögen zusammengesetzt. Daher lohnt es sich, die Punkte auf diesen Bahnen durch ein spezielles Rechenmodul in der Steuerung berechnen zu lassen, da sie sonst vorher ausgerechnet werden müßten und der Informationsträger übertrieben lang werden würde. Wenn ein eingebauter Interpolator benutzt wird, dann ist die Eingangsinformation bestimmt durch:

- Art der Bahn (linear, zirkular, usw.);
- Anfangs- und Endpunkte der Bahn und beim Kreisbogen noch durch den Projektionsstrahl vom Anfangs- zum Mittelpunkt;
- Bahngeschwindigkeit.

Aus diesen Werten berechnet der Interpolator eine Reihe diskreter Sollwerte für jede Achse als eine Funktion der *Interpolationstaktzeit*.

### 2.2.2.1
**Mathematische Beschreibung der Bahn**

In kartesischen Koordinaten läßt sich eine Kurve in folgenden mathematischen Formen beschreiben:

- explizite Form $\quad x = f(y,z)$
- implizite Form $\quad F(x,y,z) = 0$
- parametrische Form $\quad x = x(\tau)$
$\quad\quad\quad\quad\quad\quad\quad\quad y = y(\tau)$
$\quad\quad\quad\quad\quad\quad\quad\quad z = z(\tau)$
mit $\tau$ als Parameter.

Die *explizite* Form wird für die Interpolation praktisch nicht benutzt.

Die *implizite* Form wird in Suchschritt-Interpolatoren benutzt, aber dann meist nur für eine zweiachsige Interpolation.

Ausgangspunkt ist die Gleichung der Kegelschnitte:

$$F(x,y) = Ax^2 + 2Bxy + Cy^2 + 2Dx + 2Ey + F = 0.$$

Dann gilt:
- für die Gerade: $\quad A = B = C = 0$
- für den Kreis: $\quad A = C, B = 0$
$\quad\quad\quad\quad\quad\quad D = E = 0$

mit dem Mittelpunkt im Koordinatenursprung,
- für die Parabel: $\quad AC - B^2 = 0$.

In *Parameterform* ergibt sich jeweils eine Gleichung pro Maschinenachse. Für die Gerade lauten diese:

$x = a_0 + a_1\tau$
$y = b_0 + b_1\tau$
$z = c_0 + c_1\tau.$

Mit $0 \leq \tau \leq 1$ sind $a_0, b_0, c_0$ die Anfangskoordinaten und $a_0+a_1, b_0+b_1, c_0+c_1$ die Endkoordinaten der Geraden, $\tau$ kann in Beziehung zur realen Zeit gesehen werden.

Für den Kreis lauten die Parametergleichungen:

$x - x_m = R \cos(\tau + \phi)$
$y - y_m = R \sin(\tau + \phi)$

mit den Koordinaten $x_m, y_m$ des Kreismittelpunkts, $R$ als dem Radius und $R \cos\phi$ als dem Anfangspunkt.

Für die Parabel ergibt sich:
$x = a_0 + a_1\tau + a_2\tau^2$
$y = b_0 + b_1\tau + b_2\tau^2.$

### 2.2.2.2
**Interpolation nach der Suchschrittmethode**

Ausgangspunkt ist die implizite Funktionsgleichung $F(y, y) = 0$. Die Funktion muß in der Interpolationsumgebung *monoton* sein, d.h. für jeden $x$-Wert muß ein eindeutiger $y$-Wert existieren und umgekehrt.

Für alle Punkte auf der Fläche, die auf der einen Seite der Interpolationskurve liegen, gilt $F(x, y) > 0$, und für die Punkte auf der anderen Seite $F(x, y) < 0$. Für die Punkte auf der Kurve gilt $F(x, y) = 0$.

Die Suchschrittmethode besteht darin, einen Einheitsschritt in $x$- und $y$-Richtung auszuführen und danach das Zeichen von $F(x, y)$ zu testen.

Aus z.B. $F(x + 1, y) < 0$ folgt daraus ein Schritt in $y$-Richtung und umgekehrt aus $F(x, y + 1) > 0$ folgt hieraus ein Schritt in $x$-Richtung.

### 2.2.2.3
**Interpolation durch Integration**

Die zumeist verwendete Methode ist die der Digitalen-Differential-Analysatoren (DDA), deren Basiselement ein Integrator ist.

Die Grundgleichung des Integrators lautet:

$$s_{(\tau)} = \int_{\tau_0}^{\tau} F_{(\tau)} d\tau \quad\quad (2.1)$$

und die dazugehörige Differentialgleichung

$ds = F_{(\tau)} d\tau.$

Die Variable $S$ läßt sich als

$s = s_0 + \int_{s_0}^{s} ds$

beschreiben.

In der digitalen Berechnung wird das Differential $ds$ durch einen endlichen Zuwachs $\Delta s$ und die Integration wird eine direkte Summation

$$\int_{\tau_0}^{\tau} F_{(\tau)} d\tau = \lim_{\Delta\tau_\nu \to 0} \sum_{\nu=1}^{n} F_{(\tau)} \Delta\tau_\nu. \quad (2.2)$$

Je kleiner $\Delta\tau_\nu$ ist, um so besser nähert sich die Summe dem Integral.

Für einen zweiachsigen linearen Interpolator sind im Anwenderprogramm der Anfangspunkt $(x_0, y_0)$, der Endpunkt $(x_1, y_1)$ und die Bahngeschwindigkeit $(V)$ vorgegeben.

Die Interpolationstaktzeit $T_i$ ist eine Konstante des Steuerungsprogramms.

Die Interpolationsvorbereitung berechnet die Bahnlänge

$$s = \sqrt{(x_1 - x_0)^2 + (y_1 - y_0)^2}, \quad (2.3)$$

die Länge des Interpolationsschrittes

$$\Delta S = V T_i$$

und die Anzahl der Interpolationsschritte

$$N = \frac{S}{\Delta s} \quad (2.4)$$

($N$ wird ganzzahlig genommen).

Hieraus folgen die Achsabschnitte (Sollwerte).

$$\Delta x = \frac{x_1 - x_0}{N} \quad \text{und} \quad \Delta y = \frac{y_1 - y_0}{N} \quad \cdot (2.5)$$

Der Interpolationsvorgang: Bei jedem Takt $T_i$ werden die Sollwerte $\Delta x$ und $\Delta y$ ausgegeben und summiert

$$x = \sum_{1}^{N} \Delta x \quad \text{und} \quad y = \sum_{1}^{N} \Delta y. \quad (2.6)$$

### 2.2.2.2.4
**Spline-Interpolation**

Als Ausgangspunkt dienen streng monoton wachsende Abszissenwerte $x$ der Stützpunkte: $x_1 < x_2 < ... < x_k < ... < x_{n-1} < x_n$ und die Verbindung der einzelnen Stützpunkte durch kubische Funktionen, jeweils im Intervall $x_k, x_{k-1}$ (Bild 2.7).

Die Stützpunkte werden durch Messungen aufgenommen, z.B. aus dem Clay-Modell der Karosserie oder direkt aus der CAD-Darstellung.

Die Anforderungen an einen möglichst glatten Kurvenzug sind

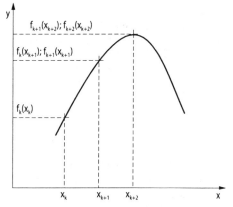

**Bild 2.7.** Verbindung der einzelnen Stützpunkte durch kubische Funktionen

– Stetigkeit der Funktionen in den Stützpunkten:
$$f_k(x_{k+1}) = f_{k+1}(x_{k+1})$$

– Knickpunktfreiheit (Stetigkeit der 1. Ableitung) in den Stützpunkten:
$$f'_k(x_{k+1}) = f'_{k+1}(x_{k+1})$$

– Gleichheit der Krümmung (Stetigkeit der 2. Ableitung) in den Stützpunkten
$$f''_k(x_{k+1}) = f''_{k+1}(x_{k+1}).$$

Interpolierende kubische Splines bestehen aus $n-1$ aneinandergereihten Polynomen 3. Grades $f_k(x)$, die zweimal stetig differenziert sind.

Auch die Stützpunkte selbst werden von dieser Funktion durchlaufen.

Ansatz:

$$f_k(x) = A_k^*(x - x_k)^3 + B_k^*(x - x_k)^2 + C_k^*(x - x_k) + D$$

Es müssen also für $n-1$ Intervalle $(x_k + x_{k+1})$ zwischen den Stützpunkten $[x_k, f_k(x)]$ und $[x_{k+1}, f_{k+1}(x_{k+1})]$ die entsprechenden Koeffizienten $A_k, B_k, C_k$ und $D_k$ bestimmt werden.

Der Vorteil der Spline-Interpolation ist, daß mathematisch *nicht beschreibbare* Kurvenzüge mit hoher Genauigkeit interpoliert werden können. Je nach erforderlicher Genauigkeit kann die Anzahl der Stützpunkte komprimiert werden. Der Nachteil dieser Interpolation ist der hohe Rechenaufwand.

### 2.2.3
### Koordinatentransformation

Die Positionsbeschreibung der Achsen sowie des *Effektors* (das Greifsystem) in einer Robotersteuerung erfolgt in kartesischen Koordinaten. Die Berechnung der kartesischen Koordinaten aus den jeweiligen Achs-Ist-Werten beim Teach-In-Verfahren sowie die Ableitung der Führungsgrößen für die Achsen aus den kartesischen Koordinaten der zu verfolgenden Bahn werden mit Hilfe von Koordinatentransformationen durchgeführt. Es gibt grundsätzlich zwei Koordinatensysteme zur Berechnung von Koordinatentransformation: *Weltkoordinaten* (kartesische Koordinaten) und *Roboterkoordinaten* (Winkelkoordinaten).

### 2.2.3.1
### Weltkoordinaten

Die Weltkoordinaten (Raumkoordinaten) heißen auch kartesische Koordinaten. Das kartesische Koordinatensystem besteht aus drei Achsen, die senkrecht aufeinander stehen: $x$-Achse, $y$-Achse und $z$-Achse.

Alle Zahlen in Pfeilrichtung vom Nullpunkt haben ein positives Zeichen. Zur Definition der Weltkoordinaten muß der Roboter in eine *Grundstellung* als „Referenzstellung" gebracht werden. Beim kartesischen Roboter (s. Abschn. 2.2.3.3) sind die Weltkoordinaten gleich den Roboterkoordinaten. Beim zylindrischen Roboter wird die $z$-Achse festgelegt, die $x$- und $y$-Koordinaten können gewählt werden.

Wenn die dreidimensionale Bahn des Greifer- oder Werkzeugmittelpunktes TCP in kartesischen Koordinaten definiert ist, muß für das Anfahren dieser Bahn von kartesischen Weltkoordinaten in Roboterkoordinaten transformiert werden (Rücktransfor-mation). Wenn die Werte in Roboterkoordinaten vorliegen (z.B. Gelenkwinkel), muß für die Positionierung des Greifers eine Transformation von Roboterkoordinaten in Weltkoordinaten erfolgen (Vorwärtstransformation).

### 2.2.3.2
### Roboterkoordinaten oder geräteeigene Koordinaten

Die Roboterkoordinaten sind roboterspezifische Gelenkkoordinaten mit Gelenkwinkeln, mit denen die Positionen der einzelnen Antriebssysteme beschrieben und angesteuert werden können. Ein Gelenkarm-Roboter besitzt Drehachsen, die als Meßsystem eine Winkelskala mit einer Grad-Einteilung haben, wobei eine volle Umdrehung 360° entspricht. Die Nullpunkte der einzelnen Winkelskalen und deren positive Zählrichtung werden aus der Referenzstellung in Weltkoordinaten abgeleitet.

### 2.2.3.3
### Koordinatentransformation in Matrixform

Koordinatentransformationen werden benötigt, um Steuerinformationen, die für die kartesischen Koordinaten berechnet wurden, in die geräteeigenen Koordinaten umzurechnen. Sind umgekehrt Positionswerte der Dreh- und Schubgelenke vorgegeben, dann kann die Lage des zu handhabenden Werkzeugs durch Koordinatentransformationen im kartesischen Koordinatensystem beschrieben werden. Die Transformation von Roboterkoordinaten in kartesische Koordinaten erfolgt durch die *Denavit-Hartenberg-Transformationsmatrizen*. Die Rücktransformation der Welt- in Roboterkoordinaten hängt vom kinematischen Aufbau des Roboters ab und ist nicht eindeutig.

#### Rotation und Translation

Für die Drehung um die Achsen des Basissystems erhält man:

$$T_x = \text{Rot}(x,\alpha) = \begin{bmatrix} 1 & 0 & 0 \\ 0 & \cos\alpha & -\sin\alpha \\ 0 & \sin\alpha & \cos\alpha \end{bmatrix} \quad (2.7)$$

und $\begin{bmatrix} x' \\ y' \\ z' \end{bmatrix} = \text{Rot}(x,\alpha) \begin{bmatrix} x \\ y \\ z \end{bmatrix}$

$$T_y = \text{Rot}(y,\alpha) = \begin{bmatrix} \cos\alpha & 0 & \sin\alpha \\ 0 & 1 & 0 \\ -\sin\alpha & 0 & \cos\alpha \end{bmatrix}$$

und $\begin{bmatrix} x' \\ y' \\ z' \end{bmatrix} = \text{Rot}(y,\alpha) \begin{bmatrix} x \\ y \\ z \end{bmatrix}$

$$T_z = \text{Rot}(z,\alpha) = \begin{bmatrix} \cos\alpha & -\sin\alpha & 0 \\ \sin\alpha & \cos\alpha & 0 \\ 0 & 0 & 1 \end{bmatrix}$$

und $\begin{bmatrix} x' \\ y' \\ z' \end{bmatrix} = \text{Rot}(z,\alpha) \begin{bmatrix} x \\ y \\ z \end{bmatrix}$.

Die Translation wird durch die Gleichung

$$\begin{bmatrix} x' \\ y' \\ z' \end{bmatrix} = \begin{bmatrix} x \\ y \\ z \end{bmatrix} \cdot \begin{bmatrix} n_x \\ n_y \\ n_z \end{bmatrix} \quad (2.8)$$

beschrieben. Der Vektor $n$ kennzeichnet die Verschiebung der Koordinatensysteme.

In homogenen Koordinaten folgt daraus:

$$\begin{bmatrix} x' \\ y' \\ z' \\ 1 \end{bmatrix} = \begin{bmatrix} & & & n_x \\ & \text{Rot}(z,\alpha) & & n_y \\ & & & n_z \\ 0 & 0 & 0 & 1 \end{bmatrix} \begin{bmatrix} x \\ y \\ z \\ 1 \end{bmatrix}. \quad (2.9)$$

Die allgemeine vektorielle Gleichung für den Ortsvektor $v_p$ kann aus den kinematischen Ersatzbildern des Bildes 2.8 abgeleitet werden

$$\underline{r}_p = \sum_{k=1}^{m} \underline{l}_k \quad (2.10)$$

mit $m$ = Anzahl der Roboterkomponenten. In Gerätekoordinaten kann der Raumvektor $\underline{r}_p$ mit der Gleichung

$$\underline{r}_p = \sum_{k=1}^{m} \prod_{i=1}^{n_k} T(\alpha_i) \underline{l}_k \quad (2.11)$$

und die jeweilige Komponente mit der Gleichung

$$\underline{l}_k = \prod_{i=1}^{n_k} T(\alpha_i) \underline{l}'_k \quad (2.12)$$

beschrieben werden

mit

$n_k$ = Anzahl der Rotationsfreiheitsgrade,
$T(\alpha_i)$ = Rotationsmatrizen und,
$\underline{l}'_k$ = Komponente in dem jeweiligen Koordinatensystem.

Die raumbezogene Orientierung wird durch die Projektionen des Werkzeugs und des Werkzeugträgers auf die jeweiligen Basisvektoren $\underline{X}, \underline{Y}, \underline{Z}$ eindeutig beschrieben.

$$\underline{l}_3 = l_3(x,y,z) \prod_{i=1}^{n_3} T(\alpha_i) \underline{l}'_3$$
$$\underline{l}_4 = l_4(x,y,z) \prod_{i=1}^{n_4} T(\alpha_i) \underline{l}'_4 \quad . \quad (2.13)$$

Beim Abfahren einer geraden Bahn mit konstanter bahnbezogener Orientierung des Werkzeugs und des Werkzeugträgers ist die raumbezogene Orientierung auch konstant.

Aus den Transformationsgleichungssystemen ergeben sich drei Gleichungen mit sechs Variablen. Die Lösbarkeit des Gleichungssystems erfordert mindestens drei zusätzliche Gleichungen. Bei den Bearbeitungsverfahren Lichtbogenschweißen, Entgraten, Spritzlackieren und Brennschneiden ist es notwendig, die Orientierung des Werkzeugs relativ zur Richtung des Bahnvektors konstant zu halten. Die Werkzeugorientierung wird beim Verfahren entlang von Raumkurven auf den Tangentenvektor der Kurve bezogen. Bei Handhabungs- und Montageaufgaben müssen die Werkstücke entlang einer durch das Werkstück gelegten Geraden geführt werden können. Auch bei nichtrotationssymmetrischen Werkzeugen und insbesondere bei Werkzeugen, die mit Sensoren ausgestattet sind, ist die Orientierung des Werkzeugträgers wichtig. Es ist deshalb sinnvoll, die zusätzlichen Gleichungen zur Lösung des Transformationsgleichungssystems aus der Vorgabe oder aus der Bestimmung der Orientierung des zu handhabenden Werkzeugs und des Werkzeugträgers abzuleiten.

### Analytische Lösung

Zur Bestimmung der Steuergrößen $\alpha_i$ bzw. $\alpha_i$ und $l_k$ muß das Gleichungssystem

$$\underline{r}_p = \sum_{k=1}^{m} \prod_{i=1}^{n_k} T(\alpha_i) \underline{l}_k \quad (2.14)$$

gelöst werden. Die notwendigen Zusatzgleichungen können aus dem Gleichungssystem

$$\underline{l}_3 = l_3(x,y,z) \prod_{i=1}^{n_3} T(\alpha_i) \underline{l}'_3$$
$$\underline{l}_4 = l_4(x,y,z) \prod_{i=1}^{n_4} T(\alpha_i) \underline{l}'_4 \quad (2.15)$$

abgeleitet werden.

Wenn die Orientierung des Werkzeugs und des Werkzeugträgers bestimmt ist, kann der Vektor $\underline{r}_{p2}$ aus

$$\underline{r}_{p2} = \underline{r}_p - \underline{l}_3 - \underline{l}_4$$

berechnet werden.

Die Steuerungsgrößen der Hauptachsen (1, 2, 3 in Bild 2.8) werden durch inverse Transformation aus

$$T^{-1}(\alpha_i)\underline{r}_p = \sum_{i=1}^{2} \prod_{i=2}^{n_k} T(\alpha_i) \underline{l}'_k \qquad (2.16)$$

abgeleitet.

Die Steuerungsgrößen der Handachsen (4, 5, 6 in Bild 2.8) sind durch die inverse Transformation mit

$$\prod_{i=n-3}^{1} T^{-1}(\alpha_i)\underline{l}_3 = \prod_{i=n-3}^{n-1} T(\alpha_i) \underline{l}'_3 \qquad (2.17)$$

und

$$\prod_{i=n-1}^{1} T^{-1}(\alpha_i)\underline{l}_4 = T(\alpha_n) \underline{l}'_4 \qquad (2.18)$$

zu berechnen.

Die Anzahl der Rotationsfreiheitsgrade des Roboters ist mit $n$ angegeben.

Die analytische Lösung ist nur möglich für Kinematiken, deren Achsen 4, 5 und 6 einen gemeinsamen Schnittpunkt haben.

*Iterative Lösung*

Für andere Kinematiken müssen iterative Rechenmethoden verwendet werden. Eine effiziente Rechenmethode basiert auf der Linearisierung der direkten Transformation und verwendet den multidimensionalen Typ des *Newton-Raphson-Algorithmus*.

Das iterative Konzept kann folgendermaßen beschrieben werden: Das direkte kinematische Problem oder die Transformationsgleichungen

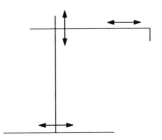

**Kartesischer Arbeitsraum**
3 Translationsachsen

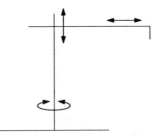

**Zylindrischer Arbeitsraum**
2 Translationsachsen
1 Rotationsachse
(SCARA)

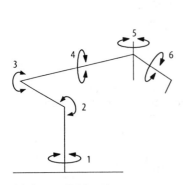

**Arbeitsraum Hohlkugel**
6 Rotationsachsen

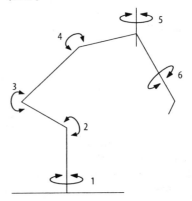

**Arbeitsraum Vollkugel**
6 Rotationsachsen

**Bild 2.8.** Kinematische Ersatzschaltbilder

$\underline{x} = \underline{f}(\Theta)$

werden durch partielle Differenzierung bilanziert

$$\underline{x}(\Theta + \Delta\Theta) = \underline{f}(\Theta) + \left[\frac{d}{d\Theta}[\underline{f}(\Theta)]\right]\Delta\Theta \quad (2.19)$$

Die Matrix ist die *Jacobi-Matrix*

$$\left[\frac{d}{d\Theta}[\underline{f}(\Theta)]\right]. \quad (1.20)$$

Das Ersetzen von $\underline{x}_{(\Theta + \Delta\Theta)}$ durch $\underline{x}_n$, die Werte der Position und Orientierung, ergibt ein lineares Gleichungssystem für die Bestimmung der Gelenkwinkel $\Theta$. Die Addition des Inkrements $\Delta\Theta$ bewirkt eine Approximation der Gelenkvariable. Die Iteration wird fortgeführt, bis das Kriterium

$$\underline{x}_n = \underline{f}(\Theta) < \varepsilon$$

realisiert ist.

*Vorteile* dieser Methode sind:
- allgemein anwendbar,
- die Analyse der Eigenschaften der Jacobi-Matrix erlaubt eine allgemeine Lösung des Problems der Singularitäten,
- eine Erweiterung für redundante Kinematiken ist möglich,
- die Konvergenz ist schnell und stabil,
- Reduzierung des Problems der Mehrdeutigkeit.

*Nachteile* sind:
- das Problem der Anfangswerte,
- erhöhte Rechenzeit.

**Denavit-Hartenberg Kinematik-Parameter**
Die Abbildung eines Vektors von einem Koordinatensystem auf ein anderes Koordinatensystem erfolgt durch die Denavit-Hartenberg $4\times 4$-Transformationsmatrix, die sich aus der $3\times 3$-Untermatrix für die Rotation und $3\times 1$-Matrix für die Translation zusammensetzt.
Die Transformationsmatrix nach Denavit lautet

$$\underline{T} = \prod_{i=1}^{6} \underline{A}_i. \quad (2.21)$$

$A_i$ ist die sogenannte $4\times 4$ Denavit-Hartenberg-Matrix und beschreibt die Überführung zweier Koordinatensysteme durch zwei Translationen und zwei Rotationen

$$\underline{A}_i = \begin{bmatrix} \cos\Theta & -\sin\Theta_i \cos\alpha_i & \sin\Theta_i \sin\alpha_i & a_i \cos\Theta_i \\ \sin\Theta & \cos\Theta_i \cos\alpha_i & -\cos\Theta_i \sin\alpha_i & a_i \sin\Theta_i \\ 0 & \sin\alpha_i & \cos\alpha_i & d_i \\ 0 & 0 & 0 & 1 \end{bmatrix}.$$

Bei einer Rotation ist $\Theta$, bei einer Translation ist $d_i$ variabel.
Durch Multiplikation aller D-H-Matrizen

$$\underline{T} = D_{1D} \cdot D_2 \cdot \ldots \cdot D_6 \quad \underline{T} = \prod_{i=1}^{6} \underline{A} \quad (2.23)$$

erhält man eine $4\times 4$ Matrix, die die Effektor-Orientierung und -Position darstellt:

$$\underline{T} = \begin{bmatrix} n_x & o_x & a_x & p_x \\ n_y & o_y & a_y & p_y \\ n_z & o_z & a_z & p_z \\ 0 & 0 & 0 & 1 \end{bmatrix} \quad \underline{T} = \begin{bmatrix} \underline{n} & \underline{o} & \underline{a} & \vdots & \underline{p} \\ & & & \vdots & \\ \ldots & \ldots & \ldots & \vdots & \ldots \\ & & & \underline{0} & \vdots & 1 \end{bmatrix}.$$

Die Vektoren $n_{x,y,z}$, $o_{x,y,z}$ und $a_{x,y,z}$ beschreiben die Koordinaten des Effektors (Orientierung des „Effektor-Frames" in Bezug auf das „Roboter-Frame") und $p_{x,y,z}$ den Ortsvektor vom Roboterkoordinatensystem zum kartesischen Koordinatensystem (Entfernung vom Ursprung des Weltkoordinatensystems zum Ursprung des kartesischen Koordinatensystems des Effektors).

### 2.2.4
**Sensorschnittstellen**
Industrieroboter können in Produktionsprozessen mit *geordneter* und *invarianter* Peripherie eingesetzt werden. Die zu handhabenden Werkstücke und Werkzeuge müssen dann genau positioniert werden und Werkstücktoleranzen sind einzuhalten.
Bei *variabler* Peripherie ist der Einsatz von Industrierobotern nur mit Hilfe von Sensoren möglich. Positions- und Bewegungsabweichungen der geführten Werkzeuge, der zu bearbeitenden Werkstücke sowie Kollisionen zwischen Roboter und Peripherie, müssen erfaßt und der Steuerung als Korrekturwerte zugeführt werden. Die Bahnsteuerung kann Programmablaufkorrekturen durch Sensorsignale in kartesische Koordinaten realisieren.

Während des Programmablaufs sollen die Abweichungen der zu verfolgenden Bahnen, die Änderungen der Lichtbogenlänge oder des Schleifscheibendurchmessers und des Schleifmoments sowie die Abweichungen der bahnbezogenen Geschwindigkeiten und Orientierungen der Werkzeuge erfaßt und korrigiert werden.

Eine Erweiterung der Einsatzmöglichkeiten von Industrierobotern zur Handhabung von Werkstücken erfordert die *Werkstückerkennung*. Die Position und Orientierung der zu greifenden Werkstücke sollen dem Handhabungssystem über Sensorsignale zugeführt werden.

Das Anfahren der zu entgratenden Werkstücke mit unterschiedlichen Schleifscheiben- oder Bürstendurchmessern, das Stapeln von Teilen mit unterschiedlichen Höhen sowie das Bearbeiten von Teilen, deren Positionen Toleranzen aufweisen, erfordert die Hilfe von Suchfunktionen.

Zur Erhöhung der Betriebssicherheit müssen während des Arbeitsablaufs Kollisionen zwischen Roboter und Peripherie im Arbeitsraum erkannt werden und entsprechende Maßnahmen auslösen.

Nach ihren Funktionen sind Sensorsignale folgendermaßen einzuteilen:

- Die Signale zur Überwachung des Arbeitsablaufes und des Arbeitsraumes brechen die laufenden Programme ab und leiten die dem gemeldeten Zustand zugeordneten Sonderfunktionen ein.
- Die statistischen Programmkorrekturdaten beziehen sich auf die Positions- und Orientierungsabweichungen der Werkstücke sowie auf die Werkstücktoleranzen. Diese Daten führen zur Korrektur der Anwenderprogrammkoordinaten, bevor die Koordinaten für die Steuerprogramme freigegeben werden.
- Die dynamischen Programmkorrekturdaten entstehen aus den während des Programmablaufs auftretenden Bahnabweichungen. Zur Korrektur dieser Abweichungen bietet sich die Verarbeitung der Korrektursignale im Interpolationsprogramm an.

Bei jedem Interpolationsschritt der programmierten Bahn kann die durch den Sensor gemeldete Abweichung berücksichtigt werden.

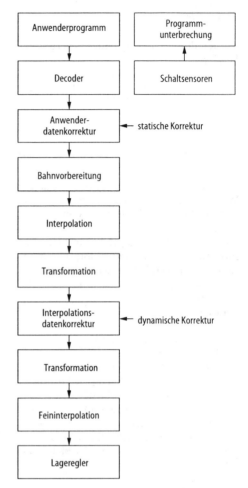

**Bild 2.9.** Schnittstellen-Organisation einer Steuerung mit Sensoren

Diese Aufteilung der Sensorsignale führt zu drei Sensorschnittstellen in der Steuerungssoftware (Bild 2.9). Die erste Schnittstelle kann ähnlich wie bei einer Programmunterbrechung aufgebaut werden. An die zweite und dritte Schnittstelle sind die zu verarbeitenden Steuerdaten auf ein kartesisches Koordinatensystem bezogen. Die statistischen und dynamischen Korrekturwerte müssen daher den Schnittstellen in kartesischen Koordinaten angeboten werden.

Bahnabweichungen können durch Werkstücktoleranzen und durch gerätespezifische Einflüssen entstehen.

Es gibt zwei Arten Bahnabweichungen, bezogen auf die programmierte Bahn:

- Bahnabweichungen, die durch Werkstücktoleranzen entstehen,
- Bahnabweichungen, die auf gerätespezifische Einflüsse zurückzuführen sind.

Beim Nahtschweißen werden Bahnabweichungen durch *Toleranzen* in der Werkstückvorbereitung verursacht. Sie müssen während des Schweißvorganges von Sensoren erfaßt werden. Die zur Verfügung stehenden Sensoren sind optischer, magnetischer oder taktiler Art und können nur unter bestimmten Bedingungen, wie Art der Naht und Schweißstromstärke, eingesetzt werden.

Beim Entgraten von Werkstücken sind die Bahnabweichungen auf variable Gratabmessungen zurückzuführen. Wird mit Schleifscheiben entgratet, so muß auch das Abnutzen der Schleifscheiben automatisch berücksichtigt werden. Hierzu genügt das Messen von Schleifdruck und Schleifmoment. Für das Entgraten mit Fräswerkzeugen ist lediglich das Fräsmoment konstant zu halten.

Die notwendigen Korrekturmöglichkeiten für das Nahtschweißen und Entgraten können auf drei Korrekturrichtungen reduziert werden. Die Abweichung der Schweißbogenlänge und das Abnehmen des Schleifscheibendurchmessers sind auf die *Normale* zur Bahn zu beziehen. Die Bahnabweichungen müssen auf der *Binormale* zur Bahn berechnet werden. Die Breite der Schweißnaht sowie das Schleif- oder Fräsmoment sollen auf die *Tangente* zur Bahn bezogen werden und korrigieren die Bahngeschwindigkeit.

Die *gerätespezifischen* Einflüsse setzen sich aus Änderungen der Massenträgheitsmomente, Beschleunigungskräften, Coriolismomenten und Zentrifugalkräften zusammen. Die Bewegungsgleichungen der kinematischen Glieder können mit der Methode von Lagrange ermittelt werden:

$\underline{M}(q_i)\ddot{q}_i + g(q_i, \dot{q}_i) = \underline{U}$.

Die Massenmatrix $\underline{M}$ beschreibt die Kopplung des Systems über die Beschleunigungskräfte, während der Kraftvektor $g$ das System über Coriolismomente und Zentrifugalkräfte verbindet. Die in der Massenmatrix auftretenden Änderungen der Trägheitsmomente und die nichtlinearen Kopplungen des Systems bewirken bei Beschleunigungen und großen Geschwindigkeiten Bahnabweichungen. Zur Korrektur dieser Bahnabweichungen wurden mehrere *Regelungsverfahren* bekannt.

Die Reduzierung der Bahnabweichungen durch *Störgrößenaufschaltung* ist ein mögliches Regelverfahren. Die Störgrößen der Zentrifugal- und Coriolismomente treten am Eingang der Regelstrecke auf und können deshalb nicht durch die Lageregler beseitigt werden. Wegen der aufwendigen meßtechnischen Erfassung der Störgrößen ist nur das Modellverfahren sinnvoll (Bild 2.10).

Die Ist-Werte der Achsen und die Geschwindigkeiten werden im Modell für die Bildung der Zentrifugal- und Coriolismomente benötigt. Die Stellgröße $u_{3s}$, die aus den Störgrößen $z_{3n}$ ermittelt wird, ist der Lageführungsgröße zu überlagern. Eine genaue Kompensation der Störgrößen ist zu aufwendig, da das gesamte regelungstechnische Modell des Antriebssystems in dem Steuerungsprozessor nachgebildet werden müßte.

Eine einfachere Methode, die Bahnabweichungen zu reduzieren, benötigt lediglich die Ist-Positionen, die ohnehin in den Software-Lagereglern vorhanden sind. In jedem Interpolationstakt werden die Istwerte der Achsen in kartesische Koordinaten transformiert. Der Bahnabweichungsvektor ist die Differenz zwischen Soll- und Istwerten. Sie enthält eine Bahnabweichung und einen Bahnschleppfehler. Durch die Trennung in Fehlerkomponenten können für die Bahnabweichungs- und Schleppfeh-

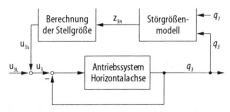

**Bild 2.10.** Blockdiagramm der Regelung mit Störgrößenaufschaltung

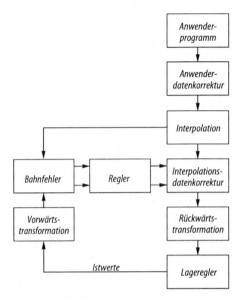

**Bild 2.11.** Bahnfehlerkorrektur durch Istwertrückkopplung

lerkorrektur unterschiedliche Regler verwendet werden (P- und PI-Regler).

Die Bahnfehlerdaten müssen der dynamischen Sensorschnittstelle zugeführt werden. Das Blockschaltbild (Bild 2.11) zeigt die Organisation der Steuerung mit Bahnfehlerkorrektur.

## 2.3 Programmierung

### 2.3.1 Programmierung von NC-Maschinen

Die DIN-Norm 66217 definiert die Lage der *Koordinatensysteme* für Werkzeugmaschinen. Verwendet wird ein rechtshändiges orthogonales Koordinatensystem mit den Achsen X, Y und Z, das auf die Hauptführungsbahnen der Maschine ausgerichtet ist.

Die Z-Achse liegt parallel zur Achse der Arbeitsspindel. Die positive Richtung der Z-Achse verläuft vom Werkstück zum Werkzeug (Fräsen, Bohren, usw.) oder von der Arbeitsspindel zum Werkstück (Drehen).

Die X-Achse ist die Hauptachse der Positionierebene und liegt parallel zur Aufspannfläche des Werkstückes.

Bewegungsachsen parallel zu X, Y und Z sind mit U, V, W gekennzeichnet und eventuelle Drehachsen mit A, B und C.

Der Bezug zwischen der Lage des Werkstückes und der Stellung des Werkzeuges wird durch Bezugspunkte hergestellt.

Der Referenzpunkt ist durch Endschalter und das Meßsystem meistens am Ende des Schlittens oder am Anfang der Drehachse festgelegt. Nach dem „Referenzpunktfahren" deckt sich der Referenzpunkt mit dem Schlittenbezugspunkt.

Der Werkstücknullpunkt ist der Ursprung des Werkstückkoordinatensystems. Der Programmierer kann die Lage frei wählen. Die Ausgangsposition der Werkzeugspitze oder des Werkzeugmittelpunktes wird über die Einspannlängen automatisch ermittelt.

Die Programmierungsverfahren können in manuelle, maschinelle und Werkstattprogrammierung aufgeteilt werden.

Beim manuellen Programmieren ist die Koordinierung der Zeichen nach DIN 66024 und der Aufbau des NC-Satzes nach DIN 66025 festgelegt.

In einem Arbeitsplan wird die Reihenfolge der Bearbeitung festgelegt. Für den Maschinenbediener müssen die Spannlage des Werkstückes und die Einstellängen sowie die Kodenummer der Werkzeuge angegeben werden. Den größten Aufwand erfordert die Festlegung der Werkzeugbewegung. Die Bewegungen werden in Einzelschritte (linear, zirkular) aufgeteilt. In den meisten Fällen ist zusätzlich eine Schrittaufteilung erforderlich. Der Aufwand soll durch Rechnerunterstützung verringert werden. Bei der Programmierung wird die Fertigkontur des Werkstückes festgelegt. Die Radien der Werkzeugspitze oder des Fräsers werden in der Steuerung mit Hilfe eines Radienkorrekturprogramms berücksichtigt.

Die *maschinellen* Programmierungssysteme verwenden problemorientierte Sprachen (Wörter und Symbole), die leicht zu merken sind. Das Programm wird unabhängig von der Werkzeugmaschine und der Steuerung erstellt. Die vom Rechner generierten Daten stellen eine allgemeine Lösung des Bearbeitungsproblems dar und werden mit CLDATA (Cutter Location) bezeichnet. Die Daten können für mehrere verschiedene Maschinen verwendet werden. Sie werden ausschließlich durch einen

„Postprozessor" der Maschine und Steuerung angepaßt.

Das universellste Programmiersystem ist APT (Automatically Programmed Tool). Es ist für einfache und komplexe Bearbeitungsaufgaben (bis zu fünf gesteuerten Achsen) geeignet.

Da dieses System große und schnelle Rechner erfordert, wurden eine Anzahl abgemagerter Systeme für begrenzte Anwendungen und kleinere Rechner entwickelt. In Deutschland wurde das EXAPT-System aufgebaut. EXAPT (Extended subset of APT) ist ein *technologieorientiertes* System. Technologieorientierte Systeme ermöglichen außer der Berechnung geometrischer Informationen auch die Bestimmung der technologischen Bearbeitungsangaben (Vorschub-, Schnittgeschwindigkeit, usw.). Die Umwandlung des in der Symbolsprache geschriebenen Teilprogrammes in die Steuerinformationen für die Werkzeugmaschine erfolgt in zwei Schritten in den Rechenprogrammen „Prozessor" und „Postprozessor".

Im Prozessor werden Anweisungen des Teilprogramms auf formale Fehler überprüft. Die arithmetischen und geometrischen Anweisungen werden berechnet. Mit den Daten aus der Werkstoff- und Werkzeugdatei bestimmt der Prozessor die Schnittwerte wie Schnittiefe, Schnittgeschwindigkeit und Vorschubgeschwindigkeit. Schnittaufteilungen und Kollisionsberechnungen erfolgen ebenfalls automatisch. Wie schon erwähnt, paßt der Postprozessor die Daten an die Steuerung und die Maschine an.

Die *Werkstattorientierte Programmierung* (WOP) schafft mehr Flexibilität bei vergleichsweise niedrigen Investitionskosten. Insbesondere für Klein- und Mittelbetriebe ohne Arbeitsvorbereitung ist die Programmierung in der Werkstatt eine günstige Lösung. Hersteller von Steuerungen und Werkzeugmaschinen bieten zunehmend leistungsfähigere Programmiersysteme an. Systeme mit graphisch-interaktiver Eingabe unterstützen den Facharbeiter vor Ort beim Programmieren seiner Bearbeitungsaufgabe. Viele Betriebe haben erkannt, daß es auch bei vorhandener Programmierung in der Arbeitsvorbereitung sinnvoll ist, zusätzlich die Werkstattprogrammierung einzusetzen.

Herkömmliche CIM-Konzepte (Computer Integrated Manufacturing) zielen auf den Einsatz in Großbetrieben und lassen wenig Spielraum für angepaßte, flexible Werkstattlösungen. Ausgehend vom Werkstattbereich entstanden dagegen Konzepte, die auf Nutzung des Facharbeiter-Knowhows abzielen. Am weitesten sind die Komponenten zur werkstattorientierten graphisch-interaktiven NC-Programmierung entwickelt. Diese unterstützen die Programmierung vor Ort als integriertes System an der Einzelmaschine oder extern als PC-Lösung. Neben dem eigentlichen Programmieren unterstützen diese Systeme auch damit zusammenhängende Tätigkeiten wie Arbeitsplanung, Rüsten, Werkzeug- und Spannmittelverwaltung.

In Erweiterung hierzu werden Systeme angeboten, die den gesamten Werkstattbereich und die dort anfallenden organisatorischen und steuernden Tätigkeiten unterstützen. Von wesentlicher Bedeutung ist, daß diese Systeme über facharbeitergerecht ausgelegte Bedienoberflächen verfügen. Die Übertragung der WOP-Philosophie auf weitere Systeme und deren Anwendung im Werkstattbereich verleiht dem Begriff WOP die neue Bedeutung „Werkstattorientierte Produktionsunterstützung".

Hier sind zahlreiche leistungsfähige Einzelsysteme entstanden, die problemorientiert angepaßte, werkstattgerechte Lösungen bieten. Es sind die herstellerspezifischen Komponenten für die werkstattorientierte Programmierung, wie Betriebsmittelverwaltung, Betriebsdatenerfassung sowie Leitstandsysteme für die unterste Planungsebene.

Die Integration von WOP-Systemen im CIM-Umfeld unter Einbeziehung der werkstattorientierten Produktionsunterstützung wird durch Schnittstellen zu vorgelagerten Bereichen, wie Konstruktion und Arbeitsvorbereitung, unterstützt. Vorteilhaft wirkt sich hier die logische Aufteilung in einen geometriebeschreibenden Teil des Programmiersystems und der damit erzeugten Quellprogramme aus.

Die Möglichkeit der Geometrieübernahme von CAD vereinfacht die Erstellung von

Bearbeitungsprogrammen und vermeidet Mehrfacheingaben. Die Eignung eines Werkstückes für die Werkstattprogrammierung wird somit nicht durch die Komplexität der Geometrie bestimmt. Der Facharbeiter kann sich auf das Festlegen der technologisch sinnvollen Bearbeitungsfolge konzentrieren. Der Austausch von Geometriedaten zwischen einzelnen WOP-Systemen etwa zu Nachfolgetechnologien (Drehen, Rundschleifen) ist ebenso möglich.

### 2.3.2
**Programmierung von Industrierobotern**

Die Programmierverfahren werden in *On-Line-* und *Off-Line-*Programmierung unterteilt.

Das verbreitetste On-Line-Programmierverfahren ist das *Teach-In-*Verfahren. Das Teach-In-Verfahren (Programmierung durch Positionsaufnahme) ist ein Programmierverfahren, indem die einzelnen Bahnpunkte angefahren werden und per Tastendruck die Positionswerte in dem Speicher als Sollwerte abgelegt werden. In manchen Anwendungsbereichen wie Lackieren oder Nahtschweißen ist die Hauptaufgabe das richtige Bahnprofil zu erreichen. Die geeignetste Programmiermethode für solche Anwendungen ist das *Play-Back* Verfahren. Der Programmierer bewegt die Roboterspitze durch eine Folge von ausgesuchten Positionen. Die durchlaufenen Punkte werden nach einem Zeittakt gespeichert (Disk oder Magnetband). Später, im automatischen Betrieb, werden die gespeicherten Daten vom Band abgerufen und an die Robotersteuerung weitergeführt. Die Bewegungsgeschwindigkeit im automatischen Betrieb kann unabhängig von der bei der Eingabe vorhandenen Bewegungsgeschwindigkeit manipuliert werden.

Bei einem Off-Line-Programmiersystem können über die Benutzerschnittstelle mit Hilfe der IR-Programmerzeugung Anwenderprogramme erstellt werden, wobei dem Benutzer zu diesem Zweck eine Reihe von Hilfsmitteln und Funktionen (z.B. grafische Ein-/Ausgaben, Zugriffe auf Datenbanksysteme) zur Verfügung stehen. Die Ausführbarkeit des Off-Line erstellten Anwenderprogramms wird im „Simulationssystem" überprüft. Zu diesem Zweck sind Modelle und Algorithmen vorhanden, die die am Fertigungsprozeß beteiligten Komponenten hinsichtlich ihres Bewegungsverhaltens, ihrer Kinematik und ihrer äußeren Form rechnerintern darstellen. Die Off-Line erstellten und überprüften Anwenderprogramme werden dann zum realen Steuerungsrechner des Roboters übertragen und nach einem Testlauf unter realen Bedingungen im Automatikbetrieb ausgeführt.

**Informationsaufbau eines Off-Line-Programmiersystemes.** Das Off-Line-Programmiersystem setzt die Kopplung mit 3D-CAD-Systemen und Betriebsmitteldatenbanken voraus. Die Betriebsmitteldatenbank muß Beschreibungen der Werkstückvorrichtungen, der Werkzeuge, der werkzeug- und werkstückführenden Kinematiken und deren kinematischen Verkettungen mit dem Zellen-Koordinatensystem sowie die Abbildung der Steuerungssysteme enthalten. Darüber hinaus müssen zum Zweck der grafischen Unterstützung beim Programmieren, Planen und bei der Simulation der Bewegungsabläufe auch 3D-Gestalt-Modelle der Maschinen und Komponenten der Bearbeitungszelle vorhanden sein. In CAD-Systemen sind im allgemeinen Geometrieformationen über Punkte, Linien, Flächen und Volumen vorhanden. Diese sind auf die benötigten Geometrieformen des spezifischen Anwenderprogrammes abzubilden. Das Off-line-Programmiersystem kann für Aufgaben der

– Arbeitsplanung,
– Industrieroboterprogrammierung und der
– Betriebsmittelplanung und -konstruktion

eingesetzt werden. Von der Entwicklung und Konstruktion werden Informationen über die Geometrie und die Qualität der Werkstücke vorgegeben. Die für den Bearbeitungsvorgang erforderlichen Steuerinformationen werden in drei Phasen aufgebaut:

*Phase 1*: Auswahl der benötigten Werkzeuge und Vorrichtungen sowie Erstellung der Arbeitspläne. Die Information ist anlagenunabhängig.

*Phase 2*: Auswahl, Konfiguration und Anpassung der benötigten Betriebsmittel wie beispielsweise Industrieroboter und Transporteinrichtungen; Generierung der Steuerprogramme und die grafisch-dynamische Simulation der geplanten Abläufe mit dem Ziel der Optimierung des Gesamtsystems. Die Informationen sind auf die rechnerinterne Anlagendarstellung bezogen.

*Phase 3*: Anpassung der idealen Steuerprogramme und -parameter an die realen Betriebsmittel unter Berücksichtigung vorhersehbarer Systemfehler und Prozeßeinflüsse. Die auf die rechnerinterne Anlagendarstellung bezogen Informationen sind an das reale Anlagenverhalten angepaßt.

Im folgenden soll der Informationsaufbau des Off-Line-Programmiersystems am Beispiel von *Punktschweißrobotern* gezeigt werden.

In *Phase 1* werden unter Berücksichtigung der konstruktiven und der prozeßabhängigen Randbedingungen die Positionen und Orientierungen der Normalvektoren der Schweißpunkte in Werkstückkoordinaten beschrieben. Zur Festlegung des Orientierungsvektors kann eine ausgewählte Schweißzange in die grafische Darstellung des Werkstücks eingeblendet werden, wobei die Richtung der Elektroden mit der Richtung des Normalvektors des gewählten Schweißpunktes übereinstimmt. Durch Rotation der Zange um den Normalvektor kann der zweite Orientierungsvektor festgelegt werden.

Die Festlegung der Bewegung der Schweißzange zwischen den einzelnen Schweißpunkten erfordert die Definition zusätzlicher Hilfsframes, die von den produktionstechnischen Randbedingungen abhängen. Die Positionsvektoren der Hilfsframes beschreiben Punkte im Raum, die außerhalb des Werkstückes liegen.

Ein weiterer Aspekt betrifft die Einbeziehung von Toleranzen bei der Festlegung der Orientierungsvektoren der Arbeitsframes. Kann auf Grund von konstruktiven Randbedingungen und Qualitätsforderungen an den Schweißpunkt eine Abweichung von der Normalrichtung der Schweißelektroden zugelassen werden, so besteht die Möglichkeit, dies bei der Festlegung der Orientierungsvektoren zu berücksichtigen. In der praktischen Anwendung können dadurch Taktzeiten verringert oder zusätzliche Schweißstationen eingespart werden.

Weiterhin lassen sich Sequenzen von Bearbeitungsvorgängen in der definierten Reihenfolge mit zugehörigen Hilfsframes simulieren und ermöglichen somit eine Überprüfung des Fertigungsablaufes. Der Schweißvorgang wird für jeden Schweißpunkt in einem Unterprogramm festgelegt.

In *Phase 2* muß die Betriebsmitteldatenbank nach einer für die geplante Aufgabe geeigneten Bearbeitungszelle abgefragt werden. Für das Punktschweißen sind die geeigneten Roboterkinematiken, Werkstückvorrichtungen und Materialflußsysteme zu analysieren.

Nach Festlegung der Bearbeitungszelle werden zuerst die auf das Werkstückkoordinatensystem bezogenen Arbeitsframes in das Roboterhauptkoordinatensystem transformiert. Dazu werden die in der Betriebsmitteldatenbank vorhandenen Informationen über die kinematische Verkettung der Komponenten, bezogen auf das Zelle-Referenz-Koordinatensystem, verwendet. Anschließend wird das Anwenderprogramm automatisch generiert.

Zur Überprüfung der erstellten Anwenderprogramme auf ihre Ausführbarkeit in der Bearbeitungszelle ist ein geeignetes Simulationssystem verfügbar. Über das kinematische Modell läßt sich die räumliche Anordnung sämtlicher Komponenten bestimmen und unter Benutzung der jeweiligen Gestaltbeschreibung als 3D-Darstellung am Grafikbildschirm visualisieren. Durch die Bewegungssimulation kann der Planer den Gesamtablauf, die Koordination der Bewegungen der Komponenten sowie mögliche Kollisionen zwischen den Komponenten überprüfen.

Werden bei der Simulation Kollisionen festgestellt oder ist der Arbeitsraum nicht optimal genutzt, kann der Planer Änderungen in dem Modell der Bearbeitungszelle durchführen. Die optimierte Bearbeitungszelle wird dann dem Betriebsmittelplaner in Auftrag gegeben.

In *Phase 3* erfolgt die Anpassung der idealen Anwenderprogramme an die realen Betriebsmittel. Die Off-line-Erstellung des Anwenderprogramms erfolgt auf der Basis der Planungsdaten. Das Anwenderprogramm wird zwar in der Simulation fehlerfrei ablaufen, im realen System jedoch nicht direkt ausführbar sein. Die ungenaue Bestimmung der geometrischen Kenndaten des Handhabungsgerätes führt bei der steuerungsinternen Koordinatensystemtransformation zu Abweichungen zwischen dem planerisch ermittelten und dem vom Roboter angefahrenen Raumpunkt. Diese Abweichung stellt den Fehler der absoluten Positionierung dar. Die Toleranz der Komponenten und die Abweichungen der Gelenknullagen sind Systemfehler und können daher getrennt von den durch externe Kräfte entstehenden Verformungen betrachtet werden.

In den Denavit-Hartenberg-Transformationsgleichungen der unbelasteten kinematischen Kette können die Systemfehler durch ein Schätzverfahren identifiziert werden. Der Einfluß der externen Kräfte wird durch ein zusätzliches Modell beschrieben. Diese Modelle ermöglichen die Umrechnung der Planungsdaten in reale Daten für die vorgegebene kinematische Kette und erlauben eine ausreichende Fehlerkompensation. Hiermit können nachträgliche Programmkorrekturen vor Ort vermieden werden.

### 2.3.3
**Kalibrierung**
Ein Maß für die *Genauigkeit* bei einem Industrieroboter ist die Positioniergenauigkeit der auf verschiedene Weise wiederholt anzufahrenden Raumpunkte (Wiederholgenauigkeit). Der Fehler der Positioniergenauigkeit wird als Abweichung zwischen der wahren Lage des angefahrenen Raumpunktes, bezogen auf das Roboter-Basiskoordinatensystem und den über die Transformationsbeziehung aus den achsspezifischen Größen berechneten kartesischen Werten definiert.

Die Angabe der Wiederholgenauigkeit beinhaltet nur den *relativen* Positionierfehler in Bezug auf den vorgegebenen Raumpunkt, der durch den Roboter angefahren wurde. Sie beinhaltet keine Angabe über die *absolute* Positioniergenauigkeit der angefahrenen Raumpunkte, bezogen auf das dem Roboter zugewiesene Basiskoordinatensystem.

Die dominierenden Fehlerquellen, welche die absolute Positioniergenauigkeit beeinflussen, sind die unzureichenden mathematischen Nachbildungen der kinematischen Strukturen durch die Transformationsgleichungen (z.B. idealisiertes Modell, Nachgiebigkeit) und die mit nur ungenügender Genauigkeit bestimmbaren Parameter der Transformation.

Die Positioniergenauigkeit eines Industrieroboters ist ein entscheidender Punkt für die Erhöhung der stationären Genauigkeit entlang der von der Steuerung interpolierten Bahn, für die Austauschbarkeit von Industrierobotern in der Produktion ohne Korrektur der programmierten Geometriedaten und für die Ausführbarkeit eines Off-Line erstellten Anwenderprogramms vor Ort ohne Korrektur der aufgabenspezifischen Geometriedaten. Ein Nullagefehler im Meßgeber einer Achse von 0,1 Grad kann einen kartesischen Positionsfehler des TCP von 3 bis 5 mm zur Folge haben.

**Kalibrierung von kinematischen Ketten.**
Ein Kalibrierungsverfahren besteht im wesentlichen aus einem Modell der kinematischen Kette und dem mathematischen Verfahren zur Bestimmung der Modellparameter für den Industrieroboter, wobei der Industrieroboter als statistisches System betrachtet wird.

Nach dieser Struktur des Verfahrens wird der Roboter als statistisches System modelliert, in dem die Eingangsgrößen aus den Werten der Winkelgeber auf den Motorwellen und die Ausgangsgrößen aus der Position des Effektors ermittelt werden. Das Verfahren läuft folgendermaßen ab:

Der Roboter fährt eine gewisse Anzahl vorher festgelegter und optimierter Punkte an. In jedem Punkt werden die Werte der Winkelgeber automatisch ausgelesen und die kartesische Position des Effektors gemessen. Zur Positionsmessung wird ein *automatisches Theodolitensystem* mit einer Auflösung im Arbeitsraum <0,05 mm benutzt. Ausgehend von diesen Messungen werden mit einem Identifikationsverfahren die Parameter des Modells bestimmt. Zur Verifikation der identifizierten Parameterwerte werden die bei Verwendung dieser

Parameter im gesamten Arbeitsraum des Roboters noch vorhandenen Positionsfehler bestimmt und statistisch ausgewertet.

Weitere Einsatzmöglichkeiten mit der automatisierten Kalibrierung ist die Endjustage in der Roboterfertigung, die Qualitätskontrolle bei Hersteller und Anwender oder die Roboterdiagnose.

### Allgemeine Literatur

Weck M (1989) Werkzeugmaschinen, Bd. 3, Automatisierung und Steuerungstechnik, 3.Aufl. VDI-Verlag, Düsseldorf
Giloi W, Liebig H (1980) Logischer Entwurf digitaler Systeme. Springer, Berlin Heidelberg New York
Fasol KH (1988) Binäre Steuerungstechnik. Springer, Berlin Heidelberg New York
Borucki L (1977) Grundlagen der Digitaltechnik. Teubner, Stuttgart
Tietze, Schenk (1985) Halbleiter-Schaltungstechnik. Springer, Berlin Heidelberg New York
Flick Th, Liebig H (1990) Mikroprozessortechnik. Springer, Berlin Heidelberg New York
Auer A (1990) SPS Aufbau und Programmierung. Hüthig, Heidelberg
Wratil P (1989) Speicherprogrammierbare Steuerung in der Automatisierungstechnik. Vogel, Würzburg
Grötsch E (1991) SPS-Speicherprogrammierbare Steuerungen vom Relaisersatz bis zum CIM-Verbund. Oldenbourg, München
DIN 66217 (1975) Koordinatenachsen und Bewegungsrichtungen für numerisch gesteuerte Arbeitsmaschinen. Beuth, Berlin
Spur G, Auer BH, Sinnig H (1979) Industrieroboter. Hanser, München
Berger H (1998) Automatisieren mit SIMATIC S5-155 U. Siemens, Berlin
Wloka DW (1992) Robotersysteme, Bd.1–3. Springer, Berlin Heidelberg New York
Gevatter H-J (1973) Elektrische Servosysteme für Industrieroboter, 3. Int. Symposium, Verlag Moderne Industrie, München

# Teil G

## Bauelemente für die Signalverarbeitung mit hydraulischer Hilfsenergie

1 Hydraulische Signal- und Leistungsverstärker
2 Elektrohydraulische Umformer

# 1 Hydraulische Signal- und Leistungsverstärker

D. FINDEISEN

## Einleitung

Um die Bewegung der Welle oder der Kolbenstange eines hydrostatischen Stellantriebs zu steuern, beeinflussen *Hydroventile* die Druckflüssigkeit (Fluid) als Energieträger entsprechend der Steuerungsaufgabe über den Durchflußweg, den Flüssigkeitsdruck oder die Volumenstromstärke. Nach der Aufgabe gliedern sich daher die Ventile in *Wege-, Druck-* und *Stromventile*. Die Arbeitsweise der Ventile unterscheidet sich nach dem Wertebereich des Stellwegs am Steuer- oder Schließelement Kolbenschieber, Kugel oder Kegel. So weisen nichtdrosselnde (schaltende) Wegeventile endlichen Wertebereich für zwei oder mehrere Stellungen, hingegen drosselnde Wegeventile und Stetigventile kontinuierlichen Wertebereich für beliebige Zwischenstellungen auf.

Hydraulische Stetigventile (DIN 24311) sind Steuergeräte mit Proportionalverhalten und elektrischem Eingangssignal, die ein Hydrauliksystem (Steuer- oder Regelstrecke) nach Steuerungsanweisungen mit stetiger Signalbildung verstellen, um die Ausgangsgröße der Strecke (Kenngröße des Abtriebs innerhalb deren Auslegungsbereichs) stetig zu beeinflussen. Aus dem elektrischen Eingangssignal bildet das Steuergerät ein hydraulisches Signal am Ventilausgang, die Stellgröße, die zur Aussteuerung des nachfolgenden Verbrauchers (Stellglieds) Hydromotor, hydraulischer Schwenkmotor oder Hydrozylinder, (s. Kap. I 3) dient [2.10].

Der Begriff Stetigventil umfaßt Servoventile und Proportionalventile, wobei eine eindeutige Trennung zwischen beiden Einzelbegriffen heute nicht mehr aufrechtzuerhalten ist. Vielmehr kennzeichnen diese Begriffe unterschiedliche Bauformen elektrisch stetig verstellbarer Ventile. Da elektrisches Eingangssignal und hydraulisches Ausgangssignal ungleichartig sind, außerdem die hydraulische Leistung am Ausgang um Größenordnungen höher ist als die Steuerleistung am Eingang, tritt in Ventilen mit elektrischen Eingangssignalen Signalumformung und Leistungsverstärkung auf. Es liegt als Funktionseinheit ein Umformglied *mit Hilfsenergie*, somit ein Verstärker, vor. Dieser ist durch das Stetigventil als gegliederte Baueinheit verwirklicht, die sich in zwei oder mehrere Ventilstufen unterteilt. Im Sinne des Prinzips der Aufgabenteilung ordnet man eigens abgestimmten Ventilstufen jeweils eine spezielle Teilfunktion zu, um höhere Leistungsverstärkung und günstiges Übertragungsverhalten gleichzeitig zu erzielen. Die in Richtung der Verarbeitung des Eingangssignals aufeinander folgenden Ventilstufen setzen sich zusammen aus elektrischer Eingangsstufe, hydraulischer Verstärkerstufe (Vorsteuerstufe) und Leistungsstufe (Hauptstufe). Die Stufen beeinflussen Leistungsverstärkung und Übertragungskennwerte, so daß Aufbau und Verhalten von Eingangs- und Vorsteuerstufe hydraulischer Stetigventile als Übersicht nachfolgend wiedergegeben seien [1.1-1.9].

## 1.1 Elektrische Eingangsstufe für Stetigventile

Eingabeglied für das Steuersignal ist die elektrische Eingangsstufe, die in mehreren Varianten für „Energieart wandeln" unter Nutzung unterschiedlicher physikalischer Effekte verwirklicht wird [2.4], (s. Tabelle 1.1).

Eingangsstufen hydraulischer Stetigventile sind elektrisch stetig ansteuerbar. Da das elektrische Eingangssignal als proportionales mechanisches Ausgangssignal (Stellweg) abgebildet wird, wobei die zur Bildung des Ausgangssignals benötigte En-

**Tabelle 1.1.** Elektrische Eingangsstufen unterschiedlicher physikalischer Effekte mit zugehörigen Kenngrößen für Stetigventile nach Backé [1.8]

| | | Proportional-magnet | Tauchspule | Torquemotor | Linearmotor |
|---|---|---|---|---|---|
| Steuerleistung | $P_{St}$ W | 5 … 40 | 0,2 … 5 | 0,02 … 4 | 10 … 40 |
| Hubarbeit | Nmm | 20 … 1000 | 8 … 80 | 2 … 40 | 400 … 2000 |
| Nichtlinearität d. mittl. Kennlinie | $\dfrac{\Delta x_{e,max}}{x_{e,nom}}$ % | 0,5 … 6 | 1 … 7 | 1 … 2 | 0,5 … 6 |
| charakt. Frequenz | $f_{-90°}$ Hz | 10 … 150 | 100 … 200 | 100 … 300 | 10 … 200 |

## 1 Hydraulische Signal- und Leistungsverstärker

ergie vom Eingangssignal aufgebracht wird (Baueinheit *ohne Hilfsenergie*), handelt es sich im engeren Sinn um elektromechanische Umformer [1.2, 1.7, 2.4].

Der *Proportionalmagnet* arbeitet nach dem elektromagnetischen Prinzip (Effekt: Magnetfeld wirkt auf ferromagnetischen Kern) und wurde aus dem Gleichstrom-Hubmagneten (Schaltmagneten) entwickelt mit Anpassung an das Ventilverhalten über ein Konussystem für unmagnetisierbare Zwischenzone. Durch Gestaltoptimierung des Steuerkonus läßt sich die Magnetkraft-Hub-Kennlinie dahingehend variieren, daß die dem Strom proportionale Magnetkraft über den größeren Teil des Magnethubs annähernd konstant bleibt.

Die *Tauchspule* arbeitet nach dem elektrodynamischen Prinzip (Effekt: Magnetfeld wirkt auf stromdurchflossenen Leiter) und wird als elektrisch stetig ansteuerbare Eingangsstufe seit langem eingesetzt, jedoch in dieser Funktion von anderen Umformern zunehmend verdrängt. Eine eisenlose Spule bewegt sich im magnetischen Feld, das durch einen Permanentmagneten erzeugt wird. Die Tauchspule wird durch eine Rückholfeder in Mittelstellung gehalten. Hinsichtlich ihres statischen und dynamischen Übertragungsverhaltens schneiden Tauchspulen gut ab, da die Hysterese gering, die Linearität hoch und der Spulenkörper von geringer Masse ist. Allerdings sind Stellkraft und Hubarbeit bezogen auf Bauvolumen und Gewicht niedriger als bei den anderen Umformern.

Der *Torquemotor* (Drehanker-Magnetmotor) arbeitet nach dem elektromagnetischen Prinzip eines Gleichstrom-Hubmagneten, allerdings mit 2 gegeneinander wirkenden Wicklungen in einem Bauelement und drehender Bewegung zum Betätigen (polarisiertes Drehmagnetsystem). Der drehbar gelagerte Weicheisenkern (Drehanker) wird durch eine Biegefeder in Mittelstellung gehalten. Werden die den federgefesselten Drehanker umgebenden Spulen vom Gleichstrom durchflossen, so wird das Dauermagnetfeld in den diagonal gegenüberliegenden Luftspalten je nach Polarität gestärkt oder geschwächt. Am magnetisierten Anker greift ein Kräftepaar an, das diesen gegen die Kraftwirkung der Rückholfeder (Biegerohr) dreht. Für das Magnetisieren der Luftspalte sind geringe Abstände der Polschuhe notwendig, mithin nur kleine Magnethübe möglich, so daß hohe Fertigungsgenauigkeit zu fordern ist. Außerdem ist bei hinreichend kleinem Luftspalt die Hysterese, insbesondere die Koerzitivfeldstärke weitgehend durch die magnetischen Eigenschaften des Weicheisenmaterials bestimmt, dessen Auswahl und Wärmebehandlung sorgfältig vorzunehmen ist. Fertigungsaufwand und Empfindlichkeit gegen äußere Störeinwirkungen werden durch hervorragendes dynamisches Verhalten aufgewogen, wenn dieses für das dynamische Gesamtverhalten des Stetigventils von besonderem Gewicht ist. Dies trifft besonders auf die Bauform Servoventil zu [1.8, 1.10].

Der *Linearmotor* arbeitet nach dem elektromagnetischen Prinzip mit Überlagerung der Magnetfelder von Permanent- und Elektromagneten wie beim Torquemotor, jedoch mit linearer Bewegung zum Betätigen. Die Verfügbarkeit hartmagnetischer Werkstoffe machte die Entwicklung dieses Umformers möglich, der hohe Stellkraft, bezogen auf Bauvolumen und Gewicht, erzeugt und gute Übertragungseigenschaften aufweist. Der Linearmotor wird damit insbesondere den Forderungen der Flughydraulik gerecht und für diese vorrangig in Servoventilen mit direktwirkender elektrischer Steuerung, also unter Verzicht auf eine Leckverlust verursachende hydraulische Vorsteuerstufe eingesetzt [1.2, 1.11].

Elektromechanische *Umformer nach dem piezoelektrischen oder magnetostriktiven Effekt* sind wegen zu geringer Wirkhöhe in bezug auf den erreichbaren Verstellweg bzw. wegen sich verschlechterndem Übertragungsverhalten bei Wirkvervielfachung durch Serienanordnung noch nicht einsatzreif.

Zum Vergleich elektromechanischer Umformer dient meist die *Hubarbeit*. Auf neueren Prinzipien beruhende Umformer (piezoelektrische und magnetostriktive Festkörperaktoren) erzeugen sehr große Kräfte $F$ bei minimalen Wegen $X$, verrichten also nur sehr kleine Hubarbeiten. Spezielle Stellwegvergrößerer für die Kraft-Wegtransformation befinden sich in der Entwicklung.

Herkömmliche Umformer bringen zwar weniger hohe Kräfte, dafür ausreichend große Hübe (im mm-Bereich) auf. Linearmotor und Proportionalmagnet erbringen große, Torquemotor und Tauchspule nur kleine Hubarbeiten. Erstere Varianten eignen sich als Eingangsstufe zur direktwirkenden Steuerung der Hauptstufe, allerdings ist vom Eingangssignal eine vergleichsweise große Steuerleistung $P_{St}$ aufzubringen, s. Tabelle 1.1. Letztere Varianten können mit geringem Energieniveau elektrisch angesteuert werden, benötigen jedoch zur Weitergabe des Ausgangssignals $X$ an den Kolbenschieber eine zwischengeschaltete hydraulische Verstärkerstufe.

## 1.2
## Hydraulische Vorsteuerstufe für Stetigventile (Verstärkerstufe)

Die direktwirkende Steuerung der Leistungsstufe ermöglicht zwar die Ventilsteuerung (Widerstandssteuerung) mit geringerem Energieverlust, da die Versorgung der hydraulischen Steuerung (Deckung des Steuervolumenstroms) entfällt. Sind aber große Energieflüsse kontinuierlich zu verstellen, reicht die vom elektrischen Eingangssignal aufgebrachte Energie nicht aus, um das mechanische Ausgangssignal zur Aussteuerung der nachfolgenden Hauptstufe zu bilden. Stetigventile großen Nennvolumenstroms und dementsprechend hoher, der Stellbewegung des Kolbenschiebers entgegenwirkender Strömungskraft benötigen große Kräfte zur Steuerung. Bei indirekt wirkender Steuerung ist das mechanische Ausgangssignal (Stellweg) der elektrischen Eingangsstufe ein Zwischensignal, das nicht zur Bewegung des Hauptsteuerkolbens, sondern zum Verstellen eines Hilfsenergieflusses dient. Die hydraulische Vorsteuerstufe ist folglich eine Baueinheit mit Hilfsenergie (Verstärkerstufe), die in mehreren Lösungen für „Leistung verstärken" realisiert wird [1.2], s. Tabelle 1.2.

Das von der elektrischen Eingangsstufe gelieferte mechanische Ausgangssignal lenkt einen Steuerschieber, eine Prallplatte oder ein Strahlrohr aus und verstimmt die abgeglichene hydraulische Widerstandsschaltung eines internen Steuerkreises. Es bauen sich dadurch unterschiedliche Steuerdrücke an den gleich großen, einander gegenüberliegenden Steuerflächen des Hauptsteuerschiebers auf, so daß dieser durch Druckbeaufschlagung (Steuerdruckdifferenz) verstellt wird. Die zur Energieversorgung des Ventilsteuerkreises benötigten Hilfsgrößen (Steuervolumenstrom, Eingangsdruck) werden dem Hauptkreis entnommen, der somit als Hilfsenergiequelle (s. Kap. L 3) zur Verstärkung der Steuerleistung dient. Die größere Ausgangsleistung der Vorsteuerstufe reicht aus, um das mechanische Ausgangssignal (Stellweg) zur Aussteuerung der Hauptstufe auch dann zu bilden, wenn dem Hauptsteuerkolben große Strömungskräfte entgegenwirken.

Als abgestimmte Widerstandsschaltung dienen symmetrische Anordnungen hydraulischer Konstant- und Stellwiderstände unterschiedlicher Widerstandsformen. Die zur Widerstandsänderung und Verstimmung genutzten physikalischen Effekte beruhen auf Drosselung und Energiewandlung strömender Flüssigkeiten [1.7, 2.4].

Beim *Steuerschieber* erfolgt die Drosselung über axial verschiebbare Steuerkanten, u.a. über 4 Steuerkanten eines Längsschiebers mit von der Betätigungsrichtung unabhängiger (symmetrischer) Kennlinie.

Beim *Düsen-Prallplatte-System* (zweiseitigen Strahlklappenventil) werden bei gegebener Düsenöffnung von den Spalthöhen zwischen Doppeldüse und Prallplatte (Strahlklappe) im Gegensinn veränderliche Strömungswiderstände gebildet. Die Auslenkung der Prallplatte zieht eine Steuerdruckdifferenz nach sich und bewegt den Hauptsteuerkolben aus der Mittelstellung. Die Auslenkrichtung legt die Bewegungsrichtung, die Spalthöhe die Stellgeschwindigkeit des Hauptsteuerkolbens fest.

Beim *schwenkbaren Strahlrohr* nutzt man die Wandlung der Energie strömender Flüssigkeiten durch Überführung von kinetischen in statischen Druck, um eine Steuerdruckdifferenz aufzubauen. Eine Auslenkung des Strahlrohrs ändert den in den Steuerbohrungen herrschenden Staudruck, dessen Größe von der Überdeckung von Strahlrohraustritt und Steuerbohrungsöffnung abhängt.

**Tabelle 1.2.** Hydraulische Vorsteuerstufen unterschiedlicher Wirkprinzipien (Verstärkerstufen) für Stetigventile nach Backé [1.8]

| | | | Steuerschieber | Düsen-Prallplatte | Strahlrohr |
|---|---|---|---|---|---|
| Durchmesser | $d; d_i$ | mm | 4 … 12 | 0,25 … 0,5 | 0,12 … 0,2 |
| Stellweg | x | mm | ±1 … ±4 | ±0,06 … ±0,075 | ±0,47 |
| Eingangsdruck | $p_P$ | bar | 350 | 350 | 70 |
| Maximalwert des Steuervolumenstroms | $V_{St,max}$ | l/min | 5 … 200 | 0,3 … 2 | 0,1 … 2 |

Die Kennlinien von Düsen-Prallplatte-System und Strahlrohr weisen über einen großen Bereich der Auslenkung Linearität bezüglich der Steuerdruckdifferenz auf, wobei die maximal zulässige Verschmutzung der Druckflüssigkeit (Verschmutzungsgrad) bei letztgenanntem Wirkprinzip erheblich höher, die Anforderung an die Filtration dementsprechend niedriger ist [2.4].

Um die Funktion der Leistungsverstärkung zu betonen, werden die Vorsteuerstufen nach dem kennzeichnenden Verstärkerprinzip auch als Schieber-, Düsen- bzw. Staustrahlverstärker bezeichnet [1.1].

### Literatur

1.1 Oppelt W (1972) Kleines Handbuch technischer Regelvorgänge, 5. Aufl. Verlag Chemie, Weinheim
1.2 Backé W (1992) Grundlagen der Ölhydraulik, Umdruck zur Vorlesung, 8. Aufl. (HP) RWTH Aachen
1.3 Götz W (1989) Elektrohydraulische Proportional- und Regelungstechnik in Theorie und Praxis. Firmenschrift: Bosch, Stuttgart
1.4 Hydraulik-Trainer (1989) Bd. 2, Proportional- und Servoventil-Technik, 3. Aufl. Vogel, Würzburg
1.5 Skinner SC (1992) Grundlagen der Proportionalventil-Technik und Lehrbuch der Regelungstechnik für Proportional- und Servoventile. Firmenschriften: Vickers Systems, Bad Homburg
1.6 Autorengemeinschaft: Anwendungstechnik Fluidtronik. Firmenschrift: Herion, Fellbach
1.7 Backé W (1974) Systematik der hydraulischen Widerstandsschaltungen in Ventilen und Regelkreisen. Krausskopf, Mainz
1.8 Backé W (1987) Steuerungs- und Schaltungstechnik II, Proportionaltechnik, Umdruck zur Vorlesung, 3. Aufl. Institut für hydraulische und pneumatische Antriebe und Steuerungen (HP). RWTH, Aachen
1.9 Scheffel G, Pasche E (1986) Elektrohydraulik, Stetiges Bewegen mit 2-Wege-Einbauventilen und Kolbenschieberventilen. VDI-Verlag, Düsseldorf
1.10 Kleinert DK (1986) Proportionalmagnete für Hydraulik und Pneumatik. Vortrag Frankfurt a.M. Firmenschrift: Magnet-Schultz, Memmingen
1.11 Teutsch HK (1990) Elektromagnetischer Linearmotor für direkt betätigte Servoventile, O+P 34/11:754–761 und 9. AFK (1990) Bd. 2, S 171–192

# 2 Elektrohydraulische Umformer

D. FINDEISEN

Die *Stetigwegeventile* stellen einen proportionalen Zusammenhang zwischen Eingangssignal und Volumenstrom in den Arbeitsleitungen (Verbaucheranschlüssen) her, wobei die Volumenstromrichtung in den Arbeitsleitungen, abhängig von der Polarität des Eingangssignals, umkehrbar ist.

## 2.1 Proportional-Wegeventile

Stetigwegeventile der Bauform Proportional-Wegeventile, die als „verfeinerte" Variante schaltender Wegeventile mit elektrischer Betätigung durch Magnet entwickelt wurden, haben breite Anwendung für stetiges Bewegen gefunden. Als Stetig- und Multifunktionalventil vereinfacht das Proportional-Wegeventil hydraulische Schaltungen und verringert die Zahl der erforderlichen Steuergeräte. Die elektrische Ansteuerung ist zwar aufwendiger als die elektromechanische Kontaktsteuerung für schaltende Ventile, doch werden elektronische Signalgeber und -anpasser als integrierte Schaltungen listenmäßig angeboten.

Proportional-Wegeventile sind auch als „entfeinerte" Variante der Servoventile entwickelt worden, wobei das Übertragungsverhalten an dasjenige von Servoventilen heranreicht (Regelventile). Nach ursprünglicher Aufgabenstellung grenzen sich die Bauformen durch die vorgesehene Art der Beeinflussung der Strecke ab. Hiernach bestimmt sich die Anforderungshöhe an die Übertragungskennwerte, insbesondere an die dynamischen Kennwerte. Das Proportional-Wegeventil dient zur Antriebssteuerung, d.h. es ist mit geringeren Anforderungen an das Zeitverhalten Glied (Steller) einer Steuerkette und arbeitet in offenem Wirkungsablauf mit dem Hydrauliksystem als Leistungsteil zusammen.

Da eine Steuerung nur bei stabilen Strecken und bekannten oder erfaßbaren Störgrößen möglich ist [DIN 19226 Teil 4], können Proportional-Wegeventile lediglich für hydrostatische Antriebe mit Lastsystemen verwendet werden, die entsprechende Eigenschaften aufweisen und Lastannahmen erfüllen. Sind hingegen regelungstechnische Maßnahmen erforderlich, ist das Servoventil vorzusehen.

Das aus dem elektrisch betätigten 4/3-Wegeventil (Schaltventil mit Betätigung durch zwei gegeneinander wirkende Magnete) entstandene einstufige Proportional-Wegeventil weist einen Ventilkolben mit beidseitigen Steuernuten symmetrisch zu beiden Arbeitsanschlüssen auf (Vierkanten-Steuerschieber).

**Aufbau.** Das *Ventil ohne Lageregelung des Steuerkolbens* ist mit zwei gegeneinander wirkenden Proportionalmagneten ausgestattet, deren Ankerstangen unmittelbar auf den federzentrierten Steuerschieber wirken (hubgesteuerter Proportionalmagnet), s. Bild 2.1a.

Das *Ventil mit Lageregelung des Steuerkolbens* enthält zusätzlich eine elektrische Rückführung, wobei zur Aufnahme des Rückführsignals Stellweg $s$ über den Ventilhub $s_0$ ein Wegsensor (z.B. Differentialtransformator, s. Abschn. B 5.1.1) vorzusehen ist. Dieser wird in der Ventilachse an das Gehäuse angebaut. In druckdichter Ausführung ist das Ankerführungsrohr des elektrischen Wegaufnehmers mit Hydrauliköl gefüllt (lagegeregelter Proportionalmagnet), [2.1], s. Bild 2.1b.

**Statische Kennwerte.** Die statische Kennlinie beschreibt den Zusammenhang zwischen stationären Werten des elektrischen Eingangssignals und der hydraulischen Ausgangsgröße. Die funktionale Abhängigkeit ist in der Regel nichtlinear und wird deshalb meist graphisch dargestellt (Bild 2.1). Für Stetigventile mit mehreren Ausgangsgrößen (Volumenstrom, Druck) werden Kennlinienfelder angegeben [DIN 24311].

Beim Proportional-Wegeventil ist der Volumenstrom $\dot{V}$ die maßgebende Ausgangsgröße, so daß deren Abhängigkeit von der

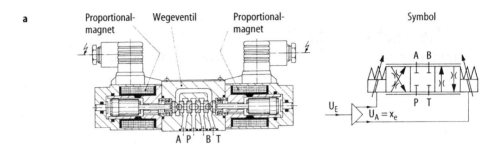

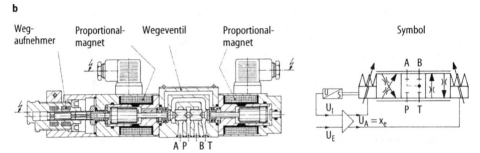

**Bild 2.1.** Proportional-Wegeventil, einstufig; Symbol mit Funktionsplan (Nenngröße 6, Bosch).
**a** ohne Lageregelung, **b** mit Lageregelung

elektrischen Spannung $U_e$ als Eingangssignal $x_e$ oder vom Stellweg $s$ (bezogen auf den Ventilhub $s_o$) bei konstanter Ventildruckdifferenz je Steuerkante (z.B. $\Delta p = 8$ bar) und bei unbelastetem Verbraucher dargestellt wird. Demgegenüber entspricht der Druckverlust im Ventil der Summe aus den Ventildruckdifferenzen an Zu- und Rücklaufdrosselkante (z.B. $\Delta p_\Sigma = 16$ bar) und folgt somit aus Eingangsdruck $p_p$ abzüglich Rücklaufdruck $p_T$ (bei Lastdruck $p_L = 0$).

Die Ventildruckdifferenz je Steuerkante (symmetrische Anordnung, gleichflächiger Zylinder) ist

$$\Delta p = p_p - p_A = p_B - p_T,$$

der Lastdruck

$$p_L = p_A - p_B$$

und die Ventildruckdifferenz (Druckverlust im Ventil)

$$\Delta p_\Sigma = p_p - p_L - p_T$$
$$= p_p - p_A + p_B - p_T$$
$$= 2\Delta p = p_p - p_T \quad \text{für } p_L = 0.$$

Die Volumenstrom-(Signal-)Kennlinie erstreckt sich über positiven und negativen Signalbereich (2 Quadranten), wobei die Kennlinienäste mit Änderung der Volumenstromrichtung diagonal gegenüberliegend fortgesetzt, vereinfachend auch nebeneinander, dargestellt werden, [2.1] (Bild 2.2).

Sind die Drosselquerschnitte der Durchflußwege $P-A$, $B-T$ bzw. $P-B$, $A-T$ gleich groß, besteht keine Volumenstromasymmetrie, so daß man die Darstellung der Volumenstrom-Signal-Kennlinie auch auf einen Quadranten beschränken kann.

Der Steuerkolben ist mit symmetrischen Steuernuten in Form von Rundkerben oder Dreiecknuten versehen, so daß eine stetig-progressive Kennlinie innerhalb des Stellbereichs der Ausgangsgröße erreicht wird. Der flache Verlauf im *Kleinsignalbereich* erlaubt eine empfindliche Einstellung der Geschwindigkeit am mechanischen Ausgang des hydrostatischen Antriebs.

Das Verhältnis der Volumenstromänderung zum Eingangssignal, d.h. die Steigung der mittleren Kennlinie (Volumenstrom-Übertragungsfaktor, Steilheit $K_V$) ist durch Empfindlichkeitsjustierung einstellbar.

2 Elektrohydraulische Umformer 621

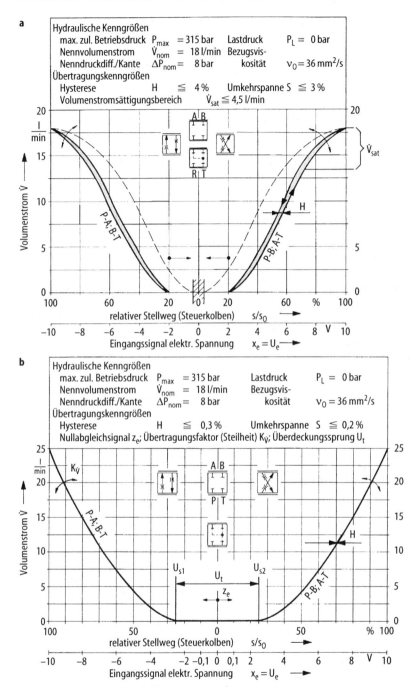

**Bild 2.2.** Statische Volumenstrom-(Signal-)Kennlinie ($\dot{V}$-$x_e$-Kennlinie) eines Proportional-Wegeventils, einstufig (Nenngröße 6, Bosch), mit Übertragungskenngrößen (statischen Kennwerten). **a** ohne Lageregelung, **b** mit Lageregelung

Linearisierte Beziehungen gelten nur für kleine Bereiche der Kennlinie (Linearisierung in der Umgebung des Arbeitspunkts).

Im *Nullbereich* macht sich eine positive Überdeckung durch eine Totzone $U_t$ [DIN 19226 Teil 2] bemerkbar, die ca. 20% des Betätigungshubs $s_b$ umfaßt, jedoch mittels Überdeckungssprungs signalseitig kompensiert werden kann. Der *Sättigungsbereich* kennzeichnet den Bereich der Kennlinie, in dem sich der Volumenstrom mit steigendem Eingangssignal nicht mehr wesentlich ändert (Volumenstromsättigung $\dot{V}_{sat}$), s. Bild 2.2a.

Der Einfluß einer ventilinternen Lageregelung wirkt sich nicht nur auf die Nichtlinearität der mittleren Kennlinien $\Delta x_{e,max}/\Delta X_{e,nom}$, sondern insbesondere auf die Signaldifferenz und die Signaländerung in bezug auf gleichbleibenden bzw. zu erzeugenden Volumenstrom aus. Beträgt die größte Differenz des Eingangssignals für einen bestimmten Volumenstrom beim Durchfahren des vollen Signalbereichs (Hysterese $H$) ohne Lageregelung (3...6)%, läßt sich dieselbe mit Lageregelung auf (0,2...1)% beschränken. Entsprechend verringern sich die von der Hysterese abhängigen statischen Kennwerte, die sich auf die erforderliche Änderung des Eingangssignals von einem Haltepunkt aus beziehen, um eine meßbare Änderung des Volumenstroms zu erzeugen. Dabei ist zu unterscheiden, ob das Eingangssignal in der gleichen oder entgegengesetzten Richtung verändert wird, aus der der Haltepunkt angesteuert wurde (Ansprechempfindlichkeit $E$ bzw. Umkehrspanne $S$ [DIN 24311], s. Bild 2.2b).

Der *Stellbereich* der Ausgangsgröße wird ebenfalls von der ventilinternen Lageregelung beeinflußt. Beträgt das Verhältnis zwischen minimalem und maximalem Volumenstrom ohne Lageregelung 1:20, erzielt man mit Lageregelung eine Auflösung von ca. 1 : 100. Damit läßt sich bei gegebenem maximalem Volumenstrom (z.B. = 18 l/min) ein wesentlich kleinerer minimaler Volumenstrom einstellen (z.B. = 0,18 l/min statt 0,9 l/min) und der Kleinsignalbereich mit guter Wiederholbarkeit aussteuern.

Die Nenngröße (NG) entsprechend dem Lochbild der zugehörigen Anschlußplatte [DIN 24340 Teil 2] steht in Beziehung zum Volumenstrom beim Nenneingangssignal und beim Nennwert der Ventildruckdifferenz, wonach die Auswahl erfolgt. Unter den Stetigventilen weisen Proportional-Wegeventile an der Drosselstelle „Kolbennut" eine niedrige Ventildruckdifferenz auf (Nenndruckdifferenz pro Steuerkante, vorzugsweise $\Delta p_{nom}$ = 5 bar). Der Volumenstrom bei anderen Druckdifferenzen ergibt sich aus dem Durchflußgesetz für blendenförmige Querschnittsöffnungen zu

$$\dot{V} = \dot{V}_{nom} \sqrt{\frac{\Delta p}{\Delta p_{nom}}} \, .$$

Wie bei den Wegeventilen (Schaltventilen) ist der bezüglich der Stellkräfte zulässige Betriebsbereich zu beachten (Leistungsgrenze). Bei dessen Überschreiten treten Strömungskräfte auf, die insbesondere ohne Lageregelung eine Erhöhung des Volumenstroms nicht mehr zulassen und unkontrollierbare Schieberbewegungen zur Folge haben [2.2].

## 2.2
## Servoventile

Stetigwegeventile der Bauform Servoventile erfüllen Steuerfunktionen höchster Komplexität, wenn auch mit größerem Aufwand für die Ansteuerelektronik und die Betriebssicherung der Hydroanlage. Der Übergang zu Proportional-Wegeventilen ist mittlerweile fließend, erreichen doch schnelle Regelventile die Qualität von Servoventilen. Letztere sind allerdings von vornherein für eine derartige Beeinflussung der Strecke vorgesehen, so daß eine fortlaufende Wirkung auf die Antriebsgröße über einen zurückführenden Wirkungsweg erzielt wird. Das Servoventil setzt man folglich nach ursprünglicher Aufgabenstellung zur Antriebsregelung ein, d.h. es ist mit entsprechend hoher Anforderung insbesondere an das Zeitverhalten Glied (Steller) eines Regelkreises und arbeitet in geschlossenem Wirkungsablauf mit dem Hydrauliksystem zusammen. Servoventile werden daher für hydrostatische Antriebe mit Lastsystemen verwendet, auf die nicht ausreichend erfaßbare Störgrößen einwirken oder deren Streckenverhalten instabil werden kann.

## 2 Elektrohydraulische Umformer

Je nach der Art der Regelgröße $x$ am mechanischen Ausgang des hydrostatischen Antriebs oder im angekoppelten Lastsystem lassen sich mit dem Servoventil in der Funktion des Stellers Lage- oder Geschwindigkeitsregelkreise aufbauen. Man benötigt hierzu außer der aus dem Servoverstärker (Ventilverstärker) bestehenden Ansteuerelektronik, z.B. als bestückte Standardleiterplatte, ein Meßsystem für externe Sensorsignale (Weg- bzw. Drehzahlaufnehmer, s. Teil B) und eine analoge oder digitale Regeleinrichtung (Systemregelverstärker, s. Teil C). Letztere enthält ggf. Glieder zur weiteren Signalverarbeitung und ist als anwenderspezifische Baugruppe bzw. als Programm eines eigenständigen oder (bei meist vorhandener Maschinensteuerung) integrierfähigen Rechensystems (Mikroprozessors) zu verwirklichen [2.4, 1.3–1.6].

Als elektrische Eingangsstufe dient vorzugsweise der Torquemotor, der ein hervorragendes *dynamisches Verhalten* hat.

Um Stellfunktionen in zeitkontinuierlichen Antriebsregelungen ausführen zu können, erfüllt die Hauptstufe wesentliche Voraussetzungen, indem diese auf die Steuerkantengeometrie mit geraden Steuerkanten und Nullüberdeckung festgelegt ist.

Mit zweistufigen Servoventilen lassen sich kleinere Volumenströme (z.B. Nenngröße (NG) 6 mit Nennvolumenstrom $\dot{V}_{nom}$ = 8,8 l/min), bis zum Erreichen der Leistungsgrenze auch größere Volumenströme (z.B. NG 16 mit Nennvolumenstrom $\dot{V}_{nom}$ = 100 ... 200 l/min) bei größerer Ventildruckdifferenz steuern (Nenndruckdifferenz/Kante $\Delta p_{nom}$ = 35 bar).

Bei einer elektrischen Steuerleistung von $P_{St}$ = 60 mW und einer hydraulischen Ausgangsleistung (Produkt Ausgangsvolumenstrom und Lastdruck) von $P_h$ = (1,2 ... 400) kW erreicht das Stetigventil dieser Bauform mittlere bis große Leistungsverstärkung von $(0,02 ... 7) 10^6$.

**Aufbau.** Die hintereinandergeschalteten Ventilstufen, hydraulische Verstärker- und Leistungsstufe, sind als abgestimmte Widerstandsschaltung aufzufassen und hinsichtlich des Wirkungsweges ausschließlich im geräteinternen Lageregelkreis verknüpft. Der Abgleich von Steuerwiderständen wird daher nur im geschlossenen Wirkungsablauf herbeigeführt.

Die hydraulische Vorsteuerstufe arbeitet in den meisten Anwendungen nach dem *Düsen-Prallplatte-Prinzip* (s. Abschn. E 1.3) und greift lediglich in den Steuerkreislauf ein.

Die Hauptstufe enthält ein Rückführungssystem, das durch innere Rückführung der Lage des Steuerschiebers einen mechanischen oder elektrischen Abgleich herbeiführt.

**Lageregelung des Steuerschiebers durch mechanischen Kraftabgleich.** Der in Luft arbeitende (gekapselte) Torquemotor ist gegen äußere Magnetfelder abgeschirmt und gegen Schmutzeinwanderung in die Magnetspalte durch eindringende Flüssigkeit abgedichtet (s. Bild 2.3a). Der drehbar gelagerte Weicheisenkern (Drehanker) nimmt bei stromlosen Steuerspulen ein labiles magnetisches Gleichgewicht ein und wird durch eine Biegefeder in Mittelstellung gehalten. Liegt das Eingangssignal an, fließt ein Gleichstrom durch die Steuerspulen und erzeugt ein magnetisches Feld in den einander diagonal gegenüberliegenden Luftspalten, das sich mit entgegengesetzter Polarität dem dauermagnetischen Feld überlagert. Infolge des damit verknüpften Kräftepaars dreht sich der federgefesselte magnetisierte Anker mit der Prallplatte, wobei Rückhol- und Rückführfeder (Biegerohr und Blattfeder) verformt werden.

Das Düsen-Prallplatte-System enthält zwei symmetrisch angeordnete, kraftschlüssig gefügte Düseneinsätze. Diese sind gegen Zusetzen durch mitgeführte Feststoffpartikel geschützt, indem man ein integriertes Vorsteuer-Filtersystem abgestufter Filterfeinheit vorsieht. Die Prallplatte wird vom Torquemotor reibungsarm ausgelenkt und verändert die Strömungswiderstände in den Spalten zu den Düsen gegensinnig, so daß sich eine Steuerdruckdifferenz aufbaut, die den Steuerschieber aus der Mittelstellung bewegt.

Die mechanische Rückführung des Stellwegs der Hauptstufe auf die Prallplatte der Vorsteuerstufe kompensiert äußere Störeinflüsse und erfolgt mittels einer am Anker befestigten Rückführfeder, deren freies Ende kugelförmig ausgebildet und spielfrei in die Umfangsnut des Ventilkolbens eingepaßt sein muß. Dessen Stellbewegung ist beendet, sobald Momentengleichgewicht zwischen antreibendem Drehanker und rückstellendem Federsatz (Rückhol- und Rückführfeder) herrscht. Durch den mechanischen *Kraftabgleich* wird die Prallplatte annähernd in ihre Anfangslage überführt, so daß eine restliche Steuerdruckdifferenz den Ventilkolben entgegen der strömungsbedingten Reaktionskraft in der definierten Stellung hält. Erst mit verändertem Eingangssignal wird eine andere Stellung angesteuert.

Die Hauptstufe mit Vierkanten-Steuerschieber ist als Hülsenventil ausgeführt, um die engen Fertigungstoleranzen für eine genaue Lagezuordnung der Steuerkanten einhalten zu können. Hierfür wird eine Steuerbuchse aus randschichtgehärtetem Stahl mit elektroerosiv abgetragenen Rechteckfenstern im Ventilgehäuse formschlüssig gefügt. Mittels eines drehbaren Justierstifts läßt sich die Steuerbuchse relativ zum Ventilkolben geringfügig verschieben und die Nullpunkteinstellung mechanisch vornehmen. Die über äußere Ringnuten erzielte Druckentlastung der Steuerbuchse bringt ein stabiles Nullpunktverhalten mit sich (z.B. D 760, Moog [2.5]; SM4, Vickers Systems [1.5, 2.7]).

Um bei mechanischer Rückführung Formabweichungen infolge Strömungs- oder Gleitverschleißes zu vermeiden, führt man funktionswichtige Elemente aus verschleißfestem Werkstoff aus. So kann das freie Ende der Rückführfeder als Kugel aus Saphir ausgeführt, die Prallflächen der Strahlklappe mit Decksteinen ebenfalls aus Saphir [DIN 8263], die Doppeldüsen mit unverlierbaren Lochsteinen [DIN 8262 Teil 2] ausgekleidet sein (z.B. 4 WS 2 EM, Mannesmann Rexroth [1.4, 2.2]) (Bild 2.3).

Die vier geraden Kolbenkanten des Steuerschiebers bilden mit den zugeordneten Kanten der Steuerbuchse steuerbare Widerstände der Widerstandsform *Blende*. Wird der Schieber aus der Mittelstellung in positiver Richtung bewegt, ergeben sich Durchflußweg und -richtung für den Volumenstrom zwischen den Anschlüssen *P* und *B* sowie *A* und *T*. Außer der Ruhestellung und zwei Endstellungen kann der Schieber eine beliebige Anzahl Zwischenstellungen einnehmen, so daß über den variablen Öffnungsquerschnitt der ringförmigen Blende eine unterschiedliche Drosselwirkung erzielt wird. Dies kennzeichnet die zur Dosierung des Volumenstroms genutzte drosselnde Vorrangfunktion von Stetigwegeventilen. Um ausreichende Stelldynamik zu erzielen, wird das Steuervolumen $V_{St}$ durch kürzere Gehäusekanäle und kleine Steuerkammern für kurzen Ventilhub klein gehalten, s. Bild 2.3b.

**Lageregelung des Steuerschiebers durch hydraulischen Wegabgleich** kann durch barometrische Rückführung erzielt werden. Anstelle von Abgleichnuten an den Enden des Kolbenschiebers läßt sich dessen Lage auf die Vorsteuerstufe vom System Düsen-Prallplatte über eine sich aufbauende Steuerdruckdifferenz zurückführen. Diese erreicht ihren die Prallplatte zurückstellenden Bestimmungswert nach *Kraftabgleich* mit einer der beiden Meßfedern. Als solche wirkt diejenige, auf die sich der Steuerschieber mit seiner gegenüberliegenden Steuerfläche abstützt (z.B. 4 WS 2 EB, Mannesmann Rexroth [1.4, 2.2]).

**Lageregelung des Steuerschiebers durch elektrischen Wegabgleich.** Ohne die Kombination von Eingangs- und Vorsteuerstufe zu ändern, die dem mechanisch lagegeregelten Servoventil zugrunde liegt, läßt sich das Ventilverhalten dadurch verbessern, daß man das Rückführungssystem abwandelt. Zwar verbindet sich mit der mechanischen Rückführung über Rückführfeder der Vorzug einer kompakten Baueinheit mit geringem Bauaufwand, aber die ursprünglich der Leistungsstufe dreistufiger Servoventile vorbehaltene elektrische Rückführung wird zunehmend auch für zweistufige Ventile genutzt, um deren Ventilverhalten zu verbessern (s. Bild 2.4). Zur Abbildung der Steuerkolbenlage verwendet man einen induktiven Wegaufnehmer, der nach dem linearen Differentialtransformator-Prinzip (LVDT) arbeitet, druckdicht ist und den Aufbau eines Tauchankers ähnlich der Differentialdrossel (Spannungsteiler) hat (z.B. D 769, Moog [2.6]; 4 WS 2 EE, Mannesmann Rexroth [1.4, 2.2]), s. Bild 2.4b.

Bei Verschieben des Meßankers des LVDT aus der Mittelstellung wird die in den Sekundärspulen induzierte Wechselspan-

2 Elektrohydraulische Umformer 625

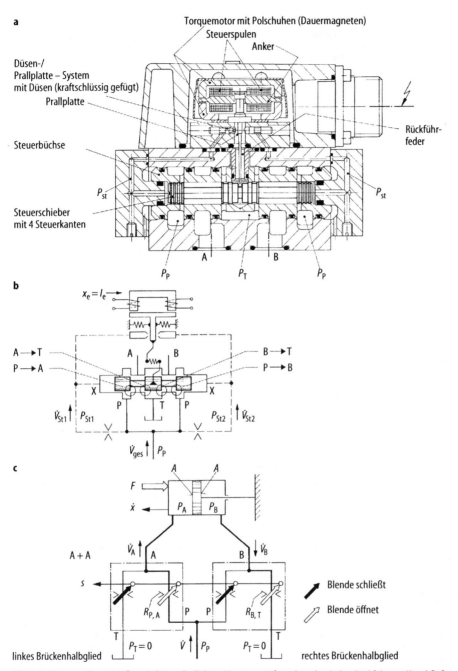

**Bild 2.3.** Servoventil, zweistufig, mit Düsen-Prallplatte-Vorsteuerstufe und mechanischer Rückführung (Durchfluß-Servoventil, Nenngröße 10, Moog). **a** Aufbau, **b** Funktionsplan (Vierkanten-Steuerschieber mit Nullüberdeckung, Rückführungssystem und Steuerkreis), **c** Schema (symmetrische hydraulische Widerstandssteuerung mit 4 Stellblenden, Vollbrücke Schaltung A + A) nach Backé [2.15]

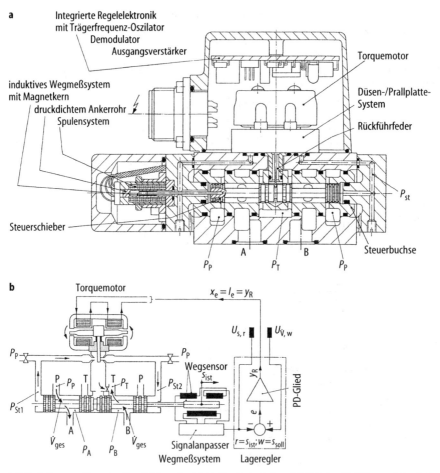

**Bild 2.4.** Servoventil, zweistufig, mit Düsen-Prallplatte-Vorsteuerstufe und elektrischer Rückführung, integrierter Elektronik (Nenngröße 10, Moog). **a** Aufbau mit Elektronik über Ventilgehäuse, **b** Funktionsplan (Vierkanten-Steuerschieber, Rückführungssystem und Steuerkreis)

nung ungleich. Am Aufnehmer steht damit eine Ausgangsspannung an, die ein Maß für die relative Auslenkung der Spule gegenüber dem Ferritkern und damit für die *Stellung des Magnetankers* ist. Die Ansteuerelektronik enthält außer dem Stromverstärker für den Torquemotor (Ventilverstärker) und dem Lageregler für die Kolbenstellung (Positioner) Bauelemente zur weiteren Signalverarbeitung, etwa ein ausgleichendes Netzwerk (z.B. PD-Glied), s. Bild 2.4b.

Sensor-Auswerteelektronik und Ansteuer-Regelelektronik sind gerätenah zusammengefaßt und als Leiterplatte in das Ventilgehäuse einbezogen. Die Integration der Elektronik bringt den Vorzug einer abgeglichenen Ventileinheit mit sich.

Die Vorzüge der elektrischen Rückführung bestehen darin, daß im Gegensatz zur mechanischen prinzipbedingt ein verschleißfreies Rückführungssystem vorliegt, außerdem die Rückführgröße „Steuerkolbenlage" mittels eines Vorhaltglieds modifiziert, damit durch nachgebende anstelle starrer Rückführung (PD- statt P-Glied im Rückführzweig) die Phasennacheilung des Steuerschiebers z.T. kompensiert werden kann. Damit läßt sich die Stabilität des ventilinternen Lageregelkreises erhöhen. Das Ventilverhalten verbessert sich bezüglich der statischen Kennwerte durch sehr kleine Hysterese ($H<0{,}5\%$), Umkehrspanne ($S<0{,}1\%$) und Nullpunktinstabilität (<1% bei $\Delta T = 55$ K) sowie in den dynamischen Kennwerten durch deutlich höhere Eck- und phasenkritische Frequenzen des Ventilfrequenzgangs insbesondere im Kleinsignalbereich ($I_e = (10 \ldots 25)\%$ von $I_{nom}$).

Da bei elektrischer Rückführung zwischen Vorsteuer- und Hauptstufe keine mechanische oder hydraulische Kopplung besteht, andererseits bei Ausfall der Elektronik der Steuerschieber des intakten Ventils eine definierte Ruhelage einnehmen soll, genügt man den Sicherheitsanforderungen durch eine zusätzliche mechanische Rückführung mittels Rückführfeder.

Diese Ventilvariante erfüllt sehr hohe Anforderungen an das Übertragungsverhalten und damit eine unerläßliche Voraussetzung (hohe Kreisverstärkung) für Antriebsregelungen bei anspruchsvollen Bewegungsaufgaben.

Weitgehend werden derartige Anforderungen bereits vom schnellen Proportional-Wegeventil (Regelventil) bzw. von dessen weiterentwickelter Variante bei geringerer Störanfälligkeit erfüllt (z.B. D 661-S, Moog [2.3]).

Bei sehr hohen Anforderungen an die Zuverlässigkeit werden Servoventile mit Vorsteuerstufe nach dem Strahlrohrprinzip hergestellt. Außer höherer zulässiger Verschmutzung bringt der höhere wirksame Steuerdruck kleinere Bauweise mit sich (z.B. Jet-Pipe-Servoventile, Atchley Controls [2.8]).

**Statische Kennwerte.** Die Volumenstrom-(Signal-)Kennlinie mit dem Volumenstrom-Übertragungsfaktor $K_{\dot V}$ sowie die hieraus ableitbaren Kenngrößen Hysterese $H$, Ansprechempfindlichkeit $E$ und Umkehrspanne $S$ wurden bei der Behandlung des Proportional-Wegeventils bereits eingeführt.

Um das statische Verhalten von Stetigventilen vollständig zu beschreiben, ist insbesondere die Abhängigkeit des Volumenstroms vom Lastdruck wiederzugeben. Die Volumenstrom-Druck-Kennlinie ($\dot V$, $p_L$-Kennlinie) ergibt mit dem Eingangssignal $x_e$, i.a. der Stromstärke $I_e$, als variablem Parameter ein Kennfeld, das meist als Kennlinienschar mit konstantem Eingangsdruck $p_P$ und Rücklaufdruck $p_T$ als Scharparameter dargestellt wird, s. Bild 2.5.

**Dynamische Kennwerte.** Die Auslegung von Antriebsregelkreisen stellt ebenso Forderungen an das Zeitverhalten, so daß be-

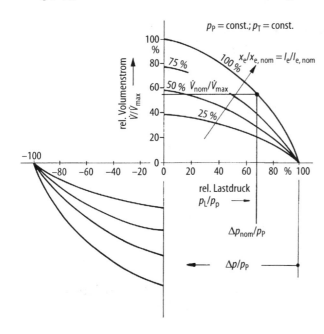

**Bild 2.5.** Statische Kennlinie eines Servoventils mit Vierkantensteuerung; Volumenstrom-Druck-Kennlinie ($\dot V$-$p_L$-Kennlinie) mit dem Eingangssignal $x_e$ gleich elektrischer Steuerstrom $I_e$ als Parameter und dem statischen Kennwert Nennwert des Volumenstroms $\dot V_{nom}$ bei Nennwert der Ventildruckdifferenz $p_{nom}$ (Darstellung relativer Größen)

sonders für Servoventile dynamische Kennwerte zur Beurteilung des Übertragungsverhaltens heranzuziehen sind [DIN 19226 Teil 2, DIN 24311].

Die Frequenzkennlinien (Bode-Diagramme) zweistufiger Servoventile in Standardausführung sind in den Grenzen des Signalbereichs für Teil- und Vollaussteuerung (40% und 100% des Nenneingangssignals) durch die Beschreibungsfunktion für zwei Ventilvarianten gleicher Nenngröße, jedoch mit unterschiedlichem Rückführungssystem, dargestellt, [2.5], s. Bild 2.6.

Mit dem Übergang von mechanischer auf elektrische Rückführung erhöhen sich die charakteristischen Frequenzen $f_{-3\,dB}$ und $f_{-90°}$ und damit der nutzbare Übertragungsbereich (Arbeitsfrequenzbereich) bei voller Aussteuerung erheblich. Im Kleinsignalbereich ist der Unterschied noch augenfälliger. Servoventile mit elektrischer Lageregelung eignen sich daher für hochdynamische Druck- bzw. Kraft-, Geschwindigkeits- und Lageregelungen.

Für besonders hohe Anforderungen an die Ventildynamik lassen sich in Abwandlung der Standardausführung die Steuerflächen des Ventilkolbens verkleinern und die Stellzeit weiter verkürzen (High-response- und Super-high-response-Ventile [2.5, 2.6]).

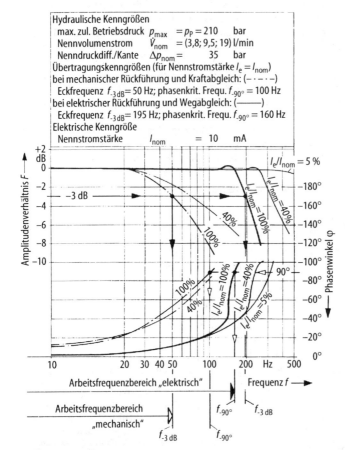

**Bild 2.6.** Frequenzkennlinien (Bode-Diagramm) bei Voll- und Teilsignal-Aussteuerung (Beschreibungsfunktion für die relativen Eingangsamplituden 40 % und 100 %) (Nenngröße 10, Moog), mit Übertragungskenngrößen (dynamischen Kennwerten)

## 2.3
## Proportional-Druckventile

Außer der Funktion von Wegeventilen, (s. Abschn. 2.1, 2.2) läßt sich hydraulischen Stetigventilen auch die Funktion des stetigen Steuerns oder Begrenzens von *Drücken* zuweisen. Stetigdruckventile stellen einen proportionalen Zusammenhang zwischen Eingangssignal und Druck in den Verbraucheranschlüssen her [DIN 24 311]. Hierzu gehören die Bauformen der Proportional- und der Servo-Druckventile. Führt man die Verstellbarkeit der Kraft, gegen die der Druck zu steuern ist, nicht durch mechanische Betätigung einer Feder oder hydraulisch durch einen Steuerdruck, sondern durch einen elektromechanischen Umformer herbei, lassen sich Druckbegrenzungs- und Druckminderventile elektrisch stetig verstellbar ausführen.

Beim *direktwirkenden Proportional-Druckbegrenzungsventil* steuert der kraftgesteuerte Proportionalmagnet den Einlaßdruck durch Öffnen des Ventilkegels für kleine Volumenströme ($\dot{V}<5$ l/min) (Bild 2.7a). Die ausschließlich als Vorsteuerstufe (Pilotventil) für relativ kleinen Stellweg verwendete Variante ($\dot{V}=1$ l/min) verbindet man mit verschiedenartigen Hauptstufen zu zweistufigen Ventilen kompakten Aufbaus bei guten Übertragungskenngrößen, [2.1].

Um die statischen Kennwerte zu verbessern, setzt man lagegeregelte Proportionalmagneten ein (Bild 2.7b). Hierfür ist das Zusammenwirken des Magneten mit der Ventilfeder unerläßlich, da mit dem Kraftabgleich gleichzeitig der Stellweg des Hubmagneten durch einen angebauten Wegaufnehmer zurückgeführt wird. Über definierte Weg-Haltepunkte läßt sich nach zugeordneter Federkennlinie die Differenz zwischen Magnetrückstell- und Magnetkraft (Krafthysterese) als störende Auswirkung vorwiegend der Reibungskraft im Ankerführungssystem aufheben.

Die Höhe des Drucks wird von der Kraft der Ventilfeder und dem Sitzdurchmesser bestimmt. Die höchste Druckstufe hat den kleinsten Sitzdurchmesser. Die nachgiebige Feder auf der Vorderseite des Ventilkegels wirkt als Führungs- und Rückholfeder, um koaxiale Ausrichtung des Abschlußteils sowie den minimal zulässigen Einstelldruck zu sichern (z.B. ohne und mit Lageregelung, NG 6, Bosch [1.3, 2.1, 2.9]; mit Lageregelung, DBETR, Mannesmann Rexroth [1.4, 2.2]).

Für größere Volumenströme ($\dot{V}>150$ l/min) setzt man das zweistufige (vorgesteuerte) Proportional-Druckbegrenzungsventil ein, das sich durch seitliches Anflanschen der direktwirkenden Variante an eine Hauptstufe mit federbelastetem Längsschieber oder Hauptkolben ergibt. Kombiniert man letztere mit einer Stromregeleinheit als Einschraubventil für den Steuerstrom, gelangt man zum vorgesteuerten Druckminderventil (z.B. NG 6, Bosch; DMEM oder DRE, Mannesmann Rexroth).

**Statische Kennwerte.** Beim Proportional-Druckventil ist der Druck $p$ einzige Ausgangsgröße, so daß dessen Abhängigkeit von der elektrischen Spannung $U_e$ als Eingangssignal $x_e$ bei konstantem Volumenstrom $\dot{V}$ und geschlossener Arbeitsleitung dargestellt wird (Bild 2.8).

Die Druck-(Signal-)Kennlinie verläuft nur im positiven Signalbereich (1. Quadranten), [2.1].

Das Verhältnis der Druckänderung zum Eingangssignal (Druck-Übertragungsfaktor, Steilheit $K_p$) ist durch Empfindlichkeitsjustierung einstellbar.

Linearisierte Zusammenhänge gelten für größere Gebiete der Kennlinie. Im Kleinsignalbereich ist die Kennlinie gekrümmt und mündet bei $U_e \rightarrow 0$ in eine Totzone $U_t$. Der minimal zulässige Einstelldruck $p_{\min}$ ist aufgrund der entgegen der Magnetkraft wirkenden Strömungskraft nicht unterschreitbar. Der Einfluß ventilinterner Lageregelung mindert außer der Nichtlinearität der mittleren Kennlinie insbesondere die Signaldifferenz beim Durchfahren des Signalbereichs (Hysterese $H$). Beträgt diese ohne Lageregelung <3%, s. Bild 2.8a, läßt sie sich durch Lageregelung auf <1% eingrenzen, s. Bild 2.8b. Entsprechend verbessern sich die mit der Hysterese zusammenhängenden statischen Kennwerte (Ansprechempfindlichkeit $E$, Umkehrspanne $S$ [DIN 24311, DIN 24564 Teil 1]).

630 Teil G Bauelemente für die Signalverarbeitung mit hydraulischer Hilfsenergie

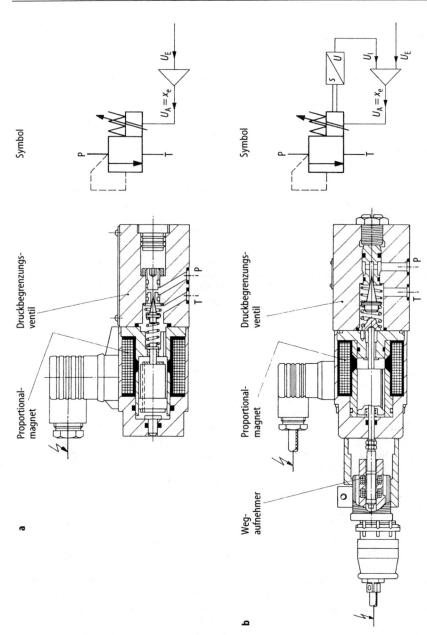

**Bild 2.7.** Proportional-Druckbegrenzungsventil, einstufig; Symbol mit Funktionsplan (Nenngröße 6, Bosch). **a** ohne Lageregelung, **b** mit Lageregelung

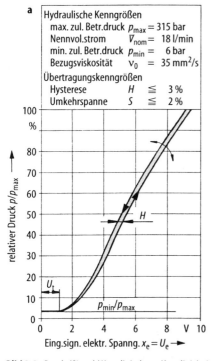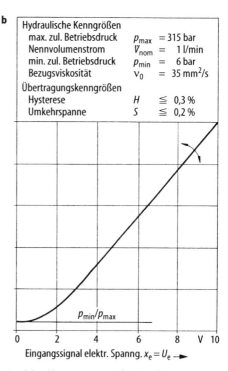

**Bild 2.8.** Druck-(Signal-)Kennlinie ($p$, $x_e$-Kennlinie) eines Proportional-Druckbegrenzungsventils, einstufig (Nenngröße 6, Bosch), mit statischen Übertragungskenngrößen. **a** ohne Lageregelung, **b** mit Lageregelung

Außer nach dem Kegelsitzprinzip mit Lageregelung läßt sich ein proportionaler Zusammenhang zwischen Eingangssignal und Druck auch nach dem Düse-Prallplatte-System oder nach dem Kugelsitzprinzip mit Plattenanker herstellen. Bei der ersten Variante drückt das als Prallplatte ausgebildete Ankerstangenende gegen eine Düse. Damit genügt man geringeren Anforderungen an die statischen Kennwerte. Die zweite Variante nutzt einen feldkraftgefesselten, scheibenförmigen Magnetanker, der das Abschlußteil Kugel reibungsarm an den Kegelsitz der Düse anlegt und sehr hohe Anforderungen an das Übertragungsverhalten erfüllt (s. Abschn. E 1.3).

## 2.4
## Proportional-Drosselventile

Außer als Wege- und Druckventil (s. Abschn. 2.1–2.3) dienen hydraulische Stetigventile auch zum stetigen Steuern eines *Auslaßstroms*. Stetigstromventile stellen einen proportionalen Zusammenhang zwischen Eingangssignal und Volumenstrom in einer Arbeitsleitung (einem Verbraucheranschluß) und in einer Wirkrichtung her [DIN 24311].

Führt man die Verstellbarkeit der Drosselung nicht durch mechanische Betätigung, sondern durch einen elektromechanischen Umformer herbei, lassen sich Drosselventile und Stromregelventile elektrisch stetig verstellbar ausführen.

Die elektrische Eingangsstufe ist ein Proportionalmagnet, der wie bei den Proportional-Wegeventilen für geringere Anforderungen an die statischen Kennwerte als hubgesteuerter, für höhere Anforderungen als lagegeregelter Proportionalmagnet arbeitet (Bild 2.9a).

Beim direktwirkenden Proportional-Drosselventil ist der hier lagegeregelte Proportionalmagnet mit einem Wegeventil kombiniert, dessen Steuerkolben Feinsteu-

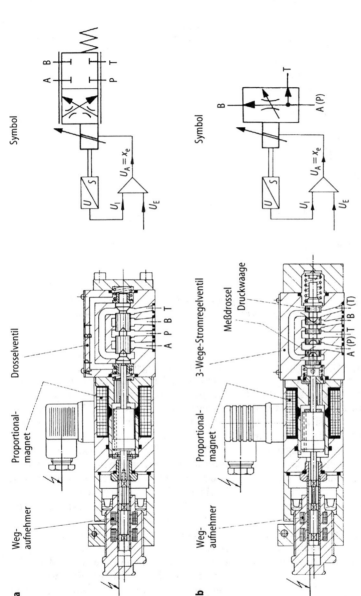

**Bild 2.9.** Stetigstromventil mit Lageregelung, einstufig; Symbol mit Funktionsplan (Nenngröße 6, Bosch). **a** Proportional-Drosselventil, **b** Proportional-Stromregelventil

ernuten aufweist. Man erhält eine stetig-progressive Volumenstrom-Ventilhub-Kennlinie mit flachem Verlauf.

Die Ankerstange des Magneten bewegt den federzentrierten Kolbenschieber gegen die Rückholfeder, so daß sich mit Änderung des Drosselquerschnitts an den Feinsteuerkanten ein definierter Auslaßstrom einstellt [2.1] (Bild 2.9).

## 2.5
## Proportional-Stromregelventile

Beim direktwirkenden Proportional-Stromregelventil ist das Proportional-Drosselventil mit einer Druckwaage kombiniert, so daß sich wie beim konventionellen Stromregelventil Druckkompensation (Einlaß- bzw. Lastdruck) einstellt (Bild 2.9b). Vom lagegeregelten Proportionalmagneten wird eine Meßdrossel, beim temperaturkompensierten Stromregelventil eine Meßblende verstellt. Die Druckwaage befindet sich in derselben Ventilachse und bildet einen zweiten Drosselquerschnitt. Das Ventil ist mit einem Differenzdruckventil zum Behälter als 3-Wege-Stromregelventil, wahlweise auch als 2-Wege-Stromregelventil ausführbar (z.B. NG 6 und NG 10, Bosch [1.3, 2.1]; 2 FRE, Mannesmann Rexroth [1.4, 2.2]).

**Statische Kennwerte.** Beim Proportional-Stromregelventil ist der Volumenstrom $\dot{V}$ die einzige Ausgangsgröße, so daß dessen Abhängigkeit von der elektrischen Spannung $U_e$ als Eingangssignal $x_e$ bei konstanter Ventildruckdifferenz (bevorzugter Nennwert/Kante $\Delta p = 5$ bar [DIN 24564 Teil 1]) und verschwindendem Lastdruck ($p_L = 0$) dargestellt wird.

Die Volumenstrom-(Signal-)Kennlinie des Proportional-Drosselventils stimmt mit der des Proportional-Wegeventils mit Lageregelung (Bild 2.2b), bei gleich guten statischen Kennwerten (Hysterese $H$ <1%) überein, beschränkt sich allerdings auf den positiven Signalbereich (1. Quadranten). Beim Proportional-Stromregelventil beeinflussen Form und Größe der Meßblende den Verlauf der Kennlinie.

### Literatur

2.1 Proportionalventile ohne/mit eingebauter Elektronik. NG 6, NG 10. Firmenschrift: Bosch, Stuttgart
2.2 Komponentenkatalog Proportional-, Regel- und Servoventile, Elektronik-Komponenten und -Systeme. Firmenschrift: Mannesmann Rexroth, Lohr
2.3 Proportionalventile mit elektrischer Lageregelung des Steuerkolbens mit integrierter Elektronik. Baureihe D 660 - ... H, D, P. Firmenschrift: Moog, Böblingen
2.4 Backé W (1986) Servohydraulik, Umdruck zur Vorlesung, 5. Aufl. (HP) RWTH Aachen
2.5 Durchfluß-Servoventile. Baureihe D 760. Firmenschrift: Moog, Böblingen
2.6 Servoventile mit elektrischer Lageregelung des Steuerkolbens und integrierter Elektronik. Baureihe D 769. Firmenschrift: Moog, Böblingen
2.7 SM4 - Servoventile. Firmenschrift: Vickers Systems, Bad Homburg
2.8 Anonym (1991) Elektrohydraulisches Servoventil mit hoher Verläßlichkeit. O+P 35/10:796-798
2.9 Götz W (1990) Stufenlose Wandler. KEM 27/4:46-47
2.10 Findeisen D, Findeisen F (1994) Ölhydraulik, Handbuch für die hydrostatische Leistungsübertragung in der Fluidtechnik, 4. Aufl. Springer, Berlin Heidelberg New York

# Teil H

## Stelleinrichtungen

1. Aufgabe und Aufbau von Stelleinrichtungen für Stoffströme
2. Arten und Eigenschaften von Stellgliedern mit Hubbewegung
3. Arten und Eigenschaften von Stellgliedern mit Drehbewegung
4. Bemessungsgleichungen für Stellglieder nach DIN/IEC 534

# 1 Aufgabe und Aufbau von Stelleinrichtungen für Stoffströme

L. KOLLAR

## 1.1
### Aufgabe und Wirkprinzip

In technischen Systemen sind Ausgangsgrößen mit Hilfe automatischer Steuerungen für vorgegebene Führungsgrößen bei Einwirkung von Störgrößen zu steuern (Abschn. 1.2). Dazu wird der Wert einer Stellgröße zum Eingriff in Energie- und/oder Stoffströme zielgerichtet verändert und die beabsichtigte Prozeßbeeinflussung herbeigeführt (Bild 1.1).

Eine Stelleinrichtung verbindet z.B. den Reglerausgang mit dem Eingang der Regelstrecke (Bild 1.1).

Eine Stelleinrichtung besteht aus Steller (Stellantrieb) und Stellglied [DIN 15926]. Eingangsgröße des Stellantriebes ist das Reglerausgangssignal. Ausgangsgröße des Stellantriebes und damit Eingangsgröße des Stellgliedes ist hier eine mechanische Wirkung. Im Vergleich z.B. mit Meßwandlern und Reglern, bei denen nachträglich Parameter eingestellt werden können, muß das Stellglied den Aufgaben entsprechend ausgewählt werden. Für die zu beeinflussenden verschiedenen Fluide (Gase, Dämpfe, Flüssigkeiten) und dominierenden spezifischen Betriebsbedingungen verfügen die Stellglieder über entsprechende Eigenschaften (Tabelle 1.1). Bei geradliniger Bewegung des Stellgliedes wird eine Kraft und bei drehender Bewegung des Stellgliedes ein Moment wirksam. Stelleinrichtungen können als Strömungswiderstand [1.1–1.25] über das Stellglied (z.B. Ventil, Schieber) oder als Energiequelle (z.B. Pumpe, Gebläse) [1.19, 1.25–1.29] auf einen Massestrom einwirken.

Ob für die Beeinflussung eines Förderstromes mit Hilfe einer Stelleinrichtung ein den Förderstrom drosselndes Stellglied (z.B. Stellventil) oder ein den Förderstrom beschleunigendes Stellglied (z.B. Förderpumpe) in Frage kommen kann, hängt von der Kennlinie des jeweiligen Kreises ab [1.19], der vereinfacht aus zwei Gliedern angenommen werden soll (Bild 1.2b).

Im ersten Falle wirkt das Stellglied als zusätzlicher Widerstand im Kreis. Hiermit ist eine Beeinflussung eines Förderstromes theoretisch im Bereich $\phi < \phi_o$ gegeben (Bild 1.2–1.4). Jedem Wert des Stromes $\phi$ entspricht eine Potentialdifferenz $\Delta U$ (z.B. Druck) am Stellglied (Bild 1.3 u. 1.4).

Im zweiten Falle muß das Stellglied eine Energiequelle sein. Eine Beeinflussung eines Förderstromes ist mit einer Energiequelle $\phi < \phi_o$ möglich (Bild 1.2).

Soll ein Strom $\phi_o$ gefördert werden, muß das Potential $\Delta U_2$ zunächst erzeugt werden (Bild 1.2a). Außer der Veränderung des Durchflusses durch Stellen muß eine Stelleinrichtung folgenden über das Stellen hinausgehenden Anforderungen genügen [1.1, 1.8, 1.11, 1.30]:

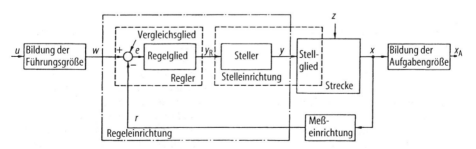

**Bild 1.1.** Einordnung einer Stelleinrichtung im Regelkreis [DIN 1926 T.4]

**Tabelle 1.1.** Übersicht zu Bauformen und Anwendungsbereichen von Stellgliedern [1.24]

| Art des Stoffstromes | Art des Stellgliedes | Nennweite $d_n$ min. mm | max. mm | Nenndruck $P_n$ kPa | Temperatur °C | Anwendungstechnische Vorteile/ Probleme |
|---|---|---|---|---|---|---|
| Gase | Klappe | 50 | 1500 (größer möglich) | 10…160 | −60…+600 (spezielle Ausführungen darüber) | • einfacher robuster Aufbau<br>• hohe Durchflüsse, geringe Druckverluste<br>• Differenzdruck begrenzt<br>• gegenüber Stellventil geringe Dichtwirkung und keine Variabilität im $k_{vs}$-Wert |
| Dämpfe bzw. Gase bei hohen Temperaturen | Schieber | 15 | 1000 | 640 | −60…+550 | • vorwiegend für Auf-/Zu-Betrieb<br>• Betätigungskraft hoch<br>• Ausführung der Dichtkontur problematisch, da die Reibungskräfte sehr hoch sind |
| | Stellventil | (5, 10) 15 | 400 | 640 | −200…+550 | • 70…85% der Stellglieder sind Stellventile<br>• leichte Anpassung an Betriebsverhältnisse (Sitz/Kegel sehr variabel)<br>• absolute Abdichtung der Ventilspindel durch Metallfaltenbalg möglich (wichtig für giftige Medien)<br>• Verschleißteile sind leicht austauschbar<br>• $k_{vs}$-Wert, bezogen auf Nennweite, ist geringer als bei Stellgliedern ohne Umlenkung des Stoffstromes |
| Flüssigkeiten | Drehkegelventil | 40 | 400 | 40 | −60…+400 | • keine Umlenkung des Stoffstromes, einfache Auskleidung des Ventilkörpers möglich<br>• $k_{vs}$-Werte sind nicht variabel<br>• relativ hohe Fertigungsanforderungen |
| | Kugelventil | 25 | 400 | 100 | −60…+400 | • bei maximalem Drehwinkel wird der Leitungsquerschnitt völlig freigegeben und durchgängig für Reinigungsmolche<br>• extrem dichter Abschluß ist möglich<br>• $k_{vs}$-Werte sind nicht variabel |

- Anpassung des Durchflusses, z.B. in einer Anlage an die Prozeßdynamik bei gleichzeitiger Sicherung der Stabilität einer Regelung im gesamten Arbeitsbereich (Stellbereich) des Stellgliedes [1.8, 1.12, 1.19, 1.22, 1.31–1.39];
- Umwandlung der in einem Volumen- oder Massenstrom beim Drosseln entstehenden Differenz der Druckenergie vor und nach dem Stellglied in Wärmeenergie bei kleinstmöglicher Geräuschentwicklung [1.20–1.23, 1.40–1.51];
- Schnelles Erreichen der für einen Prozeß erforderlichen Sicherheitsstellung („auf" oder „zu") unter Beachtung verfahrenstechnischer und anlagenspezifischer Möglichkeiten [1.9, 1.25, 1.52–1.67];
- Lange zulässige Betriebsdauer unter allen in Frage kommenden Betriebszuständen auch bei aggressiven, abrasiven, kavitierenden und ausdampfenden Fluiden [1.9, 1.18, 1.60–1.62];

# 1 Aufgabe und Aufbau von Stelleinrichtungen für Stoffströme

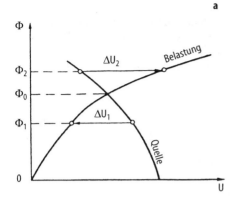

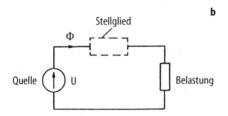

**Bild 1.2.** Kennlinie und Belastung eines Kreises [1.19]. a Kennlinie, b Belastung

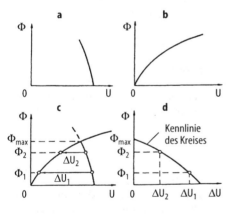

**Bild 1.3.** Prinzip zur Ermittlung der Kennlinie eines Kreises aus der Kennlinie der Quelle und Belastung [1.19]. **a** Kennlinie einer Pumpe, **b** Kennlinie einer Rohrleitung, **c** grafische Ermittlung von $\phi_{max}$, **d** Kennlinie $\phi_{(AU)}$

– Dichtigkeit des Stellgliedes gegen die Umgebung, um personen- und umweltgefährdende Stoffe im Innern eines Stellgliedes zu belassen, damit diese planmäßig entsorgt werden können [1.62, 1.68–1.81].

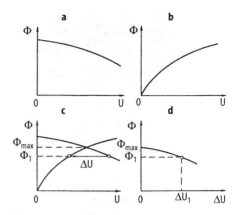

**Bild 1.4.** Prinzip zur Ermittlung der Kennlinie eines Kreises aus der Kennlinie der Quelle und Belastung [1.19]. **a** Kennlinie einer Pumpe, **b** Kennlinie einer Rohrleitung, **c** grafische Ermittlung von $\phi_{max}$, **d** Kennlinie $\phi_{(AU)}$

## 1.2
## Aufgaben und Einteilung von drosselnden Stelleinrichtungen für Stoffströme

Stelleinrichtungen (Bild 1.1) bestehen aus [DIN 19226]:

– Stellglied und
– Steller mit Stellantrieb.

Das Stellen kann durch eine lineare Bewegung erfolgen. Mittels linearer Bewegung des Stellgliedes greifen in einen Stoffstrom ein [1.2-1.10]:

– Ventil (Standardform),
– Membranventil,
– Schieber,
– Schlauchventil.

Ventile können als Durchgangsventil (Bild 1.5, 2.4a–b), Eckventil (Bild 2,4e) oder Dreiwegeventil (Bild 2.4f) aufgebaut sein.

Schieber werden als Einfach- oder Schlitzschieber gebaut [1.5–1.7].

Mittels Drehbewegung (Schwenkbewegung) des Stellgliedes greifen in einen Stoffstrom ein [1.2–1.10]:

– Drosselklappe,
– Kugelventil und
– Drehkegelventil.

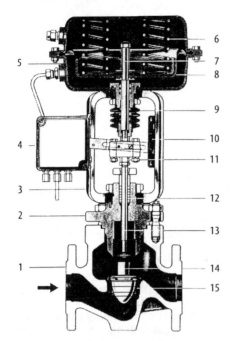

**Bild 1.5.** Schnitt durch das Ventil V 713 [1.30]. *1* Ventilgehäuse, *2* Spindeldurchführung, *3* Laterne, *4* Stellungsregler, *5* Antrieb, *6* Antriebsfeder, *7* Antriebsspindel, *8* Membran, *9* Gummimanschette, *10* Hubanzeige, *11* Kupplung, *12* Packung, *13* Ventilspindel, *14* Drosselkörper mit Schaft, *15* Sitzbuchse

Kugelventile können mit vollem Kugelquerschnitt oder einem Kugelsegment ausgestattet sein [1.6].

Drehventile werden mit zylindrischem Küken, konischem Küken oder exzentrischem Kugelsegment angeboten [1.8, 1.74–1.77].

## 1.3
## Grundbegriffe [EN 60534-1]

### 1.3.1
### Begriffe für Bauteile und Funktionseinheiten

*Stellventil*
Ein Stellventil ist eine mit Hilfsenergie arbeitende Vorrichtung, die den Durchfluß im Prozeßsystem verändert. Es besteht aus einer Armatur verbunden mit dem Antrieb, der in der Lage ist, die Stellung des Drosselkörpers im Ventil in Abhängigkeit vom Reglersignal zu verändern.

*Membranventil*
Ein Membranventil ist ein Ventil, in dem ein flexibler Drosselkörper das Fluid vom Betätigungsmechanismus fernhält und eine Abdichtung zur Atmosphäre vornimmt.

*Schieber*
Ein Schieber ist ein Ventil, dessen Drosselkörper eine flache oder keilförmige Platte ist, die geradlinig über dem Sitz bewegt wird.

*Hubventil*
Ein Hubventil ist ein Ventil mit einem kugelförmigen Gehäuse, dessen Drosselkörper sich in senkrechter Richtung zur Sichtebene bewegt.

*Kugelhahn*
Ein Kugelhahn ist ein Ventil mit einem Drosselkörper, der entweder eine Kugel mit einer inneren Bohrung oder ein Segment einer kugelförmigen Oberfläche ist. Die Lage der Achse der kugelförmigen Oberfläche ist identisch mit der Achse des Schaftes.

*Klappe*
Eine Klappe ist ein Ventil mit einem kreisförmigen Gehäuse und einer drehend bewegten Scheibe als Drosselkörper, die an der Welle befestigt ist.

*Drehkegelventil*
Ein Drehkegelventil ist ein Ventil mit einem Drosselkörper, der zylindrisch oder ein exzentrisches kugelförmiges Segment sein kann.

*Ventil*
Ein Ventil ist eine Vorrichtung zur Aufnahme des Druckes mit einer Umhüllung, in der Teile zur Änderung des Durchflusses eines Prozeßmediums enthalten sind.

*Ventilkörper*
Ein Ventilkörper ist der Teil des Ventils, der einen Großteil des Druckes aufnimmt. In ihm sind die Durchflußwege für das Fluid und die Rohranschlüsse vorgegeben.

*Oberteil*
Das Oberteil ist der Teil eines Ventils, der die Spindelabdichtung enthält. Es darf im Ventilkörper integriert oder davon getrennt sein.

*Ventil-Garnitur*
Mit Ventil-Garnitur werden die Innenteile eines Ventils, die der Strömung ausgesetzt sind, bezeichnet. Dazu zählen: Drosselkörper, Sitzring, Käfig, Spindel und die Verbindungsteile zum Drosselkörper.
Das Gehäuse, das Oberteil, der Bodenflansch und die Dichtungen sind nicht Teil der Garnitur (Bild 1.5).

*Antrieb*
Der Antrieb ist die Vorrichtung, die ein Signal in eine entsprechende Bewegung umformt. Dabei wird die Stellung der inneren Stelleinheit des Ventils (des Drosselkörpers) geregelt. Das Signal oder die Hilfsenergie kann pneumatisch, elektrisch, hydraulisch oder eine Kombination von diesen sein.

*Antriebskrafteinheit*
Die Antriebskrafteinheit ist der Teil des Antriebes, der die elektrische, thermische oder mechanische Energie in eine Bewegung der Antriebsspindel umformt, um einen Schub oder eine Drehung zu erzeugen.

*Nennweite (ND)*
Die Nennweite ist eine numerische Festlegung der Größe, die für alle Komponenten eines Rohrleitungssystems gleich ist, im Unterschied zu Komponenten, die durch einen Außendurchmesser festgelegt sind oder durch eine Gewindegröße. Sie ist eine runde Zahl (ungefähr der innere Durchmesser des Rohrleitungsanschlusses gemessen in Millimeter). Sie ist gekennzeichnet durch die Buchstaben ND, gefolgt von einer Zahl aus der Reihe: 10, 15, 20, 25, 32, 40, 50, 65, 80, 100, 125, 150, 200, 250, 300, 350, 400, …
Die Nennweite kann zur Messung und für Berechnungen nicht verwendet werden.
Im folgenden werden Nennweite und Nenndurchmesser als identische Begriffe verwendet.

*Nenndruckstufe (PN)*
Die Nenndruckstufe ist eine numerische Bezeichnung, eine runde Zahl, die als Referenz verwendet wird. Alle Teile mit der gleichen Nennweite (ND) und der gleichen Nenndruckstufe (PN-Zahl) haben die gleichen Anschlußmaße.

Die Nenndruckstufe wird durch die Buchstaben PN gekennzeichnet, gefolgt von einer entsprechenden Zahl aus der Reihe: 2, 5, 6, 10, 16, 20, 25, 40, 50, 100, 150, 250, 420 (gemessen in bar).
Der maximal zulässige Druck ist abhängig von den Einsatzbedingungen und dem ausgewählten Material und wird aus Druck-Temperatur-Tabellen entnommen.

*Anschluß*
Der Anschluß ist der Teil eines Ventilgehäuses, der eine dichte Verbindung mit der Rohrleitung des zu regelnden Stoffstromes bewirkt.

## 1.3.2
## Funktionsbezeichnungen

*Zu-Stellung*
Die Zu-Stellung ist die Stellung des Drosselkörpers, bei der der Drosselkörper den Ventilsitz in einer geschlossenen Oberfläche oder Linie berührt. Für sitzlose Ventile ist die Zu-Stellung erreicht, wenn der Durchfluß ein Minimum ist.

*Nennhub*
Der Weg des Drosselkörpers, gemessen ab Zu-Stellung bis zur angegebenen Auf-Stellung, ist der Nennhub.

*Überhub*
Der Weg der Antriebsspindel oder des Schaftes nach der Zu-Stellung ist der Überhub. Für einige Ventilarten ist der Überhub notwendig, um die vorgegebene Sitzleckrate (Sitzleckage) zu erreichen.

*Durchflußkoeffizient*
Ein Koeffizient, der die Durchflußkapazität eines Stellventils bei festgelegten Bedingungen (Wasser bei 5 … 40 °C Druckdifferenz vor und nach dem Drosselkörper 1 bar) angibt, ist der Durchflußkoeffizient. Angewendet werden $A_v$, $K_v$ und $C_v$, die vom jeweiligen Einheitensystem abhängen (s. Kap. 4). Es gilt:

$$\frac{A_v}{K_v} = 2,78 \cdot 10^{-5} \; ; \; \frac{A_v}{C_v} = 2,40 \cdot 10^{-5} \; ;$$
$$\frac{K_v}{C_v} = 8,65 \cdot 10^{-1} \; . \tag{1.1}$$

*Nenndurchflußkoeffizient $K_{v\,100}$*
Der Nenndurchflußkoeffizient $K_{v\,100}$ ist der Durchflußkoeffizient, der sich beim Nennhub ergibt. Ein Wert $K_{v\,100} = 25$ gibt den Volumendurchfluß von 25 m³/h oder den Massedurchfluß von 25 kg/h bei Nennhub an.

*Durchflußkoeffizient $K_{vs}$*
Der Durchflußkoeffizient $K_{vs}$ ($s \triangleq$ Serie) ist der im Datenblatt eines Herstellers für eine bestimmte Ventilserie angegebene Nenndurchflußkoeffizient $K_{v\,100}$.

*Relativer Durchflußkoeffizient*
Der relative Durchflußkoeffizient $\phi$ ist der Durchflußkoeffizient, der sich bei einem Hub $h$ bezogen auf den Nenndurchflußkoeffizienten beim Nennhub ergibt.

*Nennventilkapazität*
Der Durchfluß eines Mediums (kompressibel oder inkompressibel), der durch ein Ventil bei festgelegten Bedingungen durchfließt, ist die Nennventilkapazität.

*Sitzleckrate (Sitzleckage)*
Der Durchfluß eines Mediums (kompressibel oder inkompressibel), der durch ein Ventil in der Zu-Stellung unter festgelegten Prüfbedingungen durchfließt, ist die Sitzleckage. Die Vorgehensweise bei der Bestimmung der Sitzleckage ist genormt [DIN/IEC 534 T4].
Das Prüfmedium muß sauberes Gas (Luft oder Stickstoff) oder Wasser (5 ... 40 °C) sein, das ein Korrosionsschutzmittel enthalten darf. Diese Sitzleckage-Bestimmungen gelten nicht für Stellventile mit Nenndurchflußkoeffizienten unterhalb folgender Grenzwerte:

$$A_v = 2,4 \cdot 10^{-6}; \quad K_v = 0,086;$$
$$C_v = 0,10. \qquad (1.2)$$

Neuere Untersuchungen zum Verhalten von Stellventilen mit derartig kleinen Nenndurchflußkoeffizienten haben diese Festlegungen bestätigt [1.23].

*Inhärente Durchflußkennlinie*
Die Beziehung zwischen dem relativen Durchflußkoeffizienten $\phi$ und dem dazugehörigen Hub $h$ ergibt die inhärente Durchflußkennlinie $\phi = f(h)$. Sie ist unabhängig vom Antrieb.

*Ideale lineare inhärente Durchflußkennlinie*
Bei der idealen inhärenten Durchflußkennlinie ergeben gleiche Hubänderungen $h$ die gleiche Änderung des relativen Durchflußkoeffizienten $\phi$. Für sie gilt:

$$\phi = \phi_0 + mh \qquad (1.3a)$$

mit

$\phi_0$ relativer Durchflußkoeffizient für $h = 0$,
$m$ Neigung der Geraden.

*Ideale gleichprozentige inhärente Durchflußkennlinie*
Bei der idealen gleichprozentigen inhärenten Durchflußkennlinie ergeben gleiche relative Hubänderungen $h$ gleiche prozentuale Änderungen des relativen Durchflußkoeffizienten $\phi$. Für sie gilt:

$$\phi = \phi_0 e^{nh} \qquad (1.4a)$$

mit

$\phi_0$ relativer Durchflußkoeffizient für $h = 0$,
$n$ Neigung der inhärenten gleichprozentigen Kennlinie, wenn ln $\phi$ über $h$ aufgetragen wird.

Die typische inhärente Durchflußkennlinie für eine spezifische Größe, Type oder Garnitur eines Stellventils muß vom Hersteller entweder in grafischer (Bild 1.6) oder tabellarischer Form angegeben werden.
Bei tabellarischer Angabe müssen die spezifischen Duchflußkoeffizienten für folgende Hübe angegeben sein: 5%, 10%, 20% und jede weitere 10% bis zum Erreichen des Nennhubes von 100%.
Außer den hier angegebenen Durchflußkoeffizienten darf ein Hersteller weitere Wertepaare angeben.
Ist der Nenndurchflußkoeffizient nicht der größtmögliche, so muß der Hersteller den größtmöglichen Durchflußkoeffizienten angeben (Bild 1.6).
Bei der Ermittlung der Durchflußkoeffizienten sind die entsprechenden Vorgaben [IEC 534-2-3], z.B. bezüglich Druck, Tempe-

1 Aufgabe und Aufbau von Stelleinrichtungen für Stoffströme 643

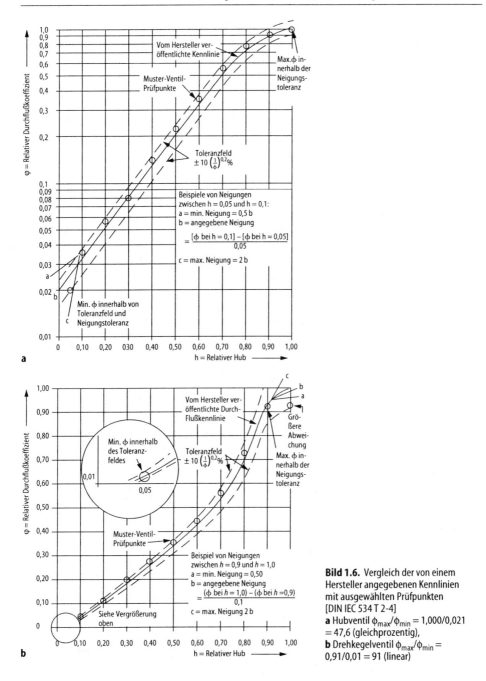

**Bild 1.6.** Vergleich der von einem Hersteller angegebenen Kennlinien mit ausgewählten Prüfpunkten [DIN IEC 534 T 2-4]
**a** Hubventil $\phi_{max}/\phi_{min} = 1{,}000/0{,}021 = 47{,}6$ (gleichprozentig),
**b** Drehkegelventil $\phi_{max}/\phi_{min} = 0{,}91/0{,}01 = 91$ (linear)

ratur, Ventilhub zu beachten. Die einzelnen ermittelten Durchflußkoeffizienten dürfen nicht mehr als $\pm 10\,(1/\phi)^{0{,}2}$ Prozent von den Werten gemäß Durchflußkennlinie des Herstellers abweichen.

*Inhärentes Stellverhältnis*
Das ist das Verhältnis des größten zum kleinsten Durchflußkoeffizienten bei festgelegten Abweichungen.

*Durchflußbegrenzung*
Für jedes Medium ist bei konstanten Einlaufbedingungen die Durchflußbegrenzung feststellbar, wenn bei ansteigendem Differenzdruck kein weiteres Ansteigen des Durchflusses erfolgt.

*Kritisches Druckverhältnis*
Das ist das maximale Verhältnis von Differenzdruck zum absoluten Eingangsdruck, das in allen Ventilbemessungsgleichungen für kompressible Medien wirksam ist. Durchflußbegrenzung tritt auf, wenn dieses Maximum erreicht ist.

### 1.3.3
**Konstruktionsanforderungen**
Die Anforderungen an die Konstruktion erstrecken sich auf die Druckfestigkeit, Durchflußkennlinie, Rohrleitungsanschlüsse (Abschn. 1.3.2) und Kennzeichnung von Ventilen. Damit sind der gestalterischen Vielfalt Möglichkeiten gegeben, Ventile für die jeweiligen Einsatzfälle optimal zu bemessen [1.5].

Zum Nachweis der Druckfestigkeit muß eine systematische Berechnung oder eine Druckprobe oder beides für alle drucktragenden Teile des Stellventils durchgeführt werden.

### 1.3.4
**Prüfanforderungen**
Minimale Anforderungen für den Prüfablauf einer Serie enthält [IEC 534-4].

Wichtige Kenngrößen der Prüfung sind Durchflußkapazität [IEC 534-2-3] und Geräuschpegel [IEC 534-8-1, IEC 534-8-2].

### 1.3.5
**Berechnungen**
Die Ventilgröße wird für einen bestimmten Durchfluß bei festgelegtem Druck und festgelegter Temperatur für *inkompressible* Medien [IEC 534-2-1] und für *kompressible* Medien [IEC 534-2-2] berechnet.

Der *Schalldruckpegel* an einen zum Ventil benachbarten Punkt, der bei gegebenem Druck und gegebener Temperatur ansteht, muß für kompressible Medien nach IEC 534-8-3 und für inkompressible Medien nach IEC 534-8-4 ermittelt werden.

### Literatur

1.1 Polke M (Hg) (1994) Prozeßleittechnik. Unter Mitw. von U Epple und M Heim. Mit Beitr. von W Ahrens et al. 2., völlig überarb. und stark erw. Aufl. Oldenbourg, München, Wien

1.2 Strohrmann G (1990) atp-Marktanalyse: Stellgeräte (Teil 1). atp – Automatisierungstechnische Praxis 32/10:479–488

1.3 Strohrmann G (1990) atp-Marktanalyse: Stellgeräte (Teil 2). atp – Automatisierungstechnische Praxis 32/11:545–556, 571

1.4 Strohrmann G (1990) atp-Marktanalyse: Stellgeräte (Teil 3). atp – Automatisierungstechnische Praxis 32/12:589–599

1.5 Strohrmann G (1995) atp-Marktanalyse: Stellgerätetechnik (Teil 1). atp – Automatisierungstechnische Praxis 37/7:22–41

1.6 Strohrmann G (1995) atp-Marktanalyse: Stellgerätetechnik (Teil 2). atp – Automatisierungstechnische Praxis 37/8:12–30

1.7 Strohrmann G (1995) atp-Marktanalyse: Stellgerätetechnik (Teil 3). atp – Automatisierungstechnische Praxis 37/9:51–68

1.8 Engel HO (1994) Stellgeräte für die Prozeßautomatisierung: Berechnung – Spezifikation – Auswahl. VDI-Verlag, Düsseldorf

1.9 Lange R (1995) Stellgeräte in der Prozeßregelung. Beitrag zum halbjährlichen VDI-Seminar „Praxis der Regelungstechnik", Nürnberg, Juni 1965

1.10 Töpfer H (1988) Funktionseinheiten der Automatisierungstechnik: elektrisch, pneumatisch, hydraulisch. 5., stark bearb. Aufl. Verlag Technik, Berlin

1.11 Bettenhäuser W, Schilk D, Thomas K (1977) Zur Auswahl von Stellventilen für Strömungen bei beliebigen Reynolds-Zahlen. msr – Messen Steuern Regeln 20/7: 380–384

1.12 Bettenhäuser W, Schilk D, Thomas K (1977) Zur Auswahl von Stellventilen für Strömungen bei beliebigen Reynolds-Zahlen (Teil 2). msr – Messen Steuern Regeln 20/8:432–437

1.13 Bettenhäuser W, Schilk D, Thomas K (1977) Zur Auswahl von Stellventilen für Strömungen bei beliebigen Reynolds-Zahlen (Teil 3). msr – Messen Steuern Regeln 20/10:575–577

1.14 Siemers H (1980) Neue K-Wert-Berechnungsmethoden für flüssige und kompressible Fluide. Sonderdruck 3320-15 aus: JCE-Berichte VII. Eckardt AG, Stuttgart

1.15 Ehrhardt G (1993) Messung hydrodynamischer Beiwerte von Rohreinbauten mit atmosphärischer Luft. 3R international 329:517–520

1.16 Nendzig G (1993) Strömungskennwerte von Armaturen – Bedeutung, Erfassung, Anwendung. In: Industriearmaturen: Bauelemente der Rohrleitungstechnik. 4. Aufl. Zus.stell. und Bearb. B Thier. Vulkan-Verlag, Essen. S 46–51

1.17 Prost J (1993) Versuche an Drosselklappen unter dynamischen Betriebsbedingungen. In: Industriearmaturen: Bauelemente der Rohrleitungstechnik. 4. Aufl. Zus.stell. und Bearb. B Thier. Vulkan-Verlag, Essen. S 5–11

1.18 Kecke HJ, Kleinschmidt P (1994) Industrie-Rohrleitungsarmaturen. VDI-Verlag, Düsseldorf. S 225–245

1.19 Findeisen W (1973) Grundlagen des Entwurfs von Regelungssystemen. Verlag Technik, Berlin

1.20 Becks H (1981) Stellglieder. In: Messen, Steuern und Regeln in der Chemischen Technik. Hrsg. von J. Hengstenberg et al. Bd. 3. Meßwertverarbeitung zur Prozeßführung 1: Analoge und binäre Verfahren. 3., neubearb. Aufl. Springer, Berlin Heidelberg New York. S 149–193

1.21 Piwinger F (Hg) (1971) Stellgeräte und Armaturen für strömende Stoffe. Mit Beitr. von J Dannenfeld et al. VDI-Verlag, Düsseldorf

1.22 Baumann HD (1995) Neues in der Berechnungsweise von Regelventil-Durchflußkapazitäten. atp – Automatisierungstechnische Praxis 373:25–29

1.23 Kiesbauer J (1995) Berechnung des Durchflußverhaltens von Mikrostellventilen. atp – Automatisierungstechnische Praxis. 373: 30–38

1.24 Töpfer H, Schwarz A (Hg) (1988) Wissensspeicher Fluidtechnik: Hydraulische und pneumatische Antriebs- und Steuerungstechnik. Fachbuchverlag, Leipzig

1.25 Müller R, Bettenhäuser W (1995) Stelltechnik für die Anlagenautomatisierung. Oldenbourg, München Wien

1.26 Dorn HJ, Engelter E (1987) Drehzahlveränderbare Pumpenantriebe: Eine Alternative zu Stellventilen? atp – Automatisierungstechnische Praxis. 296:259–262

1.27 Schicketanz W (1986) Zur Drosselung bei der Flüssigkeitsförderung mit Kreiselpumpen. atp – Automatisierungstechnische Praxis. 2812:571–576

1.28 Göb R (1983) Dynamisches Verhalten drehzahlgeregelter Kreiselpumpen. rtp – Regelungstechnische Praxis. 259:356–364

1.29 Kuchler G (1982) Energieeinsparung bei der Regelung von Kreiselpumpen. rtp – Regelungstechnische Praxis. 248:264–269

1.30 Stellgeräte. B112/989/Abt. VI. Eckardt AG, Stuttgart

1.31 Manns W (1989) Rohrleitungsarmaturen. In: Handbuch für den Rohrleitungsbau. Hrsg. von G Wossog et al. 9., stark bearb. Aufl. Verlag Technik, Berlin. S 194–233

1.32 Roth P (1972) Zum dynamischen Verhalten des Stellungsregelkreises. Sonderdruck aus: Regelungstechnik. 20/3:101–108

1.33 Schilk D, Thomas K (1978) Beitrag zur Stellventilauslegung für nicht-Newtonsche Flüssigkeiten. msr – Messen Steuern Regeln. 21/9:511–515

1.34 Dannemann W (1980) Über die Anwendung von Stellgeräten mit Stellklappen. rtp – Regelungstechnische Praxis 2210:353–363

1.35 Meffle K (1987) Grundlagen zur optimalen Auslegung von Stellventilen. atp -Automatisierungstechnische Praxis. 296:248–252

1.36 Vogel U (1993) Stellgeräte für die Verfahrenstechnik. In: Industriearmaturen: Bauelemente der Rohrleitungstechnik. – 4. Aufl. Zus.stell. und Bearb. B Thier. Vulkan-Verlag, Essen. S 227–237

1.37 VDMA 24 422 01.89. Armaturen: Richtlinien für die Geräuschberechnung: Regel- und Absperrarmaturen

1.38 Strömung in Stellventilen als Geräuschursache. Sonderdruck 3320-12d. Eckardt AG, Stuttgart

1.39 Siemers H Optimierungsverfahren zur Reduzierung von Kavitation bei Berücksichtigung regelungstechnischer Parameter von verfahrenstechnischen Anlagen. Sonderdruck 3320-23 aus: Handbuch Industriearmaturen, 3. Ausg. Eckardt AG, Stuttgart

1.40 Zusätzliche Maßnahmen zur Geräuschminderung an Stellventilen für geräuscharme und konventionelle Innengarnituren. Sonderdruck 3320-10. Eckardt AG, Stuttgart

1.41 N.N. (1979) Geräuschberechnung bei Regel- und Absperrarmaturen. Sonderdruck 3320-14 aus: Regelungstechnische Praxis 216:169–176. Eckardt AG, Stuttgart

1.42 Siemers H (1985) Das „Akustische Feld" von Regelarmaturen und Auswirkungen von integrierten bzw. nachgeschalteten Widerstandsstrukturen auf die regelungstechnischen Parameter. Sonderdruck 3320-18 aus: Technische Mitteilungen 78/6-7:304–314. Eckardt AG, Stuttgart

1.43 Siemers H Geräuschminderung von Regelventilen durch Strömungsteiler sowie durch nachgeschaltete Widerstandsstrukturen, vorwiegend Viellochplatten einzeln und in Reihenschaltung: Eckardt Silent Pack und Eckardt Silencer. Sonderdruck 3320-24. Eckardt AG, Stuttgart

1.44 Siemers H (1987) Entwicklung geräuscharmer Stellventile. Sonderdruck 3320-19 aus: Technische Überwachung 4. Eckardt AG, Stuttgart

1.45 Engel HO Maßnahmen zur Geräuschminderung bei Regelventilen/Honeywell GmbH, Werke Dörningheim. – Maintal, 1975
1.46 Engel HO Geräuschminderung durch Schalldämpfer/ Honeywell GmbH, Werke Dörningheim. – Maintal, 1978
1.47 Kretzschmar H (1989) Armaturengeräusche, abgestrahlt von der Rohrleitung. atp – Automatisierungstechnische Praxis 31/ 12:573–579
1.48 Baumann HD, Dannemann W (1985) Kavitation bei Stellklappen. atp – Automatisierungstechnische Praxis 27/7:325–330
1.49 Meffle K (1987) Grundlagen zur optimalen Auslegung von Stellventilen. atp – Automatisierungstechnische Praxis 29/6:248– 252
1.50 Hoffmann H (1987) Neuere Entwicklungen bei geräuscharmen Stellventilen. atp – Automatisierungstechnische Praxis 29/6:253–259
1.51 Bauer P (1984) Lärm und Lärmminderung bei Regelventilen. rtp – Regelungstechnische Praxis 26/12:534–539
1.52 Stichler V (1992) Sicherheitsarmaturen. In: Sicherheit in der Rohrleitungstechnik. Zus.stell. und Bearb. B Thier. Wiss.-techn. Beratung: H Thielen. Vulkan-Verlag, Essen. S 378–407
1.53 Siemers H (1976) Regelungstechnische Gesichtspunkte bei der Auswahl und Dimensionierung von Stellklappen mit pneumatischen Membranantrieben. Sonderdruck 3320-9. Eckardt AG, Stuttgart
1.54 Siemers H (1987) Bedeutung der Stellgeräteauslegung bei der Anlagenplanung. Sonderdruck 3320-16 aus: chemie – anlagen + verfahren 11/82. Eckardt AG, Stuttgart,
1.55 Siemers H (1991) Wahl der zweckmäßigen Durchflußkennlinie. Sonderdruck 3320-22 aus: 3R international 3,4,5. Eckardt AG, Stuttgart
1.56 Siemers H (1986) Die Wahl des KVS-Wertes bei Berücksichtigung optimaler Zuschlagsfaktoren: Berechnung der Betriebskennlinie und einer Kennlinie aller auftretenden Schalldruckpegel nach VDMA 24 422 bei zwei gegebenen Betriebspunkten. Sonderdruck 3320-7. Eckardt AG, Stuttgart
1.57 Siemers H (1977) Regelverhalten von Stellgliedern, die in Schließrichtung angeströmt werden. Sonderdruck 3320-6 aus: JCE-Berichte V (1974). Eckardt AG, Stuttgart
1.58 Siemers H (1976) Funktion und Auswahl pneumatischer Stellantriebe für Regelventile. Sonderdruck 3320-8. Eckardt AG, Stuttgart
1.59 Bender E, Kotschenreuther P (1980) Stellungsregelkreise mit pneumatischen Stellantrieben. rtp – Regelungstechnische Praxis 22/9:326–332
1.60 Kott H, Traeger K (1993) Hochdruckarmaturen für besondere Anforderungen. Industriearmaturen 1/1:28–35

1.61 Thier B (1994) Armaturen in Energie- und Sicherheitssystemen. In: Rohrleitungstechnik. 6. Ausg. Hrsg H-J Behrens et al. Zus.stell. und Bearb. B. Thier. Vulkan-Verlag, Essen Sb. 183–192
1.62 Hein H (1993) Dichtheitsprüfung von erdverlegten Rohrleitungen mit Wasser und Luft. 3R international 32/12:693–695
1.63 Schawag W (1993) Auslegungs- und Konstruktionskonzepte für neuzeitliche Absperrschieber. 3R international 32/7:384– 389
1.64 Stichler V (1993) Sicherheitskriterien bei Armaturen in der Anlagentechnik. In: Industriearmaturen: Bauelemente der Rohrleitungstechnik. 4. Aufl. Zus.stell. und Bearb. B Thier. Vulkan-Verlag, Essen. S 14–20
1.65 Schedler J, Schmittner D (1994) Langzeitverhalten von Gasdruckregelgeräten in der Gasinstallation. 3R international 33/6: 290–295
1.66 Bozóki G (1986) Überdrucksicherungen für Behälter und Rohrleitungen. Verlag Technik, Berlin
1.67 Rautenberg B, Martens H, Etzel K-H (1994) Der Kugelhahn als Abwasser-Havariearmatur. In: Rohrleitungstechnik. 6. Ausg. Hrsg. H-J Behrens et al. Zus.stell. und Bearb. B Thier. Vulkan-Verlag, Essen. S 193–196
1.68 Mattel K et al. (1992) Dämpfungseinrichtungen für wasserbeaufschlagte Sicherheitsventile. In: Sicherheit der Rohrleitungstechnik. Zus.stell. und Bearb B. Thier. Wiss.-techn. Beratung: H Thielen. Vulkan-Verlag, Essen. S 472–477
1.69 Hatting P, Kluge M (1993) Chemie-Stellventil mit neuem Heavy-duty-PTFE-Faltenbalg. In: Industriearmaturen: Bauelemente der Rohrleitungstechnik. 4. Aufl. Zus.stell. und Bearb. B Thier. Vulkan-Verlag, Essen. S 244
1.70 Siemers H (1993) Neuartige Spindeldichtungen für Regelventile, vergleichbar mit der Dichtqualität von Faltenbälgen nach dem Bundes-Immissionsschutzgesetz, der technischen Anleitung zur Reinhaltung der Luft (TA Luft). In: Industriearmaturen: Bauelemente der Rohrleitungstechnik. 4. Aufl. Zus.stell. und Bearb. B Thier. Vulkan-Verlag, Essen. S 33-34
1.71 Fechner H (1993) Kugelhahn mit TA-Luft-Test. In: Industriearmaturen: Bauelemente der Rohrleitungstechnik. 4. Aufl. Zus.stell. und Bearb. B Thier. Vulkan-Verlag, Essen. S 21–24
1.72 Massow J (1993) Kugelhähne mit Faltenbelag nach den Bestimmungen der TA Luft. Industriearmaturen 1/1:43
1.73 N.N. (1993) Faltenbalgventile für die chemische Industrie. Industriearmaturen 1/1:45

# 2 Arten und Eigenschaften von Stellgliedern mit Hubbewegung

L. KOLLAR

## 2.1
### Stellventile mit Hubbewegung des Drosselkörpers

#### 2.1.1
**Einsatzparameter**

Stellventile sind universell einsetzbar [1.2, 1.5, 1.8, 2.1–2.4]. Stellventile werden als Einsitz-, Doppelsitzventile und Dreiwegeventile gebaut. Zur Realisierung der verschiedenen Anforderungen (Abschn. 1.1) wurden Grundformen für Drosselkörper entwickelt (Bild 2.1). Durchgesetzt haben sich Tellerkegel, Parabolkegel, Schlitzkegel und Lochkegel [2.4]. Mit einer speziellen Sitzcharakteristik (Bild 2.1e) werden mit Schlitzkegel ähnliche Eigenschaften wie beim Parabolkegel erreicht. Die Anströmung erfolgt jedoch von oben. Dieses Ventil ist weniger schmutzempfindlich als das Lochkegelventil (Bild 2.1) und bei Auftreten von Kavitation sowie bei der Neigung zur Ausdampfung geeignet [2.4]. Sie sind mit Nennweiten zwischen DN 10 und DN 500 zum kontinuierlichen Stellen sehr kleiner bis mittlerer Durchflüsse mit Durchflußkoeffizienten $K_v$ von rd. $10^{-6}$ bis $4 \cdot 10^3$ m³/h im Einsatz [1.5, 1.23].

Stellglieder mit Nennweiten größer DN 200 und Durchflußkoeffizienten $K_v$ >600 m³/h sind sehr kostenaufwendig und können Eigenmassen bis zu 1,5 t haben [1.5]. Sie werden aus diesen Gründen zunehmend durch Stellklappen oder Drehkegelstellventile ersetzt. Nur wenn Druckverhältnisse und Störgeräusche den Einsatz von Stellklappen oder Drehkegelventilen nicht zulassen, werden auch Stellventile mit Durchflußkoeffizienten $K_v$ >600 m³/h eingesetzt.

Hubstellkegelventile mit großen Nennweiten sind für Absperraufgaben nur bedingt geeignet, weil zumeist die erforderliche Leckage nicht gewährleistet werden kann. Das selbständige Öffnen oder Schließen eines Stellventils beim Ausfall der Hilfsenergie oder beim Auftreten von Havarien macht es erforderlich, daß Stellventile zeitlich begrenzt auch Absperraufgaben übernehmen [1.8, 2.9]. Für Medien, die unterhalb einer bestimmten Temperatur zähflüssig werden oder auskristallisieren, besteht die Möglichkeit, Ventilkörper, Spindel und Spindellager zu beheizen [2.10].

Einsitzstellventile werden als Durchgangsventile [2.1–2.6] und als Eckventile [2.19–2.21] gefertigt. Einsitzventile lassen sich gut an die Kennlinie einer Regelstrecke anpassen. Sie gewährleisten über den gesamten Hub die gewünschten Eigenschaften der Regelung (z.B. Stabilität). Bei *nicht druckentlasteten* Drosselkörpern sind hohe Stellkräfte insbesondere bei größeren Nenndrücken erforderlich.

*Doppelsitzstellventile* [2.22, 2.23] werden eingesetzt, um eine wirtschaftliche Stellmöglichkeit bei größeren Nennweiten und hohem Druckabfall zu gewährleisten [2.25]. Der Drosselkörper wird durch ein strömen-

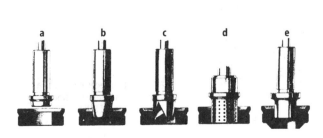

**Bild 2.1.** Grundformen für Drosselkörper [2.4]. **a** Tellerkegel: dichter Abschluß mit Weichdichtung bzw. eingeschliffen für metallischdichten Abschluß, **b** Parabolkegel: bestes Regelverhalten, geeignet für Stellverhältnis 1:50 (1:100), **c** Schlitzkegel: besonders für zur Ablagerung neigenden Medien mit linearer bzw. gleichprozentiger Kennlinie, **d** Lochkegel: Strömungsleiter, bei zu Kavitation neigenden Fluiden und großer Druckdifferenz, **e** Sitzcharakteristik

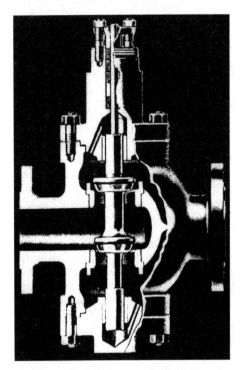

**Bild 2.2.** Zweisitzregelventil, Serie 1100 [2.23]

des Fluid entgegengesetzt belastet. Aus fertigungstechnischen Gründen ist der untere Drosselkörper zumeist kleiner ausgeführt (Bild 2.2). Im Vergleich mit der erreichbaren Leckage von Einsitzventilen ergeben sich für Doppelsitzventile konstruktionsbedingt ungünstigere Werte.

*Dreiwegeventile* [2.24–2.28] werden zum *Mischen* und *Verteilen* von Fluiden eingesetzt (Bild 2.3). Beim Verteilen wird das Fluid zugeführt und gemäß den Teilströmen A und B verteilt.

Beim Mischen werden die Komponenten bei A und B zugeführt. Der Gesamtstrom fließt ab. Der Durchfluß von A nach B bzw. von B nach A ist von der freigegebenen Fläche zwischen den Sitzen und damit vom Hub abhängig.

### 2.1.2
**Stellventilkörper und Stellventilbauformen**

Stellventilkörper werden zumeist mit Drei- oder Vierflanschen gebaut (Bild 2.4).

Mit der Gestaltung der Kanalführung im Stellventilkörper wird großer Einfluß genommen auf die strömungstechnischen Eigenschaften eines Stellventils (z.B. Durchflußkoeffizient, Schallgeräusch).

Angestrebt wird bei allen Arten von Stellventilen ein möglichst kleiner Strömungswiderstand bei gleichzeitig geringer Schallemission. Zur Verminderung der Schallemission werden Stellventilkörper mit einem verhältnismäßig großen Volumen oberhalb des Drosselkörpers ausgestattet. Dadurch ist eine bessere Entspannung des Fluids gewährleistet [2.21, 2.22].

Durch die Auswahl des Werkstoffes werden das Einsatzgebiet und zum Teil auch die statischen Belastungen und die dynamischen Kennwerte vorgegeben.

Durchgangsventilgehäuse werden bevorzugt mit drei Flanschen gebaut (Bild 2.4).

Für Doppelsitz- und Dreiwegeventilgehäuse werden zumeist vier Flansche vorgesehen (Bild 2.4b und c).

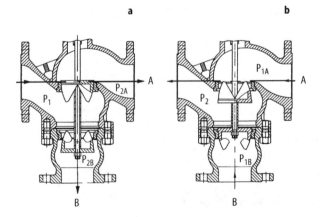

**Bild 2.3.** Dreiwegeventil [2.24]. **a** Verteilen des Volumenstromes in die Teilströme A und B, **b** Mischen der Teilströme A und B

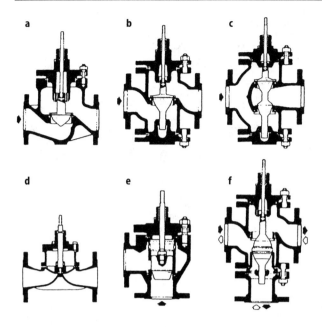

**Bild 2.4.** Ventilgehäuse und Stellelemente von Stellventilen nach [1.5]. **a** Einsitzstellventil mit Dreiflanschgehäuse, **b** Einsitzstellventil mit Vierflanschgehäuse, **c** Doppelsitzstellventil, **d** Membranstellventil, **e** Eckstellventil, **f** Dreiwegestellventil für Mischbetrieb

Die Stellventilgehäuse sind zumeist aus Guß. Bei Durchgangsventilen bis zu DN 80 und bei Eckventilen bis zu DN 100 werden die Stellventilgehäuse in hochwertiger Schmiedetechnik entweder spanabhebend aus einem Block oder in *Split-Body-Form* gefertigt [1.5].

Außer aus metallischen Werkstoffen werden Stellventilgehäuse auch aus Kunststoff gefertigt und metallische Teile mit Kunststoffen gegen aggressive Medien ausgekleidet [1.5, 1.8].

### 2.1.3 Stellventilgarnitur

Der Stellventilgarnitur werden zugeordnet (Abschn. 1.3.1):

- Drosselkörper,
- Sitzring,
- Verbindungsteile zum Drosselkörper.

Die Auswahl einer Stellgarnitur hängt ab von: Betriebsbedingungen [1.20] und Anforderungen, die sich aus der Sicherung des Stellbetriebes eines Stellventils ergeben [1.8, 1.18, 1.25].

Maßgeblich für die Auswahl einer Stellventilgarnitur sind:

- der Aggregatzustand des Fluids (z.B. flüssig, gasförmig, zähflüssig mit Granulat versetzt),
- der Betriebsdruck und der zu steuernde Massenstrom einschließlich seiner Dichte und Konsistenz,
- die Betriebstemperatur und die Grenzen der Temperaturschwankungen,
- die chemischen Eigenschaften des Massenstroms (z.B. ph-Wert, toxikologische Substanzen),
- zulässige Leckage und Möglichkeiten einer vollständigen Entleerung des Stellventils vom Fluid bei erforderlichen Maßnahmen (z.B. Wartung, Wechsel der Sitzringe).

Zur Erfüllung dieser Anforderungen werden je nach Aufgabenschwerpunkt verschiedene Drosselkörper eingesetzt (Tab. 2.1) [1.25].

Eine häufig angewendete Grundform ist der Parabolkegel (Tab. 2.1, a-c). Die Führung des Drosselkörpers richtet sich nach der Größe der auftretenden Kräfte und kann einseitig oder doppelseitig über Schaft oder einseitig über die Stellspindel vorgenommen werden.

Zum stufenweisen Abbau der Druckenergie im Drosselbereich eines Stellventils werden zwei-, drei- und fünfstufige Dros-

**Tabelle 2.1.** Drosselkörper-Sitzgarnituren von Hubventilen [1.25]

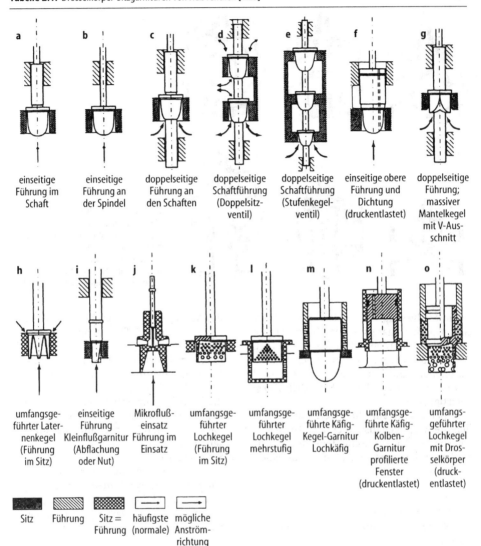

selkörper eingesetzt (Tab. 2.1, d–e) (Bild 2.5).

Drei- und fünfstufige Drosselkörper sind für Stellventile bis zu Nennweiten PN 400 und für Nenndrücke PD von 16 bis 160 lieferbar [2.29].

Durch drei- und fünfstufige Drosselkörper werden *kritische Betriebszustände* (z.B. Kavitation, vorzeitiger Verschleiß und unzulässige Schallemission) weitgehend, selbst bei großen Drücken, ausgeschaltet [2.29].

Zur Druckentlastung von Drosselkörpern in Parabolkugelform (Tab. 2.1, f) ist eine Umfangsführung und zusätzliche Abdichtung im Ventiloberteil erforderlich [1.25]. Auch Mantelkegel und Laternenkegel werden zumeist umfangsgeführt (Tab. 2.1, g–h). Bei kleinen Durchflußkoeffizienten können sich Schwierigkeiten mit der Führung des Drosselkörpers ergeben. Deshalb kann relativ weiches Material zur Führung der Spindel oder bei größeren

## 2 Arten und Eigenschaften von Stellgliedern mit Hubbewegung 651

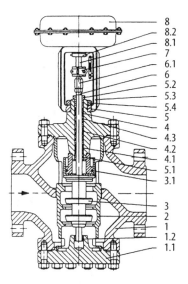

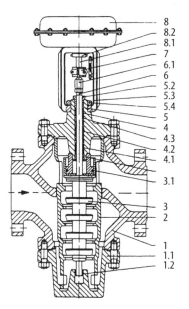

**Bild 2.5.** Ventil mit mehrstufigen Drosselkörpern [2.29] **a** Dreistufig, **b** Fünfstufig; *1* Ventilgehäuse, *1.1* Flansch mit Kegelführung, *1.2* Führungsring; *2* Sitzkäfig; *3* Kegel, *3.1* Abdichtung; *4* Stopfbuchse, *4.1* Feder, *4.2* PTFE-V-Ring-Packung, *4.3* Zwischenring; *5* Ventiloberteil, *5.1* Führungsring, *5.2* Gewindebuchse, *5.3* Laterne, *5.4* Mutter für 5.3; *6* Kegelstange, *6.1* Kupplungs- und Kontermutter; *7* Kupplung zwischen Antriebs- und Kegelstange (zugl. Hubanzeige); *8* Stellantrieb, *8.1* Antriebsstange, *8.2* Mutter für 8

Stellventilen mit einer engen, nicht klemmenden Passung gearbeitet werden (Tab. 2.1, i–j). Damit bei größeren Druckdifferenzen kavitationsarme und geräuscharme Entspannung gewährleistet wird und im Vergleich zu Mehrsitzdrosselkörpern eine geringe Bauhöhe des Ventilkörpers eingehalten wird, werden Loch- und Käfigdrosselkörper eingesetzt (Tab. 2.1, k–o). Dazu können zwei (l) oder auch mehrere Lochdrosselkörper ineinander geführt werden. Die Kennliniengenerierung kann dabei durch die Kegelform (m), profilierte Fenster (n) oder durch entsprechende Verteilung der Bohrungen erreicht werden [1.25].

Zur stärkeren Verringerung der Schallemission werden zusätzliche Einsätze installiert (o). Dadurch wird über Interferenzen verstärkt Schallenergie abgebaut [1.25, 1.39–1.44].

Aus wirtschaftlichen Gründen ist es erforderlich, mit einem Ventilkörper im Rahmen einer Baureihe verschiedene Durchflußkoeffizienten durch Austausch von Sitzring und Drosselkörper zu realisieren [1.2, 1.8]. Auch der Einsatz eines Stellventils zur Steuerung von Masseströmen unterschiedlicher Zusammensetzung (z.B. Wasser, Wasser mit Quarzsand) machen es wünschenswert, dem Fluid mit entsprechenden Werkstoffen im Bereich der Hauptverschleißzonen – Sitzring und Drosselkörper – zu begegnen. Diese und weitere Gründe [2.30] haben dazu geführt, daß Sitzringe und Drosselkörper bei Benutzung des gleichen Stellventilkörpers aus unterschiedlichen Werkstoffen gefertigt werden. Darüber hinaus bietet diese Konstruktion die Möglichkeit einer Instandsetzung eines Stellventils durch Austausch von Sitzring und Drosselkörper ohne auch den Stellventilkörper auswechseln zu müssen.

Zum Abdichten in der Zu-Stellung haben Stellventile zumeist eine entsprechende *metallisch dichtende* Passung (Bild 2.6a) oder eine *Weichdichtung* (Bild 2.6b) im Bereich des Sitzringes oder des Drosselkörpers, z.B. bei Druckausgleich, integriert (Bild 2.6c).

Bei metallisch dichtendem Ventilsitz kann eine Leckage von ≤0,01% des Ventilkoeffizienten und bei nicht metallisch dichtendem Ventil ein *blasendichter* Ventilsitz erreicht werden.

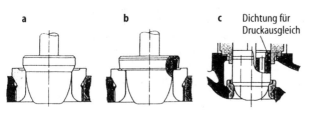

**Bild 2.6.** Dichtung des Ventilsitzes [2.31]. **a** Sitz und Kegel metallisch dichtend, Temperaturbereich von −10 °C ... 450 °C, **b** Sitz und Kegel nicht metallisch dichtend (PTFE mit Glasfaser), Temperaturbereich −10 °C ... 220 °C, **c** Sitz und Kegel metallisch dichtend, Dichtung für Druckausgleich als PTFE-Gleitring mit O-Ring-Abdichtung, Temperaturbereich −10 °C ... 160 °C

Ein häufig angewendeter Dichtungswerkstoff ist Polytetrafluorethylen (PTFE), das mit Glasfasern verstärkt wird oder mit Graphitzusätzen spezielle Eigenschaften erhält [1.5, 2.31].

### 2.1.4
### Abdichtung Drosselkörper – Ventilstellantrieb

Die Dichtheit von Stellventilen zur *Umwelt* ist von großer Bedeutung. In der Technischen Anleitung zur Reinhaltung der Luft (TA Luft vom 27. Februar 1986) wird bei der Handhabung bestimmter organischer Stoffe an Ventilen und Schiebern eine Spindelabdichtung mittels Faltenbalg und nachgeschalteter Sicherheitsstopfbuchse oder gleichwertiges gefordert [1.72, 1.73].

Zum Abdichten von Ventilspindeln werden standardmäßig meist Stopfbuchsdichtungen mit Ringen quadratischen Querschnitts oder PTFE-Dachmanschetten angeboten (Bild 2.7).

Entsprechend den Einsatzbedingungen und den daraus resultierenden Sicherheitsbestimmungen werden die Stopfbuchsen gestaltet (Bild 2.7a–e). Damit die Ventilspindel auch bei Tieftemperaturen abgedichtet wird, ist das Ventil mit einem Tieftemperaturaufsatz ausgestattet (Bild 2.7d).

Zur Sicherung der Anpreßkraft der Dichtung an die Ventilspindel über längere Zeit werden über Federspannung selbsteinstellende Stoffbuchsen mit PTFE-Graphit-Compound für einen Temperaturbereich zwischen −60 °C bis 230 °C angeboten (Bild 2.7g).

Faltenbalgdichtungen (Bild 2.7c) bieten oft eine Alternative zu den bereits beschriebenen Dichtungen [1.5], erfüllen jedoch auch höhere Anforderungen [1.72, 1.73] in Verbindung mit einer Sicherheitspackung (Bild 2.7e).

## 2.2
## Membranventil

Ventile mit z.B. Tellerkegel oder Lochkegel neigen bei *zähflüssigen* Fluiden zum Verkleben und Verkrusten in bestimmten Bereichen der Ventilgarnitur. Durch die Anwendung von Membranventilen kann diesem strömungstechnisch ungünstigen Verhalten mit gutem Erfolg entgegengewirkt werden [1.5, 1.8, 2.32, 2.33]. Membranventile werden mit Durchmessern von 0,5" ... 300", das entspricht der Nennweite DN 10 ... 750, angeboten. Der dazu gehörende Volumenstrom beträgt 8 ... 1200 m³/h. Das Regelverhältnis für den maximalen Volumenstrom wird mit 20 : 1 angegeben [2.33]. Darüber hinaus kann bedingt durch die Ausführung des Drosselgliedes ein Fluidstrom totraumfrei gedrosselt oder abgesperrt werden (Bild 2.8). Auch ist beim Membranventil die Möglichkeit gegeben, ohne Stopfbuchsen im Bereich der Verstellspindel zu arbeiten und gleichzeitig die Anforderungen der TA-Luft zu erfüllen [1.5].

Nachteilig auf die Anwendung eines Membranventils im Vergleich zu einem anderen Hubventil wirken sich der eingeschränkte Temperatur- und Druckbereich (<150 °C, <16 bar) sowie die große Geräuschentwicklung und der ungünstige Verlauf der Ventilkennlinie aus [1.5, 1.8]. Temperatur- und Druckgrenzen hängen hauptsächlich ab von dem Werkstoff der elastischen Membran, die vorwiegend aus synthetischem Kautschuk mit einseitiger Beschichtung von PTFE hergestellt wird [1.8]. Das aus Ober- und Unterteil bestehende Gehäuse sowie die Führungsmutter sind zumeist aus Grauguß (GG20) hergestellt, Spindel und Verbindungsschrauben aus Stahl. Mit Hilfe von Stellungsreglern zur Positionierung des Antriebes kann das Betriebsverhalten eines Membranventils verbessert werden.

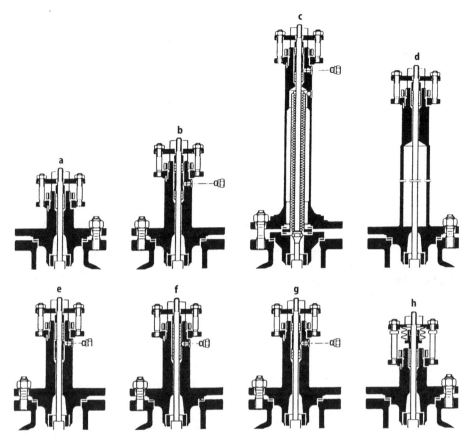

**Bild 2.7.** Gestaltung von Ventiloberteilen und Arten gebräuchlicher Spindelabdichtungen [2.11]. **a** Stopfbuchsenteil normal, PTFE-Graphit-Compound, Temperaturbereich −60…230 °C, **b** Stopfbuchsenteil verlängert mit Wärmeschutzteil, Graphitpackung, Temperaturbereich bis 500 °C, **c** Faltenbalgdurchführung mit Sicherheits-Stopfbuchsenpackung (auch Chlorgasausführung mit Trocknungsanschluß möglich), **d** Tieftemperaturaufsatz, PTFE-Graphit-Compound, Temperaturbereich bis −196 °C, **e** Stopfbuchsenteil verlängert mit Einspritzvorrichtung, PTFE-Graphit-Compound, Temperaturbereich −60…230 °C, **f** Stopfbuchsenteil verlängert mit doppeltem Packungsraum geeignet für dickwandige Isolierungen, PTFE-Graphit-Compound, Temperaturbereich −60…230 °C, **g** Stopfbuchsenteil verlängert, Packung 2teilig aus PTFE-Garn entsprechend TA-Luft, Temperaturbereich −60…230 °C (auch selbstnachstellend), **h** Selbstnachstellende Stopfbuchse (PTFE-Graphit-Compound), Temperaturbereich −60…230 °C, Graphitpackung Temperaturbereich bis 500 °C

## 2.3 Schlauch- oder Quetschventil

Die Wirkung, die Einsatzgebiete und die erreichbaren dynamischen Eigenschaften von Schlauch- oder Quetschventilen entsprechen denen von Membranventilen (Abschn. 2.2). Angebotene Ventile haben eine Nennweite von DN 15 … 200 mit $K_{vs}$-Werten von 5 … 1725 [2.34]. Der im Inneren des Ventilkörpers angeordnete gewebeverstärkte Schlauch aus synthetischem Kautschuk wird als verstellbarer Querschnitt und Schutz der Metallteile vor dem Fluid genutzt (Bild 2.9). Mit Hilfe der Spindel kann über einen Antrieb der Fluidstrom gestellt werden.

## 2.4 Gleitschieber-Stellventil

### 2.4.1 Wirkungsweise und Einsatzparameter

Schieber werden überwiegend in Auf- oder Zu-Stellung betrieben.

Die Drosselwirkung eines Gleitschieber-Stellventils ergibt sich aus dem Verstellen einer mit Öffnungen (z.B. Schlitze) versehenen Scheibe parallel zu einer weiteren mit Schlitzen versehenen feststehenden, gegeneinander dichtenden Scheibe (Bild 2.10). Die Drosselscheiben sind rechtwinklig zur Strömungsrichtung eines Fluids angeordnet.

Die Kennlinie kann *linear* oder *gleichprozentig* sein [2.27]. Sie (s. Abschn. 4.34) wird durch die Form der Öffnungen in der Drosselscheibe festgelegt. Es besteht jedoch auch die Möglichkeit, von einer linearen zur gleichprozentigen Kennlinie mittels Stellungsregler oder durch Austausch des Drosselkörpers überzugehen.

Gleitschieber-Stellventile sind für Nennweiten DN 15 ...150, für Drücke PN 40 (teilweise auch PN 100) und Temperaturbereiche von −60 °C ... 350 °C (max. 530 °C) verfügbar [2.36].

Fluide können sein: Dampf, Wasser, verschiedene Gase (auch Sauerstoff), Laugen und Reinigungsflüssigkeiten. Die angege-

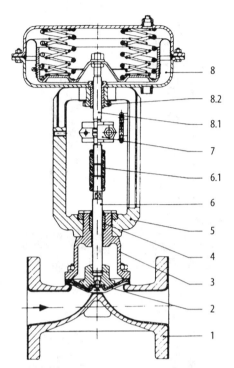

**Bild 2.8.** Membranventil [2.32]. *1* Ventilgehäuse; *2* Ventilmembran; *3* Haube; *4* Führungsring; *5* Laterne; *6* Kegelstange, *6.1* Kupplungs- und Kontermutter; *7* Kupplung zwischen Antriebs- und Kegelstange (zugl. Hubanzeige); *8* Stellantrieb, *8.1* Antriebsstange, *8.2* Mutter

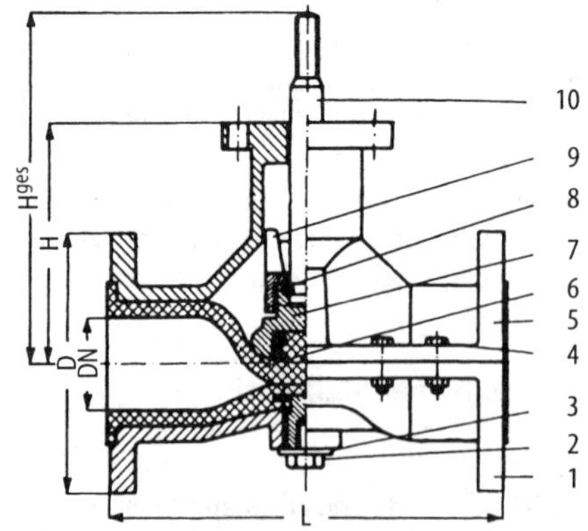

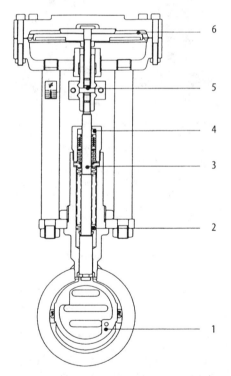

**Bild 2.9.** Schlauch- oder Quetschventil [2.34]. *1* Gehäuseunterteil; *2* Halteschraube; *3* Haltescheibe; *4* Verbindungsschrauben; *5* Gehäuseoberteil; *6* Schlaucheinsatz; *7* Druckstück; *8* geteilter Ring; *9* Führungsmutter; *10* Spindel

**Bild 2.10.** Gleitschieber-Stellventil [2.26]. *1* Mitnehmer für bewegliche Drehscheibe; *2* Metallfaltenbalgabdichtung (opt.); *3* Antriebsstange, rollpoliert; *4* Führungsring; *5* Kupplung mit Hubanzeige; *6* Membran

benen Durchflüsse erstrecken sich von $K_{vs}$ = 4 bei DN 15 bis $K_{vs}$ = 330 bei DN 150.

### 2.4.2
### Körper und Bauform

Der Körper eines Gleitschieber-Stellventils wird für Zwischenflanscheinbau aus Grauguß oder Stahlguß hergestellt. Die in Folge der Konstruktion gegebene *Baulänge* ist verglichen mit z.B. einem Kegel-Hubventil für gleichen Durchfluß wesentlich kürzer. Auch der Unterschied der Eigenmasse ist beachtlich. Ein Gleitschieber-Stellventil DN 150 hat eine Eigenmasse von 18,5 kg, ein Kegel-Hubventil gleicher Nennweite eine Eigenmasse von 150 kg.

### 2.4.3
### Drosselelemente

Die feststehende Scheibe ist aus Edelstahl mit einer hartverchromten Gleitoberfläche gefertigt. Die bewegte Scheibe besteht zumeist aus metallischem Werkstoff mit Kohlenstoffzusätzen oder Kunstharzbeschichtung [1.5, 1.9, 2.36, 2.37]. In Folge der gewählten Stoffpaarung ergeben sich sehr geringe Reibungskräfte. Die erforderliche *Stellkraft* eines Gleitschieber-Stellventils bei gleicher Druckdifferenz und gleichem Durchfluß ($K_{vs}$-Wert) beträgt nur rd. 10% von der eines Hubkegel-Stellventils. Die erreichbare Leckage kann bis zu 0,0001% vom $K_{vs}$-Wert betragen, das Stellverhältnis wird mit 40 bis 250 angegeben.

Die verhältnismäßig gute Dichtheit wird durch die Stellbewegung der Stellscheibe mit bedingt, da das Stellen unter der Druckbeaufschlagung vom Fluid mit einem Einschleifen vergleichbar ist.

### 2.4.4
### Abdichtung Drosselkörper – Ventilstellantrieb

Zur Abdichtung der Verbindungsteile zwischen Drosselkörper und Ventilstellantrieb gelangen Packungen aus PTFE, die verschieden gespannt werden können (s.a. Abschn. 2.1.4).

Für besondere Einsatzfälle kann auch ein Faltenbalg vorgesehen werden.

### 2.5
### Vor- und Nachteile ausgewählter Hubventile

Die Möglichkeiten, Stoffströme durch Querschnittsänderungen mittels Drosselkörper zu beeinflussen, sind sehr umfassend. Aus diesem Grunde müssen die für einen speziellen Anwendungsfall erforderlichen Parameter, z.B. Betriebsdruck und Durchfluß, durch ein Stellglied ebenso gewährleistet werden wie die aus dem Verfahren sich ergebenden Besonderheiten (Tabelle 2.2). Darüber hinaus ist eine Vielzahl spezifischer Eigenschaften mit zu berücksichtigen (Tabelle 2.3).

### Literatur

2.1 Dannemann W (1985) ACHEMA '85: Stellgeräte für verfahrenstechnische Anlagen. atp – Automatisierungstechnische Praxis 27/11:515–522

2.2 Meffle K (1989) ACHEMA '88: Stellventile für verfahrenstechnische Anlagen. atp – Automatisierungstechnische Praxis 31/1: 10–16

2.3 Mangold A (1991) ACHEMA '91: Stellgeräte für verfahrenstechnische Anlagen. atp – Automatisierungstechnische Praxis 33/11: 585–591

2.4 Schmidt Armaturen: Armaturen für die Verfahrenstechnik. Druckschrift-Nr. SC 101. 09.92. Schmidt Armaturen, Villach/ Austria

2.5 Peters H (1993) Adaption von Antrieben für Armaturen: Einheiten nach neuesten technischen Regeln und Vorschriften. In: Industriearmaturen: Bauelemente der Rohrleitungstechnik. 4. Aufl. Zus.stell. und Bearb. B Thier. Vulkan-Verlag, Essen. S 239–242

2.6 Siemers H (1993) Dreiwegeventilanwendungen ohne Kompromisse. In: Industriearmaturen: Bauelemente der Rohrleitungstechnik. 4. Aufl. Zus.stell. und Bearb. B Thier. Vulkan-Verlag, Essen. S 221–226

2.7 Müller G, Scaar G (1991) Modellierung des Verhaltens einer pneumatischen Membranstelleinrichtung. msr – Messen Steuern Regeln 34/1:22–28

2.8 Koenig B, Ohligschläger O (1989) Ein „intelligenter" elektropneumatischer Stellungsregler. atp – Automatisierungstechnische Praxis 31/8:367–373

2.9 Baureihe FQ: 90°-Federrückstellantriebe. Prospekt: Deufra Stellantriebe Profitlich-Bernard, Troisdorf

2.10 Beheizung für Stellventil V 713. Produkt-Information PRI-51. Eckardt AG, Stuttgart

**Tabelle 2.2.** Vor- und Nachteile gängiger Hubventile [1.8]

| Ventilbauart | Typische Verfügbarkeit | Vorteile | Nachteile |
|---|---|---|---|
| Vierflansch-Einsitzventil | DN 25-150<br>PN 25-100<br>ANSI 150-600 | – Robuste, langlebige Bauweise<br>– Einfache Wartung, Ersatzteile leicht zugänglich<br>– Gute Kennlinie, lange Hübe<br>– Hohe Dichtheit (Klasse IV)<br>– Reversierungsmöglichkeit | – Schwere und teure Bauweise<br>– Hohe Verlustziffer<br>– Relativ kleine $K_{100}$-Werte<br>– Bei Ablagerung im Bodenflansch Funktionsstörungen<br>– Potentielle Gefahr von Undichtheiten durch Bodenflansch |
| Vierflansch-Doppelsitzventil | DN 50-300<br>PN 25-100<br>ANSI 150-600 | – Wie Vierflansch-Einsitzventil<br>– Doppelsitzkonstruktion erfordert nur kleine Antriebskräfte | – Wie Vierflansch-Einsitzventil<br>– Extrem teure Bauart, heute nur noch sehr selten angewendet<br>– Geringe dynamische Stabilität<br>– Hohe Restleckmenge (Klasse II) |
| Dreiflansch-Einsitzventil | DN 15-300<br>PN 16-100<br>ANSI 125-600 | – Ökonomischer als Vierflansch-Einsitzventil<br>– Zahlreiche Ausführungsvarianten verfügbar<br>– Elimination von Leckagen durch fehlenden Bodenflansch<br>– Druckausgleich verfügbar | – Eingeschränkte Zuverlässigkeit bei Druckausgleich (Kolbenring)<br>– Großflächiger Drosselkörper neigt zu Schwingungen<br>– Hohe Restleckmenge bei Druckausgleich (Klasse II)<br>– Vergleichsweise teuer |
| Käfigventil | DN 25-300<br>PN 25-160<br>ANSI 150-900 | – Stabile Führung, geeignet für höchste Differenzdrücke<br>– Geräuscharme Bauart: Lochkäfig geeignet für Gase und Flüssigkeiten<br>– Langlebig bei Kavitation<br>– Geringe Antriebskräfte bei Doppelsitz: Zwei integrierte Sitzfasen statt Kolbenring | – Anwendung auf saubere Medien beschränkt<br>– Hoher Fertigungsaufwand bei Doppelsitzkonstruktion<br>– Eingeschränkte Materialauswahl für Käfig und Kolben<br>– Vergleichsweise teuer |
| Leichte Baureihe | DN 15-300<br>PN 16-40<br>ANSI 125-300 | – Kostengünstige Ventilbauart bei kleinen Nennweiten<br>– Verfügbarkeit in mehreren Gehäuseformen: Eckventil, Drei-Wegeventil usw.<br>– Hohe Flexibilität bei den üblichen Ausführungsvarianten: Oberteile, Garnituren usw.<br>– Perfekte Anpassung an Betriebsbedingungen: K-Werte, Kennlinie usw. | – Ökonomisch nicht optimal bei Nennweiten > DN 150<br>– Limitierte Anwendung unter erschwerten Bedingungen:<br>• Hohe Differenzdrücke<br>• Hohe Schallpegel<br>• Hohe statische Drücke<br>usw. |
| Eckventil | DN 15-150<br>PN 40-400<br>ANSI 300-2500 | – Strömungsgünstige Gehäuseform, hohe Durchflußkapazität<br>– Solide, robuste Ausführung für spezielle Anwendungen<br>– Einfache Herstellbarkeit aus einem geschmiedeten Block<br>– Hohe Verschleißfestigkeit bei seitlicher Anströmung und gehärtetem Stecksitz | – Komplizierte Leitungsführung, keine genormten Einbaumaße<br>– Wegen geringer Verbreitung aufwendig und teuer (Gesamtanteil < 1 %) |

2.11 Stellgerät: Einsitz-Stellventil V 713 und pneumatischer Membranantrieb PM 812 mit 1500 cm² Membranfläche. Typenblatt 6713000, Ausgabe 11.90. Eckardt AG, Stuttgart

2.12 Stellgerät: Einsitz-Stellventil V 713 Nenndruck PN 10-40 und pneumatischer Membranantrieb PM 813. Typenblatt 6713001, Ausgabe 1.93. Eckardt AG, Stuttgart

2.13 Bauart 250: Pneumatisches Stellgerät Typ 251-1 und Typ 252-7, Einsitz-Durchgangsventil Typ 251. Typenblatt T 8051. In: SAMSON Katalog Stellgeräte für die Verfahrens-

**Tabelle 2.2.** Vor- und Nachteile gängiger Hubventile (Fortsetzung)

| Ventilbauart | Typische Verfügbarkeit | Vorteile | Nachteile |
| --- | --- | --- | --- |
| Drei-Wege-ventil | DN 15-300<br>PN 25-40<br>ANSI 150-300 | – Geeignet für Misch- und Verteilerbetrieb durch einfachen Umbau vor Ort<br>– Zahlreiche Optionen verfügbar (Oberteile, Antriebe usw.)<br>– Gleichbleibender Gesamtdurchfluß durch lineare Ventilcharakteristik | – Eingeschränkter Anwendungsbereich (niedrige Differenzdrücke)<br>– Wegen geringer Verbreitung aufwendig und teuer (Gesamtanteil < 1 %) |
| Membran-ventil | DN 15-150<br>PN 6-16<br>ANSI 125 | – Ideal für feststoffbeladene Medien<br>– Nur leicht gekrümmter Strömungsweg<br>– Ökonomische Lösung bei niedrigen Temperaturen und Drücken<br>– Dichter Abschluß möglich | – Sehr begrenzter Anwendungsbereich in Bezug auf Temperaturen und Druck<br>– Nur geringer Regelbereich (innerhalb des ersten Viertels des Ventilhubes) |
| Schieber-ventil | DN 15-100<br>PN 25-40<br>ANSI 150-300 | –Sehr kompakt, Sandwichbauweise zum Einklemmen<br>– Unabhängig von Flanschnormen (DIN oder ANSI)<br>– Ökonomische Lösung | – Anwendung auf saubere Medien beschränkt<br>– Keine Optionen verfügbar wie bei „leichter Baureihe"<br>– Geringe Regelbarkeit (Kurzhub) |
| Schlauch-ventil | DN 15-150<br>PN 6-16<br>ANSI 125 | – Ideal für Schlämme und verschmutzte Medien<br>– Gerader Durchgang, geringe Verstopfungsgefahr<br>– Gute Dichtheit nach außen (keine Stopfbuchse) | – Sehr begrenzter Anwendungsbereich in Bezug auf Temperaturen und Druck<br>– Sehr geringer Regelbereich<br>– Anwendung nicht erlaubt bei gefährlichen Stoffen |

technik Ausgabe 12/92. S 61. Samson Meß- und Regeltechnik, Frankfurt a.M.
2.14 ARI-Armaturen: Pneumatisches Stellventil in Durchgangsform STEVI-P. Datenblatt 440–441 DP Ausgabe 06.91. ARI-Armaturen Albert Richter, Schloß Holte-Stukenbrock
2.15 Serie 21000 Regelventile: NW 25–40, Druckstufen ANSI 900, 1500, 2500. In: Multi-F Masoneilan: Das neue System für Regelventile. Katalog Nr. 377 (G). Masoneilan, Düsseldorf. S 12
2.16 Baureihe 2000: Obengeführte Regelventile. Geräteinformation DA-13.4, Ausgabe 07.91. Honeywell Regelsysteme, Offenbach
2.17 Stellventile aus Gußeisen mit Kugelgraphit: mit pneumatischem Antrieb, Feder schliessend. 12.2.100 Ausgabe 05/95, Blattnummer 001-1. Magdeburger Armaturenwerke, Magdeburg
2.18 MICON-Einsitz-Stellventil. Druckschrift-Nr. DS 5724 P d 04.94. Schmidt Armaturen, Villach/Austria
2.19 Stellgerät: Eck-Stellventil und pneumatischer Membranantrieb V 743. Typenblatt 6743000, Ausgabe 11.83. Eckardt AG, Stuttgart
2.20 Bauart 250: Pneumatisches Stellgerät Typ 256-1 und Typ 256-7, Eckventil Typ 256. In:

SAMSON Katalog Stellgeräte für die Verfahrenstechnik, Ausgabe 12/92. Samson Meß- und Regeltechnik, Frankfurt a.M. S. 91
2.21 Hochdruck-Eckventile: Serie II000/15000. Druckschrift Nr. 1101 D – 10.93. Kämmer Ventile, Essen
2.22 Stellgerät: Doppelsitz-Stellventil V 721 und pneumatischer Membranantrieb. Typenblatt 6720000, Ausgabe 2.84. Eckardt AG, Stuttgart
2.23 Serie 11000 Regelventile: NW 80–300, Druckstufen ANSI 150, 300, 600. In: Multi-F Masoneilan: Das neue System für Regelventile. Katalog Nr. 377 (G). Masoneilan, Düsseldorf. S 17
2.24 Dreiwege-Sellventile Baureihe VV 01, VM 01. Prospekt Ausgabe 11.94. Magdeburger Armaturenwerke, Magdeburg
2.25 Baureihe 2003/2013: Dreiweg-Regelventile. Geräteinformation DA-22.4, Ausgabe 07.91. Honeywell Regelsysteme, Offenbach
2.26 ARI-Armaturen: Pneumatisches Stellventil in Dreiwegeform. Datenblatt 423–463 DP, Ausgabe 06.91. ARI-Armaturen Albert Richter, Schloß Holte-Stukenbrock
2.27 Bauart 240: Pneumatisches Stellgerät Typ 243-1 und Typ 243-7, Dreiwegeventil Typ

**Tabelle 2.3.** Spezifische Eigenschaften ausgewählter Hubstellgeräte [1.8]

Bewertung der Kriterien:

++ sehr gut
+ gut
0 noch befriedigend
− weniger gut geeignet
−− völlig ungeeignet bzw. ungenügend

| | Einsitzventil (leichte Baureihe) | Einsitz-Vierflanschventil | Doppelsitz-Vierflanschventil | Drei-Wege-Misch-/Verteilerventil | Geräuscharmes Mehrstufenventil | Käfigventil mit Lochkäfig | Membran- oder Schlauchventil | Hochdruck-Eckventil | Schlitzschieber-Ventil |
|---|---|---|---|---|---|---|---|---|---|
| Kleinste verfügbare Nennweite | 15 | 25 | 50 | 15 | 25 | 25 | 15 | 25 | 15 |
| Größte verfügbare Nennweite | 300 | 150 | 300 | 300 | 300 | 300 | 150 | 150 | 100 |
| Preis/Nennweitenverhältnis | + | − | −− | 0 | −− | 0 | ++ | −− | + |
| Preis pro $K_V$-Wert | + | − | −− | 0 | −− | 0 | ++ | −− | + |
| Erreichbarer $K_V$-Wert pro Nennweite | 0 | − | 0 | 0 | −− | + | + | 0 | − |
| Erreichbares Stellverhältniss $K_{VS}/K_{V0}$ | ++ | + | 0 | + | 0 | 0 | −− | + | − |
| Kennliniengüte linear/gleichprozentig | + | ++ | + | + | 0 | + | −− | + | 0 |
| Dichtheit im Sitz | ++ | ++ | − | + | − | + | + | + | 0 |
| Eignung für Regelbetrieb | ++ | ++ | 0 | ++ | + | ++ | − | + | 0 |
| Reibung und Hysteresis | + | + | + | + | + | 0 | 0 | 0 | − |
| Dichtheit nach außen (Stopfbuchse) | 0 | 0 | 0 | 0 | 0 | 0 | + | 0 | 0 |
| Erforderliche Antriebskraft | + | 0 | ++ | 0 | − | + | −− | − | 0 |
| Variabilität (verfügbare Optionen) | ++ | ++ | + | 0 | − | ++ | − | + | − |
| Anwendbarer Temperaturbereich | ++ | ++ | + | + | ++ | + | −− | ++ | 0 |
| Anwendbarer Druckbereich | + | ++ | ++ | + | ++ | ++ | −− | ++ | + |
| Geräuschverhalten bei Gasen/Dampf | 0 | 0 | − | 0 | ++ | + | −− | 0 | + |
| Neigung zu Kavitation | 0 | 0 | −− | 0 | ++ | + | −− | 0 | − |
| Neigung zu Erosion | 0 | 0 | 0 | 0 | + | + | ++ | + | + |
| Totraumfreiheit im Gehäuse | − | − | − | − | − | − | + | + | + |
| Feuersicherheit des Ventils | 0 | 0 | 0 | − | 0 | 0 | −− | 0 | 0 |
| Anwendbarkeit bei Suspensionen | − | − | − | − | −− | −− | ++ | − | 0 |
| Reparaturfreundlichkeit des Ventils | + | ++ | ++ | + | − | + | − | 0 | − |
| Durchnittliche Lebensdauer | + | ++ | ++ | + | 0 | ++ | − | + | 0 |
| Anteil in % aller Industrieventile ca. | 35 | 10 | < 1 | 2 | < 1 | 5 | 2 | < 1 | < 1 |

243. In: SAMSON Katalog Stellgeräte für die Verfahrenstechnik Ausgabe 12/92. Samson Meß- und Regeltechnik, Frankfurt a.M. S 45

2.28 Dreiwege-Stellventil. Schmidt Armaturen, Villach/Austria

2.29 Bauart 250: Pneumatisches Stellgerät Typ 255-1, Durchgangsventil mit mehrstufigem Axialkegel Typ 255. In: SAMSON Katalog Stellgeräte für die Verfahrenstechnik Ausgabe 12/92. Samson Meß- und Regeltechnik, Frankfurt a.M. S 87

2.30 Bauart 250: Stellventil mit Keramik-Stellelementen. In: SAMSON Katalog Stellgeräte für die Verfahrenstechnik, Ausgabe 12/92. Samson Meß- und Regeltechnik, Frankfurt a.M. S 105

2.31 Gulde Einsitz-Stellventil Baureihe 1018. Prospekt Ausgabe 01.94 Fisher-Gulde, Ludwigshafen a.Rh.

2.32 Bauart 240: Pneumatisches Stellgerät Typ 245-1, Membran-Ventil Typ 245. In: Samson Katalog Stellgeräte für die Verfahrenstechnik Ausgabe 12/92. Samson Meß- und Regeltechnik, Frankfurt a.M. S 49

2.33 Vorgesteuertes Membran-Regelventil für Flüssigkeiten mit und ohne Hilfsenergie. STOLCO Typen MAXOMATIC, Ausgabe 10.95. Stoltenberg-Lerche, Düsseldorf

2.34 Schlauch-Membranventile mit Anschlußflansch und -stutzen für Stellantriebe. Typenblatt 100.104. Dürholdt Absperr- und Regelarmaturen, Wuppertal

2.35 Jägle B et al. (1991) Schnelle Motorantriebe für Gleitschieber-Stellventile. Verfahrenstechnik 25/6:99–100

2.36 GS-Stellventil Typ 8020 DN 15 bis DN 150. Arbeitsblatt 8020d-01.95. Schubert & Salzer, Ingolstadt

2.37 SLIDING GATE Regulator & Control Valves. Jordan Valve, Cincinnati OH

# 3 Arten und Eigenschaften von Stellgliedern mit Drehbewegung

L. KOLLAR

## 3.1
### Drehkegelstellventil

#### 3.1.1
**Drehkegelstellventil mit zylindrischem oder kegeligem Drosselkörper**

##### 3.1.1.1
**Wirkungsweise und Einsatzparameter**

Das Prinzip des Drehkegels (Hahn) ist seit mehr als 2000 Jahren bekannt und wurde als Zapfhahn, z.B. für das Abfüllen von Getränken, bekannt [1.8].

Die Stellwirkung auf einen Fluidstrom wird mit Hilfe zweier durch Drehen des Drosselkörpers veränderlicher Querschnittsflächen erreicht (Bild 3.1). Der Drehwinkel liegt im Bereich von 0° ... 90°. Der mit einem Durchbruch verschiedener Form versehene Drosselkörper kann zylinderförmig oder kegelig sein (Bild 3.1b). Stellhähne

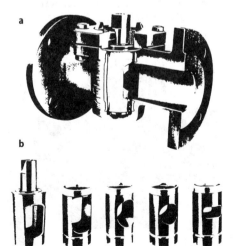

**Bild 3.1.** Drehkegelstellventil. **a** Hahn als Drosselkörper, **b** verschiedene Formen der Durchbrüche im Drosselkörper

sind zum Stellen mittlerer bis großer Durchflüsse bei Nennweiten DN 10 ... 300 und Nenndrücken PN 10 ...40 geeignet. Sie werden für $K_{vs}$-Werte von 100–4000 gebaut. Kegelige Drosselkörper sind hinsichtlich einer Abdichtung des Fluids besonders gut geeignet, weil das Nachstellen durch stärkeres Anpressen des Drosselkörpers relativ einfach möglich ist.

Für reine Regelaufgaben sind Drehkegelventile mit Hahn als Drosselkörper wenig geeignet, auch wenn durch verschiedene Form des Durchbruches besseres Stellverhalten erzwungen wird [1.8]. Die aufzuwendenden Stellkräfte sind kleiner als bei vergleichbaren Hubstellventilen. Bei feinen Hubänderungen kann es in Folge der Reibung zu *ruckartigem* Verstellen (Stick-Slip-Effekt) des Drosselkörpers kommen. Aus diesem Grunde, und um metallische Oberflächen einer Stellgarnitur vor Korrosion zu schützen, werden Hähne u.a. mit Überzügen aus PTFE ausgekleidet. Die zulässige Temperatur wird von der Art des Überzuges bestimmt. Für PER werden –40 °C ... 180 °C, für FEP –40 °C ... 160 °C und für PVDF –40 °C ... 140 °C angegeben [3.1].

##### 3.1.1.2
**Körper und Bauformen**

Der Körper eines Drehkegelstellventils für zylindrische und kegelige Drosselkörper wird zumeist mit Flanschen ausgestattet. Da der Außendurchmesser des Drosselkörpers größer ist als die Nennweite des Rohres, ist eine Sandwichbauweise nicht gebräuchlich [1.5, 3.1].

Abgesehen von den Ausprägungen der Lager- und Hahnsitze sind Körper von Drehkegelstellventilen zumeist rotationssymmetrisch. Sie werden aus Guß (z.B. GS-C25) oder rostfreiem Stahl (z.B. CF 8M) gefertigt. Die Auskleidung kann aus synthetischen Stoffen oder Keramik sein.

Wenn nicht besonders vermerkt, ist der Körper des Drehkegelstellventils und der Drehkegel aus gleichem Werkstoff hergestellt.

##### 3.1.1.3
**Drosselelemente**

Bei Kegelventilen mit zylinderförmigen oder konischen Drosselelementen werden

Hähne mit für den jeweiligen $K_{vs}$-Wert erforderlichen Durchbrüchen ausgestattet (s.a. Bild 3.1b). Durch Austausch der Drosselelemente wird der $K_{vs}$-Wert eines Drehkegelventils geändert. Die Kennlinien können linear oder gleichprozentig sein. Mit Hilfe von speziellen Kurvenscheiben in Verbindung mit dem Antrieb eines Drosselkörpers läßt sich die gewünschte Kennlinie erreichen [3.1]. Somit ist es auch möglich, nach Inbetriebnahme die Kennlinie z.B. durch Auswechseln der Kurvenscheiben zu verändern (Bild 3.2a). Das theoretisch sich ergebende Stellverhältnis ($K_{vs}/K_{v0}$, s.a. Pkt. 1.3.2. Gln. 1.3a, 1.4a) kann zwischen 25 und 50 liegen [1.5, 1.8]. Das für industriell verfügbare Drehkegelstellventile mit zylinderförmigem Drosselkörper ausgenutzte Stellverhältnis unter realen Einsatzbedingungen liegt zwischen 23 und 35 (Bild 3.2b).

#### 3.1.1.4
**Abdichtung Drosselkörper – Ventilantrieb**
Ein Hahn eines Drehkegelventils hat mit dem Gegensitz flächenhaften Kontakt. Deshalb ist eine zusätzliche Abdichtung nicht erforderlich. An der Seite der herausgeführten Antriebswelle befinden sich zwischen Hahn und Druckflansch zumeist eine Formmembran und entsprechende Dichtringe, so daß die Anforderungen der TA-Luft erfüllt werden [1.8, 3.1].

#### 3.1.2
**Drehkegelstellventil mit kugelförmigem Drosselkörper**
#### 3.1.2.1
**Wirkungsweise und Einsatzparameter**
Beim Drehkegelstellventil mit kugelförmigem Drosselkörper wird eine durchbohrte Kugel verdreht, die an zwei gegenüberliegenden Strömungskanten den freien Querschnitt verändert, wodurch sich eine Fluiddrosselung ergibt (Bild 3.3). Mit derartigen Drosselkörpern kann ein sicheres Absperren auch bei großen Druckdifferenzen sowie ein geringer Druckverlust in der Auf-Stellung realisiert werden [1.5, 1.8, 3.3–3.7]. Aus diesen Gründen wurden Drehkugelventile in der Vergangenheit hauptsächlich für Auf-Zu-Betrieb eingesetzt, da bei kontinuierlichem Stellen durch einen Fluidstrom die Dichtheit in Zu-Stellung (Bild 3.4) – in Folge von Verschleiß nach längerer Nutzung als Stellglied – nicht für alle Anforderungen zu erfüllen ist. Erst mit dem Einsatz von z.B. Keramik oder nitrierten Oberflächen wird das Drehkugelstellventil zunehmend eingesetzt [1.5, 1.8, 3.4, 3.5]. Dreh-

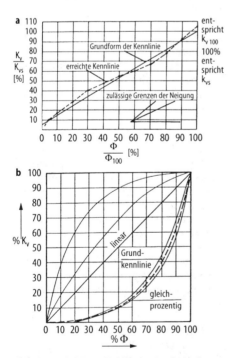

**Bild 3.2.** Kennlinien von Drehkegeln mit zylindrischem Drosselkörper [3.1]. **a** Standardkennlinie, **b** Stellverhältnis

**Bild 3.3.** Drehkugelstellventil [3.6]. *1* Drehkugel als Drossekörper, *2* Anti-blow-out-Schaltwelle

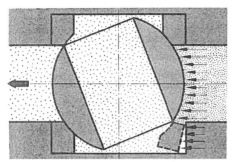

Bild 3.4. Drehkugelstellventil [3.5]. Druckwirkung in Zu-Stellung bei abgenutztem oder zu weichem Dichtring

kugelstellventile werden für Nennweiten DN 25 ... 500 bei sehr kleinen Drücken (z.B. Vakuum [3.5]) bis zu Drücken PN 100 und mit $K_{vs}$-Werten 8 ... 400 m³/h angeboten. Ein Kugelhahn (Standardausführung) mit zwei Drosselkanten hat einen großen Stellbereich mit nahezu gleichprozentiger Kennlinie und ein Stellverhältnis zwischen 100 und 300 [1.5]. Ein Einbau in Rohrleitungen gleicher Nennweite ist meistens nicht möglich, weil im Auf-Zustand der Druckabfall über dem Drosselkörper zu gering ist und eine Regelung daher erschwert wird [1.5, 1.8].

Wichtige *Vorteile* für Drehkugelstellventile zu vergleichbaren Hubventilen sind [3.4, 3.5]:

- kleinere Nennweiten mit Platz- und Gewichtsersparnissen bei gleichem $K_{v\,100}$,
- geringste Druckverluste und größter Durchfluß in Auf-Stellung,
- blasendicht in Zu-Stellung, deshalb auch als Absperrarmatur verwendbar,
- geeignet für feststoffhaltige Fluide,
- kompakte Konstruktion für die Stelleinrichtung.

### 3.1.2.2
**Körper und Bauform**

Körper für Drehkugelstellventile werden mit Flanschen oder zum Einschweißen und für kleine Nennweiten (DN <50) auch mit Rohrverschraubung gefertigt. Im allgemeinen hat das Drosselglied einen größeren Durchmesser als die Nennweite des Rohres, weshalb Sandwichausführungen nicht eingesetzt werden. Die Körper für Drehkugelstellventile sind meistens zwei- aber auch dreiteilig (größere DN) ausgeführt. Häufig ist der Körper in Achsrichtung geteilt und durch einen Deckelflansch zur Aufnahme der Drehkugelachse und zum Abdichten gegen die Umwelt verschlossen. Bei größeren Nennweiten wird der Stellventilkörper seitlich von der Lagerung des Drosselkörpers durch einen weiteren montagebedingten Flansch ergänzt (Bild 3.3).

Drehkugelstellventilkörper werden aus hochwertigen nichtrostenden Stählen oder aus Sonderlegierungen und je nach Einsatzgebiet auch Kunststoff verkleidet gefertigt [3.3, 3.4]. Für besondere Anwendungen werden auch Hasteloy, Monel und Titan verwendet [3.2].

### 3.1.2.3
**Drosselelemente**

Da Drehkugelstellventile einen geradlinigen Strömungsdurchgang in der Auf-Stellung zulassen und der Drosselkörper sich flächenhaft an die Sitzelemente (Dichtringe) anschmiegt, werden sie auch zur Beeinflussung der Strömung *hochviskoser* Fluide eingesetzt. Die Kennlinie ist in weiten Grenzen des Stellbereichs nahezu gleichprozentig (Bild 3.5). Sie kann durch Stellungsregler in Verbindung mit Kurvenscheiben auch linear sein [3.3]. Durch Auswechseln der Stellkugel kann z.B. innerhalb einer Nenn-

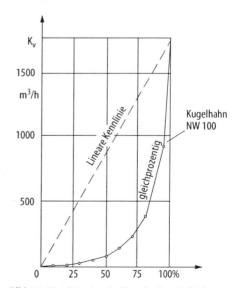

Bild 3.5. Kennlinie eines Drehkugelstellventils [3.5]

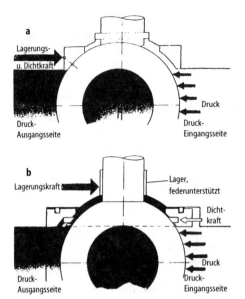

**Bild 3.6.** Führung des Drosselkörpers [3.8]. **a** schwimmender Drosselkörper, **b** gelagerter Drosselkörper

Strömungsrichtung hängt von der konstruktionsmäßigen Anordnung der Sitzelemente (Dichtringe) ab (Bild 3.6).

Bei der schwimmend gelagerten Stellkugel erfolgt die Abdichtung in Strömungsrichtung auf der druckentlasteten Seite des Drosselkörpers. Der Drosselkörper schwimmt durch den Fluiddruck auf den Dichtring der druckentlasteten Ventilseite auf (Bild 3.6a). Dadurch wirkt das Sitzelement als Lager und gleichzeitig als Dichtelement (Dichtung). Die vom Druck über den Sitzring erzeugte Anpresskraft der Kugel wird vom Gehäuse hinter dem Sitzring abgestützt.

Bei dem gelagerten Drosselkörper erfolgt die Abdichtung auf der dem abzudichtenden Fluid zugekehrten Seite der Kugel (Bild 3.6b). Der federunterstützte Dichtring wird durch den Druck des Fluids auf die gelagerte Kugel gepreßt. Die Lagerung der Kugel kann durch angedrehte Wellen, Zapfen oder Lagerschalen im Drehkugelstellventilkörper erfolgen. Die Stellkugel ist aus hochwertigen Stählen mit Kunststoff beschichtet oder aus einem Stahlkern mit Oxidkeramik gefertigt. Die Temperaturbereiche werden von der zulässigen thermischen Belastung der Kunststoffbeschichtung bestimmt (Bild 3.7).

weite der $K_{vs}$-Wert in drei Größen gewählt werden. Durch spezielle Gestaltung des Durchbruches im Drosselkörper ist der Stellbereich zwischen 7% und 75% des $K_{vs}$-Wertes variierbar [3.3]. Die Lagerung des Drosselkörpers und das damit verbundene Prinzip der Abdichtung eines Fluids in der

### 3.1.2.4
**Abdichtung Drosselkörper – Ventilantrieb**

Ein Drehkugelstellventil ist nur in der Zu-Stellung dicht. In jeder Zwischenstellung,

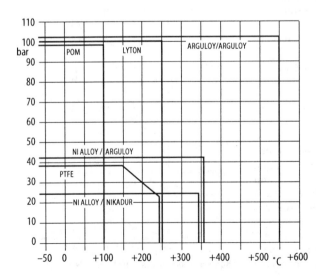

**Bild 3.7.** Betriebsdruck und -temperatur für eingesetzte Dichtungsmaterialien [3.2]

die beim Stellen eines Fluids auftritt, gelangt Fluid in das Gehäuse. Aus diesem Grunde ist eine *zusätzliche* Abdichtung durch Stopfbuchsen, die auch selbstspannend sein können, erforderlich.

### 3.1.3
### Drehkegelstellventil mit kugelsegmentförmigem Drosselkörper

#### 3.1.3.1
#### Wirkungsweise und Einsatzparameter

Dieses Stellprinzip hat seit seiner Einführung in den sechziger Jahren mit dem „camflex"-Stellventil durch das Unternehmen Massoneilan zunehmende Bedeutung erlangt [1.8, 3.10].

Die Drosselwirkung entsteht durch Verstellen eines schwenkbaren pilzartigen Drosselkörpers, dem Kugelsegment, senkrecht zur Fluidströmung (Bild 3.8). Dadurch gelang es, den großen $K_{vs}$-Wert und die kompakte Gestaltung eines Kugelventils mit ausgewählten Eigenschaften eines Standard-Hubventils (geringe Reibung, gute Regelbarkeit) zu kombinieren [1.8, 3.10–3.12]. Mit derartigen Drehkegelstellventilen werden $K_{vs}$-Werte zwischen 10 ... 4000 erreicht. Die Nennweiten liegen im Bereich DN 25 ... 300, die Nenndrücke zwischen PN 10 ... 40. Die Betriebstemperatur kann zwischen –200 °C ... 400 °C liegen. Der Regelbereich beträgt 100 : 1, die Kennlinie kann linear oder gleichprozentig sein.

#### 3.1.3.2
#### Körper und Bauformen

Körper für Drehkugelsegmentstellventile werden mit Flanschen oder in Sandwichbauweise in eine Rohrleitung eingefügt (Bild 3.9). Sie werden zumeist mit Durchführung in einem Stück aus Stahlguß gegossen.

#### 3.1.3.3
#### Drosselelement

Als Drosselelement wird ein selbstzentrierender exzentrisch gelagerter kugelsegmentförmiger Drosselkörper eingesetzt. Um die Reibungskräfte des Drosselkörpers beim Herausdrehen aus dem Sitz der Zustellung besser zu beherrschen, wird der Drehkegel *exzentrisch* zur Strömungsachse

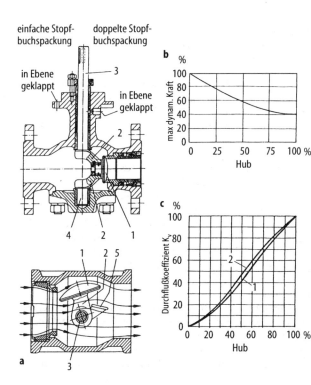

**Bild 3.8.** Drehkegelventil mit exzentrisch gelagertem Kugelsegment [1.18]. **a** prinzipieller Aufbau (Strömungsverlauf): *1* Kugelsegment (Drehkegel), *2* Arm, *3* Antriebswelle, *4* Gegenlager, *5* Stabilisierungsflügel, **b** Verlauf der maximalen dynamischen Kraft, **c** Durchflußkennlinie, *1* Öffnungsrichtung, *2* Schließrichtung

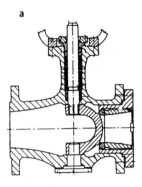
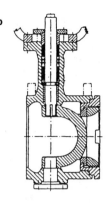

**Bild 3.9.** Flanschen- und Sandwicheinordnung eines Ventils in eine Rohrleitung mit kugelsegmentförmigem Drosselkörper [3.12]. **a** Flanschbauweise **b** Sandwichbauweise

angeordnet (Bild 3.8a). Das auf den Drosselkörper drückende Fluid erzeugt über die Fläche des Kugelsegments in Verbindung mit dessen Lagerkräften ein Kräftepaar, das beim Öffnen in Richtung des Antriebsmoments und beim Schließen entgegen dem Antriebsmoment wirkt. Deshalb wird bei größeren Betriebsdrücken eine kleinere und bei kleineren Betriebsdrücken eine größere Exzentrizität für ein gleich großes Antriebsmoment vorgesehen.

Da in der Zu-Stellung der Drosselkörper in die Sitzfläche des Dichtringes gepreßt wird, ist darauf zu achten, daß die Auftreffwinkel der Sitzkugelfläche größer sind als die Haftreibungswinkel der Stoffpaarung Sitzring – Drosselkörper, anderenfalls ergibt sich Selbsthemmung durch Reibungskräfte.

Bei einem Öffnungswinkel des Drosselkörpers zwischen 65° ... 70° des möglichen Schwenkwinkels ergeben sich hohe Beanspruchungen des Antriebs in Folge der Fluidströmung, die auf den Drosselkörper einwirkt. Gleichzeitig damit verbunden ist auch eine verstärkte Geräuschentwicklung.

Zur Verringerung der Belastung eines Antriebes in Folge des Strömungswiderstandes vom Drosselkörper werden mit dem Drosselkörper fest verbundene Flügel (wing) vorgesehen (Bild 3.8a). Dadurch wird selbst beim kleinsten Strömungswiderstand des Drosselkörpers ($K_{v\,100}$) eine Umkehrung des Drehmoments ausgeschlossen [3.11]. Hinsichtlich geringer dynamischer Beanspruchungen des Antriebs und maximaler $K_{vs}$-Werte bei gleichzeitig minimiertem Geräuschpegel ist das Drehkegelventil nach Bild 3.10 ausgelegt. Durch

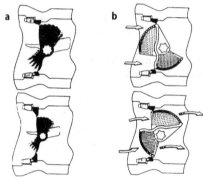

**Bild 3.10.** Optimierter Drehkegel [3.13]. **a** Zu-Stellung, **b** Auf-Stellung

eine andere Konstruktion des Drehkegels wird die Strömung geteilt, was eine geräuscharme Entspannung bei Gasen ermöglicht.

### 3.1.3.4
### Abdichtung Drosselkörper – Ventilantrieb

Drehkugelsegmentstellventile haben zumeist im Inneren Gleitlager für die herausgeführte Antriebswelle. Der Zapfen auf der der Antriebswelle gegenüberliegenden Lagerseite ist entweder als Sackbohrung im Gehäuse oder durch einen Deckel nach außen dicht abgeschlossen.

Das Abdichten der zum Antrieb herausgeführten Welle wird durch Stopfbuchsen mit Ringpackung oder Dachmanschette mit und ohne Selbsteinstellung der Anpreßkraft erreicht. Um Lager und Antriebswelle vor aggressiven Fluiden zu schützen und ein Auslaufen von Fluiden sicher auszuschließen, können O-Ringe und/oder Faltenbalgabdichtungen eingesetzt werden.

### 3.1.4
### Stellklappe
#### 3.1.4.1
#### Wirkungsweise und Einsatzparameter

Die Drosselwirkung einer Stellklappe beruht darauf, daß sie in einem Fluidstrom (z.B. Gas, Dampf, Flüssigkeit) durch unterschiedliches Ausschwenken im Bereich von 0° ... 90° (oft nur bis zu rd. 65°) einen kontinuierlich verstellbaren Strömungswiderstand ergibt (Bild 3.11).

Stellklappen werden zum kontinuierlichen Verstellen großer bis sehr großer Fluidströme eingesetzt. Stellklappen haben bei gleicher Nennweite eine kürzere Baulänge als Hubstellventile und sind insbesondere bei größeren Nennweiten preisgünstiger [3.14, 3.20]. Verfügbare Nennweiten liegen im Bereich DN 8 ... 1200. Für spezielle Anwendungen werden auch Nennweiten von DN 4000 gefertigt [3.20]. Bei den kleineren Nennweiten können Nenndrücke PN 10 bis PN 100 beherrscht werden. Der Durchflußkoeffizient bei einer um 90° (Auf-Stellung) ausgeschwenkten Stellklappe kann zwischen 92 m³/h (DN 50) bis zu rd. 94 000 m³/h (DN 1200) betragen.

In der Zu-Stellung können Stellklappen als durchschlagend, anschlagend, exzentrisch und doppelexzentrisch ausgeführt sein.

#### 3.1.4.2
#### Körper und Bauformen

Körper von Stellklappen werden in Sandwichbauweise, Einflansch- und Doppelflanschausführung aus Stahlguß oder Edelstahl, je nach Anforderungen mit oder ohne Kunststoffauskleidung, hergestellt.

Für höhere Temperaturen (200 °C) und tiefere Temperaturen (0 °C) sind offene oder geschlossene Wellenverlängerungen lieferbar, welche die Distanz zwischen Antrieb und erwärmten Rohrwänden erhöhen bzw. die Stopfbuchsen vor Vereisung schützen.

Bei kunststoffbeschichteten Stellklappen werden zumeist auch die Innenwände des Stellklappenkörpers mit Kunststoff beschichtet.

#### 3.1.4.3
#### Drosselelemente

Drosselelemente für Stellklappen werden nach verschiedenen Schwerpunkten optimiert. Daraus resultieren verschiedene Formen, die z.B. besonders günstige Strömungsverhältnisse und geringe Geräuschentwicklung ergeben oder einen günstigen Verlauf des Strömungswiderstands und damit des Stellmoments verursachen [3.19, 3.20]. Die Durchflußkennlinie einer Stellklappe ist *progressiv* ansteigend und hat bei 70° ... 75° einen Wendepunkt. Wird einem Stellbereich h von 0–100% ein Stellwinkel (Schwenkwinkel) von 0° ... 75° zugeordnet, so ergibt sich für den Durchfluß als Näherung eine vom Stellbereich quadratische Abhängigkeit (Bild 3.12). Eine Vergrößerung des Schwenkwinkels über 60° ist zumeist unzweckmäßig, weil sich bei vergrößerndem Öffnungswinkel das dynamische Drehmoment stark erhöht und dadurch Neigung zur Instabilität entsteht. Ist der zum Regeln verfügbare Differenzdruck relativ niedrig im Vergleich zu den übrigen Strömungswiderständen im Regelkreis, z.B. <20%, so wird die Durchflußkennlinie im oberen Öffnungsbereich stark abgeflacht. Eine Durchflußkennlinie wird bereits durch Anpassungsstücke beeinflußt, wenn DNA/DNP <0,7 wird [3.16] (DNA Nennweite im Auslauf, DNP Nennweite im Zulauf). Bei zentrisch gelagerter Stellklappe verläuft die Antriebswelle mittig durch das Armaturengehäuse und rechtwinklig zur Strömungsachse des Fluids. In der Zu-Stellung steht die Drosselklappe senkrecht zur Rohrwand und schließt mit einer zulässi-

**Bild 3.11.** Stellklappe mit Doppelflansch [3.14]

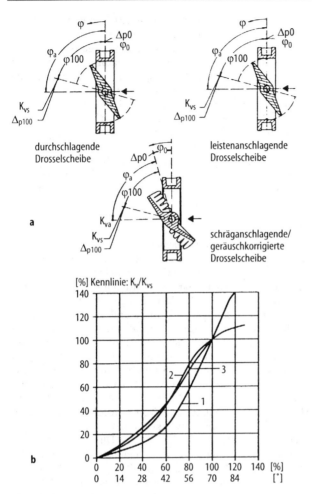

**Bild 3.12.** Kennlinie verschieden anschlagender Drosselkörper [3.19]. **a** Bauformen, **b** Kennlinie, *1* durchschlagender Drosselkörper, *2* leistenanschlagender Drosselkörper, *3* schräganschlagender Drosselkörper

gen Leckrate von 1% $K_{vs}$ bei 60° Schließwinkel bzw. 0,5% $K_{vs}$ bei 90° Schließwinkel. Zur Verbesserung der Dichtheit in der Zu-Stellung werden exzentrisch gelagerte Stellklappen mit Anschlag gefertigt. Die dabei sich ergebende Leckrate wird mit 0,1% $K_{vs}$ bei 60° Schließwinkel und mit 0,05% $K_{vs}$ bei 90° Schließwinkel bis zu der maximalen Betriebstemperatur angegeben.

Hinsichtlich der Realisierung regelungstechnischer Gesichtspunkte sind zentrisch gelagerte Stellklappen gut geeignet. Bei exzentrisch gelagerter Stellklappe schneiden sich Drehachse der Stellklappe und Rohrlängsachse nicht in Rohrmitte, sondern versetzt zur Klappenmittellinie.

Bei doppelexzentrisch gelagerter Stellklappe ist außer dem Versatz der Antriebswelle bezüglich der Rohrlängsachse noch eine Auslenkung des Drehpunktes der Stellklappe in Richtung der Rohrlängsachse vorhanden.

#### 3.1.4.4
**Abdichtung Drosselkörper – Antriebselement**
In Abhängigkeit vom Betriebsdruck und von der Größe der Fläche ergeben sich entsprechende Belastungen der Lager und der Antriebswelle des Drosselkörpers. Diesen Belastungen angepaßt, werden die Antriebswellen innen oder zumeist außen gelagert.

Die Abdichtung des dem Antrieb abgekehrten Lagers erfolgt zumeist über dicht schließende Lagerdeckel. Zur Antriebsseite hin werden Stopfbuchsen und für Sonderanwendungen auch der Faltenbalg eingesetzt.

## 3.2
### Vor- und Nachteile ausgewählter Stellglieder mit Dreh-(Schwenk-) Bewegung des Drosselkörpers

Wichtige *Vorteile* dieser Stellglieder ergeben sich im Vergleich zu Hubstellventilen aus dem zumeist größeren Stellverhältnis, den geringeren Baulängen, dem öffnend wirkenden dynamischen Drehmoment sowie dem geringeren Eigengewicht (Tabellen 3.1 und 3.2). *Nachteilig*, insbesondere bei größeren Stellklappen, ist die geringe Dichtheit in der Zu-Stellung für den Einsatz als Regel- und Absperrarmatur.

**Tabelle 3.1.** Vor- und Nachteile von Stellgeräten mit Schwenkbewegung [1.8]

| Ventilbauart | Typische Verfügbarkeit | Vorteile | Nachteile |
|---|---|---|---|
| Kugelventil mit „schwimmender" Kugel | DN 15-200<br>PN 16-100<br>ANSI 125-600 | – Extrem hohe $K_V$-Werte bei voller Bohrung = Nennweite<br>– Robuste Konstruktion mit Selbstreinigungseffekt<br>– Exzellente Dichtheit | – Hoher Druckrückgewinn, niedrige $F_L$- und $X_T$-Werte<br>– Geringes Drosselvermögen<br>– Hohe Reibung + Hysteresis<br>– Teuer bei großen Nennweiten |
| Kugelventil mit „gelagerter" Kugel | DN 100-1000<br>PN 10-40<br>bis ANSI 300 | – Extrem hohe $K_V$-Werte bei voller Bohrung = Nennweite<br>– Robuste Konstruktion mit Selbstreinigungseffekt<br>– Gute Dichtheit | – Hoher Druckrückgewinn, niedrige $F_L$- und $X_T$-Werte<br>– Geringes Drosselvermögen<br>– Beschränkter Differenzdruck<br>– Teuer bei großen Nennweiten |
| Kugelsegment-ventil | DN 50-400<br>PN 16-40<br>ANSI 125-300 | – Hohe $K_V$-Werte<br>– Gute Regelbarkeit und Charakteristik bei V-Schlitz-Segment<br>– Ökonomische Alternative bei großen Nennweiten > DN 150 | – Hoher Druckrückgewinn, niedrige $F_L$- und $X_T$-Werte im Vergleich zu Standardventilen<br>– Geringes Drosselvermögen<br>– Beschränkter Differenzdruck |
| Drosselklappen (normale Ausführung) | DN 50-1200<br>PN 6-25<br>bis ANSI 150 | – Kompakt und geringes Gewicht bei Sandwich-Gehäuse<br>– Preiswerte Alternative<br>– Hohe $K_V$-Werte, gute Regelbarkeit, geringe Drehmomente<br>– Breite Palette von Auskleidungsmaterialien verfügbar | – Hohe Restleckmenge bei durchschlagender Ausführung<br>– Nur geringe Differenzdrücke zulässig (Lärm, Kavitation)<br>– Begrenzte Anwendung bei ausgekleideten Klappen<br>– Keine Optionen verfügbar |
| Drosselklappen (schwere Ausführung mit exzentrisch gelagerter Scheibe) | DN 100-400<br>PN 25-250<br>ANSI 150-1500 | – Kompakte Ausführung bei Sandwich-Gehäuse<br>– Hohe $K_V$-Werte, gute Regelbarkeit<br>– Gute Dichtheit bei hohem statischen Differenzdruck<br>– Ökonomische Alternative | – Nur geringe dynamische Differenzdrücke zulässig (Lärm, Kavitation usw.)<br>– Wenige Optionen verfügbar<br>– Relativ hohe Drehmomente im Vergleich zu einfachen Klappen |
| Drehkegelventil (konische Ausführung) | DN 15-200<br>PN 10-40<br>bis ANSI 300 | – Preiswerte Lösung bei AUF-ZU-Betrieb und hohen Differenzdrücken<br>– $K_V$-Werte<br>– Dichter Abschluß | – Hohe Reibung und Hysteresis<br>– Ungeeignet bei genauen Regelaufgaben<br>– Eingeschränkte Anwendung bei Teilen aus PTFE oder PFA |
| Drehkegelventil (zylindrische Ausführung) | DN 25-300<br>PN 10-40<br>bis ANSI 300 | – Preiswerte Lösung bei AUF-ZU-Betrieb und Regelungen mit geringen Anforderungen<br>– Hohe $K_V$-Werte | – Eingeschränkte Anwendung bei Teilen aus PTFE oder PFA<br>– Hoher Druckrückgewinn (Lärm, Kavitation usw.) |
| Drehkegelventil mit exzentrischer Lagerung und Kugelsegment-Oberfläche | DN 25-300<br>PN 25-100<br>ANSI 150-600 | – Kompakte Ausführung bei flanschlosem Gehäuse<br>– Hohe $K_V$-Werte, gute Regelbarkeit<br>– Hohe Dichtigkeit bei moderaten Antriebskräften<br>– Integriertes „Oberteil" | – Wenige Optionen verfügbar<br>– Relativ hoher Druckrückgewinn (Lärm, Kavitation)<br>– Teuer bei kleinen Nennweiten<br>– Eingeschränkte Anwendung bei flanschloser Ausführung |

**Tabelle 3.2.** Spezifische Eigenschaften ausgewählter Drehstellgeräte [1.8]

Bewertung der Kriterien:

++ sehr gut
+ gut
0 noch befriedigend
− weniger gut geeignet
−− völlig ungeeignet bzw. ungenügend

| | Drosselklappe (durchschlagend) | Drosselklappe (anschlagend) | Schwere doppelexzentrische Klappe | Exzentrisches Drehkegelventil | Kugelventil mit schwimmender Kugel | Kugelventil mit gelagerter Kugel | Kugelsegmentventil | Hahn mit konischen Küken | PTFE/PFA ausgekleidete Drosselklappe |
|---|---|---|---|---|---|---|---|---|---|
| Kleinste verfügbare Nennweite | 50 | 80 | 100 | 25 | 15 | 25 | 50 | 15 | 80 |
| Größte verfügbare Nennweite | 1200 | 1200 | 400 | 300 | 200 | 1000 | 400 | 200 | 300 |
| Preis-/Nennweitenverhältnis | ++ | + | 0 | 0 | + | 0 | + | 0 | + |
| Preis pro $K_V$-Wert | ++ | ++ | + | + | ++ | ++ | ++ | + | + |
| Preis Ventil + pneum. Antrieb | ++ | + | 0 | 0 | − | − | 0 | − | + |
| Erreichbares Stellverhältniss $K_{VS}/K_{V0}$ | ++ | + | ++ | ++ | + | + | ++ | 0 | + |
| Kennliniengüte linear/gleichprozentig | 0 | 0 | 0 | 0 | − | − | + | − | 0 |
| Dichtheit im Sitz | −− | 0 | + | + | ++ | + | 0 | ++ | ++ |
| Eignung für Regelbetrieb | + | + | + | + | − | − | + | −− | + |
| Reibung und Hysteresis | + | + | 0 | + | − | 0 | 0 | −− | + |
| Dichtheit nach außen (Stopfbuchse) | 0 | 0 | 0 | 0 | 0 | 0 | 0 | 0 | + |
| Erforderliche Antriebskraft | + | + | 0 | + | − | 0 | + | − | + |
| Variabilität (verfügbare Optionen) | − | − | 0 | 0 | − | − | 0 | − | − |
| Anwendbarer Temperaturbereich | ++ | ++ | ++ | ++ | + | + | ++ | 0 | 0 |
| Anwendbarer Druckbereich | 0 | 0 | ++ | + | 0 | 0 | 0 | 0 | − |
| Geräuschverhalten Gase/Dampf | −− | −− | − | 0 | −− | −− | 0 | −− | −− |
| Neigung zu Kavitation | −− | −− | −− | 0 | −− | −− | 0 | −− | −− |
| Neigung zu Erosion | − | − | 0 | 0 | 0 | 0 | 0 | 0 | − |
| Totraumfreiheit im Gehäuse | + | + | + | 0 | + | + | 0 | + | + |
| Feuersicherheit des Ventils | − | − | − | − | ++ | + | − | + | − |
| Anwendbarkeit bei Suspensionen | + | − | 0 | + | + | + | ++ | + | + |
| Reparaturfreundlichkeit des Ventils | + | 0 | 0 | 0 | + | 0 | + | − | 0 |
| Durchnittliche Lebensdauer | 0 | 0 | + | + | + | + | 0 | 0 | 0 |
| Anteil in % aller Industrieventile ca. | 9 | <1 | <2 | 14 | 13 | <1 | 3 | <1 | <1 |

Mit Hilfe der exzentrischen Lagerung wird erreicht, daß die Stellklappe auch im Bereich sehr geringer Stellwinkel einen freien Strömungsquerschnitt hat, um nach Überwindung dieses geringen Stellweges blasendicht zu schließen ohne längere reibende Berührung mit dem Dichtelement des Sitzes zu haben. Dadurch werden Verschleiß und der Bedarf an Antriebsmomenten zum Öffnen einer Stellklappe minimiert.

### Literatur

3.1 TUFLIN Regelarmaturen nach DIN und ANSI. Prospekt G, Ausgabe 03.95. XOMOX International, Lindau/Bodensee

3.2 Standard-Kugelhähne FK/79 für die Chemie. Prospekt CH 02.95 3 EB. Argus, Ettlingen

3.3 Stellkugelhähne mit Regelcharakteristik: PFA, FEP, PVDF-ausgekleidet. Prospekt. ITT Richter Chemie-Technik, Kempen/ Ndrh.

3.4 RICHTER info Nr. 9, Ausgabe 05.94. ITT Richter Chemie-Technik, Kempen/Ndrh.

3.5 Fechner B Regelkugelhähne. Sonderdruck Reg. 1094 3. Argus, Ettlingen

3.6 Metallische Dichtsysteme – wie nach Maß geschneidert für extreme Einsatzfälle. Prospekt.

3.7 Kompakt-Kugelhahn aus PFA, FEP, PTFE. Prospekt. ITT Richter Chemie-Technik, Kempen/Ndrh.

3.8 DIN Kugelhähne PN 10 – PN 250 D3. Katalog. Argus, Ettlingen

3.9 MiniTork II: Stellklappe DN 50 bis DN 300. Datenblatt Nr. 352/2 (G). Masoneilan, Düsseldorf

3.10 Camflex II: Die zweite Generation des Universal-Stellventils. Katalog Nr. BF 5000 G. Masoneilan HP+HP, Frankfurt

3.11 Baureihe 2100: FloWing-Drehkegelventil. Geräte-Information DA-11.1, Ausgabe 04. 86. Honeywell Regelsysteme, Offenbach

3.12 Stellarmaturen und Zubehör für die Automation. Fertigungsprogramm Ausgabe 01. 91, VETEC Ventiltechnik, Speyer

3.13 Maxifluß-Stellventile: Maxifluß Control Valve Typ 72.21–72.26. Prospekt Ausgsabe Juli 93. VETEC Ventiltechnik,Speyer

3.14 KEYSTONE Vanessa Serie 30.000 DIN-Ausführung. Katalog. Keystone, Mönchengladbach

3.15 Ihr Klappenprogramm bei ARI: ZERI. ZESA. ZEMO. Prospekt. ARI-Armaturen Albert Richter, Schloß Holte-Stukenbrock

3.16 Stellklappen. Prospekt M/5/84/DE Ausgabe 05.95. Magdeburger Armaturenwerk, Magdeburg

3.17 PTFE/PFA Normalklappen für korrosive Medien. Prospekt Nr. 136.03.04. Richter Chemie-Technik GmbH, Kempen/Ndrh.

3.18 TUFLIN Hochleistungsabsperr- und Regelklappe Typ 800. Prospekt K Ausgabe 08.95. XOMOX International, Lindau/Bodensee

3.19 SAMSON Katalog Stellgeräte für die Verfahrenstechnik Ausgabe 12/92. Samson Meß- und Regeltechnik, Frankfurt a.M. S 111–130

3.20 Absperrklappen für die Industrie. Produktkatalog. OHL Gutermuth Industriearmaturen, Altenstadt

# 4 Bemessungs-gleichungen für Stellglieder nach DIN/IEC 534

L. KOLLAR

## 4.1 Berechnungsziele und Gültigkeitsbereiche der Bemessungsgleichungen

Im Unterschied z.B. zum Meßumformer oder Regler, deren Parameter auch nach einer Inbetriebnahme noch eingestellt werden können, muß ein Stellglied von Beginn an den Anforderungen entsprechend einer Aufgabenstellung genügen. Deshalb ist die Auswahl eines Stellgliedes nach Größe (z.B. Nennweite, Nenndruck) und Art der Kennlinie (linear, gleichprozentig) sowie nach prozeßspezifischen und produktionstechnischen Gegebenheiten vorzunehmen (s.a. Abschn. 1.1).

Mit Hilfe verfügbarer theoretischer und empirischer Erkenntnisse können Stellglieder für den Durchfluß inkompressibler Fluide [DIN/IEC 534-2-1] und für den Durchfluß kompressibler Fluide [DIN/IEC 534-2-2] ausreichend genau bemessen werden. Das Berechnungsverfahren gilt für Newtonsche Fluide bei *turbulenter* Strömung. Gleichzeitig berücksichtigen die Gleichungen nach [DIN/IEC 534-2] den Einfluß der Druckrückgewinnung verschiedener Bauarten von Stellgliedern sowie Kavitation, Einschnürung der Fluidströmung und Viskosität.

Da diese Gleichungen nicht für Fluide mit z.B. veränderlicher Viskosität, Feststoffanteilen oder Suspensionen sowie für Kleinstellventile (hier liegt *laminare* Fluidströmung vor) gelten, werden in Überarbeitung der DIN/IEC 534-2 auch die damit im Zusammenhang stehenden Parameter künftig berücksichtigt [1.22, 1.23].

Da die Berechnung von Stellgliedern gut algorithmierbar ist und die Parameter der Stellglieder umfangreichen Standards unterliegen, wurde zumeist von Stellgliedherstellern Software entwickelt, mit deren Hilfe die Stellglied- und oft auch Stellgliedantriebsberechnung für typische Anwendungen rechnergestützt erfolgen kann [4.1–4.4].

Zur Berechnung des Durchflusses $Q$ (Volumenstrom in m³/h) oder des Durchflusses $W$ (Massenstrom in kg/h) sowie des Durchflußkoeffizienten $K_v$ sind folgende Kennwerte erforderlich (Tabelle 4.1):

$p_1$   Druck vor dem Stellglied in Pa,
$p_2$   Druck nach dem Stellglied in Pa,
$\Delta p$   $p_1 - p_2$ Druckverlust in Pa,
$\rho$   Dichte vor dem Stellglied bei Flüssigkeiten in kg/m³,
$\rho_1$   Dichte vor dem Stellglied bei Gasen und Dämpfen,
$t$   Temperatur vor dem Stellglied in °C.

## 4.2 Ausgewählte Grundbegriffe zur Kennzeichnung der Strömung bei Fluiden

Während eine Berechnung des Durchflusses durch geometrisch einfache Querschnitte (z.B. Blende, Düse) mit gutem Ergebnis möglich ist, sind rein rechnerische Ergebnisse des Durchflusses durch Querschnitte (z.B. eines Hubventils oder eines Drehkegelventils) mit Unsicherheiten behaftet [1.8, 1.11, 1.22, 1.23]. Aus diesen Gründen sind experimentelle Untersuchungen nicht zu umgehen. Diese können unter standardisierten Bedingungen [DIN/IEC 534-2-3] durchgeführt werden (Bild 4.1). Der an einer Drosselstelle eintretende spezifische Energieverlust $Y_v$ ergibt sich für turbulente Strömung zu

$$Y_v = \frac{\Delta p}{\varrho} = \xi \frac{w^2}{2} \qquad (4.1)$$

$Y_v$   spezifischer Druckenergieverlust in J/kg,
$\Delta p$   statischer Druckverlust in Pa,
$\rho$   spezifische Dichte des Fluids in kg/m³,
$\xi$   Verlustkoeffizient mit der Dimension 1,
$w$   mittlere Geschwindigkeit des Fluids in m/s.

Für den statischen Druckverlust bei turbulenter Strömung gilt:

**Tabelle 4.1.** Gleichungen zur Ventilberechnung

Nur für einstufige Ausführungen

| Druck-gefälle | Durchfluß von Flüssigkeiten kg/h | Durchfluß von Gasen m³/h | Durchfluß von Gasen kg/h | Durchfluß von Wasserdampf kg/h |
|---|---|---|---|---|
| $p_2 > \frac{p_1}{2}$ | $K_v = Q\sqrt{\dfrac{\rho}{1000\,\Delta p}}$ | $K_v = \dfrac{Q_G}{519}\sqrt{\dfrac{\rho_G\,T_1}{\Delta p\,p_2}}$ | $K_v = \dfrac{W}{519}\sqrt{\dfrac{T_1}{\rho_G\,\Delta p\,p_2}}$ | $K_v = \dfrac{W}{31{,}62}\sqrt{\dfrac{v_2}{\Delta p}}$ |
| $\Delta p < \dfrac{p_1}{2}$ | | | | |
| | $K_v = \dfrac{W}{\sqrt{1000\,\rho\,\Delta p}}$ | | | |
| $p_2 > \dfrac{p_1}{2}$ | | $K_v = \dfrac{Q_G}{259{,}5\,p_1}\sqrt{\rho_G\,T_1}$ | $K_v = \dfrac{W}{259{,}5\,p_1}\sqrt{\dfrac{T_1}{\rho_G}}$ | $K_v = \dfrac{W}{31{,}62}\sqrt{\dfrac{2v^*}{\Delta p}}$ |
| $\Delta p > \dfrac{p_1}{2}$ | | | | |

hierin ist:

| | |
|---|---|
| $p_1$ | Druck vor dem Ventil |
| $p_2$ | Druck nach dem Ventil |
| $H$ | Hub |
| $Q$ | Durchfluß in m³/h |
| $W$ | Durchfluß in kg/h |
| $\rho$ | Dichte (allgemein und bei Flüssigkeiten) |
| $\rho_1$ | Dichte vor dem Ventil (bei Gasen und Dämpfen) |
| $t_1$ | Temperatur (°C) vor dem Ventil |
| $Q_G$ m³/h | Durchfluß gasförmiger Stoffe bez. auf 0 °C und 1013 mbar |
| $\rho$ kg/m³ | Dichte von Flüssigkeiten |
| $\rho_G$ kg/m³ | Dichte gasförmiger Stoffe bei 0 °C und 1013 mbar |
| $v_1$ m³/kg | Spez. Volumen (aus Dampftafel) bei $p_1$ und $t_1$ |
| $v_2$ m³/kg | Spez. Volumen (aus Dampftafel) bei $p_2$ und $t_1$ |
| $v^*$ m³/kg | Spez. Volumen (aus Dampftafel) bei $\dfrac{p_1}{2}$ und $t_1$ |
| $p_1$ bar, $p_2$ bar, $\Delta p$ bar | Absolutdruck $p_{abs}$ |

$T_1$ in K; $t_1$ in °C; $T_1 = 273{,}15 + t_1$

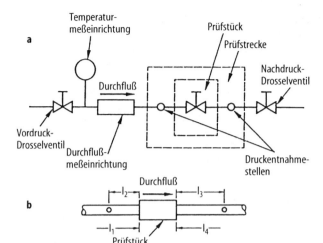

**Bild 4.1.** Durchflußprüfeinrichtung [FIN/IEC 534-2-3]. **a** Anordnung der Funktionseinheiten, **b** Abstände der Leitungen zum Prüfling: $l_1 \geq 20$ DN; $l_2 = 2$ DN; $l_3 = 6$ DN; $l_4 \geq 7$ DN

$$\Delta p = \zeta \frac{\varrho}{2} w^2 \qquad (4.2a)$$

und bei laminarer Strömung:

$$\Delta p = \zeta \eta Q \qquad (4.2b)$$

mit

$\zeta$ Widerstandsbeiwert mit der Dimension 1,
$\eta$ dynamische Viskosität des Fluids in Pa · s,
$Q$ Durchfluß in m³/h.

Experimentelle Aussagen über die eine Strömung kennzeichnenden Parameter können ermittelt werden, falls die verwendeten Modelle den zu untersuchenden Vorgängen mechanisch ähnlich sind. Das ist gegeben, wenn außer den geometrischen Abmaßen der eine Strömung begrenzenden Rohre und Einbauten auch die Stromlinien ineinander abbildbar sind [1.20]. Daraus folgt:

1. die untersuchten Objekte sind in ihren Formen geometrisch ähnlich,
2. Kräfte müssen in gleicher Richtung wirksam sein und in einem bestimmten Verhältnis zueinander stehen sowie an den entsprechenden geometrischen Orten der zu vergleichenden Objekte angreifen.

Für eine inkompressible Strömung mit vernachlässigbarer Schwerkraft (im System sind keine freien Oberflächen) sind Trägheitskräfte $F_T$, Druckkräfte $F_D$ und Reibungskräfte $F_R$ die eine Strömung bestimmenden Größen und über das dynamische Gleichgewicht zu

$$F_T + F_D + F_R = 0 \qquad (4.3a)$$

von einander abhängig.

Zwei Fluidströme mit der jeweiligen Trägheits-, Druck- und Reibungskraft, der Dichte $\varrho_1, \varrho_2$ der dynamischen Viskosität $\eta_1$, $\eta_2$, der Geschwindigkeit $w_1, w_2$ in den Rohren mit den Rohrdurchmessern $d_1$ und $d_2$ sind entsprechend den Folgerungen unter 2. mechanisch ähnlich, wenn

$$\frac{F_{T1}}{F_{T2}} = \frac{F_{D1}}{F_{D2}} = \frac{F_{R1}}{F_{R2}} = \text{const}. \qquad (4.3b)$$

gilt.
Da

$$F_T \sim \varrho w^2 \quad \text{und} \qquad (4.3c)$$

$$F_R \sim \eta \frac{w^2}{d} \qquad (4.3d)$$

ist, folgt aus Gl. (4.3b):

$$\frac{F_{T1}}{F_{R2}} = \frac{F_{T2}}{F_{R2}} = \frac{\varrho_i w_1^2 d_1}{\eta_1 w_1} = \frac{\varrho_2 w_2^2 d_2}{\eta_1 w_2}$$

$$= \frac{\varrho_1 w_1 d_1}{\eta_1} = \frac{\varrho_2 w_2 d_2}{\eta_2} \qquad (4.3e)$$

$$= \text{const} = Re,$$

die Reynoldszahl $Re$.

Die Reynoldszahl gibt das Verhältnis von Trägheitskraft zu Reibungskraft an. Zwei Strömungen sind mechanisch ähnlich, wenn die Reynoldszahlen gleich und die die Strömung begrenzenden Flächen ineinander abbildbar sind [1.8, 1.20].

Für ein inkompressibles Fluid gilt, daß der Fluidstrom $Q$ unabhängig vom Rohrquerschnitt konstant ist, somit folgt für die Kontinuitätsgleichung:

$$A_1 \varrho_1 w_1 = A_2 \varrho_2 w_2 = \text{const.} \quad (4.4)$$

Ist eine stationäre Strömung eines inkompressiblen Fluids reibungsfrei, gilt die Bernoulli-Gleichung:

$$\frac{p}{\varrho} + gh + \frac{w^2}{2} = \text{const.} \quad (4.5a)$$

mit

$p$    statischer Druck in Pa,
$g$    Erdbeschleunigung in m/s²,
$h$    geodätische Höhe eines Ortes über einem Bezugspunkt in m,
$w$    Strömungsgeschwindigkeit in m/s.

Daraus ergibt sich für zwei benachbarte Orte in einem strömenden Fluid:

$$\frac{p_1}{\varrho_1} + gh_1 + \frac{w_1^2}{2} = \frac{p_2}{\varrho_2} + gh_2 + \frac{w_2^2}{2}$$
$$= \text{const.} \quad (4.5b)$$

Ist ein strömendes Fluid kompressibel mit

$$\varrho_1 \neq \varrho_2, \quad (4.5c)$$

so folgt aus Gl. (4.5b) und Gl. (4.5c):

$$gh_1 + \frac{w_1^2}{2} = gh_2 + \frac{w_2^2}{2} + \int_{p_1}^{p_2} \frac{dp}{\varrho}. \quad (4.5d)$$

Ausgehend von den angegebenen Grundgleichungen Gln. (4.1–4.5) ergibt sich für den durch einen Querschnitt $A$ fließenden Fluidstrom:

$$Q = Aw = A\sqrt{2gh} = A\sqrt{\frac{2p}{\varrho}}. \quad (4.6a)$$

Bei experimentellen (realen) Untersuchungen ergibt sich ein kleinerer Volumenstrom als mit Gl. (4.6a) berechnet. Deshalb wird ein Strömungsbeiwert, die Durchflußkennzahl $\alpha$, hinzugefügt.

Für $\alpha < 1$ ergibt sich:

$$Q = Aw\alpha = A\alpha\sqrt{\frac{2p}{\varrho}}. \quad (4.6b)$$

Die Durchflußzahl $\alpha$ berücksichtigt

– die Reynoldszahl,
– das Öffnungsverhältnis,
– die Form des Drosselquerschnittes,
– die Größe der Druckrückgewinnung.

Um drosselnde Stellglieder miteinander vergleichen zu können, werden die Normbedingungen (s.a. Bild 4.1) vorgegeben und Gl. (4.6b) wie folgt umgeformt:

$$Q = K_v \sqrt{\Delta p} \quad \text{oder} \quad (4.6c)$$

$$Q = K_v \sqrt{\frac{\Delta p}{\varrho / \varrho_0}} \quad (4.6d)$$

mit

$Q$    Durchfluß in m³/h,
$K_v$    Durchflußkoeffizient in m³/h,
$\Delta p$    Druckdifferenz in Pa.

Mit dem Quotienten $\varrho/\varrho_0$ wird der Dichteunterschied eines von Wasser abweichenden Fluids, das durch einen Drosselquerschnitt $A$ strömt, berücksichtigt. Ausgehend von diesen Grundgleichungen werden der Durchfluß $Q$ in m³/h oder $W$ in kg/h und der Ventilkoeffizient berechnet. Die daraus resultierenden vereinfachten Gleichungen (Tabelle 4.1) werden auch gegenwärtig zur näherungsweisen Dimensionierung von drosselnden Stellgliedern angewendet.

## 4.3
## Zur Auswahl eines Stellgliedes

### 4.3.1
### Berechnung des Durchflusses bei inkompressiblen Fluiden [DIN/IEC 534-2-1]

#### 4.3.1.1
#### Durchflußgleichung

Die Genauigkeit einer Berechnung der Abmessungen eines drosselnden Stellgliedes auf der Grundlage der Näherungen (Tabelle 4.1) kann verbessert werden, wenn der Einfluß weiterer Größen in die Berechnung einbezogen wird. Dazu werden Korrekturfaktoren [DIN/IEC 534-2-1] in die Gleichung eingefügt. Sie berücksichtigen u.a. [1.8, 1.14, 1.20]:

- Abmessungen der Rohrleitungen vor und nach dem Stellglied durch den Rohrgeometriefaktor $F_P$,
- Durchflußbegrenzung (choked flow) bei hohem Druckgefälle durch den Druckverhältnisfaktor $F_y$,
- Viskosität des Fluids durch den Reynolds-Zahl-Faktor $F_R$.

Unter Einbeziehung dieser Korrekturfaktoren erhält Gl. (4.6d) die folgende Form und entspricht damit DIN/IEC 534-2-1:

$$Q = N_1 F_p F_R C \sqrt{\frac{\Delta p}{\varrho/\varrho_0}}. \qquad (4.6e)$$

Für den Druckabfall $\Delta p$ wird der Koeffizient $N_1 = 1$ (numerische Konstante) und der allgemeine Durchflußkoeffizient $C$ geht über in den Durchflußkoeffizienten $K_v$, somit gilt:

$$Q = F_p F_R K_v \sqrt{\frac{\Delta p}{\varrho/\varrho_0}}. \qquad (4.6f)$$

Damit kann für einphasige Strömung eines Newtonschen Fluids der erforderliche Durchflußkoeffizient zu

$$K_v = \frac{Q}{F_D F_R} \sqrt{\frac{\varrho/\varrho_0}{\Delta p}} \qquad (4.7)$$

ermittelt werden.

#### 4.3.1.2
**Rohrgeometriefaktor $F_p$**

Der Rohrgeometriefaktor (Rohrleitungsgeometriefaktor) $F_p$ hat vernachlässigbaren Einfluß, wenn das Fluid gerade in das Stellglied und gerade aus dem Stellglied strömt und die Rohrdurchmesser $d_{1,2}$ gleich dem Durchmesser $D$ des Stellgliedes sind. Da das bei Hubstellventilen zumeist gegeben ist, kann in diesem Falle $F_p = 1$ gesetzt werden.

Befinden sich Fittings vor oder hinter dem Stellglied mit von $D$ abweichenden Durchmessern $d$, dann muß der berechnete $K_v$-Wert korrigiert werden. Das trifft im allgemeinen zu bei Stellklappen, Stellhähnen, Stellkugelventilen und Stellschieberventilen.

Der Einfluß von $F_p$ kann wie folgt berechnet werden:

$$F_p = \frac{1}{\sqrt{1+\frac{\zeta_{ges}}{0,0016}\left(\frac{K_v}{d}\right)^2}} \qquad (4.8)$$

mit dem Gesamtwiderstandsbeiwert $\zeta_{ges}$.

Dabei enthält der Widerstandsbeiwert $\zeta_{ges}$ die Summe aller durch Fittings verursachten Strömungsbeeinflussungen. Es gilt:

$$\zeta_{ges} = \zeta_1 + \zeta_2 + \zeta_{B1} - \zeta_{B2} \qquad (4.9)$$

mit

$\zeta_1$ Widerstandsbeiwert des Fittings im Einlauf
$\zeta_2$ Widerstandsbeiwert des Fittings im Auslauf
$\zeta_{B1}$ Bernoulli-Druckziffer im Einlauf
$\zeta_{B2}$ Bernoulli-Druckziffer im Auslauf.

Der Widerstandsbeiwert des Stellgliedes selbst ist in Gl. (4.9) nicht erfaßt.

Wenn die Durchmesser von Eingangs- und Ausgangsfittings gleich groß sind, werden die Bernoulli-Druckziffern gleich und haben keinen Einfluß auf den Widerstandsbeiwert.

Haben Fittings verschiedene Durchmesser, muß $\zeta_B$ zu

$$\zeta_B = 1 - \left(\frac{d}{D}\right)^2 \qquad (4.10a)$$

berechnet werden.

Sind die Fittings genormte Reduzierstücke, so sind die Beiwerte näherungsweise zu berechnen.

Es gilt
bei Reduzierung im Eingang:

$$\zeta_1 = 0,5\left[1-\left(\frac{d_1}{D}\right)^2\right]^2, \qquad (4.10b)$$

bei Reduzierung im Ausgang:

$$\zeta_2 = 1,0\left[1-\left(\frac{d_2}{D}\right)^2\right]^2. \qquad (4.10c)$$

Eingangs- und Ausgangsreduzierung bei gleicher Nennweite:

$$\zeta_1 + \zeta_2 = 1,5\left[1-\left(\frac{d}{D}\right)^2\right]^2. \qquad (4.10d)$$

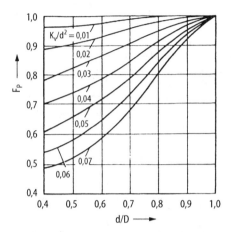

**Bild 4.2.** Rohrgeometriefaktor $F_P$ in Abhängigkeit vom Durchmesserverhältnis [1.20]. $d$ Rohrdurchmesser vor und nach dem Stellglied, $D$ Durchmesser des Stellgliedes, $K_v$ Durchflußkoeffizient

Der mit dem Korrekturfaktor berechnete Durchflußkoeffizient $K_v$ eines Ventils ergibt zumeist einen etwas größeren Wert als erforderlich.

Weichen die Bedingungen hinsichtlich der Durchmesserverhältnisse sehr von den Annahmen ab, sind die Widerstandsbeiwerte zur Korrektur experimentell zu ermitteln.

Wenn der Querschnitt des Rohres vor und nach dem Stellglied mit gleicher Größe vom Querschnitt des Stellgliedes abweicht, kann der Rohrgeometriefaktor auch grafisch ermittelt werden (Bild 4.2). Der Rohrgeometriefaktor nimmt mit kleiner werdendem Verhältnis von Rohrdurchmesser zu Stellglieddurchmesser nichtlinear ab. Deutlich ist der abnehmende Einfluß des Rohrgeometriefaktors erkennbar, wenn Rohrinnendurchmesser und Stellglieddurchmesser annähernd gleich groß sind.

### 4.3.1.3
### Kritischer Druck und Druckrückgewinnungsfaktor $F_L$

Wird ein Fluid durch eine Drosselstelle (z.B. Stellventil) geleitet, erhöht sich die Strömungsgeschwindigkeit, weil das Fluid durch eine kleinere Querschnittsfläche strömen muß Gl. (4.4). Unmittelbar nach der Drosselstelle entwickelt sich strömungstechnisch bedingt der engste Strahlquerschnitt (Bild 4.3), die vena contracta [1.8, 1.20]. In Folge der erhöhten Strömungsgeschwindigkeit entsteht im engsten Strahlquerschnitt ein Unterdruck $p_{vc}$ (Bild 4.3b). Wenn im engsten Strahlquerschnitt der Dampfdruck $p_v$ unterschritten wird kann der Durchfluß nicht erhöht werden, auch

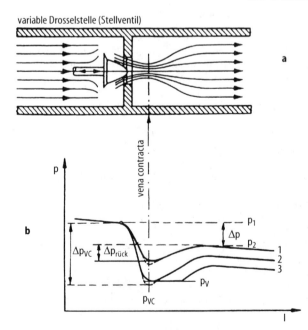

**Bild 4.3.** Strömungs- und Druckverlauf in Folge Drosselung einer Flüssigkeit [1.20]. **a** Strömungsverlauf (Schema), **b** Druckverlauf: $p_1$ Druck im Einlauf, $p_2$ Druck im Auslauf, $p_v$ Dampfdruck des Fluids, $\Delta p_{VC} = p_1 - p_{VC}$ Druckabfall im engsten Strahlquerschnitt, $\Delta p = p_1 - p_2$ Druckabfall in Folge Drosselung, 1 ohne Kavitation, 2 einsetzende Kavitation, 3 Kavitation mit Durchflußbegrenzung

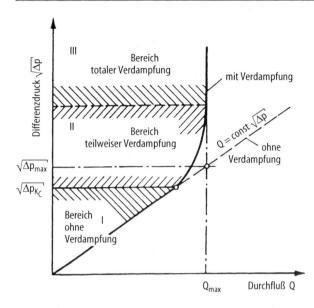

Bild 4.4. Verlauf des Durchflusses bei der Entspannung von Flüssigkeit [1.20].
Bereich I: Der Durchfluß kann durch die Funktion $Q = $ Konstante $\sqrt{\Delta p}$ beschrieben werden;
Bereich II: Der Durchfluß verringert sich in Folge Teilverdampfung. Die im Bereich I gültige Funktion entspricht nicht mehr dem realen Verhalten;
Bereich III: Der Durchfluß kann in Folge vollständiger Verdampfung der Flüssigkeit trotz weiterer Differenzdruckerhöhung nicht größer werden als $Q_{max}$

wenn der Druck $p_2$ auf der Abströmseite weiter gesenkt wird, weil das Fluid verdampft (Bild 4.4). Diese Verringerung des Durchflusses wird durch den Korrekturfaktor $F_y$ erfaßt [1.8]. Die Verdampfung ist mit einer Volumenerweiterung und Rückverflüssigung verbunden, weil der Druck hinter dem engsten Strahlquerschnitt steil ansteigt. Dieser Vorgang der Rückverflüssigung wird Kavitation genannt. Der Druck, bei dem sich ein maximaler Durchfluß ergibt, ist der kritische Druck. Er stellt sich ein, wenn der Dampfdruck $p_v$ im engsten Strahlquerschnitt gerade unterschritten wird (Bild 4.3b Druckverlauf 2). Deshalb darf der Druck im engsten Strahlquerschnitt den Dampfdruck des Fluids nicht wesentlich unterschreiten. Dadurch wird das Druckgefälle über dem Drosselglied auf

$$\Delta p \leq K(p_1 - p_{vc}) \quad (4.11a)$$

begrenzt [1.20].
Die Konstante $K$ beschreibt das Verhältnis von Druckgefälle über dem Drosselglied zum Druckgefälle bis zum engsten Strahlquerschnitt. Sie wird an Hand des Schnittpunktes der Asymptoten, die die Funktion des Durchflußverlaufs begrenzen (Bild 4.4), bestimmt. Es gilt [1.8, 1.20]:

$$F_L = \sqrt{K} = \sqrt{\frac{p_1 - p_2}{p_1 - p_{vc}}}. \quad (4.11b)$$

Daraus ergibt sich für den Korrekturfaktor $F_y$

$$F_y = F_L \sqrt{\frac{p_1 - F_F p_v}{p_1 - p_2}} < 1. \quad (4.12)$$

Der Faktor $F_L$ ergibt sich zu [1.20]:

$$F_L = 0,96 - 0,28 \sqrt{\frac{p_v}{p_c}} \quad (4.13)$$

mit dem Dampfdruck $p_v$ und dem thermodynamisch kritischen Druck $p_c$ der Flüssigkeit (tabelliert z.B. in [1.20]).
Ergibt die Berechnung des Korrekturfaktors $F_y$-Werte >1, liegt keine Verdampfung vor und es ist $F_y = 1$ zu setzen [1.8].
Eine andere Möglichkeit zur Berücksichtigung beginnender Verdampfung ergibt sich aus

$$p_1 - p_2 = \Delta p_{max} - F_L^2 (p_1 - F_F p_v) \quad (4.14)$$

nach [DIN/IEC 534-2-1] (Faktor $F_F$ s. Bild 4.5).
Dieser Ansatz erfordert eine Überprüfung, ob der aktuelle Differenzdruck kleiner oder größer als der maximal zulässige ist. Ist der aktuelle Druck größer, so muß er auf $\Delta p_{max}$ begrenzt werden. Mit der Einführung von $F_y$ erübrigt sich dieser Aufwand, weil die Gleichung zur Berechnung des Durchflusses Gl. (4.6f) zwangsweise alle erforderlichen Korrekturfaktoren erfaßt [1.8, 1.20].

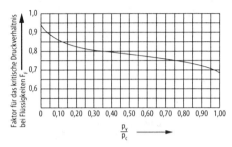

**Bild 4.5.** Verlauf des Faktors $F_F$ als Funktion von $p_v/p_c$ [1.20]. $p_v$ Dampfdruck in bar; $p_c$ thermodynamisch kritischer Druck in bar

Wird im engsten Strahlquerschnitt der Dampfdruck $p_v$ unterschritten, entsteht in Folge der Volumenvergrößerung Durchflußbegrenzung und Kavitation (Bild 4.3 Druckverlauf 3). Flüssigkeit verdampft nicht, wenn der Dampfdruck $p_v$ im engsten Strahlquerschnitt nicht unterschritten wird (Bild 4.3).

#### 4.3.1.4
**Viskosität und Reynolds-Zahl-Faktor $F_R$**

Entsteht in einem Drosselquerschnitt eine *nicht turbulente* Strömung, ist der Durchfluß mittels Reynolds-Zahl-Faktor $F_R$ zu korrigieren. Eine derartige Strömung kann sich einstellen, wenn niedriger Differenzdruck oder eine hochviskose Flüssigkeit oder ein sehr kleiner Durchflußkoeffizient oder eine Kombination davon vorliegt [DIN/IEC 534-2-1].

Der Faktor $F_R$ wird ermittelt indem der Durchflußkoeffizient für nicht turbulente Durchflußbedingungen durch den Durchflußkoeffizient für turbulente Bedingungen dividiert wird.

Liegen keine Versuchsergebnisse vor, muß der Korrekturfaktor an Hand der Ventil-Reynolds-Zahl $Re_V$

$$Re_V = \frac{70700 \cdot F_d Q}{2\eta \sqrt{F_p F_L K_v}} \qquad (4.15a)$$

$F_d$   Ventilformfaktor,
$Q$   Durchfluß,
$\eta$   dynamische Viskosität,
$F_L$   Korrekturfaktor (Gl. (4.13)),
$K_v$   Durchflußkoeffizient
$F_p$   Rohrgeometriefaktor

ermittelt werden (Bild 4.6).

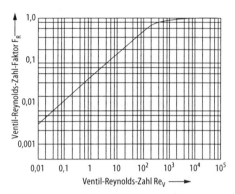

**Bild 4.6.** Reynolds-Zahl-Faktor $F_R$ zur Auslegung von Ventilen [DIN/IEC 534-2-1]

*Ventil-Reynolds-Zahl $Re_V \leq 100$*
Es liegt laminare Strömung vor. Der Durchfluß $Q$ wächst proportional mit dem Differenzdruck. Eine Vernachlässigung von $F_R$ würde zur Unterdimensionierung eines Stellgliedes führen.

*Ventil-Reynolds-Zahl $100 \leq Re_V \leq 33000$*
Übergangsgebiet zwischen laminarer (z.B. an Rohrwand) und turbulenter Strömung (z.B. am Drosselkörper).
Der Korrekturfaktor $F_R$ muß angewendet werden.

*Ventil-Reynolds-Zahl $Re_V > 33000$*
Es liegt turbulente Strömung vor. Eine Korrektur mit $F_R$ ist nicht erforderlich, weil für diesen Bereich $F_R = 1$ gilt und damit kein Einfluß auf ein Ergebnis besteht.

Eine Schwierigkeit bei der Berechnung der Ventil-Reynolds-Zahl ergibt sich daraus, daß der Durchflußkoeffizient $K_v$ nach unkorrigierten Gleichungen (Tabelle 4.1) berechnet wird. Deshalb wird nach Erhalt des $K_v$-Wertes die Ventil-Reynolds-Zahl so lange variiert, bis sie sich nur noch unwesentlich verändert. Mit diesem Wert wird dann $F_R$ ermittelt. Gut geeignet dafür sind entsprechende Programme [4.1–4.4].

#### 4.3.1.5
**Berechnungsempfehlung**

Bei der Berechnung eines Stellgliedes ist hinsichtlich des Durchflusses zu unterscheiden zwischen den Fällen [DIN/IEC 534-2-1]:

- Durchfluß ohne Begrenzung und ohne Fittings,
- Durchfluß mit Begrenzung und ohne Fittings,
- Durchfluß mit Begrenzung und mit Fittings.

Die dafür zu beachtenden Bedingungen sind recht umfassend, ihre Einbeziehung recht schwierig.

Da für ein Stellglied zumeist der Ventilkoeffizient für einen Volumen- oder Massenstrom zu ermitteln ist, wird empfohlen, folgende Universalgleichungen zu verwenden [1.8]

- bei vorgegebenem Volumenstrom:

$$K_v = \frac{Q}{31{,}6 \cdot F_p\, F_y\, F_R \sqrt{\Delta p / \varrho}} \quad (4.16a)$$

- bei vorgegebenem Massestrom:

$$K_v = \frac{W}{31{,}6 \cdot F_p\, F_y\, F_R \sqrt{\Delta p \cdot \varrho}} \quad (4.16b)$$

mit

$Q$   Volumenstrom in m³/h,
$W$   Massestrom in kg/h,
$F_p$   Rohrgeometriefaktor nach (Gl. (4.8)),
$F_y$   Druckrückgewinnungsfaktor nach (Gl. (4.12)),
$F_R$   Reynolds-Zahl-Faktor über $Re_V$ nach (Gl. (4.15)) oder (Bild 4.6).

Wesentlich einfacher ist die Handhabung der Programme, deren Anwendung deshalb empfohlen wird [4.1–4.4].

### 4.3.1.6
**Berechnung bei nicht turbulenter Strömung**

Die gegenwärtig verfügbaren IEC-Normen erlauben eine Dimensionierung von Stellventilen bei unterstellter und im allgemeinen auch zutreffender *turbulenter* Strömung. Schwierigkeiten ergeben sich bei der Dimensionierung von z.B. Mikrostellventilen, weil bei ihnen die Strömung laminar ist. Schwierigkeiten ergeben sich auch bei Strömungen im Übergangsbereich [1.8, 1.20, 1.22, 1.23].

Für die Berechnung von Stellventilen für die hier angegebenen Anwendungen gelten die Gln. (4.6–4.16) ebenfalls. Jedoch ist zur besseren Beschreibung des bei laminarer Strömung sich anders verhaltenden Einflusses der Viskosität durch Hinzufügen des Parameters $C_R/D^2$ im Zusammenhang mit der Ermittlung des Korrekturfaktors zu entsprechen (Bild 4.7).

Zur Dimensionierung wird folgende Vorgehensweise empfohlen [1.8]:

- Berechnung des Durchflußkoeffizienten $K_V$ (Tabelle 4.1).
- Berechnung des Wertes $C_R$ nach

$$C_R = 1{,}3 \cdot K_V. \quad (4.17)$$

- Berechnung der Ventil-Reynolds-Zahl $Re_V$ entsprechend Gl. (4.15a) zu

$$Re_V = \frac{70700 \cdot F_d Q}{2\eta \sqrt{F_L C_R}} \quad (4.15b)$$

mit

$\eta$   dynamische Viskosität,
$F_d$   Ventilformfaktor,

unter Weglassen von $F_p$ und Einfügen von $C_R$ an Stelle von $K_V$.

- Abschätzen des Korrekturfaktors $F_R$ nach

$$F_R = \sqrt[n]{\frac{Re_V}{10000}}. \quad (4.18a)$$

Dazu muß $n$ mit

$$n = 1 + \frac{0{,}0016}{\left(C_R / D^2\right)^2} + \log Re_V \quad (4.19)$$

berechnet werden.

Darin ist $D$ der Nenndurchmesser des Stellgliedes. Ist die mit $n$ nach Gl. (4.19) ermittelte Ventil-Reynolds-Zahl ≤10, muß nach

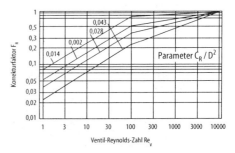

**Bild 4.7.** Korrekturfaktor $F_R$ als Funktion der Ventil-Reynolds-Zahl mit Parameter $C_R/D^2$ [1.8]

$$F_R = \frac{0,00105\sqrt{Re_v}}{\left(C_R/D^2\right)} \leq 10 \quad (4.18b)$$

berechnet werden.

Da der Strömungszustand bei der Auslegung eines Stellgliedes zumeist angenommen wird, ist $F_R$ nach den Gln. (4.18a und b) zu berechnen. Mit dem sich ergebenden Wert ist zu überprüfen, ob er der Ungleichung

$$\frac{K_v}{F_R} < C_R \quad (4.20)$$

genügt.

Gilt die Ungleichung, dann entspricht die Dimensionierung den Anforderungen.

Gilt die Ungleichung nicht, ist die Berechnung (Gl. (4.18)) mit einem um 30% größeren Wert für $C_R$ solange zu wiederholen, bis die Ungleichung erfüllt wird.

Der Ventilformfaktor $F_d$ kann wie folgt berechnet werden:

$$F_d = \frac{d_h}{D} \quad (4.21a)$$

mit

$d_h$ hydraulischer Durchmesser,
$D$ Durchmesser der Ventildrosselstelle (Nenndurchmesser).

Der hydraulische Durchmesser ergibt sich aus dem Verhältnis von Querschnittsfläche $A_0$ und benetztem Umfang $U_h$ als

$$d_h = \frac{4A_0}{U_h}. \quad (4.22)$$

Wird ein konischer Kegel für das Stellventil eingesetzt, gilt

$$F_d = 2,7\frac{\sqrt{K_v F_L}}{D}. \quad (4.21b)$$

Die Anhaltswerte für häufig eingesetzte Stellventile (Tabelle 4.2) können zum Vergleich einer Berechnung dienen.

### 4.3.2
**Berechnung des Durchflusses bei kompressiblen Fluiden** [DIN/IEC 534-2-2]

#### 4.3.2.1
**Durchflußgleichungen**

Mit Hilfe der Durchflußgleichungen (Tabelle 4.1) lassen sich Stellglieder für kompressible Fluide mit verhältnismäßig geringen Aufwendungen überschlägig dimensionieren. Die gute Handhabbarkeit der Gleichungen wird mit einer größeren Unsicherheit im Vergleich zu den Methoden [DIN/IEC 534-2-2] erkauft, weil wichtige Einflußgrößen eines kompressiblen Fluids und einer Armatur nicht berücksichtigt werden.

Auch bei der Dimensionierung von Stellgliedern für kompressible Fluide ist von Ausgangsinformationen, wie sie zur Dimensionierung eines Stellgliedes für kompressible Fluide benötigt werden, auszugehen (s. Abschn. 4.3.1.1). Die sich aus den Berechnungen ergebenden Abmessungen ent-

**Tabelle 4.2.** Typische Kennwerte gängiger Stellventile

| Ventilbauart | Drosselkörper | Durchflußrichtung | $F_d$-Werte | $F_L$-Werte | $x_T$- |
|---|---|---|---|---|---|
| Standard - Ventil | Kontur-Drosselkörper | öffnet | 0,46 | 0,9 | 0,7 |
| Standard - Ventil | Kontur-Drosselkörper | schließt | 1,0 | 0,8 | 0,5 |
| Standard - Ventil | Schlitz-Drosselkörper | öffnet | 0,48 | 0,9 | 0,7 |
| Standard - Ventil | Schlitz-Drosselkörper | schließt | 0,48 | 0,9 | 0,7 |
| Standard - Ventil | Käfig mit 4 Öffnungen | öffnet | 0,41 | 0,9 | 0,7 |
| Standard - Ventil | Käfig mit 4 Öffnungen | schließt | 0,41* | 0,85 | 0,7 |
| Eckventil | Kontur-Drosselkörper | öffnet | 0,46 | 0,9 | 0,7 |
| Eckventil | Kontur-Drosselkörper | schließt | 1,0 | 0,8 | 0,6 |
| Eckventil | Venturi-Kegel/Sitz | schließt | 1,0 | 0,5 | 0,2 |
| Eckventil | Käfig mit 4 Öffnungen | öffnet | 0,41 | 0,9 | 0,6 |
| Eckventil | Käfig mit 4 Öffnungen | schließt | 0,41* | 0,85 | 0,6 |
| Kleinflußventil | V-Nut im Kegel | öffnet | 0,70 | 0,98 | 0,8 |
| Kleinflußventil | Flachsitz (Kurzhub) | schließt | 0,30 | 0,85 | 0,7 |
| Kleinflußventil | Konische Nadel | öffnet | s. u. | 0,95 | 0,8 |

* Wenn Verhältnis Sitzquerschnitt / Fensterfläche > 1,3, sonst $F_d$ = 1,0.

sprechen annähernd den Anforderungen bei turbulenten Strömungen. Aussagen zu laminarer Strömung sind mit großer Unsicherheit verbunden.

Eine Verbesserung der Ergebnisse einer Dimensionierung von Stellgliedern für kompressible Fluide wird dadurch erreicht, daß wichtige Eigenschaften der Armatur und des Fluids in Form von Korrekturfaktoren in die Gleichungen einbezogen werden. Durch diese Faktoren werden berücksichtigt [DIN/IEC-2-2]:

- Rohrleitungseinfluß durch den *Rohrgeometriefaktor* $F_p$,
- Dichte und Geschwindigkeitsschwankung durch den *Expansionsfaktor Y*,
- Druck- und Temperaturschwankungen durch den *Realgasfaktor Z*.

### 4.3.2.2
### Expansionsfaktor Y

Mit Hilfe des Expansionsfaktors wird die Dichteänderung gasförmiger Fluide vom Eintritt in das Stellglied zum engsten Strahlquerschnitt und der größten Geschwindigkeit hinter dem Drosselquerschnitt des Stellgliedes (z.B. Ventil) berücksichtigt [DIN/IEC 534-2-2]. Dafür gilt:

$$Y = 1 - \frac{x}{3F_\chi x_T} \quad (4.23)$$

mit

$x$ Verhältnis des Differenzdrucks zum absoluten Eingangsdruck ($\Delta p/p_1$),
$x_T$ Differenzdruckverhältnis eines Stellventils ohne zwischenmontierte Fittings,
$F_c$ Normierungsfaktor für $\chi$.

Durch den Normierungsfaktor $F_\chi$ wird die Abweichung des Verhältnisses der spezifischen Wärmen $\chi = C_p/C_v$ von Gasen bezogen auf Luft korrigiert. Es gilt:

$$F_\chi = \frac{\chi}{1,4}. \quad (4.24)$$

Für eine überschlägige Berechnung von $F_\chi$ kann angenommen werden:

$F_\chi \approx 1,2$ einatomiges Gas (z.B. Edelgas),
$F_\chi \approx 1,0$ zwei- bis vieratomiges Gas und
$F_\chi \approx 0,8$ vielatomiges Gas (z.B. Kohlenwasserstoffe).

Der maximale Wert von $Y = 1$ ergibt sich für $x = \Delta p/p_1 = 0$. Der minimale Wert von $Y = 0{,}667$ ergibt sich für $x = x_T = (\Delta p/p_1)/_{krit}$.

Die Ermittlung des Expansionskoeffizienten $Y$ in Abhängigkeit vom Verhältnis $x$ des Differenzdrucks zum absoluten Druck für typische Stellglieder ist grafisch möglich (Bild 4.8).

### 4.3.2.3
### Realgasfaktor Z

Die Dichte kompressibler Fluide ist abhängig vom Druck und von der Temperatur. Deshalb wird die Dichte zur Berechnung des Durchflußkoeffizienten $K_v$ auf der Grundlage der Gesetze für ideale Gase von der Eintrittstemperatur und dem Eintrittsdruck abgeleitet. Da jedoch Verhältnisse entstehen können, bei denen das Verhalten eines strömenden Fluids deutlich von dem eines idealen Gases abweicht, muß zur Korrektur der Realgasfaktor $Z$ angewendet werden.

Der Realgasfaktor ist eine Funktion von reduziertem Druck und reduzierter Temperatur. Der reduzierte Druck ist das Verhältnis des tatsächlichen absoluten Vordrucks zum absoluten kritischen thermodynamischen Druck des betreffenden Stoffes.

Abhängig von Druck und Temperatur kann für industriell genutzte Gase der Realgasfaktor zwischen 0,3 und 1,6 schwanken [VDI/ICE-Richtlinie 2040].

### 4.3.2.4
### Berechnungsempfehlung

Unter Beachtung der möglichen Einflußfaktoren kann der erforderliche Ventil-

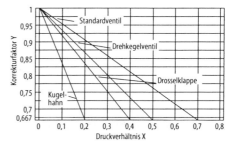

**Bild 4.8.** Expansionsfaktor $Y$ in Abhängigkeit vom Verhältnis des Differenzdrucks $\Delta p$ zum absoluten Eingangsdruck $p_1$

koeffizient berechnet werden. Es gilt für den Massestrom (Massedurchfluß) ohne Berücksichtigung des Realgasfaktors:

$$K_v = \frac{W}{31,6 \cdot F_P Y \sqrt{x p_1 \varrho_1}} \quad (4.25a)$$

mit Berücksichtigung des Realgasfaktors:

$$K_v = \frac{W}{110 \cdot F_P p_1 Y} \sqrt{\frac{T_1 Z}{xM}} \quad (4.25b)$$

und für den Volumenstrom (Volumendurchfluß):

$$K_v = \frac{Q}{2460 \cdot F_P p_1 Y} \sqrt{\frac{MT_1 Z}{x}} \quad (4.25c)$$

mit

W  Massestrom in kg/h,
$F_p$  Rohrgeometriefaktor Dimension 1
Y  Expansionsfaktor Druckverhältnis ($\Delta p / p_1$),
$p_1$  Absoluter Eingangsdruck in bar,
$\varrho_1$  Dichte des strömenden Fluids bei $p_1$ und $T_1$,
$T_1$  absolute Eintrittstemperatur in K,
Z  Realgasfaktor,
M  Molekularmasse des strömenden Fluids,
Q  Volumenstrom in m³/h.

Auch wenn sich ein Durchflußverhältnis $x > F_\chi \cdot x_T$ aus einer Berechnung ergibt, darf der Wert $F_\chi \cdot x_T$ in Gl. (4.25) nicht überschritten werden.

#### 4.3.2.5
**Berechnung bei nicht turbulenter Strömung**

Unter der Voraussetzung, daß die Rohrnennweite vom gleichen Durchmesser ist wie die Nennweite des Stellgliedes, kann der Ventilkoeffizient für einen Volumenstrom zu

$$K_v = \frac{Q}{1730 \cdot F_R} \sqrt{\frac{MT_1}{\Delta p(p_1 + p_2)}} \quad (4.26)$$

berechnet werden [1.8].

### 4.3.3
**Korrekturfaktoren für Rohrleitungen mit Fittings**

Werden Stellglieder mit Fittings eingebaut (z.B. um Längendifferenzen auszugleichen), ergeben sich veränderte Strömungsverhältnisse. Damit werden zusätzliche Strömungsverluste verursacht, die sich auf den Wert des Druckrückgewinnungsfaktors $F_L$ und auf das Druckverhältnis $x_T$ auswirken. Die unter der Wirkung von Fittings veränderten Faktoren werden durch Doppelindizes mit $F_{LP}$ und $x_{TP}$ im Vergleich zu $F_L$ und $x_T$ bezeichnet [DIN/IEC 534-2-2].

Für inkompressible Fluide gilt:

$$F_{LP} = \frac{Q_{max\,LP}}{K_v} \sqrt{\frac{\varrho/\varrho_0}{p_1 - F_F p_v}}. \quad (4.27a)$$

Für kompressible Fluide gilt:

$$x_{TP} = \left(\frac{Q_{max\,LP}}{0,667 \cdot 2600 \cdot K_v p_1}\right)^2 \cdot \frac{MT_1^2}{F_y}. \quad (4.28a)$$

Die Größen sind:

$Q_{maxLP}$  Maximaler Volumendurchfluß bei Durchflußbegrenzung mit Fittings in m³/h,
$\rho/\rho_0$  Relative Dichte ($\rho/\rho_0$ für Wasser = 1),
$p_1$  Absoluter Eingangsdruck in bar,
$F_F$  Faktor für das kritische Druckverhältnis bei Flüssigkeit,
$p_v$  Absoluter Dampfdruck bei Eingangstemperatur in bar,
M  Molekularmasse des strömenden Fluids,
$T_1$  Absolute Eintrittstemperatur in K,
Z  Realgasfaktor,
$F_y$  Druckverhältnisfaktor.

Wenn die zulässige Abweichung ≤ 5% bleiben soll, müssen $F_{LP}$ und $x_{TP}$ durch Versuche ermittelt werden.

Sind Schätzwerte zulässig, kann vereinfachend mit

$$F_{Lp} \frac{F_L}{\sqrt{1 + \frac{F_L^2}{0,0016} \sum \zeta \left(\frac{K_v}{D^2}\right)^2}}. \quad (4.27b)$$

$$x_{TP} = \frac{x_T}{F_p^2} \left[1 + \frac{x_T \sum \zeta}{0,0018}\left(\frac{K_v}{D^2}\right)\right]^{-1} \quad (4.28b)$$

gerechnet werden.

Durch die Fittings wird auch der realisierbare Differenzdruck

$$\Delta p = \left(\frac{F_{LP}}{F_p}\right)^2 (p_2 - F_F p_v) \quad (4.29)$$

bei Flüssigkeiten verändert [1.8].

### 4.3.4
### Kennlinien von Stellgliedern
#### 4.3.4.1
#### Darstellung der Grundkennlinien

Mit der Berechnung des Durchflußkoeffizienten ist die Größe eines Stellgliedes festgelegt.

Da mit Hilfe des Stellgliedes auch der kleinste und der größte Fluidstrom beeinflußt werden muß und über den gesamten Stellbereich einem bestimmten Hub des Stellgliedes ein bestimmter Fluidstrom zuzuordnen ist (s.a. Bild 1.6), muß zur Regelung der Vorgänge von den Kennlinien ausgegangen werden. Zur Realisierung einer Regelgesetzmäßigkeit ist zumeist eine lineare Kennlinie anzustreben. Gibt es im Regelkreis eine nichtlineare geformte Kennlinie eines Übertragungsgliedes, so kann durch eine dazu inverse Kennlinie des Stellgliedes wieder Linearität im Regelkreis erreicht werden. Damit Regelalgorithmen eindeutig umgesetzt werden können, ist das Einhalten vorgegebener Abweichungen für ein bestimmtes Stellglied durch den Hersteller zu garantieren [DIN/IEC 534-2-4]. Somit läßt sich die erforderliche statische Kennlinie mit Stellgliedeingang (Hub, Drehwinkel) und Stellgliedausgang (Volumen-, Massestrom) – die Durchflußkennlinie $\phi = f$(Hub, Drehwinkel) – realisieren.

Entsprechend der Definition der Durchflußkennlinie mit dem relativen Ventilkoeffizienten $\phi$ als Ausgangsgröße und dem relativen Ventilhub $h$ als Eingangsgröße werden die zwei Grundkennlinien – die lineare und die gleichprozentige (s.a. Abschn. 1.3.2) – mit folgender Bezeichnung dargestellt (Bild 4.9):

$$\phi = \frac{K_v}{K_{vs}} = \frac{\text{Durchflußkoeffizient beim Hub } H}{\text{Nenndurchflußkoeffizient}},$$

$$h = \frac{H}{H_{100}} = \frac{\text{Hub}}{\text{Nennhub}},$$

$$\phi_0 = \frac{K_{v0}}{K_{vs}} = \frac{\text{kleinster Durchflußkoeffizient}}{\text{Nenndurchflußkoeffizient}}.$$

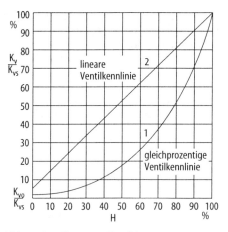

**Bild 4.9.** Grundformen von Kennlinien

Mit dem theoretischen Stellverhältnis $\phi_0$ (theoretischer Übertragungsfaktor) ergibt sich die lineare Durchflußkennlinie zu:

$$\frac{K_v}{K_{vs}} = \frac{K_{v0}}{K_{vs}} + m \frac{H}{H_{100}} \quad (4.30a)$$

und die gleichprozentige Durchflußkennlinie zu:

$$\frac{K_v}{K_{vs}} = \frac{K_{v0}}{K_{vs}} \cdot e^{n(H/H_{100})}. \quad (4.30b)$$

Die Durchflußkennlinie $\phi_0 = f(h)$ beginnt nicht im Koordinatenursprung (Bild 4.9), um ein *Festklemmen* des Drosselkörpers zu unterbinden. Das resultiert auch daraus, daß die gleichprozentige Standardkennlinie an der Stelle $H/H_{100} = 0$ theoretisch nicht Null werden kann. Praktisch wird eine gleichprozentige Kennlinie so ausgelegt, daß der Kurvenzug in den Koordinatenursprung (konstruktionstechnische Maßnahmen) mündet. Hersteller geben für $\phi_0$ Werte von z.B. 1/25, 1/30, 1/150 – ein Hersteller [2.37] sogar 1/250 – an. Das theoretische Stellverhältnis $\phi_0 = K_{v0}/K_{vs}$ wird dann zum realen Stellverhältnis $K_{vn}/K_{vs}$. Das praktische Stellverhältnis ergibt sich zu (0,6 ... 0,8) · $\phi_0$. Der in der Zu-Stellung sich ergebende Durchfluß $K_{v0}$ muß durch entsprechend gestaltete Dichtsitze vermieden werden. Festlegungen über die zulässigen Leckraten hängen u.a. z.B. vom Durchmesser des Stellventils ab [DIN/IEC 534 T. 4].

Der Wert $K_{v0}/K_{vs}$ ist bestimmend für den Übertragungsfaktor des Stellgliedes (Gl. (4.30) und (4.30a)).

### 4.3.4.2
### Betriebskennlinien

Ein System zur Förderung von Fluiden mit der Möglichkeit, den Masse- oder Volumenstrom durch ein drosselndes Stellglied zu dosieren, besteht aus (Bild 4.10):

- Druckerzeuger (z.B. Pumpe, Gebläse),
- Rohrleitung (Konstantwiderstand),
- Durchflußzähler, Meßblende, Ventil, Klappe,
- Stellglied (veränderlicher Widerstand).

Da das Stellglied einen verstellbaren Widerstand realisiert, kann es den Fluidstrom nur drosseln. Außer dem Stellglied sind noch weitere Strömungswiderstände vorhanden und beeinflussen dessen Stellverhalten. Dazu zählt auch der Innenwiderstand des Druckerzeugers (s.a. Abschn. 1.1). Verursachen diese Widerstände einen im Vergleich zum Stellglied großen Widerstand, muß bei vorgegebener Nennförderleistung des Druckerzeugers die Wirkung des Stellgliedes zwangsläufig eingeschränkt werden, wodurch die Kennlinie des Ventils beeinflußt wird. Der Druckabfall ist darüber hinaus auch vom Durchfluß abhängig.

Die unter Einwirkung von Strömungswiderständen sich ergebende Kennlinie ist die Betriebskennlinie (Bild 4.10b).

Wird unterstellt, daß beim Nennhub $H_{100}$ der Nennvolumenstrom $Q_{100}$ fließt, ergibt sich über dem Stellglied der Druckabfall $\Delta p_{100}$ für diesen Betriebspunkt. Bei einer Zwischenstellung des Hubes $h$ ergibt sich der Durchfluß $Q$ und der Druckabfall $\Delta p$. Unter der Voraussetzung eines konstanten Gesamtdruckes $p$ ergibt sich der Druckabfall $\Delta p$ als Differenz von Gesamtdruck und Verlusten in Folge der Leitungswiderstände zu:

$$\Delta p = p - (\Delta p_{L1} + \Delta p_{L2} + \Delta p_A). \quad (4.31)$$

Für ein vollkommen geöffnetes Drosselglied ($H = 100\%$) ergibt sich das Verhältnis von momentanem Fluidstrom $Q$ zum maximalen Fluidstrom (in Anlehnung an Tabelle 4.1) zu:

$$\frac{Q}{Q_{100}} = \frac{K_v}{K_{v100}}\sqrt{\frac{\Delta p}{\Delta p_{100}}}. \quad (4.32)$$

Unter der Voraussetzung, daß bei konstantem Druckabfall $\Delta p_0$ Leitungswiderstände vorhanden sind, die mit dem Quadrat des Fluidstromes $Q$ ansteigen, verbleibt für das Drosselglied ein Druckabfall zu:

$$\Delta p = \Delta p_0 - (\Delta p_0 - \Delta p_{100})\left(\frac{Q}{Q_{100}}\right)^2. \quad (4.33)$$

Wird $\Delta p$ in Gl. (4.32) durch Gl. (4.33) substituiert, folgt nach Umformung für den Quotienten $K_{v100}/K_v$ die Bezugnahme auf eine Stellgliedreihe durch die Bezeichnung $K_{vs}/K_v$:

$$\frac{Q}{Q_{100}} = \frac{1}{\sqrt{1 - \frac{\Delta p_{100}}{\Delta p_0}\left[1 - \left(\frac{K_{vs}}{K_v}\right)^2\right]^2}}. \quad (4.34a)$$

Der Quotient $K_{vs}/K_v$ ist durch die Form des drosselnden Stellgliedes festgelegt. Der Quotient $\Delta p_{100}/\Delta p_0$ ist der Anteil des Druckabfalls am voll geöffneten Ventil ($H = 100\%$).

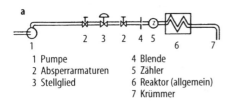

1 Pumpe
2 Absperrarmaturen
3 Stellglied
4 Blende
5 Zähler
6 Reaktor (allgemein)
7 Krümmer

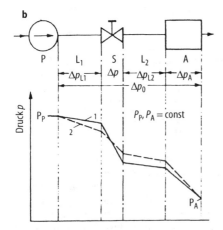

**Bild 4.10.** System zur Fluidförderung. **a** Aufbau, **b** Druckverlauf beim Durchfluß 1 und 2 [1.20]
P Pumpe, L Rohrleitung, S Stellventil, A Arbeitsmaschine, $\Delta p$ Druckverlust, 1..2 Index.

Somit kann aus Gl. (4.34a) unter Benutzung der Standardkennlinien (Gln. (4.30a) und (4.30b)) die jeweilige Betriebskennlinie ermittelt werden. Es ergibt sich für die lineare Betriebskennlinie:

$$\frac{Q}{Q_{100}} = \frac{1}{\sqrt{1 - \frac{\Delta p_{100}}{\Delta p_0}\left[1 - \frac{1}{\left(\frac{K_{v0}}{K_{vs}} + mh\right)^2}\right]}} \quad (4.34b)$$

und für die gleichprozentige Betriebskennlinie:

$$\frac{Q}{Q_{100}} = \frac{1}{\sqrt{1 - \frac{\Delta p_{100}}{\Delta p_0}\left[1 - \frac{1}{\left(\frac{K_{v0}}{K_{vs}}e^{nh}\right)^2}\right]}} \quad (4.34c)$$

Der Einfluß des Druckabfalls $\Delta p_{100}/\Delta p_0$ bei sonst konstanten Bedingungen wirkt sich bei einer linearen und gleichprozentigen Kennlinie unterschiedlich aus (Bild 4.11).

Für den Fall, daß $\Delta p_{100}/\Delta p_0 = 1$ wird, ergibt sich die *Ventilkennlinie*.

Mit abnehmendem $\Delta p_{100}/\Delta p_0$ verformt sich die Ventilkennlinie, es ergibt sich die *Betriebskennlinie*. Eine lineare Betriebskennlinie wird bei wenig geöffneten Drosselquerschnitten steiler und bei größerem Drosselquerschnitt flacher. Eine ursprünglich gleichprozentige Ventilkennlinie verschiebt sich unter Betriebsbedingungen (z.B. bei $\Delta p_{100}/\Delta p_0 = 0{,}2 \ldots 0{,}4$) in Bereiche der linearen Ventilkennlinie (Bild 4.11). Das ist u.a. der Hauptgrund, Drosselglieder mit gleichprozentiger Stellkennlinie einzusetzen, weil dadurch unter Betriebsbedingungen die *Linearität* zwischen Hub (Eingangsgröße) und Durchfluß (Ausgangsgröße) annähernd eingehalten werden kann.

Für praktische Anwendungen folgt daraus, wenn ein Stellglied in der Auf-Stellung einen wesentlich größeren Widerstand hat als das restliche Rohrleitungssystem empfiehlt sich die Anwendung eines Stellgliedes mit linearer Kennlinie. In Rohrleitungssystemen, bei denen dem Ventil in der Auf-Stellung nur rd. 20–30% vom Gesamtdruckgefälle zur Verfügung stehen, empfiehlt sich die Anwendung eines Stellgliedes mit gleichprozentiger Kennlinie [1.21].

Der Einfluß des Verlagerns der Betriebskennlinie in Abhängigkeit vom Druckverhältnis auf den Übertragungsfaktor ergibt sich durch die differentielle Änderung des Durchflusses $Q/Q_{100}$ in Abhängigkeit von der differentiellen Änderung des Hubes $H/H_{100}$ zu

$$\frac{d(Q/Q_{100})}{d(H/H_{100})} = V. \quad (4.35a)$$

Somit folgt für die Betriebskennlinie eines drosselnden Stellgliedes mit linearer Kennlinie aus Gl. (4.34b):

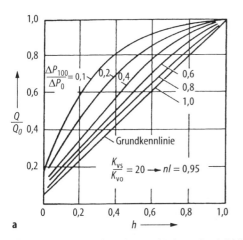
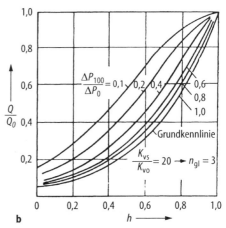

**Bild 4.11.** Betriebskennlinien bei verschiedenem Druckabfall $\Delta p_0$ im Fluidsystem [1.20]. **a** lineare Kennlinie des Stellgliedes, **b** gleichprozentige Kennlinie des Stellgliedes

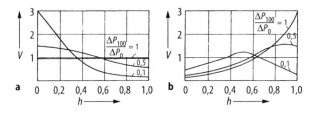

**Bild 4.12.** Veränderung des Übertragungsfaktors bei verschiedenem Druckabfall $\Delta p_{100}/\Delta p_0$ im Fluidsystem [1.20]. **a** bei linearer Kennlinie des Stellgliedes, **b** bei gleichprozentiger Kennlinie des Stellgliedes

$$V_{lin} = \frac{(\Delta p_{100}/\Delta p_0)m}{\left[\frac{\Delta p_{100}}{\Delta p_0} + \left(1 - \frac{\Delta p_{100}}{\Delta p_0}\right)\left(\frac{K_{v0}}{K_{vs}} + mh\right)^2\right]^{3/2}}$$

(4.35b)

und mit gleichprozentiger Kennlinie aus Gl. (4.34c):

$$V_{gl} = \frac{(\Delta p_{100}/\Delta p_0) n e^{n(h-1)}}{\left[\frac{\Delta p_{100}}{\Delta p_0} + \left(1 + \frac{\Delta p_{100}}{\Delta p_0}\right) e^{2n(h-1)}\right]^{3/2}}.$$

(4.35c)

Der Übertragungsfaktor eines drosselnden Stellgliedes mit linearer Kennlinie verschiebt sich mit wachsendem Hub bei abnehmendem $\Delta p_{100}/\Delta p_0$ im Rohrleitungssystem zu kleineren Werten (Bild 4.12a).

Auch hinsichtlich des Übertragungsfaktors zeigt das Kennlinienfeld für ein drosselndes Stellglied mit gleichprozentiger Kennlinie günstigere Eigenschaften (Bild 4.12b).

### 4.3.5
### Schallemission bei drosselnden Stellgliedern

#### 4.3.5.1
#### *Schallursachen*

Das Strömungsfeld eines Fluids wird durch die Arbeitsweise drosselnder Stellglieder beeinflußt. Daraus ergibt sich unter bestimmten Bedingungen Schallemission.

Bei Flüssigkeitsströmung entsteht die Schallemission hauptsächlich durch Kavitation. Bei Gas- und Dampfströmung entsteht die Schallemission hauptsächlich durch Erreichen von Schall- und Überschallgeschwindigkeit mit nachfolgenden Verdichtungsstößen.

Die von Ventilen abgestrahlte Schalleistung kann bis zu 120 dB(A) betragen und ist damit z.B. größer als der von Kompressoren oder Pumpen abgestrahlte Schallpegel (Bild 4.13). Aus diesem Grunde ist eine Berechnung und Bewertung der Schallemission nach gleichen Kriterien erforderlich [1.37]. Dazu und zur Verbesserung des Verhaltens von Stellgliedern bezüglich einer Schallemission werden vielschichtige Maßnahmen in [1.8, 1.38–1.50] vorgeschlagen.

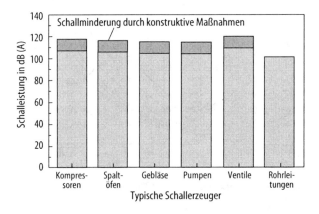

**Bild 4.13.** Abgestrahlte Schalleistung von typischen Lärmerzeugern [1.8]

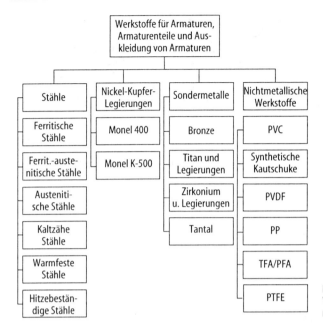

**Bild 4.14.** Häufig angewendete Werkstoffe bei Stellgeräten (Armaturen) [1.8]

### 4.3.5.2
*Ausgewählte primäre Maßnahmen zur Minderung der Schallemission*

Zur Minderung der Schallemission bei Stellgliedern wird empfohlen, die Entstehung von Geräuschquellen durch konstruktionstechnische Maßnahmen im Strömungsbereich zu beseitigen oder ihre Wirkung auf die Umwelt einzuschränken.

Dabei zeigt sich, daß Maßnahmen zur Verbesserung des Geräuschverhaltens zumeist mit gewissen Einschränkungen einhergehen (Tabelle 4.2). Da insbesondere mit den Publikationen [1.8, 1.39–1.46] ausführliche Darstellungen dieser Problematik vorliegen, wird hier darauf nicht näher eingegangen.

## 4.4 Werkstoffe für Stellglieder

Für die Auswahl der Werkstoffe von Stellgliedern ist die Kenntnis der Betriebsbedingungen und Betriebsbeanspruchungen entscheidend. Stellglieder werden im Inneren durch den Fluidstrom chemisch (z.B. Korrosion) und mechanisch (z.B. Kavitation, Emission, Abrasion) und außen hauptsächlich physikalisch-chemisch (z.B. Eigenmasse, Umwelteinflüsse) beansprucht.

Aus diesen Gründen verdienen bei der Auswahl der für einen Einsatzfall besten Werkstoffkombination folgende *Kennwerte* eines Stellgliedes besondere Bedeutung:

– Korrosionsbeständigkeit,
– Verschleißfestigkeit,
– Dauerfestigkeit.

Diesem Anliegen dienen die von Herstellern für Stellgeräte angegebenen Möglichkeiten der Auswahl von *Gehäusewerkstoffen* mit spezifischen Eigenschaften ebenso wie die Auswahl der Werkstoffe für *Stellgliedgarnituren*.

Entsprechend den wichtigsten Anforderungen werden verschiedene Werkstoffe für die Stellglieder eingesetzt (Bild 4.14). Eine umfassende Beschreibung der wichtigsten Werkstoffe ist in [1.8] nachzulesen.

## Literatur

4.1 ARCA-VENA-Ventilberechnungsprogramm, August 1994. ARCA-REGLER, Tönivorst

4.2 VALCAL Version 3.4: Valcal-Computer Programm für Berechnung, Spezifikation und Auswahl von Stellgeräten nach DIN IEC 534. Ausgabe 1994. Software Engineering S. Engel

4.3 SA-Rewa Berechnungsprogramm von Stellventilen. Version 1.2. Ausgabe 02.93. Schmidt Armaturen, Villach/Austria

4.4 Valve Star – Das Sicherheitsventil. Leser, Hamburg

# Teil I

## Stellantriebe

1 Stellantriebe mit elektrischer Hilfsenergie
2 Stellantriebe mit pneumatischer Hilfsenergie
3 Stellantriebe mit hydraulischer Hilfsenergie

# 1 Stellantriebe mit elektrischer Hilfsenergie

H.-D. Stölting (1.1–1.4)
H. Janocha (1.5)

## 1.1
### Allgemeines

Ein Stellantrieb muß entsprechend vorgegebener Führungsgrößen eine Last in einer bestimmten Zeit auf einem bestimmten Weg bewegen und ggf. mit einer bestimmten Genauigkeit positionieren. Ein Stellantrieb mit einer offenen Steuerkette (Schrittmotor) besteht aus dem Steuerteil, dem Leistungsteil, dem Motor und mechanischen Übertragungsgliedern (Getriebe, Kupplung) zur Anpassung an die angetriebene Mechanik. Bei Antrieben mit einem geschlossenen Regelkreis kommen Sensoren zur Erfassung der Regelgrößen und ein Soll-Istwert-Vergleich hinzu. Es wird i.a. eine Drehzahlregelung mit unterlagerter Stromregelung verwendet. Außer der Drehzahl und dem Drehmoment wird bei Positionsantrieben auch die Läuferlage geregelt, wobei der Positionsregelkreis dem Drehzahlregelkreis überlagert ist.

Die in Stellantrieben verwendeten Elektromotoren arbeiten in der Regel nicht im Dauerbetrieb, sondern nur kurzzeitig und müssen häufig besonders anspruchsvollen *Anforderungen* genügen: geringe mechanische Zeitkonstante (kleines Massenträgheitsmoment), geringe elektrische Zeitkonstante (niedrige Motorinduktivität), hohes Beschleunigungs- und Bremsmoment (bis zum Vierfachen des Bemessungsmomentes, oft in beiden Drehrichtungen), hohes Haltemoment im Stillstand, große Drehzahlsteifigkeit, gleichförmiger Rundlauf (bis zu 1‰, insbesondere auch bei Schleichdrehzahlen), großer Drehzahlstellbereich (z.B. 1 : 10 000), hoher Wirkungsgrad (Kompaktheit), Robustheit, geringer Wartungsaufwand, Geräusch- und Schwingungsarmut sowie hohe Schutzart (ggf. Explosionsschutz). Die Antriebsforderungen widersprechen sich oft, so daß Kompromisse notwendig sind. Außerdem können sie nicht von allen Motorarten in gleichem Maße und mit gleichem Aufwand erfüllt werden.

## 1.2
### Stetig rotierende Motoren

#### 1.2.1
##### Gleichstrommotor

*1.2.1.1*
*Allgemeines*

Stellantriebe waren zunächst wegen der vergleichsweise geringen Kosten und der einfachen Regeltechnik standardmäßig mit *Gleichstrom-Kommutatormotoren* ausgerüstet. Für den unteren Leistungsbereich (unter 300 W) und für Leistungen über 20 kW gilt das auch heute noch, wenn keine zu extremen Eigenschaften verlangt werden. Im übrigen werden sie mittlerweile jedoch wegen ihrer Nachteile – höherer Verschleiß (Störanfälligkeit, Wartung), Störimpulse durch Bürstenfeuer, Bürstengeräusch und begrenzte Dynamik – zunehmend durch bürstenlose *Motoren* ersetzt (s.a. Abschn. 1.2.2.1).

*1.2.1.2*
*Ausführungen*

Bis zu einer Leistung von etwa 10 kW werden Gleichstrommotoren ausschließlich mit *Permanentmagneten* im Ständer (PM-Motoren) gebaut. Da Strom- und Eisenwärmeverluste nur im Läufer (Anker) entstehen, ist zwar der Wirkungsgrad hoch, die Wärmeabfuhr an die Ständeroberfläche aber behindert. Das begrenzt neben dem Entmagnetisierungs- und dem Kommutierungsproblem, die beide mit steigendem Strom zunehmen, den zulässigen Spitzenstrom und damit die Dynamik dieser Motoren. Außerdem kann der Wärmefluß über die Welle zum angetriebenen Teil nachteilig sein.

Die Ausführung der Motoren wird zum einen durch die möglichst optimale Anpassung an den anzutreibenden Mechanismus, zum anderen durch das verwendete Magnetmaterial bestimmt. Bild 1.1 zeigt die Entmagnetisierungskennlinien der drei heute in Gleichstrommotoren eingesetzten

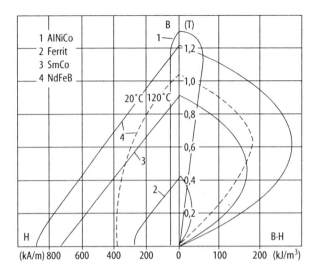

**Bild 1.1.** Entmagnetisierungskurven $B = f(H)$

Magnetwerkstoffe. AlNiCo-Magnete erzeugen zwar wegen ihrer hohen Remanenzinduktion $B_R$ hohe Luftspaltinduktionen, sind jedoch leicht zu entmagnetisieren, da ihre Koerzitivfeldstärke $H_c$ sehr gering ist. Um das zu verhindern, müssen sie in Magnetisierungsrichtung vergleichsweise lang sein, d.h. stabförmig in Motoren eingesetzt werden. Außerdem muß der Luftspalt möglichst klein sein. Die Bedeutung von AlNiCo-Magneten nimmt heute stark ab.

Alle anderen Magnete werden in Platten-, Schalen- oder Hohlzylinderform eingebaut. Ferritmagnete sind am preisgünstigsten und sehr entmagnetisierungsstabil. Allerdings besitzen sie nur eine geringe Remanenzinduktion und sind temperaturempfindlich. Seltenerd-Magnete sind wegen ihrer hohen Remanenzinduktion und Koerzitivfeldstärke besonders für hochdynamische Motoren geeignet. Sie sind jedoch sehr teuer, was insbesondere für SmCo zutrifft. NdFeB ist zwar kostengünstiger und hat noch bessere magnetische Eigenschaften als SmCo, ist aber nicht so temperaturstabil. Hochwertiges NdFeB (Bild 1.1, Kurve 4) sollte daher nur bis zu Temperaturen von etwa 100 °C eingesetzt werden. Die Entwicklungen sind daher auf eine Verbesserung des Temperaturkoeffizienten gerichtet. So ist derzeit Material erhältlich mit einer Entmagnetisierungskurve zwischen den Kurven 3 und 4 bei 20 °C und einer Entmagnetisierungskurve bei 150 °C, die etwa der Kurve 3 entspricht.

Bild 1.2 zeigt beispielhaft *Konstruktionsprinzipien*, und zwar in (a) bis (d) für Motoren mit AlNiCo-Magneten, in (e) bis (h) für aufwendigere Motoren mit Seltenerd-Magneten und in (i) bis (m) für Motoren mit Ferritmagneten, wobei die Ausführungen (i) bis (k) besonders kostengünstig sind. Die bei einzelnen Konstruktionen eingezeichneten Polschuhe haben zweierlei Aufgaben. Einerseits dienen sie dazu, den Ankerquerfluß, der nicht zur Drehmomentbildung benötigt wird, zu führen und von den Magneten fernzuhalten, denn bei hohen Strömen (5–10facher Bemessungsstrom), d.h. beim Anlaufen und bei starkem Beschleunigen oder Bremsen kann die ablaufende Polkante durch den Ankerquerfluß irreversibel abmagnetisiert und damit der Energieinhalt des Magneten bleibend vermindert werden. Diese Aufgabe haben die Polschuhe vor allem bei AlNiCo-Magneten. Andererseits dienen sie als Flußkonzentratoren. Insbesondere bei Ferriten ist die Magnetinduktion so gering, daß sie manchmal nicht ausreicht, um die notwendige Luftspaltinduktion bereitzustellen. Daher nutzt man, wie die Beispiele in Bild 1.2 zeigen, das zur Verfügung stehende Motorvolumen, um möglichst viel Magnetmaterial einzubauen, d.h. um einen möglichst großen Fluß zu erzeugen. Der drehmomentbildende Magnetfluß wird dann über Leitbleche oder -blöcke zum Läufer geführt. Nachteilig wirken sich Polschuhe dadurch aus, daß die Ankerindukti-

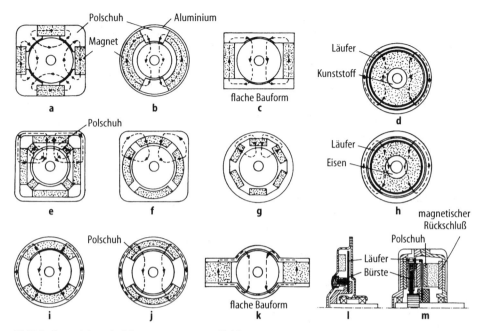

**Bild 1.2.** Konstruktionsprinzipien permanenterregter Gleichstrommotoren

vität und damit die Ankerzeitkonstante größer wird. Die Auf- und Abbauzeiten der Ströme nehmen zu, was die Kommutierung verschlechtert. Der Einsatz von Polschuhen verbietet sich daher bei hochdynamischen Antrieben. Da Seltenerd-Magnete kaum abmagnetisiert werden können und ihre Remanenzinduktion ausreichend hoch ist, ordnet man sie in jedem Fall ohne Polschuhe direkt am Luftspalt an.

Wie einleitend erwähnt, müssen Stellmotoren als sog. *Servomotoren* meistens besonderen dynamischen Ansprüchen genügen. Daher werden sie, um ein möglichst geringes Trägheitsmoment zu erreichen, in schlanker Bauform mit Stabläufern, deren Länge/Durchmesser-Verhältnis im Bereich $l/d = 2 \ldots 5$ liegt, hergestellt. Eine weitere Möglichkeit stellen eisenlose Läufer dar, bei denen nur die Wicklung rotiert. Am günstigsten im Hinblick auf das dynamische Verhalten sind Glockenläufer, Bild 1.2 (d) und (h), weil sie sowohl eine geringe mechanische wie auch eine geringe elektrische Zeitkonstante besitzen. Um einen innenliegenden zweipoligen Zylindermagneten dreht sich die glockenförmige, mit Kunststoff vergossene Wicklung. Als magnetischer Rückschluß dient das massive Gehäuse. Alle ferromagnetischen Teile stehen still, so daß keine Wirbelströme entstehen können. Aus mechanischen Gründen können diese Motoren nur für Leistungen bis etwa 200 W und dann nur für vergleichsweise geringe Drehzahlen gebaut werden. Für Leistungen bis zu einigen kW werden eisenlose Läufer in Scheibenform gebaut, Bild 1.2 (l) und (m). Scheibenläufermotoren haben zwar ebenfalls eine geringe elektrische Zeitkonstante, die mechanische Zeitkonstante ist aber nicht in jedem Fall kleiner als diejenige eines Walzenläufer-Motors gleicher Leistung [1.1–1.4]. Der Einsatz flacher Motoren ist aber manchmal durch den vorgegebenen Einbauraum erforderlich. Im unteren Leistungsbereich ist die Scheibenwicklung oft geätzt oder gestanzt und beiderseits auf eine Kunststoffplatte geklebt. Die Bürsten sind axial angeordnet, so daß der innere Wicklungsteil als Kommutator dient. Motoren größerer Leistung haben eine in Kunststoff eingebettete, flache Spulenwicklung und den üblichen Zylinderkommutator.

Die geringe Induktivität der eisenlosen Läufer verbessert das Kommutierungsverhalten. Außerdem ist ihr Rundlauf besonders gleichförmig. Sie entwickeln nur sehr geringe Drehmomentpulsationen durch unvermeidliche Stromschwankungen während der Stromwendung. Besonders günstig sind diesbezüglich Scheibenläufer mit ihrer hohen Spulenzahl. Glockenläufer führt man für hohe Rundlaufgüte mit 7 oder 9 statt nur mit 5 Spulen aus. Nachteilig kann bei allen eisenlosen Läufern die geringere thermische Zeitkonstante sein, weil dadurch die Überlastfähigkeit vermindert ist.

Motoren mit genuteten Läufern sind am höchsten ausnutzbar, besitzen aber (geringe) Nutungsmomente. Um ihre Rundlaufgüte zu verbessern, werden sie mit einer hohen Anzahl Nuten, die zudem geschrägt sind, versehen. Es können auch die Magnete in axialer Richtung schräg angeordnet oder magnetisiert sein. Kleinere Motoren haben manchmal auf einem nutenlosen, geblechten Läufer aufgeklebte fein verteilte Wicklungen.

### 1.2.1.3
**Betriebsverhalten**

*Stationäres Betriebsverhalten*

Für einen permanenterregten Gleichstrommotor gilt entsprechend Bild 1.3 die Spannungsgleichung [1.4]

$$u_a = R i_a + L \frac{di_a}{dt} + u_i + u_B \qquad (1.1)$$

Dabei kann die Bürstenübergangsspannung $u_B$ häufig vernachlässigt werden. Bei Motoren für Kleinspannung ($u_a \leq 48$ V) ist das nicht in jedem Fall zulässig. Für Bürsten und Kommutatoren aus Edelmetallen ist $u_B$ = 0,01 bis 0,1 V, für Kohlebürsten und Kupferkommutatoren ist $u_B$ = 0,5 bis 5 V, jeweils für zwei Bürsten, zu veranschlagen. Die Induktivität $L$ besteht aus der Ankerinduktivität $L_a$ und ggf. einer Glättungsinduktivität, der ohmsche Widerstand $R$ aus dem Ankerwiderstand $R_a$ und ggf. einem Vorwiderstand $R_v$, z.B. zum Anlassen. Näherungsweise kann mit einem konstanten Fluß $\Phi$ gerechnet werden, d.h. die Ankerrückwirkung und die Lastabhängigkeit der Ankerinduktivität bleiben unberücksichtigt. Damit ändert sich die in der Ankerwicklung rotatorisch induzierte Spannung $u_i$ proportional zur Winkelgeschwindigkeit $\omega = 2\pi n$ wobei $n$ die Drehzahl ist:

$$u_i = z_a \frac{p}{a} \frac{\omega}{2\pi} \Phi = k\omega. \qquad (1.2)$$

Die Konstante $k$ enthält die Leiterzahl der Ankerwicklung $z_a$, die Polzahl $2p$, die Anzahl paralleler Ankerzweige $2a$ und den Fluß $\Phi$.

Ein Gleichstrommotor erzeugt das innere Drehmoment

$$m_i = z_a \frac{p}{a} \frac{1}{2\pi} \Phi i_a = k i_a. \qquad (1.3)$$

Davon ist das Reibmoment $m_R$ abzuziehen, um das an der Welle nutzbare Drehmoment $m$ zu erhalten:

$$m = m_i - m_R. \qquad (1.4)$$

Gegebenenfalls ist auch noch das den Eisenwärmeverlusten im Läufer äquivalente Drehmoment zu berücksichtigen. Mit den Gln. (1.1–1.3) kann das Drehzahl-Drehmoment-Verhalten für *Gleichsspannungsbetrieb* (d.h. konstante Größe: $\omega = \Omega$, $u_a = U_a$, $i_a = I_a$, $di_a/dt = 0$, $m = M$ und $m_R = M_R$) berechnet werden:

$$\Omega = \frac{U_a}{k} - \frac{R}{k^2}(M + M_R). \qquad (1.5)$$

$U_a/k$ ist die Winkelgeschwindigkeit bei idealem Leerlauf, d.h. bei Vernachlässigung der Reibung. $R/k^2$ ist ein Maß für die Verringerung der Winkelgeschwindigkeit bei Belastung (Bild 1.4.). Im Bild 1.5 sind die wichtigsten Kennlinien eines permanenterregten Gleichstrommotors im *stationären Betrieb* dargestellt. Daraus liest man für die Winkelgeschwindigkeit die Gleichung

$$\Omega = \Omega_o \left(1 - \frac{M}{M_A}\right) \qquad (1.6)$$

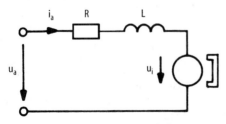

**Bild 1.3.** Ersatzschaltbild eines permanent erregten Gleichstrommotors

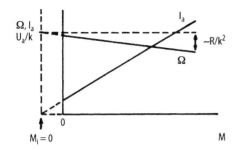

**Bild 1.4.** Winkelgeschwindigkeit und Ankerstrom als Funktion des Drehmomentes

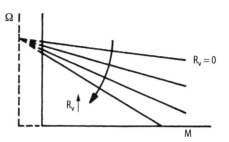

**Bild 1.6.** Drehzahlstellung durch einen Vorwiderstand

ab, wobei $M_A$ das Anzugsmoment und $\Omega_0$ die Leerlaufgeschwindigkeit des realen Motors ist. Die abgegebene Leistung $P$ erreicht bei $M = M_A/2$ ihr Maximum

$$P_{max} = \frac{\Omega_0 M_A}{4},$$

der Wirkungsgrad

$$\eta = \frac{P}{P_{auf}} = \frac{\Omega M}{U_a I_a}, \qquad (1.7)$$

mit $M_R \ll M_A$ bei $M \approx \sqrt{M_A\,M_R}$ sein Maximum [1.3]

$$\eta_{max} = \left(1 - \sqrt{\frac{I_{a0}}{I_{aA}}}\right)^2 = \left(1 - \sqrt{\frac{M_R}{M_A}}\right)^2.$$

Die Gl. (1.5) zeigt auch die Möglichkeiten der *Drehzahlstellung*. Wird die Drehzahl mit Hilfe eines Vorwiderstandes $R_v$ gestellt, ändert sich die Steigung der Geschwindigkeits-Geraden (Bild 1.6). Nachteilig wirken sich die Verluste in $R_v$ aus, so daß dieser nur bei Motoren kleiner Leistung verwendet wird. Ein Vorwiderstand wird manchmal eingeschaltet, um den Anzugsstrom $I_{aA}$ oder das Anzugsmoment $M_A$ zu begrenzen.

Mit den beiden folgenden Gleichungen läßt sich für gegebene Werte $I_{aA}$ bzw. $M_A$ der jeweils erforderliche Vorwiderstand berechnen, wenn $M_R \ll M_A$ bzw. $M_N$ ist:

$$R_v = \frac{U_a}{I_{aA}} - R_a \qquad (1.8)$$

$$R_v = \frac{U_a}{I_{aN}} \frac{M_N}{M_A} - R_a. \qquad (1.9)$$

Der Index $N$ bezeichnet die Bemessungswerte. Soll die Bürstenübergangsspannung berücksichtigt werden, ist in (1.5), (1.8) und (1.9) $U_a$ durch $U_a + U_B$ zu ersetzen. Bei größeren Motoren wird zum Hochfahren der Vorwiderstand, ausgehend von einem Höchstwert, in Stufen oder stetig bis auf Null verringert.

Eine weitere Möglichkeit, die Drehzahl zu ändern, besteht darin, die Ankerspannung $U_a$ zu stellen. Dadurch wird die Geschwindigkeits-Gerade parallel verschoben (Bild 1.7). Erfolgt die Spannungsstellung *elektronisch*, ist sie praktisch verlustlos. Soll ein Motor nur in einer Drehrichtung betrieben werden, genügt die Schaltung in Bild 1.8a (Einquadrantenbetrieb). Zum Bremsen kann in Reihe zur Freilaufdiode ein Wider-

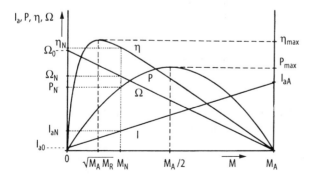

**Bild 1.5.** Stationäre Betriebskennlinien eines permanent erregten Gleichstrommotors

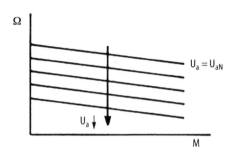

**Bild 1.7.** Drehzahlstellung durch Änderung der Ankerspannung

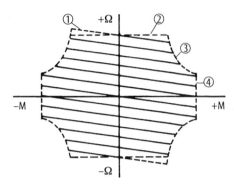

**Bild 1.9.** Vierquadranten-Betrieb

stand geschaltet werden. Allerdings ist damit ein schnelles Abbremsen nicht möglich. Für dynamische Antriebe (Servomotoren) muß dazu die Stromrichtung umgekehrt werden können. Soll ein Motor in beiden Drehrichtungen antreiben und bremsen (Vierquadrantenbetrieb), ist eine Brückenschaltung nach Bild 1.8b erforderlich (s.a. Kap. C 4).

Der PM-Motor erlaubt einen stetigen Übergang vom Motor- in den Bremsbetrieb (Bild 1.9). Stellt z.B. der Quadrant I den Motorbetrieb für eine bestimmte Drehrichtung dar, dann arbeitet der Motor im Quadranten II als Bremse. Für die Gegenrichtung ist der Quadrant III der Motorbereich und der Quadrant IV der Bremsbereich. Der Wechsel der Drehrichtung geschieht durch Änderung der Stromrichtung im Anker, denn das Moment $M_i$ ist nach (1.3) streng proportional dem Strom. Eine *Nutzbremsung*, d.h. eine Rückspeisung des Stromes ins Netz ist nur bei größeren Leistungen sinnvoll, weil es eine aufwendigere Schaltung erfordert.

Der Drehzahl-Drehmomenten-Bereich wird begrenzt durch die maximal zulässige Ankerspannung (Grenze (1) in Bild 1.9), durch die aus mechanischen Gründen maximale Drehzahl (Grenze (2)), durch die Kommutierung (Grenze (3)), die sich mit zunehmender Drehzahl und Belastung verschlechtert, und durch den maximal zulässigen Strom (Grenze (4)). Der Strom kann entweder dadurch begrenzt sein, daß keine Abmagnetisierung auftritt, oder dadurch, daß die zulässige Wicklungstemperatur nicht überschritten wird. Ein impulsförmiger Strom führt möglicherweise zwar nicht zu einer unzulässig hohen Erwärmung, weil sein Mittelwert zu gering ist, kann aber unter Umständen eine dauerhafte Schädigung des Magneten zur Folge haben.

*Dynamisches Betriebsverhalten*
Um das dynamische Betriebsverhalten von Gleichstrommotoren zu untersuchen, wird außer den Gln. (1.1–1.3) noch die Momentengleichung des gesamten Antriebes, also des Motors, der Übertragungselemente und des angetriebenen Mechanismus benötigt:

$$m_i - m'_L = J' \frac{d\omega}{dt}, \quad (1.10)$$

dabei ist $m'_L$ das auf die Motorwelle umgerechnete Lastmoment, das auch das Reibungsmoment u.a. der Bürsten $m_R$ einschließt. $J'$ ist das auf die Motorwelle umgerechnete Trägheitsmoment aller bewegten

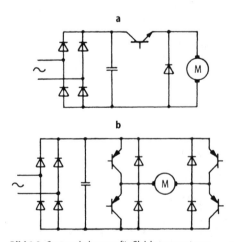

**Bild 1.8.** Steuerschaltungen für Gleichstrommotoren. **a** Einquadranten-Betrieb, **b** Vierquadranten-Betrieb

Massen. Sind Motor und Last über ein Getriebe miteinander verbunden, sind der Getriebewirkungsgrad $\eta_G$ und das Übersetzungsverhältnis

$$i = \frac{\omega}{\omega_L} \quad (1.11)$$

mit der Winkelgeschwindigkeit der Last $\omega_L$ zu berücksichtigen. Damit ergibt sich

$$m'_L = m_R + \frac{m_L}{\eta_G i} \quad \text{und} \quad (1.12)$$

$$J' = J_M + J_G + J_K + \frac{J_L}{\eta_G i^2} \quad (1.13)$$

mit dem Trägheitsmoment des Motors $J_M$, des Getriebes $J_G$, der Kupplung $J_K$ und der Last $J_L$. Aus (1.1) bis (1.3) und (1.10) erhält man die Spannungsgleichung

$$u_a = R i_a + L \frac{d i_a}{dt} + k\omega \quad (1.14)$$

und die Momentengleichung

$$m'_L = k i_a - J' \frac{d\omega}{dt} \; . \quad (1.15)$$

Mit den oben getroffenen Annahmen sind diese beiden Differentialgleichungen linear. Sie geben die elektromagnetischen und mechanischen Verhältnisse zwar vereinfacht wieder, sind für prinzipielle dynamische Untersuchungen aber ausreichend und können mit Hilfe der Laplace-Transformation analytisch gelöst werden [1.5]. Bei stationärem Betrieb gehen (1.14) und (1.15) über in

$$U_a = R I_a + k\Omega \quad \text{und} \quad (1.16)$$
$$M'_L = k I_a \; . \quad (1.17)$$

Diese beiden Gleichungen beschreiben die eingeschwungenen Ausgangszustände vor einer Spannungs- oder Momentenänderung. Die Gln. (1.14) und (1.15) lauten für eine Zustandsänderung im Frequenzbereich ($p = s = \delta + j\omega$)

$$\Delta u_a = (R + pL)\Delta i_a + k\Delta\omega \quad \text{und} \quad (1.18)$$

$$\Delta m'_L = k i_a - pJ'\Delta\omega \; . \quad (1.19)$$

Den zugehörigen Signalflußplan zeigt das Bild 1.10. Mit der elektrischen Zeitkonstante $T_a = L/R$ und der mechanischen Zeitkon-

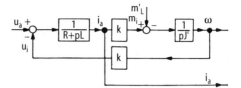

**Bild 1.10.** Signalflußplan eines Gleichstrommotors

stante $T_m = RJ'/k^2$ können aus (1.18) und (1.19) Gleichungen für die Änderungen von Strom und Winkelgeschwindigkeit bei Spannungssprüngen gewonnen werden, während das Lastmoment konstant bleibt ($\Delta m'_L = 0$):

$$\Delta i_a = \frac{\Delta u_a}{R} \frac{pT_m}{1 + pT_m + p^2 T_m T_a} \quad (1.20)$$

$$\Delta\omega = \frac{\Delta u_a}{k} \frac{1}{1 + pT_m + p^2 T_m T_a} \; . \quad (1.21)$$

Ändert sich dagegen das Lastmoment sprunghaft, während die Spannung konstant bleibt, erhält man

$$\Delta i_a = \frac{\Delta m'_L}{k} \frac{1}{1 + pT_m + p^2 T_m T_a} \quad (1.22)$$

und

$$\Delta\omega = \frac{\Delta m'_L R}{k^2} \frac{1 + pT_a}{1 + pT_m + p^2 T_m T_a} \; . \quad (1.23)$$

Der zeitliche Verlauf von $\Delta i_a$ und $\Delta\omega$ hängt von den Wurzeln der charakteristischen Gleichung des Nenners

$$1 + pT_m + p^2 T_m T_a = 0 \quad (1.24)$$

ab. Sie ergeben sich zu

$$p_{1,2} = -\frac{1}{2T_a}\left(1 \pm \sqrt{1 - \frac{4T_a}{T_m}}\right) . \quad (1.25)$$

Bei Gleichstrommotoren sollte $4T_a < T_m$ sein, damit Zustandsänderungen aperiodisch verlaufen. Um eine möglichst schnelle Stromänderung beim Kommutierungsvorgang zu erreichen, wird die Ankerwicklung so ausgelegt, daß ihre Zeitkonstante $4T_a \ll T_m$ ist. Damit kann (1.25) vereinfacht werden zu

$$p_1 \approx -\frac{1}{T_m} \quad \text{und} \quad p_2 \approx -\frac{1}{T_a} \; . \quad (1.26)$$

Die Rücktransformation von (1.20) bzw. (1.21) in den *Zeitbereich* führt mit $\Delta u_a =$

$\Delta U_a/p$ auf

$$\Delta i_a = \frac{\Delta U_a}{R}\frac{1}{T_a}\frac{1}{p_1-p_2}\left(e^{p_1 t}-e^{p_2 t}\right) \quad (1.27)$$

$$\Delta\omega = \frac{\Delta U_a}{k}\left[1+\frac{1}{p_1-p_2}\left(e^{p_1 t}-e^{p_2 t}\right)\right]. \quad (1.28)$$

Darin (1.25) bzw. (1.26) eingesetzt, ergibt das *Führungsverhalten des Antriebs*:

$$\Delta i_a = \frac{\Delta U_a}{R}\frac{1}{\sqrt{1-4\frac{T_a}{T_m}}}\left(e^{p_1 t}-e^{p_2 t}\right)$$

$$\Delta i_a \approx \frac{\Delta U_a}{R}e^{-t/T_m} \quad (1.29)$$

$$\Delta\omega = \frac{\Delta U_a}{k}\left[1+\frac{T_a}{\sqrt{1-4\frac{T_a}{T_m}}}\left(p_2 e^{p_1 t}-p_1 e^{p_2 t}\right)\right]$$

$$\Delta\omega \approx \frac{\Delta U_a}{k}\left(1-e^{-t/T_m}\right). \quad (1.30)$$

Die Bilder 1.11 (a) und (b) geben die Gln. (1.29) und (1.30) wieder. Eine Spannungsänderung, die zur Drehzahlstellung oder -regelung dient, führt zu einem kurzzeitigen Stromanstieg bei Erhöhung der Spannung (bzw. einem kurzzeitigen Stromabfall bei Verringerung der Spannung, weil der Motor dann als Bremse wirkt). Da das Motormoment sich nicht ändert, kehrt der Strom auf seinen Ausgangswert zurück, während die Drehzahl ansteigt (bzw. abfällt). Kleine Motoren oder Motoren mit zusätzlicher Glättungsinduktivität reagieren entsprechend der ausführlicheren Form von (1.29) bzw. (1.30) mit einem abgeflachten Strommaximum bzw. verzögertem Drehzahlanstieg, wie die ausgezogen gezeichneten Kurven in den Abbildungen (a) und (b) zeigen. Größere Motoren mit einer relativ geringen Ankerinduktivität

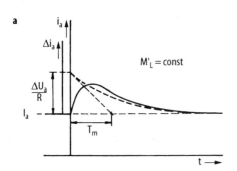
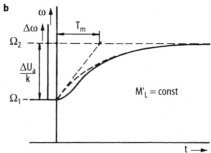
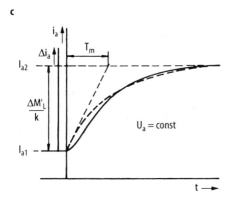
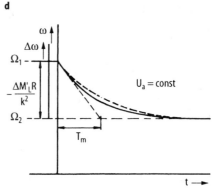

**Bild 1.11.** Zeitverlauf des Ankerstromes und der Winkelgeschwindigkeit. **a, b** nach einem Spannungssprung, **c, d** nach einem Lastsprung; gestrichelte Linien: $T_a \ll T_m/4$, ausgezogene Linien: $T_a < T_m/4$

reagieren entsprechend den vereinfachten Gln. (1.29) bzw. (1.30) mit steilerem Anstieg, wie ihn die Abbildungen (a) und (b) mit den gestrichelt gezeichneten Kurven zeigen.

Die Rücktransformation von (1.22) in den Zeitbereich analog der von (1.21) liefert das *Störungsverhalten des Antriebs*, d.h. den zeitlichen Stromverlauf infolge einer Belastungsänderung bei konstant gehaltener Spannung:

$$\Delta i_a \approx \frac{\Delta M'_L}{k}\left[1+\frac{T_a}{\sqrt{1-4\frac{T_a}{T_m}}}\left(p_2 e^{p_1 t} - p_1 e^{p_2 t}\right)\right]$$

$$\Delta i_a = \frac{\Delta M'_L}{k}\left(1 - e^{-t/T_m}\right). \tag{1.31}$$

Die Gl. (1.23) in den Zeitbereich zurücktransformiert, ergibt die Geschwindigkeitsänderung

$$\Delta\omega = \frac{\Delta M'_L R}{k^2}\left[1+\frac{T_a}{\sqrt{1-4\frac{T_a}{T_m}}}\left(p_2 e^{p_1 t} - p_1 e^{p_2 t}\right)\right]$$

$$\Delta\omega \approx \frac{\Delta M'_L R}{k^2}\left(1 - e^{-t/T_m}\right). \tag{1.32}$$

Die Bilder 1.11 (c) und (d) geben den Verlauf von Strom und Winkelgeschwindigkeit bei einem Belastungsstoß wieder, wobei auch hier der Einfluß der Induktivität zu sehen ist. Der Motor nimmt bei Lastanstieg einen dem neuen Motormoment entsprechenden höheren Strom auf, während die Drehzahl abfällt, was auch aus der Gl. (1.5) zu ersehen ist.

#### 1.2.1.4
**Positionsregelung**

Gleichstrommotoren für höherwertige Stellantriebe werden über Stromrichter gespeist und erhalten eine Positionsregelung. Vorzugsweise verwendet man eine *Kaskadenregelung* [1.5]. Positions-, Drehzahl- und Stromregelung sind ineinander verschachtelt, wobei die jeweils überlagerte Regelschleife die Führungsgröße der unterlagerten Regelschleife vorgibt. Das Bild 1.12 zeigt das Blockschaltbild und den Signalflußplan eines Gleichstrommotors mit unterlagerter Stromregelung. Die Stromversorgung erfolgt über eine netzgeführte zweipulsige

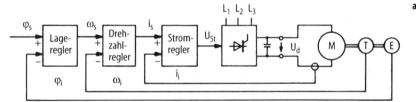

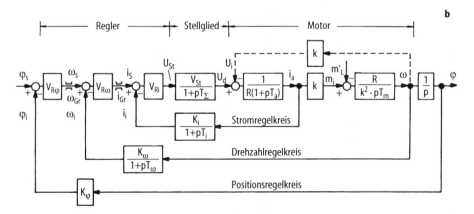

**Bild 1.12.** Stromrichtergespeister Gleichstrommotor. **a** Blockschaltbild, **b** Signalflußplan, *V* Verstärkungsfaktor, *K* Konstante, $T_\Sigma$ Verzögerungszeitkonstante

Brücke (Bild 1.8) aus dem Wechselstromnetz oder über eine sechspulsige Brücke aus dem Drehstromnetz ($L_1$, $L_2$, $L_3$) und einen Gleichspannungszwischenkreis ($u_d$). Die Positionsregelung ermittelt aus der Differenz der vorgegeben Position $\varphi_s$ und der Istposition des Läufers $\varphi_i$, die durch einen Enkoder $E$ (Inkremental- oder einen Absolutgeber, s. Abschn. B 5.2) gemessen wird, die Führungszwischengröße des Drehzahlregelkreises, die Sollgeschwindigkeit $\omega_s$. Der Vergleich mit der Istgeschwindigkeit $\omega_i$, die sich aus der induzierten Spannung des Tachogenerators $T$ ergibt (s. Abschn. B 4.3), liefert die Führungszwischengröße $i_s$ des Stromregelkreises. Die Ausgangsspannung des Stromreglers $u_{St}$ wird auf das Stellglied geführt und beeinflußt die Schaltzeiten der Transistoren oder Thyristoren der Endstufe. Drehzahl und Strom werden begrenzt ($\omega_{Gr}$, $i_{Gr}$), damit nicht zu hohe Drehzahlen oder Ströme (Drehmomente) z.B. beim Beschleunigen oder Abbremsen Schäden am Motor, an elektronischen Bauelementen oder an den Sensoren verursachen.

### 1.2.2
### Elektronikmotor
#### 1.2.2.1
#### Allgemeines

Vertauscht man bei einem permanentmagneterregten Motor den Aufbau von Ständer und Läufer, d.h. verlegt man die Spulen in den Ständer und läßt den Magneten rotieren, entsteht ein Elektronikmotor oder bürstenloser Gleichstrom-(Brushless-DC-)Motor. Allerdings ist jetzt ein Sensor notwendig, der die Läuferstellung erfaßt (Rotorlagegeber), um im richtigen Augenblick über eine Elektronik diejenigen Spulen einzuschalten, deren Ströme mit dem Läuferfeld gerade das maximale Drehmoment erzeugen. Daher ist die Bezeichnung elektronisch kommutierter Motor oder (Electronic Commutated) *EC-Motor* eindeutiger. Motor, Gebersystem und Servoverstärker bilden zusammen einen geschlossenen *Regelkreis*. Weicht die Istdrehzahl von der Solldrehzahl ab, wird die Schaltfrequenz geändert, bis beide Werte identisch sind. Über die unterlagerte Stromregelung wird das Puls-Pausenverhältnis der Pulsweitenmodulation so eingestellt, daß das geforderte Drehmoment eingehalten wird. Positionierantriebe erhalten zusätzlich eine Lageregelung, die aus der Differenz der Istposition und der Sollposition des Läufers die Solldrehzahl ermittelt. Dazu kann jedoch nicht der Rotorlagegeber, der zum Schalten der Wicklungen dient, genutzt werden, weil seine Auflösung zu grob ist, es sei denn, es wird ein Resolver verwendet (s. Abschn. 1.2.2.3, Sinusstromverfahren). Im Prinzip gleicht also die Ansteuerung des EC-Motors der des Gleichstrommotors.

Ändert sich durch den Ersatz der mechanischen Kommutierungseinrichtung auch nicht das prinzipielle Betriebsverhalten, besitzen EC-Motoren doch besondere vorteilhafte Eigenschaften, die die wachsende Bedeutung dieses Motortyps ermöglichten. Er ist robust, wartungs- und geräuscharm. Eine höhere Schutzklasse (z.B. Explosionsschutz) ist einfacher zu verwirklichen. Aufgrund seines geringeren Trägheitsmomentes besitzt er eine höhere Dynamik. Es ist ein direkter Netzbetrieb des Umrichters möglich. Daher erübrigt sich ein Transformator, den Gleichstrommotoren benötigen, damit die Lamellenspannung nicht unzulässig hohe Werte erreicht. Da der EC-Motor mit höherer Spannung bzw. kleineren Strömen betrieben werden kann, können die Zuleitungen schwächer und flexibler ausgeführt werden. EC-Motoren können höher belastet werden, denn die Strom- und Eisenwärmeverluste entstehen nur im Ständer, von wo sie, ohne große Wärmewiderstände überwinden zu müssen, an die kühlende Oberfläche abgeführt werden können. Es tritt auch keine Wärme über die Welle in den angetriebenen Mechanismus über. Bei Gleichstrommotoren kommt es außerdem bei Stillstand unter Umständen durch höhere Ströme zu Einbrennungen auf dem Kommutator, so daß das Stillstandsmoment begrenzt ist.

*Nachteilig* sind beim EC-Motor die höheren Kosten, die durch den Rotorlagegeber und die Kommutierungselektronik verursacht werden, die Regelung von mindestens zwei Strömen statt einem Strom wie beim Gleichstrommotor und die größere Welligkeit des Drehmomentes, weil die Anzahl der Wicklungsstränge geringer ist als die Ankerspulenzahl von Gleichstrommotoren. Da die Phasenzahl der Ansteuerelektronik gleich der Strangzahl des Motors ist, beschränkt man sich aus Kostengründen auf maximal vier Wicklungsstränge.

### 1.2.2.2
### Ausführungen

Größere EC-Motoren werden grundsätzlich dreisträngig ausgeführt. Kleinere EC-Motoren besaßen früher zwei oder vier Wicklungsstränge, weil zur Ansteuerung ein oder zwei Hall-Elemente genügen. Heute hat sich auch im unteren Leistungsbereich die dreisträngige Wicklung, die von drei Hall-Elementen gesteuert wird, durchgesetzt. Das hat mehrere Gründe: Die Kosten für Hall-Elemente sind erheblich gesunken und die Schaltung ist einfacher. Um den Motor möglichst hoch auszunutzen, wird er nicht unipolar betrieben, so daß jeder Wicklungsstrang nur in einer Richtung Strom führen kann, sondern bipolar, so daß die Stromrichtung in einem Wicklungsstrang geändert werden kann (s.a. Abschn. 1.3.3). Dazu sind bei einem zweisträngigen Motor vier Anschlußleitungen und acht Transistoren erforderlich. Ein dreisträngiger Motor benötigt dagegen nur drei Anschlußleitungen und sechs Transistoren. Schließlich ist die Momentenwelligkeit bei sechspulsig angesteuerten dreisträngigen Motoren geringer als bei zweisträngig bipolar oder viersträngig unipolar betriebenen Motoren. Daneben gibt es einfache Motoren mit zweisträngiger, unipolarer und, allerdings nicht für Stellantriebe, mit einsträngiger, bipolarer Wicklung.

Das Bild 1.13 zeigt *Konstruktionsprinzipien* für EC-Motoren mit Magnetläufern. Als Stellmotoren werden auch sie mit schlanken Walzenläufern (a–c) oder Scheibenläufern (d–f) gebaut, um ein niedriges Trägheitsmoment zu erzielen. Die Wicklung ist entweder in Nuten untergebracht (a) oder, wenn Rastmomente vermieden werden sollen, als eisenlose Luftspaltwicklung ausgeführt. Zum Beispiel wird die Wicklung, wie sie von Glockenläufermotoren (Bild 1.2d und h) her bekannt ist, an drei Stellen angezapft, im Stern oder Dreieck geschaltet und in ein geblechtes Gehäuse geklebt (c). Fertigungstechnisch und elektromagnetisch günstiger ist es, die Wicklung selbsttragend auszuführen und den Rückschluß mit dem Läufer rotieren zu lassen (b). Dann entfallen jegliche Verluste und Momente, die durch Wirbelströme und Hysterese hervorgerufen werden. Nachteilig ist das größere Trägheitsmoment. Derartige Motoren gibt es auch in Scheibenform mit Flachspulen im Ständer (e).

Größere Scheibenläufermotoren sind sehr aufwendig zu fertigen. Das Ständerblechpaket ist ein spiralförmig aufgewickelter Blechstreifen, in den die Nuten mit zunehmendem Abstand eingestanzt sind (d). Die Nuten können auch von der radialen Richtung abweichen, d.h. geschrägt sein. Zur Herstellung des Ständers sind eine besondere Stanz- und eine besondere Wickelmaschine erforderlich. Obwohl der Ma-

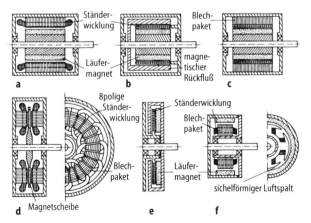

**Bild 1.13.** Konstruktionsprinzipien für EC-Motoren

gnetläufer aus Stabilitätsgründen in einer Sandwichkonstruktion mit Edelstahlarmierungen gefertigt wird, ist er durch hohe Impulsströme stärker gefährdet als ein Walzenläufer, was die Dynamik einschränken kann. Schließlich werden auch scheibenförmige Außenläufermotoren mit konzentrierten Spulen auf ausgeprägten Polen gebaut (e). Um die Momentenwelligkeit zu verringern, ist der Luftspalt nicht konstant, sondern z. B. sichelförmig gestaltet. Die Motoren der Abbildungen (b), (e) und (f) zeichnen sich durch einen gleichförmigen Rundlauf aus, besitzen allerdings ein relativ großes Trägheitsmoment.

Um bei größeren Walzenläufern ein geringes Trägheitsmoment zu erzielen, wird das Blechpaket mit Aussparungen entsprechend der Polzahl versehen und auf den Mantel eine dünne Schicht von Seltenerd-Magneten geklebt (Bild 1.14a). Da diese elektrisch leitend sind, müssen sie in kleine, etwa 2 mm starke Plättchen unterteilt werden, um Wirbelstromverluste zu vermindern. Ferritmagnete werden als Schalen auf dem Läuferkörper befestigt (b). Um die Magnete zu sichern, muß der Läufer in beiden Fällen bandagiert werden. Die Ausnutzung von Ferritmagnet-Motoren ist nur etwa halb so groß und ihre mechanische Zeitkonstante etwa doppelt so groß wie die entsprechenden Werte von Seltenerd-Magnet-Motoren. Auch bei EC-Motoren sind Konstruktionen mit Flußkonzentratoren und mit Polschuhen zur Führung des Anker-(Ständer-)Querflusses möglich, die aber auch hier die schon bei den Gleichstrommotoren im Abschn. 1.2.1.2 beschriebenen Nachteile besitzen.

### 1.2.2.3
**Ansteuerverfahren**

EC-Motoren werden entweder mit blockförmigen Strömen (Blockstromverfahren) oder, inzwischen in zunehmendem Maß, mit sinusförmigen Strömen (Sinusstromverfahren) betrieben. Mit der jeweiligen Betriebsart hängt die Art der Magnetisierung und des Rotorlagegebers zusammen.

*Blockstromverfahren*

Bei der Speisung mit blockförmigen Strömen muß die in der stromführenden Wicklung induzierte Spannung während des Stromblockes konstant sein (Bild 1.15a). Sie ergibt sich bei einer konstanten Luftspaltinduktion infolge einer radialen Magnetisierung (Bild 1.16a). Bei dreisträngigen Wicklungen erstreckt sich ein Stromblock über einen elektrischen Winkel von 120°. Daran schließt sich eine Strompause von 60° an. Die inneren Leistungen der einzelnen Wicklungsstränge, die proportional dem Produkt von Strom und induzierter Spannung sind, überlappen sich, so daß unter idealen Voraussetzungen die resultierende innere Leistung und damit das Drehmoment bei einer bestimmten Drehzahl kon-

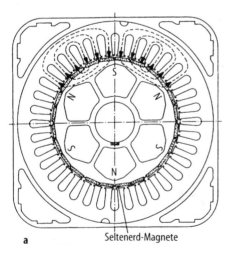

a  Seltenerd-Magnete

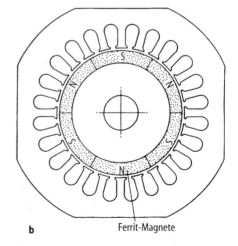

b  Ferrit-Magnete

**Bild 1.14.** Servomotoren mit genutetem Ständer

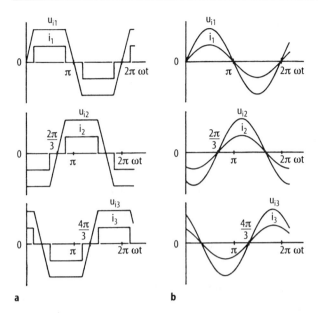

**Bild 1.15.** Zeitlicher Verlauf des Stromes und der induzierten Spannung bei **a** Blockstromtechnik, **b** Sinusstromtechnik

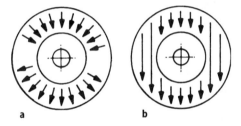

**Bild 1.16.** Magnetisierung. **a** radial, **b** diametral

stant ist. Tatsächlich können die Ströme nicht sprunghaft ansteigen und weichen mit wachsender Drehzahl immer mehr von der idealen Blockform ab. Man spricht daher auch vom Trapezstromverfahren. Die Stromverläufe weisen mit zunehmender Drehzahl Einbrüche auf, was eine Verringerung des mittleren Momentes sowie Pendelmomente und Verluste zur Folge hat. Außerdem nehmen durch das sprungartige Weiterschalten des Ständerfeldes mit wachsender Drehzahl die Eisenwärmeverluste zu.

Vorteilhaft bei der Blockstromtechnik ist die einfachere und damit kostengünstigere Signalverarbeitung. Mit drei Hall-Elementen oder drei Lichtschranken werden die Ströme in Abhängigkeit von der Läuferlage geschaltet. Ein Tachogenerator erfaßt die Drehzahl, ein Kodierer oder Enkoder die Läuferposition (Bild 1.17a). Es gibt zwei unterschiedliche Ausführungen optischer Enkoder: Ein Inkrementalgeber zählt die von einer Strich- oder Schlitzscheibe je Umdrehung erzeugten Impulse. Mit einem Absolutgeber wird dagegen die Läuferstellung auch bei Stillstand erkannt, da abhängig von der Auflösung einer auf der Welle befestigten Codescheibe jedem Winkel ein bestimmtes Bitmuster zugeordnet ist (s. Abschn. B 5.2.1). Kleinstmotoren werden häufig auch sensorlos durch Auswertung der induzierten Spannung der gerade nicht aktiven Spulen gesteuert.

Die Berechnung des Drehmomentes von EC-Motoren, die in Blockstromtechnik betrieben werden, ist ähnlich derjenigen von permanent erregten Gleichstrommotoren [1.6]. Die maximale Flußverkettung $\Psi_{max}$ einer Spule mit $w$ Windungen ergibt sich, wenn ihre Achse mit der Polachse des Magneten zusammenfällt (Bild 1.18), zu

$$\Psi_{max} = w\int_0^\pi B(x)\,l\,r\,dx = wB_B\,l\,r\,\pi \quad (1.33)$$
$$= w\Phi_{max}\,.$$

Darin ist $B_B$ der über eine Polteilung konstante Luftspaltinduktions-Block, $l$ die Spulenlänge und $r$ der Bohrungsradius. Im Be-

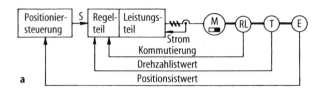

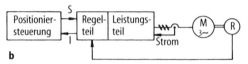

RL  Rotorlagegeber  
T   Tachogenerator  
E   Enkoder (Incrementalgeber oder Absolutgeber)  
R   Resolver  

I   Positionsistwert  
S   Positionssollwert  

**Bild 1.17.** Blockschaltbild eines Servoantriebes mit EC-Motor bei **a** Blockstromtechnik, **b** Sinusstromtechnik

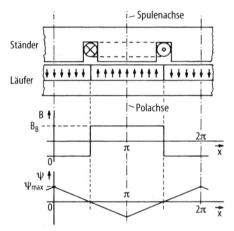

**Bild 1.18.** Prinzipdarstellung der Induktion und der Flußverkettung bei günstigster Läuferstellung

reich von $x = 0$ bis $x = \pi$ gehorcht die Flußverkettung der Gleichung

$$\Psi(x) = \left(1 - \frac{2x}{\pi}\right)\Psi_{max} \,. \tag{1.34}$$

Dieser Fluß induziert die Spannung

$$U_{iB} = -\frac{d\Psi}{dt} = -\frac{d\Psi}{dx}\frac{dx}{dt} = -\omega\frac{d\Psi}{dx}\,.$$

Mit (1.33) und (1.34) errechnet sich die Höhe der Rechteckspannung zu

$$U_{iB} = \omega\frac{2}{\pi}\Psi_{max} = \omega 2wB_B rl\,. \tag{1.35}$$

Da z.B. bei Sternschaltung stets zwei stromführende Stränge hintereinander geschaltet sind, wird die Ankerspannung $U_{iaB} = 2\,U_{iB}$.

Mit der Gleichung für die innere Leistung $P_i = U_{iaB} \cdot I_B$, wobei $I_B$ die Höhe des Stromblockes ist, wird das innere Moment $M_i$ berechnet. Es stimmt praktisch mit dem an der Welle abgegebenen Drehmoment $M$ überein, weil das Reibungsmoment vernachlässigbar ist:

$$M = M_i = \frac{P_i}{\omega} = 4wrlB_BI_B\,. \tag{1.36}$$

Mit dem Faktor $k_B = 4/\pi\,w\,\Phi_{max}$ erhält man die gleichen Ausdrücke für das Drehmoment und die induzierte Spannung wie bei der permanenterregten Gleichstrommaschine:

$$M = k_BI_B \tag{1.37}$$

$$U_{iaB} = k_B\omega\,. \tag{1.38}$$

Bei einem Stromflußwinkel von 120° ist der Effektivwert des Stromes $I = \sqrt{2/3}\,I_B$. Damit wird das Drehmoment

$$M = 4\sqrt{\frac{3}{2}}wrlB_B I\,. \tag{1.39}$$

*Sinusstromverfahren*

Bei der Speisung mit sinusförmigen Strömen muß auch die induzierte Spannung sinusförmig verlaufen und in Phase mit dem Strom sein (Bild 1.15b). Voraussetzung dafür ist eine sinusförmige Luftspaltinduktion, die von einer homogenen diametralen Magnetisierung des Läufers erzeugt wird (Bild 1.16b). Sind bei einer dreisträngigen Wicklung die Ströme um $2\pi/3$ gegeneinander phasenverschoben, entsteht ein *ideales*

*Drehfeldsystem* wie bei einer Drehstrom-Synchronmaschine. Man nennt daher mit Sinusstromtechnik betriebene Stellmotoren auch „*AC-Servomotoren*". Gegenüber der Synchronmaschine besteht allerdings der wesentliche Unterschied, daß die Drehzahl lastabhängig ist. Im Gegensatz zur Blockstromtechnik weist das Drehmoment nur eine sehr geringe Welligkeit auf.

Bei diesem Verfahren muß der Läuferlagewinkel mit hoher Auflösung (ca. 1°) erfaßt werden, damit die Phasenlage von Strom und Spannung möglichst konstant ist. Das geschieht hier induktiv mit Drehmeldern (Bild 1.19). Der Läufer hat eine einsträngige Wicklung, die mit einem 2 bis 20 kHz-Wechselstrom erregt wird. Dieser Wechselstrom wird bürstenlos über einen Ringtrafo, dessen Sekundärwicklung sich auf dem Läufer befindet, übertragen. In zwei um 90° gegeneinander versetzte Ständerwicklungen eines „Resolvers" oder – seltener – in drei um 120° gegeneinander versetzte Wicklungen eines „Synchros" werden entsprechend phasenverschobene, sinusförmige Spannungen induziert, deren Auswertung Informationen über Rotorlage und Drehzahl liefert (s. Abschn. B 5.1.1). Es gibt auch Resolver mit wicklungslosen Reluktanzläufern, bei denen die Erregerwicklung und die beiden Ankerwicklungen im Ständer liegen und daher eine Wicklung weniger gegenüber der vorher beschriebenen Ausführung erforderlich ist. In beiden Fällen wird nur ein einziger kompakter, robuster, aber teurer Sensor (mit nur 6 Anschlußleitungen) und eine aufwendigere Elektronik benötigt (Bild 1.17b). Vorteilhaft ist, daß sich im Motor keine elektronischen Bauteile befinden, so daß dort eine vergleichsweise hohe Wicklungstemperatur (z.B. 150 °C) zulässig ist.

Die drei am Umfang um den elektrischen Winkel $2\pi/3$ gegeneinander versetzten, gleichen Stränge U, V, W werden von drei um den mechanischen Winkel $2\pi/3$ phasenverschobenen, gleichen Strömen durchflossen:

$$i_U = \hat{I}\cos\omega t,$$
$$i_V = \hat{I}\cos\left(\omega t - \frac{2\pi}{3}\right), \quad (1.40)$$
$$i_W = \hat{I}\cos\left(\omega t + \frac{2\pi}{3}\right).$$

In einem Motor mit $p$ Polpaaren erzeugen diese Ströme eine rotierende Durchflutung (Felderregung). Berücksichtigt man die Wicklungsverteilung und ggf. eine Schrägung der Nuten durch den Wicklungsfaktor $\xi$, ergibt sich die Drehdurchflutung bei $w$ Windungen je Strang zu

$$\Theta = \frac{w\xi}{2}\hat{I}\Big[\cos\omega t \sin px + \cos\left(\omega t - \frac{2\pi}{3}\right) \\ \cdot \sin\left(px - \frac{2\pi}{3}\right) + \cos\left(\omega t - \frac{2\pi}{3}\right) \\ \cdot \sin\left(px - \frac{2\pi}{3}\right)\Big]. \quad (1.41)$$

Diese Gleichung, die für einen ungesättigten Motor gilt, kann, wie von Drehstrommotoren her bekannt, vereinfacht werden zu

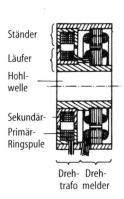
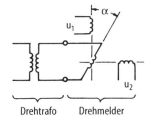
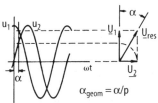

**Bild 1.19.** Resolver. Längsschnitt, Schaltbild, Spannungsverlauf

$$\Theta = \frac{3}{2}\frac{w\xi}{2}\sqrt{2}\,I\sin(px-\omega t)\,. \quad (1.42)$$

wobei $I$ der Effektivwert des Stromes ist. Das sinusförmige Drehfeld, das ebenfalls mit $\omega$ rotiert und dessen Amplitude gegenüber der Drehdurchflutung um den elektrischen Winkel $p\beta$ nacheilt, ist

$$B = \hat{B}\cos(px - \omega t - p\beta)\,. \quad (1.43)$$

Die Kraft, die auf die Leiter der Ständerwicklung ausgeübt wird, ist gleich der Reaktionskraft auf den Läufermagneten. Da die Feldlinien im wesentlichen senkrecht zu den Leitern verlaufen, kann man für die Kraft auf $w$ Leiter

$$F = I\Theta B = \frac{3}{4}w\xi l\sqrt{2}\,I\hat{B}$$
$$\cdot \sin(px-\omega t)\cos(px-\omega t - p\beta) \quad (1.44)$$

schreiben. Für $t = 0$ erhält man

$$F = \frac{3}{4}w\xi l\sqrt{2}\,I\hat{B}\sin(px-\omega t)$$
$$\cdot \cos(px-\omega t - p\beta)\,. \quad (1.45)$$

Das Drehmoment wird aus dem Integral der Kraft über eine Polteilung multipliziert mit dem Bohrungsradius $r$ für einen $2p$-poligen Motor berechnet zu:

$$M = 2p\int_0^{\pi/p} Fr\,dx = 2\frac{3}{4}w\xi lr\sqrt{2}\,I\hat{B}$$
$$\cdot \int_0^p \sin x\cos(x-\beta)dx\,. \quad (1.46)$$

Vergleicht man die Momente der Motoren mit Block- und Sinusstromtechnik miteinander und berücksichtigt, daß

$$\hat{B} = \frac{\pi}{2}B_B \quad (1.47)$$

ist, wenn der Pol- und Jochfluß (Sättigung!) beider Motoren gleich und der Wicklungsfaktor $\xi \approx 0{,}94$ ist, entwickeln beide Motoren ein gleich großes Drehmoment.

### 1.2.2.4
**Geschalteter Reluktanzmotor**

Ein Elektronikmotor kann statt eines Permanentmagnet-Läufers auch einen *Reluktanzläufer* haben (Bild 1.20a). Er wird daher allgemein als „*Switched-Reluctance-Motor*"

(SR-Motor) bezeichnet. Ständer und Läufer besitzen ausgeprägte Pole, wobei sich die Polzahlen unterscheiden. Um eine eindeutige Drehrichtung zu erhalten, muß der Ständer mindestens drei Stränge besitzen. Üblich ist daher das Polzahlverhältnis 6 : 4 ( oder 8 : 6) von Ständer und Läufer. Die drei Stränge werden durch drei Hall-Elemente, die durch einen mit dem Läufer rotierenden Steuermagneten erregt werden, zyklisch geschaltet. Bei niedrigen Drehzahlen wird der Motor durch Chopping, sonst mit Blockspannungen betrieben. Das Drehmoment wird über die *magnetische Koenergie* berechnet:

$$M = \frac{1}{2}i^2\frac{dL}{d\alpha}\,. \quad (1.48)$$

Dabei wird die Abhängigkeit der Induktivität $L$ von der Läuferstellung mit Hilfe von numerischen Feldberechnungen ermittelt. Der Stromverlauf ist impulsartig. Er hängt seinerseits vom Induktivitätsverlauf und vom Einschalt- und Ausschaltwinkel ab. Im Bild 1.20b beträgt beispielsweise der Einschaltwinkel 45° und der Ausschaltwinkel 75°. Eine analytische Berechnung des

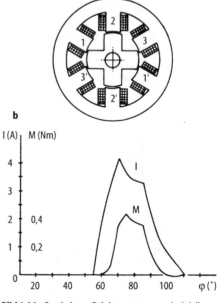

**Bild 1.20.** Geschalteter Reluktanzmotor. **a** prinzipieller Aufbau, **b** Strom und Drehmoment eines Stranges in Abhängigkeit vom Drehwinkel

Drehmomentes ist deshalb nicht möglich, zumal da die notwendigerweise hohe Eisensättigung des Reluktanzmotors nicht vernachlässigt werden darf.

*Vorteilhaft* beim SR-Motor sind die einfache Ständerwicklung und der wicklungslose Läufer. Die mittlere Windungslänge ist vergleichsweise kurz, so daß der Kupferbedarf gering ist. Ständer und Läufer müssen geblecht sein, weil sich anderenfalls erhebliche Wirbelstromverluste ausbilden würden. Die Stromwärmeverluste und der größere Teil der Wirbelstromverluste entstehen im Ständer, so daß die dadurch verursachte Wärme gut abgeführt werden kann. Der Läufer kann sich stärker erwärmen als ein Permanentmagnetläufer. Allerdings kann das, wie schon erwähnt, bei Servomotoren nachteilig sein, weil dann Wärme über die Welle in den angetriebenen Mechanismus fließt. Die Läuferkonstruktion erlaubt sehr hohe Drehzahlen.

*Nachteilig* ist dagegen die starke Welligkeit von Drehmoment und Strom. Das Drehmoment kann, wie im Bild 1.20b zu erkennen ist, negativ werden und bremsend wirken, wenn der Ausschaltwinkel zu groß gewählt wird. Die großen Induktivitätsschwankungen, die bei Reluktanzmotoren prinzipbedingt notwendig sind, wenn ein ausreichend hohes Drehmoment und eine gute Ausnutzung erzielt werden sollen, haben starke magnetische Geräusche zur Folge. Außerdem besitzen SR-Motoren kein Selbsthaltemoment, d.h. kein Drehmoment bei unerregter Ständerwicklung. Ein Selbsthaltemoment ist oft erwünscht, um eine feste Position auch bei $I = 0$ zu halten. Der Einsatz von SR-Motoren als Servomotoren ist grundsätzlich möglich, aber aufgrund seiner Nachteile derzeit nicht zu sehen.

### 1.2.3
### Drehstrom-Asynchronmotor
#### 1.2.3.1
#### Allgemeines

Asynchronmotoren sind vergleichsweise kostengünstig und ebenso robust und geräuscharm wie EC-Motoren mit Magnetläufern, haben jedoch wegen der Läuferverluste einen schlechteren Wirkungsgrad als EC-Motoren. Zudem benötigen Asynchronmotoren zur Erzeugung des drehmomentbildenden Flusses einen Blindstrom. Die durch die Läuferverluste erzeugte Wärme gelangt zum Teil über die Welle zum angetriebenen Mechanismus, was unerwünscht sein kann. Um ein kleines Trägheitsmoment zu erzielen, sollte der Läufer möglichst schlank sein, wobei zu bedenken ist, daß sich die Wärmeabfuhr aus dem Läufer mit zunehmender Länge verschlechtert. Normmotoren sind als Servomotoren nur dann geeignet, wenn sie keine höheren dynamischen Anforderungen erfüllen müssen. Es wurden auch schon scheibenförmige Motoren vorgeschlagen, deren Ständer ähnlich Bild 1.13d ausgeführt sind. Es gibt Motoren mit ein- und mit zweiseitigem Ständer. Bei einem einseitigen Ständer werden erhebliche axiale Kräfte erzeugt, die durch besondere Lagerung aufgefangen werden müssen, um den notwendigerweise engen Luftspalt einzuhalten. Aufgrund der besonderen Fertigungstechnik sind derartige Konstruktionen nur bei kleineren Stückzahlen bzw. bei Spezialisierung auf diese Fertigungstechnik interessant. Schließlich ist zu bedenken, daß ein Asynchronmotor ebenso wie ein Synchronmotor ein fremdgesteuerter Motor ist, der bei Überlastung plötzlich stehen bleibt.

#### 1.2.3.2
#### Betriebsverhalten

Die Herleitung der im folgenden verwendeten Gleichungen wird in allen grundlegenden Fachbüchern über elektrische Maschinen [z.B. 1.7] ausführlich beschrieben. Danach ist die Spannung an den Klemmen jedes der drei Wicklungsstränge im Ständer eines *Drehstrom-Asynchronmotors*

$$\underline{U}_1 = (R_1 + jX_{1\sigma})\underline{I}_1 + jX_h(\underline{I}_1 + \underline{I}'_2) \,. \quad (1.49)$$

$R_1$ ist der Wirkwiderstand eines Stranges, $X_h$ seine Hauptreaktanz und $X_{1\sigma}$ seine Streureaktanz. Der Ständerstrom $I_1$ und der auf die Ständerwicklung umgerechnete Läuferstrom $I'_2$ bilden gemeinsam den (fiktiven) Magnetisierungsstrom

$$\underline{I}_\mu = \underline{I}_1 + \underline{I}'_2 \,, \quad (1.50)$$

der das Drehfeld erregt. Die Spannungsgleichung der kurzgeschlossenen Läuferwicklung lautet mit Größen, die auf die Ständerwicklung umgerechnet sind,

$$0 = \left(\frac{R'_2}{s} + jX'_{2\sigma}\right)\underline{I}'_2 + jX_h(\underline{I}_1 + \underline{I}'_2). \quad (1.51)$$

Der Schlupf $s$ ist der Unterschied zwischen der synchronen Drehzahl des Drehfeldes $n_1 = f_1/p$ ($f_1$ = Netzfrequenz, $p$ = Polpaarzahl) und der Läuferdrehzahl $n$:

$$s = \frac{n_1 - n}{n_1}. \quad (1.52)$$

Anschaulich können die Gln. (1.49) und (1.51) in der Ersatzschaltung des Bildes 1.21 dargestellt werden. Aus diesen beiden Gleichungen erhält man mit den Abkürzungen $X_1 = X_{1\sigma} + X_h$ und $X'_2 = X'_{2\sigma} + X_h$

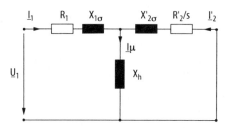

**Bild 1.21.** Asynchronmotor: Ersatzschaltbild

$$\underline{I}_1 = \underline{U}_1 \frac{R'_2 + jsX'_2}{R_1 R'_2 + jR'_2 + X_1}$$
$$+ \frac{R'_2 + jsX'_2}{s\left(X^2 - X_1 X'_2 + jRX'_2\right)}, \quad (1.53)$$

die Ortskurve des Ständerstromes $\underline{I}_1(s)$. Der Zeiger der Strangspannung $\underline{U}_1$ gibt dabei üblicherweise als Bezugsgröße die Richtung der reellen Achse, d.h. hier die Richtung der Ordinate des komplexen Koordinatensystems an. Der Stromzeiger $\underline{I}_1$ eilt der Spannung um den Phasenverschiebungswinkel $\varphi$ nach und ist ihr gegenüber in mathematisch negativer Richtung verdreht. Vereinfacht man die Gl. (1.53), indem man $R_1 \to 0$ annimmt, was streng genommen zwar nur bei sehr großen Motoren zulässig, für grundsätzliche Überlegungen aber sinnvoll ist, ergibt sich

$$\underline{I}_1 \approx \underline{U}_1 \frac{R'_2 + jsX'_2}{jR'_2 X_1 - s\left(X_1 X'_2 - X_h^2\right)}. \quad (1.54)$$

Näherungsweise wird damit die Ortskurve ein Kreis, dessen Mittelpunkt ebenso wie die Punkte $\underline{I}_1(s = 0)$, d.h. für den Synchronismus bei $n = n_1$, und $\underline{I}_1(s = \infty)$, d.h. für den sog. ideellen Kurzschluß bei $n = \infty$, auf der Abszisse liegt (Bild 1.22). Der obere Halb-

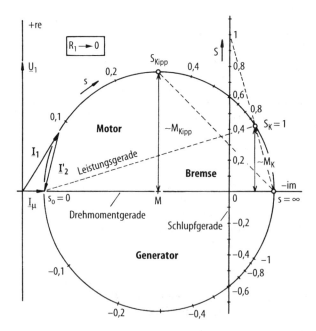

**Bild 1.22.** Stromortskurve

kreis beschreibt von s = 0 bis $s = s_K = 1$ den hier interessierenden Motorbetrieb und von $s_K = 1$ bis s = ∞ den Bremsbetrieb, bei dem der Läufer entgegen dem Drehfeld rotiert. Der untere Halbkreis betrifft den Generatorbetrieb, bei dem der Läufer sich schneller dreht als das Drehfeld. Die Schlupfskalierung entlang dem Kreis findet man mit Hilfe der Schlupfgeraden, auf der die Schlupfwerte äquidistant gegeben sind. Der Abstand des Kreises von der Abszisse ist ein Maß für das an der Welle abgegebene Drehmoment. Die Länge des Lotes auf die Abszisse im Mittelpunkt M ist daher proportional dem maximalen Drehmoment, dem Kippmoment $M_{Kipp}$. Bei $s_K = 1$ bzw. n = 0, d.h. im Stillstand oder „Kurzschluß" ist die Länge des Lotes proportional dem Anzugsmoment $M_K$.

Ein Drehstrom-Asynchronmotor mit $m_1 = 3$ Strängen entnimmt dem Netz die Wirkleistung

$$P_1 = m_1 U_1 I_1 \cos\varphi. \quad (1.55)$$

$U_1$ sowie $I_1$ sind hier wie auch in allen folgenden Gleichungen die an den Strängen gemessenen Werte (Strangwerte). Werden Strom und Spannung an den Zuleitungen gemessen (Leiterwerte), ist in (1.55) $m_1$ durch $\sqrt{3}$ zu ersetzen. Subtrahiert man von $P_1$ die Stromwärmeverluste der Ständerwicklung

$$P_{V1} = m_1 I_1^2 R_1 \quad (1.56)$$

und die Eisenwärmeverluste im Ständerblechpaket, ergibt sich die Luftspaltleistung, die vom Ständer in den Läufer übertragen und dort entsprechend dem Ersatzschaltbild (1.21) im Widerstand $R'_2/s$ umgesetzt wird:

$$P_\delta = m_1 I_2'^2 \frac{R'_2}{s}. \quad (1.57)$$

Subtrahiert man von $P_\delta$ die Stromwärmeverluste in der Läuferwicklung

$$P_{V2} = m_1 I_2'^2 R'_2 = sP_\delta, \quad (1.58)$$

erhält man die an der Welle abgegebene Leistung

$$P_2 = (1-s)P_\delta. \quad (1.59)$$

Dabei sind die Eisenwärmeverluste im Läuferblechpaket und die Reibungsverluste vernachlässigt, was i.a. zulässig ist.

Das *Drehmoment* wird wie beim Gleichstrommotor aus der inneren Leistung, d.h. hier aus der Luftspaltleistung $P_\delta$, oder aus der an der Welle abgegebenen Leistung $P_2$ berechnet:

$$M = \frac{P_\delta}{2\pi n_1} = \frac{P_2}{2\pi n}. \quad (1.60)$$

$P_\delta$ wird durch (1.57) ersetzt und $I'_2$ wie $I_1$ aus (1.49) und (1.51) ermittelt. Vernachlässigt man wiederum $R_1$, lautet die Gleichung für das Drehmoment

$$M \approx \frac{m_1}{2\pi n_1} \frac{U_1^2}{X_1} \frac{1-\sigma}{\frac{R_2}{sX_2} + \sigma^2 \frac{sX_2}{R_2}} \quad (1.61)$$

mit der Gesamtstreuziffer

$$\sigma = 1 - \frac{X_h^2}{X_1 X_2'}. \quad (1.62)$$

Setzt man die Ableitung der Drehmomentengleichung gleich Null, erhält man den Kippschlupf

$$s_{Kipp} \approx \frac{R_2}{\sigma X_2} \quad (1.63)$$

und mit (1.61) das Kippmoment

$$M_{Kipp} \approx \frac{m_1}{2\pi n_1} \frac{U_1^2}{X_1} \frac{1-\sigma}{2\sigma}. \quad (1.64)$$

Ersetzt man in (1.61) $R_2/X_2$ durch $\sigma s_{Kipp}$ und bezieht das Drehmoment auf das Kippmoment, ergibt sich die sog. *Kloss'sche Gleichung* (für $R_1 \to 0$)

$$\frac{M}{M_{Kipp}} \approx \frac{2}{\frac{s_{Kipp}}{s} + \frac{s}{s_{Kipp}}}. \quad (1.65)$$

Im Bild 1.23 ist diese Drehmomenten-Gleichung dargestellt und der Brems-, Motor- und Generatorbereich angegeben. Im Brems- und Anlaufbereich, wenn $s \gg s_{Kipp}$ ist, entspricht der Drehmomentenverlauf einer Hyperbel. Im Bereich des Synchronismus ist $s \ll s_{Kipp}$, so daß das Drehmoment näherungsweise linear verläuft und demjenigen einer Gleichstrom-Nebenschlußmaschine ähnlich ist. Man spricht daher vom *Nebenschlußverhalten* der Asynchronmaschine.

*Wechselstrom-Asynchronmotoren* werden vorzugsweise mit zwei parallelgeschalteten

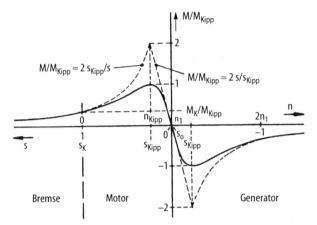

**Bild 1.23.** Drehmomenten-Kurve

Wicklungssträngen im Ständer ausgeführt. Die notwendige Phasenverschiebung der Ströme wird dadurch erzeugt, daß mit dem einen Strang meistens ein Kondensator, seltener ein Widerstand in Reihe geschaltet wird [1.4]. Um ein Verhalten wie dasjenige eines Drehstrommotors zu erhalten, muß bei gleicher Durchflutung der beiden Stränge die Phasenverschiebung $\pi/2$ betragen. Das ist nur für einen einzigen Betriebspunkt möglich. Wird ein möglichst hohes Bemessungsmoment verlangt, werden Wicklung und Kondensator (Betriebskondensator) für diesen Betriebspunkt ausgelegt. Soll das Anzugsmoment möglichst hoch sein, ist ein wesentlich größerer Kondensator (Anlaufkondensator) erforderlich. Dieser muß nach erfolgtem Hochlauf abgeschaltet werden, weil anderenfalls die Wicklungsverluste beim Bemessungsbetrieb zu hoch werden. Der Motor läuft dann einsträngig weiter, allerdings mit erheblich reduzierter Leistung. Muß der Motor sowohl ein hohes Anzugsmoment als auch ein hohes Bemessungsmoment besitzen, erhält er einen Anlauf- und einen Betriebskondensator. Weicht die Phasenverschiebung der Ströme von dem Wert $\pi/2$ ab und/oder sind die Durchflutungen der Stränge verschieden voneinander, entstehen mehr oder weniger große Pendel- und Bremsmomente. Die Ausnutzung eines Wechselstrom-Asynchronmotors ist daher i.a. schlechter als die eines baugleichen Drehstrom-Asynchronmotors, so daß sie nur für Leistungen < ca. 1 kW gebaut werden.

Ist schon das *stationäre* Betriebsverhalten von Asynchronmaschinen nicht so durchschaubar wie dasjenige von Gleichstrommaschinen und die Herleitung der Gleichungen umfänglicher, gilt das um so mehr für das *dynamische Verhalten*, dessen Darstellung den Rahmen sprengen würde. Es wird daher auf die einschlägige Fachliteratur [1.8] verwiesen.

**1.2.3.3**
*Drehzahlstellung*

Im Gegensatz zu den selbstgesteuerten Kommutatormotoren ist die Drehzahlstellung der fremdgesteuerten Motoren, d.h. der Asynchron- und Synchronmotoren nicht so einfach möglich und aufwendiger, wenn ein größerer Stellbereich gefordert ist. Löst man die Schlupfgleichung (1.52) nach der Drehzahl auf

$$n = n_1(1-s) = \frac{f_1}{p}(1-s), \qquad (1.66)$$

erkennt man Möglichkeiten, die Drehzahl zu ändern, wenn die Asynchronmaschine am starren Netz ($U_1$ = const, $f_1$ = const) liegt:

*Zusätzliche Widerstände im Läuferkreis*
Wie man aus dem Ersatzschaltbild 1.21 ersieht, bleiben die elektrischen Verhältnisse gleich, wenn man den Läuferwiderstand proportional zum Schlupf ändert:

$$\frac{s^*}{s} = \frac{s^*_{Kipp}}{s_{Kipp}} = \frac{R_2 + R_V}{R_2}. \qquad (1.67)$$

Nach (1.64) bleibt auch das Kippmoment konstant (Bild 1.24). Die Wirkung eines Vorwiderstandes $R_V$ im Läuferkreis ist ähnlich der eines Ankervorwiderstandes beim

# 1 Stellantriebe mit elektrischer Hilfsenergie

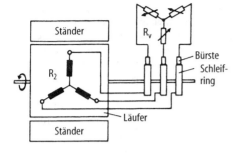

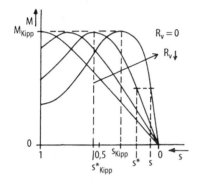

**Bild 1.24.** Drehzahlstellung durch Vorwiderstände im Läuferkreis

Gleichstrommotor (Bild 1.6). Zusätzliche Widerstände im Läuferkreis können allerdings nur bei (teueren) Schleifringläufermotoren eingesetzt werden. Außerdem sind die hohen Verluste in $R_V$ nachteilig, so daß abgesehen von kurzzeitigen Drehzahländerungen dieses Verfahren wie beim Gleichstrommotor nur zum Anlaufen genutzt wird. Um die hohen Verluste im Läuferkreis zu vermeiden, kann die Läuferleistung $sP_\delta$ auch ins Netz zurückgespeist werden. Die dazu notwendige untersynchrone Stromrichterkaskade ist so aufwendig, daß sie nur bei sehr großen Antrieben zum Einsatz kommt. Sie ermöglicht eine Verminderung der Leerlaufdrehzahl um etwa 30% und eine nahezu parallele Verschiebung der Drehzahldrehmomentkurve bei konstantem Kippmoment.

### Änderung der Polzahl

Da eine Käfigwicklung mit Drehfeldern beliebiger Polzahl Drehmomente bilden kann, ist es möglich, bei Käfigläufermotoren durch Änderung der Polzahl $2p$ die Drehzahl *grobstufig* zu stellen. Mit einer polumschaltbaren Ständerwicklung sind nur vergleichsweise geringe Drehzahlverhältnisse möglich, z.B. bei der sog. Dahlander-Schaltung ein Verhältnis $p_1 : p_2 = 2$, wobei bei der kleineren Polzahl infolge der starken Sehnung die effektiv wirksame Windungszahl, d.h. die Ausnutzung des Motors um etwa 30% schlechter ist. Da die Umschaltung aufwendig ist, werden nur größere Motoren damit ausgestattet. Die Polumschaltung wird z.B beim Positionieren dort eingesetzt, wo von einem Schnellgang auf einen Schleichgang (Kräne, Aufzüge) umgeschaltet wird (s. Abschn. 1.2.3.4). Große Drehzahlverhältnisse bei geringem Schaltungsaufwand erzielt man mit getrennten Ständerwicklungen unterschiedlicher Polzahl. Allerdings ist jetzt die Motorausnutzung schlechter, weil stets nur eine Wicklung wirksam ist. Daher findet man getrennte Wicklungen überwiegend bei kleineren Motoren.

### Änderung der Ständerspannung

Entsprechend (1.61) ändert sich das Drehmoment quadratisch mit der Spannung, während der Kippschlupf konstant bleibt (1.63). Die synchrone Drehzahl ändert sich ebenfalls nicht. Eine Änderung der Strangspannung ist dadurch möglich, daß die Möglichkeit genutzt wird, die Schaltung der Ständerwicklung von Stern in Dreieck zu ändern, wobei dann die Stränge für die Klemmenspannung (Leiterwert) ausgelegt sein müssen. Bei Sternschaltung sinkt die Strangspannung um den Faktor $\sqrt{3}$ und damit das Drehmoment um den Faktor 3. Dieses Verfahren wird fast nur zum Anlaufen genutzt, um den Anlaufstrom zu vermindern. Der Motor wird in Sternschaltung gestartet und dann in Dreieckschaltung betrieben.

Ein verlustarmer, aber teurer Spannungssteller ist ein Transformator. Er wird gelegentlich in Sparschaltung zum Anlassen großer Motoren verwendet. Eine Phasenanschnittsteuerung oder ein Drehstrom- bzw. Wechselstromsteller (s. Abschn. C 4.3) ist, zumal bei Motoren kleinerer Leistung, wirtschaftlicher, erzeugt jedoch hohe Spannungsoberschwingungen, die erhebliche zusätzliche Verluste im Asynchronmotor zur Folge haben. Derartig gesteuerte Motoren müssen daher reichlich überdimensioniert und gut gekühlt sein. Als Stellantriebe kommen sie i.a. nur für den Kurzzeitbetrieb in Frage.

Wie Bild 1.25a zeigt, ist die mit normalen Käfigläufern erzielbare Drehzahldifferenz gering. Um sie zu vergrößern, verwendet man Läufer mit höherem Widerstand (Widerstandsläufer) (Bild 1.25b). Nach (1.58) und (1.59) wachsen die Läuferverluste

$$P_{V2} = P_2 \frac{s}{1-s} \qquad (1.68)$$

überproportional mit dem Schlupf. Bei diesem Verfahren treten deshalb bei geringen Drehzahlen besonders hohe Verluste auf.

*Änderung der Ständerfrequenz*
Als Stellantriebe werden Asynchronmotoren vor allem über Frequenzumrichter frequenzgesteuert betrieben. Da sie jedoch einen schlechteren Wirkungsgrad ($\eta_{AM}$) als EC-Motoren ($\eta_{EC}$) haben und ihr Leistungsfaktor ($\cos \varphi$) deutlich kleiner als 1 ist, muß der Umrichter um $\eta_{EC}/(\eta_{AM} \cos \varphi)$ größer als bei EC-Motoren sein. Bei kleineren Leistungen verwendet man einen Transistorumrichter mit einem Netzgleichrichter, einem Gleichspannungszwischenkreis und einem Leistungsteil, der dem eines Umrichters für EC-Motoren gleicht.

Durch Änderung der Ständerfrequenz $f_1$ erreicht man die wirksamste Drehzahländerung, weil sich dadurch die synchrone Drehzahl $n_1$ ändert. Um den Sättigungszustand des Motors konstant zu halten, muß die Klemmenspannung proportional zur Frequenz eingestellt werden. Insbesondere bleibt dann das Kippmoment nahezu gleich, was man an der umgeformten Gl. (1.64)

$$\begin{aligned} M_{Kipp} &\approx \frac{m_1}{2\pi n_1} \frac{U_1^2}{X_1} \frac{1-\sigma}{2\sigma} \\ &= \frac{pm}{2\pi f_1} \frac{U_1^2}{2\pi f_1 L_1} \frac{1-\sigma}{2\sigma} \\ M_{Kipp} &\sim \left(\frac{U_1}{f_1}\right)^2 \end{aligned} \qquad (1.69)$$

erkennt, denn die Streuziffer $\sigma$ ist unabhängig von der Frequenz. Der Kippschlupf (1.63) ändert sich dagegen umgekehrt proportional zur Frequenz:

$$s_{Kipp} \approx \frac{R_2}{\sigma X_2} = \frac{R_2}{\sigma 2\pi f_1 L_2} \sim \frac{1}{f_1}. \qquad (1.70)$$

Wie Bild 1.26 zeigt, werden die Drehzahl-Drehmoment-Kurven wie bei der Spannungsstellung eines Gleichstrommotors (Bild 1.7) parallel verschoben.

Tatsächlich ist das Kippmoment, wie im Bild 1.26 angedeutet, nicht konstant, sondern wird mit sinkender Frequenz geringer, weil sich der Spannungsabfall an $R_1$ zunehmend bemerkbar macht, wenn er nicht durch eine Spannungserhöhung kompensiert wird. Das trifft insbesondere für Motoren im unteren Leistungsbereich zu. Die Spannung $U_1$ kann nur bis zum Bemessungswert $U_{1N}$ erhöht werden (*Konstantflußbereich*). Soll die Drehzahl über die Bemessungsdrehzahl $n_N$ hinaus erhöht werden, sinkt das Kippmoment entsprechend (1.69) quadratisch mit der Frequenzerhöhung. Dieser *Feldschwächbereich* erhöht den Drehzahlstellbereich frequenzgesteu-

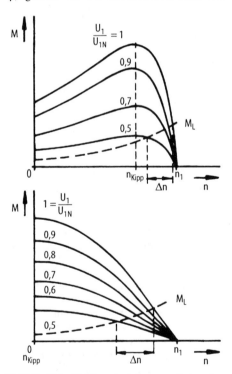

**Bild 1.25.** Drehzahlstellung durch Spannungsänderung

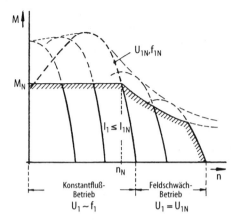

**Bild 1.26.** Drehzahlstellung durch frequenzproportionale Spannungsänderung

erter Asynchronmotoren erheblich. Das wird typischerweise bei seinem Einsatz als Hauptspindelantrieb genutzt. In permanenterregten Gleichstrommotoren und in EC-Motoren, in denen der Fluß von Dauermagneten erzeugt wird, ist ein Feldschwächbetrieb nur durch besondere Maßnahmen, wie z.B. durch eine zeitweilige Gegenmagnetisierung, und das auch nur sehr eingeschränkt möglich.

Das *dynamische Betriebsverhalten* umrichtergespeister und netzbetriebener Asynchronmotoren unterscheidet sich erheblich. Werden Asynchronmotoren beim Einschalten direkt an die Netzspannung gelegt, erreichen sie ihre Enddrehzahl nicht nach Durchfahren der stationären Drehzahl-Drehmoment-Kennlinie entsprechend dem Bild 1.23, sondern nach einem sehr komplexen Ausgleichsvorgang, wie er beispielsweise in [1.8] beschrieben ist. Umrichtergespeiste Motoren werden dagegen durch gleichzeitiges Erhöhen von Spannung und Frequenz, d.h. mit konstantem Drehmoment hochgefahren, so daß ein Ausgleichsvorgang praktisch gar nicht stattfindet. Im Gegensatz zu netzbetriebenen Motoren beeinflussen dagegen die Spannungsoberschwingungen, die durch den Umrichterbetrieb mit blockförmiger Spannung entstehen, das Motorverhalten. Die dadurch verursachten Stromoberschwingungen rufen zusätzliche Verluste und Pendelmomente hervor, die aber nur dann den Betrieb gefährden, wenn sie Torsionseigenfrequenzen anregen [1.9].

Ein Drehstrom-Asynchronmotor mit Frequenzumrichter hat ähnliche Vorteile gegenüber einem Gleichstrommotor wie ein EC-Motor. Allerdings ist der Aufwand für die Steuerung und Regelung höher als bei allen anderen Motorarten. Bei magnetisch erregten Gleichstrom- und EC-Motoren ist die räumliche Lage des Läufers und der drehmomentbildenden Komponenten, des Flusses und der Ankerströme bekannt. Außerdem können die Ströme leicht gemessen werden. Infolgedessen sind die Regelung des Drehmomentes oder der Drehzahl und die Läufer-Positionierung vergleichsweise einfach. Bei Asynchronmotoren ist die Phasenlage der drehmomentbildenden Komponenten, des Flusses und des Läuferstromes, lastabhängig und ihre räumliche Lage ändert sich ständig gegenüber der Läuferlage. Der Betriebspunkt wandert auf der Ortskurve des Ständerstromes $I_1(s)$ abhängig von der Belastung, z.B. mit steigendem Lastmoment bzw. Schlupf im Bild 1.27 nach oben. Aus diesem Bild entnimmt man den Realteil des auf die Ständerwicklung bezogenen Läuferstromes

$$I'_{2R} = I_{1R} = I_1 \cos\varphi \,. \qquad (1.71)$$

Der Magnetisierungsstrom $I_\mu$ erregt den drehmomentbildenden Fluß. Die Messung des Luftspaltflusses ist wegen des engen Luftspaltes nicht ohne weiteres, die Messung des Läuferstromes gar nicht möglich. Daher wird in einem Rechner, in den die direkt meßbaren Größen ($I_1$, $n$, Rotorlage) eingegeben werden, das Betriebsverhalten des Motors simuliert, um die Regelgrößen

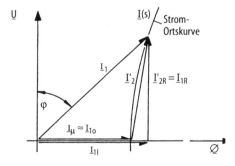

**Bild 1.27.** Zeigerdiagramm der Ströme

zu ermitteln. Das muß fortlaufend geschehen, was zwar einen großen Aufwand erfordert, aber einen ebenso gut zu regelnden Antrieb wie den mit einem Gleichstrommotor ergibt. Dieses Verfahren, als feldorientierte oder *Vektor-Regelung* bezeichnet, kommt daher zur Zeit nur für Asynchronmotoren im oberen Leistungsbereich in Frage.

### 1.2.3.4
### Bremsmotor

Oftmals ist es erforderlich, einen Motor möglichst schnell zum Stillstand zu bringen. Die einfachste Möglichkeit, einen Asynchronmotor zu bremsen, besteht darin, zwei Anschlüsse zu vertauschen, so daß sich die Richtung des Drehfeldes umkehrt. Der Motor arbeitet bei diesem „*Gegenstrombremsen*" im Bremsbereich der Stromortskurve. Er nimmt aus dem Netz, wie am Bild 1.22 zu erkennen ist, einen sehr hohen Strom auf und erwärmt sich sehr stark. Außerdem ist ein Drehzahlwächter erforderlich, der den Motor beim Erreichen des Stillstandes abschaltet, weil er sonst in der Gegenrichtung hochlaufen würde. Beim Gleichstrombremsen wird der Motor vom Netz getrennt und an eine Gleichspannung gelegt. Nachteilig bei diesem Verfahren, das den Motor ebenfalls thermisch belastet, ist insbesondere, daß ein Bremsmoment nur bei drehendem Läufer entsteht und mit abnehmender Drehzahl schwächer wird. Schließlich kann man bei einem polumschaltbaren Motor die Ständerwicklung auf die höhere Polzahl umschalten. Dieses generatorische Bremsen wirkt allerdings nur bis zum Erreichen der sich dann einstellenden, dem Lastmoment entsprechenden Drehzahl.

Ein *Nachteil* des Asynchronmotors gegenüber permanenterregten Motoren ist, daß er im unerregten Zustand kein Selbsthaltemoment entwickelt, um in der angefahrenen Position gegen ein Lastmoment zu verharren. Vielmehr ist bei Stillstand ein Haltemoment nur mit einem hohen Strom und entsprechend hohen Stromwärmeverlusten, d.h. nur mit einer forcierten Fremdbelüftung möglich. Sollen aber die positiven Eigenschaften des Asynchronmotors für Antriebe genutzt werden, die häufig abgebremst, möglichst schnell stillgesetzt und im Stillstand möglichst ohne Energiezufuhr gegen ein Lastmoment festgehalten werden müssen, werden Bremsmotoren verwendet. Darunter versteht man Motoren mit integrierter mechanischer Bremse. Derartige Bremsen haben den Vorteil gegenüber den oben erwähnten elektrischen Bremsverfahren, daß der Motor durch die beim Bremsvorgang erzeugte Wärmeenergie thermisch nicht belastet wird, weil sie von der Bremse aufgenommen wird. Außerdem wirkt das Bremsmoment bis zum Stillstand. Dadurch erreicht man z.B. bei Werkzeugmaschinen eine kürzere Taktzeit sowie eine größere Schalthäufigkeit und bei Hebezeugen ein genaueres Erreichen sowie sichereres Halten der gewünschten Höhe, selbst bei Spannungsausfall.

Man unterscheidet zwei Arten von Bremsmotoren bezüglich des Verfahrens, die Bremse zu betätigen, nämlich entweder mit Hilfe des Motordrehfeldes oder mit Hilfe eines separaten Elektromagneten. Als Bremsen werden in beiden Fällen Backen-, Konus- Scheiben- und Lamellenbremsen verwendet. Mit Lamellenbremsen erzielt man ein weicheres Einrücken der Bremse. Daneben gibt es bei Kleinmotoren Bandbremsen.

*Verschiebeankermotoren*

Bei einem Verschiebeanker- oder *Stopmotor* wird im stromlosen Zustand der Läufer durch eine Feder aus der Bohrung herausgedrückt und dadurch die auf der Welle befestigte Bremsscheibe auf den am Gehäuse befestigten Bremsring gepreßt (Bild 1.28). Die Ständerbohrung ist nicht wie bei üblichen Motoren zylindrisch, sondern kegelförmig ausgeführt. Dadurch wird die axiale Zugkraft, die bei erregter Ständerwicklung auf den Läufer wirkt, verstärkt. Der gegen die Federkraft in die Ständerbohrung gleitende Läufer lüftet die Bremse. Um die durch das Bremsen erzeugte Wärme besser abzuführen, bilden Bremsscheibe und Lüfterrad eine Einheit. Das Bremsmoment ist etwa anderthalb- bis dreimal größer als das Bemessungsmoment. Die Bremszeit kann noch dadurch verkürzt werden, daß gleichzeitig auf eine höhere Polzahl umgeschaltet, d.h. generatorisch gebremst wird. Bei Kleinmotoren sind auch bei Verschiebeankermotoren die Läufer zylindrisch, weil kegelförmige Läufer unverhältnismäßig hohe Kosten verursachen würden. Ebenfalls aus Kostengründen kommen nur Scheibenbremsen in Frage (z.B. Markisenantriebe)

Manchmal ist außer der Bemessungsdrehzahl noch eine *Schleich-* oder *Einstelldrehzahl* erwünscht, die erheblich geringer ist, als durch Polumschaltung zu verwirklichen wäre (Drehzahlverhältnis z.B. 1 : 250). Dann wird mit dem Hauptmotor ein *Feingangmotor*, der das gleiche Konstruktionsprinzip besitzt, zusammengebaut. Er treibt über ein hoch untersetzendes Getriebe die Welle des Hauptmotors und damit die Arbeitsmaschine an. Die Bremse des Hauptmotors dient jetzt als Kupplung. Der beim einfachen Stopmotor gehäusefeste Bremsring ist nun mit dem Abtrieb des Getriebes verbunden und frei beweglich auf der Welle des Hauptmotors. Wird dieser abgeschaltet, haftet seine Bremsscheibe am Bremsring und überträgt das Drehmoment des nunmehr eingeschalteten Feingangmotors auf die Arbeitsmaschine. Wird auch der Feingangmotor abgeschaltet, beginnt seine Bremse zu wirken. Wird der Hauptmotor eingeschaltet, lüftet er seine Bremse und öffnet den Kraftschluß zum Feinganggetriebe.

*Motor mit angebauter Bremse*
Beim Verschiebeankermotor können die Schalthäufigkeit, die Bremskraft und die Motorauslegung nicht völlig unabhängig voneinander festgelegt werden, weil sie sich gegenseitig beeinflussen. Mit separaten Bremsen, die durch einen Elektromagneten betätigt werden, kann die Bremse den Arbeitsbedingungen besser angepaßt werden.

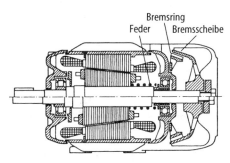

**Bild 1.28.** Bremsmotor mit Verschiebeanker

Da der Motor keine axiale Zugkraft zum Lüften der Bremse aufbringen muß, ist er thermisch noch weniger belastet. Der Bremsmagnet wird an Gleichspannung und nicht an Wechselspannung gelegt, weil dazu ein geringerer Einschaltstrom erforderlich ist und die Eisenwärmeverluste entfallen. Solange die Spannung eingeschaltet ist, lüftet der Magnetanker die Bremse, so daß der Motor sich drehen kann (Ruhestromprinzip). Wenn für permanenterregte Motoren, wie EC-Motoren, sehr hohe Stillstandsmomente verlangt werden, erhalten sie ebenfalls derartige Anbaubremsen.

## 1.3
## Schrittmotoren

### 1.3.1
### Allgemeines

Schrittmotoren sind prinzipiell wie EC-Motoren aufgebaut und werden ebenso bestromt, d.h. die Ständerstränge werden in zyklischer Folge geschaltet [1.12]. Dem schrittweise sich bewegenden Magnetfeld folgt der Läufer. Im Unterschied zum selbstgesteuerten EC-Motor werden beim fremdgesteuerten Schrittmotor die Wicklungen nicht in Abhängigkeit von der Läuferstellung durch Rotorlagegeber, sondern von einer Elektronik geschaltet. Es erfolgt keine Rückmeldung, ob der Läufer die Sollposition erreicht hat. Kennzeichnend für einen Schrittmotor ist daher, daß er in einer offenen Steuerkette betrieben wird. Es muß deshalb sichergestellt sein, daß unter allen zulässigen Betriebsbedingungen auf jeden elektrischen Impuls hin genau eine Schrittbewegung des Läufers erfolgt (*Schrittbedingung*). Ein Schrittmotorenantrieb ist wegen des fehlenden Rotorlagegebers und der Kommutierungselektronik kostengünstig und häufig eine preiswerte Alternative zum EC-Motor. Dem Kostenvorteil steht allerdings der *Nachteil* gegenüber, daß der Schrittmotor dem Betriebsverhalten nach ein Synchronmotor ist und dessen Eigenschaften besitzt:

– Bei zu hoher Steuerfrequenz läuft er nicht an.
– Bei Überlastung fällt er außer Tritt.
– Bei Zustandsänderungen schwingt der Läufer in die neue Lage ein.

Diese Eigenschaften erschweren die Einhaltung der Schrittbedingung und schränken die Dynamik ein.

Schrittmotoren unterscheiden sich insbesondere durch die Art des Läufers: Es gibt Permanentmagnet-Läufer (PM-Schrittmotor), Läufer mit variabler Reluktanz (VR-Schrittmotor) und Läufer mit einer Kombination dieser beiden Ausführungen (Hybrid-Schrittmotor). Schrittmotoren in Linearausführung gibt es kaum, weil rotierende Motoren mit Spindeln, Zahnstangen oder Zahnriemen (*Linear-Aktuatoren*) wesentlich kostengünstiger sind. Mit einem Linearmotor ist allerdings ein *zweidimensionales* Positionieren möglich, wobei i. a. eine aufwendige Luftlagerung erforderlich ist.

### 1.3.2
### Ausführungen
#### 1.3.2.1
#### *Permanentmagnet-Schrittmotor*

Der Ständer des wichtigsten Permanentmagnet-Schrittmotors, des Klauenpol-Schrittmotors, besteht aus zwei *Klauenpolsystemen*, die um eine halbe Polteilung gegeneinander versetzt sind (Bild 1.29). Um je eine Ringspule greifen von beiden Seiten abwechselnd Blechlaschen ineinander. Da ihre Polung entlang dem Umfang wechselt, spricht man von einem Wechselpol- oder Heteropolarmotor. Der Läufer ist ein Ferritmagnet-Zylinder. Die Läuferpole beider Systeme fluchten bei dem Beispiel in Bild 1.29. Es wäre auch möglich, daß die Ständersysteme fluchten und die Läufersysteme um eine halbe Polteilung gegeneinander versetzt sind, was aber bezüglich der Läuferfertigung schwieriger ist. Ein Schritt kommt dadurch zustande, daß die Ständersysteme abwechselnd umgepolt werden. Der Läufer bewegt sich dabei jedesmal um den Schrittwinkel

$$\alpha = \frac{360°}{z}, \qquad (1.72)$$

wenn er je Umdrehung

$$z = 2pm \qquad (1.73)$$

Schritte ausführt. $2p$ ist die Polzahl des fluchtenden Motorteiles, also hier des Läufers, und $m$ die Anzahl der Systeme. Es sind

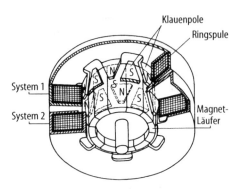

**Bild 1.29.** Klauenpol-Schrittmotor

auch mehr als 2 Systeme möglich, wobei dann für den Versatz

$$\gamma = \frac{\tau_p}{m} \qquad (1.74)$$

gilt, wobei

$$\tau_p = \frac{\pi d_i}{2p} \qquad (1.75)$$

die Polteilung ist ($d_i$ = Bohrungsdurchmesser). Maximal kommen, allerdings selten, drei Systeme vor. Klauenpol-Schrittmotoren können konstruktionsbedingt nur für größere Schrittwinkel ($\alpha \geq 7{,}5°$) gebaut werden. Außerdem genügt ihre Dynamik nur geringeren Anforderungen. Die maximale Anlauffrequenz bei Leerlauf, d. h. die Steuerfrequenz, mit der ein Schrittmotor gerade noch starten bzw. stoppen kann, ohne einen Schritt zu verlieren bzw. zu gewinnen, beträgt höchstens $f_{Aom} \approx 0{,}5$ kHz. Ihre maximale Betriebsfrequenz bei Leerlauf, d. h. die Steuerfrequenz, mit der der unbelastete Motor betrieben werden kann, wenn er angelaufen ist, beträgt höchstens $f_{Bom} \approx 4$ kHz. Die zulässigen Start- und Betriebsgrenzfrequenzen hängen von dem Trägheitsmoment der Last ab. Große Motoren erreichen ein Haltemoment $M_H \approx 50$ Nm, wobei dann die Grenzfrequenzen geringer als die angegebenen Werte sind. Das *Haltemoment* ist das maximale Drehmoment, mit dem man einen erregten Motor statisch belasten kann, ohne eine kontinuierliche Drehung hervorzurufen. Das maximale dynamische Drehmoment erreicht nur das 0,5 bis 0,8fache des Haltemomentes. Klauenpol-Schrittmotoren entwickeln auch unerregt ein Drehmoment, das *Selbsthaltemoment*. Dadurch kann der Motor auch im stromlosen Zustand seine Position halten. Es sollte allerdings 15% des Haltemomentes nicht überschreiten. Ihre große Bedeutung haben Klauenpol-Schrittmotoren durch ihre niedrigen Kosten gewonnen.

Günstigere dynamische Eigenschaften, nämlich ein sehr geringes Trägheitsmoment und einen Schrittwinkel bis hinunter zu $\alpha = 1{,}8°$ besitzt ein *Scheibenläufer-Schrittmotor*. Er besteht aus zwei Ständersystemen mit je zwei Spulen. Die axial angeordneten Pole beider Systeme sind wiederum um eine halbe Polteilung gegeneinander versetzt. Die Läuferscheibe aus einem Seltenerd-Magneten ist mit einer hohen Anzahl Pole axial magnetisiert. Aus mechanischen Gründen werden Scheibenläufermotoren nur mit einem Haltemoment bis $M_H \approx 1{,}5$ Nm gebaut. Sie erreichen Startfrequenzen bis $f_{Aom} \approx 2$ kHz und Betriebsfrequenzen bis $f_{Bom} \approx 15$ kHz. Da ihre Fertigung aufwendiger ist, werden sie nur für besondere Anwendungsfälle (z.B. Ventilsteuerung) eingesetzt.

### 1.3.2.2
*Reluktanz-Schrittmotor*

Reluktanz-Schrittmotoren sind dem Prinzip nach wie der SR-Motor in Abschn. 1.2.2.4 aufgebaut, d.h. der Ständer hat mehrere Wicklungssysteme, wobei die Pole gezahnt sind. Der Läufer ist ein massives oder geblechtes Zahnrad. Die Zähnezahl ist in Ständer und Läufer unterschiedlich. Auch für diese Motoren gilt die Schrittzahlgleichung (1.73), wenn $2p$ die Anzahl der Läuferzähne ist. An dieser Gleichung erkennt man die einfache Möglichkeit, die Schrittzahl dadurch zu erhöhen bzw. den Schrittwinkel zu verkleinern, daß der Motor eine entsprechend hohe Zähnezahl erhält. Damit die Drehrichtung des Läufers eindeutig ist, muß ein Reluktanzmotor mindestens drei Wicklungssysteme und die Steuerelektronik dementsprechend drei Phasen besitzen. Beim PM- und beim Hybrid-Schrittmotor genügen schon zwei Wicklungssysteme.

Weil Reluktanz-Schrittmotoren eine teurere Elektronik benötigen, ihre Fertigung aufwendiger ist und sie bei Erregung nur ein geringes Haltemoment und unerregt kein Selbsthaltemoment entwickeln, haben sie heute praktisch keine große Bedeutung mehr.

### 1.3.2.3
*Hybrid-Schrittmotoren*

Neben dem Klauenpol-Schrittmotor ist der Hybrid-Schrittmotor von großer Bedeutung, weil er das hohe Haltemoment eines Permanentmagnet-Motors und den kleinen Schrittwinkel eines Reluktanz-Motors besitzt. Das Bild 1.30 zeigt eine typische Ausführung mit zwei Ständersystemen. Der Ständer ist geblecht, um die Wirbelströme zu vermindern. Die Läufer-Zahnräder, die um eine halbe Zahnteilung gegeneinander verdreht sind, sind aus Stahl gefräst oder bei höheren Leistungen und Frequenzen aus gestanzten Blechen zusammengesetzt. Dazwischen ist ein axial gepolter Magnet, meistens aus Seltenerd-Material, angeordnet. Der Läufer ist kugelgelagert. Diese aufwendige Konstruktion ist u.a. Voraussetzung dafür, daß der Hybrid-Schrittmotor eine bessere Dynamik als der Klauenpol-Schrittmotor besitzt. Außerdem ist der Schrittwinkelfeh-

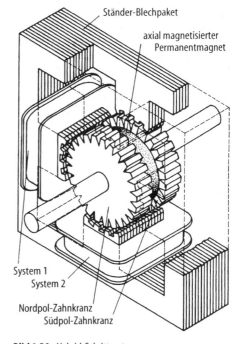

**Bild 1.30.** Hybrid-Schrittmotor

ler, d.h. die Abweichung des Läufers von seiner Sollposition nach Ausführung eines Schrittes, besonders gering.

Da sich die Polung dieser Motoren entlang dem Läufer-Umfang nicht ändert, wohl aber in axialer Richtung, zählen sie zu den *Gleichpol-* oder *Homopolarmotoren*. Außer der Konstruktion in Bild 1.30, bei der die beiden Ständersysteme in einer Ebene liegen, gibt es auch Ausführungen, bei denen die Systeme axial hintereinander liegen. Hybrid-Schrittmotoren gibt es mit maximal fünf Systemen. Sie erreichen Schrittwinkel bis hinunter zu $\alpha = 0{,}36°$, Haltemomente bis $M_H \approx 400$ Nm, im Leerlauf maximale Startfrequenzen bis $f_{Aom} \approx 3$ kHz und maximale Betriebsfrequenzen bis $f_{Bom} \approx 40$ kHz.

### 1.3.3
**Ansteuerung**

Die Wicklungssysteme, die abwechselnd umgepolt werden, können aus jeweils einer oder zwei Spulengruppen bestehen. Im ersten Fall, der sog. *bipolaren* Schaltung, erfolgt die Umpolung durch Änderung der Stromrichtung in den Spulen. Dazu ist eine aufwendigere Elektronik notwendig, der Motor aber besser ausgenutzt. Im zweiten Fall, der sog. *unipolaren* Schaltung, ist jede Spulengruppe nur einer Stromrichtung zugeordnet. Die Umpolung erfolgt durch Umschaltung von einer Spulengruppe auf die andere. Da das eine einfachere Elektronik erfordert, sind die Kosten niedriger. Meistens, und das gilt auch für Hybridmotoren, wird daher die unipolare Schaltung bevorzugt.

Im allgemeinen sind alle Wicklungssysteme eingeschaltet, um den Motor möglichst hoch auszunutzen. Es ist aber auch möglich, abwechselnd jeweils ein System abzuschalten. Der Läufer nimmt in beiden Fällen unterschiedliche Stellungen ein, führt aber einen gleich großen Schrittwinkel aus. In beiden Fällen arbeitet der Motor im sog. „*Vollschrittbetrieb*". Man kann den Schrittwinkel halbieren, indem abwechselnd entweder alle Systeme an Spannung liegen oder ein System abgeschaltet wird. Nachteilig ist an diesem „*Halbschrittbetrieb*", daß die Drehmomente unterschiedlich sind, was zu einem Schrittwinkelfehler führen kann. Die Differenz wird geringer, je höher die Strangzahl ist, wenn also z.B. einmal 5 und einmal 4 Systeme eingeschaltet sind.

Der Stromanstieg in den Wicklungen hängt von der elektrischen Zeitkonstante und der Höhe der angelegten Spannung ab. Bei niedrigen Steuerfrequenzen ist i.a. der Mittelwert des Stromes ausreichend, um das notwendige Drehmoment zu erzeugen. Mit wachsender Steuerfrequenz macht sich zunehmend die elektrische Zeitkonstante, der Einfluß der Wirbelströme und die Rückwirkung des rotierenden Läufers bemerkbar, so daß der Strom nicht mehr die notwendige Höhe erreicht. Dann kann durch einen Vorwiderstand die elektrische Zeitkonstante verringert werden. Nachteilig bei diesem sog. *Konstantspannungsbetrieb* sind die zusätzlichen Verluste im Vorwiderstand. Eine andere Möglichkeit besteht darin, den Motor kurzzeitig an eine höhere Spannung zu legen. Ist der maximal zulässige Strom erreicht, wird die Spannung kurzzeitig abgeschaltet. Der Strom klingt über eine Freilauf-Diode ab, bis er einen unteren Grenzwert erreicht. Sodann wird die Spannung wieder eingeschaltet (*Chopper-Betrieb*). Bei einem dritten Verfahren wird die anfangs hohe Spannung nach Erreichen des zulässigen Stromes auf die Bemessungsspannung abgesenkt. Dieser *Bilevel-Betrieb* vermeidet die Stromwelligkeit und die Spannungsspitzen, die beim Chopper-Betrieb auftreten, ist aber eher geeignet, wenn der Motor mehrere Schritte hintereinander machen muß. Der Chopper-Betrieb kommt meistens bei Start-Stop-Betrieb in Frage, d.h. wenn der Motor nur einen Schritt macht.

### 1.3.4
**Betriebsverhalten**

Bei Schrittmotoren kann näherungsweise davon ausgegangen werden, daß die Ständersysteme magnetisch entkoppelt sind. Dann lautet die Spannungsgleichung des Ständersystems $n$

$$u_n(t) = R_S i_n(t) + \frac{d\Psi_n(\varphi,t)}{dt} \qquad (1.76)$$

mit dem Widerstand eines Ständerstranges $R_S$, ggf. einschließlich eines Vorwiderstandes und dem elektrischen Umfangswinkel $\varphi$. Die Flußverkettung ergibt sich zu

$$\Psi_n(\varphi, t) = L_{nn}(\varphi) i_n(t)$$
$$+ \Psi_M \cos\left[\varphi - (n-1)\frac{2\pi}{m}\right] \quad (1.77)$$

mit der Selbstinduktivität

$$L_{nn}(\varphi) = L_c + L_2 \cos 2\left[\varphi - (n-1)\frac{2\pi}{m}\right]. \quad (1.78)$$

Bei PM-Schrittmotoren gibt es nur den konstanten Anteil der Selbstinduktivität $L_c$. Der zweite Term ist die Induktivität bei einem variablen Luftspalt, wobei die Reihenentwicklung der Luftspalt-Leitwertwelle nach diesem Glied abgebrochen wird. Die Flußverkettung mit dem Magnet $\Psi_M$ entfällt bei einem reinen Reluktanz-Schrittmotor. Beim Hybrid-Schrittmotor sind die vollständigen Gln. (1.77) und (1.78) zu verwenden. Man ermittelt $L_{nn}$ und $\Psi_M$ z.B. mit Hilfe von magnetischen Ersatzschaltbildern oder Finite-Elemente-Verfahren. Diese können auch zur Berechnung des Haltemomentes $M_H$ dienen.

Um das Drehzahl-Drehmoment-Verhalten bei dynamischen Vorgängen zu untersuchen wird noch wie üblich die Bewegungsgleichung

$$m_i(\varphi, t) = J' \ddot{\varphi} + D \dot{\varphi} + M_R \operatorname{sign} \dot{\varphi} + M'_L \quad (1.79)$$

benötigt, wobei $m_i(\varphi, t)$ die Summe der Drehmomente der $m$ Ständersysteme

$$m_i(\varphi, t) = \sum_{n=i}^{m} i_n(t) \frac{d\Psi_n(\varphi, t)}{dt} \quad (1.80)$$

ist. $J'$ ist das gesamte auf die Motorwelle bezogene Trägheitsmoment des Motors und der Last (s. (1.13)). $D$ ist die Dämpfungskonstante und $M_R$ das Reibungsmoment, dessen Vorzeichen sich mit der Drehrichtung ändert. $M'_L$ ist das konstante, auf die Motorwelle bezogene Lastmoment (s. (1.12)), das meistens vernachlässigt werden kann, weil Schrittmotoren-Antriebe i.a. Schwungmassen-Antriebe sind.

Die Differentialgleichungen (1.76) und (1.79) sind nichtlinear und werden daher oft mit einem an das spezielle Problem angepaßten Verfahren, z.B. numerisch oder mit Hilfe der Darstellung im Phasenraum [1.12], gelöst. Die Ermittlung der Strangströme wird nur für die Berechnung des Drehmomentes bei transienten Vorgängen benötigt. Bei Schrittmotor-Antrieben ist es in der Regel wichtiger, den Verlauf des Drehmomentes beim Stillsetzen zu kennen, um die Stabilität des Antriebes beurteilen zu können. Dabei kommen nur kleine Auslenkwinkel vor, so daß das Motormoment um den Nullpunkt herum linarisiert werden kann:

$$m_i(\varphi) = -k_m \varphi. \quad (1.81)$$

Die Rückwirkung des schwingenden Läufers auf die Ströme und damit auf das Drehmoment wird vernachlässigt oder durch eine Verringerung des Momentenfaktors $k_m$ berücksichtigt. Vernachlässigt man das konstante Lastmoment $M'_L$, wird damit (1.79)

$$J' \ddot{\varphi} + D \dot{\varphi} + k_m \varphi = -M_R \operatorname{sign} \dot{\varphi}. \quad (1.82)$$

Die Lösung dieser nunmehr linearen Differentialgleichung ist

$$\varphi = e^{-t/T_D}(C_1 \cos \omega_e t + C_2 \sin \omega_e t) + \varphi_e \quad (1.83)$$

mit der mechanischen Dämpfungszeitkonstanten

$$T_D = \frac{2J'}{D}, \quad (1.84)$$

der Eigenkreisfrequenz

$$\omega_e = \sqrt{\frac{k_m}{J'} - \left(\frac{D}{2J'}\right)^2} \quad (1.85)$$

und der partikulären Lösung

$$\varphi_e = -\frac{M_R}{k_m}. \quad (1.86)$$

Soll z.B. das Ausschwingen bei einem Einzelschrittbetrieb untersucht werden, gelten folgende Anfangsbedingungen zur Zeit $t = 0$: Die Läuferstellung ist um den elektrischen Schrittwinkel $\alpha_e = p\alpha = \pi/m$ vom Ziel entfernt, d.h. es ist $\varphi(0) = -\pi/m$. Der Läufer steht still: $\dot{\varphi}(0) = 0$, so daß auch $M_R = 0$ und damit $\varphi_e = 0$ ist. Daraus ergibt sich für die Konstanten

$$C_1 = \frac{\pi}{m} \quad \text{und} \quad C_2 = \frac{\pi}{m} \frac{1}{\omega_e T_D} \quad (1.87, 1.88)$$

und damit für die Läuferlage

$$\varphi = -e^{-t/T_D} \frac{p}{m} \left( \cos \omega_e t - \right.$$
$$\left. + \frac{1}{\omega_e T_D} \sin \omega_e t \right) - \frac{M_R}{k_m}. \quad (1.89)$$

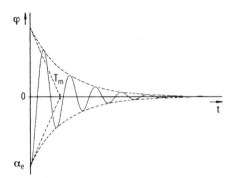

**Bild 1.31.** Zeitlicher Verlauf des elektrischen Läuferlage-Winkels nach Ausführung eines Schrittes bei aperiodischer Dämpfung

Mit dieser Gleichung kann z.B. die Auswirkung von Änderungen der verschiedenen Parameter auf das Ausschwingverhalten untersucht werden, wobei man wegen der zum Teil erheblichen Vereinfachungen jedoch nur tendentielle Hinweise, nicht aber quantitativ richtige Ergebnisse erwarten darf. Im Bild 1.31 ist die Gl. (1.89), die nur für kleine Ausschläge um die Endlage $\varphi = 0$ gilt, dargestellt.

## 1.4 Anpassungsgetriebe

### 1.4.1 Allgemeines

Getriebe haben die *Aufgaben* [1.13, 1.14]

- die Motordrehzahl $n_M$ an die meistens niedrigere Drehzahl der angetriebenen Last $n_L$ anzupassen: Das Übersetzungsverhältnis ist $i = n_M/n_L$; bei Getrieben mit $n$ Stufen ist die Gesamtübersetzung $i_{ges} = i_1 \cdot i_2 \cdot \ldots \cdot i_n$,
- die räumliche Lage der Motorachse an die der Arbeitsmaschine anzupassen,
- eine rotatorische in eine translatorische Bewegung umzuwandeln,
- das Lastmoment $M_L$ bezogen auf die Motorwelle entsprechend

$$M'_L = M_L \frac{n_L}{n_M} = \frac{M_L}{i} \qquad (1.90)$$

- und das Massenträgheitsmoment der Last $J_L$ bezogen auf die Motorwelle entsprechend

$$J'_L = J_L \left(\frac{n_L}{n_M}\right)^2 = \frac{J_L}{i^2} \qquad (1.91)$$

zu verringern.

Bei Stellantrieben, die insbesondere Schwungmassen zu beschleunigen haben, sind die erste und die beiden letzten Aufgaben vorrangig. Daraus ergeben sich die *Vorteile* bei der Verwendung von Getrieben:

- Dadurch, daß es mehr Anbaumöglichkeiten für den Motor gibt, kann ein Gerät kompakter konstruiert werden.
- Es können kleinere Motoren verwendet werden, weil sie wegen des geringeren Last-Trägheitsmomentes und Lastmomentes ein geringeres Motormoment erzeugen müssen.

Es müssen aber auch die *Nachteile* erwogen werden:

- Das Umkehrspiel bzw. die Lose des Getriebes ist eine zusätzliche Nichtlinearität der Regelstrecke, wobei berücksichtigt werden muß, daß sie sich infolge Verschleiß ändert.
- Das Trägheitsmoment des Getriebes mindert das Beschleunigungsvermögen des Antriebes.
- Insbesondere bei Zahnradgetrieben ist u.U. das Geräusch nachteilig.
- Ein Getriebe erfordert einen zusätzlichen Wartungsaufwand. Das gilt wiederum insbesondere für Zahnradgetriebe.
- Vor allem bei Schneckengetrieben verschlechtert sich der Wirkungsgrad des Antriebes.
- Das Getriebe benötigt zusätzlichen Bauraum.

Da das Volumen eines Motors, sein Gewicht und näherungsweise seine Kosten vom Drehmoment bestimmt werden, ist zu prüfen, ob es unter den genannten Gesichtspunkten und bezüglich der Kosten günstiger ist, bei der geforderten Leistung einen kleineren, hochtourigen Motor mit Getriebe oder einen größeren, niedertourigen Motor als *Direktantrieb* einzusetzen.

Bei der Wahl des Übersetzungsverhältnisses sollte auch der Einfluß auf das Beschleunigungsvermögen des Antriebes beachtet werden. Die größte Beschleunigung ergibt sich bei einem reinen Schwungmassen-Antrieb, wenn das auf die Motorwelle umgerechnete Lastträgheitsmoment gleich dem Läuferträgheitsmoment ist. Berücksichtigt man die Trägheitsmomente des Getrieberades auf der Lastseite $J_{GL}$ und desjenigen auf der Motorseite $J_{GM}$, ist das optimale Übersetzungsverhältnis

$$i_{opt} = \sqrt{\frac{J_L + J_{GL}}{J_M + J_{GM}}}. \qquad (1.92)$$

Da es sich um ein flaches Minimum (Bild 1.32.) handelt, wirken sich Abweichungen vom optimalen Übersetzungsverhältnis nicht sehr stark aus, wenn sie nur deutlich oberhalb des halben und unterhalb des doppelten Wertes bleiben. Gegebenenfalls ist im Nenner der Gl. (1.92) noch der Wirkungsgrad des Getriebes einzusetzen. Es ist schließlich noch zu bedenken, daß bei einem im Vergleich zur Last trägheitsarmen Motor das optimale Übersetzungsverhältnis und damit die Motordrehzahl hoch sein muß. Da das möglicherweise nicht zulässig oder möglich ist, muß das Übersetzungsverhältnis kleiner als der optimale Wert gewählt werden.

### 1.4.2
### Zahnradgetriebe

Vorteilhaft bei Zahnradgetrieben ist die gleichmäßige, zwangsläufige und schlupffreie Bewegungs- und Kraftübertragung. Nachteilig ist der Verschleiß, der Wartungsbedarf und die Geräuschentwicklung. Im Bild 1.33 sind die wichtigsten Abmessungen, die Übersetzung und der Wirkungsgrad für die im folgenden kurz beschriebenen Getriebe-Arten angegeben. Mit dem Index 1 ist die Antriebsseite, mit dem Index 2 die Abtriebsseite gekennzeichnet. $z$ gibt die Anzahl der Zähne, $d$ den Durchmesser eines Zahnrades an.

#### 1.4.2.1
#### Stirnradgetriebe

Sie übertragen die Bewegung zwischen parallelen Achsen, und zwar für Leistungen von wenigen Watt bis 20 000 kW und Drehzahlen bis 100 000 min$^{-1}$. Ihre Umfangsgeschwindigkeit beträgt bei den hier behandelten Antrieben bis etwa 20 m/s, im Extremfall 200 m/s. Bei kleinen zu übertragenden Leistungen (< ca. 500 W) wird bei mehrstufigen Getrieben zwecks Kostenreduzierung eine gleiche Übersetzung der Stufen $i_n = \sqrt[n]{i_{ges}}$ angestrebt. Bei größeren Leistungen richtet sich die Übersetzung der Stufen nach der Größe des jeweils zu übertragenen Momentes. Steht der Verbindungssteg zwischen den Zahnrädern still, d.h. ist er mit dem Gehäuse fest verbunden, spricht man von einem *Standgetriebe*. Für höhere zu übertragene Leistungen haben Stirnradgetriebe höhere Wirkungsgrade als im Bild 1.33 angegeben, z.B. einstufig bis zu $\eta = 0,99$.

Läuft der Steg um, bezeichnet man derartige Getriebe als Umlaufrad- oder *Planetengetriebe* [1.15, 1.16]. Sie sind besonders kompakt. Die Gleichung für die Übersetzung hängt von der jeweiligen Konstruktion ab. Typische Übersetzungen sind einstufig $i \leq 10$ bei einem Wirkungsgrad von $\eta \approx 0,85$, zweistufig $i \leq 90$ bei einem Wirkungsgrad von $\eta \approx 0,75$ und dreistufig bis $i \approx 900$ bei einem Wirkungsgrad von $\eta \approx 0,55$.

Eine besondere Ausführung stellen das *Wellgetriebe* (Harmonic Drive) und das *Cyclo-Getriebe* dar. Damit werden Übersetzungen $50 \leq i \leq 320$ bei einem Wirkungsgrad von $\eta \leq 0,85$ erreicht, so daß das Lastträgheitsmoment vernachlässigbar klein wird. Es können Drehmomente bis zu 570 Nm übertragen werden (s. [1.16, 1.17]).

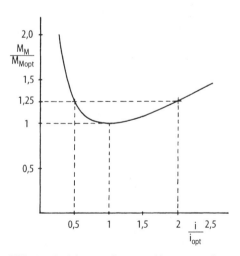

**Bild 1.32.** Getriebemotor: Bezogenes Motormoment in Abhängigkeit vom bezogenen Übersetzungsverhältnis bei einem Schwungmassen-Antrieb

| Getriebe-art | Konstruktions-prinzip | Übersetzung $i$ | | Wirkungsgrad $\eta_G$ |
|---|---|---|---|---|
| Stirnrad-getriebe | 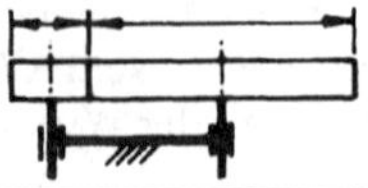 | $i = \dfrac{n_1}{n_2} = \dfrac{z_2}{z_1}$ $i = \dfrac{d_2}{d_1}$ | einstufig: bis 12 <br> zweistufig: 6...45 <br> dreistufig: 30...250 | 0,9...0,95 <br> 0,85...0,9 <br> 0,75...0,85 |
| Kegelrad-getriebe | 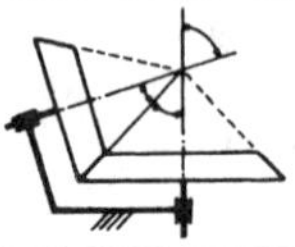 | $i = \dfrac{n_1}{n_2} = \dfrac{z_2}{z_1}$ $i = \dfrac{\sin \varepsilon_2}{\sin \varepsilon_1}$ | einstufig: bis 6 <br> zweistufig: 5...40* <br> dreistufig: 30...250* <br> *in Kombination mit Stirnradgetriebe | ähnlich Stirnrad-getriebe |
| Schnecken-getriebe | 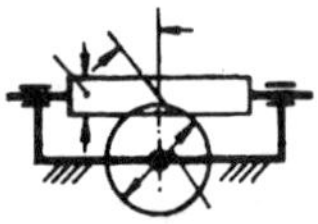 | $i = \dfrac{n_1}{n_2} = \dfrac{z_2}{z_1}$ $i = \dfrac{d_2}{d_1 \tan \gamma_m}$ | bis 80 (600) | eingängig: 0,5...0,7 <br> zweigängig: 07...0,8 |
| Schraubrad-getriebe | 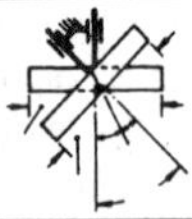 | $i = \dfrac{n_1}{n_2} = \dfrac{z_2}{z_1}$ $i = \dfrac{d_2 \cos \varepsilon_2}{d_1 \cos \varepsilon_1}$ | bis 5 | $\approx 0,93$ |
| Reibrad-getriebe | 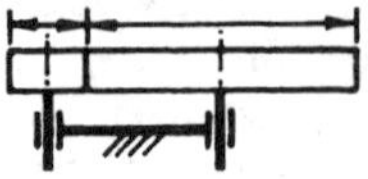 | $i = \dfrac{n_1}{n_2}$ $i = \dfrac{d_2}{d_1} \dfrac{1}{1-s}$ | bis 6 <br> $s$ = Schlupf | 0,95...0,98 |
| Zugmittel-getriebe | 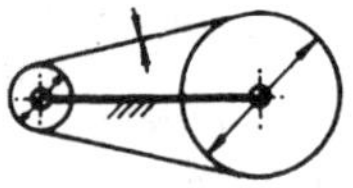 | Flachriemen: $i = \dfrac{n_1}{n_2} = \dfrac{d_2+b}{d_1+b} \dfrac{1}{1-s}$ <br> Keilriemen: <br> Zahnriemen: $i = \dfrac{n_1}{n_2} = \dfrac{z_2}{z_1}$ <br> Kette: | bis 8 <br> bis 15 <br> bis 6 <br> bis 6 | 0,94...0,97 <br> 0,90...0,95 <br> 0,94...0,97 <br> 0,97...0,98 |

**Bild 1.33.** Getriebe-Übersicht

#### 1.4.2.2
#### Kegelradgetriebe

Sie übertragen Bewegungen zwischen zwei Achsen, die sich im Winkel ε kreuzen. Häufig ist ε = 90°. Die Kegelräder müssen sorgfältig eingestellt werden, und zwar sowohl axial als auch bezüglich der Kegelspitzen, die genau im Schnittpunkt der Achsen liegen müssen. Bei mehrstufigen Getrieben wird ein Kegelradgetriebe mit einem Stirnradgetriebe kombiniert. Die beiden Zahnradachsen können auch gegeneinander versetzt sein: *Schrauben-Kegelrad-Getriebe* (Bild 1.34). Die Getriebe-Räder müssen dann auf jeden Fall eine aufwendigere Bogenverzahnung besitzen, die sonst nur bei höheren Anforderungen bezüglich Tragfähigkeit und Laufruhe statt der einfacheren Geradverzahnung vorgesehen wird.

#### 1.4.2.3
#### Schneckengetriebe

Schneckengetriebe haben ebenfalls sich in einem gewissen Abstand kreuzende Achsen. Der Kreuzungswinkel beträgt im allgemeinen 90°. Das Kleinrad wird meistens als Zylinderschnecke mit trapezähnlichem Gewinde und i.a. mit einer Gangzahl $g = 1$ bis 5, die der Zähnezahl $z_1$ entspricht, ausgeführt. Als Großrad (Schneckenrad) genügt in Geräten für kleinere Leistungen meistens ein Zylinderrad mit Schrägverzahnung (Bild 1.35a). Für größere Leistungen wird meistens ein Globoidrad (Bild 1.35b) verwendet. Schneckengetriebe werden vor

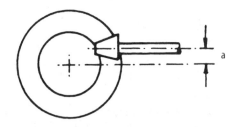

**Bild 1.34.** Schrauben-Kegelrad-Getriebe

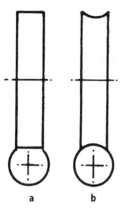

**Bild 1.35.** Schneckenrad-Getriebe. **a** Zylinderrad, **b** Globoidrad

allem für hohe Übersetzungen verwendet, wobei $i_{max} = 100$ je Stufe sein kann. Bei sehr hohen Übersetzungen in mehreren Stufen geht der Wirkungsgrad allerdings auf $\eta = 0{,}25$ zurück. Sie können höhere Leistungen als Schraubradgetriebe übertragen, sind geräuscharm, aber empfindlich gegen Achsabstandsänderungen.

### 1.4.2.4
### Schraubradgetriebe

Bei einem Schraubrad- oder Schraubenstirnradgetriebe kreuzen sich die Achsen in einem Winkel $0° < \varepsilon \leq 90°$. Dieser Achsenwinkel setzt sich zusammen aus den beiden Schrägungswinkeln der Räder $\varepsilon_1$ und $\varepsilon_2$ (s. Bild 1.33). Da der Cosinus dieser Winkel das Übersetzungsverhältnis mitbestimmt, können im Gegensatz zu Stirnradgetrieben mit diesem Getriebe Übersetzungen $i \neq 1$ verwirklicht werden, auch wenn die Räder den gleichen Durchmesser haben. Nachteilig ist, daß bei Schraubenradgetrieben außer dem Wälzgleiten auch noch ein Schraubgleiten auftritt und dadurch der Verschleiß größer ist. Sie sind deshalb nur für kleinere Leistungen geeignet. Von Vorteil ist ihre Unempfindlichkeit gegen geringe Vergrößerungen des Achsabstandes und Abweichungen des Achsenwinkels. Schraubradgetriebe können auch selbsthemmend gebaut werden. Der Wirkungsgrad hängt vor allem von den Schrägungswinkeln ab. Am günstigsten ist $\varepsilon_1 = \varepsilon_2 = 45°$.

### 1.4.3
### Reibgetriebe

Ein Reibgetriebe besteht aus zwei glatten Rädern, die sich nur auf einer Linie berühren. Da zur Kraftübertragung ein entsprechender Anpreßdruck erforderlich ist, werden Material und Lager vergleichsweise stark beansprucht. Um die Reibung zu erhöhen, werden Scheiben mit Keilprofil, die einen Keilwinkel von 30° bis 45° besitzen, verwendet. Die übertragbare Umfangskraft beträgt ca. 150 N/cm bis 225 N/cm. Der Wirkungsgrad liegt bei 98% bis 99%. Der unvermeidliche Schlupf von etwa 0,5% kann den Einsatz von Reibgetrieben in einem Stellantrieb ausschließen.

### 1.4.4
### Zugmittelgetriebe

Zugmittelgetriebe benutzt man, wenn ein größerer Abstand zwischen der An- und der Abtriebswelle zu überbrücken ist. Es können auch mehrere Achsen im Gleichlauf oder gegensinnig angetrieben werden. Vorteilhaft gegenüber Zahnradgetrieben ist ihr einfacher und damit kostengünstiger Aufbau sowie der geringe Wartungsaufwand. Man unterscheidet kraft- und formschlüssige Getriebe.

### 1.4.4.1
### Riemengetriebe

Riemengetriebe gehören zu den kraftschlüssigen Getrieben. Die Wellen können parallel oder in einem beliebigen Winkel zueinander liegen. Zur Erzeugung des Reibschlusses ist stets eine Vorspannung notwendig, die eine radiale Belastung von Wellen und Lager zur Folge hat. Trotzdem entsteht ein gewisser Schlupf. Riemengetriebe sind für Stellantriebe daher i.a. weniger geeignet. Vorteile von Riemengetrieben sind ihre guten Dämpfungseigenschaften bei Schwingungen und bei Stoßmomenten sowie ihr geräuscharmer Lauf. *Flachriemengetriebe* eignen sich für große Wellenabstände mit Übertragungsleistungen bis zu 30 kW je 1 cm Riemenbreite und für große Riemengeschwindigkeiten bis zu 100 m/s. *Keilriemengetriebe* benötigen eine geringere Vorspannung und sind für größere Übersetzungen bei kleineren Wellenabständen geeignet. Die übertragbaren

Leistungen und die Riemengeschwindigkeiten (Normalriemen bis ca. 25 m/s, Schmalriemen bis ca. 40 m/s) sind geringer, weil anderenfalls die Biegeverluste und die Walkarbeit eine zu starke Riemenerwärmung verursachen würden. Mit Riemen, insbesondere mit Keilriemen, können Verstellgetriebe zur stufenweisen und stufenlosen Drehzahlstellung gebaut werden.

### 1.4.4.2
### Kettengetriebe

Kettengetriebe sind *formschlüssige* Getriebe. Sie arbeiten daher schlupffrei und können höchste Leistungen übertragen. Die Lagerbelastung ist geringer, weil sie keine Vorspannung benötigen. Sie sind unempfindlich gegen Schmutz, hohe Temperaturen und Feuchtigkeit. Bei gleichen Leistungen ergeben sich kleinere Getriebeabmessungen als bei Riemengetrieben. Nachteilig gegenüber diesen sind die stärkere Geräuschentwicklung, der höhere Wartungsaufwand (Schmierung) und die höheren Kosten. Die Wellen müssen parallel liegen. Dämpfungseigenschaften besitzen sie praktisch nicht. Die maximal erreichbare Geschwindigkeit (ca. 40 m/s) ist außerdem niedriger. Wegen ihres großen Massenträgheitsmomentes sind sie für hochdynamische Antriebe ungeeignet.

### 1.4.4.3
### Zahnriemengetriebe

Zahnriemengetriebe besitzen die Vorteile von Riemen- und Kettengetrieben. Sie sind elastisch und leicht. Sie arbeiten geräuscharm und schlupffrei. Sie eignen sich für größere Übersetzungen bei kleinen Achsabständen. Sie erreichen Wirkungsgrade bis 99% und benötigen nur eine geringe Vorspannung. Nachteilig sind die höheren Kosten gegenüber Flachriemengetrieben, insbesondere die der Zahnscheiben und das stärkere Laufgeräusch. Außerdem sind sie empfindlich gegen Überlastungen. Zahnriemengetriebe sind besonders für Steuer- und Regelantriebe zur winkeltreuen Übertragung kleiner und großer Leistung (wenige Watt bis 450 kW) geeignet. Es können Riemengeschwindigkeiten bis 80 m/s erreicht werden.

### 1.4.5
### Lineargetriebe

Zur winkelgetreuen Umwandlung rotatorischer in translatorische Bewegung gibt es folgende Möglichkeiten:

– Gewindespindel und Mutter,
– Ritzel und Zahnstange,
– Ritzel und Zahnriemen,
– Schnecke und Zahnstange.

### 1.4.5.1
### Zahnriemengetriebe

Zahnriemengetriebe werden in feinwerktechnischen Geräten (z.B. Wagen in Schreibmaschinen und Plottern) für kurze Verfahrwege verwendet. Dabei gleitet der Schlitten mit dem Zahnriemen zwischen den beiden Zahnscheiben hin und her. Die Eigenschaften gleichen denen der im vorhergehenden Abschnitt beschriebenen Zahnriemengetrieben.

### 1.4.5.2
### Gewindespindelgetriebe

Bei einem Gewindespindelantrieb wird die Gewindespindel angetrieben, so daß eine gegen Verdrehung gesicherte Mutter hin- und hergeleitet wird. Es wird aber auch das umgekehrte Prinzip angewendet. Dazu wird z.B. der Motorläufer mit einem Innengewinde versehen, so daß bei Rotation die gegen Verdrehung gesicherte Spindel sich translatorisch bewegt. Bei größeren zu übertragenden Leistungen, wie z.B. bei der Bewegung von Schlitten in Werkzeugmaschinen werden *Kugelgewindegetriebe* eingesetzt. Sie besitzen einen höheren Wirkungsgrad, der nach

$$\eta_{Sp} \approx \frac{1}{1+0{,}02\dfrac{d_{Sp}}{h_{Sp}}} \qquad (1.93)$$

mit dem Durchmesser $d_{Sp}$ und der Steigung $h_{Sp}$ der Gewindespindel berechnet wird [1.11]. Kleinere Spindeln haben Trapezgewinde mit einem Wirkungsgrad $\eta_{Sp} \approx 0{,}5 \ldots 0{,}6$.

Die Drehzahl der Spindel $n_{Sp}$ ergibt sich aus der Vorschubgeschwindigkeit $V_v$ zu

$$n_{Sp} = \frac{V_v}{h_{Sp}}. \qquad (1.94)$$

Die translatorische Übersetzung $i_T$, das Verhältnis des Vorschubweges in axialer Richtung $x_v$ und des Winkels $\alpha_{Sp}$, um den sich die Spindel dabei dreht, ist gleich der Steigung $h_{Sp}$:

$$i_T = \frac{x_v}{\alpha_{Sp}} = h_{Sp} = \frac{V_v}{n_{Sp}}. \qquad (1.95)$$

Die auf die Motorwelle umgerechneten Gesamtreibungsverluste $M_R$ setzen sich aus den Lagerreibungsverlusten der Spindel $M_{RL}$ und den Reibungsverlusten der Schlittenführung $M_{RF}$ zusammen. Ist noch ein Getriebe mit der Übersetzung $i$ und dem Wirkungsgrad $\eta_G$ dazwischengeschaltet, ist

$$M_R = \frac{\dfrac{M_{RF}}{\eta_{Sp}} + M_{RL}}{\eta_G i}. \qquad (1.96)$$

Das Trägheitsmoment der Gewindespindel $J_{Sp}$ und der angetriebenen Massen $m$ von Spindelmutter, Schlitten usw. berechnet man mit

$$J_L = J_{Sp} + m\left(\frac{h_{Sp}}{2\pi}\right)^2. \qquad (1.97)$$

Das auf die Motorwelle bezogene Lastmoment ist dann

$$J'_L = \frac{J_L}{i^2} + J_G \qquad (1.98)$$

mit dem Trägheitsmoment eines ggf. zusätzlich vorhanden Getriebes

$$J_G = J_{G1} + \frac{J_{G2}}{i^2}. \qquad (1.99)$$

$J_{G1}$ ist das Trägheitsmoment des antreibenden Rades, $J_{G2}$ das des angetriebenen Rades.

Gewindespindeln haben Dämpfungseigenschaften, was vorteilhaft sein kann. Andererseits ist ihre begrenzte Steifigkeit ein Problem, so daß sie normalerweise bis zu Verfahrwegen von 4 m Länge eingesetzt werden. Darüberhinaus werden Ritzel- oder Schnecken-Zahnstangen-Getriebe, bei denen die Steifigkeit unabhängig von der Länge des Verfahrweges ist, verwendet.

### 1.4.5.3
### Zahnstangengetriebe

Zahnstangenantriebe sind Stirnradantriebe, bei denen der Durchmesser des Abtriebrades unendlich ist ($i_Z = \infty$). Werden sie in Verbindung mit einem mehrstufigen Zahnradgetriebe verwendet, ist mit einem Wirkungsgrad von $\eta_G = 0{,}8 \ldots 0{,}85$ zu rechnen. Der Zusammenhang zwischen der Drehzahl des Ritzels $n_R$ und der Vorschubgeschwindigkeit $V_v$ der Zahnstange ergibt sich aus

$$n_R = \frac{V_v}{2\pi r_R}. \qquad (1.100)$$

Mit dem Reibungsmoment $M_{RF}$ für die Zahnstangen- bzw. Schlittenführung erhält man das auf die Motorwelle bezogene Reibungsmoment, wenn ein zusätzliches Getriebe eingesetzt wird:

$$M'_R = \frac{M_{RF}}{\eta_G i}. \qquad (1.101)$$

Das Trägheitsmoment der linear bewegten Massen $m$ (Zahnstange, Schlitten, usw.) und das des Ritzels $J_R$ (Radius $r_R$) ist

$$J_L = m r_R^2 + J_R. \qquad (1.102)$$

Auf die Motorwelle bezogen, ergibt sich bei einem zwischengeschalteten Getriebe ($J_G$ s. Gewindespindel)

$$J'_L = \frac{J_L}{i^2} + J_G. \qquad (1.103)$$

## 1.5
## Direktantriebe

In vielen Bereichen der Meß- und Automatisierungstechnik werden kurzhübige, einmalige oder oszillierende Bewegungen – entweder rotatorisch oder translatorisch – gefordert. Als Antriebe können dafür in Einzelfällen zwar rotierende Motoren mit Exzentern und Kurbelstangen, Nocken und Stößeln oder auch mit einer Massenunwucht in Frage kommen, in der Praxis ist das aber nur selten der Fall, weil derartige Antriebe verschleißanfällig, geräuschvoll und aufwendig sind. Besser geeignet sind Direktantriebe, die den gewünschten Bewegungsablauf *prinzipbedingt* liefern. Die wichtigsten dieser Antriebe werden im folgenden beschrieben [1.36, 1.37].

## 1.5.1 Elektromagnete

### 1.5.1.1 Physikalisches Prinzip

Elektromagnete nutzen die Kraftwirkung auf Grenzflächen von Stoffen mit unterschiedlicher magnetischer Leitfähigkeit. Sie besitzen ein Joch mit einer Spule (Erregerwicklung) und einen beweglichen Anker. Joch und Anker bestehen aus ferromagnetischem Material. Nach Einschalten des Stromes wird der Anker angezogen, beim Abschalten fällt er in seine Ausgangslage zurück. Kennzeichnende Unterschiede, die ihre Verwendung wesentlich beeinflussen, gibt es zwischen Gleich- und Wechselstrommagneten [1.21, 1.37].

### 1.5.1.2 Technische Realisierung

Entsprechend der Bewegung werden die folgenden Magnetarten und Einsatzbereiche unterschieden.

- *Hubmagnete*: Klappen, Ventile, Schieber, Verriegelungen, Steuerungen (Hydraulik, Pneumatik), Fernmeldegeräte, Backenbremsen (Aufzüge),
- *Schlagmagnete*: Niet-, Stanz- und Prägemaschinen, Niet- und Meißelhämmer,
- *Drehmagnete*: Drosselklappen, Steuerventile (Hydraulik, Pneumatik), Material- (z.B. Stoffbahnen-, Papier-) Vorschübe, Weichen in Transportanlagen,
- *Schwingmagnete*, *Vibratoren*: Rasierapparate, Massage-Geräte, Kolben-, Schwing- und Membranpumpen, Kleinkompressoren, Schwingsägen, Rüttler, Schwing- und Wendelförderer.

**Gleichstrommagnete.** Magnetkörper und Anker bestehen aus massivem Eisen. Sie können so gestaltet werden, daß sich eine dem Anwendungsfall angepaßte Kraft-Weg-Kennlinie $F(s)$ ergibt. Bild 1.36 zeigt prinzipielle Ausführungsmöglichkeiten von Hub- und Zugmagneten, die zum Verstellen oder Positionieren dienen, mit den zugehörigen $F(s)$-Kennlinien (d). Ausführung (c) stellt eine Kombination von (a) und (b) dar. Schlagmagnete sind ähnlich aufgebaut; bei ihnen wird die elektrische Energie in kinetische Energie umgesetzt, um mechanische Impulse zum Hämmern, Nieten oder Stanzen zu erzeugen. Das Rückstellen des Ankers bei Entregung geschieht durch Schwerkraft oder durch Federn. Die Magnetkräfte liegen etwa zwischen 10 mN und 10 kN, die Energien erreichen Werte um 200 Nm, wobei kleinere Magnete für Hübe von wenigen Millimetern, größere Magnete für Hübe bis in den Bereich von 200 mm gebaut werden.

Neben translatorisch wirkenden Magneten werden häufig rotatorisch arbeitende Magnete verlangt. Ihre Drehbewegung kann auf verschiedene Weise erzeugt werden.

- *Drehmagnete mit axialem Luftspalt* sind prinzipiell wie in Bild 1.36 dargestellt auf-

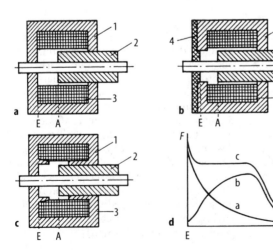

**Bild 1.36.** Gleichstrommagnete. *1* Magnetkörper, *2* Anker, *3* Wicklung, *4* amagnetischer Anschlag, A Anfangslage, E Endlage

gebaut. Die Hubbewegung kann z.B. über Kugeln, die auf einer schiefen Ebene gleiten, in eine Drehung umgesetzt werden (Bild 1.37a). Der Anker kann als verdrehsichere Mutter mit Steilgewinde, die Welle als Schraube, die gegen eine Längsbewegung gesichert ist, ausgeführt sein.
- *Drehmagnete mit radialem Luftspalt* entwickeln nur kleine Anfangs- und End-Drehmomente und sind dadurch auf Drehwinkel bis etwa 65° beschränkt. Bild 1.37b zeigt den Aufbau, bei dem höhere Polzahlen kleinere Drehwinkel ergeben. Die Rückstellung erfolgt durch Federn. Für den Reversierbetrieb werden zwei Drehmagnete spiegelbildlich montiert und je nach Drehrichtung erregt.

Im allgemeinen werden die Magnete über einen Gleichrichter an ein Wechselstromnetz angeschlossen. Soll ein Magnet nach dem Einschalten besonders schnell reagieren, kann die elektrische Zeitkonstante durch Vergrößern des ohmschen Widerstandes verringert werden. Eine weitere Möglichkeit, die Anzugszeit des Ankers zu verkleinern, besteht darin, das Einschalten bei einer höheren Spannung vorzunehmen (Übererregung). Diese muß jedoch alsbald auf die Nennspannung abgesenkt werden, damit der Strom nicht auf einen unzulässig hohen Wert ansteigt.

**Wechselstrommagnete.** Da infolge des zeitveränderlichen Feldes im Magnetkörper und im Anker von Wechselstrommagneten Eisenwärmeverluste entstehen, müssen alle flußführenden Teile geblecht sein. Die Schaltzeit ist kürzer als die von Gleichstrommagneten. Um auch in der Endlage eine geringe Haltekraft zu erzeugen, haben Wechselstrommagnete immer eine Kurzschlußwindung, in der durch Induktionswirkung ein Strom hervorgerufen wird.

Es gibt eine Reihe von Möglichkeiten, um verschiedene Hub-Kraft-Kennlinien realisieren zu können, siehe Bild 1.38. Die Anordnung (c) ergibt die größte Ausnutzung, da der Streufluß sehr gering ist. Wechselstrommagnete erreichen Kräfte zwischen 1 und 150 N bei Hüben zwischen wenigen Millimetern und fast 100 mm. Nach diesem Prinzip werden *Drehstrommagnete* gebaut, wobei auf den drei Schenkeln Wicklungen angebracht werden. Dabei werden Kräfte von 50 bis 1000 N bei Hüben von 20 bis 60 mm erreicht. Wechselstrom-*Drehmagnete* gibt es kaum.

**Schwingankermotoren, Vibratoren.** Eine *oszillierende* Ankerbewegung ist dadurch möglich, daß der die Magnetkraft erzeugende Strom in geeigneten Zeitpunkten ein- und ausgeschaltet oder seine Richtung geändert wird. Antriebe mit nur einer Spule benötigen eine Feder, um wieder in die Ausgangsposition zurückzufallen. Bei Antrieben mit zwei Spulen wird die Ankerschwingung durch abwechselndes Einschalten der beiden Spulen bewirkt. Durch geeignete Abstimmung von Feder- und Anker-Trägheitsmoment kann wie beim Einspulenantrieb ein *Resonanzeffekt* als Voraussetzung für einen optimalen Wirkungsgrad erzielt werden.

Bei selbstgeführten Schwingankermotoren schaltet der Anker selbst die Wicklung ein und aus bzw. zwischen beiden Wicklungen hin und her. Die Schwingfrequenz ist wählbar, denn sie hängt von der Auslegung des Motors und von der Belastung ab. Fremdgeführte Antriebe können mit Gleich- oder Wechselstrom betrieben

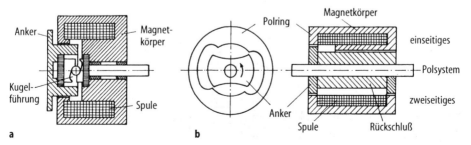

**Bild 1.37.** Gleichstrom-Drehmagnet. **a** mit Kugelbahn, **b** mit radialem Luftspalt

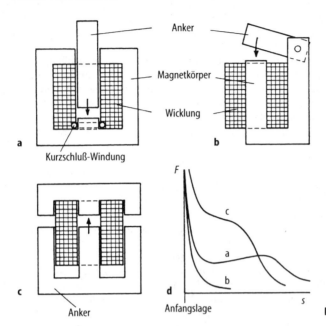

**Bild 1.38.** Wechselstrommagnete

werden. Der Gleichstrom wird entweder durch einen mechanischen Schalter oder elektronisch geschaltet. Um eine besondere Schalteinrichtung zu vermeiden, werden Schwingankermotoren häufig direkt am Wechselstromnetz betrieben. Diese Antriebe sind besonders robust und kostengünstig.

Bei Schwinkankermotoren sind Magnetkörper und Anker mechanisch nicht miteinander verbunden, sondern nur magnetisch miteinander gekoppelt. Es schwingt allein der Anker, während der Magnetkörper in Ruhe ist. Es können alle in den Bildern 1.36, 1.37b und 1.38 dargestellten Ausführungen auch als Schwingankerantriebe gebaut werden. Das Bild 1.39 zeigt häufige Bauprinzipien. Mit der in (a) gestrichelt angedeuteten horizontalen Bewegungsmöglichkeit ist die des konstruktiv besonders einfachen Drehankermotors in (b) verwandt. Diese Konstruktion findet sich oft in Elektrorasierern.

Vibratoren sind ähnlich aufgebaut, Anker und Magnetkörper sind aber durch abgestimmte Federn miteinander auch mechanisch gekoppelt, so daß beide Teile schwingen können (Bild 1.40). Bringt man Vibratoren so an Förderrinnen an, daß die Schwingbewegung schräg aufwärts gerichtet ist (Wurfvibrator), kann man Schüttgüter auch bergauf fördern. Dasselbe Prinzip nutzt man bei Wendelförderern für die Zuführung von Bauteilen in automatischen Fertigungsstraßen.

Antriebe, die im Unterschied zu Elektromagneten wie elektrodynamische Laut-

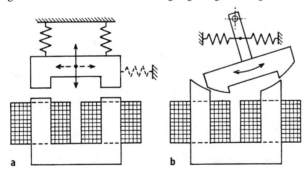

**Bild 1.39.** Schwingankermotoren

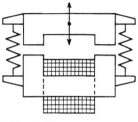
**Bild 1.40.** Vibrator

**Tabelle 1.1.** Kennwerte des Standard-Thermobimetalls TB 1577 (nach DIN 1715)

| | | |
|---|---|---|
| Spezif. Krümmung | $28{,}5 \cdot 10^{-6}$ | 1/K |
| Elastizitätsmodul | $170 \cdot 10^{3}$ | N/mm² |
| Zulässige Biegespannung | 200 | N/mm² |
| Wärmeleitfähigkeit | 13 | W/m K |
| Spezif. Wärmekapazität | 460 | W s/kg K |
| Spezif. elektr. Widerstand | $0{,}78 \cdot 10^{-6}$ | Ωm |
| Dichte | $8{,}1 \cdot 10^{3}$ | kg/m³ |

sprecher nach dem *Tauchspulprinzip* arbeiten, bezeichnet man als *Voice-Coil-Motoren*. Hierbei wird die Kraft auf stromführende Leiter in einem Magnetfeld genutzt. Die Kraft ist proportional dem Magnetfluß und dem Spulenstrom. Daher läßt sich die Auslenkung einer federnd aufgehängten Spule durch den Strom steuern; durch Änderung der Stromrichtung wird die Bewegungsrichtung umgekehrt.

### 1.5.2
### Thermobimetalle

#### 1.5.2.1
#### Physikalisches Prinzip

Thermobimetalle sind Schichtverbundstoffe aus mindestens zwei Komponenten, die untrennbar miteinander verbunden sind und unterschiedliche Wärmeausdehnungskoeffizienten haben. Bei Erwärmung dehnt sich eine Komponente, die sog. aktive, stärker als die andere, und das Thermobimetall krümmt sich. Sofern äußere Kräfte der freien Ausbiegung entgegenwirken, entwickelt das Thermobimetall eine Federspannung (thermische Richtkraft), es kann also mechanische Energie speichern und abgeben [1.19, 1.22].

#### 1.5.2.2
#### Technische Realisierung

Das wirtschaftlich und technisch günstigste und daher am häufigsten verwendete Thermobimetall ist TB 1577 (DIN 1715). Seine passive Komponente besteht aus Invar (FeNi 36), seine aktive Komponente aus einer Eisen-Nickel-Mangan-Legierung (FeNi20Mn6). Es zeichnet sich im Temperaturbereich −20 °C ... +200 °C durch hohe thermische Empfindlichkeit (spezifische Krümmung) aus, s. Tabelle 1.1 [1.23].

Bild 1.41 zeigt einige verbreitete Ausführungsformen. Scheibenförmige Elemente haben den Vorteil relativ hoher Federkraft bei kleinem Federweg und zeigen eine bessere Raumausnutzung und höheres Arbeitsvermögen. Sie werden in der Regel mechanisch vorgewölbt. Schichtet man solche Scheiben wechselsinnig zu einer Säule, so erhält man besonders große thermische Hübe. Vorgewölbte Scheiben *schnappen* bei einer oberen und bei einer unteren Schnapptemperatur in die jeweils entgegengesetzte Wölbungsrichtung um.

Die Ausbiegung-verursachende Erwärmung des Thermobimetalls erfolgt von seiner Befestigungsstelle aus durch thermische Leitung oder durch Strahlung bzw. Konvektion aus der Umgebung. Das Bimetall kann aber auch elektrisch erwärmt werden, wobei die Beheizung indirekt durch ein elektrisches Heizelement nahe dem Bimetall oder direkt durch unmittelbare Stromleitung erfolgen kann. Direkten Stromdurchgang bevorzugt man bei Strömen > 10 A (Anwendung z.B. als Überstromauslöser in elektrischen Geräten).

Thermobimetalle sind hoch verfügbar (Halbzeug nach DIN 1715) und preiswert. Ihr thermischer Einsatzbereich reicht bis etwa 650 °C, die Langzeitstabilität ihres Effektes ist sehr hoch, und der Anwender kann sie selbst konfigurieren. Thermobimetalle zeigen allerdings nur eine Formänderungsart, nämlich die Biegung, und die Energiedichte ist verhältnismäßig gering. Sie finden eine breite Anwendung in Schaltorganen zum temperatur- oder stromabhängigen Öffnen und Schließen elektrischer Kontakte.

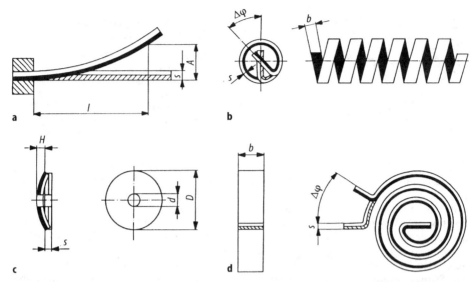

**Bild 1.41.** Ausführungsformen von Thermobimetall-Elementen. **a** Einseitig eingespannter Streifen, **b** Wendel, **c** Schnappscheibe, **d** Spirale

### 1.5.3
### Formgedächtnis-Legierungen
#### 1.5.3.1
#### Physikalisches Prinzip

Verformt man ein Bauteil aus einer Formgedächtnis-Legierung (engl.: shape memory alloy, SMA) bei Raumtemperatur, so wird bei Überschreiten einer kritischen mechanischen Spannung in dem vorliegenden austenitischen Gefüge Martensit induziert, s. Bild 1.42a. Erwärmt man das Bauteil dann, so wird das Gefüge oberhalb einer bestimmten Temperatur ($A_s$-Temperatur) wieder austenitisch und nimmt nahezu vollständig seine ursprüngliche Form an. Verformt man das Bauteil im abgekühlten Zustand wieder, so kann es den Zyklus von neuem durchlaufen.

Während der *einmalige* Memory-Effekt (Einwegeffekt) vor jeder Martensit-Austenit-Umwandlung erneut eine bleibende Verformung des Bauteils erfordert, genügt zum Auslösen des *wiederholbaren* Memory-Effektes (Zweiwegeffekt) nur eine anfänglich bleibende Verformung und anschließend ein bloßes Erwärmen und Abkühlen, s. Bild 1.42b. Bei allen folgenden Temperaturzyklen ändern sich dann Fläche und Lage der je nach Legierung 10 bis 30 K breiten Hystereseschleife nicht mehr.

Ein weiterer Effekt, die sog. *Superelastizität*, zeigt sich durch ein sehr hohes Dehnungsvermögen des Materials. Beim Belasten treten elastische Formänderungen bis max. 8% auf, die beim Entlasten wieder zurückgehen. Diese Erscheinung ist stark temperaturabhängig [1.19, 1.24].

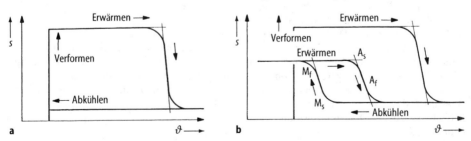

**Bild 1.42.** Dehnung-Temperatur-Kennlinien von Formgedächtnislegierungen. **a** Einwegeffekt, **b** Zweiwegeffekt

**Tabelle 1.2.** Kennwerte von Memory-Legierungen

| | NiTi | CuZnAl | CuNiAl | |
|---|---|---|---|---|
| Einwegeffekt (Max. Dehnung) | 8 | 4 | 5 | % |
| Zweiwegeffekt (Max. Dehnung) | 5 | 1 | 1,2 | % |
| Max. $A_s$-Temperatur | 120 | 120 | 170 | °C |
| Überhitzbar bis | 400 | 160 | 300 | °C |
| Bruchdehnung | 40...50 | 10...15 | 5...6 | % |
| Zugfestigkeit | 800...1000 | 400...700 | 700...800 | N/mm$^2$ |
| Spezif. elektr. Widerstand | 0,65...1 | 0,08...0,13 | 0,11...0,14 | $10^{-6}$ Ωm |
| Dichte | 6,4...6,5 | 7,8...8,0 | 7,1...7,2 | $10^3$ kg/m$^3$ |

### 1.5.3.2
### Technische Realisierung

Die technisch interessanten, kommerziell verfügbaren Memory-Metalle basieren auf Nickel-Titan-(NiTi-) und Kupfer-Zink-Aluminium-(CuZnAl-)Legierungen. Die wichtigsten Kennwerte beider Legierungen sind in Tabelle 1.2 zusammengefaßt. Verfügbar sind heute Legierungen mit Umwandlungstemperaturen von ca. –100 bis +100 °C.

Bei der Auswahl eines Memory-Elementes spielt die Art der Wärmeübertragung eine wesentliche Rolle. Eine günstige Konstellation liegt vor, wenn das Memory-Bauteil von einem flüssigen oder gasförmigen Medium umströmt wird, dessen Temperaturänderung zu einer Formänderung des Bauteils führt. Zum Auslösen des Memory-Effektes kann auch die joulesche Wärme des stromdurchflossenen Bauteils genutzt werden. Als Kontaktheizungen kommen Widerstandsheizdrähte sowie Mantelheizleiter und Heizfolien in Frage. Setzt man *Kaltleiter* (PTC-Widerstände) als Kontaktheizungen ein, so wirkt deren stark ansteigender ohmscher Widerstand bei höheren Temperaturen strombegrenzend.

Im Vergleich zum Bimetall, das aufgrund seiner völlig anderen Wirkungsweise eine zur Temperatur proportionale Formänderung aufweist, zeigt das Memory-Metall eine deutlich höhere Energiedichte. Unterschiedliche Formänderungsarten (Längung, Kürzung, Biegung, Torsion) können auf bestimmte Elementbereiche beschränkt werden. Der thermische Arbeitsbereich ist begrenzt auf etwa –150 bis +150 °C, und der Einsatz erfordert eine intensive Beratung durch den Hersteller.

Einsatzgebiete für Memory-Legierungen sind beispielsweise Antriebs-, Stell- und Auslöseelemente im Automobilbau, Sicherheits- und Verriegelungsmechanismen in der Haushaltsgeräteindustrie und in der Raumfahrt, Klappenverstelleinrichtungen im Bereich Heizung/Klima, Ausrückeinrichtungen als Überhitzungsschutz für Kupplungen und Lagerungen, Befestigungselemente für Rohrverbindungen sowie Kabelkupplungen und Klammern, Sonden und Distanzstücke im Bereich der Medizintechnik.

### 1.5.4
### Dehnstoff-Elemente
### 1.5.4.1
### Physikalisches Prinzip

Bei Dehnstoff-Elementen wird die starke Volumen-Temperatur-Abhängigkeit von festen und flüssigen Stoffen mit großen Wärmeausdehnungskoeffizienten genutzt. Eine mit wachsender Temperatur auftretende Volumenzunahme wird mit Hilfe konstruktiver Mittel in die Hubbewegung eines Arbeitskolbens umgesetzt.

Dehnstoff-Elemente haben abhängig vom verwendeten Dehnstoff sehr unterschiedliche Hub-Temperatur-Charakteristiken. Bei Kohlenwasserstoffen ist die Volumenzunahme im Schmelzbereich höher als in der anschließenden flüssigen Phase. Im Vergleich dazu haben flüssige Dehnstoffe einen größeren linearen Regelbereich, aber kleineren spezifischen Hub [1.19].

### 1.5.4.2
### Technische Realisierung

Der Dehnstoff, z.B. Wachs, Paraffin oder Silikonöl, wird in einem formsteifen Behälter untergebracht, der abhängig von der speziellen Ausführung Betriebsdrücken bis zu mehr als 150 bar (15 MPa) standhalten muß. Zur Erzeugung der gewünschten Hubbewe-

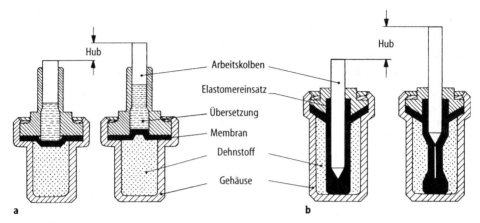

**Bild 1.43.** Dehnstoff-Elemente, Ausführungsbeispiele. **a** mit Membran, **b** mit Elastomereinsatz

gung existieren verschiedene konstruktive Lösungen.

In Bild 1.43a wird eine Membran verwendet, wobei durch eine elastische Übersetzung eine Hubvergrößerung erzielt wird. Die Ausführung in Bild 1.43b basiert auf einem hutförmigen Elastomereinsatz, in dem sich der Arbeitskolben bewegt. Diese Bauweise erlaubt große Hübe bei gleichzeitig großer Last, während die andere Form wiederum kleine Bauhöhen zuläßt. Dehnstoff-Elemente arbeiten überwiegend als Stellglieder ohne elektrische Hilfsenergie, z.B. in Temperaturreglern. Ihre wichtigsten Kenngrößen überstreichen üblicherweise die in Tabelle 1.3 angegebenen Wertebereiche [1.25].

Durch eine elektrische Ansteuerung werden Dehnstoff-Elemente zu Aktoren. Für die Ansteuerung verwendet man nahezu ausschließlich PTC-Widerstände (s. Abschn. B 6.2.1.3), deren typische Widerstand-Temperatur-Abhängigkeit begrenzend wirkt und ggf. einen besonderen Ausschalter erübrigt. Dehnstoff-Elemente werden in gut besetzten Typenreihen angeboten; sie sind mechanisch robust und ermöglichen größere Hübe bei gleichzeitig hohen Stellkräften, allerdings ist ihr dynamisches Verhalten nur mäßig. Einsatzbereiche sind Kühlmittelthermostate, z.B. für Motorkühlkreisläufe und Ölkreisläufe, sowie thermostatische Heizkörperventile, Geräte für Warmlauf- und Ansaugluft-Temperaturregelung, Thermoschalter.

### 1.5.5
### Elektrochemischer Aktor
#### 1.5.5.1
#### Elektrochemische Reaktion

Das Prinzip des elektrochemischen Aktors beruht auf einer Gasentwicklung, die beim Anlegen einer kleinen Gleichspannung einsetzt; dabei wird in einem Ausdehnungselement Druck aufgebaut, also Volumenarbeit verrichtet. Durch Umpolung oder Kurzschluß geschieht der Druckabbau. Je nach Anforderung läßt sich der elektrochemische Aktor mit unterschiedlichen Reaktionen betreiben. Ein Beispiel für Festkörperreaktionen ist die Reaktion einer Silberelektrode in einem alkalischen Elektrolyt. Beim Druckaufbau entsteht an der Gegenelektrode Wasserstoff, während das Silber oxidiert wird [1.19].

Silberelektrode:
$$Ag + 2OH^- \Leftrightarrow AgO + H_2O + 2e^-$$

Kohleelektrode:
$$2H_2O + 2e^- \Leftrightarrow 2OH^- + H_2$$

**Tabelle 1.3.** Kennwerte von Dehnstoff-Elementen

| | | |
|---|---|---|
| Arbeitstemperaturbereich | −20...+120 | °C |
| Hub im Stellbereich | 5...15 | mm |
| Max. Hub | 6...25 | mm |
| Max. Stellkraft | 250...1500 | N |
| Reaktionszeit | 8...50 | s |

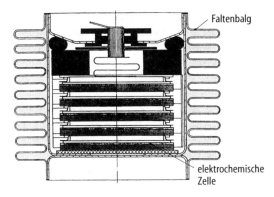

**Bild 1.44.** Elektrochemischer Aktor mit 5 Zellpaketen

### 1.5.5.2
### Technische Realisierung

Die Silberelektrode bildet zusammen mit der platinierten Kohleelektrode eine elektrochemische Zelle. Für den breiten Einsatz von elektrochemischen Aktoren bietet sich eine Reihenschaltung mehrerer Zellen mit bipolarer Verknüpfung an. Ein solcher modularer Aufbau erlaubt es, die realisierbaren Kräfte und Geschwindigkeiten der Stellaufgabe besser anzupassen, vgl. Bild 1.44 [1.26].

Elektrochemische Aktoren haben ein 3-Punkt-Regelverhalten. Sie benötigen keine Halteenergie, und das Einfahren in eine Sicherheitsstellung erfolgt ohne Energiezufuhr durch Kurzschließen. Reproduzierbare Weg-Zeit-Verläufe erfordern den Betrieb in geschlossener Wirkungskette (Lageregelung). Derzeit wird kommerziell eine Typenreihe mit elektrochemischen Aktoren aufgebaut; den Stand in 1994 repräsentiert Tabelle 1.4.

Das Marktsegment für elektrochemische Aktoren liegt zwischen preiswertem Dehnungselement und teurem Stellmotor. Sie lassen sich beispielsweise einsetzen in Luftklappensteuerungen, Kühlwasserfeinregulierungen, Kalibriergasdosierungen, Positionierungseinrichtungen, Steuerungen von Raumheizungen und zur Regelung der Brennstoffzufuhr in Brennersystemen.

### 1.5.6
### Piezoelektrische Aktoren
### 1.5.6.1
### Physikalisches Prinzip

Bei bestimmten Kristallen wie z.B. Quarz besteht wirkungsmäßig ein physikalischer Zusammenhang zwischen mechanischer Kraft und elektrischer Ladung. Werden die Ionen eines Kristallgitters durch äußere Belastung elastisch gegeneinander verschoben, so tritt nach außen hin eine resultierende elektrische Polarisation auf, die sich durch Aufladen von metallenen Elektroden auf den Kristallflächen nachweisen läßt. Diese Erscheinung wird als *direkter* piezoelektrischer Effekt bezeichnet und bildet die Grundlage von Piezosensoren. Der Effekt ist umkehrbar und heißt dann *inverser* (auch: reziproker) piezoelektrischer Effekt. Legt man eine elektrische Spannung beispielsweise an einen scheibenförmigen Piezokristall, so tritt aufgrund des inversen piezoelektrischen Effektes eine Dickenänderung auf. Diese Eigenschaft ermöglicht den Bau von Aktoren [1.19, 1.20, 1.27].

### 1.5.6.2
### Technische Realisierung
*Werkstoffe*

Für den Aktorbau werden überwiegend Sinterkeramiken, insbesondere Blei-Zirkonat-Titanat-(PZT-)Verbindungen eingesetzt, denen das piezoelektrische Verhalten während des Herstellungsvorgangs durch

**Tabelle 1.4.** Kennwerte von elektrochemischen Aktoren

| | | |
|---|---|---|
| Max. Hub | 5…16 | mm |
| Stellkraft | 300…3000 | N |
| Stellzeit | bis 300 | s |
| Versorgungsspannung | 12…36 | V |
| Betriebsstrom | 0,3…1 | A |
| Einsatztemperatur | -5…+60 | °C |
| Lebensdauer | $10^4…10^5$ | Hübe |

Anlegen eines starken elektrischen Feldes eingeprägt wird. Piezokeramiken werden als Platten oder Scheiben von 0,3 bis einige Millimeter Dicke hergestellt. Neuerdings gewinnen Multilayer-Keramiken an Bedeutung. Hierbei wird die sogenannte *grüne*, einige 10 µm dicke und mit einem Elektrodenfilm versehene Keramikfolie übereinander geschichtet.

PZT-Keramik gehört zu den *Ferroelektrika*, deren statische Kennlinie hysteresebehaftet ist, vgl. Bild 1.45, was zu einer starken Materialerwärmung im dynamischen Betrieb führen kann. Es muß Vorsorge getroffen werden, daß eine Depolarisierung aufgrund elektrischer, thermischer und mechanischer Überlastung vermieden wird. Piezokeramik verliert schon bei Arbeitstemperaturen weit unterhalb seiner Curie-Temperatur (materialabhängig 200 °C ... 500 °C, bei Multilayer-Keramik 80 °C ... 220 °C) allmählich die Piezoeigenschaften. Für spezielle Anwendungen ist es möglich, die Betriebsspannung entgegengesetzt zur Polarisationsrichtung zu polen. Sie darf dann allerdings nur etwa 20% der Nennspannung betragen, andernfalls kann elektrische Depolarisierung auftreten.

Da sich Piezomaterialien anisotrop verhalten, ist der Piezoeffekt von der Richtung des steuernden elektrischen Feldes und von der betrachteten Wirkrichtung relativ zur Polarisationsachse abhängig. Bild 1.46 zeigt dies am Beispiel einer Keramik, an die in Polarisationsrichtung eine Spannung $U$ gelegt wird. Bild 1.46a beschreibt die Dehnung $\Delta l/l$ in Feldrichtung: *Längs- oder Longitudinaleffekt*. Dieser zeigt den größten Wirkeffekt und wird bevorzugt eingesetzt. Bild 1.46b stellt die Dehnung $\Delta s/s$ quer zur Feldrichtung dar: *Quer- oder Transversaleffekt*. Bemerkenswert ist, daß hier der Hub auch von den Materialabmessungen abhängt und der Einfluß des Quotienten $s/l$ auf Steifigkeit und Längenänderung gegenläufig ist.

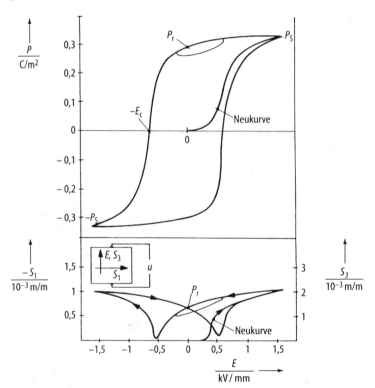

**Bild 1.45.** Kennlinienverläufe $P(E)$ und $S(E)$ für die Piezokeramik PXE (Valvo) 52 bei $T = 0$. $P$ Elektr. Polarisation, $E$ elektr. Feldstärke, $S_1$ Dehnung transversal, $S_3$ Dehnung longitudinal, $T$ mech. Spannung

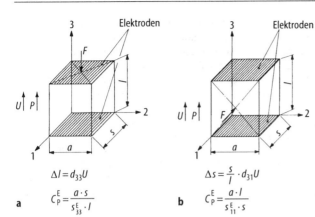

**Bild 1.46.** Inverser Piezoeffekt in polarisierter Keramik. **a** Längseffekt, **b** Quereffekt, $C_P^E$ Steifigkeit des Piezomaterials bei $E$ = konst, $d$ Piezoelektrische Konstante, $s^E$ Elastizitätskonstante bei $E$ = konst

a) $\Delta l = d_{33} U$

$C_P^E = \dfrac{a \cdot s}{s_{33}^E \cdot l}$

b) $\Delta s = \dfrac{s}{l} \cdot d_{31} U$

$C_P^E = \dfrac{a \cdot l}{s_{11}^E \cdot s}$

**Aufbau von Piezowandlern.** Piezowandler können entweder mit den am Markt verfügbaren Piezokeramiken vom Anwender selbst aufgebaut werden oder er greift auf das vielfältige Angebot einsatzfertiger Wandler in Form konfektionierter Typenreihen zurück.

**Stapeltranslatoren.** Bei dieser am häufigsten angewendeten Bauweise besteht der Wandler aus einer Vielzahl von Keramikscheiben, meistens mit Dicken zwischen 0,3 und 1 mm, auf denen sich metallene Elektroden befinden. Die Scheiben wirken also elektrisch als Kapazitäten; sie werden paarweise mit entgegengesetzter Polarisationsrichtung übereinander geschichtet und verklebt, anschließend wird der Stapel gegen äußere Einflüsse mit elektrisch hochisolierenden Materialien hermetisch abgeschlossen.

Bild 1.47 zeigt, daß der Stapel elektrisch parallel und mechanisch in Reihe geschaltet ist; sein Stellweg ist die Summe aus den Längenänderungen $\Delta l$ der Einzelelemente, vgl. Bild 1.46. Das angelegte Feld und die erzeugte Dehnung verlaufen in Polarisationsrichtung. Eine Federvorspannung – meist durch Dehnungsschrauben oder wie in Bild 1.47 durch geschlitzte Rohrfedern realisiert – macht den Wandler auch für Zugkräfte einsetzbar.

Grundsätzlich wird die elektrische Spannung zur Erzeugung der erforderlichen Feldstärke in ihrem Wert durch die Dicke der Keramikscheibe bestimmt. Daher erreichen die dünnen Multilayer-Keramiken bereits bei Nennspannungen um 100 V („Niedervoltaktoren") die gleiche Dehnung wie traditionelle Keramiken mit Spannungen im kV-Bereich. Bei konstanter Bauhöhe verhält sich die Kapazität des Stapeltranslators umgekehrt proportional zum Quadrat der Scheibendicke; daher liegen die Kapazitätswerte von Multilayer-Translatoren im µF-Bereich, und der Lade- oder Umladestrom ist wesentlich größer.

**Streifentranslatoren.** Im Gegensatz zur Stapelbauweise wird hier die Dehnung senkrecht zur Polarisations- und zur Feldstärkerichtung genutzt (Transversaleffekt). Der Ef-

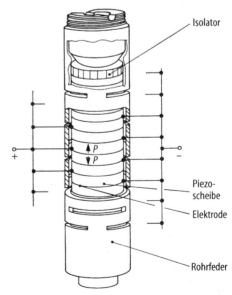

**Bild 1.47.** Stapeltranslator

fekt ist umso stärker ausgeprägt, je größer der Quotient Länge/Dicke ($s/l$) des Piezoelementes ist, vgl. Bild 1.46b. Dies führt auf streifenförmige Elemente mit geringer Steifigkeit, deshalb schichtet man wie bei den Stapelwandlern mehrere Streifen zu einem sog. Laminat und verbessert auf diese Weise die mechanische Stabilität. Die Anwendung des Transversaleffektes ergibt flach bauende Wandler, die sich proportional zur angelegten Spannung verkürzen, da die verantwortliche Piezokonstante *negativ* ist.

**Biegewandler.** Biegewandler nutzen ebenfalls den Transversaleffekt. Sie können beispielsweise aus einem Federmetall und einer darauf befestigten PZT-Keramik bestehen („Unimorph"). Erfährt die Keramik eine Längenänderung, während der Metallträger seine Länge beibehält, gleicht das Element das unterschiedliche Dehnungsverhalten aus, indem es sich – phänomenologisch vergleichbar einem Thermobimetall – biegt. Ein ähnliches Verhalten zeigen *Bimorphe*, also Elemente aus zwei untrennbar verbundenen PZT-Keramiken, die in gleicher („Parallelbimorph") oder gegensinniger („Serienbimorph") Richtung transversal polarisiert sind und mit zwei unterschiedlich hohen Spannungen angesteuert werden. In der Ausführung als Disk-Translatoren sind die Elemente kreisförmige Scheiben von wenigen Zentimetern Durchmesser, die Stellwege bis einige 100 µm ermöglichen. Im Vergleich zu Translatoren haben Biegeelemente eine größere Auslenkung, geringere Steifigkeit, kleinere Blockierkraft und niedrigere Eigenfrequenz.

**Hybrid-Bauweise.** Bei hybriden Wandlern wird die piezoelektrisch erzeugte Dehnung durch eine mechanische Wegübersetzung vergrößert; die Steifigkeit einer solchen Anordnung nimmt aber mit dem Quadrat des Übersetzungsverhältnisses ab und ist wesentlich kleiner als bei der Stapelbauweise. Hybrid aufgebaute Wandler für Stellwege bis 1 mm und mit Kräften von einigen 10 N werden mit Festkörpergelenken (Biegezonen) gefertigt, die als elastische Gelenkpunkte kleine Winkeländerungen spielfrei in Parallelbewegungen umsetzen.

**Inchworm-Motor.** Bild 1.48 beschreibt den Aufbau: Eine glatte Welle, die axial positioniert werden soll, wird von einem Stator, der drei Piezokeramik-Elemente enthält, auf einem Teil ihrer Länge umschlossen. Die beiden äußeren Tubusse sitzen mit einer Spielpassung auf der Welle. Werden die Elemente elektrisch angesteuert, so klemmen sie die Welle fest. Der mittlere Tubus ist zylinderförmig, ebenfalls konzentrisch zur Welle und dehnt sich beim Anlegen einer Spannung in axialer Richtung.

Der Bewegungsablauf wird von einer elektronischen Steuerung wie folgt koordiniert. Zunächst klemmt Ring 1 die Welle (1),

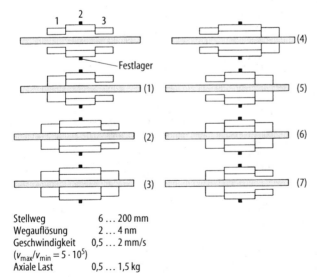

| Stellweg | 6 ... 200 mm |
| Wegauflösung | 2 ... 4 nm |
| Geschwindigkeit | 0,5 ... 2 mm/s |
| ($v_{max}/v_{min} = 5 \cdot 10^5$) | |
| Axiale Last | 0,5 ... 1,5 kg |

**Bild 1.48.** Ichworm-Motor. Bewegungsablauf und Kennwerte

Zylinder 2 dehnt sich (2) und schiebt dabei die Welle nach links. Nun klemmt Ring 3 die Welle ebenfalls (3), danach öffnet Ring 1 wieder (4). Die Welle wird jetzt von Ring 3 gehalten und Zylinder 2 verkürzt sich wieder (5). Nun klemmt Ring 1 die Welle (6) und Ring 3 öffnet sich (7). Der Zylinder 2 dehnt sich wieder und der Ablauf beginnt von neuem.

Die Passung zwischen Welle und Piezoringen muß sehr genau eingehalten werden; sie ist temperaturabhängig und unterliegt Verschleiß. Da die Verbindung reibschlüssig ist, kann eine genaue Positionierung nur in geschlossener Wirkungskette in Verbindung mit einer Lageregelung erfolgen. In Bild 1.48 sind typische Daten einer kommerziellen Typenreihe dieses Antriebs mitgeteilt [1.28].

**Ultraschall-Motor.** Beim Ultraschall-Motor werden mechanische Schwingungen im Ultraschall-Bereich für den Antrieb genutzt. In Bild 1.49 besteht der Stator aus zwei kreisförmigen Piezokeramikscheiben, die sich aus je acht in Umfangsrichtung abwechselnd polarisierten Segmenten zusammensetzen und die fest miteinander verbunden sind. Beide Scheiben sind um $1/4$ Segment (d.h. $\lambda/4$) gegeneinander versetzt und werden mit je zwei um $1/4$-Periode zeitverschobenen sinusförmigen Wechselspannungen angesteuert. Es entstehen vier umlaufende Ultraschall-Wellen, die auf einen fest mit den Scheiben verbundenen elastischen Körper übertragen werden. Auf den Wellenbergen liegt der Rotor, eine Scheibe mit geeignet ausgelegten Reibeigenschaften, die sich entgegen der Wellenumlaufrichtung dreht.

Ultraschall-Motoren sind relativ kräftige Langsamläufer, die nur bedingt für Dauer-

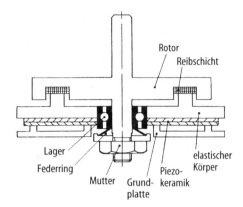

| Kennwerte | |
|---|---|
| Arbeitsfrequenz | 40…43 kHz |
| Nennspannung | 100 V(AC) |
| Nenndrehzahl | 100…250 min$^{-1}$ |
| Nennmoment | 0,4…3,8 Ncm |
| Wirkungsgrad | …40 % |
| Mech. Zeitkonst. | 1 ms |
| Gewicht | 33…175 g |

**Bild 1.49.** Ultraschall-Motor. Ausführungsbeispiel und Kennwerte

lauf-Anwendungen geeignet sind, aber ohne Getriebe eingesetzt werden können. Sie verfügen im stromlosen Zustand über ein hohes Haltemoment. Bei Überlast übernehmen sie die Funktion einer Rutschkupplung. Die Motoren arbeiten leise und ruckfrei. Da die Kraftübertragung über Reibschluß erfolgt, muß die Positionierung ebenfalls in geschlossener Wirkungskette (Lageregelung) erfolgen. Die Daten einer Baureihe der Firma Shinsei/Japan sind in Bild 1.49 aufgeführt [1.29].

In Tabelle 1.5 sind typische Kennwertebereiche von kommerziellen Piezowandlern verschiedener Bauarten zusammengestellt.

**Tabelle 1.5.** Kennwerte von Piezowandlern

| | Stapelbauweise | | Streifen-bauweise | Disk-Translator | Hybrid-Bauweise | |
|---|---|---|---|---|---|---|
| | Normal | Spezial | | | | |
| Nennstellweg | 5…70 | …90 | …45 | 50…200 | …100 | µm |
| Steifigkeit | 18…260 | …2000 | …15 | 0,15…0,3 | …1,4 | N/µm |
| Eigenfrequenz | 6…50 | …50 | …13 | 1,1…2,5 | …2,2 | kHz |
| Druckbelastbarkeit | …1000 | …30000 | …450 | 20…50 | …50 | N |
| Zugbelastbarkeit | …100 | …3500 | …100 | …20 | …50 | N |
| Nennspannung | 150…1500 | …1500 | …1000 | …1000 | …1000 | V |
| Elektr. Kapazität | …90 | …130 | …145 | 16…70 | …70 | nF |
| Therm. Stabilität | 0,1…0,7 | …0,8 | …0,7 | 1,0…4,8 | …2,0 | µm/K |

Piezowandler werden immer dann vorteilhaft eingesetzt, wenn große Kräfte bei hoher Steifigkeit realisiert werden sollen und gleichzeitig die Reaktionszeit sehr klein sein muß. Von Vorteil ist eine gut besetzte Typenpalette von Werkstoffen und Wandlern und die Möglichkeit, unterschiedliche Effekte (transversal, longitudinal) zu nutzen. Anwendungsmöglichkeiten für Piezowandler ergeben sich beispielsweise in Laserabstimmsystemen, Spiegelnachführungen, Mikromanipulatoren, Dosiersystemen, Einspritzventilen, Schwingerregern und Feinstpositionierungen.

### 1.5.7
### Magnetostriktive Aktoren
#### 1.5.7.1
#### Physikalisches Prinzip

Die volumeninvariante Längenänderung ferromagnetischer Kristalle bei Anlegen eines magnetischen Feldes wird als magnetostriktiver Effekt bezeichnet. Er basiert darauf, daß die sogenannten *Weissschen Bezirke* sich in die Magnetisierungsrichtung drehen und ihre Grenzen verschieben. Obwohl die Magnetostriktion aus physikalischer Sicht als magnetisches Gegenstück zum quadratischen elektrostriktiven Effekt aufzufassen ist und kein „*inverser*" magnetostriktiver Effekt existiert, erfolgt ihre mathematische Beschreibung in praxi durch ein Gleichungssystem, das formal mit den linearen Zustandsgleichungen für den direkten bzw. inversen Piezoeffekt übereinstimmt [1.19].

#### 1.5.7.2
#### Technische Realisierung

**Werkstoffe.** Der magnetostriktive Effekt, der bei Legierungen mit den Bestandteilen Eisen, Nickel oder Kobalt Dehnungen im Bereich von 10 bis 30 µm/m verursacht, erreicht in hochmagnetostriktiven Werkstoffen aus Seltenerdmetall-Eisen-Legierungen Werte bis zu 2000 µm. Das weit überwiegend verwendete Material Terfenol-D hat eine Curie-Temperatur von 380 °C und eine vielfach höhere Energiedichte als piezoelektrische Werkstoffe.

Hochmagnetostriktive Materialien gehören zur Gruppe der Ferromagnetika. Diese Werkstoffe verhalten sich phänomenologisch analog zu den Ferroelektrika. So weist ihre Kennlinie $S(H)$, ähnlich wie die Abhängigkeit $S(E)$ von Piezokeramiken, Sättigung und Hysterese auf, vgl. Bild 1.50.

**Aufbau von hochmagnetostriktiven Wandlern.** Im Gegensatz zu piezoelektrischen Wandlern, bei denen unterschiedliche Zuordnungen von Feld- und Dehnungsrichtung genutzt werden, spielt bei den heute verfügbaren, ausschließlich stabförmigen Hochmagnetostriktions-Werkstoffen lediglich der *Longitudinaleffekt* eine Rolle (Feldrichtung und Dehnungsrichtung verlaufen parallel).

**Kommerzielle Translatoren.** Bild 1.51 zeigt den prinzipiellen Aufbau eines kommerziellen magnetostriktiven Wandlers mit seinen wichtigsten Daten. Der Terfenolstab wird durch Permanentmagnete vormagnetisiert und über drei Schrauben mechanisch vorgespannt. Die Flußführung erfolgt über zwei weichmagnetische Polschuhe [1.30].

**Wurmmotor.** Sozusagen als magnetostriktives Gegenstück zum piezoelektrischen Inch-worm-Motor wurde ein Wurm-

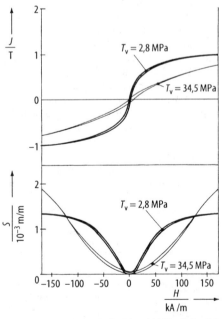

**Bild 1.50.** Kennlinienverläufe $J(H)$ und $S(H)$ für Terfenol-D bei unterschiedlicher mechanischer Vorspannung $T_v$. $J$ magnet. Polarisation, $H$ magnet. Feldstärke, $S$ Dehnung

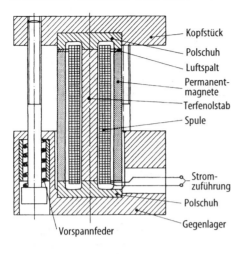

**Kennwerte**

| | |
|---|---|
| maximale Last | 500 N |
| maximale Auslenkung* | 50 µm |
| maximaler Strom | 2 A |
| maximale Erregung | 50 kA/m |
| Abmessung des Wandlers | ø 60 × 75 mm |
| Abmessung des Terfenolstabes | ø 6,4 × 50 mm |

*\* bei höherer Last verändert sich die Auslenkung*

**Bild 1.51.** Magnetostriktiver Translator. Aufbau und Kennwerte (Quelle: Edge Technologies, Ames/USA)

motor konstruiert, der eine schrittweise translatorische Bewegung erzeugt, ohne vergleichbare Klemm-Mechanismen zu erfordern. Er beruht auf dem Gedanken, daß bei konstantem Volumen ein Terfenolstab seinen Durchmesser verringert, wenn er sich in der Länge dehnt. Diese Änderung wird genutzt, um den Terfenolstab aus der Klemmung durch eine umgebende rohrförmige Paßform zu lösen [1.31].

Im Hinblick auf Stellweg, Stellkraft und Arbeitsfrequenzbereich sind magnetostriktive und piezoelektrische Wandler vergleichbar, wodurch zwangsläufig ihre Einsatzfelder ähnlich sind. Es gibt aber auch eine Reihe von Unterschieden, was im Einzelfall zur Bevorzugung des einen oder des anderen Prinzips führen kann. So ermöglicht die höhere Curie-Temperatur des magnetostriktiven Werkstoffes einen im Vergleich zu Piezomaterialien größeren thermischen Arbeitsbereich. Da die Energiedichte in hochmagnetostriktiven Werkstoffen wesentlich größer ist als in Piezomaterialien, erreicht man mit erstgenannten gleichzeitig größere Dehnungen und Kräfte, während die Forderungen nach großem Stellweg und großer Stellkraft beim Piezomaterial auf unterschiedliche Keramikmischungen führen [1.19].

Piezowandler werden überwiegend mit elektrischer Spannung angesteuert und setzen im statischen Betrieb so gut wie keine Leistung um; magnetostriktive Wandler werden hingegen stromgesteuert. Die Wandler stellen für die Leistungsverstärker kapazitive bzw. induktive Blindlasten dar und werden analog oder schaltend betrieben. Das erstgenannte Verstärkerprinzip ist eine Voraussetzung für hohe Positioniergenauigkeiten, das zweite ermöglicht geringe Verluste in den Leistungstransistoren und große Aktor-Wirkungsgrade, da die in den Blindleistungselementen gespeicherte Energie zurückgewonnen werden kann.

### 1.5.8
### Mikroaktoren

#### 1.5.8.1
#### Physikalisches Prinzip

Mikroaktoren basieren auf dreidimensionalen mechanischen Strukturen sehr kleiner Abmessungen, die mit Hilfe von Lithographieverfahren und *anisotropen* Ätztechniken hergestellt werden. Zur aktorischen Auslenkung ihrer beweglichen Strukturbereiche werden die unterschiedlichsten Krafterzeugungsprinzipien genutzt wie Bimetalleffekt, Piezoeffekt, Formgedächtniseffekt, aber auch elektrostatische Kraftwirkungen. Charakteristisch für Mikroaktoren im engeren Sinne ist, daß der Mechanismus für die Krafterzeugung *monolithisch integriert* ist.

Elektrostatische Kräfte sind im Mikrobereich von besonderer Bedeutung: Sie nehmen zwar mit dem Quadrat des linearen Verkleinerungsfaktors $m$ ab, weil aber die Durchbruchfeldstärke in Isolatoren mit kleiner werdenden Abmessungen wächst (Paschen-Effekt), darf man die elektrische Feldstärke beispielsweise um $m^{-0,5}$ erhöhen, wodurch die Kräfte dann lediglich um den Faktor $m$ reduziert werden. Ein weiterer Vorteil elektrostatischer Krafterzeugung ist, daß sich bei den mikrometerfeinen Strukturen bereits mit TTL-Spannungswerten (5 V) Feldstärken in der

Größenordnung kV/mm erzielen lassen [1.19, 1.32, 1.33].

### 1.5.8.2
### Technische Realisierung

Zur Herstellung extrem kleiner mechanischer Bauelemente mit bewegbaren Strukturbereichen gibt es im wesentlichen die klassische Mikromechanik, basierend auf einkristallinem Silizium, die Oberflächen-Mikromechanik (surface micromachining) zur Erzeugung von Polyszilziumstrukturen, das LIGA-Verfahren für Metalle, Kunststoffe, Keramiken und die Quarz-Mikromechanik (näheres beispielsweise in [1.32, 1.33]).

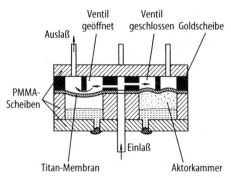

**Bild 1.52.** Aufbau eines Mikro-Ventilsystems (Quelle: Forschungszentrum Karlsruhe)

Die Mikroaktorik hat derzeit noch keine nennenswerte kommerzielle Bedeutung. Darüber hinaus sind ihre Möglichkeiten, größere Stellwege und Stellkräfte zu erzeugen, naturgemäß beschränkt. Allerdings haben Mikroaktoren hinsichtlich Geschwindigkeit, Genauigkeit und Platzbedarf bei der Steuerung von miniaturisierten Systemen und der Handhabung kleiner Teile Vorteile. Hinzu kommt ihre Integrationsfähigkeit in bezug auf Mikrosensoren und Mikroelektronik (*Mikrosysteme*) sowie die Ansteuerbarkeit mit Mikroelektronik-kompatiblen Spannungen und Strömen. Hiervon können vor allem die Bereiche Elektronikmontage, Medizin und Weltraumforschung profitieren. Zwei Beispiele sollen einen Eindruck vom Stand der Entwicklung vermitteln.

**Mikroventil.** Das in Bild 1.52 dargestellte Mikro-Ventilsystem für den Einsatz in einem Ballon-Katheter für die minimalinvasive Herz-Chirurgie wird mit Hilfe des LIGA-Verfahrens und weiterer Mikrotechniken hergestellt. Es besteht aus vier unterschiedlich strukturierten Scheibchen aus Polymethylmethacrylat (PMMA) und aus Gold, zwischen denen eine Membran aus Titan montiert wird. Ein solcher „*heteromorpher*" Aufbau ist typisch für viele Mikrosysteme und begründet gleichzeitig einen weitreichenden Bedarf an leistungsfähigen Mikro-Montagetechniken.

Das Ventilsystem hat einen Einlaß und drei um 120° versetzte Auslässe. Seine Funktion beruht darauf, daß die Titan-Membran gegen einen der Ventilsitze gedrückt wird, sobald eine geeignete Flüssigkeit in der zugeordneten Aktorkammer verdampft. Dieser Vorgang kann beispielsweise elektrisch durch eine Widerstandsheizung initiiert werden; hierbei werden schlagartig Dampfdrücke in der Größenordnung 1 bar erzeugt. Der im Experiment gemessene Wasserdurchfluß pro Einzelventil beträgt etwa 13 µl/s, und die Außenabmessungen (ohne Anschlüsse) sind ∅ 3 × 1,3 mm [1.34].

**Elektrostatischer Linearaktor.** Bei dem Linearaktor in Bild 1.53 bewegt sich ein Läufer luftgelagert über einem Stator. Zwischen kammartigen bzw. streifenförmigen Elektroden auf sich gegenüber liegenden Stator- bzw. Läuferflächen werden elektrostatische Kräfte erzeugt, die eine Bewegung des Läufers in $x$-Richtung, seine Fesselung in $y$-Richtung und eine gegenseitige Anziehung in $z$-Richtung bewirken. Durch weitere Elektroden werden Sensoren zur Erfassung

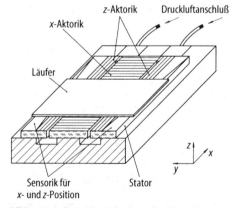

**Bild 1.53.** Aufbau eines elektrostatischen Linearaktors unter Einsatz von Mikrotechniken (Quelle: PASIM Mikrosystemtechnik)

der x-Position und des z-Abstands gebildet. Alle Strukturen werden in herkömmlicher Weise auf Glassubstrate gesputtert. Der Antrieb ist ein 3-Phasen-Schrittmotor, der in offener Steuerkette betrieben wird. Dieser Aktor hat in x-Richtung einen Bewegungsbereich von 25 mm bei einer Positionierunsicherheit von 5 µm, zusätzlich kann er kleine Drehungen $\varphi_x$, $\varphi_y$ ausführen. Die Haltekraft beträgt 50 mN und die max. Stellgeschwindigkeit 50 mm/s. Der elektrostatische Linearaktor belegt anschaulich den Trend zum „*Milliaktor*". Diese Aktorspezies wird zwar unter Anwendung von Mikrotechniken realisiert, sie liefert dennoch Kräfte und Wege im Makrobereich [1.35].

### Literatur

1.1 Zenkel D (1988) Elektrische Stellantriebe. Hüthig, Heidelberg
1.2 Janocha et al. (1992) Aktoren. Springer, Berlin Heidelberg New York
1.3 Richter Ch (1993) Servoantriebe kleiner Leistung. VCH, Weinheim
1.4 Stölting H-D, Beisse A (1987): Elektrische Kleinmaschinen. Teubner, Stuttgart
1.5 Vogel J (1989) Elektrische Antriebstechnik. Hüthig, Heidelberg
1.6 Miller TJE (1989) Brushless Permanent-Magnet and Reluctance Motor Drives. Clarendon Press, Oxford
1.7 Müller G (1994) Grundlagen elektrischer Maschinen. VCH, Weinheim
1.8 Seinsch HO (1991) Ausgleichsvorgänge bei elektrischen Antrieben. Teubner, Stuttgart
1.9 Brandes J (1990) Beanspruchungen des Wellenstranges bei umrichtergespeisten Asynchronmaschinen. Archiv für Elektrotechnik 73/1990, S 115–130
1.10 Rentzsch H (1992) Elektromotoren. ABB Drives, Turgi/Schweiz
1.11 NN (1980) SEW Eurodrive: Handbuch der Antriebstechnik. Hanser, München
1.12 Kreuth HP (1988) Schrittmotoren. Oldenbourg, München Wien
1.13 Luck K, Modler K-H (1990): Getriebetechnik. Springer, Berlin Heidelberg New York
1.14 Groß H (Hrsg) (1981) Elektrische Vorschubantriebe für Werkzeugmaschinen. Siemens, Berlin München
1.15 Böge A (1980) Die Mechanik der Planetengetriebe. Vieweg, Braunschweig
1.16 Stocker Th (1992) Planetengetriebe mit großem Übersetzungsbereich. Feinwerktechnik und Meßtechnik 100/11, S 481–485
1.17 Harmonic-Drive-Getriebe. Firmenschriften: Harmonic-Drive Antriebstechnik GmbH, Limburg
1.18 Cyclo-Getriebe. Firmenschriften: Cyclo-Getriebebau GmbH, Markt Indersdorf
1.19 Krause W (1993) Konstruktionselemente der Fernmechanik. Hanser, Wien
1.20 Kraus W (1994) Grundlagen der Konstruktion. Elektronik – Elektrotechnik – Fernwerktechnik. Hanser, Wien
1.21 Stölting H-D. Antriebe mit begrenzter Bewegung. Abschn. 3.5 in [1.19]
1.22 Schneider FE (1982) Thermobimetalle. expert, Grafenau/Württemberg
1.23 Thermobimetalle. Techn. Informationsblätter der Vacuumschmelze GmbH, Hanau
1.24 Stöckel D et al. (1988) Legierungen mit Formgedächtnis. expert, Ehningen bei Böblingen
1.25 Dehnstoff-Arbeitselemente. Techn. Prospekt der Behr-Thomson, Dehnstoffregler GmbH, Kornwestheim
1.26 Fleischmann R, Kempe W. Elektrochemischer Aktor. BMFT-Bericht AS00402
1.27 Koch J (1988) Piezoxide (PXE) – Eigenschaften und Anwendungen. Hüthig, Heidelberg
1.28 Micropositioning Systems. Techn. Prospekt der Burleigh Instruments Inc., Fishers, NY/USA
1.29 Ultraschallmotoren. Techn. Prospekt der Shinsei, Fukoku/Japan
1.30 TERFENOL-D. Techn. Prospekte der Edge Technologies Inc., Ames/USA
1.31 Kiesewetter L (1988) The Application of Terfenol in Linear Motors. Proc. 2nd Int. Conf. on Giant Magnetostrictive and Amorphous Alloys for Actuators and Sensors. Marbella, Spain. October 12-14, 1988
1.32 Heuberger A (Hrsg.) (1989) Mikromechanik. Springer, Berlin Heidelberg New York
1.33 Büttgenbach S (1991) Mikromechanik. Teubner, Stuttgart
1.34 Fahrenberg J, Maas D, Menz W et al. (1994) Active Microvalve System Manufactured by the LIGA Process. AXON Technologie Consult (Veranst.): Actuator 94 (Bremen 15.–17.6.1994). Proc. Actuator 94, S 71–74
1.35 Dreifke G, Kallenbach E, Riemer D et al. (1994) Electrostatic x-y-precision drive for large ranges of motion. AMK Berlin (Veranst.): Microsystem technologies '94 (Berlin 19.–21.10.1994). Proc., S 1015–1024
1.36 Janocha H (Hrsg.) (1992) Aktoren – Grundlagen und Anwendungen. Springer, Berlin Heidelberg New York
1.37 Kallenbach E, Bögelsack G (Hrsg.) (1991) Gerätetechnische Antriebe. Hanser, München Wien

# 2 Stellantriebe mit pneumatischer Hilfsenergie

L. KOLLAR

## 2.1 Wirkungsweise, Arten und ausgewählte Eigenschaften

Ein pneumatischer Stellantrieb ist ein Wandler mit leistungsverstärkenden Eigenschaften und Druckluft als Hilfsenergie. Zum Antrieb eines Stellgliedes wird die statische Druckenergie über einen Schub- oder Schwenkantrieb in eine Kraft oder in einen Weg umgeformt. In Anlehnung an elektrische Antriebe wird zwischen Stellantrieb und Steuerantrieb unterschieden [VDI/VDE 3844 Bl. 1]. Die Drücke der Hilfsenergie liegen zwischen 1,4 und 4 bar.

Bei pneumatischen Antrieben wirkt das Eingangssignal über eine biegesteife Fläche und erzeugt eine Kraft, die entgegen der Rückstellkraft (Federkraft oder Druckkraft) wirkt (Bild 2.1a, b). Sind die Kraftwirkungen im Gleichgewicht, nimmt das mit einer starren Kopplung (z.B. Ventilstange) verbundene *Stellglied* einen definierten Hub $h$ an. Da zwischen Federweg $h$ und Federspannkraft $F_h$ ein linearer Zusammenhang besteht, der proportional einer Federkonstanten $c$ ist ($F_h = c \cdot h$), ergibt sich theoretisch auch Proportionalität zwischen der Stellgliedeingangsgröße (Stelldruck) und der Stellgliedausgangsgröße $h$.

Nach dem Wirkungssinn werden Stellantriebe in direkt wirkende Stellantriebe und umgekehrt wirkende unterteilt [VDI/VDE 3844, 88.I].

Für *Schubantriebe* gilt:

- Antrieb direkt wirkend
  Der Antrieb fährt bei Luftausfall die Antriebsstange ein (Bild 2.1a). Das wird durch die Federspannkraft erreicht. Direkt wirkende Antriebe werden z.B. angewendet, wenn bei Hilfsenergieausfall das Stellglied geöffnet werden soll (Sicherheitsendlage „drucklos auf").

- Antrieb umgekehrt wirkend
  Der Antrieb fährt bei Luftausfall die Antriebsstange aus (Bild 2.1b). Das Ausfahren der Antriebsstange erfolgt durch die Federspannkraft. Umgekehrt wirkende Antriebe werden z.B. angewendet, wenn bei Hilfsenergieausfall das Stellglied geschlossen werden soll (Sicherheitsendlage „drucklos zu").

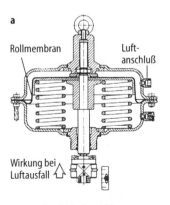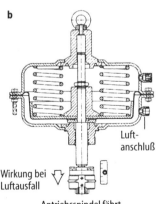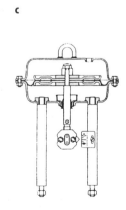

**Bild 2.1.** Wirkungssinn pneumatischer Stellantriebe.
**a** direkt wirkend, **b** umgekehrt wirkend [2.1], **c** doppelt wirkend [2.2]

- Antrieb doppelt wirkend
  Der Antrieb verbleibt in der Position, die er beim Ausfall der Hilfsenergie gerade einnimmt (Bild 2.1c). Da in dieser Position die Membran kräftefrei ist, entsteht bei Hilfsenergieausfall eine *nichtstabile Position*.

Für *Schwenkantriebe* gilt hinsichtlich der Wirkungsweise:

- Schwenkantrieb direkt wirkend
  Der Antrieb dreht bei Luftausfall entgegen dem Uhrzeigersinn.

- Schwenkantrieb umgekehrt wirkend
  Der Antrieb dreht bei Luftausfall im Uhrzeigersinn.

Antriebe ohne Rückstellkraft bzw. ohne Hilfsenergiespeicher sind im Sinne der Wirkungsweise undefinierbar [VDI/VDE 3844 Bl. 1].

Für die Umformung des Steuerdrucks in eine Druckkraft werden Membranen (Membranantriebe) und Kolben (Kolbenantriebe) angewendet. Der Hub eines Membranantriebes ist im Vergleich zum Kolbenantrieb klein. Reibung und Abdichtung des Kolbens dagegen erfordern bei der Herstellung eines Kolbenantriebes größere Aufwendungen. In Ausnutzung der guten Eigenschaften von Membran- und Zylinderantrieb entstand der *Rollmembranantrieb*.

Dieser Antrieb hat hinsichtlich der Reibung und Dichtheit die gleichen Eigenschaften wie der Membranantrieb, jedoch bei einem wesentlich größerem Hub.

Bei der Realisierung der angeführten Wirkungsweisen ergeben sich verhältnismäßig einfach aufgebaute und robuste Stellantriebe (Abschn. 2.2). Sie verfügen über (bei Vernachlässigung von z.B. Reibung und Lose) einen proportionalen Zusammenhang zwischen Eingangssignal (*Stelldruck*) und Ausgangssignal (Hub $h$).

Für pneumatische Hubantriebe werden nahezu ausschließlich

- Membranantriebe und
- Kolbenantriebe

angewendet.

## 2.2
## Bewegungsgrößen

Die Wirkungsweise pneumatischer Stellmotore beruht auf der Umformung eines Eingangsdrucks $p_e$ in die Eingangskraft $F_A$ (Bild 2.2a) mit Hilfe einer biegesteifen Fläche $A$. Dieser Kraft wirken Federkraft $F_C$, Trägheitskraft $F_m$ aller bewegten Teile, Reibkraft $F_R$ sowie aus dem Eingriff in einen Fluidstrom verursachte Kräfte $F_P$ entgegen [2.3–2.8]. Das Bewegungs-Modell gilt für Membran- und Kolbenantriebe unabhängig davon, ob die Federkraft durch zentral oder dezentral angeordnete Federn ver-

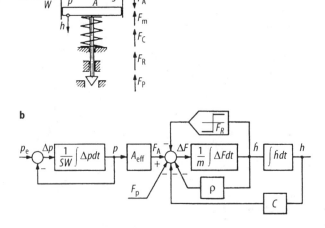

**Bild 2.2.** Bewegungsgrößen an einem pneumatischen Antrieb mit drosselndem Stellglied [2.5].
**a** Drücke und Kräfte; **b** Signalflußbild, $F_A$ Druckkraft, $F_C$ Federkraft, $F_m$ Trägheitskraft, $F_R$ Reibungskraft, $F_p$ Strömungsreaktion, $S$ Speicherkapazität der Membrankammer, $W$ Strömungswiderstand der Zuleitung, $p_e$ Druck der Hilfsenergie

ursacht wird. Da zwischen der Eingangskraft $F_A$ und den ihr entgegenwirkenden Kräften Kräftegleichgewicht bestehen muß, gilt:

$$F_A - F_C - F_m - F_R - F_P = 0 \quad (2.1a)$$

mit

$F_A = A_{eff}\,p$ Druckkraft,
$F_C = c(h+h_o)$ Federkraft, Feder um $h_o$ vorgespannt,
$m = m\,\ddot{h}$ Trägheitskraft aller bewegten Teile,
$F_R = \rho\dot{h} + /F_R/s\,i\,g\,n\,\dot{h}$ Reibungskraft aus geschwindigkeitsproportionaler trockener Reibung.

In Abhängigkeit vom Hub ändert sich die wirksame Fläche, weil an der Randzone der biegesteifen Fläche der auf die Membrane wirkende Druck Kraftkomponenten in und entgegen der Bewegungsrichtung verursacht.

Somit ergibt sich für die Bewegungsverhältnisse eines pneumatischen Stellantriebes die Differentialgleichung zu:

$$m\ddot{h} + \varrho\dot{h} + /F_R/\,sign\,\dot{h} + c(h+h_0) = A_{eff}\,p - F_p . \quad (2.1b)$$

Hierbei wird unterstellt, daß der Druckaufbau in der Membrankammer $S$ ohne Totzeit mit dem Zeitverhalten eines Verzögerungsgliedes 1. Ordnung erfolgt und das Kammervolumen durch den Hub nicht beeinflußt wird. Dafür gilt:

$$W\,S\dot{p} + p = p_e \quad (2.2)$$

mit

$W$ Strömungswiderstand der Zuleitung in [Ns/kg m²],
$S$ Speicherfähigkeit der Membrankammer in [kg m²/N],
$p_e$ Druck der Hilfsenergie.

Die Bewegungsgleichung (2.1b) beschreibt das dynamische Verhalten eines mit pneumatischem Stellmotor gesteuerten Stellgliedes. Stellantrieb und Stellglied haben das Zeitverhalten eines Verzögerungsgliedes 2. Ordnung (Gl. 2.1b). Die Stellgeschwindigkeit $\dot{h}$ liegt im Bereich $0 \leq \dot{h} \leq 25$ m/s.

Eine Stelleinrichtung kann schwingen, wenn der aus Gl. (2.1b) sich ergebende Dämpfungsgrad kleiner als 1 wird. Durch entsprechende Dimensionierung der Eigenmasse $m$ aller bewegten Teile im Verhältnis zur Federkonstanten $c$ haben die dynamischen Kräfte auf Antriebe mit Einsitzhubventilen vernachlässigbaren Einfluß, weil die statischen Kräfte bei geschlossenem Ventil überwiegen.

Bei Doppelsitzventilen oder Ventilen mit Druckausgleich können die dynamischen Kräfte eines Fluids größer sein als die statischen Kräfte bei geschlossenem Ventilsitz. Dadurch wird eine Regelung erschwert. Sie kann auch instabil werden, vor allem dann, wenn bei direktem Wirkungssinn die Betriebskennlinie des Antriebs soweit abflacht, daß dem Stellsignal (Eingangsgröße) verschiedene Hübe zugeordnet werden können (Bild 2.3). Ein derartiger Kennlini-

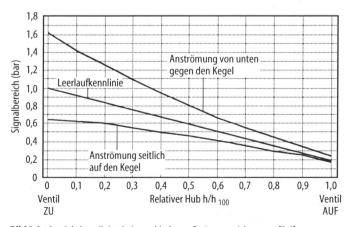

**Bild 2.3.** Antriebskennlinien bei verschiedenen Strömungsrichtungen [2.6]

enverlauf, der sich hauptsächlich bei seitlich vom Fluid angeströmten Drosselkörpern ergibt, hat nahe an der Zu-Stellung keinen eindeutigen Zusammenhang von Stellsignal und Hub, was zu vermeiden ist.

Während bei normaler Anströmrichtung (Fluid öffnet) der Signalbereich des Stellantriebes größer wird (steigt auf rd. 160%), nimmt er bei umgekehrter Strömungsrichtung (Fluid schließt) auf rd. 65% ab [2.6].

Besonders ungenau wird eine Regelung nahe der Zu-Stellung. In dieser Stellung kann eine Regelung auch instabil werden, weshalb bei der Dimensionierung sehr auf möglichst korrekte Erfassung dieser Einflüsse zu achten ist [2.6].

Da über ein Stellglied in der Zu-Stellung eine Mindestleckage nicht überschritten werden darf, muß die Verschlußkraft ausreichend groß sein. Dabei ist zu beachten, daß die Verschlußkraft annähernd proportional mit dem Differenzdruck ansteigt [2.6].

## 2.3
## Konstruktionsausführung

### 2.3.1
### Membranantriebe

Membranantriebe eignen sich sehr gut für den Einsatz in Regelungen, weil sie geringe Hysterese, minimale Reibung und kleine Zeitkonstanten haben.

Durch die Dimensionierung der biegesteifen Fläche lassen sich Stellkräfte bis zu 60 kPa aufbringen. Dafür geeignete Gehäuse werden aus Grau-, Stahlguß oder Aluminium-Druckguß gefertigt bzw. aus Stahlblech gepreßt. Je nach Einsatzgebiet können die Gehäuse erforderlichenfalls auch kunststoffbeschichtet sein [2.3]. Um schnell zu reagieren, ist die Membrankammer möglichst klein gehalten, damit die Zeitkonstante $WS$ (Gl. 2.2) klein wird. Erreichbar sind z.B. Stellzeiten, abhängig vom Typ des Stellmotors, zwischen 0,8 bis 5,1 Sekunden [2.1]. Die Fläche des biegesteifen Zentrums wird entsprechend den erforderlichen Stellkräften gestuft. Derartige Stufen sind z.B. 175 cm$^2$, 350 cm$^2$, 700 cm$^2$ und 1500 cm$^2$ [2.4]. Die Stufensprünge können auch kleiner sein [2.1]. Die Fläche kann erforderlichenfalls auch 2800 cm$^2$ oder $2 \times 2800$ cm$^2$ betragen [2.3].

Die Verdopplung wird durch einen *Tandem-Antrieb* erreicht (Bild 2.4a). Tandem-Stellmotore werden eingesetzt, wenn ein Stellglied großen Druckdifferenzen ausgesetzt ist und der vorgegebene Stellbereich klein oder der verfügbare Luftstrom begrenzt ist. Die Membrane besteht aus Kunststoffen (z.B. Polyamid-Gewebe mit Neopren-Beschichtung [2.4], Nitrit-Kautschuk mit Gewebeeinlage [2.3]). Um Biegespannungen der Membranen klein zu halten, werden Membranen mit möglichst großen Rollendurchmessern gefertigt. Die Hübe liegen im Bereich von 10 bis 100 mm bei einer guten Auflösung des Stellbereiches [2.1-2.4]. Membranen können trotz der Druck- und Biegebeanspruchung bis zu vier Millionen Schaltspiele übertragen [2.1].

Die Feder ist aus *korrosionsbeständigem* Federstahl gefertigt, der erforderlichenfalls kunststoffbeschichtet werden kann. Um einen möglichst kleinen Membranraum zu erhalten werden an Stelle zentraler Federn auch dezentrale Federn eingesetzt (Bild 2.1).

Die Hubstange wird aus *nichtrostendem* Stahl hergestellt. Die Gleitlager zur Hubstangenführung bestehen aus Bronze oder aus PTFE-/Graphit-Werkstoffen. Die Hubstange kann auch durch eine Kupplung über das Stellglied geführt werden. Zur Spindelabdichtung werden O-Ringe eingesetzt.

Weitere *Vorteile*, die zu einer breiten Anwendung pneumatischer Membranantriebe geführt haben sind [2.3]:

- kompakt, nur wenige Teile, äußerst zuverlässig,
- hohe Stellkräfte selbst bei niedrigen Steuerdrücken,
- einfache Umkehr der Wirkungsweise möglich,
- Sicherheitsendlage bei Ausfall der Hilfsenergie,
- weiter Temperaturbereich (−60 °C bis +130 °C),
- relativ unempfindlich gegen Stoß und Vibrationsbelastung,
- Einbau und Betrieb in beliebiger Lage möglich,
- hohe Dichtheit ermöglicht längere „Verblockung" (mehrere Stunden),

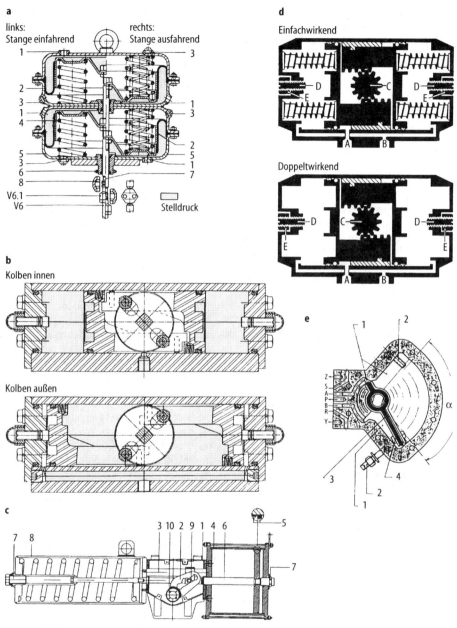

**Bild 2.4.** Pneumatische Motoren und Getriebe für Stellantriebe. **a** Membranantrieb in Tandemausführung [2.3], *1* Anschluß für Stelldruck, *2* Membran, *3* Entlüftung, *4* Federn, *5* Membranschalen, *6* Ringmutter, *7* Antriebsstange, *8* Kupplung mit Hubanzeige, *V6* Kegelstange des Ventils, *V6.1* Kupplungs- und Kontermutter, **b** Schwenkantrieb mit Doppelschwinge [2.9], **c** Schwenkantrieb mit Kolben [2.11], *1* Gehäuse, *2* Joch-System (formt lineare Bewegung in 90°-Drehbewegung um), *3* Führungsstange, *4* Zylinder, *5* Kolbendichtung, *6* Kolbenstange (verchromt), *7* Endanschläge (extern einstellbar), *8* Federpaket, *9* Kulissenstein, *10* Joch-Lagerbüchse, **d** Schwenkantrieb mit Ritzel [2.10], *A*, *B* Anschluß, *C* Ritzel, *D* Einstellschraube (Endlage), *E* Kontermutter (Einstellschraube), **e** Schwenkantrieb mit Drehflügel [2.13], *P* Luftanschluß, *A* Zylinderanschluß (sekundär), *B* Zylinderanschluß (primär), *S*, *R* Entlüftung, *Z*, *Y* Steuerleitungsanschluß, *1* Montagetasche, *2* Anschlagschraube, *3* Drehflügel, *4* Spezial-O-Ring, $\alpha$ Drehwinkel

- geringstes Leistungsgewicht aller Stellantriebe (Gewicht/Stellkraft),
- bestes Kosten-/Leistungsverhältnis aller Stellantriebsarten.

*Nachteile* sind:

- limitierter Stellweg auf rd. 1/8 des Membrandurchmessers,
- ungeeignet für hohe Versorgungsdrücke (>6 bar).

### 2.3.2
### Kolbenantrieb

Kolbenmotore werden zur Realisierung von Hüben bis zu 500 mm eingesetzt.

Ein Antrieb besteht aus einem Kolben, dessen Abdichtung gegen den Zylinder durch Nullringe oder Lippendichtungen erreicht wird [2.5]. Die Zylinderlauffläche ist gehont, hartverchromt oder kunststoffbeschichtet, um Reibungskräfte, Verschleiß und Leckverluste gering zu halten. Wegen der hohen Reibungskräfte werden Kolbenantriebe zumeist doppeltwirkend ausgeführt [2.8].

Eine *Federrückstellung* ist konstruktionsbedingt nicht so einfach zu verwirklichen wie beim Membranantrieb, weil der notwendige Platz nicht verfügbar ist. Deshalb werden Rückstellfedern auch außen angebracht (Bild 2.4c).

Zum Antrieb von Stellgliedern mit drehendem (schwenkendem) Drosselkörper werden zunehmend *Doppelmotore* eingesetzt (Bild 2.4b,d). Diese Antriebe unterscheiden sich hauptsächlich durch die Getriebe zur Umformung der Linearbewegung in eine Schwenkbewegung, um möglichst hohe Wirkungsgrade zu erreichen.

Gleichzeitig wird mit der Getriebeoptimierung erreicht, daß große Antriebsmomente dann zur Verfügung stehen, wenn ein Stellglied sie erfordert.

Die Gehäuse von Kolbenantrieben bestehen aus Stahlguß, Aluminium-Legierungen oder aus Kunststoffen.

Die Getriebe zur Umformung der Kolbenbewegung in eine Schwenkbewegung bestehen aus hochwertigen verschleißfesten Werkstoffen. Zur Gewährleistung kleiner Lagerreibung werden gutgleitende Kunststoffe eingesetzt. Die Dichtungen bestehen aus Kunststoffen (z.B. Nitridkautschuk).

Die Schwenkwinkel können 90° (einfach wirkend) und bis 240° bei doppelt wirkenden Antrieben erreichen [2.10].

Bei einem Steuerdruck von 2 bis 10 bar sind Drehmomente von 6000 Nm erreichbar.

Wichtige *Vorteile* von Kolbenantrieben sind [2.6]:

- sehr einfach und robust,
- geeignet für hohe und höchste Drücke der Hilfsenergie,
- kompakte Abmessungen trotz großer Hübe (Drehwinkel),
- kostengünstig bei kleinen Antriebskräften (Momenten),
- betriebssicher bei hohen und tiefen Temperaturen.

Als *Nachteile* werden angegeben:

- nur geringe Kräfte bei üblichen Zuluftdrücken (3 bar),
- meistens unzureichende Kraft (Moment) bei Federrückstellung,
- hohe Leckverluste bei längeren Betriebszeiten,
- größere Reibung und Hysterese als Membranantriebe,
- teuer bei hohen Kräften (Momenten) und niedrigen Drücken der Zuluft.

Eine verhältnismäßig kompakte und gut kapselbare Konstruktion läßt sich mit Hilfe eines Drehflügels aufbauen (Bild 2.4e). Durch spezielle Behandlung der Laufflächen wird eine lange Lebensdauer und exakte Abdichtung mit hervorragenden Notlaufeigenschaften erreicht [2.23].

Als Rückstellfedern werden Spiralfedern in geschlossenen Sicherheitsgehäusen für eine Einstellung der Federspannkraft, z.B. arretierbar in Stufen von 60° gebaut.

### 2.3.3
### Anpassung

Pneumatischer Stellmotor und Stellglied werden durch das *Joch (Laterne)* und eine *Kupplung* miteinander verbunden.

Der Hub wird zumeist symmetrisch zur Hubmitte aufgeteilt, weil auch bei angebauten Zusatzgeräten immer die Mittelstellung als Bezugsgröße eingehalten wird.

Mit Hilfe von *Stellungsreglern* werden zumeist statische und dynamische Eigenschaften verbessert. Richtig bemessene Stellglieder arbeiten mit jedem Stellantrieb stabil. Trotzdem muß beachtet werden, daß bei größeren Stellgliedern die Eigenmasse des Drosselkörpers und die Stopfbuchsenreibung die Stabilität ungünstig beeinflussen [2.8].

Ob ein Stellungsregler oder ein *Leistungsverstärker* zur Verbesserung des Verhaltens eines Antriebes angewendet werden soll, hängt vom Verhältnis der dominierenden Zeitkonstante der Regelstrecke zu der zum Durchfahren des ganzen Stellhubes benötigten Stellzeit ab. Ist dieses Verhältnis kleiner als drei, ist ein leistungsfähiger Verstärker vorteilhafter als ein Stellungsregler [2.5].

Die hauptsächlich in Folge der Reibungskraft $F_R$ sich ergebende *Hysterese* kann verringert werden, wenn das Verhältnis $F_A/F_R$ groß gehalten werden kann. Trotzdem kann die Hysterese durchaus noch 20% betragen [2.8].

Um die *Dichtheitsanforderungen* [DIN/IEC 534-4] erfüllen zu können, ist zusätzlich zur Zug- oder Druckkraft $F_A$ eine *Anpreßkraft* erforderlich, die den Drossel- bzw. Schließkörper in den Ventilsitz drückt. Bewährt hat sich eine spezifische Anpreßkraft von 5 bis 10 N pro Millimeter Sitzringumfang [VDI/VDE 3844 Bl. 1].

## 2.4
## Stellungsregler und Zusatzausrüstungen

### 2.4.1
### Stellungsregler

Stellungsregler haben die Aufgabe eine bestimmte *Position* eines Stellantriebes zu erreichen und sie einzuhalten. Gleichzeitig wird durch ihre Anwendung die Regelung und Stabilität allgemein verbessert. Sie sind nur wenigen Einschränkungen unterworfen.

Stellungsregler werden nach [2.5] eingesetzt (Bild 2.5) zur

– Verminderung des Einflusses von Reibung und Last auf die statische Genauigkeit von Stellantrieben;
– Realisierung einer Durchflußkennlinie (z.B. linear, gleichprozentig) durch nichtlineares Verhalten des Antriebes. Der Stellungsregelkreis erhält eine nichtlineare, hubabhängige Kennlinie;
– Anpassen an verschiedene Stellsignale, z.B. elektrische (Bild 2.5b, 2.5c) oder an ein Prozeßrechnerausgangssignal (Bild 2.5d);
– Verstärkung eines Stellsignals (z.B. 0,02 bis 0,1 Mpa) auf einen höheren Arbeitsdruck (z.B. 0,6 Mpa) zur Erhöhung der Stelleistung;
– Ansteuerung eines doppelt wirkenden Stellantriebes zur Realisierung eines proportionalen Verhaltens.

### 2.4.2
### Zusatzeinrichtungen

Stelleinrichtungen sind zumeist *im Feld* einer Anlage angeordnet und nicht frei zugänglich. Damit jedoch an ausgewählten Punkten (z.B. Leitstand, Feldwarte) die Stellung eines Stellgliedes bekannt ist, werden Zusatzeinrichtungen angebracht.

Endlagenschalter ergeben binäre Eingangssignale für digitale Steuerungen und zeigen den Hub eines Stellgliedes und damit den Öffnungszustand an. Stellungsregler werden auch als Stellungsgeber eingesetzt.

Umsetzer und Verstärker dienen der Umformung und Verstärkung des Stellsignals auf einen für den Stellantrieb nutzbaren Stelldruck.

Elektropneumatische Umformer formen z.B. elektrische Binärsignale von 6 V-, 12 V- oder 24 V-Gleichspannung oder 20 mA-Gleichstrom in Stelldrücke bis 0,6 Mpa um [2.8].

## 2.5
## Hinweise zur Dimensionierung eines pneumatischen Stellantriebes

Die Dimensionierung eines pneumatischen Stellantriebes setzt Kenntnisse über geforderte dynamische Kennwerte und statische Eigenschaften des anzusteuernden Stellgliedes (Kap. H 4) voraus. Darüber hinaus sind Forderungen entsprechend den Einsatzbedingungen (Abschn. H 1.1) zu berücksichtigen, die sehr unterschiedlich sein können [2.8, 2.9–2.24].

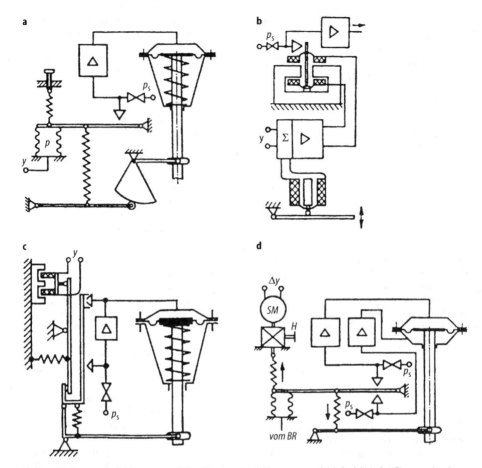

**Bild 2.5.** Stellungsregler [2.5]. **a** pneumatisches Eingangssignal, Momentenvergleich, **b** elektrisches Eingangssignal, Spannungsvergleich, **c** elektrisches Eingangssignal, Wegvergleich, **d** digitales Impulszahl-Inkrement-Eingangssignal, $p_s$ Speiseluft, *SM* Schrittmotor, *H* Handeingriff, *BR* Bereitschaftsregler, *y* Speisespannung

Hinsichtlich *Lebensdauer* und *Wartung* sollte gelten [2.6]:

- mindestens $2 \cdot 10^5$ Doppelhübe bei Raumtemperatur und 2/3 der auftretenden maximalen Kraft,
- mindestens $1 \cdot 10^5$ Vollhübe bei maximal zulässigem Luftdruck und Umgebungstemperatur unter Einsatzbedingungen,
- mindestens $1 \cdot 10^6$ Schaltspiele etwa in Hubmitte von 10% des Nennhubes im zulässigen Temperaturbereich,
- Klimawechselfestigkeit für die Klimagebiete gemäßigt, kalt, trockenwarm und feuchtwarm.

Die konstruktionsmäßige Ausführung soll so beschaffen sein, daß *Erweiterungen* (z.B. nachträglicher Einbau eines Handantriebes) stets möglich sind und alle sicherheitstechnischen Anforderungen eingehalten werden.

Berechnungsbeispiele zu Stellantrieben mit ausführlichen Kommentaren enthält [2.6].

### Literatur

2.1 Pneumatische Stellantriebe einfach wirkend, HATEC Serie 401. Druckschrift Nr. SC 181.1, 05.93. Schmidt Armaturen, Villach/Austria
2.2 Baureihe 2000: Pneumatische Membranantriebe. Geräte-Information. DA-12.4, 02.92. Honeywell, Offenbach
2.3 Stellantriebe: Pneumatische, elektrische und elektrohydraulische Antriebe für Stellventile

und Stellklappen. In: SAMSON Katalog Stellgeräte für die Verfahrenstechnik Ausgabe 12.92. Samson AG, Frankfurt a.M. S 161–170

2.4 Pneumatischer Membranantrieb PM 813. Typenblatt 6813 000 Ausgabe 09.01. Eckardt AG, Stuttgart

2.5 Töpfer H (1988) Funktionseinheiten der Automatisierungstechnik: elektrisch, pneumatisch, hydraulisch. 5. stark bearb. Aufl. Verlag Technik, Berlin

2.6 Engel HO (1994) Stellgeräte für die Prozeßautomatisierung: Berechnung – Spezifikation – Auswahl. VDI-Verlag, Düsseldorf S 209–248

2.7 Strohrmann G (1995) atp-Marktanalyse: Stellgerätetechnik (Teil 2). atp – Automatisierungstechnische Praxis 37:8/12–30

2.8 Kecke HJ, Kleinschmidt P (1994) Industrie-Rohrleitungsarmaturen. VDI-Verlag, Düsseldorf S 359–395

2.9 Pneumatische Schwenkantriebe Baureihe AX 90. Chemat Gachot T 10.00.2 D, 3.10.91. Chemat GmbH, Düsseldorf

2.10 Schwenkantriebe der Spitzenklasse. Chemie-Ausführung. Prospekt P044/D0-01/ 95-1 DH/bar. Pneumatische Steuerungssysteme GmbH, Dattenberg

2.11 BIFFI Pneumatische Schwenkantriebe Serie ALGA/ALGAS. Prospekt 12/92 GG-15- E25-92 bis GG-15-E55-92. Keystone GmbH, Mönchengladbach

2.12 Pneumatik Aktuators. Prospekt OMAL Automation, OMAL sas

2.13 Tuflin Antriebe und Zubehör. Prospekt F. Ausgabe 03.95. Xomox International, Lindau/Bodensee

2.14 Baureihe EP2201/2202 Elektro-pneumatischer Stellungsregler. Geräteinformation DA-36, 11.92. Honeywell, Offenbach

2.15 Stellungsregler – pneumatisch und elektropneumatisch mit Rückmeldeeinheit. DS 824. In: ARCA Regler-Informationsmappe. Arca-Regler, Tönisvorst

2.16 Pandit M, König J, Hoffmann H (1993) Ein kommunikationsfähiger elektropneumatischer Stellungsregler. atp – Automatisierungstechnische Praxis 35:7/408–413

2.17 Heer KP, Oestreich V (1993) Moderne elektropneumatische Stellungsregler. In: Industriearmaturen: Bauelemente der Rohrleitungstechnik. 4. Aufl., Zus.stell. u. Bearb.: B Thier. Vulkan-Verlag, Essen S 243–245

2.18 Intelligenter Prozessor-Stellungsregler. DS 828. In: ARCA Regler-Informationsmappe. Arca-Regler, Tönisvorst

2.19 Masoneilan elektropneumatischer Stellungsregler Typ 8013: Bedienungsanleitung (mit Aufbau an CAMFlEX II- Ventile Serie 35002). Anleitung Nr. ES 5000.250 G. Masoneilan, Düsseldorf

2.20 Pneumatischer Stellungsregler Serie 4600. Bedienungsanleitung INS MN Nr. 2205 (G). Masoneilan, Düsseldorf

2.21 Baureihe 2100: FloWing-Drehkegelventil. Geräte-Information Da-11.1, 4.86. Honeywell, Offenbach

2.22 Baureihe HP: Pneumatischer Ventilstellungsregler. Geräte-Information DA-16, 3.82. Honeywell, Offenbach

2.23 Baureihe EP 2201/2202: Elektro-pneumatischer Stellungsregler. Geräte-Information DA-36, 11.92. Honeywell, Offenbach

2.24 Baureihe 200: Obengeführte Regelventile. Geräte-Information Da-13.4, 4.86. Honeywell, Offenbach

# 3 Stellantriebe mit hydraulischer Hilfsenergie

D. FINDEISEN

## 3.1 Hydraulische Schwenkmotoren

Schwenkmotoren sind hydraulisch-mechanische Energieumformer, die *rotatorische* mechanische Energie an der Motorwelle abgeben. Weist man der Ventilbaugruppe entsprechende Steueraufgaben zu, erfüllt der H-Schwenkmotor Bewegungsaufgaben, die sich von denen des sich gleichsinnig drehenden Antriebs unterscheiden. Die Drehbewegung bleibt zwar erhalten, die Verknüpfung der Gliedlagen [Getriebefunktion VDI 2727 Bl. 1] zwischen generatorischem Getriebeteil (Winkel Pumpenwelle) und H-Schwenkmotor (Winkel Motorwelle) ist jedoch steuerbar, derart, daß sich mehrfunktionale Zusammenhänge zwischen mechanischem Ein- und Ausgang ergeben und aufeinanderfolgende Bewegungszyklen verwirklichen lassen.

Als mechanischer Ausgang des hydrostatischen Antriebs

- führt der H-Schwenkmotor durch Umsteuern und Aussetzen die Abtriebsbewegung „wechselsinnig Drehen mit Rast" aus. Die beidseitigen Wegbegrenzungen erfolgen durch inneren oder äußeren Festanschlag, ggf. über Signalglied oder Wegmeßsteuerung;
- bildet der H-Schwenkmotor den motorischen Getriebeteil eines *hydraulischen Stellantriebs für Schwenkbewegung*, (Tabelle 3.1), um Arbeitsabläufe variabler Schrittfolge auszuführen [3.16].

**Wirkungsweise der Grundbauart Drehflügelmotor.** Beim Drehkolben wirkt der Betriebsdruck in Umfangsrichtung, Kolbenkraft und Drehflügelhub setzen sich unmittelbar in Drehmoment bzw. Drehbewegung um. Ein großes Verhältnis Wirkfläche „Kolbenflügel" zu Wirkradius „Hebelarm bis Druckmittelpunkt" führt auf ein großes Schluckvolumen bezogen auf das Bauvolumen. Die radiale Begrenzung des Verdrängerraums durch konzentrische Kreisbögen (Ringzellen) ergibt eine drehwinkelunabhängige Momentanverdrängung $v$, damit eine Gleichförmigkeit des Drehmoments über den Schwenkwinkel. Die Ein-/Auslaßsteuerung kann wegen nicht umlaufender Verdrängerelemente statt durch Schlitz nur durch Ventilsteuerung erfolgen.

Erzielbare Kraftdichte und Laufgüte hängen von Merkmalen wie Kolbenflügelkontur und Dichtungsart bei der Trennung des Druck- und Rücklaufraums ab. Die Variante mit Ovalflügel und einseitig wirkender Lippendichtung (Nutringdichtung) führt auf den Niederdruckmotor ($p_1 < 100$ bar), die Baugröße ist auf mittlere Drehmomente ($T_e < 20$ kNm) begrenzt, Endlagen dürfen nicht durch inneren Anschlag angesteuert werden (HDK, Südhydraulik [3.1]; HSKH, Henninger [3.2]).

Die Variante mit Rechteckflügel vereinfacht die Dichtspaltgeometrie zwischen Drehkolben und Gehäuse (Kapsel) und läßt die Trennung des Spaltraums in Abdichtzonen mit kreisringförmigen und mit planen Wirkflächen zu. Der Radialspalt wird durch die vorgespannte Gleitleistendichtung aus modifiziertem PTFE abgedichtet, deren Einbauraum in der breiten Kante des Kolbenflügels achsparallel angeordnet ist. Der Anpreßdruck des Vorspannelements steigt mit dem Betriebsdruck, die Kolbenreibung wird durch die günstige Gleitwerkstoffpaarung gemindert. Der feste Axialspalt läßt sich mittels Dreiplattenbauweise auf ein enges Spiel einstellen (LDK, Südhydraulik [3.1]), (s. Bild 3.1a), oder mittels Gleitringdichtung bei federgestützter oder betriebsdruckabhängiger Anpressung abdichten (HYD-RO-AC, Luftfahrt-Technik [3.3]; HSE, Hense [3.4]), (s. Bild 3.1b).

Das selbstverstärkende Kompaktdichtungssystem sichert druckunabhängiges Dichtverhalten bei günstigem Gleitverhalten, so daß wegen geringen inneren Leck- und Drehmomentverlusts die Grenzleistung des Drehkolben-Kammersystems erhöht werden konnte.

**Tabelle 3.1.** Systematik der Schwenkmotorbauarten im Sinne eines getriebetechnischen Konstruktionskatalogs nach VDI 2222 Bl. 2 und VDI 2727 Bl. 1; Zugriffsteil mit den Merkmalen max. Schwenkwinkel $\varphi_{max}$ und Antriebsmoment $T_e^M$

| Gliederungsteil | | | | Hauptteil | | Zugriffsteil | | |
|---|---|---|---|---|---|---|---|---|
| "Hydraulische Drehwinkelerzeuger" (motorischer Getriebeteil) | | | | Schwenk-motor-bauart | Graph. Symbol DIN ISO 1219 Teil 1 | Kenngrößen für hydr. Schwenkmotore | | |
| | | | | | | | Schwenk-winkel | Antriebs-moment |
| nach VDI 2127, 2727 | | | (kinematische Kette) | | Prinzipbild | Nr. | $\varphi_{max}$ in ° | $T_e^M$ Nm |
| Energieumformer für wechselsinnige Drehbewegung mit Rast (rückkehrend, aussetzend) hydraulische Schwenkmotoren | Drehkolbenmaschine Drehzylinder | Schluckvorgang in Umfangsrichtung des Verdrängers | Kammersystem | Drehflügel-schwenk-motor | | 1 | 90 ...270 (310) | 40 ...96000 |
| | Schubkolben mit Umlenkmechanismus Kolbenschwenkmotoren | zu Achslage Versatz senkrecht zur Schubrichtung parallel | Getriebeart Einkolben | Zahn-stangen-schwenk-motor | | 2 | 90 ...360 (720) | 125 ...350000 |
| | | Kolbenbewegung senkrecht zur Antriebsachse | Zahnstangen-radtrieb Doppelkolben | | | 3 | 90 ...360 (720) | 250 ...600000 (4500000) |
| | | | Kurventrieb raumlicher | Kurvenrollen-schwenk-motor | | 4 | 90 ...360 | 75 ...6600 |
| | | Kolbenbewegung in Richtung Antriebsachse | Wälzschraubtrieb mehrfacher | Kugelgewinde-schwenk-motor | | 5 | 90 ...360 (720) | 150 ...14000 |
| | | | Schraubtrieb mehrfacher | Steilgewinde-schwenk-motor | | 6 | 90 (45) ...360 (720) | 34 ...4500 /7600 (20000) |

**Aktor für Rotation.** Aufgrund verbesserter Struktur des Tribosystems Drehflügel/-Kammer stellt sich ein ruckgleitfreies Drehen, damit Gleichförmigkeit des Bewegungs- bzw. Drehmomentverlaufs ein, so daß die Einbeziehung des Schwenkmotors in den

3 Stellantriebe mit hydraulischer Hilfsenergie 755

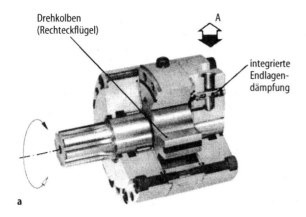

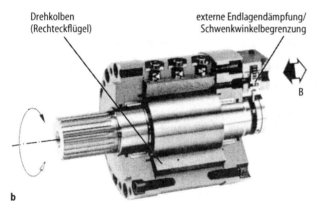

**Bild 3.1.** Drehflügelschwenkmotor, Gestaltungsvariante mit Rechteckflügel und festem Spalt (Dreiplattenmotor). **a** Schnittmodell mit integrierter Endlagendämpfung im Gehäuseteil (LDK, Südhydraulik), **b** Schnittmodell mit externer Endlagendämpfung und hydraulischer Schwenkwinkelbegrenzungen im angeflanschten Ventilblock (HSE, Hense)

elektrohydraulischen Antriebsregelkreis möglich ist (Bild 3.2). Wegen der durchgehenden Triebwelle läßt sich das 2. Wellenende zur starren Ankopplung eines Meßglieds, z.B. eines Drehwinkelmessers, nutzen, um die zu regelnde Kenngröße des Abtriebs, z.B. den Drehwinkel $\varphi_{ist}$ (Wellenlage), elektrisch zurückzuführen (s. Abschn. B 5.1 und 5.2). Ein elektrisch angesteuertes Stetigventil stellt unmittelbar den Zu- und Abstrom an den Motorenanschlüssen ein, so daß der Schwenkmotor konstanten Verdrängungsvo-

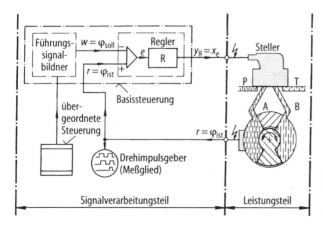

**Bild 3.2.** Aktor für Rotation (HSL, Hense). Kombiniertes Wirkschema und Signalflußplan mit Gerätebegrenzung Basis- und übergeordnete Steuerung

lumens als *Servoschwenkmotor in hochdynamischer Widerstandssteuerung* arbeitet. Gegenüber der Schubkolbenbauart mit integriertem mechanischem Getriebe weist die Drehkolbenbauart eine hohe Anlaufdynamik auf, denn aufgrund des fehlenden Umlenkmechanismus ist das Trägheitsmoment $J_{dry}$ des Schwenkmotors klein. Das große Schluckvolumen bezogen auf das Bauvolumen bewirkt hinreichend große hydraulische Drehsteife $c_{h,T}$, damit relativ hohe Eigenkreisfrequenz $\omega_o$ des Schwenkmotors. Die Stabilität wird ferner durch das reibungsarme Dichtungssystem erheblich verbessert. Bei einer Lageregelung führt die trockene Reibung, insbesondere bei kleinen Lageänderungen, zur Instabilität. Wegen des fehlenden Umlenkmechanismus entfällt die schleifenförmige Nichtlinearität „Getriebelose" (s. Abschn. A 1.5). Der hydraulische Stellantrieb für Schwenkbewegung ist damit frei von wesentlichen Nichtlinearitäten. Die stetige Drehmoment-Drehwinkel-Kennlinie bringt es neben relativ hoher Anlaufdynamik und Eigenkreisfrequenz mit sich, daß die Drehkolbenbauart in Widerstandssteuerung für komplexe Regelungsaufgaben bevorzugt eingesetzt wird.

Drehimpulsgeber (Meßglied), Drehwinkeleinsteller (Führungssignalbildner, Sollwerteinsteller) und digitaler Abtastregler (Lageregler) lassen sich als Bausteine für die Signalverarbeitung unmittelbar am Verbraucher zusammenfassen (local intelligence, LI) und am Servoschwenkmotor anbringen. Die Basissteuerung ist in Mikroprozessortechnik ausgeführt. Die anzufahrenden Drehwinkel (Sollorientierungen) werden über Tastatur oder Dekadenschalter eingegeben, ferner die geforderte Beschleunigungs- und Verzögerungszeit vorgegeben. Da sich die Druckdifferenz $\Delta p_b$ infolge Verzögerung dem Eingangsdruck $p_1$ nicht zwangsläufig überlagert, ist die Druckspitze am Ausgang ($\hat{p}_2 = p_d$) durch Regelung vermeidbar. Eine Positioniergenauigkeit mit einem Drehwinkelfehler $\varphi_{dev} < 6'$ kann erreicht werden. Mittels übergeordneter Steuerung, die an die Basissteuerung anzuschließen ist, läßt sich die z.T. aufwendige Anpassung des Signalverarbeitungs- an den Leistungsteil für spezielle Antriebsaufgaben verkürzen. So kann der Servoschwenkmotor über eine speicherprogrammierbare Steuerung (SPS, s. Abschn. F 1) nach aufgabenspezifischem Steuerprogramm betrieben und als hydraulische Drehachse in numerisch gesteuerten Arbeitsmaschinen eingesetzt werden. Es lassen sich automatische Bewegungsabläufe nach Prozeßführung reproduzierbar ausführen. Der Kompakt-Servoschwenkmotor erfüllt somit die Anforderungen eines hydraulischen Präzisions-Stellantriebs für Schwenkbewegung (HSL, Hense [3.5, 3.6]).

## 3.2
## Hydrozylinder

Zylinder sind hydraulisch-mechanische Energieumformer, die von der Druckflüssigkeit übertragene und am Leitungsanschluß (Druckanschluß) bereitgestellte hydraulische Energie in *lineare* mechanische Kraft und Bewegung umformen und diese an der Kolbenstange abgeben. Weist man der Ventilbaugruppe entsprechende Steueraufgaben zu, erfüllt der H-Zylinder Bewegungsaufgaben, die sich von denen des zwangläufigen Linearantriebs wie „Umformen von gleichsinniger Dreh- in lineare Schubbewegung" unterscheiden. Die Schubbewegung am Abtrieb bleibt zwar erhalten, die Verknüpfung der Gliedlagen [Getriebefunktion VDI 2727 Bl. 4] zwischen generatorischem Getriebeteil (Winkel Pumpenwelle) und H-Zylinder (Weg Kolbenstange) ist jedoch steuerbar, derart, daß sich durch Rücklauf des Abtriebs eine wechselsinnige Schubbewegung ergibt. Mit dem hydraulischen Huberzeuger lassen sich außer schwingenden Schubbewegungen auch solche mit Rast, also mehrfunktionale Zusammenhänge zwischen mechanischem Ein- und Ausgang einstellen und aufeinanderfolgende Bewegungszyklen verwirklichen.

Als mechanischer Ausgang des hydrostatischen Antriebs

- führt der H-Zylinder durch Umsteuern und Aussetzen die Abtriebsbewegung „wechselsinnig Schieben mit Rast" aus. Die beidseitigen Hubbegrenzungen erfolgen durch inneren Festanschlag, ggf. über Signalglied oder Wegmeßsteuerung;
- bildet der H-Zylinder den motorischen Getriebeteil (Linearmotor) eines *hydrau-*

*lischen Stellantriebs für Linearbewegung* (Tabelle 3.2), um Arbeitsabläufe variabler Schrittfolge auszuführen [3.16].

**Wirkungsweise der Grundbauart Doppeltwirkender Zylinder.** Die direkte Erzeugung der Schubbewegung erfolgt durch die Druck-

**Tabelle 3.2.** Systematik der Zylinderbauarten im Sinne eines getriebetechnischen Konstruktionskatalogs nach VDI 2222 Bl. 2 und VDI 2727 Bl. 1; Zugriffsteil mit den Merkmalen Kolbenhub $S$ und Nutzkraft $F_e$

| Gliederungsteil | | Hauptteil | | | Zugriffsteil | |
|---|---|---|---|---|---|---|
| "Hydraulische Huberzeuger" (motorischer Getriebeteil) nach VDI 2127, 2727 (kinemat. Bindung) | Hydrozylinderbauart | Prinzipbild | Graph. Symbole DIN ISO 1219 Teil 1 | Nr. | Kenngrößen für Hydrozylinder DIN 24 564 T.1 Hub $S$ mm | Nutzkraft $F_e$ kN |
| Gelenk (Schub-Anordnung) $S$) Art: S1, S2, S-S =S² — Energieumformer für wechselsinnige Schubbewegung mit Rast (rückkehrend, aussetzend) Hydrozylinder — Flüssigkeitsdruck wirkt nur in einer Richtung — Zweifach- / (Einfach-) Schubkolbentrieb | S1 | Plunger- oder Tauchkolben-Zylinder | → | 1 | 25...500 DIN ISO 4393 (Nenndr. DIN ISO 3322, Bohrungsdm. DIN ISO 3320) | 0,3 ...5030 $(3 \cdot 10^5)$ |
| | S2 | einfach wirkender Zylinder | | 2 | (24 000) | |
| | $S^2/S^22$ ... $S^5/S^52$ (2 bis 5 stufig) | Teleskopzylinder einfach-wirkend | | 3 | 320 ...8000 (50 000) | 230 ...130 |
| Flüssigkeitsdruck wirkt in beiden Richtungen (Vor- und Rückhub) | S2 | doppelt-wirkender Zylinder mit einseitiger Kolbenstange | | 4 | 25...500 DIN ISO 4393 (Nenndruck DIN ISO 3322, Flächenverhältnis DIN ISO 7181) | kolben-/stangenseitig 0,3/0,1 ...7850 /7360 |
| | S3 | doppelt-wirkender Zylinder mit zweiseitiger Kolbenstange | | 5 | | 0,1 ...7360 |
| | S2 | Differentialzylinder (mit Fläch.verh. 2:1 u. beids. verst. Dämpfg.) | 2:1 | 6 | (24 000) | 0,3/0,1 ...7850 /7360 |
| | $S^22$ ... $S^42$ (2 bis 4 stufig) | Teleskopzylinder doppelt-wirkend | | 7 | 320 ...2500 (12 500) | 230/80 ...130 /40 |

flüssigkeit in einer oder in beiden Hubrichtungen. Bei der einfachwirkenden Hauptgruppe mit nur einem Leitungsanschluß (Tabelle 3.2, Nr. 1–3), wird lediglich die Vorwärtsbewegung hydraulisch, die Rückwärtsbewegung durch eine mechanisch aufzubringende Kraft bewirkt. Die doppeltwirkende Hauptgruppe weist zwei Leitungsanschlüsse auf (Nr. 4–7), so daß sich Vor- und Rückhub hydraulisch herbeiführen lassen.

Der doppeltwirkende Zylinder ist als Zug- und Druckzylinder einsetzbar und stellt mit einseitiger Kolbenstange die verbreitetste Zylinderbauart dar, die in vielfältigen Flächenverhältnissen, Befestigungs- und Verbindungsarten ausgeführt wird. Bei größerer Masselast und/oder Kolbengeschwindigkeit sieht man eine beidseitige Endlagendämpfung mittels kolbenseitigen Dämpfungszapfens und stangenseitiger Dämpfungsbüchse vor.

Der Differentialzylinder nutzt den durch ungleiche Flächen ($A_1$, $A_2$) zu erzielenden Effekt, in den beiden Hubrichtungen unterschiedliche Kolbengeschwindigkeit bzw. Nutzkraft erzeugen zu können (s. Bild 3.3), ohne die hydraulischen Kenngrößen am Zylindereingang (effektiver Volumenstrom $q_{Ve}$, Druckdifferenz $\Delta p$) zu ändern.

**Aktor für Translation.** Um eine optimale Komponentenanpassung rationell durchführen zu können, bedient man sich *modularer* Baugruppen. Diese werden zu Baueinheiten zusammengefaßt, die den Anforderungen einer digitalen Prozeßperipherie genügen [3.7–3.10] (s. Bild 3.4).

Aus einer Anzahl von Grund- und Zusatzbausteinen (Modulen) eines Baukastensystems kann der Komponentenhersteller die erforderliche Variantenvielfalt für den kompakten Linearantrieb zusammenstellen. Kombiniert man die Funktionsbausteine nach einer Anforderungsliste, läßt sich die optimale Variante eines steckerfertigen Vorschubantriebs für eine Antriebsaufgabe zusammenstellen [3.11, 3.12] (s. Bild 3.5).

In Anlehnung an elektromechanische Vorschubantriebe für numerisch gesteuerte Arbeitsmaschinen bezeichnet man diese Kompaktantriebe als *Hydroachsen*. Sie bestehen aus den Baugruppen (Funktionsbausteinen)

– reibungsarmer Zylinder (Präzisionszylinder),

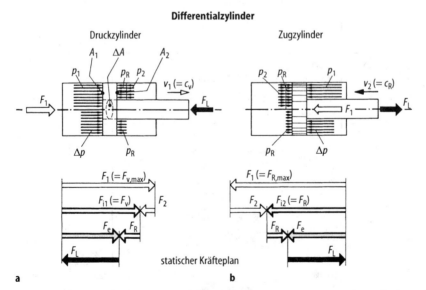

**Bild 3.3.** Art der Krafterzeugung beim Zylinder, Bauart Differentialzylinder ($\varphi = 2$), statischer Kräfteplan mit Kraftzerlegung in Nutzkraft $F_e$ an der Kolbenstange, aktive Kolbenkraft $F_i$, Reibungskraft durch Bewegungsreibung $F_R$, Lastkraft $F_L$ für gleichförmige Bewegungsphase. **a** Unter Vorlaufgeschwindigkeit $v_1$ als Druckzylinder mit erhöhter maximaler Kolbenkraft $F_1$, **b** unter Rücklaufgeschwindigkeit $v_2$ als Zugzylinder mit erhöhter maximaler Kolbenkraft $F_1$

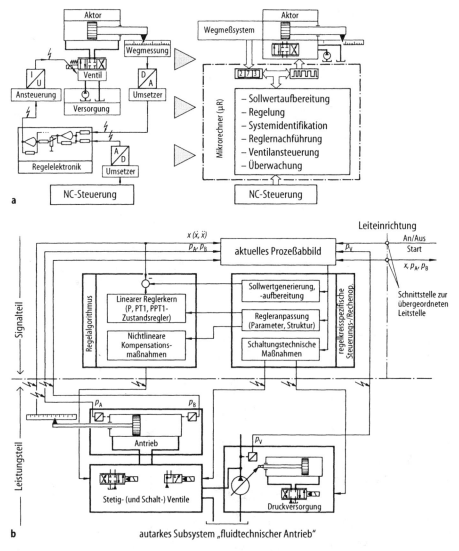

**Bild 3.4.** Signalverarbeitung an der „hydraulischen Achse". **a** In Maschinensteuerung integrierter lagegeregelter Positionierantrieb mit Übergang von analoger Regelung (linkes Teilbild) zur Abtastregelung (zeitdiskrete Regelung) mit durchgehend digitalem Datenfluß (rechtes Teilbild) nach Backé [G 1.8], **b** Teil einer Leiteinrichtung von hierarchisch aufgebauter Leitstruktur mit den leittechnischen Funktionen Steuern, Regeln, Eingeifen zur gezielten Einwirkung auf den Lastprozeß nach Anders [3.8]

– integriertes Wegmeßsystem (Sensor),
– aufgebautes Stetigventil (Steller).

Der Hydrozylinder wird mit hoher Genauigkeit gefertigt und mit einer reibungsarmen Lippen- oder Gleitringdichtung ausgestattet, die nach der Kolbengeschwindigkeit und der Laufgüte (Langsamlaufverhalten) auszuwählen ist.

Das elektrische Wegmeßsystem für Hydrozylinder [DIN 24564 Teil 2] bildet die Meßgröße „Kolbenlage" analog oder digital als Meßwert ab. Beim inkrementalen digitalen Messen ist nach dem Systemstart stets erst ein Referenzpunkt anzufahren. Vom Meßprinzip her ist eine Reihe von Varianten verfügbar, die nach zulässigem Lagefehler (Positionsgenauigkeit), Hublänge, dyna-

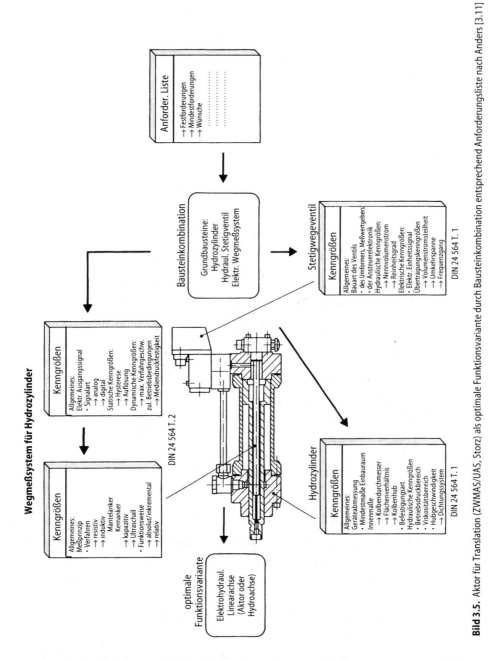

Bild 3.5. Aktor für Translation (ZWMAS/UAS, Storz) als optimale Funktionsvariante durch Bausteinkombination entsprechend Anforderungsliste nach Anders [3.11]

mischen Kenngrößen und Umgebungseinflüssen auszuwählen sind.

Das hydraulische Stetigventil (siehe Teil G) [DIN 24311] wird auf die Anschlußfläche des Steuerblocks am Zylinder direkt aufgebaut, um durch kurze und starre Leitungskanäle die Leitungskapazität klein zu halten. Die hochdynamische Ventilsteuerung kann mittels Proportionalventils mit interner Lagerückführung oder mittels Servoventils realisiert werden. Die Auswahl nach statischen und dynamischen Ventilkennwerten ist auf die erforderliche Systemgenauigkeit und -dynamik des Achsantriebs abzustimmen.

Da man zunehmend höhere Steuer- und Regelfunktionen als „lokale Intelligenz (LI)" gerätenah auslagert, können Zusatzbausteine wie Ansteuer- und Auswerteelektronik als Anpaßteile in den Ventilsteuerblock bzw. Sensorkopf integriert werden [3.13, 3.14]. So läßt sich der Baustein „Stetigventil" um einen Mikroprozessorzusatz erweitern, der außer zur Anpaßsteuerung für die übergeordnete Leitebene als digitaler Achsenregler prozeßnah am Achsenantrieb genutzt werden kann (z.B. DCL, Vickers Systems [3.9, 3.14]). Man verwirklicht die adaptive Rumpfsteuerung (RU) auf der Einzelleitebene im Leistungsteil, der in die Direktsteuerung numerisch gesteuerter Arbeitsmaschinen einbezogen ist [DNC-Systeme, VDI 3424].

## Literatur

3.1 Hydraulisch Schwenken. Firmenschrift: Südhydraulik Kork-Steinbach (SHM), Lübeck
3.2 Hydraulische Schwenkmotore, große Drehmomente auf kleinstem Raum. Firmenschrift: K. Henninger, Marktoberdorf
3.3 Hydraulik-Schwenkmotoren. System HYDRO-AC, ROTAC. Firmenschrift: Luftfahrt-Technik, Düsseldorf
3.4 Hydraulische und pneumatische Schwenkmotoren. Firmenschrift: Hense Systemtechnik, Bochum
3.5 Hense G (1988) Abstimmung überflüssig. Hydraulischer Schwenkmotor mit elektronischem Signalkreis. Fluid 22/1-2:36-37.
3.6 Anonym (1988) Drehen und Wenden. Fluid 22/7-8:29-30
3.7 Anders P (1986) Auswirkungen der Mikroelektronik auf die Regelungskonzepte fluidtechnischer Systeme und der Einsatz von Personalcomputern als Auslegungswerkzeug. Dissertation RWTH Aachen
3.8 - (1988) Symbiose Mikroelektronik/Fluidtechnik. O+P 32/6:487-499 und Proc. Actuator 1988, Bremen, S 41-76
3.9 Xpert. Digital geregeltes Antriebssystem. Integrierte Lösung für Bewegungsabläufe und Kraftübertragung. Firmenschrift: Vickers Systems, Bad Homburg
3.10 Scheffel G (1989) Antreiben mit geregeltem Zylinderantrieb. O+P 33/3-197/208
3.11 Anders P (1991) Hydraulische Systemtechnik auf der Basis von Subsystemen – ein Konzept mit Zukunft. O+P 35/4:320-336
3.12 Firmenschrift E.A. Storz, Tuttlingen. Hydrozylinder.
3.13 Burkel R, Romes R (1986) Integration von Elektronik in hydraulischen Bauelementen der Antriebstechnik. Stand der Entwicklung. 7. AFK Bd. 1, S 151-190
3.14 Fisher C (1987) Systeme der elektrohydraulischen Antriebs- und Steuerungstechnik. O+P 31/4:354-358
3.15 Backé W (1990) Grundlagen und Entwicklungstendenzen in der Ventiltechnik. 9. AFK Bd. 2, S 4-47 u. Actuator 1990, Bremen, Proc. S 5
3.16 Findeisen D, Findeisen F (1994) Ölhydraulik. Handbuch für die hydrostatische Leistungsübertragung in der Fluidtechnik. 4. Aufl. Springer, Berlin Heidelberg New York

# Teil K

## Schalter

1 Elektromechanische Relais
2 Relaisausführungen
3 Elektromagnetische Relais
4 Alternativen zu Relais
5 Qualität und Entsorgung
6 Niederspannungsschaltgeräte

# 1 Elektromechanische Relais

R.-D. KIMPEL

## 1.1 Übersicht

Ein elektromechanisches Relais ist ein elektrisches Schaltgerät. Es entspricht in der Funktion einem mechanischen Schalter, der elektrisch betätigt wird. Die Hauptvorteile eines elektromechanischen Relais sind *Potentialtrennung* zwischen Erregerkreis und Lastseite, der hohe Isolationswiderstand der geöffneten, sowie die Niederohmigkeit der geschlossenen Kontakte. Um dies zu realisieren, besitzen Relais meist zwei elektrisch völlig getrennte Funktionsbereiche. Der erste ist ein beliebig gestalteter elektrischer Antrieb, mit dem der zweite, der Kontaktsatz, gesteuert wird. Hervorhebenswert dabei ist, daß die Spannungen an der Antriebsseite und der Kontaktseite völlig unabhängig voneinander sein können. In Bild 1.1 ist die Prinzipschaltung des elektromechanischen Relais dargestellt. Der elektrische Antrieb kann in einem Spannungsbereich von etwa 1 V bis über 200 V durch Gleich- oder Wechselspannung erfolgen. Die Erregerspannung $U_1$ wird über den Schalter S1 mit dem Relaisantrieb verbunden. Dadurch werden die Kontakte des Relais betätigt, so daß die Spannung $U_2$, die ebenfalls wieder Gleich- oder Wechselspannung sein kann, in völliger Potentialtrennung zu $U_1$ von der Last $L_1$ getrennt und auf die Last $L_2$ geschaltet wird. Die Lastseite deckt einen Leistungsbereich ab, der von wenigen Millivolt und Milliampere bis zu einigen 100 V bzw. A reicht. Sowohl auf der Antriebseite als auch auf der Lastseite des Relais stellen kurzzeitige Überlastungen der im Kennwertblatt angegebenen Ströme bis zum Faktor 10 keine Probleme dar. Diese hohe Überlastsicherheit eines Relais führt dazu, daß das Relais oft überschätzt und überfordert wird, was sich hier meist nicht in Spontanausfällen wie bei Halbleitern äußert, aber in verringerter Lebensdauer auswirken kann.

Mit dem beschriebenen Aufbauprinzip lassen sich die zur ausreichenden Spannungsfestigkeit zwischen den stromführenden Teilen erforderlichen Kontaktabstände sowie die Luft- und Kriechstrecken realisieren. Elektromechanische Relais, die den VDE-Anforderungen genügen, besitzen wegen der geforderten Abstände bis zu 8 mm meist ein Volumen von einigen Kubikzentimetern. Dieses garantiert normalerweise einen ausreichend geringen Wärmewiderstand, um die im Relais entstehende Wärme problemlos, d.h. ohne Zusatzkühlkörper abführen zu können. Bei weiterer Verkleinerung der Relais in den Kubikmillimeterbereich hinein, ist ausreichende Potentialtrennung meist nicht mehr oder nur mit sehr großem Aufwand realisierbar. Auch dürfte dann die Elektromechanik nicht das richtige Konzept sein, da hier der Leistungsbedarf größer werden kann, als die abführbare Energie. Bild 1.2 zeigt die Verhältnisse, wenn das Relais in allen Dimensionen unter der Voraussetzung verkleinert wird, daß immer die gleiche magnetische Induktion erreicht wird. Man erkennt, daß die zulässige (abführbare) Energie ebenso wie die erzeugte Kraft stärker abnimmt als die benötigte Energie.

## 1.2 Relaismarkt

Die Vielseitigkeit und einfache Anwendbarkeit des Relais bedingt die große Beliebtheit

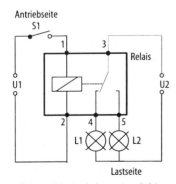

**Bild 1.1.** Prinzipschaltung eines Relais

766  Teil K Schaltgeräte

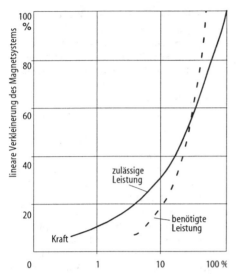

**Bild 1.2.** Gegenüberstellung von erzeugter magnetischer Kraft, benötigter Leistung und zulässiger Leistung in Abhängigkeit von der prozentualen linearen Verkleinerung eines Relais

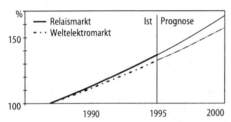

**Bild 1.3.** Relaismarkt im relativen Vergleich

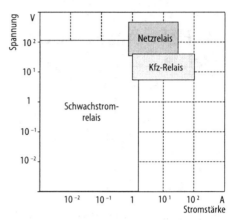

**Bild 1.4.** Anwendungsbereiche von Relaiskontakten

und hat dafür gesorgt, daß der Markt des Relais stetig und stärker als der zugehörige Markt der Elektrik wächst (Bild 1.3). So wurden 1994 weltweit Relais für über 5 Mrd. DM umgesetzt, obwohl das Relais schon eine 150jährige Geschichte hat.

## 1.3 Einsatzbereiche

Die gängigsten Anwendungsbereiche sind in Bild 1.4 zusammengestellt.

Es sind im einzelnen die Schwachstromtechnik, die die Anwendungsbereiche Fernsprechtechnik, Meßtechnik und Unterhaltungselektronik abdeckt, deren Spannungsbereich sich bis 100 V, der Strombereich bis 1 A erstreckt.

Ein großer Markt existiert für Relais in Kraftfahrzeugen. Hier werden Spannungen zwischen 6 V und 24 V geschaltet, wobei Ströme von 1 A bis 100 A geführt werden können.

Das dritte große Feld sind Relais für Netzspannungsanwendungen, in dem Haushaltsgeräte (weiße Ware), Unterhaltungselektronik (braune Ware), Installationstechnik sowie Industrieelektrik zu finden sind. Mit Relais dieser Sparte werden bevorzugt Netzspannungen zwischen 100 V und 400 V bei Strömen bis ca. 50 A geschaltet.

Generell gilt, daß sich für jeden angegebenen Anwendungsbereich ein *optimal angepaßtes Relais* finden läßt. Diese Anpassung ist sehr wichtig, da Relais umso zuverlässiger arbeiten, je besser die Anpassung an die zu erledigende Aufgabe erfolgt ist. Man erkennt, daß sich die Anwendungsbereiche z.T. stark überlappen. Dies widerspricht nicht der Forderung nach optimaler Anpassung, sondern unterstreicht, wie groß der Einsatzbereich eines Relais ist.

Wenn ein Relais für einen bestimmten Einsatzfall optimiert wird, ist es wichtig, daß die Einsatzbedingungen genau definiert sind. Die Auswahl der Relais kann nach vielen Gesichtspunkten durchgeführt werden und ist von jedem Anwender nach seinen Bedürfnissen vorzunehmen. Es ist zu klären, ob die *Bauform* eines Relais vorgegeben ist. Man muß entscheiden, ob man Steck- oder Lötrelais einsetzen will und ob das Relais mit Gleich- oder Wechselspannung welcher Höhe betrieben werden soll. Die gleiche Frage muß für die *Lastseite* beantwortet werden. Speziell bei Verwendung von Spannungen größer 24 V müssen die einschlägigen Vorschriften beachtet werden. So gibt es z.B. beim Einsatz von Netzrelais eine Reihe internationaler Vorschriften wie DIN IEC, VDE, $U_L$, CSA usw. zu beachten. Für viele Anwendungen ist die Einhaltung dieser Vorschriften ein entscheidendes Kriterium.

Aber auch der *Preis* darf letztendlich in der Entscheidungsmatrix nicht fehlen. Ein enger Kontakt zwischen dem Anwender und dem Relaislieferanten hilft, letzte Unsicherheiten zu beseitigen und klärt ggf. in einer eigenen Spezifikation für den Einsatzfall die Eignung des ausgewählten Relais.

## 1.4
## Relaistypen nach DIN

Im folgenden werden die Definitionen und Bezeichnungen nach DIN 1138 (T. 446), DIN 41216 und DIN 41215 benutzt.

Man kann in Anlehnung an DIN 41215 die Relais nach dem Verhalten der Erregerseite einteilen (Tabelle 1.1). Hier wird zunächst in monostabile und bistabile Relais unterschieden.

Monostabile Relais reagieren unter Einfluß einer elektrischen Spannung und fallen in die Ruhelage zurück, wenn diese Einwirkung aufhört. Bistabil werden Relais genannt, wenn bei Einwirkung einer elektrischen Spannung die zweite stabile Lage eingenommen wird. Erst durch eine erneute Einwirkung kann das Relais dann in die erste stabile Lage zurückgeführt werden (analog ist die Definition für tristabile Relais).

Die Polarität der Ansteuerung ist dann die nächste Unterscheidungsstufe. Neutrale Relais reagieren bei Erregung gleich, unabhängig von der Polarität, während gepolte Systeme eine bestimmte Polung der Ansteuerspannung voraussetzen. Eine Sonderstellung nehmen Remanenzrelais ein, die sich beim Ansprechen neutral verhalten. Zum Rückwerfen muß dann aber die entgegengesetzte Polung benutzt werden.

Andere Auswahl- und Unterscheidungskriterien sind z.B. die Bauform oder die Verarbeitungstechnik.

**Tabelle 1.1.** Gliederung der elektromechanischen Relais in Anlehnung an DIN 41215

| Eigenschaften | Elektromagnetische Relais | | | | |
|---|---|---|---|---|---|
| | Typ 1 | Typ 2 | Typ 3 | Typ 4 | Typ 5 |
| Mechanisch | monostabil | | | bistabil | |
| Elektrisch | monostabil | | | bistabil | |
| Schaltverhalten | neutral | gepolt | gepolt | neutral | gepolt |
| Beispiel | Kfz-Relais | Telegraphenrelais | Remanenzrelais | Stromstoßrelais | Telegraphenrelais |

# 2 Relaisausführungen

R.-D. KIMPEL

## 2.1
### Elektromagnetischer Antrieb

Seit langem haben sich elektromagnetisch angetriebene Relais durchgesetzt. Diese Art des Antriebs hat sich unter vielen Möglichkeiten als die leistungsgünstigste für elektromechanische Relais herausgestellt. Bei ihnen wird die elektrische Energie in elektromagnetische umgesetzt, wobei u.U. ein Dauermagnetfluß zur Steigerung der Ausnutzung der zugeführten Energie zu Hilfe genommen wird.

Mit Hilfe der so erzeugten Kraft wird die Kontaktseite, die meist aus einer Kombination von Kontaktfedern besteht, betätigt.

Je nach Konstruktion des Systems lassen sich mit elektromagnetischen Antrieben alle 5 Typen nach Tabelle 1.1 realisieren.

## 2.2
### Weitere Antriebe

Reedrelais sind Sonderbauformen des elektromagnetischen Relais (Bild 2.1). Bei ihnen werden magnetisierbare Kontaktfedern unter Einfluß des Magnetfeldes direkt angezogen und so der Kontaktkreis geschlossen.

Eine weitere Sonderbauform sind Quecksilberrelais, die wegen des flüssigen Kontaktmaterials nur in Vorzugslagen betrieben werden können.

In der Patentliteratur und in Veröffentlichungen werden weitere Antriebsarten wie Heizantrieb (z.B. Bimetall) oder Piezoantrieb beschrieben. Bisher haben sich diese Bauformen auf dem Markt allerdings nur in Nischenanwendungen durchsetzen können.

## 2.3
### Lötrelais

Bezüglich der Verarbeitung sind Relais für Löttechnik, die bis zu Dauerströmen von ca. 20 A eingesetzt werden können, am weitesten verbreitet. Bei diesem Verfahren werden die Relais üblicherweise auf Leiterplatten gelötet, wobei alle gängigen Prozesse geeignet sind. Diese Technik bietet sowohl von der Ansteuerseite als auch zur Anbindung an die Last optimale Bedingungen. Hier können auf kleinstem Raum die Erregung zugeführt und die Lasten mit den Kontakten verbunden werden, was dichteste Packung erlaubt. Die Stromgrenze ist dabei normalerweise nicht durch das Relais, sondern durch die über normale Leiterbahnen zu führende Stromstärke bestimmt. Inzwischen hat sich weltweit eine Rasterteilung nach DIN 40801 durchgesetzt. Der *minimale* Rasterabstand beträgt dabei 1,25 mm, der von Relais für Spannungen >60 V nicht ausgenutzt werden sollte.

Um den Anwendernutzen zu erhöhen, werden automatisiert verarbeitbare Gehäuseformen angeboten und auch durch Einsatz standardisierter Magazinverpackungen die Weiterverarbeitung erleichtert.

Bei den Lötprozessen werden heute kaum mehr die feststoffhaltigen Flußmittel, sondern die allerdings meist aggressiveren feststoffarmen eingesetzt. Dem Lötprozeß schließt sich deshalb oft ein intensiver Waschprozeß mit heißem Wasser an. Daher geht der Trend bei den Lötrelais zu verbesserten dichten Versionen, die sowohl den Lötprozeß als auch spätere Wasch- und Lackiervorgänge unbeschadet überstehen.

Die einzuhaltenden Prüfbedingungen sind in DIN IEC 68 mit einem Lötprozeß von 260 °C (10 s) und einer Dichtigkeitsprüfung von 85 °C (10 min) für die meisten Anwendungen optimal.

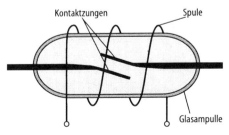

**Bild 2.1.** Prinzipaufbau des Reedrelais

### SMD-Relais

Relais für SMD-Technik (surface mounting device) finden in letzter Zeit ebenfalls steigendes Interesse. Dabei ist die verwendete Prozeßtechnik zu beachten. Heute haben sich die Reflowprozesse Vaporphase-, Heißluft- und Infrarotlöten durchgesetzt. Schwalllöten führte zu sehr hohen Nacharbeitungskosten, während Bügellöten oder Laserlöten sehr kostenintensiv sind.

Zur Zeit ist die SMT (surface mounting technology) auf Miniaturrelais beschränkt. Man kann jedoch davon ausgehen, daß weder auf der Material- noch auf der Prozeßseite alle Möglichkeiten ausgeschöpft sind.

## 2.4
## Steckrelais

Um Relais einzusetzen, gibt es neben Lötverbindungen im wesentlichen die Verbindungstechniken Stecken oder Schrauben.

Gegenüber Lötausführungen haben Steckrelais den Vorteil, daß sie kostengünstiger verarbeitet werden können. Ein weiterer Aspekt ist, daß der zulässige Dauerstrom bei Steckrelais größer sein kann. Entscheidend ist die im und in der Nähe des Relais entstehende Wärme. Durch Verwendung eines größeren Zuleitungsquerschnitts kann der Leitungswiderstand und damit die Erwärmung gesenkt werden. Fast noch wichtiger ist aber die Wahl des geeigneten Steckers. Zunächst muß durch entsprechendes Oberflächenmaterial der Steckpartner für geringste Kontaktwiderstände gesorgt werden. Auch das Material des Steckers selbst muß bei Temperaturproblemen sehr niederohmig gewählt werden.

Ein weiterer wichtiger Aspekt sind die Federeigenschaften des Steckers, die auch nach erhöhten Temperaturen und entsprechenden Klimabelastungen erhalten bleiben sollten. Ströme über 70 A erfordern normalerweise den Einsatz von Schraubverbindungen.

Wenn das Bauelement direkt in die Leiterplatte gesteckt werden kann, ist dies eine kostengünstigere Alternative zum Löten. Diese Technik hat sich bei Leiterplattensteckern schon durchgesetzt und wird z.Z. bei Relais eingeführt.

# 3 Elektromagnetische Relais

R.-D. KIMPEL

## 3.1 Die Antriebseite elektromagnetischer Relais

Wie Tabelle 1.1 zeigt, lassen sich die Relais bezüglich ihrer Antriebseite in 5 Klassen einteilen, die im folgenden beschrieben werden:

### 3.1.1
**Typ 1 – neutrale monostabile Relais**

Neutrale monostabile Relais sind die bei weitem verbreitetste Relaisversion. Das Schaltverhalten entspricht dem einer elektrisch betätigten Taste. Bei neutralen elektromagnetischen Relais, die vorwiegend im Automobil- und Netzrelaisbereich angewendet werden, ist das Funktionsprinzip sehr einfach (Bild 3.1).

Eine Spule erzeugt durch den Strom $I$, der sie durchfließt, eine magnetische Erregung $\theta$ der Größe $n \times I$, wobei $n$ die Zahl der Windungen des Cu-Drahtes auf der Spule ist. Diese Erregung $\theta$ erzeugt in dem Relaismagnetkreis eine ihr proportionale magnetische Induktion $B$. Die Kraft $F$, die durch dieses magnetische Feld auf ein bewegliches Teil, Anker genannt, wirkt, ist proportional $\theta^2$. Bei ausreichender Größe dieses Feldes kann der Anker die Gegenkraft des Kontaktsatzes überwinden. Der Anker betätigt den Kontaktsatz; das Relais spricht an. Bei Niederspannungsrelais (bis 24 V) kann dies direkt geschehen, ohne daß die erforderliche Isolation zwischen Ansteuerspannung und Lastspannung beeinträchtigt ist. Bei Relais für höhere Spannungen wird dann üblicherweise über ein Betätigungselement aus nichtleitendem Material, dem sogenannten Schieber, ausreichende Trennung zwischen Erregerkreis und Lastkreis sichergestellt.

Das Relais braucht zum Ansprechen eine Mindesterregung. Meist wird diese Erregung in Ansprech- oder Betriebsleistung des Relais umgerechnet. Die Ansprechleistung neutraler monostabiler Relais liegt zwischen 100 mW für Schwachstromrelais und 500 mW für Leistungsrelais.

Der Federsatz muß beim neutralen System so dimensioniert sein, daß nach Abschalten der Erregung die Kraft des Federsatzes sowohl die Schaltkontakte als auch das Antriebssystem in die Ausgangslage zurückführen kann. Dabei müssen für die dann zu schließenden Kontakte die Kräfte noch ausreichend groß sein, um die geforderte Schaltleistung zu garantieren. Bild 3.2 zeigt die Kraftverhältnisse eines solchen

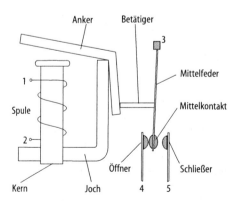

**Bild 3.1.** Prinzipaufbau eines neutralen monostabilen Relais

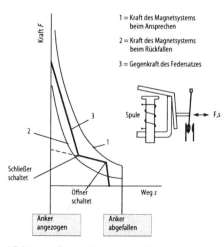

**Bild 3.2.** Kraft-Weg-Kurve monostabil

neutralen Systems. Optimale Anpassung herrscht, wenn die antreibende Magnetsystemkurve über den gesamten Wegbereich oberhalb der Federsatzkurve liegt.

#### 3.1.1.1
#### Gleichspannungsrelais nach Typ 1

Optimal ist der Betrieb des Relais mit einer gut stabilisierten Gleichspannung, die in voller Höhe auf die Spule geschaltet und ebenso schlagartig wieder abgeschaltet wird, um die dynamischen Vorgänge beim Schalten so kurzzeitig wie möglich zu halten. Dem wirkt entgegen, daß die Spule eine Induktivität besitzt, die beim Einschalten durch eine Spannung den Strom mit einer gewissen Zeitkonstante ansteigen läßt, so daß sich der Strom erst nach einigen Millisekunden stabilisiert hat. Beim Abschalten wird die in der Spule gespeicherte magnetische Energie abgebaut, was ebenfalls nicht schlagartig erfolgen kann. Der kurzzeitige Abbau dieser Energie führt zu sehr hohen Spannungen, die noch eine gewisse Zeit Stromfluß aufrechterhalten. Normalerweise werden wegen der hohen Abschaltspannungen Schutzbeschaltungen eingesetzt, die die Stromführung gewöhnlich noch verlängern.

#### 3.1.1.2
#### Wechselspannungsrelais nach Typ 1

Das Wechselstromrelais ist ein neutrales monostabiles Relais, das direkt mit Wechselspannung erregt werden kann. Wird ein Gleichstromrelais an Wechselspannung gelegt, so tritt normalerweise ein Flattern des Ankers mit doppelter Netzfrequenz auf. Um dies zu verhindern, ist bei Wechselstromrelais meist ein Cu-Kurzschlußring so angebracht, daß sich eine geeignete Phasenverschiebung des Magnetflusses im Arbeitsluftspalt ergibt. Es stellt sich dann ein pulsierendes Magnetfeld ein, das eine Glättung des Kraftverlaufs bewirkt und damit stabile Schaltzustände ermöglicht.

Soll ein Wechselstromrelais mit Gleichspannung betrieben werden, ist die Leistungsbilanz zu beachten. Da eine Relaisspule eine von der Ankerstellung abhängige Induktivität besitzt, fließen im Wechselspannungsbetrieb bei gleicher Spannung im angezogenen Zustand sehr viel kleinere Ströme als bei Gleichspannung, bei der nur der ohmsche Anteil wirkt.

#### 3.1.2
#### Typ 2 – neutrale bistabile Relais

Diese Art von Relais besitzen eine mechanische Verriegelung, die ähnlich funktioniert wie der bei Kugelschreibern verwendete Mechanismus. Nach einem Erregerimpuls wird das System im Arbeitszustand verriegelt, so daß es auch nach Wegnahme der Erregung in dieser Stellung bleibt. Der nächste Impuls löst diese Verriegelung dann wieder und das Relais fällt zurück. Wegen dieser Schaltcharakteristik wird dieser Typ auch Stromstoßrelais genannt.

Der Einsatz erfolgt bevorzugt dort, wo über mehrere parallele Tasten das Relais angesteuert werden soll, z.B. bei Treppenhausbeleuchtungen.

#### 3.1.3
#### Typ 3 – Remanenzrelais

Remanenzrelais bilden eine Zwischenstellung zwischen neutralen und gepolten, sowie zwischen monostabilen und bistabilen Relais. Der Aufbau entspricht dem eines monostabilen neutralen Gleichspannungsrelais (s. Abschn. 3.1.1.1). Allerdings besteht hierbei der Magnetkreis ganz oder teilweise aus einem Magnetmaterial mit erhöhter Koerzitivfeldstärke. Während beim neutralen Relais Reineisen benutzt wird, das eine Koerzitivfeldstärke von < 1 A/cm besitzt, kommen hier Materialien mit Koerzitivfeldstärken von > 10 A/cm zum Einsatz. Bei Erregung des Relais mit Ansprechspannung wird das Material aufmagnetisiert. Dieser Zustand wird durch den gut geschlossenen Magnetkreis auch nach Wegnahme der Erregung beibehalten. Erst durch das Öffnen des Magnetkreises oder durch eine geeignete Gegenerregung, die deutlich geringer als die Ansprecherregung ist, wird das Magnetfeld wieder beseitigt. So kommt es, daß sich ein Remanenzrelais bei elektrischer Betätigung bistabil, bei mechanischer Betätigung monostabil verhält.

Daher werden Remanenzrelais bevorzugt bei Anwendungen eingesetzt, bei denen die Einnahme einer günstigeren Lage durch mechanische Einwirkung von außen (z.B. Schlag) verhindert werden soll. Dies trifft z.B. bei Tarifumschaltungen in Rundsteueranlagen sowie in Spielautomaten zu.

### 3.1.4
### Typ 4 – gepolte bistabile Relais

Gute bistabile Systeme lassen sich auf die beiden in den Bildern 3.3 und 3.4 dargestellten Grundformen zurückführen. Die erste Variante besitzt einen zweipolig aufmagnetisierten Magneten und führt zu einem optimalen bistabilen Magnetkreis mit 4 Luftspalten (4L-System).

Der *Vorteil* dieses Prinzips liegt darin, daß sämtliche Luftspalten dieses Systems als Arbeitsluftspalte fungieren, so daß keine Erregung in Serienluftspalten verlorengeht. *Nachteil* dieses Systems ist, daß der konstruktive Aufbau meist zu komplizierteren Lösungen führt.

Die zweite Version besitzt einen dreipolig aufmagnetisierten Magneten und 2 Arbeitsluftspalten (2L-System). Der Magnet entspricht in der Funktion zwei gegeneinander geschalteten Magneten. Die konstruktive Lösung ist hier einfacher, die Ausnutzung allerdings nicht so effektiv wie beim 4L-System.

Bistabile Relais werden mit einer und zwei Wicklungen angeboten:

Relais mit einer Wicklung müssen im Betrieb umgepolt werden. Wenn dagegen ein Relais zwei gegensinnig beschaltete Wicklungen besitzt, können diese an gleichem Potential mit einem Umschalter betrieben werden. Die Ansprechleistung liegt dann bei ca. 30 bis 150 mW und damit etwa doppelt so hoch wie bei der Version mit einer Wicklung.

### 3.1.5
### Typ 5 – gepolte monostabile Relais

Man kann durch geeigneten Abgleich des Magnetkreises oder durch entsprechende Änderung der Federsatzkurve erreichen, daß sich auch in einem bistabilen Relais ein monostabiles Schaltverhalten einstellt.

Das Ergebnis ist dann ein monostabiles Relais, das nur auf Impulse einer Polarität reagiert. Meistens sind diese Relais wesentlich sensitiver als neutrale Relais, weshalb sie bevorzugt bei leistungsfähigen Miniaturrelais zur Anwendung kommen. Die Ansprechleistung beträgt ca. 60 bis 200 mW.

Ist die Polarität nur aus Logikgründen erwünscht, genügt oft auch eine zusammen mit einem neutralen Relais in Reihe geschaltete Diode.

### 3.1.6
### Schutzbeschaltung der Erregerseite

Eine Schutzbeschaltung der Erregerseite wird normalerweise durchgeführt, um die Steuerelektronik zu schützen und ausreichende EMV-Sicherheit zu gewährleisten. Grundsätzlich kann man sagen, daß eine Beschaltung der Erregerseite die Kennwerte im Vergleich zu einem unbeschalteten Relais nicht verbessern kann. Man muß im Gegenteil beachten, daß sie nicht zu sehr verschlechtert werden. Die einfachste Schutzbeschaltung besteht in der Parallelschaltung eines Widerstandes. Dieser begrenzt zwar die Abschaltspitzen der Spannung, verbraucht jedoch zusätzliche Energie. Die Parallelschaltung einer Diode wird aber nicht empfohlen, da sie ein ungünstiges Verhalten auf die Relaislebensdauer haben kann.

Als optimale Lösung wird heute die Parallelschaltung einer Zenerdiode oder eines Varistors gesehen. In Zweifelsfällen ist die Schaltung so zu dimensionieren, daß die

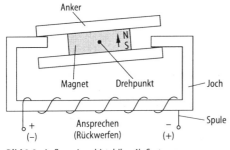

**Bild 3.3.** Aufbau eines bistabilen 4L-Systems

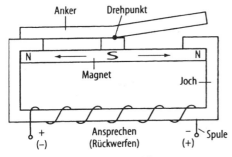

**Bild 3.4.** Aufbau eines bistabilen 2L Systemes

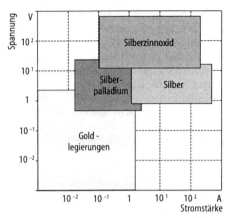

**Bild 3.5.** Anwendungsbereiche von Kontaktmaterialien

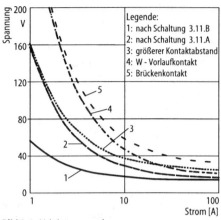

**Bild 3.6.** Lichtbogengrenzkurve

Dynamik (Schaltzeiten) des Relais im ungeschützten und geschützten Zustand nahezu gleich ist.

## 3.2 Kontaktseite eines elektromagnetischen Relais

### 3.2.1 Kontaktmaterialien

Das Feld der Gleichstromlasten für Relais ist nach Bild 1.4 in 4 Bereiche aufgeteilt. Es gibt eine Vielzahl von Möglichkeiten, diese Felder optimal abzudecken. Eine Variable dieser Möglichkeiten ist das Kontaktmaterial. In Bild 3.5 wird gezeigt, nach welchen Kriterien es ausgesucht wird.

Generell gilt: Bei Temperaturproblemen niederohmiges Kontaktmaterial, bei hohen Schaltspielzahlen abbrandfeste Werkstoffe, bei Lichtbogenerscheinungen verschweißfeste Werkstoffe einsetzen.

Neben den rein technischen Kriterien spielen aber auch Umweltgesichtspunkte und Kosten bei der Auswahl eine entscheidende Rolle.

### 3.2.2 Lichtbogengrenzspannung

Ein wichtiger Parameter, der besonders beim Einsatz von Relais bei höheren Spannungen beachtet werden muß, ist die Lichtbogenbrennspannung. Die Lichtbogenbrennspannungskurven (Bild 3.6) geben an, unter welchen Bedingungen ein Lichtbogen bei Gleichspannung noch selbständig erlischt, wenn Kontakte öffnen. Wechselstromlasten können oberhalb der Lichtbogengrenzspannung betrieben werden, da hier der Lichtbogen normalerweise im nächsten Stromnulldurchgang erlischt. Die Eigenschaften der Kurven 1–6 werden in den folgenden Abschnitten beschrieben.

Bild 3.7 zeigt den Verlauf des Potentials innerhalb eines Gleichstromlichtbogens. Man erkennt, daß zwischen Anode und Kathode kein linearer Spannungsabfall erfolgt, sondern daß es jeweils vor den Elektroden zu einem starken Anstieg der Spannung kommt. Dazwischen gibt es den breiten Bereich der Säulenspannung, die einen relativ kleinen Gradienten besitzt, so daß die Lichtbogenbrennspannung mit dem Kontaktabstand nicht sehr beeinflußt werden kann.

Die Lichtbogengrenzkurven werden in den Datenblättern der meisten Relaisher-

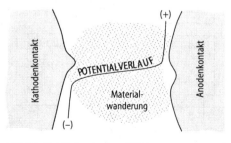

**Bild 3.7.** Verhältnisse in einem Lichtbogen

steller angegeben. Kurve 2 in Bild 3.6 zeigt am Beispiel eines Schließerkontakts (Lastgrenzkurve II), welcher Strom bei welcher Betriebsspannung und ohmscher Last noch sicher abgeschaltet werden kann, ohne daß nach Abklingen der normalen Lichtbogenerscheinungen ein Lichtbogen stehenbleibt. Die Höhe dieser Kurve und der Verlauf ist abhängig vom verwendeten Kontaktmaterial, vom Kontaktabstand und auch von der Größe der Kontakte.

Die genaue Kenntnis des Lichtbogenverhaltens ist deshalb so wichtig, da das Risiko des Verschweißens der Kontakte dann sehr groß ist, wenn sie in einen brennenden Lichtbogen hinein schließen. Sie treffen dann nämlich in eine Schmelze, die beim Erlöschen des Bogens sofort erstarrt und eine feste Verbindung der beiden Kontakte bilden kann.

Neben der Wirkung des Lichtbogens auf das Verschweißverhalten sollte auch die *Materialwanderung* bei Gleichstromlasten beachtet werden. Beim überwiegenden Teil der Anwendungsfälle wandert das Kontaktmaterial von Plus nach Minus (*Kathodengewinn*). Die wenigen Ausnahmen (*Anodengewinn*), die die Regel bestätigen, sind nicht ohne weiteres vorhersehbar und müssen in Tests ermittelt und berücksichtigt werden.

Wechselströme erzeugen, wenn die Erregung des Relais unabhängig von der Phase erfolgt, nur geringe Materialwanderungen; die Lebensdauer wird durch den Abbrand bestimmt. Ist dagegen die Erregung des Relais bei Wechselstromanwendungen phasensynchron, z.B. durch (ungewollte) Einprägung der Netzspannung, so kann hier auch ein deutlicher Materialwanderungseffekt beobachtet werden, der die Lebensdauer stark verringert.

### 3.2.3
### Kontaktaufbau

Der Kontaktsatz eines elektromechanischen Relais besteht aus einer oder mehreren Kontaktfedern, die dann je nach Ausführung, bei Betätigung entsprechende Stromkreise öffnen oder schließen können. Die Symbole der gängigsten Kontaktvarianten sind in Tabelle 3.1 zusammengestellt.

Ein Ziel bei der Festlegung des Kontaktsatzes ist, den Durchgangswiderstand bei geschlossenen Kontakten so niederohmig wie möglich zu erhalten. Dies setzt eine an das Kontaktmaterial angepaßte Kontaktkraft voraus. Bild 3.8 zeigt für Gold, das niederohmigste Kontaktmaterial, und ein hochohmiges, z.B. Wolfram die Abhängigkeit des Durchgangswiderstands von der Kontaktkraft.

### 3.2.4
### Schließer

Die am häufigsten verwendete Kontaktkonfiguration ist auch die einfachste, nämlich der Schließer. Beim Schließer wird nach Erregung des Relais ein Kontakt geschlossen und nach Betätigung in die andere Richtung wieder geöffnet. Man sollte beim

**Tabelle 3.1.**
Tabelle der wichtigsten Kontaktarten

NO = normally open
NC = normally closed
CO = change over

| Benennung | Kurzzeichen / Bezeichnungen | | | Kontaktbild | Schaltzeichen |
|---|---|---|---|---|---|
| | deutsch | englisch | amerikanisch | | |
| Schließer | 1 | A | SPST-NO | | |
| Öffner | 2 | B | SPST-NC | | |
| Wechsler | 21 | C | SPDT-CO | | |
| Wechsler | 12 | C | SPDT-CO | | |
| Doppelschließer | (11) | U | SPST-NO (DM) | | |

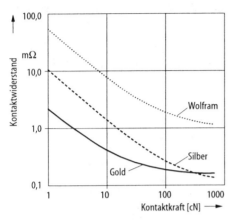

**Bild 3.8.** Kontaktwiderstand in Abhängigkeit von der Kontaktkraft bei unterschiedlichen Materialien

Einsatz von Relais grundsätzlich die drei in Bild 3.9 beschriebenen Lasttypen analysieren, was ggf. zum Einsatz unterschiedlicher Relais führen könnte.

Typ I   rein ohmsche Last,
Typ II  Last mit Selbstinduktion,
Typ III Last mit kapazitivem Anteil.

Je nach Lastart liegen unterschiedliche Belastungen der Kontakte vor. Typ I ist relativ unkritisch und im Verhalten leicht zu bewerten. Hier fließt beim Einschalten des Kontakts der Strom in der vollen genau berechenbaren Höhe und erlischt beim Ausschalten innerhalb von Mikrosekunden. Der Einsatz von Relais bei solchen Lasten ist unkritisch, solange die in den Datenbüchern angegebenen Werte nicht überschritten werden.

Induktive Lasten nach Typ II bereiten dem Relaiskontakt beim Einschalten normalerweise keine Probleme, da – wie das Bild 3.9 zeigt – beim Einschalten des Kontakts der Strom von Null an relativ langsam ansteigt, so daß innerhalb der Schließphase nur Ströme geringer Größe zu erwarten sind. Dagegen entsteht beim Öffnen des Kontakts ein Lichtbogen, dessen Brenndauer von der Induktivität abhängig ist. Falls hier der Kontakt prellt, besteht ein Risiko des Kontaktverschweißens, d.h. der Öffnungsvorgang ist zu optimieren.

Der umgekehrte Fall liegt bei Lasten mit kapazitivem Anteil (Typ III) vor. Hier steigt der Strom beim Schließen des Kontakts zu sehr hohen Werten an, die dann während des geschalteten Zustandes auf die Werte absinken, die von der ohmschen Last bestimmt werden. Falls beim Einschalten die Kontakte prellen, können sie verschweißen. Daher ist in diesem Fall der Einschaltvorgang zu optimieren.

#### 3.2.4.1
**Wolfram-Vorlaufkontakte**

Eine Möglichkeit, die Lichtbogenbrennspannung zu vergrößern und den Verschleiß zu verringern, ist der Einsatz von Wolframkontakten. Wolfram besitzt eine Brennspannung von ca. 20 V. Außerdem ist es wesentlich abbrandfester als Silber. Da sein ohmscher Widerstand jedoch sehr hoch ist, sind Wolframkontakte nicht geeignet, höhere Ströme zu führen.

Sie werden daher oft parallel zu Silberkontakten eingesetzt, um diese im Schaltvorgang zu entlasten und damit deren Lebensdauer zu erhöhen. Dabei schaltet der Wolframkontakt etwas *früher*; daher der Begriff Wolframvorlaufkontakt. Beim Öffnen des Kontakts schaltet er dagegen etwas *später*, was ebenfalls für eine Entlastung des Silberkontakts sorgt. Wolframkontakte sollten nicht eingesetzt werden, um Probleme mit verschweißenden Silber-

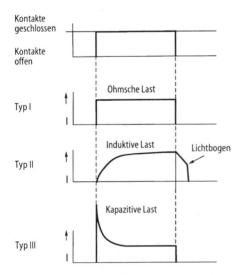

**Bild 3.9.** Stromverläufe verschiedener Lasten

kontakten zu lösen. Da Wolframkontakte bei längerer Lagerung, speziell bei feuchter Umgebung, hochohmig und damit unzuverlässig werden, können sie die Situation eher verschärfen. Sinn macht der Einsatz eines Wolframkontakts da, wo seine fehlende Zuverlässigkeit nicht stört. So können sie in der Zeit, in der sie niederohmig sind, die Belastung für einen Silberkontakt stark reduzieren und damit dessen Lebensdauer erhöhen, wenn dieser Silberkontakt dann, wenn diese Unterstützung fehlt, nicht verschweißt. Man sollte daher bei Freigabeuntersuchungen von Wolframvorlaufkontakten darauf achten, daß auch bei Isolierung des Kontaktes keine Probleme auftreten.

#### 3.2.4.2
**Brückenkontakte**
Um Lasten schalten zu können, die nicht innerhalb der von der normalen Lichtbogengrenzkurve 2 (Bild 3.6) eines Schließers vorgegebenen Grenzen liegen, gibt es auch die Möglichkeit, Brückenkontakte einzusetzen. Brückenkontakte sind im Prinzip zwei in Reihe geschaltete Schließer. Beim Öffnen eines Brückenkontaktes bilden sich zwei Lichtbögen aus, deren Brennspannungen sich addieren, wie es in Bild 3.10 gezeigt wird. Mit dieser Kontaktausführung können dann bei einer bestimmten Stromstärke problemlos doppelt so hohe Spannungen abgeschaltet werden wie beim Einfachschließer.

#### 3.2.5
**Wechsler**
Ein Wechsler ist eine Kontaktanordnung, die bei Betätigung eine Kontaktstrecke öffnet und eine andere schließt. Die eine Seite ist bei angesteuertem Relais geschlossen,

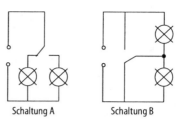

Schaltung A   Schaltung B

**Bild 3.11.** Grundschaltungen des Wechslers

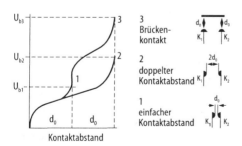

**Bild 3.10.** Wirkung der Kontaktgeometrie auf die Lichtbogenspannung $U_h$

die andere, wenn es in Ruhelage ist (s. Bild 1.1). Der bei Erregung arbeitende Kontakt heißt Arbeitskontakt oder *Schließer*, der in Ruhelage geschlossene Kontakt ist der Ruhekontakt oder *Öffner*.

Bei bistabilen Relais sind die beiden Lagen zu definieren.

Die drei Lasttypen, die schon beim Schließer (Bild 3.9) beschrieben wurden, kommen beim Einsatz des Wechslers in beiden in Bild 3.11 beschriebenen Grundschaltungen vor. Bei der Schaltung nach A liegt der Mittelkontakt – ähnlich wie beim Schließer – an einer festen Spannung und wechselt von der einen Last zur anderen, die beide auf gleichem Potential des anderen Spannungspols liegen. Bei dieser Schaltung fließt normalerweise der Strom eindeutig über den jeweils geschlossenen Kontakt. Auch kurzzeitig während des Schaltvorgangs auftretende Lichtbogenbrücken vom Öffner zum Schließer oder in der umgekehrten Richtung bereiten bei dieser Schaltung keine Probleme. Der Lichtbogen erlischt dann nämlich, da er die Last als Vorschaltwiderstand besitzt, wodurch er begrenzt wird.

Anders ist es in Schaltung B: Öffner und Schließer liegen hier auf unterschiedlichem Potential. Beim Umschalten vom Schließer zum Öffner wird die Polarität am Mittelkontakt gewechselt, so daß die Materialwanderung eine völlig andere ist als bei Typ A. Ein beim Umschalten entstehender Lichtbogen kann „durchzünden", wenn der Lichtbogen länger brennt als die Umschlagzeit des Kontakts. Es kann dann zu einem *stehenden* Lichtbogen kommen, da in diesem Fall kein Vorwiderstand den Strom begrenzt. Man darf also bei einer Schaltung nach Typ B nicht von dem Bereich der Lichtbogengrenzspannung des Schließers ausgehen, sondern muß Kurve 1 (Bild 3.6) berücksichtigen. Sollte in diesem Fall die zur Verfügung stehende Spannung nicht ausreichen, müßte über einen Zusatzkontakt – ähnlich dem vorher beschriebenen Brückenkontakt – nachgedacht werden, um die Spannung auf mehrere Lichtbögen zu verteilen. Eine andere Möglichkeit, an dieser Stelle Entlastung zu schaffen, ist der Einsatz von geeigneten *Funkenlöschmaßnahmen*.

### 3.2.6
### Sonstige

Neben den bisher beschriebenen Kontaktsätzen wie Schließer und Wechsler gibt es noch eine Vielfalt von Kombinationen und Variationen dieser Schalter. Hervorzuheben ist die Sonderausführung der *Sicherheitsrelais*, bei denen besondere Anforderungen an das Relais im Störungsfall gestellt werden. So dürfen z.B. bei Verschweißen eines Kontaktes die anderen Kontakte nur noch eingeschränkt schalten. Ebenso dürfen bei Bruch einer Feder Teile dieses Kontaktsatzes nicht zum Kurzschluß der anderen Kontakte führen.

Eine weitere wichtige Relaisklasse sind *Industrierelais*. Sie besitzen einen besonders robusten Aufbau und sind insbesondere für den Einsatz bei Drehstromanwendungen ausgelegt.

### 3.2.7
### Optimale Betriebsbedingungen der Lastseite

Bei Anwendungen mit größeren Stromstärken sind es die Risiken verschweißender Kontakte, die erhöhter Aufmerksamkeit bedürfen. Bei den sogenannten Schwachstromrelais sind Störungen bekannt, die dadurch auftreten können, daß sich Fremdschichten auf den Kontakten bilden. Diese können sich zumindest in erhöhtem Kontaktwiderstand oder sogar in einer totalen Unterbrechung zeigen. Hier hat der Relaishersteller durch sorgfältigste Auswahl der Kontaktwerkstoffe, der verwendeten Kunststoffkomponenten und entsprechend optimierter Fertigungsprozesse dafür zu sorgen, daß innerhalb des verwendeten Betriebstemperaturbereichs diese Probleme vermieden werden.

### 3.2.8
### Schutzbeschaltung der Lastseite

Der optimalen Beschaltung der Lastseite ist mindestens genauso viel Aufmerksamkeit zu schenken wie der oben beschriebenen Beschaltung der Erregerseite. Am unkritischsten ist für ein Relais der Betrieb mit ohmscher Last. Hier sind sowohl die Einschalt- als auch die Abschaltbedingungen klar definiert und berechenbar. Dies trifft dann nicht mehr zu, wenn während des Schaltvorgangs ein Lichtbogen entsteht, in den hinein ein Schließvorgang erfolgt, so daß es zu Kontaktverschweißen kommen kann. Ziel ist daher einmal, die Entstehung von Lichtbögen zu vermeiden, zum anderen durch Einsatz von optimalem Kontaktmaterial Verschweißungen zu verhindern.

Genau wie die Schutzbeschaltung der Erregerseite dem Schalter, der das Relais schaltet, hilft, erhöht sie für die Lastseite eines Relais die Lebensdauer erheblich. Durch geeignete Maßnahmen kann sowohl die induktive als auch die kapazitive Last so weit entschärft werden, daß Lebensdauern der rein ohmschen Last (Typ I) erreicht werden können. So lassen sich z.B. induktive Lasten wesentlich länger schalten, wenn es zulässig ist, die Induktivität, z.B. ein Motor, durch eine Paralleldiode, zu schützen. Dieses Verfahren ist jedoch nur geeignet, solange die Lichtbogenbrennspannung größer als die Betriebsspannung ist, d.h. z.B. für 12 V Betriebsspannung für Ströme bis max. 20 A. Bei größeren Strömen und induktiven Lasten ist der Einsatz eines RC-Gliedes die optimale Lösung, um den Relaiskontakt zu schonen.

### 3.3
### Leistungsgrenzen

Wie schon erwähnt, kennt das Relais keine Leistungsgrenzen, bei deren Überschreibung ein schlagartiger thermischer Totalausfall zu verzeichnen wäre. Die in den Datenbüchern genannten Grenzen beziehen sich meistens auf eine *Langzeitschädigung*, die sich entweder in veränderter Ansprechspannung oder verringerter Lebensdauer niederschlägt. Trotzdem darf diese Tatsache nicht dazu verführen, das Relais schon in der Auslegung zu überlasten. Man sollte vielmehr den Spielraum, den das Relais besitzt, als Reserve im Einsatzfall nutzen.

Bei Schwachstromrelais sind meistens Thermospannung, Ansprechzeiten und Kontaktwiderstände zu beachten, während bei *Starkstromrelais* die Lichtbogenbrennspannung und die Erwärmung durch hohe Ströme wesentlich sind.

### 3.3.1
### Erwärmung

Die in den Kennwertblättern angegebenen Maximaltemperaturen werden durch die im Anwendungsfall auftretende Umgebungstemperatur bestimmt und durch die verwendeten Materialien begrenzt. Problemlos können Relais zwischen –30 und +60 °C Umgebungstemperatur eingesetzt werden. Darüber hinausgehende Bereiche sollten sorgfältig definiert und untersucht werden. Eines der Hauptkriterien für die Definition des Temperaturbereichs ist die Eigenerwärmung des Relais einerseits und die Aufheizung durch benachbarte Bauteile und Leiterbahnen andererseits. Der Kennwert hierfür ist der *Wärmewiderstand*, der die Erwärmung als Temperaturdifferenz zur Umgebungstemperatur in Abhängigkeit von der zugeführten Leistung beschreibt. Der Wärmewiderstand kann je nach Einsatz und Kühlbedingungen zwischen 10 und 100 K/W liegen. Unter sonst gleichen Bedingungen ist der Wärmewiderstand im wesentlichen von der Relaisoberfläche abhängig. Die Kenntnis der Spulentemperatur ist deshalb erforderlich, weil der Widerstand der Spule, die normalerweise aus Kupfer besteht, bei ansteigender Temperatur mit 0,4%/K zunimmt, so daß die bei Betrieb mit konstanter Spannung entstehende Erregung mit der Temperatur abnimmt.

### 3.3.2
### Betriebsspannungsbereich

Der Betriebsspannungsbereich beschreibt einen Spannungsbereich, in dem das Relais in Abhängigkeit von der Umgebungstemperatur betrieben werden kann. Er definiert die minimal erforderliche Spannung eines Relais $U_I$ und stellt dieser die maximal

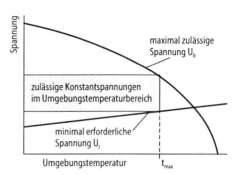

Bild 3.12. Betriebsspannungsbereich

zulässige Spannung $U_{II}$ gegenüber, die noch nicht zu unerlaubter Erwärmung des Relais führt. Bild 3.12 zeigt eine Darstellung dieses Bereichs. Die minimale Betriebsspannung hängt sowohl von der Vorerregung des Relais als auch von benachbarten Bauteilen ab, deren Einfluß sich in Erhöhung der Umgebungstemperatur niederschlagen kann. Sollten bei Anwendung von Relais die eigene Erwärmung zu hoch sein, ist der Einsatz eines bistabilen Relais eine optimale Lösung, da zu seinem Betrieb nur kurzzeitige Impulse nötig sind, so daß die Relaistemperatur immer gleich der Umgebungstemperatur ist.

### 3.3.3
### Schaltzeiten

Die Definition der Schaltzeiten eines Relais sind Bild 3.13 zu entnehmen. Die Reaktionszeiten des Relais, die Ansprech- und die Rückfallzeit bzw. Rückwerfzeit bei bistabilen Relais, werden immer von der Änderung der Erregerspannung bis zum ersten Kontaktereignis auf der Zielseite gerechnet. Die dem Schaltvorgang folgenden Einschwingvorgänge (Prellen) werden diesen Reaktionszeiten nicht zugerechnet, sondern müssen getrennt betrachtet werden.

Die Schaltzeiten des Relais hängen stark von den Betriebsbedingungen und der Beschaltung der Spule ab. Bild 3.14a zeigt die Abhängigkeit der Ansprechzeiten eines Relais von der Übererregung. Die Rückfallzeiten in Bild 3.14b sind, wie oben schon erwähnt, stark von der Beschaltung des Relais abhängig.

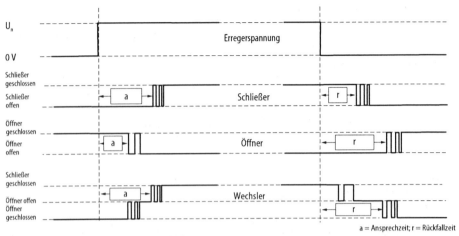

**Bild 3.13.** Definition der Ansprech- und Rückfallzeiten

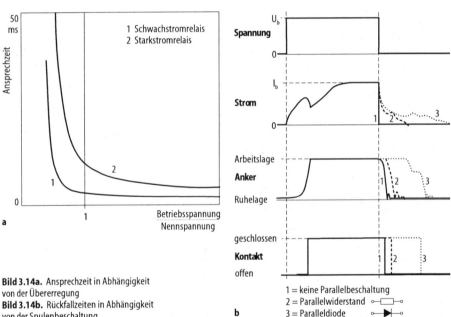

**Bild 3.14a.** Ansprechzeit in Abhängigkeit von der Übererregung
**Bild 3.14b.** Rückfallzeiten in Abhängigkeit von der Spulenbeschaltung

### 3.3.4
### Grenzdauerstrom und maximaler Spannungsabfall

Die Lichtbogengrenzkurve (Bild 3.6) gibt die maximal zulässigen Spannungen und Ströme an, die noch geschaltet werden können, der Betriebsspannungsbereich die Spannungen, mit denen das Relais betrieben werden kann. Der Grenzstromkurve ist zu entnehmen, welche Maximalstromstärke dauernd geführt werden darf. Bild 3.15 zeigt ein solches Diagramm. Die Kurvenschar 1 gibt die Spannung an, die abhängig vom Kontaktwiderstand und der Stromstärke entsteht. Die zulässige Kombination von Spannung und Strom, bei der die Leistung

3 Elektromechanische Relais 781

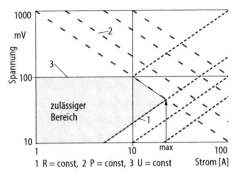

**Bild 3.15.** Spannungsabfall an Relaiskontakten

konstant ist, kann der Schar 2 entnommen werden. Als dritter Parameter kann die Kundenforderung nach einem maximalen Spannungsabfall hinzukommen (Kurven 3), so daß schließlich der umrahmte Bereich als zulässiger Betriebsbereich entsteht.

Der Grenzdauerstrom $I_{max}$ ist das Minimum der Schnittpunkte der maximalen Widerstandsgeraden 1 mit den maximal zulässigen Kurven 2 und 3.

# 4 Alternativen zu Relais

R.-D. KIMPEL

Wie eingangs schon erwähnt, besteht die Hauptaufgabe des Relais darin, ähnlich wie ein mechanisch betätigter Schalter, Stromkreise zu schließen oder zu öffnen. Tabelle 4.1 zeigt die Gegenüberstellung der Relaiseigenschaften zu denen der elektronischen Alternativen *Hybridrelais* und *Halbleiterschalter*. Dabei ist zu erkennen, daß die Vorteile des Relais im Preis für die Gesamtlösung, der hohen Flexibilität an die Betriebsbedingungen, der Überlastbarkeit und der Kontaktvielfalt zu sehen sind. Vorteile elektronischer Lösungen sind da zu erkennen, wo das Schaltgeräusch eines Relais stört oder wo mit hohen Frequenzen und extrem hohen Lebensdauern geschaltet werden muß.

## 4.1 Halbleiterrelais

Der Unterschied eines normalen Halbleiterschalters wie Transistor oder Thyristor zu Relais besteht in der Trennung von Steuer- und Lastseite. Diese Trennung wird bei

**Tabelle 4.1.** Gegenüberstellung und Bewertung charakteristischer Eigenschaften

|  | Elektromechanische Relais EMR | Solid State Relais SSR |
|---|---|---|
| Bistabil | + | − |
| Größe (incl. Kühlblech) | + | − |
| Isolation geöffneter Kontakte | + | − |
| Kostengünstig | + | − |
| Mehrfachkontakte | + | − |
| Temperaturfestigkeit | + | − |
| Überspannungsfestigkeit | + | − |
| Widerstand geschlossener Kontakte | + | − |
| Explosionsfest | − | + |
| Fehlerdiagnose | − | + |
| Leise | − | + |
| Logikkompatibel | − | + |
| Nullpunktschalter | − | + |
| Schaltspiele | − | + |
| Schüttel- und Stoßfestigkeit | − | + |
| Steuerleistung | − | + |

den heute bevorzugt eingesetzten Typen für Netzspannungsanwendungen durch Optokoppler realisiert. Bild 4.1 zeigt die Schaltung eines solchen Relais. Der Steuerkreis besteht hier aus einer Leuchtdiode, die mit Gleichspannung betrieben wird. Der Schaltvorgang wird meist von Thyristoren oder Triacs durchgeführt, die im nicht angesteuerten Zustand nur sehr geringe Leckströme aufweisen. Bei Erregung wird über den Fototransistor der Triac gezündet. Hier gibt es die Option mit Nullspannungsschalter, die erst beim nächsten Spannungsnulldurchgang den Triac ansteuert. Dieser

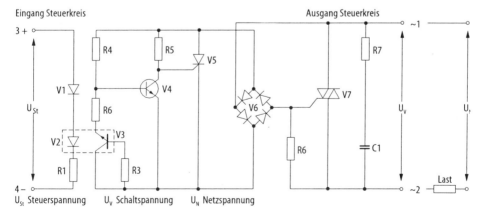

**Bild 4.1.** Vereinfachtes Schaltbild eines elektronischen Lastrelais

bleibt so lange niederohmig, wie die Ansteuerung bestehen bleibt. Nach Abschalten der Steuerspannung bleibt der Triac bis zum nächsten Stromnulldurchgang leitend.

Der maximal zulässige Strom verringert sich ab 50 °C Umgebungstemperatur und sinkt bis etwa 130°C linear auf Null ab.

Da diese Schaltungen auch diskret aufgebaut werden können, sind diese Halbleiterrelais noch nicht so sehr verbreitet wie die Anwendung der entsprechenden Schaltung.

Wenn eine solche Schaltung jedoch als ASIC (anwendungsspezifische integrierte Schaltung) angeboten würde, könnte dies zu Kostenvorteilen und damit zu wesentlich stärkerer Akzeptanz am Markt führen.

Im Kraftfahrzeugbereich, wo die galvanische Trennung nicht immer erforderlich ist, werden Halbleiterschalter seit einiger Zeit angeboten. Es sind elektronische Schalter, die mit einer gewissen *Intelligenz* ausgestattet sind und einen auf dem gleichen Chip integrierten Leistungs- und Logikteil besitzen. Sie erkennen, wann Überlastgefahr besteht. Solche Schalter werden mit dem Attribut „SMART" gekennzeichnet. TEMP-FET-Typen (Temperature Protected FET) erkennen, wenn der zulässige Temperaturbereich überschritten wird und passen ihr Verhalten so an, daß der Schalter nicht zerstört wird. PROFETs (PROtected FET) sind noch „intelligenter" und schützen sich neben Übertemperatur gegen Kurzschluß, Überspannung und Verpolung. Außerdem besitzen sie eine Statusanzeige, ob und welche Fehler vorliegen.

## 4.2
## Hybridrelais

Eine Möglichkeit, die Vorteile des elektromechanischen Relais mit denen des Halbleiterrelais zu verbinden, stellen die sogenannten Hybridrelais dar. Als Hybridrelais bezeichnet man Schaltgeräte, die mindestens zwei unterschiedliche Technologien vereinen, um einen höheren Nutzen zu erzielen.

Realisiert sind z.Z. Zeitrelais und Relais mit unterschiedlichsten Ansteuervarianten. Es könnten auch SMART-Funktionen in die Erregerseite eingebracht werden, die Plausibilitätschecks durchführen, z.B. auf Kurzschluß im Lastkreis, bevor das Relais schaltet. Ebenso wäre ein adressierbares Relais denkbar, das in Bussystemen eingesetzt werden könnte. Andererseits könnte ein zum Relais parallel geschalteter elektronischer Schalter als elektronischer Vorlaufkontakt (s. Abschn. 3.2.4.1) die Lichtbögen unterdrücken und damit die Lebensdauer eines Relais in die Nähe der mechanischen Lebensdauer bringen, d.h. um 2 bis 3 Zehnerpotenzen steigern.

Die heute unter dem Begriff *Multifunktionsrelais* angebotenen Geräte umfassen allerdings wesentlich mehr. Oft beinhalten sie sogar das Netzteil, die Elektronik, elektromagnetische Schrittschaltwerke, sowie Relais oder elektronische Schalter.

# 5 Qualität und Entsorgung

R.-D. Kimpel

## 5.1 Qualität

Das Relais ist heute ein Produkt, an dessen Zuverlässigkeit sehr hohe Anforderungen gestellt werden. Diese sind auch wegen der Produzentenhaftung erforderlich, nach der die Qualität mindestens nach QS 9000 nachgewiesen werden muß. Die geforderte reproduzierbar hohe Qualität läßt sich bei Massenprodukten nur in automatisierten, mit beherrschten Prozessen laufenden Fertigungen halten. Durch Qualitätsvereinbarungen, Zertifizierungen und Audits wird das Qualitätsniveau festgelegt.

## 5.2 Entsorgung

Zum Schluß des Kapitels über Relais soll nach Auswahl, Verarbeitung und Einsatz noch kurz auf die Entsorgung der Relais eingegangen werden.

Obwohl Relais bei der Entsorgung z.Z. noch als Elektronikschrott behandelt werden können, ergreifen viele Relaishersteller zusammen mit ihren Zulieferern Maßnahmen, um auch einer in Zukunft sicher verschärften *Umweltgesetzgebung* Rechnung zu tragen. So sollten die im Relais verwendeten Kunststoffe nicht mehr mit den früher üblichen halogenhaltigen Flammschutzmitteln versehen sein. Auch bei den verwendeten Metallegierungen sind entsprechende Umweltgesichtspunkte zu berücksichtigen.

Diese Aktivitäten schließen im Rahmen einer Öko-Gesamtbilanz die Prozesse bei der Herstellung, die verwendeten Materialien, sowie die erforderlichen Weiterverarbeitungsprozesse beim Endkunden ein.

# 6 Niederspannungsschaltgeräte

G. Schröther

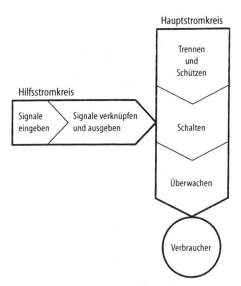

Bild 6.2. Funktionsgliederung von Niederspannungsschaltgeräten

## 6.1 Überblick über Funktionen

Niederspannungsschaltgeräte haben die typischen Aufgaben

- Schließen von Stromkreisen,
- Führen des Stromes,
- Öffnen von Stromkreisen.

Der leistungsmäßige Einsatzbereich ist gekennzeichnet durch Spannungen und Ströme, wie in Bild 6.1 dargestellt. Die dort verwendeten Begriffe *„Hilfsstromkreis"* und *„Hauptstromkreis"* stehen synonym für Verstärkerfunktionen, was die Darstellung in Bild 6.2 veranschaulicht. Danach werden in Hilfsstromkreisen Schaltgeräte benötigt, mit denen Signale in eine Steuerung eingegeben werden und solche, die diese Signale logisch verknüpfen. Die so gebildeten Ausgangssignale wirken auf Komponenten im Hauptstromkreis, die den Energiefluß steuern. Dort finden wir Schaltgeräte, die den Schutz von Anlagen und Verbrauchern

übernehmen und für Wartungsarbeiten eine sichere Trennung von Anlagen bzw. Anlagenteilen ermöglichen. Das betriebsmäßige Ein- und Ausschalten der Verbraucher überträgt man speziell dafür bemessenen Geräten, z.B. fernbetätigten Schützen. Im Hauptstromkreis werden noch Überwachungsgeräte benötigt, die den Schutz der Verbraucher übernehmen.

Mit Ausnahme der Funktion „Schützen und Trennen", die ausschließlich von kontaktbehafteten Geräten ausgeübt wird, werden heute sowohl kontaktbehaftete Nieder-

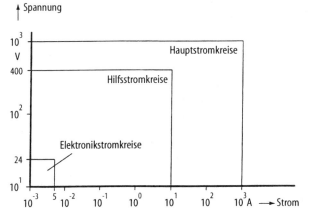

Bild 6.1. Einsatzbereiche von Niederspannungsschaltgeräten

spannungsschaltgeräte als auch vollelektronische Lösungen parallel angeboten. Je nach Einsatzfall lassen sich die Vorteile des einen oder anderen Prinzips nutzen. Kontaktbehaftete Niederspannungsschaltgeräte zeichnen sich durch hohe Überlastfestigkeit und EMV (s. Abschn. A 3.4) aus.

Ein wesentliches Merkmal aller Schaltgeräte ist, daß sie insbesondere die Ausgleichsvorgänge, die sich beim Schließen und Öffnen von Stromkreisen ergeben, sicher beherrschen müssen. Die Übergänge von Energieniveau „null" auf „eins" und umgekehrt spielen sich im Bereich weniger Millisekunden ab und führen im allgemeinen zu Überströmen und -spannungen.

Die Verschleißerscheinungen bei kontaktbehafteten Geräten durch mechanische Beanspruchung und Lichtbogenbeaufschlagung können zu unerwünschten Umgebungsbelastungen führen. Aus diesem Grunde müssen vom Entwickler moderner Niederspannungsschaltgeräte neben der Erfüllung der technischen Anforderungen auch Umweltaspekte ins Kalkül gezogen werden. Als Beispiel sei die Vermeidung von Asbest in Kunststoffen und von Cadmium in Kontaktwerkstoffen sowie in Oberflächenschutzmitteln erwähnt.

Verwendungszweck und typische Beanspruchungen der Niederspannungsschaltgeräte werden durch die Angabe einer Gebrauchskategorie in Verbindung mit einem Bemessungsbetriebsstrom bzw. der Motorleistung bei einer bestimmten Bemessungsbetriebsspannung beschrieben. Eine Auswahl zeigt Tabelle 6.1. Die Geräte können mehreren Gebrauchskategorien zugeordnet werden. Aus der jeweiligen Zuordnung resultieren unterschiedliche Prüfbedingungen und damit auch unterschiedliche Bemessungsbetriebsströme. Hierzu wird auf die Kataloge und Handbücher [6.1-6.13] der Schaltgerätehersteller verwiesen.

## 6.2
## Geräte für Hilfsstromkreise

Wesentlichstes Merkmal dieser Gerätegruppe ist die Zuverlässigkeit der Signalgabe und -verarbeitung. Nachdem in modernen Steuerungen kontaktbehaftete und elektronische Geräte kombinierbar sein müssen, sind die Kontaktstellen vieler Hilfsstromschalter so ausgeführt, daß sie bei einem typischen Elektronik-Signalniveau von 24 V DC und 5 mA weniger als 1 Fehler auf $10^7$ Schaltspiele aufweisen. Im einzelnen sind die Herstellerangaben zu beachten.

Die Anschluß- und Montagetechnik berücksichtigt ebenfalls das breite Feld der Anwendungen. So werden neben dem bewährten und überwiegend benutzten Schraubanschluß mit selbstanhebender Scheibe je nach Geräteart auch Steck- ($1 \times 6{,}3$ mm oder $2 \times 2{,}8$ mm) und Lötstiftanschlüsse sowie vereinzelt Federklemmen angeboten.

### 6.2.1
### Geräte für Signaleingabe
#### 6.2.1.1
#### Befehlsgeräte

Hierunter fallen alle unmittelbar vom Menschen betätigten Befehlsgeber (Drucktaster, Fußschalter) mit ihrem umfangreichen Zubehör, wie z.B. Leuchtmelder.

Die beiden wesentlichen Baugruppen eines Befehlsgerätes sind das Betätigungs- und das Schaltelement. Es ist möglich, ein Betätigungselement mit mehreren, meist 2poligen Schaltelementen zu koppeln. Sind Schließer und Öffner vorhanden, ist sichergestellt, daß beide Signalstellen *eines* Schaltelementes nicht gleichzeitig geschlossen sind.

Der Schalttafeleinbau ist zwar die häufigste Einsatzart, daneben gibt es jedoch eine Vielzahl von Kapselungen, wenn Befehlsgeräte räumlich getrennt von Steuerungen eingesetzt werden.

Die Einbaumaße sind genormt (IEC 947-5-1). Von den Ausführungen mit den Befestigungsnenndurchmessern 12 mm bis 30 mm liegt das Schwergewicht in Europa bei 22 mm und in USA bei 30 mm.

#### 6.2.1.2
#### Positionsschalter

Positionsschalter wandeln mittels Kraftschluß mechanische Positionen von bewegten Maschinenteilen in elektrische Signale um. Sie gleichen also bis auf die Betätigungsart funktional den Befehlsgeräten. Sie sind im allgemeinen räumlich getrennt von einer Steuerung angeordnet.

**Tabelle 6.1.** Gebrauchskategorien für Niederspannungsschaltgeräte gem. IEC 947

| Wechselspannung | | Gleichspannung | |
|---|---|---|---|
| Gebrauchs-Kategorie | Typische Anwendungen | Gebrauchs-kategorie | Typische Anwendungen |
| AC-1 | Nichtinduktive oder schwachinduktive Last, Widerstandsöfen | DC-1 | Nichtinduktive oder schwachinduktive Last, Widerstandsöfen |
| AC-12 | Steuern von ohmscher Last und Halbleiterlast in Eingangskreisen von Optokopplern | DC-12 | Steuern von ohmscher Last und Halbleiterlast in Eingangskreisen von Optokopplern |
| AC-13 | Steuern von Halbleiterlast mit Transformatortrennung | | |
| AC-14 | Steuern kleiner elektromagnetischer Last (max. 72 VA) | DC-13 | Steuern von Elektromagneten |
| AC-15 | Steuern elektromagnetischer Last (größer als 72 VA) | DC-14 | Steuern von elektromagnetischen Lasten mit Sparwiderständen im Stromkreis |
| AC-2 | Schleifringläufermotoren: Anlassen, Ausschalten | | |
| AC-3 | Käfigläufermotoren: Anlassen, Ausschalten während des Laufes | | |
| AC-4 | Käfigläufermotoren: Anlassen, Gegenstrombremsen, Reversieren, Tippen | DC-3 | Nebenschlußmotoren: Anlassen, Gegenstrombremsen, Reversieren, Tippen, Widerstandsbremsen |
| | | DC-5 | Reihenschlußmotoren: Anlassen, Gegenstrombremsen, Reversieren, Tippen, Widerstandsbremsen |
| AC-5a | Schalten von Gasentladungslampen | | |
| AC-5b | Schalten von Glühlampen | DC-6 | Schalten von Glühlampen |
| AC-6a | Schalten von Transformatoren | | |
| AC-6b | Schalten von Kondensatorbatterien | | |
| AC-7a | Schwach induktive Last in Haushaltgeräten und ähnlichen Anwendungen | | |
| AC-7b | Motorlast für Haushaltgeräte | | |
| AC-8a | Schalten von hermetisch gekapselten Kühlkompressormotoren mit manueller Rückstellung der Überlastauslöser | | |
| AC-8b | Schalten von hermetisch gekapselten Kühlkompressormotoren mit automatischer Rückstellung der Überlastauslöser | | |

Je nach Einsatzart gibt es typische Bauformen. Bei einfachen Umweltanforderungen werden ungekapselte, direkt ansteuerbare Schaltelemente eingesetzt. Dort, wo Schutzisolierung oder Beständigkeit gegen Flüssigkeiten und Chemikalien benötigt werden, werden die Schaltelemente in Formstoffgehäuse eingebaut. Höchste Widerstandsfestigkeit bieten Metallgehäuse.

Alle Gehäuse können mit einer Vielzahl von Antriebsköpfen ausgerüstet werden, mit denen die erforderliche Anpassung an die Art der Betätigungseinrichtung, die Anfahrmöglichkeiten und Betätigungsgeschwindigkeiten erfolgen kann. Abmessungen und Funktionsmaße sind in DIN EN 50041 und 50047 definiert.

Bei Positionsschaltern, die in Sicherheitsstromkreisen eingesetzt werden, muß die Bedingung *Zwangsöffnung der Öffnerkontakte* erfüllt sein. Einige Hersteller haben diese Eigenschaft bereits in die Standardgeräte integriert.

### 6.2.1.3
### Näherungsschalter

Derartige Signalgeber werden dort benötigt, wo eine mechanische Berührung gar nicht möglich (stoffliche Zusammensetzung oder Abstand des Objektes), die verfügbare Betätigungskraft zu klein oder die Betätigungsgeschwindigkeit zu groß ist. Für die vielfältigen Erkennungs- und Erfassungsaufgaben werden induktive, kapazitive, optische, magnetische und mit Ultraschall arbeitende Näherungsschalter angeboten. Weitere Informationen enthält Kap. B5.

### 6.2.2
### Geräte für Signalverknüpfung und -ausgabe
### 6.2.2.1
### Hilfsschütze

Hilfsschütze sind fernbetätigbare elektromagnetische Schaltgeräte, die in ihre Ruhelage zurückfallen, sobald der Steuerstromkreis unterbrochen wird. Sie dienen zur logischen Verknüpfung der durch Befehlsgeräte und Positionsschalter eingegebenen Signale. Insofern sind sie funktional eng verwandt mit den Relais (s. Kap. 1–5). Die tatsächlichen Unterschiede zu diesen liegen allein in den durch die spezifischen Einsatzbedingungen bedingten technischen Daten und den konstruktiven Ausprägungen.

Der typische Aufbau von Hilfsschützen ist aus Bild 6.3 zu erkennen. Bei den meisten Hilfsschützen lassen sich weitere Hilfsschalter oder Zubehör nachträglich anbauen. Hilfsschütze können Gleich- und Wechselstromlasten schalten. Die zulässigen Bemessungsbetriebsströme sind von der Art der Last und der Höhe der Spannung abhängig.

Obwohl die Strombahnen der Hilfsschütze vornehmlich zum sicheren Schalten *kleiner* Lasten in Steuer- und Elektronikstromkreisen dimensioniert sind, dürfen sie auch zum Schalten von Lampen oder kleinen Drehstrommotoren verwendet werden.

Abgesehen von Sonderausführungen, sind die Öffner und Schließer von Hilfsschützen nie gleichzeitig geschlossen. Ist diese Bedingung auch im gestörten Betriebszustand (z.B. eine verschweißte Strombahn) gewährleistet, dann besitzt ein Hilfsschütz die Eigenschaft der *Zwangsführung*. Hiermit lassen sich insbesondere Sicherheitsstromkreise einfacher aufbauen.

Ein weiterer Sicherheitsaspekt von Hilfsschützen ist die *galvanische* Trennung von

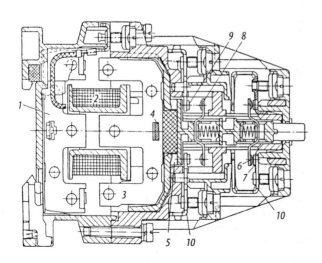

**Bild 6.3.** Schnittbild eines Hilfsschützes. *1* feststehendes Magnetjoch, *2* Erregerspule, *3* beweglicher Magnetanker, *4* Riegel zur Verbindung von 3 und 5, *5* Kontaktträger, *6* bewegliches Schaltstück für Öffner, *7* feststehendes Schaltstück für Öffner, *8* bewegliches Schaltstück für Schließer, *9* feststehendes Schaltstück für Schließer, *10* Leiteranschluß

Steuerstromkreis (Spule) und Schaltgliedern, aber auch der Schaltglieder untereinander. Dadurch läßt sich die sichere Trennung von „Schutz-Kleinspannungskreisen" und „Funktions-Kleinspannungskreisen mit sicherer Trennung" von den übrigen Stromkreisen zum Schutz gegen gefährliche Körperströme einfach realisieren.

Wegen der guten galvanischen Trennung werden Hilfsschütze bevorzugt auch zur Kopplung von elektronischen Steuerungen mit Starkstromkreisen eingesetzt. Besonders angepaßte Hilfsschütze werden als sog. *Koppelglieder* (vgl. Abschn. 6.2.2.4) angeboten.

Es gibt Hilfsschütze, die mit Gleich- und solche, die mit Wechselspannung angesteuert werden. Bei Wechselspannungsbetätigung ist der Einschaltstrom deutlich höher als der Strom im eingeschalteten Zustand. Dies ist im unterschiedlich großen Luftspalt zwischen den Polflächen des Magnetsystems im aus- und eingeschalteten Zustand begründet. Das Verhältnis beider Ströme kann je nach konstruktiver Ausführung des Magnetantriebs die Werte 2 bis 7 annehmen.

Die Höhe der Steuerspannung innerhalb ihres zulässigen Toleranzbereiches und bei Wechselspannung auch die Phasenlage im Einschaltmoment bestimmen die Schaltzeiten der Schütze. Daher werden reine Schützsteuerungen auch nicht als Zeitfolge-Steuerungen („Wettlaufschaltungen") sondern stets mit gegenseitiger Verriegelung (Funktionsfolge) aufgebaut.

Beim Aufbau räumlich ausgedehnter Steuerungen sind zwei wesentliche Punkte zu beachten:

1. Beim Einschalten des Spulenstromkreises darf die Spannung an den Spulenklemmen nicht unter 80% der Bemessungssteuerspeisespannung absinken.
2. In Wechselstromkreisen kann die Kapazität der Steuerleitungen so groß sein, daß trotz ausgeschalteter Befehlsgeber der durch die Spule fließende *kapazitive* Reststrom das Hilfsschütz nicht ausschalten läßt.

#### 6.2.2.2
#### Zeitrelais

Zeitrelais werden für *zeitverzögerte* Schaltvorgänge in Steuer-, Schutz-, Anlaß- und Regelschaltungen eingesetzt. Im Gegensatz zu den anderen Schaltgeräten besitzen sie eine große Wiederholgenauigkeit der eingestellten Zeiten.

Als Zeitglied wird entweder ein Synchron-Motor oder eine elektronische Schaltung bis hin zum Quarzoszillator mit Mikroprozessor benutzt. Zeitrelais werden für folgende Funktionen angeboten:

– Ansprechverzögerung,
– Rückfallverzögerung,
– Blinksignal,
– Wischsignal,
– Impulsformung,
– Zeitaddition,
– Schließer-Öffner-Umschaltung mit Zeitverzögerung.

Es gibt Zeitrelais für einzelne dieser Funktionen, aber auch Kombinationen. Multifunktions-Zeitrelais erlauben, die gewünschte Funktion mittels eines Codiersteckers einzustellen. Die meisten elektronischen Zeitrelais haben als Ausgangskreise elektromechanische Schaltrelais. Hiermit ist eine galvanische Trennung von Eingangs- und Ausgangskreis gegeben.

Die Zeiten lassen sich innerhalb eines Einstellbereiches etwa um den Faktor 20 variieren. Kurze Einstellzeiten beginnen bei 50 ms, lange Einstellzeiten reichen bis 100 h.

#### 6.2.2.3
#### Speicherprogrammierbare Steuerungen

Nach den Hilfsschützen und Zeitrelais sind speicherprogrammierbare Steuerungen (SPS) weitere Steuerungsmittel, mit denen Automatisierungsaufgaben gelöst werden können. Welcher Gerätegruppe (Hilfsschütz u.ä. oder SPS) der Vorzug gegeben wird, muß unter Berücksichtigung wirtschaftlicher Gesichtspunkte von Fall zu Fall entschieden werden (s. Kap. F2).

SPS sind auf jeden Fall dann von Vorteil, wenn Steuerungen rasch bzw. häufig an geänderte Betriebsabläufe angepaßt werden müssen und eine maschinelle Programmdokumentation gefordert wird.

#### 6.2.2.4
#### Koppelglieder

Koppelglieder sind Betriebsmittel zum Übertragen elektrischer Signale von einem

Stromkreis auf den anderen. Sie werden vor allem bei der Verbindung von *elektronischen* Steuerungen (z.B. SPS) mit Starkstromkreisen benötigt.

Koppelglieder mit galvanischer Trennung sind zweckmäßigerweise Hilfsschütze (Abschn. 6.2.2.1), kleine Schütze (Abschn. 6.3.2.1) oder Relais (Kap. 1–5). Vereinzelt kommen auch Optokoppler zum Einsatz. Damit diese Geräte systemgerecht angesteuert werden können, müssen sie bei einer Bemessungssteuerspeisespannung von 24 V DC im Bereich von 17 V bis 30 V DC sicher einschalten und dauernd betrieben werden können. Außerdem müssen die Eingänge gegen Überspannungen beschaltet sein.

Meist schalten Koppelglieder auf der Ausgangsseite größere Schütze, die wiederum dann die Motoren ein- und ausschalten. Es werden aber auch Koppelglieder angeboten, mit denen Drehstrom-Asynchronmotore bis 11 kW bei 400 V direkt geschaltet werden können.

Koppelglieder gibt es in verschiedenen Bauformen. Schützkoppler werden wie Einzelschütze installiert und angeschlossen. Relais und Optokoppler sind meist in Gehäusen untergebracht, die dann Montage- und Anschlußmöglichkeiten wie Schützkoppler bieten. Koppelglieder in Klemmenform sind insbesondere für die Montage auf Reihenklemmentragschienen vorgesehen.

## 6.3
## Geräte für Hauptstromkreise

Geräte für Hauptstromkreise dienen zum Verteilen und Schalten elektrischer Energie. Diese Geräte zeichnen sich durch hohes Schaltvermögen bei gleichzeitig hoher elektrischer Lebensdauer aus. Im Gegensatz zu den Geräten in Hilfsstromkreisen müssen sie großen elektrodynamischen Kräften und auch den harten Umgebungsbedingungen am Ort der Verbraucher widerstehen können.

### 6.3.1
### Trennen und Schützen
#### 6.3.1.1
#### Lasttrennschalter

Lasttrennschalter erlauben das betriebsmäßige Ein- und Ausschalten von Abzweigen unter *Last*. Entscheidend ist, daß der Stromkreis allpolig geöffnet und die Schaltstellung zuverlässig angezeigt wird. Die Öffnung der Schaltstellen (Trennstrecke) muß so groß sein, daß die Bedingungen für den Personenschutz gewährleistet sind. An einem so abgeschalteten Abzweig darf also gefahrlos gearbeitet werden. Lasttrennschalter sind handbetätigte Haupt- und NOT-AUS-Schalter. Es gibt sie auch mit integrierten Sicherungen.

#### 6.3.1.2
#### Sicherungen

Eine Sicherung ist eine vollständige Schutzeinrichtung, die den Stromkreis, in dem sie eingesetzt ist, durch Abschmelzen von Schmelzleitern unterbricht. Das Abschmelzen ist von Größe und Dauer des sie durchfließenden Stromes abhängig. Dieser Zusammenhang wird üblicherweise in einem Strom-Zeit-Diagramm mit logarithmischer Teilung dargestellt.

Im Kurzschlußfall sprechen Sicherungen so schnell an, daß der Strom bereits während des Anstiegs unterbrochen wird. Es tritt also eine *Strombegrenzung* ein, die in den Katalogen anhand von Durchlaßstrom-Diagrammen ausgewiesen wird. Sicherungen sind nach wie vor die Kurzschlußschutzeinrichtungen mit den geringsten Durchlaßströmen und -energien. Hiervon profitieren die nachgeschalteten Geräte.

Für die einzelnen Anforderungen gibt es Sicherungen mit angepaßten Strom-Zeit-Kennlinien, die in IEC 269-1 als Betriebsklassen für den Schutz von Kabeln und Leitungen (gL/gG), Halbleitern (gR), Bergbauanlagen (gB), Schaltgeräten (aM) und Halbleitern (aR) definiert sind.

So vorteilhaft das Schutzverhalten der Sicherungen bei Kurzschlüssen ist, so muß als Nachteil in Kauf genommen werden, daß in mehrphasigen Netzen nicht zwangsläufig allpolig getrennt wird und nach einem Störfall Ersatzsicherungen beschafft und eingesetzt werden müssen.

#### 6.3.1.3
#### Leistungsschalter

Leistungsschalter können betriebsmäßige Ströme einschalten, führen und wieder aus-

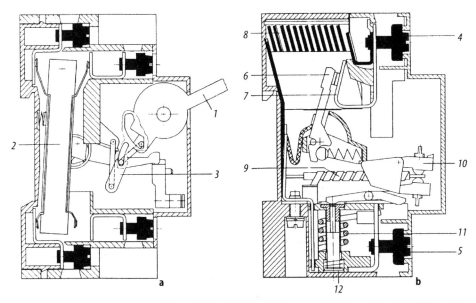

**Bild 6.4.** Schnittbild eines Leistungsschalters. **a** Schaltschloßebene **b** Hauptstromkreisebene. *1* Kipphebel, *2* Hilfsschalter, *3* Schaltschloß, *4* oberer Anschluß, *5* unterer Anschluß, *6* bewegliches Schaltstück, *7* festes Schaltstück, *8* Lichtbogen-Löscheinrichtung, *9* Überlastauslöser, *10* Justiereinrichtung zu 9, *11* Kurzschlußauslöser, *12* Justiereinrichtung zu 11

schalten. Sie sind jedoch auch im Überlastfall bis hin zum Kurzschluß in der Lage, den Strom einzuschalten, für eine begrenzte Zeit zu führen und ihn zu unterbrechen. Bild 6.4 zeigt die Prinzipdarstellung eines Leistungsschalters für Motorschutz. Das *Schaltschloß* wird beim Einschalten gespannt und dient somit als Kraftspeicher für die sichere Ausschaltung. Der *Kurzschlußauslöser* ist ein kleiner Elektromagnet, der vom Strom im Abzweig durchflossen wird, im Kurzschlußfall unverzögert oder kurzverzögert anspricht und dadurch das Schaltschloß entklinkt. Kleinere Leistungsschalter besitzen zusätzlich *Überlastauslöser*, die den Schutz von Anlagen oder Motoren übernehmen. Es ist möglich, Leistungsschalter als strombegrenzende Verbraucherschalter oder als mit diesen selektiv zusammenarbeitende Verteilerschalter oder als Kuppelschalter für das Parallelschalten von Transformatoren auszuführen. Die Auslösung des Schaltschlosses kann durch zusätzliche Sensoren auch bei Fehlerstrom und Unterspannung erfolgen.

Das Schaltschloß wird üblicherweise bei Geräten bis zu 250 A von Hand betätigt. Größere Leistungsschalter haben Motorantriebe. Gelegentlich wird auch für kleinere Leistungsschalter ein Fernantrieb benötigt, der dann durch Andocken eines Motor- oder Elektromagnet-Antriebes an die Handbetätigung realisiert wird.

Der große *Vorteil* des Leistungsschalters gegenüber einer Sicherung liegt im Kurzschlußfall darin, daß er allpolig den Abzweig trennt und danach wieder einschaltbereit ist. In modernen Schaltanlagen werden daher Leistungsschalter immer mehr zum Bau sicherungsloser Verbraucherabzweige herangezogen (s.a. Abschn. 6.3.4).

### 6.3.2
### Schalten

#### 6.3.2.1
#### Schütze

**Kontaktbehaftete Schütze**

Schütze sind – genauso wie die Hilfsschütze – Schaltgeräte mit nur einer lage, in die sie zurückfallen, wenn der Steuerstromkreis unterbrochen wird. Sie sind für das Einschalten, Führen und Ausschalten von Strömen einschließlich *betriebsmäßiger* Überlast (Ausgleichsvorgänge) dimensioniert. Schütze sind im allgemeinen weder zum Schalten von Kurzschlußströmen noch zur Verwendung als Trenner bestimmt. Der häufigste Einsatz erfolgt zum Schalten von Asynchronmotoren. Daneben können aber auch alle anderen Verbraucher, wie z.B. ohm'sche Lasten, Lampen und Kondensatoren geschaltet werden. Wegen der unterschiedlichen Ausgleichsvorgänge ergeben sich allerdings jeweils andere zulässige Bemessungsbetriebsströme.

Der prinzipielle konstruktive Aufbau eines kontaktbehafteten Schützes ist in Bild 6.5 dargestellt. Ein Elektromagnetsystem bewegt einen Kontaktträger mit beweglichen Schaltstücken, die durch Kontaktgabe mit den festen Schaltstücken Stromkreise schließen und öffnen.

Bei den meisten Schützen schalten die Kontaktstücke in Luft. Ebenso überwiegt die Doppelunterbrechung pro Strombahn. Schütze für Bemessungsbetriebsströme ab etwa 30 A haben zur Unterstützung der Lichtbogenlöschung beim Ausschalten zusätzliche Löscheinrichtungen in Form von Eisenblechen, die den Lichtbogen unterteilen und kühlen.

Eine weitere vorteilhafte Methode zur Lichtbogenlöschung ist das Schalten im *Vakuum*. Dazu müssen die Kontakte in einer evakuierten Röhre mit einem elastischen Federbalg für den beweglichen Kontakt untergebracht werden. Vorteile dieses Prinzips sind geringe Schaltgeräusche, keine Umgebungsbeeinträchtigung durch Abbrandprodukte des Lichtbogens sowie geringe Abmessungen, vornehmlich bei höheren Strömen und Spannungen. Bislang bieten nur wenige Hersteller Vakuumschütze, und diese dann für Ströme größer 160 A, an. Daß sich dieses Prinzip noch nicht weiter durchgesetzt hat, liegt hauptsächlich an wirtschaftlichen Gründen.

Vakuumschütze sind nicht ohne Zusatzaufwand zum Schalten von *Gleichströmen* geeignet. Luftschütze beherrschen beide Stromarten. Es haben sich jedoch wegen der unterschiedlichen Möglichkeiten, einen Wechsel- oder Gleichstromlichtbogen zu löschen, jeweils effiziente konstruktive Lösungen für Gleich- und Wechselstromschütze entwickelt. Für die Anwender, die Gleichstromverbraucher mit Standard-Wechselstromschützen schalten wollen, geben die meisten Hersteller entsprechende Bemessungsdaten in den Katalogen an.

Alle Schütze werden für Gleich- und Wechselstrombetätigung angeboten. Geräte bis zu etwa 90 A besitzen für die Gleichstrombetätigung meist spezielle Magnetsysteme. Bei größeren Schützen wird das

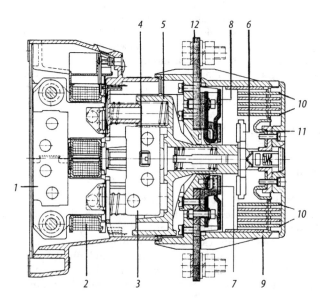

**Bild 6.5.** Schnittbild eines Schützes. *1* feststehendes Magnetjoch, *2* Erregerspule, *3* beweglicher Magnetanker, *4* Riegel zur Verbindung von 3 und 5, *5* Kontaktträger, *6* bewegliches Schaltstück, *7* feststehendes Schaltstück, *8* Polschuh, *9* Lichtbogenkammer, *10* Lichtbogenlöscheinrichtung, *11* Leitblech, *12* Leiteranschluß

Wechselstrommagnetsystem mit Gleichstrom erregt. Die Anpassung des Durchflutungsbedarfes an den Magnetweg, die bei Wechselstrom „automatisch" erfolgt, erfordert bei Gleichstromspeisung Schaltungsaufwand. Hierzu sind diverse Ausprägungen von sogenannten *Sparschaltungen* entwickelt worden, angefangen von kontaktbehafteten Wicklungs- oder Widerstandsumschaltungen bis hin zu elektronisch getakteten Lösungen.

Vom Aufbau her sind Schütze, genauso wie die Hilfsschütze, für die Eigenschaft „Sichere Trennung" geeignet. Das heißt, Schutzkleinspannungen und Betriebsspannungen bis 1000 V können gleichzeitig von *einem* Gerät geschaltet werden.

Zur Verknüpfung der Informationen über den Schaltzustand sind Schütze zusätzlich mit Hilfsschaltern ausgerüstet. Die Ankopplung der Hilfsschalter wird so gewählt, daß die Hauptstrombahnen und die Schließer der Hilfsschalter niemals *gleichzeitig* mit den Öffnern der Hilfsschalter geschlossen sind. Bei einigen Fabrikaten ist das auch noch gewährleistet, selbst wenn eine der Hauptstrombahnen verschweißt sein sollte. Dieses Merkmal (Zwangsführung) ist wichtig für die sichere Rückmeldung des Schaltzustandes der Hauptstrombahnen.

*Halbleiterschütze*
Für Anwendungen mit sehr großer Schalthäufigkeit, Schaltgeräuschfreiheit und extrem großen Lebensdauern werden Halbleiterschütze angeboten. Es gibt sie für Bemessungsbetriebsströme bis 200 A (s. Abschn. C 4.1.3). Steuerstromkreis und Hauptstrombahnen sind durch die Verwendung von Optokopplern galvanisch voneinander getrennt.

Die relativ hohen Kosten für diese Geräte werden hauptsächlich vom Aufwand für die Kühlung der Leistungshalbleiter bestimmt. Die Verluste von Leistungshalbleitern sind – bedingt durch den Leitungsmechanismus im Siliziumkristall – um den Faktor 10 bis 20 größer als bei kontaktbehafteten Schützen.

#### 6.3.2.2
*Steuerschalter*
Steuerschalter sind *handbetätigte* Schaltgeräte zum Schalten von Drehstrommotoren und ohm'schen Verbrauchern. In der Standardausführung sind sie zum Einbau in Schranktüren oder Abdeckungen geeignet.

Hinter dem Drehantrieb sind aneinanderreihbare Schaltelemente mit bis zu je 3 Strombahnen angeordnet. Durch das Aneinanderreihen und entsprechende Gestaltung der internen Nockenscheiben lassen sich mehrere Schalthandlungen gleichzeitig ausführen oder Schaltprogramme (z.B. Stern-Dreieck-Hochlauf) zusammenstellen.

Steuerschalter gibt es auch in der Ausprägung als Haupt- und NOT-AUS-Schalter. Hiermit können Be- und Verarbeitungsmaschinen während der Dauer von Reinigungs-, Wartungs- und Reparaturarbeiten sowie bei längeren Stillstandszeiten freigeschaltet werden.

### 6.3.3
### Überwachen
#### 6.3.3.1
*Überlastrelais*
Ein Überlastrelais ist ein stromabhängig verzögert schaltendes Relais, das im Überlastfall entsprechend einer Strom-Zeit-Kennlinie reagiert und so einen Verbraucher vor Überlast schützt. Die einzuhaltenden Grenzwerte für die Auslösung sind in IEC 947-4-1 festgelegt.

*Thermisch verzögerte* Überlastrelais sind die klassischen Vertreter dieser Geräteart (Bild 6.6). Hierbei fließt der Strom des zu überwachenden Zweiges entweder direkt durch ein Bimetall oder durch eine um das bzw. neben dem Bimetall befindliche Heizwicklung, wodurch dieses auslenkt. Über mechanische Koppelelemente wird die Auslenkung auf eine Hilfskontaktanordnung übertragen, die beim Überschreiten eines bestimmten Weges schaltet. Üblicherweise wird hiermit für ein im Stromkreis befindliches Schütz die Steuerspannung unterbrochen, so daß der Stromkreis des gefährdeten Verbrauchers abgeschaltet wird.

Überlastrelais lassen innerhalb eines Bereiches von 1:1,4 bis 1:1,6 die Wahl des Einstellstromes mittels eines Drehknopfes zu. Um die Einflüsse der Umgebungstemperatur am Einbauort der Überlastrelais zu eliminieren, wird eine Temperaturkompensation verwendet.

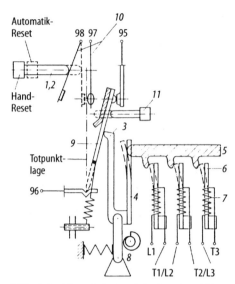

**Bild 6.6.** Funktionsprinzip eines dreipoligen thermisch verzögerten Überlastrelais. *1* umschaltbare Wiedereinschaltsperre, *2* Reset-Taste, *3* Auslösehebel, *4* Kompensationsstreifen, *5* Schieber, *6* Bimetallstreifen, *7* Heizwicklung, *8* Einstellknopf, *9* Schaltwippe/Öffnerkontakt, *10* Schließerkontakt, *11* Test-Taste

Nachdem die Beheizung der Bimetalle auf den *Effektivwert* des Laststromes reagiert, funktionieren thermisch verzögerte Überlastrelais auch bei Oberschwingungen im Strom noch zuverlässig.

Nach einer Auslösung benötigt jedes thermisch verzögerte Relais zur Abkühlung eine Wartezeit, die je nach Strom bei Auslösung und konstruktiver Ausprägung der Hilfskontaktanordnung einige Minuten beträgt. Die meisten Relais besitzen eine Einstellmöglichkeit, das *selbsttätige* Schließen der Hilfskontaktanordnung nach der Abkühlung zuzulassen oder zu verhindern (Wiedereinschaltsperre).

Um auch bei Zweiphasenlauf eines Asynchronmotors schützen zu können, bieten die Relais einiger Hersteller die Funktion „Phasenausfallempfindlichkeit mit Differentialschieber" an.

*Elektronische* Überlastrelais sind Schutzgeräte auf Mikroprozessorbasis. Der Motorstrom jeder Phase wird analog erfaßt und für die Weiterverarbeitung digitalisiert.

Unterschiede zu den thermisch verzögerten Relais sind:

– Erkennen von Stromunsymmetrien,
– Umschaltbare Auslöseklassen,
– Große Einstellbereiche 1 : 4,
– Hohe Auslösegenauigkeit,
– Selbstüberwachung.

In einer weiteren Ausbaustufe können elektronische Überlastrelais eine Vielzahl von Betriebs- und Statistikdaten, die sie erfaßt und errechnet haben, über Bussysteme (s. Teil D) einer Automatikebene zur Verfügung stellen.

### 6.3.3.2
### Thermistor-Motorschutz

Die Wicklungen von Motoren und Transformatoren können vor unzulässig hoher Erwärmung durch in die Wicklung eingebrachte Halbleiter-Temperaturfühler (s. Abschn. B 6.2.1.3), deren Widerstandswerte abgefragt werden, geschützt werden. Bei Verwendung von *Kaltleitern* ist die Ansprechtemperatur durch die Kennlinie des eingebauten Temperaturfühlers festgelegt. Beim Einsatz von *Heißleitern* kann dagegen die Ansprechtemperatur nachträglich an einem Auslösegerät eingestellt werden. In Kombination mit thermisch verzögerten Überlastrelais bieten Thermistor-Motorschutzgeräte einen vollkommenen thermischen Schutz für läuferkritische Motoren.

### µ6.3.4
### Gerätekombinationen

Die in den vorstehenden Kapiteln beschriebenen Geräte werden je nach Funktionsumfang einer Steuerung oder Anlage vom Anwender miteinander kombiniert. In der überwiegenden Zahl der Anwendungen erfolgt die Kombination allein durch die leitungsmäßige Verbindung der räumlich getrennt montierten Einzelgeräte. Häufig benötigte Geräte-Kombinationen können vom Hersteller fertig vormontiert bezogen werden. In der Vergangenheit waren das hauptsächlich Einfachstarter (Schütz mit Überlastrelais) sowie Wende- und Sterndreieck-Starter. Neuerdings werden verstärkt komplette, sicherungslose Verbraucherabzweige angeboten.

Wie für fast alle kontaktbehafteten Einzelgeräte gibt es auch bei den Gerätekombinationen ein vollelektronisches Pendant.

**Tabelle 6.2.** IEC-, DIN EN- und DIN VDE-Bestimmungen

| IEC | DIN EN | DIN VDE | |
|---|---|---|---|
| 60 158-2 | – | 0660-109 | Halbleiterschütze |
| 60 204-1 | 60 204-1 | – | Sicherheit von Maschinen; Elektrische Ausrüstung von Maschinen |
| 60 255-1-00 | – | 0435-2011 | Elektrische Relais; Maße von Schaltrelais für allgemeine Anwendungen |
| – | – | 0435-302 | Elektrische Relais; Elektromechanische Meßrelais |
| **60 269** | | | **Niederspannungssicherungen** |
| 60 269-1 | – | 0636-10 | Allgemeine Festlegungen |
| 60 269-2 | 60 269-2 | – | Zusätzliche Anforderungen an Sicherungen zum Gebrauch durch Elektrofachkräfte … |
| 60 269-3 | 60 269-3 | – | Zusätzliche Anforderungen an Sicherungen zum Gebrauch durch Laien |
| 60 269-4 | 60 269-4 | – | Zusätzliche Anforderungen an Sicherungen zum Schutz von Halbleiter-Bauelementen |
| 60 439-1 | 60 439-1 | – | Niederspannungsschaltgerätekombinationen; Anforderungen an typgeprüfte und partiell typgeprüfte Kombinationen |
| 61 000-4-1 | 61000-4-1 | – | Elektromagnetische Verträglichkeit; Prüf- und Meßverfahren |
| **60 947** | | | **Niederspannungsschaltgeräte** |
| 60 947-1 | – | 0660-100 | Allgemeine Festlegungen |
| 60 947-2 | 60 947-2 | – | Leistungsschalter |
| 60 947-3 | – | 0660-107 | Lastschalter, Trennschalter, Lasttrennschalter und Schalter-Sicherungseinheiten |
| 60 947-4-1 | – | 0660-102 | Elektromechanische Schütze und Motorstarter |
| 60 947-4-2 | 60 947-4-2 | – | Halbleiter-Motor-Controller und Starter für Wechselspannung |
| 60 947-5-1 | – | 0660-200 | Steuergeräte und Schaltelemente; Elektromechanische Steuergeräte |
| 60 947-5-2 | 60 947-5-2 | – | Steuergeräte und Schaltelemente; Näherungsschalter |
| 60 947-5-4 | – | – | Verfahren zur Abschätzung der Leistungsfähigkeit von Schwachstromkontakten |
| 60 947-5-5 | – | – | Elektrisches NOT-AUS-Gerät mit mechanischer Verrastfunktion |
| 60 947-6-1 | – | 0660-114 | Mehrfunktion-Schaltgeräte, Automatische Netzumschalter |
| 60 947-6-2 | 60 947-6-2 | – | Mehrfunktion-Schaltgeräte, Steuer- und Schutz-Schaltgeräte |
| 60 947-7-1 | – | 0611-1 | Hilfseinrichtung: Reihenklemme für Kupferleitungen |

Insbesondere die Funktion des Sterndreieck-Starters läßt sich durch elektronische Motorsteuergeräte elegant substituieren. Diese Geräte nutzen die Steuerbarkeit von Leistungshalbleitern aus, indem per *Phasenanschnitt* (s. Abschn. C 4.3) einem Asynchronmotor eine reduzierte Spannung zum sanften Hochlauf, Auslauf und auch zum Bremsen angeboten wird. Bei Einsatz einer Mikroprozessor-Steuerung können weitere Funktionen wie Überlastschutz, Fehlerauswertung und Kommunikation realisiert werden.

Diese Motorsteuergeräte sind eine wirtschaftliche Alternative zu Frequenzumrichtern.

## 6.4 IEC-, DIN EN- und DIN VDE-Bestimmungen

In der Tabelle 6.2 sind die einschlägigen Bestimmungen dargestellt.

## Literatur

6.1 Baumann W (Mitverf.) (1984) Technische Akademie Wuppertal: NS-Schaltgeräte-Praxis. VDE, Berlin

6.2 Erk A, Schmelze M (1974) Grundlagen der Schaltgerätetechnik. Springer, Berlin Heidelberg New York

6.3 Franken H (1967) Schütze und Schützensteuerungen. Springer, Berlin Heidelberg New York

6.4 Keil A, Merl WA, Vinaricky E (1984) Elektrische Kontakte und ihre Werkstoffe. Springer, Berlin Heidelberg New York

6.5 Kesselring F (1968) Theoretische Grundlagen zur Berechnung der Schaltgeräte. de Gruyter, Berlin

6.6 Küpfmüller K (1984) Einführung in die theoretische Elektrotechnik. 11. Aufl., Springer, Berlin Heidelberg New York

6.7 Lindmayer M (1987) Schaltgeräte. Springer, Berlin Heidelberg New York

6.8 Rüdenberg R (1974) Elektrische Schaltvorgänge. (Hrsg.: Dorsch H, Jacottet P), 5. Aufl. Springer, Berlin Heidelberg New York

6.9 Schmelcher Th (1973) Niederspannungsschaltgeräte. Siemens, Berlin München

6.10 Schmelcher Th (1974) Überstromschutz in Niederspannungsanlagen. Siemens, Berlin München

6.11 Schmelcher Th (Bearb.) (1990) Schalten, Schützen, Verteilen in Niederspannungsnetzen. 2. Aufl., Siemens, Berlin München

6.12 Schreiner H (1964) Pulvermetallurgie elektrischer Kontakte. Springer, Berlin Heidelberg New York

6.13 Strnad H, Korell RH (1984) Sicherheitstechnische Eigenschaften und Einsatzbedingungen von Niederspannungs-Schaltgeräten. Wirtschaftsverlag NW, Bremerhaven

# Teil L

## Hilfsenergiequellen

1 Netzgeräte
2 Druckluftversorgung
3 Druckflüssigkeitsquellen

# 1 Netzgeräte

J. PETZOLDT

## 1.1
## Übersicht

Netzgeräte übernehmen die Energiebereitstellung für alle elektrischen und elektronischen Funktionseinheiten. Diese *Hilfsenergie* wird in der Regel als Gleichspannung benötigt, an die bestimmte Anforderungen bezüglich deren Höhe, den zulässigen überlagerten Wechselanteilen (Welligkeit), der Potentialtrennung und der Versorgungszuverlässigkeit gestellt sind. In vielen Anwendungen müssen verschiedene Hilfsspannungen unterschiedlicher Höhe bereitgestellt werden, die gegebenenfalls untereinander potentialgetrennt ausgeführt sind. Typische Werte sind +5 V, +15 V, –15 V. Die von den Hilfsspannungen versorgten Verbraucher benötigen keine Blindleistung, d.h. der Leistungsfluß ist in Richtung Verbraucher unidirektional. Die Quelle der Hilfsenergie ist entweder das ein- oder dreiphasige 50 Hz-Netz oder eine Batterieanlage. Für den Fall der höchsten *Versorgungszuverlässigkeit* muß eine Batterieanlage immer parallel zur Netzeinspeisung betrieben werden, um bei Netzausfall den Energiebedarf aller Verbraucher zu decken. In diesem Fall spricht man von einer *unterbrechungsfreien Stromversorgung* (USV). Bild 1.1 zeigt zusammengefaßt die grundlegenden Aufgaben einer Hilfsstromversorgung, wobei der bidirektionale Anschluß einer Batterieanlage nur bei einer USV existiert.

Die Netzwechselspannung muß sowohl gleichgerichtet als auch in die entsprechende Spannungsebene der Ausgangsspannungen transformiert werden. Da die Gleichrichtung keinen kontinuierlichen Leistungsfluß aus dem Netz zuläßt, ist eine Zwischenspeicherung der Energie in Kondensatoren (Spannungszwischenkreis) notwendig. Nach der Art der Spannungstransformation unterscheidet man zwei grundlegend unterschiedliche Konzepte, erstens Schaltungen mit *Netzfrequenztransformatoren* und zweitens Schaltungen mit *Hochfrequenztransformatoren*, deren Frequenzbereich sich von ca. 20 kHz bis zu mehreren hundert kHz erstrecken kann. Nachfolgend werden nur die Grundkonzepte betrachtet, ohne auf alle weiteren Kombinationsmöglichkeiten einzugehen.

### 1.1.1
### Schaltungen mit Netzfrequenztransformatoren

Bei diesem Konzept zeigt Bild 1.2 die Variante mit nur einem Transformator und einem zentralen Energiezwischenspeicher. Der Netztransformator ist primärseitig über eine EMV-Filtereinrichtung mit dem Netz verbunden. Sekundärseitig kann zwischen der Gleichrichtung und dem Spannungszwischenkreis eine Schaltung zur Leistungsfaktorregelung angeordnet sein, die im Transformator und damit auch im Netz einen nahezu sinusförmigen Strom synchron zur Netzspannung fließen läßt. Bei Verzicht auf diese Schaltung wird das Netz mit erheblichen Oberschwingungsströmen belastet. Aus der vom Netz potentialgetrennten Zwischenkreisspannung werden alle anderen Verbraucherspannungen abgeleitet. Die nichtstabilisierte Zwischenkreisspannung von z.B. 24 V liegt bereits auf Verbraucherpotential, so daß die Verbraucherspannungen ohne Potentialtrennung entweder über Schaltregler oder Längsregler auf

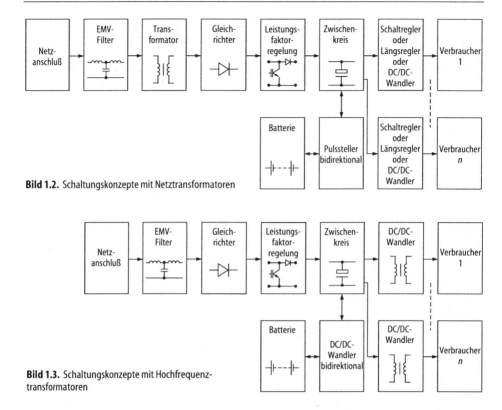

**Bild 1.2.** Schaltungskonzepte mit Netztransformatoren

**Bild 1.3.** Schaltungskonzepte mit Hochfrequenztransformatoren

die erforderliche Höhe geregelt (stabilisiert) werden. Nur bei untereinander potentialfreien Spannungen müssen potentialtrennende DC/DC-Wandler eingesetzt werden.

Ein für USV-Anlagen notwendiger Batterieanschluß erfolgt über bidirektionale Pulssteller, die sowohl die Batterieladung als auch deren Entladung übernehmen. Die Batteriespannung liegt dabei in der gleichen Größenordnung und auf gleichem Potential wie die Zwischenkreisspannung.

### 1.1.2
### Schaltungen mit Hochfrequenztransformatoren

Auf Grund des hohen Gewichts und Volumens von 50 Hz-Transformatoren verwendet man zunehmend *primär getaktete* Schaltungen, in denen ein Hochfrequenztransformator die Spannungstransformation und Potentialtrennung übernimmt. In Bild 1.3 ist das Grundprinzip dargestellt.

Die Netzspannung wird nach dem EMV-Filter direkt gleichgerichtet. Damit ergibt sich eine auf Netzspannungspotential liegende Zwischenkreisspannung von ca. 300 V bei einphasigem und ca. 500 V bei dreiphasigem Netzanschluß. Eine zwischen Gleichrichter und Spannungszwischenkreis geschaltete Leistungsfaktorregelung kann einen blindleistungsarmen Netzanschluß bewirken. Die einzelnen Verbraucherspannungen werden aus dem Zwischenkreis durch potentialtrennende DC/DC-Wandler (s. Abschn. 1.6) gewonnen. Bei einer Erweiterung dieses Schaltungskonzeptes zur USV-Anlage muß die Batterie über bidirektional arbeitende DC/DC-Wandler mit dem Zwischenkreis verbunden werden.

### 1.2
### Gleichrichtung

Für die Gleichrichtung kommen in der Regel *ungesteuerte Diodengleichrichter* zum Einsatz, die auf der Gleichspannungsseite direkt mit dem Zwischenkreiskondensator verbunden sind. Diese Gleichrichter arbei-

1 Netzgeräte 803

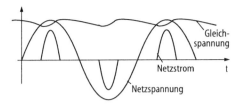

**Bild 1.4.** Strom- und Spannungsverläufe der Netzgleichrichtung

ten prinzipiell im Lückbereich des Stromes. Bild 1.4 zeigt die typischen Strom- und Spannungsverläufe einer derartigen Schaltung. Der Mittelwert der Gleichspannung ist stark belastungsabhängig. Der Netzstromverlauf besteht aus einzelnen Ladeimpulsen des Zwischenkreiskondensators, woraus ein niedriger Grundschwingungsgehalt resultiert. Trotz der ungesteuerten Betriebsweise der Gleichrichter kommt es zu einer relativ hohen *Blindleistungsbelastung* des Netzes und des evtl. vorgeschalteten Netzfrequenztransformators. Diese Belastung bewirkt bei dem Anschluß von einphasigen Gleichrichtern an die drei Stränge des Dreiphasensystems eine extrem hohe Strombelastung des Nulleiters. Die häufig verwendeten Gleichrichterschaltungen faßt Bild 1.5 zusammen.

| Bezeichnung | Schaltung | statisches Übertragungsverhalten |
|---|---|---|
| Brückenschaltung einphasig | 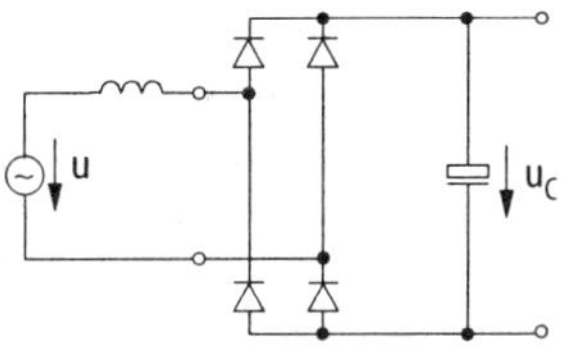 | $u_C \leq \hat{u}$ |
| Brückenschaltung dreiphasig | 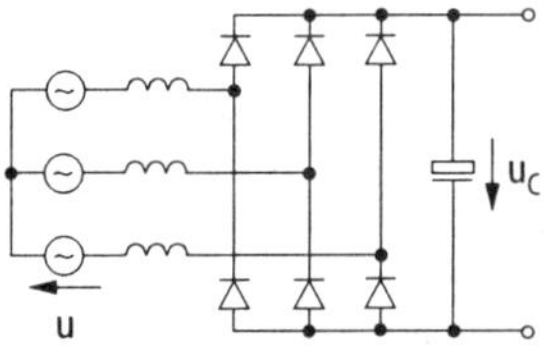 | $u_C \leq \sqrt{3}\,\hat{u}$ |
| Mittelpunktschaltung ac-seitig | 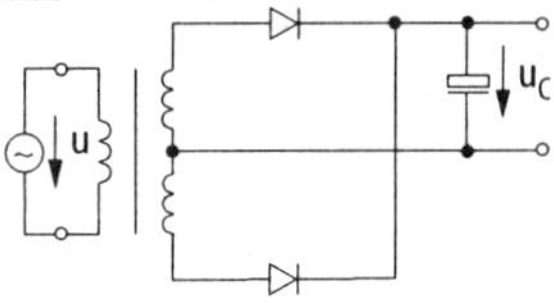 | $u_C \leq \hat{u} \cdot \ddot{u}$ |
| Mittelpunktschaltung dc-seitig | 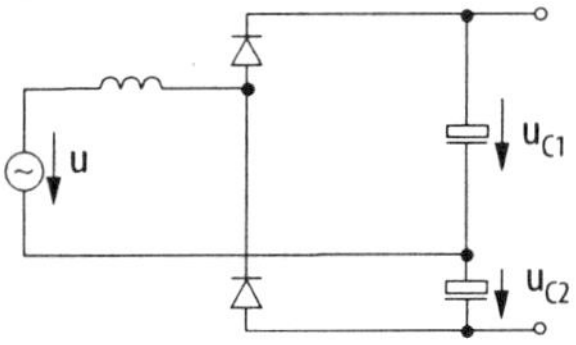 | $u_{C1} \leq \hat{u}$ <br> $u_{C2} \leq \hat{u}$ |
| Mittelpunktschaltung ac- und dc-seitig | 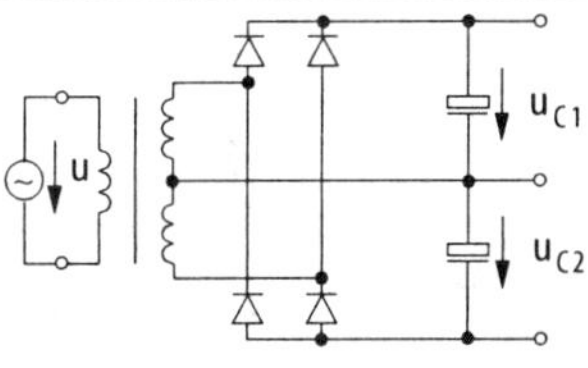 | $u_{C1} \leq \hat{u} \cdot \ddot{u}$ <br> $u_{C2} \leq \hat{u} \cdot \ddot{u}$ |

**Bild 1.5.** Netzgleichrichter

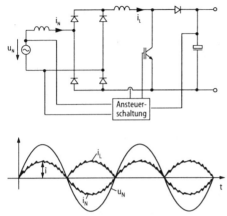

Bild 1.6. Leistungsfaktorregelung mittels Hochsetzsteller

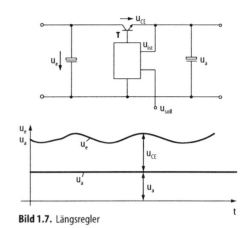

Bild 1.7. Längsregler

## 1.3 Leistungsfaktorregelung

Durch die Anordnung eines *Hochsetzstellers* zwischen Gleichrichterschaltung und Zwischenkreiskondensator läßt sich bei dessen entsprechender Ansteuerung die Blindleistungsaufnahme der Gleichrichterschaltung wesentlich reduzieren. Bild 1.6 zeigt die entsprechende Gesamtschaltung und die idealisierten Strom- und Spannungsverläufe.

Für den Betrieb des Hochsetzstellers als Leistungsfaktorregler existieren komplette Ansteuerschaltkreise. Diese geben das Tastverhältnis des Hochsetzstellers so vor, daß der Strom $i_L$ jeweils einer positiven Sinushalbschwingung in Phase zur Netzspannung entspricht. Über den einstellbaren Spitzenwert $\hat{\imath}$ dieses Stromes wird die Zwischenkreisspannung auf einen konstanten Wert geregelt, der größer als der ohne Leistungsfaktorregelung sich einstellende Wert der Kondensatorspannung ist.

## 1.4 Längsregler

Das klassische Prinzip zur Spannungsregelung bzw. Stabilisierung ist der Einsatz eines Längsreglers. Bild 1.7 zeigt das Prinzipschaltbild und typische Spannungsverläufe. Der Längstransistor *T* wird über seine Ansteuereinheit so im aktiven Bereich angesteuert, daß die Differenz zwischen Spannungssollwert und -istwert als Kollektor-Emitter-Spannung über dem Transistor abfällt. Derartige Längsregler existieren als vollständig integrierte Baugruppen. Nachteilig sind die bei großen Schwankungen der Eingangsspannung hohen Verluste des aktiv betriebenen Transistors. Vorteilhaft ist die hohe Regeldynamik und das gute EMV-Verhalten.

## 1.5 Schaltregler

Schaltregler stabilisieren die Ausgangsspannung nach dem *Chopperprinzip*, d.h. die eingesetzten Leistungshalbleiter arbeiten ausschließlich im Schalterbetrieb. Es kommen grundsätzlich alle Pulsstellervarianten im Einquadrantenbetrieb (s. Kap. C4) zum Einsatz. Für die Umsetzung der Steuerverfahren und die Regelung der Spannungen existiert ein breites Sortiment von integrierten Schaltkreisen, die gleichzeitig sämtliche Schutz- und Überwachungsfunktionen beinhalten. Der Vorteil der Schaltregler besteht in dem hohen Wirkungsgrad und dem daraus resultierenden geringeren Raumbedarf. Nachteilig ist die höhere Störspannungsabstrahlung, die einen höheren EMV-Filteraufwand erfordert.

## 1.6 DC/DC-Wandler

DC/DC-Wandler realisieren die Regelung ihrer Ausgangsspannung unter der Bedingung, daß Eingang und Ausgang *potential-*

1 Netzgeräte 805

| Bezeichnung | Schaltung | statisches Übertragungsverhalten (Mittelwertmodell) |
|---|---|---|
| Sperrwandler | | $\bar{u}_a = \bar{u}_e \cdot \frac{V}{1-V}\, ü$  $0 \leq V \leq 0{,}5$ |
| Durchflußwandler | | $\bar{u}_a = \bar{u}_e \cdot ü \cdot v$  $0 \leq V \leq 0{,}5$ |
| Cuk-Converter | | $\bar{u}_a = \bar{u}_e \frac{V}{1-V}\, ü$  $0 \leq V \leq 1$ |

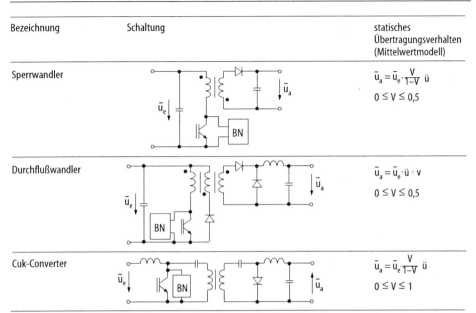

**Bild 1.8.** Einschalteranordnungen

| | | |
|---|---|---|
| Sperrwandler | | $\bar{u}_a = \bar{u}_e \cdot \frac{V}{1-V}\, ü$  $0 \leq V \leq 0{,}5$ |
| Durchflußwandler | | $\bar{u}_a = \bar{u}_e \cdot V \cdot ü$  $0 \leq V \leq 0{,}5$ |
| Mittelpunktschaltung ac-seitig | | $\bar{u}_a = \bar{u}_e \cdot V \cdot ü$  $0 \leq V \leq 1$ |
| Mittelpunktschaltung dc-seitig | | $\bar{u}_a = \bar{u}_e \cdot V \cdot ü$  $0 \leq V \leq 1$ |

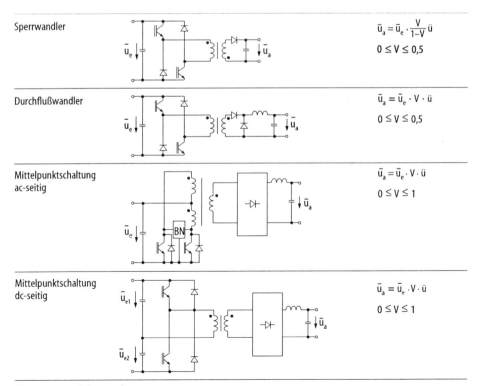

**Bild 1.9.** Zweischalteranordnungen

| Bezeichnung | Schaltung | statisches Übertragungsverhalten (Mittelwertmodell) |
|---|---|---|
| Brückenschaltung | 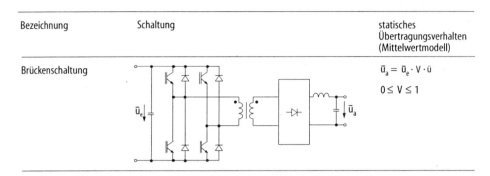 | $\bar{u}_a = \bar{u}_e \cdot V \cdot ü$ <br> $0 \leq V \leq 1$ |

**Bild 1.10** Vierschalteranordnung

*getrennt* sind. Sie bestehen deshalb immer aus einer Grundschaltung, die dem Hochfrequenztransformator primärseitig eine Wechselspannung zur Verfügung stellt und einer sekundärseitigen Gleichrichtung. Bild 1.8 bis 1.10 zeigen in Übersichtsform die wichtigsten Schaltungsvarianten von den Einschalteranordnungen bis zur Vierschalteranordnung (*BN* Beschaltungsnetzwerk, *V* Tastverhältnis, *ü* Windungszahlverhältnis, vgl. Abschn. C4.3.2).

Zur Steuerung der DC/DC-Wandler existiert für alle Schaltungsvarianten ein umfangreiches Sortiment von Ansteuerschaltkreisen, auf die im einzelnen nicht näher eingegangen werden kann. Da je nach Einsatzfall die Steuerung sowohl auf dem Potential der Eingangsspannung als auch auf dem Potential der Ausgangsspannung liegen kann, sind entweder die Ansteuersignale oder die Istwerte potentialfrei zu übertragen.

### Literatur

1. Bradley DA (1994) Power Electronics, 2. Aufl., Chapman and Hall, London
2. Lappe R u.a. (1994) Handbuch Leistungselektronik: Grundlagen, Stromversorgung, Antriebe, 5. Aufl., Verlag Technik, Berlin München
3. Muhammed HR (1993) Power Electronics-Circuits, Devices and Applications, 2. Aufl., Prentice Hall, Englewood Cliffs, New Jersey
4. Mazda FF (1993) Power Electronics Handbook: Components, Circuits and Applications, 2. Aufl., Butterworths, London
5. Bausiere R, Labrique F, Seguier G (1993) Power Electronic Converters: DC-DC Conversion, Springer, Berlin Heidelberg New York
6. Williams BW (1992) Power Electronics: Devices, Drivers, Applications and Passive Components, 2. Aufl., Macmillan, Basingstoke
7. Michel M (1992) Leistungselektronik, Springer, Berlin Heidelberg New York
8. Lappe R, Conrad H, Kronberg M (1991) Leistungselektronik, 2. Aufl., Verlag Technik, Berlin München
9. Heumann K (1991) Grundlagen der Leistungselektronik, 5. Aufl., Teubner, Stuttgart
10. Meyer M (1990) Leistungselektronik: Einführung, Grundlagen, Überblick, Springer, Berlin Heidelberg New York
11. Mohan N, Undeland TM, Robbins WP (1989) Power Electronics: Converters, Applications and Design, John Wiley&Sons, New York
12. Griffith DC (1989) Uninterruptible Power Supplies: Power Conditioners for Critical Equipment, Dekker, New York
13. Zach F (1988) Leistungselektronik: Bauelemente, Leistungskreise, Steuerungskreise, Beeinflussungen, 2. Aufl., Springer, Berlin Heidelberg New York

# 2 Druckluftversorgung

L. Kollar

## 2.1 Anforderungen an Druckluft und ausgewählte Eigenschaften von Druckluft

Druckluft wird in Funktionseinheiten der Automatisierungstechnik als Energie- und Informationsträger genutzt [2.1–2.5]. Aus der jeweiligen Anwendung und dem Einsatzgebiet in der Prozeßtechnik ergeben sich die Anforderungen an die Druckluft (Tabelle 2.1). So muß z.B. Druckluft im Bereich der Lebensmittelindustrie ölfrei sein, was beim Einsatz in der Kraftwerkstechnik nicht notwendig ist.

Die Druckbereiche (Überdruck gegen Atmosphäre) sind [2.2]:

- Niederdruck 0,1 ... 10 kPa,
- Normaldruck 0,02 ... 0,2 Mpa,
- Hochdruck 0,2 ... 1,0 Mpa,
- Höchstdruck 1,0 Mpa
  ($10^5$ Pa = 1 bar).

Die Eigenschaften von Luft sind hauptsächlich durch hohe Kompressibilität und geringe Viskosität gekennzeichnet.

Bedingt durch die geringe Viskosität ergeben sich kleine innere und äußere Reibungsverluste.

Weitere ausgewählte Eigenschaften der Luft sind [2.2]:

- Energiespeicherung bedingt durch die hohe Kompressibilität der Luft,
- infolge der geringen Viskosität kann die Strömungsgeschwindigkeit in Rohrleitungen bis zu 40 m/s bei verhältnismäßig geringen Druckverlusten betragen. Daraus ergeben sich Arbeitsgeschwindigkeiten für Linearmotoren von bis zu 6 m/s und bei Rotationsmotoren Drehzahlen bis zu 150 000 $min^{-1}$,
- die geringe Viskosität der Luft verursacht selbst bei großen Leitungslängen geringe

**Tabelle 2.1.** Zulässige Restverunreinigung der Druckluft für typische Anwendungsfälle [2.1]

| Verschmutzungsklasse | Art der Anwendung Geräteart | max. Abmessung harter Teilchen in µm | Nennfilterfeinheit in µm | max.Gehalt in mg/m³ i.N. | | |
|---|---|---|---|---|---|---|
| | | | | Harte Teilchen | Wasser in flüssigem Zustand | Öl in flüssigem Zustand |
| 2 (1)* | Steuerungs- und Regelungstechnik Längenmeßtechnik Farbspritzen Blaspistolen zur Reinigung hydraulischer, pneumatischer und elektronischer Geräte Luftlager Druckluftmotoren sehr hoher Drehzahl | 5 | 3,2 | 1 | 500 (nicht zulässig) | (nicht zulässig) |
| 6 (5)* | Blaspistolen zur Reinigung von Maschinenteilen | 25 | 16 | 2 | 800 (nicht zulässig) | 16 (nicht zulässig) |
| 8 (7)* | Pneumatische Steuerungs- und Antriebstechnik | 40 | 25 | 4 | 800 (nicht zulässig) | 16 (nicht zulässig) |
| 12 (11)* | Druckluftnetz | nicht festgelegt | – | 12,5 | 3200 (nicht zulässig) | 25 (nicht zulässig) |

* Bei den eingeklammerten Verschmutzungsklassen muß die Temperatur mind. 10 K unter der niedrigsten auftretenden Betriebstemperatur liegen

Druckverluste und ermöglicht den Betrieb zentraler Druckluftversorgungsanlagen,
- da die Luft aus der Umgebung einer Anlage entnommen wird, kann sie nach Anwendung als Informations- oder Energieträger unmittelbar an die Umgebung abgegeben werden, so daß eine Rückleitung der Luft entfällt,
- Druckluft ist ein relativ teurer Energieträger und vermag auf Grund der geringen Viskosität Bewegungen (z.B. von Linearmotoren) nur schwach zu dämpfen.

Beim Betrieb von Druckluftanlagen führen Kondenswasser und Vereisung bei adiabatischer Entspannung sowie Entlüftungsgeräusche zu nicht zu vermeidenden Belastungen.

## 2.2
## Aufbau von Druckluftanlagen

Druckluft wird mit Hilfe von Verdichtern aus atmosphärischer Luft erzeugt (Bild 2.1).

Sie wird von einem Verdichter (2) über ein Staubfilter (1) angesaugt. Die Lufttemperatur muß vor jeder Druckstufe am Verdichter angezeigt werden. Um einen guten Füllungsgrad zu erreichen, sollte das Filter an einem relativ kühlen Ort angebracht sein. Da Verdichter drucklos anfahren, müssen sie mit einem schallgedämpften Luftaustritt (3) ausgerüstet sein.

Nach dem Verdichten wird die durch Kompression erwärmte Luft durch einen Vorkühler (4) gekühlt. Dabei entsteht Kondensat als z.B. Öl-Wassergemisch. Beide Bestandteile werden im Vorfilter abgeschieden und der Druckluft entzogen. Danach durchströmt die Luft das Rückschlagventil (5), das Rückwirkungen von Druckschwankungen des Netzes auf Verdichter in der Anlage unterbindet. Im Hauptkühler (6) wird die Luft auf ca. 20 °C gekühlt. Im Kondensatabscheider (7) werden durch die Abkühlung freiwerdendes Kondensat und Öl abgeschieden. Der Druckluftspeicher (8) sichert die Druckluftversorgung bei Leerlauf oder abgeschaltetem Verdichter und

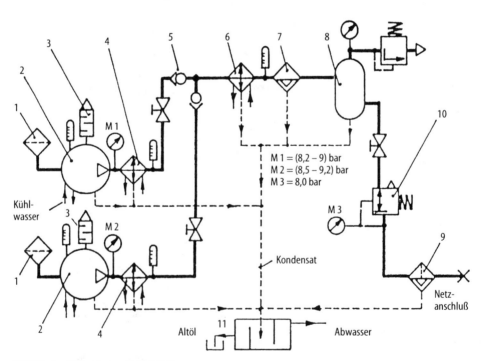

**Bild 2.1.** Drucklufterzeugungsanlage [2.3]
*1* Staubfilter, *2* Verdichter, *3* Schalldämpfer, *4* Vorkühler, *5* Rückschlagventil, *6* Hauptkühler, *7* Kondensatabscheider, *8* Druckluftspeicher (Windkessel) *9* Kondensat-Feinfilter, *10* Druckdifferenzventil, *11* Ölabscheider

dämpft Druckstöße im Druckluftnetz. Da der Druckluftspeicher als zusätzlicher Wasserabscheider betrieben wird, darf er nicht im Nebenschluß installiert sein.

Um den Druck eines Leitungsnetzes nicht vom Zu- und Abschalten der Verdichter (Schaltdruckdifferenz $\Delta p$) zu beeinflussen, wird ein Druckdifferenzventil (10) in das Leitungssystem eingebaut. Der Netzdruck wird dadurch von 0,1 bis 0,2 bar unter dem Einschaltdruck des Verdichters gehalten. Nach dem Druckdifferenzventil ist ein weiterer Kondensatabscheider (9) erforderlich.

Soll die Druckluft gut entölt sein, ist der nach dem Druckdifferenzventil angeordnete Kondensatabscheider (9) als Kondensat-Feinfilter mit Aktivkohle vorzusehen. Da das Kondensat aus allen Kondensatabscheidern der Anlage Öl-Wassergemisch enthält, ist es durch einen Ölabscheider (11) zu leiten. Nach Durchlaufen des Ölabscheiders darf das Kondensat einer Abwasserleitung zugeführt werden.

Bei Betrieb von mehreren Verdichtern auf einen Druckluftspeicher muß jeder einzeln vom Druckluftnetz abgeschaltet werden können sowie vor Druckstößen aus dem Netz durch ein Rückschlagventil (5) abgesichert sein.

## 2.3
## Drucklufterzeugung

Verdichter saugen zumeist atmosphärische Luft an, verdichten sie auf einen Enddruck für den die Druckluft benötigt wird und fördern sie in Druckluftspeicher. Dazu wird die mechanische Energie eines Elektromotors oder Verbrennungsmotors in Druckluftenergie und Wärmeenergie umgewandelt [2.3–2.5]. Angewendet werden Kolbenverdichter und Turboverdichter (Bild 2.2).

Kolbenverdichter oder auch Verdrängerverdichter erhöhen den Druck durch Verringerung des Arbeitsraumes. Dazu dienen bei Hubkolbenverdichtern hin- und hergehende Kolben, bei Vielzellenrotationsverdichtern rotierende Schieber und bei Schraubenverdichtern die ineinandergreifenden Schenkel rotierender Schrauben. Kolbenverdichter fördern Volumenströme von rd. 100 m³/h bis $2,5 \cdot 10^5$ m³/h und erzeugen maximal Drücke von größer 2000 bar (Bild 2.3).

Infolge des beim Verdichten der Luft ansteigenden Druckes nehmen die Temperatur und die aufzuwendende mechanische Leistung stark zu bei gleichzeitiger Abnahme des Förderstromes. Ab bestimmten Temperaturen kann sich das von der Zylinderschmierung mit Öl durchsetzte Luftgemisch entzünden. Während die untere Explosionsgrenze eines Öldampf- oder feindispersen Ölnebel-Luftgemisches (d≤10 µm) bei etwa 50 g Öl/m³ liegt, fällt sie mit steigender Tropfengröße auf etwa 3 g/m³ bei d = 140 µ [2.4]. Um trotz dieser Gefahr und einer nicht zu überschreitenden oberen Temperaturgrenze der verdichteten Druckluft von 200 °C höhere Drücke zu realisie-

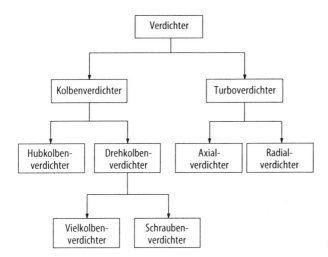

**Bild 2.2.** Einteilung der Verdichter

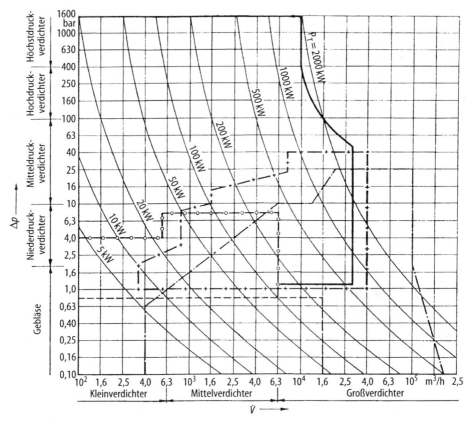

**Bild 2.3.** Arbeitsbereiche von Verdichtern [2.4]. ——— Hubkolbenverdichter, –o–o– Zellenverdichter, –+–+– Schraubenverdichter, –·–·– Turboverdichter und -gebläse (radial und axial), ------ Kreiskolbengebläse

ren, werden mehrstufige Kolbenverdichter eingesetzt [2.2, 2.4].

Turboverdichter beschleunigen die angesaugte Luft in Laufrädern und wandeln die aus einem Elektro- oder Verbrennungsmotor entnommene Energie in Diffusoren in statische Druckenergie der Druckluft um.

Mit Turboverdichtern werden im Vergleich zu Kolbenverdichtern größere Volumenströme bei zumeist kleineren Drücken realisiert.

## 2.4
### Regelung des Förderstromes

Die Regelung des Förderstromes dient der Anpassung des Luftbedarfs an die Verbraucher. Sie ist abhängig von

– der Art und Größe des Verdichters,
– dem Druckluftspeicher,
– der Art des Verdichterantriebes und
– dem Druckluftbedarf der Verbraucher.

Die wichtigsten Regelungen sind [2.1, 2.2, 2.4]:

– Durchlaufregelung,
– Abschaltregelung,
– Drehzahlregelung,

die auch in Kombination angewendet werden.

Bei der Durchlaufregelung arbeitet der Verdichter im normalen Drehzahlbereich ohne Unterbrechung des Antriebes. Durch Entlastungseinrichtungen (z.B. Öffnen des Saugventils während des Verdichtungshubes) wird der Verdichter – in Abhängigkeit vom Bedarf an Druckluft – teilweise oder vollständig entlastet und so der Druckluftstrom geregelt.

Bei der Abschaltregelung wird der Verdichterantrieb abgeschaltet, wenn der eingestellte Nenndruck erreicht ist. Bei abgeschaltetem Verdichter wird der Druckluftbedarf aus einem Druckluftspeicher abgedeckt. Sinkt der Druck unter eine für die Anlage zulässige Grenze, wird der Verdichterantrieb wieder eingeschaltet. Zum Anlaufen werden Verdichter mit einer Anlaufentlastungseinrichtung ausgestattet (z.B. Anlauf gegen entlüfteten Zwischenbehälter).

Bei der Drehzahlregelung wird der Druckluftstrom proportional zur Drehzahl des Verdichterantriebes geregelt. Der dabei mögliche Stellbereich ist begrenzt.

## 2.5 Druckluftaufbereitung

Je nach Anwendungsbereich der Druckluft ergeben sich verschiedene Anforderungen an die Druckluft (Tabelle 2.1).

Druckluft soll keine Verunreinigungen (Staub, metallische Teilchen von Abrieb, Wasser) enthalten.

Zur Sicherung der Druckluftparameter werden bei der Druckluftaufbereitung eingesetzt:

– Filter und Kondenswasserabscheider,
– Druckregler,
– Druckluftöler.

Druckluftfilter haben die Aufgabe, Staub und metallischen Abrieb aus der Druckluft herauszufiltern. Durch entsprechende Gestaltung der Luftwege im Filter und durch die Filtereinsätze – gegenwärtig zumeist Sinterwerkstoffe mit Porengrößen von 25 bis 40 µm – wird die Luft von Partikeln gereinigt. Der Druckverlust von Druckluftfiltern liegt zwischen 0,01 und 0,05 Mpa [2.2].

Druckluftregler kompensieren Druckluftschwankungen und sichern den für den Verbraucher benötigten Wert des Druckes im Luftstrom. Durch Sollwerteinstellung läßt sich der verbraucherspezifische Wert des Druckes einstellen.

Druckluftöler dienen der Ölzugabe, um mechanisch bewegte Teile von z.B. Druckluftmotoren zu schmieren. Das zur Schmierung beweglicher Teile erforderliche Öl wird dem Druckluftstrom in Form eines feinen Ölnebels zugeführt, der gleichzeitig die vom Luftstrom umfluteten Bauglieder vor Korrosion schützt und zumeist unmittelbar vor den zu ölenden mechanisch bewegten Funktionseinheiten angeordnet ist [2.3]. Druckluftöler arbeiten nach dem Prinzip des Vergasers. Durch eine Venturidüse wird aus einem Ölbehälter entsprechend der sich einstellenden Druckdifferenz Öl in den Luftstrom gegeben und versprüht. Die in den Luftstrom einzubringende Ölmenge kann mittels Einstelldrossel festgelegt werden. Für pneumatische Anlagen wird Öl mit einer Viskosität von 17 … 25 mm$^2$/s bei 20 °C verwendet. Das Öl soll harzfrei, alterungsbeständig und korrosionsschützend sein. Der Ölzusatz soll 0,04 bis 0,2 g/m$^3$ im Normzustand betragen [2.2].

### Literatur

2.1 Töpfer H, Schwarz A (Hrsg) (1988) Wissensspeicher Fluidtechnik: Hydraulische und pneumatische Antriebs- und Steuerungstechnik. Fachbuchverlag, Leipzig, S 280-293

2.2 Stollberg H (1990) Einführung in die Pneumatik. – In: Einführung in die Hydraulik und Pneumatik, Will D , Ströhl H (Hrsg), 5., unv. Aufl., Verlag Technik, Berlin, S 285-313

2.3 Zeh P (1993) Lehrgangsunterlagen „Pneumatik". AWT Treptow, Berlin-Treptow

2.4 Häußler W (Hrsg) (1965) Taschenbuch Maschinenbau. Bd. 2. Energieumformung und Verfahrenstechnik. Verlag Technik, Berlin, S 64-117, 370-390

2.5 Kläy HR (1990) Gasverdichter (Übersicht). In: Verdichter Handbuch, Vetter G (Hrsg). Vulkan, Essen, S 2-5

# 3 Druckflüssigkeitsquellen

D. FINDEISEN

## 3.1 Antriebseinheiten als Energiequelle

Der breit gefächerten Vielfalt an Arbeitsmaschinen stehen zwei Kraftmaschinen (Antriebseinheiten) als Energiequelle der Hydroanlage gegenüber, welche die primärseitig zur Verfügung stehende Energie umformen: *Elektromotor* als elektrische Maschine und *Verbrennungsmotor* als Wärmekraftmaschine.

## 3.2 Hydropumpen als Energieumformer

Pumpen sind mechanisch-hydraulische Energieumformer, die die von einer Antriebseinheit bereitgestellte rotatorische mechanische Energie über die Pumpenwelle aufnehmen, in hydraulische umformen und am Druckstutzen abgeben („Hydrogenerator").

**Drehkolbenmaschinen.** Nach der Anzahl der Lösungsvarianten übertrifft die Hauptgruppe mit rotierenden Verdrängerelementen diejenige mit oszillierenden. Die Mehrzahl der Maschinen mit rotierenden Verdrängerelementen fördert in Umfangsrichtung, nur eine Bauart fördert in Achsrichtung (Schraubenläufersystem).

Erfolgt die Förderung der Druckflüssigkeit in Umfangsrichtung, spricht man von Umfangsmaschinen. Bei dieser großen Gruppe der Drehkolbenmaschinen, die auch Kapselmaschinen genannt werden, kann die Lage der Drehachse in der Ebene des kreisförmigen Gehäuses (Kapsel) konzentrisch oder exzentrisch zur Gehäuseachse sein, [3.1, 3.2], s. Bild 3.1.

**Hubkolbenmaschinen.** Die Gruppe mit oszillierenden (schwingenden) Verdrängerelementen erfordert ein Triebwerksystem, das die Getriebefunktion „wechselsinniges Schieben bei gleichsinnigem Drehantrieb" erfüllt. Aus der Anordnung der Zylinder und ihrer Lage zur Triebwellenachse leitet man verschiedene Triebwerksysteme ab, die sich in der Bewegungsrichtung des Verdrängerelements „zylindrischer Kolben" im Zylinderblock unterscheiden.

Beim Axialkolbensystem sind die Einzelzylinder parallel auf einem Zylinder angeordnet. Die Kolben werden formschlüssig über eine zwangsläufig geschlossene kinematische Kette einer räumlichen Schubkurbel oder kraftschlüssig über einen räumlichen Kurventrieb hin- und hergehend bewegt, [3.3, 3.4], s. Bild 3.2.

**Antriebsaggregate.** Diese werden nach Art des Antriebs, z.B. Elektro-Hydropumpe, benannt und bilden mit Behälter, weiterer Hydraulikausstattung und Zubehör eine Gerätebaugruppe.

Um zu einem wirtschaftlichen Programm von Antriebsaggregaten zu gelan-

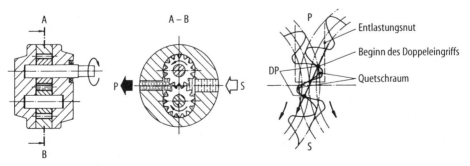

**Bild 3.1.** Außenzahnradpumpe mit festem Spalt (Dreiplattenpumpe), Verdrängerprinzip und Zahneingriff bei Evolventenverzahnung mit druckseitiger Entlastungsnut

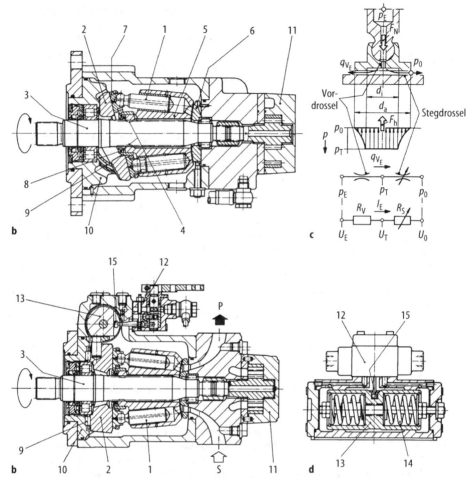

**Bild 3.2.** Axialkolbenpumpe, Schrägscheibenbauart (A4V, Hydromatik Brueninghaus, Mannesmann Rexroth). **a** Längsschnitt senkrecht zur Schwenkachse, **b** Längsschnitt in Schwenkachse, **c** ebener Gleitschuh als hydrostatisches Axiallager mit hydraulischer Widerstandsschaltung und elektrischem Analogon des Spannungsteilers, **d** hydraulische Stelleinrichtung, druckabhängig (HD, Hydromatik) als Grundbaustein eines Verstellprogramms für die Pumpensteuerung

gen, vereint man insbesondere für kleine Nenngrößen mehrere Funktionen auf dem Behälter. Außer zum Aufbewahren und Aufbereiten der Druckflüssigkeit dient er als Träger des Pumpenblocks und der Steuergeräte sowie als anschlußfertige Druckflüssigkeitsstation. Stellt man Antriebsaggregate für gleiche Funktionen in zweckmäßiger Größenstufung zusammen, erhält man die nach Behälterrauminhalt gestaffelte Baureihe. Hinsichtlich der Steuerungsfunktionen läßt sich ein breites Spektrum von Varianten verwirklichen, indem man die begrenzte Zahl wiederkehrender Grundbausteine eines Serienaggregats mit anflanschbaren Ventilen als Zusatzbausteinen kombiniert. Mit einem integrierten Steuerteil variabler Zusammensetzung lassen sich aufgabenspezifische Teilfunktionen erfüllen. Die Baureihe der Antriebsaggregate wird damit zum Baukastensystem für verschiedene Funktionen erweitert.

In der *Mobilhydraulik* wird für kleinere Leistungen wegen seiner freizügigen Anordnung in Kraftfahrzeugen und selbstfahrenden Arbeitsmaschinen der elektromotorische Antrieb dem Wärmekraftantrieb vorgezogen. Verbraucherseitig herrschen

Kurzzeitbetrieb (S2) oder Aussetzbetrieb (S3) geringer relativer Einschaltdauer $t_r$ vor, so daß der E-Motor von einem Druckschalter nur bei Bedarf eingeschaltet wird. Mit dem Schalt-Drucksystem verringern sich Energieverbrauch, Lärmentwicklung und Verschleiß auf ein Mindestmaß [3.5].

*Kleinaggregate* bestehen aus batteriebetriebenem Gleichstrom- oder bordnetzbetriebenem Wechsel-/Drehstrommotor mit Pumpe, die über Pumpenträger am Leichtbaubehälter aus Aluminium oder Kunststoff befestigt sind. Kleinaggregate von 0,3 bis 9,5 l Behältervolumen sind serienmäßig mit Druckbegrenzung, Rückschlagventil, ggf. Nothandpumpe zur Sicherung der wichtigsten Funktionen bei Stromausfall ausgestattet, ferner einbaufertig gestaltet, z.B. für den Einschub in Vierkantprofilrohre an Lkw mit Ladebordwänden (KA, EA, Bucher Hydraulik [3.6]).

Der zum Ventilblock erweiterte Pumpenträger erlaubt den Anschluß weiterer Ventile, etwa als Einbauventile (z.B. Hub-Senk-Modul). Austauschbare Baugruppen lassen sich zu speziellen Ausführungsvarianten zusammenstellen, um unterschiedliche Steueraufgaben an Ladebordwänden, Hebebühnen oder Scherenhubtischen erfüllen zu können (EP 9, Bosch [3.7]).

Für den mobilen Einsatz konzipierte, aber für stationäre Einsatzfälle im Kurzzeit- oder Aussetzbetrieb ebenso geeignete Kleinaggregate bilden einen Übergang zu *Kompaktaggregaten* mit bis zu 30 l Behältervolumen (HC, Heilmeier&Weinlein; HPTM, Parker Fluidpower).

Mobilhydrauliken großen Leistungsbedarfs lassen sich nur von einem Konstantstrom- oder Konstantdrucksystem speisen, dessen Pumpe an die Wärmekraftmaschine mechanisch gekoppelt und während der Stillstandszeit im Leerlauf angetrieben wird.

In der *Stationärhydraulik* werden Antriebsaggregate kleinerer Nenngröße bis zu 63 (75) l Behältervolumen in Baureihen vielfältiger Varianten und in feiner Größenstufung eingesetzt, die an genauer bestimmte und anlagenspezifische Anforderungen angepaßt sind [3.8].

**Literatur**

3.1 Götz W (1983) Hydraulik in Theorie und Praxis. Handbuch. Firmenschrift: Bosch, Stuttgart
3.2 Zahnradpumpen. Firmenschrift: Bosch, Stuttgart
3.3 Hydraulik-Trainer (1991) Bd. 1. Grundlagen und Komponenten der Fluidtechnik. 2. Aufl. Vogel, Würzburg
3.4 Komponentenkatalog Hydropumpen. Firmenschrift: Mannesmann Rexroth, Lohr
3.5 Kahrs M (1986) Hydroversorgungseinheiten in Kraftfahrzeugen und selbstfahrenden Arbeitsmaschinen. O+P 30/3:164–166
3.6 Hydroaggregate Baureihe KA und EA. Firmenschrift: Bucher, Klettgau
3.7 Hydro-Kleinaggregate EP 9. Firmenschrift: Bosch, Stuttgart
3.8 Findeisen D, Findeisen F (1994) Ölhydraulik. Handbuch für die hydrostatische Leistungsübertragung in der Fluidtechnik. 4. Aufl. Springer, Berlin Heidelberg New York

# Allgemeines Abkürzungsverzeichnis

H. Schick

A  Hilfsachse, Drehbewegung um X-Achse nach →DIN 66025
A  Track A oder Spur A von Encoder bzw. Lagemeßgeber
AA  Arbeits-Ausschuß
AACC  American Automatic Control Council
AAE  American Association of Engineers
AAI  Average Amount of Inspection
AAL  →ATM Adapter Layer
AALA  American Association for Laboratory Accreditation
AAM  Application Activity Modul, Aktivitäten-Modul für eine Prozeß-Kette von →STEP
AB  Ausgangs-Byte, stellt eine 8 Bit breite Schnittstelle vom Automatisierungsgerät zum Prozeß dar
AB  Aussetz-Betrieb z.B von Maschinen nach →VDE 0550
ABB  →ASEA Brown Boveri
ABB  Ausschuß für Blitzschutz und Blitzforschung im →VDE
ABC  Asynchronous Bus Communication
ABC  Automatic Brightness Control
ABCB  Association of British Certification Bodies
ABEL  Advanced Boolean Expression Language, Design-Hochsprache bzw. Sprachprozessor
ABI  Application Binary Interface
ABIC  Advanced →BICMOS
ABM  Arbeitsgemeinschaft der Brandschutzlaboratorien der Materialprüfstellen
ABS  Association Belge de Standardisation, Belgischer Normenverband (heute NBN)
ABT  Advanced →BICMOS Technology
ABUS  Automobile Bit-serielle Universal-Schnittstelle, serieller Bus, von VW entwickelt
AC  Adaptive Control
AC  Automatic Control, Steuer- und Regelungstechnik
AC  Advanced →CMOS, Schaltkreisfamilie
AC  Advisory Committee, beratendes Normen-Komitee
AC  Alternating Current, Wechselstrom
ACC  Analog Current Control
ACC  Advisory Committee on Standards for Consumers
ACCESS  Automatic Computer Controlled Electronic Scanning System
ACE  Asynchronous Communication Element
ACE  Advanced Computing Environment, Konsortium von →PC-Herstellern
ACE  →ASIC Club Europe
ACEC  Advisory Committee on Electromagnetic Compatibility
ACF  Advanced Communication Function, Kommunikationssystem von →IBM
ACGC  Advanced Colour Graphic Computer
ACIA  Asynchronous Communications Interface Adapter
ACIA  Advisory Committee on International Affairs
ACIS  Association for Computing and Information Sciences
ACL  Advanced →CMOS Logic, schnelle CMOS-Schaltkreisfamilie mit hoher Treiberfähigkeit
ACL  Access Control Lists, Zugangsberechtigungsliste, z.B. für bestimmte Funktionen einer Steuerung
ACM  Association for Computing Machinery, Verband der Computer-Industrie in den USA
ACM  Automatic Copy Milling, System für die automatische →NC-Programmierung
ACOS  Advisory Committee on Safety, beratendes Normen-Komitee für (Maschinen-)Sicherheit
ACR  Advanced Control for Robots, Steuerungsfamilie von Siemens
ACRMS  Alternating Current Root Mean Square, Effektivwert des Wechselstromes
ACSD  Advisory Committee on Standards Development, beratendes Normen-Komitee für Entwicklungsfragen
ACSE  Associaton Control Service Element, Übertragungsprotokoll für unterschiedliche Rechnersysteme von →ISO
ACT  Advanced →CMOS Technology, →TTL-kompatible CMOS-Schaltkreisfamilie
ACTE  Approvals Committee for Terminal Equipment, Zulassungskomitee für Endeinrichtungen der EGK
ACU  Access Control Unit, Zugriffs-Regel-Einheit, z.B. für Speicher
ACU  Arithmetic Control Unit, Steuer- und Rechenwerk eines Rechners
AD  Addendum, Ergänzung zu einem →ISO-Standard
AD  Address/Data, gemultiplexter Adreß-/Datenbus auf Prozessor-Baugruppen
A&D  Automatisierungs- und Antriebstechnik, Geschäftsbereich der SIEMENS AG, ehemals → AYT
ADAR  Achsmodulare digitale Antriebsregelung
ADB  Address Bus
ADB  Apple Desktop Bus, Apple-System-Bus
ADC  Analog Digital Converter, Analog-Digital-Umsetzer

ADCP  Advanced Data Communications Control Procedure, Protokoll für die Datenübertragung auf Leitungen
ADEPA  Association pour le Développement de la Production Automatisée, Verband für die Entwicklung der automatischen Produktion
ADETIM  Association pour le Développement des Techniques des Industries Mécaniques, Verband für technische Entwicklung in der Maschinenindustrie
ADF  Adressier-Fehler, bei Eingängen und Ausgängen der →SPS, Störungs-Anzeige im →USTACK der SPS
ADIF  Analog Data Interchange Format, Standard-Programmiersprache
ADIS  Automatic Data Interchange System, System zum automatischen Austausch von Daten
ADKI  Arbeitsgemeinschaft Deutscher Konstruktions-Ingenieure
ADLNB  Association of Designated Laboratories and Notified Bodies, Zusammenschluß zugelassener Laboratorien und gemeldeter Stellen unter der →EU-Richtlinie 91/263/EWG
ADM  Add Drop Multiplexer
ADMA  Advanced Direct Memory Access
ADMD  Administration Management Domains, Mitteilungs-Verbund der Telekommunikation
ADO  Ampex Digital Optical
ADP  Advanced Data Path, Baustein des →EISA-System-Chipsatzes von Intel
ADPCM  Adaptive Differential Pulse Code Modulation, Form der Sprachcodierung und -kompression
ADPM  Automatic Data Processing System
ADR  Address
ADr  Anlaß-Drosselspule
ADS  Analog Design System
ADS  Allgemeine Daten-Schnittstelle, Kommunikations-Schnittstelle der →SINUMERIK
ADU  Analog Digital Umsetzer
ADX  Automatic Data Exchange
AE  Auftrags-Eingang
AEA  American Engineering Association
AEA  American Electronic Association
AECMA  Association of Europeen de Constructeurs de Material Aerospatiale
AED  →ALGOL Extended Design
AEE  Asociacion Electrotecnica Espanola
AEF  Ausschuß für Einheiten und Formelgrößen im →DIN
AEI  Associazione Elettrotecnica Italiana
AEI  Association of Electrical Industries (USA)
AENOR  Asociacion Espanola de Normalizacion y Certificacion
AFAQ  Association Française pour l'Assurance de la Qualité
AFB  Application Function Block
AFC  Advanced Function of Communication, Datenübertragungssystem von IBM

AFG  Arbritrary Function Generator
AFM  Atomic Force Microscope
AFNOR  Association Française de Normalisation
AFP  Automatic Floating Point
AG  Advisory Group
AG  Automatisierungsgerät
AG  Assemblée Générale, Generalversammlung, z.B. der →EU
AGM  Arbeits-Gemeinschaft Magnetismus
AGQS  Arbeits-Gemeinschaft Qualitäts-Sicherung e.V.
AGT  Ausschuß Gebrauchs-Tauglichkeit im Deutschen Normenausschuß
AGV  Automated Guided Vehicle
AGVS  Automated Guided Vehicle Systems
AHDL  Analog Hardware Description Language
AI  Artificial Intelligence
AI  Application Interface, Graphik-Software-Schnittstelle
AIC  Application Interpreted Construct, Interpretierter Resourcenblock von →STEP
AID  Automatic Industrial Drilling, Erstellung von Bohrlochstreifen für →NC-gesteuerte Bohrmaschinen
AIDS  Automatic Integrated Debugging System
AIEE  American Institute of Electrical Engineers, jetzt →IEEE
AIF  Arbeitsgemeinschaft Industrieller Forschungsvereinigungen
AIIE  American Institute of Industrial Engineers, amerikanischer Ingenieursverband
AIK  Analog Interface Kit
AIM  Application Interpreted Modul, aus der produktorientierten Normung von →STEP
AIN  Advanced Intelligent Network, Oberbegriff für alle neuen softwaregesteuerten Netze
AIST  Agency of Industrial Science and Technology (standards devision), Amt für industrielle Wissenschaft und Technologie in Tokio
AIT  Advanced Information Technology in Design and Manufacturing, Forschungsverbund der europäischen Automobil- und Luftfahrt-Industrie
AIU  Audio Interface Unit, Baustein für →ISDN
AIX  Advanced Interactive Executive, Betriebssystem von IBM
AIZ  Ausschuß Internationale Zusammenarbeit des →DAR
AJM  Abrasive-Water-Jet-Machining, Abrasiv Wasserstrahl-Bearbeitung
AK  Anforderungs-Klassen, z.B. nach nationalen Normen
AK  Arbeits-Kreis
AKIT  Arbeits-Kreis Informations-Technik im →ZVEI
AKPRZ  Arbeits-Kreis Prüfung und Zertifizierung vom →ZVEI
AKQ  Arbeits-Kreis Qualitätsmanagement im →ZVEI

AKQSS Arbeits-Kreis Qualitäts-Sicherungs-Systeme vom →ZVEI
AL Assembly Language, interaktives Programmiersystem, z.B. für Montage-Roboter
AL Ausfuhr-Liste, Handels-Embargo-Liste
ALDG Automatic Logic Design Generator, Rechnerunterstützter Schaltungsentwurf von IBM
ALE Address Latch Enable, Mikroprozessor-Signal zum Abspeichern der gemultiplexten Adressen
ALFA Automatisierungs-System für Leiterplatten-Bestückung mit flexibler Automaten-Organisation
ALGOL Algorithmic Language
ALI Application Layer Interface, Schicht vom Profibus
ALS Advanced Low Power Schottky
ALU Arithmetic Logic Unit
AM Amplituden-Modulation, Modulationsart zur Informationsübertragung
AM Asynchron-Motor
AM Arbitration Message, Arbitrierungs-Mechanismus
AM Amendment
AMA Arbeitsgemeinschaft Meßwert-Aufnehmer
AMB Ausstellung für Metall-Bearbeitung, internationale Werkzeugmaschinen-Messe
AMBOSS Allgemeines modulares bildschirmorientiertes Software-System
AMD Advanced Micro Devices, Halbleiter-Hersteller
AME Automated Manufacturing Electronics, internationale Fachmesse für automatisierte Fertigung
AMEV Arbeitskreis Maschinen- und Elektrotechnik staatlicher und kommunaler Verwaltungen von →DIN
AMF Analog Multi-Frequency, Monitortyp
AMI Alternate Mark Inversion, binärer Leitungscode
AMICE Architecture Manufacturing Integrated Computer European, europäisches Entwicklungsprogramm für Informationstechnik
AML A Manufacturing Language, von IBM entwickelte Programmiersprache für Roboter
AML Assembly Micro Library
AMLCD Active Matrix Liquid Crystal Display
AMM Asynchron-Motor-Modul von →SIMODRIVE-Geräten
AMNIP Adaptive Man-Machine Non-arithmetical Information Processing, Sprache für nichtarithmetische Informationsverarbeitung
AMP Associative Memory Processor
AMP Automated Manufacturing Planning
AMPS Advanced Mobile Phone System, US-Standard für Zellulartelefon
AMT Advanced Manufacturing Technologies
AMT Available Machine Time

AMX ATM-Multiplexer, Teil einer →ISDN Vermittlung
A/N Alpha-/Numerik-Modus des →VGA-Adapters
ANIE Associazione Nazionale Industrie Elettrotecniche
ANL Anlagen, auch Geschäfts-Bereich der Siemens AG
ANP Ausschuß Normen-Praxis in der →DIN
ANS American National Standard
ANSI American National Standards Institute
ANTC Advanced Networking Test Center, s.a. →EANTC
AOQ Average Outgoing Quality, durchschnittlicher Anteil fehlerhafter Bauelemente bei Lieferung
AOW Asia Oceania Workshop, asiatisches Normenbüro für Standards
AP Acknowledge Port, Schnittstelle von →PCs
AP Application Protocol, Anwendungs- und Implementierungs-Spezifikation in →STEP
APA Asien-Pazifik-Ausschuß der Deutschen Wirtschaft
APA All Points Addressable, Graphikmodus des →VGA-Adapters
APC Automatic Pallet Changer
APC Automatic Process Control
APEX Advanced Processor Extension, Computer von Intel mit mehreren Rechenwerken
APF All Plastic Fibre
API Application Programming Interface, Programmiersprachen-Schnittstelle von →ISDN
API Application Interface, Anwender-Schnittstelle
APL A Programming Language, höhere, dialogorientierte Programmiersprache
APM Advanced Power Management
APM Advanced Process Manager
APP Applikation, Datei-Ergänzung von →GEM
APS Advanced Programming System, Programmiersystem für die Offline-Programmierung von Robotern
APS Anwenderorientierte Programmier-Sprache
APS Automated Parts Stoking
APT Automatically Programmed Tools
APT Automatic Picture Transmission
APTS Automatic Program Testing
APU Arithmetic Processing Unit
APX Application Processor Extension, Software-Schnittstelle zwischen →CISC- und →RISC-Prozessor
AQAP Allied Quality Assurance Publication, Qualitätssicherungs-Normen der Alliierten (NATO)
AQL Acceptable Quality Level
AQS Ausschuß Qualitätssicherung und angewandte Statistik im →DIN, jetzt →NQSZ

AR  Autonome Roboter, Firma, u.a. Hersteller für automatische Transport-Systeme
ARB  Arbitration(-Error), Entscheidung bzw. Zuordnung z.B. von Bus-Zugriffen durch Prozessoren
ARB  Arbitrary Waveform Generator
ARC  Advanced →RISC Computing
ARC  Attached Resource Computer, Rechner-Architektur
ARC  Archivdatei, Datei-Ergänzung
ARCNET  Attached Resource Computer Network, Rechner-Netzwerk
ARM  Advanced (ACORN) →RISC Machine
ARM  Application Reference Modul, Beschreibung eines Applikations-Protokolles von →STEP
ARMP  Allied Reliability and Maintainability Publications, Zuverlässigkeits- und Instandhaltungs-Normen der NATO
AROM  Alterable →ROM
ARP  Address Resolution Protocol, Netzwerk-Protokoll
ARPA  Advanced Research Projects Agency, Forschungsinstitution des US-Verteidigungsministeriums
ARQ  Automatic Repeat Request
ART  Advanced Regulation Technology, Regelung für hochgenaue Bearbeitung
AS  Automatisierungs-System
AS  Advanced Schottky, →TTL-Schaltkreis-Familie
AS  Anschaltung, Bezeichnung von Koppel-Baugruppen in der →SIMATIC
AS511  Anschaltung 511 für Programmiergeräte von →SIMATIC S5
AS512  Anschaltung 512 für Prozeßrechner von →SIMATIC 55
ASA  American Standard Assoziation
ASA  Antreiben Steuern Automatisieren, Fachmesse für Automatisierungs-Komponenten in Stuttgart
ASB  Associated Standards Body, assoziierte Organisation des →CEN
ASB  Antreiben Steuern Bewegen, Fachmesse für Antriebe
ASB  Aussetz-Schalt-Betrieb, z.B. von Maschinen nach →VDE 0530
ASC  →ASCII-Datei, Datei-Ergänzung
ASCII  American Standard Code for Information Interchange
ASCP  Association Suiisse de Contrôle des Installations sous Pression
ASE  Association Suisse des Electriciens
ASEA  Schwedischer Roboterhersteller
ASG  Arbeitsausschuß Sicherheitstechnische Grundsätze im →DIN
ASI  Aktuator/Sensor-Interface
ASI  Antriebs-, Schalt- und Installationstechnik, Geschäfts- Bereich der Siemens AG
ASIC  Application Specific Integrated Circuit
ASIS  Application Specific Integrated Sensor
ASIS  American Society for Information Science
ASM  Application Specific Memory
ASM  Asynchron Motor (Machine)
ASM  Automation Sensorik Meßtechnik
ASM  Assembler-Quellcode, Datei-Ergänzung
ASME  American Society of Mechanical Engineers
ASN  Abstract Syntax Notation
ASO  Active Sideband Optimum
ASP  Application Specific Processor
ASP  Attached Support Processor
ASPLD  Application Specific Programmable Logic Device, programmierbares Gerät
ASPM  Automated System for Production Management
ASPQ  Association Suisse pour la Promotion de la Qualité
ASQC  American Society for Quality Control
ASRAS  Application Specific Resistor Arrays
ASRC  Asyncronous Sample-Rate-Converter
ASSP  Application Specific Standard Products
AST  Asymmetrical Stacked Trench, Struktur für Halbleiter-Speicherzellen
AST  Active Segment Table
ASTA  Association of Short-Circuit Testing Authorities (London), Vereinigung der Prüfstellen für Kurzschlußprüfung
ASTM  American Society for Testing and Materials (Philadellphia, USA)
ASU  Asynchron-Synchron-Umsetzer
AT  Advanced Technologie
AT  Anlaß-Transformator
ATB  Antriebs-Technik Bauknecht, Antriebs-Geräte-Bezeichnung der Firma Bauknecht
ATC  Automatic Tool Changer
ATD  Asynchronous Time Division, Netzwerk-Verfahren
ATDM  Asynchronous Time Division Multiplexing
ATE  Automatic Test Equipment
ATF  Automatic Track Finding
ATF  →ASIC Technology File
ATG  Automatic Test Generator
ATIS  A Tool Integrated Standard, objektorientierte Schnittstelle
ATM  Asynchronous Transfer Mode, Übertragungs-Modus für Breitband-→ISDN
ATM  Abstract Test Method, abstrakte Test-Methode
ATMS  Advanced Text Management System, Textverarbeitungssystem von IBM
ATN  Attention, Adress- bzw Dateninterpretation an der →IEC-Bus-Schnittstelle
ATPG  Automatic Test Pattern Generation
ATS  Abstract Test Suite, abstraktes Testverfahren
AUI  Attachment Unit Interface, →Ethernet-Schnittstelle

AUT Automatisierungstechnik, Geschäftsbereich der Siemens AG, heute A&D
AUT Automatic, z.b. Betriebsart der →SINUMERIK
AUTOSPOT Automated System for Positioning of Tools
AV Arbeits-Vorbereitung
AVC Audio Video Computer
AVI Arbeitsgemeinschaft der Eisen und Metall verarbeitenden Industrie
AVK Arbeitsgemeinschaft Verstärkte Kunststoffe, u.a. Ersteller der Datenbank für faserverstärkte Kunststoffe in Frankfurt
AVLSI Analog Very Large Scale Integration
AW Ausgangswort, stellt eine 16-Bit breite Schnittstelle vom Automatisierungsgerät dar
AWC Absolut-Winkel-Codierer
AWF Ausschuß für Wirtschaftliche Fertigung e.V.
AWG American Wire Gauge
AWK Aachener Werkzeugmaschinen Kolloquium
AWL Anweisungsliste, Darstellung von →SPS (z.B. →SIMATIC)-Programmen in Form von Abkürzungen
AWS Abrasiv-(Hochdruck-)Wasser-Strahl zur Bearbeitung von Blechen und Kunststoffen
AWV Außen-Wirtschafts-Verordnung, Embargo-Bestimmungen
AZG Ausschuß für Zertifizierungs-Grundlagen im →DIN
AZM Anwendungs-Zentrum Mikroelektronik in Duisburg
AZR Arbeits-Zuteilung und -Rückmeldung, Funktion einer echtzeitnahen Werkstattsteuerung

B Hilfsachse, Drehbewegung um Y-Achse nach →DIN 66025
B Track B oder Spur B vom Encoder bzw. Lagemeßgeber
BA-ADR Baustein-Absolut-Adresse im →USTACK der →SPS, steht für den nächsten Befehl des letzten Bausteins
BAC Bauelemente-Art-Code für Ausfallraten-Prognosen
BAG Betriebsartengruppe, Betriebsartengruppen fassen →NC-Kanäle und Achsen zusammen, die in einer eigenständigen Betriebsart arbeiten
BAK Backup, Sicherungskopie, Datei-Ergänzung
BAM Bit-Serial Access Method
BAM Bitserieller Anschluß für Mehrfachsteuerungen, Übertragungsverfahren für Mehrfachsteuerungen
BAM Bundes-Anstalt für Materialforschung und -prüfung

BANRAM Block Alterable Non-voltage →RAM
BAP Bildschirm-Arbeits-Platz
BAPS Bewegungs-Ablauf Programmier-Sprache für Roboter
BAPT Bundesamt für Post und Telekommunikation
BAS Bildsignal, Austastsignal, Synchronisiersignal
BAS Basic-Quellcode, Datei-Ergänzung
BASEX →BASIC Extension, Erweiterung von BASIC
BASIC Beginners All-Purpose Symbolic Instruction Code
BAT Batch-Datei, Stapel-Datei, Datei-Ergänzung
BAT Batterie, gebräuchliche Abkürzung
Baud Maßeinheit bei der Datenübertragung in Bit/s
BAW Bundes-Amt für Wirtschaft
BAZ Bearbeitungs-Zentrum
BB Betrieb mit Batterien nach →DIN VDE 0558T1
BB1/2 Betriebs-Bereit 1 oder 2, Klarmeldung der →SINUMERIK
B&B Bedienen und Beobachten
BBS Bulletin Board System, Mailbox-System
BBU Batterie Backup Unit
BCC Block Checking Character
BCD Binary Coded Decimal
BCDD Binary Coded Decimal Digit
BCF Befehls-Code-Fehler, Anzeige im →USTACK der →SPS
BCI Binary Coded Information
BCMD Bulk Charge Modulated Device, Bildaufnehmer mit hoher Auflösung
BCO Binary Coded Octal
BCS British Calibration Service
BCT →BI-CMOS-Technology
BCU Bus Control Unit, Bussteuerung eines Computers
BD Binary Decoder, binäre Dekodierschaltung
Bd Baud, Übertragungsrate in Bit/s
BDAM Basic Direct Access Method
BDE Betriebs-Daten-Erfassung
BDE Bundesverband der Deutschen Entsorgungswirtschaft e.V.
BDI Bundesverband der Deutschen Industrie e.V. in Köln
BDI Base Diffusion Isolation, Transistor-Herstellungsverfahren
BDF Bedienfeld
BDL Business Definition Language, allgemeine höhere Programmiersprache
BDM Basic Drive Module, Antriebs-Grund-Modul, bestehend aus Stromrichter und Regelung
BDS Beam Delivery System, Laser-Strahl-Führungs-System für Roboter
BDSB Betrieblicher Daten-Schutz-Beauftragter
BDSG Bundes-Daten-Schutz-Gesetz

BDU  Basic Display Unit, Ein-/Ausgabeeinheit der Datenverarbeitung
BE  Baustein Ende, Kennzeichnung des Programmendes in der →AWL des →SPS-Programmes
BE  Bauelement
BEA  Baustein Ende Absolut, Kennzeichnung eines absoluten Programmendes in der →AWL des →SPS-Programmes
BEAMA  British Electrical and Allied Manufacturers Association
BEB  Baustein Ende Bedingt, Kennzeichnung eines bedingten Programmendes in der →AWL des →SPS-Programmes
BEC  British Electrotechnical Committee
BEF-REG  Befehls-Register, enthält den zuletzt bearbeiteten Befehl im →USTACK der →SPS
BEM  Boundary Element Methode
BER  Bit Error Rate, Verhältnis zwischen fehlerhaften und fehlerfreien übermittelten Bits
BERT  Bit Error Rate Test, Bit-Fehlerraten-Messung
BESA  British Engineering Standards Association
BESY  Betriebs-System
BEUG  Bitbus European User Group
BEVU  Bundesvereinigung mittelständischer Elektronikgeräte-Entsorgungs- und Verwertungs-Unternehmen e.V.
BF  Beauftragbare Funktion, kleinste von außen abrufbare Funktion beim Informationsaustausch mit Arbeitsmaschinen nach →DIN 66264
BfD  Bundesbeauftragter für den Datenschutz
BFS  Basic File System
BG  Berufsgenossenschaft
BG  Baugruppe, →BGR
BGA  Ball-Grid-Array, →PLD-Gehäuse für oberflächenmontierbare Bauelemente
BGFE  Berufsgenossenschaft Feinmechanik und Elektrotechnik
BGR  Baugruppe, →BG
BGT  Baugruppen-Träger
BH  Binary to Hexadecimal
BIA  Berufsgenossenschaftliches Institut für Arbeitssicherheit
BICMOS  Bipolar →CMOS, Halbleiter-Technologie mit hohem Eingangswiderstand, geringer Stromaufnahme und Bipolar-Ausgang
BICT  Boundary In-Circuit-Test
BIFET  Bipolar Field Effect Transistor
BIMOS  Bipolar Metal Oxide Semiconductor
BIN  Binärdatei, Ergebnis einer Kompilierung, Datei Ergänzung
BIN  Belgisch Instituutt voor Normalisatie (Brüssel), belgisches Normen-Gremium, →IBN
BIOS  Basic Input Output System, Hardwareorientiertes Basis-Betriebs-System eines Rechners

BIS  Business Instruction Set Befehlssatz für kommerzielle Rechnerprogramme
BIS  Büro-Informations-System
B-ISDN  Broadband-→ISDN, Breitband-ISDN
BIST  Built-In Self Test, in Bauteilen oder Baugruppen integrierte →HW oder →SW zum Selbsttest ohne externe Unterstützung
Bit  Binary Digit, binäre Informationseinheit
BIT  Built-In Test, in Bauteilen oder Baugruppen integrierte →HW oder →SW zur Testunterstützung
BIX  Binary Information Exchange
BJF  Batch Job Foreground, Stapelverarbeitung aus dem Vordergrundspeicher
BKS  Bezugs-Koordinaten-System von Werkzeugmaschinen und Robotern
BKZ  Betriebsmittel-Kennzeichen
BL  Block Lable, Kennzeichnung eines Datenblockes
BLD  Bauelemente-Belegungs-Dichte bei der Entflechtung von Leiterplatten
BLE  Block Length Error
BLE  Betriebsmittel der Leistungs-Elektronik nach →VDE 0160
BLU  Basic Logic Unit
BM  Binary Multiply
BME  Bundesverband Materialwirtschaft, Einkauf und Logistik e.V.
BMEF  British Mechanical Engineering Federation
BMFT  Bundes-Ministerium Forschung und Technologie
BMI  Bidirectional Measuring Interface, genormte Schnittstelle für Meßdatenübermittlung
BMP  Bitmap-Grafik, Datei-Ergänzung bei WINDOWS
BMPM  Board Mounted Power Module, direkt auf Leiterplatten montierbare →DC/DC-Module
BMPT  Bundes-Ministerium für Post und Telekommunikation
BMSR  Betriebs-Meß-, -Steuerungs- und -Regelungstechnik
BMWI  Bundes-Ministerium für Wirtschaft
BN  Benutzeranleitung, z.B. Geräte-Dokumentation
BNM  Bureau de Normalisation de la Mécanique
BO  Binary to Oktal
BOF  Bedien-Ober-Fläche
BOM  Beginning of Message, Steuerzeichen für den Anfang einer Übertragung
BORAM  Block-oriented →RAM, Speicher mit Block-Daten-Struktur
BORIS  Block-oriented Interactive Simulation System
BOT  Beginning of Tape
BOT  Beginning of Telegram
BP  Batch Processing
BPAM  Basic Partitioned Access Method, Zugriffsverfahren auf gespeicherte Daten

BPBS Band-Platte-Betriebs-System
BPI Bits (Bytes) Per Inch
BPM Bundesministerium für Post- und Fernmeldewesen
BPS Bits (Bytes) Per Second
BPSK Binary Phase Shift Keying
BPU Basic Processing Unit
BPU Betriebswirtschaftliche Projektgruppe für Unternehmensentwicklung
BQL Basic Query Language
BRA Basic Rate Access
BRI Basic Rate Interface, Netzwerkschnittstelle von →ISDN
BRITE Basic Research in Industrial Technologies for Europe
BS Betriebs-System
BS British Standard, britische Norm, auch Konformitätszeichen
BS Bahn-Synchronisation
BS Boundary Scan, Chip-integrierte Test-Architektur
BS Backspace, Steuerzeichen von Rechnern und Druckern
BSA British Standards Association (London)
BSAM Basic Sequential Access Method
BSC Binary Synchronous Communication, Protokoll für die byteserielle Datenübertragung von IBM
BSC Base Station Controller
BSDL Boundary Scan Description Language, Eingabe-Sprache für →BICT
BSEA Bedien- und Steuerdaten Ein-/Ausgabe nach →DIN 66264
BSF Bahn-Schalt-Funktion von Robotern
BSI Bundesamt für Sicherheit in der Informationstechnik
BSI British Standard Institute (London)
BSR Boundery-Scan-Register, Schiebekette mit Boundery-Scan-Zellen
BSRAM Burst Static →RAM, schnelle statische Schreib- und Lesespeicher
BSS Base Station Systems
BSS British Standard Specification
BST Binary Search Tree binärer Suchpfad in einer Datenbank
BSTACK Baustein-Stack, Speicher in der →SPS
BST-STP Baustein-Stack-Pointer, Meldung im →USTACK der →SPS über die Anzahl der im →BSTACK eingetragenen Elemente
BT Bureau Technique
BT Bedien-Tafel, z.B. der →SINUMERIK
BTAM Basic Telecommunications Access Method
BTC Branch Target Cache
BTL Beginning Tape Label
BTR Behind the Tape Reader, Schnittstelle zwischen Lochstreifenleser und Steuerung mit direkter Dateneingabe durch Umgehung des Lesers

BTS Base Transceiver Stations
BTS Bureau Technique Sectoriel, technisches Sektorbüro des →CEN
BTSS Basic Time Sharing System, Betriebssystem für Mehrrechner-Betrieb
BTX Bildschirm-Text, Fernseh-Informations-System
BUB Bedienen und Beobachten
BUVE Bus-Verwaltung nach →DIN 66264
BV Bild-Verarbeitung
BVB Bundes-Verband Büro- und Informations-Systeme e.V.
BVS Bibliothek-Verbund-System der Siemens AG
BWB Bundesamt für Wehrtechnik und Beschaffung
BWM Bundes-Wirtschafts-Ministerium
B-W-N Bohrung-Welle-Nut, Meßzyklus in der →NC für die Werkstück- und Werkzeug-Vermessung
BWS Berührungslos wirkende Schutzeinrichtung, Roboter-Schutz-Einrichtung nach →VDI 2853
BZT Bundesamt für Zulassungen in der Telekommunikation in Saarbrücken


C Hilfsachse, Drehbewegung um Z-Achse nach →DIN 66025
C Höhere komfortable Programmiersprache
CA Conseil d'Administration, Verwaltungsrat, z.B. der →EU
CA Computer Animation, Bewegungsabläufe mittels Computer
CAA Computer Aided Advertising (Animation), Methode zur Rechnerunterstützten Dokumentation
CAA Computer Aided Assembling, Rechnerunterstütze Montage
CACEP Commission de l'Automatisation et de la Conduite Electronique des Processus, Ausschuß für Automatisierung und elektronische Prozeßsteuerung
CACID Computer Aided Concurrent Integral Design, Hilfsmittel für simultanes Konstruieren
CAD Computer Aided Design, Rechnerunterstützte Konstruktion von Produkten
CAD Computer Aided Drafting, Rechnerunterstütztes Zeichnen
CAD Computer Aided Detection, Rechnerunterstütztes Erkennen
CADAT Computer Aided Design and Test, Rechnerunterstütztes Konstruieren und Testen
CADD Computer Aided Design and Drafting, Rechnerunterstütztes Konstruieren und Zeichnen
CADE Computer Aided Data Entry, Rechnerunterstütztes Datenerfassungssystem

CADEP  Computer Aided Design of Electronic Products, Rechnerunterstütztes Entwickeln von elektronischen Produkten
CADIC  Computer Aided Design of Integrated Circuits, Rechnerunterstütztes Entwickeln von integrierten Schaltungen
CADIS  Computer Aided Design Interactive System, von Siemens entwickeltes →CAD-System für dreidimensionale Darstellungen
CAD-NT  →CAD-Norm-Teile, Normung von Produkt-Daten-Formaten
CADOS  →CAD für Organisatoren und Systemingenieure
CAE  Computer Aided Engineering, Rechnerunterstützte Entwicklung. →DV-Unterstützung für die technischen Bereiche, mit Sicherstellung des kontinuierlichen Datenflusses vom Entwickler bis zum computergesteuerten Fertigungs- bzw. Prüfmittel
CAE  Computer Aided Education, Rechnerunterstützte Ausbildung
CAE  Computer Aided Enterprise
CAGD  Computer Aided Geometric Design
CAH  Computer Aided Handling, Rechnerunterstützte Handhabung
CAI  Computer Aided Industry, Rechnereinsatz in der Industrie
CAI  Computer Aided Illustration, Methode zur Rechnerunterstüzten Dokumentation
CAI  Computer Assisted Instruction, programmierte Unterweisung
CAI  Computer Aided Instruction, Rechnerunterstützte Unterweisung
CAL  Computer Aided Logistics
CAL  Common Assembly Language
CAL  Computer Assisted Learning
CAL  Computer Animation Language, Programmiersprache zur Erstellung beweglicher Computergrafiken
CAL  Conversational Algebraic Language, höhere Programmiersprache für technisch-wissenschaftliche Aufgaben
CAL  Calender-Datei, Datei-Ergänzung bei WINDOWS
CALAS  Computer Aided Laboratory Automation System, Rechnerunterstützte Labor-Automatisierung
CALS  Computer Aided Acquisition and Logistic Support, internationale Standardisierung für technische Dokumentation bzw. Vernetzung von Systemen
CAM  Computer Aided Manufacturing
CAM  Content Addressable Memory, Speicher für Netzwerke
CAM  Central Address Memory, zentraler Speicher eines Datenverarbeitungssystemes
CAM  Communication Access Method, Zugriffsverfahren bei der Daten-Fernübertragung

CAMAC  Computer Automated Measurement and Control, automatisierte Meß- und Steuertechnik
CAMEL  Computer Assisted Education Language, Programmiersprache für den Rechnerunterstützten Unterricht
CAMP  Compiler for Automatic Machine Programming
CAMP  Computer Assisted Movie Production, Rechnerunterstütztes Erzeugen von bewegten Bildern
CAN  Control (Controller) Area Network
CANS  Computer Assisted Network System, Rechnerunterstütztes Verwaltungssystem für Netze
CAO  Computer Aided Office (Organization)
CAP  Computer Aided Planning, Rechnerunterstützte Arbeitsplanung
CAP  Computer Aided Publishing, Methode zur Rechnerunterstüzten Dokumentation
CAP  Computer Assisted Production
CAPD  Computer Aided Package Design, Methode zur Rechnerunterstüzten Dokumentation
CAPE  Computer Aided Production Engineering
CAPE  Computer Aided Plant Engineering, Rechnerunterstützte Planung
CAPI  Common-→ISDN-→API, Anwenderprogramm-Schnittstelle
CAPIEL  Comité de Coordination des Associations de Constructeurs d'Appareillage Industriel Electrique du Marché Commun
CAPM  Computer Aided Production Management
CAPP  Computer Aided Process Planning
CAPS  Computer Assisted Problem Solving
CAPSC  Computer Aided Production Scheduling and Control, Rechnerunterstützte Produktions-Planung und -Steuerung
CAQ  Computer Aided Quality Control
CAQA  Computer Aided Quality Assurance
CAR  Computer Aided Robotic
CAR  Computer Aided Repair
CAR  Channel Address Register, Kanal-Adreß-Register einer Rechner-Zentraleinheit
CARAM  Content Addressable →RAM, Speicher mit wahlfreiem Zugriff
CARE  Computer Aided Reliability Estimation
CARO  Computer Aided Routing System, internationale Vereinigung zur Erforschung von Computerviren
CAS  Communication (Control) Access System
CAS  Computer Aided Service
CAS  Columne Address Strobe, Steuersignal für dynamische →RAM
CAS  Computer Aided Simulation
CASCO  Conformity Assessment Committee, →ISO-Rats-Komitee für Konformitätsbeurteilung

CASD  Computer Aided System Design
CASE  Conformity Assessment System Evaluation
CASE  Computer Aided Software Engineering
CASE  Computer Aided Service Elements, Teil der Schicht 7 des →OSI-Modelles
CAST  Computer Aided Storage and Transportation
CAT  Computer Aided Testing
CAT  Computer Aided Technologies, Fachmesse für Computer-Anwendung
CAT  Computer Aided Teaching
CAT  Computer Aided Translation
CAT  Computer Aided Telephony
CAT  Connector Assembly Tooling(-Kit), Werkzeugsatz für die Montage von Glasfasersteckern
CAT  Character Assignment Table
CATE  Computer Aided Test Engineering, Rechnerunterstützte Entwicklung von Teststrategien
CATP  Computer Aided Technical Publishing
CATS  Computer Aided Teaching System
CATS  Computer Automated Test System
CATV  Community Antenna Television, Kabelfernsehen
CAV  Constant Angular Velocity, Aufzeichnungsverfahren mit konstanter Rotationsgeschwindigkeit
CB  Certification Body, Zertifizierungs-Institution
CB  Circuit Breaker
CBB  Conformance Building Block, Begriff aus der Industrie-Automation
CBC  →CMOS-Bipolar-CMOS, Basis-Zellen einer Gate-Array-Technologie
CBC  Cipher Block Chaining, Schlüsselblockverkettung von Daten
CBEMA  Computer and Business Equipment Manufactures Association, Vereinigung der amerikanischen Computer-Hersteller
CBIC  Cell Based →IC, Standard-Zellen-IC
CBN  Cubic Bor Nitrid, kubisches Bor-Nitrid
CBT  Computer Based Training
CBX  Computerised Branch Exchange, Rechnergesteuerte Telekommunikationsanlage
CC  Cyclic Check
CC  Cable Connector, Kabelanschluß
CC  Communication Controller, Ein-/Ausgabe-Steuerung von Rechnern
CCA  →CENELEC Certification Agreement
CCC  →CEN Certification Committee
CCC  Consumer Consultative Committee, beratender Verbraucherausschuß bei der Europäischen Kommission in Brüssel
CCD  Charge Coupled Devices
CCE  Commission des Communautés Européennes, Kommission der Europäischen Gemeinschaft

CCE  Configuration Control Element
CCEE  Commission de Coopération Economique Européenne, Kommission für die wirtschaftliche Zusammenarbeit Europas
CCFL  Cold Cathode Fluorescence Light, Anzeige-Technologie
CCG  Certification Consultative Group des →IEC
CCH  Coordination Committee for Harmonization, Koordinierungs-Ausschuß für Harmonisierung der →CEPT
CCI  Comité Consultatif International de l'Union Internationale de Télécommunications, Internationales beratendes Komitee der Internationalen Fernmeldeunion
CCIA  Computer and Communications Industry Association, Vereinigung der amerikanischen Computer- und Kommunikations-Industrie
CCIR  Comité Consultatif International des Radiocommunications, internationaler beratender Ausschuß für den Funkdienst
CCITT  Comité Consultatif International Télégrahique et Telephonique, internationales Komitee für Telegraphen- und Fernsprechdienst
CCL  Commerce Control List, Liste der amerikanischen Handelsware
CCM  Coordinate Measuring Machine
CCM  Charge Coupled Memory, ladungsgekoppeltes Schieberegister (Halbleiterspeicher)
CCP  Communication Control Program
CCT  Comite de Coordination des Télécommunications, französische Organisation für Gütesicherung
CCU  Central Control Unit, zentrale Steuereinheit eines Rechners
CCU  Communication Control Unit, Kommunikations-Steuereinheit eines Rechners
CCU  Concurrency Control Unit, externe Parallelverarbeitung beim Mikroprozessor
CCW  Counter-Clockwise, im Gegenuhrzeigersinn
CD  Collision Detection, Kollisions-Erfassung
CD  Carrier Detect, →RS-232-Modem-Signal, das der Gegenstation mitteilt, daß es ein Signal empfangen hat
CD  Compact Disk
CD  Committee Draft, Vorschlag eines Dokumentes, das zur Abstimmung ansteht
CDA  Customer Defined Array
CDC  →CENELEC Decision Committee
CDC  Compact Diagnostic Chamber, z.B. Absorberraum für →EMV-Messungen
CDE  Common Desktop Environment, Standard-Bedienoberfläche von →UNIX
CDI  Compact Disk Interactive, Optisches Speichermedium
CDIL  Ceramic Dual In Line, Gehäuseform von integrierten Schaltkreisen, →CDIP
CDIP  Ceramic Dual Inline Package, Gehäuseform von integrierten Schaltkreisen, →CDIL

CDL Comité de Lecture, Normenprüfstelle bei →CENELEC
CDM Charged Device Model, Prüf-Modell für die Entladung eines Bauteiles gegen Masse
CDM Complete Drive Module, komplettes Antriebs-Modul, z.B. für Wechselstrom-Motore
CDMA Code Division Multiple Access, Zugangsmethode zum Frequenzspektrum in der Mobilkommunikation
CDRAM Cached Dynamic →RAM, dynamischer Speicher
CD-ROM Compact Disk →ROM
CDTI Computer Dependent Test Instruments
CE Communauté Européenne, Konformitäts-Zeichen der →EU
CEB Comité Electronique Belge, belgisches Elektrotechnisches Komitee
CEBIT Centrum für Büro- und Informations-Technik, Messe in Hannover mit internationaler Beteiligung
CEC Commission of the European Communities, Kommission der Europäischen Gemeinschaft
CECA Communauté Européenne du Charbon et de l'Acier, Europäische Gemeinschaft für Kohle und Stahl (→EGKS)
CECAPI Comité Européen des Constructeurs d'Appareillage Electrique d'Installation, europäisches Komitee der Hersteller elektrischer Installations-Geräte
CECC →CENELEC Electronic Components Committee, Komitee für elektronische Bauelemente
CECIMO Comité Européen de Cooperation des Industries de la Machine-Outil, europäisches Komitee für die Zusammenarbeit der Werkzeugmaschinen-Industrie
CECT Center of Emerging Computer Technologies
CEDAC Cause Effect Diagram with Addition of Cards, →QS-Werkzeug, Kombination von Ursachen-, Wirkungsdiagramm, graphischer Darstellung und Maßnahmen
CEE International Commission on Rules for the Approval of Electrical Equipment, internationale Kommission für Regeln zur Begutachtung elektronischer Erzeugnisse. Seit 1985 in die →IEC integriert
CEE Communauté Economique Européenne
CEE Commission Economique pour l'Europe, Wirtschaftskommission für Europa der UN in Genf
CEEC Committee of European Economic Cooperation
CEF Comité Electrotechnique Française
CEI Comitato Elettrotecnico Italiano
CEI Commission Electrotechnique Internationale, entspricht →IEC

CELMA Committee of →EEC Lighting Manufacturers Association, europäischer Verband der Leuchtenhersteller in London
CEM Contract Electronics Manufacturer
CEM Compatibilité Electromagnétique, Elektromagnetische Verträglichkeit →EMC
CEMA Canadian Electrical Manufacturers Association, Verband kanadischer Hersteller elektronischer Geräte
CEMACO Constructeurs Européens de Matériaux de Connexion, →EU-Hersteller-Kommission für Verbindungsmaterial
CEMEC Committee of European Associations of Manufacturers of Electronic Components
CEN Comité Européen de Normalisation
CENCER →CEN Certification, CEN-Zertifizierung
CENEL Comité Européen de Coordination des Normes Electriques; Vorläufer von →CENELEC
CENELCOM Comité Européen de Coordination des Normes Electriques des Pays de la Communauté Economique Européenne, Koordinationsausschuß für elektrotechnische Normen der →EWG-Länder
CENELEC Comité Européen de Normalisation Electrotechnique, europäisches Komitee für elektrotechnische Normung
CEO Chief Executive Officer
CEOC Confédération Européenne d'Organismes de Contrôle
CEPEC Committee of European Associations of Manufacturers of Passive Electronic Components
CEPT Conférence Européenne des Administrations des Postes et des Télécommunications
CES Comité Electrotechnique Suisse
CES Critical Event Scheduling, Simulationsmethode für →PLDs
CESA Canadian Engineering Standards Associacion
CFA Clock Frequency Adjusted, Leistungs-Analyse von Rechner-Systemen bei angepaßter Taktfrequenz
CFG Configuration, Setup-Info, Datei-Ergänzung
CFI →CAD Framework Initiative, →SW-Standardisierung für →CAE
CFP Color Flat Panel, Farb-Flach-Bildschirm
CFR Controlled Ferro Resonance, geregelte Stromversorgung
CG Character-Generator
CGA Color Graphics Adapter
CGI Computer Graphics Interface, Normung von Produkt-Daten-Formaten nach →ISO
CGM Computer Graphics Meta-File, Normung von Produkt-Daten-Formaten nach →ISO
CGMIF Computer Graphics Metafile Interchange Format
CHG Change

CHI  Computer Human Interaction
CHILD  Computer Having Intelligent Learning and Development, künstliche Intelligenz mit Lerneigenschaften
CHILL  →CCITT High Level Language
CIA  Computer Interface Adapter, Anpassungs-Adapter für Computer-Schnittstellen
CiA  →CAN in Automation, Vereinigung der Industrieautomatisierung
CIAM  Computer Integrated and Automated Manufacturing, Rechnerunterstützte Produkterzeugung
CIAS  Computer Integrated Administration und Service
CIB  Computer Integrated Business, Integriertes Gesamtkonzept von Entwicklung, Verwaltung, Fertigung, Service usw.
CID  Computer Integrated Documentation
CID  Computer Integrated Development
CID  Contactless Identification Devices, kontaktlos arbeitende Identifikations-Schaltungen in ICs
CIGRE  Conférence Internationale des Grands Réseaux Electriques, internationale Konferenz für Hochspannungsnetze in Paris
CIL  Controllorate of Inspection Electrics
CIL  Computer Integrated Logistics
CIM  Computer Integrated Manufacturing
CIME  Computer Integrated Manufacturing and Engineering →CIM
CIMEC  Comité des Industries de la Mesure Electrique et Electronique, EWG-Hersteller-Komitee für elektrische und elektronische Meßtechnik
CIM-TTZ  →CIM-Technologie-Transfer-Netz
CIO  Computer Integrated Office
CIOCS  Communications Input/Output Control System, Steuerung der Datenfernübertragung
CIP  Compatible Independent Peripherals
CIP  Computer Integrated Processing
CIPM  Comité International des Poids et Mesures, Internationales Komitee für Maße und Gewichte
CIPS  Common Information Processing Service von →CEN/CENELEC
CIS  →CENELEC Information System
CIS  Character Imaging Systems
CIS  Communication Information System
CISC  Complex Instruction Set Computer, Computer mit sehr umfangreichem Befehlssatz
CISPR  Comité International Spécial des Perturbations Radioélectriques, Internationaler Ausschuß für Funkstörungen in Genf und London
CISQ  Certificazione Italiana dei Sistemi Qualita delle Aziende, italienische Zertifizierungsstelle für Qualitäts-Management-Systeme
CIT  Computer Integrated Telephony
CITT  Computer Integrated Telephone and Telematics

CK  Chloropren-Kautschuk
CKW  Chlor-Kohlen-Wasserstoff
CL  Control Language, Programmiersprache der Steuer-und Regelungstechnik
CL  Cycle Language, zyklenorientierte Programmiersprache
CL800  Cycle Language 800, Programmiersprache von Siemens für die Erstellung von Bearbeitungszyklen auf dem Programmierplatz WS800
CLB  Configurable (Combinational) Logic Block, kombinierbare Logik mit Speicherelementen bei →LCAs
CLC  →CENELEC (Kurzform)
CLCC  Ceramic Leaded Chip Carrier, Gehäuseform von integrierten Schaltkreisen in →SMD
CLCS  Current Logic Current Switching, stromgesteuerter integrierter Schaltkreis
CLC/TC  →CENELEC Technical Committee
CLDATA  Cutter Location Data
CLF  Clear File, Löschanweisung
CLM  Closed Loop Machining
CLR  Clear, löschen
CLT  Communications Line Terminal, Datenendgerät
CLT  Computer Language Translator
CLUT  Color Look Up Table, Farben-(Speicher-)Such-Tabelle
CLV  Constant Linear Velocity, Aufzeichnungsverfahren mit konstanter Datendichte
CM  Common Modification, gemeinsame Abweichungen
CM  Cache Memory, Hintergrundspeicher
CM  Central Memory
CMC  Certification Management Committee for Electronic Components, Komitee des →IEC-Gütebestätigungs- Systems für elektronische Bauelemente
CMI  Coded Mark Inversion, binärer Leitungskode
CMI  Cincinnati Millacron Incorporated, Werkzeugmaschinenhersteller der USA
CMIP  Common Management Information Protocol →OSI-Netzwerk-Management-Protokoll
CMIS  Common Manufacturing Information System
CML  Current Mode Logic, →ASIC-Technologie mit hoher Treiberfähigkeit
CMM  Coordinate Measuring Machine
CMMA  Coordinate Measuring Machine Manufactures Association
CMMU  Cache Memory Management Unit
CMOS  Complementary Metal Oxide Semiconductor, Halbleiter-Technologie mit hohem Eingangswiderstand und geringer Stromaufnahme
CMOT  →CMIP over →TCP/IP, Netzwerkmanagement für TCP/IP-Netze
CMRR  Common Mode Rejection Ratio

CMS →CAN-based Message Specification, Sprache für die Beschreibung verteilter Anwendungen
CMS  Computer Marking System
CMYK  Cyan Magenta Yellow Black, Druck-Farb-Standard
CNC  Computerized Numerical Control
CNET  Centre National d'Etudes de Télécommunication
CNF  Configuration, Setup-Info, Datei-Ergänzung
CNMA  Communication Network for Manufacturing Applications
CNS  Communications Network System, Telekommunikations-Netz
CNV  Convertierungs-Datei, Datei-Ergänzung von WINDOWS
CO  Central Office
COB  Chip on Board
COB  →COBOL-Quellcode, Datei-Ergänzung
COBOL  Common Business Oriented Language
COBRA  Common Object Broker Request Architecture, objektorientierte Schnittstelle
COC  Coded Optical Character
COF  Customer Oriented Function
COLIME  Comité de Liaison des Industries Métalliques, Verbindungsausschuß der Verbände der europäischen metallverarbeitenden Industrien
COM  Communication (-Bereich), Kommunikations-Bereich der →SINUMERIK, führt den Dialog mit der Bedientafel und den externen Komponenten durch
COM  Computer Output Microfilm, Ausgabe alphanumerischer oder graphischer Daten über Mikrofilm-Aufzeichnungsgeräte
COM  Command-Datei
COMEL  Comité de Coordination des Constructeurs de Machines Tournantes Electriques du Marche Commun, europäische Vereinigung der Hersteller von rotierenden elektrischen Maschinen
COMFET  Conductivity Modulated →FET
COMSEC  Communications Security
COMSOAL  Computer Method of Sequencing Operations for Assembly Lines
CONCERT  European Committee for Conformy Certification
COO  Cost of Ownerchip, Bausteinkosten
COOL  Control Oriented Language
COP  CO-Processor
COPICS  Communications Oriented Production and Control System, Produktionskontrolle mittels Fernübertragung
COQ  Cost of Quality, Qualitätskosten
CORA  →CIM-orientierte Anfertigung, z.B. von Baugruppen
COREPER  Comité des Représentants Permanents, Ausschuß der ständigen Vertreter der Mitgliedstaaten der →EU

COROS  Control and Operator System, Bedien- und Beobachtungs-Konzept von →SIMATIC
COS  Corporation for Open Systems, Zusammenschluß von Computer- und Kommunikations-Firmen
COS  Cooperation for the Application of Standards for Open Systems (USA)
COS  Chip On Silicon, Silizium- verdrahtete Schaltkreise
COSINE  Cooperation for →OSI Networking in Europa
COSMOS  Complementary Symmetric Metal Oxide Semiconductor
COSYMA  Computerized System for Manpower and Equipment Planning
CP  Communication Processor
CP  Communication Phase, Übertragungsphase
CP  Circuit Package, Gehäuse für integrierte Schaltkreise
CP  Check Point, Anlaufpunkt nach Programmunterbrechung
CP  Continuous Path (Controlled Path)
CP  Card Punch, Lochkartenstanzer
CP  Command Port, Schnittstelle am →PC
CPC  →CENELEC Programming Committee
CPC  Customer Programmable Cycles
CPC  Computer Process Control
CPD  Construction Products Directive
CPE  Customer Premises Equipment, Kunden-Endgeräte, z.B. Telefone, Computer usw.
CPE  Computer Performance Evaluation, Leistungsermittlung von Datenverarbeitungsanlagen
CPGA  Ceramic Pin Grid Array, Bezeichnung von Logikbausteinen mit hoher Pin-Zahl in Keramik-Ausführung
CPI  Cycles Per Instruction
CPI  Clock Per Instruction
CPI  Characters Per Inch
CPI  Code-Page-Information, Zeichensatz-Tabellen-Datei, Datei-Ergänzung von →MSDOS
CPL  Customer Programmable Language
CPLD  Complex Programmable Logic Device, komplexe anwenderspezifische programmierbare Bausteine
CPM  Critical Pass Methods
CPS  Characters Per Second
CPU  Central Prozessor Unit
CQC  Capability Qualifying Components, Eignungstest bei Spezifikationen
CR  Carriage Return, Wagen-Rücklauf
CR  Central Rack
CRAM  Card →RAM, Magnetkartenspeicher
CRC  Cutter Radius Correction, Fräser- bzw. Schneiden-Radius-Korrektur von Werkzeugmaschinen-Steuerungen
CRC  Cyclic Redundancy Check, spezielles Fehlerprüfverfahren zur Erhöhung der Datenübertragungs-Sicherheit

CRD  Cardfile
CRDR  Cyclic Request Data with Reply, zyklischer →RDR-Dienst
CRISP  Complex Reduced Instruction Set Processor, Kombination von →RISC- und →CISC-Prozessor
CRL  Communication Relations List, vom →PROFIBUS
CROM  Control →ROM, Nur-Lese-Speicher für feste Abläufe
CRT  Cathode Ray Tube
CRTC  Cathode Ray Tube Controller, Video-Baustein (Prozessor) zur Monitor-Steuerung
CS  Chip Select
CS  Central Secretariat
CS  Companion Standard, Begriff aus der Industrie-Automation
CSA  Client Server Architecture
CSA  Canadian Standards Association, kanadischer Normenausschuß, gleichzeitig Bezeichnung für Norm und Normenkonformitäts-Zeichen
CSB  Channel Status Byte, Anzeige eines Prozessor-Ein-/Ausgabekanales
CSBTS  China State Bureau of Technical Supervision, nationales chinesisches Normungsinstitut
CSC  →CENCER Steering Committee
CSG  Constructive Solid Geometry, Volumenorientiertes 3D-→CAD-Modell
CSIC  Computer System Interface Circuit, Rechner-Schnittstelle
CSMA  Carrier Sense Multiple Access, Mehrfach-Zugriff mit Signal-Abtastung
CSMA/CA  Carrier Sense Multiple Access with Carrier Avoidance, Zugriffsverfahren, bei dem die Datenkollission durch Vergabe von Prioritäten verhindert wird
CSMA/CD  Carrier Sense Multiple Access with Collision Detection, Mehrfach-Zugriff mit Signalabtastung und Kollisions-Erkennung. Ein Protokoll vom→ IEEE 802.3 für lokale Netze, z.B. →ETHERNET
CSMB  Continuous System Modeling Program, Simulationsprogramm für Großprojekte
CSPC  Companion Standard for Programmable Controller, offene Kommunikation für →SPS
CSPDN  Circuit Sitched Public Data Network
CSRD  Cyclic Send and Request Data, zyklischer →SRD-Dienst
CSTA  Computer Supported Telecommunication Application, Standard für Rechner-Vernetzung per Telefon der →ECMA
CT  Cordless Telephone
CTI  Section on Communications Terminals and Interfaces, Arbeitsgruppe für Datenübertragungsgeräte und Schnittstellen
CTI  Colour Transient Improvement, Schaltung zur dauerhaften perfekten Bildwiedergabe

CTI  Computer Telephony Integration, Rechnerunterstütztes Telefonsystem
CTI  Cooperative Testing Institute for Electrotechnical Products, Gesellschaft zur Prüfung elektrotechnischer Industrieprodukte GmbH
CTIA  Cellular Telecommunications Industry Association, Herstellervereinigung in USA
CTP  Composite Theoretical Performance, gesamte theoretische Rechner-Leistung
CTR  Common Technical Regulations
CTRL  Control
CTS  Clear To Send, Meldung der Sende-Bereitschaft bei seriellen Daten-Schnittstellen
CU  Central Unit
CUA  Common User Access, Leitlinie für die Benutzeroberfläche von IBM
CVD  Chemical Vapor Deposition
CVI  C for Virtual Instrumentation, Meßtechnik-System für WINDOS und Sun
CVT  Continuously Variable Transmission
CVW  Codeview Debugger for WINDOWS
CW  Clockwise
CW  Continuous Wafe, Dauer-Sinussignal (Störimpuls)
CXC  Controller Extension Connector

D  Werkzeug-Korrektur-Speicher nach →DIN 66025
DA  Digital to Analogue
DAA  Data Access Arrangement
DAB  Dauerlaufbetrieb mit Aussetz-Belastung, z.B. von Maschinen nach →VDE 0550
DAC  Digital Analog Converter
DAC  Design Automation Conference, wichtige →CAE-Messe
DAC  Discretionary Access Control, Begriff der Datensicherung
DAC  Dual Attachment Concentrator →FDDI-Anschluß
DAD  Draft Addendum, Vorschlag eines →AD
DAE  Deutsche Akkreditierungsstelle Elektrotechnik, Dienststelle der →EU
DAL  Digital Access Line, Leitung zwischen Rechner und Peripherie zur Informationsübertragung
DAM  Direct Access Memory
DAM  Deutsche Akkreditierungsstelle Metall und verbundene Werkstoffe, Dienststelle der →EU
DAN  Desk Area Network, optoelektronisches Netzwerk für die Vernetzung von →PCs
DAP  Data Acquisition and Processing
DAP  Deutsche Akkreditierungsstelle Prüfwesen, Dienststelle der →EU
DAPR  Digital Automatic Pattern Recognition
DAQ  Data Acquisition, Daten-Erfassung
DAR  Deutscher Akkreditierungs-Rat, Dienststelle der →EU
DAS  Data Acquisition System

DASET Deutsche Akkreditierungsstelle Stahlbau und Energie-Technik
DASM Drehstrom Asynchron Maschine
DASP Digital Array Signal Processor
DASSY Daten-Transfer und Schnittstellen für offene, integrierte →VLSI-Systeme, →BMFT-Projekt für →EDIF und →VHDL
DAST Direct Analog Storage Technology, direkte analoge Sprachspeicherung
DAT Digital Audio Tape
DAT Durating of Drive Telegram, Zeiteinheit bei der Antriebs-Steuerung
DAT Data, Datei-Ergänzung
DATech Deutsche Akkreditierungsstelle Technik
DATEL Data Telecommunication (Telephonie, Telegraph), Datenübertragung der Deutschen Bundespost
DATEX Data Exchange Service, Dienst der Deutschen Bundespost für Datenübertragung
DAU Digital Analog Umsetzer →DAC
DAV Data Valid, Anzeige der Datengültigkeit an der →IEC-Bus-Schnittstelle
DB Daten Baustein bei →SIMATIC S5
DB Data Byte
DB Daten-Block, Anwenderdaten einer →BF beim Informationsaustausch mit Arbeitsmaschinen nach →DIN 66264
DB Dauer-Betrieb
DB Drehstrom-Brückenschaltung
dB Dezibel
DB Digital to Binary
DBA Data Base Administration
DB-ADR Daten-Baustein-Adresse
DBC Data-Bus-Controller, Baustein des →EISA-System-Chipsatzes von Intel
DBF DBASE-File, Datei-Ergänzung
DBL-REG Daten-Baustein-Länge-Register im →USTACK der →SPS
DBMS Data Base Management System
DBP Deutsches Bundes-Patent(-Amt)
DBP Deutsche Bundes-Post
DBS Datenbank im →SQL-WINDOWS-Format, Datei-Ergänzung
DBV Daten-Block-Verzeichnis, Adressentabelle, die einer →BF die →DBs zuweist beim Informationsaustausch mit Arbeitsmaschinen nach →DIN 66264
DC Direct Current
DC Direct Control, Steuerzeichen der Datenübertragung
DC Device Control
DCB Direct Copper Bonding, Verfahren zum Verknüpfen von Keramik-Substraten in der Halbleiter-Technik
DCC Digital Compact Cassette, digitales Aufzeichnungs- und Abspielsystem für Magnettonbänder

DCC Display Combination Code, Funktion des →VGA-Adapters zur Erkennung des Bildschirmtyps
DCCS Distributed Computer Control System
DCCU Detached Concurrency Control Unit, Kontroll- bzw. Zähl-Register eines →RISC-Prozessors
DCD Data Carrier Detect, Empfangs-Signal-Pegel von seriellen Daten-Schnittstellen
DCE Data Circuit terminating Equipment
DCE Data Communications Equipment
DCE Distributed Computing Environment, Verarbeitung von Daten auf unterschiedlichen Rechnern nach →OSF
DCI Display Control Interface, Standard in der Video-Darstellung
DCLK Data Clock, Taktleitung von seriellen Daten-Schnittstellen
DCM Data Communications Multiplexer, im Multiplexverfahren gesteuerte Datenfernübertragung
DCN Data Communications Network
DCS Distributed Control System, dezentrale Steuerung
DCS Digital Communication Service, Erweiterung des →GSM-Standards
DCS Data Communications System, Steuerung der gesamten Datenübertragung eines Rechners
DCS Digital Cellular System →GSM-Standard mit hoher Kapazität
DCT Discreet (Direct) Cosinus Transformation
DCT Dictionary, Lexikondatei, Datei-Ergänzung
DCTL Direct Coupled Transistor Logic, integrierte Schaltung mit direkt gekoppelten Transistoren
DCU →DSP Chipselect Unit, Baustein-Auswahl beim DSP
DD Double Density, doppelte Speicherdichte einer Diskette
DDBMS Distributed Data-Base Management System, Verwaltung einer Datenbank
DDC Direct Digital Control, Digitalrechner, der direkt mit seinen Ein-/Ausgängen verbunden ist
DDCMP Digital Data Communications Message Protocol, Übertragungsprotokoll für Weitverkehrsnetze
DDE Dynamic Data Exchange, →SW-Paket für den Datenaustausch bei WINDOWS
DDL Device Description Language, standardisierte, objektorientierte Metasprache
DDM Desting Drafting and Manufacturing, Rechnerunterstütztes System für Konstruktion und Fertigung von GE
DDMS Design Data Management System, Framework-Architektur für die Produkt-Entwicklung

DDP Distributed Data Processing, Datenverteilung auf einem Mehrrechner-System
DDRS Digital Data Recording System, System zum Aufzeichnen digitaler Daten
DDS Digital Data Storage, Aufzeichnungs-Format von Laufwerken
DDS Data Display System, Daten -Anzeigegerät
DDT Data Description Table, Tabelle für Datenfestlegung
DDTE Digital Data Terminal Equipment, digitale Daten-Endeinrichtung
DDTL Diode Diode Transistor Logic, Schaltung für Verknüpfungslogik
DDTN Domain Divided Twisted Nematic, Flüssigkristall-Technik
DE Data Entry, Dateneingabe
DEC Decodierung
DECT Digital European Cordless Telephone, europäischer Standard für schnurlose Telefone
DEE Daten-Endeinrichtung, Empfangs-Station bei serieller Datenübertragung
DEEP Design Environment with Emulation of Prototypes, Projekt für Entwurfs-Rationalisierung am Fraunhofer Institut für Mikroelektronische Schaltungen und Systeme, Duisburg und Dresden IMS
DEF Definitionsdatei, Datei-Ergänzung
DEK Dansk Elektroteknisk Komite, dänisches Elektrotechnisches Komitee
DEKITZ Deutsche Koordinierungsstelle für Informations-Technik, Normen-Konformitäts-Prüfung und -Zertifizierung
DEL Delete, Löschen
DEMKO Danmarks Elektriske Materiel-Kontrol, dänische Elektrotechnische Prüfstelle
DEMVT Deutsche Gesellschaft für →EMV-Technologie, Vereinigung von EMV-Fachleuten
DES Data Encryption Standard →PC-Schlüssel-Algorithmus
DEVO Datenerfassungsverordnung
DF Disk File, auf Diskette gespeicherte Datei
DFA Design for Assembly, Methode zur Fehlervermeidung
DFAM Deutsche Forschungsgesellschsft für die Anwendung der Mikroelektronik e.V. in Frankfurt
DFG Deutsche Forschungs-Gemeinschaft
DFKI Deutsches Forschungszentrum für Künstliche Intelligenz
DFM Design for Manufacture
DFN Deutsches Forschungs-Netz, deutsche Netzwerk-Technologie
DFP Digital Fuzzy Processor
DFS Direct File System
DFT Design for Testability
DFT Discrete Fourier Transformation, Rechenverfahren zur Ermittlung der Zusammensetzung periodischer Signale

DFÜ Daten-Fern-Übertragung
DFV Daten-Fernverarbeitung in der Fernmeldetechnik
DFV Druckformatvorlage, Datei-Ergänzung
DGD Deutsche Gesellschaft für Dokumentation e.V.
DGFB Deutsche Gesellschaft für Betriebswirtschaft, deutscher Verband der Betriebswirte
DGIS Direct Graphics Interface Standard, Schnittstellen-Standard von Graphik-Prozessoren
DGPI Deutsche Gesellschaft für Produkt-Information
DGQ Deutsche Gesellschaft für Qualität, Vereinigung der deutschen Industrie für Qualitätsthemen
DGW Deutsche Gesellschaft für Wirtschaftliche Fertigung und Sicherheitstechnik
DGWK Deutsche Gesellschaft für Waren-Kennzeichnung GmbH
DH Decimal to Hexadecimal
DI Data Input, Daten-Eingabe, Betriebart der →SINUMERIK
DI Deutsches Industrieinstitut
DIA Display Industry Association, Vereinigung für Anzeigeeinheiten in der Industrie
DIANE Direct Information Access Network Europe
DIBA Dialog Basic, einfache, dialogfähige, höhere Programmiersprache
DIC Dictionary, Lexikondatei
DIF Design Interchange Format, Datenstruktur ähnlich →EDIF
DIF Data Interchange Format
DIHT Deutscher Industrie- und Handelstag
DIL Dual-in-line, Gehäuse für integrierte Schaltkreise
DIN Deutsches Institut für Normung e.V., ehemals Deutsche Industrie-Normen
DINZERT →DIN Zertifizierungsrat
DIO Data In/Out, Datentransfer, Betriebsart der →SINUMERIK
DIO Data Input Output, Datenleitungen der →IEC-Bus-Schnittstelle
DIO Digital Input/Output
DIOS Distributed →I/O-System, →SPS-System von Philips
DIP Dual-in-line Package, Gehäuse für integrierte Schaltkreise
DIR Directory, bei →PCs Auflistung des Datei-Verzeichnisses unter →DOS
DIR Data Input Register
DIS Distributed Information System
DIS Draft International Standard
DISPP Display Part Program
DITR Deutsches Informationszentrum für Technische Regeln des →DIN
DIU Data Interface Unit, Baustein für →ISDN
DIW Deutsches Institut für Wirtschaftsforschung in Berlin

DIX-Ethernet Digital/Intel/Xerox →Ethernet, Netz für hohe Übertragungsraten
DKB Dauerlaufbetrieb mit Kurzzeit-Belastung, z.B. von Maschinen nach →VDE 0550
DKD Deutscher Kalibrier-Dienst
DKE Deutsche Elektrotechnische Kommision, vertreten im →DIN und →VDE
DL Datenbyte Links, Operand im →SPS-Programm
DL Diode Logic, integrierte Schaltkreise mit Dioden-Logik
DL Data Length, Länge eines Datenbereiches
DLC Data Link Controller, →ISDN-Funktion
DLC Diamant-Like Carbon, Diamant-ähnlicher Kohlenstoff für die Werkzeugherstellung
DLC Duplex Line Control, Steuerung der Datenübertragung in beiden Richtungen
DLE Data Link Escape, Datenübertragungs-Umschaltung, Steuerzeichen bei der Rechnerkopplung
DLL Dynamic Link Library, Datei-Ergänzung
DLM Double Layer Metal, Halbleiter-Technologie
DLP Double Layer Polysilicium, zweilagige integrierte Schaltung
DLR Deutsche Forschungs-Anstalt für Luft- und Raumfahrt
DM Dreh-Melder, elektromagnetischer Positionsgeber mit analoger Ausgangsspannung
DMA Direct Memory Access
DMACS Distributed Manufacturing Automation and Control Software
DMC Digital Motion Control
DMC Digital Micro Circuit
DMD Digital Micro-mirror Device, Speicher-Spiegel-Chip für hochauflösende Bilder
DMDT Durating of Master Date Telegram
DME Design Management Environment, Framework-Architektur für die Produkt-Entwicklung
DME Distributed Management Environment, →OSF-Standard für →PCs
DMF Digital Multi-Frequency, Monitortyp
DMI Deutsches Maschinenbau-Institut
DMIS Dimensional Measuring Interface Specification, Herstellerneutrale →CNC-Programme für Meßmaschinen
DMM Digital-Multimeter
DMOS Double Diffused MOS für Transistor mit kurzen Schaltzeiten
DMP Dezentrale Maschinen-Peripherie
DMS Data Management System
DMS Digital Memory Size
DMS Dehnungs-Meß-Streifen für Drucksensoren
DMST Durating of Master Telegram
DMT Design Maturing Testing
DNA Deutscher Normen-Ausschuß, Vorläufer des →DIN

DNAE Daten-Netz-Abschluß-Einrichtung
DNC Direct Numerical Control, Beeinflussung und Verkettung von →CNCs durch einen übergeordneten Leitrechner
DNC Distributed Numerical Control, verkettete numerische Steuerungen
DNC Digital Netwerk Control, über ein Netzwerk verbundene numerische Steuerungen
DNP Direct Numerical Processing, →DNC
DOC Decimal to Octal Conversion
DOC Document, Datei-Ergänzung
DOE Design of Experiments, Methode zur Fehlervermeidung
DOF Degree Of Freedom
DOMA Dokumentation Maschinenbau e.V.
DOPP Doppelfehler, Anzeige im →USTACK der →SPS bei Aktivierung einer aktiven Bearbeitungsebene
DOR Data Output Register
DOS Disk Operating System
DOT Dokument-Vorlage, Datei-Ergänzung
DP Draft Proposal, erster Schritt für →ISO-Normen
DP Data Port, Schnittstelle vom →PC
DPCM Differential Pulse Code Modulation
DPG Digital Pattern Generator
DPI Dots per Inch
DPL Design and Programming Language, höhere Programmiersprache zur Programmerstellung
DPLL Digital Phase Locked Loop
DPM Defects Per Million
DPM Dual Ported Memory, Speicher-Schnittstelle, →DPR und →DPRAM
DPMI →DOS Protected Mode Interface, PC-Standard zur Nutzung von 16 MByte Arbeits-Speicher
DPN Data Processing Network
DPR Dual Port →RAM, Speicher-Schnittstelle, →DPRAM und →DPM
DPRAM Dual Port →RAM, Speicher-Schnittstelle, →DPR und →DPM
DPS Data Processing System
DPSS Data Processing System Simulation
DQC Data Quality Control
DQDB Dual Queue Data (Dual) Bus für Breitband-→ISDN
DQDB Distributed Queue Dual Bus nach →IEEE 802.6
DQS Deutsche Gesellschaft zur Zertifizierung von Qualitäts-Sicherungs- und Management-Systemen mbH
DR Datenbyte Rechts, Operand im →SPS-Programm
DR (Test)-Data Register der Boundary Scan Architektur
DRAM Dynamic →RAM
DRC Design Rule Check, Überprüfung der Entwurfs-Regeln

DRF Differential Resolver Function
DROS Disk Resisdent Operating System, Betriebssystem auf Magnetplattenspeicher
DRT Digital Real Time
DrT Dreh-Transformator
DRTL Diode Resistor Transistor Logic, integrierte Schaltung mit Dioden, Widerständen und Transistoren
DRV Drive, Antrieb
DRV Driver, Treiber, Datei-Ergänzung
DRY Dry run, Probelauf-Vorschub der →SINUMERIK
DS Data Security, Datensicherung
DS Dansk Standardiseringsrad, dänisches Normen-Gremium
DS Disc Storage, Magnetplattenspeicher
DS Double Sided, beidseitig beschreibbare Diskette
DS Doppelstern-Schaltung
DSA Direct Storage Access, direkte Datenübertragung zwischen einem Gerät und einem Speicher
DSA Digital Signal Analysator
DSB Daten-Schutz-Beauftragter
DSB Decoding Single Block, Dekodierungs-Einzelsatz
DSB Dauerlauf-Schalt-Betrieb z.B. von Maschinen nach →VDE 0530
DSL Data Structure Language, höhere Programmiersprache für strukturierte Programmierung
DSM Deep Submicron Technology, Halbleiter-Technologie mit sehr feinen Strukturen, z.B 0,25 Mikrometer
DSMC Dynamic System Matrix Control, prädikatives Regelverfahren für hochgenaue Bahnbewegungen
DSN Distributed System Network, proprietäres Netzwerk von Hewlet Packard
DSO Digitales Speicher Oszilloskop
DSP Digital Signal Processor zur →HW-nahen Signalverarbeitung
DSR Data Set Ready, Meldung der Betriebs-Bereitschaft von seriellen Daten-Schnittstellen
DSS Decision Support System, Framework-Architektur für die Produkt-Entwicklung
DSS Daten-Sicht-Station
DSS Doppelstern-Schaltung mit Saugdrossel
DSSA Daten-Sicht-Station Ausgabe
DSSE Daten-Sicht-Station Eingabe
DST Digital Storage Tape
DSTN Double Supertwisted Nematic, gegensinnige Schichten in der →LCD-Technik
DSU Disc Storage Unit, Magnetplattenspeicher
D-Sub →Sub-D
DSV Deutscher Schrauben-Verband e.V.
DT Data Terminal, Datensichtgerät/-station
DTA Data, Datei-Ergänzung
DTC Desk Top Computer, Tischrechner

DTC Direct Torque Control, Regelungskonzept für Standard-Drehstromantriebe
DTC Data Transfer Controller, Datenübertragungs-Steuerung
DTD Dokument-Typ-Definition, deutsche Dokumentations-Norm
DTE Data Terminal Equipment, Daten-Sichtstation
DTE Daten-Transfer-Einrichtung
DTE Desk-Top Engineering →DTP mit →CAD verknüpfte Systeme
DTL Diode Transistor Logic, Logikfamilie, bei der die Verknüpfungen über Dioden erfolgt, mit einem Transistor als Ausgangstreiber
DTP Desk-Top Publishing
DTP Data Transfer Protocol
DTPL Domain Tip Propagation Logic, Technik zur Herstellung von →ICs
DTR Data Terminal Ready, Meldung der Betriebsbereitschaft des Daten-Endgerätes bei seriellen Daten-Schnittstellen
DTR Draft Technical Report
DTS Desk-Top System
DTV Deutscher Verband Technisch- Wissenschaftlicher Vereine
DUAL Dynamic Universal Assembly Language, maschinennahe Programmiersprache
DÜE Daten-Übertragungs-Einrichtung
DUSt Daten-Umsetzer-Stelle
DUT Device under Test
DÜVO Daten-Übertragungs-Verordnung
DV Daten-Verarbeitung von digitalen und analogen Daten
DVA Daten-Verarbeitungs-Anlage
DVE Digital Video Effects, digitale Beeinflussung bzw. Nachbearbeitung von Videoaufnahmen
DVI Digital Video Interaktive, Einbindung von Videofilmen und Fotos auf →PCs
DVI Design Verification Interface
DVM Digital-Volt-Meter
DVMA Direct Virtual Memory Access
DVN Device Number, Geräte-Nummer
DVO Durchführungs-Verordnung
DVS Digital Video System
DVS Doppelt Versetzt Schruppen, Bearbeitungsgang von Werkzeugmaschinen
DVS Daten-Verwaltungs-System
DVS Design Verification System →IC-Test-System
DVS Deutscher Verband für Schweißtechnik
DVSt Daten-Vermittlungs-Stelle
DVT Design Verification Testing
DW Daten-Wort, Operand im →SPS-Programm
DX Duplex, gleichzeitige Übertragung auf einer Leitung in beiden Richtungen
DXC Data Exchange Control, Datenaustausch zwischen Zentraleinheiten
DXF Drawing Exchange Format →PC-Dateiformat, Datei-Ergänzung

DYCMOS Dynamic Complementary →MOS
DZP Distanz zum Ziel-Punkt, Roboter-Begriff

E Programmierung des 2. Vorschubes nach →DIN 66025
E Eingang, z.B. von der Maschine zur →SPS
E/A-Baugruppe, Binäre Ein-Ausgabe-Baugruppe mit 24V-Schaltpegel und genormten Ausgangsströmen von 0,1A; 0,4A und 2,0A
EAC European Groups for the Accreditation of Certification, europäische Organisation für Akkreditierung und Anerkennung von Prüf- und Zertifizierungsstellen
EACEM European Association of Consumer Electronics Manufacturers, europäische Vereinigung der Fachverbände der Unterhaltungselektronik
EAE Eingabe/Ausgabe-Einheit
EAFE Europäischer Ausschuß für Forschung und Entwicklung
EAL European Accreditation of Laboratories, Europäische Akkreditierung von Laboratorien
EAN Europäische Artikel-Norm, Norm über maschinenlesbaren Kode z.B. Barcode
EANTC European Advanced Networking Test Center
EAP Eingabe/Ausgabe-Prozessor, Rechner zur Steuerung von Ein- und Ausgaben
EAPROM Electrically Alterable →PROM
EAR Eingabe/Ausgabe-Register, Zwischenspeicherung von Ein- und Ausgaben
EAROM Electrically Alterable →ROM
EASL Engineering Analysis and Simulation Language, Programmiersprache für Analyse und Simulation
EAST European Academy of Surface Technology →EU-Bildungsinstitut für Oberflächen-Montage
EB Electron Beam
EB Eingangs-Byte, z.B. 8-Bit-breite-Schnittstelle vom Prozess- zum Automatisierungsgerät
EB Elektronisches/Elektrisches Betriebsmittel, in der →DIN VDE gebräuchliche Bezeichnung eines elektrischen Gerätes
EB Erschwerter Betrieb, z.B. von Maschinen nach →VDE 0552
EBB →EISA Bus Buffer, Baustein des EISA-System-Chipsatzes von Intel
EBC →EISA Bus Controller, Baustein des EISA-System-Chipsatzes von Intel
EBCDIC Extended Binary-Coded Decimal Interchange Code, Zeichendarstellung in Großrechnern
EBFE Europäische Behörde für Forschung und Entwicklung
EBI Elektronisches Betriebsmittel zur Informationsverarbeitung nach →VDE 0160

EB-ROM Electronic Book-→ROM, Dokumentation auf →CD
EBV Elektronische Bild-Verarbeitung
EC Electromagnetic Compatibility →EMC
EC European Commission
EC European Communities →CE
EC Export Control, Handels-Embargo
ECA Economic Cooperation Administration, Verwaltung für wirtschaftliche Zusammenarbeit in Washington
ECAD Electronic-→CAD, Rechnerunterstütztes Entwerfen von elektrischen Schaltungen
ECAP Electronic Circuit Analysis Program, Analyse-Programm für passive und aktive lineare und nichtlineare Netzwerke
ECC Error Correction Code, Fehler-Korrektur-Verfahren
ECCL Error Checking and Correction Logic, Erkennung und Korrektur von falschen Zeichen bei der Datenübertragung
ECCN Export Control Classification Number
ECCSL Emitter Coupled Current Steering Logic
ECDC Electro-Chemical Diffused Collector
ECE Economic Commission for Europe, Wirtschaftskommission der Vereinten Nationen für Europa
ECHO European Commission Host Organization, europäische Datenbank in Luxemburg
ECI European Cooperation in Informatics, europäische Informatiker-Vereinigung
ECIF Electronic Components Industry Federation, Verband der britischen Bauelemente-Industrie
ECIP European →CAD Integration Project, →ESPRIT-Projekt für →EDIF-Datenaustauschformate
ECISS European Committee for Iron and Steel Standardization, europäisches Komitee für Eisen- und Stahlnormung
ECITC European Committee for Information Technology Certification, europäisches Komitee für Zertifizierung in der Informationstechnik
ECL Emitter Coupled Logic
ECM Electro Chemical Machining
ECM European Common Market
ECMA European Computer Manufacturers Association, Vereinigung der europäischen Rechner-Hersteller in Genf
ECP Emitter Coupled Pair, emittergekoppeltes Transistorpaar
ECPSA European Consumer Product Safety Organization, europäische Oraganisation für Produkt-Sicherheit
ECQAC Electronic Components Quality Assurance Committee, Komitee für Gütesicherung von Bauelementen der Elektro-Industrie

ECRC European Computer Industry Research Centre, von Bull, →ICL und Siemens gegründetes Forschungszentrum für Rechner
ECSA European Computing Services Association, europäische Vereinigung für Computer-Dienstleistungen
ECSEC European Council Security, Begriff der Datensicherung
ECSL Extended Control and Simulation Language
ECTC Europea Council for Testing and Certification, jetzt →EOTC
ECTEL European Telecommunication and Professional Electronics Industry, europäischer Verband für Telekommunikation und Elektronik
ECTRA European Committee for Telecommunications Regulatory Affairs, europäischer Verband für Telekommunikation
ECU European Currency Unit
ECU European Clearing Unit
ECUI European Committee of User Inspectoratres, Europäisches Komitee der Überwachungsstellen von Betreibern in London
ED →EWOS Document
ED Relative Einschalt-Dauer, z.B. von Maschinen nach →VDE 0550
EDA Electronic Design Automation, Entwicklungsumgebung für den rechnergestützten Entwurf von Produkten
EDAC Error Detection And Correction, Schaltkreis zur Erkennung und Korrektur von Fehlern in Speichersystemen
EDAC European Design Automation Conference
EDC Error Detection and Correction
EDDM Electric Design Data Model, Datenverwaltung für elektrische Verbindungen
EDI Electronic Data Interchange, Daten-Kommunikations-System, auch →CIM-Fachverband
EDI Emulator-Device-Interface, Schnittstelle von WINDOWS
EDIF Electronic Data (Design) Interchange Format, Internationaler Standard für Datenaustausch der Hersteller elektronischer Bauelemente
EDIFACT Electronic Data Interchange for Administration, Commerce and Transport, →OSI-Standard, elektronischer Datenaustausch für Verwaltung, Wirtschaft und Transport
EDIS Engineering Data Information System, Datenbank für technische Informationen
EDM Engineering Data Management
EDM Electrical Discharge Machining
EDMS Engineering Data Management System
EDO-DRAM Extended Data Out →DRAM, dynamischer Schreib- und Lesespeicher mit lange offenen Ausgängen

EDP· Electronic Data Processing
EDPD Electronic Data Processing Device
EDPE Electronic Data Processing Equipment
EDPS Electronic Data Processing System
EDR Sternpunkt-Erdungs-Drosselspule
EDRAM Enhanced Dynamic →RAM, großer dynamischer Speicher
EDS Electronic Data Switching, Daten- und Fernschreib-Vermittlungstechnik
EDS Electronic Design System, Leiterplatten-Entflechtungs-System
EDT Editor
EdT Erdungs-Transformator
EDU Electronic Display Unit
EDV Electriktronische Daten-Verarbeitung
EDVA Electriktronische Daten-Verarbeitungs-Anlage
EDVS Electriktronisches Daten-Verarbeitungs-System
EE End-Einrichtung der Telekommunikation
EEA European Environmental Agency, europäische Umwelt-Agentur
EEA European Economic Area, Einheitliche Europäische Akte
EEC European Economic Community →EWG
EECL Emitter-Emitter Coupled Logic
EECMA European Electronic Components Manufacturers Association, Verband der europäischen Hersteller elektronischer Bauelemente
EEM Energy Efficient Motor
EEMS Enhanced Expanded Memory Specification, vergrößerter Erweiterungsspeicher vom →PC
EEN Environment Electromagnetic Noise, elektromagnetisches Rauschen
EEPLA Electrically Erasable Programmable Logic Array
EEPLD Electrically Erasable Programmable Logic Device
EEPROM Electrically Erasable Programmable →ROM
E2PROM →EEPROM
EEZ Erstfehler-Eintritts-Zeit, Zeitspanne, in der die Wahrscheinlichkeit für das Auftreten eines sicherheitskritischen Fehlers gering ist
EF Einzel-Funktion, selbständige Funktion einer →BF beim Informationsaustausch mit Arbeitsmaschinen nach →DIN 66264
EFDA European Federation of Data processing Associations, europäischer Verband der Vereinigung für Datenverarbeitung
EFIMA Europäische Fachmesse für Instrumentierung, Meß- und Automatisierungs-Technik
EFL Emitter Follower Logic
EFM Eight to Fourteen Modulation, Umsetzung 8-Bit-Code in 14-Bit-Code
EFQM European Foundation for Quality Management in Eindhoven, Niederlande

EFS Error Free Seconds, Maß für die Übertragungsqualität, entspricht bitfehlerfreien Sekundenintervallen
EFSG European Fire and Security Group, Europäische Gruppe Brandschutz und Sicherheitstechnik
EFTA European Free Trade Association, Europäische Freihandelszone
EG Erweiterungs-Gerät, Bezeichnung der →SIMATIC-Peripherie-Geräte für →E/A-Erweiterung
EG Expert Group, z.B. von Normen-Gremien
EG Europäische Gemeinschaft, jetzt →EU
EGA Enhanced Color Graphics Adapter →PC-Ausgabe-Standard
EGB Elektrostatisch gefährdete Bauelemente, internationale Bezeichnung →ESD
EGK →EG-Kommission
EGKS Europäische Gemeinschaft für Kohle und Stahl →CECA
EGMR EG-Maschinen-Richtlinie, Richtlinie des Rates der Europäischen Gemeinschaft für Maschinensicherheit
EGN Einzel-Gebühren-Nachweis der Telekommunikation
EHF Extremely High Frequencies, Millimeterwellen
EHKP Einheitliche höhere Kommunikations-Protokolle
EIA Electronic Industries Association, Normenstelle der USA, unter anderen für Schnittstellen und deren Protokolle, z.B. →RS-232-C, →RS-422, →RS-485 u.a.
EIAJ Electronic Industries Association of Japan, Verband der Elektronischen Industrie von Japan
EIAMUG European Intelligent Actuation and Measurement User Group, Anwendervereinigung für intelligente Bedien- und Meßmittel
EIB Electronical Installation Bus
EIBA Electronical Installation Bus Association
EIDE Enhanced Integrated Drive Electronics, Steuerelektronik für (Festplatten-) Laufwerke
EIJA →EIAJ
EIM Electronic Image Management
EISA Extended Industrial Standard Architecture, erweiterte Industrie-Standard-Architektur von Rechnern, z.B. auch für Standard-Bus
EITI European Interconnect Technology Initiative, Leiterplatten-Hersteller-Initiative für neue Technologien
EITO European Information Technology Observatory
EJOB European Joint Optical Bistability, europäisches Forschungsopjekt für einen optischen Rechner
EKL Elektronische Klemmleiste →SIMATIC-→E/A-Modul, das direkt an die Maschine montiert werden kann

EL Erhaltungs-Ladung nach →VDE 0557
ELD Electro-Lumineszenz-Display
ELF Extremely Low Frequencies
ELG Elektronisches Getriebe der →SINUMERIK
ELITE European Laboratory for Intellegent Techniques Engineering
ELKO Elektrolyt-Kondensator
ELOT Hellenic Organization for Standardization, griechisches Normen-Gremium
ELSECOM European Electrotechnical Sectoral Committee for Testing and Certification, europäisches Komitee für Prüfung und Zertifizierung elektronischer Systeme
ELSI Extra Large Scale Integration
ELTEC Elektro-Technik, Fachausstellung der Elektro-Industrie
ELTEX Electronic Time Division Telex, elektronische Übermittlung von Fernschreiben
ELV Extra Low Voltage
EMA Elektro-Magnetische Aussendung, Elektromagnetische Beeinflussung der Umwelt durch ein Betriebsmittel
EMA Enterprice Management Architecture, Netzwerkmanagement
EMail Electronic Mail, elektronische Versendung und Empfang von Nachrichten mittels →PC
EMB Elektromagnetische Beeinflussung, Funktionsstörung von elektrischen oder elektronischen Betriebsmitteln durch elektromagnetische Impulse
EMC Electromagnetic Compatibility, Elektromagnetische Verträglichkeit →EMV, →EC
EMD Electrical Manual Design, Methode zur Computerunterstützen Dokumentation
EME Electromagnetic Emission
EMI Electromagnetic Influence
EMI Electromagnetic Incompatibility
EMI Elektro-Magnetische Interferenzen (Störungen)
EMK Elektro-Motorische Kraft
EMM Expanded Memory Manager, →PC-Treiber für den Erweiterungs-Speicher
EMO Exposition Européenne de la Machine-Outil, auch Euro Mondial, europäische Werkzeugmaschinen-Ausstellung mit internationaler Beteiligung
EMP Electromagnetic Pulse
EMR Elektro-Magnetisches Relais
EMS Electronic Mail System, elektronisches Mitteilungs-System
EMS Expanded Memory Spezification, Speichererweiterung vom →PC
EMS Electronic Mail System, Integriertes Büro-Kommunikations-System
EMTT European →MAP/→TOP Testing
EMUF Einplatinen-Computer mit universeller Festprogrammierung

EMUG European →MAP Users Group, europäische MAP-Anwender-Vereinigung
EMV Elektromagnetische Verträglichkeit, darunter versteht man die Fähigkeit eines elektrischen Gerätes in einer vorgegebenen elektromagnetischen Umgebung fehlerfrei zu funktionieren, ohne dabei die Umgebung in unzulässiger Weise zu beeinflussen
EMVG →EMV-Gesetz der Bundesrepublik
EN European Norm, Europäische Norm, ersetzt in zunehmendem Maße die nationalen Normen
ENCMM →Ethernet Network Control- und Management-Modul
ENQ Enquiry, Sendeaufforderung, Steuerzeichen bei der Rechnerkopplung
ENV Europäische Norm zur versuchsweisen Anwendung bzw. Vornorm
EOA End Of Address
EOB End Of Block
EOD End Of Data
EOD Erasable Optical Disk, wiederbeschreibbare optische Speicherplatte
EOF End Of File
EOI End Of Interrupt, Prozessor-Register
EOI End Or Identify, Ende einer Datenübertragung an der →IEC-Bus-Schnittstelle
EOL End Of Line, Zeilenende
EOLT End Of Logical Tape, Ende eines Magnetbandes
EOM End Of Massage
EOQC European Organization for Quality Control, europäische Organisation für Qualitätskontrolle in Rotterdam
EOQS European Organization for Quality Systems, europäische Organisation für Qualitäts-Systeme
EOR End Of Record, Satzende bei der Daten-Fernübertragung
EOR End Of Reel, Band- oder Lochstreifenende
EOS European Operating System
EOS Electrical Over Stressed, Störspannung unter 100V mit hoher Ladungsmenge
EOT End Of Tape, Lochstreifen-Ende
EOT End Of Telegram, Ende der Übertragung
EOT End Of Transmission, Ende der Übertragung, auch Steuerzeichen bei der Rechnerkopplung
EOTA European Organization for Technical Approvals, europäische Organisation für Technische Zulassungen
EOTC European Organization for Testing and Certification, europäische Organisation für Prüfung und Zertifizierung
EOQ European Organization for Quality, europäische Organisation für Qualität
EPA Enhanced Performance Architecture
EPA Event Processor Array, erweiterte →MAP-Architektur für Echtzeit-Kommunikation

EPA Europäisches Patent-Amt in München
EPD Electric Power Distribution
EPD Electrical Panel Design, Methode zur Computerunterstützten Dokumentation
EPDK Enhanced Postprocessor Development Kit, Entwicklungswerkzeug für →CAD-Postprozessoren
EPE European Power Electronics and Applications
EPG European Publishing Group
EPHOS European Procurement Handbook on Open Systems, europäisches Beschaffungs-Handbuch für offene Systeme
EPIC Enhanced Performance Implanted →CMOS, Halbleiter-Technologie auf →CMOS-Basis
EPLD Erasable Programmable Logic Devices, Bezeichnung für UV-Licht löschbare, anwenderprogrammierbare Bausteine
EPMI European Printer Manufacturers and Importers, Arbeitsgemeinschaft des →VDMA
EPO Europäische Patent-Organisation
EPP Expanded Poly-Propylen, Kunststoff für die Herstellung geschäumter Gehäuse
EPR Ethylene Propylene Rubber, Werkstoff für Leitungs- und Kabelmantel
EPROM Erasable Programmable →ROM, mit UV-Licht löschbarer und elektrisch programmierbarer nur Lesespeicher
EPS Encapsulated Post-Script, →PC-Datei-Format
EPS Electric Power System
EPS Elektronisch Programmierbare Steuerung, Variante der →SPS
EPS Entwicklungs-Planung und -Steuerung
EPTA Association of European Portable Electric Tool Manufacturers in Frankfurt
EQA European Quality Award, Selbstbewertung der Qualität nach →TQM- bzw. →EFQM-Modell
EQNET European Quality Network for System Assessment and Certification, europäisches Netzwerk für die Beurteilung und Zertifizierung von Qualitäts-Sicherungs-Systemen
EQS European-Committee for Quality System Assessment and Certification, europäisches Komitee für die Beurteilung und Zertifizierung von Qualitäts-Management-Systemen
ER Extension Rack, Erweiterungs-Rahmen z.B. der →SIMATIC S5
ER Erregung, z.B. von Gleichstrom-Antrieben
E/R Einspeise-/Rückspeise-Einheit der →SIMODRIVE-Antriebe von Siemens
ERA Electrical Research Association, Forschungsgesellschaft für Elektrotechnik in Leatherhead, GB
ERA Electronic Representatives Association, Verband der Vertreter elektronischer Erzeugnisse der USA

ERASIC Electrically Reprogrammable →ASIC
ERC Electrical Rule Check, Simulations-Programm
ERR Error, Fehlermeldung
ES902 Einbau-System 902
ESA Ein-Stations-Montage-Automat
ESB Electrical Standards Board, Ausschuß für elektische Normen in New York
ESC Engineering Standards Committee, Ausschuß für technische Normen des →BSI
ESC Escape
ESC European Sensor Committee, europäisches Komitee für Sensor-Technik
ESCIF European Sectorial Committee for Intrusion and Fire Protection, Europäisches Sektor-Normen-Gremium für Sicherheitstechnik und Brandschutz
ESD Electrostatic Sensitiv Device, Internationale Bezeichnung für elektrostatisch gefährdete Bauelemente →EGB
ESD Electro Static Discharge, Störspannung über 100V mit geringer Ladungsmenge, d.h. kurze Impulsdauer
ESD European Standards Data Base
ESDI Enhanced Small Devices Interface →PC-Controller-Schnittstelle
ESF European Standards Forum
ESF Extended Spooling Facility, Betriebssystem-Erweiterung von →DOS
ESFI Epitaxialer Silizium-Film auf Isolator zur Herstellung eines →IC
ESI European Standards Institution
ESK Edelmetall-Schnell-Kontakt(-Relais), eingetragenes Warenzeichen der Siemens AG
ESp Erdschluß-Lösch-Spule
ESPITI European Software Process Improvement Training Initiative, europäische Trainings-Initiative zur Verbesserung des Software-Erstellungs-Prozesses; Förderung durch die →EU
ESPRIT European Strategic Programme for Research and Development in Information Technology, Forschungs- und Entwicklungs- Rahmenprogramm der →EU
ESR Effective Serial Resistor (Widerstand), Vorwiderstand von Kondensatoren, mit dem bei hohen Strömen gerechnet wird
ESR Essential Safety Requirement, grundlegende Sicherheitsanforderung z.B. einer →EU-Richtlinie
ESRA European Safety and Reliability Association, europäischer Verband für Sicherheit und Zuverlässigkeit
ESSAI European Siemens Nixdorf Supercomputer Application Initiative, →SNI-Projekt mit Universitäten zur Förderung der Forschung für einen Supercomputer
ESSCIRC European Solid State Circuits Conference, europäische Halbleiter-Konferenz

ESSD Edge Sensitive Scan Design, Regeln beim →ASIC-Design-Test
ESVO Elektronik-Schrott-Verordnung
ETA Emulations- und Test-Adapter, Testsystem für Mikroprozessorsysteme
ETB Elektronisches Telefon-Buch
ETB Erweitertes Tabellen-Bild der →SINUMERIK-Mehr-Kanal-Anzeige
ETC Etcetera, z.B. Taste bei der →SINUMERIK zum Weiterschalten
ETCCC European Testing and Certification Coordination Council, Europäischer Rat für die Prüf- und Zertifizierungs-Koordination
ETCI Electro-Technical Council of Ireland, Verband der Elektrotechniker in Irland
ETCOM European Testing and Certification for Office and Manufacturing Protocols
ETEP European Transactions on Electrical Power Engineering
ETFE Ethylene Vinyl Flour Ethylene, Werkstoff für Leitungs- und Kabelmantel
ETG Energie-Technische Gesellschaft im →VDE
ETHERNET Lokale Netzwerk-Architektur, die einen Industrie-Standard darstellt
ETL Electrical Testing Laboratories Ltd., elektrische Prüflaboratorien der USA
ETL Electrotechnical Laboratory, staatliches elektrotechnisches Labor in Japan
ETS European Telecommunications Standard, europäische Telekommunikations-Norm
ETSI European Telecommunication Standard Institute, Europäisches Institut für Telekommunikationsnormen
ETT European Transactions on Telecommunications and Related Technologies
ETX End Of Text
ETZ Elektrotechnische Zeitschrift des →VDE
EU Europäische Union, Europäische Gemeinschaft, früher →EG
EU Extension Unit, Erweiterungsgerät, z.B. für Binäre →E/A-Baugruppen
EUCERT European Council for Certification, jetzt →EOTC
EUCLI European Communication Line Interface, europaweit zugelassener Schnittstellen-Baustein für öffentliche Netze
EUCLID Easily Used Computer Language for Ilustration and Drawings, höhere Programmiersprache für die Erstellung von Zeichnungen und Illustrationen
EUFIT European Congress on Fuzzy and Intelligent Technologies, europäischer Kongreß für Fuzzy-Logik und neuronale Netze
EURAS European Academy for Standardization e.V., europäische Akademie für Normung in Hamburg
EUREKA European Research Coordination Agency, Koordination der Entwicklungsvorhaben von Frankreich und Deutschland

EUROLAB European Laboratories, europäischer Zusammenschluß von Prüflaboratorien
EUT Equipment under Test, z.B. Prüflinge bei →EMV-Messungen
EUUG European Unix-System User Group, Vereinigung der europäischen →UNIX-Anwender
EVA Ethylene Vinyl Acetate Copolymer, Werkstoff für Leitungs- und Kabelmantel
EVR Electronic Video Recording, elektronische Aufzeichnung von Bildern
EVT Engineering Verification Testing
EVU Elektrizitäts-Versorgungs-Unternehmen
EVz End-Verzweiger der Telekommunikation
EW Eingangswort, stellt eine 16 Bit breite Schnittstelle vom Prozess zum Automatisierungsgerät dar
EW Early Warning, Information, daß das Bandende folgt
EWA Europäische Wekzeugmaschinen-Ausstellung, Vorläufer der →EMO
EWG Europäische Wirtschafts-Gemeinschaft
EWH Expected Working Hours, angenommene Betriebszeit eines Gerätes
EWICS European Working Group for Industrial Computer Systems, europäischer Arbeitskreis für industrielle Rechner-Systeme
EWIV Europäische Wirtschaftliche Interessen-Vereinigung, Rechtsform der Europäischen Gemeinschaft
EWOS European Workshop for Open System, Arbeitsgruppe für offene Netze
EWR Europäischer Wirtschafts-Raum, →EWG und →EFTA
EWS European Workstation, Entwicklungsprojekt des →EOS
EWS Engineering Workstation
EWS Europäisches Währungs-System
EWS Elektronisches Wähl-System
EWSA Elektronisches Wähl-System Analog
EWSD Elektronisches Wähl-System Digital
EXACT Exchange of Authenticated electronic Component performance, Testdata, Internationale Organisation für den Austausch beglaubigter Prüfdaten über elektronische Bauelemente
EXAPT Extended Subset of →APT, Teile-Programmier-System, entwickelt an den Technischen Hochschulen Aachen, Berlin und Stuttgart. Untermenge von APT
EXAPT Exact Automatic Programming of Tools, Programmerstellung für numerisch gesteuerte Maschinen
EXE Externe Impulsformer Elektronik, Signalanpassung von Meßimpulsen an die Werkzeugmaschinen-Steuerung
EXE Executable-Datei, Programmdatei, Datei-Ergänzung
EXT Extension, Erweiterungs-Datei, Datei-Ergänzung

EXU Execution Unit, Baustein zur schnellen Interruptverarbeitung
EZS Eingabe Zwischen-Speicher

F Programmierung des Vorschubes nach →DIN 66025
FA Folge-Achse
FA Flexible Automation
FACT Fairchild Advanced →CMOS Technology, Hochgeschwindigkeits-CMOS-Schaltkreisfamilie
FACT Flexible Automatic Circuit Tester, Einrichtung zum Testen unterschiedlicher Schaltkreise
FAIS Factory Automation Interconnection System, japanisches Mini-→MAP-Konzept
FAMETA Fachmesse für Metallbearbeitung in Nürnberg
FAMOS Flexibel automatisierte Montage-Systeme, →CIM-orientierte Montage von Roboterkomponenten
FAMOS Flexible Automated Manufacturing and Operating System, Standard-Software für integrierte Werkstatt-Organisation
FAMOS Floating Gate Avalanche →MOS
FANUC, japanischer Hersteller von →NC- und →RC-Steuerungen sowie →SPS
FAPT Fanuc →APT, Teile-Programmier-Sprache der Fa. Fanuc, die den Sprachaufbau von APT verwendet
FAST Fairchild Advanced Schottky →TTL, Hochgeschwindigkeits-TTL-Schaltkreisfamilie
FAST Facility for Automatic Sorting and Testing, automatisches Prüf- und Sortiersystem
FAT File Allocation Table von →MS-DOS
FAW Forschungsinstitut für anwendungsorientierte Wissensverarbeitung (Umweltinformatik)
FB Funktions-Baustein, Anwenderfunktionen im →SPS-Programm
FB Funktions-Block, eine oder mehrere →BFs beim Informationsaustausch mit Arbeitsmaschinen nach DIN 66264
FBA Fehlerbaum-Analyse →FTA
FBAS Farb-Bildsignal Austastsignal, Synchronisiersignal, Monitor- Eingangs- Signal, bei dem Farbinformation, Bildinformation und Synchronisiersignal auf einer Leitung moduliert übertragen werden
FBD Funktion Block Diagram
FBG Flach-Bau-Gruppe, gebräuchliche Bezeichnung von Leiterplatten
FB-IA Fachbereich Industrielle Automation und Integration im →NAM
FB-MHT Fachbereich Montage und Handhabungs-Technik im →NAM
FBO Fernmelde-Bau-Ordnung

FBS Funktions-Baustein-Sprache nach →IEC 65 für →SPS
FC Fan Control
FCC Federal Communication Commission, USA-Bundesbehörde für Telekommunikation
FCI Flux Changes per Inch, Magnetisierungsdichte in Flußwechsel je Zoll, z.B. bei Magnetplatten
FCKW Fluor Chlor Kohlen Wasserstoff
FCPI Flux Changes Per Inch, Zahl der Flußwechsel pro Zoll auf einem Magnetspeicher
FCS Frame Check Sequence, Übertragungs-Sequenz mit Fehlerauswertung z.B. nach →CRC
FD Floppy Disk, magnetischer Datenträger für Rechner
FDAP Frequency Domain Array Processor
FDC Floppy Disk Controller
FDC Factory Data Collection
FDD Floppy Disk Drive
FDD Frequency Division Duplex, Variante der →FDMA, bei dem der Übertragung und dem Empfang je eine Trägerfrequenz zugewiesen ist
FDDI Fibre Distributed Data Interface, Glasfaser-Verteiler-Schnittstelle für die Datenübertragung
FDL Fieldbus Data Link Layer, Feldbus-Datensicherungs-Schicht
FDM Frequency Division Multiplexor, Einrichtung, die den Frequenzbereich in separate Kanäle aufteilt
FDMA Frequency Division Multiple Access, Netzzugangsverfahren für Frequenzbänder
FDOS Floppy Disk Operating System, Betriebssystem auf Diskette
FDX Full Duplex, Vollduplex, gleichzeitige Datenübertragung in beiden Richtungen
F&E Forschung & Entwicklung, →R&D
FEB Front End Processor, Vorschaltrechner zur Entlastung des Hauptrechners, z.B. zur Schnittstellenbedienung
FED Field Emission Display, elektronenemitierende Schicht in der →LCD-Technik
FED Fachverband Elektronik Design
FEEPROM Flash Electrical Erasable Programmable Read Only Memory, schnelle elektrisch programmierbare →EPROM
FEEI Fachverband der Elektro- und Elektronik-Industrie
FELV Functional Extra-Low Voltage
FEM Finite Elemente Methode, Simulation von Prozessen, bzw komplexe Rechner-unterstützte Berechnungsverfahren
FEN Förderverein für Elektrotechnische Normung e.V. der →CECC in Frankfurt
FEPROM Flash Erasable Programmable Read Only Memory, schnelle →EPROM
FET Field Effect Transistor
FF Flip Flop

FF Form Feed, Steuerzeichen für Seiten-Vorschub
FFA Fahren auf Fest-Anschlag, Arbeitsweise an Werkzeugmaschinen
FFM Fest-Frequenz-Modem
FFS Flexibles Fertigungs-System, Rechnergeführtes Produktions-System, mit dem beliebige Werkstücke in beliebigen Losgrößen gefertigt werden können
FFS Flash File System
FFS Fast File System
FFT Fast Fourier Transformation
FFZ Flexible Fertigungs-Zelle
FGA Future Graphics Adapter, Farbgraphik-Anschaltung für Monitore
FGEA Forschungs-Gemeinschaft Elektrische Antriebe
FGS Fördergemeinschaft SERCOS-Interface e.V.
FIFO First in/First out, Speicher, der ohne Adressangabe arbeitet und dessen Daten in der selben Reihenfolge gelesen wie gespeichert werden
FILO First in/Last out, Speicher, der ohne Adressangabe arbeitet und dessen Daten in der umgekehrten Reihenfolge gelesen wie gespeichert werden
FIM Field Induced Model, Simulations-Modell für →EGB
FIMS Flexible Intelligent Manufacturing System
FIP Factory Instrumentation Protocoll, Vorarbeit für Feldbus-Standard, →Flux d'Information (FIP)
FIP Feldbus Industrie Protokoll
FIP International Federation for Information Processing
FIP Flux d'Information du et vers le Processus
FIPS Federal Information Processing Standard
FIS Flexibles Inspektions-System, System zur frühzeitigen Erkennung von Störgrößen bei →FFS
FIT Failures In Time, Anzahl von Ausfällen je Zeiteinheit
FITL Fibre in the Loop, Glasfaser-Meßtechnik
FKM Forschungs-Kuratorium, Maschinenbau e.V.
FKME Fachkreis Mikroelektronik des →VDI/VDE
FL Fuzzy-Logic, zum Definieren mathematisch ungenauer Aussagen
FLAT Flat Large Area Television, ferroelektrisches →LC-Display
FLCD Ferro Liquid Crystal Display, Flüssigkristall-Display auf Eisen-Basis
FLOP Floating Octal Point, Oktalzahlen bei der Gleitkommarechnung
FLOPS Floating Point Operation Per Second
FLP Fatigue Life Prediction
FLR Fertigungs-Leit-Rechner
FLT Fertigungs-Leit-Technik
FLXI Force Local Expansion Interface, Schnittstelle zum →VME-Bus

FLZ Fertigungs-Leit-Zentrale(-Zentrum)
FM Frequenz-Modulation
FM Funktions-Modul, z.B. der →SIMATIC S5
FM Fachnormen-Ausschuß Maschinenbau
FMA Fieldbus Management
FMC Flexible Manufacturing Cell
FMC Fuzzy-Micro-Controller, Regelungsbaustein
FMEA Failure Modes and Effects Analysis
FMECA Failure Mode and Effect Criticality Analysis
FM-NC Funktions-Modul Numerical Control, Funktions-Modul der →SIMATIC für Numerische Steuerung
FMS Flexible Manufacturing System
FMS Fieldbus Message Specification, Spezifikation der Kommunikationsdienste nach →OSI Schicht 7
FMU Flexible Manufacturing Unit
FMV Full Motion Video
FNA Fachnormen-Ausschuß
FNC Flexible Numerical Controller
FND Firmen-Neutrales Datenübertragungs-Protokoll nach →DIN
FNE →FAIS Networking Event, Automatisierungs-Netzwerk
FNE Fach-Normenausschuß Elektrotechnik im Deutschen Normen-Ausschuß
FNIE Fédération Nationale des Industries Electroniques, nationaler französischer Verband der elektronischen Industrie
FNL Fach-Normenausschuß Lichttechnik
FOAN Flexible Optical Access Network, Glasfaser-Meßtechnik
FOL Fiber Optic Link
FOR →FORTRAN-Quellcode, Datei-Ergänzung
FORTRAN Formula Translator, höhere Programmiersprache
FP Flat Panel, Flach-Bildschirm
FP File Protect, Zugriffsschutz für Dateien
FP Fixed Point, Festpunkt
FPAD Field Programmable Adress Decoder, →PLA für Adreßdekodierung
FPAL Field Programmable Array Logic, vom Anwender programmierbare Logik-Arrays
FPD Fine-Pitch-Device, Leiterplatten-Entflechtung mit Raster <0,635 mm
FPD Flat Panel Display, Flachbildschirm
FPGA Field Programmable Gate Array, vom Anwender programmierbare UND-Arrays
FPL Fuzzy Programming Language, Makro-Sprache für Fuzzy-Technologie
FPLA Field Programmable Logic Array, vom Anwender programmierbare Logik-Arrays
FPLD Field Programmable Logic Device, vom Anwender programmierbare Logik
FPLS Field Programmable Logic Sequencer
FPM Field Programmable Micro-Controller, Anwenderorientierter Micro-Controller

FPM-DRAM Fast Page Mode-→DRAM, schnelle dynamische Schreib- und Lesespeicher
FPML Field Programmable Macro Logic
FPP Floating Point Processor
FPS Frei programmierbare Steuerung
FPS Forschungs- und Prüfgemeinschaft Software des →VDMA
FPT Fine Pad Technique, →SMD-Feinätztechnik
FPU Floting Point Unit, Gleitkomma-Rechnung für arithmetische Operationen
FQM Fachgesellschaft für Qualitäts-Management
FQS Forschungsvereinigung Qualitäts-Sicherung
FRAM Ferroelectrical →RAM, schneller nichtflüchtiger Schreib-Lese-Speicher
FRC Frame-Rate-Control, Verfahren zur Erzeugung von Graustufen auf →ELDs
FRED Fast Recovery Epitaxial Diode
FROM Factory Programmable →ROM, vom Hersteller eingestellter Festwertspeicher
FRK Fräser-Radius-Korrektur bei der Werkzeugmaschinen-Steuerung
FRN Feed Rate Number, Vorschubzahl, Schlüsselzahl für die Vorschubgeschwindigkeit
FRPI Flux Reversals Per Inch, Zahl der Flußwechsel pro Zoll auf einem Magnetspeicher
FS File Server, zentraler Speicher eines Rechnersystemes
FS Fernschreiber bzw. Fernschreiben
FS Field Separator, Steuerzeichen für die Fernübertragung
FSB Functional System Block, vordefinierter, layoutoptimierter →ASIC-Funktionsblock
FSK Frequency Shift Key, Frequenz-Modulations-Technik
FST Flat Square Tube, flacher, fast rechteckiger Bildschirm
FST Feed Stop, Vorschub Halt, Maschinen-Steuer-Funktion der →SINUMERIK
FSTN Film Super-Twisted Nematic, Folien in der →LCD-Technik zum Farbausgleich
FSZ Fertigungs- und Service-Zentrum der Siemens AG in München; eigenständiges Dienstleistungs-Unternehmen
FT File Transfer, Programm zur Datenübertragung
FTA Fault Tree Analysis
FTAM File Transfer Access and Management, →OSI-Standard
FTK Fertigungs-Technisches Kolloquium
FTL Fuzzy Technologies Language, →HW-unabhängiges Beschreibungsformat
FTL Flash Translation Layer, →PCMCIA-Dateisystem-Standard
FTN Film Twinsed Nematic, →LC-Display-Technik
FTP File Tranfer Protocol, standardisierte Datenübertragung

FTP  Foiled Twisted Pair, paarweise verdrillte Leitung mit Folienschirm
FTS  Fahrerlose Transport-Systeme
FTS  Flexible Toolhandling System, flexible Werkzeugverwaltung an Werkzeugmaschinen
FTZ  Fernmelde-Technisches Zentralamt (Zulassung) der Bundespost
FTZ  Fehler-Toleranz-Zeit, Zeitspanne, in der ein Prozeß durch Fehler beeinträchtigt werden kann
FU  Frequenz-Umrichter
FUBB  Funktion Unter-Bild-Beschreibung der →SINUMERIK-Mehr-Kanal-Anzeige
FuE  Forschung und Entwicklung
FUP  Funktions-Plan, Darstellung eines →SIMATIC-Programmes mit Funktions-Symbolen, ähnlich der Logik- Schaltzeichen
FVA  Forschungs-Vereinigung Antriebstechnik
FVK  Faser-Verbund-Kunststoff
FW  Firmware, Hardware-nahe Software, z.B. Betriebssysteme
FWI  Fachverband Werkzeug-Industrie
FZI  Forschungs-Zentrum für Informatik in Karlsruhe

G  Grinding, Steuerungsversion für Schleifen
G  Wegbedingung im Teileprogramm nach →DIN 66025
GaAs  Gallium-Arsenid
GAB  Grundlastbetrieb mit zeitweise abgesenkter Belastung nach →DIN VDE 0558 T1
GAL  Generic Array Logic, flexibles, elektrisch lösch- und programmierbares Gate-Array
GAM  Graphic Access Method, Zugriff auf gespeicherte grafische Information
GAN  Global Area Network
GARM  Generic Application Reference Model, Spezifikations-Methode in →STEP
GASP  General Analysis of System Performance
GATT  General Agreement on Tariffs and Trade
GB  Gleichrichter-Betrieb von Stromrichtern
GBIB  General Purpose Interface Bus
GCI  General Circuit (Computer) Interface, →ISDN-Protokoll
GCR  Group Code Recording, Daten-Aufzeichnungs-Verfahren mit hoher Dichte
GDBMS  Generalized Data Base Management System, Verwaltung einer universellen Datenbank
GDC  Graphic Display Controller, Ansteuer-Einheit oder Baustein für Bildschirm-Ansteuerung
GDDM  Graphical Data Display Manager, Großrechner-Graphik-System
GDI  Graphics Device Interface, Schnittstelle unter WINDOWS
GDM  Graphic Display Memory, Graphik-Bild-Speicher
GDS  Graphic Design System

GDT  Global Descriptor Table, Descriptor-Tabelle der Prozessoren 386 und 486 von Intel
GDU  Graphic Display Unit, Graphik-Bildschirm
GE  General Electric, amerikanischer Steuerungs-Hersteller
GE  Grinding Export, Exportversion der →SINUMERIK-Schleifmaschinen-Steuerungen
GEA  Gesellschaft für Elektronik und Automation mbH
GEDIG  German →EDIF Interest Group
GEF  General Electric Fanuc, Werkzeugmaschinen-Vertriebs-Gesellschaft von →GE und →FANUC in den USA
GEMAC  Gesellschaft für Mikroelektronik-Anwendung Chemnitz mbH
GEN  Generator, Datei-Ergänzung
GENOA  Generieren und Optimieren von Arbeitsplänen, Arbeitsplanungs-Prozess mit →DV-Techniken rationalisieren
GEO  Geometrie(-Datenverarbeitung)
GET  →VDI-Gesellschaft Energie-Technik
GFI  Gesellschaft zur Förderung der Elektrischen Installationstechnik e.V.
GFK  Glas-Faser-verstärkter Kunststoff
GFLOPS  Giga Floating Point Operations Per Second
GFO  Gesellschaft für Oberflächen-Technik mbH
GFPE  Gesellschaft für praktische Energiekunde e.V.
GGS  Güte-Gemeinschaft Software, Zertifizierungsstelle für SW-Prüflabors
GHDL  Genrad Hardware Description Language, Hardware- Beschreibungssprache für →VLSI von Genrad
GHz  Giga-Hertz
GI  Gesellschaft für Informatik e.V. in Bonn
GIF  Graphics Interchange Format, Protokoll zum Austausch von Grafik-Daten, Datei-Ergänzung
GIFT  General Internal →FORTRAN Translator
GIM  Generalized Information Management System, Verwaltung von Datenbanken
GIRL  Graphic Information Retrieval Language, Programmiersprache für das Wiederfinden grafischer Information
GIRLS  Generalized Information Retrieval and Listing System, Programm für das Wiederfinden grafischer Information
GIS  Generalized Information System, Informationssystem von IBM
GISP  Generalized Information System for Planning, Informationssystem für die Planung
GKB  Grundlastbetrieb mit zusätzlicher Kurzzeit-Belastung z.B. von Werkzeugmaschinen nach →DIN VDE 0558 T1
GKE  Graphische Kontur-Erstellung, Simulations- und Schulungs-Software für Werkzeugmaschinen-Steuerungen

GKS  Graphical Kernel System, Graphisches Kernsystem. Internationale Norm (→ISO 7942) für graphische Daten-Verarbeitung
GL  Gleichrichter
GLATC  Graphics and Languages Agreement Group for Testing and Certification
GLT  Gebäude-Leit-Technik nach →DIN
GMA  Gesellschaft Mess- und Automatisierungs-Technik des →VDI/VDE
GMD  Gesellschaft für Mathematik und Datenverarbeitung mbH
GME  Gesellschaft für Mikro-Elektronik des →VDE/VDI (alt)
GMF  Gesellschaft für Mikro- und Feinwerktechnik des →VDI/VDE (alt), →GMM
GML  Graphical Motion Control Language von Allen-Bradley
GMM  →VDE/VDI-Gesellschaft Mikroelektronik, Mikro- und Feinwerktechnik
GMSK  Gaussian Mean (Minimum) Shift Keying, Modulationstechnik zur Übertragung von digitalen Daten auf einer Funkfrequenz
GN  General Numerik, gemeinsame ehemalige Vertriebsfirma von →FANUC und Siemens für Werkzeugmaschinen-Steuerungen in den USA
GND  Ground, Bezeichnung für elektrische Bezugsmasse (oV)
GNS  Global Network Service, Datenkommunikations-Dienst
GOL  General Operating Language, Programmiersprache für die Bedienoberfläche
GOPS  Giga Operations Per Second
GOS  Global (Graphic) Operating System, Betriebssystem für Rechner
GOSIP  Government Open System Interconnection Profile, standardisierte Computernetze
GPC  General Policy Committee des →IEC
GPIB  General Purpose Interface Bus, Meßgeräte-Bus nach →IEEE-488
GPL  General Purpose Logic, applikationsorientierte Funktions-Logik
GPL  Generalized Programming Language, allgemeine Programmiersprache
GPOS  General Purpose Operating System, universelles Betriebssystem
GPPC  General Purpose Power Controller, →CCITT-kompatibler Schaltnetzteil-Regler
GPS  Global Positioning System
GPSC  General Purpose Control System, universelles Steuer- und Regelsystem
GPSL  General Purpose Simulation Language, allgemeine Simulation von Netzen
GPSS  General Purpose Simulation System, allgemeines Simulationssystem
GQFP  Guarding Quad Flat Package, Gehäuseform von Integrierten Schaltkreisen mit hoher Pinzahl
GRID  Graphic Interaktive Display, grafisches Datensichtgerät

GRIT  Graphical Interface Tool, graphische →PC-Bedienoberfläche für Werkzeugmaschinen-Steuerungen
GRP  Group, Gruppen-Datei, Datei-Ergänzung
GS  Geprüfte Sicherheit, Konformitätszeichen für Sicherheit
GS  General Storage
GSF  Gesellschaft für Strahlen- und Umwelt-Forschung mbH
GSG  Geräte-Sicherheits-Gesetz, Gesetz über technische Arbeitsmittel in Deutschland
GSM  Group Speciale Mobile, Standard für digitale zellulare Mobil-Kommunikation
GSM  Global System for Mobil-Communication
GSP  Graphic System Processor, Graphik-Prozessor
GTI  Graphics Toolkit Interface, 2D-/3D-Schnittstelle von Graphik-Prozessoren
GTO  Gate Turn Off, abschaltbarer Thyristor
GTO  Graduated Turn On, Groundbounce-Begrenzung bei →ICs
GTT  Gesellschaft für Technologie-Förderung und Technologie-Beratung in Duisburg
GTW  Gesellschaft für Technik und Wirtschaft e.V.
GTZ  Gesellschaft für Technische Zusammenarbeit mbH
GUI  Graphical User Interface, graphische Benutzer-Schnittstelle von →PCs
GUS  Gesellschaft für Umwelt-Simulation bei Karlsruhe
GUUG  German →UNIX User Group
GZF  Gesellschaft zur Förderung des Maschinenbaus
GZP  Gütegemeinschaft Zerstörungsfreie Werkstoff-Prüfung im →RAL

H  Hexadezimalzahl
H  High-Pegel, logischer Pegel = 1
H  Programmierung einer Hilfsfunktion
HAL  Hard Array Logic, allgemein gebräuchliche Abkürzung für festverdrahtete →PLDs
HAL  Hardware Abstraction Layer
HAL  Hot-Air-Levelling-Process, Prozeß zur Leiterplattenherstellung
HAR  Harmonization Agreement for Cables and Cords
HAST  Highly Accelerated Stress Technique, Zuverlässigkeitsuntersuchung von Halbleitern
HAZOP  Hazard and Operability Study, Untersuchung der Gefahrenquellen und der Bedienbarkeit, z.B. von Maschinen
HBM  Human Body Model, Simulations-Modell für →EGB
HBT  Heterojunction Bipolar Transistor, Transistor-Technologie
HBZ  Hochgeschwindigkeits-Bearbeitungs-Zentrum

HC  High Speed →CMOS, →HCMOS
HC  High Current
HCMOS  High Speed →CMOS, schnelle CMOS-Schaltkreisfamilie
HCR  Host Control Register
HCS  Host Chip Select, →IDE-Schnittstellen-Signal
HCT  High Speed →CMOS Technology, →TTL-kompatible schnelle CMOS-Schaltkreisfamilie
HD  Harmonization Document, Harmonisierungs-Dokument der →CEN/CENELEC-Norm
HD  Hard Disk, magnetischer Datenspeicher, Festplattenlaufwerk von Rechnern
HD  High Density, z.B. hohe Speicherdichte bei →FDs
HDA  Head Disk Assemblies, Zugriffs-Mechanismen für Festplattenlaufwerke
HDCMOS  High Density →CMOS, Schaltkreisfamilie mit sehr feiner Silicium-Struktur
HDD  Hard Disk Drive, →PC-Festplatten-Laufwerk
HDDR  High Density Digital Recording, Aufzeichnung digitaler Daten mit hoher Speicherdichte
HDI  Haftpflichtverband der Deutschen Industrie
HDL  Hardware Description Language, Hardware-Beschreibungssprache für →VLSI
HDLC  High Level Data Link Control, von der →ISO genormtes Bit-orientiertes Protokoll für die Datenübertragung
HDSL  High Bit-Rate Digital Subscriber Line, Übertragungstechnik auf Basis bestehender Telefonleitungen
HDTV  High Definition Tele-Vision, Breitwand-Bildformat mit hoher Auflösung
HDX  Half Duplex, Halbduplex, Datenübertragung in beiden Richtungen, jedoch nicht gleichzeitig
HDZ  Hochschul-Didaktisches Zentrum der RWTH Aachen
HE  Höhen Einheit, Angabe der Baugruppenhöhe im 19"-System. Eine HE = 44.45 mm
HELP  Highly Extandable Language Processor, erweiterbarer Sprachprozessor
HEMT  High Electron Mobility Transistor-Technology, leistungsfähiger →FET
HF  High Frequencies
HFDS  High Frequency Design Solution
HGA  Hercules Graphic Adapter, Graphik-Anschaltung für Monitore
HGB  Hoch-Geschwindigkeits-Bearbeitung
HGC  Hercules Graphic Controller, →PC-Ausgabe-Standard
HGF  Hochschul-Gruppe Fertigungstechnik
HGF  Hoch-Geschwindigkeits-Fräsen
HGÜ  Hochspannungs-Gleichstrom-Übertragung

HIC  Hybrid Integrated Circuit, integrierte Schaltung mit diskreten Bauelementen
HICOM  High Communication, Telefonanlage von Siemens
HIFO  Highest In First Out
HIPER  Hierarchically Interconnected and Programmable Efficient Resources
HIT  Hamburger Institut für Technologie-Förderung
HKW  Halogen-Kohlen-Wasserstoff
HL  Halbleiter, auch Bereich der Siemens AG
HLC  High Level Compiler, Übersetzung von Programmiersprachen
HLC  Hot Liquid Cleaning, Leiterplatten-Reinigungsverfahren
HLCS  High Level Control System
HLDA  High Level Design Automation
HLDA  Hold Acknowledge, Bestätigung der Halt-Anforderung vom Prozessor
HLG  Hochlaufgeber
HLL  High-Speed Low Voltage Low Power, →CMOS-Schaltkreisfamilie mit niedriger Versorgungsspannung (3,3V)
HLL  High Level Language, Hochsprache
HLM  Heterogeneous →LAN Management, Netzwerkmanagement von IBM
HLP  Help, Hilfe-Datei, Datei-Ergänzung
HLR  Home Location Register
HLTTL  High Level Transistor - Transistor Logik, bipolare Transistortechnik
HMA  High Memory Area, Speicherbereich oberhalb der 1 MByte-Grenze bei →PCs
HMI  Hannover Messe Industrie
HMOS  High Performance →MOS, →NMOS-Technologie mit hoher Gatterlaufzeit
HMS  High Resolution Measuring System, hochauflösendes Meß-System, z.B. der Istwertaufbereitung von Strom- oder Spannungs-Rohsignalen von Lagegebern
HMT  Hindustan Machine Tools, indische Werkzeugmaschinen-Fabrik
HMTF  Hub Management Task Force der →IEEE 802.3
HNI  Heinz Nixdorf Institut der Universität Paderborn
HNIL  High Noise Immunity Logic, Logik-Familie mit hoher Störsicherheit
HP  Hewlett Packard, u.a. Hersteller hochwertiger Meßgeräte
HPFS  High Performance File System von OS/2
HPG  Hand-Puls-Generator, Elektronisches Handrad, auch →MPG
HPGL  Hewlett Packard Graphic Language
HPMS  High Performance Main Storage, zentraler Speicher mit kurzen Zugriffszeiten
HPU  Hand Programming Unit, Programmier-Handgerät, z.B. für die Roboter-Programmierung

HRM   High Reliability Module, Element mit hoher Zuverlässigkeit
HS   Haupt-Spindel von Werkzeugmaschinen
HSA   Haupt-Spindel-Antrieb, Antrieb der Arbeitsspindel von Werkzeugmaschinen
HSA   Highest Station Address, höchste z.B. Feldbus-Adresse
HSA   High Speed Arithmetic, schnelle arithmetische Recheneinheit
HSC   High Speed Cutting, Hochgeschwindigkeits-Bearbeitung, →HSM
HSCX   High- Level Serial Communication Controller Extended, leistungsfähiger 2-Kanal- →HDLC-Controller mit Protokoll-Unterstützung
HSD   High Speed Data, Datenübertragung mit hoher Geschwindigkeit
HSDA   High Speed Data Aquisition
HSDC   High Speed Data Channel
HSEZ   Hohl-Schaft-Einfach-Zylinder, Steilkegel der Werkzeugaufnahme für den automatischen Werkzeugwechsel
HSI   High Speed Input, Controller-Funktions-Einheit
HSIO   High Speed Input / Output, Controller-Funktions-Einheit
HSLN   High Speed Local Network
HSO   High Speed Output, Controller-Funktionseinheit
HSP   High Speed Printer
HSK   Hohl-Schaft-Kegel, Steilkegel der Werkzeugaufnahme für den automatischen Werkzeugwechsel
HSM   High Speed Machining, Hochgeschwindigkeits-Bearbeitung, →HSC
HSM   High Speed Memory, Speicher mit kurzer Zugriffszeit
HSS   High Speed Steel, Hochleistungs-Schnellarbeits-Stahl für Zerspanungs-Werkzeuge
HSS   High Speed Storage, Speicher mit kurzer Zugriffszeit
HST   High Speed Technology, Übertragungs-Standard für hohe Datenraten
HSYNC   Horizontal Synchronisiersignal, horizontale Bild-Synchronisation bei Kathodenstrahl-Röhren
HSZ   Hohl-Schaft-Zylinder, Steilkegel der Werkzeugaufnahme für den automatischen Werkzeugwechsel
HT   Horizontal Tabulator, Anzeige-Steuerzeichen
HTCC   High Temperature Cofired Ceramic, Keramik für Multilayer-Leiterplatten für hohe Temperaturen
HTL   High Threshold Logic, Logik-Familie mit höherer Versorgungsspannung (+15 V) und dadurch störsicherer
HTL   High-Voltage Transistor Technology, Transistoren für Hochvolt-Anwendungen

HTML   Hyper-Text Markup Language, Programmiersprache der →WWW -Benutzeroberfläche
HTTL   High Power Transistor - Transistor Logik, bipolare Transistortechnik hoher Leistung
HV   High Voltage
HVOF   High Velocity Oxygen Fuel, Flammspritzen mit hoher Partikelgeschwindigkeit, über 300 m/s
HW   Hardware, z.B. Geräte und Baugruppen von Rechen-Anlagen
Hz   Hertz, Zyklen pro Sekunde

I   Interpolationsparameter oder Gewindesteigung parallel zur X-Achse nach →DIN 66025
IACP   International Association of Computer Programmers, internationaler Programmierer-Verband
IAD   Integrated Access Device
IAD   Integrated Automated Docomentation, per Programm erstellte Dokumentation
IAF   Identification and Authentication Facility, Begriff der Datensicherung
IAM   Institut für Angewandte Mikroelektronik e.V. in Braunschweig
IAO   Institut für Arbeitstechnik und Organisation in Stuttgart
IAQ   International Academy for Quality, internationale Akademie für Qualität in New York
IAR   Integrierte Antriebs-Regelung
IAW   Institut für Arbeits-Wissenschaft der RWTH Aachen
IBC   Integrated Broadband Communication
IBC   →ISDN Burst Transceiver Circuit, 2-Draht-Übertragungsbaustein bis 3 km
IBCN   Integrated Broadband Communications Network
IBF   Institut für Bildsame Formgebung der RWTH Aachen
IBI   Intergovernment Bureau for Informatics, Büro für internationale Aufgaben der Informatik
IBM   International Business Machines Corporation, Computerhersteller der USA
IBN   Inbetriebnahme, z.B. von Werkzeugmaschinen, →IBS
IBN   Institut Belge de Normalisation, belgisches Normen-Gremium, →BIN
IBS   Inbetriebsetzung, z.B. von Werkzeugmaschinen, →IBN
IBST   International Bureau of Software Test
IBU   Instruction Buffer Unit, Befehlsaufnahme-Register eines Rechners
IC   Integrated Circuit, Integrierte Halbleiterschaltung auf einem Chip
ICA   Internationales Centrum für Anlagenbau, Teil der →HMI

ICAM Integrated Computer Aided Manufacturing, Integration von Fertigungs-, Handhabungs-, Lagerungs- und Transportsystemen
ICC →ISDN Communication Controller, Ein-Kanal-→HDLC-Controller
ICC International Computer Conference
ICC International Congress Center in Berlin
ICC International Conference on Communications, internationale Konferenz für Übertragungstechniken
ICC International Chamber of Commerce, Internationale Handelskammer in Genf
ICC Intelligent Communication Controller
ICC Inspectorate Coordination Committee von →IECQ
ICCC International Council for Computer Communication, internationale Vereinigung für Übertragungstechnik
ICD In Circuit Debugger
ICDA International Circuit Design Association, internationaler Verband für Schaltungstechnik
ICE In-Circuit Emulation, Testsystem für Mikroprozessorsysteme
ICE Integrated Circuit Engineering, amerikanisches Marktforschungs-Institut für →IC
ICIP International Conference on Information Processing, internationale Konferenz für Informationsverarbeitung
ICL International Computer Ltd., Computer-Hersteller von Großbritannien
ICO Icon, Datei-Ergänzung
ICP Interactiv Contour Programming
ICR Intermediate Code for Robots, Vereinheitlichung des Roboter-Steuer-Codes
ICR International Congress of Radiology, internationaler Kongreß für Strahlenschutz
ICRP International Commission on Radiological Protection, internationale Strahlenschutz-Kommission
ICS Integrierte Computerunterstützte Software-Entwicklungsumgebung
ICS Informations-Centrum Schrauben
ICT In Circuit Test, Testwerkzeug für →FBGs in der Produktion
ID Identifier, Kennzeichnung
IDA Intelligent Design Assistant, Expertensystem zur Unterstützung der Konstruktion
IDA Industrielle Datenverarbeitung und Automation
IDAS Interchange Data Structure, Schnittstelle des Manufacturing Design System (→MDS)
IDC Isolation Displacement Connector, Schneidklemmtechnik für Kabelkonfektionen
IDE Integrated Drive Electronics, Schnittstelle zur Ansteuerung eines Massenspeichers
IDE Integrated Disk Environment, Festplatten-Schnittstelle von →PCs

IDEA International Data Encryption Algorithmus, universeller Blockchiffrier-Algorithmus für die Datenübertragung und -speicherung
IDMS Integrated Data Base Management System, Programmsystem für Management-Aufgaben
IDN Integrated Digital Network
IDN Identification Number
IDP Integrated Data Processing, Programmablauf eines Rechners
IDPS Integrated Design and Production System, standardisierte →ASIC-Entwicklungs-Bibliothek
IDR Identification Register von Boundary Scan
IDS Information and Documentation Systems, Programm für Informationsverarbeitung und Dokumentation
IDT Institut für Datenverarbeitung in der Technik
IDT Interrupt Descriptor Table, Descriptor-Tabelle der Prozessoren 386 und 486 von Intel
IDTV Improved Definition Tele-Vision, 100Hz-Ablenktechnologie für flimmerfreie Darstellung
IEC International Electrotechnical Commission
IEC →ISDN Echo Cancellation(-Circuit), Voll-Duplex- Übertragungs- Baustein für Leitungen bis 8 km
IECEE →IEC-System for Conformity to Standards for Safety of Electrical Equipment
IECQ →IEC Quality Assessment System for Electronic Components
IEEE Institute of Electrical and Electronics Engineers, Verein der Elektro- und Elektronik-Ingenieure der USA
IEMP Internal →EMP, energiereiche Gammastrahlen als Störquelle in elektronischen Schaltungen
IEMT International Electronic Manufacturing Technology
IEN Instituto Elettrotecnico Nazionale, nationales italienisches Institut für Elektrotechnik
IETF Internet Engineering Task Force, Gremium für Netzwerkprotokolle
IEV International Electrotechnical Vocabulary
IEZ Internationales Elektronik Zentrum in München
IFA Internationale Funk-Ausstellung
IFAC International Federation of Automatic Control, internationaler Verband der Steuer- und Regelungstechniker
IFC Interface Clear, definiertes Setzen der →IEC-Bus-Schnittstelle
IFC International Fieldbus Consortium, Gremium für die Standardisierung des Feldbusses
IFE Intelligent Front End, intelligente Schnittstelle mittels Rechner
IFET Inverse Fast Fourier Transormation
IFF Interchange File Format, Standard für Graphik- und Text-Dateien

IFF Institut für Industrielle Fertigung und Fabrikbetrieb der Universität Stuttgart
IFFT Inverse Fast Fourier Transformation
IFG International Field-Bus Group
IFL Integrated Fuse Logic, freiprogrammierbare Bausteine in Sicherungstechnik
IFM Institut für Montage-Automatisierung
IFMS Integriertes Fertigungs- und Montage-System
IFOR Interactive →FORTRAN, dialogorientierte FORTRAN-Sprache
IFR International Federation of Robotics, internationale Vereinigung der Roboter-Anwender
IFSA International Fuzzy System Association, internationale Fuzzy-System-Vereinigung
IFSW Institut für Strahl-Werkzeuge, z.B. für Laser
IFT Institut für Festkörper-Technologie in München
IFU Institut für Umformtechnik der Universität Stuttgart
IFUM Institut für Umformtechnik und Umform-Maschinen in Hannover
IFW Institut für Fertigungstechnik und Werkzeugmaschinen in Hannover
IFW Institut für Werkzeug- Maschinen der Universität Stuttgart
IG Industrie-Gewerkschaft
IGD Institut für Graphische Datenverarbeitung in Darmstadt
IGES Initial Graphics Exchange Specification
IGFET Insulated Gate Field Effect Transistor
IGMT Interessenverband Gerätetechnik für Feinwerk- und Mikro-Technik in Chemnitz
IGBT Insulated Gate Bipolar Transistor, Leistungs-Bauelement, ansteuerbar wie ein →MOS-FET, mit niedrigem Durchlaßwiderstand
IGES Initial Graphics Exchange Specification Schnittstelle des Manufacturing Design System (MDS) nach →ANSI
IGW Interaktive Graphische Werkstattprogrammierung, Bedienoberfläche einer →CNC-CAD zur Erstellung eines Teileprogrammes direkt aus der Werkstückzeichnung mit graphischen Elementen
IHK Industrie- und Handels-Kammer
IHK Internationale Handels-Kammer in Paris
IIASA International Institute for Applied Systems Analysis
IIF Image Interchange Format
I²ICE Integrated Instrumentation and In-Circuit Emulation System, Testsystem für Mikroprozessorsysteme
I²L Integrated Injection Logic, bipolare Technik für Schaltungen mit hoher Bauteildichte und geringer Leistungsaufnahme
IIOC Independent International Organisation for Certification

IIR Infinite Impulse Response Filter, rekursives Filter
IIRS Institute for Industrial Research and Standards, Institut für industrielle Forschung und Normung in Dublin
IIS Institut für Integrierte Schaltkreise in Erlangen
IKA Interpolatorische Kompensation mit Absolutwerten, frühere Bezeichnung: Durchhang-Kompensation, z.B. bei Drehmaschinen
IKTS Institut für Keramische Technologie und Sinterwerkstoffe in Dresden
IKV Institut für Kunststoff- Verarbeitung in Aachen
IL Instruction List Language, Anweisungsliste
ILAB Irish Laboratory Accreditation Board, irische Akkreditierungsstelle für Labors in Dublin
ILAC International Laboratory Accreditation Conference, internationales System für die Anerkennung von Prüfstellen
ILAN Industrial Local Area Network
ILB Inner Lead Bonding, Bond-Kontakte von →SMD-Bauelementen
ILF Infra Low Frequencies
ILMC Input Logic Macro Cell, Gate-Array-Eingang
ILO International Labour Organization
IM Interface Modul, →SIMATIC-S5-Koppel-Baugruppe, z.B. zu Erweiterungsgeräten
IMD Inter-Modulation Distortion, Intermodulations-Verzerrungen, z.B. von →D/A-Umsetzern
IMECO International Measurement Confederation, Gesellschaft für Mess- und Automatisierungs-Technik, →GMA
IMIS Integrated Management Information System, Informationssystem für Führungs- und Entscheidungsdaten
IML Institut für Materialfluß und Logistik in Dortmund
IMMAC Inventory Management and Material Control
IMO Institut für Mikrostruktur-Technologie und Optokoppler in Wetzlar
IMP Integrated Multiprotocol Processor
IMPATT Impact Avalanche and Transit Time, Schaltverhalten von Dioden
IMQ Institute Italiano del Marchio de Qualita, italienische Zeichen-Prüfstelle
IMR Interaction-Modul Receive
IMS Interaction-Modul Send
IMS Information Management System, Datenbanksystem der IBM
IMS Intellectual Manufacturing System, Studie über Normen-Vereinheitlichung computerkontrollierter Fertigungsautomatisierung
IMS Institut für Mikroelektronische Schaltungen und Systeme in Duisburg

IMS Institut für Mikroelektronik Stuttgart, Stiftung des Öffentlichen Rechts
IMST Insulated Metal Substrate Technology, Halbleiter-Hybrid-Technologie
IMT Insert Mounting Technique, Technologie zur Widerstandsverarbeitung auf Leiterplatten
IMTS International Machine-Tool Show, Internationale Maschinen-Messe
IMTS International Manufacturing Technology Show, internationale Messe für Fertigungstechnik
IMW Institut für Maschinen-Wesen
IN Intelligent Network, Oberbegriff für alle Softwaregesteuerten Netze
INA Inkrementale Nullpunktverschiebung im Automatikbetrieb, bei konventionellen Impulsgebern
INC Incremental
INC Include-Datei, Datei-Ergänzung
IND Institut für Nachrichtentechnik und Datenverarbeitung der Universität Stuttgart
INF Informations-Datei, Datei-Ergänzung
INI Initialisierungs-Datei, Datei-Ergänzung
INL Integral Non-Linearity
INPRO Innovationsgesellschaft für fortgeschrittene Produktions-Systeme in der Fahrzeugindustrie mbH in Berlin
INRIA Institut National de Recherche en Informatique et en Automatique, französisches Institut für Informatik und Automatisierung
INT Interrupt, maskierbare Unterbrechungs-Anforderung an den Prozessor
INTA Interrupt Acknowledge, Bestätigung der Interrupt-Anforderung an den Prozessor vom Prozessor
INTAP Interoperability Technology Association for Information Processing in Japan
INTEL Integrated Electronics Corporation, Halbleiterhersteller der USA
INTERKAMA Internationaler Kongreß mit Ausstellung für Meßtechnik und Automation
INTUC International Telecommunication Users Group
I/O Input/Output-Interface, binäre Ein-/Ausgabe-Baugruppe mit 24V-Schaltpegel und genormten Ausgangsströmen von 0,1A, 0,4A und 2,0A
IOB →IO-Block, Ein-/Ausgabe der →LCAs
IOCS Input/Output Control System
IOE International Organization of Employers, Internationaler Arbeitgeber-Verband
IOM →ISDN Oriented Modular(-Interface)
IOP Input-Output Processor
IOR Input-Output-Register
IP Internet Protocol, Ebene 3 vom →ISO/OSI-Modell
IPA Institut für Produktionstechnik und Automatisierung in Stuttgart

IPC Institute for Interconnecting and Packaging Electronic Circuits, Institut für Verbindung und Gehäuse elektronischer Schaltungen der USA
IPC Industrie Personal Computer
IPC Integrated Process Control
IPC Inter-Process Communication, Kommunikation zwischen Steuerungs-, Regelungs-, Überwachungs- und Prozeßeinheiten
IPDS Intelligent Printer Data Stream
IPI Image Processing and Interchange, Bildverarbeitungs-Standard von →ISO/IEC
IPK Institut für Prozess- Automatisierung und Kommunikation
IPK Institut für Produktionsanlagen und Konstruktionstechnik in Berlin
IPM Inter-Personelle Mitteilungs-Dienstleistung der Telekommunikation
IPM Intelligent Power Modul
IPMC Industrial Process Measurement and Control
IPO Interpolation, funktionsmäßige Verknüpfung von →NC-Achsen
IPP Integrierte Produktplanung und Produktgestaltung, Begriff aus dem Produktmanagement
IPQ Instituo Portugues da Qualidada, portugiesisches Normen-Gremium
IPS Intelligent Power Switch, intelligente getaktete Stromversorgung
IPS Internal Backup System, automatisches Datensicherungs-System
IPS Interactive Programming System
IPS Inch Per Second, Maßeinheit für Verarbeitungsgeschwindigkeit
IPSJ Information Processing Society of Japan, japanische Gesellschaft für Informationsverarbeitung
IPSOC Information Processing Society of Canada, kanadische Gesellschaft für Informationsverarbeitung
IPT Institut für Produktions-Technologie in Aachen
IPU Instruction Processor Unit, Zentraleinheit des Prozessors, auch →CPU
IPX Internetwork Packet Exchange, Netzwerk-Protokoll
IQA Institute of Quality Assurance
IQM Integrated Quality Management
IQSE Institut für Qualität und Sicherheit in der Elektrotechnik des TÜV Bayern
IR Industrial Robot
IR Instruction-Register, z.B. der Boundary Scan Architektur
IR Internal Rules (Regulations)
IR Infra Red
IRDATA Industrial Robot Data, genormter Code zur Beschreibung von Roboter-Befehlen nach →VDI 2863

IRED  Infra-Red Emitting Diode, Infra-Rot-Leucht-Diode
IRL  Industrial Robot Language, Programmiersprache für Roboter
IROFA  International Robotics and Factory Automation
IRPC  →ISDN Remote Power Controller, →CCITT-kompatibler Schaltnetzteil-Regler mit integriertem Schalttransistor
IS  International Standard
IS  Integrierte Schaltung, deutsche Bezeichnung für →IC
ISA  International Federation of the National Standardizing Associations, internationaler Bund der nationalen Normenausschüsse
ISA  Industry Standard Architecture, z.B. für Standard-Bus
ISAC  →ISDN Subscriber Access Controller, Interface-Baustein für Sprach- und Daten-Kommunikation über 4-Draht-Bus
ISAM  Index Sequential Access Method, Direktzugriffs-Datei nach einem Schlüssel
ISC  International Standards Committee, Ausschuß für internationale Normung
ISDN  Integrated Services Digital Network, öffentliches Netz zur Übertragung von Sprache, Daten, Bildern und Texten
ISEP  Internationales Standard-Einschub-Prinzip für elektronische Baugruppen
ISF  Institut für Sozialwissenschaftliche Forschung e.V. in München
ISFET  Ion Sensitive Field Effect Transistor, Ionen-dotierter Feldeffekt-Transistor
ISI  Institut für Systemtechnik und Innovationsforschung in Karlsruhe
ISI  Indian Standards Institution, indisches Normen-Gremium
ISI  Industrielles Steuerungs- und Informationssystem der →SNI
ISM  Industrial Scientific Medical, Gerätekategorie mit eingeschränkten →EMV-Parametern
ISM  Intelligent Sensor Modul, Sensor-Modul von Siemens
ISM  Information System for Management, System für Steuerung und Verwaltung
ISO  International Standard Organization, Internationale Organisation für Normung
ISONET  →ISO Information Network
ISP  Integrated System Peripheral(-Controller), Baustein des →EISA-System-Chipsatzes von Intel
ISP  Interoperable Systems Project, Projekt zur Standardisierung des Feldbusses der Prozeßautomatisierung
ISPBX  Integrated Services Private Branch Exchange
ISRA  Intelligente Systeme Roboter und Automatisierung, Dienstleistungs-Unternehmen, daß sich mit Roboter-Programmierung befaßt

ISSCC  International Solid State Circuit Conference, internationale Halbleiter-Konferenz
ISST  Institut für Software- und System-Technik in Berlin
IST  Institut für System-Technik und Innovationsforschung in Karlsruhe
ISTC  Industry Science and Technology Canada
ISW  Institut für Steuerungstechnik der Werkzeugmaschinen und Fertigungs-Einrichtungen der Universität Stuttgart
IT  Information Technology
ITAA  Information Technology Association of America, Verband der Informationstechnik der USA
ITAC  →ISDN Terminal Adapter Circuit, Schnittstellen-Baustein für Nicht-ISDN-Terminals
ITAEGM  Information Technology Advisory Experts Group Manufacturing, →IT-Beratungsgruppe Fertigungs-Technik
ITAEGS  Information Technology Advisory Experts Group Standardization, →IT-Beratungsgruppe Normung
ITAEGT  Information Technology Advisory Experts Group Telecommunication, →IT-Beratungsgruppe Telekommunikation
ITC  Inter-Task-Communication
ITC  International Trade Commission
ITG  Informations-Technische Gesellschaft im →VDE
ITK  Institut für Telekommunikation in Dortmund
ITM  Inspection du Travail et des Mines, luxemburgisches Normen-Gremium
ITOS  International Teleport Overlay System
ITQA  Information Technology Quality Assurance
ITQS  Information Technology Quality Systems
ITQS  Institut für Qualität und Sicherheit in der Elektronik der Unternehmensgruppe TÜV Bayern
ITR  Internal Throughput Rate, Bestimmung der internen Leistung eines Rechners von IBM
ITS  Integriertes Transport-Steuerungs-System der Deutschen Bundesbahn
ITSEC  Information Technology Security Evaluation Criteria, →EU-Standard für Datensicherheit
ITSTC  Information Technology Steering Committee, →IT-Lenkungs-Komitee
IT&T  Information Technology and Telecommunications
ITT  International Telephon and Telegraph Corporation, Telefon- und Telegrafengesellschaft der USA
ITU  International Telecommunication Union, Internationale Fernmeldeunion
ITUT  Internationales Transferzentrum für Umwelt-Technik in Leipzig

IU  Integer Unit
IUC  Intelligent Universal Controller
IUT  Implementation Under Test
IVPS  Integrated Vacuum Processing System, Wafer-Handhabungs-System
IWF  Institut für Werkzeugmaschinen und Fertigungstechnik der TU Berlin
IWS  Incident Wave Switching(-Driver), Bus-Treiber von →TI
IWS  Industrial Work Station, Industrie-Arbeitsplatz-Rechner
IZE  Informations-Zentrale der Elektrizitätswirtschaft e.V.
IZT  Institut für Zukunftsstudien und Technologiebewertung in Berlin

J  Interpolationsparameter oder Gewindesteigung parallel zur Y-Achse nach →DIN 66025
JAN  Joint Army Navy, eingetragenes Warenzeichen der US-Regierung, erfüllt MIL-Standard
JBIG  Joint Bilevel Image Coding Group, Standard zur Komprimierung von →S/W-Bildern
JCG  Joint Coordinating Group des →CEN/→CLC/→ETSI
JEC  Japanese Electrotechnical Committee, japanisches elektrotechnisches Komitee
JEC  Journées Européennes des Composites, Fachmesse für Verbund-Werkstoffe
JECC  Japan Electronic Computer Center
JEDEC  Joint Electronic Devices Engineering Council, technischer Gemeinschaftsrat für elektronische Anforderungen
JEIDA  Japan Electronic Industrie Development Association, japanischer Normenverband
JESA  Japan Engeneering Standard Association, japanischer Normenverband
JESSI  Joint European Submicron Silicon Initiative, europäisches Forschungsprojekt der Elektroindustrie
JET  Just Enough Test, Teststrategie für Leiterplatten
JFET  Junction Field Effect Transistor, Feldeffekt-Transistor mit pn-Steuerelektrode
JGFET  Junction Gate Field Effect Transistor, Feldeffekt-Transistor mit einem Gatter als Steuerelektrode
JIMTOF  Japan International Machine Tool Fair, internationale Werkzeugmaschinenmesse in Osaka
JIPDEC  Japanese Information Processing Development Center
JIRA  Japan Industrial Robots Association, Verband der japanischen Roboter-Hersteller
JIS  Japanese Industrial Standard, japanische Industrienorm, auch japanisches Konformitätszeichen
JISC  Japanese Industrial Standards Committee, japanisches Normen-Komitee der Industrie
JIT  Just-in-time Production, bedarfsorientierte Fertigung
JLCC  J-Leaded (Ceramic) Chip Carrier, Gehäuseform von integrierten Schaltkreisen in →SMD
JMEA  Japan Machinery Exporters Association, Verband der japanischen Maschinen-Exporteure
JMS  Job Management System, Programm zur automatischen Bearbeitung von Aufträgen
JOG  Jogging, Betriebsart von Werkzeugmaschinen, konventionelles Verfahren der Achsen
JOR  Jornal-Datei, Datei-Ergänzung
JPC  Joint Programming Committee
JPEG  Joint Photographics Experts Group, Normen-Gremium für farbige Standbilder
JPG  Joint Presidents Group des →CEN/→CLC/→ETSI
JSA  Japanese Standards Association, japanischer Normenverband
JTAG  Joint Test Action Group, Testverfahren für Baugruppen
JTC  Joint Technical Committee, gemeinsames technisches Komitee von →ISO und →IEC für Kommunikationstechnik
JTPC  Joint Technical Program Committee
JUSE  Japanese Union Scientists and Engineers
JWG  Joint Working Group

K  Interpolationsparameter oder Gewindesteigung paralell zur Z-Achse nach →DIN 66025
KB  →KByte
KB  Kurzzeit-Betrieb, z.B. von Maschinen nach →VDE 0550
Kb  Kilo-bit, 1024 Bit
KBD  Keyboard, Tastenfeld, z.B. einer Bedien-Einheit
KBM  Knowledge Base Memory, Fuzzy-System-Speicher
KByte  Kilo-Byte; KByte werden im Dualsystem angegeben: 1 KByte = 1024 Byte
K-Bus  Kommunikations-Bus, z.B. der →SIMATIC
KCIM  Kommision Computer Integrated Manufacturing, Normungs-Kommision, die sich mit Rechnerunterstützter Fertigung befaßt
KD  Koordinaten-Drehung, Funktion bei der →SINUMERIK-Teile-Programmierung
KDCS  Kompatible Daten-Kommunications-Schnittstelle für Rechnersysteme von unterschiedlichen Herstellern
KDr  Kurzschluß-Drosselspule
KDS  Kopf-Daten-Satz
KDZ  Kopf-Daten-Zeile
KEG  Kommission der Europäischen Gemeinschaften

KEMA Keuring van Electrotechnische Materialen Arnheim NL, niederländische Vereinigung zur Prüfung elektrotechnischer Materialien
kHz Kilo-Hertz, tausend Zyklen pro Sekunde
KI Künstliche Intelligenz
KIS Kunden-Informations-System der Siemens AG
KMG Koordinaten-Meß-Gerät
KO Kathodenstrahl-Oszillograph
KOM Kommunikation, →SINUMERIK-Funktions-Komponente
KOP Kontakt-Plan, Darstellung eines →SPS-Programmes mit Kontakt-Symbolen
KpDr Kompensations-Drosselspule
KRST Kunden-Roboter-Steuer-Tafel der Siemens Robotersteuerungen →SIROTEC
KSS Kühl-Schmier-Stoff, Schmier- und Kühlmittel bei spanabhebenden Werkzeugmaschinen
KST Kunden-Steuer-Tafel, z.B. von Robotersteuerungen
KUKA Größter deutscher Roboter-Hersteller in Augsburg
KV Kreis-Verstärkung, Verstärkungsfaktor des gesamten Lageregel-Kreises
KVA Kilo-Volt-Ampere, Leistungseinheit
KVP Kontinuierlicher Verbesserungs-Prozeß, Verbesserungswesen der Deutschen Industrie mit direkter Umsetzung von Verbesserungen
KW Kilo-Watt, Leistungseinheit
KW Kilo-Worte
KW Kalender-Woche

L Unterprogramm-Nummer von Teileprogrammen für Werkzeugmaschinen-Steuerungen
L Low-Pegel, logischer Pegel = 0 bei TTL o.ä.
L Lasern, Steuerungs-Version für Lasern
LA Leit-Achse, z.B. einer Werkzeugmaschine
LA Lenkungs-Ausschuß z.B der →DKE oder des →DIN
LAB Logic Array Block, logische Schaltungseinheit
LAN Local Area Network, lokales Netz für die Verbindung von Rechnern, Terminals, Überwachungs- und Steuereinrichtungen sowie alle Automatisierungsgeräte
LANCAM Local Area Network →CAM
LANCE Local Area Network Controller for →Ethernet
LAP-B Link Access Procedure- Balanced, Protokoll der →OSI-Schicht 2
LAP-D Link Access Procedure-Data, Link-Layer-Protokoll für den D-Kanal von →ISDN
LASER Light Amplification by Stimulated Emission of Radiation
LASIC Laser-→ASIC, kundenspezifischer Schaltkreis für die Lasertechnik

LAT Lehrstuhl für Angewandte Thermodynamik der →RWTH Aachen
LBL Label-Datei, Datei-Ergänzung
LBR Laser Beam Recorder, Aufzeichnungsgerät mit Laser
LC Liaison Committee
LC Line Conditioner, Spannungsstabilisierung, z.B. für Computeranlagen
LC Line of Communication
LC Liquid Crystals, Flüssigkristall mit durch Spannung veränderbaren optischen Eigenschaften
LCA Logic Cell Array, umprogrammierbare Logik-Arrays in →CMOS-SRAM-Technologie
LCB Line Control Block, Steuerzeichen zur Zeilenfortschaltung
LCC Leaded (Leadless) Chip Carrier, Gehäuseform von integrierten Schaltkreisen in →SMD
LCC Life Cycle Costs, Lebenslauf-Kosten eines Produktes
LCCC Leaded (Leadless) Ceramic Chip Carrier, Gehäuseform von integrierten Schaltkreisen in →SMD
LCD Liquid Crystal Display, optoelektronische Anzeige mit Flüssigkristallen
LCID Large Color Integrated Display, Flüssigkristall-Anzeige
LCID Low Cost Intelligent Display, →LED-Anzeigen mit geringer Leistungsaufnahme von Siemens
L.C.I.E Laboratoire Central des Industries Electriques, Zentrallaboratorium der Elektroindustrie Frankreichs
LCP Liquid Cristal Polymer, Hochtemperaturbeständiger Kunststoff
LCR Inductance Capacitance Resistance, Schaltungsanordnung aus Induktivität, Kapazität und Widerstand
LCS Lower Chip Select, Auswahlleitung vom Prozessor für den unteren Adressbereich
LCU Line Control Unit, Steuerung einer Datenübertragungseinrichtung
LCV →LWL-Controller →VME-Bus, Steuerbaustein für Lichtwellenleiter
LD Ladder Diagram Language, Kontaktplan
LDI Laser Direct Imaging, Laser-Plotter-Prinzip zur Leiterplatten-Herstellung
LDT Local Descriptor Table, Descriptor-Tabelle der Prozessoren 386 und 486 von Intel
LED Light Emitting Diode, Leuchtdioden, farbiges Licht aussendende Halbleiterdioden
LEMP Lighting Electro-Magnetic Pulse, elektromagnetischer Blitzimpuls
LES Lesson, Lernprogramm-Datei, Datei-Ergänzung
LEX Lexikon-Datei, Datei-Ergänzung
LF Line Feed, Zeilen-Vorschub oder Kennzeichnung eines Satzendes im →NC-Programm
LF Low Frequencies, Kilometerwelle

LG Landes-Gesellschaft, Siemens-Vertretung im Ausland
LGA Land Grid Array(-Gehäuse) von hochintegrierten Schaltkreisen
LGA Landes-Gewerbe-Anstalt
LIC Linear Integrated Circuit
LIB Library, Bibliothek-Datei, Datei-Ergänzung
LIFA Lastabhängige Induktions- und Frequenz-Anpassung, z.B. von Frequenzumrichtern
LIFE Logistics Interface for Manufacturing Environment, logistische Schnittstelle des Manufacturing Design System (→MDS)
LIFO Last in / First out
LIFT Logically Integrated →FORTRAN Translator
LIGA Lithografie mit Synchrotronstrahlung, Galvanoformung und -abformung. Verfahren zur Herstellung von Mikrostruktur-Teilen
LIN Linear, z.B. Bewegung von Robotern
LIOE Local →IO Peripheral, Baustein des →EISA-System-Chipsatzes von Intel
LIPL Linear Information Processing Language, Programmiersprache für lineare Programmierung
LIPS Logical Inference per Second
LIS Language Implementation System, Programmiersprache für Systemprogramme
LISP List Processing Language, höhere Programmier-Sprache, vorwiegend im Bereich der "Künstlichen Intelligenz" eingesetzt
LIU Line Interface Unit, →ISDN-Funktion
LIW Long Instruction Word
LK Lochkarte, Speicherung durch Löcher auf einer Karte
LKA Lochkartenausgabe, Ausgabe von Information durch Stanzen von Löchern auf einer Karte
LKE Lochkarteneingabe, Eingabe von Information durch Lesen von Lochkarten
LKL Lochkartenleser, Gerät zum Lesen der Information von Lochkarten
LK/min Lochkarten pro Minute, Arbeitsgeschwindigkeit von Lochkarten-Ein- und Ausgabegeräten
LKST Lochkartenstanzer, Gerät zum Ausgeben von Information auf Lochkarten
LLC Logical Link Control, Teil des →ISO-Referenzmodells
LLCS Low Level Control System, Steuerungs-System mit niedriger Versorgungsspannung
LLI Low Layer Interface vom →PROFIBUS
LLL Low Level Logic, Logikschaltung mit niedriger Versorgungsspannung
LMA Logic Macro Cell, Gate Array Zelle
LMS Large Modular System, →SPS-System von Philips

LMS Linear-Meß-System, z.B. für Werkzeugmaschinen
LNE Laboratoire National d'Essais, nationales Forschungsinstitut Frankreichs
LO Local Oscillator, Überlagerungsoszillator in Mischstufen
LOG Logbuch von Backup (→DOS), Datei-Ergänzung
LON Local Operating Network
LOP Logik-Plan, Darstellung eines →SPS-Planes mit Logik-Symbolen
LOVAG Low Voltage Agreement Group unter →ELSECOM
LP Leiterplatte
LP Lean Production, schlanke bzw. optimierte Produktion
LP Load Point, physikalischer Punkt auf dem Magnetband
LP Line Printer, Drucker mit Zeilenvorschub, →LPT
LPA Lehrstuhl für Prozeß-Automatisierung der Universität Saarbrücken
LPC Link Programmable Controller
LPI Lines per Inch, Maß für den Zeilenabstand
LPM Lines per Minute
LPS Lines per Second
LPS Low Power Schottky, →LS
LPT Line Printer, Drucker mit Zeilenvorschub, →LP
LPZ Lighting Protection Zone
LQ Letter Quality, Korrespondenz-Qualität der Schrift bei Druckern
LQL Limiting Quality Level
LRC Longitudinal Redundancy Check, Fehlerprüfverfahren zur Erhöhung der Datensicherheit
LRQA Lloyds Register Quality Assurance
LRU Last Recently Used, Abarbeitung von Aufträgen
LS Lochstreifen, Speicherung durch Löcher auf einem Papierstreifen
LS Low Power Schottky, →TTL-Schaltkreis-Familie
LS Luft-Selbstkühlung von Halbleiter-Stromrichter-Geräten
LSA Lochstreifenausgabe (-gerät), Gerät zum Ausgeben von Information auf Lochstreifen
LSB Least Significant Bit
LSD Least Significant Digit
LSE Lochstreifeneingabe(-gerät), Gerät zum Lesen von Information auf Lochstreifen
LSI Large Scale Integration, Bezeichnung von integrierten Schaltkreisen (→IC) mit hohem Integrationsgrad
LSL Langsame Störsichere Logik, Logik-Familie mit hohem Störabstand, die mit 15V betrieben werden kann
LSP Logical Signal Processor

LSS Lochstreifenstanzer, Gerät zum Ausgeben von Information auf Lochstreifen
LSSD Level Sensitive Scan Design, Regel für →ASIC-Design-Test
LST Liste, Datei-Ergänzung
LSZ Lochstreifen-Zeichen, Informationseinheit auf Lochstreifen
LT Leistungs-Transformator
LTCC Low Temperature Cofired Ceramik, Keramik für Multilayer-Leiterplatten für niedrige Temperaturen
LTPD Lot Tolerance Percent Defective, Rückzuweisende Qualitätslage
LU Logical Unit
LUF Umluft-Fremd-Lüftung von Halbleiter-Stromrichter-Geräten
LUM Luminaires Components, Agreement Group unter →ELSECOM
LUS Umluft-Luft-Selbstkühlung von Halbleiter-Stromrichter-Geräten
LUT Look Up Table, (Speicher-)Such-Tabelle
LUW Umluft-Wasserkühlung von Halbleiter-Stromrichter-Geräten
LVD Low Voltage Directive, Niederspannungsrichtlinie der →EU
LVE Liefer-Vorschriften für die Elektische Ausrüstung von Maschinen, maschinellen Anlagen und Einrichtungen des →NAM
LVE Low Voltage Equipment, Agreement Group unter →ELSECOM
LVM Lose-verketteter Mehrstations-Montage-Automat
LVS Lager-Verwaltungs-System, z.B. durch ein Fertigungsleitsystem
LWL Licht-Wellen-Leiter, sie dienen der Daten-Übertragung in Kommunikations-Netzen und sind aus Glas- oder Kunststoff-Fasern hergestellt
LZB Liste der zugelassenen Bauelemente vom →BWB
LZF Laufzeit-Fehler, Anzeige im →USTACK der →SPS bei Fehlern während der Befehlsausführung
LZN Liefer-Zentrum Nürnberg der Siemens AG

M Zusatzfunktion nach →DIN 66025, Anweisung an die Maschine
M Milling, Steuerungsversion für Fräsen
M Merker, Speicherplatz in der →SPS
MA Montage-Abteilung
MAC Multiplexed Analogue Components
MAC Multiplier Accumulator
MAC Man and Computer, Mensch und Maschine
MAC Measurement and Control
MAC Macintosh-Computer von Apple
MAC Media Access Control, Element von →FDDI für die Paket-Interpretation, Token Passing und Paket-Framing
MAC Mandatory Access Control, Begriff der Datensicherung
MACFET Macro Cell →FET
MAD Mean Administrative Delay, mittlere administrative Verzugsdauer
MADT Mean Accumulated Down Time, mittlere addierte Unklardauer
MAK Maximale Arbeitsplatz-Konzentration (von Schadstoffen), Begriff aus dem Umweltschutz
MAN Metropolitan Area Network, spezielle →LAN-Version für den innerstädtischen Verkehr
MAN Manchester, binärer Leitungscode
MANUTEC Manufacturing Technology, Roboter-Hersteller, Siemens-Tochter-Firma
MAP Manufacturing Automation Protocol, Standardisierung der Kommunikation im Fertigungsbereich nach →ISO
MAP Main Audio Processor, →ISDN-Funktion
MAPL Multiple Array Programmable Logic, programmierbare Mehrfach-Logik-Bausteine
MAR Manufacturing Assembly Report, Bericht aus der Fertigung
MARC Machine Readable Code, maschinenlesbarer Code
MARS Marketing Activities Reporting System, Marktbeobachtungs-System
MARS Multiple Aperatured Reluctance Switch, Verzögerungsschalter
MAS Microprogram Automation System, mikroprogrammiertes Steuerungssystem
MAT Machine Aided Translation, Maschinengestützte Übersetzung
MAU Medium Attachement Unit, Medienanschlußeinheit nach →IEEE oder Transceiver für Ethernet
MAX Multiple Array Matrix
MB →MByte
MB Merker Byte, Speicherplatz mit 8-Bit-Breite in der →SPS
MB Mail-Box, Daten-Briefkasten
MB Magnet-Band, elektomagnetisches Speichermedium
Mb Mega-bit, 1048576 Bit
MBC Multiple Board Computer, auf mehreren Baugruppen untergebrachter Rechner
MBD Magnetic Bubble Device, Magnetblasen-Speicher, früher in Steuerungen verwendet
MBF Mini-Bedien-Feld, z.B. einer Steuerung
MBG Magnetband-Gerät, Gerät zur Informationsspeicherung
MBV Maschinenbau-Verlag in Stuttgart
MBX Mailbox, elektronischer Briefkasten
MByte Mega-Byte, MByte werden im Dualsystem angegeben: 1 MByte = 1048576 Byte
MC Milling Center, Steuerungsversion Fräszentrum

MC  Magnetic Card
MC  Memory Card, Speicherkarte
MC  Marks Committee, Prüfzeichen-Komitee von →CENELEC
MC  Micro Computer, Zentraleinheit eines Rechners
MC  Management Committee
MC  Micro Controller, programmierbarer Rechnerbaustein
MC  Machine Check, Maschinen- bzw. Anlagen-Überprüfung
MC  Maschinen Code, maschinell lesbarer Code
MC  Mode Control, Betriebsarten-Steuerung
MC5  Maschinen Code der Step 5-Sprache
MCA  Micro Channel Architecture, →PC-System-Bus
MCA  Multiplexing Channel Adapter, Steuerungsanschluß an einen Multiplexkanal
MCAD  Mechanical Computer Aided Design
MCAE  Mechanical Computer Aided Engineering. DV-Unterstützung für die technischen Bereiche, mit Sicherstellung des kontinuierlichen Datenflusses vom Entwickler bis zum computergesteuerten Fertigungs- bzw. Prüfmittel
MCB  Moulded →CB
MCB  Multi-Chip-Bauelement, mehrere integrierte Schaltungen in einem Gehäuse
MCC  Motor Control Center
MCD  Memory Card Drive, →RAM-Speicher-Laufwerk
MCI  Moulded Circuit Interconnect, Bezeichnung von dreidimensionalen Leiterplatten bzw. Schaltungsträgern
MCI  Machine Check Interruption, (Maschinen-)Programmunterbrechung zwecks Überprüfung der Anlage
MCM  Magnetic Card Memory, Speichermedium Magnetkarte
MCM  Magnetic Core Memory, Speichermedium Magnetkern
MCM  Monte Carlo Method, Methode zur Ermittlung des Systemverhaltens
MCM  Modular Chip Mounting, Bezeichnung einer →SMD-Bestückungs-Maschine
MCM  Multiple Chip Module, Integration von →ICs auf einem Modul, z.B. Komplettrechner auf einem Modul
MCP  Master Control Program, Grundprogramm einer Steuerung
MCPR  Multimedia Communication Processing and Representation, Forschungs- und Rahmenprogramm der →EU zum Thema Kommunikation
MCR  Multi Contact Relay, Relais mit mehreren Kontakten
MCR  Molded-Carrier-Ring, Anschlußtechnik von →ICs
MCS  Maintenance Control System, Wartungs-Steuer-System

MCS  Mega Cycles per Second, →MHz
MCS  Micro Computer System, Rechner-System
MCS  Modular Computer System, modular aufgebauter Rechner
MCS  Midrange Chip Select, Auswahlleitung vom Prozessor für den mittleren Adressbereich
MCT  →MOS-Controlled Thyristor, abschaltbarer MOS-gesteuerter Thyristor
MCU  Machine Control Unit, Maschinen-Steuereinheit oder Maschinen-Steuertafel
MCU  Microprogram Control Unit, programmierbare Steuerung
MCU  Motion Control Unit, Antriebs-Steuer- und Regeleinheit
MD  Maschinen Daten, Maschinen-relevante Daten in der →NC
MD  Magnetic Disk, Magnetplatte als Speichermedium
MDA  Manual Data Input/Automatic, Handeingabe/Automatik, Betriebsart der →SINUMERIK
MDA  Monochrom Display Adapter, →SW/WS-Anschaltung für Monitore
MDA  Manufacturing Defect Analyzer, System zur Untersuchung von Leiterplatten auf Fertigungsfehler
MDA  →MOS Digital Analogue, Bibliothek von spezifizierten analogen und digitalen Standardzellen von Motorola
MDE  Manufacturing Data Entry, Betriebsdaten-Erfassung
MDE  Maschinen-Daten-Erfassung
MDI  Manual Data Input, Handeingabe der Steuerungs-Daten, Betriebsart von Werkzeugmaschinen-Steuerungen
MDI-PP  Manual Data Input Part Program, Handeingabe des Teile-Programmes, Betriebsart der →SINUMERIK
MDI-SE-TE  Manual Data Input Setting Data Testing Data, Handeingabe der Werkzeugkorrekturen, Nullpunktverschiebungen und Maschinendaten; Betriebsart der →SINUMERIK
MDRC  Manufacturing Design Rule Checker
MDS  Maschinen-Daten-Satz, z.B. einer →SPS
MDS  Magnetic Disc Store, Magnetplattenspeicher, →MD
MDT  Mean Down Time, gesamte Ausfallzeit eines Systems oder Gerätes, von der Fehlererkennung bis zum Wiederanlauf
MDT  Master Data Telegram
ME  Milling Export, Exportversion der →SINUMERIK-Fräsmaschinen-Steuerungen
MEEI  Magyar Elektronikal Egyesuelet Intzet, ungarisches Institut für die Prüfung elektronischer Erzeugnisse in Budapest
MELF  Metal Electrode Face-Bonding, mit ihrer Metalloberfläche auf der Leiterplatte befestigte Bauelemente

MEM  Memory, Speicher
MEPS  Million Events Per Second, Meßgröße für die Bewertung der Geschwindigkeit von Simulatoren
MEPU  Measure Pulse, Meßpuls, z.B. Eingang einer Werkzeugmaschinen-Steuerung
MES  Mechanical Equipment Standards
MES  Mikrocomputer-Entwicklungs-System
MESFET  Metal Semiconductor Field Effect Transistor, mittels elektrischem Feld steuerbarer Transistor
MEU  Menügruppe, →DOS-Shell-Datei-Ergänzung
MEZ  Mehrfachfehler-Eintritts-Zeit, Zeitspanne, in der die Wahrscheinlichkeit für das Auftreten von kombinierten Mehrfachfehlern gering ist
MF  Multi-Function(-Tastatur)
MF  Medium Frequencies, Hektometer-Welle, (Mittelwelle)
MFC  Multi Function Chip (Card)
MFC  Metallschicht-Flach-Chipwiderstand, →SMD-Bauteil
MFD  Microtip Fluorescent Display, flacher Kathodenstrahlröhren-Bildschirm
MFLOPS  Million Floting-Point Operations per Second
MFM  Modified Frequency Modulation, →PC-Controller-Schnittstelle
MFS  Material-Fluß-System
MG  Magnet-Band(-Gerät)
MGA  Multimedia Graphics Architecture
MHI  Messe Hannover Industrie, größte Industrie-Messe der Welt
MHI  Montage Handhabung Industrie-Roboter, Fachgemeinschaft der →VDMA und Messe für Industrie-Roboter
MHT  Montage- und Handhabungs-Technik, Roboter-Fachbereich des →NAM
MHS  Message Handling System
MHz  Mega-Hertz, Million Zyklen pro Sekunde
MIB  Management Information Base, Netzwerk-Management
MIC  Media Interface Connector, optischer Steckverbinder
MICR  Magnetic Ink Character Recognition
MICS  Manufacturing Information Control System
MICS  Mechanical Interface Coordinate System
MID  Moulded Interconnection Device, Bezeichnung von dreidimensionalen Leiterplatten bzw. Schaltungsträgern
MIGA  Mikrostrukturierung, Galvanoformung, Abformung, Herstellung von Chip-Aufnahme-Kunststoff-Formen
MIL STD  Military Standard, Militär-Standard, Norm für Produkte der Rüstungs-Industrie
MIM  Metal-Isolator-Metal, Technologie einer Flüssigkristall-Anzeige

MIMD  Multiple Instruction-Stream, Multiple Data-Stream, Rechner-Klassifizierung von Flynn
MIPS  Million Instructions Per Second
MIPS  Microprocessor without Interlocked Pipeline Stages
MIPS  Most Insignificant Performance Standard
MIS  Mikrofilm Information System, Informationssystem per Mikrofilm
MISD  Multiple Instruction-Stream Single-Data-Stream, Rechner-Klassifizierung von Flynn
MISP  Minimum Instruction Set Computer, Rechner mit geringem Befehlsvorrat
MIT  Massachusetts Institute of Technology, Forschungseinrichtung der USA
MITI  Ministry of International Trade and Industry, japanisches Industrie- und Handels-Ministerium
MIU  Multi Interface Unit
MK  Magnet-Karte, →MC
MK  Metallisierter Kunststoff-Kondensator
MKA  Mehr-Kanal-Anzeige am Bildschirm der →SINUMERIK
MKS  Maschinen-Koordinaten-System, z.B. von Werkzeugmaschinen
MKT  Metall Kunststoff Technik, Polyester-Kondensator
ML  Machine Language, Rechnerinterne Maschinensprache
ML  Markierungs-Leser, Erkennung von Strichmarkierungen
MLB  Multi Layer Board, Mehrlagen-Leiterplatte, →MLPWB
MLD  Mean Logistic Delay, Mittlere Logistische Verzugsdauer
MLFB  Maschinenlesbare Fabrikate-Bezeichnung
MLP  Multiple Line Printing, gleichzeitiger Druck von mehreren Zeilen
MLPWB  Multi Layer Printed Wiring Board, Mehrlagen-Leiterplatte, →MLB
MLZ  Mobiles Laser-Zentrum, gegründet von Daimler Benz
MM  Milling/Milling, Steuerungsversion für Doppelspindel-Fräsmaschine
MMA  Microcomputer Managers Association, Verband von PC-Spezialisten
MMC  Man Machine Communication, z.B. Bedienoberfläche von Werkzeugmaschinen-Steuerungen für Bedienen, Programmieren und Simulieren, siehe auch MMK
MMC  Multi-Micro-Computer
MMC  Memory-Cache-Controller, Speicher-Verwaltung
MMFS  Manufacturing Message Format Standard
MMG  Multibus Manufacturing Group, technisches Komitee
MMH  Maintenance Man-Hours, Instandhaltungs-Mann-Stunden

MMI Manufacturing Message Interface, Schnittstelle von Kommunikationssystemen im Fertigungsbereich
MMI Man Machine Interface, Schnittstelle Mensch-Maschine
MMI Memory Mapped Interface, Speicher-Schnittstelle
MMIC Monolithic Microwave Integrated Circuit
MMK Mensch-Maschine-Kommunikation, z.B. Bedienoberfläche von Werkzeugmaschinen-Steuerungen für Bedienen, Programmieren und Simulieren, →MMC
MMS Manufacturing Message Specification, Kommunikationssystem zwischen intelligenten Einheiten im Fertigungsbereich
MMS Mensch-Maschine-Schnittstelle, z.B. Bedienoberfläche von Werkzeugmaschinen-Steuerungen
MMSI Manufacturing Message Specification Interface, Schnittstelle von Kommunikationssystemen im Fertigungsbereich
MMU Memory Management Unit, Speicherverwaltungseinheit für den virtuellen Adreßraum
MNLS Multi National Language Supplement, Begriff der Datensicherung
MNOS Metal Nitride Oxide Semiconductor, unipolarer Halbleiter
MNP Microcom Networking Protocol, fehlertolerantes Kommunikationssystem von Microcom
MNPQ Meß-, Normen-, Prüf- und Qualitätsmanagementwesen
MNT Menue-Table, Datei-Ergänzung
MO Magneto Optical (Diskette), →MOD
MO Memory Optical, optisches Speichersystem
MOD Modul
MOD Magneto Optical Disk, Speicher mit magnetischer Lese- und optischer Schreibeinrichtung
MODEM Modulator und Demodulator, Umsetzer für die Datenübertragung in der Nachrichtentechnik
MOP Monitoring Processor, Test-/Hilfs-Prozessor zur Analyse von Multiprozessor-Systemen unter Echtzeit-Betrieb
MOPS Million Operations per Second
MOS Metal Oxide Semiconductor (Silizium), Halbleiter-Technologie mit hohem Eingangswiderstand und geringer Stromaufnahme
MOS Modular Operating System
MOSAR Method Organized for a Systematic Analysis of Risks, Analyse von Gefährdungs-Situationen z.B. an Maschinen
MOSFET Metal Oxide Semiconductor Field Effect Transistor, →MOS und →FET
MOST Metal Oxide Semiconductor Transistor, unipolarer Transistor in →MOS-Technik

MOT Motor
MOTBF Mean Operating Time Between Failure, →MTBF
MOTEK Montage- und Handhabungs-Technik, Fachmesse
MP Magnet-Platte, Speicher in Plattenform
MP Metall-Papier-Kondensator
MP Mikro-Prozessor, Recheneinheit auf einem Chip
MP Multi-Prozessor, mehrere zusammenarbeitende Recheneinheiten
MPA Material-Prüfungs-Amt
MPC Multi-(Media-)Personal-Computer, →PC für den Netz-Verbund
MPC Multi-Port-Controller, Steuereinheit für mehrere verknüpfte Schnittstellen
MPC Message Passing Coprocessor, Schnittstellenprozessor für Multibus II
MPCB Moulded Printed Circuit Board, Bezeichnung von dreidimensionalen Leiterplatten bzw. Schaltungsträgern
MPEG Motion (Moving) Picture Experts Group, Normen-Gremium für bewegte Videobilder
MPF Main Program File, Teileprogramm von Werkzeugmaschinen-Steuerungen
MPG Manual Pulse Generator, Elektronisches Handrad, auch →HPG
MPI Micro-Processor Interface, →ISDN-Funktion
MPI Man Process Interface, Schnittstelle zwischen Mensch und Prozeß
MPI Multi Processor Interface, Schnittstelle im Rechnerverbund
MPI Multi Point Interface, mehrpunktfähige Schnittstelle
MPIM Multi Port Interface Modul von →ETHERNET
MPLD Mask Programmed Logic Device
MPM Metra Potential Methods, Management- und Planungs-Verfahren mit Computerunterstützung
MPR Multi Port →RAM, Speicherschnittstelle von Rechnereinheiten, z.B. zum Bussystem
MPS Magnet-Platten-Speicher
MPS Materialfluß-Planungs-System
MPS Meter per Second
MPSS Mehrpunktfähige Schnittstelle z.B. der →SIMATIC S5
MPST Multi-Processor Control System for Industrial Machine Tool, Mehrprozessor-Steuersystem für Arbeitsmaschinen nach →DIN 66264
MP-STP Mehrprozessor-Stopp, Störungs-Anzeige im →USTACK der →SPS bei Ausfall einer Prozessor-Einheit
MPT Multi Page Technology, →PC-Datei-Format
MPU Micro-Processor Unit, Teileinheit eines Rechners

MQFP  Metal Quad Flat Pack, Gehäuse für integrierte Schaltkreise mit einer Leistungs-Aufnahme von max. 10W
MQW  Multi Quantum Wells, alternierende dünne Lagen von Halbleitern
MRA  Mutual Recognition Arrangement, gegenseitige Anerkennungsvereinbarung von Zertifikaten, z.B. unter →EOTC
MRP  Machine Resource Planning
MRP  Manufacturing Resource Planning
MRP  Material Requirements Planning
MRT  Mean Repair Time, mittlere Instandhaltungsdauer
MS  Microsoft, Softwarehaus, vor allem für →PC-Programme
MS  Message Switching, Speicher-Vermittlungs-Technik
MS  Mobile Station
MSB  Most Significant Bit
MSC  Manufacturing Systems and Cells
MSC  Mobile Switching Center
MSD  Machine Setup Data, Maschinen-Einrichte-Daten, auch Maschinendaten oder Maschinen-Parameter genannt
MSD  Most Significant Digit
MSD  Machine Safety Directive, Maschinen-Richtlinie 89/392/EWG
MSDOS  Microsoft-→DOS, →PC-Betriebssystem
MSG  Message, Meldungen, Datei-Ergänzung
MSI  Medium Scale Integration, Bezeichnung von integrierten Schaltkreisen (→IC) mit mittlerem Integrationsgrad
MSNF  Multi System Networking Facility von IBM
MSP  Machine System Program, Betriebssystem
MSPS  Mega Samples Per Second
MSR  Messen Steuern Regeln, Normbezeichnung in →DIN und →VDE
MSRA  Multi-Standard Rate Adapter, Adapter zum Anschluß an →ISDN-Netzwerke
MST  Maschinen-Steuer-Tafel, →MSTT
MST  Micro System Technologies, Hochintegration von elektrischen und nichtelektrischen Funktionen
MSTT  Maschinen- Steuer- Tafel, →MST
MSV  Medium Speed Variant, zeichenorientiertes Protokoll von Siemens für Weitverkehrsnetze
MSZH  Magyar Szabvanyügyi Hivatal, nationales Normeninstitut von Ungarn
MT  Magnetic Tape
MTBF  Mean Time Between Failure, Mittlere Betriebsdauer (Zeit zwischen zwei Fehlern, Ausfällen). Sie gilt nur für reproduzierbare Hardwarefehler und Bauteileausfälle, für Serienprodukte, bezogen auf die Gesamtzahl der gelieferten Produkte und bei 24-Stunden-Betrieb

MTBM  Mean Time Between Maintenance
MTBR  Mean Time Between Repair
MTE  Multiplexer Terminating Equipment, Funktion von →SDH
MTF  Mean Time to Failures
MTF  Message Transfer Facility
MTOPS  Million Theoretical Operations per Second
MTM  Maschinen Temperatur Management, Erfassung und Verarbeitung der thermischen Einflüsse bei Werkzeugmaschinen
MTR  Magnetic Tape Recorder
MTS  Multi Tasking Support, Betriebssystem für Standard-→PC
MTS  Machine Tool Supervision
MTS  Mega-Transfer per Second
MTSO  Mobile Telephone Switching Office
MTTF  Mean Time To Failure
MTTFF  Mean Time To First Failure
MTTR  Mean Time To Repair (Restoration), mittlere Reparaturzeit. Sie kennzeichnet die Zeit, die zur Lokalisierung und Behebung eines Hardwarefehlers benötigt wird
MUAHAG  Military Users Ad Hoc Advisory Group, Liste der für den militärischen Bereich zugelassenen Bauelemente
MULTGAIN  Multiply Gain, Multiplikations-Faktor für die Sollwertausgabe der →SINUMERIK
MUT  Mean Up Time, mittlere Klardauer
MUX  Multiplexer, u.a. →ISDN-Funktion
MVI  Metallverarbeitende Industrie
MVP  Multimedia-Video-Processor
MW  Merker Wort, Speicherplatz 16-Bit in der →SPS
MXI  Multisystem Extension Interface, Standard-Bus-Schnittstelle


N  Negativ
N  Satznummer von Teileprogrammen nach →DIN 66025
N  Nibbling, Steuerungsversion für Nippeln
NACCB  National Accreditation Council for Certification Bodies, nationaler britischer Akkreditierungsrat für Zertifizierung in London
NAGUS  Normen-Ausschuß Grundlagen des Umwelt-Schutzes
NAK  Negative Acknowledge, Negative Rückmeldung, Steuerzeichen bei der Rechnerkopplung
NAM  Normen-Ausschuß Maschinenbau
NAMAS  National Measurement Accreditation Service, nationales britisches Akkreditierungssystem für das Meßwesen, Kalibrierstellen und Prüflaboratorien
NAMUR  Normen Arbeitsgemeinschaft Meß- und Regeltechnik der chemischen Industrie in Deutschland mit Sitz in Leverkusen

NAPCTC North American Policy Council for →OSI Testing and Certification
NAS Network Application Support, Client-Server-Strategie von Digital Equipment
NAT Network Analysis Technique
NATLAS National Testing Laboratory Authorities, nationale englische Behörde für Prüflabors
NB Negativ-Bescheinigung des →BAW für Exportgüter
NBS National Bureau of Standards, Department of Commerce, nationales Normen-Büro der USA unter →ANSI
NC Network Computer
NC No connected, z.B. nicht angeschlossene Pins von →ICs
NC Numerical Control, Numerische Steuerung. Numerisch heißt "zahlenmäßig", das heißt die einzelnen Befehle werden einer Werkzeugmaschine mit Hilfe einer "Zahlen verstehenden Steuerung" eingegeben
NC National Committee von →CENELEC
NCAP Nematic Curvilinear Aligned Phase, Flüssigkristall-Technologie
NCB Network Control Block, Nachrichtenträger auf Datennetzen
NCC National Computing Conference, nationale Computerkonferenz in USA
NCMES Numerical Controlled Measuring and Evaluation System, Programmiersystem für die maschinelle Programmierung von Meßmaschinen
NCP Network Control Program, Programm zur Steuerung von Datennetzen
NCRDY NC-Ready, Klarmeldung von Werkzeugmaschinen-Steuerungen
NCS Norwegian Certification System, norwegisches Zertifizierungs-System
NCS Network Computing System
NCS Numerical Control Society, Vereinigung von NC-Maschinen-Anwendern der USA
NCS Numerical Control System
NCSC National Computer Security Council, Begriff der Datensicherung
NCVA →NC-Daten-Verwaltung und -Aufbereitung nach →DIN 66264
NDAC Not Data Accepted, Daten-Annahme-Verweigerung an der →IEC-Bus Schnittstelle
NDIS Network Driver Interface Specification, Schnittstelle von Computernetzen
NDT Non Destructive Testing
NE Nibbling Export, Exportversion der →SINUMERIK-Nippel-Steuerungen
NE Normenstelle Elektrotechnik, eigenständige Normenstelle des →BWB
NEC National Exhibition Centre, Messezentrum in Birmingham
NEC Nederlands Elektrotechnisch Comite, niederländisches Normen-Gremium

NEC Nippon Electric Corporation, japanischer Halbleiter- und Geräte-Hersteller
NEK Norsk Elektroteknisk Komite, norwegisches Elektrotechnisches Komitee
NEMA National Electrical Manufacturers Association, Notionalverband der Elektroindustrie der USA
NEMKO Norges Elektriske Materiellkontroll, norwegisches Prüfinstitut für elektrotechnische Erzeugnisse in Oslo
NEMP Nuclear Electro-Magnetic Pulse, elektomagnetischer Impuls, der von einer Atom-Explosion ausgeht
NET Norme Européenne de Telecommunication, europäische Fernmelde-Norm
NF Normes Françaises, Herausgeber →AFNOR und →UTE, zugleich Normenkonformitätszeichen Frankreichs
NFM Network File Manager, Netzwerk-Dateiverwaltung
NFS Network File System, Netzwerk-Dateiverwaltung von SUN
NI Normenausschuß Informations-Verarbeitungs-Systeme von →DIN und →VDE
NI Network Interworking
NIC Network Interface Card, Netzwerk- oder →LAN-Adapter-Karte
NIN Normenausschuß Instandhaltung, vertreten im →DIN
NIPC Networked Industrial Process Control
NIST National Institute of Standards and Technology, amerikanisches Normenbüro für Standards
NK Natur-Kautschuk, Werkstoff für Leitungs- und Kabelmantel
NL New Line, Zeilenvorschub mit Wagenrücklauf
NLM Netware Loadable Module, Gateware-Software zur Verbindung von →SINEC-H1 und Novell-Teilnehmern
NLQ Near Letter Quality, Drucker-Schönschrift
NLR Non Linear Resistor, nichtlinearer Widerstand
NMC NUMERIK Motion Control, Siemens-NUMERIK-Vertriebs-Gesellschaft in den USA
NMF Network Management Forum
NMI Non Maskable Interrupt, nicht maskierbare Unterbrechungsanforderung an den Prozessor
NMOS →N-Channel-→MOS, Halbleiter-Technologie
NMR Normal Mode Rejection
NMS Network Management Station (System), zum Verwalten, Warten und Überwachen von Netzwerken
NMT Netzwerk-Management, →NMS
NNI Nederlands Normalisatie Instituut, niederländisches Normen-Gremium
NORIS Normen-Informations-System der Siemens AG

NOS Network Operating System
NP Negativ-Positiv, Struktur von Halbleitern
NPL New Programming Language, Programmiersprache, →PL1
NPN Negativ-Positiv-Negativ(-Transistor), Halbleiteraufbau
NPR Noise Power Ratio, Rauschleistungsabstand von Meßgeräten
NPT Netzplantechnik, graphische Darstellung zeitlicher Abläufe
NPX Numeric Processor Extension, Erweiterung mit einem numerischen Prozessor
NQC National Quality Campaign, Aktion zur Verbesserung des Qualitätsgedankens in Großbritannien
NQSZ Normenausschuß Qualitätsmanagement, Statistik und Zertifizierungsgrundlagen
NRFD Not Ready For Data, Unklarmeldung zur Datenübernahme an der →IEC-Bus-Schnittstelle
NRM Natural Remanent Magnetization, Restmagnetismus
NRZ Non-Return to Zero, Übertragungsverfahren mit Information per Spannungspegel
NS National Standard
NSAI National Standard Authority of Ireland, irisches Normen-Gremium in Dublin
NSC National Semiconductor, Halbleiter-Hersteller
NSF Norges Standardiserings-Forbund, norwegisches Normen-Gremium in Oslo
NSI National Supervising Inspectorate, vergleichbar mit der →VDE-Prüfstelle
NSM Normenausschuß Sach-Merkmale im →DIN
NSTB National Science and Technology Board, behördliche Organisation für Wissenschaft und Technologie in Singapur
NT Nachrichten-Technik
NT Network Termination
NT New Technologies
NTC Negative Temperature Coeffizient, Heißleiter, Widerstandsabnahme bei Temperaturanstieg
NTG Nachrichten-Technische Gesellschaft
NTSC National Television Standards Committee, →TV-Standard mit 30 Bildern pro Sekunde
NTT Nippon Telegraph and Telephone, japanische Telefon- und Telegrahpengesellschaft
ntz Nachrichten-Technische Zeitschrift
NUA Network User Address, Telefonnummer eines Datex-P-Teilnehmers
NUI Network User Identification, Kennung eines Datex-P-Teilnehmers
NUM NUMERIK, französischer Steuerungs-Hersteller
NURBS Non Uniform Rational Base Spline, nicht uniforme rationale B-splines, mathematische Methode für Freiformflächen in →CAD-Systemen

NV Nullpunkt-Verschiebung, Eingabe im Anwenderprogramm
NVLAP National Voluntary Laboratory Accreditation Programme der USA
NVS Norsk Verkstedsindustris, Norwegian Engineering industries in Oslo
NWIP New Work Item Proposal, Vorschlag für eine neue Arbeit in →IEC
NWM Normenausschuß Werkzeug-Maschinen

OA Office Automation, Büro-Automatisierung
OACS Open-Architecture-→CAD-System von Motorola
OATS Open Area Test Sites, Freifeld-Meßgelände für →EMV
OAV Ost-Asiatischer Verein, Träger des →APA
OB Organisations-Baustein, Organisations-Teil im →SPS-Anwenderprogramm
OBJ Objekt-Code-Datei, Datei-Ergänzung
OC Open Collector, Ausgang von ICs mit offenem Kollektor des Ausgangstransistors
OC Operation Code, Befehlskode von Rechnern
OC Operation Control, (automatische) Prozeß-Steuerung
OCG →OSTC Certification Group
OCI Online Curve Interpolator, Funktion von Werkzeugmaschinen-Steuerungen
OCL Operation Control Language, Programmiersprache für die Prozeß-Steuerung
OCL Over Current Limit, Stromüberwachung
OCP Operators Control Panel, Bedientafel bzw. -pult, z.B. von Werkzeugmaschinen
OCP Over Current Protection
OCR Optical Character Recognition, optische Zeichenerkennung, Maschinenlesbarkeit von gedruckten Zeichen
OCS Office Computer System
OCW Operating Command Word
OD Optical Disk
ODA Office Document Architecture, →OSI-Standard
ODCL Optical Digital Communication Link, optische digitale Kommunikation
ODI Open Datalink Interface, Datenschnittstelle
ODIF Open Document Interchange Format, standardisierte Form von Dokumenten
OEC Output Edge Control, Schaltung zur Verminderung von Störungen
OECD Organization for Economic Cooperation and Development, Organisation für Europäische Wirtschaftliche Zusammenarbeit und Entwicklung
OEEC Organization for European Economic Cooperation, Organisation für Europäische Wirtschaftliche Zusammenarbeit in Paris

OEM  Original Equipment Manufacturer, Hersteller von Geräten für Anlagen und Systeme, z.B. Hersteller von Steuerungen für Maschinen
OF  Öl-Fremdlüftung, z.B. von Halbleiter-Stromrichter-Geräten
OIC  Optical Integrated Circuit
OIML  Organisation Internationale de Mesure Légale, Internationale Organisation für gesetzliches Meßwesen in Frankreich
OIW  →OSI Implementors Workshop in →NIST
OLB  Outer Lead Bonding, Bond-Kontakte von →SMD-Bauelementen
OLD  Old-Datei, alte Datei, Datei-Ergänzung
OLE  Object Linking and Embedding, Verbindung von →PC-Anwender-Dateien
OLIVA  Optically Linked Intelligent →VME-Bus Architecture
OLM  On-Line Monitor, Direktsteuerung bzw. -überwachung
OLMC  Output Logic Macro Cell, Gate-Array-Ausgang
OLP  Off-Line-Programming, Anwendung bei der Roboter-Programmierung
OLTP  On-Line Transaction Processing, Fehlertolerantes Computer-System
OLTS  On-Line Test System, mitlaufendes Fehlererkennungs-System
OM  Operational Maintenance, Wartung während des Betriebs
OME  On-board Module Expansion, Schnittstelle für Multibus II Module
OMG  Object Management Group, Herstellervereinigung für objektorientierte Datenbanksysteme
OMI  Open Microprocessor Initiative, Bibliotheks-Programm zum Projekt →ESPRIT der →EU
OMP  Operating Maintenance Panel, Wartungsfeld, z.B. einer Werkzeugmaschinen-Steuerung
OMP  Operating Maintenance Procedure
ON  Österreichisches Normungsinstitut
ÖN  Österreichische Norm
ONA  Open Network Access
ONC  Open Network Computing
OnCE  On Chip Emulation
ONE  Optimized Network Evolution
ONI  Optical Network Interface, Schnittstelle für Glasfaser-Kabel
ONPS  Omron New Production System, neues Produktionssystem
OOA  Object Oriented Analysis, Analyse von objektorientierten Lösungen
OOD  Object Oriented Design, an der Analyse orientiertes Entwickeln
OOP  Object-Oriented Programming, Programmierung mit projektorientierten, gekapselten Daten
OP  Operators Panel, Bedientafel z.B. von Werkzeugmaschinen-Steuerungen

OPAL  Open Programmable Architecture Language, Hardware-Entwicklungs-Software von →NSC
OPC  Operating-Code, Befehlsverschlüsselung
OPPOSITE  Optimization of a Production Process by an Ordered Simulation and Iteration Technique, Produktions-Optimierung durch Simulations-und Iterationstechniken
OPT  Optimized Production Technology, detailliertes Netzwerk eines Fertigungsmodelles
OPV  Operations-Verstärker
ÖQS  Österreichische Vereinigung zur Zertifizierung von Qualitätssicherungs-Systemen
ORCA  Optimised Reconfigurable Cell Array, →FPGA mit automatischer Plazierung und Verdrahtung der Schaltung
ORGALIME  Organisme de Liaison des Industries Métalliques Européenes, Verbindungsstelle der europäischen Maschinenbau-, metallverarbeitenden und Elektro-Industrie in Brüssel
ORKID  Open Real Time Kernel Interface Definition, Standardisierung verschiedener Betriebssysteme
OROM  Optical →ROM, optischer nur Lese-Speicher
ORT  Ongoing Reliability Testing
OS  Operating System
OS  Öl-(Luft)-Selbstkühlung von Halbleiter-Stromrichter-Geräten
OSA  Open Systems Architecture
OSACA  Open System Architecture for Controls within Automation systems, Gremium der Werkzeug-Maschinen-Steuerungs-Hersteller zur Erarbeitung eines Steuerungs-Standards
OSC  Oscillator, →OSZ
OSD  On Screen Display, Bedienerführung am Bildschirm
OSE  Open System Environment
OSF  Open System (Software) Foundation, graphische Bedienoberfläche für →PCs auf →UNIX
OSI  Open Systems Interconnection, →ISO-Referenzmodell für Rechner-Verbundnetze
OSITOP  →OSI Technical and Office Protocols
OSP  Operator System Program
OSP  Organic Solderability Protection, Feinleitertechnik zur Erzielung flacher Bestückoberflächen
OSTC  Open Systems Testing Consortium
OSZ  Oszillator, →OSC
OT  Optical Transceiver, optischer Leitungsverstärker
OTA  Open Training Association, Verein namhafter Hersteller von Informations- und Automatisierungsgeräten
OTDR  Optical Time Domain Reflectometer, Meßgerät für Rück-Streumessung von Lichtwellenleitern

OTL  OSI Testing Liason Group
OTP  One Time Programmable, Bezeichnung von →EPROMs ohne Lösch-Fenster
OTPROM  One Time Programmable Read Only Memory
OUF  Öl-Umlauf-Fremdlüftung von Halbleiter-Stromrichter-Geräten
OUS  Öl- Umlauf- Luft- Selbstkühlung von Halbleiter-Stromrichter-Geräten
OUT  Output
OUW  Öl-Umlauf-Wasserkühlung von Halbleiter-Stromrichter-Geräten
OVD  Outside Vapor Deposition, Verfahren zur Herstellung von Glasfasern für Lichtwellenleiter
ÖVE  Österreichischer Verband für Elektrotechnik
OVFL  Over-Flow, Überlauf von Speichern oder Registern, auch Störungsanzeige im →U-STACK der →SPS
OVG  Obere Vertrauens-Grenze, →UCL
OVL  Over Voltage Limit, Spannungsüberwachung
OVL  Overlay-Datei, Datei-Ergänzung
ÖVQ  Österreichische Vereinigung für Qualitätssicherung
OW  Öl-Wasserkühlung von Halbleiter-Stromrichter-Geräten
OWG  Optical Waveguide Cables

P  Dritte Bewegung parallel zur X-Achse nach DIN 66025
P  Positiv
P  Pressing, Steuerungsversion für Pressen
PA  Polyamid, Werkstoff für Leitungs- und Kabelmantel
PA  Prüfstellen-Ausschuß des →VDE
PAA  Prozess-Abbild der Ausgänge, z.B. einer →SPS
PABX  Private Automatic Branch Exchange
PAC  Programmable Array Controller
PAC  Project Analysis and Control
PAC  Personal Analog Computer
PACE  Precision Analog Computing Equipment, analoger Präzisionsrechner
PACS  Peripheral Address Chip Select, Prozessor-Register
PACT  Programmed Automatic Circuit Tester, automatisches Testgerät für elektronische Schaltungen
PAD  Packet Assembly Disassembly facility, telefonischer Zugangspunkt zum Datex-P-Netz der →DBP
PADT  Programming and Debugging Tool
PAE  Prozess-Abbild der Eingänge, z.B. einer →SPS
PAG  Programm-Ablauf-Graph, Hilfsmittel für Problementwurfs- und SPS-Programmierung

PAG  Siemens Protokoll Arbeits-Gruppe
PAI  Polyamidimide, hochtemperaturbeständiges Thermoplast
PAL  Programmable Array Logic, allgemein gebräuchliche Abkürzung für anwenderspezifische Bausteine mit programmierbarem UND-Array
PAL  Phase Alternation Line, Farbfernsehsystem, Phasenwechsel von Zeile zu Zeile
PAM  Puls-Amplituden-Modulation
PAMELA  Produktorientiertes Auskunftsystem mit einheitlichem Datenpool für Lieferstellen und Abnehmer im →SIMATIC-Geschäft
PAR  Polyarcrylate, hochtemperaturbeständiges Thermoplast
PAS  Process Automation System
PAS  Pascal-Quellcode, Datei-Ergänzung
PASS  Personal Access Satellite System, Telekommunikationssystem per Satellit der NASA
PATE  Programmed Automatic Test Equipment, programmierbare automatische Testeinrichtung
PB  Programm-Baustein, Teil des →SPS-Anwenderprogrammes
PB  Peripherie Byte, Peripherie-Abbild 8 Bit in der →SPS
PB  Puffer-Betrieb, z.B. von Maschinen nach →VDE 0557
PBM  Puls-Breiten-Modulation
P-Bus  Peripherie-Bus z.B. der →SIMATIC
PC  Parity Check, Paritätsprüfung, z.B. bei der Daten-Übertragung
PC  Personal-Computer, allgemeine Bezeichnung von Einzelplatz-Rechnern
PC  Programmable Control, alte Bezeichnung der →PLC (→SPS)
PC  Printed Card, gedruckte Schaltung, auch Flachbaugruppe
PC  Punched Card
PC  Process Control
PC  Production Control
PC  Program Counter
PC  Programm Committee des →CEN
PCA  Programmable Logic Control Alarm, →PLC-Alarme
PCA  Policy Group on Conformity Assessment des →IEC
PCB  Printed Circuit Board, Leiterplatte, gedruckte Schaltung usw.
PCC  Process Control Computer, Prozeßrechner
PCC  Plastic Chip Carrier, Gehäuseform von integrierten Schaltkreisen
PCD  Poly-Crystalline Diamond, Schneidwerkzeug für →CNC-Werkzeugmaschinen, →PKD
PC-DOS  Personal Computer – Disk Operating System, Betriebssystem für Personal Computer
PCE  Process Control Element
PCF  Plastic Cladded Silica Fibre, Glasfaser-Kabel

PCG  Printed Circuit Generator, Programm für die Schaltungs-Entflechtung
PCI  Personal Computer Instruments, Meßgerät auf →PC-Basis
PCI  Peripheral Component Interconnect, Prozessor-unabhängiges Bussystem
PCI  Peripheral Components Interface
PCI  Programm Controlled Interrupt
PCIM  Power Conversion and Intelligent Motion, Kongreßmesse der Elektronik
PCL  Programmable Control Language, Programmiersprache von →GE für integrierte Anpaßsteuerungen
PCL  Printer Command Laguage, Drucker-Steuer-Sprache, z.B. für Schriftenanwahl, Blocksatz usw., Datei-Ergänzung
PCM  Pulse Code Modulation
PCM  Plug Compatible Manufacturing, Herstellung von steckkombatiblen Einheiten
PCM  Process Communication Monitor, Steuerung und Überwachung der Prozeß-Kommunikation
PCMC  →PCI, Cache and Memory Controller, PCI-Chipset
PCMCIA  Personal Computer Memory Card International Association, PC-Karten-Standard
PCMS  Programmable Controller Message Specification, offene Kommunikation für →SPS
PCN  Personal Communications Network, europäische Norm für drahtlose Telefone
PCP  Programmable Control Programm, →SPS-Programm in Maschinen-Code
PCS  Peripheral Chip Select, Auswahlleitungen für Prozessor-Peripherie mit definierter Byte-Länge
PCS  Process Control System
PCS  Personal Communication Services, Dienste für mobile Sprach- und Datenkommunikation
PCTE  Portable Common Tool Environment, Schnittstelle für Software-Entwicklungssysteme
PD  Peripheral Device
PD  Proportional-Differential(-Regler)
PDA  Percent Defective Allowed, maximal erlaubter Ausfallprozentsatz
PDA  →PCB Design Alliance
PDA  Personal Digital Assistant, tragbares Rechner-Kommunikationssystem
PDE  Personal-Daten-Erfassung
PDC  Plasma Display Controller, Steuerung der Plasma-Display-Anzeige
PDDI  Product Data Definition Interface, Schnittstelle zwischen Konstruktion und Fertigung
PDES  Product Data Exchange Spezifikation, Normung von Produkt-Daten-Formaten nach →NBS
PDIF  Product Definition Interchange Format
PDIP  Plastic Dual In-line Package, Gehäuseform von integrierten Schaltkreisen

PDK  Postprocessor Development Kit, Entwicklungswerkzeug für →CAD-Postprozessoren
PDL  Page Description Language, Seiten-Beschreibungs-Sprache für Drucker
PDM  Produkt-Daten-Management, Verwaltung von Produkt-Informationen
PDN  Public Data Network, öffentliches Paketvermittlungsnetz für die Datenübertragung
PDP  Plasma Display Panel
PDR  Processing Data Rate, Rechnerleistung nach Millionen Bit pro Sekunde
PDS  Produkt-Daten-Satz, Produkt-Parameter-Programmierung einer →SPS
PDU  Protocol Data Unit, Software-Schnittstelle von →MAP
PDV  Prozeß-Daten-Verarbeitung
PE  Polyäthylene, Werkstoff für Leitungs- und Kabelmantel
PE  Protective Earth, Schutzleiter-Kennzeichnung
PE  Peripheral Equipment
PE  Phase Encoding, phasenkodiertes Aufzeichnungs-Verfahren
PEARL  Process and Experiment Automation Real Time Language, Programmiersprache für die Prozeßdaten-Verarbeitung
PEB  Peripherie-Extension Board, externe Erweiterungs-Einheit
PEEL  Programmable Electrically Erasable Logic, →PALs und →PLAs in →EEPROM-Technik
PEG  Produkt-Entwicklungs-Gruppe
PEI  Polyetherimide, hochtemperaturbeständiges Thermoplast
PEIR  Process Evaluation and Information Reduction
PEK  Polyetherketone, hochtemperaturbeständiges Thermoplast
PEL  Picture Element (→PIXEL), Bildpunkt eines →VGA-Monitors
PELV  Protective Extra Low Voltage, Schutz durch Funktionskleinspannung mit "Sicherer Trennung"
PENSA  Pan European Network Systems Architecture
PEP  Planar Epitaxial Passivated, passivierter Planar-Transistor
PERT  Program Evaluation Review Technic, Management- und Planungs-Verfahren mit Computer-Unterstützung
PES  Polyethersulfon, hochtemperaturbeständiges Thermoplast
PES  Programmierbares Elektronisches System, Begriff aus →IEC-Normen
PET  Patterned Epitaxial Technology, Herstellungs-Verfahren für →ICs
PEU  Peripherie Unklar, Störungs-Anzeige im →USTACK der →SPS
PF  Power Factor

PFC  Power-Factor-Correction, Eingangsschaltung von Stromversorgungen zur Leistungsfaktor-Korrektur
PFM  Pulse Frequency Modulation
PFM  Postsript Font Metric, Schriftinformation, Datei-Ergänzung
PFU  Prozeß-Fähigkeits-Untersuchung, Begriff der →SMT-Technik
PG  Programmier-Gerät, z.b. für eine →SPS
PGA  Programmable Gate Array, allgemein gebräuchliche Abkürzung für hochkomplexe Logikbausteine
PGA  Pin Great Array, Bezeichnung von Logikbausteinen mit hoher Pin-Zahl
PGC  Professional Graphics Controller, Video-Baustein von IBM für Vektorgraphik
PHA  Preliminary Hazard Analysis, vorläufige Fehlerquellen-Analyse
PHF  Parts History File, Qualitäts-Sicherungs-Programm der →CNC
PHG  Programmier-Hand-Gerät, z.B. für Roboter-Steuerungen
PHIGS  Programmers Hierarchical Interactive Graphics System, Norm der →ANSI, USA, für den Austausch von graphischen Programmen
PHP  Personal Handy Phone, Standard für digitale schnurlose Telefone
PHY  Physical Layer Control, Element von →FDDI für Kodierung/Dekodierung und Taktgeber
PI  Polyimide, hochtemperaturbeständiges Thermoplast
PI  Programm-Instanz, →STF-ES-Protokoll
PI  Proportional-Integral(-Regler)
PIA  Peripheral Interface Adapter, Schnittstellen-Anpassung
PIC  Programmable Interrupt Controller
PIC  Personal Intelligent Communication
PIC  Programmable Integrated Circuit
PICS  Protocol Implementation Confirmance Statement
PICS  Production Information and Control System, Produktions-Steuerung und -Information von IBM
PID  Proportional-Integral-Differential(-Regler)
PIF  Program Information File, Datei-Ergänzung
PIM  Personal Information Manager, →EDV-Datenbank-Manager
PIN  Personal Identification Number, Paßwort, z.B. von Rechner
PIN  Positive Intrinsic Negative, Diode mit der Zonenfolge P-I-N
PIO  Parallel Input Output, →E/A-Ports von Mikroprozessor-Schaltungen
PIP  Picture in Picture
PIPS  Production Information Processing System
PIU  Plug In Unit
PIXEL  Picture Element, kleinstes darstellbares Bildelement oder kleinster Bildpunkt
PIXIT  Protocol Implementation Extra Information for Testing
PKD  Poly-Kristalliner Diamant, Schneidwerkzeug für →CNC-Werkzeugmaschinen, →PCD
PKP  Produkt Konzept Planung, Begriff aus dem Produktmanagement
PKS  Produkt Komponenten Struktur, Begriff aus dem Produktmanagement
PL1  Programming Language 1, ursprünglich NPL "new PL". Höhere Programmier-Sprache mit Elementen von →ALGOL, →COBOL und →FORTRAN, von IBM entwickelt
PLA  Programmable Logic Array, allgemein gebräuchliche Abkürzung für anwenderspezifische, programmierbare UND/ODER-Array
PLC  Programmable Logic Controller, Speicherprogrammierbare Steuerung (→SPS)
PLCC  Plastic Leaded Chip Carrier, Gehäuseform von integrierten Schaltkreisen in →SMD
PLD  Programmable Logic Device, allgemeine Abkürzung für anwenderspezifische, programmierbare Bausteine
PLE  Programmable Logic Element, Oberbegriff für programmierbare Bausteine
PLL  Phase Locked Loop
PL/M  Programmimg Language for Microcomputer, Programmiersprache für Mikrocomputer
PLP  Physical Layer Protocol, →FDDI-Standard für die Festlegung von Takt, Symbolsatz sowie Kodierungs- und Dekodierungsverfahren
PLR  Programming Language for Robots
PLS  Programmable Logic Sequencer
PLS  Prozeß-Leit-System
PLT  Prozeß-Leit-Technik
PLV  Production Level Video, Video-Daten-Kompressions-Algorithmus
PM  Preventive Maintenance
PM  Process Manager
PMAG  Project Management Advisory Group, Gruppe des →ISO/TC
PMC  Programmable Machine Controller, →FANUC-SPS
PMD  Physical Medium Dependent, Element der FDDI für die Festlegung der Wellenformen optischer Signale und der Verbinder in →ISO DIS 9314-3
PML  Programmable Macro Logic, Anwenderspezifische, mit Makro-Funktionen programmierbare Schaltkreise
PMMU  Paged Memory Management Unit
PMOS  →P-Channel-→MOS, Halbleiterbauelement in MOS-Technologie
PMS  Process Monitoring System
PMS  Project Management System
PMS  Peripheral Message Specification
PMT  Parallel Modul Test, Verfahren zum Testen von Speichern
PMU  Processor Management Unit

PMU Parameter Measuring Unit, Prüfautomat zur Messung analoger Parameter
PN Positiv-Negativ, pn-Struktur von Halbleitern
PNA Project Network Analysis, projektabhängige Netzplantechnik
PNC Programmed Numerical Control, numerisch gesteuerte Maschine
PNE Présentation des Normes Européennes, Gestaltung von Europäischen Normen
PNO Profibus-Nutzer-Organisation
PNP Positiv-Negativ-Positiv(-Transistor), pnp-Struktur von Halbleitern
POF Plastic Optical Fiber
POH Path Over-Head, Funktion von →SDH
POI Point of Information, Informations-Zentrale
POL Process Oriented Language
POL Problem Oriented Language, Problemorientierte Programmiersprache
POS Program Option Select, →BIOS-Programm zur Lokalisierung des Bildschirmtyps bei →PS/2-Computern
POSAT →POSIX Agreement Group for Testing and Certification
POSI Promotion Group for →OSI, Normungsgruppe japanischer Computer-Hersteller
POSIX Portable Operating System Interface Unix, Arbeitsgruppe des →IEEE für →UNIX-Standards
POST Power On Self Test, →BIOS-Programm zum Test des →VGA-Adapters bei →PS/2-Computern
POTS Plain Old Telephone Service, analoges stationäres Telefon
PP Part Program, Teile-Programm von Werkzeugmaschinen-Steuerungen
PP Peripheral Processor
PP Polypropylene, Werkstoff für Leitungs- und Kabelmantel
PPAL Programmed →PAL, allgemein gebräuchliche Abkürzung für festprogrammierte PALs
PPC Production Planning and Control
PPC Parallel Protocol Controler, Baustein vom Futurebus +
PPDM Puls-Pausen-Differenz-Modulator z.B. von →D/A-Wandlern
PPE Polyphenylenether, hochtemperaturbeständiges Thermoplast
PPE Produkt-Planung und -Entwicklung
PPH Produkt-Pflichten-Heft
PPI Pixels per Inch, Pixeldichte in →PIXEL pro Zoll
PPM Part per Million
PPM Puls-Phasen-Modulation
PPP Point to Point Protocol, Zugangs-Software für →WWW-Netze
PPP Produkt Profil Planung, Begriff aus dem Produktmanagement

PPS Parallel Processing System, System zur parallelen Bearbeitung von Programmen
PPS Polyphenylensulfid, hochtemperaturbeständiges Thermoplast
PPS Produktions-Planung und -Steuerung
PPS Production Planning and Control-System
PPSS Produktions-Planung und -Steuerungs-System
PQFP Plastic Quad Flat Package, Gehäuseform von integrierten Schaltkreisen
PR Prozeß-Rechner
PR Printer, Drucker
PRAM Programmable →RAM, programmierbare RAMs mit wahlfreiem Zugriff
PRBS Pseudo Random Binary Signal
PRCB Printed Resistor Circuit Board, Leiterplatten oder Keramiksubstrate mit Widerstands-Paste
PRCI →PC Robot Control Interface, schnelle Kopplung zwischen Personal-Computer und Roboter-Steuerung
PRD Printer Definition, Datei-Ergänzung
prEN preliminary European Norm, europäischer Normentwurf
prENV preliminary European Norm Vornorm, europäischer Vornorm-Entwurf
PRG Programm-Quellcode, Datei-Ergänzung
prHD preliminary Harmonization Document, Harmonisierungs-Dokument-Entwurf
PRI Primary Rate Interface, Nutzer-Netzwerk-Schnittstelle von →ISDN
PRI Precision Robots International
PRISMA Permanent reorganisierendes Informations-System merkmalorientierter Anwenderdaten
PRN Printer, Druckertreiber, Druck-Datei, Datei-Ergänzung
PRO Precision →RISC Organization, Interessengemeinschaft der RISC-Anwender
PROFIBUS Process Field Bus, Normbestrebung achtzehn deutscher Firmen für einen Standard im Feldbusbereich
PROFIT Programmed Reviewing Ordering and Forecasting Inventury Technique, Lagerverwaltungs-Programm
PROLAMAT Programming Language for Numerically Controlled Machine Tools
PROLOG Programming in Logic, höhere Programmier-Sprache für "Künstliche Intelligenz"
PROM Programmable Read Only Memory, allgemeine Abkürzung für anwenderspezifische Bausteine mit programmierbaren ODER-Array
PRPG Pseudo Random Pattern Generator
PRS Prozeß-Regel-(Rechner)-System
PRT Partial Data Transfer, Transfer-Kommando
PRZ Prüfung und Zertifizierung, Arbeitsgruppe des →ZVEI
PS Programming System

PS  Programmable Switch, programmierbarer Schalter
PS  Power Supply
PS  Proportional-Schrift, Schriftart, bei der jedes Zeichen nur den Platz einnimmt, den es benötigt
PS/2  Personal System/2, Personal Computer von IBM
PSC  Process Communication Supervisor, Steuerung von Prozeß-Daten
PSD  Position Sensitive Device
PSD  Programmable System Device, programmierbare Systembausteine
PSDN  Packet Switched Digital Network, Netz für die Paketvermittlung
PSO  Power Supply O.K., Klarmeldung der →SINUMERIK-Stromversorgung
PSP  Produkt Strategie Planung, Begriff aus dem Produktmanagement
PSP  Program Segment Prefix, Datenstruktur z.B. im →PC
PSPDN  Packet Switched →PDN, →PSDN
PSPICE  →SPICE der Firma Microsim
PSRAM  Pseudo Static Random Access Memory
PST  Programmable State Tracker, Baustein des →EISA-System-Chipsatzes von Intel
PST  Preset Actual Value, Istwertsetzen, Betriebsart von Werkzeugmaschinen-Steuerungen
PSTN  Public Switched Telephone Network, öffentliches Telefon- und Telekommunikationsnetz
PSTS  Profile Specific Test Specification
PSU  Polyphenylensulfon, hochtemperaturbeständiges Thermoplast
PSU  Power Supply Unit
PT  Punched Tape
PTC  Positive Temperatur Coeffizient, Kaltleiter, Widerstandszunahme bei Temperaturanstieg
PTB  Physikalisch Technische Bundesanstalt in Braunschweig
PTE  Path Terminating Equipment, Funktion von SDH
PTFE  Poly Tetra Flour Ethylene, Werkstoff für Leitungs- und Kabelmantel sowie Leiterplatten-Material
PTH  Plated Through Hole
PTM  Point to Multipoint
PTMW  Platin-Temperatur-Meß-Widerstand, präziser temperaturabhängiger Widerstand
PTP  Point to Point
PTP  Paper Tape Punch
PTZ  Post-Technisches Zentralamt
PU  Peripheral Unit
PV  Photo Voltaic
PV  Prozess-Verwaltung
PVC  Polyvinyl Chloride, Werkstoff für Leitungs- und Kabelmantel
PVR  Photo-Voltaik-Relais
PVT  Process Verification Testing, Prüfung des Fertigungs-Prozesses während der Entwicklung
PW  Pass-Wort, dient dazu, ein Programm oder Dateien vor unbefugten Zugriffen zu schützen
PW  Peripherie Wort, Peripherie-Abbild 16 Bit in der →SPS
PWB  Printed Wiring Board
PWG  Preparatory Working Group, vorbereitende Arbeitsgruppe im →IEC
PWM  Pulse Width Modulation, Puls-Weiten-Modulation z.b. im Regelkreis von Stromversorgungen
PWR  Puls-Wechsel-Richter
PZI  Prüf- und Zertifizierungs-Institut im →VDE

Q  Dritte Bewegung parallel zur Y-Achse nach →DIN 66025
Q0-7  Qualitätsstufen 0 bis 7
QA  Quality Assurance
QA  Quality Audit, Begutachtung der Wirksamkeit einer Qualitätssicherung
QAP  Quality Assurance Program
QB  Quittungs-Bit der Rechner-Kopplung
QBASIC  Quick-→BASIC
QC  Quality Control, Qualitätskontrolle
QDES  Quality Data Exchange Specification
QFD  Quality Function Deployment, Methode zur qualitätsgerechten Prozeß-Entwicklung
QFP  Quad Flat Package, Gehäuseform von integrierten Schaltkreisen in →SMD
QG  Qualitäts-Gruppen
QIC  Quarter Inch Cartridge, Magnetband in Viertelzoll-Diskette
QIC  Quarter Inch Compatibility, Interessengemeinschaft zum Standardisieren von Laufwerken
QIS  Qualitäts-Informations-System, z.B. einer Produktionseinheit
QIS  Quality Insurance System
QIT  Quality Improvement Team, Qualitäts-Prüf-Gruppe
QLS  Quiet Line State, Meldung einer freien Leitung
QM  Quality Management
QMI  Quality Management Institute in Kanada
QML  Quality Manufacturers List, Liste zugelassener Hersteller
QMS  Quality Management System
QP  Questionnaire Procedure, Umfrage-Verfahren bei Normungs-Instituten
QPL  Qualified Products List, Liste zugelassener Produkte
QPS  Qualitäts-Planung und -Sicherung
QS  Quality System
QSA  Qualitäts-Sicherung Auswertung
QSM  Qualitäts-Sicherung Mitschreibung

QSM Quality System Manual, Qualitäts-Richtlinien
QSOP Quality Small Outline Package, Gehäuseform von integrierten Schaltkreisen in →SMD mit geringem Pinabstand
QSS Quality System Standard
QSS Qualitäts-Sicherungs-System
QSV Qualitäts-Sicherungs-Verfahren(-Vereinbarung)
QTA Quick Turn Around-(→ASIC), Anwenderspezifischer Schaltkreis mit den positiven Eigenschaften von Gate-Arrays und →EPLDs
QUICC Quad Integrated Communication Controller, integrierter Multiprotokoll-Prozessor
QVZ Quittungsverzug beim Datenaustausch mit der Peripherie; Störungs-Anzeige im →U-STACK der →SPS
QZ Qualität und Zuverlässigkeit, Zeitschrift vom Carl Hanser Verlag

R Dritte Bewegung parallel zur Z-Achse oder Eilgang in Richtung Z-Achse nach →DIN 66025
R Encoder Reference Signal R, Nullmarke, Signal von Wegmeßgebern
R20mA Linienstromquelle des Empfängers bei seriellen Daten-Schnittstellen →TTY
RA Recognition Arrangement
RAC Random Access Controller, Speicher-Steuerung
RACE Research and Development in Advanced Communications Technologies for Europe, Forschungs- und Entwicklungs-Rahmenprogramm der →EU
RAD Radial, Zusatzbezeichnung bei Bauteilen mit radialen Anschlußdrähten, z.B. →MKT-RAD
RAID Redundant Array of Inexpensive Disk, fehlertoleranter Speicher von Rechnern
RAL Reichs-Ausschuß für Lieferbedingungen und Gütesicherung in Bonn
RAL Reprogrammable Array Logic, mehrfach programmierbare anwenderspezifische Bauelemente
RALU Registers and Arithmetic and Logic Unit, Speicher und Operationseinheit von Rechnern
RAM Random Access Memory, wahlfreier Schreib-und Lesespeicher
RAPT Robot-APT, Roboter-Programmiersystem auf Basis von →APT
RARP Reverse Address Resolution Protocol, Variante der Netzübertragung
RAS Reliability Availability Serviceability (Safety)
RBP Regitered Business Programmer, Programmierer in den USA
RBW Resolution Bandwidth, Auflösungsbandbreite von Analysatoren

RC Redundancy Check, Prüfung einer Daten-Information auf Fehlerfreiheit
RC Remote Control
RC Resistor Capacitor, Widerstands-Kondensator-Schaltung
RC Robot Control, Roboter-Steuerung z.B. von Siemens
RCA Row Column Address
RCC Remote Center Compliance, Komponente des Roboter-Greifwerkzeuges
RCD Residual Current Protective Device
RCD Resistor Capacitor Diode, Widerstands-Kondensator-Dioden-Schaltung
RCM Robot Control Multiprocessing, Roboter-Steuerung von Siemens
RCP Robot Control Panel, Roboter-Steuertafel
RCTL Resistor Capacitor Transistor Logic, schnelle Logikfamilie mit Widerstands-Verknüpfungen und Ausgangs-Transistor
RCWV Rated Continuous Working Voltage, Nennspannung
R&D Research and Development
RD Reference Document
RDA Remote Database Access, Datenzugriff
RDA Remote Diagnostic Access, Zugriff über Diagnose-Software
RDC Resolver-/ Digital-Converter, Analog-/Digital-Umsetzer von Lagegebern
RDK Realtime Development Kit
RDPMS Relational Data Base Management System
RDR Request Data with Reply, Daten-Anforderung mit Daten-Rückantwort beim →PROFIBUS
RDRAM Rambus Dynamic →RAM, Speicherverwaltung für dynamische RAMs
RDTL Resistor Diode Transistor Logic, Schaltkreisfamilie mit Widerstand-Dioden-Transistor-Schaltung
RECI Recycling Circle der Universität Erlangen-Nürnberg
REF Reference Point Approach, Referenzpunkt anfahren, Betriebsart von Werkzeugmaschinen-Steuerungen
REK Rechnerkopplung
REL-SAZ Relativer →SAZ, Enthält im →U-STACK der →SPS die Relativ-Adresse des zuletzt bearbeiteten Befehls
REM Raster-Elektronen-Mikroskop
REN Remote Enable, Einschaltung des Fernsteuerbetriebes der am →IEC-Bus angeschlossenen Geräte
REPOS Repositionierung, Zurückfahren an die Unterbrechungsstelle, z.B. bei numerisch gesteuerten Werkzeugmaschinen
REPROM Reprogrammable →ROM, mehrfach programmierbares →PROM, →EPROM
REQ Request

RES Residenter Programmteil, Datei-Ergänzung
RF Radio Frequency, Bereich der elektromagnetischen Wellen für die drahtlose Nachrichtenübertragung
RFI Radio Frequency Interference, englischer Ausdruck für →EMV
RFS Remote File Service, Netzwerkprotokoll, mit dessen Hilfe Rechner auf Daten anderer Rechner zugreifen können
RFTS Remote Fiber Testing System, Glasfaser-Testsystem
RFZ Regal-Förder-Zeuge
RGB Rot-Grün-Blau, RGB-Schnittstelle zur Monitor-Anschaltung
RGP Raster Graphics Processor
RGW Rat für gegenseitige Wirtschaftshilfe der 8 Staaten des ehemaligen Warschauer Paktes
RI Ring Indicator, ankommender Ruf von seriellen Daten-Schnittstellen
RIA Robot Industries Association, Verband für Industrie-Roboter
RID Rechner-interne Darstellung, Darstellung eines realen Objektes im Speicher eines Rechners
RIOS →RISC Operating System
RIOS Remote →I/O-System, →SPS-System von Philips
RIP Routing Information Protocol, Netzwerk Protokoll zum Austausch von Routing-Informationen
RIS Requirements Planning and Inventury Control System, Bedarfsplanung und Bestands-Steuerung
RISC Reduced Instruction Set Computer, schneller Rechner mit geringem Befehlsvorrat
RIU Rate Adaption Interface Unit, Baustein für →ISDN
RK Rechner-Kopplung, →RKP
RKP Rechner-Kopplung z.B. über die Schnittstellen →V24, →RS-422, →RS-485, →SINEC usw.
RKW Rationalisierungs-Kuratorium der Deutschen Wirtschaft e.V. in Eschborn
RLAN Radio →LAN, funkgestütztes lokales Netzwerk
RLE Run Length Encoded, Datei-Ergänzung
RLG Rotor-Lage-Geber, Rotatorisches Meßsystem zur Bestimmung der Lage von Werkzeugmaschinen-Schlitten
RLL Run Lenght Limited, →PC-Controller-Schnittstelle
RLT →RAM-Logic-Tile, Gate-Array-Zellen
RLT Rückwärts leitender Thyristor
RMOS Refractory Metal Oxide Semiconductor, hitzebeständiger Metalloxyd-Halbleiter
RMS Root Mean Square
RMW Read Modify Write, Schreib-Lese-Vorgang
RNE Réseau National d'Essais, nationaler französischer Akkreditierungsverband für Prüflaboratorien
ROBCAD Roboter-→CAD, CAD-System zur Programmierung von Schweißrobotern bei BMW von Tecnomatix
ROBEX Programmier-System für Roboter von der Universität Aachen
ROD Rewritable Optical Disk
ROM Read Only Memory
ROSE Remote Operation Service, Serviceleistung im Rechner-Netz
ROT Rotor-Lagegeber von Werkzeugmaschinen-Achsen
ROV Rapid Override, Eilgang-Korrektur einer Werkzeugmaschinen-Steuerung
RPA R-Parameter Aktiv, z.B. bei einer Werkzeugmaschinen-Steuerung
RPC Remote Procedure Call, Betriebssystem-Erweiterung für Netzwerke
RPK Institut für Rechneranwendung in Planung und Konstruktion der Universität Karlsruhe
RPL Robot Programming Language, Programmier-Sprache für Roboter von der Universität Berlin
RPP →RISC Peripheral Processor
RPS Repositioning, Wiederanfahren an die Kontur, Betriebsart von Werkzeugmaschinen-Steuerungen
RPSM Resources Planning and Scheduling Method, Methode der Betriebsmittel-Planung und Verfahrens-Steuerung
RS Reset-Set, Rücksetz- und Setzeingang von Flip-Flops
RS Recommended Standard, empfohlener Standard von →EIA
RS-232-C Recommended Standard 232 C, Serielle Daten-Schnittstelle nach →EIA Standard RS-232
RS-422-A Recommended Standard 422 A, Serielle Daten-Schnittstelle nach →EIA Standard RS-422
RS-485 Recommended Standard 485, Serielle Daten-Schnittstelle nach →EIA Standard RS 485
RSL Reparatur-Service-Leistung der Siemens AG für Werkzeugmaschinen-Steuerungen
RSS Rotations-Symmetrisch Schruppen, Bearbeitungsgang von Werkzeugmaschinen
RST Roboter-Steuer-Tafel
RSV Reparatur-Service-Vertrag der Siemens AG für Werkzeugmaschinen-Steuerungen
RT Regel-Transformator
RTC Real Time Clock
RTC Real Time Computer
RTC Real Time Controller
RTD Real Time Display
RTD Resistance Temperature Detector
RTE Regenerater Terminating Equipment, Funktion von →SDH

RTF  Rich Text Format, Dokumentenaustausch, Datei-Ergänzung
RTK  Real Time Kernel, applikationsbezogenes Betriebs-System
RTL  Real Time Language, Programmiersprache für Echtzeit-Datenverarbeitung
RTL  Resistor Transistor Logic, Logikfamilie mit Widerstands- Verknüpfungen und Ausgangs-Transistor
RTP  Real Time Program
RTS  Real Time System
RTS  Request To Send, Sendeteil einschalten, Steuersignal von seriellen Daten-Schnittstellen
RTXPS  Real Time Expert System
RUMA  Reuseable Software for Manufacturing Application, mehrfach verwendbare Software
RvC  Raad voor de Certificatie, holländischer Rat für die Zertifizierung
RWL  Rest-Weg-Löschen, Funktion der →SINU-MERIK
RWTH  Rheinisch Westfälische Technische Hochschule in Aachen
RxC  Receive Clock, Empfangstakt von seriellen Daten-Schnittstellen
RxD  Receive Data, Empfangs-Daten von seriellen Daten-Schnittstellen

S  Spindel-Drehzahl nach DIN 66025
S5  →SIMATIC 5, →SPS der Siemens AG
S7  →SIMATIC 7, →SPS der Siemens AG
SA  Structured Analysis, Software-Spezifikationstechnik
SAA  System Application Architecture, Schnittstelle von →IBM
SAA  Standards Association of Australia, Normenverband von Australien
SABS  South African Standards Institution, südafrikanisches Normenbüro, zugleich Bezeichnung für Norm und Normenkonformitätszeichen
SAC  Single Attachment Concentrator, →FDDI-Anschluß
SADC  Sequential Analog-Digital Computer, Computer für serielle Bearbeitung von analogen und digitalen Daten
SADT  Structural Analysis and Design Tool (Technique)
SAF  Scientific Arithmetic Facility, sichere numerische Berechnung
SAM  Serial Access Memory, Bildspeicher-Baustein
SAN  System Area Network
SAP  System Anwendungen Produkte in der Datenverarbeitung
SAP  Service Access Point, Software-Schnittstelle von →MAP
SAP  Schnittstellen-Anpassung der Centronics-Schnittstelle am Siemens-Drucker PT88

SAQ  Schweizerische Arbeitsgemeinschaft für Qualitätsförderung
SASE  Specific Application Service Elements, Teil der Schicht 7 des →OSI-Modelles
SASI  Shugart Association Systems Interface, →SCSI
SAST  System-Ablauf-Steuerung nach →DIN 66264
SAZ  Step- Adress- Zähler, enthält im →U-STACK der →SPS die Absolut-Adresse des zuletzt bearbeiteten Befehls
SB  Schritt-Baustein, Steuerbaustein des →SPS-Programmes
SB  Steuer-Block, Speicherbereich (16 Byte) im Übergabespeicher beim Informationsaustausch mit Arbeitsmaschinen nach →DIN 66264
SBC  Single Board Computer, Einplatinen-Computer
SBI  Serial Bus Interface
SBQ  Stilbenium Quarternized, Fotopolymer-Siebdruckverfahren
SBS  Siemens Bauteile Service, Dienstleistungsbetrieb der Siemens AG
SC  Serial Controller, →IC für serielle Schnittstelle, z.B. →RS-232, →RS 422 usw.
SC  System Controller, System-Steuerung
SC  Symbol Code, Zeichen-Verschlüsselung
SC  Sub-Committee, Unter-Komitee, z.B. in Normen-Gremien
SCA  Synchronous Communications Adapter, Schnittstelle für synchrone Datenübertragung
SCADA  Supervisory Control and Data Aquisition
SCAN  Serially Controlled Access Network
SCARA  Selective Compliance Assembly Robot Arm, Schwenkarm-Montage-Roboter
SCAT  Single Chip →AT(-Controller), →PC-Steuerbaustein
SCB  Supervisor Circuit Breaker, Stromkreis-Überwachung und -Abschaltung
SCB  System Control Board, →PC-Überwachungs-System
SCC  Standard Council of Canada, nationales Normungsinstitut von Kanada
SCC  Serial Communication Controller, serielle Steuerung von Information
SCFL  Source Coupled Fet Logic, →ASIC-Zellen-Architektur
SCI  Scalable Coherent Interface, →IEEE-Standard-Schnittstelle für schnelle Bussysteme
SCI  Siemens Communication Interface, Informations-Schnittstelle von Siemens
SCIA  Steering Committee Industrial Automation, Lenkungskomitee für industrielle Automatisierung von →ISO und →IEC
SCL  Structured Control Language, Programmier-Hochsprache z.B. für →SPS
SCM  Streamline Code Simulator, rationeller Kode-Simulator

SCN  Siemens Corporate Network, Siemens-Dienststelle für Kommunikation mit öffentlichen Netzen
SCOPE  System Cotrollability Observability Partitioning Environment, integrierter Schaltkreis mit Testpins
SCOPE  Software Certification Programme in Europe
SCP  System Control Processor, Rechner für die System-Steuerung
SCPI  Standard Commands for Programmable Instruments, Befehls-Sprache für programmierbare Meßgeräte
SCR  Silicon Controlled Rectifier, Thyristor
SCR  Script-(Screen-)Datei, Datei-Ergänzung
SCS  Siemens Components Service, Siemens Bauteile Service, →SBS
SCS  Service Control System
SCSI  Small Computer System Interface, Parallele E/A-Schnittstelle auf System-Ebene. Nachfolger von SASI
SCT  Screen-Table, Datei-Ergänzung
SCT  Surface Charge Transistor, ladungsgekoppelter Transistor
SCT  System Component Test
SCTR  System Conformance Test Report
SCU  Scan Control Unit
SCU  Secondary Control Unit, Hilfs-Steuereinrichtung
SCU  System Control Unit, System-Steuereinheit
SCXI  Signal Conditioning Extensions for Instrumentation, Meßgeräte-Standard
SD  Super Density -Disk, Massenspeicher mit Phase-Change-Verfahren
SD  Structured Design, Software-Spezifikationstechnik
SD  Setting Data, maschinenspezifische Daten der →NC
SD  Shottky Diode
SD  Standard
SDA  Send Data with Acknowledge, Daten-Sendung mit Quittungs-Antwort beim →PROFIBUS
SDA  System Design Automation
SDAI  Standard Data Access Interface, in der →ISO spezifizierter Mechanismus für den Datenaustausch zwischen Rechnern
SDB  Silicon Direct Bonding, Direktverdrahtung von Halbleiter-Chips auf der Leiterplatte
SDC  Semiconductor Distribution Center, Halbleiter-Service von Siemens
SDF  Standard Data Format, Datei-Ergänzung
SDH  Synchronous Digital Hierarchy, Telekommunikations-Standard
SDI  Serial Data Input
SDI  Serial Device Interface
SDK  Software Development Kit, Software-Entwicklungswerkzeug von WINDOWS

SDL  System Description Language, systembeschreibende Programmiersprache
SDLC  Synchronous Data Link Control, Bitorientiertes Protokoll zur Datenübertragung von →IBM
SDN  Send Data with No Acknowledge, Daten-Sendung ohne Quittungs-Antwort beim →PROFIBUS
SDRAM  Synchronous Dynamic →RAM zur Ausführung von taktsynchronen speicherinternen Operationen
SDU  Service Data Unit, Software-Schnittstelle von →MAP
SE  Setting, maschinenspezifische Daten der →NC
SE  Software Engineering, Software-Betreuung bzw. -Beratung
SE  Simultaneous Engineering
SE  Societas Europea, europäische Aktiengesellschaft, Rechtsform der Europäischen Gemeinschaft
SEA  Setting Data Activ, →NC-Settingdaten aktiv
SEB  Sicherheit Elektrischer Betriebsmittel, Sektorkomitee der →DAE
SEC  Schweizerisches Elektrotechnisches Comitée
SECAM  Sequential Couleur a Memory, TV-Standard mit 25 Bildern pro Sekunde
SECT  Software Environment for →CAD Tools
SEDAS  Standardregelungen Einheitlicher Daten-Austausch-Systeme
SEE  Software Engineering Environment, Software-Entwicklungs-Bereich
SEED  Self Electro-Optic Effect Device, optischer Schalter
SEK  Svenska Elektriska Kommissionen, schwedische elektrotechnische Kommission in Stockholm
SELV  Safety Extra-Low Voltage
SEMI  Semiconductor Equipment and Materials International, internationaler Handelsverband
SEMKO  Svenska Elektriska Materialkontrollanstanten, schwedische Prüfstellen für elektrotechnische Erzeugnisse in Stockholm
SEP  Standard-Einbau-Platz im →ES902- System mit 15,24 mm Breite
SERCOS  Serial Realtime Communication System, offenes, serielles Kommunikations-System, z.B. zwischen →NC und Antrieb
SESAM  System zur elektronischen Speicherung alphanumerischer Merkmale
SESAM  Symbolische Eingabe-Sprache für Automatische Meßsysteme
SET  Standard d'Echange et de Transport, Normung von Produkt-Daten-Formaten nach →AFNOR
SET  Software Engineering Tool, Software-Entwicklungs-Werkzeug

SEV Schweizerischer Elektrotechnischer Verein
SF Schalt-Frequenz, z.B. von Stromversorgungen
SFB System Field Bus
SFC Sequentual Function Chart, sequentielle Darstellung der Funktion
SFDR Spurous Free Dynamic Range, Dynamik von A/D-Umsetzern
SFE Société Française des Electriciens, französische Gesellschaft für Elektrotechniker
SFS Suomen Standardisoimiliito, finnischer Normenverband, zugleich finnische Norm und Normenkonformitätszeichen
SFU Spannungs-Frequenz-Umsetzer
SG Strategie Gruppe, z.B. in Normen-Gremien
SGML Standard Generalized Markup Language, Standard-Programmiersprache für die Datenverwaltung
SGMP Simple Gateway Monitoring Protocol, Netzwerk-Management-Protokoll von Internet
SGS Studien-Gruppe für Systemforschung in Heidelberg
SGT Silicon Gate Technology, Halbleiter-Herstellungsverfahren
S&H Sample & Hold, Baustein zum Speichern von Analog-Spannungen
SHA Sample- and Hold- Amplifier, S&H-Verstärker
SHF Super High Frequency, Zentimeterwellen (Mikrowelle)
SI International System of Units, internationales Einheiten-System
SIA Semiconductor Industry Association, Verband der Halbleiter-Hersteller
SIA Serial Interface Adapter, Anpassung serieller Schnittstellen
SIA Siemens Industrial Automation, Siemens AUT-Tochter in USA
SIBAS Siemens Bahn-Antriebs-Steuerung
SIC Semiconductor Integrated Circuit, Halbleiter-Schaltung
SICAD Siemens Computer Aided Design, Siemens-Programmsystem zur Rechnerunterstützten Darstellung von graphischen Informationen
SICOMP Siemens Computer
SIG Sichtgerät
SIG Special Interest Group, z.B. Normen-Arbeits-Gruppe
SIGACT Special Interest Group on Automation and Computability Theory, Arbeitsgruppe des →ACM für Automatisierung
SIGARCH Special Interest Group on Computer Architecture, Arbeitsgruppe des →ACM für Rechner-Architektur
SIGART Special Interest Group on Artificial Intelligence, Arbeitsgruppe des →ACM für Künstliche Intelligenz

SIGBDP Special Interest Group on Business Data Processing, Arbeitsgruppe des →ACM für kommerzielle Datenverarbeitung
SIGOMM Special Interest Group on Data Communications, Arbeitsgruppe des →ACM für Datenübertragung
SIGCOSIM Special Interest Group on Computer Systems Inatallation Management, Arbeitsgruppe des →ACM für Computer-Installation
SIGDA Special Interest Group on Design Automation, Arbeitsgruppe des →ACM für Entwurfs-Automatisierung
SIGDOC Special Interest Group on Documentation, Arbeitsgruppe des →ACM für Dokumentation
SIGGRAPH Special Interest Group on Computer Graphics, Arbeitsgruppe des →ACM für Computergraphik
SIGIR Special Interest Group on Information Retrieval, Arbeitsgruppe des →ACM für Informations-Speicherung und -wiedergewinnung
SIGLA Systema Integrato Generico per la Manipolacione Automatica, von Olivetti entwickelte Programmier-Sprache für Montage-Roboter
SIGMETRICS Special Interest Group on Measurement and Evaluations, Arbeitsgruppe des →ACM für Messen und Auswerten
SIGMICRO Special Interest Group on Microprogramming, Arbeitsgruppe des →ACM für Mikroprogrammierung
SIGMOND Special Interest Group on Management of Data, Arbeitsgruppe des →ACM für die Datenverwaltung
SIGNUM Special Interest Group on Numerical Mathematics, Arbeitsgruppe des →ACM für numerische Mathematik
SIGOPS Special Interest Group on Operating Systems, Arbeitsgruppe des →ACM für Betriebssysteme
SIGPC Special Interest Group on Personal Computing, Arbeitsgruppe des →ACM für →PC
SIGPLAN Special Interest Group on Programming Language, Arbeitsgruppe des →ACM für Programmiersprachen
SIGRAPH Siemens-Graphik, maschinelles Programmier-System für Dreh- und Fräsbearbeitung
SIGSAM Special Interest Group on Symbolic and Algebraic Manipulation, Arbeitsgruppe des →ACM für Symbol- und algebraische Verarbeitung
SIGSIM Special Interest Group on Simulation, Arbeitsgruppe des →ACM für Simulation
SIGSOFT Special Interest Group on Software Engineering, Arbeitsgruppe des →ACM für die Software-Erstellung
SII The Standard Institution of Israel, israelisches Normen-Gremium

SIK  Sicherungs-Kopie (Datei), Datei-Ergänzung
SIL  Safety Integrity Level, sicherheitsbezogene Zuverlässigkeits-Anforderung
SIM  Simulation (Simulator)
SIMATIC  Siemens-Automatisierungstechnik
SIMD  Single Instruction-Stream Multiple Data-Stream
SIMICRO  Siemens Micro-Computer-System
SIMM  Single Inline Memory Modul, Speicher, die auf einer Platine aufgebaut sind
SIMOCODE  Siemens Motor Protection and Control Device, elektronisches Motorschutz- und Steuergerät von Siemens
SIMODRIVE  Siemens Motor Drive, Siemens-Antriebs-Steuerung
SIMOREG  Siemens Motor Regelung
SIMOVIS  Siemens Motor Visualisierungs-System
SIMOX  Separation by Implantation of Oxygen, Silicium-Wafer für hohe Temperaturen
SIMP  Simulations-Programm
SINAL  Sistema Nationale di Accreditamento di Laboratorie, nationales Akkreditierungssystem für Prüflaboratorien von Italien
SINAP  Siemens Netzanalyse Programm
SINEC  Siemens Network Communication, lokale Netzwerk-Architektur mit Busstruktur von Siemens
SINET  Siemens Netzplan
SINI  System-Initalisierung nach →DIN 66264
SINUMERIK  Siemens Numerik, Werkzeug-Maschinen- und Roboter-Steuerungen der Siemens AG
SIO  Simultaneous Interface Operation
SIOV  Siemens Over Voltage, Überspannungs-Ableiter (Varistor) von Siemens
SIP  Single In-line Package, Gehäuseform von integrierten Schaltkreisen
SIPAC  Siemens Packungs-System, mechanisches Aufbausystem für Elektronik-Baugruppen
SIPAS  Siemens Personal-Ausweis-System, Ausweis-Lese- und Auswerte-System
SIPE  System Internal Performance Evaluator, Programm zur Bestimmung der Rechnerleistung
SIPMOS  Siemens Power →MOS, Leistungs-Transistor
SIPOS  Siemens Positionsgeber, Lagegeber für Werkzeugmaschinen-Steuerungen
SIRL  Siemens-Industrial Robot Language, Hochsprache von Siemens für die Programmierung von Robotern
SIROTEC  Siemens Roboter Technik
SIS  Standardiserinskommissionen i Sverige, schwedische Normenkommission, zugleich Bezeichnung für Norm und Normenkonformitätszeichen
SISCO  Siemens Selftest Controller, Baustein für Baugruppen-Test von Siemens

SISD  Single Instruction-Stream Single Data-Stream
SISZ  Software Industrie Support Zentrum, Zentrum für offene Systeme
SITOR  Siemens Thyristor
SIU  Serial Interface Unit, Einheit für serielle Übertragung
SIVAREP  Siemens Wire Wrap Technik, Siemens Verdrahtungs-Technik
SK  Soft Key, Software-Schalter oder -Taster
SKP  Skip, Satz ausblenden, Betriebsart von Werkzeugmaschinen-Steuerungen
SKZ  Süddeutsches Kunststoff-Zentrum (Zertifizierungsstelle)
SL  Schnell-Ladung, z.B. von Batterien nach →VDE 0557
SLDS  Siemens Logic Design System
SLIC  Subscriber Line Interface Circuit
SLICE  Simulation Language with Integrated Circuit Emphasis, Sprach- oder Befehls-Simulation mit →IC-Unterstützung
SLIK  Short Line Interface Kernel(-Architecture)
SLIMD  Single Long Instruction Multiple Data
SLIP  Serial Line Internet Protocol, Zugangs-Software für →WWW-Netze
SLP  Selective Line Printing
SLPA  Solid Logic Process Automation, Automatisierung der →IC-Herstellung
SLS  Selective Laser Sintering, Sinterprozeß mit Laser-Unterstützung
SLT  Solid Logic Technology, →IC-Schaltungstechniken
SM  Surface Mounted, Oberflächen-montierbar, →SMA, →SMC, →SMD, →SME, →SMP, →SMT
S&M  Sales and Marketing
SMA  Surface Mounted Assembly, Herstellungs-Prozeß von Leiterplatten in →SMD
SMC  Surface Mounted Components, →SMD
SMD  Surface Mounted Device, Oberflächen-montierbare Bauelemente
SME  Surface Mounted Equipment, Geräte für die Montage von Leiterplatten in →SMD
SME  Siemens-Mikrocomputer-Entwicklungssystem
SME  Society of Manufacturing Engineers, schwedischer Maschinenbau-Verband
SMI  Small and Medium Sized Industry
SMIF  Standard Mechanical Interface, mechanische Standard-Verbindungstechnik
SMM  System Management Mode
SMMT  Society of Motor Manufacturers and Traders
SMP  Surface Mounted Packages, Oberbegriff für alle Gehäuseformen von →SM-Bauelementen
SMP  Symmetric Multi Processing, Multiprozessor-Architektur
SMS  Small Modular System, →SPS-System von Philips

SMT  Surface Mounted Technology, Technologie der Oberflächen-montierbaren Bauelemente
SMT  Station Management, Element von →FDDI für Ring-Überwachung, -Management, -Konfiguration und Verbindungs-Management
SMTP  Simple Mail Tranfer Protocol, einfaches Mail-Protokoll
SN  Signal to Noise, Pegelabstand zwischen Nutz- und Rauschsignal
SN  Siemens Norm, verbindliche Festlegungen über alle Siemens-Bereiche
SNA  System Network Architecture, Kommunikationsnetz von →IBM
SNAK  Siemens-Normen-Arbeits-Kreis
SNC  Special National Conditions, besondere nationale Bedingungen, z.B. in der Normung
SNI  Siemens Nixdorf Informationssysteme AG
SNMP  Simple Network Management Protocol, Verwaltung von komplexen Netzwerken
SNR  Signal to Noise Ratio, Signal-Rausch-Abstand z.b. von D/A-Umsetzern
SNT  Schalt-Netz-Teil, getaktete Stromversorgung
SNV  Schweizerische Normen-Vereinigung
SO  Small Outline (Package), Gehäuseform von integrierten Schaltkreisen in →SMD, →SOP
SOEC  Statistical Office of the European Communities, Büro für Statistik der →EU in Luxemburg
SOGITS  Senior Officials Group Information Technology Standardization, Gruppe hoher Beamter für Informations-Technik der →EU
SOGS  Senior Officials Group on Standards, Gruppe hoher Beamter für Normen der →EU
SOGT  Senior Officials Group Telecommunication, Gruppe hoher Beamter für Telekommunikation der →EU
SOH  Start Of Header, Übertragungs-Steuerzeichen für den Beginn eines Vorspannes
SOH  Section Over-Head, Funktion von →SDH
SOI  Silicon on Insulator, Material für hochintegrierte Halbleiter und Leistungs-→ICs
SOIC  Small Outline Integrated Circuit, SMD-Bauelement im Standard-Gehäuse
SOL  Small Outline Large (Package), Gehäuseform von integrierten Schaltkreisen in →SMD
SONET  Synchronous Optical Network, Standard für schnelle optische Netze
SOP  Small Outline Package, Gehäuseform von integrierten Schaltkreisen in →SMD, →SO
SOS  Silicon on Saphire, Halbleiter-→MOS-Technologie
SOT  Small Outline Transistor, →SMD-Transistor-Gehäuse
SPAG  Standard Promotion and Application Group, →ISO Standardisierungs-Organisation
SPAG  Strategic Planning Advisory Group, Gruppe des →ISO/TC

SPARC  Scalable Processor Architecture, Standardisierung bei →RISC-Prozessoren
SPC  Stored Program Controlled, Programmgesteuerte Einheit
SPC  Statistical Process Control, Statistische Prozeßregelung
SPDS  Smart Power Development System, Entwicklungs-Tool für Smart-Power-→ICs
SPDT  Single-Pole Double-Throw
SPEC  Systems Performance Evaluation Cooperative, Konsortium namhafter Computer-Hersteller
SPF  Sub Program File, Unterprogramm
SPF  Software Production Facilties, Software-Häuser bzw. -Fabriken
SPICE  Simulation Program Circuit with Integrated Emphasis, Simulation von elektronischen Schaltungen
SPIM  Single Port Interface Modul von →ETHERNET
SPM  Stopping Performance Monitor, Nachlaufzeit-Überwachung z.B. von Werkzeugmaschinen
SPP  System Programmers Package, →SW-Entwicklungs-Werkzeug
SPS  Speicher-programmierbare Steuerung, z.B. →SIMATIC S5 von Siemens
SPS  Siemens Prüf-System
SPT  Smart Power Technology, →BICMOS-Prozeß von Siemens
SpT  Spar-Transformator
SQ  Squelch, Rauschsperre zur Ausblendung des Grundrauschpegels
SQA  Selbstverantwortliches Qualitätsmanagement am Arbeitsplatz
SQA  Software Quality Assurance
SQC  Statistical (Process) Quality Control
SQFP  Shrink Quad Flat Package, Gehäuseform von integrierten Schaltkreisen in →SMD
SQL  Structured Query Language
SQS  Schweizerische Vereinigung für Qualitäts-Sicherungs-Zertifikate in Bern
SQUID  Superconduction Quantum Interference Device, Sensor für magnetische Signale
SR  Set-Reset, Setz- und Rücksetz-Eingang von Flip-Flops
SR  Switched Reluctance, vektorgesteuerter AC-Motor
SRAM  Static →RAM, statischer Schreib-Lese-Speicher
SRCL  Siemens Robot Control Language, Programmiersprache für Siemens Roboter-Steuerungen
SRCLH  Siemens Robot Control Language High-Level, verbesserte Programmiersprache →SRCL
SRCS  Sensory Robot Control System
SRCI  Sensory Robot Control Interface, schnelle Kopplung zwischen Personal-Computer und Roboter-Steuerung

SRD Send and Request Data, Daten-Sendung mit Daten-Anforderung und Daten-Rück-Antwort beim →PROFIBUS
SRG Stromrichtergerät, z.B. Antriebssteuerung von Werkzeugmaschinen
SRI Stanford Research Institut, amerikanisches Roboterlabor mit Niederlassung in Frankfurt
SRK Schneiden Radius Korrektur, Funktion einer Werkzeugmaschinen-Steuerung
SRPR Standard Reliability Performance Requirement
SRQ Service Request, Datenanforderung durch die Geräte am →IEC-Bus
SRTS Signal Request To Send, Steuersignal zum Einschalten des Senders bei seriellen Daten-Schnittstellen
SS Simultaneous Sampling
SS Schnitt-Stelle
SSDD Solid-State Disk Drive
SSFK Spindel-Steigungs-Fehler-Kompensation, Funktion einer Werkzeugmaschinen-Steuerung, auch Maschinendaten-Bit
SSI Small Scale Integration, Bezeichnung von integrierten Schaltkreisen mit niedrigem Integrationsgrad
SSI Synchron Serial Interface, Istwertschnittstelle von Werkzeugmaschinen
SSM Shuttle Stroking Method, Verzahnungs-Methode auf Werkzeugmaschinen
SSO Spindle Speed Override, Spindel-Drehzahl-Korrektur, Funktion einer Werkzeugmaschinen-Steuerung
SSOP Shrink Small Outline Package, Gehäuseform von Integrierten Schaltkreisen in →SMD
SSP Super Smart-Power(-Controller), Mikro-Controller und Leistungsteil auf einem Chip
SSR Solid State Relais
SSS Sequential Scheduling System
SSS Switching Sub-System
SST Schnittstelle, allgemeine Bezeichnung in der →SW und →HW
ST Steuerung
ST Strukturierter Text, Sprache der →SPS
STC Scientific Technical Committee
STD Synchronous Time Division, Netzwerk-Verfahren
STEP Standard for the Exchange of Product, Normung von Produkt-Daten-Formaten nach →ISO
STEPS Stetige Produktions-Steigerung, Baustein von →TQM
STF SINEC Technologische Funktion, Ebene 7-Protokoll, funktionskompatibel zu →ISO 9506
STF-ES →SINEC Technologische Funktion-Enhanced Syntax
STFT Short Time Fast Fourier Transformation
STG Synchronous Timing Generator

STL Schottky Transistor Logic, Schaltkreistechnik
STL Short Circuit Testing Liaison
STM Scanning Tunneling Microscope
STM Synchronous Transfer Mode, synchroner Transfer-Modus
STM Synchronous Transfer Mode, Übertragungs-Modus der Telekommunikation
STN Super Twisted Nematic(-Display), Flüssigkristall-Anzeige
STP Statens Tekniske Provenaen, staatliche dänische technische Prüfanstalt zur Prüfstellenanerkennung
STP Steuer-Programm
STP Stop-Zustand der →SPS, Störungs-Anzeige im →USTACK
STP Shielded Twisted Pair, geschirmte verdrillte Doppelleitung
STS Ship To Stock, Ware ohne Eingangsprüfung aufgrund guter Qualität
STUEB Baustein-→STACK-Überlauf, Anzeige im →USTACK der →SPS
STUEU Unterbrechungs-→STACK-Überlauf, Anzeige im →USTACK der →SPS
STW Steuerwerk
STX Start of Text, Anfang des Textes, Steuerzeichen bei der Rechnerkopplung
SUB-D Subminiatur-Stecker Bauform D, genormte Stecker
SUCCESS Supplier Customer Cooperation to Efficiently Support mutual Success, Logistik-Programm für die Auftragsabwicklung von Siemens
SV Strom-Versorgung
SUT System Under Test
SVID System V Interface Definition, Schnittstelle von AT&T für →Unix
SVRx System V Release x, aktuelle Version von →Unix
SW Soft-Ware, Gesamtheit der Programme eines Rechners
SWINC Soft Wired Integrated Numerical Control, numerische Steuerung von Maschinen mit festverdrahteten Programmen
SWR Standing Wave Ratio, Stehwellenverhältnis zwischen Sende- und Empfangsimpedanz
SWT Sweep Time, Zeit für einen vollen Wobbeldurchlauf bei Signal- und Frequenzgeneratoren
SW/WS Schwarz/Weiß, z.B. Darstellung auf dem Bildschirm
SX Simplex, Datenübertragung in einer Richtung
SYCEP Syndicat des Industries de Composants Electroniques Passifs, Verband der französischen Hersteller passiver Bauelemente
SYNC Synchronisation
SYMAP Symbolsprache zur maschinellen Programmierung für →NC-Maschinen von der ehemaligen DDR

SYMPAC Symbolic Programming for Automatic Control, symbolische Programmierung für Steuerungen
SYS System
SYS Systembereich der →SINUMERIK-Mehr-Kanal-Anzeige
SYS Systeminformations-Datei, Datei-Ergänzung
SYST System-Steuerung, oberste hierarchische Ebene in einem →MPST-System nach →DIN 66264

T Werkzeugnummer im Teileprogramm nach →DIN 66025
T Turning, Steuerungsversion für Drehen
TA Terminal-Adapter, Endgeräte-Adapter
TA Technischer Ausschuß, z.B. von Normen-Gremien
TAB Tabulator, Taste auf Schreibmaschinen und auf der Rechner-Tastatur, mit der definierte Spaltensprünge durchgeführt werden können
TAB Tape Automatical Bonding, Halbleiter-Anschlußtechnik; Begriff aus der →SM-Technik
TACS Total Access Communication System
TAE Telekommunikations-Anschluß-Einheit
TAP Test Access Port, Schnittstelle der Boundary Scan Architektur
TAP Transfer und Archivierung von Produktdaten, Normung auf dem Gebiet der äußeren Darstellung produktdefinierender Daten bei der rechnergestützten Konstruktion, Fertigung und Qualitäts-Kontrolle
TB Technologie-Baustein, →SIMATIC-Baustein zur Anbindung von →FMs
TB Technisches Büro
TB Technische Beschreibung
TB Time Base, Zeitbasis
TB Terminal Block, Anschlußblock für Binär-Signale, z.B. einer →SINUMERIK- oder →SIMATIC-Steuerung
TBG Test-Baugruppe
TBINK Technischer Beirat für Internationale Koordinierung, Leitungsgremium der →DKE
TBKON Technischer Beirat Konformitätsbewertung, Gremium der →DKE
TBM Time Based Management, Zeitbasis-Management
TBS Textbaustein, Datei-Ergänzung
TC Technical Committee
TC Turning Center, Bezeichnung z.B. von Dreh-Automaten
TC Tele Communication
T&C Testing and Certification, Testen und Zertifizieren, auch Typprüfung
TC ATM Technical Committee on Advanced Testing Methods to →TC MTS, technisches Normen-Komitee

TC-APT Teile-Programmier-System auf Basis von →APT
TCAQ Testing Certification Accreditation Quality-Assurance
TCB Trusted Computing Base, Begriff der Datensicherung
TCC Time-Critical Communications
TCCA Time-Critical Communications Architecture
TCCE Time-Critical Communications Entities
TCCN Time-Critical Communications Network
TCCS Time-Critical Communications System
TCE Temperature Coefficient of Expansion, Wärmedehnungskoeffizient
TCIF Tele-Communication Industry Forum
TCMDS Timer Counter Merker Data Stack, Laufzeit-Datenbereich einer →SPS
TC MTS Technical Committee on Methods for Testing and Specification, technisches Komitee
TCP Tool Centre Point, Arbeitspunkt des Werkzeuges bei Robotern
TCP Transmission Control Protocoll, Ebene 4 vom →ISO/OSI-Modell
TCS Tool Coordinate System, Werkzeug-Koordinaten-System
TCT Total Cycle Time
TDCS Transaction- and Dialog-Communication-System
TDD Timing Driven Design, Verarbeitung zeitkritischer Signale im IC
TDED Trade Data Elements Directory
TDI Trade Data Interchange
TDI Test Data Input, Steuersignal vom Test Access Port
TDID Trade Data Interchange Directory
TDL Task Description Language, Roboter-spezifische Programmiersprache
TDM Time Division Multiplexor, Gerät, das mehrere Kanäle zu einer Übertragungleitung zusammenfaßt
TDMA Time Division Multiple Access, Zugangsmodus für ein Frequenzspektrum beim Halbduplex-Betrieb
TDN Telekom-Daten-Netz
TDO Test Data Output, Steuersignal vom Test-Access-Port
TDR Time Domain Reflectometer, Impedanz-Meßgerät z.B. für →EMV-Messungen
TE Teil-Einheit, Angabe der Baugruppenbreite im 19"-System. Eine TE = 5,08 mm
TE Testing, z.B. maschinenspezifische Test-Daten der →NC
TE Turning Export, Exportversion der →SINUMERIK-Drehmaschinen-Steuerungen
TE Teil-Entladung bei Hochspannungs-Prüfungen
TE Test Equipment, Testeinrichtung

TEDIS  Trade Electronic Data Interchange Systems
TELEAPT 2  Teile-Programmier-System von →IBM auf Basis von →APT
TELEX  Teleprinter Exchange, öffentlicher Fernschreibverkehr
TEM  Transmissions-Elektronen-Mikroskop
TEMEX  Telemetry Exchange, Datenübermittlungsdienst zur Maschinen-Fernüberwachung
TF  Technologische Funktion
TFD  Thin Film Diode, Foliendioden in der →LCD-Technik
TFEL  Thin Film Electro-Lumineszenz, Technologie für Displays
TFM  Trusted Facility Management, Begriff der Datensicherung
TFS  Transfer-Straßen, Verbund von Werkzeugmaschinen für die Bearbeitung eines Werkstückes oder gleicher Werkstücke
TFT  Thin Film Transistor, Transistor in Dünnschichttechnik
TFT  Thin Film Technology, Dünnfilm-Technologie für die Halbleiter-Herstellung
TFTLC  Thin Film Transistor Liquid Crystal
TFTP  Trivial File Transfer Protocol
Tfx  Telefax
TGA  Träger-Gemeinschaft für Akkreditierung GmbH, Dienststelle der →EU in Frankfurt
TGL  Technische Normen, Gütevorschriften und Lieferbedingungen, ehemaliger DDR- Qualitäts-Standard
THD  Total Harmonic Distortion, Klirrfaktor z.B. von →D/A-Umsetzern
THZ  →TEMEX-Haupt-Zentrale
TI  Texas Instruments, u.a. Halbleiter-Hersteller
TIF  Tagged Image File, Scanformat, Datei-Ergänzung
TIFF  Tag Image File Format, →PC-Datei-Format
TIGA  Texas Instruments Graphics Architecture, Graphik-Software-Schnittstelle
TIM  Temperature Independent Material, Temperatur-unabhängiges Material
TIO  Test Input Output, Prüfung der Ein-Ausgabe-Funktion
TIP  Transputer Image Processing, Konzept für Echtzeit-Verarbeitung
TIP  Texas Instruments Power, Industrie-Standard-Bauelemente von Texas Instruments
TK  Tele-Kommunikation
TK  Temperatur-Koeffizient oder -Beiwert, z.B. von Bauelementen
TKO  Tele-Kommunikations-Ordnung
TLM  Triple Layer Metal, Halbleiter-Technologie
TM  Tape Mark, Bandmarke, z.B. eines Magnetbandes
TM  Turing Machine, von Turing entwickelte universelle Rechenmaschine
TMN  Telecommunication Management Network, Rechnerunterstützte Netzwerke

TMP  Temporäre Datei, Datei-Ergänzung
TMR  Triple Modular Redundancy, dreifach modulare Redundanz
TMS  Test Mode Select der Boundary-Scan-Architektur
TMSL  Test and Measurement Systems Language, Programmiersprache für Prüf- und Meßsysteme
TN  Technische Normung
TN  Twisted Nematic(-Display), Flüssigkristall (-Anzeige)
TN  Task Number, Auftrags-/Bearbeitungs-Nummer
TNAE  →TEMEX-Netz-Abschluß-Einrichtung
TNC  The Network Center
TNV  Telecommunication Network Voltage, Fernmelde-Stromkreis
TO  Tool Offset, Werkzeug-Korrektur, z.B. bei Werkzeugmaschinen-Steuerungen, auch Steuerungs-Eingabe
TOD  Time of Day Clock, Uhrzeit-Anzeige eines Rechners
TOP  Technical and Office (Official) Protocol, Konzept zur Standardisierung der Kommunikation im technischen und im Büro-Bereich, auch Schnittstelle für Fertigungs-Automatisierung
TOP  Tages-Ordnungs-Punkt
TOP  Time Optimized Processes, zeitoptimierte Prozesse von Entwicklung bis Vertrieb der Siemens AG
TOPFET  Temperature and Overload Protected →FET
TOPS  Total Operations Processing System, Betriebssystem von →IBM
TOT  Total Outage Time
TP  Totem Pole, Ausgang von →ICs
TP  Tele Processing
TP  Transaction Processing, Übertragung und Verarbeitung von Aufgaben, Programmen usw.
TPC  Transaction Processing Council, Ausschuß für die Themen des Transaction Processing
TPE  Transmission Parity Error, Paritätsfehler bei der Datenübertragung
TPI  Tracks Per Inch, Pulse pro Zoll, z.B. bei Wegmeßgebern
TPL  Telecommunications Programming Language, Programmiersprache für Daten-Fernübertragung
TPS  Technical Publishing System, Dokumentations-System, auch →SW zur Handhabung von Normen
TPT  Transistor-Pair-Tile, Gate-Array-Zellen
TPU  Time Processing Unit
TPV  Transport-Verbindung der Rechner-Kopplung
TQA  Total Quality Awareness
TQC  Total (Top) Quality Control

876　Allgemeines Abkürzungsverzeichnis

TQC　Total Quality Culture, absolute Qualität
TQFP　Thin Quad Flat Pack, Gehäuseform von integrierten Schaltkreisen
TQM　Total Quality Management, gesamtes Qualitäts-Management eines Betriebes
TR　Tape Recorder, Tonband-Gerät
TR　Technical Report, Technischer Bericht
TR　Technische Richtlinie
TRAM　Transputer-Modul
TRANSMIT　Transformation Milling Into Turning, Funktions-Transformation, um auf einer Drehmaschine Fräsarbeiten durchzuführen
TRL　Transistor Resistor Logic, Schaltungs-Technologie mit Transistoren und Widerständen
TRM　Terminal-Datei, Datei-Ergänzung
TRON　The Realtime Operating System Nucleus, Rechner-Architektur mit Echtzeit-Betriebs-System
TS　Tri-State, Ausgang von →ICs mit abschaltbarem Ausgangstransistor
TSL　Tri-State Logic, →TS-Schaltkreis-Technologie
TSN　Task Sequence Number, Auftrags-/Bearbeitungs-Nummernfolge
TSOP　Thin Small Outline Package, Gehäuseform von integrierten Schaltkreisen in →SMD
TSOS　Time Sharing Operating System, Zeit-Multiplex-Verfahren, →TSS
TSS　Task Status Segment, Descriptor-Tabelle der Prozessoren 386 und 486 von Intel
TSS　→TEMEX-Schnittstelle
TSS　Time Sharing System, Zeit-Multiplex-Verfahren, →TSOS
TSSOP　Thin Shrink Small Outline Package, Gehäuseform von integrierten Schaltkreisen in →SMD
TST　Time Sharing Terminal, Sichtgerät für mehrere Benutzer
TSTN　Triple Super Twisted Nematic, Flüssigkristall-Anzeige
TT　Turning/Turning, Steuerungsversion für Doppelspindel-Drehmaschine
TTC　Telecommunications Technology Committee in Japan
TTCN　Tree and Tabular Combined Notation
TTD　Technisches Trend Dokument, von der →IEC herausgegeben
TTL　Transistor Transistor Logic, mittelschnelle digitale Standardbaustein-Serie mit 5 V-Versorgung
TTLS　Transistor Transistor Logic Schottky, schnelle →TTL-Bausteine mit Schottky-Transistor
TTRT　Target Token Rotation Time
TTX　Teletex
TTY　Teletype, Fernschreiber-Schnittstelle mit 20mA-Linienstrom von Siemens
TU　Tributary Unit, Funktion von →SDH
TUG　Tributary Unit Group, Funktion von →SDH

TÜV　Technischer Überwachungs-Verein, Prüfstelle für Geräte-Sicherheit
TÜV-Cert　→TÜV-Certifizierungsgemeinschaft e.V. in Bonn
TÜV-PS　→TÜV-Produkt Service, TÜV-Filialen im Ausland
TV　Television
TVB　→TEMEX-Versorgungs-Bereich
TVX　Valid Transmission Timer, Überwachen, ob eine Übertragung möglich ist
TW　Type-Writer, Schreibmaschine
TX　Telex
TxC　Transmit Clock, Sendetakt von seriellen Daten-Schnittstellen
TxD　Transmit Data, Sende-Daten von seriellen Daten-Schnittstellen
TxD/RxD　Transmit Data/Receive Data, Sende- und Empfangs-Daten von seriellen Daten-Schnittstellen
TXT　Text-Datei, Datei-Ergänzung
TZ　→TEMEX-Zentrale

U　Zweite Bewegung parallel zur X-Achse nach →DIN 66025
U　-Peripherie, →SIMATIC-Peripherie-Baugruppen der U-Serie
UA　Unter-Ausschuß, z.B. von Normen-Gremien
UA　Unavailability, Unverfügbarkeit, z.B. eines Systems bei dessen Ausfall
UALW　Unterbrechungs-Anzeigen-Lösch-Wort, Anzeige im →USTACK der →SPS
UAMK　Unterbrechungs-Anzeigen-Masken-Wort, Anzeige im →USTACK der →SPS
UAP　Unique Acceptance Procedure, einstufige Annahmeverfahren
UART　Universal Asynchronous Receiver Transmitter, Schnittstellen-Baustein für die asynchrone Datenübertragung
UB　Unsigned Byte
UBC　Universal Buffer Controller, universelle Puffer-Steuerung
UCIC　User Configuerable Integrated Circuit, Anwender-Schaltkreis
UCIMU　Unione Costruttori Italiano di Maccine Ustensili, Union der Werkzeugmaschinen-Hersteller Italiens
UCL　Upper Confidence Level, →OVG
UCP　Uninterruptable Computer Power
UCS　Upper Chip Select, Auswahlleitung vom Prozessor für den oberen Adressbereich
UD　Unsigned Doubleword
UDAS　Unified Direct Access Standard, Standard für den direkten Datenzugriff
UDI　Universal Debug Interface
UDP　User Datagram Protocol, Protokoll zum Versenden von Datagrammen
UDR　Universal Document Reader, Gerät für maschinenlesbare Zeichen

Allgemeines Abkürzungsverzeichnis 877

UHF Ultra High Frequency
UI User Interface, Benutzeroberfläche bzw. Schnittstelle zum Benutzer
UIDS User Interface Development System, Framework- Architektur für Produktentwicklung
UIL User Interface Language, Programmiersprache für Anwender-Schnittstellen
UILI Union Internationale des Laboratoires Indépendants, internationale Union unabhängiger Laboratorien in Paris
UIMS User Interface Management System, Framework-Architektur für die Produkt-Entwicklung
UIT Union Internationale des Télécommunications, internationale Fernmeldeunion in Genf
UK Unter-Komitee von →DKE
UL Underwriters Laboratories, Prüflaboratorien der amerikanischen Versicherungs-Unternehmen. UL ist ein Gütezeichen der US-Industrie
ULA Universal (Uncommitted) Logic Array, allgemein gebräuchliche Abkürzung für einen universell einsetzbaren Kundenschaltkreis
ULSI Ultra Large Scale Integration, Bezeichnung von integrierten Schaltkreisen mit sehr hoher Integrationsdichte
ULSI User →LSI, Anwender-spezifische LSI-Schaltkreise
UMB Upper Memory Block, höherer Speicherbereich beim →PC
UMR Ultra Miniatur Relais, Kleinst-Relais
UNI User to Network Interface, Nutzer-Netzwerk-Schnittstelle von →ISDN
UNI Unificazione Nazionale Italiano, italienisches Normen-Gremium
UNICE Union des Industries de la Communauté Economique, Union der Industrie-Verbände der →EU
UNIX Betriebs-System für 32-Bit-Rechner von AT&T
UNMA Unified Network Management Architecture
UP Under Program, Unterprogramm, z.B. vom Anwenderprogramm
UP User Programmer
UPI Universal Peripheral Interface
UPIC User Programmable Integrated Circuit
UPL User Programming Language
UPS Uniterruptable Power Supply
USA User Specific Array, ähnlich einem Standard-Zell-Design
USART Universal Synchronous / Asynchronous Receiver / Transmitter, Ein-Ausgabe-Baustein zur seriellen Datenübertragung. Anwendung bei den Normschnittstellen →RS232-C, →RS422 und →RS485
USASI United States of America Standards Institute, Vorgänger von →ANSI

USB Universal Serial Bus, serieller →PC-Bus
USC Under-Shoot Corrector, Unterschwingungs-Dämpfung bei →ICs
USIC Universal System Interface Controller, Multifunktions-Controller für serielle und paralelle Schnittstellen
USIC User Specific →IC, andere Bezeichnung für →ASIC
USTACK Unterbrechungs-STACK, Speicher in der →SPS zur Aufnahme der Unterbrechungs-Ursachen
USV Unterbrechungsfreie Strom-Versorgung
UTE Union Technique de l'Electricité, französische Elektrotechnische Vereinigung
UTP Unshielded Twisted Pair, ungeschirmte →ETHERNET-Leitungen
UUCP Unix to Unix Copy, weltweites Netz für den Datenaustausch zwischen →UNIX-Rechnern
UUG UNIX User Group, Vereinigung der UNIX-Anwender
UUT Unit Under Test
UVEPROM Ultra Violet Eraseable Programmable Read Only Memory, mit UV-Licht löschbares →EPROM
UVV Unfall-Verhütungs-Vorschrift der Berufsgenossenschaften
UW Unsigned Word
UZK Zwischenkreisspannung, z.B. von Stromrichtern


V Zweite Bewegung parallel zur Y-Achse nach →DIN 66025
V.24 Schnittstelle vom →CCITT für die serielle Datenübertragung. Weitgehende Übereinstimmung mit →RS-232-C
VA Value Analysis, →WA
VA Volt Ampere
VAC Voltage Alternating Current
VAD Value Added Distributor
VAL Variable Language, Programmier-System für Roboter von Unimation USA
VAN Value Added Network, Daten-Fernübertragung
VANS Value Added Network Services, Daten-Fernübertragungs-Service
VAR Variable
VAS Value Added Services, Daten-Übertragungs-Service
VASG →VHDL Analysis and Standardization Group im →IEEE
VBG Vorschrift der Berufs-Genossenschaft
VBM Verband der Bayerischen Metallindustrie
VBMI Verein der bayerischen metallverarbeitenden Industrie
VC Validity Check, Gültigkeitsprüfung
VCCI Voluntary Control Council for Interference by Data Processing Equipment and Electric Office Machines in Japan

## 878 Allgemeines Abkürzungsverzeichnis

VCE  Virtual Channel Extension, Optimierung der Pin-Zuordnung von →FBG-Testern
VCEP  Video Compression/Expansion Processor
VCI  Verband der Chemischen Industrie e.V. Deutschlands
VCO  Voltage Controlled Oscillator
VCPI  Virtual Control Program Interface, PC-Standard zur Nutzung von 16 MByte Arbeitsspeicher
VCR  Video Cassette Recorder, Videorecorder
VDA  Verband der Automobil-Industrie e.V., erstellt u.a. auch Vorschriften für →SPS-Anwendung
VDA-FS  →VDA-Flächen-Schnittstelle, Normung von Produkt-Daten-Formaten nach →DIN für die Automobil-Industrie
VDA-IS  →VDA-Iges-Subset, nach →VDMA/VDA 66319
VDA-PS  →VDA-Programm-Schnittstelle, nach →DIN V 66304
VDC  Voice Data Compressor/Expander, Baustein für →ISDN
VDC  Voltage Direct Current
VDE  Verband Deutscher Elektrotechniker e.V., Normen-Verband, zugleich auch sicherheitstechnisches Konformitätszeichen
VDEPN  Vereinigung der Deutschen Elektrotechnischen Prüffelder für Niederspannung e.V.
VDE-PZI  VDE-Prüf- und Zertifizierungs-Institut in Offenbach
VDEW  Vereinigung Deutscher Elektrizitätswerke e.V.
VDI  Verein Deutscher Ingenieure, Normen-Verband, vorwiegend für die Industrie tätig
VdL  Verband der deutschen Leiterplatten-Industrie
VDMA  Verband Deutscher Maschinen- und Anlagenbauer e.V. in Frankfurt / M
VDR  Voltage Dependent Resistor
VDRAM  Video →DRAM, Video-Speicher mit serieller und paralleler Schnittstelle
VDT  Video (Visual) Display Terminal, Daten-Sichtgerät, →VDU
VdTÜV  Vereinigung der Technischen Überwachungs-Vereine e.V.
VDU  Visual Display Unit, Daten-Sichtgerät, →VDT
VDW  Verein Deutscher Werkzeugmaschinen-Hersteller
VEA  (Bundes-)Verband der Energie-Abnehmer in Hannover
VEE  Visual Engineering Environment, Symbole für die Softwareumgebung von Entwicklung und Prüffeld
VEI  Vocabulaire Electrotechnique International, internationales technisches Wörterbuch
VEL  Velocity, Geschwindigkeit, →VELO

VELO  Velocity, Geschwindigkeit, auch Einheit von Maschinendaten bei Werkzeugmaschinen-Steuerungen
VEM  Vereinigung Elektrischer Montageeinrichtungen, Vereinigung von ehemaligen DDR-Firmen, u.a. NUMERIK Chemnitz
VERA  →VME-Bus and Extensions Russian Association, russische VME-Bus-Vereinigung
VESA  Video Electronics Standard Association, Zusammenschluß führender Graphikfirmen
VFC  Voltage Frequency Converter
VFD  Virtual Field Device
VFD  Vakuum Fluoreszenz Display
VFEA  →VME Futurebus+Extended Architecture, Bussystem für Multiprozessor-Systeme
VG  Verteidigungs-Geräte-Norm, Bauelemente-Norm der NATO
VGA  Video Graphics Adapter, Farbgraphik-Anschaltung für Monitore
VGAC  Video Graphics Array Controller, Baustein (Prozessor) zur Ansteuerung von Farb-Monitoren
VGB  (Technische) Vereinigung der Großkraftwerk-Betreiber
VHDL  →VHSIC Hardware Description Language, Hardware-Beschreibungssprache für →VLSI
VHF  Very High Frequency, Meterwellen
VHSIC  Very High Speed Integrated Circuit, Bezeichnung einer Schaltkreisfamilie mit sehr hoher Verarbeitungsgeschwindigkeit
VID  Video-Treiber, Datei-Ergänzung
VIE  Visual Indicator Equipment, optische Anzeige-Einrichtung
VIK  Vereinigung Industrielle Kraftwirtschaft e.V.
VIMC  →VME-Bus Intelligent Motion Controller
VINES  Virtual Networking Software, Netzwerk-Betriebssystem auf →UNIX-Basis
VIP  Vertically Integrated →PNP, Technologie für extrem schnelle monolithische integrierte Schaltungen
VIP  Vertical Integrated Power, Bezeichnung für verschiedene "smart power"-Technologien
VIP  Visual Indicator Panel
VIP  →VHDL Instruction Processor, Netzwerk von VHDL-Beschleunigern
VISRAM  Visual →RAM
VIT  Virtual Interconnect Test, Virtueller In-Circuit-Test
VITA  →VME-Bus International Trade Association, internationale Vereinigung der VME-Bus-Betreiber
VKE  Verknüpfungs-Ergebnis im →SPS-Anwender-Programm
VLB  →VESA Local Bus
VLD  Visible Laser Diode
VLF  Very Low Frequencies

VLIW  Very Long Instruction Word-Architecture, gleichzeitige Verarbeitung von mehreren gleichartigen Befehlen in einem Prozessor
VLN  Variable Header with Local Name
VLR  Visitor Location Register
VLSI  Very Large Scale Integration, Bezeichnung von integrierten Schaltkreisen (IC) mit sehr hohem Integrationsgrad
VMD  Virtual Manufacturing Device
VME  Versa Module Europe, Bussystem für Platinen im Europaformat
VMEA  Variant Mode and Effects Analysis, Planung und Kontrolle von Teile- und Produkt-Varianten
VML  Virtual Memory Linking
VMM  Virtual Memory Manager, virtuelle Speicherverwaltung
V-MOS  Vertical →MOS
VMPA  Verband der Material-Prüfungs-Anstalten Deutschlands
VNS  Verfahrens-neutrale Schnittstelle für Schaltplandaten nach →DIN 40950
VO  Verordnung
VPS  Videomat Programmable Sensor
VPS  Voll Profil Schruppen, Bearbeitungsgang von Werkzeugmaschinen
VPS  Verbindungs-programmierte Steuerung
VR  Virtual Reality, Interaktive Computer-Simulation
VRAM  Video Random Access Memory, Video-→RAM von PCs
VRC  Vertical Redundancy Check, Fehlerprüfverfahren zur Erhöhung der Datenübertragungs-Sicherheit
VRMS  Volt Root Mean Square
VS  Virtual Storage
VSA  Vorschub-Antrieb, z.B. einer Werkzeugmaschine
VSD  Variable Speed Drives
VSI  Verband der Software-Industrie Deutschlands e.V.
VSM  Verein Schweizerischer Maschinen-Industrieller
VSO  Voltage Sensitive Oscilloscop
VSOP  Very Small Outline Package, Gehäuseform von integrierten Schaltkreisen in →SMD
VSS  →VHDL System Simulation
VSYNC  Vertical Synchronisation, vertikale Bild-Synchronisation bei Kathodenstrahlröhren
VT  Video Terminal, Daten-Sichtgerät
VTAM  Virtual Telecommunications Access Method, Netware-Router durch Mainframes
VTCR  Variable Track Capacity Recording, Steuerung der variablen Spurkapazität von Festplatten
VTW  Verlag für Technik und Wirtschaft
VXI  →VME Bus Extension for Instrumentation, Untermenge vom VME-Bus für die Meßtechnik

VXI  Very Expensive Instrumentation, Standard in der Meßtechnik

W  Zweite Bewegung parallel zur Z-Achse nach →DIN 66025
W  Encoder Warning Signal, Verschmutzungs-Signal vom Lage-Meßgeber
WA  Wert-Analyse, →VA
WAN  Wide Area Network, Weitverkehrsnetz
WARP  Weight Association Rule Processor, Fuzzy-Controller-Baustein
WATS  Wide Area Telecommunications Services, Datenübertragungs-Dienste von AT&T
WB  Wechselrichter-Betrieb von Stromrichtern
WCM  World Class Manufacturing
WD  Winchester Disk, Festplatten-Datenspeicher für Rechner
WD  Working Draft, Normen-Arbeitsgruppe
WDA  Werkstatt-Daten-Auswertung über die →CIM-Kette
WDD  Winchester Disk Drive
WECC  Western European Calibration Cooperation, Zusammenschluß der →EU- und →EFTA-Staaten, mit Ausnahme von Island und Luxemburg
WECK  Weckfehler, Anzeige im →USTACK der →SIMATIC bei Weckalarmbearbeitung während der Bearbeitung des →OB 13
WELAC  Western European Laboratory Accreditation Cooperation
WEM  West European Metal Trades Employers Associations, Vereinigung der Arbeitgeber-Verbände der Metall-Industrie in West-Europa
WF  Werkzeugmaschinen-Flachbaugruppen der →SIMATIC
WFM  World Federation for the Metallurgic Industry, Weltverband der Metall-Industrie
WFMTUG  World Federation of →MAP/TOP User Groups
WG  Working Group, Bezeichnung der Normung-Arbeitsgruppen
WGP  Wissenschaftliche Gesellschaft für Produktionstechnik
WI  Work Item
WIP  Work In Process
WK  Werkzeug-Korrektur, Eingabe im Anwenderprogramm
WKS  Werkstück-Koordinaten-System, z.B. von Werkzeugmaschinen
WLAN  Wireless Local Area Network, drahtlose →LANs, z.B. für portable →PCs
WLB  Wechsel-Last-Betrieb z.B von Maschinen nach →DIN VDE 0558
WLRC  Wafer Level Reliability Control
WLTS  Werkzeug-,Lager- und Transport-System
WMF  WINDOWS Meta File, →PC-Datei-Format, Datei-Ergänzung

WOIT Workshop on Optical Information Technology, Nachfolger der →EJOB
WOP Wort-Prozessor
WOP Werkstatt-orientierte (optimierte) Programmierung, Funktion von Werkzeugmaschinen-Steuerungen
WOPS Werkstatt-orientiertes Programmiersystem für Schleifen, Funktion von Werkzeugmaschinen-Steuerungen
WORM Write Once Read Multiple (Many), optischer Speicher, der nur einmal beschrieben werden kann
WP Word Processing, Textbe- und -verarbeitung
WPABX Wireless Private Automatic Branch Exchange, Anwendung der schnurlosen Telefonie, z.B. bei →DECT
WPC Wired Program Controller, festverdrahteter (-programmierter) Rechner
WPG Wordperfect-Grafik, Datei-Ergänzung
WPL Wechsel-Platten-Speicher
WPP Wirtschaftlicher Produkt-Plan zur Beurteilung der Wirtschaftlichkeit anhand der Marginalrendite
WPD Work Piece Directory, Werstückverzeichnis, z.B. von numerisch gesteuerten Werkzeugmaschinen
WR Wagen-Rücklauf, →CR
WR Wechsel-Richter, Stromric' ter in der Antriebstechnik
WRAM WINDOWS-→RAM, spezielle →VRAMs für WINDOWS
WRI (WINDOWS-)Write, Textdatei, Datei-Ergänzung
WRK Werkzeug Radius Korrektur, Funktion von Werkzeugmaschinen-Steuerungen
WS Wait State, Wartezeit beim Speicherzugriff
WS Work Station, Arbeitsplatz-Rechner
WS Work Scheduling, →DV-Arbeitsvorbereitung
WS800 Work Station 800, Programmierplatz von Siemens, zur Erstellung von Bearbeitungszyklen für eine numerisch gesteuerte Werkzeugmaschine
WSG Winkel-Schritt-Geber, Lagegeber für Werkzeugmaschinen-Steuerungen
WSP Wende-Schneid-Platten für Zerspanungs-Werkzeuge
WSS Werkstatt-Steuer-System
WSTS World Semiconducdor Trade Statistics, Marktforschungszweig des Welt-Halbleiterverbandes
WT Werkstatts-Technik, Zeitschrift für Produktion und Management vom →VDI
WTA World Teleport Association
WUF Wasser- Umlauf- Fremdlüftung von Halbleiter-Stromrichter-Geräten
WUW Wasser-Umlauf-Wasserkühlung von Halbleiter-Stromrichter-Geräten

WVA Welt-Verband der Metall-Industrie
WW Wire Wrap, Verdrahtungstechnik durch Drahtwickelung
WWW World Wide Web, Multimediafähige Computer-Benutzer-Oberfläche
WYSIWYG What you see is what you get, Darstellung am Bildschirm, wie sie über Drucker ausgegeben wird
WZ Werkzeug
WZFS Werkzeug-Fluß-System z.B. an Werkzeugmaschinen
WZK Werkzeugkorrektur, Funktion von Werkzeugmaschinen-Steuerungen
WZL Werkzeugmaschinen- und Betriebe-Lehre, Studienfach an der RWTH in Aachen
WZM Werkzeugmaschine
WZV Werkzeugverwaltung

X Bewegung in Richtung X-Achse nach →DIN 66025
XENIX Hardware-unabhängiges Betriebssystem von Microsoft
XGA Extended Graphic Adapter (Array), neuer Graphik-Standard von →IBM
XLC Excel-Chart, Datei-Ergänzung
XLM Excel-Makro, Datei-Ergänzung
XLS Excel-Worksheet, Datei-Ergänzung
XMA Expanded Memory Architecture, Architektur des →PC-Erweiterungs-Speichers
XMS Extended Memory Specification, →PC-Standard zur Nutzung von 16 MByte Arbeits-Speicher
XNS Xerox Network System, →Ethernet-Protokoll
XT Extended Technology, →PC-Technologie

Y Bewegung in Richtung Y-Achse nach →DIN 66025
YAG Yttrium-Aluminium-Granat(-Laser)
YP Yield Point, Sollbruchstelle

Z Bewegung in Richtung Z-Achse nach →DIN 66025
ZAM Zipper Associative Matrix, assoziative Reißverschlußmatrix für Datenbanken
ZCS Zero Current Switching
ZD Zeitmultiplex-Daten-Übertragungs-System
ZDE Zentralstelle Dokumentation Elektrotechnik e.V. beim →VDE
ZDR Zeilen-Drucker, →LPT
ZE Zentral-Einheit, z.B. eines Rechners
ZER Zertifizierungsstelle
ZF Zero Flag, Bit vom Prozessor-Status-Wort
ZFS Zentrum Fertigungstechnik Stuttgart
ZG Zentral-Gerät, z.B. der →SIMATIC
ZG Zeichen-Generator, Baustein auf Video-Baugruppen

ZGDV Zentrum für Grafische Daten-Verarbeitung in Darmstadt
ZIF Zero Insertion Force
ZIP Zigzag In-line Package, Gehäuseform von integrierten Schaltkreisen
ZIR Zirkular, z.B. Bewegung von Robotern
ZK Zwischenkreis, z.B. Spannungs-Zwischenkreis von Stromrichtern
ZKZ Zeit-Kenn-Zahl, Roboter-Begriff
ZLS Zentralstelle der Länder für Sicherheitstechnik
ZN Zweig-Niederlassung, Siemens-Vertretung im Inland
ZO Zero Offset, Nullpunkt-Verschiebung bei Werkzeugmaschinen-Steuerungen
ZPAL Zero Power PAL, →PAL mit geringer Stromaufnahme
ZRAM Zero Random Access Memory, Halbleiter-Speicher mit Lithium-Batterie
ZS Zertifizierungs-Stelle, akkreditierte Prüflabors
ZST Zeichen-Satz-Tabelle
ZV Zeilen-Vorschub, →LF
ZVEH Zentralverband der Deutschen Elektrohandwerke
ZVEI Zentralverband Elektrotechnik- und Elektroindustrie e.V.
ZVP Zuverlässigkeits-Prüfung
ZVS Zero Voltage Switching
ZWF Zeitschrift für wirtschaftlichen Fabrikbetrieb vom Carl Hanser Verlag
ZWSPE Zwischen-Speicher-Einrichtung der Telekommunikation
ZYK Zykluszeit überschritten, Störungs-Anzeige im →USTACK der →SPS
ZZF Zentralamt für Zulassungen im Fernmeldewesen

# Sachverzeichnis

## A

Abdichtplatte 245
Abdichtung 652, 655, 660, 662, 664, 666, 744
Abgriff 567
Ablaufsteuerungen 588
Abschaltregelung 810
Absolutdruck 59, 60
Absolutdruckaufnehmer 91
Absolutdruckmessung 87
Absolut-Geber 118
Absorption 288
-, dielektrische 359
ABT 456
Abtastfilter
-, analoge 444
-, BBD 444
-, CCD 444
-, CID 444
Abtastfrequenz 423
Abtastperiode 415
Abtastrate 416
Abtastschaltungen 415
Abtasttheorem 423
AC/ACT 460
AC-Servomotoren 705
ADU 417
AD-Umsetzer 397, 417
Advanced Low-power-Schottky-TTL 458
Advanced Schottky-TTL 458
Advanced-CMOS-Logikfamilie 460
Aichelen-Punkte 247
Aktivität 263
Aktivitätskoeffizient 263
Aktivitäts-Verhältnis 271
Aktor
-, elektrochemischer 732, 733
- für Rotation 754
- für Translation 758
-, Linear- 740
-, magnetostriktiver 738
-, Mikro- 739
-, piezoelektrischer 733
Aliasing-Fehler 423
Alkalifehler 265
ALS-TTL 458
Alternativsteuerung 542

Aluminiumoxid-Sensoren 287
AM (Amplitudenmodulation) 411
AM-CW-Radar 170
Amplitudenmodulation 411
Amplitudenquantisierung 322
Amplitudenumtastung 411
Analog/Digital-Umsetzer 225, 322
Analogausgabe-Modul 581
Analog-Digital-Umsetzer 108, 415, 417
Analogeingabe-Baugruppe 581
analoger Positionsdetektor
-, Kenndaten 157
Analogfilter
-, kontinuierliche 439
Analogrechner 336
Analogschalter 395
Analogsignal 313, 395
Analogtechnik 268
Analogwertspeicher 415
Analyse 291
-, Gas- 291
-, qualitative 291
-, quantitative 291
-, Stabilitäts- 325
Anbaufehler 113
Ankerinduktivität 692, 693
Ankerzeitkonstante 693
Anode 256, 774
Anodenstrom 256
Anodenstromanstiegszeit 256
Anpassung
-, induktive 242
Anpassungsgetriebe 720
Anpassungsschaltungen
- für Aufnehmer für Volumina 241
- für Druckaufnehmer 254
- für Laser-Doppler-Velozimeter 256
- für Schwebekörper-Aufnehmer 257
- für thermische Durchflußmesser 258
Anschluß
-, Lötstift- 788
-, Schraub- 788
-, Steck- 788
Anschlußtechnik 788
Ansprechleistung 771
Ansprechzeiten 779
Ansteuerverfahren 702
Anstiegsantwort 15
Anstiegsfunktion 15
Anstiegsrate 416
Anstiegszeit 269
Anti-Aliasing-Filter 109, 423
Antimon-Elektrode 265
Antrieb
-, Direkt- 720, 725
-, doppelt wirkender 744
-, elektromagnetischer 769
-, Kolben- 744, 748
-, Membran- 744, 746

-, Rollmembran- 744
-, Schwenk- 744
-, Stell- 637, 639
-, Tandem- 746
Anweisungsliste 586
Anwenderprogramm 577, 586
Apertur-Jitter 416
Aperturzeit 416
APT 605
Arbeitsschutz 291
Arbeitsspeicher 580
Arbeitsvorbereitung 593
Arbitrations-Bus 487
ASIC 455
AS-Interface 494
ASK 411
AS-TTL 458
Atmosphärendruck 60
Aufnehmer
-, Absolutdruck- 91
-, Beschleunigungs- 99, 100, 101, 102, 103
-, Differenzdruck- 92
-, Druck- 59
- für den Durchfluß 245
- für Volumina 235
-, Kraft- 35
-, mittelbare 239
-, Multiturn-Code- 178
-, Piezo- 254
-, piezoelektrische 43
-, Relativdruck- 92
-, Staudruck- 246
-, Schwebekörper- 247
-, unmittelbare 235
-, Weg- 130
-, Wirkdruck- 245
Aufsummieren 118
Ausbreitungsgeschwindigkeit 249
Ausdehnungsthermometer 226
Ausgabebaugruppen 581
Ausgangsdruck
-, normierter 570
Ausgangsgröße 9, 10
Ausgangslastfaktor 457
Ausgangssignal 13, 267, 787
-, hydraulisches 613
Ausgangswiderstand 329, 331, 338, 341
-, differentieller 341
Ausgleichsleitung 208
Ausgleichsvorgänge 788, 794
Auslaßdüse – Einlaßdüse 508
Ausschalten
-, passives 363
Ausschlagverfahren 218, 451, 529, 567
Austenit 730
Auswerteschaltungen
- für kapazitive Sensoren 136
Autofocusprinzip 167
Automaten 3, 9, 16

Automatically Programmed Tool (APT) 605
Automatisierungsmittel 3

**B**
Backbone 489
Bahnbeschreibung
-, explizite Form 596
-, implizite Form 596
-, parametrische Form 596
Bahnsteuerung 594
Bahnvektor 599
Bandbreite 329
Bandstrahlungspyrometer 216
Barber-Pole 142
basisch 263
Bauelemente
-, Filter- 374
-, leistungselektronische 372
Baugruppe
-, Analogeingabe- 581
-, Ausgabe- 581
-, Digitalausgabe- 581
-, Digitaleingabe- 581
-, Eingangs- 581
-, Peripherie- 581
-, Positionier- 582
-, Regelungs- 582
-, Temperaturregel- 582
-, Zähler- 582
-, Zentral- 579
Baukastensysteme 540
Bausteintechnik 585
BCD-Code 118
-, 8-4-2-1- 472
-, natürlicher 472
BCD-Lineal 178
Beeinflussung elektrischer Feldverteilungen 244
Befehlsgeber 788
Befehlsgeräte 788
-, Kapselungen 788
-, Einbaumaße 788
Begrenzer 433
Beharrungsverhalten 12
Belastungsstrom 113
Bemessungsbetriebsspannung 788
Bemessungsbetriebsstrom 788, 790
Bemessungssteuerspeisespannung 792
Bereich
-, explosionsgefährdeter 567
Bernoulli-Druckziffer 675
Bernoulli-Gleichung 674
Berstdruck 60
Berührungsfreiheit 252
Beschleunigung
-, rotatorische 99, 104
-, translatorische 99
Beschleunigungsaufnehmer 99
-, aktive 101

-, Closed-loop 99, 102
-, mikromechanische 101
-, Open-loop 99
-, passive 100
-, piezoelektrische 101
-, piezoresistive 101
-, Schwingstab- 102
-, Servo- 102, 103
Beschleunigungskraft 603
Betätigungselement 788
Betragsbildner 433
Betriebsdatenspeicher 580
Betriebskennlinien 684
-, gleichprozentige 685
-, lineare 685
Betriebsmessung 269
Betriebsspannungsbereich 779
Betriebsverhalten 707, 718
-, dynamisches 696, 713
-, stationäres 693
Bewegung
-, rotatorische 720
-, translatorische 720
Bewegungssteuerung 593
Bezugselektrode 264, 271, 272
-, eigentliche 264, 265
-, externe 265
-, integrierte 264
-, interne 265
Bezugselektrolyt
-, Änderung 266
Bezugslösung 265
Bezugspotential 270
Bezugsspannung 272, 274
-, Ermittlung 272
Bezugstemperatur 276, 277
BiCMOS 456
Biegewandler
-, bimorph 736
-, unimorph 736
Bildaufbauzeit 217
Bilddarstellung 217
Bimetall 731
Bimetallthermometer 228
Binär-Code 118
Binormale 603
Bipolartransistor 330, 375
Bitfehlerrate 482
Bitverarbeitung 579
Blei-Zirkonat-Titanat (PZT) 733
Blende 246, 501, 506, 624
Blindleistungsaufnahme 804
Blindleistungsbelastung 803
Blockschaltbild 9
Blockstromverfahren 702
Bourdonfeder 513, 532
Bourdon-Rohr 66
Brechzahl 231
Bremsmotor 714

Brückenkontakte 777
Brückenschaltung 255, 258
Burst 260
Bus 3
-, Arbitrations- 487
-, Daten- 485
-, Daten-Transfer- 487
-, Feld- 490
-, Handshake- 485
-, IEC- 485
-, IEEE- 485
-, INTER- 491
-, Interrupt- 488
-, Management- 485
-, paralleler 485
-, PROFI- 490
-, serieller 489
-, VME- 486
Bussysteme 479
Buszugriff
-, CSMA/CA 480
-, CSMA 480
-, CSMA/CD 480
-, kontrollierter 481
-, Master-Slave 481
-, Token-Passing 481
-, zufälliger 480
Buszugriffsverfahren 479

**C**

CAD-System 593
camflex-Stellventil 663
CAN 493
Carrier Sense Multiple Access 480
CCD 157
CE-Kennzeichen 29
Centronics 484
charge coupled (CCD) 157
Charge-Transfer Devices 444
chemisches Gleichgewicht 270
Chemolumineszenz 291
Chemosensoren 302
Chinhydron 273
Chopperverstärker 345
Chromatogramm 305
CIM-Konzepte 605
CLDATA 604
CMOS 331
CMRR 338, 342, 356, 357
CNC 591
Coanda-Effekt 523, 525, 562
Code-Lineal 177
Code-Scheibe 119
Collision Avoidance 481
Collision Detection 481
Computer Integrated Manufacturing (CIM) 605
Computer Numerical Control (CNC) 591
Controller Area Network (CAN) 493

Coriolis-Durchflußmesser 252
Coriolis-Effekt 107
Corioliskraft 252
Coriolismoment 603
Coulomb-Kraft 247
CPR 528
CPU 577
CRC-Test 483
CSMA/CA 493
Cu-Kurzschlußring 772
Curie-Temperatur 734, 738
Cutter Location 604
Cyclic Redundancy Check 483

**D**

Dampfdruck-Federthermometer 230
Dämpfungskonstante 719
Dämpfungszeitkonstante
-, mechanische 719
Darlington-Schaltung 331
Datenbus 485
Datensicherheit 119
Datensicherung 482, 496
Daten-Transfer-Bus 487
DAU
-, direkte 427
-, hochauflösende 427
-, indirekte 427
DC/DC-Wandler 802, 804
DDA 596
DDC-Betrieb 322
Dehnmeßstreifen 451
Dehnstoff-Element 731, 732
Dehnung
-, Komplementär- 187
-, scheinbare 183
Dehnungsfaktor 68, 71, 73, 74
Dehnungsmeßstreifen (DMS) 68, 182, 255
-, Dickfilm- 69, 73
-, Dünnfilm- 69, 73
-, Halbleiter- 70
-, Metall- 68
Dehnungssensor
-, faseroptischer 189
-, frequenzanaloger 191
-, resonanter 191
Dekodierer 474
Delta-Funktion 14
Delta-Sigma-AD-Umsetzer 423
Delta-Sigma-Modulator 424
Demodulatoren 411, 413
-, Synchron- 413
Demultiplexer 395
Denavit-Hartenberg Kinematik-Parameter 601
Denavit-Hartenberg-Transformationsgleichungen 608
Denavit-Hartenberg-Transformationsmatrizen 598

Depolarisierung 734
Detektor
-, fotoelektrischer 215
-, optischer 150
Dezimalzahl
-, binär kodierte 472
D-FF 464
D-Flip-Flops 244, 245
D-H-Matrizen 601
Diaphragma 266, 269
-, Verunreinigung des 266
Dichte 245
Dichtheitsanforderungen 749
Dichtung
-, Ab- 652, 655, 660, 662, 664, 666, 744
-, Faltenbalg- 652
-, metallische 651
-, Weich- 651
Dickenmessung 191
-, radiometrische 194
-, Wirbelstrom- 193
Dickfilm-Dehnungsmeßstreifen 69
Dickfilmtechnik 133
Differentialanordnungen 132
Differentialdiode 155
Differentialdrossel 76, 132
Differential-Feldplatten 141
Differentialgleichung 16
-, gewöhnliche 16
-, partielle 16
Differential-GPS 127
Differentialkondensator 78, 255
Differentialprinzip 128
Differentialsystem 34
Differentialtransformator 76, 136, 257, 624
Differenzdruck 60, 77
Differenzdruckaufnehmer 92
Differenzdruckmessung 87
Differenzeingangsspannung 335
Differenzsignale 335
Differenzverstärker 336
Diffusionsspannung 266
Digital-Analog-Umsetzer 322, 415, 427
Digitalausgabe-Baugruppe 581
Digital-Differential-Analysator (DDA) 596
Digitaleingabe-Baugruppe 581
Digital-Resolver-Umsetzer 409
Diodengleichrichter
-, ungesteuerte 802
Diodenzeilen 257
Direktantrieb 720, 725
Direktumsetzung 48
Dividierer 401
-, Einquadranten- 401
-, Vierquadranten- 401
-, Zweiquadranten- 401
DMS 53, 182
-, Aktiv- 39
-, Axial- 37

-, -Charakteristik 41
-, Dickfilm- 186
-, Dünnfilm- 43, 186
-, Effekt- 182, 183
-, Folien- 184
-, Halbleiter- 38
-, Halbleiter-Dünnfilm- 43
-, Komplementär- 39
-, Metallfolien- 183
-, Poisson- 39
-, Referenz- 187
-, Si-Miniatur- 183
-, -Widerstand 183
-, Zirkumferential- 37
DMS-Effekt
-, longitudinaler 182
-, transversaler 183
Doppelintegrationsverfahren 421
Doppelmembranrelais 557
Doppelmotor 748
Doppelsitzventil 647
Doppler-Effekt 124, 125
Dopplerverfahren 125
Drainstrom 331
Dralleffekt 523
Drallsatz 104
Drehanker-Magnetmotor 615
Drehfeld 707
Drehfeldsystem
-, ideales 704, 705
Drehflügelmotor 753
Drehimpuls 104
Drehimpulserhaltungssatz 104
Drehkegel 659
Drehkegelstellventil 659, 663
Drehkegelventil 639
Drehkolbenmaschinen 813
Drehkolbenzähler 237
Drehkugelsegmentstellventil 664
Drehkugelstellventil 660, 661
Drehmelder 137, 407, 705
Drehmoment 709
-, inneres 694
-, nutzbares 694
Drehmomentkompensation 532
Drehmomentmessung 52
Drehmomentvergleich 453, 542
Drehmomentvergleichendes Prinzip 570
Drehrate 99, 104
Drehrichtungsinformation 113
Drehstromanwendungen 778
Drehstrom-Asynchronmotor 707, 709, 713
Drehtransformator 53, 137
Drehzahl 720
Drehzahlerkennung 244
Drehzahlmessung 241
Drehzahlregelung 691, 810
Drehzahlstellung 695, 710
Dreiecksbalken 39

Drei-Finger-Regel 591
Dreileiterschaltung 223
Drei-Phasen-Schrittmotor 741
Dreipolverstärker 330
Drei-Punkt-Regelverhalten 733
Dreipunktregler 326
Dreiwegeventil 647
Driftkorrektur 348
Driftunterdrückung 335
Drosseleinrichtung 245
Drosselklappe 639
Drosselkörper 647, 649
-, nicht druckentlasteter 647
Druck 59
-, absoluter 59
-, Atmosphären- 60
-, Ausgangs- 570
-, Berst- 60
-, Differenz- 60, 77
-, dynamischer 60
-, Gesamt- 60
-, Kompensations- 570
-, statischer 60
-, Zuluft- 570
Druckarten 59
Druckaufnehmer 74
-, Absolut- 91
-, andere 75
-, Differenz- 92
-, Halbleiter- 71
-, induktive 76
-, kapazitive 77
-, Membran als 74
-, physikalische Prinzipien 59
-, piezoelektrische 81
-, Relativ- 92
Druckbeaufschlagung 266
Druckbereich 807
-, Hoch- 555
-, Nieder- 555
-, Normal- 555
Druckdifferenz 59, 60
Druckentlastung 650
Druckfestigkeit 644
Druckflüssigkeitsquellen 813
Druck-Kraft-Wandlung 513
Druckluft 807
Druckluftanlagen 808
Druckluftaufbereitung 811
Drucklufterzeugung 809
Druckluftöler 811
Druckluftversorgung 807
Druckmeßeinrichtungen 59
Druckmeßgerät 61
-, elektrisches 61
-, hydraulisches 61
-, mechanisches 61
Druckmeßtechnik 59
Druckmeßumformer 61

Druckmeßverfahren
-, hydrostatisches 201
Druckpegel 523
Druckregler 811
Druckrückgewinnungsfaktor 676, 682
Drucksensor 61
Drucktaster 788
Druckteiler 501
Druckteilerschaltung 504
Druckverhältnis
-, kritisches 644
Druckverstärker 505
Druckwaage 66
Druck-Weg-Wandler 505
Druck-Weg-Wandlung 513
Dualkode 472
Dualmaßstab 177
Dual-slope 421
Dualzähler 471
Dunkelstrom 151, 153
Dünnfilm-Dehnungsmeßstreifen 69
Duo-Lateraleffekt-Positionsdetektor 156
Durchfluß 235
Durchflußbegrenzung 644
Durchflußgleichungen 680
Durchflußkennlinie
-, gleichprozentige 642, 654, 683
-, ideale 642
-, inhärente 642
-, lineare 642, 654, 683
Durchflußkoeffizient 245, 641, 671, 674, 675, 678, 681, 683
-, relativer 642
Durchflußmesser
-, Coriolis- 252
-, magnetisch-induktiver 247
-, thermische 253
-, Ultraschall- 249
-, Wirbel- 250
Durchflußmessung 87, 235
Durchgangsventil 647
Durchgriff 416
Durchlaßwiderstand 395
Durchlaufregelung 810
Durchteilung 245
Düse – Kugel 508, 534, 631
Düse – Prallplatte 505, 507, 508, 532, 542, 616, 623, 631
Düse 503
dynamisches Wiegen 52
Dynode 256

**E**

Echolot 168
Ecklastfehler 50
Eckventil 647
EC-Motor 700
Edelmetallelektrode
-, elektronensensitive 271

Effekt
-, Coanda- 523, 525, 562
-, Coriolis- 107
-, DMS- 182, 183
-, Doppler- 124, 125
-, Drall- 523
-, Festkörper- 182
-, Jalousie- 175
-, Längs- 81
-, Longitudinal- 45, 182
-, Memory- 730
-, Photo- 150
-, Piezo- 358
-, piezoelektrischer 254, 733, 734
-, piezoresistiver 70, 182, 254
-, Quer- 81
-, Sagnac- 105
-, Scher- 81
-, thermischer 35
-, Trägheits- 52
-, Transversal- 45, 183
-, Wandhaft- 523
Effektor 598, 601
Effektor-Frame 601
EG-Konformität 28
Eichwert 49
Eigenerwärmungskoeffizient 210
Eigenkreisfrequenz 719
Eigensicher 221
Eigensicherheit 25
Ein- und Auslaufstrecken 240
Einbau 22
- am Meßort 22
- am Stellort 22
- in der Zentrale 22
Einbauort 21
Eindringtiefe 193
Einebenen-Strukturen 479
Einfachstarter 796
Einflankensteuerung 465
Eingang
-, invertierender 336
-, nichtinvertierender 336
Eingangsbaugruppen 581
Eingangsgröße 9, 10
Eingangslastfaktor 457
Eingangsruhestrom 340
Eingangssignal 13
-, elektrisches 572, 613
Eingangssignalfrequenz
-, maximale 423
- von ADU 423
Eingangssignalverarbeitung 268
Eingangsstrom 569
Eingangswiderstand 267, 329, 338, 341
-, differentieller 351
Einheitsregler
-, pneumatische 541
Einheitssignal 3, 7, 449, 506

Einheitssignalbereich 541
Einheitssprungfunktion 13
Einlaßdüse – Auslaßdüse 508
Einsatzbedingungen 766
Einschalten
-, passives 363
Einschlußthermometer 227
Einschritt-Code 177
Einschwingzeit 329, 416
Einsitzventil 647
Einstabmeßkette 264
Einstelldauer 235
Einstellparameter
-, Entkopplung der 545
Einstellzeit 415
- der Redoxspannung 274
Einstrahlzähler 240
Einweg-Lichtschranke 160
Einzelionenaktivität 270
Einzelpotential 271
Ejektorwirkung 507
elastische Elemente 501, 513, 514
Elastische Nachwirkung – "Kriechen" 35
Elastizitätsmodul 35
elektrische Welle 137
elektrisches Eingangssignal 572, 613
elektrisch-pneumatische Umformer 449, 453, 567
Elektrischvergleichendes Prinzip 572
Elektroanalogie 518
Elektrochemischer Aktor 732, 733
Elektrode
-, Antimon- 265
-, Bezugs- 264, 271, 272
-, Edelmetall- 271
-, Email- 265
-, Glas- 264, 265
-, Kalomel- 265
-, Metall- 271
-, Meß- 271
-, Quecksilberchlorid- 265
-, Quecksilbersulfat- 265
-, Silberchlorid- 265
-, Standard-Wasserstoff- 270, 271
-, Thalamid- 265
-, Thalliumchlorid- 265
Elektrodenmaterial 276
Elektrodenmetalle 271
Elektrodenverschmutzung 276
Elektrolyseverfahren 288
Elektrolyt
-, Gel-Verfestigung 266
-, Hilfs- 266
-, Schutz- 266
Elektrolytbrücke 266
Elektrolytlösung
-, Bezugs- 265
-, Leitvermögen 275
Elektromagnete 726

-, Drehmagnet 726
-, Drehstrommagnet 727
-, Gleichstrommagnet 726
-, Hubmagnet 726
-, Schlagmagnet 726
-, Schwingmagnet 726
-, Wechselstrommagnet 727
elektromagnetische Störung 28
elektromagnetische Verträglichkeit (EMV) 28, 259
elektromagnetischer Antrieb 769
Elektrometersubtrahierer 355
Elektrometerverstärker 254
Elektronenabgabe 270
Elektronenaufnahme 270
Elektronenaustausch 271
Elektronikmotor 700
Elektronik-Signalniveau 788
elektropneumatische Umformer 749
elektrostatische Entladung (ESD) 260
Elemente
-, Betätigungs- 788
-, Dehnstoff 731, 732
-, elastische 501, 513, 514
-, Gegenstrahl- 524
-, Hall- 701, 706
-, Schalt- 788
-, Strahl- 521
-, Strahlablenk- 524, 561
-, Turbulenz- 525, 561
-, Volumen- 501, 510
-, Wandstrahl- 525, 562
-, Wirbelkammer- 527
Email-Elektrode 265
Emissionsgrad 218
Emissionsüberwachung 291
Emitterfolger 331
Emitterschaltungen 331
Empfangsoptik 251
Empfangsresolver 137
Empfindlichkeitsfaktor 182
EMV 259, 374, 462, 788
-, Filtereinrichtung 801
-, Gesetz 28
-, Prüfung 260
Energiefluß 5, 787
Energiepegel 5
Energieströme 637
Energietechnik
-, elektrische 361
Energiezwischenspeicherung 370
Enkoder 700, 703
Entladezeiten 254
Entladung
-, elektrostatische (ESD) 260
Entsorgung 785
Erdschleifen 351
Erregung 771
Erwärmung 779

890  Sachverzeichnis

ESD 260
EXAPT 605
Expansionsfaktor 681
explosionsgefährdeter Bereich 567
Explosionsschutz 8, 24
-, primärer 24
-, sekundärer 24
Extended subset of APT (EXAPT) 605
Extender 486
Extremwertauswahl 435

**F**

Fabry-Perot-Resonator 148
FACT 460
Fairchild-Advanced-CMOS-Technologie 460
Fairchild-Advanced-Schottky-TTL 458
Faktor
-, Druckrückgewinnungs- 676, 682
-, Expansions- 681
-, Realgas- 681
-, Reynolds-Zahl- 678
-, Rohrgeometrie- 675, 678
-, Rohrleitungsgeometrie- 675
-, Übertragungs- 685
-, Ventilform- 678
Fallbeschleunigung 49
Faltenbalgdichtung 652
FAN 489
Fangdüse 521, 561
fan-in 457
fan-out 457, 555
Faserhygrometer 285
Faserkreisel 105
faseroptische Thermometer 231
FAST 458
FCTh 381
Federelemente
-, Optimierung von 40
Federklemmen 788
Federkonstruktionen 37
Federmanometer 61, 66
Federmaterialien 35
Federsatz 771
Federwaagenkonzept 35
Fehlererkennung 482
Fehlergrenze 235
Fehlerpotentiale 271
Feldausbreitung 276
Feldbus 307, 490
Feldbussystem
-, industrielles 497
Feldeffekttransistor 331, 395
Felder
-, elektromagnetische 259
Feldplatte 119
Feldschwächbereich 712
Feldverteilungen
-, Beeinflussung elektrischer 244
FEM 40

Fernübertragung 313
Ferraris-Prinzip 115
Ferritmagnete 692
Ferroelektrika 734
ferromagnetische Materialien 130
Festkörpereffekt 182
Festwertregelung 318
Feuchte
-, absolute 281, 282, 287
-, relative 281, 282
Feuchtegrad 281
Feuchtemessung 281, 283
Feuchtesensor
-, faseroptischer 288
-, kapazitive 286
FF 464
FID 301
Field Area Network (FAN) 489
Field Controlled Thyristor (FCTh) 381
Fieldbus Message Specification (FMS) 490
Filter 437, 811
-, Abtast- 444
-, aktive RC- 437, 439
-, Analog- 439
-, Anti-Aliasing- 109, 423
-, AOW- 443
-, CCD- 437
-, digitale 424, 437, 446
-, FIR 446
-, IIV- 109
-, Kalman- 126
-, keramischer 443
-, mechanische 441
-, monolithische 443
-, Oberflächenwellen- 443
-, passive RLC- 439
-, Polarisations- 162
-, Reaktanz- 437
-, RLC- 437
-, SC- 437, 444
-, Tageslicht- 162
-, Tiefpaß- 423
-, Volumenwellen- 443
-, ZF- 443
Filterbauelemente 374
Filterklassen 437
Filterkreis 371
Fläche
-, wirksame 517
Flammen 251
Flammenionisationsdetektor (FID) 301
Flammschutzmittel 785
Flankensteilheit 395
Flipflops (FF) 464
-, D- 464
-, JK- 464
-, JK-Master-Slave- 470
-, Master-Slave- 465
-, Mono- 466

-, RS- 464
-, Zähl- 464
Flipflopstufen 464
Flügelrad 239
Flügelradzähler 239, 240
Flughydraulik 615
Fluide 245, 637
-, inkompressible 671, 674
-, kompressible 671, 680
-, Newtonsche 671
Fluidics 521
fluidischer Regler 550
Fluidkondensatoren 553
Flüssigkeits-Federthermometer 229
Flüssigkeits-Glasthermometer 227
Flüssigkeitsmanometer 63
Flüssigkeitsverbindung 265
FM (Frequenzmodulation) 411
FM-CW-Radar 169
FMS 490
Folgeregelung 318
Förderstrom 637
Formgedächtnis-Legierung 730
Fotodioden 256
fotoelektrischer Detektor 215
Fotomultiplier 215, 256
Fotovervielfacher 256
Fotowiderstand 215
Fotozelle 215
FP-Resonator 148
Frame
-, Effektor- 601
-, Roboter- 601
Freiheitsgrade
-, rotatorische 591
-, translatorische 591
Freistrahl 521, 525
Fremdkörperschutz 23
Fremdlicht 162
Fremdschichten 778
Frequency shift keying 405
2-Frequenz-Interferometer 182
Frequenz
-, Abtast- 423
-, Eigenkreis- 719
-, Eingangssignal- 423
-, Grenz- 118, 122, 329, 359, 538, 568, 570
-, Kreis- 16
-, Schlupf- 116
-, Ständer- 711
-, Träger- 6
-, Transit- 335
Frequenzbereich 17, 411
Frequenzgang 15, 16, 18
Frequenzgangkompensation 341
Frequenzgangortskurve 16
Frequenzkennlinien 628
Frequenzmodulation 411
Frequenzsynthese 405

Frequenzteiler 470, 473
Frequenzumrichter 711, 713, 797
Frequenzumtastung 85, 411
FSK 411
FSK-Technik 85
FSR 417
FTIR 295, 307
Fühlerbruchüberwachung 221
Führungsgröße 9, 317
Führungsverhalten 318
- des Antriebs 698
Füllmenge 198
Füllstand 127, 198
Füllstandmessung 87, 88, 93, 198
Funktion
-, analoge 314
-, Anstiegs- 15
-, Delta- 14
-, Einheitssprung- 13
-, Gewichts- 14, 15
-, Grund- 313
-, harmonische 13
-, Impuls- 13
-, Kreuzkorrelations- 125
-, Leit- 323
-, Rampen- 13
-, Sinus- 15
-, Sprung- 13
-, Standardübertragungs- 318
-, Übergangs- 13, 17, 320
-, Übertragungs- 16, 17, 267, 272, 317, 530
-, Verstärker 787
Funktionseinheit 11
-, nichtlineare 433
Funktionsgeneratoren 434
Funktionsplan 586, 587
Funktionsprinzip 771
Fußschalter 788

**G**

gage factor 182
γ-Strahlen 194
γ-Strahlung 201
Gasanalyse 291
Gaschromatographie (GC) 303, 307
Gasdruck-Federthermometer 230
Gasfeuchte 281, 283
Gasgesetz 281
Gatter
-, NAND 464
-, NOR 464
GC 303, 307
Gebläse 637
Gebrauchskategorie 788
Gegenstrahlelemente 524
Gehäusesysteme 19
-, 19 Zoll- 19
-, individuelle 19
-, metrische 19

-, universelle 19
Gelenkkoordinaten 598
Gelenkwinkel 598
Gel-Verfestigung des Elektrolyten 266
Generator
- für Sinusschwingungen 402
-, Funktions- 434
-, Phasenschieber- 404
-, RC- 404
-, Sinus- 403
-, Tacho- 703
-, Wien-Robinson- 404
genormte Grundwerte 211
Geometrieänderung 182
Geometriefaktoren 127
Geometrie-Messung
-, optoelektronische 158
Geometriesensoren
-, optische 143
Geometrieübernahme 605
Gerätekombinationen 796
Gesamtdruck 60
Gesamtstrahlungspyrometer 216
Gesamtwiderstandsbeiwert 675
Geschwindigkeit 111
-, Winkel- 111
Geschwindigkeitsmessung 123
Geschwindigkeits-Meßverfahren
-, berührungsloses 251
Geschwindigkeitsverteilung 250
-, gestörte 245
-, radialsymmetrische 248
Getriebe 720
-, Anpassungs- 720
-, Gewindespindel- 724
-, Kegelrad- 722
-, Ketten- 724
-, Linear- 724
-, Reib- 723
-, Riemen- 723
-, Schnecken- 722
-, Schraubrad- 723
-, Stirnrad- 721
-, Zahnrad- 721
-, Zahnriemen- 724
-, Zahnstangen- 725
-, Zugmittel- 723
Gewichtsfunktion 14, 15
Gewindespindelgetriebe 724
Glaselektrode 264, 265
-, pH- 264
Gleichgewicht
-, chemisches 270
Gleichpolmotor 718
Gleichrichter 369, 433
-, Dioden- 802
-, phasenempfindlicher 344, 347, 413
-, Synchron- 413
Gleichrichterschaltung 803

Gleichrichtung 6, 802
-, phasenempfindliche 6
-, Synchron- 6
Gleichspannung 313
Gleichspannungskopplung 329
Gleichspannungsrelais 772
Gleichspannungsverstärker 329, 341
Gleichspannungsverstärkung 335
Gleichstrom 313
Gleichstromlasten 774
Gleichstromlichtbogen 774
Gleichstrommotor 691, 694, 700
-, bürstenloser 700
- mit Kommutator 691
Gleichstromtachogeneratoren 112
Gleichtakteingangsspannung 335, 356
Gleichtakteingangswiderstand 356
Gleichtaktstörsignale 335
Gleichtaktstörungen 133
Gleichtaktunterdrückung (CHRR) 338, 351
Gleichtaktunterdrückungsverhältnis (CMRR) 357
Gleitschieber-Stellventil 653
Glied
-, zeitinvariantes 13
-, zeitvariantes 13
Glockenläufer 693
Glühfadenpyrometer 216
Glühlampen 146
Goldbergschaltung 347
GPIB 485
GPS 127
GRAFCET 588
GRAFTEC 588
GRAPH5 588
Gray-Code 118, 177
Greifermittelpunkt 598
Grenzdauerstrom 780
Grenzfrequenz 118, 122, 329, 359, 538, 568, 570
Grenzrisiko 23
Grenzwertmelder 435
Grenzwertsensoren mit geführtem Licht 200
Grundfunktionen 313
Grundkennlinien 683
-, gleichprozentige 683
-, lineare 683
Grundoperationen 313
Grundschaltung
-, leistungselektronische 361
Grundwerte
-, genormte 211
Grundwertreihe 207
GTO 378
guard ring 135

**H**

Haarhygrometer 285
Halbleiter-Dehnungsmeßstreifen 70
Halbleiterdruckaufnehmer 71

-, Temperaturabhängigkeit 71
Halbleiter-Dünnfilm-DMS 43
Halbleiterrelais 783
Halbleiterschalter 783
Halbleiterschütze 795
Halbleiter-Sensoren 265
Halbwertsdicke 195
Hall-Elemente 701, 706
Hall-Multiplikator 401
Hall-Sensor 138, 701, 706
Hallsonde 119
Hallwinkel 139
Haltedrift 416
Haltemoment 691, 716
Halteschaltungen 415
Hamming-Distanz 482, 496
Hand-Automatik-Umschaltglied 545
Handhabungsgeräte 593
Handshake-Bus 485
harmonische Funktion 13
HART 496
HART-Kommunikations-Protokoll 85, 89
hartmagnetische Werkstoffe 139
HART-Protokoll 259, 496
Hauptschalter 792, 795
Hauptstromkreis 787, 792
HC/HCT 460
HD 482
Hebebühne 815
Hebelsysteme 48
Heißleiter 211
Heizelement 253
Heizleistung 253
HeNe-Gaslaser 150
HeNe-Laser 180
HF-Felder
-, eingestrahlte 260
HF-Signale
-, leitungsgebundene 261
High Adressable Remote Transducer (HART) 496
Hilfselektrolyt 266
Hilfsenergie 3, 7, 555
-, elektrische 317
-, Gleichspannung 801
-, hydraulische 317
-, pneumatische 317
Hilfsenergiequelle 5
Hilfsenergieversorgung 449
Hilfsschalter 790
Hilfsschütze 790, 792, 795
-, Einschaltstrom 791
-, Magnetsystem 791
-, Schaltzeiten 791
-, Sicherheitsaspekt 790
Hilfsspannungsquelle 219
Hilfsstromkreis 787, 792
Hilfsstromschalter 788
Hintergrundunterdrückung 162

Hochdruckbereich 555
Hochfrequenzeinstrahlung 572
Hochfrequenztransformator 802
Hochgeschwindigkeitsreihen 460
HOLD-Befehl 415
Hooke´sches Gesetz 35, 40
Hörer 485
HP-IB 485
HS 366
H-Schwenkmotor 753
Hubarbeit 615
Hubhöhe 247
Hubkolbenmaschinen 813
Hubventil 640
Hüllrohr 277
Hybridrelais 783
Hydraulik
-, Mobil- 814
-, Stationär- 815
hydraulische Schwenkmotoren 753
Hydroachsen 758
hydrostatisches Druckmeßverfahren 201
Hydroventile 613
Hydrozylinder 756, 759
Hygrometer
-, Faser- 285
-, Haar- 285
-, Tauspiegel- 283
Hysterese 34, 37
H-Zylinder 756

I
$IVU$-Wandler 351
IEC-Bus 485
IEEE-Bus 485
IGBT 375
IIV-Filter 109
Immissionsüberwachung 291
Impedanzwandler 46, 331
Impulsantwort 14
Impulsdraht-Sensor 138, 142
Impulsempfänger 521
Impulsformer
-, passiver 522
Impulsformung 463
Impulsfunktion 13
Impulsgeber 521
Impulsradar 168
IMRR 358
Inchworm-Motor 736
Inductosyn 138
Induktive Anpassung 242
Induktivität 518
-, Anker- 692, 693
-, Leitungs- 518
Induktosyn 56
Industrierelais 778
Industrieroboter 591
Inertialmeßtechnik 100

Inertial-Navigation 105
Information 4, 11
Informationsfluß 3
Informationsgewinnung 3, 313
Informationsinhalt 5
Informationsparameter 313
Informationsübertragung 3, 4, 313, 411, 479
Informationsverarbeitung 3, 313
Inhomogenität 208
Inkrement 175
Inkremental-Geber
-, optische 117
Inkrementalmaßstab 138, 175
Innenwiderstand 248
In-situ-Verfahren 307
Instrumentationsverstärker 351
-, programmierbarer 355
Instrumentenluft 571
Insulated-Gate-Bipolar-Transistor (IGBT) 375
Integrationskondensator 358, 398
Integrationsoszillator 404
Intelligent Power Module (IPM) 378
INTERBUS-S 491
Interface 479
-, AS- 494
Interfaceschaltungen 460
Interferenzstreifenfeld 251
Interferometer 179
-, 2-Frequenz- 182
-, Michelson- 180
Internationale Elektrotechnische Kommission 485
Internationale Temperaturskale 205
Interpolation 177, 592, 594
-, analoge 138
- durch Integration 596
- nach der Suchschrittmethode 596
-, Spline- 597
-, zyklisch-absolute 138
Interpolationstaktzeit 596
Interpolator 594
Interruptbus 488
Intrinsic 189
Ionenbeweglichkeit 266
Ionenprodukt 263
Ionisationsstrom 301
Ionisations-Verfahren 301
Ionmobility 291
IP 528
IPM 378
IRED 146
ISO/OSI-Referenzmodell 490
Isolation 771
Isolationsunterdrückungsverhältnis (IMRR) 358
Isolationsverstärker 356, 357
Isolationswiderstand 359, 765
Isothermen-Schnittpunkt 267

## J

Jacobi-Matrix 601
Jalousie-Effekt 175
JK-FF 464
JK-Master-Slave-Flipflops 470
Justieren 268
Justierlösung 279
Justier-Puffer-Lösungen 269

## K

Kaliumchlorid-Lösung 265
Kalman-Filter 126
Kalomel-Elektrode 265
Kaltleiter 211
Kapazität 395, 518
-, Leitungs- 518
Kapazitätsdiode 348
kapazitive Feuchtesensoren 286
kapazitives Prinzip 255
Kapillare 501, 513
Kármán 250
Kaskadenregelung 699
Kathode 774
Kavitation 647, 677
KCl-Lösung 279
Kegel
-, Dreh- 659
-, Loch- 647
-, Parabol- 647
-, Schlitz- 647
-, Teller- 647
Kegeldrossel 503
Kegelradgetriebe 722
Kennlinie
-, Betriebs- 684
-, Durchfluß- 683
-, gleichprozentige 671
-, Grund- 683
-, lineare 671
-, Ventil- 685
- von Stellgliedern 671, 683
Kennwerte
-, dynamische 627
-, statische 619, 627, 629, 633
Keramik
-, Multilayer- 734, 735
-, Sinter- 733
Kerne
-, magnetische 132
-, Topf- 133
Kettengetriebe 724
Kinematik
-, kartesische 592
-, nichtkartesische 592
Kippmoment 709, 712
Kippschaltungen 455, 462
Kippschlupf 709
Klassisches Venturi-Rohr 245
Klauenpoltachomaschine 114

# Sachverzeichnis 895

Kleinsignalersatzschaltbild 330
Kodierer 703
Kodierung 417
Koeffizient
-, Durchfluß- 641, 642, 671, 674, 675, 678, 681, 683
-, Nenndurchfluß 642
-, piezoelektrischer 254
-, Temperatur- 692
-, Verlust- 671
Koerzitivfeldstärke 772
Kohärenzlänge 149
Kohlenwasserstoffkonzentration 301
Kolbenantriebe 744, 748
Kolbendruckwaage 66
Kolbenmanometer 66
Kolbenverdichter 809
Kollektorstrom 330
Kollisionserkennung 602
Kommunikation 323
-, industrielle 489
Kommunikationsstandard Bell 202 85
Kommutierung
-, induktive 364
-, kapazitive 364
Kommutierungsvorgänge 363
Kompaktbauweise 578
Komparatoren
-, digitale 475
Kompensationsalgorithmus 322
Kompensationsdruck 570
Kompensationsverfahren 33, 62, 218, 219, 451, 529, 530, 542
Komplementärdehnung 187
Kompressibilität 807
Kondensator 243
-, Differential- 78, 255
-, Fluid- 553
-, Integrations- 358, 398
-, koaxialer 135
-, Lateral-Platten- 135
-, Miller- 460, 462
-, Parallelplatten- 135
-, Referenz- 135
-, Stütz- 461
Kondenswasserabscheider 811
Konduktanz 277
Konduktometer 277
Konformitätsbescheinigung 26
Konformitätstest 28
Konstantflußbereich 712
Kontaktabstand 765, 774
Kontaktmaterialien 774
Kontaktplan 586, 588
Kontaktsatz 771
Kontaktseite 774
Kontaktthermometer 227
Kontaktwiderstand 778
Kontinuitätsgleichung 245

Konzentration 263, 274
Konzentrationsmessung 274
Koordinaten
-, achsspezifische 593
-, Gelenk- 598
-, kartesische 591
-, Maschinen- 591
-, nichtkartesische 592
-, Roboter- 591, 598
-, Welt- 598
-, Werkstück- 591
-, Werkzeug- 591
Koordinatensystem
- für Werkzeugmaschinen 604
-, rechtshändiges 591
-, rechtwinkliges 591
Koordinatentransformation 592, 598
Koppelglieder 791
-, Bauformen 792
Koppelschaltungen 336
Koppelstellen 3
Koppler
-, Opto- 792
Kopplung
-, Gleichspannungs- 329
-, induktive 53, 356
-, kapazitive 53, 356
-, optoelektronische 356
-, rückwirkungsfreie 331
Kraft 33
Kraftabgleich 624
-, mechanischer 623
Kraftaufnehmer 35
-, 3D 46
-, magnetoelastischer 46
-, Mehrkomponenten- 49
-, piezoelektrischer 46
Kraftkompensation 450, 532
Kraftmessung 33
Kraftsensoren
-, resonante 47
Kraftvergleich 453, 531, 542
Kraftvergleichendes Prinzip 569
Kraft-Weg-Wandler 505
Kragarm 39
Kreisel 104
-, dynamisch abgestimmter 104, 105
-, Faser- 105
-, Laser- 105
-, magnetohydrodynamische 107
-, mechanische 104
-, optische 105
-, oszillierende 107
-, Ringfaser- 105
Kreisfrequenz 16
Kreisplattenfedern 39
Kreisschaltung 530
Kreisstruktur 541
Kreisverstärkung 318, 552

Kreuzbalgregler 545
Kreuzkorrelationsfunktion 125
Kreuzstrahlverfahren 251
Kriechkompensation 41
Kugel – Düse 508
Kugelrolltisch 50
Kugelventil 639
Kuppelschalter 793
Kurzschluß 792, 793
Kurzschlußstrom 794

## L

Labormessung 269
Ladebordwand 815
Ladungsausgleichsverfahren 422
Ladungsträgermenge 254
Ladungsträgerverschiebung 254
Ladungsverschiebeelemente 444
Ladungsverstärker 46, 82, 358
Lageregler 603
Lagerung
-, exzentrische 668
LAN 489
Länge 127
Längen- und Querschnittsänderung 255
Längenmessung 127
Längseffekt
-, piezoelektrischer 81
Langzeitschädigung 778
Laplace-Operator 17
Laplace-Transformation 17
Laserdioden 147
Laser-Doppler-Velozimeter (LDV) 251
Laser-Dopplerverfahren 124
Laserkreisel 105
Laser-Radar 160
Laserwellenlänge 251
Last
-, induktive 776
- mit Selbstinduktion 776
- mit kapazitivem Anteil 776
-, rein ohmsche 776
Lastmoment 696, 697, 719, 720
Lastseite 778
Lasttrennschalter 792
Lastwechselzahl 517
Lastwiderstand 330
Lateral-Plattenkondensatoren 135
Läuferspannung 407
Laufzeit 167, 245, 249
Laufzeitdifferenz 249
Laufzeitkorrelationsverfahren 124, 125
Laufzeitverfahren 167
LC-Oszillatoren 403
LDR 150
LDV 251
Lebensdauer 775
Leckage 655
Leckrate 666, 683

Leckstrom 358
LED 146
Leerlaufverstärkung 552
Leistungsarten 484
Leistungsdioden 375
Leistungselektronik 361
Leistungsfaktorregelung 804
-, Längsregler 804
-, Schaltregler 804
Leistungsgrenzen 778
Leistungshalbleiter 362, 375
Leistungsrelais 771
Leistungsschalter 792
-, Fehlerstromauslöser 793
-, Fernantrieb 793
-, Kurzschlußauslöser 793
-, Schaltschloß 793
-, Strombegrenzung 793
-, Überlastauslöser 793
Leistungstransistor 375
Leistungsverhältnis 528
Leistungsverstärker 362, 505
-, elektrische 361
-, hydraulische 613
Leistungsverstärkung 533, 613, 617
2-Leitertechnik 268
Leitfähigkeit 244
-, Definition 274
-, Konzentrationsabhängigkeit 275
-, Messung 274
-, SI-Einheit 274
-, spezifische 275
-, Temperaturabhängigkeit 275
Leitfähigkeitsmeßtechnik
-, Standardsubstanz Kaliumchlorid 279
Leitfähigkeitsmessung 137
Leitfähigkeitsmeßwert 277, 278
Leitfunktion 323
Leitungen
-, pneumatische 501, 518
Leitungsinduktivität 518
Leitungskapazität 518
Leitungswiderstand 518
Leitvermögen von Elektrolytlösungen 275
Leitwert 275, 501
Leuchtdiode 117
Leuchtmelder 788
Lichtbogen 774, 794
-, stehender 777
Lichtbogengrenzspannung 774
Lichtbogenlöschung 794
Lichtgitter 163
Lichtschranke 155, 160
-, Einweg- 160
-, Reflexions- 160
Lichtwellenleiter 491
LiCl-Sensoren 287
life zero 506
LIGA-Verfahren 740

Linear Variable Differential Transformer
 (LVDT)  136
Linearaktor
-, elektrostatischer  740
Lineargetriebe  724
Linearisierung  226
Linearität  111
Linearitätsfehler  112
Linearmotor  615, 616
Local Area Network (LAN)  489
Lochkegel  647
Logik
-, negative  457
-, positive  457
Logikplan  586
Longitudinaleffekt  45, 182
longitudinaler Piezokoeffizient  45
Lorentzkraft  139, 247
Löscheinrichtung  794
Lötprozeß  769
Lötrelais  769
Lötstiftanschluß  788
Low-power-Schottky-TTL  458
LSI  455
LS-TTL  458
Luft- und Kriechstrecken  765
Luftfeuchte  281
Luftleistung  569
Luftschütze  794
Luftverbrauch  523
-, ständiger  560
Lumineszenzdioden (LED)  146
Lumineszenzthermometer  231
LVDT  136
LWL
-, polarisationserhaltende  190

## M

Magnet
-, Elektro-  726, 727
-, Ferrit-  692
-, Permanent-  691
-, Proportional-  615, 616
-, Seltenerd-  692
-, -Werkstoffe  692
50 Hz-Magnetfelder  261
Magnetgabelschranke  121
magnetische Geber  119
magnetische Kerne  132
magnetisch-induktiver Durchflußmesser  247
Magnetisierung
-, spontane  141
Magnetostriktion  174
magnetostriktiver Aktor  738
magnetostriktiver Wandler  738, 739
Magnetowiderstandselemente  138
Magnetwerkstoffe  692
Magnus-Gleichung  281
Management-Bus  485

Manometer
-, Feder-  61, 66
-, Flüssigkeits-  63
-, Kolben-  66
-, Membran-  61, 66
-, Plattenfeder-  66
-, Rohrfeder-  68
-, Schrägrohr-  66
-, U-Rohr-  63
Mantelthermoelement  208
Martensit  730
Maschinenbereich  593
Maschinenkoordinaten  591
Masse  33
-, virtuelle  351
Massenbestimmung  49
Massendurchfluß  252
Massenstrom  637
Massenträgheitsmoment  116, 117, 603, 691, 693,
   696, 702, 707, 720, 756
Master-Slave-Flipflop  465
Master-Slave-Prinzip  490
Materialien
-, ferromagnetische  130
Materialwanderung  775
Maximaltemperatur  779
MBLT  488
MCT  381
Medizintechnik  291
Mehrebenen-Strukturen  479
Mehrspulensysteme
-, transformatorische  137
Meißner-Oszillator  403
Membran  254, 514, 532
Membran(Glas)  264
Membranantriebe  744, 746
Membranfläche
-, wirksame  515
Membranmanometer  61, 66
Membranspannung  264
Membranventil  639, 652
Membranwerkstoffe  516
Memory-Effekt
-, einmaliger  730
-, wiederholbarer  730
Memory-Metalle  731
Mengenmessung  235
Mensch-Maschine-Kommunikation  3
Merker  580
Meßabweichung  237
Meßbereich  235
Meßbereichsgrenze  279
Meßbeständigkeit  235
Meßeinsatz  210
Meßelektrode  271, 272
Meßfeder-Konstruktion  37
Meßgefäß  275
Meßgeometrie  275
Meßglied  317

Meßkette 235, 264
-, Einstab- 264
-, symmetrische 266
Meßkettenspannung 267
Meßprinzip 275
Meßsignal 235
Meßspanne 240
Meßspule 119
Meßstelle 206
Meßstellenumschalter 222
Meßstrom 210
Meßtemperatur 275, 278
Messung von Oberflächenschichten 197
Meßunsicherheit 269, 279
Meßwertumformer 264, 278
- für Redox-Spannungsmessung 272
-, Prozeß-pH-Wert- 267
Meßzellen 275
-, 2-Pol- 276
-, 4-Pol- 276
-, galvanische 276
-, induktive 276, 277
Metall
-, Bi- 731
-, Memory- 731
-, Thermobi- 729
Metall-Dehnungsmeßstreifen 68
Metallelektrode
-, chemisch indifferente 271
metallische Dichtung 651
Metallresonator 441
Metal-Oxide-Semiconductor-Field-Effect-
 Transistor (MOSFET) 375
Michelson-Interferometer 180
Mikroaktor 739
Mikromechanik 454
Mikroprozessor 268, 5//
Mikrorechnerregler 323
Mikrosysteme 454
Mikrothermistor 454
Mikroventil 740
Miller-Effekt 335
Miller-Kondensator 460, 462
Mischstelle 542
Mischungsverhältnis 281
Mittelelektrode 255
Mobilhydraulik 814
Modell 13
-, photoelastische 40
Modellverfahren 603
Modem 259
Modul 378
Modulation 411
-, Amplituden- 411
-, Frequenz- 411
-, Phasen- 411
-, Pulsamplituden- 411
-, Pulsdauer- 411
-, Pulsfrequenz- 411

-, Pulsphasen- 411
Modulationsarten 411
Modulationssignal
-, wertdiskretes 413
-, wertkontinuierliches 411
Modulationstiefe 251
Modulationsverfahren
-, digitale 411
Modulationsverstärker 343
Modulator 343, 411
-, additiver 411
-, Delta-Sigma- 424
-, multiplikativer 411
-, Schwingkondensator- 348
-, Varicap- 348
Modulbauweise 578
Momentenkompensation 450
Momentenvergleich 531, 532
Monoflop
- mit konstanter Verweilzeit 468
- mit verlängerter Verweilzeit 469
-, wiedertriggerbares 469
Montagetechnik 788
MOS Controlled Thyristor (MCT) 381
MOSFET 331, 375
Motor
-, AC-Servo- 705
-, Doppel- 748
-, Drehanker-Magnet- 615
-, Drehflügel- 753
-, Drehstrom-Asynchron- 707, 709, 713
-, EC- 700, 715
-, Elektronik- 700
-, Gleichpol- 718
-, Gleichstrom- 691, 694
-, H-Schwenk- 753
-, Inchworm- 736
-, Linear- 615, 616
-, Niederdruck- 753
-, Reluktanz- 706
-, Schritt- 715, 716, 717, 741
-, Schwenk- 753, 755
-, Schwinganker- 727, 728
-, Servo- 693, 707
-, Servoschwenk- 755
-, SR- 706
-, Synchron- 715
-, Torque- 615, 616, 626
-, Ultraschall- 737
-, Verschiebeanker- 714
-, Voice-Coil- 729
-, Wechselstrom-Asynchron- 709
-, Wurm- 738
Motorschutz 793
Motorsteuergeräte
-, elektronische 797
MSI 455
Multidrop 87
Multiemittertransistor 458

## Sachverzeichnis

Multifunktionsrelais 784
Multilayer-Keramik 734, 735
Multiplexer 395, 474, 479
-, für Analogsignale 396
-, für Digitalsignale 396
Multiplizierer 401
-, Einquadranten- 401
-, Servo- 402
-, Steilheit- 402
-, Stromverhältnis- 402
-, Vierquadranten- 401
-, Zweiquadranten- 401
Multiturn-Codeaufnehmer 178
Multiturn-Potentiometer 178
Multivibratoren 469
MUX 479

### N
Nachladungserscheinung 415
Nachlauf-AD-Umsetzer 420
Nachlaufregelung 318
Nachstellzeit 320
Nachwirkung
-, elastische ("Kriechen") 35
Näherungsschalter 790
NAND-Gatter 464
ND 641
NDIR 293
NDUV 294
Nebenschlußverhalten 709
Negator 456
Nenndruckstufe (PN) 641
Nenndurchflußkoeffizient 642
Nennhub 641
Nennventilkapazität 642
Nennweite (ND) 641
Netzfrequenztransformator 801
Netzgeräte 801
Neutralsalze 264
Newton-Raphson-Algorithmus 600
Niederdruckbereich 530, 555
Niederdruckmotor 753
Niederohmigkeit 765
Niederspannungsschaltgeräte
-, Bestimmungen 797
-, Funktion der 787
-, Prüfbedingungen 788
NIR 146
NOR-Gatter 464
Normaldruckbereich 538, 542, 555
Normale 603
Normbedingungen 671, 674
normierter Ausgangsdruck 570
NOT-AUS-Schalter 792, 795
NS 369
Nullimpuls 118
Nullpunkt 265, 267
Numerische Steuerungen 591
Nyquist-Theorem 423

### O
Oberflächeneigenschaften 125
Oberflächenschichten
-, Messung von 197
Oberflächenwelle 443
Oberflächenwellenfilter
-, akustischer 443
Oberschwingungen 113
ODER-Verknüpfung 459
Öffner 790
Öffnungsverhältnis 245
Offset 329, 338
Offsetgrößen 340
Offsetspannung 395
Offsetspannungsdrift 340
Offsetstromdrift 340
OIML-R 49
Operationen
-, logische 559
Operationsverstärker 314, 330, 336, 552
-, fluidische 541
-, idealer 336, 339
-, nichtidealer 339
-, pneumatische 530, 538
-, programmierbarer 342
-, realer 338
Optimierung von Federelementen 40
optische Inkremental-Geber 117
Optokoppler 792
Ortsfrequenz-Filterverfahren 124
Ortsvektor 599, 601
Oszillator 401
-, Integrations- 404
-, LC- 403
-, Meißner- 403
-, Quarz- 403, 470
-, Start-Stop- 470
-, voltage controlled 404
OTA 342
Ovalradzähler 237
Oversampling 423
Oxidation 270
Oxidationsmittel 270

### P
PAA 583
PAE 583
PAM 411
Parabolkegel 647
Parallele Busse 485
Parallelkapazität 358, 371
Parallelplattenkondensator 135
Parallelschaltung 17
Parallelschwingkreis 372
Parallelverfahren 418, 419
Paramagnetismus 296
Parametrieren 268
Parasitärkräfte 50
Paritätsprüfung 482

Pascal 59
PDM 411
Pedestal 416
Pendellager 50
Peripherie
-, geordnete 601
-, invariante 601
-, variable 601
Peripheriebaugruppen 581
-, intelligente 582
-, signalverarbeitende 582
Permalloy 140
Permanentmagnet 691
Permanentmagnet-Erregung 113
Personenschutz 792
PFM 411
Phase-locked-loop 404
3-Phasen-Wechselstrom 138
Phasenabschnittsteuerung 385
Phasenanschnitt 797
Phasenanschnittsteuerung 385
Phasendetektor 408
Phasendifferenz 408
Phasenmodulation 411
Phasenregelkreis (PLL) 404
Phasenschiebergenerator 404
phasensynchron 775
Phasenumtastung 411
Phasenverschiebung 16
pH-Glaselektrode 264
Photodarlington 154
Photodetektor 251
Photodioden 150, 152
-, Si- 153
Photoeffekt
-, intrinsischer 150
photoelastische Modelle 40
Photoelement
-, Lastkennlinie 152
Phototransistor 154
Photowiderstände 150
pH-Wert- und Redoxspannungsmessung
-, simultane 272
pH-Wert 263
-, Meßeinrichtung 264
-, Messung 264
-, Meßunsicherheit 266
-, temperaturabhängig 264
Pick-up-Spule 242
Piezoaufnehmer 254
Piezoeffekt 358
-, direkter 738
-, inverser 738
piezoelektrische Aufnehmer 43
Piezoelektrischer Aktor 733
piezoelektrischer Effekt 254, 733
-, anisotroper 734
-, direkter 733
-, inverser 733

-, längs- oder longitudinaler 734
-, quer- oder transversaler 734
piezoelektrischer Längseffekt 81
piezoelektrischer Quereffekt 81
piezoelektrischer Schereffekt 81
Piezokoeffizient 45
-, longitudinaler 45
Piezo-Prallplatte 572
piezoresistiver Effekt 70, 182, 254
Piezowandler 735, 737, 739
Pixel 157
Plan
-, Funktions- 586, 587
-, Kontakt- 586, 588
-, Logik- 586
Planckscher Strahler 213
Planspiegel 182
Platin 271
Plattenfedermanometer 66
Plattformwaage 50
Play-Back-Verfahren 606
PLL 404
PM (Phasenmodulation) 411
PMMA 740
PN 641
Pneumatik 501
pneumatische Leitungen 501, 518
pneumatischer Verstärker 568
Poisson-Vollbrücke 37
2-Pol-Meßzellen 276
4-Pol-Meßzellen 276
Polarisation 45, 275, 279
Polarisationsdrehungen 190
Polarisationsfehler 279
Polarisationsfilter 162
Polarisationsschicht 276
Polarisationsspannung 248
Polling 481
Polzahl
-, Änderung 711
Position Sensitive Diode (PSD) 156
Positionierbaugruppen 582
Positionierfehler
-, absoluter 608
-, relativer 608
Positioniergenauigkeit 608, 756
Positionsdetektor 155
-, analoger 157
Positionsregelkreis 691
Positionsregelung 699
Positionsschalter 788
-, Funktionsmaße 790
Postprozessor 605
Potential 774
Potentialtrennung 345, 765, 802, 804, 806
Potentiometerverfahren nach Poggendorf 219
PPM 411
Prallstrahl-Psychrometer 285

Prinzip
-, Drehmomentvergleichendes 570
-, Elektrischvergleichendes 572
-, kapazitives 255
-, Kraftvergleichendes 569
-, Wegvergleichendes 567
Produktionsunterstützung
-, werkstattorientierte 605
PROFIBUS 490
Programmbearbeitung
-, alarmgesteuerte 583
-, zeitgesteuerte 584
-, zyklische 583
Programmiersprachen 586
Programmiersystem 605
Programmierung
-, Off-Line- 606
-, On-Line- 606
-, strukturierte 585
- von Industrierobotern 606
- von NC-Maschinen 604
-, werkstattorientierte 605
Programmierungsverfahren
-, manuelle 604
-, maschinelle 604
-, Werkstatt- 604
Programmkorrekturdaten
-, dynamische 602
-, statistische 602
Proportional-Drosselventile 631
Proportional-Druckbegrenzungsventile 629
Proportional-Druckventile 629
Proportionalmagnet 615, 616
Proportional-Stromregelventile 633
Proportionalventile 613
Proportional-Wegeventile 619, 622
Prozeß
-, kontinuierlicher 13
-, nichtkontinuierlicher 13
Prozeßbild
- der Ausgänge (PAA) 583
- der Eingänge (PAE) 583
Prozessor
-, Mikro- 577
-, Post- 605
Prozeß-pH-Wert-Meßumformer 267
PSD 156
PSK 411
Psychrometer 284
-, Prallstrahl- 285
Pufferlösung 267, 269
-, Justier- 269
-, Redox- 272, 273
-, Standard- 269
-, technische 269
Probenkalibrierung 269
Pulsamplitudenmodulation 411
Pulsdauermodulation 411
Pulsfrequenzmodulation 411

Pulsphasenmodulation 411
Pulsstellerschaltung 381
Pulsverfahren 386
Pumpe 637
2-Punkt-Justierung 269
Punktschweißroboter 607
Punktsteuerung 594
Pyrometer
-, Bandstrahlungs- 216
-, Gesamtstrahlungs- 216
-, Glühfaden- 216
-, Spektral- 216
-, Verhältnis- 216
PZT 733

Q
4-Quadranten-Diode 155
Quadrierer 401
Qualität 785
Quantisierungseinheit 417, 427
Quantisierungsfehler 417
Quantisierungsrauschen 424
Quarzglas 42
Quarzoszillator 403, 470
Quecksilberchlorid-Elektrode 265
Quecksilberrelais 769
Quecksilbersulfat-Elektrode 265
Quellwiderstand 264, 267
Querankersystem 132
Quereffekt
-, piezoelektrischer 81
Querempfindlichkeit 291
Querkontraktion 35
Querschnitts- und Längenänderung 255
Quetschventil 653
Quotient $\Delta p_{100}/\Delta p_0$ 684

R
Radizierer 401
Rampenfunktion 13
Rasterabstand 769
Rasterlineal 175
ratiometrische Umsetzung 418
Rauschen
-, $1/f$ 187
-, thermisches 231
Rauschsignal 329
RC-Generatoren 404
RC-Glied 778
Reaktionszeit 584
Realgasfaktor 681
Rechenfunktionen
-, analoge 401
Rechenoperationen 538, 539
Redox-Gleichgewicht
-, Temperaturabhängigkeit 272
Redox-Paar 270
Redoxpotential 270
Redox-Pufferlösung 272, 273

Redoxspannung 270, 271
-, Temperaturabhängigkeit 271
-, unspezifisch 270
Reduktion 270
Reduktionsmittel 270
Reedrelais 769
Reedschalter 138, 142, 143
Referenzkondensator 135
Referenzpunktverfahren 604
Referenzspannung 430
Referenzspannungsquellen 429
Referenzstromquellen 431
Reflexions-Lichtschranke 160
Regelabweichung 319
Regelalgorithmus 322
Regeleinrichtung 317
-, pneumatische 541
Regelgröße 317
Regelstrecke 317
Regelung 9
-, Abschalt- 810
-, Drehzahl- 691, 810
-, Durchlauf- 810
-, Kaskaden- 699
-, Leistungsfaktor- 804
-, Positions- 699
-, Vektor- 714
Regelungsbaugruppen 582
Regler 317
-, Dreipunkt- 326
-, Druck- 811
-, Einheits- 541
-, elektrische 317
-, elektronische 317
-, fluidischer 550
-, Kreuzbalg- 545
-, Lage- 603
-, Mikrorechner- 323
-, Standard- 319
-, Stellungs- 749
-, unstetiger 463
-, Zweipunkt- 326
Reibgetriebe 723
Reibungsmoment 719
Reifpunkttemperatur 281
Reiheninduktivität 371
Reihenschaltung 17
Reihenschwingkreis 372
Relais 790, 792
-, bistabile 767
-, Doppelmembran- 557
-, gepolte bistabile 773
-, gepolte monostabile 773
-, Gleichspannungs- 772
-, Halbleiter- 783
-, Hybrid- 783
-, Industrie- 778
-, Leistungs- 771
-, Löt- 769

-, monostabile 767
-, Multifunktions- 784
-, neutrale bistabile 772
-, neutrale monostabile 771
-, Quecksilber- 769
-, Reed- 769
- Remanenz- 772
-, Schwachstrom- 771
-, Sicherheits- 778
-, SMD- 770
-, Steck- 770
-, Stromstoß- 772
-, Überlast- 795
-, Wechselspannungs- 772
-, Zeit- 791
Relaismagnetkreis 771
Relaismarkt 765
Relaistypen 767
- nach DIN 767
Relativdruckaufnehmer 92
Reluktanz-Drehzahlmeßeinrichtung 122
Reluktanzmotor 706
Remanenzrelais 772
Resolver 7, 137, 407, 700, 705
-, Empfangs- 137
Resolver-Digital-Umsetzer 408
resonante Kraftsensoren 47
Resonanzgüte 48
Resonanz-Schalten 366
Resonator
-, Fabry-Perot- 148
-, FP- 148
-, Metall- 441
Restfehlerrate 482
Reststrom 791
Retentionszeit 303
Reynolds-Zahl 501, 673
Reynolds-Zahl-Faktor 678
rH-Wert 274
Richtungsinformation 181
Riemengetriebe 723
Ringkolbenzähler 237
Ringlaserkreisel 105
Ringwaage 66
Risiko 23
-, Grenz- 23
Roboter-Frame 601
Roboterkoordinaten 591, 598
Rohrfeder 66
-, -manometer 68
Rohrgeometriefaktor 675, 678
Rohrleitungsgeometriefaktor 675
Rollmembranantrieb 744
Röntgenfluoreszenz-Detektion 197
Röntgenstrahlen 194
Roots-Prinzip 237
RS-FF 464
Rückfallzeiten 779
Rückführbalg 570

Rückführschaltung 17
-, fluidische 538
Rückführung 531, 542
Rückstreuverfahren 196
Rücktransformation 598
rückwirkungsfreie Kopplung 331
Rückwirkungsfreiheit 4, 11, 252
Ruhelage 790, 793
Ruheströme 338

**S**

Sagnac-Effekt 105
Sample-and-Hold-Verstärker 415
Satelliten-Navigation (GPS) 127
Sättigungsdampfdruck 281
sauer 263
Sauerstoffmessung
-, paramagnetische 296
Saugkreis 371
Säulenspannung 774
Säurefehler 265
Scanner 222
Schalldruckpegel 644
Schallemission 686
Schallgeschwindigkeit 125, 249, 518
Schaltelemente 788
-, aktive 555
-, bistabile 563
-, dynamische 557
- mit bewegten Bauteilen 557
-, monostabile 563
- ohne bewegte Bauteile 560
-, passive 555
-, pneumatische 555
-, statische 557
Schalten 793
-, hartes 366
-, neutrales 369
-, Resonanz- 366
-, weiches 366
Schalter
-, Analog- 395
-, Fuß- 788
-, Halbleiter- 783
-, Haupt- 792, 795
-, Hilfs- 790
-, Hilfsstrom- 788
-, idealer 363
-, Kuppel- 793
-, Lasttrenn- 792
-, Leistungs- 792, 793
-, leistungselektronischer 361
-, Näherungs- 790
-, NOT-AUS- 792, 795
-, Positions- 788
-, Reed- 138, 142, 143
-, Steuer- 795
-, Verbraucher- 793
-, Verteiler- 793

Schaltgeräte 787
-, handbetätigte 795
-, Umgebungsbelastungen 788
-, Überlastfestigkeit 788
Schaltkreise
-, CMOS- 459
-, TTL- 457
Schaltkreisfamilien 456
-, CMOS- 456, 459
-, TTL- 456, 457
Schaltnetzgeräte
-, primär getaktete 802
Schaltprogramme 795
Schaltung
-, Abtast- 415
-, Anpassungs- 241, 254, 256, 257, 258
-, Auswerte- 136
-, Brücken- 255, 258
-, Darlington- 331
-, Dreileiter- 223
-, Druckteiler- 504
-, dynamische 460
-, Emitter- 331
-, Gleichrichter- 803
-, Goldberg- 347
-, Grund- 361
-, Halte- 415
-, Interface- 460
-, Kipp- 455, 462
-, Koppel- 336
-, Kreis- 530
-, Parallel- 17
-, Pulssteller- 381
-, Reihen- 17
-, Rückführ- 17, 538
-, Source- 331
-, Speicher- 462
-, Stabilisierungs- 429, 430
-, Stromspiegel- 331
-, Tor- 433
-, Track-and-Hold- 415
-, Verstärkergrund- 331
-, Vollbrücken- 132, 133
Schaltungsberechnung 330
Schaltzeiten 779
Scheibenläufer 693
Schereffekt
-, piezoelektrischer 81
Scherenhubtisch 815
Schieber 637, 639
Schiebewinkel 53
Schlauchventil 639, 653
Schleppfehlerkorrektur 603, 604
Schließer 775, 790
Schlitzkegel 647
Schlupffrequenz 116
Schlupfspule 115
Schmelze 775
Schmitt-Trigger 243, 463

Schneckengetriebe 722
Schneckenspulen 133
Schnittstelle
-, 20 mA-Stromschleife 483
-, Centronics- 483, 484
-, elektrische 483
-, RS 232- 483
-, RS 422- 483
-, RS 485- 483
Schnittvolumen 251
Schnittwinkel 251
Schottky-TTL 458
Schrägrohrmanometer 66
Schraubanschluß 788
Schraubenläufersystem 813
Schraubradgetriebe 723
Schraubverbindung 770
Schrittmotor 715
-, Drei-Phasen- 741
-, Hybrid- 716, 717
-, PM- 716
-, Reluktanz- 717
-, Scheibenläufer- 717
-, VR- 716
Schrittschaltwerk 395
Schutzarten 19, 21, 22
Schutzbeschaltung 773, 778
Schütze 787, 792, 793
-, Bemessungsbetriebsstrom 794
-, Elektromagnetsystem 794
-, Halbleiter- 795
-, Hilfs- 790, 792, 795
-, Hilfsschalter 795
-, Kontaktstücke 794
-, Luft- 794
-, Magnetsystem 794
-, Sparschaltung 795
-, Vakuum- 794
Schutzelektroden 135
Schutzelektrolyt 266
Schützen 792
Schwachstromrelais 771
Schwarzer Strahler 213
Schwebekörper-Aufnehmer 247
Schwebung 423
Schwellwertschalter 463
Schwenkantrieb
-, direkt wirkend 744
-, umgekehrt wirkend 744
Schwenkmotoren
-, hydraulische 753
-, Servo- 755
Schwingankermotor 727, 728
Schwingkreise
-, Verstimmung gedämpfter 242
Schwingquarz 288
Schwingstab-Beschleunigungsaufnehmer 102
Schwingungspaketsteuerung 385
Sekundärelektronen-Vervielfacher 256

Selbsthaltemoment 707, 714, 717
Selbsttest 103
Selektivität 279, 291
Seltenerd-Magnete 692
Sensoren 264, 271
-, Aluminiumoxid- 287
-, bildgebende 157
-, Chemo- 301
-, Dehnungs- 189, 191
-, Druck- 61
-, Feuchte- 286, 288
-, Geometrie- 143
-, Grenzwert- 200
-, Halbleiter- 265
-, Hall- 138, 701, 706
-, Impulsdraht- 138, 142
-, induktive 127, 130
-, kapazitive 127
-, Kraft- 47
-, LiCl- 287
-, magnetostatische 138
-, magnetoresistive 119, 121, 141
-, modulatorische 136
-, parametrische 127
-, potentiometrische 127
-, Si- 186
-, Tunnelstrom- 34
-, Ultraschall-Langweg- 174
-, US- 174
-, Weg- 134
-, Wiegand- 119, 138, 142
-, Winkel- 134
-, Winkelbeschleunigungs- 115
-, Winkelgeschwindigkeits- 104
-, Wirbelstrom- 132
Sensorschnittstellen 601
Serielle Busse 489
Serienschwingkreise 243
Servobeschleunigungsaufnehmer 102, 103
Servo-Druckventile 629
Servomotor 693, 707
Servomultiplizierer 402
Servoschwenkmotor 755
Servoventile 613, 619, 622, 628
SFC 90
SFET 331
shape memory alloy (SMA) 730
Sicherheitsrelais 778
Sicherheitsstellung 638
Sicherheitsstromkreis 790
Sicherungen 792
-, Betriebsklassen 792
-, Strom-Zeit-Kennlinien 792
Signal 4, 11
-, amplitudenanaloges 6
-, Analog- 395
-, -Ausgabe 790
-, Ausgangs- 13, 267, 787, 613
-, digitales 6

## Sachverzeichnis

-, Eingangs- 13, 572, 613
-, Einheits- 3, 7, 449, 506
-, frequenzanaloges 6
-, Meß- 235
-, Rausch- 329
-, Stör- 455
-, Test- 13
-, -Verknüpfung 790
-, zyklisch-absolutes 7
Signalarten 5
Signalausgabe 790
Signalauskopplung 55
Signalelektronik 46
Signalentflechtung 49
Signalfluß 5
Signalgabe
-, Zuverlässigkeit 788
Signalgröße 411
Signalpegel 313, 329
Signalquelle 330
Signalregenerierung 463
Signalübertragung 53, 529
Signalumformer 449
-, elektrische 449
-, hydraulische 449
-, mechanische 449
-, pneumatische 449
Signalumformung 5
Signalverarbeitung 788
-, pneumatische 529
Signalverknüpfung 790
Signalverstärker
-, elektrische 329
-, hydraulische 613
Signalverstärkung 314
Silberchlorid-Elektrode 265
Silizium
-, einkristallines 73
Silizium-Mikromechanik 300
Sinterkeramik 733
Sinusfunktion 15
Sinusgeneratoren 403
Sinusschwingungen
-, Generatoren für 402
Sinusstromverfahren 704
Si-Photodioden 146, 153
Si-Sensor
-, monolithisch-integrierter 186
SIT 378
Sitzleckage 642
Sitzleckrate 641, 642
Sitzring 649
slew-rate 341
SMA 730
Smart-Field-Communicator (SFC) 90
SMD-Relais 770
Sollwerteinsteller
-, elektrischer 429
Sourceschaltung 331

Spaltdiode 155
Spannung
-, Bemessungsbetriebs- 788
-, Bemessungssteuerspeise- 792
-, Bezugs- 272, 274
-, Differenzeingangs- 335
-, Diffusions- 266
-, Gleich- 313
-, Gleichtakteingangs- 335, 336
-, Läufer- 407
-, Lichtbogengrenz- 774
-, Membran- 264
-, Meßketten- 267
-, Offset- 395
-, Polarisations- 248
-, Redox- 270, 271
-, Referenz- 430
-, Säulen- 774
-, Ständer- 711
-, Stör- 266
-, Stoß- 261
-, Thermo 205
-, Über- 261, 792
-, Versorgungs- 261
-, Wechselspannungs-Null- 6
-, Zener- 429
-, Zwischenkreis- 801
Spannungsabfall 781
Spannungsanstiegsgeschwindigkeit 341
Spannungsausgang 329
Spannungs-Frequenz-Wandler 397, 404
Spannungsquelle
-, optisch gesteuerte 152
-, spannungsgesteuerte 342
Spannungsreglerfamilien 430
Spannungsverstärker 254, 351
Speicher
-, elastischer 510
-, starrer 510
speicherprogrammierbare Steuerung 577, 791
Speicherschaltungen 462
Spektralpyrometer 216
Sperrkreis 371
Sperrschichtfotoleiter 215
Sperrschwinger 470
Sperrstrom 395
Spline-Interpolation 597
Split-Body-Form 649
Sprecher 485
Sprungantwort 13, 17, 207, 568
Sprungfunktion 13
SPS 577
Spulen 243
3-Spulen-Differentialsonde 137
SR-Motor 706
SSBLT 488
SSI 455
Stabausdehnungsthermometer 228
Stabilisierungsfaktor 429

Stabilisierungsschaltung 429
- mit Regelung 430
Stabilitätsanalyse 325
Stabläufer 693
Stabthermometer 227
Standardpufferlösung 269
Standardregler 319
Standards 273
Standard-TTL 458
Standardübertragungsfunktion 318
Standard-Wasserstoff-Elektrode (SWE) 270, 271
Ständerfrequenz
-, Änderung 711
Ständerspannung
-, Änderung 711
Standzeit 266
Stapelbauweise 134, 540
Stapeltranslatoren 735
Starter
-, Einfach- 796
-, Sterndreieck- 795, 796, 797
-, Wende- 796
Start-Stop-Oszillatoren 470
Static Induction Transistor (SIT) 378
Stationärhydraulik 815
Stauchstab 38
Staudruck-Aufnehmer 246
Staukörper 250
Staurohre 246
Steckanschluß 788
Stecker 770
Steckrelais 770
Steilheit 264, 267, 342, 402
Steilheitmultiplizierer 402
Stellantriebe 637, 639
-, direkt wirkende 743
-, doppelt wirkende 744
- für Linearbewegung 757
- für Schwenkbewegung 753
-, hydraulische 753, 756, 757
-, hydrostatischer 613
- mit elektrischer Hilfsenergie 691
- mit hydraulischer Hilfsenergie 753
- mit pneumatischer Hilfsenergie 743
-, umgekehrt wirkende 743
Sicherheitsendlage
-, drucklos auf 743
-, drucklos zu 743
Stelleinrichtungen 637
Steller 369
Stellglieder 317, 637, 639, 671
-, Berechnung von 671, 679
-, elektromagnetische 103
-, kapazitive 103
-, leistungselektronische 372
- mit Drehbewegung 659
- mit Hubbewegung 647
-, Übertragungsfaktor 684

Stellklappe 665
-, anschlagend 665
-, doppelexzentrisch 665
-, durchschlagend 665
-, exzentrisch 665
Stellmotor
-, Zeitverhalten eines pneumatischen 745
Stellungsregler 749
Stellventile
- mit Hubbewegung 647
Stellventilgarnitur 649
Stellventilkörper 648
Stellverhalten 317
Stellverhältnis
-, inhärentes 643
-, reales 683
-, theoretisches 683
Sterndreieck-Starter 795, 796
Stetigdruckventile 629
Stetigstromventile 631
Stetigventile 616, 761
-, hydraulische 613
Stetigwegeventile 619
Steuerdruckverhältnis 528
Steuerdüsen 524
Steuereinheit 485
Steuerkolben 620
Steuerleitungen
-, Kapazität der 791
Steuerschalter 795
-, Schaltelemente 795
Steuerstromkreis 790, 793
Steuerung 9, 787
-, Ablauf- 588
-, Alternativ- 542
-, Bewegungs- 593
-, Bahn- 594
-, numerische 591
-, Phasenabschnitt- 385
-, Phasenanschnitt- 385
-, Punkt- 594
-, Schwingungspaket- 385
-, speicherprogrammierbare 577, 791
Steuerungsanweisung 582
Stirnradgetriebe 721
Stoffströme 637
Störabstand 5
Störempfindlichkeit 462
Störfestigkeit 28
Störgröße 4, 9, 317
Störgrößenaufschaltung 603
Störgrößenregelung 318
Störpegel 5
Störsignal 455
-, Differenz- 335
-, Gleichtakt- 335
Störspannung 266
Störstrahlung 28
Störstrom 267

Störung
-, elektromagnetische  28
Störungsverhalten
- des Antriebs  698
Störverhalten  317
Stoßspannung  261
Stoßüberlastung  50
Strahlablenkelemente  524, 561
Strahlablenkung  523
Strahldüse  561
Strahlelemente  521
Strahler
-, Planckscher  213
-, Schwarzer  213
Strahlrohr  616
Strahlungsempfänger  215
-, thermische  215
Strahlungspyrometer  213
Streckenneutralität  189
Streckgrenze  35
Streifenprojektionsverfahren  159
Streifentranslatoren  735
Streufeldanteil  277
Streufeldzelle  277
Streulichtsignal  251
Stroboskop  115
Stromausgang  329
Strombahn  790
Strombegrenzung  792
Stromgegenkopplung  342
Stromkreis  783
-, Haupt-  787, 792
-, Hilfs-  787, 792
-, Sicherheits-  790
-, Steuer-  790, 793
Strommeßverfahren nach Lindeck-Rothe  219
Stromnulldurchgang  774
Stromquelle  331
-, spannungsgesteuerte  331, 342
-, stromgesteuerte  330
Stromrichter  361
Stromspiegelschaltung  331
Stromstoßrelais  772
Strömungen
-, turbulente  240
Strömungsform
-, laminar  501
-, turbulent  501
Strömungsgeschwindigkeit  249
Strömungsumschlag  523
Strömungswiderstand  501
Stromverhältnismultiplizierer  402
Stromversorgung
-, unterbrechungsfreie  801
Stromverstärker  351
Stromverstärkung  152
Strouhal-Zahl  250
S-TTL  458

Stützkondensatoren  461
Sukzessiv-Approximationsverfahren  418
Superelastizität  730
Super-Invar  42
Suszeptibilität
-, magnetische  296
Suszeptometer  297
SWE  270, 271
Switched Capacitor  444
Synchro  137, 705
-, -Digitalumsetzer  137, 138
Synchrondemodulator  413
Synchrongleichrichter  413
Synchrongleichrichtung  6
Synchronmotor  715
System  4, 10
-, Düse – Kugel  508
-, Einlaßdüse – Auslaßdüse  508
Systemrand  10

T
Tachogenerator  703
Tageslichtfilter  162
Tailstrom  378
Takteingänge  455, 465
-, asynchrone  465
-, auslösende  465
-, vorbereitende  465
Taktflanke  465
Taktsteuerung  465
Tandem-Antrieb  746
Tastverhältnis  469
Tauchkernsystem  132
Tauchspule  569, 615, 616
Tauchspulprinzip  729
Taupunkttemperatur  281, 283
Tauspiegel-Hygrometer  283
TCP  591, 598
TDR  528
Teach-In-Verfahren  595, 606
Tellerkegel  647
Temperatur  247
-, Bezugs-  276, 277
-, Curie-  734, 738
-, Maximal-  779
-, Meß-  275, 278
-, Reifpunkt-  281
-, Taupunkt-  281, 283
-, thermodynamische  205
-, Umgebungs-  779
Temperaturabhängigkeit  263
-, automatische Berücksichtigung  267
- der Leitfähigkeit  277
- des Meßmediums  267
- des pH-Wertes  267, 269
Temperaturdrift  335
Temperatureinfluß  272
Temperaturgang  113
Temperaturkoeffizient  209, 286, 692

Temperaturkompensation 39
Temperaturregelbaugruppe 582
Temperaturskale
-, internationale 205
-, thermodynamische 205
Terfenol-D 738
Testsignal 13
Tetra-Struktur 156
Thalamid-Elektrode 265
Thalliumchlorid-Elektrode 265
thermische Durchflußmesser 253
thermische Strahlungsempfänger 215
thermisches Rauschen 231
Thermistor 256
-, Mikro- 454
Thermistor-Motorschutz 796
Thermobimetall 729
thermodynamische Temperatur 205
thermodynamische Temperaturskale 205
thermoelastischer Effekt 35
Thermografiegerät 213, 217
Thermometer 205
-, Ausdehnungs- 226
-, Bimetall- 228
-, Dampfdruck-Feder- 230
-, Einschluß- 227
-, faseroptische 231
-, Flüssigkeits-Feder- 229
-, Flüssigkeits-Glas- 227
-, Gasdruck-Feder- 230
-, Kontakt- 227
-, Lumineszenz- 231
-, Stab- 227
-, Stabausdehnungs- 228
Thermospannung 205
Thyristor 378
-, aktiv abschaltbar 378
-, aktiv einschaltbar 378
-, Field Controlled 381
-, MOS Controlled 381
Tiefpaßfilter 423
Time-division-Verfahren 402
Token-Passing-Prinzip 490
Tool Center Point (TCP) 591
Topfkern 133
Torquemotor 615, 616, 626
Torschaltungen 433
Torsionswinkel 55, 56
Torzeit 117, 518, 519
Totzone 435
Track-and-hold-Schaltung 415
Track-Befehl 415
Track-to-Hold-Settling 416
Träger
-, zeitdiskreter 411
-, zeitkontinuierlicher 411
Trägerfrequenz 6
Trägergröße 411
Trägheitseffekt 52

Transformation
-, Koordinaten- 592, 598
-, Rück- 598
-, Vorwärts- 598
Transformator
-, Differential- 76, 136, 624
-, Dreh- 53, 137
-, Hochfrequenz- 802
-, Netzfrequenz- 801
Transformatorgeber 407
Transformatorprinzip 136
Transimpedanzverstärker 343
Transistor
-, Bipolar- 330, 375
-, Feldeffekt- 331, 395
-, Insulated-Gate-Bipolar- 375
-, Leistungs- 375
-, Metal-Oxide-Semiconductor-Field-Effect- 375
-, Multiemitter- 458
-, Photo- 154
-, Static-Induction- 378
Transistorarrays 336
Transistorkapazität 395
Transitfrequenz 335
Translatoren
-, Stapel- 735
-, Streifen- 735
Transversaleffekt 45, 183
Transversalempfindlichkeit 187
Trap 306
Trennen 792
Trenner 794
Trennstrecke 792
Trennung 787
-, galvanische 345, 356, 790, 792
-, Potential- 345, 802, 804, 806
-, sichere 791, 795
Trennverstärker 356
Triangulation 159, 164
Tripelreflektor 163
TTL 458
-, Advanced Low-power-Schottky- 458
-, Advanced Schottky- 458
-, ALS- 458
-, AS- 458
-, Fairchild-Advanced-Schottky- 458
-, Low-power-Schottky- 458
-, LS- 458
-, S- 458
-, Schottky- 458
-, Standard- 458
Tunnelstromsensor 34
Turbinenzähler 239
Turboverdichter 809
Turbulenzelemente 525, 561

**U**

UVI-Wandler 351
U/f-Wandler 397

Sachverzeichnis 909

-, hochlinear 397
-, taktgesteuert 398
Überabtastung 424
Überdruckmessung 87
Übergangsfunktion 13, 15, 17, 207, 320
Übergangszeit 207
Überlast 793
Überlastrelais 795
-, Auslösegenauigkeit 796
-, Einstellbereich 795, 796
-, Phasenausfallempfindlichkeit 796
-, Selbstüberwachung 796
-, Strom-Zeit-Kennlinie 795
-, Temperaturkompensation 795
-, Wiedereinschaltsperre 796
Überlastschutz 81
Überschallströmungen 251
Überspannung 788, 792
-, transiente 261
Überspannungsschutz 396
Übersprechen 395
Überströme 788
Übertragungsfaktor 685
Übertragungsfunktion 16, 17, 267, 272, 317, 530
Übertragungsglied 4, 5, 12
-, lineares 12
- mit Totzeit 12
-, nichtlineares 11
Übertragungskennwerte 613
Übertragungsleitwert 342
Übertragungsrate 483
Übertragungsstandard 483
Übertragungsverhalten 12, 318
Überwachen 795
ULSI 455
Ultraschall-Durchflußmesser 249
Ultraschallecho 169
Ultraschallgeber 245
Ultraschallimpulse 244
Ultraschall-Langwegsensor 174
Ultraschall-Motor 737
Umformer
-, Druckmeß- 61
-, elektrisch-pneumatischer 449, 453, 567
-, elektro-hydraulischer 8, 619
-, elektro-pneumatischer 8, 749
-, Meßwert- 264, 267, 272, 278
-, pneumatisch-elektrischer 449, 451, 453
Umrechnung Leitfähigkeitsmeßwert in Konzentration 278
Umgebungsbedingungen 3, 792
Umgebungstemperatur 779
Umgebungstemperaturbereich 314
Umrichter
-, Frequenz- 711, 713, 797
-, Zwischenkreis- 391
Umschaltung
-, stoßfreie 550
Umsetzer

-, AD- 397, 417
-, Analog-Digital- 108, 225, 322, 415, 417
-, Delta-Sigma-AD- 423
-, Digital-Analog- 322, 415, 427
-, Digital-Resolver- 409
-, Nachlauf-AD- 420
-, Resolver-Digital- 408
-, Synchro-Digital- 137, 138
Umsetzung
-, ratiometrische 418
Umsetzverfahren 417
Umsteuerfehler 536
Umweltanforderungen 789
Umweltaspekte 788
Umweltgesetzgebung 785
UND-Verknüpfung 458, 459
Univibration 466
unterbrechungsfreie Stromversorgung 801
U-Rohrmanometer 63
Ursache – Wirkung 9, 11
Ursache 4
US-Sensor
-, magnetostriktiver 174

**V**
V-Abtastung 178
Vakuum 60
Vakuumschütze 794
Varicap 348
Vektor 9
-, Bahn- 599
-, Orts- 599, 601
Vektor-Regelung 714
Ventil 637, 639
-, camflex-Stell- 663
-, Doppelsitz- 647
-, Drehkegel- 639
-, Drehkegelstell- 659, 663
-, Drehkugelstell- 660, 661
-, Drehkugelsegmentstell- 664
-, Dreiwege- 647
-, Durchgangs- 647
-, Eck- 647
-, Einsitz- 647
-, -Garnitur 641
-, Gleitschieber-Stell- 653
-, Hub- 640
-, Hydro- 613
-, Kugel- 639
-, Membran- 639, 652
-, Mikro- 740
-, Proportional- 613
-, Proportional-Drossel- 631
-, Proportional-Druck- 629
-, Proportional-Druckbegrenzungs- 629
-, Proportional-Stromregel- 633
-, Proportional-Wege- 619, 622
-, Quetsch- 653
-, Schlauch- 639, 653

-, Servo- 613
-, Servo-Druck- 629
-, Stell- 647
-, Stetig- 613, 616, 761
-, Stetigdruck- 629
-, Stetigstrom- 631
-, Stetigwege- 619
-, Wege- 613
-, Servo- 619, 622, 628
Ventilformfaktor 678
Ventil-Garnitur 641
Ventilkennlinie 685
Venturi-Rohr
-, klassisches 245
Verbindungstechnik 770
Verbraucherabzweige 793, 796
Verbraucherschalter 793
Verbrennungsmotoren 251
Verdichter 808
-, Kolben- 809
-, Turbo- 809
Verdrillwinkel 53
Verfahren
-, Ansteuer- 702
-, Ausschlag- 62, 218, 451, 529, 567
-, Blockstrom- 702
-, Buszugriffs- 479
-, Doppelintegrations- 421
-, Doppler- 125
-, Druckmeß- 201
-, Elektrolyse- 288
-, fotometrische 292
-, Geschwindigkeits-Meß- 251
-, Ionisations- 301
-, In-situ- 307
-, kapazitives 194, 199
-, konduktives 198
-, Kompensations- 33, 62, 218, 219, 451, 529, 530, 542
-, Kreuzstrahl- 251
-, Ladungsausgleichs- 421
-, Laser-Doppler- 124
-, Laufzeit- 167
-, Laufzeitkorrelations- 124, 125
-, LIGA- 740
-, magnetomechanisches 297
-, magnetopneumatisches 298
-, magnetostatisches 194
-, Modell 603
-, Modulations- 411
-, optisches 200
-, Ortsfrequenz-Filter- 124
-, Parallel- 418, 419
-, Play-Back 606
-, Potentiometer- 219
-, Programmierungs- 604
-, Puls- 386
-, radiometrisches 201
-, Referenzpunkt- 604

-, Rückstreu- 196
-, Sinusstrom- 704
-, Streifenprojektions- 159
-, Strommeß- 219
-, Sukzessiv-Approximations- 418
-, Teach-In- 595, 606
-, thermomagnetisches 297
-, Time-division- 402
-, transformatorisches 193
-, Umsetz- 417
-, Wäge- 418, 420
-, Wärmeableit- 199
-, Wirbelstrom- 193
-, Zähl- 418, 420
-, Zweiflanken- 418, 421
Vergleichsstelle 206, 335
Vergleichsstellentemperatur 221
Verhalten
-, dynamisches 623
Verhaltensglieder 320
Verhältnis reduzierender zu oxidierender Aktivitäten 270
Verhältnispyrometer 216
Verknüpfung
-, ODER- 459
-, UND- 458, 459
Verlustkoeffizient 671
Verschiebeankermotor 714
Verschmutzungsgrad 279
Verschweißen 775
Verschweißverhalten 775
Versorgungsspannung
-, Schwankung der 261
-, Unterbrechung der 261
Verstärker 329
-, Chopper- 345
-, Differenz- 330, 335, 336
-, Dreipol- 330
-, Druck- 505
-, Elektrometer- 254
-, Gleichspannungs- 329, 341
-, Grundtypen 330
-, Instrumentations- 351
-, Isolations- 356, 357
-, Ladungs- 46, 82, 358
-, Leistungs- 362, 361, 505, 613
-, logarithmische 433
-, Modulations- 343
-, Operations- 314, 330, 336, 338, 339, 342, 530, 538, 541, 552
-, pneumatische 533, 568
-, Sample-and-Hold- 415
-, Signal- 613
-, Spannungs- 254, 351
-, Strom- 351
-, Transimpedanz- 343
-, Trenn- 356
-, Vierpol- 330
-, Zerhacker- 345

## Sachverzeichnis

-, zerhackerstabilisierter 347
Verstärkerfunktionen 787
Verstärkergrundschaltungen 331
Verstärkergrundtypen 330
Verstärkung 329
-, Kreis- 552
-, Leerlauf- 552
-, Leistungs- 533, 613, 617
Verstärkungsfaktor 320, 568
Verstimmung gedämpfter Schwingkreise 242
Verteilerschalter 793
Verträglichkeit
-, elektromagnetische (EMV) 28, 259
Vibrator 726, 727, 728
Vierpolverstärker 330
Vierquadrantenbetrieb 696
VIS 146
Viskosität 671, 678, 807
-, dynamische 673, 678
VLSI 455
VMEbus 486
-, Revision D 486
Voice-Coil-Motor 729
Vollbrücken-Schaltung 132, 133
voltage controlled oscillator 404
Volumendurchfluß 245
Volumenelemente 501, 510
Volumenstromverhältnis 528
Volumenwellenfilter 443
Vorhaltezeit 320
Vorwärts-Rückwärts-Zähler 175, 420
Vorwärtstransformation 598

## W

Wägetechnik 49
Wägeverfahren 418, 420
WAN 489
Wandhafteffekt 523
Wandler
-, Biege- 736
-, DC/DC 802, 804
-, Druck-Weg- 505
-, $I$-$U$- 351
-, Impedanz- 46, 331
-, Kraft-Weg- 505
-, magnetostriktiver 443, 738, 739
-, Piezo- 735, 737, 739
-, piezoelektrischer 441
-, Spannungs-Frequenz- 397, 404
-, $U/f$- 397
Wandstrahlelemente 525, 562
Wärmeleitfähigkeitsanalysator 299
Wärmestrom 253
Wärmeübertragung 299
Wärmewiderstand 779
Wartungsintervall 270
Wasser
-, neutrales 263
Wasserstoffionen 263

-, -Aktivität 263
Wechselfelder 248
Wechselrichter 369
Wechselspannungs-Nullspannung 6
Wechselspannungsrelais 772
Wechselstrom-Asynchronmotor 709
Wechselstromleitwertmesser 277
Wechselstromtachogeneratoren 113
Wechselstromwiderstandsmessung 275
Wechsler 777
Wegabgleich
-, elektrischer 624
-, hydraulischer 624
Wegaufnehmer
-, absolut codierte 177
-, induktive 130
-, inkrementale 175
Wegerfassung 582
Wegeventile 613
Wegkompensation 531
Wegmeßsystem
-, lineares 138
Wegsensoren
-, kapazitive 134
Wegvergleich 450, 531
Wegvergleichendes Prinzip 567
Weichdichtung 651
Welle
-, elektrische 137
Wellenwiderstand 521
Wellrohr 516, 532
Weltkoordinaten 598
Wendestarter 796
werkstattorientierte Produktionsunterstützung 605
Werkstoffe
- für Gehäuse 688
- für Stellglieder 687
- für Stellgliedgarnituren 688
-, hartmagnetische 139
Werkstückkoordinaten 591
Werkstückkoordinatensystem 604
Werkstücknullpunkt 604
Werkzeugkoordinaten 591
Werkzeugmittelpunkt 598
Wicklungen 773
Wide Area Network (WAN) 489
Widerstand 501
-, Ausgangs- 329, 331, 338, 341
-, Durchlaß- 395
-, Eingangs- 329, 338, 341, 351
-, Gleichtakteingangs- 356
-, Isolations- 359, 765
-, Kontakt- 778
-, Last- 330
-, Leitungs- 518
-, Strömungs- 501
-, Wellen- 521
-, Wärme- 779

Widerstandsbeiwert 673, 675
Widerstands-Dickfilmpaste 186
Widerstandsmaterialien 128
Widerstandsmeßwert 275
Wiederholgenauigkeit 608, 791
Wiegand-Draht 121
Wiegand-Sensor 119, 138, 142
Wiegen
-, dynamisches 52
Wien-Robinson-Generator 404
Windungen 771
Winkel 127
Winkelaufnehmer
-, absolut codierte 177
-, inkrementale 175
Winkelbeschleunigung 99
Winkelbeschleunigungsmesser 115
Winkelgeschwindigkeit 111
Winkelgeschwindigkeitsmessung 112
-, digitale 116
Winkelgeschwindigkeitssensoren 104
Winkelmessung 127
Winkelsensoren
-, kapazitive 134
Wirbel 250, 256
Wirbel-Durchflußmesser 250
Wirbelkammerelemente 527
Wirbelstraße 250
Wirbelstrom-Dickenmessung 193
Wirbelstrom-Sensor 132
Wirbelstromverfahren 193
Wirkdruck 245
Wirkleitwert 277
Wirkung 4
Wirkungsablauf
-, geschlossener 4
-, offener 4
Wirkungsgrad 695
Wirkungslinie 11
Wirkungsrichtung 11
Wirkungsweg 11
Wolfram-Vorlaufkontakte 776
Woltman-Zähler 239
Wortverarbeitung 579
Wurmmotor 738

## X
X-Schnitt 45

## Z
Zähigkeit 248
Zähler 470, 471
-, asynchrone 472
-, Dual- 471
-, Modulo-10- 472
-, synchrone 472
-, Vorwärts-Rückwärts- 472
Zählerbaugruppen 582
Zähl-FF 464

Zählverfahren 418, 421
Zahnradgetriebe 721
Zahnriemengetriebe 724
Zahnstangengetriebe 725
ZCRS 366
ZCS 363
Z-Diode 429
Zeitbereich 17
Zeitkonstante 207, 285, 286, 314, 746
-, Anker- 693
-, Dämpfungs- 719
-, elektrische 691, 693, 697
-, mechanische 691, 697
Zeitmultiplexbetrieb 396
Zeitquantisierung 417
Zeitrelais 791
-, Einstellzeiten 791
-, Funktionen der 791
Zeitverhalten 12, 207, 531
- eines pneumatischen Stellmotors 745
Zellkonstante 275, 276, 277
Zenerdiode 773
Zenerspannung 429
Zentralbaugruppe 579
-, Speicher 580
Zentrifugalkraft 603
Zerhacker 343
-, Ringmodulator- 346
-, Serien-Parallel- 346
Zerhackerverstärker 345
Zero-Current-Switch (ZCS) 363
Zero-Voltage-Switch (ZVS) 363
Zugmittelgetriebe 723
Zugriff
-, quasiparalleler 492
Zuluftdruck 570
Zündenergie 24, 25
Zündschutzarten 25
Zustand
-, laminarer 248
-, turbulenter 248
Zustandsänderung
-, isotherme 503, 513, 519
-, polytrope 503
Zustandsgleichung 506, 507
Zustandsgröße 9
Zustandsraumbeschreibung 16
ZVRS 366
ZVS 363
Zwangsführung 790, 795
Zwangsöffnung 790
Zweiflankensteuerung 465
Zweiflankenverfahren 418, 421
Zweileitertechnik 221
Zweipunktregelungen 326
Zwischenabbildgrößen 453
Zwischenkreisspannung 801
Zwischenkreisumrichter 391
zyklisch-absolute Interpolation 138

Zykluszeit 584
Zylinder
-, Differential- 758
-, doppeltwirkender 757
-, Druck- 758
-, H- 756
-, Hydro- 756, 759
-, Zug- 758

# Springer und Umwelt

Als internationaler wissenschaftlicher Verlag sind wir uns unserer besonderen Verpflichtung der Umwelt gegenüber bewußt und beziehen umweltorientierte Grundsätze in Unternehmensentscheidungen mit ein. Von unseren Geschäftspartnern (Druckereien, Papierfabriken, Verpackungsherstellern usw.) verlangen wir, daß sie sowohl beim Herstellungsprozess selbst als auch beim Einsatz der zur Verwendung kommenden Materialien ökologische Gesichtspunkte berücksichtigen.
Das für dieses Buch verwendete Papier ist aus chlorfrei bzw. chlorarm hergestelltem Zellstoff gefertigt und im pH-Wert neutral.

Druck: Mercedesdruck, Berlin
Verarbeitung: Buchbinderei Lüderitz & Bauer, Berlin